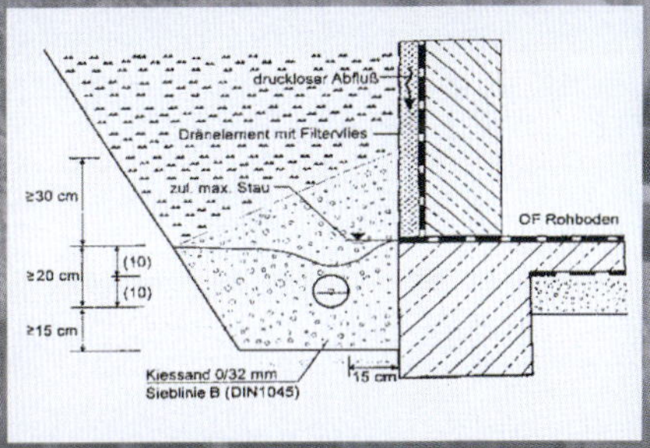

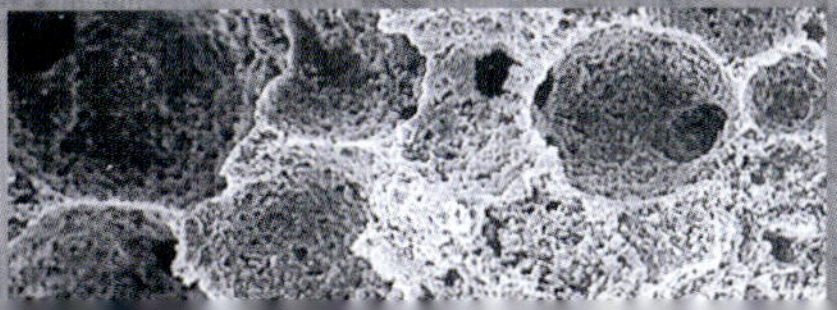

Frank Frössel

A B C D E F G H I J K L M N O P Q R S T U V W X Y Z

Lexikon der Bauwerksabdichtung und Kellersanierung

baulino

Die Deutsche Bibliothek verzeichnet diese Publikation in der Deutschen Nationalbibliografie; detailierte bibliografische Daten sind im Internet über: <http:// dnd.ddb.de> abrufbar.

ISBN: 3-938537-05-1

Gestaltung, Satz, Umschlag: Peter Lau, Grafik-Design-Werkstatt, Leipzig
Lektorat: Dr. Hella Ruebesam, Jülich
Druck: Rombach Druck + Verlagshaus, Freiburg

Umschlagbilder:
links von oben nach unten - Fa. Sto, Stühlingen; Fa. Desoi, Kalbach; Fa. Hahne Bauchemie, Datteln; Muth; Fa. Sto, Stühlingen; Fa. Hahne Bauchemie, Datteln; Fa. Bayosan, Hindelang
Hintergrundbild: Peter Lau

Für den Druck des Buches wurde chlor- und säurefreies Papier verwendet.

Baulino Verlag GmbH
Postfach 20 11 36, 79751 Waldshut-Tiengen
Tel.-Nr. (0 77 41) 80 78 70
Fax-Nr. (0 77 41) 80 78 71
e-Mail: info@baulino.de
http:// www.baulino.de

Vorwort

Die Bauwerksabdichtung am Neubau wird seit vielen Jahren durch die DIN 18 195 „Bauwerksabdichtung" geregelt. Die Überarbeitung im Jahr 2001 soll(te) die letzten Unklarheiten beseitigen und offene Fragen beantworten – allerdings ist die nachträgliche Bauwerksabdichtung weiterhin in dieser Norm nicht beschrieben. Dies führte in den letzten Jahren zu vielen Produkten und Systemen, Verfahren und Technologien, die alternativ zu den genormten Produkten eingesetzt werden und nicht alle den Nachweis ihrer Funktion bisher erbracht haben. Hinzu kommt, dass neben bekannten und genormten auch weniger bekannte und nicht genormte Begriffe für die nachträgliche Bauwerksabdichtung und Kellersanierung verwendet werden. Das vorliegende Lexikon erhebt den Anspruch, die Fach- und Sachbegriffe für die Bauwerksabdichtung am Neu- und Altbau sowie bei der Kellersanierung zu vereinen.

Bauwerksabdichtung und Kellersanierung entwickelten sich in den letzten Jahren zu einem wichtigen Marktsegment – nur ein entsprechendes Nachschlagewerk fehlte bisher. Diese Lücke schließt jetzt dieses Lexikon. Auf knapp 500 Seiten werden über 2.000 Fach- und Sachbegriffe beschrieben und auf 300 Fotos und Graphiken dargestellt. Das Themenspektrum reicht von der Horizontalabdichtung mit Injektionen bis zu elektro-physikalischen Verfahren, von der Vertikalabdichtung mit Abdichtungsbahnen bis hin zu spachtelbaren Beschichtungen, von Dichtungsschlämmen bis hin zu Bitumen-Dickbeschichtungen. Ebenso werden die Lastfälle und der Bemessungswasserstand sowie flankierende Maßnahmen wie Dränage, Perimeterdämmung, Technische Trocknung beschrieben. Über Bauwerksdiagnostik und Salzanalyse werden auch Sanierputzsysteme vorgestellt. Begriffe wie Negativabdichtung fehlen genauso wenig wie Fugenabdichtung oder Hausschwammsanierung. Weitere Themen sind bauphysikalische und -chemische Grundbegriffe sowie mineralische und organische Bindemittel, aber auch Kellerfenster und Lichtschächte werden beschrieben und auf die Mikrowellentechnik eingegangen. Das Lexikon der Bauwerksabdichtung und Kellersanierung versucht, kurz und knapp auf die wichtigsten Begriffe einzugehen und mit einer pragmatischen Beschreibung die Theorie mit der Praxis zu verbinden.

Zur Vereinfachung wurden Querverweise auf andere Begriffe in blau und kursiv gestellt. Allerdings wurden nicht alle Begriffe querverwiesen, sondern nur an den Stellen, die der Thematik dienen und zum Sachverhalt beitragen. Außerdem wurden Dopplungen vermieden.

A

A

Abbinden

Mit dem Begriff Abbinden wird ganz allgemein der Übergang vom flüssigen oder pastösen Zustand in den festen Zustand beschrieben. Dies kann physikalisch (z. B. durch Verdunsten von Lösemitteln oder Wasser), chemisch (z. B. durch Oxidation oder Polymerisation) oder auch auf kolloidchemischem Weg (z. B. durch Ausfällen einer Dispersion) erfolgen. In Abhängigkeit zur Art der Materialien gibt es verschiedene Möglichkeiten, das Abbindeverhalten je nach Anforderung zu beeinflussen. Dies kann durch die Veränderung von Temperatur, durch den Zusatz von sog. Additiven zur Beschleunigung oder Verzögerung, durch eine entsprechende Schichtdicke oder auch durch Druck umgesetzt werden. Infolgedessen ist auch die Abbindezeit beeinflussbar und kann gezielt gesteuert werden.

Das Abbinden bzw. Festwerden von anorganisch gebundenen (mineralischen) Mörteln aus Gips oder Zement (Beton) wird dagegen als "Erstarren" oder auch „Erhärtung" bezeichnet. Dabei wird die Endhärte erst nach dem Festwerden erreicht und erstreckt sich – in Abhängigkeit von den Umgebungsbedingungen wie Temperatur und Luftfeuchtigkeit – über einen mehr oder weniger langen Zeitraum.

Abdichtung

Unter dem allgemeinen Begriff der Abdichtung werden ugs. mindestens vier Bereiche verstanden: die Abdichtung von Fugen im Hochbau, die Abdichtung von Nassräumen und/oder unter Fliesen, die Flachdachabdichtung und die Bauwerksabdichtung erdberührter Bauteile. Bei der ▸*Bauwerksabdichtung* erdberührter Bauteile wird unterschieden nach Vertikalabdichtung beim Neubau und nachträglicher ▸*Vertikalabdichtung* erdberührter Bauteile beim Altbau. Hierfür sind technische und rechtliche Aspekte verantwortlich. Die Bauwerksabdichtung beim Neubau wird eindeutig durch die ▸*DIN 18 195 „Bauwerksabdichtung"* geregelt. Dem gegenüber gilt diese Norm bei der nachträglichen Vertikalabdichtung nur dann, wenn sie ausdrücklich vereinbart wurde. Da im Rahmen der Altbausanierung diese DIN-Norm häufig nicht oder nur in Anlehnung angewendet werden kann, gibt es ergänzend hierzu das ▸*WTA-Merkblatt* über die nachträgliche Vertikalabdichtung erdberührter Bauteile. Diese Richtlinie gliedert weiterhin in nachträgliche ▸*Horizontalabdichtung* im Mauerwerksquerschnitt und nachträgliche Flächenabdichtung erdberührter Bauteile als ▸*Außenabdichtung*, als ▸*Innenabdichtung* (negative Abdichtung) oder als ▸*Schleierabdichtung* (Vergelung des Baukörpers).

© siehe Anhang

Abdichtung (gegen Bodenfeuchtigkeit)

Für die Abdichtung gegen den Lastfall ▸*Bodenfeuchtigkeit* eignen sich Deckaufstrichmittel (für nicht unterkellerte Gebäude in einer Schichtdicke von mindestens 1,5 mm auf kaltflüssigem Voranstrich oder mindestens zwei Heißanstriche), ▸*kunststoffmodifizierte Bitumen-Dickbeschichtungen* (in mindestens 2 Arbeitsgängen mit mindestens 3 mm Trockenschichtdicke), Bitumenbahnen (mindestens einlagig auf Voranstrich mit Klebemasse), ▸*kaltselbstklebende Bitumendichtungsbahnen* (mindestens einlagig vollflächig auf kaltflüssigem Voranstrich) und Kunststoff- und Elastomer-Dichtungsbahnen mit oder ohne Selbstklebeschicht (mindestens einlagig).

A B C D E F G H I J K L M N O P Q R S T U V W X Y Z

Abdichtung
(gegen drückendes und aufstauendes Wasser)

Als Abdichtung gegen ▸*drückendes Wasser* werden Maßnahmen an Bauwerken und/oder Bauteilen definiert, die einem hydrostatischen Wasserdruck unterliegen. Hierbei kann es sich um Grundwasser sowie in Abhängigkeit der ▸*Bodenverhältnisse* (Durchlässigkeit) um aufstauendes Sicker- oder Schichtenwasser handeln. In den Regelwerken der Abdichtung (▸*DIN 18 195 „Bauwerksabdichtung“*) wird nach drückendem Wasser von außen (Teil 6) und drückendem Wasser von innen (Teil 7) unterschieden. Die Abdichtung gegen ▸*aufstauendes Sicker- oder Schichtenwasser* sowie drückendes Wasser sollte immer auf der dem Wasser zugewandten Seite ausgeführt werden.

Für die Abdichtung gegen aufstauendes Sickerwasser in wenig durchlässigen Böden und ohne ▸*Drainung* werden kunststoffmodifizierte Bitumen-Dickbeschichtungen (in mindestens zwei Arbeitsgängen mit Gewebearmierung im ersten Arbeitsgang und einer ▸*Trockenschichtdicke* von 4 mm), ▸*Polymerbitumen-Schweißbahnen* (mindestens einlagig und im Schweißverfahren), Bitumen- oder Polymerbitumenbahnen (mindestens zweilagig mit Gewebe- oder Polyestervlieseinlage) und Kunststoff- und Elastomer-Dichtungsbahnen (mindestens einlagig vollflächig) verwendet.

Für die Abdichtung gegen drückendes Wasser werden nackte Bitumenbahnen (gemäß dreistufiger Eintauchtiefe) mehrlagig mit Klebemasse vollflächig verlegt. Dabei muss ein Flächendruck von mindestens 0,01 MN/ m^2 auf die Abdichtung sicher gestellt sein. Des Weiteren werden nackte ▸*Bitumenbahnen* mit Metallbändern (mit einer Lage Kupferband oder Edelstahlband gemäß dreistufiger Eintauchtiefe) verwendet. Das Metallband wird als zweite Lage mit gefülltem Bitumen aufgeklebt; die äußere Lage muss grundsätzlich aus einer Bitumenbahn bestehen. Die Druckbelastung darf höchstens 1 MN/ m^2 betragen. Bitumenbahnen und/oder ▸*Polymerbitumenbahnen* müssen mindestens zweilagig verarbeitet werden. Die genaue Anzahl der mit Bitumenkleber zu verbindenden Lagen gemäß dreistufiger Eintauchtiefe richtet sich u. a. nach der Art der Einlage. Die Druckbelastung darf höchstens 1 MN/m^2 und bei Bahnen mit Trägereinlagen aus Glasgewebe höchstens 0,8 MN/m^2 betragen. Kunststoff- und Elastomer-Dichtungsbahnen und nackte Bitumenbahnen werden einlagig zwischen zwei Lagen nackter Bitumenbahnen mit Bitumenkleber eingeklebt. Die Mindestdicke der Dichtungsbahnen richtet sich nach der dreistufigen Eintauchtiefe und der Art der Kunststoff- oder Elastomer-Dichtungsbahn. Die Druckbelastung darf höchstens 1 MN/ m^2 betragen. Außerdem können auch Abdichtungen mit Kunststoff-Dichtungsbahnen aus PVC-P lose verlegt werden. Die Mindestdicke dieser Dichtungsbahn beträgt 2 mm, die Eintauchtiefe maximal 4 Meter.

Abdichtung (gegen kapillare Feuchtigkeit)

Die Abdichtung gegen Kapillarfeuchtigkeit wird nach vertikaler ▸*Flächenabdichtung* und nachträglicher ▸*Querschnittsabdichtung* unterschieden. Die vertikale Flächenabdichtung wird in der DIN 18 195 „Bauwerksabdichtung“ Teil 4 sowie im WTA-Merkblatt „Nachträgliche Vertikalabdichtung erdberührter Bauteile“ beschrieben. Eingesetzt werden mineralische ▸*Dichtungsschlämmen*, ▸*Sperrputze*, ▸*Bitumen-Dickbeschichtungen* sowie in seltenen Fällen Abdichtungsbahnen. Bei der nachträglichen Querschnittsabdichtung kommen sog. ▸*mechanische Verfahren* wie das ▸*Mauersäge- oder Chromstahlblechverfahren* oder ▸*chemische Injektionen* zum Einsatz.

Abdichtung (gegen Sickerwasser)

Unter einer Abdichtung gegen Sickerwasser werden Maßnahmen an Bauwerken und/oder Bauteilen definiert, die einer Belastung durch ▸*nicht drückendes Wasser* unterliegen. Unter nicht drückendem Wasser wird Wasser in tropfbar flüssiger Form verstanden, bei dem die Abdichtung keinem oder nur geringfügigem hydrostatischen Wasserdruck unterliegt. Bei Wasser in tropfbar flüssiger Form kann es sich, in Abhängigkeit der Bodenverhältnisse

(Durchlässigkeit), z. B. um ▸*Sickerwasser* handeln. In den Regelwerken der Abdichtung wird dieser Lastfall in der ▸*DIN 18 195 „Bauwerksabdichtung“* Teil 5 sowie im WTA-Merkblatt „Nachträgliche Vertikalabdichtung erdberührter Bauteile“ beschrieben. Zum Einsatz kommen in der Regel Bitumen-Dickbeschichtungen sowie Abdichtungsbahnen, seltener mineralische Dichtungsschlämmen und Sperrputze. Bei der nachträglichen Vertikalabdichtung im Rahmen der Altbausanierung werden häufig unterschiedliche Abdichtungsstoffe miteinander kombiniert. [5]

Abdichtung (im Verbund)

▸*Verbundabdichtung*

Abdichtung (von Bodenplatten)

Die ▸*DIN 18 195 „Bauwerksabdichtung“* fordert beim Neubau grundsätzlich eine Abdichtung der Bodenplatte gegen aufsteigende Feuchtigkeit. Hierbei ist die ▸*Bodenabdichtung* an die Horizontalsperre im Mauerwerksquerschnitt heranzuführen und wasserdicht auszuführen. Weiterhin gilt, dass unter der Bodenabdichtung eine mindestens 15 cm dicke kapillarbrechende Schüttung ausgebildet werden muss.

Die Abdichtung der Bodenplatten wird bei der nachträglichen Bauwerksabdichtung im Rahmen der Altbausanierung häufig vernachlässigt. Grundsätzlich muss auch bei der nachträglichen Horizontal- und Vertikalabdichtung berücksichtigt werden, dass eine Reduzierung der Durchfeuchtung im Wandquerschnitt zu einer Zunahme der Durchfeuchtung im Bodenbereich führen wird. Deshalb sind Abdichtungen immer als Ganzes zu planen und auszuführen, damit ein kompletter Feuchtigkeitsschutz vorliegt.

Abdichtungsart

In der DIN 18 195 „Bauwerksabdichtung“ wird ausgeführt, dass die Wahl der Abdichtungsart vor allem von der Angriffsart des Wassers sowie der Nutzung des Bauwerks bzw. der Belastung des Bauteils abhängt. Für die Bestimmung der Abdichtungsart muss die Bodenart, die Geländeform und der ▸*Bemessungswasserstand* ermittelt werden. Ausgenommen hiervon sind Bauwerksabdichtungen, die ohnehin nach der höchsten Wasserbeanspruchung geplant werden. Unabhängig davon müssen die zu erwartenden mechanischen und thermischen Beanspruchungen berücksichtigt werden.

Abdichtungsbänder

▸*Fugenbänder*

Abdichtungsbahnen

Nach *Prof. Dr. Klopfer* wurden die ersten Abdichtungsbahnen durch Einbetten einfacher Trägereinlagen (Rohfilz- und Juteträgerschichten) in Bitumenschichten erzeugt. In Abhängigkeit zur Beanspruchung und Wasserbelastung wurde die Zahl der Trägereinlagen und damit die Dicke der Abdichtung gesteigert. Allerdings zeigte sich bei der Anwendung auch die Anfälligkeit des Rohfilzes (Zellulose und Wolle) bzw. der Jute gegen mikrobiellen Befall (Fäulnis). Deshalb wurden für diese Trägereinlagen später Glasgewebe und -vliese verwendet, die unverrottbar sind. Aus dieser Entwicklung sind nachfolgend die sog. Schweißbahnen hervor gegangen.

Als Alternative zu den Bitumenbahnen werden ▸*Kunststoffbahnen* angeboten. Hierbei handelt es sich um thermoplastische oder elastische ▸*Polymerbahnen* mit oder ohne

Trägereinlage (Gewebe und -vliese). Des Weiteren werden die Kunststoffbahnen nach ihrer Bitumenbeständigkeit und -verträglichkeit unterschieden, da dies für die Verklebung relevant ist. Bitumenverträgliche Kunststoffbahnen sind schwarz eingefärbt. Angeboten werden Kunststoffbahnen aus EPDM (Elastomere), ECB (Ethylen-Copolymerisat-Bitumen), EVA (Ethylen-Vinylacetat-Terpolymer), PIB (Polyisobutylen) und PVC (Polyvinylchlorid).

© siehe Anhang

Seit einigen Jahren werden sog. ▸*Kaltselbstklebebahnen* (▸*KSK-Bahnen*) angeboten, die in der DIN 18 195 „Bauwerksabdichtung" in Elastomerdichtungsbahnen mit Selbstklebeschicht und kaltselbstklebende Bitumendichtungsbahnen unterschieden werden. Beide Abdichtungsbahnen sollen auf die Lastfälle Bodenfeuchtigkeit und nicht drückendes Wasser beschränkt bleiben. Ein trockener, glatter und ebener Untergrund sowie abgerundete Ecken und Kanten sind absolute Voraussetzung. Des Weiteren ist eine Wasserbelastung aus dem Untergrund unzulässig. [2]

Abdichtungskonzept

Abdichtungsschäden und -mängel beweisen, dass zum Feuchtigkeitsschutz erdberührter Bauteile mehr gehört, als nur eine ▸*nachträgliche Horizontal- und/oder Vertikalabdichtung*. Durch notwendige Voruntersuchungen ist es möglich, ein für das Bau- oder Sanierungsvorhaben entsprechende Abdichtungskonzept und der damit verbundenen Verfahren und Systeme auszuwählen. Ob es immer sinnvoll ist, dieses Verfahren auch anzuwenden, hängt dann allerdings von weiteren Faktoren ab. So können Aspekte der Wirtschaftlichkeit, der bisherigen und zukünftigen Nutzung, ggf. des Umweltschutzes oder auch durch Anforderungen seitens des Denkmalschutzes unter Umständen technische Zugeständnisse erfordern. Die billigste Lösung ist unter Berücksichtigung von Nutzbarkeit, Dauerhaftigkeit, Wirksamkeit und Vollständigkeit nicht immer die wirtschaftlichste Lösung. Die Alternativen zur technisch korrekten und qualitativ hochwertigen Abdichtung sind mit dem Auftraggeber abzustimmen und dessen Genehmigung ist schriftlich einzuholen. Eine Abweichung kann erhebliche Auswirkungen auf Gewährleistung und Wirksamkeit haben. Dies bedeutet, dass vor der Erstellung eines Abdichtungskonzeptes mit dem Auftraggeber genau zu definieren ist, was die Zielsetzung der Abdichtung ist und wie die Kellerräume zukünftig zu nutzen sind. Dies kann wesentlichen Einfluss auf die Frage haben, ob eine nachträgliche Horizontalabdichtung notwendig oder sinnvoll ist, ob eine nachträgliche Vertikalabdichtung von innen (▸*Negativabdichtung*) oder von außen erfolgt, ob eine nachträgliche Wärmedämmung der erdberührten Bauteile notwendig wird, ob ein ▸*Sanierputz* ausgeführt werden muss, ob flankierende Maßnahmen wie Entfeuchtungsgeräte aufgestellt werden müssen etc. Planer und ausführender Fachbetrieb müssen die Funktion der ▸*Bauwerksabdichtung* sicherstellen. Die ▸*allgemein anerkannten Regeln der Bautechnik* sind einzuhalten. Dabei ist die zweckmäßige Abdichtungsart abhängig von der Angriffsart des Wassers, der Beschaffenheit des Baugrundes, der Art des Baukörpers und von den zu erwartenden physikalischen, mechanischen und thermischen Beanspruchungen. Für die Planung und Ausführung von Bauwerksabdichtungen erdberührter Bauteile liegen dem Planer und Anwender eine Reihe von Normen und technischen Regelwerken, Richtlinien und Merkblättern vor.

Abdichtungslage

Nach der ▸*DIN 18 195 „Bauwerksabdichtung“* wird unter der sog. Abdichtungslage ein Flächengebilde aus Abdichtungsstoffen verstanden. In der Abdichtungspraxis wird unter dem Begriff der Abdichtungslage jedoch eine von mehreren Abdichtungsschichten verstanden, also z. B. die erste Lage Bitumen-Dickbeschichtung oder die erste Lage Abdichtungsbahn.

Abdichtungsrücklage

In der ▸*DIN 18 195 „Bauwerksabdichtung“* wird unter der sog. Abdichtungsrücklage ein festes Bauteil verstanden, auf das eine Abdichtung für senkrechte oder stark geneigte Flächen aufgebracht wird, wenn die Abdichtung zeitlich vor dem eigentlichen Bauteil ausgeführt wird.

Abdichtungsschicht

▸*Abdichtungslage*

Abdichtungsschleier

▸*Schleierabdichtung*

Abdichtungsstoffe

Der Einsatz der Abdichtungsstoffe ist abhängig vom Untergrund, der chemischen, physikalischen und biologischen Anforderungen, dem Lastfall und dem Abdichtungskonzept. Bei der Außenabdichtung erdberührter Bauteile kommen in der Regel alle Stoffe der ▸*DIN 18 195 „Bauwerksabdichtung“* sowie auch nicht genormte Abdichtungsstoffe zur Anwendung. Hauptsächlich werden heute kaltverarbeitbare Bitumenemulsionen (▸*Bitumen-Dickbeschichtungen*) eingesetzt, deren Marktanteil mit über 75 % angegeben wird. Des Weiteren werden mineralische Abdichtungsstoffe wie starre und ▸*flexible Dichtungsschlämmen* sowie Sperr- oder Dichtungsputze eingesetzt. Die dritte Gruppe unter den Abdichtungsstoffen bei der Außenabdichtung sind die Abdichtungsbahnen, die vor der Überarbeitung der DIN 18 195 „Bauwerksabdichtung“ einen wesentlich höheren Marktanteil bei der Abdichtung am Neubau hatten. Bei der nachträglichen Vertikalabdichtung haben ▸*Abdichtungsbahnen* keine große Bedeutung, da sie hierfür zu umständlich zu verarbeiten und deshalb in der Regel nicht wirtschaftlich sind. Neben den klassischen Abdichtungsbahnen aus Bitumen und Kunststoff wurden in den letzten Jahren auch selbstklebende oder ▸*flexible Abdichtungsbahnen* entwickelt. Klassische Bitumenanstriche stellen mittlerweile eine Ausnahme dar und werden nach der neuen DIN 18 195 „Bauwerksabdichtung“ nicht mehr als Abdichtung erwähnt.

Bei der nachträglichen Innenabdichtung kommen überwiegend zementgebundene Abdichtungsstoffe wie ▸*Dichtungsschlämmen*, wasserundurchlässige Putze, Mörtel oder Stopfmörtel zum Einsatz. Der Vorteil der zementgebundenen Abdichtungsstoffe liegt u. a. darin, dass diese auf feuchten Untergründen eingesetzt werden können, sich homogen mit dem Baustoff verbinden und somit negativem Wasserdruck standhalten können. Bitumen-Dickbeschichtungen sowie Abdichtungsbahnen und -folien können zwar auch eingesetzt werden, dies stellt aber die absolute Ausnahme dar. Voraussetzung für den Einsatz dieser Abdichtungsstoffe sind ausreichende Auflasten bzw. Gegendrücke, die konstruktiv dem Wasserdruck standhalten können.

Alternativ zu diesen Außen- und Innenabdichtungen werden vereinzelt auch sog. ▸*Flächeninjektionen* durchgeführt, die unter dem Namen Schleierabdichtung oder Vergelung bekannt geworden sind. Als Injektionsstoffe hierfür werden Zementsuspensionen oder Zementleime sowie Acrylharzgele eingesetzt. Die Injektionsstoffe werden je nach Wasserbelastung, Mörteleigenschaften, Gesteins- und Ziegelart, Wandkonstruktion und Bodenbeschaffenheit sowie besonderer Anforderungen ausgewählt.

Injektionsstoffe zur nachträglichen Horizontalabdichtung werden ugs. nicht als Abdichtungsstoffe bezeichnet und deshalb separat beschrieben.

A B C D E F G H I J K L M N O P Q R S T U V W X Y Z

Abdichtungsuntergrund

Nach der ▸*DIN 18 195 „Bauwerksabdichtung“* ist der sog. Abdichtungsuntergrund die Fläche, auf dem die Abdichtung aufgebracht wird. In der Abdichtungspraxis wird hierfür in der Regel der Begriff Dichtungsträger verwendet.

Abflussspende

Der Begriff Abflussspende kommt aus der ▸*Dränung* und beschreibt die zufließende Wassermenge (Dränzufluss) vor dem Bauwerk. Da das Wasser der ▸*Dränschicht* in der Regel linienförmig zugeführt wird, ist die Abflussspende auf die Länge der Wand in l/(s • m) zu berechnen. Bei Deckenflächen und Bodenplatten hingegen wird die Abflussspende auf die Fläche der Wand in l/(s • m^2) angegeben. Angaben zur Abflussspende befinden sich in der ▸*DIN 4095*. Hier gilt als Abflussspende vor Wänden 0,3 l/(s • m) und auf Decken 0,03 l/(s • m) sowie unter Bodenplatten 0,005 l/(s • m^2). Des Weiteren wird für die Bemessung der Dränelemente im Sonderfall nach den Lastfällen und der Bodenart unterschieden. Die entsprechenden Abflussspenden richten sich nach der Lage des Bauteils (Wände, Decken, Bodenplatten), der Bodenart (schwach oder stark durchlässig) sowie den verschiedenen Lastfällen (▸*Bodenfeuchtigkeit*, ▸*Schichten- und Sickerwasser*, Oberflächenwasser und dgl.). Die anfallende Abflussspende muss in der Sickerschicht drucklos zum Dränrohr abgeführt werden.

Abklingmethode

Die Abklingmethode ist eine Methode zur Messung des Luftwechsels. Hierbei wird eine kleine Menge Gas in einem Raum verteilt und anschließend das Abklingen der Gaskonzentration über eine gewisse Zeit gemessen. Um ein gleichmäßiges Ergebnis sicher zu stellen, wird ein Mischventilator aufgestellt, der das Gas im Raum gleichmäßig verteilt.

Ablüftezeit

Der Begriff Ablüftezeit wird in der Fugenabdichtung verwendet und gibt die Zeitspanne in Minuten an, wann ein Dichtstoff nach dem Auftragen eines Haftvermittlers in die Fuge eingebracht werden kann. Die Ablüftezeit eines Haftvermittlers muss unbedingt eingehalten werden, da noch nicht restlos verdunstete Lösemittel zu Haftungsproblemen und/oder Blasenbildung im Dichtstoff führen können.

Abmehlen

▸*Absanden*

Abperleffekt

▸*Benetzungswinkel*

Abreißfestigkeit

▸*Haftzugsfestigkeit*

Abreißversuch (qualitativ)

Um die ▸*Haftzugfestigkeit* einer alten Beschichtung gegenüber dem Untergrund zu ermitteln, wird ein sog. Abreißversuch durchgeführt. Hierzu wird ein Klebeband mit hoher Klebkraft auf den Untergrund aufgeklebt und anschließend ruckartig abgezogen. Anhand der Rückstände der Beschichtung auf der Rückseite des Klebebandes können Aussagen darüber getroffen werden, ob die Haftung zum Untergrund ausreichend ist oder ob entsprechende Vorarbeiten, wie z. B. das Aufbringen einer den Untergrund verfestigenden Grundierung, notwendig werden. Dieses Verfahren wird ugs. auch als qualitativer Abreißversuch bezeichnet, da er keine absolute Werte liefert. Werden diese benötigt, muss auf einen quantitativen Abreißversuch zurück gegriffen werden.

Abreißversuch (quantitativ)

Um die ▸*Oberflächenzugfestigkeit* eines Baustoffes quantitativ zu ermitteln wird eine Metallscheibe auf den Baustoff aufgeklebt und definiert abgezogen. Aus der aufzubringenden Kraft ergibt sich die Oberflächenzugfestigkeit mit Bezug zur Druckfestigkeit. Dieses zerstörungsarme Prüfverfahren kann direkt am Objekt eingesetzt werden und liefert mit einfachem Aufwand absolute Werte.

Abriebfestigkeit/ -verhalten

Die Abriebfestigkeit (oder das Abriebverhalten) einer Beschichtung wird nach dem Substanzverlust an der Oberfläche durch mechanische Einwirkung und dem Abrieb im flüssigen Beschichtungsstoff selbst unterschieden. Der Abrieb bei der Verarbeitung, wie z. B. der Verschleiß von Schneckenmänteln bei der Applikation von Putzmörteln, ist darunter nicht zu verstehen.

Bei dem Substanzverlust an der Oberfläche handelt es sich um das mehr oder weniger schnelle Abtragen von Teilen einer Beschichtung durch äußere Einflüsse, die aktiv herbeigeführt werden, wie z. B. beim Schleifen, Reinigen oder Polieren. Hierfür können aber auch passive Einflüsse wie z. B. Erosion durch Witterungseinflüsse verantwortlich sein. Die Abriebfestigkeit eines Materials wird danach eingestuft, wie groß der Substanzverlust in Abhängigkeit zur Intensität und Zeitdauer ausfällt.

Absanden

Mit dem Begriff Absanden oder auch Abmehlen wird das Ablösen einzelner Partikel der Oberfläche eines Materials, z. B. einer Putzschicht, bezeichnet. Dies kann mehrere Ursachen haben. Neben natürlichen Witterungseinflüssen können zu schneller Wasserentzug beim Erhärtungsvorgang oder auch Bindemittelumwandlungen und -auswaschungen infolge bauschädigender Salze eine der Ursachen sein. Der Begriff Absanden gilt in der Regel für mineralische Putze, Ziegelsichtmauerwerk und Natursteinoberflächen und darf nicht mit dem Begriff Kreiden verwechselt werden, der in der Regel für Anstriche verwendet wird und einen ähnlichen Vorgang beschreibt.

Absäuern

Unter Absäuern wird das Entfernen von Kalkablagerungen, Ausblühungen, Ölflecken oder anderen Verunreinigungen von Oberflächen mittels verdünnter Säure verstanden.

Abscheren

Scherkräfte wirken in der Ebene der Schnittfläche und gehören zu den am häufigsten unterschätzten Kräften, wenn im Rahmen der Schadensanalyse z. B. Putzschäden ausgewertet werden. Sie entstehen u.a., wenn die Putzschicht unter Spannung steht und/oder bei nachträglichem Schwinden des Untergrundes, nachdem die Härtung des Putzes bereits abgeschlossen ist.

Abschlussprofil

Für den unteren Abschluss eines Fassadenputzes im Übergangsbereich zum Sockel oder zur Geländeoberkante werden Metallprofile eingesetzt.

Abschuppen

▸*Absanden*

Absolute Dielektrizitätskonstante

▸*Dielektrizitätskonstante*

Absolute Luftfeuchtigkeit

Unter der absoluten Luftfeuchtigkeit wird der Feuchtegehalt in g pro m^3 verstanden, der bei gegebenen Bedingungen herrscht. Die absolute Luftfeuchtigkeit ist im Gegensatz zur relativen Luftfeuchtigkeit temperaturabhängig, wobei für das Mauerwerk von Bedeutung ist, dass der entsprechende Feuchtegehalt im Mauerwerk von der vorhandenen Luftfeuchtigkeit abhängt. Außerdem beeinflusst natürlich der Gehalt an Wasserdampf in der Luft, also die absolute Luftfeuchtigkeit, auch die Trocknungsbedingungen eines Mauerwerks.

Absorbieren / Absorption

Die Absorption beschreibt die Aufnahme von Gasen, Strahlen, Schall, Wärme oder gelösten Stoffen. Besondere Bedeutung besitzt die Absorption beim Feuchteschutz (neben der Wärmedämmung oder der Raumakustik).

Absperrmittel

Absperrmittel werden nicht zum Absperren gegen Feuchtigkeit eingesetzt. Hierbei handelt es sich in der Regel um filmbildende Voranstriche, mit denen die Einwirkung von Stoffen aus dem Untergrund auf eine nachfolgende Beschichtung oder zwischen einzelnen Schichten eines Beschichtungsaufbaus verhindert werden sollen. Sie werden auch als Isoliergrund oder Sperrgrund bezeichnet. Zu den Einwirkungen gehören z. B. das Durchschlagen von Nikotin- oder Wasserflecken, von Holzinhaltsstoffen aus Hartfaser- und Press-Spanplatten oder astreichen und tropischen Hölzern oder auch von färbenden Bestandteilen der Deckschicht von Gipskartonplatten. Um ein Durchschlagen sicher auszuschließen müssen derartige Absperrmittel einen porenfreien Film bilden.

Acetat-Dichtstoffe

Unter den ▸*Silicon-Dichtstoffen* gehört das Acetatsystem zu den bekanntesten Dichtstoffen. Beim Aushärten spaltet es Essigsäure ab. Dichtstoffe auf Acetatbasis werden in großem Umfang in Nassräumen bzw. im Sanitärbereich verwendet. Sie zeichnen sich durch sehr hohe Stabilität und gute Haftung auf mineralischen Untergründen aus.

Acremonium

Acremonium ist ein ▸*Schimmelpilz*, der bei hoher Feuchtigkeit im Innenraum zu finden ist. Er wird deshalb vor allem in Feucht- und Kellerräumen nachgewiesen.

Acrylate

Dies sind Kunststoffdispersionen oder Kunstharzlösungen auf der Basis sog. Acryl- bzw. Polyacrylharze. Verstanden werden darunter Polymerisationsprodukte der Acrylsäure oder ihrer Ester. Bekanntestes Polymerisationsprodukt ist das der Methylmetacrylsäure. Aus den Basismaterialien Acrylsäure und Alkohol wird Ethylacrylat hergestellt. Durch eine gesteuerte Polymerisation wird dann Polyethylacrylat (bei Verwendung von Methylalkohol-Polymethylacrylat oder bei Verwendung von Ethylalkohol und Hexylalkohol-Polyethylhexylacrylat) hergestellt. Polyethylacrylate und Polyethylhexylacrylate bilden weiche und relativ dauerhafte und beständige Filme.

Acrylatgel

Chemisch gesehen werden Acrylatgele der Gruppe der sog. Hydrogele zugeordnet. Dies bedeutet, dass sie aus zwei Phasen bestehen. Die erste Phase besteht aus hydrophilen Acrylmonomeren und die zweite Phase aus Wasser. Infolge der Polymerisation werden langkettige, makromolekulare Verbindungen gebildet. Diese Polymere sind untereinander wieder vernetzt, so dass dreidimensionale Molekülstrukturen entstehen. Diese sind an den Außenflächen wasserlöslich, so dass diese Molekülstränge Wasser aufnehmen und infolgedessen quellen (Volumen- und Massenzunahme). Dieser physikalische Quellvorgang ist reversibel. Das Volumen und die Eigenschaften von Acrylatgelen ist stark abhängig von der Einwirkung durch Feuchtigkeit. Dies bedeutet, dass Acrylatgele in trockenem Medium schrumpfen und bei Feuchtigkeitszufuhr wieder quellen und an Volumen zunehmen. Dies muss bei der Abdichtung mit Acrylatgelen berücksichtigt werden. Acrylatgele bestehen in der Regel aus einer Gelflüssigkeit, einem Aktivator und Katalysator sowie einem Härter, in der Regel aus Natriumperoxid oder Ammoniumperoxidsulfat). Die Materialeigenschaften werden durch diese Komponenten sowie deren Mischungsverhältnis ganz wesentlich beeinflusst.

Acrylatgele werden zur ▸*Abdichtung* und ▸*Rissverpressung* eingesetzt, wobei in beiden Fällen der Vorteil des Quellvermögens genutzt wird. Im Gegensatz zu anderen Injektionsstoffen erfolgt bei Acrylatgelen die Abdichtung nicht durch Flankenhaftung, sondern durch eine Verzahnung in den Rissflanken. Außerdem können Acrylatgele bereits knapp oberhalb des Gefrierpunktes verwendet werden. Für die Injektion ist vorteilhaft, wenn sich in den Rissen noch Wasser befindet. Dieses Restwasser wird während des Geliervorganges im Rahmen der Polymerisation mit eingebunden. Darüber hinaus werden Acrylatgele zur Verpressung von Injektionsschläuchen bei Arbeitsfugen, zur Behälterabdichtung sowie bei der Mauerwerks- und Natursteinvergelung eingesetzt.

▸ *Gelschleierabdichtung*
▸ *Schleierabdichtung*

Acrylharze

Acrylharze ist eine Sammelbezeichnung für die, zu den Thermoplasten gehörenden, Polymerisaten der Acrylsäure bzw. der Methacrylsäure. Acrylharze sind in der Regel durchsichtige, UV-durchlässige Produkte, die gegen schwache Säuren, aber nicht gegen Alkohole und andere organische Lösungsmittel, beständig sind. Sie werden als Bindemittel für die unterschiedlichsten Beschichtungsstoffe eingesetzt und zeichnen sich u. a. durch eine gute Witterungsbeständigkeit aus.

Acrylharzgel

Ein Gel besteht aus einer chemischen Verbindung, die eine Festkörperstruktur besitzt, in die Wasser physikalisch eingebunden ist. Der Festkörper kann aus den unterschiedlichsten Stoffen wie mineralische oder polymere Verbindungen bestehen. Die Konsistenz ausgehärteter Gele hängt von der Art des eingesetzten Stoffes ab und kann von weich-plastisch über elastisch-spröde sein. Eine Austrocknung des Gels kann die abdichtende Wirkung ebenfalls beeinflussen. So gibt das Gel in trockener Umgebung Wasser ab und verliert infolgedessen sein Volumen. Bei erneuter Wasserzugabe quillt das Gel wieder auf und dichtet ab. Dies bedeutet, dass Gele bei Wasserentzug schrumpfen und bei Wasserzufuhr entsprechend aufquellen.

Chemisch gesehen können die gelbildenden Acrylharze als wässrige Monomeren-Mischungen auf der Basis von Methacrylsäureestern charakterisiert werden. Zusammen mit einem Aktivator, einem Katalysator und Anmachwasser bilden sie das Injektionsmittel. Wichtige Einflussgrößen für die Verarbeitung bilden die Viskosität und die Gelierzeit. Die Viskosität ist wasserähnlich und hängt sehr stark vom Mischungsverhältnis mit Wasser ab. Die Gelierzeit wird durch die Katalysatormenge bestimmt und kann auf wenige Sekunden bis zu mehrere Stunden eingestellt werden. Nach der Gelbildung liegt ein stabiles, elastisch verformbares Kunststoff-Wasser-System vor.

Acrylatharzgele werden aus mehreren Komponenten hergestellt und in der Regel mit 2K-Pumpen verarbeitet. Die Wasserzugabe beträgt etwa die Hälfte des Injektionsstoffes. Die Viskosität liegt bei etwa 3 bis 10 mPas, weshalb sie sich besonders gut als Injektionsstoff eignen.

▸ *Gelschleierabdichtung*
▸ *Schleierabdichtung*

Acrylatvergelung

▸ *Gelschleierabdichtung*
▸ *Schleierabdichtung*

Additive

Als Additiv werden Substanzen und Zusätze definiert, die einem Stoffgemenge (z. B. für Beschichtungen) in Mengen unter 5% zugesetzt werden. Diese Additive haben die Aufgabe, dem Stoffgemenge oder daraus hergestellten Produkten/Baumaterialien spezifische Eigenschaften zu geben, diese also zu verbessern oder zu modifizieren. In der Praxis enthält z. B. ein Beschichtungsstoff meist mehrere Additive, die ein unterschiedliches Wirkungs- und Eigenschaftsprofil aufweisen können und dadurch ganz gezielt auf verschiedene Eigenschaften einwirken.

Zu diesen Additiven zählen z. B. Netz- und Dispergiermittel, Entschäumer, Verdicker, Hydrophobierungsmittel, rheologische Modifizierungsmittel, Filmbildehilfsmittel, Offenzeit-Verlängerer, Biozide, haftungsverbessernde Zusätze, Benetzungshilfsmittel u. a..

So unterschiedlich Additive auch in ihrer Zusammensetzung, Wirkung und Eigenschaften sind, so haben sie doch Eines gemeinsam. Auch wenn ihre Menge im fertigen Material in Summe gering ist, so ist ihr Vorhandensein jedoch entweder unbedingt notwendig oder zur Erzielung besonderer Effekte wichtig. Zum Teil können schon homöopathische Mengen die Eigenschaften ganz wesentlich verändern.

A B C D E F G H I J K L M N O P Q R S T U V W X Y Z

Adhäsion

Der Begriff Adhäsion ist aus dem Lateinischen (*adhaerere* = anhaften) abgeleitet und beschreibt das Phänomen der Haftwirkung zwischen einer festen Fläche und einer zweiten Phase, die aus einem flüssigen oder festen Film bestehen kann. Die auslösende Wirkung der Adhäsion kann sowohl chemische wie auch physikalische Ursachen haben und beruht auf zwischenmolekularen Kräften, die an den Grenzflächen von verschiedenen Phasen entstehen.

Adhäsionsbruch

Der Begriff Adhäsionsbruch wird im Rahmen der ▸*Fugenabdichtung* für die unerwünschte Ablösung eines ▸*Dichtstoffes* von einer oder beiden Fugenflanken verwendet. Er tritt auf, wenn ein mangelhafter Untergrund vorliegt oder die Untergrundvorbehandlung unzureichend ausgeführt wurde. Die Ursachen für einen Adhäsionsbruch sind z. B. ein nicht tragfähiger Untergrund, lose Farbreste oder mürbe und kreidende Putze, Trennmittel, eine zu hohe Untergrundfeuchtigkeit, bituminöse Untergründe. Auch Unverträglichkeiten zwischen dem alten und neuen Dichtstoff oder chemische Unverträglichkeiten wie z. B. ein saurer Silicon-Dichtstoff auf einem alkalischen Betonuntergrund können als Ursache für einen Adhäsionsbruch verantwortlich sein.

Adhäsionskräfte

Als Adhäsionskräfte werden die Anziehungskräfte zwischen den Molekülen verschiedener Körper bezeichnet. Im Gegensatz hierzu werden die Anziehungskräfte zwischen den Molekülen des gleichen Körpers als ▸*Kohäsionskräfte* bezeichnet.

Adhäsionsverlust

Mit dem Adhäsionsverlust wird die (unerwünschte) Ablösung der Verbindung zwischen den beiden durch Adhäsion verbundenen Baustoffen verstanden.

Adhäsionsriss

▸*Adhäsionsbruch*

Adhäsionswert

Die Kraft, die zwischen zwei über Adhäsion verbundenen Baustoffen herrscht bzw. die notwendig ist, um eine adhäsive Verbindung im Bereich der Haftflächen zu trennen, wird als ▸*Adhäsionswert* bezeichnet.

Adsorption

Unter der Adsorption wird die Aufnahme von Atomen, Ionen oder Molekülen eines Gases oder einer Flüssigkeit (Adsorbat) durch die Oberfläche eines Feststoffes oder einer Flüssigkeit (Adsorbens) verstanden. Das Adsorbat wird dabei aufgrund von Adhäsionskräften (also keine chemische Bindung) auf der Oberfläche des Adsorbens festgehalten. Poröse oder fein verteilte Feststoffe können mehr Adsorbat aufnehmen, da sie eine relativ große Oberfläche haben. Auf ähnliche Weise kann die adsorbierende Oberfläche einer Flüssigkeit vergrößert werden, wenn die Flüssigkeit z. B. in Form von feinen Tröpfchen vorliegt. Die Adsorption spielt auch bei der Katalyse und bei anderen chemischen Vorgängen eine wichtige Rolle. Im Gegensatz dazu versteht man unter Absorption das Eindringen von Gasen (Absorbat) in Flüssigkeiten oder Festkörper (Absorbens).

Äquivalenter Wärmedurchgangskoeffizient

Dies ist ein Wärmedurchgangskoeffizient, der speziell zur Beurteilung von Fenstern geeignet ist. Durch die Einarbeitung der Wärmegewinne über die Sonneneinstrahlung können verglaste Flächen gemäß ihrem hohen Stellenwert bei der Gebäudeplanung berücksichtigt werden. Diese solaren Wärmegewinne sind abhängig von der Ausrichtung nach der Himmelsrichtung und dem Durchlassvermögen der Verglasung. Dieser wird auch als Gesamtenergiedurchlassgrad bezeichnet.

Äquivalenzpunkt

Der sog. Äquivalenzpunkt beschreibt in der Chemie den Zustand der vollständigen ▸*Neutralisation*, die aber nicht automatisch dem pH-Wert 7 entsprechen muss.

A B C D E F G H I J K L M N O P Q R S T U V W X Y Z

Aeroplankton
Das Aeroplankton stellt die Gesamtheit der sich im Luftraum befindlichen Kleinlebewesen dar, wie z. B. Bakterien, Sporen, Protozoen und dgl. Dies kann im Rahmen der Kellersanierung wichtig sein, wenn durch Schimmelpilzbefall oder Hausfäulen erhöhte Sporenbelastung vorliegt.

Aerosol
Unter dem Begriff Aerosol werden die in Luft oder Gasen schwebenden, feinstverteilten Stoffe, kolloidale Dispersionen von festen Stoffen oder Flüssigkeiten in Luft oder Gasen zusammengefasst.

AET-Verfahren
Das sog. AET-Verfahren beschreibt ein ▸*elektrophysikalisches Verfahren*, das in der ehemaligen DDR entwickelt wurde und dort vielfach zum Einsatz gekommen ist. Die Abkürzung AET steht für Aktive ▸*Entsalzung* und ▸*Trockenlegung* von Mauerwerk. Das Verfahren bedient sich metallischer Elektroden. Früher wurden hier ausschließlich Eisenelektroden verwendet, später dann auch Titanelektroden. Es wird mit einer Spannung von 50 bis 60 Volt gearbeitet, wobei zunächst eine Entsalzung stattfinden soll und anschließend eine Trocknung des Mauerwerkes. Das Verfahren ist in seiner Wirkung in Fachkreisen umstritten und wird heute nicht mehr angewendet.

Ätzkalk
Unter Ätzkalk wird gebrannter Kalk (Kalziumoxid) verstanden, der durch Erhitzen von Kalkstein (Kalziumkarbonat) hergestellt und in der Regel zu Pulver gemahlen wird.

Affinität
Unter Affinität wird eine Stoffverwandtschaft unterschiedlicher Baustoffe verstanden, die aufgrund der Bindemittelbasis oder Zusammensetzung ähnliche Eigenschaften und/oder eine gute Haftung zueinander aufweisen.

Aggressives Grundwasser
Nach *Prof. Dr. Cziesielski* können sich im ▸*Grundwasser* auch Bestandteile befinden, die auf das freiliegende Mauerwerk oder auf den WU-Beton aggressiv und korrodierend einwirken. Mögliche Anzeichen können unangenehmer, fauler Geruch, dunkle Verfärbungen und so gar das Aufsteigen von Gasblasen (Sumpfgas, Kohlenstoffdioxid) sein. Darüber hinaus muss auch Meerwasser (stark betonangreifend), Moorwasser (kalklösende Kohlensäure, Sulfate und Huminsäuren), Abwasser (ggf. anorganische und organische Bestandteile) sowie unter Umständen Gebirgs- und Quellwasser (ggf. kalklösende Kohlensäure und Sulfate) berücksichtigt werden. Evtl. muss eine chemische Analyse des Grundwassers durchgeführt werden. Ist der erdberührte Bereich abgedichtet, kann dieses aggressive Grundwasser ggf. auch die ▸*Bauwerksabdichtung* angreifen. Deshalb müssen Abdichtungsstoffe aggressivem Grundwasser standhalten. [2]

Aktive Elektroosmose
Die Nutzung der ▸*Elektroosmose* zur ▸*Entfeuchtung* und/oder ▸*Entsalzung* von Mauerwerken erfolgt durch sog. Elektrolyseverfahren. Dabei wird nach passiver und aktiver Elektroosmose unterschieden. Bei der aktiven Elektroosmose wird von außen eine Spannung eingespeist, die in der Regel zwischen 6 und 20 Volt liegt. Das theoretische Prinzip der Entfeuchtung und/oder Entsalzung von Mauerwerken durch Elektroosmose wurde unter Laborbedingungen mehrfach nachgewiesen. Unter objektbezogenen und praktischen Bedingungen sind jedoch eine Reihe von Fehlsanierungen bekannt geworden, die auf das Nichtfunktionieren dieser Verfahren zurück zu führen sind. Konstruktive Lösungen, bauschädigende Salze, unregelmäßige Feuchteprofile, metallische Bestandteile und/oder -installationen führten zu einer negativen Beeinflussung des Stromflusses. Nachgewiesen wurde jedoch auch, dass flankierende Maßnahmen die Ergebnisse positiv beeinflusst hat und/oder die Nutzung des Wirkprinzips überhaupt erst ermöglichte.

A B C D E F G H I J K L M N O P Q R S T U V W X Y Z

Auch wenn es für die aktive Elektroosmose eine nachvollziehbare Theorie gibt und sie sich damit deutlich von der passiven Elektroosmose unterscheidet, so sind diese Verfahren zur Mauerwerksentsalzung und/oder -entfeuchtung in Fachkreisen umstritten und in keinem Regelwerk beschrieben. Sie entsprechen damit nicht den ▸*Allgemein anerkannten Regeln der (Bau)Technik* und dürfen in öffentlichen Ausschreibungen nicht verwendet werden.

Akustische Leckortung

Die akustische Leckortung erfolgt über ein Mikrofon, das die typischen Geräusche von Wasser- und Heizungsrohren aufnimmt. Dabei unterscheidet man zwischen der Körperschallschwingung des Rohres (verursacht durch den Wasseraustritt an der Leckage) und dem eigentlichen Leckgeräusch (Bewegung des Wassers). Die Körperschallschwingung breitet sich von der Leckage in beide Richtungen aus und ist unterschiedlich stark. Grundsätzlich gilt: je lauter das Geräusch – desto näher liegt die Leckage. Das eigentliche Geräusch des Wasseraustritts breitet sich kugelförmig aus und kann deshalb nur direkt an der Leckage wahrgenommen werden.

Alaun

Der Begriff Alaun (frz. *Alun*) steht allgemein für alle schwefelsauren Doppelverbindungen mit der gleichen chemischen Struktur. Technisch gesehen wird aber nur das kristallisierte Kaliumaluminiumsulfat (wasserhaltiges, schwefelsaures Doppelsalz von Kalium und Aluminium) sowie das Ammoniumaluminiumsalz verstanden. Alle Alaune kristallisieren in der Regel in der Oktaederform mit 24 Molekülen Wasser.

Aliphate

Aliphate sind linear kettenförmige Verbindungen, die als organisches Lösemittel aus dem Rohstoff Erdöl gewonnen werden. Je nach organischer Struktur werden aliphatische, aromatische Lösemittel und Glykole, Alkohole und Ester unterschieden. Typische Vertreter der Aliphate sind z. B. Testbenzin oder Terpentin. Aus Gründen des Umwelt- und Arbeitsschutzes werden zunehmend aromatische Lösemittel durch aliphatische Kohlenwasserstoffverbindungen ersetzt.

Alkalibeständigkeit

Mit der Alkalibeständigkeit wird die Widerstandsfähigkeit gegenüber alkalisch (basisch) reagierenden Stoffen beschrieben. Hierzu zählen die wässrigen Lösungen von Alkalien, wie z. B. Natronlauge, Kalilauge, Ammoniak, aber auch Kalziumhydroxid (Ätzkalk), Wasserglas oder eine Aufschlämmung von Zement. Alle diese Stoffe reagieren alkalisch mit einem pH-Wert, der je nach Stärke zwischen > 7 und 14 am Endpunkt der pH-Wert-Skala liegen kann. Die Alkalibeständigkeit von Beschichtungen ist deshalb von besonderer Bedeutung, weil Untergründe wie Beton, mineralischer Putz oder Faserzement, vor allem in frischem Zustand, hoch alkalisch reagieren. Hierauf muss bei der Auswahl (Bindemittel, Pigmente und Additive) nachfolgender Beschichtungen besonders geachtet werden, da sonst Schäden infolge der Verseifung auftreten können. Hierbei wird das Bindemittel durch die Alkalität des Untergrundes angegriffen, da die vorhandenen Estergruppen aufgespalten werden. Die Untergrundhaftung der nachfolgenden Beschichtung wird dadurch reduziert und die Bindefähigkeit gegenüber Pigmenten und Füllstoffen reduziert sich. Infolgedessen kommt es zu einer nachhaltigen Störung der Bindemittelmatrix, die wiederum ein Abblättern und Auflösen zur Folge hat.

Alkalien

Alkalien sind die sog. Oxidhydrate der Alkalimetalle. Ihre typischen Eigenschaften bestehen darin, dass sie in Wasser löslich und ihre wässrigen Lösungen ätzend sind, sie einen eigenartigen scharfen Geschmack haben, sie aus der Luft Kohlensäure aufnehmen und sich mit Säuren zu Salzen verbinden können. Außerdem können Alkalien mit Ölen und Fetten sog. Seifen bilden.

Alkaliresistenz

▸ *Alkalibeständigkeit*

Alkalireserve

Mit der Alkalireserve wird der Anteil vorhandener Restalkalität eines Baustoffes bezeichnet. Da die Umwelt in der Regel als sauer eingestuft werden muss, wird die Alkalität der Baustoffe mit der Zeit durch Umwelteinflüsse abgebaut. Der Baustoff verliert dann einen Teil seiner ursprünglichen Alkalität. Die Differenz zwischen der Ausgangsalkalität und diesem Alkalitätsverlust bezeichnet man als Alkalireserve.

Alkalische Reaktion

Eine alkalische (basische) Reaktion liegt vor, wenn eine Lösung einen pH-Wert > 7 aufzeigt und das Indikatorpapier blau färbt.

Alkalisierung

Durch phototrophe Prozesse (CO_2 -Bindung) und vereinzelt auch durch heterotrophe Umsetzung von Stickstoffverbindungen sowie Natriumsalzen organischer Säuren (Freisetzung von Ammonium bzw. Natriumkarbonat durch Mycobakterien) kann es auch zu einer biogenen Alkalisierung des Untergrundes und zur Anlösung von Quarzpartikeln (pH-Wert >9) kommen.

Alkalisilikate

Ugs. werden Alkalisilikate auch als Wassergläser bezeichnet. In der Vergangenheit wurden sie als ▸ *Injektionsmittel* zur nachträglichen Horizontalabdichtung eingesetzt.

Alkalisilikate sind die Natrium- oder Kaliumsalze der Kieselsäure. Sie entstehen z. B. durch die Reaktion von Quarz mit Natron- oder Kalilauge bei hohen Temperaturen. Wird z. B. ein amorphes oder kristallines Silikat mit Kaliumkarbonat (Pottasche) verschmolzen, so wird das Silikatgerüst von Kaliumionen aufgebrochen und es entsteht ein Kaliumsilikat.

In Porensysteme eingebracht, scheiden Alkalisilikate allmählich ein Kieselgel ab, mit dem die Kapillaren des Baustoffs verengt werden. Lt. WTA-Merkblatt „Mauerwerksinjektion gegen kapillar aufsteigende Feuchtigkeit" liegt damit das Wirkprinzip der ▸ *Kapillarverengung* vor. Mit diesem Prinzip könnte theoretisch eine Reduzierung kapillarer Saugfähigkeit erreicht werden. Praktisch steht dem entgegen, dass es aufgrund der Verdunstung des Wassers zu einem Schwinden des Kieselgels und damit verbunden zur Bildung sog. Sekundärkapillaren kommen kann. Diese bewirken, dass die Kapillaraktivität nach dem vollständigen Austrocknen des gebildeten Kieselgels wieder zunimmt bzw. sich weiterhin auf dem Niveau befindet, das vor dem Einbringen dieser Injektionsstoffe bestand.

Ein weiterer Grund für den Ausschluss von Wasserglas als Injektionsmittel besteht in der Bildung bauschädigender Salze als Nebenprodukt. Durch die Injektion der Kalium- oder Natriumsilikate wird ein hoher Alkaligehalt eingebracht, der durch Umsetzung mit der Luftkohlensäure große Mengen Pottasche bzw. Soda bildet. Diese löslichen und bauschädigenden Salze belasten das Mauerwerk zusätzlich. Dies zeigt sich durch großflächige Ausblühungen auf dem Mauerwerk bzw. direkt im Umfeld der Bohrlöcher. Im Mauerwerk dagegen kann eine Belastung durch Kristallisation erfolgen, so dass die hygroskopische Feuchte zunimmt. Später wurden alkaliarme Silikatverbindungen eingesetzt, um die Salzbildung möglichst gering zu halten.

Alkalisilikat-/ Methylsiliconate

▸ *Kombinationsprodukte*

Alkalisiliconate

Alkalisiliconate werden als ▸ *Injektionsmittel* gegen kapillar aufsteigende Feuchtigkeit bei der ▸ *nachträglichen Horizontalabdichtung* eingesetzt. Diese Injektionsmittel basieren auf dem ▸ *Wirkprinzip* der ▸ *Hydrophobierung*.

Alkalität (alkalisch)

Unter Alkalität wird die Fähigkeit zur Reaktion von chemischen Verbindungen, Stoffen und Substanzen im pH-Bereich oberhalb des Neutralpunktes 7 verstanden. Bei Werten von nur

A B C D E F G H I J K L M N O P Q R S T U V W X Y Z

wenig über 7 spricht man von schwacher, bei Werten in der Nähe des messbaren Endpunktes 14 von starker Alkalität. Mineralische Baustoffe und Baustoffmischungen sind in der Regel als mehr oder weniger stark alkalisch einzustufen. Bei einigen Baustoffen spielt die Alkalität für die Beständigkeit eine große Rolle.

Alkalitreiben

▸*Sulfattreiben*

Alkoxisysteme

Alkoxisysteme sind eine der jüngeren Entwicklungen auf dem Gebiet der feuchtigkeitshärtenden ▸*Silicon-Dichtstoffe*. Sie spalten niedere Alkohole ab, die beim Aushärten kaum wahrgenommen werden. Dieser Vorteil auf der einen Seite (geringe Geruchsbelästigung) beinhaltet einen entscheidenden Nachteil – den Wegfall des „Geruchs-Indikators", der die vollständige Aushärtung angezeigt hat. Alkoxyhärtende Silicon-Dichtstoffe besitzen eine sehr hohe Haftung auf sehr unterschiedlichen Untergründen.

Alkylsulfate

Alkylsulfate gehören zu der Gruppe der ▸*Tenside* und werden als ▸*Luftporenbildner* z. B. bei der Herstellung von ▸*Sanierputzen* oder anderen porenreichen Putzsystemen eingesetzt.

Allgemein anerkannte Regeln der (Bau)Technik

Mit der Bedeutung des unbestimmten Rechtsbegriffs der Allgemein anerkannten Regeln der Technik haben sich Rechtssprechung und Wissenschaft befassen müssen, seit dieser Begriff in den Straftatbestand der Baugefährdung aufgenommen wurde. Das Reichsgericht hat im Jahre 1910, mit Bezug auf ein eigenes Urteil von 1891, in einem Strafverfahren zum Baugefährdungsstraftatbestand den Versuch einer Auslegung dieses Rechtsbegriffes unternommen. Die Definition des Reichsgerichts von 1910, über Jahre als Reichsgerichtsformel bezeichnet, sind nicht nur bis heute für die Auslegung im Strafrecht maßgeblich, sondern wurden zunehmend auch für die Handhabung dieses Rechtsbegriffes im gesamten öffentlichen Recht übernommen. Auch das Bundesverfassungsgericht hat bereits in einer Urteilsbegründung bzgl. der Allgemein anerkannten Regeln der Technik auf die Begriffsbestimmung des Reichsgerichts zurückgegriffen.

Nach heutigem Sprachgebrauch und Verständnis lässt sich die Reichsgerichtsformel etwa folgendermaßen zusammenfassen: „Als allgemein anerkannte Regeln der Technik sind die Regeln der Technik zu verstehen, die auf wissenschaftlicher Grundlage und/oder fachlichen Erkenntnissen (Erfahrungen) beruhen, in der Praxis erprobt und bewährt sind, Gedankengut der auf dem betreffenden Fachgebiet tätigen Personen geworden sind und deren Mehrheit als richtig anerkannt und angewandt werden." Das vom Reichsgericht genannte Anerkennungsgremium der überwiegenden Zahl der betreffenden Techniker ist allerdings nicht artikulationsfähig. Deshalb wird es in Streitfällen immer wieder Aufgabe der Gerichte sein, durch Sachverhalts- und Tatsachenfeststellung zu klären, welche Regeln der Technik für den konkreten Fall von der Fachwelt anerkannt sind und von der Mehrzahl der Praktiker angewandt werden.

Was unter den Allgemein anerkannten Regeln der (Bau)Technik zu verstehen ist, ergibt sich aus einer Formulierung zum VOB-Kommentar. Danach stellen die Allgemein anerkannten Regeln der (Bau)Technik die Summe der im Bauwesen anerkannten wissenschaftlichen, technischen und handwerklichen Erfahrungen dar, die durchweg bekannt und als richtig und notwendig anerkannt sind. Sie können nicht pauschalisiert und nicht kodifiziert werden, da die Frage, welche Regeln der Technik im Allgemeinen als anerkannt gelten, nur im konkreten Einzelfall aufgrund der einschlägigen gesetzlichen Ziel- oder Zweckbestimmungen sowie der faktischen Anerkennung und Anwendung der technischen Regeln beurteilt und letzlich nur durch Gerichtsentscheid geklärt werden kann. Außerdem sind die technischen Lösungsmöglichkeiten einer

A B C D E F G H I J K L M N O P Q R S T U V W X Y Z

ständigen Weiterentwicklung unterworfen (technischer Fortschritt) und deshalb die Grenzen der Allgemein anerkannten Regeln der (Bau)Technik fließend. Hinzu kommt, dass alle denkbaren Sachverhalte mit den dazu jeweils als allgemein anerkannt geltenden Regeln der Technik auch nicht annähernd erfassbar sind. Die Grundlage der Allgemein anerkannten Regeln der (Bau)Technik bilden: die ▸*DIN-Normen* des Deutschen Institutes für Normung e.V., die Einheitlichen Technischen Baubestimmungen (ETB), die Bestimmungen des Deutschen Ausschusses für Stahlbeton, die Bestimmungen des Verbandes Deutscher Elektrotechniker (VDE), die Unfallverhütungsvorschriften der Bauberufsgenossenschaften, die Bestimmungen vom Deutschen Verein des Gas- und Wasserfach (DVGW) und von den Bauaufsichtsbehörden eingeführte technische Bestimmungen des Deutschen Instituts für Normung. Auch wenn für den VOB/B-Vertrag die Allgemein Technischen Vertragsbedingungen im Teil C als vereinbart gelten (§1, Ziffer 1, Abs. 2), so muss allerdings berücksichtigt werden, dass sich die DIN-Normen als technische Regelwerke mit der Zeit ändern und damit ihre Aktualität verlieren können. Des Weiteren bestehen eine Reihe von überholten DIN-Normen, die ihre Bedeutung für die allgemein anerkannten Regeln der (Bau)Technik verloren haben (BGH).

Wer die Allgemein anerkannten Regeln der Technik beachtet, für den spricht der Beweis des ersten Anscheins (tatsächliche Vermutung), dass er richtig gearbeitet hat. Im Streitfall muss das Gegenteil bewiesen werden. Die Allgemein anerkannten Regeln der Technik sind also Beweisregeln. Wer von den Allgemein anerkannten Regeln der Technik abweicht, hat deshalb noch nicht falsch gearbeitet. Er muss allerdings den Nachweis erbringen, dass auch die Abweichung die Gesetzes- oder Vertragsanforderung genügt. Im Streitfall heißt dies die Umkehrung der Beweislast.

Altbaumodernisierung

▸*Modernisierung*

Altbaurenovierung

▸*Renovierung*

Altbausanierung

▸*Sanierung*

Alternative Abdichtungen

Neben den über DIN-Normen oder sonstigen Allgemein anerkannten Regelwerken definierten Abdichtungsstoffen und -verfahren gibt es auch alternative Abdichtungen. Hierzu gehören Abdichtungsstoffe, die z. B. in der ▸*DIN 18 195 „Bauwerksabdichtung“* nicht aufgeführt sind. Beispielhaft sollen mineralische Dichtungsschlämmen für die Vertikalabdichtung oder Injektionsmittel für die nachträgliche Horizontalabdichtung sowie das Sonderverfahren der Schleierabdichtung erwähnt werden. Diese Abdichtungen werden seit vielen Jahr(zehnt)en im Rahmen der Sanierung eingesetzt und haben sich in der Praxis bewährt. Sie werden in Merkblättern der WTA oder der Deutschen Bauchemie beschrieben, auf die zum Teil in DIN-Normen hingewiesen wird. Neben diesen anerkannten Alternativen zur Abdichtung gibt es auch z. B. die sog. elektro-physikalischen Verfahren zur Mauerwerkstrockenlegung, die in Fachkreisen nicht als anerkannt gelten. Deshalb müssen bei diesen Alternativen neben der technischen Nachweisführung auch rechtliche Aspekte beachtet werden.

Der Auftragnehmer muss (gemäß § 4 Ziffer 2, Abs. 1 der VOB/B) die anerkannten Regeln der Technik beachten. Darüber hinaus regelt die VOB/B in Bezug auf die Gewährleistung: „Der Auftragnehmer übernimmt die Gewähr, dass seine Leistung zur Zeit der Abnahme die vertraglich zugesicherten Eigenschaften hat, den anerkannten Regeln der Technik entspricht und nicht mit Fehlern behaftet ist, die den Wert oder die Tauglichkeit zu dem gewöhnlichen oder nach dem Vertrag vorausgesetzten Gebrauch aufheben oder mindern.“ Da die elektro-physikalischen Verfahren in Fachkreisen nicht anerkannt sind und sich auch in der Praxis nicht bewährt haben, werden die Allgemein anerkannten Regeln der Technik

A B C D E F G H I J K L M N O P Q R S T U V W X Y Z

nicht erfüllt, so dass eine Abweichung der VOB vorliegt. Hierbei muss beachtet werden, dass bereits der Verstoß gegen die Allgemein anerkannten Regeln der Technik zu Gewährleistungsansprüchen des Auftraggebers nach § 4 und § 13 VOB/B sowie entsprechend BGB führt. Letztlich muss dann nur noch geklärt werden, auf wessen Veranlassung die Mauerwerkstrockenlegung mit einem elektro-physikalischen Verfahren erfolgte. Wenn ein Auftraggeber oder sein Architekt dieses Verfahren vorgibt, dann hat der Auftragnehmer gemäß VOB/B Bedenken gegen die vorgesehene Art der Ausführung und vor allem auf den Verstoß gegen die Allgemein anerkannten Regeln der Technik schriftlich anzumelden. Wurde dieses Verfahren durch den Auftragnehmer selbst angeboten und ausgeführt, geht die sog. Risikosituation komplett auf den Auftragnehmer über.

Abschließend soll noch erwähnt werden, dass alternative Abdichtungen nicht automatisch einen Verstoß gegen die Allgemein anerkannten Regeln der Technik darstellen müssen, nur weil sie nicht in der DIN 18 195 „Bauwerksabdichtung" aufgeführt sind. Die Meinung der Rechtsexperten hierzu geht auseinander, da es sich bei DIN-Normen um die freiwillige Anwendung von Empfehlungen des Deutschen Instituts für Normung handelt, die keine Rechtsnormen darstellen. Außerdem werden die Allgemein anerkannten Regeln der Technik nicht automatisch erfüllt, nur weil nach einer DIN-Norm geplant und ausgeführt wurde. In jedem Fall sollte aber der Auftraggeber auf die technischen und rechtlichen Besonderheiten bei der Ausführung einer alternativen Abdichtung hingewiesen werden. Ggf. sollten beide Vertragspartner von der Möglichkeit der technischen Abnahme gemäß § 12 VOB/B Gebrauch machen.

Alternatives Bausystem

▸*I-Bausystem*

Alternaria

Alternaria ist ein ▸*Schimmelpilz*. Die etwa 40 verschiedenen Arten sind verbreitete Materialzerstörer und Lebensmittelverderber. Sie benötigen zum Wachstum relativ viel Feuchtigkeit. Die meist schwarzen Konidien sind mehrzellig mit Quer- und Längswänden. Der häufigste Vertreter dieser Gattung ist der Alternaria alternata. Alternaria spp. bilden schwarze Faulstellen und leben als Schwärzepilze auf Wand- und Deckenflächen sowie auf Fensterrahmen, als Lebensmittelschimmel im Saatgetreide, im Getreide (Mehl) oder auf Gemüse (schwarz-grüne Flecken) sowie auf Textilien und auf Boden und Gartenerde. Diese Spezies wächst auch gerne auf verrottetem Pflanzenmaterial und bilden besonders in nassen Perioden schwarze Überzüge auf Getreideähren und schwarze Flecken auf Obst und Wurzelgemüse, die weich und matschig werden.

Alterswert

Im Gegensatz zum Immobilienmarkt, bei dem der Alterswert eine wirtschaftliche Betrachtung und Beurteilung des Ist-Zustandes einer Immobilie darstellt, gibt es auch noch eine Beurteilung aus Sicht der Denkmalpfleger und Restauratoren. Dann wird ein Bauwerk unter kulturhistorischen Gesichtspunkten betrachtet und der durch das Alter an sich entstandene sowie durch Witterungseinflüsse und sonstige Altersspuren sichtbare Alterswert gesehen. Diese sowohl durch natürliche Alterung als auch durch sonstige Einflüsse entstandene Veränderung der Oberfläche wird als Patina bezeichnet.

Alterung

Unter dem Begriff der Alterung wird die irreversibel Veränderung spezifischer Stoffeigenschaften im Verlauf der Zeit verstanden. Diese Veränderung erfolgt u.a. durch die Einwirkung von Licht, Wärme, Sauerstoff, Feuchtigkeit, Luft oder energiereicher Strahlung. Damit wird die Alterung in der Regel durch Witterungseinflüsse verursacht und ist besonders bei Materialien im Außenbereich zu beachten. So hängt die Alterung z. B. von der Art und Menge des jeweiligen Bindemittels, dem Systemaufbau und der Schichtdicke sowie der am jeweiligen Objekt vorherrschenden Belastung ab. Darüber hinaus spielt natürlich auch die Belastung aus dem Untergrund wie z. B. durch Salze und/oder Feuchtigkeit eine wichtige Rolle.

Aluminiumfolie

Aluminiumfolien werden bei mechanischen Systemen zur ▸*nachträglichen Horizontalabdichtung* eingesetzt. Dabei verwendet man in der Regel beidseitig bitumenkaschierte Aluminiumfolien. Der Nachteil dieser Produkte liegt darin, dass sie alkaliempfindlich sind. Dies bedeutet, dass bei einer Verletzung der Bitumenschutzschicht alkalischer Mörtel das Aluminium in einer chemischen Reaktion abbaut und in Aluminat umwandelt. Auf diese Weise kann es zu einer Perforierung derartiger Folien kommen, so dass heute Aluminiumfolien nicht mehr (unbedingt) empfohlen werden (können).

Ameisensäure

Ameisensäure ist die einfachste organische Säure (mit der Formel HCOOH). In verdünnter Form findet Ameisensäure bei der Stein- und Fassadenreinigung Anwendung, insbesondere zum Entfernen von Zementschleiern nach dem Verfugen.

Amin-/ Aminoxysysteme

Die Amin-/ Aminoxysysteme gehören zu den Silicon-Dichtstoffen und weisen beim Aushärten einen unangenehm fischartigen Geruch auf. So lange dieser charakteristische Geruch auftritt wird gezeigt, dass der Dichtstoff noch nicht vollständig ausgehärtet ist und deswegen nicht belastet werden darf. Obwohl Amin- bzw. Aminoxysysteme zu äußerst stabilen Produkten führen, die auch bei kalter Witterung noch nennenswert durchhärten, sind sie im Markt nicht mehr häufig zu finden. [1]

Ammoniak

Ammoniak ist ein farbloses Gas mit stechendem Geruch und stellt einen wichtigen Baustein in der organischen Chemie dar. So werden wässrige Ammoniaklösungen (auch als Salmiakgeist bekannt) zum Reinigen und Säubern eingesetzt.

Ammoniakoxidanten

Bei den sog. Ammoniakoxidanten handelt es sich um Bakterien, die Ammoniak zu Nitrit oxidieren. Sie werden deshalb auch der Gruppe der Nitrifikanten zugeordnet. Bei dem Vorgang der Oxidation wird Energie für den Stoffwechsel gewonnen. [5]

Ammonium

Ammonium entsteht u. a. bei der Zersetzung stickstoffhaltiger organischer Stoffe. Von besonderer Bedeutung für die Mauerwerks- und Kellersanierung sind vor allem das Ammoniumnitrat und Ammoniumsulfat. Ammoniumverbindungen werden durch sog. ▸*nitrifizierende Bakterien* zu ▸*Nitraten* umgewandelt, so dass im Mauerwerk bauschädigende Salze wie z. B. Kalziumnitrat (auch als ▸*Mauersalpeter* bezeichnet) gebildet werden. [5]

Ammoniumnachweis

Ammoniumsalze werden in der Regel beim Urinabbau gebildet und kommen als Mischsalz (Kalziumnitrat/ Ammoniumnitrat) vor. Sie sind stark hygroskopisch. Für den Nachweis können geeignete Merckoquant-Ammonium-Teststäbchen verwendet werden. Grundlage der Farbreaktion bildet eine spezifische Reaktion. In alkalischer Lösung bilden Ammonium-Ionen mit dem sog. Dialkaliumtetrajodomerkurat ein gelb bis braun gefärbtes Salz. Bei diesem Test ist es wichtig, nur sehr geringe Mengen der Ausblühungen aufzulösen und zu untersuchen, weil die Nachweismethoden sehr empfindlich sind und schon geringste Konzentrationen der Salze deutliche Reaktionen erkennen lassen. [5]

Ammoniumnitrat

▸*Salpeter*

Ammonsalpeter

▸*Salpeter*

A B C D E F G H I J K L M N O P Q R S T U V W X Y Z

Amorph

Der Begriff amorph ist aus dem Griechischen (*amorphos* = ungestaltet oder gestaltlos) abgeleitet und beschreibt den Zustand von Festkörpern, bei denen die einzelnen Bausteine nicht in Kristallgittern, sondern regellos, angeordnet sind. Ein Beispiel hierfür ist Kreide, die trotz gleicher chemischer Summenformel $CaCO_3$ als amorpher Füllstoff bei Farben und Putzen nur im Innenbereich eingesetzt werden kann, während Kalkstein (-Mehl) in der kristallinen Form außenbeständig ist.

Amphiphil

Unter dem Begriff der Amphiphilie werden Eigenschaften von Baustoffen oder Oberflächen beschrieben, die sowohl ▸*hydrophil* (wasseranziehend) als auch ▸*lipophil* (in Öl gelöst bzw. in Öl lösbar) sind. Diese Eigenschaft ist deshalb etwas außergewöhnlich, da amphiphile Substanzen sowohl in polaren wie auch in unpolaren Lösemitteln gut löslich sind. Zu den bekanntesten amphiphilen Substanzen gehören die Tenside.

Analyse

Der Begriff Analyse wurde aus dem Griechischen abgeleitet und bedeutet Zergliederung oder Untersuchung. Im Rahmen der Bausanierung werden unter Analyse Untersuchungen verstanden, die das Zusammenspiel und die Abhängigkeit (Ursache-Wirkung-Prinzip) zwischen der Art, dem Ort und dem Ausmaß von Bauschäden bzw. der Funktionsbeeinträchtigung erklären sollen. Des Weiteren ist es Aufgabe der Analyse, den Zustand und die Ursachen des Ist-Zustandes zu ermitteln und (soweit wie möglich) zu dokumentieren, weshalb auch der Begriff der Bauzustandsanalyse verwendet wird. Aufgrund der Komplexität von Bauschäden einerseits sowie der zunehmenden Nutzung der naturwissenschaftlichen Diagnose und von Messmethoden hat sich in den letzten Jahren zunehmend der Begriff der Bauwerksdiagnostik etabliert.

Anamnese

Unter der Anamnese wird die Dokumentation und Sammlung von Informationen, Daten und Angaben zur Geschichte und Nutzung des Objektes bezeichnet. Deshalb besitzt die Anamnese im Rahmen der Baudenkmalpflege eine große Bedeutung. Im Bereich der Mauerwerkstrockenlegung und Kellersanierung wird hiermit die Information über ein Gebäude, über die Mauerwerkskonstruktion und die bisherige Nutzung beschrieben, damit im Rahmen der geplanten Sanierung, Instandsetzung oder Modernisierung das bisherige und neue Nutzungskonzept aufeinander abgestimmt werden kann. Des Weiteren lässt sich durch eine Anamnese die Ursache und Herkunft von Bauschäden besser eingrenzen. [5]

Anastylose

Der Begriff der Anastylose wird häufig in der Restaurierung und der Baudenkmalpflege verwendet und beschreibt das Wiedereinsetzen und/oder Wiederzusammensetzen von Teilen oder Elementen.

Anemometer

Mit einem Anemometer werden bestimmte Klimadaten wie Temperatur, Luftfeuchtigkeit und Taupunkttemperatur bestimmt. Im Gegensatz zu anderen ▸*Feuchtemessgeräten* kann zusätzlich die Windgeschwindigkeit unmittelbar am sowie in unterschiedlichen Bereichen des Bauwerks ermittelt werden. Dieses zerstörungsfreie Hilfsgerät kann direkt am Bauwerk eingesetzt werden. Die Untersuchung liefert absolute Messwerte vor Ort.

Anflanschprinzip

▸*Fugenabdichtung*

Anflanschungen

Anflanschungen ist eine der Wirkungsweise bei ▸*Fugenabdichtungen*. Diese bewirken eine Abdichtung durch das Einklemmen der Fugenbandschenkel in Stahllaschen. Elastomere sind aufgrund ihrer hohen Rückstellkraft besonders geeignet.

Anfüllschutz

Während und vor allem nach der ▸*Abdichtung* muss die Abdichtung dauerhaft vor schädigenden Einflüssen geschützt werden, damit sie in ihrer Funktion nicht beeinträchtigt wird. In erster Linie geht es dabei um den Schutz vor mechanischer Belastung beim Anfüllen der Baugrube sowie dem Druck durch das angefüllte Erdreich. Hierbei dürfen ▸*Schutzschichten* keine Punkt- oder Linienlasten auf die Abdichtung übertragen bzw. die Abdichtung durch Eindrücken nicht beschädigen. Eingesetzt werden spezielle Schutzmatten oder Folien. Aber auch die ▸*Perimeterdämmung* sowie ▸*Dränplatten* können als Anfüllschutz dienen.

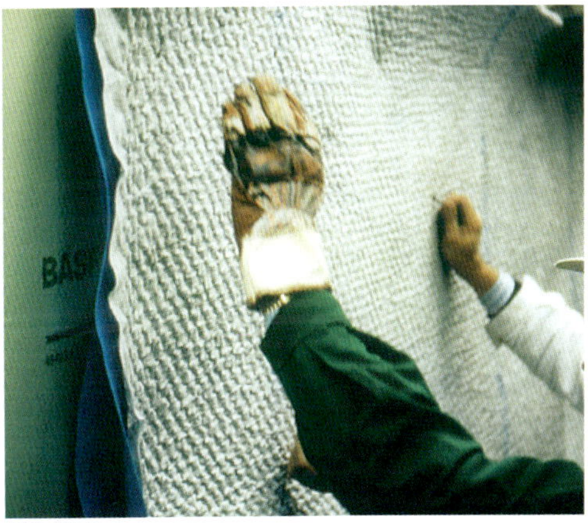

© siehe Anhang

Anhydride

Unter Anhydriden werden heute fast ausschließlich Säureanhydride verstanden. Wird einer Säure das Wasser entzogen entsteht ein Anhydrid, das bei mineralischen oder organischen Säuren ein Oxid darstellt. Wird diesen Oxiden Wasser zugeführt, erhält man dann die entsprechenden Säuren. Schwefeldioxid als wesentlicher Bestandteil des sauren Regens, ist demzufolge das Anhydrid der schwefeligen Säure. Das höhere Schwefeloxid ist das Anhydrid der Schwefelsäure. Die für manche Schadensmechanismen ebenfalls verantwortlichen Stickoxide ergeben mit Wasser die salpetrige bzw. die Salpetersäure. Die Stickoxide sind deshalb die Anhydride dieser Säuren.

Anhydrite

Anhydrit kann aus dem Griechischen (*aneu hydratos* = ohne Wasser) abgeleitet werden und kennzeichnet chemisch gesehen das wasserfreie Kalziumsulfat. Es stellt also eine wasserfreie Form des Gipses dar, indem kein Kristallwasser eingelagert ist. Anhydrit wird zudem als Bindemittel verwendet. Dazu wird ein Anreger zugesetzt, der als Abbindekatalysator eingestuft werden kann. In der Regel werden dazu wasserlösliche Alkalisalze bzw. Schwermetallsulfate verwendet.

Anker

Anker werden benutzt, um gerissene Mauerwerke und Betonkonstruktionen miteinander zu verklammern. Unterschieden werden sog. ▸*Nadelanker* und ▸*Spannanker*, die noch einmal in Verpressanker, Klebeanker und Spreizanker unterschieden werden.

Nadelanker bestehen aus Stahlstangen, die in Bohrlöcher eingeführt werden und durch einen geeigneten Zementmörtel mit dem Mauerwerk oder Beton verbunden werden. Hierbei muss auf eine ausreichende Haftung (Adhäsion) zwischen der Stahlstange und dem Zementmörtel geachtet werden, da von einem Nadelanker nur soviel Zugkraft aufgenommen werden kann, wie über den Zementmörtel auf die Stahlstange übertragen werden kann. Infolgedessen werden in der Regel Profilstähle als Nadelanker eingesetzt. Alternativ werden sog. Spannanker eingesetzt. Hierbei handelt es sich um Anker, die bereits vorgespannt wurden, so dass Mauerwerke oder Betonkonstruktionen (oder nur Teile davon) unter Druck (Spannung) gesetzt werden. Die Vorspannung erfolgt mit geeigneten Vorrichtungen wie Drehmomentschlüssel oder speziellen hydraulischen Spannpressen. Treten am Mauerwerk oder der Konstruktion aus Beton Spannungen aus Zugkräften auf, müssen die vordimensionierten Druckkräfte zunächst abgebaut werden, bevor evtl. Risse auftreten können.

Als eine der verschiedenen Arten von Spannankern werden sog. Verpressanker eingesetzt. Hierbei werden in das gerissene Mauerwerk

A B C D E F G H I J K L M N O P Q R S T U V W X Y Z

oder der Konstruktion aus Beton entsprechend große Bohrlöcher gebohrt und entsprechend dünne, gerippte Stahlstangen eingeführt, damit ein ausreichender Abstand zwischen Spannanker und Mauerwerk oder WU-Beton vorhanden ist. In diesen Abstand wird dann der Zementmörtel bzw. die -suspension eingebracht und verpresst. Besonders gut geeignet sind hohlräumige Konstruktionen, da durch den Zementmörtel oder die -suspension nicht nur die Hohlräume verfüllt und damit verfestigt werden, sondern auch eine ausreichende Verkrallung und Haftung zwischen dem Spannanker und dem Mauerwerk oder der Konstruktion aus Beton hergestellt wird.

Im Gegensatz dazu werden sog. Klebeanker im Bohrloch verklebt. Die Verklebung mit einem Kunstharzmörtel erfolgt nach einem speziellen Verfahren, bei dem erst beim Eindrehen des Ankerstahls die Materialkomponenten gemischt werden und reagieren. Für eine kraftschlüssige Verklebung sind nur homogene Mauerwerke bzw. Konstruktionen und kompakte Bohrlöcher geeignet.

Alternativ können auch sog. Spreizanker eingesetzt werden. Wie der Name besagt, besitzen diese Spannanker eine konisch geformte Spreizhülse, die sich beim Anschrauben spreizt. Infolgedessen wird der Querschnitt des Spannankers vergrößert, was wiederum zu einer Verankerung im Baukörper führt. Anschließend wird der vorhandene Hohlraum verpresst. [3]

Anmachwasser

Zum Anmischen der pulverförmigen Putze und/oder zur Einstellung der Verarbeitungskonsistenz wird Wasser benötigt, auch Anmachwasser (früher vielfach Zugabewasser) genannt. Die Menge des benötigten Anmachwassers wird in den technischen Merkblättern und auf dem Sackaufdruck genau beschrieben. Das Anmachwasser ist eine wesentliche Komponente für die beim Härtungsprozess des Mörtels ablaufenden physikalisch-chemischen Vorgänge. Jegliche Verunreinigungen im Wasser (gelöst oder schwebende Bestandteile) können diese Vorgänge stören oder negativ beeinflussen und damit die Haltbarkeit und Festigkeit des Mörtels reduzieren.

Anorganisch

Mit dem Begriff anorganisch wird unbelebte, nicht organische Substanz beschrieben. Dem entsprechend ist die anorganische Chemie die Lehre von den Elementen und Verbindungen ohne Kohlenstoff-Kohlenstoff-Bindungen.

Anorganische Bindemittel

Anorganische Bindemittel werden auch als mineralisch bezeichnet und haben im Wesentlichen die Aufgabe, Zuschlagstoffe miteinander zu verbinden. Sie kommen hauptsächlich bei Putzen und Betonen zum Einsatz. Im Gegensatz zu organischen Bindemitteln, bei denen eine physikalische Trocknung und Filmbildung stattfindet, läuft bei anorganischen Bindemitteln eine chemische Reaktion statt. Im Gegensatz zu anorganischen Bindemitteln findet bei Klebstoffen und dgl. nur eine Verbindung an der Oberfläche statt.

Des Weiteren werden anorganische Bindemittel in nichthydraulische Bindemittel und hydraulische Bindemittel unterschieden. Nichthydraulische Bindemittel sind Bindemittel, die nur an der Luft erhärten und im erhärteten Zustand wasserlöslich sind. Zu ihnen zählen Weißkalk, Dolomitkalk, Gips und Anhydrit. Hydraulische Bindemittel sind Bindemittel, die an der Luft und unter Wasser erhärten und nach der Härtung in Wasser unlöslich sind. Zu ihnen gehören hydraulische ▸*Kalke*, ▸*Zemente*, Putz- und Mauerbinder.

Anpressprinzip

▸*Fugenabdichtung*

Anschliff

Der Begriff Anschliff kommt aus der ▸*Bauwerksdiagnostik* und beschreibt eine speziell für das Auflichtmikroskop aufbereitete Baustoffprobe. Hierbei wird z. B. eine Gesteinsprobe an- oder aufgesägt, geschliffen und anschließend poliert. Bei klüftigem und porösem Material

A
B
C
D
E
F
G
H
I
J
K
L
M
N
O
P
Q
R
S
T
U
V
W
X
Y
Z

wird das Gefüge in spezielle Harze eingebettet, bevor das Schleifen und Polieren beginnt. [5]

Anschweißflansch

▸*Klebeflansch*

Anstrich

Nach der DIN 55 945 wird ein Anstrich als eine aus Anstrichstoffen hergestellte Beschichtung definiert. Da ein Anstrich je nach Art und Qualität des Untergrundes in der Regel aus einer Grundierung und einem Vor- und Schlussanstrich besteht, spricht man mittlerweile fast ausschließlich von Anstrichsystemen. Anstriche können nach ganz unterschiedlichen Kriterien und Parametern unterschieden werden. So unterscheidet man Anstriche nach ihrem (Haupt)Bindemittel wie z. B. Dispersionsfarben oder Silikatfarben. Eine andere Unterscheidung erfolgt nach dem Untergrund wie z. B. Betonfarbe, Holzlasur oder Egalisationsfarbe. Wie bereits oben erwähnt kann die Unterscheidung aber auch nach der Reihenfolge des Schichtaufbaus erfolgen, wenn von Grund-, Vor-, Zwischen- oder Schlussanstrich die Rede ist. Eine andere Unterscheidung ist nach dem Verwendungsort möglich, z. B. Fassadenfarbe, Innenfarbe oder Bodenbeschichtung. Die letzte Möglichkeit der Unterscheidung erfolgt nach technischen Eigenschaften. So gibt es wasserabweisende oder wasserdampfdiffusionsoffene, rissüberbrückende oder isolierende Anstrichstoffe. Grundsätzlich besteht ein Anstrichstoff aus einem oder mehreren Bindemitteln, Pigmenten, Füllstoffen, Additiven und Hilfsstoffen.

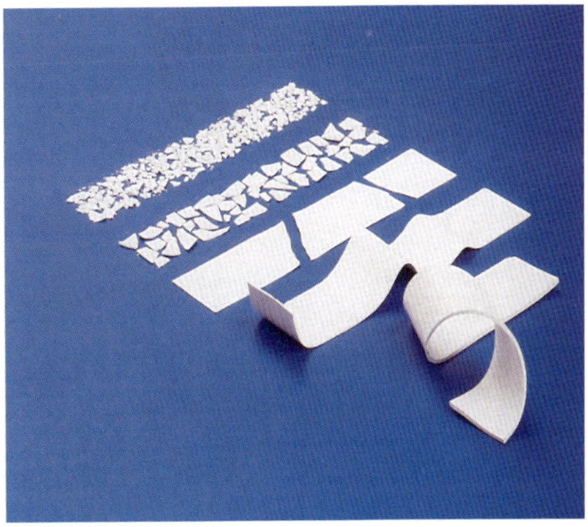

Anstrichmittel/ -stoff/ -systeme

▸*Anstrich*

Antigraffitisysteme

Bei einem Antigraffitisystem wird ein spezielles Beschichtungssystem auf die Bauteiloberfläche aufgetragen, die anschließend bei Bedarf gereinigt werden kann. Das Prinzip basiert darauf, dass durch die spezielle Ausrüstung der Bauteiloberflächen das tiefere Eindringen von Farbpigmenten verhindert wird. Dadurch bleiben die Graffiti an der Oberfläche und können durch geeignete Reinigungsverfahren leicht entfernt werden.

Je nach Art und Dauerhaftigkeit in Bezug auf den Untergrund werden permanente, temporäre und semi-permanente Systeme unterschieden. Permanente Systeme werden einmal auf den Untergrund aufgetragen und sind reinigungsbeständig. Hierbei handelt es sich in der Regel um Beschichtungssysteme auf Polyurethanbasis, bei denen die Wasserdampfdiffusion beeinträchtigt wird.

Im Gegensatz hierzu werden wasserdampfdiffusionsoffene Graphittisysteme auf Siliconbasis verwendet. Diese werden als temporäre Beschichtungssysteme bezeichnet, da sie sich jedes Mal bei einer Oberflächenreinigung auflösen und infolgedessen erneuert werden müssen.

Bei den sog. semi-permanenten Systemen werden Einschicht- und Mehrschichtsysteme unterschieden. Bei Einschichtsystemen wird die Schutzschicht bei der Reinigung nur teilweise abgetragen und muss deshalb auch nur teilweise erneuert werden. Eingesetzt werden hydro- und oleophobierende Systeme, die eine hohe Wasserdampfdiffusion aufweisen. Die sog. Mehrschichtsysteme hingegen besitzen eine permanente Grundierung und eine temporär wirksame Schutzschicht (Opferschicht), die bei der Reinigung zusammen mit der Verunreinigung entfernt wird. Anschließend

A B C D E F G H I J K L M N O P Q R S T U V W X Y Z

muss ebenfalls nur die Schutzschicht erneuert werden. [5]

Antikondensationsputz

Der Begriff Antikondensationsputz verbindet oft zwei Begriffe miteinander, die getrennt betrachtet werden müssen. In Räumen, in denen mit einer erhöhten Tauwasserbildung gerechnet wird, können unter bestimmten Voraussetzungen Putze eingesetzt werden, die dieses Tauwasser aufnehmen und wieder abgeben können. Ugs. als Antikondensationsputz bezeichnet, handelt es sich dabei um einen im mehrlagigen Spritzverfahren aufgebrachten mineralischen, hydraulisch gebundenen Putzmörtel. Neben den hydraulischen Bindemitteln besitzen Antikondensationsputze Zuschlagsstoffe aus expandiertem Naturstein (Perlite oder Vermiculite) und mineralischen Feinzuschlägen. Aufgrund dieser Zusammensetzung und der Verarbeitungstechnik besitzt dieser Putz ein grob kapillares Putzgefüge und ist infolgedessen sehr weich und porenreich. Infolgedessen sind sie in der Lage, je nach klimatischen Bedingungen sehr viel Feuchtigkeit aufzunehmen und wieder abzugeben. Der Prozess der Feuchtigkeitsaufnahme und -abgabe muss dabei aber dauerhaft gegeben sein, um keine Putzschäden zu verursachen.

Diese Putze werden vorwiegend in Schwimmhallen und ähnlichen Gebäudetypen eingesetzt. Antikondensationsputze werden in der Regel von Bauphysikern, Architektur- und Ingenieurbüros ausgeschrieben, da Feuchträume einer erweiterten Fachplanung hinsichtlich Wärmedämmung, Wasserdampfdiffusion sowie Klimatisierung und spezialisierte Ausführungsfirmen benötigen.

Oftmals werden ▸*Sanierputze* auch als Antikondensationsputz bezeichnet. Sanierputze werden jedoch bei der Sanierung von feuchte- und salzgeschädigten Bauwerken als flankierende Maßnahme eingesetzt. Im Gegensatz zu den o. g. Antikondensationsputzen haben Sanierputze die Aufgabe, gelöste Salze, die bei der Einwanderung von Feuchtigkeit in das Putzgefüge auskristallisieren, aufzunehmen und damit eine schadensfreie Putzoberfläche sicher zu stellen.

„Antisalze"

Antisalze stellen eine Wortschöpfung der Bauchemie und des Bautenschutzes dar und suggerieren, dass mit diesen chemischen Verbindungen die ▸*bauschädigenden Salze* im oder auf dem Mauerwerk behandelt, umgewandelt, neutralisiert etc. werden können. Zielsetzung ist, dem Salz seine schädigende Wirkung zu nehmen. Die unter diesem Begriff angebotenen Produkte sind hoch giftig, ihre Eindringtiefe ist sehr gering, die chemischen Reaktionsprodukte bieten keine Gewähr für einen nachhaltigen Schutz des Bauwerkes. Sie werden von Fachleuten seit Jahren abgelehnt und in Merkblättern und dgl. auch nicht mehr erwähnt.

Arbeitsfugen

▸*Fugen*

Arbeitsfugenabdichtung

▸*Fugen*

Arbeitsfugenbänder

▸*Fugenbänder*

Aromaten

Aromaten sind ringförmige Verbindungen mit konjungierten Doppelbindungen, die als organisches Lösungsmittel aus dem Rohstoff Erdöl gewonnen werden. Je nach organischer Struktur werden aliphatische oder aromatische Lösungsmittel und Glykole, Alkohole und Ester unterschieden. Typische Vertreter der Aromaten sind z. B. Benzol, Toluol, Xylol oder Nitroverdünnung. Typisch für Aromaten ist ein intensiv-fruchtiger Geruch.

Aspergillus

Der Aspergillus (auch Gießkannenschimmel oder Kolbenschimmel genannt) ist einer der häufigsten und wichtigsten ▸*Schimmelpilze*. Die etwa 150 bekannten Arten weisen eine ubiquitäre Verbreitung in der Erde, im Wasser und der Luft auf (mit Schwerpunkt in warmen und tropischen Zonen). Gerne halten sie sich auf Pflanzen sowie in Topferde, in feuchten Wohnungen, Klimaanlagen und Lebensmitteln (Fruchtsäfte, Nüsse, Gewürze) auf. Aspergillen sind auch häufig auf Substraten anzutreffen, die eine „Selbsterhitzung" entstehen lassen können, wie z. B. Heu, Kompost, Torf, Blumenerde und Müll. Aspergillus-Arten sind sehr thermotolerant, sie könen auch noch bei Temperaturen von bis zu 60 °C wachsen. In Innenräumen findet häufig ein Bewuchs von Matratzen und Polstermöbeln statt.

Aspergillus flavus

Der Aspergillus flavus ist ein ▸*Schimmelpilz*, der häufig auf Holz, Papier und Tapete sowie in Feuchträumen und Kellern nachzuweisen ist. Wenn die Umweltbedingungen für ihn günstig sind, bildet er neben den Aflatoxinen auch Sterigmatocystin und andere Toxine.

Aspergillus niger

In Feuchträumen und Kellern fühlt sich dieser ▸*Schimmelpilz* besonders wohl. Er ist der Hauptvertreter einer Gruppe Aspergillen mit schwarzgefärbten Konidien und besitzt stark pathogene Eigenschaften.

Asphalt

Das Wort Asphalt ist aus dem Griechischen abgeleitet und bedeutet sinngemäß Erdpech. Es ist wahrscheinlich aus altbabylonischem Ursprung, da Asphalt bereits vor rund 5000 Jahren von Babyloniern und Sumerern zur Abdichtung von Bauwerken verwendet wurde. In Deutschland wurde 1838 mit dem Jungfernstieg in Hamburg erstmals eine Straße asphaltiert. Es handelt sich bei Asphalt um ein natürliches oder künstlich hergestelltes Material aus Bitumen und mineralischen Füllstoffen und dient der Abdichtung von Bauwerken und Straßen. Aufgrund früherer Gewinnung aus Erdspalten nahe dem Toten Meer wurde im deutschen Sprachraum für Asphalt bis ins 19. Jahrhundert hinein die Bezeichnung „Judenpech" verwendet. [1]

Asphaltabdichtungen

Asphalt/ Asphaltmastix ist ein Gemisch aus kornabgestuften Mineralstoffen (Gesteinmehl und Sand) und ▸*Bitumen* (mit einem Masseanteil von 13 bis 22%) und wird gelegentlich zur Abdichtung eingesetzt. Im Gegensatz zu den ▸*Bitumenbahnen* erfolgt hier die Stabilisierung durch mineralische Füll- und Zuschlagsstoffe. Allerdings bleiben selbst bei einem mineralischen Anteil von ca. 90 Masse-% die typischen Merkmale des Bitumens erhalten. Im Rahmen der klassischen Kellerabdichtung und -sanierung haben diese Produkte keine Bedeutung.

Atmende Wände

Atmen ist ein aktiver Vorgang, der Lebewesen vorbehalten ist. Wände oder Baustoffe können nicht atmen, obwohl dies fälschlicherweise oft so bezeichnet wird. Gemeint ist damit jedoch der Vorgang der ▸*Wasserdampfdiffusion*, d. h. dass Wasserdampf in dem Maße ungehindert durch einen Wandaufbau diffundieren kann, der einen Feuchtigkeitsstau, Blasenbildung oder andere negative Erscheinungen verhindert. Das Maß der ▸*Diffusion* wird u.a. durch den ▸*Wasserdampfdiffusionswiderstand* beschrieben.

Gerade im Bereich der Fassadenbeschichtung wird häufig argumentiert, dass Außenwände anschließend noch „atmen" müssen. Der Begriff wurde 1806 vom Mediziner Pettenkofer irrtümlich veröffentlicht und seitdem immer wieder falsch abgeschrieben oder fehlinterpretiert. Rechenbeispiele verdeutlichen es: Während anfallende Luftfeuchtigkeit im Innenbereich (z. B. im Bad oder der Küche) nur über den Feuchtetransport der Wasserdampfdiffusion mehrere Wochen benötigen würde, können durch richtiges Lüftungsverhalten innerhalb von Minuten ausgeglichene Feuchteverhältnisse geschaffen werden. Womit eine Wand beschichtet ist oder ob diese wärmegedämmt ist oder nicht, ist also unerheblich, wenn durch entsprechendes Lüftungsverhalten die erhöhte Luftfeuchtigkeit regelmäßig abgeführt wird.

A B C D E F G H I J K L M N O P Q R S T U V W X Y Z

Atmosphärilien

Die Verwitterung von mineralischen und porösen Baustoffen wird vorwiegend durch Niederschläge und jahreszeitlich bedingte Temperaturwechsel hervorgerufen. Sie verursachen u. a. einen intensiven Wasser- und Schadstoffeintrag sowie Frostabsprengungen.

Je nach chemischer bzw. mineralogischer Zusammensetzung finden im Baustoff Auslaugungs-, Transport-, Salzbildungs- und Salzkristallisationsprozesse statt.

Kohlendioxid z. B. verbindet sich mit Wasser zu Kohlensäure, die mit dem Regenwasser in den Baustoff eindringt. Vor allem poröse Baustoffe sind davon betroffen.

Die wiederholte Zufuhr von Schadstoffen, insbesodere von salzbildenden Säuren, kann dazu führen, dass sich unter der Oberfläche, also in der Hauptverdunstungszone, immer mehr auskristallisierte Salzen anreichern und der Baustoff auf und unter der Oberfläche abgebaut wird. Bei Feuchtigkeitseinwirkung gehen einige Salze wieder in Lösung und werden über die Kapillaren auch in das Porengefüge des Baustoffes hinein transportiert. Sind die Baustoffe dicht, wie z. B. Granit, ist die Abtragungsrate sehr gering, bei einem porösen Kalktuff dagegen ist sie sehr hoch.

Atmungsfähigkeit

▸*Atmende Wände*

Atomabsorptions-Spektroskopie

Die Atomabsorptions-Spektroskopie ist ein zerstörungsarmes Prüfverfahren zur gezielten chemischen Analyse. Es wird eingesetzt zur Baustoffanalyse, der Elementbestimmung und zur ▸*Salzanalyse*. Das Messprinzip basiert auf der Resonanz-Absorption in der Gasphase. Hierzu werden Proben mit einem speziellen Spektrometer im Labor untersucht. Es handelt sich um ein aufwändiges Prüfverfahren, das nur von Spezialisten ausgeführt werden sollte.

Aufbruchinjektion

Der Begriff Aufbruchinjektion kommt aus dem Bereich der Spezial-Grundbau-Injektion und steht in Ergänzung zu der sog. Auffüllinjektion. Hierbei werden nicht nur die vorhandenen Hohlräume und Risse sowie kleine und größere Öffnungen im Mauerwerk mit Injektionsmittel gefüllt, sondern durch die Injektion unter hohem Druck neue Hohlräume (auch Fließräume genannt) im Baugrund geschaffen, die dann ebenfalls mit Injektionsmitteln gefüllt werden. Hierdurch wird der Baugrund so stark verfestigt, dass vorhandene Baugrundbewegungen und Setzungen zum Stillstand kommen. Diese Art von Injektionen, die auch als Cracken oder Fracture Grouting bezeichnet wird, kommt bei baudynamischen oder konstruktiven Rissen im Rahmen der Gründungssanierung zur Anwendung. Die Aufbruchinjektion ist das bevorzugte Verfahren, wenn beim Eintreten von Setzungen die Kraftschlüssigkeit zwischen Boden und Fundament wieder hergestellt werden muss. Das Interessante an diesem Verfahren besteht darin, dass Bauwerkssetzungen durch zielgenaue Anhebungen zum Teil mm-genau wieder rückgängig gemacht weden können. [4]

Auffüllinjektion

Der Begriff Auffüllinjektion kommt aus dem Bereich der Spezial-Grundbau-Injektion und beschreibt eine Injektionstechnik im Rahmen der Gründungssanierung. Hierbei wird hohlräumiges, klüftiges bzw. lockeres Gestein im Mauerwerk durch entsprechende Injektionsmittel unter Anwendung eines gewissen Drucks verfüllt bzw. aufgefüllt und infolgedessen verfestigt. Die Auffüllinjektion ist auch unter dem Begriff Permeations-Injektion bekannt. Außerdem wird im Bereich der Spezial-Grundbau-Injektion die Auffüllinjektion in den Poren eines Baustoffes auch als Poreninjektion und die Auffüllinjektion in Rissen und kleinen Öffnungen als sog. Kluftinjektion bezeichnet. [4]

Aufbrennen

Der Begriff Aufbrennen wird in der Regel für mineralische Putzsysteme verwendet, gilt aber auch für Beschichtungssysteme und Anstriche. Hiermit wird ein gestörter Härtungsverlauf oder eine gestörte Trocknung beschrieben. Dieser Vorgang kann dazu führen, dass die unter normalen Bedingungen erzielten Eigenschaften eines Putz- oder Beschichtungssystems nicht erreicht werden. Bei mineralischen Putzen kann dies häufig beobachtet werden, wenn ein stark saugender Untergrund beschichtet wird und/oder bei starker Sonneneinwirkung gearbeitet wird. Infolgedessen kommt es zu einem erhöhten Wasserentzug. Das fehlende Wasser steht dann nicht mehr zur Erhärtung zur Verfügung, so dass die Beschichtungsstoffe ihre Festigkeiten nicht entwickeln können. Wenn neben dem saugenden Untergrund und der Sonneneinwirkung auch noch Windeinflüsse hinzukommen, sind Störungen in der Trocknung oder Härtung vorprogrammiert. Die Beschichtungen können ihre zugesicherten Eigenschaften nicht erreichen.

Wird z. B. ein wässriger Beschichtungsstoff auf einen sehr stark saugenden Untergrund aufgetragen, so wird ihm ein großer Wasseranteil spontan entzogen und mit ihm die darin befindlichen, gelösten Additive. Die Folge davon ist, dass die emulgierten Polymerteilchen nicht mehr die Möglichkeit haben, geordnet zusammenzufließen und miteinander zu einem zusammenhängenden Film zu verschmelzen, so dass eine mechanisch weniger belastbare Beschichtung entsteht. Im Extremfall kann das Dispersions-Bindemittel sogar „brechen", d. h. die Dispersion koaguliert, es kann sich überhaupt kein geschlossener Film mehr bilden. Aus den genannten Gründen ist es unabdingbar, besonders stark saugfähige Untergründe vor dem Auftragen eines Beschichtungsstoffes auf Basis eines Dispersionsbindemittels zu grundieren oder mit einem Voranstrich zu versehen, um ein Aufbrennen zu vermeiden.

Aufkämmen

Um die Haftung zwischen den einzelnen Putzschichten zu verbessern wird die untere Putzlage waagerecht aufgekämmt. Dies erfolgt in der Regel mit einer Zahntraufel oder einem Putzkamm.

Aufsteigende(s) Feuchtigkeit (Wasser)

▸*Kapillar aufsteigende Feuchtigkeit*

Aufstauendes Sickerwasser

Der Lastfall aufstauendes Sickerwasser liegt vor, wenn die Kelleraußenwand und Bodenplatte mit einer Gründungstiefe bis 3 Meter unter Geländeoberkante in wenig durchlässigen Böden und ohne ▸*Drainung* ausgeführt wurde, so dass ▸*Oberflächen- und Sickerwasser* zeitlich aufstaut. Die Abdichtung und/oder das Bauteil wird dann zeitweise durch ▸*drückendes Wasser* beansprucht. Die Unterkante der Kellersohle muss mindestens 30 cm über dem ▸*Bemessungswasserstand* liegen.

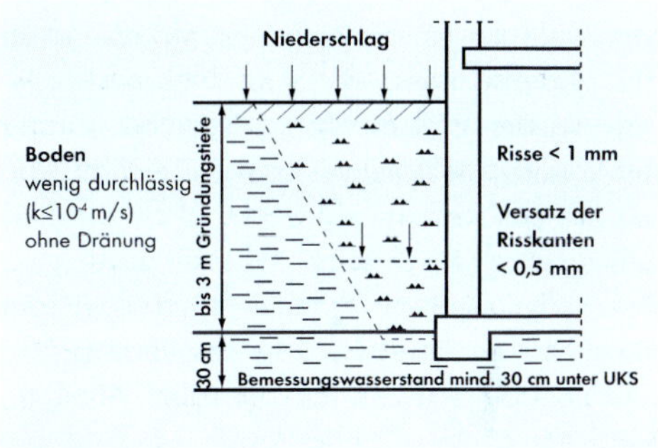

Auftriebssicherheit

Der Nachweis der Auftriebssicherheit wird bei bestehenden Gebäuden und geplanten Abdichtungen geführt und ermittelt den außen anliegenden Wasserstand, der das Aufschwimmen

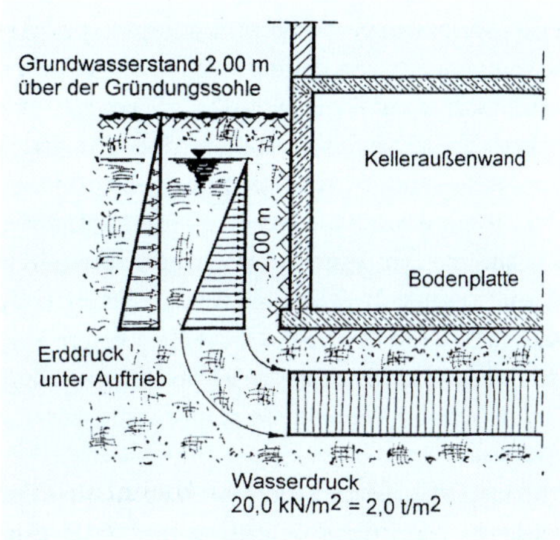

A B C D E F G H I J K L M N O P Q R S T U V W X Y Z

der noch ohne Auflast beanspruchten Kellerkonstruktion bestimmt. Hierfür muss z. B. die Kellerkonstruktion geflutet werden, um der Auftriebskraft eine ausreichende Auflast entgegen zu setzen. Dabei muss beachtet werden, dass die Lastzunahme der vom Aufschwimmen bedrohten Wanne gegenüber dem steigenden Grundwasser genügend Vorlauf hat.

Dem gegenüber wird noch einmal der Nachweis der Auftriebssicherheit im Endzustand geführt, wenn die Auftriebskraft des verdrängten Wasservolumens dem Gewicht der gesamten Gebäudekonstruktion entgegen wirkt. Hierbei wird die Auftriebssicherheit durch das Verhältnis der Gebäudelast zur Auftriebskraft ermittelt, wobei die Gebäudelast immer größer sein muss, als die Auftriebskraft. Die Höhe des Wasserstandes bestimmt den maßgeblichen Wasserdruck für die statische Bemessung der Wände und der Bodenplatte.

Aureobasidium

Der Aureobasidium ist ein ▸*Schimmelpilz* und ein wichtiger Materialzerstörer (Wandpilz). Aureobasidium hat dunkel gefärbte Hyphen, kann aber auch hefeartige Sprosszellen bilden, die bei der Austrocknung leicht verbreitet werden. Die Konidien und die „schwarzen Hefen“ sind häufig Allergene.

Ausbleichen

Der Begriff Ausbleichen wird in der Regel für Beschichtungsstoffe verwendet. Darunter wird eine Aufhellung farbig pigmentierter Beschichtungen verstanden, die nahezu ausschließlich auf die Einwirkung von natürlichem oder künstlichem Licht zurück zu führen ist. Maßgeblich für das Ausbleichverhalten ist der Pigmentanteil, die Art der Pigmentierung, die Teilchengröße des Pigments (grobteiligere P. verhalten sich besser als feinteilige P.) und die Lichtbeständigkeit der eingesetzten Pigmente (anorganische P. sind im Allgemeinen lichtstabiler als eine Reihe von organischen P.). Auch die Art des jeweiligen Bindemittels beeinflusst das Ausbleichen von Beschichtungsstoffen. Ebenso die Intensität der UV-Strahlung, da durch Zunahme der UV-Strahlung das Ausbleichen einer Beschichtung früher beginnt.

Ausblühung

Der Begriff Ausblühung ist eine ugs. Bezeichnung für feste, mehr oder weniger kristalline, salzartige Ausscheidungen auf der Oberfläche von Mauerwerken, von verputzten Flächen oder auf Anstrichen. Sie können grundsätzlich nur durch die Mit- oder Einwirkung von Feuchtigkeit entstehen. Diese kann durch noch vorhandene Baufeuchtigkeit, ▸*kapillar aufsteigende Feuchtigkeit* der erdberührten Bauteile oder auch durch ▸*sporadische Wasserschäden* verur-

© siehe Anhang

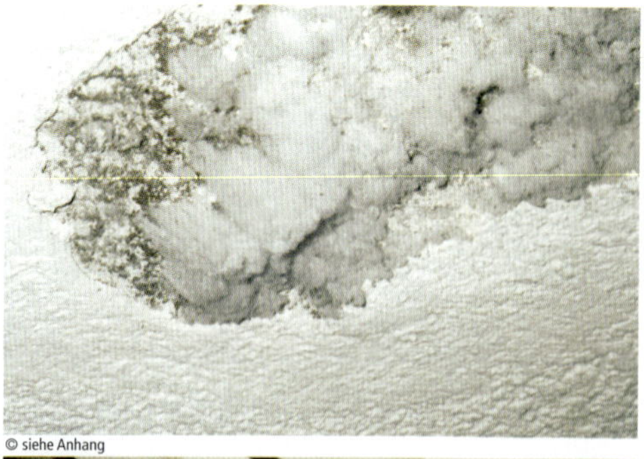

© siehe Anhang

© siehe Anhang

© siehe Anhang

© siehe Anhang

sacht werden. In mineralischen Baustoffen (Ziegel- und Natursteinmauerwerk, Putz- und Mauermörtel etc.) befinden sich wasserlösliche ▸*Salze*. Durch Feuchtigkeit infolge undichter Anschlüsse, Wasserrohrschaden, undichte Leitungen oder durch kapillar aufsteigende Feuchtigkeit werden die enthaltenden Salze gelöst und an die Putzoberfläche transportiert. Durch das Verdunsten der Feuchtigkeit an der Oberfläche findet die Auskristallisation der Salze statt. Dieser Vorgang kann einerseits in der Trennschicht zwischen Mauerwerk und Putz stattfinden, so dass es zu einer mechanischen Zerstörung der Putzoberfläche kommt. Andererseits kann es zum Auskristallisieren der Salze auf der Putzoberfläche kommen. Hierbei werden oberflächennahe Salzkristalle sichtbar, die in der Regel ein flaumartiges oder kristallines Aussehen annehmen.

Der Begriff Ausblühung darf nicht für durchschlagende Stoffe wie Nikotin oder Harze, alte Bitumen- oder Ölflecken verwendet werden. Hierfür hat sich der ugs. Begriff der Ausblutungen durchgesetzt. Deshalb sollte bei diesen Begriffen immer genau hinterfragt werden, welche Art von Belastung aus dem Untergrund und welches Schadensbild vorliegt.

▸*Bauschädliche Salze*

Ausbluten

Unter dem ugs. Begriff Ausbluten oder Ausblutungen werden optische Erscheinungen von (löslichen) Bestandteilen aus dem Untergrund, aus einer vorhergehenden Beschichtung oder von färbenden Bestandteilen ganz allgemein beschrieben, wenn diese in die nachfolgende Beschichtung eindringen bzw. sichtbar werden. Dies können z. B. Rostdurchschläge bei einer Dispersionsfarbe, tropische Hölzer, Äste und Rindenanteile von Holzspanplatten, Teer, Bitumen, Öl und Nikotin sein. Verhindert werden können Ausblutungen durch das Aufbringen eines lösemittelhaltigen oder wässrigen Isolier- oder Sperrgrundes, der einen poren-

Wasserlösliche Ausblühungen	
Sulfatausblühungen (Sulfate sind Salze der Schwefelsäure)	Natriumsulfat Kaliumsulfat Magnesiumsulfat
Karbonatausblühungen (Karbonate sind Salze der Kohlensäure)	Natriumkarbonat Kaliumkarbonat
Nitratausblühungen (Nitrate sind Salze der Salpetersäure)	Kalziumnitrat (ugs. Mauersalpeter)
Schwer- bzw. unlösliche Ausblühungen	
Sulfatausblühungen	Kalziumsulfat (Gips)
Karbonatausblühungen	Kalziumkarbonat (Kalkstein)

A B C D E F G H I J K L M N O P Q R S T U V W X Y Z

freien Film ergibt und je nach der zu isolierenden Substanz ausgewählt werden muss.

Ausblutungen dürfen nicht mit Ausblühungen verwechselt werden, mit denen ein Belag aus Salzkristallen gemeint ist.

Ausbreitmaß

▸ *Frischmörtelkonsistenz*

Ausdehnungskoeffizient

▸ *Elastizitätsmodul*

Ausführungsfehler

Im ▸ *Bauschadensbericht der Bundesregierung*, der 1996 zum dritten Mal erschienen ist, werden Ausführungsfehler als Verstöße der ausführenden Bau- und Handwerksbetriebe gegen die Allgemein anerkannten Regeln der Technik, dem Stand der Technik und/oder gegen die Ausführungsempfehlungen der Produkthersteller definiert. Selbst die Umsetzung der fehlerhaften Planungsvorgabe wird als Ausführungsfehler eingruppiert, da die ausführende Bau- oder Handwerksfirma ihrer Prüf- und Hinweispflicht nicht nachgekommen ist.

Ausführungsplanung

Die Ausführungsplanung ist ein Teil des Planungsablaufes bei der Errichtung oder Instandsetzung von Bauwerken und in der HOAI (Honorarordnung für Architekten und Ingenieure) als Leistungsphase 5 geregelt. Nachdem die Entwurfs- und Genehmigungsplanung abgeschlossen ist, wird die Ausführungsplanung soweit konkretisiert, dass das Bauvorhaben realisiert werden kann. Dies bedeutet, dass die Ausführungspläne (auch Werkpläne genannt) erstellt werden, die dann für die ausführenden Gewerke bestimmt sind. Die Ausführungspläne enthalten die zur Erstellung bzw. Instandsetzung des Bauwerks notwendigen Angaben wie z. B. Maße, notwendige Materialien, Beschaffenheit, Toleranzen, Verarbeitung etc. Die Ausführungsplanung ist damit die Voraussetzung für die Massenermittlung und dient der Vorbereitung der Vergabe.

Ausgleichsfeuchte

Unter Ausgleichsfeuchte wird die stoffspezifische Feuchte eines porösen Baustoffes beschrieben, die sich in einem ▸ *hygroskopischen* Stoff in Abhängigkeit und im Gleichgewicht mit der relativen Luftfeuchtigkeit einstellt. Deshalb wird die Ausgleichsfeuchte auch als Gleichgewichtsfeuchte bezeichnet.

Ausgleichputze

Der Begriff Ausgleichputz hat im Rahmen der Kellersanierung und -abdichtung zwei verschiedene Funktionen zu erfüllen. Zum Einen werden Ausgleichputze bei der nachträglichen ▸ *Vertikalabdichtung* eingesetzt, wenn für nachfolgende Abdichtungen ein ungeeigneter Untergrund vorliegt. Dies kann bei bahnenförmigen Abdichtungsstoffen oder bei Bitumen-Dickbeschichtungen der Fall sein, wenn ein klüftiges Mauerwerk und/oder ein unebener Untergrund vorliegt. Hierfür werden dann Zementputze mit einer Druckfestigkeit von 10 N/mm² aufgebracht und die Unebenheiten ausgeglichen. ▸ *Zementputze* können aber auch auf ebenen Flächen die Funktion einer Ausgleichsschicht übernehmen, wenn offene Fugen (Neubau) oder hohe Untergrundfeuchtigkeit (Altbau) vorliegen.

Zum Anderen werden Ausgleichputze eingesetzt, wenn klüftiges und/oder unebenes Mauerwerk mit ▸ *Sanierputzen* verputzt wird. Dies kann im Keller oder im Sockelbereich notwendig werden. Diese Ausgleichputze haben sanierputzähnliche Eigenschaften und werden als ▸ *Porengrundputz* oder auch Salzspeicherputz bezeichnet. Diese Ausgleichputze sind zwar auch zementgebunden, haben aber eine geringere Druckfestigkeit (1,5 – 5 N/mm²) und ein erhöhtes Porenvolumen. Porengrundputze werden über das WTA-Merkblatt „Sanierputze" beschrieben und sind auf das Sanierputzsystem abgestimmt.

Aushärtezeit

▸ *Dichtstoff*

Auskratzen

Der Begriff Auskratzen wird in der Regel für das Entfernen des Fugenmörtels bzw. Freilegen der Stoß- und Lagerfuge verwendet, bevor ein Sanierputz (oder andere Putzsysteme) aufgebracht werden. Für Sanierputze gilt hierbei, dass die Fugen in der Regel zwischen 15 und 20 mm tief ausgekratzt werden müssen. Allerdings eignet sich der Begriff des Auskratzens dann nicht, wenn alte Mauerwerke mit einem festen, harten Zementmörtel vermauert oder verfugt wurden und das Entfernen nur mit Stemmwerkzeug oder einer Handfräse möglich ist. Deshalb sollte der Begriff Auskratzen in Leistungsverzeichnissen durch den Begriff Entfernen ersetzt werden.

Auslaugen

Auslaugen ist eine Trivialbezeichnung für die Bindemittelumwandlung und -auswaschung aus mineralischen Baustoffen in Folge der Umwelteinflüsse.

Ausschreibung

Der Ausschreibung sollte stets die VOB (Teil A, B und C) zugrunde liegen. Des Weiteren sollten die einschlägigen Normen und Richtlinien sowie die Merkblätter in der zum Zeitpunkt der Angebotsabgabe gültigen Fassung vorliegen und Vertragsgegenstand werden. Die Ausschreibung muss vollständig sein und eine Leistung eindeutig und unmissverständlich beschreiben, um eine qualifizierte Voraussetzung zu schaffen.

Außenabdichtung

Unter einer Außenabdichtung versteht man eine Flächen- oder Vertikalabdichtung auf der erdberührten Seite des Grund- oder Kellermauerwerkes. Eine Außenabdichtung stellt die beste Form einer ▸*Vertikalabdichtung* dar und ist einer ▸*Innenabdichtung* immer vorzuziehen, wenn dies objektbezogen, technisch und wirtschaftlich möglich ist. Die Außenabdichtung am Neubau ist in der ▸*DIN 18 195 „Bauwerksabdichtung“* genormt. Für die nachträgliche Außenabdichtung gibt es kein Regelwerk. Hier wird die DIN 18 195 „Bauwerksabdichtung“ nur in Anlehnung angewendet sowie auf das ▸*WTA-Merkblatt* „nachträgliche Vertikalabdichtung erdberührter Bauteile“ zurück gegriffen. Für die Außenabdichtung werden entweder bituminöse Systeme mit entsprechender Flexibilität in Form von ▸*Bitumen-Dickbeschichtungen*, ▸*Bitumen- oder Kunststoffbahnen* oder auch zementgebundene Systeme in Form sog. ▸*Sperrputze* oder ▸*mineralischer Dichtungsschlämmen* eingesetzt. Dies ist von der Untergrundbeschaffenheit, dem Lastfall und möglichen Bewegungen und der damit verbundenen Gefahr einer Rissbildung abhängig.

Schutzschichten wie z. B. eine Noppenfolie gelten nicht als Außenabdichtung. Sie dürfen sowohl beim Verfüllen als auch durch Setzungen keine Schäden an der Abdichtung hervorrufen. Ist eine Wärmedämmung vorgesehen, so kann diese auf der erdberührten Seite der Wandflächen (Perimeterdämmung) erfolgen. Konstruktionsbedingt übernimmt dieses System neben der Wärmedämmung auch eine Schutz- oder eine Drainfunktion.

Außendämmung (erdberührter Bauteile)

Bauphysikalisch optimal ist bei nicht oder unzureichend gedämmten Kellerwänden die Außendämmung. In der DIN 4108 „Wärmeschutz im Hochbau“ zur Berechnung des Wärmedurchlasswiderstandes bei Bauteilen mit Abdichtung ist festgehalten, dass bei der Berechnung nur die Schichten unterhalb der Bauwerksabdichtung berücksichtigt werden. Dies bedeutet, dass bei außenseitiger ▸*Wärmedämmung* der Kellerwände der Wärmedämmstoff einer bauaufsichtlichen Zulassung unterliegen muss, um beim Wärmeschutznachweis berücksichtigt zu werden.

Die einzelnen Wärmedämmplatten zur Perimeterdämmung entsprechen in der Regel den Wärmeleitfähigkeitsgruppen (WLG) 030, 040 oder 050 (selten bis 055). Bei Kellern mit wohnähnlichen Charakter ist die Energieeinspar- oder Wärmeschutzverordnung der Maßstab zur Ermittlung des U-Wertes. Im vereinfachten Nachweisverfahren wird für den

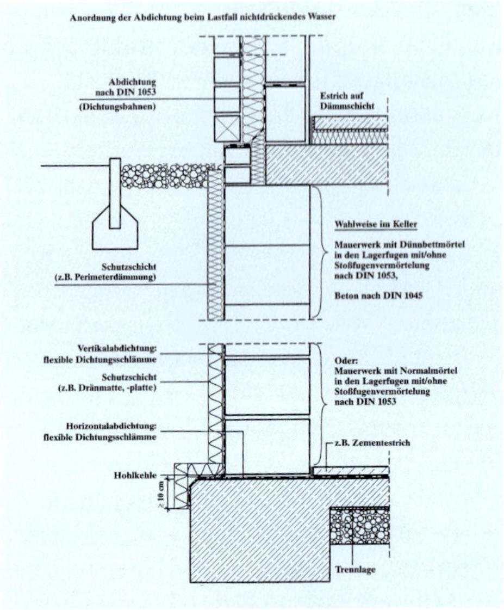

© siehe Anhang

erdberührten Neubau ein U-Wert von mindestens 0,35 W/m²K und für den sanierten Altbau ein U-Wert von 0,50 W/m²K gefordert. Diese Werte werden über Kombinationen von verschiedenen Wandausbildungen und -dicken mit jeweils entsprechenden Stärken der Perimeterdämmung erzielt.

Der Nachweis der Auftriebssicherung im Bereich von ständig oder langanhaltend drückendem Wasser gilt als erbracht, wenn die Extruderschaumplatten vollflächig mit dem zu dämmenden Bauteil verklebt und so befestigt werden, dass ein Hinterlaufen der Wärmedämmung mit Wasser nicht möglich ist, bei einer Dicke der Dämmstoffplatten von 120mm der Grundwasserhöchststand bis 1m unter Geländeoberkante und bei einer Dicke der Dämmstoffplatten von 80mm der Grundwasserhöchststand bis 0,5m unter Geländeoberkante reicht, die Extruderschaumplatten gegen Auftrieb gesichert sind. Bei der Bauart „Weiße Wanne“ (wasserundurchlässiger Beton) ist keine zusätzliche Auftriebssicherung erforderlich und der Grundwasserstand darf bis zur Geländeoberkante ansteigen. Die Wassereintauchtiefe der Extruderschaumplatten darf max. 3,5 Meter betragen.

© siehe Anhang

Autoxidation

Unter der Autoxidation wird eine besondere Form der natürlich ablaufenden Oxidation verstanden, bei der eine erst nicht stabile Verbindung mit Sauerstoff zu einer stabilen und endgültigen Sauerstoffverbindung anregt bzw. beiträgt.

A B C D E F G H I J K L M N O P Q R S T U V W X Y Z

B

Bakterien

Als Teilgebiet der Biologie befasst sich die Mikrobiologie mit einer großen, heterogenen Gruppe von meist einzelligen Organismen, deren gemeinsames Merkmal ihre geringe Größe ist. Sie werden deshalb als Mikroorganismen bezeichnet und sind mit dem bloßen Auge nicht zu erkennen. Zu ihnen gehören Bakterien, Algen, Hefen, kleine Hyphenpilze und andere Einzeller (Protozoen), aber auch die Viren kann man hier einordnen.

Der Begriff Bakterien ist abgeleitet aus dem Griechischen (*bakterion* = Stäbchen) und beschreibt eine große Gruppe mikroskopisch kleiner, einzelliger Organismen ohne echten, klar umrissenen Zellkern, die sich im Allgemeinen durch Zellteilung vermehren. Bakterien sind winzig, zwischen einem und zehn Mikrometern (Tausendstel Millimeter) groß, und versorgen sich auf unterschiedlichste Art mit Energie und Nährstoffen. Sie gehen in unterschiedlicher Weise Symbiosen mit den meisten Pflanzen und Tieren sowie anderen Lebensformen ein und lassen sich hinsichtlich ihrer Lebensweise in zwei Hauptgruppen unterscheiden: in Saprophyten (die auf totem tierischen oder pflanzlichen Material leben) und Symbionten (die lebende Organismen besiedeln). Saprophyten sind an der Zersetzung toter Tiere und Pflanzen wesentlich beteiligt. Symbiontische Bakterien kommen in vielen menschlichen Gewebearten vor.

Die einzelne Bakterienzelle stellt einen selbstständigen Organismus dar, der sich durch eine einfache Zweiteilung vermehrt. Dabei entstehen aus einer Zelle durch Replikation in der Regel zwei identische Tochterzellen. Im Vergleich zu größeren Organismen ist die Oberfläche einer mikrobiellen Einzelzelle im Verhältnis zu ihrem Volumen sehr groß und der Stoffaustausch – also sowohl die Aufnahme von Nährstoffen als auch die Ausscheidung von Abfallprodukten – ist sichergestellt. Bei ausreichender Nährstoffversorgung teilt sich eine Bakterienzelle (z. B. *Escherichia coli*) alle 20 Minuten, so dass in kürzester Zeit eine riesige Population heranwächst und eine außerordentlich schnelle Vermehrung ihrer Biomasse erfolgt.

Bakterizide

Bakterizide sind Stoffe, die aufgrund ihrer chemischen Struktur innerhalb oder außerhalb des Organismus gezielt Bakterien abtöten. Man unterscheidet dabei Antiseptika (äußerlich anwendbare Stoffe, die Bakterien in Wunden oder auf der Haut vernichten), Antibiotika und Sulfonamide (sie töten Krankheitserreger innerhalb des Organismus oder hemmen sie in ihrem Wachstum) und schließlich Desinfektionsmittel (künstlich hergestellte und nur äußerlich anwendbare Stoffe). Aber auch Hitze, Sonne sowie ultraviolette und andere elektromagnetische Strahlen wirken bakterizid.

▸*Biozide*

Bariumnitrat

▸*Salpeter*

Bariumsalze

In der Vergangenheit wurden als sog. Antisalze oder Salzbehandlungsmittel auch Bariumverbindungen angeboten, mit denen insbesondere die Karbonat- und Sulfatkonzentration im Mauerwerk gesenkt werden sollte. Da jedoch dafür lösliche Bariumsalze entstanden, war der Sinn dieser Produkte nicht ganz nachvollziehbar. Bariumsalze sind giftig und werden heute nicht mehr verwendet.

Barytsalpeter

▸*Salpeter*

Barytwasser

Trivialname für eine Barythydroxidlösung

▸*Hydroxid*

A B C D E F G H I J K L M N O P Q R S T U V W X Y Z

Basen

In wässriger Lösung alkalisch (basisch) reagierende Verbindungen, wie z. B. Hydroxide, die bei der ▸*Neutralisation* Salze bilden, werden als Alkalien oder häufig auch noch als Basen bezeichnet.

Beispiel:

NaOH	+	HCl	→	NaCl	+	H_2O
Natriumhydroxid (Natronlauge)		Salzsäure		Natriumchlorid (Kochsalz)		Wasser

Basisch

▸*Alkalisch*

Baualtersklassen

Die Baualtersklassen wurden im Rahmen des ▸*Bauschadensberichtes der Bundesregierung* sowie weiterer und/oder darauf aufbauender Forschungsberichte eingeführt. Da die vorhandene Bausubstanz in Bezug auf ihr Alter, ihre Konstruktion und die verwendeten Materialien sowie regionale Einflüsse sehr unterschiedlich gewertet werden muss und unterschiedlich stark geschädigt ist, wurde die Bausubstanz nach dem Baualter eingruppiert. Die Eingruppierung erfolgt für Gebäude, die bis 1918 errichtet wurden sowie für den Zeitraum 1919 bis 1948, 1949 bis 1970, 1971 bis 1990 sowie für Gebäude, die nach 1990 errichtet wurden. Nach der Bauschadensanalyse weisen Gebäude der ältesten Baualtersklasse (bis 1918) mit knapp 38% den höchsten Anteil an Bauschäden auf. Diese Aussage verwundert sicherlich nicht, steigt doch mit zunehmendem Gebäudealter zwangsläufig auch der Instandsetzungs- und Modernisierungsbedarf. Bei diesen Gebäuden handelt es sich in der Regel um Mauerwerksbauten mit Gewölbedecken im Keller und Holzbalkendecken über den aufgehenden Geschossen. Hinzu kommt der überdurchschnittlich hohe Gebäudebestand mit mehr als 50 Jahren in den neuen Bundesländern und der unzureichenden Bauwerksunterhaltung in der DDR, die zu Materialverschleiß bis hin zum Verfall ganzer Bauteile und Bauwerke geführt hat.

Besonders auffallend ist aber auch, dass die Baualtersklasse von 1971 bis 1990 einen deutlich höheren Anteil an Bauschäden aufweist, als die beiden älteren Klassen von 1919 bis 1948 und 1949 bis 1970. Dies wird im Bauschadensbericht mit dem hohen Anteil an Bauten mit Flachdächern in den alten Bundesländern und dem hohen Anteil an Plattenbauten in den neuen Bundesländern begründet, die seit Anfang / Mitte der 90-er Jahre zur Sanierung anstanden.

Bauaufnahme

Unter der Bauaufnahme wird die Bestands- und Zustandserfassung eines Bauwerkes verstanden und in maßstabsgerechten Plänen dokumentiert. Hierbei wird das Gebäude als räumliches Gebilde erfasst und alle konstruktiven und stilistischen Merkmale festgehalten. Diese Dokumentation kann den Grundriss, den Querschnitt oder auch nur einzelne Details beinhalten. Der Grad der Genauigkeit der Erfassung und Dokumentation richtet sich nach der Aufgabenstellung sowie dem Zweck der Bauaufnahme und den technischen Möglichkeiten der Umsetzung. Die Bauaufnahme gliedert sich in das Aufmaß vor Ort, die manuelle oder digitale Dokumentation, die schriftliche Baubeschreibung sowie die Anamnese, also die Darstellung der speziellen Baugeschichte und der bauzeitlichen Veränderung. Eingesetzt wird die Bauaufnahme vor allem im Rahmen der Baudenkmalpflege und Restaurierung und der damit verbundenen Bauforschung, aber auch in der Altbausanierung und -modernisierung kann die Bauaufnahme wichtige Informationen liefern. Die Art der Bauaufnahme kann durch einfache Skizzen, technische Zeichnungen und Fotografie, aber auch in Form der Fotovermessung, Fotogrammetrie, Handvermessung oder einem rechnergestützten Aufmaß erfolgen. Die Bauaufnahme darf nicht mit der ▸*Bauzustandsanalyse* verwechselt werden, bei der schwerpunktmäßig die Bauschäden dokumentiert werden.

A B C D E F G H I J K L M N O P Q R S T U V W X Y Z

Bauaufsichtliche Zulassung

In den Bauordnungen der einzelnen Bundesländer ist geregelt, dass in bauaufsichtlich relevanten Bereichen nur Baustoffe und Bauteile eingesetzt werden dürfen, die den Nachweis ihrer Funktion und Gebrauchstauglichkeit erbracht haben. Dies sind in der Regel Produkte und Systeme, die in DIN-Normen (und vergleichbaren Regelwerken) aufgeführt sind. Damit Neuentwicklungen und Innovationen nicht behindert werden und neuen Produkten der Zugang zum Markt nicht versperrt bleibt, kann der Nachweis der Funktion und der Gebrauchstauglichkeit auch über eine bauaufsichtliche Zulassung durch das Deutsche Institut für Bautechnik in Berlin erbracht werden.

Baubiologie

Die Baubiologie hat in den letzten Jahren an Bedeutung gewonnen und setzt sich mit der ganzheitlichen Lehre auseinander, Bauwerke umweltbewusst und schadstofffrei herzustellen. Die oberste Zielsetzung für das Motto „Gesundes Bauen und Wohnen" ist die ganzheitliche Betrachtung physiologischer, psychologischer und physikalisch-technischer Zusammenhänge. Hierbei muss vor allem die Wechselwirkung zwischen Bauwerk, Nutzer und dessen Umwelt berücksichtigt werden. Baubiologische Grundsätze sind die Verwendung biologisch abbaubarer Baustoffe oder Baumaterialien unter Berücksichtigung ökologischer Aspekte und deren Nachhaltigkeit, die Beachtung physikalischer Zusammenhänge (Wärme-, Feuchte- und Schallschutz), die Berücksichtigung der psychologischen Wahrnehmung und Beeinflussung (wie die Farbgebung und Inneneinrichtung) sowie die Berücksichtigung der witterungsbedingten Einflüsse auf den Menschen.

Baubiologische Diagnostik

Unter der baubiologischen Diagnostik wird die qualitative und quantitative Analyse von Mikroorganismen an und in Bauwerken verstanden. In der Regel bezieht sich diese Analyse auf mögliche Gesundheitsbelastungen in einem Bauwerk oder ausgehend von einem Bauteil oder Innenräumen. Sie beinhaltet Untersuchungen von Bakterien, Pilzen und zunehmend Flechten sowie die Analyse von chemischen Schadstoffen und sonstigen Innenraumbelastungen in der Raumluft. Infolgedessen wird immer häufiger der Begriff der Innenraumdiagnostik verwendet.

Die baubiologische Diagnostik kann aber auch die Analyse von Organismen beinhalten, die biogene Schäden an Bauwerken verursachen. Dieser Vorgang wird als sog. Biokorrosion definiert und wird bisher noch als Schadensursache von Bauschäden unterschätzt. [5]

▸ *Bauwerksdiagnostik*

Bauchemische Diagnostik

Der Begriff der bauchemischen Diagnostik ist allgemein ungebräuchlich und wird gelegentlich für die Untersuchung der chemischen Zusammensetzung von Baustoffen verwendet. Hierfür haben sich andere Begriffe wie z. B. ▸ *Bauwerksdiagnostik* etabliert. [5]

Baudenkmal

▸ *Denkmal*

Baudenkmalpflege

▸ *Denkmalpflege*

Bauen im Bestand

Der Begriff Bauen im Bestand stellt das Gegenteil zum Neubau dar und beschreibt das große Themenspektrum der Altbaurenovierung, -sanierung und -modernisierung. Nach Angaben des statistischen Bundesamtes nimmt das Bauen im Bestand bereits knapp 60% der Hochbauleistungen ein. Bis zum Jahre 2020 werden ca. 75% aller Bauleistungen nicht mehr am Neubau, sondern im Baubestand, erbracht. Die Renovierung, Sanierung und Modernisierung der Bauwerke und Altstädte ist damit eine zukunftsweisende Entwicklung im Bau.

Bauforschung

Die Bauforschung wird nach Grundlagenforschung und Objektforschung unterschieden. Während bei der Grundlagenforschung objektunabhängige Fakten zur Kunst- und Architekturgeschichte sowie zu historischen Baustoffen und Technologien zusammengetragen werden, beschäftigt sich die Objektforschung ausschließlich mit geschichtlichen Fakten zu einem Bauwerk. Die Bauforschung kann, muss aber nicht, Bestandteil der Bauwerksdiagnostik sein und sich sowohl der Quellenforschung wie auch verschiedener zerstörungsfreier oder zerstörungsarmer Untersuchungsmethoden bedienen.

© siehe Anhang

Baugips

Baugips wird in der DIN 1168 geregelt. Im Teil 1 werden die Begriffe, Sorten, die Verwendung, Lieferung und Kennzeichnung beschrieben. Im Teil 2 werden die Anforderungen definiert und die Prüfung und Güteüberwachung reglementiert. Baugips wird in der Hauptsache für Stuck- und Rabbitzarbeiten sowie für Putz- und Estricharbeiten verwendet. Unterschieden wird Stuckgips und Putzgips.

Stuckgips ist ein Gips, der durch Erhitzen auf verhältnismäßig niedrige Temperaturen (120° bis 180°C) nur teilweise entwässert wird. Er wird hauptsächlich zu Stuck-, Form- und Rabbitzarbeiten verwendet sowie zur Herstellung von Gipsbaukörpern. Außerdem wird er als Zusatz zu Kalkputzmörteln und als Feinputz verwendet. Stuckgips beginnt ca. 8 bis 20 Minuten nach dem Anmachen zu versteifen und hat nach ca. 40 Minuten eine Druckfestigkeit von 6 N/ mm^2 erreicht. Putzgips wird im Allgemeinen bei höherer Temperatur (300° bis 900°C) als Stuckgips hergestellt. Er kann deshalb freien Kalk enthalten. Bei Putzgips beginnt das Versteifen früher als bei Stuckgips, dauert aber länger, so dass der Mörtel länger bearbeitet werden kann. Er wird hauptsächlich zu Putzarbeiten (reiner Gipsputz, Gipssandputz, Gipskalkputz) verwendet und für das grobe Vorziehen von Stuckarbeiten.

Baugrubenabdichtung

Unter der Baugrubenabdichtung wird die Abdichtung wasserführender Risse und Fugen bei Baugruben in der sog. Schlitz- und Spundwandbauweise verstanden. Die Baugrubenabdichtung darf nicht mit dem Verfüllen oder Auffüllen der Baugrube verwechselt werden.

Baugrubenverfüllung

Die Baugrubenverfüllung hat lagenweise zu erfolgen und darf die Abdichtung nicht beschädigen. Hierbei ist vor allem auszuschließen, dass durch Setzungen des Füllgutes die Abdichtung mitgerissen wird. Es ist ferner darauf zu achten, dass das Oberflächenwasser vom Gebäude fern gehalten wird. Die Zulassungen und Richtlinien schreiben vor, dass zum Verfüllen der Baugrube Verfüllboden (gleichmäßig gemischtkörniges Sandkiesgemisch) lagenweise einzubauen und so zu verdichten ist, dass die Perimeterdämmung nicht beschädigt und in ihrer Funktion nicht beeinträchtigt wird. Wenn Verfüllgrund mit hohem Lehmanteil nass und in großen Mengen eingebracht wird, besteht die Gefahr, dass er mit den Dämmplatten „verklebt". Die ursprünglich angemessene Punktverklebung mit 6 oder 8 Klebepunkten eines bituminösen Reaktionsklebers reicht dann nicht mehr aus, um die Dämmplatten in Position zu halten. Es kann dann zu Plattenverschiebungen und infolgedessen zur Hinterfeuchtung und zu Wärmebrücken kommen. Konstruktiv soll vorgeschrieben werden, dass die Dämmplatten auf das Streifenfundament (Neubau) oder die Fundamentkante (Altbau) gestellt werden. Vorbeugend muss in der Ausschreibung und Leistungsbeschreibung die ordnungsgemäße Verfüllung beschrieben werden und der bauleitende Architekt oder Ingenieur muss auf eine entsprechende Ausführung achten.

Baugrund

Unter Baugrund wird der für die Herstellung eines Bauwerks vorbereitete Boden oder Untergrund bezeichnet. Für die Qualität ist die sog. Bodengüte entscheidend, die in der DIN 1054 klassifiziert wird. Es wird nach Fels, bindigem und nicht bindigem Boden unterschieden. Fels ist sehr fest und hoch belastbar. Bindige Böden haben in der Regel eine inhomogene Struktur mit einem hohen Anteil an Lehm und Ton sowie sonstigen Feinstoffen. Diese Anteile sind dafür verantwortlich, wie wasserundurchlässig der Boden ist und ob sich Sickerwasser ansammeln kann. Bindiger Boden setzt sich sehr langsam. Dies kann dazu führen, dass noch Restsetzungen nach Fertigstellung des Bauwerks auftreten, die zu Bauschäden führen können. Ein nicht bindiger Boden ist ein Boden mit geringem Feinstoffanteil. In der Einschätzung über die Qualität dieser sandigen oder kiesigen Böden als Baugrund gibt es unterschiedliche Auffassungen. Überwiegend wird nicht bindiger Boden als guter Baugrund eingestuft, da Sickerwasser gut abfließen kann und Setzungen bereits in der Rohbauphase abgeschlossen sind, so dass spätere Setzungen weitgehend ausgeschlossen werden können.

Ursache	Rissmuster
Ungleichmäßige Zusammendrückung des Baugrundes (z. B. auskeilenden Torf- oder torfigen Schluffschichten)	
Lokale Grundwasserabsenkung (z. B. infolge von Kanalarbeiten in Gebäudenähe)	
Neu entstandene Hohlräume (z. B. durch Unterspülung)	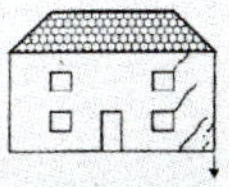
Bodenschrumpfung bindiger Böden durch Austrocknung an der Gebäudeaußenseite oder Baumbestand in Gebäudenähe	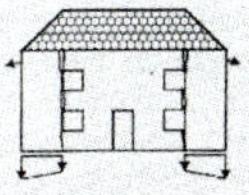
Nicht frostsichere Gründung auf frostempfindlichen Böden (zunächst Hebung, dann Setzung)	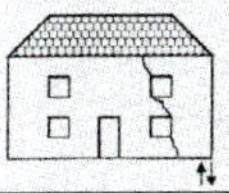

© Siehe Anhang

In der Planungsphase für die Errichtung eines Bauwerks muss deshalb die Bodengüte beurteilt werden, da diese auch für die Dimensionierung der Fundamente elementar ist. Die Tragfähigkeit des Bodens kann z. B. mit einer Rammsondierung durchgeführt werden. Wird die Bodengüte insgesamt als nicht ausreichend beurteilt, besteht evtl. die Möglichkeit, mit einer Pfahl- oder Tiefgründung eine tragfähige Grundlage für die Fundamente zu schaffen. Die Fundamente eines Gebäudes müssen vor Frost geschützt sein, weshalb in Deutschland die Fundamente mindestens 80 cm unterhalb der Geländeoberkante liegen müssen.

Baugrunduntersuchungen

Da die Abmessungen heutiger Bauwerke immer größere Ausmaße annehmen und/oder immer tiefer in den Baugrund eingebettet werden, sind entsprechende Baugrunduntersuchungen notwendig. Diese sind in der DIN 4020 „geotechnische Untersuchungen für bautechnische Zwecke“ geregelt und zum Teil bauaufsichtlich eingeführt. Nach der DIN 4020 müssen Aufbau und Beschaffenheit von Boden und Fels im Baugrund sowie die Grundwasserverhältnisse ausreichend bekannt sein, um insbesondere die Standsicherheit und die Gebrauchstauglichkeit eines Bauwerkes und die Auswirkungen der Baumaßnahme sicher beurteilen zu können. Infolgedessen müssen die dafür notwendigen geotechnischen Untersuchungen immer objektbezogen durchgeführt werden. Durchgeführt werden diese Baugrunduntersuchungen durch einen geotechnischen Fachmann, zu denen der Tragwerksplaner oder der sog. Ingenieurgeologe bzw. der Geotechnik-Bauingenieur gehören. Reine Geologen können zwar auch den Baugrund untersuchen, aber in der Regel nicht die Abhängigkeit zwischen einem Bauwerk und dem Baugrund beurteilen. In der Praxis werden deshalb geotechnische Untersuchungen entweder von Bauingenieuren mit geologischen Kenntnissen oder von Geologen mit Kenntnissen aus dem Bauingenieurwesen durchgeführt.

Nach der DIN 4020 werden Baugrunduntersuchungen in drei geotechnische Kategorien unterteilt: Diese unterscheiden sich im Schwierigkeitsgrad des Bauwerkes und des Baugrundes sowie der besonderen geologischen Verhältnisse. Des Weiteren gibt es Einflussfaktoren, die über Art und Umfang der Baugrunduntersuchungen entscheiden. Hierzu gehören u. a. Art, Größe und Konstruktion des Bauwerkes, die topographische Geländeform, geologische und hydrogeologische Verhältnisse und die Art der Untersuchung. So gibt es entweder die einfache Art in Form von Schürfgruben, die in einer Tiefe von 3 bis 4 Meter ausreichen, wenn die Schichtenfolge bekannt ist und die Schichten über eine ausreichende Tragfähigkeit verfügen. Bei quartären Schichten in großer Dicke und unterschiedlicher Ausbildung sind zusätzliche Sondierungen oder Bohrungen notwendig. Bei größeren Gebäuden mit tiefer Einbettung sind Aufschlussbohrungen notwendig, um bodenmechanische und hydrogeologische Kenndaten ermitteln und Rammsondierungen zur Ermittlung der Lagerungsdichte von Lockergesteinsschichten im Baugrund durchführen zu können.

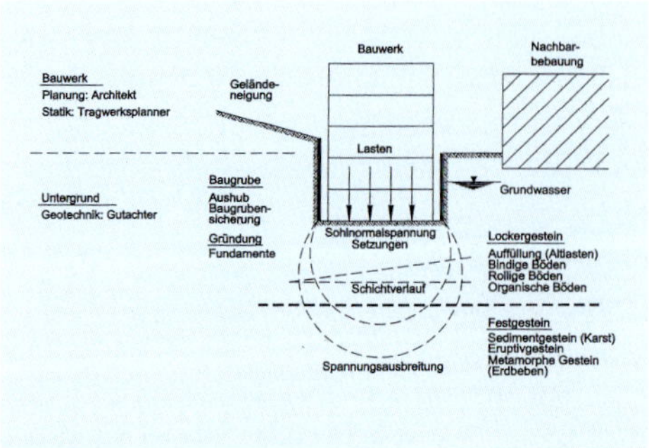

Bauinstandsetzung

▸*Instandsetzung*

Baukalk

Baukalke sind gelöschte Kalke, die in der DIN 1060 „Baukalke" reglementiert sind. Die Hauptbestandteile der Kalke sind die Oxide und Hydroxide des Kalzium mit geringen Anteilen des Magnesium, Silizium, Aluminium und des Eisen. In Abhängigkeit zum Abbindeverhalten werden Baukalke in Luftkalke (Weißkalk, Dolomitkalk), Wasserkalk und hydraulische sowie hoch hydraulische Kalke unterschieden. Weißkalk wird aus Kalkstein gewonnen, der maximal 10% andere Stoffe (z. B. Magnesiumkarbonat, Tonerde, Kieselsäure oder Eisenoxid) enthält. Je geringer solche Verunreinungen sind, um so besser, fetter und ausgiebiger ist der daraus gewonnene gebrannte Kalk. Er löscht kräftig und zerfällt dabei von selbst zu feinem Pulver oder (bei stärkerer Wasserzugabe) zu weißem Kalkteig. Dolomitkalk enthält außer Kalziumoxid auch Magnesiumoxid, löscht langsamer und ergibt einen meist mehr oder weniger grau gefärbten Kalk (Graukalk). Weißkalk und Dolomitkalk werden als Mörtelbindemittel verwendet, Weißkalk außerdem auch für Kalkanstriche (Kalktünchen und -schlämme). In beiden Fällen findet neben der physikalischen Trocknung der daraus hergestellten Mörtel der chemische Vorgang der Karbonaterhärtung (Karbonatisierung) statt, für den eine Luftzufuhr notwendig ist. Aus diesem Grund werden diese Kalke auch Luftkalke genannt. Der Sand als Zuschlagsstoff ist an der Härtung und der damit verbundenen Reaktion nicht beteiligt. Er dient als Magerungsmittel und ermöglicht den Luftaustausch im Mörtel. Mörtel aus Luftkalk sind geschmeidig und lassen sich gut verarbeiten. Wasserkalk wird aus Kalksteinmergel gewonnen und enthält neben dem Kalk erhebliche Beimengungen aus Tonerde (Al_2O_3) und Kieselsäure (SiO_2). Infolgedessen kommt es bei der Verfestigung der angemischten Mörtel neben der Karbonaterhärtung auch durch eine hydraulische, d. h. auch unter Wasser und bei Luftabschluss wirksame Erhärtung, zum Härtungsprozess. Hydraulischer und hoch hydraulischer Kalk werden aus Kalksteinmergel gebrannt, dem man vor dem Brennen oder auch danach weitere Stoffe (z. B. Hochofenschlacke, Trass etc.) zugegeben hat, die die hydraulischen Eigenschaften gegenüber dem Wasserkalk weiter erhöhen. Infolgedessen ist die Luftlagerungszeit kürzer und das Erhärten unter Wasser tritt noch deutlicher hervor. Wasserkalk, hydraulischer oder hoch hydraulischer Kalk eignen sich für Mauer- und für Putzmörtel im Innen- und Außenbereich, bei denen keine allzu große Festigkeiten und Härte, aber eine hohe Dehnfähigkeit, verlangt wird.

Bauklimatische Diagnostik

Der Begriff der bauklimatischen Diagnostik ist eher unüblich und beschäftigt sich mit der Erfassung der klimatischen Zustände und Zusammenhänge in einem Bauwerk. Hierfür werden eine Reihe von Klimauntersuchungen und -simulationen durchgeführt, um z. B. mikrobiellen Befall nachzustellen und/oder Bauschäden aufgrund von mikrobiellen Befalls zu analysieren.

Bauphysik

Die Bauphysik ist eine Anwendung der Physik und ihrer Gesetzmäßigkeiten auf Bauwerke und setzt sich mit ihren physikalischen Phänomenen auseinander. Schwerpunktmäßig sind dies Wärme (Wärmeleitung, Wärmestrahlung, Wärmedämmung, Wärmeschutz und dgl.), Feuchtigkeit (Wasserdampfgehalt, Feuchtetransporte, Kondensation und dgl.), Schall- und Brandschutz. Die Materialbeschaffenheit und die Eigenschaften von Baustoffen wird in der Baustoffkunde und Bauchemie behandelt. Aus der Bauphysik ist die ▸*Bauwerksdiagnostik* hervor gegangen, in der diese Zusammenhänge untersucht und Ursachen für Schadensmechanismen abgeleitet wurden.

Bauschäden

Der Umgang mit den Begriffen Bauschaden und Baumangel ist nicht einfach und wird durch optische, technische und rechtliche Aspekte geregelt.

Technisch betrachtet werden Erscheinungen an Bauten bzw. deren Bauteile als Bauschaden bezeichnet, die eine Veränderung der technischen, chemischen und/oder physikalischen Eigenschaften des Gebäudes darstellen, dadurch den Wert und/oder die Nutzbarkeit im Vergleich zu einer gewöhnlichen Beschaffenheit herabmindern und damit wirtschaftlich nachteilige Folgen haben. Als Gründe, warum es immer wieder trotz umfangreicher Baufachliteratur zu Bauschäden kommt, müssen folgende Aspekte herangezogen werden: Entwicklung neuer Baustoffe und Bauteile, die sich unter den Bedingungen der Baupraxis noch nicht bewährt haben; neue Bauformen, die einem derzeitigen Trend entsprechen, sich aber mit der Zeit als ungeeignet und schadensanfällig zeigen; zu kurze Bauzeiten, durch die z. B. Feuchtigkeitsprobleme geschaffen werden; falsche oder ungeeignete Baustoffwahl, da ausschreibende und/oder planende Stellen den Überblick über die Vielzahl an Produkten, Systemen und Verfahren verloren haben; fehlende oder unzureichende Qualifikation und Vorbildung, Vergabemodi unter falsch verstandenem Kostenbewusstsein, da das billigste Angebot häufig zu Lasten der Qualität geht und letztendlich die Qualität der Planung, Leistungsbeschreibung, Bauausführung und -überwachung.

Die Unterscheidung zwischen Baumangel und Bauschaden knüpft auch an die von der Rechtssprechung des Bundesgerichtshofes entwickelte Differenzierung zwischen Mangelerscheinung und dem Mangel selbst an. Unter

© siehe Anhang

dem Mangel selbst versteht der Bundesgerichtshof die Ursachen für die sichtbar gewordenen Mangelerscheinungen. Allerdings werden als Ursachen nur solche Umstände in Betracht kommen, die entweder dem körperlichen Bauwerk oder den planerischen bzw. konstruktiven Grundlagen anhaften. Als eigentlicher Mangel oder Mangel selbst erscheinen nach der Definition des Bundesgerichtshofes Verarbeitungsfehler, Mängel in der Wahl oder Überwachung von Material und handwerklicher Verarbeitung, Konstruktionsfehler oder Unzulänglichkeiten in den bautechnischen Verfahren, bei Planung, Statik oder den Gegebenheiten des Grundstückes. Schon die Gesetzes- und VOB-Formulierungen zeigen, dass die juristische Beurteilung eines Mangels oder Schadens am Bau nicht rein objektbezogen ist, sondern auch oft von auslegungsbedürftigen vertraglichen Vereinbarungen abhängt. Aus der Sicht unterschiedlicher Textformulierung betrachtet, sind zu unterscheiden: Schäden im Sinne des BGB-Werkvertragsrechts und Schäden im Sinne der VOB-Vorschriften. Der Mangelbegriff wird bei beiden Vertragsarten gleich beurteilt.

Der Jurist definiert den Bauschaden dagegen als einen Nachteil, den jemand durch ein bestimmtes Ereignis an seinem Vermögen oder an seinen sonstigen rechtlich geschützten Gütern erleidet. Er besteht in der Differenz zwischen zwei Güterlagen: der tatsächlich durch das Ereignis geschaffenen und der unter Ausschaltung dieses Ereignisses gedachten (Differenztheorie). Im Rahmen des Baugeschehens kommen aufgrund dieser Definition folgende Schadensarten in Betracht, wobei die Aufzählung keinen Anspruch auf Vollständigkeit erhebt, da der juristische Schadensbegriff sehr weitreichend ist und auch andere hier nicht aufgeführte Schadensarten denkbar sind: Schadensarten nach dem Schadensobjekt, nach der Schadensursache sowie sonstige Schadensarten. Aus dieser nicht vollständigen Aufzählung wird bereits ersichtlich, dass der Schadensbegriff im Baugeschehen in juristischer Hinsicht ungleich vielfältiger ist als nach der technischen Betrachtungsweise.

Bauschädigende Salze

Schadstoffe in der Luft, im Wasser und im Erdreich beeinflussen die in Bauteilen vorhandenen Stoffe zu chemischen Reaktionen, bei oder mit denen bauschädigende Salze gebildet werden. Diese bewirken, dass die im Mörtel oder im Stein vorhandenen Bindemittel in lösliche Verbindungen überführt werden, die dann durch Wasser herausgelöst werden oder beim Auskristallisieren ihr Volumen vergrößern. Da Salze in der Regel ▸*hygroskopisch* sind, binden sie Feuchtigkeit im Baustoff oder verzögern dessen Austrocknung. Hierzu gehören im Wesentlichen die Salze der Schwefelsäure (Sulfate), der Salzsäure (Chloride), der Salpetersäure (Nitrate) und der Kohlensäure (Karbonate). Nitrate, die besonders häufig in landwirtschaftlich genutzten Gebäuden, Viehställen und Absetzgruben sowie in Toilettenanlagen auftreten, sollen besonders hervorgehoben werden, da sie sehr leicht wasserlöslich und stark hygroskopisch sind. Bauschäden durch Nitrate gehören deshalb zu schwierigsten Aufgabenstellungen im Rahmen der Kellersanierung und Mauerwerksinstandsetzung.

Da Bauschäden, die durch ▸*Salze* hervorgerufen werden, in der Regel nicht isoliert auftreten und Bestandteil mehrerer Schadensursachen sein können, ist die klare Zuordnung der Salzschäden problematisch. Zwei Schadensmechanismen werden für die Beschreibung bauschädigender Salze herangeführt: der ▸*Kristallisationsdruck* bei der ▸*Kristallisation* eines Salzes aus einer gesättigten Lösung im Porenraum des Baustoffes und der Hydratationsdruck bei der ▸*Hydratisierung* (Kristallwasseraufnahme) eines bereits bestehenden

© siehe Anhang

Salzkristalls im Porenraum des Baustoffes.

Eine häufige Schadensursache im Zusammenhang mit bauschädigenden Salzen ist auf die Volumenvergrößerung zurückzuführen, die sich beim Kristallisationsvorgang ergibt. Der bei der Kristallisation gelöster Salze entstehende Kristallisationsdruck hängt dabei wesentlich von der Temperatur und der Konzentration der Salzlösung ab. Bei hoher Konzentration führt der Kristallisationsvorgang unweigerlich zu einer mechanischen Zerstörung des Anstriches, des Putzes oder des Mauerwerkes. Hierbei handelt es sich um die sichtbaren Schäden bauschädigender Salze. Die schweren Schäden im Bauteilgefüge werden allerdings durch die ▸*Korrosion* verursacht, wenn gelöste Salze unterhalb der Bauteiloberfläche auskristallisieren und infolgedessen Druck auf das umgebende Baustoffgefüge ausüben. Wenn die Auskristallisation der Salze allerdings nur im oberflächennahen Bereich von Bauteilen stattfindet, kommt es in der weiteren Folge meistens dort nur zur Oberflächenverwitterung. Die wichtigsten bauschädigenden Salze und ihre chemische Zusammensetzung sind in der folgenden

Salzart	Chemische Formel	Chemische Bezeichnung	Mineralische Bezeichnung	Allgemeine Bezeichnung
Sulfate	Na_2SO_4		Thenardit	
	$Na_2SO_4 \bullet 10H_2O$	Natriumsulfat	Mirabilit	Glaubersalz
	$MgSO_4 \bullet H_2O$		Kieserit	
	$MgSO_4 \bullet 6H_2O$		Hexahydrit	
	$MgSO_4 \bullet 7H_2O$	Magnesiumsulfat	Epsomit	Bittersalz
	$CaSO_4 \bullet 2H_2O$	Kalziumsulfat		Gips
	$K_2Ca\ (SO_4)_2 \bullet H_2O$	Mischsalze	Syngenit	
	$K_2Ca5\ (SO_4)_6 \bullet H_2O$		Gorgeyit	
	$K_2Mg\ (SO_4)_2 \bullet 6H_2O$		Picromerit	
	$K_3Na\ (SO_4)_2$		Glaserit	
	$3\ CaO \bullet Al_2O_3 \bullet 3CaSO_4 \bullet 32H_2O$			Ettringit
	K_2SO_4	Kaliumsulfat	Arcanit	
Karbonate	$NaHCO_3$		Nahcolit	
	$Na_2CO_3 \bullet H_2O$	Natriumkarbonat	Thermonatrit	Soda
	$Na_2CO_3 \bullet 10H_2O$		Natrit	
	$Na_3H\ (CO_3)_2 \bullet H_2O$		Trona	
	$K_2CO_3 \bullet H_2O$	Kaliumkarbonat		Pottasche
	$KHCO_3$		Kalicinit	
	$CaCO_3$	Kalziumkarbonat	Calcit	Kalk
	$MgCO_3$	Magnesiumkarbonat	Magnesit	
	$MgCO_3 \bullet 3H_2O$		Nesquehonit	
	$MgCO_3 \bullet 5H_2O$		Lansfordit	
	$MgCO_3 \bullet Mg(OH)_2 \bullet 3H_2O$		Artinit	
	$3MgCO_3 \bullet Mg(OH)_2 \bullet 3H_2O$		Hydromagn.	
Nitrate	KNO_3	Kaliumnitrat	Nitrokalit	
	$Ca(NO_3)_2 \bullet 4H_2O$	Kalziumnitrat	Nitrocalcit	
	$Mg(NO_3)_2 \bullet 6H_2O$	Magnesiumnitrat	Nitromagnesit	
	$5Ca(NO_3)_2 \bullet 4NH_4NO_3 \bullet 10H_2O$			Kalksalpeter
	$NaNO_3$	Natriumnitrat	Nitronatrit	
	NH_4NO_3	Amoniumnitrat	Ammonsalp.	
Chloride	$NaCl$	Natriumchlorid	Halit	Kochsalz
	$CaCl_2 \bullet 6H_2O$	Kalziumchlorid	Antarticit	
	$MgCl_2 \bullet 6H_2O$	Magnesiumchlorid	Bischofit	
	KCl	Kaliumchlorid	Sylvin	
	$CaMg_2Cl_6 \bullet 12H_2O$	Kalziummagnesium-chlorid	Tachyhydrit	
Mischsalze	$Na_3\ (NO_3/SO_4) \bullet H_2O$		Darapskit	

Bauschadensbericht

Im Bauschadensbericht, der seit 1996 in seiner dritten Ausgabe vorliegt, werden alle negativen bautechnischen Entwicklungen im Hochbaubestand der Bundesrepublik beschrieben, die eine Instandsetzung bzw. Sanierungsmaßnahmen erforderlich machen. Infolgedessen wurde der gesamte Baubestand in Bezug auf seine Bauschäden klassifiziert, unabhängig davon, ob es sich um Mängel bei der Planung und Ausführung, Mängel durch unterlassene Instandhaltung, normale Alterung oder verstärkte Alterung durch ungünstige Umwelteinflüsse handelt. Der dritte Bauschadensbericht erhielt, aufgrund der politischen Veränderungen in Deutschland, eine neue Aufgabe. Während im zweiten Bauschadensbericht überwiegend „vermeidbare Bauschäden" behandelt wurden, hatte der dritte Bauschadensbericht die Anforderung, erstmals eine quantitative und qualitative Bewertung der Bausubstanz in den neuen Bundesländern vorzunehmen. So wurde der Instandsetzungsbedarf ermittelt, der notwendig wird, um die Bausubstanz aus der DDR auf das Qualitätsniveau der alten Bundesrepublik (Stand 1990) anzugleichen.

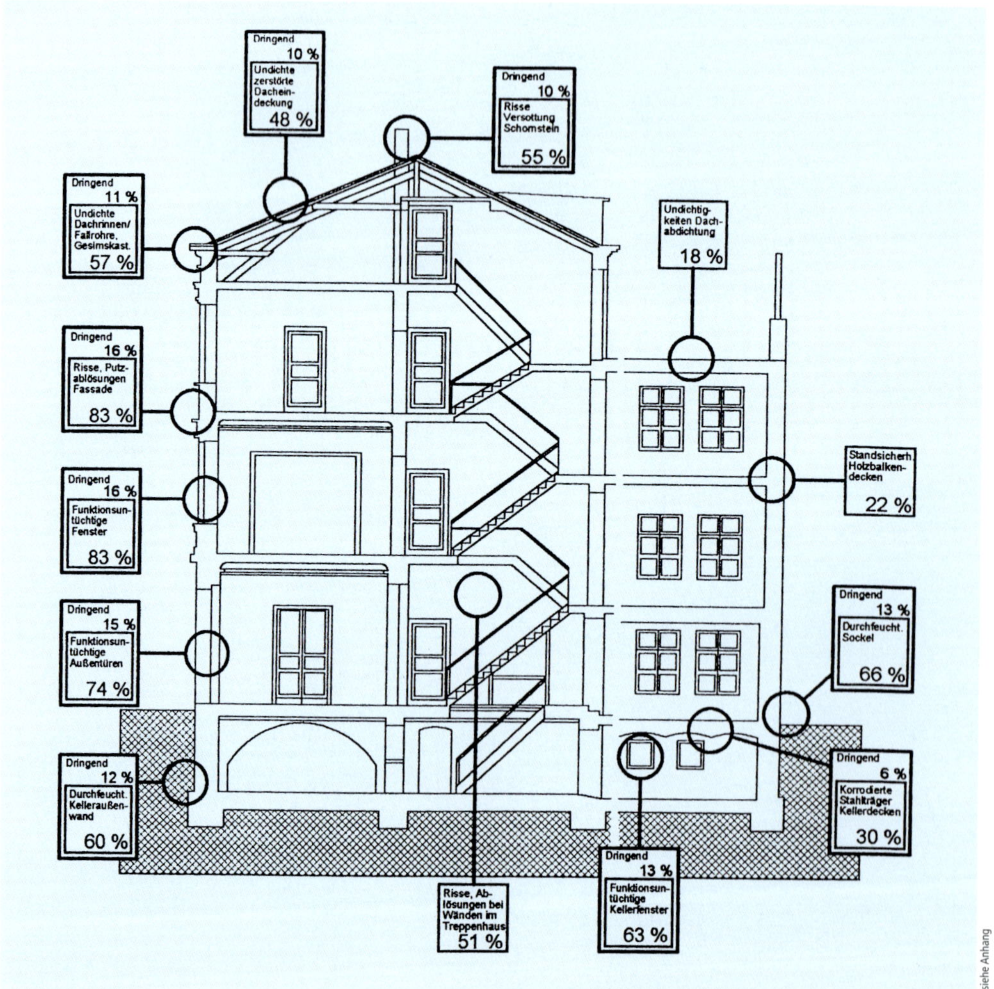

Typische Bauteile und deren Schadensbilder und Häufigkeit sowie Grad der notwendigen Instandsetzung
Bauteilbezogene Schäden in %

Bauschadensforschung

- Bauschaden
  - 1. Allgemeines
    - Beschreibung des Schadens
    - Projektbeteiligte
      - Entwurfsverfasser (Architekt)
      - Tragwerksplaner (Statiker)
      - Bodengutachter
      - Sonstige Sonderfachleute
    - Kosten des Einzelschadens
    - Kostenvolumen der betrachteten Bauleistung
  - 2. Gebäude
    - Nutzung
      - Ein- und Zweifamilienhäuser
      - Mehrfamilienhäuser
      - Gewerbebau
      - Öffentliches Gebäude
    - Baujahr bzw. Baualtersklasse
    - Baukonstruktion
      - Mauerwerksbau
      - Fachwerkgebäude
      - massive Decken
      - Holzbalkendecken
      - Betonfundament
      - Bruchsteinfundament
  - 3. Art der Baumaßnahme
    - Anbau
    - Umbau
    - Aufstockung
    - Gebäudevertiefung
    - Sanierung von Flachdächern
    - Sanierung von Balkonen
    - Modernisierung der Heizung
    - Abdichtung erdberührter Bauteile
    - Verbesserung des Wärmeschutzes
    - Abbruch neben/im Bestand
    - Dachausbau
    - Dachumdeckung
    - Erneuerung des Dachstuhls
    - Dachflächenreparatur (Steildach)
    - Erneuerung des Putzes
    - Erneuerung von Wasserleitungen
    - Elektroinstallation
    - Erneuerung des Anstrichs
    - Sanierung Sichtbeton
    - Sonstige
  - 4. Art des Bauschadens
    - Brandschäden
    - Wasserschäden
    - Frostschäden
    - Staubschäden
    - Schäden/Risse am Bestand
    - Einsturz/Teileinsturz des Bestandes
    - Personenschäden
    - Vermögensschäden
    - Sonstige
  - 5. schadensbetroffene Bauteilgruppe
    - Fassaden/Außenwände
    - Innenwände
    - Dächer
    - Balkone
    - Decken
    - Bauteilfugen
    - Fußböden
    - Bauteile im Erdreich
    - Fenster und Türen
    - Haustechnik
    - Sonstige
  - 6. Schadensursache
    - Unsachgemäßes Aufschweißen von Bitumen
    - Undicht angeschlossene Rohre
    - Nicht erkannter Schädlingsbefall
    - Ungenügende Standsicherheit
    - Mangelhafter oder fehlender prov. Wetterschutz
    - Mangelhafte Abdichtung erdberührter Bauteile
    - Setzungen
    - Erschütterungen
    - Mangelhafter Schallschutz
    - Mangelhafte Wärmedämmung
    - Unzulässig tiefe Ausschachtung
    - Mangelhafte Dachabdichtung
    - Unsachgemäßes Schweißen, Löten, Schneiden von Metall
    - Fehlende Abfangung/Absicherung von Bauteilen
    - Sonstige
  - 7. Schadensquelle
    - Planungs- und Ausschreibungsfehler
    - Bauüberwachungsfehler
    - Ausführungsfehler
    - mangelhafte Voruntersuchung
    - nicht vermeidbare Einflüsse

A
B
C
D
E
F
G
H
I
J
K
L
M
N
O
P
Q
R
S
T
U
V
W
X
Y
Z

Bauschadensursachen

Bauschadensursachen sind bautechnische oder physikalische Einflüsse, die unmittelbar auf die Baumaßnahme wirken und für das Entstehen von Bauschäden ursächlich sind. Es handelt sich hierbei um physikalische, chemische, biologische Vorgänge, die sich zum Teil auch überlagern. Die Bauschadensursachen werden in Planungsfehler, Ausführungsfehler, Materialfehler und nicht vermeidbare Einflüsse unterschieden.

Baustellenmörtel

Unter einem Baustellenmörtel werden, wie der Name schon vermuten lässt, Putzmörtel verstanden, die vor Ort auf der Baustelle angemischt werden. Hierbei handelt es sich um eine bis vor einigen Jahrzehnten ausschließlich übliche Herstellung von Putzen. Erst durch die Entwicklung der sog. Werktrockenmörtel, mit denen eine konstante Qualität zu jeder Jahreszeit und an jedem Ort sichergestellt und spezielle Anforderungen in Bezug auf die Rezeptur in großen Mengen hergestellt werden konnte, wurden die Baustellenmörtel zunehmend verdrängt. Heute werden Baustellenmörtel bis auf wenige Ausnahmen nur noch im Rahmen der Baudenkmalpflege verwendet.

Baustoffanalyse

▸*Analyse*

Bauteilfuge

Mit Bauteilfuge wird die Fuge zwischen zwei oder mehreren Bauteilen aus gleichem Material und/oder gleicher Funktion bezeichnet. Die Bauteilfuge wird in der DIN 18 195 „Bauwerksabdichtung“ erwähnt und in der DIN 18 540 „Abdichtung von Außenwandfugen im Hochbau mit Fugendichtstoffen“ geregelt. Hierbei werden neben der Fugenart auch die Fugenkonstruktion und die Anforderungen an den einzusetzenden Dichtstoffe definiert.

Bauteiltemperatur

Nach der ▸*DIN 18 195 „Bauwerksabdichtung“* wird unter der Bauteiltemperatur die Temperatur verstanden, die sich zum Zeitpunkt der Abdichtung auf dem Untergrund befindet. Dies kann unter Umständen dann relevant werden, wenn bei der Verarbeitung von entsprechenden Abdichtungsstoffen eine Mindesttemperatur nicht unterschritten oder eine Maximaltemperatur nicht überschritten werden darf. In der Abdichtungspraxis wird zur Temperaturbestimmung in der Regel nur die Lufttemperatur gemessen, die sich aber von der Bauteiltemperatur unterscheiden kann.

Bauteiltemperierung

Die Bauteiltemperierung ist vom Funktionsprinzip eine Strahlungsheizung. Hierbei werden warmwasserführende Rohrleitungssysteme an der raumseitigen Oberfläche von Innen- oder Außenwänden entlang geführt. Infolgedessen kommt es zu einer systembedingten Erhöhung der Oberflächentemperatur der Wand. Die Strahlungswärmeabgabe ermöglicht eine Raumlufttemperaturabsenkung und damit die Reduzierung der Lüftungswärmeverluste. Darüber hinaus wird das Auftreten von Tauwasser an der inneren Oberfläche der Außenwand weitestgehend ausgeschlossen. Die Integration einer Heizung in die Außenwand führt gegenüber konventionellen Heizungssystemen zu höheren Transmissionswärmeverlusten.

Über die Anwendung der Bauteiltemperierung gehen die Meinungen der Experten weit auseinander. Einer der Gründe besteht darin, dass seit einigen Jahren die Bauteiltemperierung als alternatives Verfahren zur ▸*Mauerwerkstrockenlegung* angeboten wird, ohne die Ursache der Kapillarität oder Hygroskopizität zu beseitigen. Darüber hinaus wird diese Alternative an Baudenkmälern eingesetzt, da es sich um eine reversible Maßnahme handelt und Denkmalpfleger oder Restauratoren die nachträgliche Horizontalabdichtung mittels Bohrlochinjektion oder durch ein mechanisches Verfahren aufgrund des starken Eingriffs in die Originalbausubstanz ablehnen. Bei der Ausführung einer Bauteiltemperierung kommt es zu einer Erwärmung der Wandoberflächen und der Raumluft. Infolgedessen nimmt die Verdunstungsgeschwindigkeit der Feuchtigkeit zu. Hierbei wird durch Befürworter argumentiert, dass die verdunstete Feuchtigkeitsmenge pro m^2 und Zeiteinheit größer ist, als der Anteil durch kapillar aufsteigende Feuchtigkeit, so dass es zu einer Abtrocknung kommen muss. Es bleibt allerdings unberücksichtigt, dass einerseits durch Kapillarität im Mauerwerk auch gelöste Salze mit transportiert werden, die an der Oberfläche auskristallisieren und damit die hygroskopische Feuchtigkeit erhöhen. Zum Anderen ist ein Abtrocknungseffekt immer nur so lange gegeben, wie die Heizung in Betrieb ist, da die Ursache der Durchfeuchtung nicht beseitigt wird. Aus Gründen der Nachhaltigkeit ist die Bauteiltemperierung zur Bauwerkstrockenlegung deshalb abzulehnen.

Bautenschutz

Der Begriff Bautenschutz kann eigentlich nicht mehr genau definiert werden, da mittlerweile zu viele und zu unterschiedliche Leistungen darunter zusammen gefasst werden. Der Maler versteht unter Bautenschutz einen „schützenden" Anstrich für Bauwerke aller Art – von der Renovierung eines alten Putzes über den Korrosionsschutz von Betonbauteilen, von Fußbodenabdichtungen bis hin zur putz- und anstrichtechnischen Risssanierung. Die sog. „Bautenschützer" sehen genau darin keinen Bautenschutz, da die Ursachen von evtl. Bauschäden nicht beseitigt werden und das Problem nur kaschiert wird. Nach ihrer Auffassung kann Bautenschutz nur in der Sanierung bestehen, also in der Lösung des Problems. Der Schwerpunkt der Bautenschützer liegt in der Kellerabdichtung und -sanierung, im Holzschutz und der Schwammsanierung sowie in kleineren Arbeiten an der Fassade und im Innenraum. Und selbst unter der Kellerabdichtung versteht ein Bautenschützer andere Leistungen, als ein Dachdecker oder Bauunternehmer. Der Architekt und Planer sieht im Bautenschutz keine Einzelbetrachtung eines Problems, eines Schadens, eines Untergrundes oder eines Gewerkes, sondern den ganzheitlichen Schutz eines Bauwerkes vor schädigenden Einflüssen. Dies können o. g. Maßnahmen und Beschichtungs- oder Abdichtungssysteme sein, aber genauso auch konstruktive Maßnahmen, um ein Bauwerk vor den Witterungseinflüssen zu schützen. Deshalb ist der Begriff sehr individuell geprägt.

Bautenschutzmittel

Wie beim Begriff ▸*Bautenschutz* ausgeführt, kann auch der Begriff Bautenschutzmittel nicht eindeutig definiert werden, da alle Produkte und Systeme dazu gezählt werden müssen, die dem Schutz und der Erhaltung von Bauwerken dienen. Dies können Anstrich- und Putzsysteme, Imprägnierungen und Konservierungsmittel, Abdichtungsstoffe sowie Oberflächenschutzsystem und Reparaturmörtel sein.

▸*Bautrocknung*
▸*Trocknung*

Bauwerk

Ein Bauwerk ist im Duden als eine von Menschen errichtete Konstruktion definiert, die mit dem Untergrund fest verbunden und unbeweglich ist. In Deutschland ist ein Bauwerk in den Landesbauordnungen juristisch korrekt als bauliche Anlage definiert, die für eine langfristige Nutzung konzipiert ist. Im allgemeinen Sprachgebrauch wird der Begriff Bauwerk und Gebäude oft gleichgesetzt, obwohl dies nicht korrekt ist. Die Bezeichnung Gebäude ist ein Unterbegriff für den Begriff Bauwerk. Beinhaltet der Begriff Bauwerk z. B. auch Verkehrsbauwerke wie Brücken oder Tunnel oder Versorgungsbauwerke wie z. B. Wasser- und Abwasserleitungen, Klärwerke, Deiche und Staudämme, so wird der Begriff Gebäude in der Regel nur für Bauwerke verwendet, die über ein Fundament, mindestens 3 Wände und ein Dach verfügen. Gebäude sind Bauwerke, in denen sich Menschen oder Tiere aufhalten und/oder Dinge gelagert werden. Dies können Wohngebäude, wohnähnliche Nichtwohngebäude oder Industriegebäude sowie Kirchen und dgl. sein. Darüber hinaus ist es üblich, Gebäude mit einem besonderen Wert als Bauwerk zu bezeichnen. Dies kann eine herausragende ideelle Bedeutung für Stadt und Mensch oder eine starke Monumentalität sein. Unterscheiden kann man Bauwerke nach unterschiedlichen Parametern, z. B. nach der Konstruktion, nach verwendeten Baustoffen, nach dem Baustil oder der Nutzung bzw. der Funktion. Eine einfache Unterscheidung erfolgt nach Hochbau und Tiefbau.

Bauwerksabdichtung

Unter der Bauwerksabdichtung werden alle Maßnahmen zusammengefasst, mit denen ein Bauwerk (innen wie außen) vor dem schädigenden Einfluss von Feuchtigkeit und Wasser geschützt werden soll. Dies betrifft eine ▸*Horizontal- und Vertikalabdichtung* am Neubau sowie die nachträgliche Horizontal- und/oder Vertikalabdichtung beim Altbau. Während die Bau-

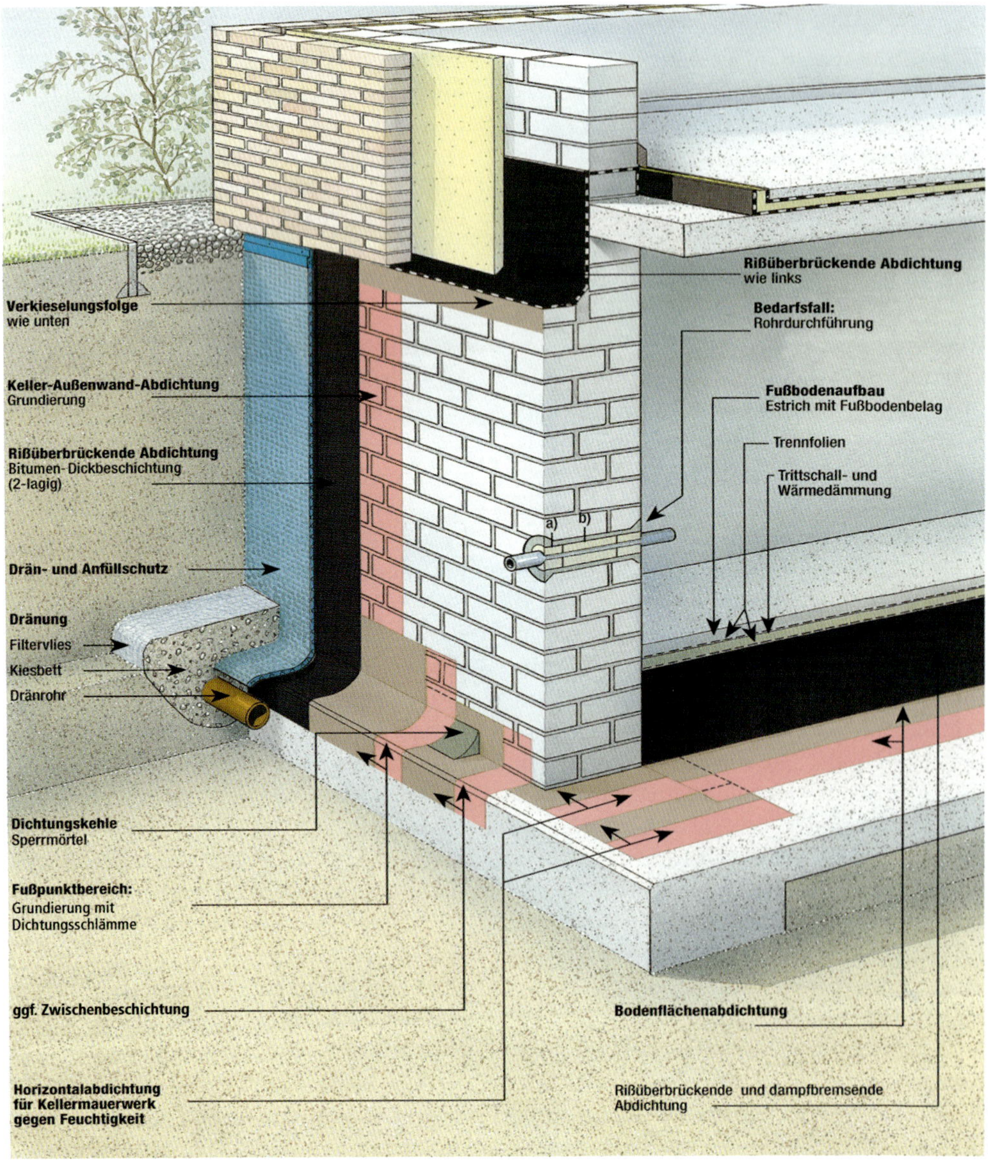

Systemdarstellung der Bauwerksabdichtung

werksabdichtung beim Neubau durch die DIN 18 195 geregelt und von Außen auszuführen ist, gilt die DIN-Norm für die nachträgliche Vertikalabdichtung nicht (ausgenommen hiervon ist, wenn die DIN 18 195 ausdrücklich auch bei der nachträglichen Bauwerksabdichtung vereinbart wird). Des Weiteren kommt es bei der nachträglichen Vertikalabdichtung im Einzelfall zu einer ▸*Innenabdichtung*, wenn aufgrund Nachbar- und/oder Überbauung eine außenseitige Abdichtung nicht möglich ist. Diese wird auf der Rückseite der Wand ausgeführt, die durch Feuchtigkeit belastet ist und wird als sog. Negativabdichtung bezeichnet.

Bauwerksbedingte Risse

Bauteile unterliegen auch nach dem Verputzen noch entsprechenden Lage-, Form- oder Volumenveränderungen, die eine ▸*Rissbildung* in der Konstruktion und schließlich auch in der Oberflächenschicht zur Folge haben können. Verformungen dieser Art sind z. B. das Durchbiegen von Decken und Unterzügen, Längenänderungen von Betonteilen, Baugrund- bzw. Fundamentsetzungen sowie Schwind-, Kriech- und Temperaturverformungen tragender Wände und Stützen. Dem entsprechend haben bauwerks- oder konstruktionsbedingte Risse ihre Ursachen in der Baukonstruktion sowie im Putzuntergrund. Infolgedessen werden diese Risse häufig auch als statische Risse bezeichnet.

Bauwerks- oder konstruktionsbedingte Risse werden nach den Rissursachen unterschieden. Rissursachen aus dem unmittelbaren Putzuntergrund sind z. B. Volumenänderungen (Schwinden, Quellen, thermische Längenänderungen) sowie Verformungsunterschiede des unmittelbaren Putzgrundes bei Verwendung unterschiedlicher Baustoffe mit verschiedenen physikalischen Eigenschaften (Schwindverformung, Wärmeleitfähigkeit, Saugvermögen usw.). Des Weiteren werden bauwerks- oder konstruktionsbedingte Risse auch nach den Rissursachen aus der Konstruktion eingestuft. Dies sind Lage-, Form- oder Volumenänderungen der Tragkonstruktion oder des verputzten Bauteils, wie z. B. Lageänderung durch Setzungen, Formänderungen aufgrund von Durchbiegung, Volumenänderung durch Feuchteabgabe (Schwinden) oder Belastung (Kriechen) sowie durch Temperaturänderungen. Auch sog. Zwängungsspannungen können zu diesen Rissen führen. Die dauerhafte Sanierung ist nur mit bautechnischen Maßnahmen (z. B. Anordnen von Fugen oder durch kraftbündiges Verschließen der Risse durch Injektionen) möglich.

Bauwerksdiagnostik

Der Begriff der Bauwerksdiagnostik wurde durch *Prof. Dr. Dr. Venzmer* geprägt und kann als eine Teildisziplin der Bauphysik bezeichnet werden, die sich zur Aufgabe gemacht hat, den zeitlich aktuellen Qualitätszustand von Bauteilfunktionen und Materialparametern mit Hilfe von Sinneswahrnehmungen, von instrumentellen Mess- und Prüfverfahren und einer nachfolgenden komplexen Bewertung zu kennzeichnen, zu bewerten und zu klassifizieren. Aus diesem Grund hat sich in den letzten Jahren die Bauwerksdiagnostik als wesentlicher Bestandteil bei der Mauerwerkstrockenlegung etabliert. Als Bestandteil der Bauwerksdiagnostik werden Untersuchungen über den Mauerwerksaufbau (Dimensionen, Materialien, konstruktive Gegebenheiten und Besonderheiten), dem Mauerwerkszustand (Feuchtegehalte, Feuchteverteilung, Durchfeuchtungsursachen, Gehalte an bauschädigenden Salzen und deren Verteilung, Eigen- und Verbundfestigkeiten von Baustoffen) durchgeführt. Die Porengrößenverteilung, die Porenform und die Materialeigenschaften des Baustoffs bedingen die hygrischen Eigenschaften von porösen Baustoffen.

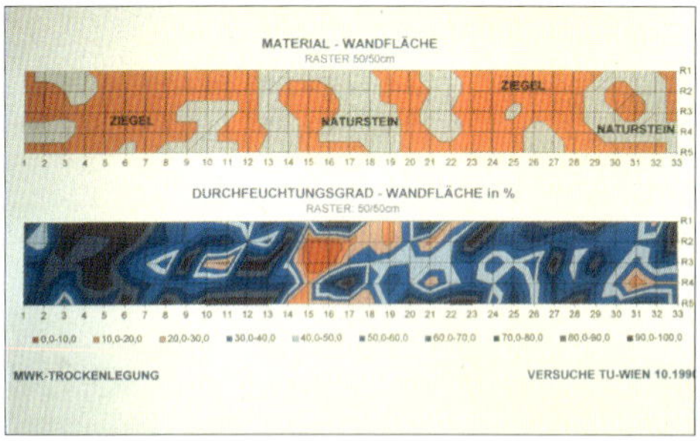

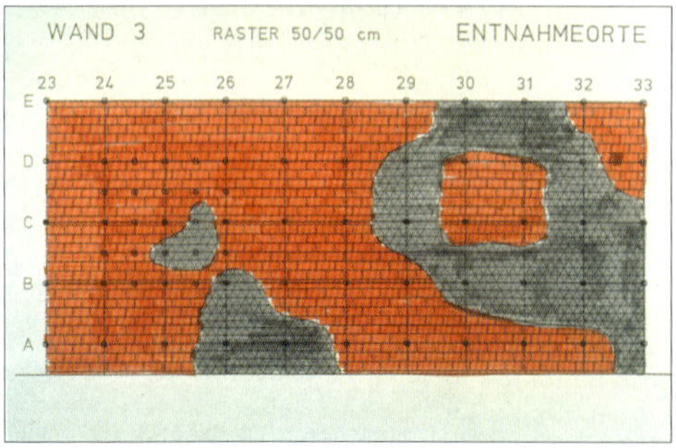

Unterschiedliche Durchfeuchtungen innerhalb einer Wand

Die speziellen Mechanismen des Transports und der Speicherung von Feuchte und anderen Stoffen führen zu Quellen und Schwinden, Druck- und Zugbelastungen, zu chemischen und biologischen Prozessen, die letztlich die Porenstruktur verändern und den Baustoff destabilisieren, so dass Bauschäden entstehen können. [5]

Die drei Arbeitsstufen der Bauwerksdiagnostik können mit der visuellen Analyse nach äußeren Merkmalen (visuelle Diagnostik), der instrumentalen Messung/ Prüfung mit Diagnosegeräten (instrumentelle Diagnostik) und der Analyse der Summe diagnostischer Ergebnisse und deren Bewertung (bewertende Diagnostik) beschrieben werden.

Bauwerksinstandhaltung

▸*Instandhaltung*

Bauwerksinstandsetzung

▸*Instandsetzung*

Bauwerksisolierung

Der Begriff Isolierung wird sowohl für die Abdichtung wie auch für die Wärmedämmung verwendet. Der Begriff Bauwerksisolierung ist allgemein unüblich. Entweder spricht man von der Bauwerksabdichtung oder von der Perimeterdämmung.

Bauwerkstrockenlegung

▸*Mauerwerkstrockenlegung*

Bauwerkstrocknung

▸*Trocknungsverfahren*

Bauzustandsanalyse

Die Bauzustandsanalyse ist eine Teildisziplin der ▸*Bauwerksdiagnostik* und beschreibt die Bestandsaufnahme an einem Gebäude, die als Grundlage für eine sinnvolle Planung einer Instandsetzungsmaßnahme absolut notwendig ist. Hierbei gliedert sich die Bauzustandsanalyse in eine visuelle Beurteilung des Bauzustandes nach Bauteilen und der Lage des Bauwerkes in seinem Umfeld sowie der äußeren

Einflussfaktoren auf das Bauwerk. Der Umfang der Bestandsaufnahme richtet sich nach den Objektbedingungen und der vorgesehenen Nutzung sowie der sich daraus ableitenden Sanierung. Dies können bei einem Denkmal baugeschichtliche Anforderungen durch die Denkmalpflege genauso sein wie statische Anforderungen durch den Bauingenieur, wenn die Standsicherheit und Belastbarkeit Aufschluss über die möglichen Nutzlasten geben soll. Aber auch die Bauaufnahme z. B. für eine restauratorische Befunderhebung können Gegenstand einer Bestandsaufnahme sein. Darüber hinaus sind Grundrisse und Schnitte notwendig und je nach Gebäude eine Anamnese zur Vorgeschichte sinnvoll.

Bei der Bauzustandsanalyse werden Untersuchungen vor Ort durchgeführt, die durch Laboruntersuchungen ergänzt werden (können). Untersuchungen vor Ort werden über den Mauerwerksaufbau (z. B. durch Sondierungsbohrungen, Endoskopie oder Infrarotthermographie), Bauteilbewegungen (z. B. Gipsmarke, Rissmonitor, Dehnungsmesser oder digitale Wegeaufnehmer), Risse (z. B. Messlupe, Rissbreitenmesser), Hohlstellen (z. B. Abklopfen mit der Hammerprobe), Haftzugfestigkeit (z. B. mit mobilem Zugfestigkeitsmessgerät), Baugrund und hydrogeologische Verhältnisse (z. B. Schürfungen, Sondierungen, Bohrungen), raumklimatische Untersuchungen (als Momentaufnahme mit Handgerät oder über längeren Zeitraum über Datenlogger) sowie Materialfeuchte, Wasseraufnahme und Salzgehalt durchgeführt.

Je nach Objektbedingungen und Zielsetzung werden diese Vor-Ort-Untersuchungen durch Laborkenndaten ergänzt. Hierzu gehören die Prüfung der Druckfestigkeit, der Rohdichte, der Biegezugfestigkeit, der Spaltzugfestigkeit, der Zugfestigkeit, des E-Moduls (statisch und dynamisch), thermische und hygrische Dehnung, Frostbeständigkeit, der Baustoffzusammensetzung, der Mörtelanalyse, der Porosität sowie der Wasseraufnahme und Wasserdampfdurchlässigkeit. Im Rahmen der Kellersanierung werden im Wesentlichen eine Feuchtigkeits- und eine Salzbilanz aufgestellt, d. h. es wird die Verteilung der Feuchtigkeit und der Salze im Mauerwerk ermittelt. Außerdem werden objektspezifische Daten über Mauerwerksaufbau, Nutzung, Lage sowie Bauwerksgründungen, Art und Zustand evtl. vorhandener Abdichtungen, Bodenmechanik, Geologie, Hy-

© siehe Anhang

© siehe Anhang

drologie etc. in die Bewertung eingebracht. Bei fach- und sachgerechter Durchführung und Auswertung der Messwerte kann dann eine objektspezifische Instandsetzungsplanung durchgeführt werden. Je nach Objekt umfasst die Bauzustandsanalyse auch die restauratorischen, handwerklichen, statischen, klimatischen und materialtechnischen Befunde.

Beanspruchungsart

▸ *Lastfälle*

Beanspruchungsgruppe

▸ *Lastfälle*

Becherling

Die Gruppe der Becherlinge stellt eine sehr kleine Gruppe von Pilzen dar, die an nassen Wänden, Decken oder auf mineralischen Fußböden wächst und darum als Indikator für stark durchnässte Bereiche dienen kann. Die häufigsten Vertreter dieser Gruppe sind ein recht ansehnlich werdender Becherling, der Wachsbecherling (Peziza cerea) und ein kleiner Tintling (*Coprinus domesticus*).

Begasungsverfahren

▸ *Durchgasungsverfahren*

Befall

Unter dem Allgemeinen Begriff Befall wird die Besiedlung durch Mikroorganismen wie Pilze, Bakterien, Flechten und dgl. sowie durch Insekten und/oder Holzschädlinge und deren nachfolgende Einwirkung auf das Holz, auf Holzprodukte oder auf organisch chemische Materialien in Form von Verfärbungen oder den Abbau der Holzkomponenten verstanden. Man unterscheidet den aktiven, nicht aktiven und abgestorbenen Befall.

Behaglichkeitsfeld

Untersuchungen durch *Terhaag* im Jahre 1986 ergaben, dass der menschliche Körper über Jahre zu hohe oder auch zu niedrige Luftfeuchtigkeit bzw. Schwankungen der Raumtemperatur ausgleichen kann. Diese Kompensierung durch den Menschen schwächt allerdings auf Dauer das Immunsystem, so dass sich das Raumklima deshalb im Rahmen des sog. Behaglichkeitsfeldes bewegen sollte.

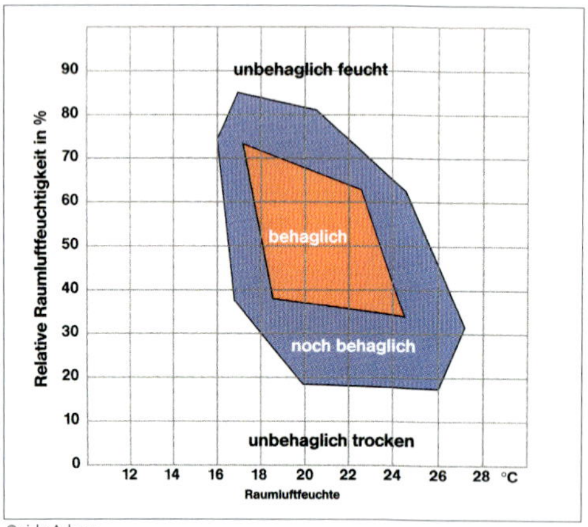

Belastungsfälle

▸ *Lastfälle*

Belichtung

▸ *Lichtschacht*

Belüftungssysteme/ -verfahren

Für die Mauerwerksentfeuchtung oder –trockenlegung wurden immer wieder auch sog. Belüftungsverfahren entwickelt und angewendet. Die einfachsten Verfahren waren die Mauerröhrchen oder ▸ *Knapen´sche Röhrchen*, die in das Mauerwerk eingebracht worden sind, um eine schnellere Austrocknung des Mauerwerkes zu ermöglichen. Es handelte sich dabei in den Anfängen um keramische Röhrchen mit hoher Saugfähigkeit. Später wurden diese durch Kunststoff- und Metallröhrchen abgelöst, deren Wirkung noch fragwürdiger war.

Neben den Mauerröhrchen wurden außerdem ganze Belüftungssysteme im Sinne von Belüftungskanälen konstruiert. Auch dabei konnte nur in den seltensten Fällen ein echter Effekt nachgewiesen werden. Dieser beruhte meistens auf der vertikalen Sperrwirkung, die sich aus der Installation des Belüftungskanals am Grundmauerwerk ergab. Da es in Belüftungskanälen bei ungünstiger Luftfeuchtigkeit sowie natürlich nach Niederschlägen viel mehr zu einer Befeuchtung bis hin zur Durchfeuchtung kommen kann, müssen diese Systeme/Verfahren schon aus physikalischer Sicht in Frage gestellt werden.

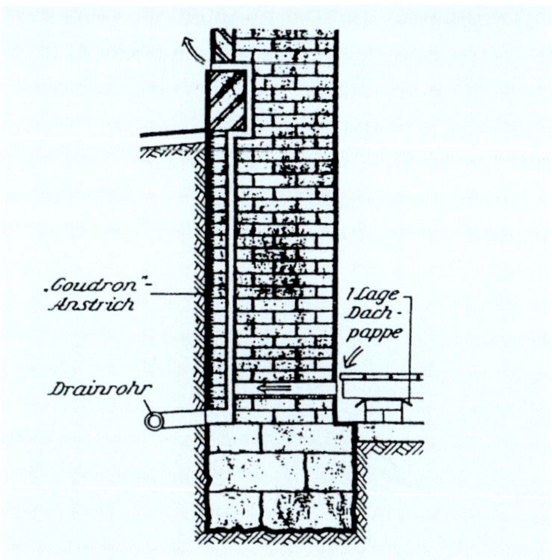

Belüftungssysteme wurden bereits gegen Ende des 19. Jahrhunderts eingesetzt

Bemessungswasserstand

Die Angaben über den Bemessungswasserstand richten sich im Außenbereich nach der Bodenklasse. Bei nicht bindigen Böden handelt es sich um den in langjähriger Beobachtung ermittelten höchsten Bemessungswasserstand. Bei bindigen Böden dagegen wird der in der Geländeoberfläche angenommene Wasserstand als Bemessungswasserstand heran gezogen. Der höchst mögliche Bemessungswasserstand muss auch dann herangezogen werden, wenn er seit einigen Jahren nicht mehr erreicht wurde. Darüber hinaus sieht die ▸*DIN 18 195 „Bauwerksabdichtung“* so gar einen Sicherheitszuschlag von 30 cm über den Höchst-Bemessungswasserstand vor. Das Maß für den Bemessungswasserstand bestimmt die Vorgaben für die statisch-konstruktive Ausbildung der Kellerkonstruktion und der auszuführenden Abdichtung und liegt im Verantwortungsbereich des Planers. Dabei sollte sich der Planer mit dem hydrologischen Informationen eines Bodengutachters absichern. Des Weiteren gibt es Informationen bei Baubehörden und Vermessungsämtern.

Bei von innen drückendem Wasser wird der höchste, planmäßige Wasserstand als Bemessungswasserstand herangezogen.

Benetzung

Unter einer Benetzung wird in der Praxis die Ausbreitung von Flüssigkeiten (in der Regel Wasser) auf einer (Baustoff)Oberfläche verstanden. Ursächlich hierfür ist die ▸*Adhäsion* und ihre zwischenmolekularen Adhäsionskräfte zwischen zwei verschiedenen Stoffen. Im Zusammenhang mit der Benetzung werden auch Begriffe wie ▸*Benetzungswinkel*, ▸*Randwinkel*, Abperleffekt, ▸*hydrophob* oder ▸*hydrophil* sowie ▸*Oberflächenspannungen* verwendet. Kann kein Benetzungswinkel nachgewiesen werden (Null) liegt eine komplette Benetzung vor. Bei einem Benetzungswinkel von ≤ 90° spricht man von hydrophilen (wasseranziehenden) Oberflächen, bei ≥ 90° liegen hydrophobe (wasserabweisende) Oberflächen vor.

A B C D E F G H I J K L M N O P Q R S T U V W X Y Z

Benetzungsmittel

Benetzungsmittel werden eingesetzt, um die Benetzung oder Benetzbarkeit von Oberflächen zu erhöhen. Bei wasserabweisenden Oberflächen z. B. werden Benetzungsmittel eingesetzt, damit ein Kontakt zwischen Baustoffen (feste Phase) und Wasser (flüssige Phase) besteht. Dies wird durch eine Reduzierung der sog. Oberflächenspannung erzielt. Im Gegensatz dazu werden z. B. Hydrophobierungsmittel eingesetzt, um die Oberflächenspannung zu erhöhen und infolgedessen die Oberflächen wasserabweisend auszubilden.

Benetzungswinkel

Der ▸*Kapillartransport* von Flüssigkeiten wird durch die ▸*Oberflächenspannung* verursacht. Dies führt u. a. dazu, dass ein Wassertropfen in Schwerelosigkeit die Form einer Kugel annimmt. Wenn nun ein Wassertropfen auf die Oberfläche eines Baustoffes trifft, findet eine Wechselwirkung von Kräften zwischen den beiden Oberflächen statt und es stellt sich eine spezifische Form des Tropfens auf der Baustoffoberfläche ein. Diese Form kann durch einen Winkel beschrieben werden, der sich zwischen der Oberfläche des Tropfens und dem Baustoff bildet und als Benetzungswinkel bezeichnet wird.

▸*Benetzung*

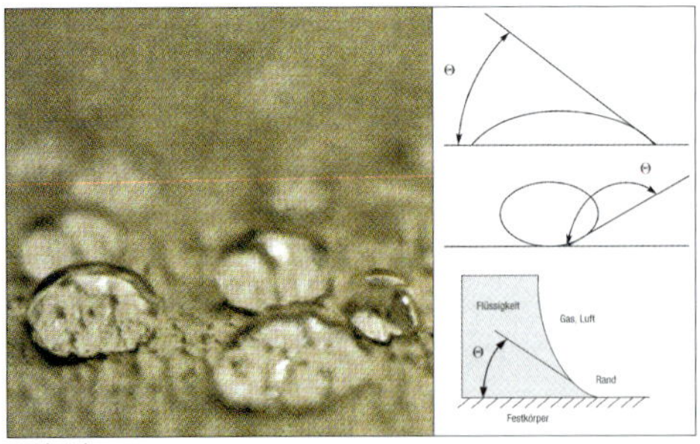

© siehe Anhang

Bentonit

Bentonite sind durch Verwitterung von vulkanischem Tuffstein entstandene verunreinigte Tone mit hohem Gehalt an Montmorillonit. Mineralogisch betrachtet wird Bentonit aufgrund seiner Plättchenstruktur oft auch als Schichtsilikat bezeichnet. Als Haupteigenschaften für ihre Verwendung auf vielen Anwendungsgebieten können Quellfähigkeit, das Vermögen zum Ionenaustausch und die Thixotropie genannt werden. Bei der Handelsbezeichnung "Bentone" handelt es sich ebenfalls um Montmorillonite, die durch Ionenaustausch-Reaktionen modifiziert werden und vorzugsweise als gelbildende Verdicker mit thixotropen Eigenschaften in organischen Medien dienen, z. B. bei Plastisolen, Organosolen u. a.

Bentonit ist ein hochquellfähiges ▸*Tonmineral*, das sich durch eine besonders geringe Wasserdurchlässigkeit auszeichnet. Hierbei handelt es sich um eines der ältesten Materialien zum Feuchteschutz. Der wesentliche Unterschied des Bentonit gegenüber allen anderen Abdichtungsmaterialien liegt in seinem interaktiven Verhalten in Bezug auf die Wasseraufnahme: bei Wasseraufnahme quillt der Bentonit, bei der Wasserabgabe entstehen Schwindrisse. Nach Abschluss des innerkristallinen Quellvorgangs sind sämtliche Poren in Bentonitschichten wassergefüllt, so dass sich der Wassertransport danach auf Strömungsvorgänge beschränkt. Im Gegensatz zu wasserdichten Abdichtungsstoffen ist der Grad der Wasserundurchlässigkeit mineralischer Abdichtungen auf Bentonitbasis neben den reinen Materialkennwerten noch von weiteren Randbedingungen abhängig. Diese sind dann Grundlage für die Bemessung der Abdichtungseigenschaften und des Quelldruckes/Quellweges. Unterschiedliche Salzkonzentrationen haben Einfluss auf das Quell- und Schwindverhalten des Bentonits. Bei zunehmender Salzkonzentration ergibt sich bei gleichem Wassergehalt ein geringeres Quellvermögen und damit ein größeres Risiko. Beim Einsatz von Bentonit als Abdichtung im Grundwasserbereich ist also vorab die Wasserqualität zu untersuchen.

Abdichtungsschichten aus (Natrium)Bentonit weisen gegenüber den mineralischen Abdichtungssystemen (z. B. Sperrputze und WU-Beton oder mineralische Dichtungsschlämmen) oder den elastischen Bitumen- oder Kunststoffabdichtungen (z. B. Bitumen-Dickbeschichtungen und -bahnen sowie Kunststofffolien) einen weiteren Vorteil auf: Fehlstellen aufgrund von Verarbeitungsfehlern werden vom Bentonit durch das Quellvermögen ausgefüllt, auftretende Spannungen, Risse und Bewegungen können durch das Quellverhalten aufgefangen bzw. geschlossen werden. Diese positiven Eigenschaften gelten natürlich nur solange, wie der Bentonit durchfeuchtet wird, feucht gehalten und am Austrocknen gehindert wird.

Die Bezeichnung wurde im Jahr 1898 von dem amerikanischen Geologen Knight nach dem damaligen Fundort in der Nähe von Fort Benton im US-amerikanischen Bundesstaat Wyoming eingeführt.

Bentonitkompressen

▸*Kompressen-Entsalzung*

Bentonit-Quellband

Als Alternative zu Quellbändern aus Kunststoff, die in der Regel nach einmaligem Aufquellen formstabil sind und dadurch bei evtl. späteren Bewegungen keine dauerhafte Dichtigkeit sicherstellen können, werden seit einigen Jahren auch bentonithaltige Quellbänder angeboten. Diese sind durch ihr Quellvermögen in der Lage, auch bei späteren Bewegungen kleinere Lunker und Fehlstellen auszufüllen und damit dauerhaft einen Quelldruck auf die Fugen und Rissflanken auszuüben. Für das Quellen ist allerdings eine ausreichende Feuchtigkeitseinwirkung notwendig. Die Anwendung erstreckt sich nur auf Arbeitsfugen und ist für Bewegungsfugen ungeeignet.

Beständigkeit

Der Begriff Beständigkeit in Bezug auf Baustoffe hat mehrere Bedeutungen und Funktionen zu erfüllen. Vielfach verwendet wird der Begriff der ▸*Frostbeständigkeit* oder auch der Witterungsbeständigkeit, aber auch die Korrosionsbeständigkeit oder die Raumbeständigkeit können wichtige Eigenschaften darstellen.

Bei der Frostbeständigkeit müssen Bauteile oder Baustoffe mehrere Temperaturwechsel um den Gefrierpunkt bestehen, ohne Risse, Abplatzungen oder andere Schäden zu zeigen. Hierfür werden sog. Frost-Tau-Wechsel-Prüfungen durchgeführt, die nicht mit den sog. Frost-Tau-Salz-Zyklen zu verwechseln sind. Diese werden vor allem bei der Prüfung von Sanierputzen nach WTA-Richtlinien durchgeführt.

Die Witterungsbeständigkeit wird unter natürlichen klimatischen Gegebenheiten geprüft. Hierfür werden entweder speziell ausgewählte Testobjekte verwendet. Alternativ dazu werden auch sog. Wetterstände benutzt, die den Vorteil haben, individuell auf die zu prüfenden Muster ausgerichtet oder eingestellt zu werden. So können über Neigungswinkel und Ausrichtung nach Himmelsrichtung die klimatischen Bedingungen noch verschärft werden. Muss die Witterungsbeständigkeit in kurzer Zeit geprüft werden, stehen hierfür verschiedene Prüfungen in Klimakammern zur Verfügung.

Die Korrosionsbeständigkeit hingegen beschreibt die Resistenz einer Beschichtung oder eines Baustoffes gegenüber chemischen und/ oder elektrochemischen Einflüssen und spielt bei der Betoninstandhaltung und -setzung eine wichtige Rolle.

Die Raumbeständigkeit hat nichts mit dem Innenraum zu tun. Es geht um die Beibehaltung des Volumens und der Abmaße eines Bauteiles oder Baustoffes unter Einwirkung chemischer, physikalischer oder biologischer Einflüsse, ohne dass es zu Abplatzungen oder zur Riss- oder Blasenbildung und dgl. kommt.

Bestandsaufnahme

▸*Bauaufnahme*

Bestandserfassung

▸*Bauaufnahme*

Beton

Beton ist ein hydraulisch erhärtendes Gemisch, das im Wesentlichen aus ▸*Zement* und körnigen mineralischen ▸*Zuschlagstoffen* unterschiedlicher Größe in geeigneter Kornzusammensetzung unter Zugabe von Anmachwasser

A
B
C
D
E
F
G
H
I
J
K
L
M
N
O
P
Q
R
S
T
U
V
W
X
Y
Z

hergestellt wird. Die Erhärtung erfolgt durch chemische Reaktion des Zementes mit dem Wasser. Man spricht von einer hydraulischen Abbindung. Die Güte des Betons hängt u. a. vom Kornaufbau der Zuschläge, der Art und Menge des verwendeten Zementes, des optimalen Wasser-Zement-Faktors, dem Verhältnis zwischen Wasser und Bindemittelanteil und von der Zugabe verschiedener Additive ab, die über Dichtigkeit, Verarbeitbarkeit, Schwind- und Schrumpfverhalten und Abbindezeit bestimmen. Beton kann in der Regel nur Druckkräfte aufnehmen. Als Verbundbaustoff mit Stahleinlagen (Stahlbeton) können auch andere Kräfte wie Zug-, Schub- oder Querspannung usw. übernommen werden. Aus diesem Grunde kann Beton für unterschiedliche Bauteile und Konstruktionen eingesetzt werden.

Im erdberührten und –überdeckten Bereich unterliegt der Beton den chemischen und physikalischen Angriffen aus dem Erdreich sowie den aus dem Erdreich eindringenden Medien wie Wasser und in Wasser gelöster Schadstoffe, die von der Oberfläche her oder in Durchdringungsbereichen chemische oder physikalische Angriffe auslösen und die Substanz des Baustoffs bzw. Bauteils gefährden können. Um einen Schutz vor solchen Angriffen zu gewährleisten, werden erdberührte Betonteile in der Regel durch geeignete Abdichtungsmaßnahmen versehen oder bei der Betonherstellung durch Zusatz von Dichtungsmitteln als sog. Sperrbetone hergestellt.

Der Baustoff Beton besitzt seiner Struktur nach ein bestimmtes Porenvolumen, das in der Regel Wasser in flüssiger Form mehr oder weniger tief eindringen und Wasserdampfdiffusion aber in jedem Fall zulässt. Unter korrosiven Einflüssen können Bewehrungseisen und der Beton selbst angegriffen und zerstört werden. Von seinem Bindemittel (Zement) her ist der Beton in der Regel nicht säurebeständig. Auch allzu große Alkalibelastung können zu Schädigungen führen (Alkalikieselsäurereaktion). Hierbei wird das Bindemittel Zement chemisch oder physikalisch angegriffen, umgewandelt und zersetzt. Die Karbonatisierung der oberflächennahen Zonen, bei erdberührten Flächen, scheidet in der Regel aus. Eine Karbonatisierung ist hier nur an den Innenseiten der Bauteile denkbar. Durch den Abbau der Alkalität kann eine Bewehrungskorrosion der unzureichend überdeckten Stähle erfolgen. In Folge Korrosion entsteht eine Volumenvergrößerung, die aufgrund ihres Sprengdrucks Abplatzungen an der Betonoberfläche nach sich zieht. Bei Anwesenheit von Chloriden sind die Bewehrungen im Beton auch im ausreichend alkalischen Bereich nicht gegen Korrosion geschützt.

▸ *WU-Beton*

BET-Verfahren

Das BET-Verfahren wurde nach den Pionieren der Adsorptionstheorie Brunauer, Emmett und Teller bezeichnet und wird in der Baustoffanalyse eingesetzt. Es dient zur Bestimmung der inneren Oberfläche poröser Baustoffe. [5]

Bewegungsfugen

Die ▸ *Fugenabdichtung* gehört zu jedem Abdichtungssystem und bildet einen sehr wichtigen Teil. Im Gegensatz zu den starren Fugen dienen die Bewegungsfugen der Aufnahme von Bewegungen einzelner Bauteile. Diese können durch äußere und/oder innere Einflüsse verursacht werden. Zu den Bewegungsfugen gehören u. a. die ▸ *Dehnfugen*. Bei hoch beanspruchten Fugen ist die Anbringung eines Bewegungsfugenbandes erforderlich. Das Fugenband besteht aus einem Synthesekautschuk und ist an den Klebeflächen mit einem Polyestervlies kaschiert. Dieses Band lässt sich sehr gut mit den Abdichtungsmassen in der Flächenabdichtung einbinden. Es kann in glatter Form oder auch als Schlauch verlegt angebracht werden. Insbesondere bei Fugen zwischen zwei Bauwerken mit auftretender Wasserbelastung ist die Anbringung eines derartigen Bandes unerlässlich. Zu den Bewegungsfugen gehören weiterhin die Scheinfugen, die Raumfugen und die Pressfugen.

Beweissicherung

Die Beweissicherung kann sowohl aus technischer wie aus rechtlicher Sicht gesehen werden. In der Regel ist der Beweissicherung ein (Bau)Schaden oder ein (Bau)Mangel vorausgegangen, dessen Ursache festgestellt und dokumentiert werden muss. Die Ursache kann in einem Planungs- und/oder Ausführungsfehler oder auch in einem Produktfehler liegen. Schwierig wird es, wenn sich Ursachen überlagern bzw. der Schaden oder Mangel nicht einer Ursache eindeutig zugeordnet werden kann.

Die Beweissicherung erfolgt in der Regel durch einen vom Gericht benannten Fachmann. Hierbei handelt es sich dann um einen öffentlich bestellt und vereidigten Sachverständigen für das jeweilige Fachgebiet. In Ausnahmen kann auch ein Sachverständiger ohne öffentliche Bestellung hinzugezogen werden, wenn die außergewöhnliche Fachkompetenz nachgewiesen wird.

Bewetterung

Die Bewitterungsprüfung von Bauteilen und Bauelementen, so auch von Beschichtungen im Freien, also unter natürlichen Klimabedingungen, wird auch als Bewetterung bezeichnet. Diese kann an unterschiedlich Orten, z. B. auf dem Land, in Meeresnähe (Seeklima mit Salzbelastung), im Industriegebiet ("saure" Atmosphäre) oder im Hochgebirge (hoher UV-Anteil, große Temperaturwechsel), durchgeführt werden. Eine besondere Form der Freibewitterung ist die sog. "Florida-Bewitterung", die vor Ort unter tropischen Bedingungen mit hohen Temperaturen und hoher Luftfeuchtigkeit stattfindet und wegen der starken Beanspruchung im Vergleich zu mitteleuropäischen Klimaverhältnissen zeitraffend wirksam ist. [5]

Da es kein "Einheitsklima" gibt, sind auch die erhaltenen Ergebnisse nur dann direkt miteinander vergleichbar, wenn sie unter gleichen Bedingungen (Ort, Zeitdauer, Himmelsrichtung, Bewitterungswinkel usw.) erhalten wurden. Zu berücksichtigen ist auch, dass die Klimabedingungen am gleichen Ort über mehrere Jahre hinweg nicht exakt gleich sind, so dass praktisch ein Mindestzeitraum von 2 Jahren eingehalten werden sollte (= 2 Sommer + 2 Winter), ehe einigermaßen zutreffende Schlussfolgerungen hinsichtlich des Langzeitverhaltens aus den erhaltenen Ergebnissen gezogen werden. Eine aussagefähige Relation zwischen Resultaten einer Kurzzeitbewitterung (künstliches Bewittern durch Belichten und Besprühen in stets gleichbleibendem Wechsel) und dem Verhalten z. B. einer gleichen Beschichtung unter natürlichen Klimabedingungen besteht nach wie vor nicht.

Biegebrechversuch

Der Biegebrechversuch ist ein einfaches Prüfverfahren zur Festigkeitsuntersuchung von Baustoffen. Hierzu wird ein ▸*Bohrkern* entnommen und anschließend die Kraft bestimmt, die aufgebracht werden muss, um eine oberflächenparallele Bruchfläche im Inneren des Baustoffes zu erzeugen. Die Messung und Auswertung dieses zerstörungsarmen Prüfverfahrens liefert absolute Werte.

Biegezug

Mit dem Begriff Biegezug werden die Beanspruchungen durch Zugspannungen definiert, die durch sog. Biegemomente verursacht werden. Diese Biegezugspannungen treten in der Regel senkrecht zur Wandebene wie z. B. einer Decke auf.

Biegezugfestigkeit

▸*Bruchfestigkeit*

Bims

Bims oder auch Bimsstein kommt in der Natur als sehr poröses und glasiges Lavagestein vor. Ein vergleichbares Material kann auch künstlich hergestellt werden. Hierzu wird Hochofenschlacke mit Hilfe von Wasser, Dampf und Bindemittel geschäumt und anschließend gehärtet. Aufgrund seiner porösen und damit wärmedämmenden Eigenschaft wird Bims als Rohstoff für Baustoffe oder als Zuschlagsstoff für Putze (wie z. B. Sanierputze) verwendet.

Bindemittel

Bindemittel haben die Aufgabe, verschiedene Baustoffe und -materialien miteinander zu verbinden. Anstelle der Bezeichnung Bindemittel wird gelegentlich auch der Begriff Bindestoffe oder auch Bindebaustoffe verwendet. Die meisten anorganischen Bindemittel werden durch Brennen aus bestimmten Gesteinen gewonnen und anschließend sehr fein gemahlen. Dadurch wird die reagierende Oberfläche der Bindemittel um ein Vielfaches vergrößert. Mit diesem hohen Oberflächenanteil reagieren sie dann sehr leicht mit der vorhandenen oder zugegebenen Feuchtigkeit und/oder dem Kohlendioxid der Luft. Infolge dieser leichten Reaktionsfreudigkeit ist die Lagerdauer der anorganischen Bindemittel begrenzt. Werden die Bindemittel mit Wasser vermischt, erhält man den sog. Bindemittelleim. In älteren Definitionen wurde dieser Bindemittelleim oder angemachte Bindemittelteig nach der Größe des Zuschlagsstoffs unterschieden. So wurden die angeteigten Massen bei Verwendung von feinen Zuschlagstoffen bis 6 (maximal 7) mm Maximalkorn als Mörtel und bei der Verwendung von gröberen Zuschlagstoffen als Beton bezeichnet. Dieser Oberbegriff sagt damit lediglich aus, dass ein feinerer oder gröberer Zuschlagstoff mit einem oder durch ein Bindemittel verkittet bzw. eingebunden ist. Zu genaueren Definition müsste deshalb sowohl das Bindemittel als auch der ▸*Zuschlagstoff* mit genannt werden. Dies ist in der Praxis aber absolut nicht üblich. Die unterschiedlichen Bindemittel können nach verschiedenen Gesichtspunkten eingeteilt und klassifiziert werden. Die unten stehende Tabelle gibt allein über die anorganischen Bindemittel einen einfachen Überblick.

Bindemittelart

Bindemittel können in ihrer Art nach verschiedenen Gesichtspunkten charakterisiert werden. So gibt es anorganische und organische Bindemittel, lösemittelhaltige und lösemittelfreie, lösemittelgelöste und wässrige Bindemittel, chemisch reagierende und/oder physikalisch trocknende Bindemittel. Des Weiteren gibt es Bindemittel in fester, flüssiger oder pastöser sowie in Pulverform. Einige Bindemittel können ihre Eigenschaften allein entfalten, andere wiederum benötigen sog. Reaktionspartner. Außerdem gibt es Ein- und Mehrkomponenten- Bindemittel.

Einteilung der anorganischen Bindemittel

nach der Erhärtungsfähigkeit	nach der Erhärtungsart	nach der Herstellungsart
▪ selbstständig erhärtende Bindemittel (z. B. Lehm) ▪ unselbstständig erhärtende Bindemittel (z. B. Portlandzement)	▪ lufthärtend (z. B. Kalkhydrat) ▪ hydraulisch, unter Wasser durch Hydrolyse und Hydratisation erhärtend (z. B. Portlandzement, Eisenportlandzement, Hochofenzement, Erzzement, Hüttenzement, Sulfathüttenzement, Trasszement, Gelzement, Feinstzemente, Magnesiabinder etc.) ▪ reaktiv erhärtend (z. B. Hydraulite mit Hydratkalk- und Magnesiabinder etc. ▪ mit Wasser hydratisierend (z. B. Stuckgips, Putzgips, Anhydrit)	▪ in natürlicher Form verwendbar (z. B. Lehm nach der Trocknung) ▪ zur Entwässerung gebrannt (z. B. Stuckgips) – also Produkte, die bis ca. 200°C behandelt werden ▪ zur Entsäuerung gebrannt (z. B. Luftkalk, Magnesiabinder) – also Produkte, die bis ca. 900°C behandelt werden ▪ zur Sinterung gebrannt (z. B. Zemente) – also Produkte, die > 1200°C behandelt werden ▪ zur Schmelze erhitzt (z. B. Tonerdeschmelzzement

A B C D E F G H I J K L M N O P Q R S T U V W X Y Z

Bindemittelgehalt

Der Bindemittelgehalt wird in Masse-Prozent angegeben und beschreibt den Anteil des Bindemittels an der Gesamtmenge eines Bau- oder Beschichtungsstoffes, Putzmörtels oder dgl. Bei Injektionsstoffen hingegen spricht man nicht vom Bindemittelgehalt, sondern vom sog. Wirkstoffgehalt.

Biofilm

Der Biofilm beschreibt eine Anhäufung von Mikroorganismen, die in einer Art Schleimschicht die Oberfläche von Baustoffen besiedeln. Diese Schicht aus Kohlenhydraten, Lipiden, Nukleinsäuren und Proteinen stellt den Schutz von Mikroorganismen gegen äußere Angriffe wie Trockenheit oder auch Biozide dar. Wenn eine Baustoffoberfläche durch einen Biofilm überzogen ist, verändern sich in der Regel auch die Eigenschaften der Oberflächen, so z. B. die Wasserdampfdiffusion oder auch das hygroskopische Verhalten. Außerdem muss beachtet werden, dass derartige Baustoffoberflächen im Rahmen einer Sanierung schwieriger mit Bioziden behandelt werden können.

▸*Biofouling*

▸*Biokorrosion*

Biofouling

Der Begriff Biofouling wurde durch *Warscheid* geprägt und hat erst in jüngster Zeit an Bedeutung gewonnen. Er beschreibt die unerwünschte Vermehrung von Mikroorganismen

© siehe Anhang

auf Baustoffoberflächen. Hierbei leben die Mikroorganismen in sog. Biofilmen. Ist die Baustoffoberfläche bewachsen, werden die Folgen für den Baustoff bzw. für die Materialien in zwei Kategorien unterteilt bzw. nach ihrer Schädigung durch biochemische und biophysikalische Mechanismen klassifiziert. Die Unterscheidung wird als Biokorrosion und als Biofouling bezeichnet.

Das Biofouling ist auf einen physikalisch-chemischen Vorgang zurück zu führen. Hierbei übt ein gelartiger bis schleimiger und in einigen Fällen auch übelriechender Biofilm infolge von Temperatur- und Feuchtigkeitsschwankungen mechanische Belastungen im porösen Gefüge des Baustoffs aus. Infolgedessen wird die Rauhigkeit und dadurch die Absorptionsfähigkeit der Materialoberflächen erhöht. Dadurch werden die Materialeigenschaften ganz wesentlich beeinflusst. Aufgrund der wasserbindenden Eigenschaften dieses Biofilms verhalten sich ursprünglich ▸*hydrophobe* (wasserabweisende) Oberflächen zunehmend ▸*hydrophil* (wasseranziehend) und die Klebrigkeit dieser gelartigen Oberfläche führt zu Partikeladsorptionen aus der Luft. Mit der Zeit verdichtet sich dieser biogene Belag auf der Baustoffoberfläche, wodurch sich wiederum die Diffusionseigenschaften des Baustoffes und somit der Feuchtehaushalt und letztlich die thermischen Eigenschaften der Bausubstanz verändern.

Je nach Art und Festigkeit des Baustoffes kann es im Rahmen dieser biogenen Zersetzung auch zu einer Veränderung der Oberflächenspannung kommen, da die Mikroorganismen sog. Emulgatoren bilden müssen, um die hydrophoben Nährstoffe aufnehmen zu können. Durch diese biogenen Tenside können die Mikroorganismen auch das physikalische und chemische Verhalten der Baustoffoberflächen verändern und somit ggf. notwendige Oberflächenbehandlungen und -sanierungen unter Umständen behindern oder beeinflussen. Experten streiten deshalb, ob das Biofouling bereits als materialschädigend einzustufen ist. Unstrittig ist allerdings, dass es sich um eine Vorstufe der ▸*Biokorrosion* handelt.

A B C D E F G H I J K L M N O P Q R S T U V W X Y Z

Bioklimatologie

Die Bioklimatologie als Teilgebiet der Klimatologie gewinnt in der letzten Zeit an Bedeutung und untersucht die Zusammenhänge und Auswirkungen des Klimas auf den Menschen und die Reaktionen des Immunsystems. Schwerpunkt hierbei sind die raumklimatischen Bedingungen auf die Gesundheit sowie die Zusammenhänge zwischen Wetter und Krankheiten des Menschen. Die Bioklimatologie stellt in der Regel die Grundlage für die Umweltmedizin dar.

Bio-Kompresse

▸*Mikrobielle Entsalzung*

Biokorrosion

Die Biokorrosion ist im Gegensatz zum sog. ▸*Biofouling* ein chemischer Vorgang. Hierbei wird durch Mikroorganismen eine Veränderung an der Struktur und der Stabilität des Baustoffes verursacht. Der Begriff beschreibt die korrosive Wirkung der organischen und anorganischen Säuren auf die Bindemittelstruktur von Baustoffen, die durch die Ausscheidung bzw. den Stoffwechselprozess von Mikroorganismen entstehen. Das Wirken der Biokorrosion ist an Beton- und Natursteinbauten bereits ausgiebig nachgewiesen und publiziert worden. Organische Bau- und Dämmstoffe, wie Holz, Papier oder Kork, aber auch polymere Kunststoffe und Schäume, unterliegen überwiegend einem direkten enzymatischen Angriff. Hierbei kommt es insbesondere durch Pilze zu nachhaltigen Strukturveränderungen. Diese Veränderungen konnten auch an speziellen Werkstoffen wie Verbundmaterialien, Dichtungs- und Isoliermassen, Korrosionsinhibitoren und Beschichtungen beobachtet wurden. Der Biokorrosion geht häufig die Bildung eines Biofilms und daraus resultierend das Biofouling voraus.

Biologischer Abbau

Unter biologischem Abbau wird die enzymatische Zersetzung natürlicher organischer Substanz (z. B. Holz) oder organisch-chemischer Substanz (z. B. Kunststoff) durch Mikroorganismen verstanden. Der biologische Abbau ist im Stoffkreislauf der Natur erwünscht und einer der wesentlichen Voraussetzungen für das biologische Gleichgewicht. Unerwünscht dagegen ist der biologische Abbau von Nutz- und Gebrauchsgegenständen des Menschen, da er dann einen biologischen Schaden darstellt.

▸*Biokorrosion*

Biologisch abbaubare Bindemittel

Zu den biologisch abbaubaren Bindemitteln zählen die Bindemittel, die ohne Einfluss von oder durch chemische oder physikalische Reaktion abgebaut werden. Hierzu gehören die organischen Bindemittel natürlicher Herkunft wie z. B. Kasein, Haut- oder Knochenleime. Der Abbau findet in dem Fall durch biochemische und/oder biophysikalische Vorgänge statt. [5]

Biologische Salzumwandlung

Als biologische Salzumwandlung werden die Vorgänge zusammen gefasst, die auf einem biologischen Prozess basieren. Hierbei handelt es sich um einen sehr komplexen Vorgang, der erst am Anfang der wissenschaftlichen Untersuchung steht. Nachgewiesen wurden z. B. biologische Prozesse, bei denen spezifische Bakterien Sauerstoff aus Salzverbindungen für die Zellteilung, Atmung oder für das Wachstum nutzen. [5]

▸*Nitrifikanten*

Biopolymere

Der Begriff Biopolymere umfasst sog. makromolekulare Stoffe natürlichen Ursprungs wie z. B. Zellulose, Proteine und Aminosäuren sowie Stärke und dgl. [5]

Biozid

Wörtlich übersetzt heißt biozid „das Leben abtöten". Wenn ein Produkt biozid eingestellt oder ausgerüstet ist, wird damit eine hohe Resistenz gegenüber mikrobiologischen Einwirkungen erzielt bzw. gewünscht. Biozid ist hierbei der Oberbegriff für eine algizide, fungizide, bakterizide, herbizide, insektizide oder auch algizide Einstellung. Des Weiteren werden auch einige Konservierungsmittel und holzschützende Wirkstoffe als biozide Wirkstoffe bezeichnet. Die Biozid-Richtlinie definiert derartige Produkte als Wirkstoffe und Zubereitungen, die einen oder mehrere Wirkstoffe enthalten, die dazu bestimmt sind, auf chemischem oder biologischem Weg Schadorganismen zu zerstören, abzuschrecken oder unschädlich zu machen, Schäden durch sie zu verhindern oder sie in anderer Weise zu bekämpfen. Hierzu zählen neben den o. g. Möglichkeiten in erster Linie Holzschutzmittel.

Bittersalz

▸ *Magnesiumsalze*

Bitumen

Bitumen fällt in einigen Regionen der Erde natürlich an. Großtechnisch gewonnen ist es ein Abfallprodukt der Erdöldestillation und besteht aufgrund der Entstehungsgeschichte des im Wesentlichen aus Kohlenstoff, Wasserstoff, Schwefel, Sauerstoff und Stickstoff. Zu vernachlässigen sind die übrigen Bestandteile, die nur im Spurenbereich liegen. Darunter befinden sich einige Schwermetalle, die allerdings in stabilen porphyrinartigen Strukturen vorliegen. Die Molekularstruktur zeigt, dass Bitumen einen dispersen Aufbau hat, wobei über die Größenverhältnisse dieser kolloidalen Strukturen noch unterschiedliche Untersuchungsergebnisse vorliegen.

Mit Hilfe spezieller Messmethoden lässt sich nachweisen, dass bei Anwesenheit von größeren Mengenanteilen an kristallisierbaren Fraktionen sog. innere Strukturen gebildet werden. Diese können sich besonders bei längerer Lagerzeit unter tiefen Temperaturen durch eine messbare Versteifung bemerkbar machen. Bei diesen kristallisierbaren Anteilen handelt es sich um Bestandteile, die häufig unter den Begriffen Wachs- oder Paraffingehalt subsummiert werden. In den Qualitätsanforderungen der DIN 1995 ist deshalb eine Begrenzung des Paraffingehaltes auf 2 Gew.-% festgelegt worden.

Bitumen kann durch Kontakt mit flüssigem Wasser und mit wasserdampfgesättigter Luft Spuren von Wasser aufnehmen. Die echte Löslichkeit von Wasser in Bitumen beträgt in Abhängigkeit der Bitumenart und -zusammensetzung zwischen 0,001 und 0,1 Prozent. Wasser kann jedoch bei sauren Gesteinen in offenporigen Systemen das Bitumen von der Gesteinsoberfläche verdrängen. Haftungsprobleme sind in Abdichtungssysteme (praktisch) nicht bekannt, da Einwirkungsmöglichkeit und Verdrängungsraum fehlen. Durch den Zusatz von Kalkhydrat oder speziellen Haftmitteln auf der Basis polarer Stoffe kann die Resistenz gegen langfristige Einwirkungen von Wasser weiter verbessert werden. Polymermodifizierte Bitumen zeichnen sich durch eine reduzierte Wasseraufnahme und eine sehr gute Haftung an Gesteinsoberflächen aus. Sie finden deshalb besonders dort Verwendung, wo hohe Einwirkungen dieser Art zu erwarten sind. Polare Anteile der Bitumen sind in der Lage, mit den Gesteinsoberflächen adhäsive oder teilweise auch chemische Verbindungen einzugehen. Für die Beständigkeit einer Abdichtung haben derartige Grenzflächenreaktionen jedoch einen positiven Einfluss, da sie durch Hydrophobierung der Gesteinsoberfläche einer möglichen Wassereinwirkung entgegenwirken.

Obwohl sich bituminöse Produkte außerordentlich reaktionsträge verhalten, ist unter dem Einfluss hoher Temperaturen insbesondere bei dünnen Filmen eine Veränderung der Eigenschaften zu beobachten. Sauerstoff reagiert dabei mit ausgewählten Bestandteilen des Bitumens unter Bildung von Hydroperoxiden und Ketonen, aus denen dann letztendlich durch Polykondensation unter Wasserabspaltung größere Moleküle entstehen. Die Dispersionsmittel werden durch Oxidation teilweise in die disperse Phase überführt. Bei niedrigen Temperaturen verlaufen diese Sauerstoffreaktionen etwas langsamer. Da Sauerstoff in Bitumen eine geringe Diffusionsrate hat, finden Reaktionen nur an der Oberfläche statt. Die Eindringtiefe ist auf wenige Mikrometer begrenzt, so dass die Oxidation erst nach Entfernen der oberen Schicht oder natürlicher Erosion fortschreitet. Dies gilt damit auch generell für Abdichtungen mit bituminösen oder bitumenhaltigen Stoffen. Durch das Einstreuen von geeigneten mineralischen Abstreumaterialien (Quarz) kann der Photooxidation vorgebeugt werden. Besser ist allerdings, die Bitumenoberfläche oberhalb des erdberührten Bereiches durch eine Schlussbeschichtung zu schützen.

In der DIN 55 946 werden die gängigen Bitumenarten nach ihrer Herstellung und den Anwendungsgebieten unterschieden.

Bitumenanstrich

Die Möglichkeit, Bitumen kalt zu verarbeiten, begann mit den lösemittelhaltigen Bitumenanstrichen. Die Leistungsfähigkeit und das Anwendungsspektrum dieser Anstriche war jedoch gering, da für die notwendigen Schichtdicken mehrere Arbeitsgänge erforderlich waren.

Bitumenbahn

Bitumenbahnen sind membranartige Verbundwerkstoffe mit stark anisotropen Materialeigenschaften. Sie bestehen aus einer ▸*Trägerlage*, die mit Bitumen getränkt und anschließend beschichtet wird. Als Trägereinlage werden Rohfilzpappe, ▸*Glasvlies*, ▸*Glasgewebe*, ▸*Jutegewebe*, ▸*Polyestergewebe*, ▸*Metallbänder* aus Aluminium oder Kupfer und Folien aus Polyethylenterephtalat verwendet. Die Trägereinlage

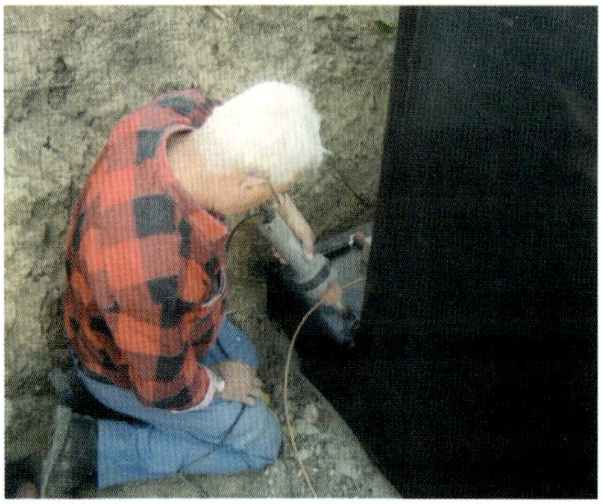

© siehe Anhang

verleiht der Abdichtungsbahn eine entsprechende ▸*Zugfestigkeit* in Richtung der größten Ausdehnung. Dadurch ist es möglich, Bitumenbahnen auch auf geneigten bzw. senkrechten Flächen herzustellen.

Die Bitumenbahnen sind in den DIN 52 128 bis DIN 52 143 sowie in der DIN 18 190 genormt. Hierbei handelt es sich um Materialstoff-Normen. Die jeweilige Bezeichnung richtet sich entweder nach der Art der Bahn oder auch nach der Art und dem Flächengewicht der jeweiligen Einlage. In seltenen Fällen wird zur Unterscheidung die Materialdicke herangezogen. Des Weiteren sind Bitumenbahnen auch in der ▸*DIN 18 195 „Bauwerksabdichtung"* aufgeführt, die als Ausführungsnorm die Bauwerksabdichtung am Neubau regelt.

Für die Herstellung der Bitumen-Dichtungsbahnen werden ausschließlich Oxidationsbitumen verwendet. Dichtungsbahnen mit Rohfilzeinlagen bestehen aus 500-er nackten Bitumenbahnen nach DIN 52 129 mit beidseitig dickem Bitumenüberzug. Sie sind 3,5 mm dick, haben ein Gewicht von mindestens 3,5 kg/m^2 und eine Höchstzugkraft von mindestens 300 N sowie eine Dehnung von mindestens 2%, ermittelt an 5 cm breiten Streifen. Dichtungsbahnen mit Jutegewebeeinlage enthalten anstatt der nackten Bitumenbahnen ein bitumengetränktes 300-er Jutegewebe, das außerdem beiderseitig mit einem dickem Bitumenüberzug versehen ist. Das Gewicht der Jute liegt bei 300 g/m^2 und mehr. Die Bahnen sind 3mm dick und besitzen ein Gewicht von über 3 kg/m^2, eine Höchstzugkraft von $\geq$ 600 N und eine Dehnung von $\geq$ 5%, ebenfalls ermittelt an 5 cm breiten Streifen. Dichtungsbahnen mit Glasgewebeeinlagen enthalten ein bitumengetränktes 200 g/m^2 schweres Glasgewebe und haben im übrigen ähnliche Eigenschaften wie die Dichtungsbahnen mit Jutegewebeeinlage. Die Höchstzugkraft beträgt allerdings mindestens 800 N und die Dehnung liegt bei mindestens 2 Prozent. Dichtungsbahnen mit Kupferbändern bestehen aus 0,1 mm dicken geriffelten Kupferbändern nach DIN 1708 mit beidseitig aufgebrachten Bitumenüberzug. Die Bahnen sind 3 mm dick und besitzen eine Höchstzugkraft von mindestens 500 N und eine Dehnung von ≥ 5%, ebenfalls ermittelt an 5 cm breiten Streifen. Die gleichen Eigenschaften werden von Dichtungsbahnen mit Aluminiumeinlage (99,5%) nach DIN 1712 gefordert, die allerdings 0,2 mm dick sind. Dichtungsbahnen mit Kunststoffeinlagen enthalten 0,03 mm dicke Folien aus Polyethylenterephtalat, und sind 2,5 mm dick. Es werden darüber hinaus auch Synthesefasern mit einer flächenbezogenen Masse ≥ 140 g/m^2 eingesetzt. Die Höchstzugkraft beträgt mindestens 250 N und ihre Dehnung liegt bei mindestens 15 Prozent.

Bitumenbahnen sind immer im sog. ▸*Bürstenstreichverfahren*, ▸*Gieß- oder Einwalzverfahren*, ▸*Flämmverfahren* oder ▸*Schweißverfahren* vollflächig miteinander zu verkleben. Das Flämmverfahren darf jedoch nicht bei nackten Bitumenbahnen und das Schweißverfahren darf nur für sog. ▸*Schweißbahnen* angewendet werden. Metallbänder sind grundsätzlich im Gieß- und Einwalzverfahren zu verarbeiten. Die Bitumenbahnen und Metallbänder sind gegeneinander versetzt und in der Regel in der gleichen Richtung einzubauen.

Bitumendeckschichten

Bitumendeckschichten bestehen aus Oxidations- oder Polymerbitumen und bestimmen die Wasserdichtigkeit, das Witterungs- und Temperaturverhalten sowie die Alterungsbeständigkeit einer Bitumenbahn. Außerdem haben sie in Verbindung mit der Trägereinlage Auswirkungen auf die Flexibilität, Verarbeitbarkeit und das Langzeitverhalten der gesamten Bitumenbahn.

Bitumen-Dickbeschichtung

Kalt verarbeitbare Bitumen wurden zunächst als lösemittelhaltige Produkte in Form von flüssigen Anstrichen oder Spachtelmassen hergestellt. Bitumenemulsionen auf wässriger Basis stellen eine andere Möglichkeit dar, Bitumen kalt zu verarbeiten. Der Bitumenanteil von 55 bis 75% wird in einem wässrigen Medium tröpfchenartig fein aufgeteilt. In diesem 2-Phasen-System ist das wässrige Emulsionsmittel die äußere und das zerteilte Bitumen die innere Phase. Für die Fließfähigkeit der Emulsion ist die ▸*Viskosität* der äußeren Phase entscheidend. Sie stellt sicher, dass die Bitumenemulsion dünnflüssig genug ist, um sie ohne Erhitzung zu verarbeiten. Zur Anwendung kommen hauptsächlich anionische (schwach alkalische) sowie kathionische (schwach saure) Bitumenemulsionen.

Da diese Bitumenemulsionen nicht mehr dünnflüssig aufgestrichen, sondern dickschichtig aufgespachtelt oder auch gespritzt werden, bezeichnet man diese Abdichtungsprodukte auch als ▸*Bitumen-Dickbeschichtung*. Seit der Neufassung der ▸*DIN 18 195 „Bauwerksabdichtung"* werden diese Produkte unter kunststoffmodifizierten Bitumen-Dickbschichtungen (kurz KMB) geregelt. Sie werden lösemittelhaltig und lösemittelfrei, ein- und mehrkomponentig sowie mit und ohne Polystyrolfüllung angeboten. Je nach Herstellerrichtlinie werden Bitumen-Dickbeschichtungen mit und ohne Gewebeeinlage angeboten. Auch bei der Untergrundvorbehandlung und der Forderung, Unebenheiten und/oder offene Fugen und sonstige Öffnungen mit einem Unterputz auszugleichen, unterschieden sich die einzelnen Herstellerangaben.

Aufgrund der als wässrige Lösung vorliegenden äußeren Phase, benetzen Bitumen-Emulsionen auch feuchte mineralische Untergründe. Nachteilig ist, dass sie nach ihrer Verarbeitung einer Trocknung bedürfen, um das Emulgator-

system zu brechen. Erst dadurch fließen die verteilten Bitumentröpfchen zusammen und bilden die Eigenschaften, die von einer hochwertigen Abdichtung erwartet werden. Dieser Vorgang erfordert entsprechende Trocknungsbedingungen bzgl. Temperatur und Luftfeuchtigkeit und bedingt, dass Bitumenemulsionen nicht zu jeder Jahreszeit (Frost) und nicht bei jedem Wetter (Regen) verarbeitet werden können. Um diesen verarbeitungsbezogenen Produktnachteil zu beseitigen wurden Systeme entwickelt, die witterungsunabhängig verarbeitet werden können. Der hochprozentigen, stabilen Bitumenemulsion wird ein hydraulisch abbindendes Härte- oder Reaktionspulver zugefügt. Die nun witterungsunabhängige Durchtrocknung (Hydratation) des Härtepulvers bewirkt das ebenfalls witterungsunabhängige Brechen des Emulgatorsystems. Damit ist eine schnelle Regenfestigkeit dieser Produkte erreicht. Die Beständigkeit gegenüber Salzen, aggressiven Wässern, Kohlensäure und anderen schwachen Säuren wächst mit dem Anteil an Bitumen. Eine Beständigkeit gegenüber Alkalien besteht bei jeder Bitumenkonzentration. Qualitativ unterscheiden sich ▸*ein- oder zweikomponentige Bitumen-Dickbeschichtungen* in der ausgeführten Bauwerksabdichtung nur geringfügig.

In der Neufassung der DIN 18 195 „Bauwerksabdichtung" wird je nach Untergrund und ▸*Lastfall* zusätzlich ein rissüberbrückendes Systemgewebe gefordert. Damit wurden die Forderungen der Rissüberbrückung von 2mm und 1mm Kantenversatz oder 5mm und 2mm Kantenversatz nach DIN 18 195 „Bauwerksabdichtung" Teil 5 und 6 erfüllt. Zusätzlich überbrückt das System freie Spalten bis 5mm Weite und gleichzeitigem Wasserdruck von 2 bar (Schlitzdruckprüfung). Das Zusammenwirken einer Bitumen-Dickbeschichtung und einem hochreißfesten und rissüberbrückenden Systemgewebe stellt außerdem eine gleichbleibende Schichtdicke sicher.

© siehe Anhang

Im Teil 2 der DIN 18 195 „Bauwerksabdichtung" werden die stofflichen Anforderungen an kunststoffmodifizierte Bitumen-Dickbeschichtungen beschrieben, die in eine Identitätsprüfung oder Prüfung zur Leistungsfähigkeit unterschieden werden. Zu den wichtigsten Prüfungen gehören die Wasserundurchlässigkeit (Schlitzdruckprüfung), die Rissüberbrückung und der Nachweis der Druckbelastbarkeit. Für den Einsatz gegen ▸*Bodenfeuchtigkeit* und ▸*nicht drückendem Wasser* werden 0,06 MN/m^2 und gegen ▸*aufstauendes Sickerwasser* 0,3 MN/m^2 gefordert. Mit diesen Prüfungen wird ein ausreichender Widerstand gegen Verformung nachgewiesen.

Bitumeninjektionen

Früher wurden in der Schweiz und in Teilen Süddeutschlands Bitumenemulsionen auch zur ▸*nachträglichen Horizontalabdichtung* in Mauerwerk injiziert. Trägersubstanzen waren Lösungsmittel. Die Anwendung erfolgte unter Druck und basierte auf dem Prinzip der Kapillarverdichtung bzw. -verstopfung. Wurde reines Bitumen verwendet, musste dieses vorher geschmolzen und in dieser Form eingepresst werden.

Seit Nachuntersuchungen bewiesen haben, dass Bitumen oder Bitumenemulsionen keine Verteilung im Mauerwerk und im Baustoff erreichen und nur unmittelbar um die Bohrlöcher eine Art Pfropfen aus Bitumen entsteht, hat die Bedeutung dieser Injektionen stark nachgelassen und wird in Deutschland nicht mehr ausgeführt. Zusätzlich kam es im Bereich von Sichtmauerwerk auch noch zu starken Verunreinigungen. Heute geht es darum, diese Mauerwerke zu sanieren und mit einer funktionierenden Horizontalabdichtung auszurüsten.

Bituminöse Flüssigfolien

Flüssigfolien sind gefüllte und/oder kunststoffmodifizierte Bitumenemulsionen, die im Roll-, Streich- oder Spritzverfahren nach Herstelleranweisung in mehreren Arbeitsgängen aufgetragen werden.

Blättlinge

In die Kategorie der ▸*Braunfäule* sind die Blättlinge einzustufen. Dieser holzzerstörende Pilz bildet als Substratpilz in der Regel kein sichtbares Oberflächenmyzel. Ein Myzel kann aber z. B. zwischen eng anliegenden Brettern oder in Holzspalten beobachtet werden. Die Fruchtkörper besitzen diverse, eher kleine Formen. Sie werden vorwiegend in Trockenrissen und an den Stirnseiten des befallenen Holzes gebildet. Als Entwicklungs- oder Wachstumsbedingungen können bereits 5 und maximal 35°C (optimales Wachstum bei ca. 30°C) sowie eine Holzfeuchtigkeit von unter 40% angesetzt werden.

Blasenbildung

Blasenbildung in einer Beschichtung, in einem Putz oder Anstrich ist meist die Folge ungenügender ▸*Diffusionsfähigkeit* (= Wasserdampf-Durchlässigkeit), die sich in einem örtlich begrenzten Haftungsverlust und einem dadurch bedingten Abheben des betreffenden Films vom Untergrund in Form von Blasen äußert, die oft mit kondensiertem Wasser gefüllt sind. Besonders groß ist die Gefahr einer Blasenbildung da, wo in einem Mauerwerk ▸*kapillar aufsteigende Feuchtigkeit* vorhanden ist oder, insbesondere bei Neubauten, der zu beschichtende Untergrund noch zu viel Feuchtigkeit enthält.

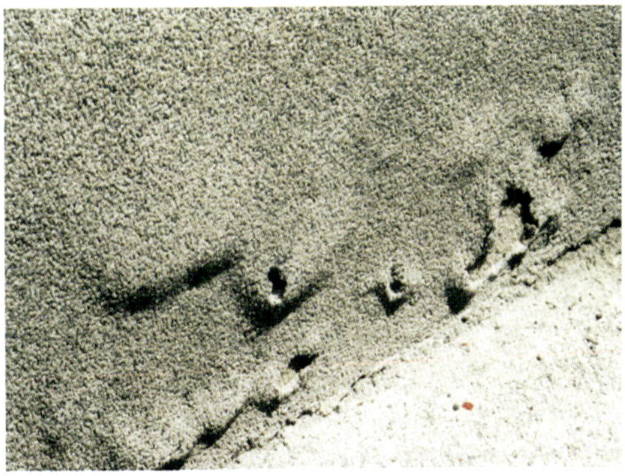

© siehe Anhang

Blecheintreibverfahren

▸*Chromstahlblechverfahren*

Bleifolie

Bleifolien wurden früher für die ▸*Horizontalabdichtung* im Mauerwerksquerschnitt eingesetzt. Dabei wurden entweder metallische Bleifolien oder bevorzugt bitumenkaschierte Bleifolien verwendet. Da Blei sehr flexibel ist, lassen sich derartige Folien gut im Sägeschnitt unterbringen. Da Blei eine relativ hohe Beständigkeit hat, wurden derartige Folien den Aluminiumfolien vorgezogen.

Bleihexafluorosilikat

Bleihexafluorosilikate wurden als sog. "Antisalze" oder auch ▸*Salzbehandlungsmittel* früher vielfach eingesetzt. Heute werden diese Produkte nur noch selten verwendet und haben an Bedeutung verloren.

Es handelt sich hierbei um eine wasserlösliche Bleiverbindung, die mit Sulfat-, Chlorid- und Karbonatverbindungen zu schwer- bis unlöslichen Bleisulfat, -chlorid und –karbonat reagieren soll. Eine ▸*Entsalzung* ist mit diesen Produkten nicht möglich, da lediglich eine Reduktion der Konzentration an leichtlöslichen Salzen im Bereich der Eindringtiefe der Bleihexafluorosilikatlösung erfolgt. Hinzu kommt, dass Nitratverbindungen nicht in Reaktion gebracht werden können. Da die Produkte hoch giftig sind (lösliche Schwermetallverbindungen), ihre Wirksamkeit sich nur auf einige Salzverbindungen beschränkt, die Eindringtiefen sehr gering sind und vor allem nur eine spontane Reaktion ohne anhaltene Wirkung vorliegt, sollten Bleihexafluorsilikate überhaupt nicht mehr eingesetzt werden.

Blitzmörtel

Im Rahmen der ▸*Rissverpressung* oder der ▸*nachträglichen Vertikalabdichtung* werden auch Blitzmörtel eingesetzt. Sie haben die Aufgabe, bei kurzfristig auftretenden ▸*Leckagen* das Mauerwerk abzudichten und den Wasseraustritt zu verhindern, so dass eine durchgehende Vertikalabdichtung ausgeführt werden kann. Eingesetzt werden organisch vergütete Mörtel, die aus hoch hydraulischen und schnell abbindenen Zementen und einer Silikatkomponente bestehen.

Blower-Door-Verfahren/ -Prüfung

Mit dem Blower-Door-Verfahren werden Vor-Ort-Messungen der Luftdurchlässigkeit oder Luftdichtigkeit einer Gebäudehülle durchgeführt. Hierzu wird ein leistungsstarkes Gebläse in eine Außentür oder ein Fenster eingebaut und eine definierte Druckdifferenz an der Gebäudehülle erzeugt. An undichten Stellen in der Hülle (Leckagen) entstehen Luftströmungen, deren Summe am Ventilator als Luftvolumenstrom gemessen wird. Neben dieser quantitativen Erfassung der ein- bzw. ausströmenden Luftmengen ermöglicht es die Blower-Door-Prüfung, die Lage der Leckagen zu orten und ihre jeweilige Stärke einzeln qualitativ einzuordnen.

© siehe Anhang

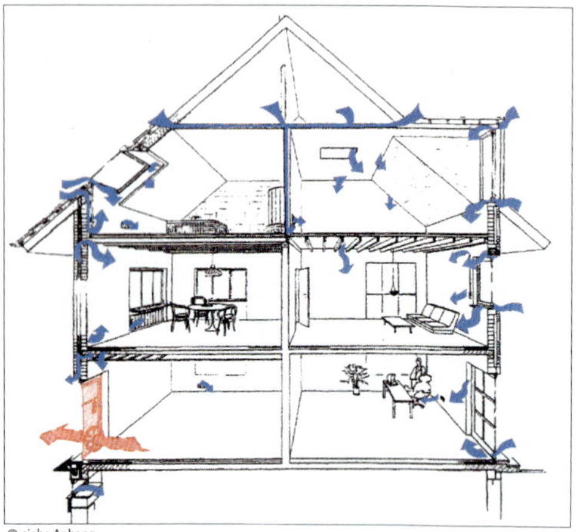

© siehe Anhang

Bodenabdichtung

▸*Abdichtung von Bodenplatten*

Bodenelektrische Untersuchungen

▸*geophysikalische Untersuchungen*

Bodenfeuchtigkeit

Bodenfeuchtigkeit ist im Erdreich vorhandenes, kapillar gebundenes und durch Kapillarkräfte auch entgegen der Schwerkraft geführtes Wasser (z. B. Saugwasser, Haftwasser, Kapillarwasser). Eine Belastung durch ▸*Bodenfeuchtigkeit* ist grundsätzlich vorhanden, ebenso steht Wasser von Niederschlägen und ▸*nicht stauendes Wasser (Sickerwasser)* an. Mit dem Lastfall Bodenfeuchtigkeit darf jedoch nur gerechnet werden, wenn das Baugelände bis zu einer ausreichenden Tiefe unter der Fundamentsohle und auch das Verfüllmaterial aus nicht bindigen Böden, z. B. Sand oder Kies, bestehen. Voraussetzung ist, dass die nicht bindigen Böden für tropfbar-flüssiges Wasser so durchlässig sind, dass es ständig von der Geländeoberkante bis zum ▸*Bemessungswasserstand*

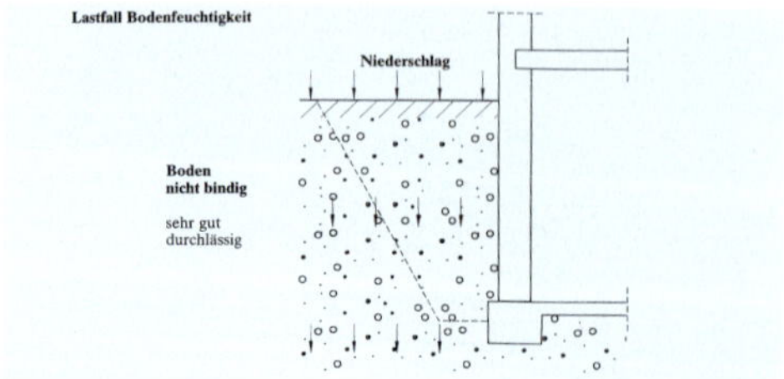

© siehe Anhang

absickern kann. Wichtig ist, dass sich dieses Wasser auch nicht vorübergehend, z. B. bei starken Niederschlägen, aufstauen kann. Dies erfordert einen Durchlässigkeitsbeiwert (k) des Bodens von mind. 0,01 cm pro Sekunde. Des Weiteren gilt der Lastfall Bodenfeuchtigkeit (und nicht stauendes Sickerwasser) auch bei wenig durchlässigen Böden, wenn eine funktionsfähige Drainung vorhanden ist.

Bodenfuge

Bodenfugen unterliegen dem Geltungsbereich des IVD-Merkblattes Nr. 1 „Abdichtung von Bodenfugen mit elastischem Dichtstoff" und umfassen neben dem Boden auch den bodennahen Wandbereich. Als bodennaher Bereich werden hierbei die Anschlussfugen im Übergang vom Boden zur Wand sowie senkrechte Fugen im Wandbereich bis 1 Meter Höhe bezeichnet.

Bodeninjektion

▸*Hochdruck-Injektionsverfahren*

Bodenverfestigung

Unter Bodenverfestigung wird das Verfüllen, Verfestigen und Stabilisieren von Böden verstanden.

Bodenverhältnisse

▸*Baugrund*

Bohrkern

Für die Bestimmung der Materialfeuchte werden dem zu untersuchenden Mauerwerk Bohrkerne oder auch das Bohrmehl von Bohrungen entnommen. Diese werden dann im Labor gewogen, getrocknet und anschließend wieder gewogen. Die festgestellte Gleichgewichtsdifferenz stellt den Wassergehalt der Probe dar. Die Trocknung der Probe erfolgt durch Erwärmen der Bohrprobe im Trockenschrank. Getrocknet wird bei einer Temperatur, bei der chemisch gebundenes Wasser nicht freigesetzt wird. Für die meisten Baumaterialien beträgt diese Trockentemperatur 105 °C, bei einigen ist sie niedriger (z. B. bei Gips 40 °C). Durch Auftrennen des Bohrkerns in Scheiben bzw. schrittweise Entnahme von Bohrmehl beim Bohren ist eine stufenweise Feuchtebestimmung in Abhängigkeit von der Bauteiltiefe möglich. Gebohrt wird mit möglichst erschütterungsfreien Geräten im Trockenbohrverfahren, um das Mauerwerk nicht zusätzlich mit Wasser zu belasten bzw. das Messergebnis nicht zu beeinflussen.

Bohrkernentnahme

Bohrkerne werden entnommen, um z. B. den ▸*Feuchte- oder Salzgehalt* eines Baustoffes zu ermitteln oder Kenndaten im Rahmen der Mör-

A
B
C
D
E
F
G
H
I
J
K
L
M
N
O
P
Q
R
S
T
U
V
W
X
Y
Z

telanalytik zu bestimmen. Die Bohrkernentnahme kann entweder durch Bohren (Bohrmehl, Bohrkern) oder Stemmen (Stücke, Granulat) erfolgen. Für die Bohrkern- und Bohrmehlentnahme eignen sich in erster Linie Kernbohrungen, da bei der laboranalytischen Untersuchung definierte Tiefenintervalle erfasst werden können. Da der Feuchtegehalt im Bauwerk durch die Kernbohrungen nicht beeinflusst werden soll und die zu analysierenden ▸*Salze* hauptsächlich wasserlöslich sind, erfolgt die Kernbohrung im Trockenbohrverfahren. Bei diesem Verfahren werden in der Regel Bohrkronen mit einem Außendurchmesser von ca. 20mm zur Anwendung. Wird ausschließlich der Salzgehalt einer Probe ermittelt, werden auch Proben mit geringerem Durchmesser entnommen, da der Probebedarf für die analytische Untersuchung bei max. 300mg liegt. Die Proben müssen in jedem Fall groß genug sein, um in Abhängigkeit der Messmethode und der Qualität der Proben eine optimale Bestimmung der Analysewerte zu ermöglichen. Die Proben sind vor Feuchtigkeit zu schützen, wobei eine mögliche Kondensatbildung zu berücksichtigen ist.

Bohrkernverfahren

Bei dem Bohrkernverfahren handelt es sich um ein sehr altes Verfahren zur ▸*nachträglichen Horiziontalabdichtung*, das aufgrund seines Aufwandes heute im deutschsprachigen Raum nicht mehr angewendet wird. Diese Methode wurde vor Jahren auch nach dem Erfinder Massari benannt und von den ausführenden Firmen als Isobohrverfahren bezeichnet.

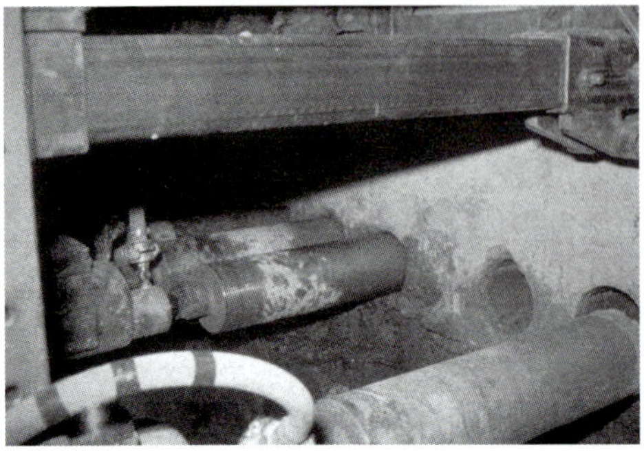

© siehe Anhang

Hierbei wird durch Bohrmaschinen mit Diamantkronen eine Bohrlochreihe gebohrt. Der Bohrlochdurchmesser richtet sich nach der Beschaffenheit des Baustoffes und kann stark abweichen. So wird das ▸*Massari-Verfahren* mit einem Bohrlochdurchmesser von 30 bis 40mm beschrieben. Die erste Bohrlochreihe wird demnach waagerecht im Abstand von ca. 50mm und auf Bodenebene gebohrt. Andere Bohrlöcher werden dann auf gleicher Höhe gebohrt, um angrenzende Schnittsegmente zu erhalten. Beim ▸*Isobohrverfahren* wird der Bohrlochdurchmesser mit ca. 11cm bei einem Bohrlochabstand von 10cm angegeben. Auch bei diesem Verfahren kommt es zur Überschneidung der Bohrkanäle, so dass das Mauerwerk über den gesamten Mauerwerksquerschnitt aufgebohrt wird. Bei dem Massari-Verfahren werden die Bohrlöcher nach dem Reinigen mit einem siliconharzvergüteten, schwindfreien und mineralischen Dichtmörtel verfüllt oder mit einem Kunststoff vergossen. Nach dem Erhärten des Mörtels werden die anderen Mauerwerksbereiche aufgebohrt und nach gleicher Methode verfüllt. So kommt es über den gesamten Mauerwerksquerschnitt und über die gesamte Mauerwerkslänge zu einer Bohrlochsperre aus kapillarbrechendem Verfüllmaterial.

Bohrlochimpfung

▸*Injektionen (zur Hausschwammsanierung)*

Bohrlochinjektion

▸*Injektionsverfahren* werden fast ausschließlich als Bohrlochinjektion durchgeführt. Dazu werden Bohrlöcher in einem Abstand von 10 bis

© siehe Anhang

15cm (bezogen auf den Bohrlochmittelpunkt) und einem Durchmesser von 15 bis 25mm gebohrt. Der Bohrlochwinkel beträgt 10 bis 30°, schräg nach unten. Schwankungen und große Toleranzen sowie auch Abweichungen von diesen Angaben sind vielfach verfahrensbedingt und/oder objektabhängig. Die Abweichungen vom ▸*WTA-Merkblatt* 4-4-96 „Mauerwerksinjektion gegen kapillar aufsteigende Feuchtigkeit" sollten durch den Verfahrensanbieter und/oder den Anwender schriftlich begründet und durch Probeinjektionen nachgewiesen werden. Das Bohrloch ist so anzusetzen, dass mindestens eine, besser zwei, Lagerfugen gekreuzt werden. Die Bohrlochtiefe bzw. –länge entspricht der, unter Berücksichtigung des Bohrlochwinkels, um 5cm reduzierten Wanddicke des Mauerwerksquerschnittes. Bei der beidseitigen Injektion (innen und außen) wird die Bohrlochtiefe aus 2/3 der Wanddicke ermittelt. Das Bohren des Bohrlochs sollte möglichst mit erschütterungsfreien, zumindestens mit erschütterungsarmen Bohrgeräten erfolgen. Vor der ▸*Injektion* sollte das Bohrloch ausgesaugt oder ausgeblasen werden, um die Penetration des anschließenden ▸*Injektionsmittels* sicher zu stellen. Weitere Bauwerksvorbereitungen, wie z. B. das Aufheizen des Mauerwerks oder das Verfüllen von hohlräumigen, mehrschaligen und/oder klüftigen Mauerwerkskonstruktionen ist verfahrens- bzw. objektabhängig.

© siehe Anhang

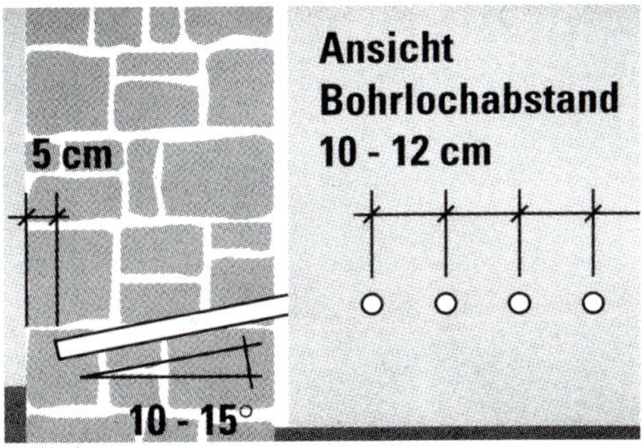

© siehe Anhang

Bohrlochschlämme

Zum Verfüllen von Hohlräumen und ▸*Rissen* in klüftigen oder mehrschaligen Mauerwerken werden mineralische Bohrlochschlämmen verwendet, die gleichzeitig zum Verschließen der Bohrlöcher nach einer Bohrlochinjektion dienen. Bohrlochschlämmen müssen schwindfrei härten und sollten möglichst sulfatbeständig sein. Die Korngröße beträgt in der Regel bis 0,5mm.

Bohrlochtränkung

▸*Injektionen (zur Hausschwammsanierung)*

Bohrmehlentnahme

▸*Probeentnahme*

Bohrpacker

▸*Packer*

Braune Wanne

Unter einer braunen Wanne versteht man ugs. ▸*Bentonitabdichtungen*.

Braunfäule

Der durch zelluloseverwertende Pilze hervorgerufene Abbau des Holzes wird als Braunfäule (oder auch als Destruktionsfäule) bezeichnet. Braunfäulepilze bauen die Zellulose, die Hemizellulose und Pektine, aber nicht das Lignin,

© siehe Anhang

ab. Die verbleibende Holzsubstanz schrumpft dabei in axialer Richtung, wodurch der typische Würfelbruch mit Rissen quer und längs zur Faser verursacht wird. Nach dem Abbau verbleibt eine braune Masse mit hohem Ligningehalt, das Holz verliert jedoch mit dem Abbau schnell seine mechanischen Eigenschaften. Pilze, die am Holz eine Braunfäule hervorrufen, werden als Braunfäuleereger bezeichnet.

Bromide

Bromide sind Salze, die der Gruppe der Halogensalze zugeordnet werden.

Bruchfestigkeit

Die Bruchfestigkeit wird als die maximale mechanische Spannung definiert, der ein Material oder Festkörper widersteht, bevor es zum Bruch kommt. Je nach Art der Beanspruchung wird die Bruchfestigkeit auch als ▸*Zugfestigkeit*, ▸*Druckfestigkeit*, Biege- oder Schubfestigkeit bezeichnet. Die Bruchfestigkeit wird ganz wesentlich von den Materialeigenschaften, der Zusammensetzung und der Temperatur beeinflusst. So brechen feste und spröde Materialien bereits bei kleineren Spannungen sehr schnell. Dies wird besonders an den starren mineralischen Dichtungsschlämmen deutlich, während die Bruchfestigkeit bei elastischen und flexiblen Materialien wie Bitumen-Dickbeschichtungen oder Bitumen- und Kunststoffbahnen sehr hoch sein kann. Starken Einfluss auf die Bruchfestigkeit hat das Temperaturverhalten der Materialien, bei tiefen Temperaturen ist die Bruchfestigkeit geringer, als bei hohen Temperaturen.

Bruchsteinmauerwerk

Als Bruchsteinmauerwerk bezeichnet man ein Natursteinmauerwerk, das aus Bruchsteinen aufgeschichtet ist. Hierbei werden die Bruchsteine nur grob bearbeitet bzw. behauen, damit sie zwei mehr oder weniger parallele Seiten haben. Das Mauerwerk entsteht erst, wenn die Bruchsteine übereinander geschichtet und mit einem Mauermörtel „verklebt" werden.

Eine spezielle Art von Bruchsteinmauerwerk

ist das Trockenmauerwerk. Es dient als Stützmauer oder Trennmauer im ländlichen Bereich. Bei einem Trockenmauerwerk wird auf eine Vermörtelung grundsätzlich verzichtet.

Im Gegensatz zu einem Ziegelmauerwerk hat ein Bruchsteinmauerwerk den Vorteil, dass nicht erst künstliche Mauersteine hergestellt werden müssen und die lokal vorkommenden Steine verwendet werden können. Eine Sonderform des Bruchsteinmauerwerkes ist das Zyklopenmauerwerk.

Im Rahmen der Kellersanierung und ▸*nachträglichen Horizontalabdichtung* muss beachtet werden, dass Bruchsteinmauerwerke nicht immer kompakt sind und Hohlräume aufweisen oder zweischalig ausgeführt wurden. Mechanische Verfahren zur Horizontalabdichtung können in der Regel nicht eingesetzt werden. Nur ein spezielles ▸*Mauersägeverfahren* kann verwendet werden, allerdings liegen der technische Aufwand und die Kosten sehr hoch, so dass diese Verfahren selten eingesetzt werden. Gerade bei zwei- oder mehrschaligen Bruchsteinmauerwerken muss im Vorfeld die Statik geprüft werden, um die Eignung des Mauerwerks zu garantieren.

Bei Anwendung der ▸*Injektionsverfahren* muss darauf geachtet werden, dass sich das Injektionsmittel über den gesamten Querschnitt verteilen und nicht unkontrolliert wegfließen kann.

Bürstenstreichverfahren

Das Bürstenstreichverfahren ist eine der Varianten, mit denen eine ▸*Bitumenbahn* zur ▸*Bauwerksabdichtung* verlegt werden kann. Hierbei sind folgende Unterschiede zu beachten: Auf waagerechten oder schwach geneigten Bauwerksflächen sind die Bitumenbahnen untereinander durch einen vollflächigen Aufstrich aus Klebemasse zu verkleben. Dabei ist vor die aufgerollte Bitumenbahn die Klebemasse in ausreichender Menge aufzutragen. Die Bitumenbahn ist dann unmittelbar anschließend so in die Klebemasse einzurollen, dass sie möglichst hohlraumfrei aufgeklebt werden kann. Die Ränder der aufgeklebten Bitumenbahnen sind anzudübeln.

Auf senkrechten oder stark geneigten Bauwerksflächen sind die Bitumenbahnen mit dem Untergrund und untereinander durch zwei vollflächige Aufstriche aus Klebemasse zu verkleben. Dabei ist die Unterseite der aufzuklebenden Bitumenbahn mit jeweils einem Aufstrich zu versehen. Um eine einwandfreie Verklebung sicherzustellen, darf jedoch nur soviel Fläche mit Klebemasse bestrichen werden, dass beim Aufkleben der Bitumenbahn beide Aufstriche noch ausreichend flüssig sind. Die aufgeklebten Bitumenbahnen sind von der Bahnmitte aus zu den Rändern anzubügeln.

Buchenholz-Zellulose-Kompresse

Buchenholz-Zellulose-Kompressen werden zur ▸*Entsalzung* von stark salzbelasteten Untergründen oder Säulen und Statuen im Rahmen der Baudenkmalpflege und Restaurierung eingesetzt. Sie entziehen dem Untergrund die gelösten ▸*Salze*, die dann in der ▸*Kompresse* auskristallisieren. Nach entsprechender Zeit werden die Kompressen entfernt und der Vorgang wiederholt oder der Untergrund je nach Anforderung weiter behandelt.

© siehe Anhang

Butylkautschuk

Butylkautschuk wird für verschiedene Anwendungen bei ▸*Dichtstoffen* und Dichtbändern eingesetzt. Es handelt sich hierbei um ein Copolymerisat aus einem höheren Anteil Isobuten und Isopren. Dichtstoffe aus Butylkautschuk sind sehr flexibel und zwischen −50 °C und 85 °C dehnbar, gegen die meisten Chemikalien unempfindlich und in hohem Maße alterungsbeständig, aber auch weitestgehend undurchlässig für Gase und Wasserdampf. Dichtstoffe, die nur aus Butylkautschuk hergestellt sind, verändern sich nach der Verarbeitung nicht mehr. Sie zeigen weder Volumenschwund noch eine Hautbildung. Sie sind stark klebend mit plastischen bis elastoplastischen Eigenschaften. Da Butyldichtstoffe keine Kräfte übertragen können, müssen die einzelnen Substrate mechanisch miteinander verbunden sein. Butyldichtstoffe sind sehr unpolar und haften auf den meisten polaren und unpolaren Untergründen ohne Vorbehandlung.

A B C D E F G H I J K L M N O P Q R S T U V W X Y Z

C

Calcit
▸*Kalzit*

Calcium
▸*Kalzium*

Calciumcarbonat
▸*Kalziumkarbonat*

Calciumcarbid-Methode
▸*Kalziumkarbid-Methode*

Calciumchlorid
▸*Kalziumchlorid*

Calciumhydrogencarbonat
▸*Kalziumhydrogenkarbonat*

Calciumnachweis
▸*Kalziumnachweis*

Calciumsilikatplatte
▸*Kalziumsilikatplatte*

Calciumsulfat
▸*Kalziumsulfat*

Carbide
▸*Salze*

Carbonate
▸*Karbonate*

Carbonatisierung
▸*Karbonatisierung*

Carbonatisierungsbremse
▸*Karbonatisierungsbremse*

CEN-Normen
CEN-Normen sind die auf europäischer Ebene verbindlichen Normen (Comité Européen de Normalisation), die alle nationalen Normen, wie z. B. die DIN-Normen in Deutschland, ablösen werden. Neue nationale Normen wird es daher in Zukunft nicht mehr geben; bereits bestehende werden nach und nach in EN-Normen übergeführt. Dadurch wird langfristig erreicht, dass alle genormten Produkte den gleichen Bedingungen unterliegen und dann in allen europäischen Ländern entsprechend akzeptiert werden müssen. Unterschiedliche Bewertungen aufgrund nationaler Normen sowie mehrfache Prüfungen entfallen damit.

CFK-Lamelle
Die sog. CFK-Lamelle beschreibt einen kohlenstofffaserverstärkten Kunststoff. Hierbei handelt es sich um einen Faserverbundwerkstoff, bei dem in die Kunststoff-Matrix aus Duromeren (z. B. Epoxidharze) Kohlenstofffasern als Verstärkung eingebettet wurden. Diese CFK-Lamelle wird für die Bauwerksverstärkung oberflächig oder in Risse und Schlitze geklebt und setzt sich zunehmend durch.

Chaetomium
Chaetomium ist ein ▸*Schimmelpilz*, der bevorzugt bei hoher Feuchte auf Holz wächst und deshalb häufig in Altbauten anzutreffen ist.

Charge
Mit Charge wird ein Produktionsansatz, also eine bestimmte Menge eines Produktes bezeichnet, der in einer bestimmten Zeit unter absolut gleichen Produktionsparametern hergestellt wurde. Jede Teilmenge erhält die gleiche Chargennummer. Diese Chargennummer ermöglicht bei einer späteren Verfolgung des Produktes (z. B. im Rahmen einer Reklamation) das Herstellungsdatum sowie weitere Informationen wie Produktionsort, Verfalldatum und dgl. festzustellen und sollte deshalb vom ausführenden Betrieb archiviert werden.

Chemische Feuchtemessverfahren
Chemische Verfahren zur ▸*Feuchtemessung* sind besser bekannt unter dem Namen ▸*CM- oder Kalziumkarbidverfahren* sowie das ▸*Karl-Fischer-*

Verfahren. Hierbei wird die chemische Reaktion einer Baustoffprobe mit Wasser beobachtet und analysiert.

Chemische Reinigungsverfahren

▸*Reinigungsverfahren*

Chemische Salzumwandlung

Durch sog. Salzbehandlungsmittel werden leichtlösliche Salzverbindungen in schwer- oder unlösliche Verbindungen umgewandelt. [5]

▸*Biologische Salzumwandlung*

▸*Bleihexafluorsilikate*

Chemische Verfahren

(zur Mauerwerkstrockenlegung)

Alternativ zu den mechanischen und elektrophysikalischen Verfahren zur ▸*Mauerwerkstrockenlegung* werden auch ▸*Bohrlochinjektionen* ausgeführt, die aufgrund der eingesetzten ▸*Injektionsmittel* häufig auch nur als chemische Verfahren bezeichnet werden. Unterschieden werden die Injektionsverfahren in: ▸*Druckinjektionen*, ▸*drucklosen Injektionen* und das ▸*Impulsverfahren*.

Chemische Verfahren

(zur Schwammbekämpfung)

Zur Bekämpfung einer ▸*Hausfäule* (sowie allgemein holzzerstörender Pilze) und zum vorbeugenden Schutz des verbliebenen bzw. neu eingebauten Holzes sind nach DIN 68 800 Teil 4 ausschließlich chemische Holzschutzmittel zugelassen. Die Wirkung und Eignung muss durch eine anerkannte Prüfstelle und deren gesundheitliche Unbedenklichkeit und Umweltverträglichkeit bei bestimmter Anwendung durch das Bundesgesundheitsamt bzw. durch das Bundesumweltamt bestätigt werden.

Chemisch gebundenes Wasser

▸*Gravimetrische Feuchtemessung*

Chemisch nicht reaktive Dichtstoffe

Physikalisch reaktive ▸*Dichtstoffe* verändern sich nur physikalisch, z. B. durch Abkühlen nach dem sog. Aufschmelzen oder durch Verlust von Wasser oder Lösungsmitteln. Infolgedessen finden keine chemischen Reaktionen innerhalb des Dichtstoffes oder zwischen Dichtstoff und Untergrund statt.

Chemisch reaktive Dichtstoffe

Bei einem chemisch reagierenden ▸*Dichtstoff* finden nach dem Ausspritzen aus der Kartusche unter Zutritt von Luftfeuchtigkeit chemische Reaktionen statt, die zu einer Vernetzung/Verfestigung der ausgespritzten Dichtstoffmasse führen. Die Reaktionsgeschwindigkeit hängt von der Umgebungstemperatur und der Menge an Wasserdampf in der Luft ab. Je höher die Umgebungstemperatur ist, desto schneller läuft eine chemische Reaktion ab. In der Regel ist bei höherer Temperatur auch eine höhere Luftfeuchtigkeit gegeben. In Folge dessen kommt es zu einer weiteren Beschleunigung der Aushärtungsreaktion, die mit einer Hautbildung beginnt. Bei kalter und trockener Witterung dauert die Aushärtung und Hautbildung deutlich länger als bei feucht-warmer Witterung. Dies muss bei der Ausführung jeweils berücksichtigt werden, damit die Abglättung noch vor dem Einsetzen der Hautbildung stattfindet.

Chlorate

Die technischen ▸*Salze* der Chlorsäure werden als Chlorate bezeichnet. Die wichtigsten Chlorate sind das Natriumchlorat und Kaliumchlorat.

Chloride

Chloride sind ▸*Salze* der Salzsäure und treten als ▸*bauschädigendes Salz* in Gebäuden häufig im Sockel- bzw. Spritzwasserbereich auf, da sie als Tausalz eingesetzt werden. Fast alle Chloride sind in Wasser gut löslich, sind ▸*hygroskopisch* und bilden sog. ▸*Hydrate*. Chloride sind sehr aggressiv und fördern die elektrochemische Korrosion, so dass sie im Rahmen der (Stahl-)Betoninstandsetzung eine wichtige Kenngrößen darstellen.

Chloridnachweis

Lösliche ▸*Chloride* können als Natriumchlorid, Kaliumchlorid, Kalziumchlorid vorliegen. Die quantitative Bestimmung des Chloridgehaltes erfolgt aus dem wässrigen Auszug durch Reaktion des Chlorides in leicht salpetersaurem Milieu mit zugesetztem Quecksilber-(II)-Nitrat unter Bildung wenig dissoziierten Quecksilber-(II)-Chlorides. Überschüssige Quecksilber (II)-Ionen bilden mit Diphenylcarbazon als Indikator in salpetersaurer Lösung eine blauviolett gefärbte Komplexverbindung.

Chloridtreiben

Ähnlich wie bei der ▸*Ettringit- und Thaumasitbildung* verläuft die Reaktion beim Chloridtreiben. Das Reaktionsprodukt ist nicht das Ettringit, sondern das Friedelsche Salz. Die Chloridbelastung von historischem Mauerwerk stellt keine Seltenheit dar, ist aber im Vergleich zur Belastung mit ▸*Gips* geringer einzustufen. Chloride in historischer Bausubstanz treten in der Regel als Natriumchlorid, Kochsalz oder Steinsalz auf, die z. B. aus Streusalzen oder aus belastetem Regenwasser stammen können.

$$Ca(OH)_2 + MgCl_2 \rightarrow CaCl_2 + Mg(OH)_2$$

Kalziumhydroxid — Magnesiumchlorid — Kalziumchlorid — Magnesiumhydroxid

Im Porensystem von Mörteln oder Betonen ausgefälltes Magnesiumhydroxid bewirkt durch Quellung einen erheblichen Treibeffekt (Magnesiatreiben). In Mörtel oder Beton können Natrium- oder Kalziumchlorid eine Sprengwirkung verursachen, die ähnlich wirkt wie bei der Einwirkung von Sulfaten. Durch die Reaktion mit Portlandit kann Hydrophilit entstehen, aus dem zusammen mit Kalziumaluminaten das Friedelsche Salz gebildet wird.

$$3CaO \cdot Al_2O_3 + CaCl_2 + 10H_2O \rightarrow$$

Trikalziumaluminat — Hydrophillit — Wasser

$$3CaO \cdot Al_2O_3 + CaCl_2 \cdot 10H_2O$$

Friedelsches Salz

Die Bildung von Friedelschem Salz kann auch mit anderen als den o. g. Reaktionspartnern verlaufen.

Chromstahlblechverfahren

Seit etwa 25 Jahren wird das sog. Chromstahlblechverfahren eingesetzt. Dieses ▸*mechanische Verfahren* für die ▸*nachträgliche Horizontalabdichtung* wird ugs. auch als Edelstahleinschlagverfahren oder nach den Erfindern und Patentinhabern Haböck und Weinzierl auch nur kurz als ▸*HW-System* bezeichnet.

Bei dem Chromstahlblechverfahren wird ein gewelltes Edelstahlblech mit Hilfe einer geeigneten Rammvorrichtung (in der Regel mit einem Drucklufthammer) mit Pressluftschlagvorrichtung bei einer Schlagfrequenz von 1200 bis 1500 Schlägen pro Minute in eine durchgehende Lagerfuge von mindestens 6mm Dicke eingebracht. Dabei werden die Chromstahlbleche überlappt, so dass sich eine durchgehende Sperrschicht und damit eine hohe Systemsicherheit ergibt. Die Chromstahlbleche können bis max. 2cm über dem Fußboden und bis 7cm unterhalb der Decke eingetrieben werden. Bei stark chloridbelasteten Mauerwerken werden besonders veredelte Stähle (Chrom-Nickel-Stahl oder Chrom-Nickel-Molybdän-Stahl) eingesetzt. Standardmaterial ist ein mit ca. 17% Chrom legierter ferristischer Edelstahl, der eine gute Beständigkeit gegenüber Salzlösungen aus Nitraten, Sulfaten, Chloriden und Karbonaten sowie oxidierenden Säuren besitzt. Ähnlich, aber gegenüber Halogeniden etwas höher, liegt die

© siehe Anhang

Korrosionsbeständigkeit von Chrom-Nickel-Stahl (17 – 20% Chrom, 8 – 10% Nickel).

Gegenüber dem ▸*Mauersägeverfahren* bietet dieses einstufige Verfahren den Vorteil, dass auf die nachträgliche Verpressung des Schlitzes verzichtet werden kann. Die mechanische Durchtrennung und Abdichtung des Mauerwerkes erfolgt in einem Arbeitsgang. Damit wird der Kraftschluss nicht unterbrochen. Das Chromstahlblechverfahren wird bei homogenem Ziegel- und Natursteinmauerwerk eingesetzt und kann bis 65cm problemlos angewendet werden. Bei der Ausführung bis etwa 1m kann es zu Erschütterungen und damit zu statischen Problemen kommen. Außerdem sind Pfeiler und Stützmauern als kritisch anzusehen. Darüber hinaus muss das Mauerwerk eine durchgehende Lagerfuge und einen festen Fugenverbund besitzen, damit durch die hohen Einschlagkräfte beim Einschlagen der Chromstahlbleche nicht einzelne Mauersteine herausbrechen oder das Mauerwerksgefüge gelockert wird.

In Abhängigkeit von der Auflast, durch die eine Reibung beim Eintreiben der Stahlbleche beeinflusst wird sowie von der Mörtelfestigkeit und der Wanddicke, sind dem Verfahren Anwendungsgrenzen gesetzt. Die rhythmischen Schläge können gerade bei lasttragenden oder bei besonders dünnen oder wenig ausgesteiften Wänden zu Problemen führen, die sich z. B. durch Rissbildungen zeigen. Auch hier gilt, dass nur bei kompakten und gut zugänglichen Mauerwerken das Chromstahlblechverfahren angewandt werden kann.

Es gibt zwei Weiterentwicklungen: so werden Chromstahlbleche mit einer spitz zulaufenden Ausführung angeboten, mit der die Bleche einfacher in das Mauerwerk eingetrieben werden können. Des Weiteren wurde ein Zwischenstück zum Nachschlagen der Chromstahlbleche entwickelt. Das als Fugeisen bezeichnete Zwischenstück ist so schmal, dass es die Kanten der Ziegel im Bereich der Mörtelfugen nicht beschädigt.

Cladosporium

Der Cladosporium ist ein ▸*Schimmelpilz*, der sowohl in der Außen- als auch in der Innenluft häufig anzutreffen ist. Er stellt mit 60 bis 70% den höchsten Anteil der sog. Luftsporenflora. Der Cladosporium hält sich gerne in absterbenden Pflanzen, feuchten Wohnungen (Fensterrahmen, Fugenmassen), Textilien, Gemälden, Klimaanlagen und Lebensmitteln (Kühlschrank) auf. Das Myzel ist durch eingelagerte Melanine dunkel gefärbt. Er bildet auf langsam wachsenden dunkel-samtigen (meist olivbraun bis schwarzgrün) Kolonien massenhaft Konidien, die mit dem Wind sehr leicht verbreitet und durch Luftströmungen über weite Entfernungen transportiert werden können. Bei steigender Temperatur, Licht und Trockenheit werden die Konidien von der Mutterpflanze bevorzugt freigesetzt. Durch Cladosporium werden Mykotoxine gebildet.

CM-Gerät/ -Methode/ -Verfahren

CM-Verfahren steht für Kalziumkarbidmethode. Es handelt sich hierbei um ein Verfahren zur Messung des Feuchtegehaltes von Baustoffproben auf der Baustelle. Die Baustoffproben werden entnommen, zerkleinert, eingewogen und in ein metallisches Druckgefäß gefüllt. Man gibt Stahlkugeln und eine Glasampulle mit Kalziumkarbid dazu. Das Gefäß wird mit einem Manometer verschlossen und geschüttelt. Die Eisenkugeln zerstören die Glasampulle, so dass das Kalziumkarbid mit der feuchten Baustoffprobe in Berührung kommt und in Acetylen umgesetzt wird.

$$CaC_2 + 2H_2O \rightarrow C_2H_2 + Ca(OH)_2$$

Das entstehende Acetylengas verursacht einen Druck, der am Manometer gemessen wird. Aus einer Eichkurve kann dann direkt der Feuchtegehalt der Baustoffprobe entnommen werden. Die gemessenen Werte liegen in der Regel etwas unter den tatsächlichen, wobei die Abweichungen relativ gering sind. Das Verfahren ist gut geeignet, um auf der Baustelle eine

Kontrollmessung durchzuführen. Weniger gut ist es geeignet, um Reihenuntersuchungen (z. B. bei ▸*Bauzustandsanalysen*) vorzunehmen.

© siehe Anhang

Coanda-Effekt

Der Coanda-Effekt wird gelegentlich im Zusammenhang mit der ▸*Bauteiltemperierung* oder Temperierheizung von historischen Gebäuden erwähnt. Damit ist ein Warmluftschleier vor der Wandoberfläche bzw. das Anlehnen einer Luftströmung vor einer Wand gemeint.

Cocoon

Unter dem Namen Cocoon wird am Markt ein System zur Mauerwerksentsalzung angeboten. Diese spezielle ▸*Kompresse* wird als Eimerware angeboten und direkt auf den salzbelasteten Untergrund aufgespritzt. Durch die große spezifische Oberfläche und der im Mauerwerk befindlichen Feuchtigkeit werden die ▸*Salze* dem Mauerwerk entzogen. Wie auch bei anderen Systemen werden beim Cocoon-System die

© siehe Anhang

transportierten Salze in den Poren der Kompresse eingelagert. Materialseitig handelt es sich um eine Zellulosemischung, die mit Wasser angeteigt wurde. Deshalb wird die Wirkungsweise des Cocoon-Systems gelegentlich mit einem Löschblatt erklärt. Die Auftragsdicke beträgt bei 8 – 10 mm und der Materialverbrauch liegt bei ca. 4 kg/ m^2. Bei einer Temperatur von ca. 25° C dauert die Durchtrocknung der applizierten Kompresse ca. 4 Tage. Vom Untergrund entfernt wird Cocoon nach ca. 3 Wochen. Sollte die Versalzung des Untergrundes dann immer noch sehr hoch liegen, muss der Vorgang ggf. wiederholt werden.

Compaction Grouting

▸*Gründungssanierung*

▸*Verdichtungsinjektion*

Copolymer

Copolymer ist die allgemeine Bezeichnung für ▸*Polymere*, die aus zwei verschiedenen Arten von Monomeren bestehen und durch (gemeinsame) Copolymerisation hergestellt werden.

▸*Polymerisation*

CO_2-Durchlässigkeit

Neben den technischen Eigenschaften wie ▸*Wasseraufnahme*, ▸*Wasserdampfdiffusion*, ▸*Alkalibeständigkeit* oder ▸*Rissüberbrückung* ist auch die CO_2-Durchlässigkeit auf einigen Untergründen von besonderer Bedeutung. So benötigen vor allem kalkhaltige Putze für die Härtung die CO_2-Diffusion.

Cyanate

▸*Salze*

Cyanide

▸*Salze*

D

Dampfbremsen

Als sog. Dampfbremse werden dünne Schichten eines Materials bezeichnet, die einen besonders hohen ▸*Wasserdampfdiffusionswiderstand* haben. Im Allgemeinen gilt eine Schicht als Dampfbremse, wenn ihre wasserdampfdiffusionsäquivalente Luftschichtdicke > 10m beträgt. Aufgrund thermischer Gesetzmäßigkeiten findet eine ▸*Dampfdiffusion* durch ein Bauteil immer von der warmen zur kalten Seite statt. Je nach klimatischen Bedingungen kann es dann zur ▸*Kondensation* (Tauwasserbildung) an der kälteren Stelle des Bauteils kommen. Die Anordnung einer Dampfbremse soll das Eindringen von Luftfeuchtigkeit in Bauteile und infolgedessen deren Durchfeuchtung bzw. damit verbundene mögliche Feuchtigkeitsschäden verhindern. Hierzu müssen sie dicht verlegt werden und dürfen nicht beschädigt sein. In der Regel werden Dampfbremsen innenseitig, also zum Innenraum hin (z. B. Dachgeschoss oder Schwimmbäder) angeordnet.

Für die Planung einer Dampfbremse muss die sog. ▸*wasserdampfdiffusionsäquivalente Luftschichtdicke* bekannt sein. Diese wird durch die Multiplikation der Produktschichtdicke und ihrer Wasserdampfdiffusionswiderstandszahl berechnet. Wie groß der Dampfwiderstand der Dampfbremse sein muss wird in der DIN 4108 geregelt. Eine optimale Dampfbremse schützt das Bauteil vor Feuchtigkeit infolge Diffusion und bietet gleichzeitig ein hohes Austrocknungsvermögen der Konstruktion in der Sommerperiode. Dieser Aspekt ist besonders wichtig bei einer außergewöhnlich hohen Feuchtebelastung. Neue Generationen von innovativen Dampfbremsen variieren ihren Dampfdiffusionswiderstand mittlerweile in Abhängigkeit der Umgebungsbedingungen. Im Sommer haben diese Dampfbremsen, die als sog. feuchteadaptive Dampfbremsen bezeichnet werden, einen niedrigen sd-Wert. In der Verdunstungsperiode kann die Austrocknung nach innen erfolgen, im Winter dagegen haben diese Dampfbremsen einen hohen sd-Wert.

Die bekanntesten Dampfbremsen sind PA-, PVC- und PE-Folie. Bei der Folie aus Polyamid handelt es sich um eine sehr variable Dampfbremse, die sich den Umgebungsbedingungen anpassen kann. Die Folie wird eingespannt, geklebt oder genagelt. Sie wird bei Dächern und Außenwänden eingesetzt. Als Abdichtung sind Polyamid-Folien nicht geeignet. Auch Folien aus Polyvinylchlorid lassen sich einspannen, nageln oder kleben. PVC-Folien sind nur begrenzt alterungsbeständig und abriebfest. Verwendung finden diese Dampfbremsen bei Dächern, Decken und Außenwänden. Auch PVC-Folien sind als Abdichtung ungeeignet. Polyethylen-Folien lassen sich ebenfalls einspannen, nageln und kleben. Sie sind säure- und laugenbeständig, jedoch nicht witterungsbeständig. Wie bei der PVC-Folie findet die PE-Folie Anwendung bei Dächern, Decken und Außenwänden. Auch diese Folie ist zur Abdichtung nicht geeignet.

Dampfdiffusion

▸*Wasserdampfdiffusion*

Dampfdiffusionswiderstand

▸*Wasserdampfdiffusionswiderstand*

Dampfdruck

Gasgemische üben auf ihre Umgebung einen hydrostatischen Druck aus. Dieser setzt sich nach dem Gesetz von Dalton aus der Summe der sog. Partialdrücke der einzelnen Komponenten des Gasgemisches zusammen. Liegt ein reines Gas (also nur eine einzige Komponente) vor, ist dem entsprechend der Partialdruck mit dem hydrostatischen Druck identisch. Der maximal mögliche Dampfdruck wird als Sättigungsdampfdruck bezeichnet. Dieser steht mit der flüssigen oder festen Phase eines Stoffes im sog. thermodynamischen Gleichgewicht. Bei gleicher Temperatur ist der Dampfdruck über einer festen Phase geringer, als über einer flüssigen Phase. Bei gleichzeitigem Vorhandensein beider Phasen steigt deshalb der Anteil des Feststoffes bei gleichzeitigem Rückgang der Flüssigkeit.

Steigt im Sommer die Temperatur, so verschiebt sich die Kurve des Sättigungsdampfdruckes zu höheren Werten. Wenn sich nun in einem Bauteil Kondenswasser befindet, so muss der in diesem Bauteil vorhandene Dampfdruck dem ▸*Sättigungsdampfdruck* entsprechen. Infolgedessen kommt es zur Austrocknung. Bei einschichtigen Bauteilen wird zur Vereinfachung angenommen, dass die Austrocknung aus der Mitte der Durchfeuchtung stattfindet. Bei mehrschichtigen Bauteilen mit Tauwasserausfall dagegen rechnet man mit der Austrocknung an den entsprechenden Schichtgrenzen. Bei sehr großen Temperaturunterschieden zwischen außen und innen kann es passieren, dass während der Austrocknung bereits neue ▸*Tauwasserbildung* in tieferen Bereichen stattfindet. Diese reduzierte Trocknungsgeschwindigkeit wird auch als behinderte Trocknung bezeichnet. [1]

Dampfleitzahl

▸*Wärmeleitzahl*

Dampfsperre

Wasserdampf diffundiert (wandert) in und durch Bauteile und durch Beschichtungen. Dabei ist die Bewegung immer in Richtung auf die geringere Konzentration gerichtet; es findet also ein Ausgleich verschiedener Konzentrationen statt, in der Regel von „Warm" (= hoher Wasserdampfpartialdruck) nach „Kalt" (= niedriger Wasserdampfpartialdruck) bzw. von „Feucht" (= hohe relative Luftfeuchtigkeit) nach „Trocken" (= geringe relative Feuchtigkeit). ▸*Wasserdampfdiffusion* kann aber auch innerhalb von (porösen) Baustoffen stattfinden als Ausgleich zwischen Stellen höherer und geringerer Wasserdampfkonzentration. Wird dieser Konzentrationsausgleich ganz oder weitgehend behindert, z. B. durch eine dampfdichte Beschichtung, eine Folie oder ein anderes geeignetes Mittel, so bezeichnet man diese Maßnahme als Dampfsperre. In der DIN 4108 Teil 3 wird eine Schicht mit einem sd-Wert von mehr als 100 m als Dampfsperre bezeichnet. Materialien mit einem hohen sd-Wert behindern aber auch die Austrocknung nach innen.

Kann z. B. eine diffusionshemmende Außenbeschichtung kontruktiv nicht hinterlüftet werden, muss der Konstruktion warmseitig eine Dampfsperre eingebaut werden. Im Gegensatz zur Dampfbremse ist die Dampfsperre eine in Wänden, Decken oder Dächern eingelegte wasserdampfdichte Folie. Dadurch wird die Wärmedämmung vor einer Durchfeuchtung aus dem Hausinneren infolge der Wasserdampfdiffusion geschützt. Allerdings muss darauf geachtet werden, dass das an der Dampfsperre kondensierende Wasser durch eine geeignete Konstruktion unbedingt an der Wärmedämmung vorbeigeführt und nach außen geleitet wird. Alternativ kann diese Abtrocknung auch durch eine entsprechende Lüftung sichergestellt werden. Als Dampfsperren sind z. B. Kunststofffolien, Bitumendachpappen oder Aluminiumkaschierungen auf dem Dämmmaterial geeignet. Am häufigsten werden Aluminiumfolien als Dampfsperre eingesetzt. Diese lassen sich aufkleben oder Dämmplatten und -matten sind bereits damit kaschiert. Die Aluminiumfolie ist alterungsbeständig und wird bei Dächern und Außenwänden eingesetzt.

Darr-Methode

Die Darr-Methode stellt das wohl genaueste Messverfahren zur Bestimmung des Feuchtigkeitsgehaltes von Baustoffen dar. Wie das Wort darren (= trocknen) besagt, wird die entnommene Baustoffprobe gewogen und bei 105 °C bis zur Gewichtskonstanz getrocknet (ausgenommen Gips). Der Gewichtsverlust stellt den Wassergehalt der Probe dar. Benötigt wird ein Trockenschrank oder Infrarotstrahler sowie eine Waage. Wichtig ist, dass die Baustoffprobe bei der Entnahme nicht verändert wird (Feuchtigkeit) und anschließend luft- und wasserdicht verpackt und verschickt wird. Als Probemenge werden mindestens 100 Gramm benötigt. Der Nachteil der Darr-Methode liegt darin, dass es vor Ort nicht angewendet werden kann und dass es sich um keine zerstörungsfreie Methode handelt. Eine Wiederholungsmessung ist ebenfalls nicht möglich. Trotzdem wird dieses Verfahren bei Mauerwerksuntersuchungen zur Bestimmung des tatsächlichen Feuchtegehaltes angewandt.

Dauerbeständigkeit

▸*Beständigkeit*

Dauerelastisch

Der Begriff „Dauerelastisch" wird gerne für die Beschreibung von ▸*Dichtstoffen* verwendet. Allerdings gehen immer mehr Regelwerke dazu über, den Begriff nicht mehr einzusetzen, da jeder Bau- und Dichtstoff mit der Zeit altert und somit auch seine elastischen Eigenschaften verliert.

Dehnfuge

Die Dehnfugen werden zu den ▸*Bewegungsfugen* gezählt und haben die Aufgabe, Volumenänderungen zwischen angrenzenden Bauteilen auszugleichen, die durch Temperatur- und/oder Feuchtigkeitsschwankungen auftreten können. Die Ausbildung einer Dehnfuge erfolgt je Bauteil und Beanspruchung entweder mit geeigneten ▸*Fugendichtstoffen* oder mit sog. ▸*Fugenbändern*.

▸*Bauteilfuge*

Dehnfugenbänder

▸*Fugenbänder*

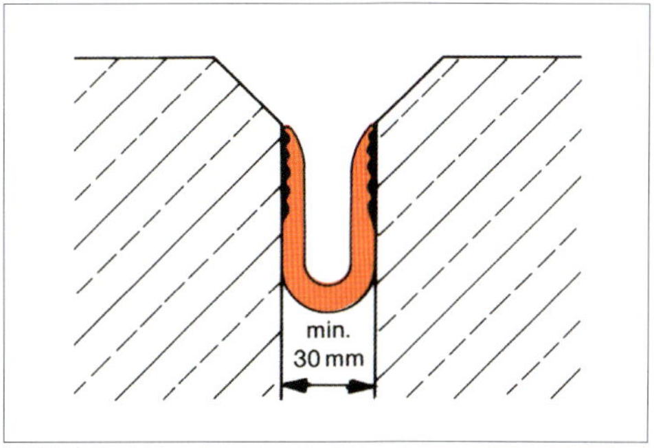

© siehe Anhang

Dehnung

Der Begriff Dehnung definiert eine relative Längenänderung und wird durch das Verhältnis von Verlängerung zur Ausgangslänge ausgedrückt.

Dehnungsfuge

▸*Dehnfuge*

Dehnwert

Unter dem Dehn- oder Spannungswert wird die ▸*Spannung* verstanden, die bei einer bestimmten Dehnung des ▸*Dichtstoffes* auf die Haftflächen bzw. den angrenzenden Baustoff ausgeübt wird. Dichtstoffe mit einem niedrigen Dehn- oder Spannungswert belasten die angrenzenden Bauteile nur gering. Hierbei gibt es folgende Regel zu beachten: je geringer die Festigkeit des Untergrundes ist, desto niedriger muss der Dehn- oder Spannungswert des Dichtstoffes sein. Dies bedeutet im Umkehrschluss, dass Dichtstoffe mit einem hohen Dehn- oder Spannungswert einen entsprechend festen und/oder harten Untergrund benötigen.

Delta-P-Verfahren

Das Delta-P-Verfahren beschreibt ein Druckdifferenzverfahren zur (theoretischen) Mauerwerksentsalzung. Die Theorie besteht darin, dass dem Mauerwerk Wasser zugeführt wird und infolgedessen die ▸*Salze* im Mauerwerk in Lösung gehen und anschließend in gelöstem Zustand an die Bauteiloberfläche transportiert werden. In der Praxis scheitern derartige ▸*Entsalzungsverfahren* in der Regel daran, dass große Mengen Wasser in das Mauerwerk eingebracht werden müssen, um überhaupt nennenswerte Lösungsvorgänge aufbauen zu können. Dadurch muss mit sehr langen Austrocknungszeiten gerechnet werden. Hinzu kommt, dass aufgrund der Porenart und -struktur in einem Mauerwerk sowie aufgrund von Rissen und Öffnungen nicht alle Bereiche des Mauerwerkes „geflutet" werden können. [5]

A B C D E F G H I J K L M N O P Q R S T U V W X Y Z

Denkmal

Für den Begriff Denkmal gibt es keine einheitliche und allgemein gültige Definition, da jedes Bundesland ein eigenes Denkmalschutzgesetz hat und den Begriff in eigener Zuständigkeit definiert. Prinzipiell handelt es sich bei einem Denkmal um ein Gebäude oder einen Gegenstand, der an etwas erinnern soll und der so einzigartig ist, dass sein Schutz und die Erhaltung im allgemeinen Interesse ist und deshalb unter den Schutz des Gesetzgebers gestellt werden muss. Die Unterschiede in den einzelnen Denkmalschutzgesetzen liegt in der Unterscheidung der Merkmale (Denkmaleigenschaft und Denkmalwert) und dem Zeitpunkt der Schutzansprüche. So kann ein Denkmal ein künstlerisch gestalteter Gegenstand sein, der bewusst zu einem Zeitpunkt und/oder zu einem Thema geschaffen wurde, um für die Nachwelt erhalten zu werden und an ein Ereignis, einen Brauch oder an einen Menschen oder eine Gruppe von Menschen zu erinnern. Die klassischen Denkmale sind aber Gegenstände oder Gebäude, die zu einem Zeitpunkt entstanden sind und bewusst bis heute für die Nachwelt erhalten wurden oder unbewusst die Zeiten überstanden haben und heute einen Nutzen und eine Bedeutung besitzen. Sie sind Zeuge und Quelle der Vergangenheit geworden (Sachzeugen) und dienen heute als Grundlage für die Geschichtsforschung. An ihrer Erhaltung besteht ein öffentliches Interesse, so dass ihr Schutz im Denkmalschutzgesetz verankert ist.

Denkmalpflege

Denkmalpflege beinhaltet alle wissenschaftlichen, technischen, handwerklichen und künstlerischen Maßnahmen, die zur Erhaltung von Kultur- und Baudenkmalen notwendig sind. Als Erstes erfolgt die wissenschaftliche/kulturhistorische Beurteilung von Sachzeugen (Bestimmung des Denkmalwertes). Daraus leiten sich die fachlichen Anforderungen an ▸*Instandhaltung*, ▸*Instandsetzung*, ▸*Konservierung*, ▸*Restaurierung*, ▸*Renovierung* (Renovation), ▸*Anastylose*, ▸*Rekonstruierung* (Rekonstruktion) und die Translozierung ab.

Denkmalschutz

Der Denkmalschutz dient dem Schutz und der Erhaltung von Kultur- und Baudenkmalen mit rechtsstaatlichen Mittel. Es handelt sich beim Denkmalschutz also um Rechts- und Verwaltungfragen. Er umfasst alle gesetzlichen Anordnungen, Verfügungen, Genehmigungen und Auflagen und schafft damit die Voraussetzungen für die Denkmalpflege. Ziel ist, zu sichern, dass Kultur- oder Baudenkmale nicht verändert, verfälscht, beschädigt, zerstört oder beeinträchtigt werden. Grundlage sind die Denkmalschutzgesetze (DSchG) der jeweiligen Bundesländer, die sich zum Teil erheblich unterscheiden. So gelten in einigen Bundesländern Gebäude erst dann als Denkmal, wenn sie in der sog. Denkmalliste aufgenommen sind. In anderen Bundesländern dagegen gilt ein Gegenstand auch dann schon als Kultur- und Baudenkmal, wenn es die Anforderungen der Gesetzesdefintion erfüllt. Diese hebt aus wissenschaftlichen, künstlerischen oder heimatgeschichtlichen Gründen im Wesentlichen auf ein öffentliches Interesse bei der Erhaltung eines Gegenstandes, von Sachen, sog. Sachgesamtheiten oder Teilen von Sachen ab.

Dehn-/ Spannungswert

▸ *Fugendichtstoff*

Desinfektion

Im übertragenen Sinne bedeutet Desinfektion die „Freimachung von Keimen". Nach der offiziellen Definition im Deutschen Arzneimittelbuch beschreibt die Desinfektion „totes oder lebendes Material in einen Zustand zu versetzen, dass es nicht mehr infizieren kann". Medizinisch gesehen spricht man von einer Desinfektion, wenn die Keimreduktion um einen Faktor von mindestens 10^{-5} stattgefunden hat. Dies bedeutet, dass von ursprünglich 100.000 vermehrungsfähigen Keimen (sog. koloniebildende Einheiten – kurz KBE) nicht ein einziger überleben darf.

Der Begriff der Desinfektion besitzt auch bei der Kellerabdichtung und –sanierung eine gewisse Bedeutung, da durch überhöhte Feuchtigkeit (Kondensation, sporadischer Wasserschaden, kapillar aufsteigende Feuchtigkeit etc.) Mikroorganismen wie ▸ *Schimmelpilze* und/oder holzzerstörende Pilze (z. B. ▸ *Echter Hausschwamm*) gebildet werden können. Zur Bekämpfung und Beseitigung sowie zur Vorbeugung werden dann sog. ▸ *Desinfektionsmittel* eingesetzt.

Desinfektionsmittel

Desinfektionsmittel werden eingesetzt, um einen Untergrund oder eine Oberfläche zu desinfizieren. Alternativ zu dem Begriff wird für Desinfektionsmittel auch der Begriff ▸ *Biozid* verwendet. Frei übersetzt heißt Biozid allerdings „das Leben töten". Aus diesem Grund wird für die biozide Behandlung von Untergründen und befallenen Oberflächen der Begriff Desinfektion verwendet, da hiervon vermeintlich weniger Gefahr ausgeht. Entsprechend der Präparate und Zusammensetzung werden Desinfektionsmittel auch als Bakterizide, Fungizide, Algizide, Viruzide und Sporizide bezeichnet. Hierbei handelt es sich um chemische Desinfektionsmittel. Vielfach angewendet werden Chlor, Wasserstoffperoxid und Ozon. Gebräuchliche physikalische Verfahren basieren auf der Erhitzung des Mediums (Pasteurisation oder Dampfdruck) sowie der Bestrahlung mit UV-Licht.

Desorption

Als Desorption bezeichnet man den Übergang von Molekülen aus der Oberfläche eines Festkörpers in die Gasphase. Die Desorption stellt damit den Umkehrvorgang der ▸ *Adsorption* und der ▸ *Absorption* dar.

▸ *Sorption*

Destillationsbitumen

Destillationsbitumen sind das Bodenprodukt der Rohöldestillation, dem nachträglich unter Verwendung von Vakuum bei Temperaturen von 360 bis 380 °C leichte bis hochsiedende Ölfraktionen entzogen werden. Die Härte wird mittels einer Nadelpenetrationsmessung bei 25 °C ermittelt. Daraus ergibt sich die Einteilung der weichen und härteren Bitumenprodukte. In der Abdichtungstechnik kommen diese Produkte überall dort vor, wo es auf eine hohe Klebefähigkeit und –kraft ankommt. Darüber hinaus bilden diese ▸ *Bitumen* den Grundstein für die Herstellung weiterer Bitumenarten.

Destruenten

Der Begriff Destruenten wurde aus dem Lateinischen abgeleitet (= Zersetzer, Entsorger) und beschreibt Mikroorganismen, die organische Stoffe zu Mineralstoffen zersetzen können. Infolgedessen werden sie häufig auch als „Mineralisierer" bezeichnet.

Destruktionsfäule

▸ *Holzzerstörende Pilze*

A B C D E F G H I J K L M N O P Q R S T U V W X Y Z

Desulfurikanten

▸*Sulfatreduzierende Bakterien*

Detailplanung

Bei einer Bauwerksabdichtung und Kellersanierung sind nutzungs-, konstruktions-, baustoff- und ausführungsbedingt verschiedene Detailplanungen notwendig, um die Dichtigkeit der Abdichtung und damit den Feuchteschutz für den Baukörper sicher zu stellen. Neben der Baustoffauswahl für den Dichtungsträger im Neubau (WU-Beton oder Mauerwerk) oder für die Art der Abdichtung (Bahnenabdichtung, Bitumen-Dickbeschichtung oder Dichtungsschlämme) müssen abdichtungstechnische Details und Konstruktionen für die Ausbildung von ▸*Arbeitsfugen*, ▸*Bewegungsfugen*, ▸*Durchdringungen* und dgl. ausgearbeitet werden. Hierbei spielen auch entwurfsbedingte Besonderheiten wie ▸*Kellerfenster* mit ▸*Lichtschächten*, Kelleraußentreppen mit Zugängen auf Kellergeschossniveau, Querschnittsschwächungen und Versprünge von Wänden, Höhenversprünge der Bodenplatte usw. eine besondere Rolle. Alle diese Details müssen so geplant, vorgegeben und ausgeführt werden, dass eine dauerhafte Funktion der Abdichtung sicher gestellt werden kann.

DHBV

Der Deutsche Holz- und Bautenschutzverband wurde bereits 1950 gegründet und ist ein Zusammenschluss mehrerer Unternehmen im Bereich des Holz- und Bautenschutzes. Die Kernaufgaben des DHBV sind Information, Aus- und Weiterbildung sowie die Qualifizierung seiner Mitglieder. Mitglieder sind Handwerksbetriebe, Sachverständige, Architekten und Ingenieure sowie Hersteller von Produkten zum Holz- und Bautenschutz.

Diagnose

Unter Diagnose im Sinne der Bauwerkserhaltung und -instandsetzung versteht man das bewertete Ergebnis bauwerksdiagnostischer Untersuchungen (▸*Bauwerksdiagnostik*). Die Bauwerksdiagnostik stellt den aktuellen Zustand von Bauwerken oder Bauteilen mit naturwissenschaftlich-technischen und kultur- und kunsthistorischen Verfahren fest, wobei zunächst das optische oder visuelle, anschließend das instrumentelle und abschließend das bewertende Diagnostizieren am Bauwerk erfolgt. Da sich die Schadensursachen häufig nicht eindeutig zuordnen lassen und sich zum Teil überlagern, gehört zur Bauwerksdiagnostik sehr viel interdisziplinärer Sachverstand und Fachkompetenz. [5]

Die Diagnose sollte ausschließlich durch einen Fachmann und Experten gestellt werden, dies kann z.B. ein Instandsetzungsplaner oder Bauwerksdiagnostiker sein. Die Erstellung der Diagnose ist eine der wichtigsten Aufgaben in der Altbausanierung und –modernisierung. Erst durch die bauwerksdiagnostischen Untersuchungen und vor allem deren anschließende Bewertung wird die Grundlage für eine bauwerksspezifische Instandsetzungsplanung und –ausführung geschaffen. Auch die Auswahl des geeigneten Sanierungssystems, von Produkten und Verfahren sollte erst am Ende der Bauwerksdiagnostik stehen. In der Praxis muss jedoch immer wieder festgestellt werden, dass Sanierungen ohne Diagnose oder nur mit minimalsten Untersuchungsaufwand durchgeführt werden.

Die Begriffe Diagnose und (Bauwerks)Diagnostik sind keine Synonyme, werden in der Praxis aber leider oft gleichgesetzt und/oder verwechselt.

Diagnostik

▸*Bauwerksdiagnostik*

Diagnostikmethoden

Um ein Bauwerk untersuchen und anschließend eine Diagnose aufstellen zu können, muss das Bauwerk diagnostiziert werden. Hierzu stehen verschiedene Möglichkeiten zur Verfügung. Man unterscheidet zerstörungsfreie, zerstörungsarme und zerstörende Diagnostikmethoden.

Bei der Diagnostik von historisch wertvollen und/oder denkmalgeschützten Bauwerken

A B C D E F G H I J K L M N O P Q R S T U V W X Y Z

sollten prinzipiell zerstörungsfreie Methoden gewählt werden, um möglichst viel von der Original-Bausubstanz zu erhalten. Einige Untersuchungen lassen sich jedoch nicht zerstörungsfrei durchführen, da für die Diagnostik entsprechende Probeentnahmen notwendig sind. Auch wenn zerstörende Diagnostikmethoden den Nachteil der Probenentnahme haben, so bieten viele den Vorteil der höheren Genauigkeit, da zerstörungsarme oder so gar zerstörungsfreie Methoden der Bauwerksdiagnostik in der Regel auf vergleichende Messgrößen zurück greifen müssen. Andererseits sind z. B. großflächige Feuchtewanderungen im Mauerwerk nur mit zerstörungsfreien Methoden ökonomisch vertretbar und denkmalverträglich nachzuweisen. [5]

Diagnostikstufen

Die sog. Diagnostikstufen wurden erstmals durch *Prof. Dr. Venzmer* erwähnt und beinhalten die visuelle, die instrumentelle und die bewertende Diagnostik. Bei der visuellen ▸*Bauwerksdiagnostik* wird das Bauwerk in Augenschein genommen und der Bauschaden lokalisiert. In dieser Phase werden noch keine Mess-, Untersuchungs- oder Diagnosegeräte eingesetzt und nur die Einflussfaktoren auf Bauwerk und Bauschaden aufgenommen und dokumentiert. Die Erfahrung und die Fachkompetenz des Gutachters / Diagnostikers ist auch in dieser Phase der rein optischen Untersuchung schon erforderlich, da sie die Grundlage für die instrumentelle Diagnostik darstellt. Der Gutachter / Diagnostiker erstellt seine Hypothese, die dann durch den instrumentellen Einsatz verifiziert werden muss. Zu diesem Zeitpunkt muss festgelegt werden, wo und mit welchen Untersuchungsmethoden entsprechende Proben entnommen werden, damit eine hohe Effizienz erzielt wird. Abschließend erfolgt die bewertende Diagnostik, bei der die Erkenntnisse und Ergebnisse der beiden vorangegangenen Phasen ausgewertet und interpretiert werden. In dieser Phase entscheidet sich, ob die ursprüngliche Hypothese durch den Einsatz von Mess-, Untersuchungs- oder Diagnosegeräte bestätigt werden konnte. Bestätigt sich die Hypothese, kann die Phase der Instandsetzungsplanung beginnen. Für den Fall der sog. Falsifizierung (Ablehnung) müssen ggf. diese Untersuchungen erneut beginnen oder an anderer Stelle neu durchgeführt werden. [5]

Diagnostikziele

Für eine Sanierung oder Instandsetzung gibt es in der Regel ein sog. Sanierungs- oder Instandsetzungsziel. Dieses definiert die Zielsetzung nach Abschluss der notwendigen Arbeiten und Maßnahmen. Was für die Ausführung mittlerweile als selbstverständlich gilt, stellt in der Bauwerksdiagnostik noch die Ausnahme dar. Deshalb sollte auch vor der visuellen, instrumentellen und bewertenden Diagnostik ein Diagnostikziel definiert werden. Hierbei kann die Bauwerksdiagnostik unter Umständen auch andere Aufgaben übernehmen, als nur die Erarbeitung einer Sanierungs- oder Instandsetzungsplanung. Die Aufgaben eines Gutachters / Diagnostikers können auch darin bestehen, das geeignete Verfahren, Produkt oder System auszuwählen oder deren Effizienz nach einer Sanierung oder Instandsetzung nachzuweisen. Zunehmende Bedeutung der ▸*Bauwerksdiagnostik* bekommt die Beratung gegenüber dem Bauherren bzw. die Prävention von Bauschäden, aber auch die Beweissicherung im Rahmen eines Rechtsstreites können das Ziel einer Bauwerksdiagnostik sein.

Diamantkreissäge

Zur horizontalen Durchtrennung des Mauerwerkes im Rahmen der ▸*nachträglichen Horizontalabdichtung* werden u. a. auch Diamantkreissägen eingesetzt. Eine ▸*Mauerwerkstrockenlegung* mit Hilfe dieses Verfahrens kommt bei ein- und mehrschaligem Mischmauerwerk (Sandstein, Buntsandstein, Basalt, Granit, Beton, usw.) zur Anwendung. Dabei wird das Mauerwerk mit einer nassschneidenden Kreissäge, mit diamantbesetztem Sägeblatt, durchtrennt. Nach dem Sägevorgang werden entweder hochwertige verschleißfeste sowie chemisch widerstandsfähige Kunststof-

A B C D E F G H I J K L M N O P Q R S T U V W X Y Z

folien oder Edelstahlplatten überlappend auf die gesamte Mauerwerksdicke eingebracht und die Fuge anschließend mit Kunststoffkeilen verkeilt. Danach kann die Verfüllung der Fuge mit einer geeigneten Zementsuspension erfolgen.

© siehe Anhang

Diamantseilsägen

Zur horizontalen Durchtrennung des Mauerwerkes im Rahmen der ▸*nachträglichen Horizontalabdichtung* werden u. a. auch Diamantseilsägen eingesetzt. Je nach Ausführung der Säge können Mauerwerke bis 1,20m Dicke durchtrennt werden. Geeignet sind Diamantseilsägen für alle Ziegelmauerwerke sowie Bruchstein- und Mischmauerwerke mit durchgehender Lagerfuge. Bei einem Fugenversatz bzw. Bruchsteinmauerwerk mit unregelmäßiger Lagerfuge können die Kosten für dieses ▸*Mauersägeverfahren*, in Abhängigkeit der Säge sowie der Mauerwerkskonstruktion, auf bis zu 300% ansteigen.

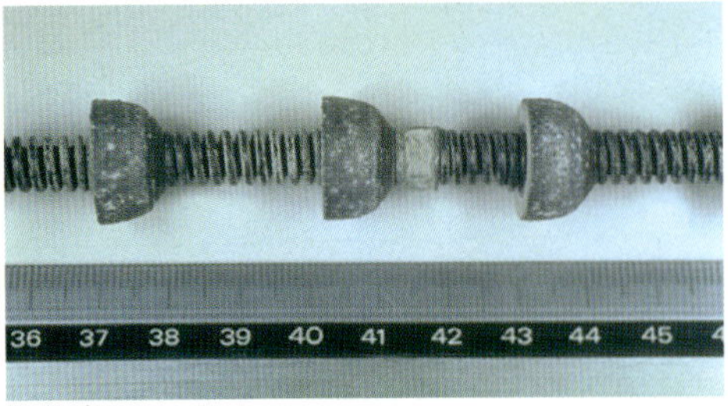

© siehe Anhang

Diaphragma

▸*Osmose*

Dichtband, vorkomprimiert

Vorkomprimierte Dichtbänder sind industriell vorgefertigte Bänder aus elastischem, imprägniertem und lösemittelfreiem Polyurethanschaumstoff, die auf ca. 15% der Ausgangsdicke vorkomprimiert sind. Nach dem Einbau entwickeln diese Bänder eine Rückstellkraft, die gegen die Fugenflanken drückt und dadurch die abdichtende Wirkung auch bei Fugenbewegungen erzeugen.

Dichte

Mit der Dichte wird die Masse pro Volumeneinheit definiert, also z. B. die in 1 cm^3 (bzw. 1 Liter) enthaltene Masse in g (bzw. kg): Dichte ist demnach Masse dividiert durch Volumen. Die Angabe erfolgt meist in g/cm^3 oder in kg/dm^3. Die früher gebräuchliche Bezeichnung spezifisches Gewicht ist hiermit nicht völlig identisch, handelte es sich dabei doch um die relative Dichte eines Stoffes im Vergleich zu einem Standard, für den Wasser bei 4 °C gleich 1 gesetzt wurde. Beide Begriffe können jedoch nach wie vor als Synonym verwendet werden, da der Unterschied zwischen Dichte und spezifischem Gewicht in den Zahlenwerten relativ gering (max. 0,3 %) und somit zu vernachlässigen ist. Wichtig ist allein, dass bei Angabe einer Dichte eine Massenangabe erfolgt.

Der Kehrwert der Dichte wird als ▸*spezifisches Volumen* bezeichnet.

Dichtigkeitsprüfung

Die Dichtigkeitsprüfungen gehören zu den Prüfmethoden für ▸*Bauwerksabdichtungen* und werden primär bei den bahnenförmigen Abdichtungen eingesetzt. Hierfür kommen die sog. Reißnadelprüfung, die Anblasprüfung, Prüfung der Nahtfestigkeit, Druckluftprüfung an Doppelnähten, Vakuumprüfung mit der Prüfglocke, das Überdruckverfahren (Rauchgasverfahren), Tracergasverfahren, Vakuumprüfung von zweilagigen Abdichtungen oder auch die Infrarotthermographie zum Einsatz.

Dichtmasse

▸*Dichtstoffe*

Dichtmörtel

Sog. Dichtmörtel werden zu unterschiedlichen Zwecken eingesetzt. Zum Einen werden Dichtmörtel verwendet, um nach der horizontalen Durchtrennung und Abdichtung des Mauerwerkes den Mauerschlitz wieder kraftschlüssig zu schließen. Des Weiteren werden Dichtmörtel eingesetzt, um nach der ▸*Bohrlochinjektion* die Bohrlöcher wieder kraftschlüssig zu verschließen. Auch im Rahmen der nachträglichen Vertikalabdichtung kommen Dichtmörtel zum Einsatz. Allerdings werden diese dann in der Regel als ▸*Blitzmörtel* bezeichnet, da sie beim Austritt von Feuchtigkeit sehr schnell eingesetzt werden müssen.

Dichtschlämme

▸*Dichtungsschlämme*

Dichtstoffe

Ein Dichtstoff ist ein Werkstoff zum Abdichten von Fugen. Er muss an den Fugenflanken haften, um seine Funktion erfüllen zu können. Alternativ zum Begriff „Dichtstoff" wird auch die Bezeichnung Fugendichtmasse, Dichtmasse, Fugendichtstoff, Weichdichtung oder Flüssigdichtung verwendet.

Nach der DIN EN 26 927 werden spritzbare Produkte, die in ▸*Fugen* eingebracht werden und diese bewegungsausgleichend durch ihre Haftung an den Fugenflanken abdichten, als Dichtstoffe bezeichnet. Des Weiteren werden härtende, plastische und elastische Dichtstoffe unterschieden, wobei der ausreagierte Dichtstoff im Funktionszustand relevant ist. Weitere Begriffe wie „dauerplastisch", „dauerelastisch", plastoelastisch", elastoplastisch" wurden bisher noch nicht genormt. Nach der chemischen Zusammensetzung werden Butyl-Dichtstoffe, Acryl-Dichtstoffe, ▸*Polyurethan-Dichtstoffe*, ▸*Polysulfid-Dichtstoffe*, MS-Polymer-Dichtstoffe und ▸*Silicon-Dichtstoffe* unterteilt. Ein weiteres Unterscheidungsmerkmal ist die zulässige Gesamtverformung.

Ein Dichtstoff wird als spritzbare Masse in eine Fuge eingebracht, wo er an den geeigneten Fugenflanken haftet. Vor der Sanierung einer Fuge muss als erster Schritt die Bestimmung des vorhandenen Dichtstoffsystems erfolgen. Dies hat zwei wesentliche Gründe: zum Einen sind Haftung und Verträglichkeit von verschiedenen Dichtstoffsystemen nicht immer gegeben. Und zum Anderen muss die Verträglichkeit zwischen dem vorhandenen Dichtstoffresten und der nachfolgenden Beschichtung sicher gestellt werden. Ein wesentliches Hilfsmittel zum Erkennen von unterschiedlichen Dichtstoffsystemen ist die Brennprobe.

Ein Dichtstoff muss zwei grundlegende Eigenschaften besitzen: Seine ▸*Adhäsion* zu den abzudichtenden Bauteilen muss ausreichend sein, damit das Medium gegen welches abgedichtet werden soll, nicht zwischen Bauteil und Dichtstoff eindringen kann und dadurch die Fuge durchlässig machen kann. Die Adhäsion kann entweder über chemische Bindungen erfolgen (wie z. B. bei chemisch reaktiven Dichtstoffen) oder über physikalische Wechselwirkungen. Damit sich die Adhäsionskräfte gut ausbilden können müssen die Fugenflanken entsprechend vorbereitet sein: Sämtliche losen Bestandteile wie Rost, Staub usw. sind mechanisch zu entfernen, Öle, Fette und andere Trennmittel müssen mit geeigneten Lösungsmitteln entfernt werden. Wenn eine Fuge

Werkstoff	Werkstoff	Werkstoff
Acryldispersionen	gelbe kleine Flamme	leicht süßlich, nicht charakteristisch
Polysulfid	gelbe Flamme	typisch, stark schwefelartig
Polyurethan	gelbliche Flamme, rußend	nicht charakteristisch
Silicone	glimmend, weißer Rauch, weiße Asche	mild, nicht charakteristisch

undicht wird liegt es in der Regel am adhäsivem Versagen und nicht selten an mangelhafter Untergrundvorbereitung.

Ebenso muss eine ausreichende ▸*Kohäsion* des Dichtstoffs, also seine innere Festigkeit gegeben sein. Kohäsion beschreibt den Widerstand gegen ein Zerreißen des Dichtstoffs. Die Kohäsion muss jeweils so hoch sein, dass ein anstehendes Medium (auch unter Druck) nicht in den Dichtstoff eindringen kann.

Darüber hinaus sind wesentliche Eigenschaften von Dichtstoffen die Topfzeit, die Hautbildungszeit, die Aushärtungszeit, die Standfestigkeit, die Klebfreiheit, die Volumenänderung und die Haftung, das Haft-/Dehnverhalten, der Dehn-Spannungswert, das Rückstellvermögen und die zulässige Gesamtverformung sowie die Verträglichkeit mit anderen Dichtstoffen.

Die Topfzeit gibt an, in welcher Zeitspanne ein zwei- oder mehrkomponentiger Dichtstoff verarbeitet werden muss. Durch das Vermischen der Materialkomponenten beginnt die chemische Reaktion (Vernetzung) und der Übergang vom plastisch verarbeitbaren zum elastischen Endzustand. Infolgedessen wird der Dichtstoff aber nicht nur zunehmend zähflüssiger, sondern verliert dabei auch seine Eigenschaft, die Materialoberfläche der Fugenflanken intensiv zu benetzen und in alle Poren und feinen Risse eindringen zu können. Deshalb muss mit zunehmender Topfzeit berücksichtigt werden, dass sich die Haftung zum Untergrund verschlechtert.

Dass Dichtstoffe eine Standfestigkeit benötigen resultiert schon allein aus der Tatsache, dass Fugen waagerecht im Bodenbereich, senkrecht in Wänden und geneigten Flächen sowie über Kopf an Decken abgedichtet werden. Außerdem weisen Fugen unterschiedliche Breiten und Tiefen zwischen den Fugenflanken auf.

Bei einkomponentigen Dichtstoffen beginnt der Übergang vom plastischen Verarbeitungszustand zum elastischen Endzustand von der Oberfläche her. Dabei ist es unerheblich, ob diese Materialverfestigung an der Oberfläche durch Verdunsten eines flüchtigen Bestandteils oder durch chemische Reaktion mit der Luft oder der Luftfeuchtigkeit erfolgt. Diese Veränderung an der Oberfläche wird auch als Hautbildungszeit bezeichnet. Hierbei muss beachtet werden, dass sich diese hauchdünne Schicht nur an der Oberfläche befindet und der Dichtstoff darunter noch nicht ausreagiert ist. Mit der Zeit nimmt die Schichtdicke dieser Haut zu, bis der gesamte Dichtstoff durchreagiert ist.

Frisch verarbeitete Dichtstoffe zeigen an der Oberfläche eine starke Klebrigkeit. Dieser Nachteil in Bezug auf eine Verschmutzung ist gleichzitig der Grund für die gute Untergrundhaftung des Dichtstoffes im Bereich der Fugenflanken. Die Klebfreiheit bei einkomponentigen Dichtstoffen hängt von der Hautbildungszeit und bei zweikomponentigen Dichtstoffen von der Reaktionsgeschwindigkeit der Komponenten ab.

Die Volumenveränderung bei Dichtstoffen resultiert schon allein aus der Tatsache, dass Wasser oder Lösemittel oder sonstige flüchtige Bestandteile bei der Aushärtung verdunsten. In dem Fall liegt ein Schwinden des Dichtstoffes vor. Eine andere Möglichkeit ist die unerwünschte Reaktion des Dichtstoffes mit Feuchtigkeit aus dem Untergrund oder bei starken Niederschlägen, bevor der Dichtstoff ausreagiert ist. Durch Gasbildung kommt es zu einer Volumenzunahme bis hin zur Auf-

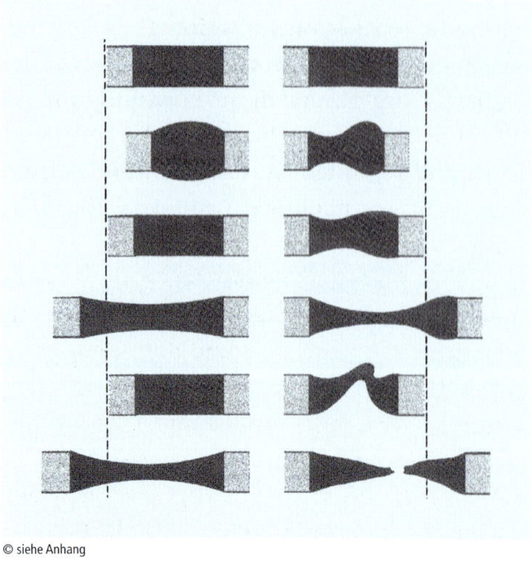

© siehe Anhang

A B C D E F G H I J K L M N O P Q R S T U V W X Y Z

wölbung der Dichtstoff-Fase. Eine Volumenzunahme ist allerdings auch durch eingeschlossene Luft- oder Lösemittelblasen in der Tiefe der Dichtstoff-Fase durch intensive Sonneneinstrahlung möglich.

Die Haftung zum Untergrund ist eine der wichtigsten Eigenschaften eines Dichtstoffes. Denn nur, wenn die Haftung an den Fugenflanken stabiler ist als die bei Bewegungen auftretenden Zug-, Scher- und/oder Druckkräfte, ist die Funktionsfähigkeit eines Dichtstoffes gegeben. Diese Haftung basiert auf physikalischen und chemischen Vorgängen, die von der Rohstoffbasis und Rezeptur des Dichtstoffes, einer evtl. vorgeschriebenen Grundierung und der Art und Qualität des Untergrundes abhängig sind. Die Haftung eines Dichtstoffes steht in direktem Zusammenhang mit der Materialfestigkeit unter Dehn- und Stauchbelastungen. Löst sich ein Dichtstoff vom Untergrund und liegt damit ein Adhäsionsbruch vor, ist die Fuge an dieser Stelle undicht. Wird der Dichtstoff dagegen über seine Möglichkeiten hinaus gedehnt oder gestaucht und damit das Gefüge in sich zerstört, liegt ein Kohäsionsbruch vor.

Für die Erzielung einer funktionsfähigen Abdichtung muss der sog. Dehn-/Spannungswert (auch ▸*E-Modul* bezeichnet) bei maximaler Dehnung im Gebrauchszustand kleiner sein als der Haftwert (Adhäsion) an den Fugenflanken.

Elastische Dichtstoffe haben die Eigenschaft, sich nach einer Dehnung wieder in die ursprüngliche Ausgangssituation zurück zu bilden. Diese Eigenschaft ist vom elastischen Anteil im Dichtstoff und dieser wiederum von der Rezeptur abhängig. Dieser sog. Rückstellwert ist allerdings nicht automatisch ein Zeichen von Funktionsfähigkeit und/oder Qualität, sondern muss immer im Zusammenhang mit dem zur Dehnung benötigten Kraftaufwand gesehen werden. Je nach Anforderung kann eine anteilige Plastizität und damit ein geringeres Rückstellvermögen von Vorteil sein, wenn dadurch Spannungen im Dichtstoff und an der Haftfläche vermieden werden kann.

Ein Dichtstoff muss eine Fuge zwischen zwei voneinander getrennten Bau- oder Konstruktionsteilen zuverlässig verschließen bzw. abdichten. Durch thermische und/oder hygrische Veränderungen unterliegen diese Bau- oder Konstruktionsteile und damit auch die Fugen einer Verformung, die der Dichtstoff auffangen muss. Dem gegenüber hat ein Dichtstoff nur eine begrenzte Dehnfähigkeit. Auch wenn Dichtstoffe einmalige Dehnungen bis zum Adhäsions- oder Kohäsionsbruch (Bruchdehnungen von 300 bis 500% der Fugenbreite) überstehen können, so können sie diese Belastungen im Grenzbereich nicht über mehrere Jahre sowie bei unterschiedlichsten Witterungseinflüssen (Wärme/Hitze und Kälte/Frost) aufrecht erhalten. Diese Belastung im Grenzbereich wird auch als zulässige Gesamtverformung bezeichnet und setzt sich aus Dehnung und Stauchung zusammen.

Dichtungsbahnen

▸*Abdichtungsbahnen*

Dichtungskehle

▸*Hohlkehle*

Dichtungsmittel

Der Begriff Dichtungsmittel wird ugs. für mehrere Anwendungen verwendet. Zum Einen werden Dichtstoffe auch als Dichtungsmittel bezeichnet. Aber auch Abdichtungsprodukte oder Injektionsmittel werden Dichtungsmittel genannt. Des Weiteren werden mineralischen Putzen Dispersionen zugegeben, um ihnen wasserabweisende Eigenschaften zu geben. Auch dann spricht man von Dichtungsmitteln.

Dichtungsrohr

▸*Rohrabdichtungen*

Dichtungsschlämme

Unter einer Dichtungsschlämme versteht man zementgebundene Schlämmen, die mit oder ohne Kunststoffvergütung eingesetzt werden. Dem entsprechend wird zwischen starren und flexiblen Dichtungsschlämmen unterschieden. Dichtungsschlämmen entsprechen nicht der ▸*DIN 18 195 „Bauwerksabdichtung“* und werden deshalb hauptsächlich bei der nachträglichen Vertikalabdichtung im Rahmen der Altbausanierung eingesetzt. Hierbei erfolgt die Verarbeitung in mehreren Arbeitsschritten sowohl für die Außen- als auch für die Innenabdichtung. Für die ▸*Außenabdichtung* werden mineralische Dichtungsschlämmen vor allem im Rahmen der Denkmalpflege eingesetzt, wenn bitumenhaltige Produkte abgelehnt werden, aber auch aus finanziellen Gründen, wenn gegen den ▸*Lastfall Bodenfeuchtigkeit* und ▸*nicht drückendes Wasser* eine preiswerte Alternative gesucht wird. Außerdem werden zunehmend mineralische Dichtungsschlämmen unter ▸*Bitumen-Dickbeschichtungen* eingesetzt, wenn der Untergrund nass oder stark durchfeuchtet ist. Dann wird zunächst die zementgebundene Dichtungsschlämme aufgetragen und anschließend die eigentliche Abdichtung in Form der Bitumen-Dickbeschichtung auf den mattfeuchten Untergrund aufgebracht.

© siehe Anhang

© siehe Anhang

Mineralische Dichtungsschlämmen werden auch als sog. ▸*Negativabdichtung* eingesetzt. Hierbei handelt es sich um eine ▸*nachträgliche Vertikalabdichtung* der erdberührten Bauteile von der Innenseite. Dies bedeutet, dass die Abdichtung auf der dem Feuchtezugang abgewandten Kellerwandseite ausgeführt wird, damit der Mauerwerksquerschnitt feucht bleibt bzw. der Durchfeuchtungsgrad mit der Zeit so gar zunimmt. Negativabdichtungen werden gegen Bodenfeuchtigkeit und nicht drückendes Wasser ausgeführt. Wichtig hierbei sind die Detailanschlüsse wie einbindende Trennwände sowie ▸*Durchdringungen* und die raumklimatische Betrachtung der Kellerräume in Abhängigkeit zur Nutzung.

Aufgrund der starren Eigenschaften zementgebundener Dichtungsschlämmen (unabhängig, ob eine Kunststoffvergütung vorliegt oder nicht) muss bei diesen immer mit einer geringen ▸*Rissbildung* gerechnet werden. Diese kann je nach Lastfall zu Undichtigkeiten führen, so dass die ausschließliche Anwendung als Abdichtung kritisch gesehen werden muss. Besser sind Verbundabdichtungen oder die Beschränkung auf unkritische Untergründe und Lastfälle. Die Anwendung und Verarbeitung von mineralischen Dichtungsschlämmen wird in den Merkblättern der WTA und der Deutschen Bauchemie beschrieben.

Dichtungsschutz

▸*Anfüllschutz*

Dichtungsträger

Unter Dichtungsträger wird in Merkblättern der Untergrund bezeichnet, der anschließend beschichtet wird bzw. auf den die Abdichtungsschicht (▸*Dichtungsschlämme*, ▸*Bitumen-Dickbeschichtung*, ▸*Abdichtungsbahn*) aufgetragen wird.

Dickbeschichtung

▸*Bitumen-Dickbeschichtung*

Dielektrikum

▸ *Elektronische Feuchtemessung*

Dielektrizitätskonstante

Die Dielektrizitätskonstante ist ein Maß für die Polarisierbarkeit eines Stoffes in einem Magnetfeld. Wassermoleküle haben einen starken dipolen Charakter, so dass die Dielektrizitätskonstante von Wasser sehr hoch ist.

Dielektrizitätsmethode

Bei der Dielektrizitätsmethode wird die Veränderung der Kapazität von Baustoffen bei unterschiedlichen Feuchtigkeitsgehalten gemessen. Das Messprinzip basiert auf der Tatsache, dass sich die Dielektrizitätskonstante proportional zur Feuchtigkeit verändert. Gegenüber Sauerstoff ist sie 80mal höher und gegenüber einem Baustoff 10mal höher. Somit erhöht sich die Dielektrizitätskonstante mit zunehmender Feuchtigkeit. Für die Anwendung ist eine glatte Oberfläche für den Messkopf notwendig.

Der Vorteil dieser Feuchtigkeitsmessung besteht in einer schnellen und einfachen Handhabung und der Tatsache, dass es sich um eine zerstörungsfreie Methode handelt. Somit ist auch die Erfassung von Feuchtigkeit hinter Be- und Verkleidungen wie Fliesen, Beläge und Folien möglich. Der Nachteil besteht darin, dass die gemessenen Feuchtigkeitswerte noch zu ungenau sind und die Methode noch zu viele Anwendungsfehler ermöglicht.

Differenzialanalyse (als Bauwerksdiagnose)

Die Differenzialanalyse im Rahmen der ▸ *Bauwerksdiagnostik* hat die Aufgabe, bei sich überlagernden Schadensbildern und ihren Ursachen den Einfluss von jedem einzelnen Schadensmechanismus festzustellen. Das genaue und differenzierte Analysieren, Diagnostizieren und Bewerten bei gleichzeitig auftretenden Schadensursachen ist eine elementare Aufgabe, um das geeignete Sanierungs- oder Instandsetzungsziel zu definieren und die dafür notwendige Sanierungs- oder Instandsetzungsplanung durchzuführen. [5]

Differenzialanalyse (als Messprinzip)

Mittels Differenzialanalyse werden sog. Strukturuntersuchungen an festen mineralischen Baustoffen durchgeführt. Das Prinzip beruht auf Temperaturänderungen in einem Baustoff infolge von Dehydrationsvorgängen, Zersetzungen oder Phasenumwandlungen.

Diffusion

Die Diffusion (lat.= *ausbreiten*) ist eine Bezeichnung aus der Physik, die sinngemäß den Vorgang des Vermischens bzw. die durch Kon zentrationsunterschiede hervorgerufene, gegenseitige Durchdringung zweier oder mehrerer Gase, Flüssigkeiten oder Lösungen beschreibt. Sie bezeichnet deshalb die Bewegung einzelner, sehr kleiner Teilchen (Atome, Ionen, Moleküle), die durch die thermische Eigenbeweglichkeit dieser Teilchen unter dem Einfluss eines Konzentrationsgefälles (Dampfdruckgefälle) ermöglicht wird. Derartige Vorgänge können zwischen unterschiedlich beheizten Räumen auftreten und sind insbesondere zwischen der Raumluft und der Außenluft vorzufinden.

Im Bauwesen versteht man unter Diffusion die Wanderung von Gasen, wie z. B. Wasserdampf, Kohlendioxid, Schwefeldioxid usw., durch Baustoffe und Bauteile. Hervorgerufen wird diese Wanderung durch eine unterschiedliche Konzentration der einzelnen Gase infolge des Konzentrationsausgleiches. Dies bedeutet, dass die bevorzugte Diffusionsrichtung immer von der höheren Konzentration zur niedrigen Konzentration stattfindet. Besondere Bedeutung besitzt die Wasserdampfdiffusion z. B. durch Beschichtungsstoffe und nachträglich angebrachte Wärmedämmung im Rahmen der Fassadensanierung.

Diffusionsarten

Während die Wasserdampfdiffusion allgemein bekannt ist, sind die Vorgänge der Lösungsdiffusion und der Oberflächendiffusion bisher wenig beschrieben. Hierbei beschreibt die Lösungsdiffusion die Bewegung der Wassermoleküle in einem flüssigen Stoff, in dem Wasser gelöst ist. Bei der Oberflächendiffusion hingegen bewegen sich die Wassermoleküle in einem Wasserfilm an der äußeren oder inneren Oberfläche von festen Stoffen.

Diffusionsäquivalente Luftschichtdicke

Während die Diffusionswiderstandszahl μ einen Baustoff nur mit einem Kennwert charakterisiert, ergibt sich der exakte Diffusionswiderstand erst aus der Multiplikation mit der jeweiligen Schichtdicke eines Baustoffes oder den Einzelkomponenten des gesamten Bauteils, d. h. die äquivalente Luftschichtdicke in Meter ergibt sich aus der Diffusionswiderstandszahl μ multipliziert mit der Schichtdicke s in m: $s_d = \mu \cdot s$

▸ *Fassadenschutztheorie*

Diffusionsgleichwertige Luftschichtdicke

▸ *Diffusionsäquivalente Luftschichtdicke*

Diffusionsstromdichte

Die Diffusionsstromdichte gibt die Wasserdampfmenge an, die pro Zeit- und Flächeneinheit in senkrechter Richtung zur Fläche eines Baustoffes diffundiert. Die durch ▸ *Diffusion* transportierten Feuchtemengen sind dabei natürlich sehr gering. Nutzungsbedingte Feuchtigkeit (▸ *Kondensation*) kann durch Diffusion nicht abgeführt werden. Dazu übersteigt die sporadisch anfallende Feuchtigkeit die Menge, die allein durch Diffusion abgegeben wird.

Diffusionspotential

Wenn zwei Flüssigkeiten mit unterschiedlicher Ionenkonzentration aufeinandertreffen, wird über den Vorgang der ▸ *Diffusion* ein Ausgleich angestrebt. Dieser Vorgang wird auch in Baustoffen durch das Porenwasser beobachtet, in dem gelöste Ionen vorliegen und damit einer definierten Diffusionsgeschwindigkeit unterliegen. Durch die unterschiedliche Beweglichkeit von Ionen kommt es innerhalb des Baustoffes zu einer Ladungstrennung, die wiederum als Potentialunterschied zu einem Gleichgewicht des Diffusionspotentials beiträgt.

Diffusionswiderstandsfaktor

▸ *Diffusionswiderstandszahl*

Diffusionswiderstandszahl

Die Diffusionswiderstandszahl wird oft auch als Diffusionswiderstandsfaktor bezeichnet und ist eine dimensionslose Zahl. Sie gibt an, um wie viel größer der Widerstand eines Baustoffes gegenüber der Wasserdampfdiffusion ist, verglichen mit dem Widerstand einer gleich dicken Luftschicht von gleicher Temperatur. Dabei kann die Variationsbreite zwischen $\mu = 1$ und $\mu = \infty$ liegen. Die Diffusionswiderstandszahl eines Baustoffes wird ohne entsprechende Schichtdicke berücksichtigt.

Dilatation

Die Volumenvergrößerung von festen, flüssigen oder gasförmigen Stoffen unter Wärmeeinwirkung wird auch als Dilatation bezeichnet. Der Begriff wird aber auch für die Volumenvergrößerung von porösen oder feinverteilten festen Stoffen verwendet, wenn eine Flüssigkeitsaufnahme (insbesondere Wasser) stattfindet. Bei diesem Vorgang, der allgemein unter dem Begriff ▸ *Quellen* bekannt ist, wird bei festen Stoffen in der Regel keine Volumenänderung angegeben, sondern die Längenänderung gemessen. Den Umkehreffekt der Dilatation nennt man Kontraktion. [5]

DIN-Norm

DIN-Normen sind die vom DIN (Deutsches Institut für Normung) herausgegebenen und für den Bereich der Bundesrepublik Deutschland gültigen Normen, die als Ergebnis von Normungsarbeiten in Arbeitsausschüssen für unterschiedliche Gebiete zusammengestellt werden. Im Allgemeinen schließt dabei zunächst ein Norm-Entwurf die betreffende Arbeit ab, der nach Diskussion und evtl. Berücksichtigung von eingegangenen Stellungnahmen innerhalb einer bestimmten Frist vom zuständigen Arbeitsausschuss als endgültige Norm verabschiedet und anschließend veröffentlicht wird. Diese wird dann als dem jeweiligen Stand der Technik entsprechende anerkannte Regel in der Praxis eingeführt und angewendet, wobei Weiterentwicklungen zu überarbeiteten Normen unter gleicher Bezeichnung oder neuen Normen führen.

Im Zuge der europäischen Harmonisierung werden nationale Normen in Zukunft an Bedeutung verlieren und entweder in europäische (CEN-Normen) oder internationale Normen (ISO-Normen) übergeführt. Dies bedeutet, dass auch neue Normen zukünftig nicht mehr als nationale, sondern nur noch als CEN- oder DIN-ISO-Normen erarbeitet werden.

Zu den DIN-Normen für die Bauwerksabdichtung und Kellersanierung gehören die DIN 18 190 „Dichtungsbahnen für die Bauwerksabdichtung“, die ▸*DIN 18 195 „Bauwerksabdichtung“*, die DIN 52 123 „Prüfung von Bitumen- und Polymerbitumenbahnen“, die DIN 52 144 „Abdichtungsbahnen (Bitumen- und Polymerbitumenbahnen)“, die DIN 52 129 „nackte Bitumenbahnen“, die DIN 52 131 „Bitumen-Schweißbahnen“, die DIN 52 133 „Polymerbitumen-Schweißbahnen“, die DIN 4095 „Drainung“ sowie die ▸*DIN EN 998 „Putze“*.

DIN 18 195 Bauwerksabdichtung

Die DIN 18 195 „Bauwerksabdichtung“ gilt für die ▸*Abdichtung* von nicht wasserdichten Bauwerken oder Bauteilen gegen ▸*Bodenfeuchtigkeit*, ▸*nichtdrückendes Wasser*, von außen ▸*drückendes Wasser* und von innen drückendes Wasser. Es werden Abdichtungen mit ▸*Bitumen*, ▸*Kunststoff- und Elastomer-Dichtungsbahnen*, kunststoffmodifizierte ▸*Bitumen-Dickbeschichtungen*, Metallbänder und Asphaltmastix eingesetzt. Der Anwendungsbereich der Norm liegt bei Bauwerken, die entweder oberhalb oder ganz bzw. teilweise unterhalb des sog. ▸*Bemessungswasserstandes* errichtet werden sollen. Damit wird deutlich, dass die DIN-Norm nur die Bauwerksabdichtung für Neubauten regelt. In den Vorbemerkungen wird erwähnt, dass die ▸*nachträgliche Horizontal- und Vertikalabdichtung* im Rahmen der Bauwerkserhaltung oder Baudenkmalpflege nicht Gegenstand der Norm ist. Außerdem gilt sie nicht für die Abdichtung von Bauteilen, die so wasserundurchlässig sind, dass die Dauerhaftigkeit des Bauteils und die Nutzbarkeit des Bauwerks auch ohne zusätzliche Abdichtung gegeben ist. Deshalb gilt die DIN 18 195 auch nicht für Konstruktionen aus ▸*wasserundurchlässigem Beton*.

Die DIN 18 195 umfasst 10 Teile, die wie folgt aufgebaut sind: Teil 1 – Grundsätze, Definitionen, Zuordnung und Abdichtungsarten, Teil 2 – Stoffe, Teil 3 – Anforderungen an den Untergrund und Verarbeitung der Stoffe, Teil 4 – Abdichtung gegen Bodenfeuchte und nicht aufstauendes Sickerwasser an Bodenplatten und Wänden, Teil 5 – Abdichtung gegen nicht drückendes Wasser an Deckenflächen und in Nassräumen, Teil 6 – Abdichtung gegen von außen drückendes und aufstauendes Wasser, Teil 7 – Abdichtung gegen von innen drückendes Wasser, Teil 8 – Abdichtungen von Bewegungsfugen, Teil 9 – Durchdringungen, Übergänge, Abschlüsse sowie Teil 10 – Schutzschichten und Schutzmaßnahmen.

Die o. g. Unterscheidung des Bemessungswasserstandes ist neben der Wasserdurchlässigkeit des anstehenden Bodens für die Beurteilung der zukünftigen Beanspruchungsart relevant. Oberhalb des Bemessungswasserstandes können bei stark wasserdurchlässigen Böden nur Bodenfeuchtigkeit und Sickerwasser auftreten, die keinen hydrostatischen Wasserdruck auf die Abdichtung ausüben. Dagegen muss bei wenig wasserdurchlässigen Böden von Hang- und Sickerwasser ausgegangen werden, das zu mindestens zeitweise einen hydrostatischen Wasserdruck auf die Abdichtung ausübt. Infolgedessen muss die Wasserdurchlässigkeit des Bodens für Bauwerke oberhalb des Bemessungswasserstandes sowie die Frage, ob eine Drainung vorgesehen ist oder nicht, in die Konzeption, Planung und Ausführung einer Abdichtung mit einbezogen werden. Unterhalb des Bemessungswasserstandes muss davon ausgegangen werden, dass die Bauwerksabdichtung generell durch einen hydrostatischen Wasserdruck belastet wird. Hierfür wird in der Regel die sog. Eintauchtiefe herangezogen, die den Aufbau der Abdichtung maßgebend beeinflusst.

A B C D E F G H I J K L M N O P Q R S T U V W X Y Z

DIN 18 336 Abdichtungsarbeiten

Die DIN 18 336 „Abdichtungsarbeiten" ist eine Allgemeine Technische Vertragsbedingung für Bauleistungen (ATV) der Verdingungsordnung für Bauleistungen (VOB) und bezieht sich auf die DIN 18 195 „Bauwerksabdichtung".

DIN EN 998

Die neue DIN EN 998 „Putze" hat die alte Putznorm DIN 18 550 abgelöst. Für den Bereich der Kellersanierung ist neu, dass ▸*Sanierputze* erstmals in einer Norm aufgeführt werden und damit geregelte Baustoffe darstellen. Allerdings zeigt der Vergleich der Norm mit dem weiterhin parallel bestehenden WTA-Merkblatt, dass zum Teil gravierende Unterschiede bestehen. So sieht das WTA-Merkblatt vor, den Sanierputzaufbau in Abhängigkeit zur Untergrundbelastung zu wählen und somit sicherzustellen, dass für den tatsächlichen Zustand des Mauerwerkes ein entsprechendes Sanierputzsystem ausgewählt wird. In das Sanierputzsystem bezieht das ▸*WTA-Merkblatt* auch die Schlussbeschichtungen wie Putze und Farben mit ein, da diese auf die physikalischen Eigenschaften und vor allem auf die Wasserdampfdiffusion des Gesamtaufbaus einen ganz wesentlichen Anteil haben können. Die DIN EN 998 dagegen ist eine reine Materialstoffnorm und beschreibt Sanierputze nur nach ihrer grundsätzlichen Eignung (für feuchte- und salzbelastetes Mauerwerk). Auf die spezielle Eignung und die Anwendungsgrenzen in Bezug auf die Untergrundversalzung geht die Norm nicht ein.

Dipolrelaxation

Das dielektrische Verhalten von Baustoffen wird als Dipolrelaxation bezeichnet und u. a. bei der Mikrowellen-Feuchtemessung genutzt.

Dipolverfahren

▸*Elektro-physikalische Mauerwerkstrockenlegung*

Dispersion

Das Wort Dispersion wurde vom lateinischen Wort *dispergere* (= zerteilen, zerstreuen) abgeleitet und hat in der Physik und der Chemie unterschiedliche Bedeutung. Die Chemie definiert eine Dispersion als die feinste Verteilung eines Stoffes in einem anderen, wobei beide Stoffe ineinander schwer- oder unlöslich sind und voneinander unterschiedliche Zustandsformen (fest, flüssig, gasförmig) haben können. Sie bestehen aus einer zusammenhängenden Phase, dem Dispersionsmittel, und einer darin fein verteilten festen Phase (disperse Phase). Bei den meisten Dispersionen besteht die dispergierte Phase aus kleinsten Polymerteilchen und das Dispersionsmittel aus Wasser. Je nach Art und Formulierung der Dispersion liegt die Größe der Polymerpartikel zwischen 0,05 und 5µm (also zwischen 0,00005 und 0,005mm). Gemäß dieser unterschiedlichen Teilchengröße werden Dispersionen wie folgt bezeichnet: feinstdispers (bis 0,05 µm), feindispers (von 0,05 µm bis 0,5 µm), grobdispers (von 0,05 µm bis 5,0 µm) und gemischtdispers (von 0,1 µm bis 5,0 µm).

Das kugelförmige Polymerteilchen selbst ist aus einer größeren Anzahl gleichartiger Makromoleküle aufgebaut und wird von einer Emulgator- oder Schutzkolloidschicht umhüllt. Die Stabilität einer Dispersion gegenüber Sedimentation oder gegenüber chemischen und physikalischen Einflüssen wird u. a. durch den chemischen Aufbau, die ▸*Viskosität*, den Teilchenradius, die elektrische Aufladung und die Grenzflächenspannung der Polymerteilchen bestimmt.

Im Rahmen der Kellerabdichtung und -sanierung haben Dispersionen in Form von Dispersionspulver als Zugabe zu mineralischen Putzen und ▸*Dichtungsschlämmen* oder als flüssige Dispersion für Farben (Dispersionsfarben, rissüberbrückende Farben) und zur Modifikation von ▸*Bitumen-Dickbeschichtungen* und Abdichtungsbahnen sowie für ▸*Fugendichtstoffe* eine große Bedeutung. Das Bindemittel wird in Form von Dispersionen oder Lösungen, z.B. Polymere aus Acrylsäureestern, Vinylacetat, Vinylpropionat, Styrol- Butadien, Styrol-Acrylat, usw. eingesetzt.

Dispersionsfarben

Dispersionsfarben sind Anstrichstoffe, die als Bindemittel eine Kunstharzdispersion enthalten. Hauptbestandteile sind Wasser, Kunstharzdispersion, Pigmente, ▸*Füllstoffe* und Hilfsstoffe, die auch als ▸*Additive* bezeichnet werden. Diese Additive beeinflussen die technischen Eigenschaften und sind für den Anwendungsbereich zuständig. Hierbei handelt es sich um Stabilisatoren, Entschäumer, Verdickungsmittel, Konservierungsmittel (Topf- und Filmkonservierung) sowie Lösungsmittel usw. Dispersionsfarben verfügen über eine hohe Wasserabweisung bei gleichzeitig reduzierter Wasserdampfdiffusion. Sie können deshalb in der Regel im Altbau nicht eingesetzt werden, da sie den Feuchtigkeitstransport aus dem Untergrund behindern. In der Baudenkmalpflege werden Dispersionsfarben fast ausschließlich abgelehnt. Den größten Vorteil haben Dispersionsfarben für rissüberbrückende Systeme im Rahmen der anstrichtechnischen Risssanierung. Dispersionsfarben für den Außenbereich (Fassadenfarben) sind in der DIN EN 1062, für den Innenbereich in der DIN EN 13 300 genormt.

Dispersions-Silikatfarben

Auch wenn ugs. meist nur von ▸*Silikatfarben* gesprochen wird, so handelt es sich doch in der Regel um Dispersions-Silikatfarben. Hierbei handelt es sich um Beschichtungsstoffe, die nach der VOB/C, ATV DIN 18 363 aus ▸*Kaliwasserglas* sowie kaliwasserglasbeständigen Pigmenten und Zusätzen von Hydrophobierungsmitteln bestehen und einen Anteil von maximal 5% Dispersion als organischen Bestandteil besitzen. Dieser Dispersionsanteil stellt die Wasserabweisung der ansonsten hoch wasserdampfdiffusionsoffenen Anstriche sicher. Haupteinsatzgebiete sind die Renovierung von Altbauten sowie die Baudenkmalpflege. Außerdem werden Dispersions-Silikatfarben als Schlussanstrich auf ▸*Sanierputzen* eingesetzt.

In der Baudenkmalpflege und vor allem der Restaurierung werden neben den Dispersions-Silikatfarben als quasi einkomponentige Silikatfarben auch sog. Reinsilikatfarben oder zweikomponentige Silikatfarben bevorzugt. Diese besitzen ebenfalls eine sehr hohe ▸*Wasserdampfdiffusion* aber auch eine hohe ▸*Wasseraufnahme*.

Dochtinjektion

▸*Dochtverfahren*

Dochtverfahren

Dieses Verfahren stellt eine interessante Weiterentwicklung der herkömmlichen ▸*drucklosen Injektionen* dar. In das Bohrloch wird ein Kunststoffschaum oder ein Kunst- bzw. Naturschwamm in Dochtform eingeführt. Das ▸*Injektionsmittel* wird drucklos über eine Flasche zugeführt. Der eingeführte Docht saugt sich mit dem Injektionsmittel voll, so dass es zu einem Aufquellen kommt und ein entsprechender Anpressdruck erzielt wird. Davon ausgehend erfolgt die Verteilung des Injektionsmittels über den gesamten Mauerwerksquerschnitt. Ausgehend von den ▸*Infusionsrohren* bzw. der Lanzentechnik zeigen diese Dochtverfahren gegenüber den herkömmlichen ▸*Flascheninjektionen* eine bessere Verteilung, wobei diese nur drucklos erfolgt. Deshalb muss, in Abhängigkeit des verwendeten Injektionsmittels, der ▸*Durchfeuchtungsgrad* beachtet werden.

Dolomit

Dolomite sind natürlich vorkommende Kalzium-Magnesiumkarbonate mit einer trigonalen Kristallstruktur. Die Einzelteilchen von gemahlenem Dolomit bestehen aus Einzelkristallen oder deren Bruchstücke. Sie werden in hoher Reinheit gefunden und stellen, nach Kalzit, einen wichtigen Füllstoff bei der Herstellung von Beschichtungsstoffen dar. Dabei muss berücksichtigt werden, dass sich, im Gegensatz zu den Kalziten, in schwefelhaltiger Atmosphäre neben dem schwerlöslichen Kalziumsulfat auch das leichtlösliche Magnesiumsulfat bilden kann.

Dolomitkalk

Dolomitkalk (früher auch als Graukalk bezeichnet) wird durch Brennen von reinem dolomitischen Kalkstein unterhalb der Sintergrenze hergestellt. Er dient als Bindemittel für ▸*Putze* und ▸*Mörtel*.

Reaktion beim Brennen:

$$CaMg(CO_3)_2 \rightarrow CaCO_3 + MgO + CO_2 \rightarrow CaO + MgO\ 2CO_2$$

Reaktion bei der Erhärtung:

$$CaO + H_2O \rightarrow Ca(OH)_2 + CO_2 \rightarrow CaCO_3 + H_2O$$

In den letzten Jahren werden zunehmende Veränderungen an Putzen aus Dolomitkalk festgestellt. In Folge der Umweltverschmutzung und Belastung durch Luftschadstoffe kommt es zur Bildung von Kalzium- und Magnesiumsulfaten. Durch das Auswaschen bzw. die Reaktion von Magnesiumsulfat kommt es an der Putzoberfläche zur Gipsbildung und -auslösung, so dass auch tiefere Putzschichten geschädigt werden.

Doppelsalze

Unter dem Begriff der Doppelsalze werden ▸*Salze* und Salzverbindungen mit verschiedenen Kationen und Anionen zusammen gefasst. Doppelsalze enstehen, wenn in einer Lösung zwei verschiedene Salze gelöst werden, die dann in einer regelmäßigen Kristallstruktur auskristallisieren. In wässriger Lösung dissoziieren sie in ihre einzelnen Ionen.

Drän/ Drain

Drän ist der Sammelbegriff für die ▸*Dränleitung* und ▸*Dränschicht*.

Drän-/ Drainelemente

Wird eine Dränschicht aus mehreren Einzelelementen wie z. B. Dränbahnen, Dränmatten, Dränplatten oder Dränsteinen hergestellt, werden diese als Dränelemente bezeichnet. Hierzu gehört auch das ▸*Dränrohr*.

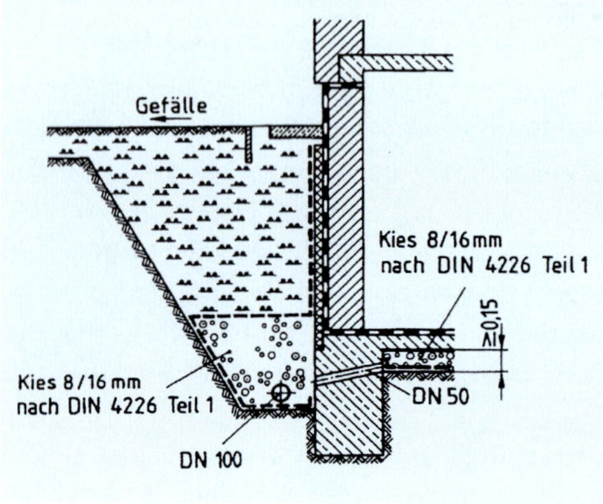

© siehe Anhang

Dränleitung/ Drainleitung

Eine Dränleitung ist die Leitung aus Dränrohren zur Aufnahme und Ableitung des aus der ▸*Dränschicht* anfallenden Wassers. Sie wird in der Regel mit einem ▸*Dränrohr* und einem Gefälle von 0,5% ausgeführt. Die Sohle des Dränrohrs ist am Hochpunkt mindestens 20cm unter Oberfläche Bodenplatte anzuordnen. Der Rohrscheitel darf auf keinen Fall höher als die Oberfläche der Bodenplatte liegen. Der Graben für das Dränrohr darf nicht tiefer als die Fundamentsohle geführt werden. Die Dränleitung muss filterfest umhüllt werden und ist als Ringleitung auszuführen. Bei einer ▸*Dränung* unter Bodenplatten darf der Flächendrän bis 200m² ohne Dränleitungen ausgeführt werden. Die Entwässerung zur Ringleitung ist über Durchbrüche in den Fundamenten mit ausreichendem Querschnitt sicher zu stellen.

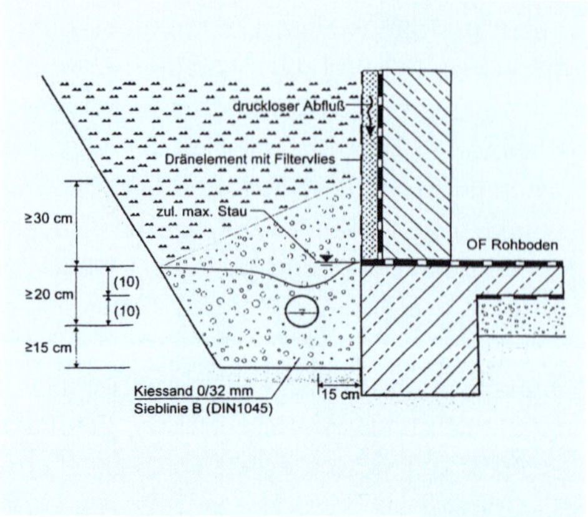

© siehe Anhang

Dränrohr / Drainrohr

Dränrohr ist der Sammelbegriff für Rohre, die Wasser aus dem Erdreich aufnehmen und ableiten und damit das Gebäude entwässern. Die Schlitzbreite der Eintrittsöffnungen darf höchstens 1,2mm und die Wassereintrittsfläche muss mindestens 20cm² pro Meter betragen.

Dränschicht/ Drainschicht

Nach der DIN 4095 wird unter einer Dränschicht eine wasserdurchlässige Schicht verstanden, die aus einer ▸*Sickerschicht* und ▸*Filterschicht* oder einer filterfesten Sickerschicht (auch als Mischfilter bezeichnet) besteht. Sie kann aus mineralischen Schüttungen, Einzelelementen oder Verbundelementen hergestellt werden. Mineralische Schüttungen sind z. B. Kiessand in vorgegebener Körnung. Einzelelemente können z. B. Dränsteine aus haufwerksporigem Beton (ggf. ohne ▸*Filtervlies*) oder Dränplatten aus Schaumkunststoff (ggf. ohne Filtervlies) sein. Verbundelemente können Dränmatten aus Kunststoff sein, z. B. aus Noppenbahnen oder Höckerprofilen mit Spinnvlies, Wirrgelege mit Nadelvlies oder Gitterstrukturen mit Spinnvlies. Dränschichten aus Einzelelementen können unter Umständen auch ohne Filtervlies eingebaut werden.

Die Dränschicht muss alle erdberührten Bauteile bedecken und etwa 15cm unter Geländeoberkante abgedeckt sein. Allerdings muss diese Abdeckung nicht zwangsläufig undurchlässig sein. Bei mineralischer Ummantelung des Dränrohrs ist am Fußpunkt die drucklose Weiterleitung des Wassers in die Dränleitung durch ein Einbinden von mindestens 30cm sicher zu stellen.

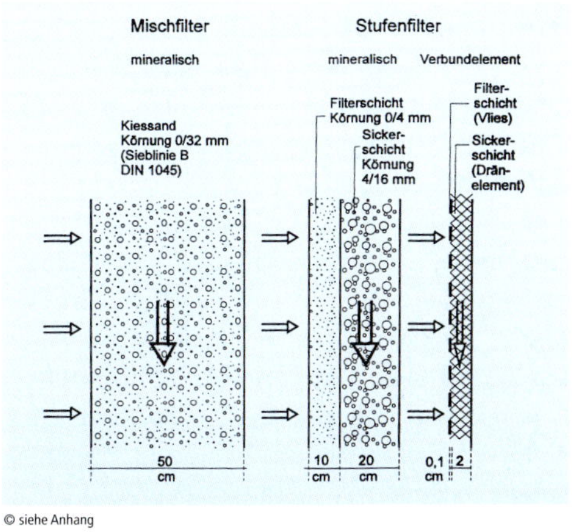

© siehe Anhang

Dränschutz/ Drainschutz

In der ▸*DIN 18 195 „Bauwerksabdichtung"* (für den Neubau) sowie im ▸*WTA-Merkblatt* „Nachträgliche Abdichtung erdberührter Bauteile" (für den Altbau) wird gefordert, dass die Abdichtungsschicht gegen mechanische und sonstige Einflüsse zu schützen ist. Hierfür werden verschiedene ▸*Schutzmatten* angeboten oder eine ▸*Perimeterdämmung* eingesetzt. Alternativ dazu können aber auch ▸*Dränschichten* aus Dränelementen verwendet werden. Bei Dränschichten unter Bodenplatten muss das Eindringen von Zementleim und anderen Feinststoffen durch das Auslegen einer Trennfolie verhindert werden.

Dränsteine/ Drainsteine

Als Dränelement werden auch mineralische Baustoffe in Form von Dränsteinen aus haufwerksporigen Beton eingesetzt. Für diese Dränsteine sind als Grenzwert für den Wasserdurchlässigkeitsbeiwert $0{,}4\text{cm/s} < k < 2{,}0\text{cm/ s}$ einzuhalten.

Dränung/ Drainage

Unter Dränung (Drainung/Drainage) wird die Entwässerung des Bodens durch Röhren- oder Grabensysteme verstanden, die das überschüssige Wasser sammeln und ableiten. Diese Entwässerung wird durch eine Dränanlage übernommen, die das Entstehen von drückendem Wasser verhindern soll. Die Dränanlage besteht aus dem Drän und den Kontrolleinrichtungen. Mit Drän wird der Sammelbegriff für die vor der Wand, unter Bodenplatten oder auf der erdüberschütteten Decke verlegte flächige Dränschicht mit der zugehörigen Dränleitung beschrieben. Diese Dränschicht und -leitung nimmt das Wasser auf und führt dieses einem Vorfluter zu.

Sofern die örtlichen Gegebenheiten keinen

A B C D E F G H I J K L M N O P Q R S T U V W X Y Z

ausreichenden Aufschluss über die Art, die Beschaffenheit und die Durchlässigkeit des Baugrundes geben, sind diese durch Bohrungen oder Schürfgruben zu ermitteln. Des Weiteren muss die chemische Beschaffenheit des Wassers bekannt sein oder durch eine Wasseranalyse festgestellt werden. Es ist zu prüfen, wohin das Wasser abgeleitet werden kann. Der Wasseranfall an den erdberührten baulichen Anlagen ist von der Größe des Einzugsgebietes, der Geländeneigung, der Schichtung und Durchlässigkeit des Bodens und der Niederschlagshöhe abhängig. Die Entscheidung über die Art und Ausführung von Dränmaßnahmen und einer lastfallabhängigen Bauwerksabdichtung ist entsprechend den Ergebnissen der Untersuchungen zu treffen.

Eine Dränung ist nicht erforderlich beim ▸*Lastfall* ▸*Bodenfeuchtigkeit*, also stark durchlässigen Böden ohne ▸*Grundwasser*. Eine Dränung ist immer erforderlich, wenn das Bauwerk auf

© siehe Anhang

oder in schwach durchlässigem Boden steht. ▸*Nichtdrückendes Wasser*, bei dem ▸*Sicker- und Stauwasser* anfallen, ist wohl der am meisten anzutreffende Lastfall in unseren Breiten. Eine fachgerechte Dränung setzt voraus, dass „Wasser im Boden" in der Dränschicht drucklos abgeführt und vom Dränrohr bei einem Aufstau von höchstens 20 cm über Dränrohrsohle aufgenommen werden kann. Hierzu ist eine geeignete Vorflut zwingende Voraussetzung.

Die DIN 4095 gilt für die Dränung auf, an und unter erdberührten Bauteilen. Hiermit werden Dränmaßnahmen für Decken auf Tiefgaragen und Etagen beschrieben, die z. B. zu Begrünungszwecken erdüberschüttet werden, sowie Dränmaßnahmen unterhalb der Bodenplatte, die allerdings nur bei Neubaumaßnahmen zum Tragen kommen. Des Weiteren finden Dränmaßnahmen an der vertikalen Kellerfläche statt.

Die Dränanlage besteht aus Dränelementen und aus Kontrollelementen sowie einer Dränschicht bestehend aus Filterschicht und Sickerschicht. Außerdem können Dränschichten aus Schüttungen und/oder aus Einzelelementen bestehen. Die entsprechenden Baustoffe sind jeweils zugeordnet. Die Dränelemente können aus Einzelelementen wie Dränsteinen oder -platten (genau genommen eigentlich Sickersteine und -platten) vor der Kellerwand bestehen. Das Dränrohr (eigentlich Sickerrohr) befindet sich neben dem Fundament und ist von einer Schüttung aus Kies 8/16 mm umgeben.

Drahtlose Elektroosmose

Nach *Prof. Dr. Venzmer* ist bereits der Begriff der drahtlosen Eletroosmose der Inbegriff naturwissenschaftlicher Unkenntnis und völlig unzutreffend. Während die ▸*Elektroosmose* als eine der vier elektrokinetischen Erscheinungen theoretisch anerkannt und in der Literatur ausreichend beschrieben wurde, ist der Zusatz „drahtlos" sowohl unzulässig als auch falsch. Ein elektroosmotischer Transport von Flüssigkeiten findet in den Baustoffporen nur dann statt, wenn von außen ein sog. Potenzialgefälle vorhanden ist. Dies bedeutet, dass an das zu entfeuchtende Mauerwerk über Elektroden von außen eine Spannung angelegt werden muss. Infolgedessen ist also eine drahtlose Eletroosmose (oder berührungslose Entfeuchtung) sowohl theoretisch wie auch praktisch nicht möglich. [5]

Dreiecksfase

Der Begriff Dreieckfase kommt aus der ▸*Fugenabdichtung* und beschreibt das Zusammentreffen der beiden Haftflächen in der Spitze eines Dreiecks. Dort befindet sich die eigentliche und zu schmal dimensionierte Fuge, in der die Bewegungen zwischen den Bau- und Konstruktionsteilen stattfindet, so dass der ▸*Dichtstoff* bei der Dreieckfase im Fugengrund überfordert wird. Infolgedessen kommt es zu Materialrissen, die in der Tiefe der Fuge oder Rückseite des Dichtstoffprofils beginnen und sich bis an die Oberfläche fortsetzen. Deshalb muss verhindert werden, dass sich die beiden Haftflächen in der Fugentiefe treffen, um eine ausreichende Bewegung sicher zu stellen. Dies wird sichergestellt, in dem in der Tiefe der Dreiecksfase ein Hinterfüllmaterial (z. B. eine PE-Rundschnur) eingebracht wird. Treten an einer Fuge Bewegungen auf, so dass diese aus konstruktiven Gründen als Dreiecksfase ausgebildet werden muss, sind Hilfsmaßnahmen zu treffen.

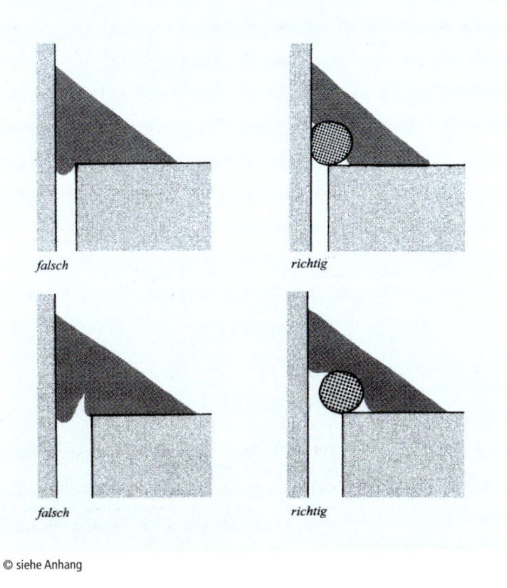

Dreiflankenhaftung

▸*Fugenflanke*

Druck

Druck ist eine physikalische Zustandsgröße und beschreibt die auf eine Fläche einwirkende Kraft. Das Formelzeichen p wurden aus dem Englischen (*pressure*) abgeleitet und darf nicht mit der Leistung P (aus dem Englischen *Power*) oder mit dem Impuls p verwechselt werden. Druck wird definiert aus dem Quotienten der Kraft F (von engl. *force*) und der Fläche A (von engl. *area*). Da diese Kraft senkrecht zur Fläche wirkt, wird der Druck mit Kraft pro Fläche in N/mm^2 angegeben. Der Druck kann schnell mit der Kraft verwechselt werden, da beide Begriffe (Druck und Kraft) oft nur schwer voneinander abgegrenzt werden können. Hierzu spielt die wirkende Kraft zum resultierenden Druck eine wichtige Rolle.

Druckfestigkeit

Unter der Druckfestigkeit wird die Widerstandsfähigkeit eines Baustoffes bei der Einwirkung von Druckkräften definiert. Dem entsprechend ist die Druckfestigkeit der Quotient aus Bruchlast und Querschnittsfläche und wird als Kraft pro Fläche (N/m^2) ausgedrückt. Ist die Druckkraft hierbei größer als die Druckfestigkeit eines Körpers, so wird der Körper zerstört. Ist dagegen die Druckfestigkeit eines Körpers größer als die einwirkende Druckkraft, kann der Körper diesem Einfluss widerstehen. Die meisten Materialien besitzen sowohl eine Zug-, wie auch eine Druckfestigkeit. Es werden einaxiale, zweiaxiale und dreiaxiale Druckfestigkeit unterschieden. Bei der Prüfung der einaxialen Druckfestigkeit kann der Prüfkörper in den beiden seitlichen Richtungen ausweichen. Bei der zweiaxialen Druckfestigkeit wird die Verformung in einer der beiden seitlichen Richtungen verhindert und bei der dreiaxialen beide. Die Druckfestigkeit steigt deshalb in dieser Reihenfolge an. [1]

Druckgradient

Der Druckgradient ist eine physikalische Kenngröße und die Ursache für unterschiedliche Drücke, die in einem Bauteil auftreten können. Dieses Druckgefälle kann für bestimmte Gas- und Flüssigkeitstransporte in einem Baustoff/ Bauteil verantwortlich sein. [5]

Druckinjektion

Druckinjektionen werden insbesondere an stark durchfeuchteten Mauerwerken eingesetzt. Die Bohrlöcher werden in einem Abstand von 10 bis 25 cm (bezogen auf den Bohrlochmittelpunkt) und einem Durchmesser von 15 bis 25 mm sowie waagerecht oder mit einem Bohrlochwinkel bis 20° (schräg nach unten) gebohrt. Aufgrund der ▸*Injektion* mit Druck und einer zu erwartenden größeren radialen Ausbreitung des ▸*Injektionsmittels* um das Bohrloch herum, können Druckinjektionen einreihig ausgeführt werden, wenn ein kompaktes Mauerwerk vorliegt und das Injektionsmittel nicht in Hohlräume und andere Öffnungen wegfließen kann. Abweichungen von diesen Angaben sind evtl. verfahrensbedingt und/oder objektabhängig.

© siehe Anhang

© siehe Anhang

Die Injektion sollte mit kontinuierlichem Druck im Niederdruckverfahren (< 10 bar) erfolgen und erfolgt mit sog. ▸*Packern*, die in Einschlagpacker (Kunststoff) und Schraubpacker (in der Regel Metall) unterschieden werden. Ist kein ausreichender Druckaufbau vorhanden muss geprüft werden, ob das Injektionsmittel durch Hohlräume oder in klüftigen und/oder mehrschaligen Bauwerkskonstruktionen unkontrolliert wegfließen kann und ob ggf. durch Risse und/oder offene Fugen das Injektionsmittel austreten kann. In diesen Fällen muss entweder eine Vorinjektion mit einer Zementsuspension erfolgen und/oder das Mauerwerk außen mit einer Dichtungsschlämme verdämmt (satt eingestrichen) werden.

Druck in Strömungen

Der Druck in Strömungen setzt sich aus einem statischen und einem dynamischen Anteil zusammen. Sowohl der statische wie auch der dynamische Anteil sind von der Dichte abhängig und unterscheiden sich dadurch, dass der hydrostatische Druck linear mit der Wassersäule steigt. Dieser ist auch von der Erdbeschleunigung (der sog. Gravitation) abhängig. Der dynamische Anteil dagegen wächst quadratisch mit der sog. Strömungsgeschwindigkeit.

Druckkraft

Als Druckkräfte werden die Kräfte zusammen gefasst, die entgegen der Richtung der nach außen zeigenden Normalen auf eine Querschnittsfläche wirken. Sie stellen damit die Resultierenden von Druckspannungsverteilungen in einer Schnittfläche dar. [5]

Drucklose Injektion

Bei der drucklosen Injektion werden die ▸*Injektionsmittel* drucklos in das Bohrloch eingebracht. Die Verteilung im Mauerwerksquerschnitt und die Penetration in den Baustoff erfolgt ausschließlich nach dem Kapillargesetz

© siehe Anhang

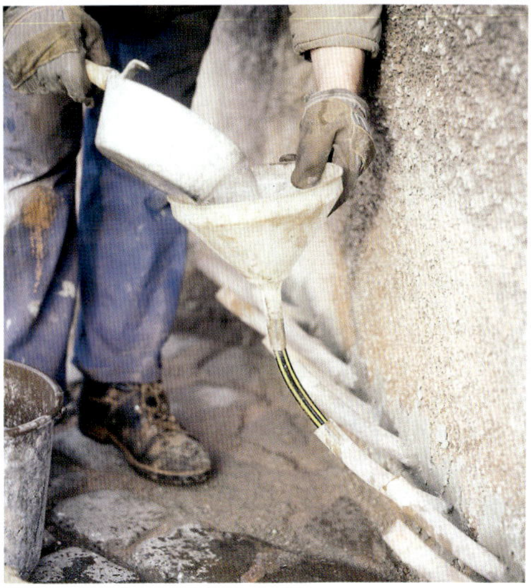
© siehe Anhang

bzw. über das Schwerkraftprinzip. Deshalb können, je nach eingesetztem Injektionsmittel, nur Mauerwerke bis zu einem ▸*Durchfeuchtungsgrad* von ca. 65 % injiziert werden. Besonders geeignet sind wasserlösliche, niedrigviskose Injektionsmittel, wie z. B. ▸*Siliconate* und ▸*Siliconmikroemulsionen*. Wurden die Injektionsmittel früher fast ausschließlich manuell über einen Trichter oder mittels Gießkanne in das Bohrloch gefüllt, so werden heute drucklose Injektionen fast ausschließlich durch Flascheninjektionen ausgeführt. Weiterentwicklungen der Flascheninjektionen stellen die sog. ▸*Docht- oder Schwammverfahren* dar. Bei diesen Systemen erfolgt die Verteilung des Injektionsmittels im Bohrloch über einen Docht oder, wie aus Österreich bekannt, über einen Natur- bzw. Kunstschwamm. Gegenüber den herkömmlichen Flascheninjektionen kann das Risiko mit diesen Verfahren reduziert werden, allerdings sind drucklose Injektionen meist weniger wirksam als Druckinjektionen.

Druckluftbohrer

Im Gegensatz zu klassischen Bohrern, bei denen das Bohrmehl verdichtet wird, handelt es sich bei dem Druckluftbohrer um eine Neuentwicklung, bei der sich ein innenliegender Bohrkanal im Bohrer befindet. Diese Bohrtechnologie hat den Vorteil, dass das beim Bohren anfallende Bohrmehl durch Druckluft kontinuierlich an die Bohrspitze geleitet wird. Infolgedessen wird das Bohrmehl sofort aus dem Bohrloch geblasen. Dieser Bohrer bietet sich vor allem bei feuchtem Mauerwerk an.

Druckspannung

Die maximale Druckspannung unterhalb der Fundamentplatte wird in der DIN 4018 geregelt und ist abhängig von der Art des Abdichtungsmaterials und seiner Verarbeitung. Die zulässige Druckspannung von Abdichtungen ist im Teil 6 der ▸*DIN 18 195 „Bauwerksabdichtung“* geregelt.

Druckwasserdichte Lichtschächte

Die druckwasserdichte Ausführung von Lichtschächten wird beim ▸*Lastfall drückendes und zeitweise aufstauendes Sickerwasser* notwendig. Hierfür gibt es zwei verschiedene Möglichkeiten. Bei der Ausführung eines klassischen Lichtschachtes aus Ortbeton erfolgt die Gründung auf der Bodenplatte mit Fugenblechen und aufwändiger Abdichtung. Dem gegenüber haben sich vorgefertigte ▸*Lichtschächte* aufgrund wirtschaftlicher, zeitlicher und technischer Vorteile längst durchgesetzt. Unterschieden werden Beton- und Kunststoff-Lichtschächte. Im direkten Vergleich haben die

Kunststoff-Lichtschächte den Vorteil, dass sie schon aufgrund ihrer materialtypischen Eigenschaften und Zusammensetzung wasserdicht sind und nicht noch nachträglich abgedichtet werden müssen. Hierzu ist eine wasserdichte Anbindung des Lichtschacht-Flansches zur Kellerwand notwendig. Nachdem der Dichtstoff auf den Flansch aufgetragen und der Lichtschacht mit Hilfe von Edelstahlschienen fixiert ist, wird die Dichtigkeit durch den Anpressdruck der Schienen (mindestens 16 Befestigungspunkte) erreicht. Alternativ wird der Kleb- oder ▸*Dichtstoff* auf den Lichtschachtflansch aufgetragen und mit 8 Befestigungspunkten angeschraubt. Die Wasserdichtigkeit wird bei dieser Variante über die flexible Verklebung erreicht. Als dritte und letzte Variante hat sich eine nachträgliche Abdichtung der Fuge zwischen Wand und Lichtschacht mit einer 3-komponentigen Flüssigabdichtung auf der Basis eines Polyesterharzes bewährt. Nach Angaben des Systemanbieters überbrückt diese Abdichtung Verformungen von bis zu 15mm in horizontaler wie auch vertikaler Richtung.

Drückendes Wasser

Der ▸*Lastfall* drückendes Wasser liegt vor, wenn sich ▸*Stau-, Schichten- oder Oberflächenwasser* aufstaut und von außen oder innen einen hydrostatischen Druck auf die Abdichtungsschicht ausübt. Der Druck ist abhängig von der Höhe der anstehenden Wassersäule. Die Ursache für den Lastfall (von außen) ▸*drückendes Wasser* kann z. B. ein zu hoher ▸*Bemessungswasserstand*, Baugrund aus bindigem Boden oder aus wasserführenden Schichten sowie aus Hanglagen sein. Hierbei wird der Lastfall drückendes Wasser wie folgt unterteilt: drückendes Wasser als Stau- oder Schichtenwasser (das nicht dauernd ansteht oder bei bindigen Böden und/oder Hanglagen, bei denen geeignete Dränmaßnahmen nicht möglich sind), drückendes Wasser als ▸*Schichten- und Grundwasser* bis zu einer Eintauchtiefe von ≤ 3m bis Oberkante Fundament bzw. Bodenplatte und drückendes Wasser als Schichten- und Grundwasser bis zu einer Eintauchtiefe von > 3m bis Oberkante Fundament bzw. Bodenplatte, so dass Sonderkonstruktionen notwendig werden. Bei wenig durchlässigen Böden kann sich das eindringende Sickerwasser vor Bauteilen aufstauen und diese zeitweise als drückendes Wasser beanspruchen. Man spricht dann auch von einem Lastfallwechsel. Bodenklassen unabhängig wirkt Druckwasser dauerhaft hydrostatisch auf die Abdichtung und/oder das Bauteil. Gegen den Lastfall drückendes Wasser kann nur mit wasserdichtem Anschluss der ▸*Vertikalabdichtung* an die ▸*Horizontalabdichtung* abgedichtet werden. Die Standsicherheit des Bauwerkes ist nachzuweisen.

DTA

▸*Differenzialanalyse*

Dünnschliff

Unter der Bezeichnung Dünnschliff wird eine hauchdünne Gesteinsprobe verstanden, die zur Identifizierung von Mineralen oder sonsti-

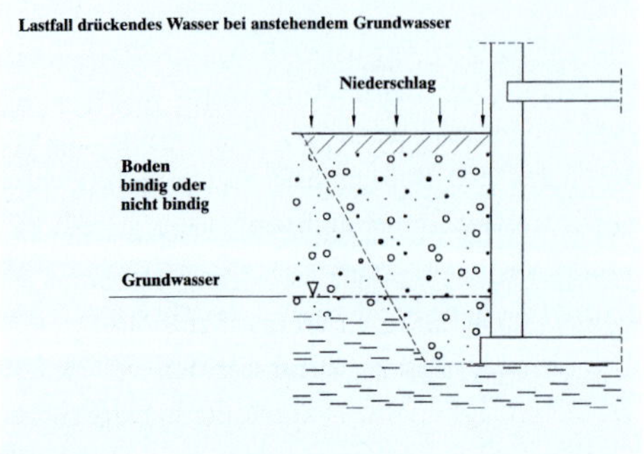

© siehe Anhang

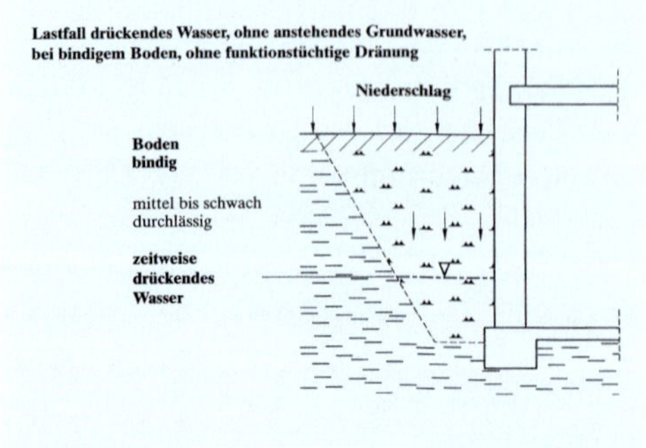

© siehe Anhang

gen Bestandteilen unter einem Mikroskop herangezogen wird. Gerade bei der Baustoffuntersuchung im Rahmen der Baudenkmalpflege und Restaurierung wird diese Methode vielfach eingesetzt, um Minerale wie z. B. Silikate zu identifizieren. Da diese Gesteinsproben so dünn sind, dass sie nicht zugesägt werden können, werden sie auf einem geeigneten Untergrund aufgeklebt und anschließend auf die gewünschte Dicke geschliffen und anschließend poliert. [5]

Düsenstrahlverfahren

Das Düsenstrahlverfahren stellt eine spezielle Form der Bodenverfestigung oder Bodenvermörtelung dar. Hierbei wird mit Hilfe eines energiegeladenen Schneidstrahles aus Wasser und einer Zementsuspension der im Bereich des Bohrloches befindliche Boden aufgeschnitten und erodiert. Dies geschieht bei einer Austrittsgeschwindigkeit von über 100 m/s. Bei diesem Vorgang wird der Boden umgelagert und mit der Zementsuspension vermischt, so dass es zu einer Verfestigung des lockeren Erdreiches bzw. Gesteins kommt. Im Gegensatz zu anderen Verfahren kann dieses Verfahren bei Kies, Sand, Schluff bis hin zu Ton verwendet werden. Die Erosionsweite des Düsenstrahles im Baugrund reicht je nach Boden, Verfahrensart und verwendetem ▸*Injektionsmörtel* bis zu 3 Meter. Interessant hierbei ist, dass über eine spezielle Software die Art und Form der Bodenverfestigung berechnet und optimiert werden kann. Die statisch-nutzbaren Eigenschaften nach Aushärtung des Injektionsmörtels (Soil-Crete-Mörtel) sind in den Zulassungen des DIBt geregelt. Darüber hinaus findet das Soil-Crete-Verfahren aber auch Anwendung z. B. bei der verformungsarmen Unterfangung von Gebäuden oder bei Umbauten oder statisch gefährdeten Gründungsbereichen.

Durchdringung

Neben der Dimensionierung der ▸*Flächenabdichtung* ist die Planung und Ausführung der Abdichtungsdetails, wie ▸*Bewegungsfugen*, ▸*Durchdringungen* der Abdichtungsschicht sowie der Anschluss der Abdichtung an das Sockelmauerwerk oder im unteren Bereich an eine evtl. vorhandene Bodenplatte entscheidend für die Funktion und Dauerhaftigkeit der Abdichtungsmaßnahme. Durchdringungen (Rohrdurchführungen) können Abdichtungen in allen Ebenen durchstoßen. Grundsätzlich sollten sie so angeordnet werden, dass die Abdichtung möglichst oberhalb des höchst möglichen Wasserstandes im Bereich des ▸*Lastfalles nicht drückendes Wasser* durchstoßen wird. Bei der ▸*Abdichtung* von Durchdringungen sind auf die jeweiligen Lastfälle abgestimmte Konstruktionen zu wählen.

© siehe Anhang

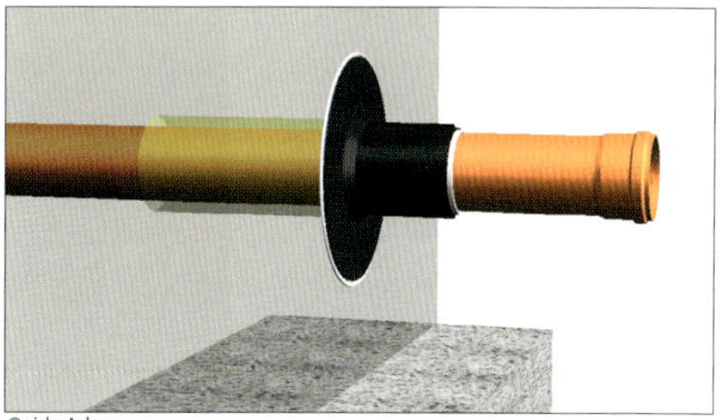

© siehe Anhang

Durchfeuchtung

Der Begriff der Durchfeuchtung wird in Bezug auf Neu- und Altbauten sowie im Rahmen der Bauwerkserhaltung sehr vielfältig benutzt. Im Wesentlichen wird damit der Anstieg der Material- bzw. Oberflächenfeuchtigkeit im Inneren von Gebäuden beschrieben. Als Ursache für eine Durchfeuchtung können verschiedene Feuchtigkeitsmechanismen herangezogen werden. Über ▸*Hang-, Spritz- und Sickerwasser,*

▸*kapillar aufsteigende Feuchtigkeit*, ▸*hygroskopische Feuchtigkeit*, ▸*Kondensation* und ▸*Kapillarkondensation* können erdberührte Bauteile und/oder Fassaden durchfeuchtet werden.

Durchfeuchtungsgrad

Der Durchfeuchtungsgrad ist eine relative Größe und ist definiert als das Verhältnis von Feuchtegehalt zu Sättigungsfeuchte des jeweiligen Mauerwerks oder Baustoffs. Er ist eine wichtige Größe zur Bewertung eines Mauerwerkes und dient als Entscheidungshilfe, z. B. für die Anwendung von ▸*Injektionsverfahren* für die ▸*nachträgliche Horizontalabdichtung* an einem Mauerwerk. Daneben gibt es auch den ▸*hygroskopischen Durchfeuchtungsgrad*, bei dem die hygroskopische Feuchtigkeitsaufnahme auf die Sättigungsfeuchte bezogen wird. Für die Beurteilung von Bauwerken im Sinne einer ▸*Bauzustandsanalyse* und im Sinne einer Feuchtebilanz werden beide ▸*Durchfeuchtungsgrade* ermittelt und miteinander verglichen, um entscheiden zu können, ob eine erhöhte (also über der Gleichgewichtsfeuchte befindliche) Durchfeuchtung vorliegt.

Durchfeuchtungshöhe

Die Durchfeuchtungshöhe spielt im Zusammenhang mit den Feuchteprofilen im Rahmen der ▸*Bauwerksdiagnostik* eine wichtige Rolle. Unterschieden wird die optische und die tatsächliche Durchfeuchtungshöhe. Unter der optischen Durchfeuchtungshöhe ist der sichtbare Feuchtehorizont am Sockel- bzw. Fassadenputz (oder auch im Innenbereich am Innenputz oder Sichtmauerwerk) gemeint. Bei kapillar aufsteigender Feuchtigkeit liegt die tatsächliche Durchfeuchtungshöhe im Mauerwerksquerschnitt höher, als sie äußerlich zu sehen ist. Dieser Unterschied wird über sog. Feuchteprofile dargestellt, die dreidimensional die tatsächliche Durchfeuchtung über den gesamten Mauerwerksquerschnitt darstellen, und einen wichtigen Hinweis zur Durchfeuchtungsursache liefern. Ist die Durchfeuchtungshöhe im Mauerwerksquerschnitt höher, als im oberflächennahen Bereich, und nimmt diese vom oberflächennahen Bereich zum Querschnitt zu, liegt in der Regel ▸*kapillar aufsteigende Feuchtigkeit* vor. Infolgedessen muss der alte Putz bis zu 1 Meter über der sichtbaren Durchfeuchtungshöhe entfernt werden, bevor ▸*Sanierputze* aufgebracht werden.

Durchgasungsverfahren

Das sog. Durchgasungsverfahren kommt zum Einsatz, wenn ein Befall durch holzzerstörende Insekten vorliegt. Für den Befall durch den

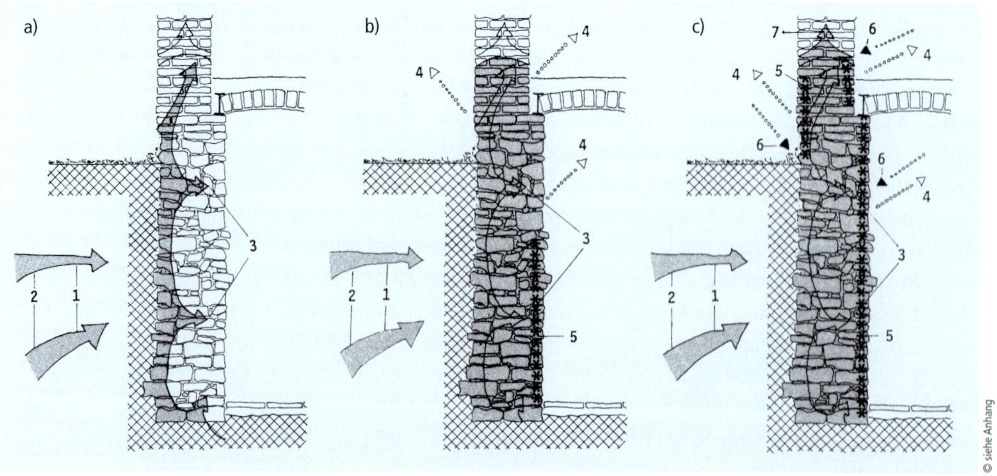

a) über Sicker- oder Schichtenwasser dringt Feuchtigkeit (1,2) auf kapillarem Weg (3) in das Mauerwerk ... b) ... und verteilt sich im gesamten Querschnitt. Durch Verdunstung der Feuchtigkeit an der Wandoberfläche (4) kommt es zur Kristallisation der gelösten Salze (5). c) Dies führt zur hygroskopischen Feuchteaufnahme, die neben der Kapillarität das Mauerwerk zusätzlich belastet.

▸*Echten Hausschwamm* oder anderer ▸*Hausfäulen* ist es nicht geeignet. Die Abdichtung des betroffenen Objektes besitzt hierbei eine noch größere Bedeutung, als beim sog. Heißluftverfahren.

Durchhärtungszeit

Die Durchhärtungszeit beschreibt die Zeitspanne, die zur Durchhärtung einer bestimmten Dichtstoffschicht in mm benötigt wird. Sie ist neben der Umgebungstemperatur und relativen Luftfeuchtigkeit abhängig vom Vernetzungssystem und der Zusammensetzung des ▸*Dichtstoffes*. Die Durchhärtungszeit verläuft nicht gleichmäßig. In größeren Schichttiefen wird sie stark verlangsamt. Die Durchhärtungszeit ist für den Verarbeiter wichtig, da ein Dichtstoff erst nach vollständiger Durchhärtung voll belastbar ist.

Durchgriff

Werden physikalische oder chemische Eigenschaften eines Klimas, eines Systems, eines Raumes oder eines Bauteils durch äußere Faktoren beeinflusst, wird dies auch als Durchgriff bezeichnet. Typisches Beispiel hierfür ist das Messen von Innenraumbelastungen durch Schimmelpilzsporen. Die Messung erfolgt in sog. KBE (koloniebildende Einheiten) pro m^3 Raumluft und stellt eine realitive Belastung dar. Erst durch den Vergleich mit der KBE/ m^3 Außenluft kann ein Bezug hergestellt werden, ob die Belastung im Innenraum als gering, normal oder erhöht eingestuft werden muss. Ein anderes Beispiel besteht in der Luftfeuchtigkeit im Innenraum, die ebenfalls durch die Luftfeuchtigkeit im Außenbereich mit beeinflusst wird. [5]

Durchlichtmikroskopie

▸*Mikroskopie*

Durchschlagen

Der Begriff Durchschlagen ist in der DIN 55 945 definiert und drückt aus, dass Bestandteile aus dem Untergrund oder Verunreinigungen aus vorherigen Beschichtungen nach dem Auftragen und Trocknen eines Beschichtungsstoffes erneut sichtbar werden. Das bekannteste Beispiel ist das Ausbluten von Holzinhaltsstoffen, das Durchschlagen von färbenden Rindenanteilen oder Ästen in Holzspanplatten, Teer-, Nikotin- und Wasserflecken usw. Auch bestimmte lösliche Farbstoffe oder Weichmacher können in einem nachfolgenden Anstrich durchschlagen. Je nach Art der zum Durchschlagen neigenden Substanz, kann diese durch Auftragen einer speziellen Grundierung („Sperrgrund“) isoliert werden. Waren früher für diesen Sperrgrund ausschließlich lösemittelhaltige Grundierungen notwendig, können mittlerweile immer öfter auch wässrige Beschichtungsstoffe eingesetzt werden. Dabei ist zu beachten, dass die Grundierung einen porenfreien Film ausbilden muss, da sonst die Voraussetzung für die angestrebte Wirksamkeit nicht gegeben ist.

Dynamische Bodenuntersuchungen

▸*Geophysikalische Untersuchungen*

Dynamische Elektro-Injektion

Bei diesem Verfahren werden über elektronisch gesteuerte Elektrogeräte mittels Kunststoffelektroden impulsartig wechselnder Schwachstrom in die feuchte Wand geleitet. Salzhaltiges Wasser soll nun dadurch ins Erdreich, zur Kathode, wandern. Der Strom wird nicht gleichmäßig, sondern der Dicke, der Feuchte und dem Salzgehalt der Wand angepasst, als pulsierender Gleichstrom eingebracht. Die dadurch bewirkte Austrocknungszeit soll, je nach Volumen der Wand, zwei Wochen bis drei Monate betragen. Erst wenn die Wand entfeuchtet ist, werden Bohrungen in einem Winkel von ca. 35° zur Bodenebene unterhalb der Elektroden angebracht. In diese Bohrungen wird nun eine ▸*Kaliummethylsiliconatlösung* eingefüllt. Anschließend soll durch die Umpolung der elektro-osmotischen Installation das hydrophobierende Präparat in das Wandinnere gesaugt und die kapillarbrechende Sperre bewirken. Der Strom wird danach abgeschaltet. Zusätzlich werden Vertikalabdichtungen vorgeschrieben. Für dieses Verfahren fehlen bisher wissenschaftliche Nachweise.

A B C D E F G H I J K L M N O P Q R S T U V W X Y Z

A B C D E F G H I J K L M N O P Q R S T U V W X Y Z

Im ▸*WTA-Merkblatt* „Mauerwerksinjektion gegen kapillar aufsteigende Feuchtigkeit" ist dieses Verfahren nicht aufgeführt.

Dynamische Steifigkeit

Die dynamische Steifigkeit ist eine physikalische Kenngröße, die sich aus dem dynamischen Elastizitätsmodul berechnen lässt. Sie beschreibt das sog. Federungsvermögen von elastischen Materialien. Nach *Prof. Dr. Leschnik* wird durch die dynamische Steifigkeit die sog. Resonanzfrequenz von mehrschaligen Bauteilen bestimmt. [5]

Dynamischer Druck

Der dynamische Druck ist eine Folge der Trägheit und resultiert aus der kinetischen Energie eines Körpers, der sich mit einer Geschwindigkeit bewegt. Er wird auch als Staudruck bezeichnet und zur Messung der Strömungsgeschwindigkeit herangezogen. Die Messung erfolgt in Strömungsrichtung.

Dynamischer Elastizitätsmodul

Der Elastizitätsmodul (kurz ▸*E-Modul* genannt) ist eine physikalische Kenngröße, die den Zusammenhang zwischen der Spannung und der Dehnung eines Baustoffes bei mechanischer Beanspruchung (reversible Verformung) beschreibt. Je größer der Zahlenwert des E-Moduls ist, umso mehr Widerstand setzt der Baustoff seiner Verformung entgegen. Ein Baustoff mit hohem E-Modul ist also steif, ein Baustoff mit niedrigem E-Modul ist weich. Bei einer dynamischen Beanspruchung des Baustoffes wird der dynamische E-Modul ermittelt. Dieser ergibt sich aus der Materialdichte und der Geschwindigkeit.

E

ECB

▸*Ethylen-Copolymerisat-Bitumen*

Echter Hausschwamm

Der Echte Hausschwamm (lat. Serpula lacrimans oder franz. mérule pleureuse) gehört zu den holzzerstörenden Pilzen und wird den sog. ▸*Braunfäulen* oder ugs. ▸*Hausfäulen* zugeordnet. Ein Befall durch den Echten Hausschwamm lässt sich in der Regel relativ leicht bestimmen, da er reichlich Myzel ausbildet und abgestorbenes ▸*Myzel* über lange Zeit erhalten bleibt. Außerdem neigt der Echte Hausschwamm sehr viel stärker als andere Hausfäulen zur Ausbildung von ▸*Fruchtkörpern*. Diese können pro Tag mehrere Zentimeter in alle Richtungen wachsen, die Stränge bis zu mehreren Metern lang werden und silbriggraues Aussehen annehmen. Im trockenen Zustand werden die Stränge spröde. Die Fruchtkörper sind fleischig und zäh von ein bis zwei Zentimeter dicker, rotbrauner Masse, von runder bis elliptischer Form mit weißem Rand. Gute Entwicklungsbedingungen liegen bei einer Temperatur von 5 bis 26 °C vor, wobei das Optimum bei ca. 18 bis 22 °C liegt. Der echte Hausschwamm wächst bei einer Holzfeuchtigkeit zwischen 30 bis 50%.

© siehe Anhang

© siehe Anhang

Die 1 bis 5mm starken Myzelstränge wachsen nicht nur durch Kohle- und Briketthaufen, zwischen Fugen und Ritzen von Brettern und Balken, sondern auch in feinen Rissen von ▸*Mörtel* und ▸*Putz* sowie im ▸*Mauerwerk*. Der Echte Hausschwamm durchdringt selbst qualitativ schlechten ▸*Beton*. Er kann sich somit von einem Raum in den anderen, von Stockwerk zu Stockwerk und im Einzelfall sogar vom Keller bis in das Dach ausbreiten. Sehr häufig findet man diese Myzele auch hinter dem Putz im gesamten Mauerwerk, so dass der Laie auch vom Mauerschwamm spricht. Hat das Wachstum des Echten Hausschwamms ein bestimmtes Ausmaß erreicht und tritt durch Feuchtigkeitsmangel oder andere für die Entwicklung ungünstige Umstände ein Wachstumsstillstand ein, kommt es nicht selten zur Bildung von Frucht- oder Vermehrungskörper. Sind diese Fruchtkörper gewachsen kann der Echte Hausschwamm in gewissem Umfang selbst zur Aufrechterhaltung seiner Lebensbedingungen sorgen. Bei der Zersetzung der Zellulose durch das Substratmyzel entsteht Wasser. Es erscheint häufig in Tropfen auf dem Oberflächenmyzel und ist für die umgangssprachliche Bezeichnung „Tränenschwamm“ verantwortlich. Der wissenschaftliche Artname des Hausschwamms lacrimans (= der Tränende) wurde daraus abgeleitet.

Eckfuge

▸*Fugen*

Edelstahleinschlagverfahren

▸*Chromstahlblechverfahren*

Edelstahlplatten

Für das sog. Chromstahlblechverfahren oder Blecheinschlagverfahren werden glatte oder profilierte Chromstahl-, Chrom-Nickel-Stahl- oder Chrom-Nickel-Molybdän-Stahlplatten verwendet. Diese nichtrostenden und korrosionsbeständigen Stähle müssen während der Druckbeanspruchung beim Einbau, im eingebauten Zustand sowie bei Spaltkorrosion beständig sein. Außerdem müssen sie gegen chemischen Angriff durch schwach konzentrierte Lösungen (Sulfate, Chloride, Karbonate, Nitrate), organische Säuren und halogenhaltige Verbindungen (Fluor, Chlor, Brom, Jod) an der gesamten Plattenoberfläche beständig sein.

© siehe Anhang

EDX-Analyse

▸ *Energiedispersive Analyse*

Effizienz

Allgemein beschreibt die Effizienz das Verhältnis eines in definierter Qualität vorgegebenen Nutzens zu dem Aufwand, der zur Erreichung dieses Nutzens notwendig ist. Wird dieses Verhältnis sichergestellt, so liegt ein effizientes Verhalten vor bzw. die Effektivität ist hoch. In der Physik und Technik wird der Begriff der Effizienz ebenfalls verwendet. Hierbei beschreibt die Effizienz das Verhältnis zwischen Größe von erbrachter Leistung und Größe des hierfür notwendigen Aufwandes. Man spricht dann auch vom Effizienz- oder Wirkungsgrad.

Daneben wird der Begriff Effizienz- oder Wirkungsgrad auch für die Wirksamkeit von Produkten und Verfahren oder Planungen verwendet. So kann z. B. der Wirkungsgrad eines ▸ *Injektionsmittels* in Abhängigkeit zum ▸ *Durchfeuchtungsgrad* angegeben werden. Aber auch z. B. die Effizienz einer ▸ *Paraffininjektion* in einer ganzheitlichen ökologischen Auswertung (Ökobilanz) kann Gegenstand einer Effizienzbetrachtung sein. Letztlich sollte die Effizienz auch bei der Entscheidung über eine nachträgliche ▸ *Innenabdichtung* im Vergleich zum Aufwand einer nachträglichen ▸ *Außenabdichtung* betrachtet werden, da z. B. eine Einsparung an Material- und/oder Lohnkosten in der ganzheitlichen oder langfristigen Betrachtung wenig effizient sein kann (Verschlechterung der Bauphysik, Schädigung der Bausubstanz, Einschränkung der Kellernutzung etc.)

Effizienzkriterien

Um die Effizienz eines Produktes, eines Verfahrens oder einer Planung objektiv beurteilen zu können, müssen vorab entsprechende Effizienzkriterien festgelegt werden. Ein Planer/ Architekt hat andere Erwartungen an eine effiziente Kellersanierung (Langfristigkeit), als ein ausführender Fachbetrieb, der unter Effizienz die Zeiteinsparung bei der Ausführung versteht. Und ein Baustofflieferant versteht unter einer effizienten Produktlösung etwas anderes, als der Gutachter/ Sachverständige, der das gleiche Produkt im Rahmen eines Schadens beurteilt. Alle diese Zielgruppen haben ein anderes Verständnis von Effizienz und Effektivität. Deshalb müssen die Effizienzkriterien eindeutig definieren, unter welchem Aufwand (Zeit, Kosten, Preis etc.) welcher Nutzen (Funktionsdauer, Haltbarkeit, Sanierungszyklen, Gewährleistung, Wirtschaftlichkeit, Ökologie etc.) erreicht werden kann.

Wenn Effizienzkriterien für eine Sanierung, für ein Produkt oder Verfahren definiert werden, müssen natürlich auch eine Effizienzkontrolle und ein Nachweis durchgeführt werden. In der ▸ *Ö-Norm B 33 55 „Trockenlegung“* wurde erstmals der Versuch unternommen, die Effizienz einer nachträglichen ▸ *Horiziontalabdichtung* über vorab definierte Kriterien festzulegen um damit für ausschreibende Stellen eine objektive Entscheidungsgrundlage zu schaffen.

A B C D E F G H I J K L M N O P Q R S T U V W X Y Z

Egalisationsanstrich (Egalisierungsanstrich)

Mineralische sowie silikatgebundene Oberputze neigen in Abhängigkeit zu den klimatischen Bedingungen während der Härtung zu einem scheckigen Auftrocknen. Um diesem Effekt vorzubeugen, der vom Auftraggeber in der Regel als optischer Mangel reklamiert wird, werden sog. Egalisationsanstriche (oder Egalisierungsanstriche) aufgebracht. Hierbei handelt es sich um abgemagerte Dispersions- oder Silikatfarben, die ein- oder zweimal gestrichen werden.

Einbaumenge

Nach der ▸*DIN 18 195 „Bauwerksabdichtung“* wird mit der sog. Einbaumenge der Materialverbrauch an Klebemasse, Asphaltmastix, ▸*kunststoffmodifizierter Bitumen-Dickbeschichtung* oder sog. Deckaufstrichmittel verstanden.

Einbauteil

Nach der ▸*DIN 18 195 „Bauwerksabdichtung“* wird unter Einbauteil ein Hilfsmittel zur Herstellung eines wasserdichten Anschlusses an Durchdringungen, bei Übergängen oder Abschlüssen verstanden. Dies kann ein ▸*Klebeflansch*, ▸*Anschweißflansch*, eine ▸*Manschette*, Klemmschiene, ▸*Los- oder Festflanschkonstruktion* sein.

Einbautemperatur

Im Gegensatz zur sog. Bauteiltemperatur, die sich auf die Untergrundtemperatur zum Zeitpunkt der Abdichtung bezieht, definiert die ▸*DIN 18 195 „Bauwerksabdichtung“* den Begriff der Einbautemperatur mit der Temperatur der Abdichtungsstoffe beim Einbau. In der Abdichtungspraxis wird hierfür ugs. der Begriff Verarbeitungstemperatur verwendet. Diese ist in den technischen Merkblättern der Hersteller angegeben und sollte, je nach Abdichtungsstoff, nicht unter- oder überschritten werden.

Einbettung der Abdichtung

Auch der Begriff der Einbettung wird in der ▸*DIN 18 195 „Bauwerksabdichtung“* definiert, ist aber in der Abdichtungspraxis unüblich. Er beschreibt die hohlraumfreie Lage der Abdichtung zwischen dem Abdichtungsuntergrund und der Schutzschicht, ohne dass die Abdichtung einem nennenswerten Flächendruck ausgesetzt ist. In der Abdichtungspraxis wäre hierfür der Begriff Haftung üblich, da eine hohe Flächenhaftung des Abdichtungsstoffes zum Untergrund beschrieben wird.

Einbettungsprinzip

▸*Fugenabdichtung*

Einbringverfahren

Der Begriff Einbringverfahren ist als Sammelbegriff für die ▸*Injektionsverfahren* zur nachträglichen ▸*Horizontalabdichtung* weniger gebräuchlich. Hier werden ▸*drucklose und Druckinjektionen* sowie die ▸*Impulsinjektion* unterschieden.

In der Regel werden mit dem Begriff Einbringverfahren die Verfahren zur Imprägnierung von Holz beschrieben. Unterschieden werden Druckverfahren (Kessel-Vakuum-Druck, Wechseldruck- und Doppelvakuumverfahren) und Nichtdruckverfahren wie die Einlagerung (Tauchen, Trogtränkung, Einstelltränkung und Heiß/Kalt-Trogtränkung) sowie die Oberflächenverfahren (Kurztauchen, Streichen, Spritzen, Fluten, Schäumen). Die Einbringmenge für die Wirksamkeit der Holzschutzmaßnahme wird in ml/ m^2 oder in kg/m^3 angegeben.

Eindringtiefe

Mit der Eindringtiefe wird der Punkt oder Bereich beschrieben, bis zu dem die kapillare Feuchtigkeit eingedrungen ist. Sie spielt bei der Durchfeuchtung und Schadensbildung von Baustoffen eine wesentliche Rolle. Wichtig ist sie aber auch für die Sicherstellung der Funktion einer ▸*nachträglichen Horizontalabdichtung*. So muss ein Injektionsmittel eine gewisse Eindringtiefe besitzen, damit sich das ▸*Injektionsmittel* um das Bohrloch herum ausbilden kann und sich eine ▸*Horizontalsperre* aufbaut. Bei einer zu geringen Eindringtiefe liegt das Injektionsmittel wie eine Art Pfropfen im Bohrloch und kann die ▸*kapillare Feuchtigkeit* zwischen den Bohrlöchern nicht unterbrechen.

Darüber hinaus müssen gewisse Baustoffe eine bestimmte Eindringtiefe zulassen, damit sie ihre Funktion überhaupt aufbauen können. So muss bei Sanierputzen die ▸*Kapillarität* einerseits und die Kapillarhydrophobierung andererseits so eingestellt sein, dass die Feuchtigkeit aus dem Untergrund mindestens 3 und maximal 7 mm eindringen kann. Somit wird sicher gestellt, dass die ▸*bauschädigenden Salze* im gelösten Zustand in den ▸*Sanierputz* eindringen können, bevor sie in den ▸*Luftporen* auskristallisieren.

Eindringvermögen

Mit dem Eindringvermögen wird die Penetration von flüssigen (oder cremigen) Baustoffen in den Untergrund definiert. Hierbei muss einerseits zwischen den lösemittelhaltigen und -freien Grundierungen, Imprägnierungen, Injektionsmitteln oder Desinfektionsmitteln und dgl. und andererseits zwischen den ▸*Viskositäten* unterschieden werden. Aber auch die Art des Untergrundes spielt beim Eindringvermögen eine wichtige Rolle.

Eindrucktiefe (-widerstand)

Die Härte oder Festigkeit ist eine der wichtigsten physikalischen Eigenschaften einer Beschichtung. Um diese zu prüfen, wird die Eindrucktiefe gemessen und ermittelt, welche Festigkeit ein Bau- oder Beschichtungsstoff einer von außen einwirkenden Kraft oder mechanischen Beanspruchung entgegensetzt.

Einkomponentige Bitumen-Dickbeschichtungen

▸*Bitumen-Dickbeschichtungen*

Einpressen

Der Begriff Einpressen ist die ugs. Bezeichnung für ▸*Injektion* oder injizieren.

Einpressung der Abdichtung

Der Begriff der Einpressung der Abdichtung wird in der ▸*DIN 18 195 „Bauwerksabdichtung“* beschrieben, ist aber in der Abdichtungspraxis unüblich. Er beschreibt die hohlraumfreie Lage der ▸*Abdichtung* zwischen zwei festen Bauteilen, wobei die Abdichtung einem permanenten Flächendruck ausgesetzt ist. Dies unterscheidet die Einpressung von der ▸*Einbettung* der Abdichtung.

Eintauchtiefe

In der ▸*DIN 18 195 „Bauwerksabdichtung“* wird unter der Eintauchtiefe die Höhendifferenz zwischen dem tiefsten Punkt der ausgeführten ▸*Abdichtung* und dem sog. ▸*Bemessungswasserstand* bezeichnet.

Elastikschlämme

▸*Flexible Dichtungsschlämme*

Elastischer Dichtstoff

Ein elastischer ▸*Dichtstoff* besitzt nach Abschluss der physikalisch und/oder chemischen Reaktion die Eigenschaft, seine vorhandene Profilgebung in der Fuge durch äußere mechanische Einflüsse zu verändern und sich bei Nachlassen der Krafteinwirkung wieder überwiegend oder ganz in seine Ursprungsform zurück zu bewegen. Dieser Vorgang ist zwar fast unbegrenzt wiederholbar, in der Größe der Bewegungen allerdings begrenzt.

Elastische Fugenbänder

Als elastische ▸*Fugenbänder* bezeichnet man Produkte, die unter Verwendung von ausreagierenden Klebstoffen (▸*Dichtstoffen*) eingebracht werden. Elastisches Fugenband und Klebstoff werden von den einzelnen Herstellern immer als abgestimmtes System angeboten und sollen auch nur so eingesetzt werden. Unterschieden werden Elastomer-Fugenbänder mit profilierter und nicht profilierter Bewegungszone, in der eine Gesamtverformung von 25% zulässig ist. Elastomer-Fugenbänder werden vor allem dann zur ▸*Abdichtung* eingesetzt, wenn falsch dimensionierte und/oder mit einem falschen Dichtstoff ausgeführte Fugen undicht sind und saniert werden müssen.

Elastizität

Einige Bau- und Beschichtungsstoffe haben bei von außen einwirkenden Kräften oder mechanischer Beanspruchung die Eigenschaft, sich zu verformen und bei Wegfall dieser Einwirkung wieder in den Ursprungszustand zurück zu kehren. Dieses Dehn- oder Rückstellvermögen wird auch als Elastizität definiert und mit dem Elastizitätsmodul (kurz ▸*E-Modul*) gekennzeichnet. Bei der Überdehnung elastischer Bau- und Beschichtungsstoffe kann es zur Rissbildung kommen.

Für die Kellerabdichtung und –sanierung sind die ▸*Bitumen-Dickbeschichtungen* relevant, die im Gegensatz zu den ▸*mineralischen Dichtungsschlämmen* eine sehr hohe Elastizität aufweisen oder die rissüberbrückenden Anstrichstoffe, die über eine deutlich höhere Elastizität als z. B. Silikat- oder Siliconharzfarben verfügen, dafür aber eine sehr geringe Wasserdampfdiffusion besitzen. Elastische ▸*Dichtstoffe* werden auch zur Fugenabdichtung eingesetzt.

Elastizitätsmodul

Der Elastizitätsmodul (kurz E-Modul) ist ein Materialkennwert aus der Baustoffkunde und Werkstofftechnik, der das Dehnungsverhalten eines festen Körpers charakterisiert. Damit wird der Zusammenhang zwischen ▸*Spannung* und ▸*Dehnung* bei einer mechanischen Beanspruchung beschrieben. D. h., dass der E-Modul das Verhältnis der Zugspannung (= Kraft pro Querschnittsfläche) zur Längsdehnung (= Längendehnung zur Gesamtlänge) darstellt und infolgedessen in Kraft pro Fläche angegeben wird. Der Zahlenwert des Elastizitätsmoduls ist um so größer, je mehr Widerstand ein Material seiner Verformung entgegensetzt. Ein Material mit hohem E-Modul ist also steif, ein Material mit niedrigem E-Modul ist weich bzw. besitzt eine höhere Dehnbarkeit.

Die Ermittlung erfolgt nach genormten Prüfverfahren. Häufig wird der Elastizitätsmodul als Materialkonstante bezeichnet. Der Elastizitätsmodul ist aber eigentlich nicht konstant, sondern wird von verschiedenen Umgebungsbedingungen wie z. B. dem Druck oder der Temperatur beeinflusst, mit denen die Materialeigenschaften verändert werden können.

© siehe Anhang

Elastomer

Bei den ▸*Kunststoffen* werden sog. ▸*Plastomere*, ▸*Duromere* und ▸*Elastomere* unterschieden. Elastomere sind die Sammelbezeichnung für synthetische und natürliche ▸*Polymere* mit einem gummi-elastischen Verhalten. Neben der hohen Elastizität sind sie lösemittelbeständig und quellbar, aber nicht schmelzbar.

Elastomerbitumenbahnen

Elastomerbitumenbahnen werden in der ▸*DIN 18 195 „Bauwerksabdichtung“* und einer eigenen Materialstoffnorm DIN 52 133 beschrieben. Es handelt sich um ▸*Bitumenbahnen*, deren Deckschichten aus einem mit Elastomeren modifizierten ▸*Bitumen* bestehen. In der Regel bestehen Elastomerbitumenbahnen aus einem Destillationsbitumen, die mit einem Styrol-Butadien-Styrol modifiziert sind. Die Vorteile dieser Bitumenbahn bestehen in der geringen Temperaturempfindlichkeit bei der Nutzung, einer guten Wärmestandfestigkeit (auch unter

Temperaturwechsel), einer sehr guten Kälteflexibilität, einem ausgeprägten elastischen Verhalten sowie einer guten Verklebbarkeit mit Heißbitumen bzw. einer ausgezeichneten Verschweißbarkeit bei Elastomerbitumen-Schweißbahn.

Elastomerdichtungsbahn

Elastomerdichtungsbahnen sind in der ▸*DIN 18 195 „Bauwerksabdichtung"* genormt. Sie werden zwischen 1 bis 3 mm dick und zwischen 1 und 2 m Breite angeboten. Elastomere bestehen aus weitmaschig vernetzten Fadenmolekülen, so dass diese ▸*Kunststoffbahnen* zwar weichelastisch reagieren, aber nicht durch Wärme verflüssigt werden können. Infolgedessen sind sie nicht schweißbar, so dass die Nähte durch Vulkanisieren geschlossen werden müssen. Elastomerdichtungsbahnen werden mit glatter oder geprägter Oberfläche und mit oder ohne Vlieskaschierung angeboten.

Elektrische Feuchtemessverfahren

Elektrische Verfahren zur ▸*Feuchtigkeitsmessung* bedienen sich dem sog. indirekten Messprinzip. Dies bedeutet, dass eine feuchtigkeitsrelevante Kenngröße gemessen wird, über die auf den Feuchtigkeitsgehalt des Baustoffes geschlossen werden kann. In der Regel handelt es sich um die dielektrischen Eigenschaften eines Baustoffes, die durch Feuchtigkeit beeinflusst werden können. Da diese Eigenschaften sehr stark von den Frequenzen abhängig sind, werden die elektrischen Feuchtemessverfahren auch nach ihren jeweiligen Frequenzbereichen unterschieden. Im niederfrequenten Bereich werden der elektrische Widerstand, die elektrische Leitfähigkeit oder die elektrische Kapazität gemessen. Im hochfrequenten Bereich werden das sog. TDR-Verfahren (Time-Domain-Reflectometry) sowie das Radarfeuchtemessverfahren eingesetzt. Andere Verfahren wie z. B. das NF- oder HF-Feuchtemessverfahren sind im Baubereich relativ unbekannt. [5]

Elektrochemische Kompressenentsalzung

▸*Kompressenentsalzung*

Elektrochemisches Potenzialverfahren

Das elektrochemische Potenzialverfahren wird zur Ortung von Bewehrungskorrosion in Stahl- und Spannbeton eingesetzt. Das Messprinzip basiert auf der Differenzmessung der elektrochemischen Potenziale zwischen der Bewehrung und einer außen aufgebrachten Bezugselektrode, durch die Rückschlüsse auf den Korrosionszustand möglich werden.

Elektrode

Nach [1] ist der Begriff Elektrode aus dem englischen Begriff *electric* und dem griechischen Begriff *hodós* (= Weg) abgeleitet und beschreibt einen Elektronenleiter, der im Zusammenspiel mit einer Gegenelektrode mit einem zwischen beiden Elektroden befindlichen Medium in Wechselwirkung steht. In der Regel bestehen Elektroden aus Metall oder aus Graphit. Für die Feuchte- und Salzreduzierung von Mauerwerken werden auch platiniertes Titan oder leitfähiger Kunststoff eingesetzt. Diese können stab- oder netzförmig ausgebildet sein.

Bei Vorgängen, bei denen durch eine von außen angelegte Spannung ein Stromfluss erzwungen wird (z. B. bei der Elektrolyse oder ▸*Elektroosmose*) wird die Elektrode, zu der sich die negativ geladenen Teilchen (Anoden oder Elektroden) bewegen, als Anode bezeichnet. Die Elektrode, zu der sich die positiv geladenen Teilchen (Kationen) bewegen, wird als Kathode bezeichnet. Für die elektrochemischen Elektroden gilt: die Elektrode, an der die Oxidation abläuft, ist die Anode. Die Elektrode, an der die Reduktion abläuft, ist die Kathode. Bei

© siehe Anhang

einer Elektrolyse wird die chemische Reaktion durch einen von einer äußeren Spannung hervorgerufenen Stromfluss erzwungen und die Oxidation wird durch den Elektronenentzug an der positiven geladenen Anode hervorgerufen – die Anode ist in diesem Fall der Pluspol.

© siehe Anhang

Elektro-Impulsverfahren

Das Elektro-Impulsverfahren wird zum Auffinden einer ▸*Leckage*, wie z. B. von Löchern oder ▸*Rissen* in Flachdächern und Terassen, verwendet. Hierzu wird ein Stromimpuls mit 40 Volt Gleichstromspannung und eine Ringleitung mit Minuspol angelegt. Nach der ▸*Benetzung* mit Wasser fließt automatisch die Gleichstromspannung zu der mit dem Minuspol versehenen Ringleitung. Ein Impulsempfänger misst den Stromfluss und deutet damit automatisch auf die defekte/undichte Stelle der ▸*Abdichtung* hin.

Elektrokinese

▸*Elektro-physikalische Entsalzung*
▸*Elektro-physikalische Mauerwerkstrockenlegung*

Elektro-kinetische Effekte

Zu den sog. elektro-kinetischen Effekten gehören die ▸*Elektroosmose*, die ▸*Elektrophorese*, das ▸*Strömungspotenzial* und das ▸*Sedimentationspotenzial*. Alle diese Effekte beschreiben die Vorgänge bei der Bewegung einer Flüssigkeit in einem porösen Festkörper wie z. B. einem Ziegelstein unter dem Einfluss eines elektrischen Feldes. Allen diesen Effekte ist gemeinsam, dass sie durch die Eigenschaften der elektrochemischen Grenzschicht zwischen der Baustoffoberfläche und der durch sie hindurchströmenden Flüssigkeit beeinflusst werden. [5]

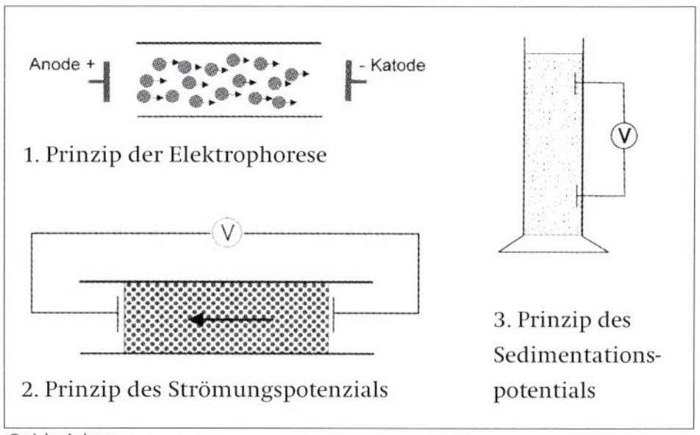

1. Prinzip der Elektrophorese
2. Prinzip des Strömungspotenzials
3. Prinzip des Sedimentationspotentials

© siehe Anhang

Elektrolyte

Ein Elektrolyt ist eine chemische Verbindung, die in wässriger Lösung oder in der Schmelze in ihre Ionen dissoziiert und durch Ionentransport den elektrischen Strom leitet. Aus diesem Grund spricht man auch vom sog. Ionenleiter. Elektrolyte können Flüssigkeiten oder Festkörper sein. Schwache Elektrolyte sind Verbindungen, die in wässriger Lösung nur gering dissoziieren. Starke Elektrolyte sind Verbindungen, die in wässriger Lösung zu mehr als 10% häufig fast vollständig dissoziiert sind. Die wichtigsten Elektrolyte sind infolgedessen entweder Salze, Säuren oder Basen. [1] [5]

Elektrolyttransport

▸*Elektroosmose*

Elektro-magnetische Verfahren

Neben den passiven und aktiven Verfahren der ▸*elektro-physikalischen Mauerwerksentfeuchtung* werden auch sog. ▸*elektromagnetische oder funktechnische Verfahren* angeboten und durch die Anbieter mit folgendem Funktionsprinzip beschrieben: Durch die Bewegung der Wassermoleküle in den feinen Baustoffkapillaren kommt es zu elektrischen Ladungen zwischen der Kapillargrenzschicht und den Wassermolekülen, die meistens an eine Hydrathülle (Salzionen) gebunden sind. Diese Ladung wird auch als ▸*Strömungspotential* oder ▸*Zetapotential* bezeichnet. Die eingesetzten elektronischen Geräte, die ugs. besser bekannt sind als ▸*"Wunderkästchen"* oder ▸*"Zauberkästchen"*, senden eine schwache Energie, mit der die Ladungsbindung gelöst werden soll. Die gelösten Wassermolekühle sollen dann ihrer Schwerkraft folgend der Kapillarkraft entgegen wirken oder über die Oberflächen verdunsten.

Einige Verbraucherschutzzentralen haben bereits ganz offiziell vor der Anwendung dieser Geräte gewarnt, zum Teil wurde bereits im Fernsehen über den offensichtlichen Betrug mit diesen Verfahren berichtet. Die Mauerwerkstrockenlegung mit elektrodenlosen Verfahren, Schwingkreisen, Funkwellen, Resonanzen oder sonstigen geheimnisvollen Wellen oder Strahlen bzw. magnetischen Feldern sind wissenschaftlich nicht gesichert und gelten als unwirksam. Deshalb soll in diesem Zusammenhang darauf hingewiesen werden, dass sie nicht den Allgemein anerkannten Regeln der Bautechnik entsprechen und deshalb nach der Rechtssprechung durch öffentliche Auftraggeber nicht ausgeschrieben werden dürfen bzw. selbst private Bauherren die Kosten einer derartigen Sanierung nicht steuerlich geltend machen dürfen.

Elektronenmikroskop

Mit Hilfe von Elektronenstrahlen werden dünne Präparate (Dünnschliffe) durchstrahlt und hochvergrößert abgebildet. Da schnelle Elektronen eine sehr viel kleinere Wellenlänge als sichtbares Licht haben und die Auflösung eines Mikroskops durch die Wellenlänge begrenzt ist, kann mit einem Elektronenmikroskop eine deutlich höhere Auflösung erreicht werden als bei einem Lichtmikroskop. Derzeit wird eine Auflösung von etwa 0,1 nm (Nanometer) erreicht, im Vergleich dazu schafft ein klassisches Lichtmikroskop etwa 200 nm. Die Hauptbestandteile eines Elektronenmikroskops bestehen aus einer sog. Elektronenkanone (mit der die freien Elektronen in einer Kathode erzeugt und in Richtung einer ringförmig um die Strahlachse liegenden Anode beschleunigt werden) und den Elektronenlinsen (mit denen die Flugbahnen der Elektronen abgelenkt werden können). Diese haben die gleiche Funktion wie Glaslinsen im Lichtmikroskop. Während die Brennweite der Glaslinsen fest liegt, ist sie bei Elektronenlinsen regelbar. Deshalb enthält ein Elektronenmikroskop im Gegensatz zu einem Lichtmikroskopkeine austauschbaren oder verschiebbaren Linsen- (systeme) wie etwa das Objektiv oder das Okular eines Lichtmikroskops. Hinzu kommt das sog. Vakuumsystem, das dafür sorgt, dass die Elektronenquelle arbeiten kann und die Elektronen auf ihrem Weg nicht durch Kollision mit Luftmolekülen behindert werden. Die Probenhalterung muss eine stabile Lage der Materialprobe garantieren. Daneben sind oft Manipulationsmöglichkeiten erwünscht, von denen je nach Art des Probenhalters unterschiedliche Kombinationen realisiert werden: Verschiebung, Drehung, Verkippung, Heizung, Kühlung, Dehnung etc. [1] [5]

Elektronische Feuchtemessung

Zu den wichtigsten Verfahren der elektronischen ▸*Feuchtemessung* gehören das Kapazitätsfeuchtemessverfahren, auch NF-Feuchtemessverfahren, und das Taupunktspiegelverfahren. Beim Kapazitätsfeuchtemessverfahren, wird ein feuchteempfindlicher Kondensator verwendet, der aus zwei flachen Elektroden besteht. Zwischen diesen befindet sich eine elektrisch isolierende und hygroskopische Kunststoffschicht (auch Dielektrikum genannt). Mit diesem Dielektrikum wird die Luftfeuchtigkeit absorbiert. Mit zunehmender ▸*Luftfeuchtigkeit* steigt dann die Kapazität des feuchteempfindlichen Kondensators. Das sog. Tauspiegelhygrometer arbeitet nach dem Taupunktspiegelverfahren und gilt als sehr präzises Instrument zur Messung der Luftfeuchtigkeit. Das Messprinzip basiert darauf, dass die Wasserdampfkondensation bei der Taupunktunterschreitung ausgewertet wird. Hierzu wird die Temperatur auf einer Spiegelfläche soweit abgekühlt, dass diese gerade anfängt, zu beschlagen. Ein spezielles Widerstandsthermometer misst in diesem Moment die Temperatur, die der Taupunkttemperatur entspricht. Aus dieser wiederum lässt sich über den Sättigungsdruck die ▸*relative Luftfeuchtigkeit* berechnen. Zur Abkühlung wird ein sog. Peltierelement eingesetzt. Hierbei handelt es sich um zwei dünne keramische Plättchen. Abhängig von der Stromstärke und -richtung kühlt sich eine Platte ab, während die andere sich erwärmt. Der Strom pumpt Wärme von einer Seite auf die Andere und erzeugt dadurch eine Temperaturdifferenz zwischen den Platten. Die Auswertung der verspiegelten Flächen erfolgt über sog. optoelektronische Verfahren.

Elektroosmose

Unter Elektroosmose wird der Effekt des Feuchtetransportes durch die Hohlräume und Risse eines porösen Baustoffes infolge eines äußeren elektrischen Feldes verstanden, dessen Ursache durch sog. elektrische Doppelschichten als Wechselwirkung zwischen der Porenflüssigkeit und dem Baustoff in unmittelbarer Umgebung der Kapillarwandung begründet werden kann. Da sowohl Wasser, als auch schwache Elektrolyte, wie sie in der Regel als Porenflüssigkeit in Baustoffen anzutreffen sind, meist eine hohe ▸*Dielektrizitätskonstante* besitzen, strömt die Porenflüssigkeit aufgrund der Elektroosmose in Richtung der negativen Elektrode. Aber auch der Umkehreffekt der Elektroosmose kann beobachtet werden. Wird eine Flüssigkeit durch einen kapillarporösen Baustoff gepresst, kann mittels geeigneter Elektroden über diesen Körper ein elektrisches Potenzial gemessen werden. Die aus dem Strömungsprozess resultierende Potenzialdifferenz wird als ▸*Strömungspotenzial* bezeichnet.

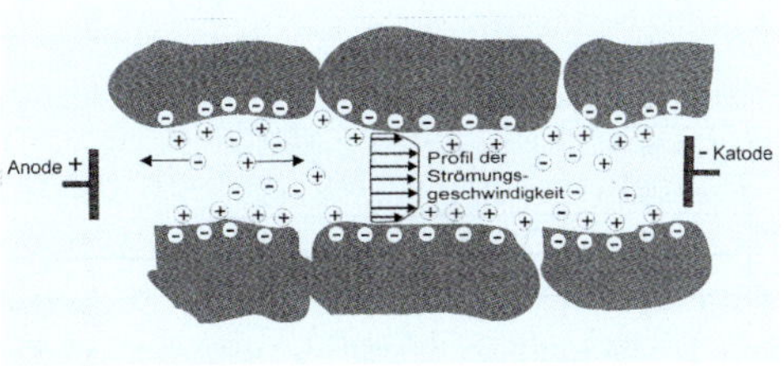

© siehe Anhang

Elektro-osmotische Permaeabilität

Nach [5] stellt die elektro-osmotische Permeabilität eine physikalische Konstante bei porösen Baustoffen dar, die sich aus der Funktion der Massenstromdichte in Abhängigkeit von der elektrischen Feldstärke berechnet. Die elektroosmotische Permeabilität eines Baustoffes wird als positiv bezeichnet, wenn sich das elektro-osmotisch transportierte Wasser in Richtung Kathode bewegt. Bei umgekehrten Verhältnissen bekommt sie ein negatives Vorzeichen.

Elektrophorese

In Wasser oder einem anderen flüssigen Medium dispergierte, sehr kleine Teilchen, die aber größer sind als Ionen, bewegen sich beim Anlegen einer elektrischen Spannung. Dies zeigt, dass sie elektrisch geladen sind. Diese geladenen Teilchen werden als Kolloidteilchen bezeichnet, wenn ihre Größe auf den Durchmesser bezogen bis zu 500 nm beträgt. Die Bewegung oder Wanderung dieser elektrisch geladenen Kolloidteilchen im Gleichspannungsfeld nennt man Elektrophorese. Da jede Kolloiddispersion nach außen elektrisch neutral ist, können die gleichnamig geladenen Kolloidteilchen nicht die alleinigen Ladungsträger sein. Infolgedessen muss eine gleich große, entgegen gesetzte Ladung im Dispersionsmittel in Form hydratisierter Ionen vorliegen. Werden diese Kolloidteilchen in feuchtem und porösem Mauerwerk gebunden, bewegt sich die flüssige Phase beim Anlegen einer Spannung in Richtung der Kathode. Dieser Effekt wird als ▸*Elektroosmose* bezeichnet.

Elektrophoretisches Potenzial

In [5] wird das elektrophoretische Potenzial als eine elektrokinetische Erscheinung beschrie-

A B C D E F G H I J K L M N O P Q R S T U V W X Y Z

ben, die vor allem dann zu beobachten ist, wenn sich suspendierte Teilchen unter dem Einfluss der Schwerkraft in einer Flüssigkeit (unten) abzusetzen beginnen und dadurch ein elektrophoretisches Potenzial verursachen. Dieser Vorgang wird auch als ▸*Sedimentationspotenzial* bezeichnet.

Elektro-physikalische Bauwerkstrockenlegung

▸*Elektro-physikalische Mauerwerkstrockenlegung*

Elektro-physikalische Entsalzung

Zur ▸*Entsalzung* von Mauerwerken werden auch sog. elektrokinetische Entsalzungsverfahren angeboten, die auf dem Prinzip der ▸*Elektroosmose* oder ▸*Elektrophorese* basieren. Bei diesen Verfahren soll die Mauerwerksentsalzung über den elektrolytischen Transport gelöster Salze bewirkt werden. Dieser Transport wird durch elektrische Felder von außen beeinflusst, wobei die Salzionen in der Wasserlösung zu den Elektroden hin wandern und sich an der Opferanode in flüssiger Form abgescheiden. In der Praxis bedeutet dies, dass in einem Mauerwerk ▸*bauschädigende Salze* im Kapillarwasser vorliegen und als positiv oder negativ geladene Ionen vorhanden sind. Werden im Mauerwerk ▸*Elektroden* eingesetzt und mit einem Gleichstrom versorgt, fließt Strom von der positiven zur negativen Elektrode. In diesem elektrischen Feld werden die Ionen bewegt. Die positiv geladenen, hydratisierten Ionen (Kationen) wandern über den Feuchtetransport zur negativen Elektrode, der Kathode. Die negativ geladenen Ionen (Anionen) wandern zur positiven Elektrode, der Anode. Über ein Steuergerät werden die Elektroden mit Gleichstrom versorgt und die Stromstärke und die Spannung auf das jeweilige Mauerwerk abgestimmt.

Als positiv geladene Elektrode werden in der Regel zylinderförmige, aus einem elektrisch leitenden Kunststoffkern bestehende Elektroden eingesetzt, die von einer semipermeablen Membran umgeben sind. Die negativ geladenen Ionen bzw. bauschädigenden Salze der ▸*Nitrate*, ▸*Chloride*, ▸*Sulfate* etc. dringen in die positive Elektrode ein. Durch eine Spezialmembran soll verhindert werden, dass die Salze zurückwandern können. Sie sollen sich zwischen dem Kunststoffkern und der Membran sammeln und dort gebunden und chemisch neutralisiert werden. Eine Elektrode kann bis zu 500g Salze aufnehmen, bevor sie ausgetauscht werden muss. Die Anordnung der Elektroden zueinander ist abhängig vom Mauerwerkszustand und dem Versalzungsgrad. In der Regel liegt er bei ca. 50cm Abstand, einem Durchmesser von 35mm und ca. 40cm Tiefe. Die negative Elektrode wird entweder als Bandelektrode unter dem Fußboden oder in Form von Stabelektroden in der Achse zwischen Boden und aufgehender Wand unter dem Fußbodenniveau verlegt. Die Kationen wandern im elektrischen Feld zur negativ geladenen Elektrode. Das Verfahren gilt als beendet, wenn die Konzentration der bauschädigenden Salze auf ein Maß reduziert worden ist, dass eine weitere Schädigung der Bausubstanz ausschliesst. Lt. Systemanbieter kann dies, je nach qualitativer und quantitativer Mauerwerksversalzung und ▸*Durchfeuchtungsgrad*, nach 3 bis 12 Monaten erreicht werden. Der Chloridgehalt soll dann nicht mehr als 0,10% betragen. Für den Nitratgehalt werden Werte unter 0,15% und 0,80% für den Sulfatgehalt angestrebt.

Elektro-physikalische Mauerwerkstrockenlegung

Nach *Dr. Arendt* beruht die elektro-physikalische Mauerwerkstrockenlegung auf dem Naturgesetz, dass bei Durchströmung eines porösen Körpers mit Flüssigkeit eine Potenzialdifferenz auftritt und sich bei Anlegen einer Spannung im Gleichstromfeld die Flüssigkeitsteilchen in Richtung Minuspol bewegen.

Bis vor etwa 25 Jahren wurde versucht, die Potenzialdifferenz unterschiedlicher Elektrodenmaterialien (galvanische Elemente) zur Entfeuchtung von Mauerwerken zu nutzen. Dies bedeutet, dass ein Stromfluss ohne Anlegen einer Spannung fließen sollte. Da keine Spannung angelegt wird, bezeichnet man diese Methode als passives Verfahren. Anode und Kathode bestehen aus Metallen unterschiedlicher Ladung. Der durch den Ausgleich der Ladung erzeugte elektrische Strom soll den Feuchtigkeits- und Salztransport im Mauerwerk entgegen der ▸*kapillaren Leitfähigkeit* sicher stellen. Die Spannung dieser Verfahren war unzureichend und die ▸*Elektroden* unterlagen einer starken ▸*Korrosion*. Des Weiteren werden sog. Dipolverfahren angeboten, bei denen sich am unteren Ende eine negative und am oberen Ende einer Wand eine positive Ladung aufbauen soll.

Als sog. aktive Verfahren bezeichnet man solche, bei denen die im Mauerwerk eingesetzten Elektroden an eine äußere Spannungsquelle (mit Einzelelektroden oder Halbleiternetzen) angeschlossen werden. In der Regel wird eine Spannung bis zu 24 Volt angelegt. Verwendet werden Kabel-, Band-, Stab-, Gitternetz- oder gelochte Flächenelektroden. Hierdurch beeinflusst man die Bewegungsrichtung der Flüssigkeiten. Bei der Einführung aktiver Methoden der elektro-physikalischen Mauerwerkstrockenlegung in den 50-er Jahren wurden ausschließlich Mauerelektroden aus Metall (meistens Kupfer) verwendet, die sich oft infolge der Elektrolyse nach einiger Zeit auflösten. Aufgrund der schlechten Erfahrung mit derartigen Elektroden wurden andere Anlagen entwickelt. Anfang der 60-er Jahre wurden Graphitstäbe als Maueranode verwendet. Graphit (Kohlenstoff) ist ein guter Leiter und wird durch Elektrolyse nicht angegriffen. Allerdings waren diese Stäbe spröde und versagten oft durch Bruch. Ende der 60-er Jahre wurden zur Verringerung des Übergangswiderstandes zwischen Elektroden und Mauerwerk sog. elektrisch leitende Mörtel entwickelt. Mitte der 70-er Jahre wurden die Erkenntnisse daraus aufgegriffen und Versuche mit leitfähigen Anstrichen und Beschichtungen sowie mit Mischungen von Trägerharzen und Graphitpulver durchgeführt. Mitte der 80-er Jahre wurden dann flexible elektrische Leiter und Ende der 80-er Jahre Flächenelektroden, in Form von geflochtenen Netzen und perforierten Folien aus leitendem Material bzw. leitend beschichtet, entwickelt. Erst mit der Entwicklung korrosionsstabiler Elektroden, welche bei Spannungen oberhalb der Elektrolysespannung eingesetzt werden können, sind akzeptable Ergebnisse und längere Standzeiten erreicht worden. Die neuesten Entwicklungen sind edelmetallbeschichtete Stab-, Band- und Gitterelektroden aus Titan, die auch in aggressivem Medium eine gewisse Korrosionsbeständigkeit aufweisen. Schwachpunkte gibt es immer noch im Bereich von Verbindung und Nahtstelle. Dies bedeutet, dass z. B. bei Abzweigungen, Fenster- und Türüberbrückungen die Elektrode unterbrochen ist. Die Kontaktstelle von Elektrode und Mauerwerk muss absolut dicht ausgeführt werden. Die Elektrode wird etwa 3cm tief im Mauerwerk verlegt, nachdem ein Schlitz gefräst wurde. Um den notwendigen Stromübergang von der Elektrode auf das Mauerwerk sicherzustellen, wird die Elektrode mit einem speziellen Elektrodenmörtel in dem gefrästen Schlitz verlegt und mit dem gleichen Mörtel verputzt. Damit wird außerdem ein mechanischer Schutz der Elektrode geboten.

Prinzipiell gilt, dass das Verfahren bei Ziegel-, Stein- und Mischmauerwerk anwendbar sein muss. An metallischen Einbauteilen und Bewehrungen können Streuströme auftreten, deshalb wird eine Isolierung der Metallteile gefordert. Ist eine Isolierung nicht möglich, kann das Verfahren nicht eingesetzt werden. Eine hohe Konzentration an bauschädigenden Salzen verkürzt die Widerstandsfähigkeit und damit die Standzeit der eingesetzten Elektroden. Im Bereich der verlegten Elektroden können nachträglich keine Einbauten vorgenommen werden. Die Anordnung und Verlegung der Elektroden im Mauerwerk muss den Erfordernissen und Gegebenheiten angepasst und daraufhin optimiert werden. Nach der Inbetriebnahme muss der Potenzialaufbau im Mauerwerk überprüft werden. Die Kontrolle und Instandhaltung sowie ggf. Instandsetzung der Anlage muss in vorgegebenen Intervallen erfolgen. Als Elektrodenmaterial sind nur Materialien geeignet, die einen Mindeststrom von 1500 mAh/ cm^2 von der Elektrode auf das Mauerwerk gewährleisten. Es werden deshalb mehrschichtige Kunststoffelektroden mit einem integrierten Stromverteiler eingesetzt. Die Elektroden müssen korrosionsbeständig sein und vor allem korrosionsbeständige Anschlüsse besitzen. Für die Funktion einer elektro-physikalischen Mauerwerksentfeuchtung ist der Stromübergang (oder Stromfluss = mA) von der positiven Elektrode auf das Mauerwerk und nicht die Spannung verantwortlich. Der Anfangsstrom (also nach Einschalten der Anlage) soll 5 bis 10 mA/ lfm Mauerwerk (oder positive Elektrode) betragen, wobei dieser Wert von der Dicke, dem Durchfeuchtungs- und Versalzungsgrad sowie der Mauerwerksart und -konstruktion abhängig ist. Der Elektrodenabstand sowie die Anordnung der Elektroden im Mauerwerk müssen dabei berücksichtigt werden. Bei elektro-physikalischen Verfahren unter 0,5 mA/ lfm konnten keine Ergebnisse gemessen werden. Dem gegenüber gibt es Ausführungen, bei denen die an den Elektroden angelegte Betriebsspannung über 20 Volt betragen muss. Im Mauerwerk muss ein ausreichender Stromfluss und eine homogene Stromdichte (zeitlich und räumlich konstanter Stromzufluss) gewährleistet werden. Je besser der Stromübergang von der Elektrode auf das Mauerwerk ist, desto geringer ist die benötigte Spannung. Um im Mauerwerk einen genügend hohen Stromfluss und eine Ladungstrennung zu erreichen, sind fast immer Spannungen über 1,23 Volt notwendig. Damit ergibt sich meistens eine Elektrolyse im Mauerwerk. Um einen dauerhaften Stromübergang auf das Mauerwerk zu gewährleisten, ist die Bildung eines Elektrolyten an der Anode notwendig. Lt. Untersuchungen reichen bei fachgerechter Ausführung bereits Spannungen zwischen 3 bis 10 Volt, um einen Anfangsstrom von 5 bis 10 mA/ lfm Mauerwerk zu erreichen. Durch die Wanderung der Ionen ändert sich die Salzkonzentration im Mauerwerk. Dies führt zu einer Veränderung des Stromflusses.

Um also den Betrieb der elektro-physikalischen Anlage aufrecht zu erhalten, muss die Spannung deshalb ständig nachgeregelt werden. Die Ionenkonzentration der Porenflüssigkeit muss bekannt und relativ klein sein, so dass ein ▸*Zeta-Potential* aufgebaut werden kann. Davon hängt letztendlich ab, ob eine elektrophysikalische Mauerentfeuchtung überhaupt möglich ist. Dieser Punkt ist sehr umstritten und wird kontrovers diskutiert, da bekannt ist, dass die Feuchtegehalte und Salzkonzentrationen innerhalb eines Mauerwerkes auf kürzester Distanz sehr stark variieren können. Weiterhin gibt es zahlreiche Veröffentlichungen über Bauvorhaben und Forschungsprojekte, an denen nachgewiesen wurde, dass diese Verfahren unwirksam sind bzw. nur durch den Einfluss weiterer Abdichtungen eine Entfeuchtung stattgefunden hat (z. B. Veröffentlichungen durch *Prof. Wittmann* bereits in den 70- und 80-er Jahren, *Prof. Dr. Weber* und *Dr. Arendt* in den 80- und 90-er Jahren sowie *Prof. Dr. Dr. Venzmer* und *Prof. Müller* in den 90-er Jahren). Deshalb soll in diesem Zusammenhang darauf hingewiesen werden, dass die elektro-physikalischen Verfahren nicht den ▸*Allgemein anerkannten Regeln der Bautechnik* entsprechen und deshalb nach der Rechtssprechung durch öffentliche Auftraggeber nicht ausgeschrieben werden dürfen bzw. selbst private Bauherren die Kos-

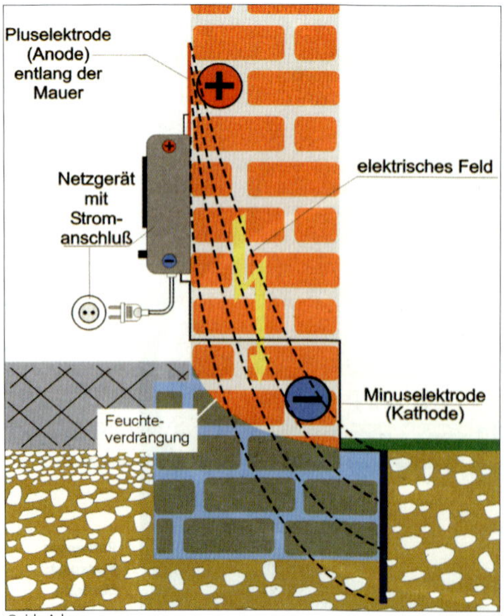

© siehe Anhang

ten einer derartigen Sanierung nicht steuerlich geltend machen dürfen.

Emissionsspektralanalyse

Die Emissionsspektralanalyse wird zur Baustoffuntersuchung eingesetzt und dient zur Ermittlung der einzelnen Elemente eines Baustoffes. Das Prinzip basiert darauf, eine Gesteinsprobe in einem sog. Hochspannungslichtbogen zwischen zwei Elektroden in den Atomzustand zu versetzen. Hierbei wird durch die unterschiedlichen Elemente Licht verschiedener Wellenlängen ausgesendet, das in einem Prisma in Spektrallinien aufgelöst wird. Beim Auftreffen dieser Spektrallinien auf spezielle Detektoren wird die Intensität gemessen und die Mengenanteile der Elemente bestimmt.

E-Modul

▸*Elastizitätsmodul*

Emulgatoren

Emulgatoren sind ▸*grenzflächenaktive Substanzen*, die häufig auch als ▸*Tenside* bezeichnet werden. Sie werden eingesetzt, um zwei miteinander nicht mischbare Flüssigkeiten (z. B. Öl in Wasser) zu einer sog. Emulsion zu vermischen. Diese Hilfsstoffe werden aber auch eingesetzt, um schwer lösliche Stoffe zu benetzen oder um Suspensionen zu stabilisieren. Emulgatoren bestehen aus Molekülen mit einer ▸*hydrophilen* (wasseranziehenden) und einer ▸*lipophilen* (fettliebenden) Komponente. Mit dem lipophilen Teil lagern sie sich an der lipophilen Phase (Fetttröpfchen) und mit dem hydrophilen Teil an Wasser an. So kann ein Öltröpfchen in einer wässrigen Phase über einen sog. monomolekularen Emulgatorfilm stabilisiert werden.

Emulsion

Der Begriff Emulsion ist die allgemeine Bezeichnung für ein Zweiphasensystem (disperses System), bei dem eine flüssige Phase in einer anderen flüssigen Phase fein verteilt ist, ohne dass sich die beiden mischen oder miteinander verbinden. Unterschieden werden die sog. kontinuierlichen (oder äußeren) und die dispergierten (oder diskontinuierlichen inneren) Phase einer Emulsion. Wird z. B. Öl in Wasser verrührt, spricht man von einer O/W-Emulsion (oder alternativ auch von einer L/H-Emulsion (= ▸*lipophil*/ ▸*hydrophil*). Diese kann mit Wasser (= äußere Phase) noch weiter verdünnt werden. Wird Wasser in Öl verrührt handelt es sich um eine W/O-Emulsion (oder H/L-Emulsion). Um eine stabile Emulsion zu erhalten, reicht es nicht aus, die beiden nicht mischbaren Phasen durch hohe mechanische Energie in den gewünschten Zustand zu überführen – erst unter Zusatz von nach Art und Menge geeigneten Emulgatoren kann eine Phasentrennung dauerhaft verhindert und die betreffende Emulsion stabilisiert werden. Stabile Systeme, in dem ein Stoff fein verteilt in einem anderen ist, werden als disperse Gemische oder ▸*Dispersionen* bezeichnet.

Endoskopie

Die Endoskopie erlaubt eine zerstörungsarme, direkte Beurteilung verdeckter Bauteile. Im Rahmen der ▸*Voruntersuchung* können z. B. Informationen über den Mauerwerksquerschnitt oder mögliche ▸*Durchfeuchtungen* hinter Verblendungen oder sonstige nicht zugängliche Bereiche gewonnen werden. Das Prinzip eines Endoskopes besteht darin, dass an einem Ende eines Metallrohrs oder Schlauches ein Okular, am anderen Ende ein Objektiv montiert ist. Die Bildübertragung erfolgt über ein Linsensystem, die Ausleuchtung über einen Lichtleiter oder eine winzige, in den Kopf integrierte Glühlampe.

Energiedispersive Röntgenanalyse

Bei der energiedispersiven Röntgenanalyse (EDX) handelt es sich um ein zerstörungsarmes Laborverfahren zur qualitativen und quantitativen chemischen Analyse. Es wird vorrangig zur Baustoffanalyse sowie zur Elementbestimmung eingesetzt. Die charakteristische Röntgenstrahlung der Elemente wird zerlegt und gestattet die Bestimmung der Art und des Anteils der in einer Baustoffprobe vorhandenen Elemente.

A B C D E F G H I J K L M N O P Q R S T U V W X Y Z

EN-Norm

▸*CEN-Normen*

Entfeuchtung

Der Begriff der Entfeuchtung wird im Bautenschutz und der Bausanierung mehrfach eingesetzt. Ugs. wird auch der Begriff der Trocknung mit Entfeuchtung gleichgesetzt. Für den in Deutschland gebräuchlichen Begriff der ▸*Mauerwerkstrockenlegung* wird in der Schweiz der Begriff der Mauerwerksentfeuchtung verwendet. Des Weiteren werden die ▸*Trocknungsverfahren* bei hoher ▸*Luftfeuchtigkeit* sowie bei der Brand- und Wasserschadensanierung auch als Entfeuchtungsverfahren bezeichnet. Darüber hinaus gibt es noch die sog. ▸*Entfeuchtungsputze*, die alternativ zu ▸*Sanierputzen* angeboten werden.

Entfeuchtungsputz

Der sog. Entfeuchtungsputz wird seit vielen Jahren mit der Aussage angeboten, ein ▸*kapillar und/oder hygroskopisch* durchfeuchtetes Mauerwerk entfeuchten zu können. In einigen Veröffentlichungen war auch zu lesen, dass selbst bei ▸*kapillar aufsteigender Feuchtigkeit* die Ursache der Durchfeuchtung nicht festgestellt werden muss und eine ▸*nachträgliche Horizontalabdichtung* nicht notwendig ist. Die hohe ▸*Wasserdampfdiffusionsfähigkeit* des Entfeuchtungsputzes würde eine Abtrocknung/ ▸*Entfeuchtung* des Mauerwerkes sicherstellen. Dies ist aufgrund bauphysikalisch bedingter Vorgänge unmöglich. Der Feuchtetransport innerhalb eines Mauerwerks sowie die kapillare Leitfähigkeit kann durch die ausschließliche Verwendung von Putzen mit einer hohen ▸*Porosität* bzw. ▸*Porenanteil* nicht unterbunden werden. Dies wird schon allein daran deutlich, dass ▸*Kapillarität* im Mauerwerk stattfindet und der Entfeuchtungsputz nur auf die Oberfläche aufgetragen wird.

Auch wenn die hohe Wasserdampfdiffusion des Entfeuchtungsputzes eine Abgabe von Feuchtigkeit aus dem Mauerwerk sicherstellt oder nicht behindert, kann nicht von einer Entfeuchtung gesprochen werden, da bei fehlender ▸*Horizontalsperre* weiterhin Feuchtigkeit auf kapillarem Weg transportiert wird und damit den Feuchtegehalt im Mauerwerksquerschnitt weiterhin auf hohem Niveau bleibt. So lange die Ursache der Kapillardurchfeuchtung nicht beseitigt wird, kann auch keine Entfeuchtung einsetzen. Der Vollständigkeit wegen soll erwähnt werden, dass Entfeuchtungsputze nicht den Anforderungen des ▸*WTA-Merkblattes* gerecht werden und keine WTA-Prüfung besitzen. An Forschungsprojekten (z. B. BMFT in Oberschleißheim) hat der Entfeuchtungsputz als einer der ersten Putzsysteme auf feuchte- und salzbelasteten Untergründen nicht bestanden.

Entkalkung

Die Gegenwart löslicher Salze kann zum Schaden führen, wenn diese mit anwesendem Kalk wasserlösliche Verbindungen eingehen und dadurch allmählich das Bindemittel herauslösen. Dieser Entkalkungsvorgang kann sich im Gegensatz zur ▸*Kristallisation* nur in Bauteilen abspielen, die sich längere Zeit unter Feuchtebelastung befinden. Wenn auch die Schädigung durch Herauslösen bedeutend langsamer vor sich geht als der Angriff durch ▸*Auskristallisation*, so kann dies doch mit der Zeit zu erheblichen Zerstörungen führen. Daraus folgt, dass als Baustoffschadstoffe nur Salze auftreten können, die entweder wasserlöslich oder in schwach saurem Wasser löslich sind. Zu Letzterem ist außer einigen Grundwässern auch das Regenwasser zu rechnen, da es sowohl Kohlensäure aus der Luft als auch Schwefeldioxid aus den Rauchgasen und nitrose Gase aus den Autoabgasen aufnimmt. Unlösliche Salze werden in der Regel nicht als ▸*bauschädigende Salze* oder Schadstoffe für Baustoffe bezeichnet.

Entkopplung

Wenn durch thermisch und/oder hygrisch bedingtes ▸*Quellen* und ▸*Schwinden* Bewegungen und Formveränderungen im Untergrund behindert werden, kann es an der Oberfläche zu Verformungen und in der weiteren Folge zu

▸*Rissen* und/oder ▸*Abplatzungen* kommen. Dabei kann die Zugspannung größer als die Zugfestigkeit sein, so dass es aufgrund der unterschiedlichen Kräfteverhältnisse zwangsläufig zur ▸*Rissbildung* kommen muss. Die Zugspannung kann aber auch größer als die Haft(scher)festigkeit sein (im Regelfall bildet sich dann eine Hohlstelle), die zum ▸*Ablösen* der Oberfläche und damit zur Rissbildung führt. Oder die ▸*Zugspannung* ist größer als die ▸*Scherfestigkeit*. Dies tritt vor allem bei mehrlagigen Beschichtungen wie Putzsystemen auf, die sich dann im Querschnitt teilen. Es entsteht wiederum eine Hohlstelle, die zum Ablösen des Putzes und damit zu Abplatzungen führt. Aus diesem Grund werden die einzelnen Schichten untereinander entkoppelt. Bekannte Beispiele hierfür sind Leicht- oder auch Wärmedämmputze mit geringer Festigkeit, mit denen der Oberputz (mit höherer Festigkeit) vom Untergrund (mit höherer Festigkeit) entkoppelt wird. Durch diese Schicht werden mögliche Bewegungen aus dem Untergrund ausgeglichen. Die Entkopplungsschicht kann aber auch Bewegungen an der Oberfläche (durch thermisches und/oder hygrischen Quellen und Schwinden) ausgleichen, damit innerhalb des Putzsystems keine Schäden auftreten. Der Umfang dieser Bewegung hängt vom sog. ▸*Entkopplungsmaß* ab.

Entkopplungsmaß

Das Entkopplungsmaß beschreibt die Fähigkeit, Bewegungen und ▸*Spannungen* innerhalb eines Beschichtungsaufbaus auszugleichen und ist vom Elastizitäts-, Relaxations- und Verformungsverhalten der einzelnen Baustoffe sowie des Gesamtsystems abhängig. Hierbei spielt das Adhäsions- und Kohäsionsverhalten der Baustoffe untereinander sowie die Art der Bewegungen und Verformungen eine wichtige Rolle. Die maximale Spannung bis zum ▸*Riss* oder Bruch, definiert das Entkopplungsmaß.

Entropie

Die Entropie (griechisch *trope* = Transformation und altgriechisch *entrépein* = umkehren) ist eine Kenngröße der Thermodynamik. Die Energie in physikalischen Systemen kann unterschiedlich vorliegen (potenzielle E., kinetische E., thermische E.) und ist untereinander nicht einfach umwandelbar. So kann z. B. potenzielle Energie in kinetische Energie umgewandelt werden, wobei dieser Vorgang reversibel ist. Auch die Umwandlung von potenzielle und kinetische Energie in Wärmeenergie ist möglich, aber nicht umgekehrt. In der Physik spricht man deshalb bei kinetischer Energie von geordneter und bei thermischer Energie von ungeordneter Energie. Die Entropie beschreibt, zu welchem Grad die Energie in einem System in ungeordneter Form vorliegt.

Entsalzung

Nach [5] wird eine Definition der Entsalzung nach biologischer und bauphysikalischer Sicht vorgenommen. Dies ist in der Baupraxis allgemein unüblich und müsste dann in letzter Konsequenz noch durch die chemische Entsalzung ergänzt werden. Die biologische Entsalzung beschreibt einen Vorgang, bei der die Reduzierung des Salz- und damit Ionengehaltes durch biologische Prozesse erfolgt. In der Regel finden diese Prozesse in Anwesenheit von Mikroorganismen wie ▸*Nitrifikanten* oder ▸*sulfatreduzierende Bakterien* statt. Bei der chemischen Entsalzung werden ▸*leichtlösliche Salze* durch chemische Reaktionen in ▸*schwer- oder unlösliche Salzverbindungen* umgewandelt. Die physikalische Entsalzung beschreibt einfache Prozesse, bei denen die Salze in Lösung gebracht und damit transportiert werden und anschließend in einem definierten Ort auskristallisieren, so z. B. in ▸*Kompressen*, in Putzsystemen oder einfach an der Oberfläche eines Bauteils.

Die Entsalzung von Baustoffen und Mauerwerken ist ein zentrales Thema in der Altbausanierung und Baudenkmalpflege, da durch Salze die ▸*hygroskopische Feuchtigkeit* verursacht und damit die Feuchtigkeit im Baustoff oder Mauerwerk erhöht und/oder gehalten wird. Für den Transport bauschädigender Salze ist immer Feuchtigkeit erforderlich, so dass salzbelastete Mauerwerke einerseits Feuchtigkeits-

A B C D E F G H I J K L M N O P Q R S T U V W X Y Z

schäden verursachen, aber auf der anderen Seite auch Feuchtigkeit für die Sanierung benötigen. Durch diese Wechselwirkung und Abhängigkeit ist die Sanierung von salzbelasteten oder -geschädigten Mauerwerken eine komplizierte Aufgabe und bis heute unter technischen, ökologischen und ökonomischen Gesichtspunkten (noch) nicht wirklich gelungen.

Entsalzungsverfahren

Ein feuchtebelastetes Mauerwerk ist in der Regel mehr oder weniger stark mit den unterschiedlichsten Salzen belastet. Je nach Hauptbaustoff (z. B. Ziegelmauerwerk), Nutzung des Bauwerks (z. B. Stallungen) oder Umgebungs- bzw. Instandhaltungsbedingungen (z. B. defekte Regenentwässerung) können dies u. a. ▸*Karbonate*, ▸*Sulfate*, ▸*Nitrate* und ▸*Chloride* sowie Mischsalze sein. Durch ihre ▸*Hygroskopizität* stellen ▸*bauschädigende Salze* das eigentliche Problem bei der ▸*Mauerwerkstrockenlegung* und Kellersanierung dar. Neben der Erhöhung der Mauerwerksfeuchte und der Belastung dereinzelnen Baustoffe durch ▸*Hydratation* und ▸*Kristallisation* und deren Drücke ist das Hauptproblem, dass ▸*hygroskopische Feuchtigkeit* oft auch das Schadensbild der ▸*kapillar aufsteigenden Feuchtigkeit* vortäuscht. Neben der Reduzierung der Mauerwerksfeuchte ist deshalb eine Entsalzung derartiger Mauerwerksbereiche eine notwendige Voraussetzung. Einfache Verfahren der Entsalzung sind bis heute nicht bekannt und nur begrenzt wirksam. Die relativ aufwendigen Verfahrenstechniken wiederum müssen entsprechend gewartet und überwacht werden. Je nach Art der Ausführung oder des Entsalzungsvorganges werden in [5] folgende Entsalzungsverfahren unterschieden:

Mit dem ▸*Mauerwerksaustausch* gibt es die Möglichkeit, die salzbelastete Bereich komplett zu <u>entfernen</u>. Dieses sehr aufwendige Verfahren wird angewendet, wenn ohnehin die Fundamentgründung neu ausgebildet werden muss (z. B. aus statischen Gründen). Mit sog. ▸*Salzbehandlungsmitteln* wird versucht, leichtlösliche Salze in schwer- oder unlösliche Salzverbindungen <u>umzuwandeln</u>. Die hierfür eingesetzten Produkte (in der Regel ▸*Bleihexafluorsilikate*) sind hoch giftig, besitzen nur eine geringe Eindringtiefe und können chemisch darüber hinaus nur mit einigen Salzen reagieren. Im Anfangsstadium befindet sich die biologische ▸*Salzumwandlung*, bei der mittels Mikroorganismen einige Salzverbindungen umgewandelt werden. Des Weiteren werden verschiedene Verfahren angeboten, mit denen die Salzbelastung <u>reduziert</u> wird. Zu den weniger bekannten und in der Praxis unüblichen Verfahren gehören das ▸*AET-Verfahren*, die sog. ▸*Delta-P-Entsalzung*, die ▸*ETB-Entsalzung*, die ▸*elektrochemische Kompressen-Entsalzung*, das ▸*Injektionskompressenverfahren*, die Saugdocht-Entsalzung sowie die ▸*Vakuumfluid-Entsalzung*. Zu den bekannteren Verfahren zählen die klassischen Kompressen z. B. aus ▸*Buchenholz-Zellulose* oder die ▸*Opfer-/ Kompressenputze*. Das am meisten eingesetzte Verfahren zur Schadsalzreduzierung ist das Aufbringen eines ▸*Sanierputzes*. Allerdings wird mit einem Sanierputz eine andere Zielsetzung verfolgt, da über einen möglichst langen Zeitraum eine schadensfreie Oberfläche erreicht werden soll. Die Menge an reduziertem Salz aus dem Untergrund ist hierbei unwichtig.

Speziell bei Sichtmauerwerk z. B. bei der norddeutschen Backsteingotik oder bei denkmalgeschützten Bauwerken aus sichtbarem Naturstein bleibt die Entsalzung nach wie vor ein ungelöstes Problem, da die einsetzbaren Verfahren zu aufwendig oder zu uneffizient sind und die effizienten Verfahren wie Sanierputze ausscheiden, wenn das Mauerwerk sichtbar bleiben soll. Dieses Problem stellt sich regelmäßig, wenn Gewölbekeller mit sichtbarem Ziegel- oder Bruchstein und starken Durchfeuchtungen und Versalzungen saniert werden aber gleichzeitig sichtbar bleiben sollen.

Epoxidharz

Epoxidharze sind ▸*Reaktionsharze*, die im ausreagierten (gehärteten) Zustand einen ▸*duroplastischen Kunststoff* von hoher Festigkeit und chemischer Beständigkeit darstellen. Zur Herstellung werden das eigentliche Epoxidharz und der Härter gründlich vermischt. Je nach Zusammensetzung und Temperatur erfolgt innerhalb von wenigen Minuten bis mehreren Wochen die Aushärtung der ursprünglich flüssigen Komponente infolge der ▸*Polymerisation* durch ▸*Polyaddition*. Epoxidharze können lösemittel- oder wasserverdünnbar sein, nach dem Abbinden sind sie vollständig vernetzt. Dies bedeutet, dass sie ein hohes Haftvermögen auf den verschiedensten Untergründen besitzen, wasserbeständig sind und ein geringes Schwindmaß und hohe Zähigkeit aufweisen.

Beim Anmischen von Epoxidharz muss das Harz-Härter-Verhältnis genau eingehalten werden, sonst verbleiben Teile vom Epoxidharz oder Härter ohne Reaktionspartner. Dies hätte klebrige Oberflächen und reduzierte Festigkeiten des Endprodukts zur Folge. Ein nicht gründliches und homogenes Durchmischen der Komponenten hat ähnlich negative Effekte.

Erdalkalien

▸*Salze*

Erdfeuchtigkeit

▸*Bodenfeuchtigkeit*

Erosion

Der Begriff Erosion wurde aus dem Lateinischen (*erodere* = abnagen) abgeleitet und beschreibt die Abtragung von meist verwitterten Oberflächen durch Witterungseinflüsse (vor allem Wind und Wasser). Ursprünglich handelt es sich um einen natürlichen Prozess, der jedoch durch menschliche Aktivitäten verstärkt und/oder beschleunigt werden kann. Dies ist besonders gut an solchen verwitterten Natursteinoberflächen zu beobachten, die als Folge einer erhöhten Umweltbelastung einem Bindemittelabbau oder einer Bindemittelumwandlung unterliegen und dadurch ihre ursprüngliche Oberflächenfestigkeit verlieren. Infolgedessen kommt es z. B. zu einer erhöhten Feuchtigkeitsaufnahme, mit der dann weitere Schadensmechanismen (so das in Lösung gehen, transportieren und wieder auskristallisieren von Salzen) verursacht werden.

Beim Abtrag der feinen Oberflächenpartikel erfolgt in der Regel eine Sortierung nach Korngröße und Gewicht der Partikel. Dies ist von der Art und dem Umfang des Transportmediums, dessen Strömungseigenschaften und Geschwindigkeit abhängig. Die Ablagerung dieser Partikel wird auch als Sedimentation bezeichnet.

© siehe Anhang

Erweichungspunkt

Der sog. Erweichungspunkt ist eine Kenngröße in der Bitumenherstellung und beschreibt eine Temperaturmaßzahl für das Fließverhalten von ▸*Bitumen* bei hohen Temperaturen.

ETB-Verfahren

Nach [5] handelt es sich beim sog. ETB-Verfahren um ein Verfahren zur ▸*Mauerwerksentsalzung* und basiert auf der ähnlichen Grundlage wie das ▸*AET-Verfahren*. Nach dem Funktionsprinzip arbeitet auch das ETB-Verfahren auf der Basis der sog. Elektromigration, da eine Anode gegenüber dem Erdpotenzial mit einer Spannung von ca. 60 Volt versorgt wird. An der Anode, die galvanisch mit einer korrosionsbeständigen Schicht aus Platin überzogen ist, können sich Salze in gelöster Form ansammeln. Dieses Verfahren wird sowohl mit stab- wie auch gitterförmigen Flächenanoden angewendet.

Ethylencopolymerisatbitumen

Bei einem Ethylencopolymerisatbitumen (ECB) handelt es sich um ein sog. Polyolefin, dem durch Zugabe mit einem speziellen ▸*Bitumen* elastische Eigenschaften verliehen wurden. Die ▸*Dichtungsbahnen* aus ECB sind sowohl in der ▸*DIN 18 195 „Bauwerksabdichtung"* wie auch in einer eigenen Materialstoffnorm DIN 16 729 geregelt. Die Nähte und Stöße dürfen mit einem Heißluftgerät oder durch Verkleben mit Bitumen verbunden werden. ▸*Kunststoffbahnen* aus Ethylencopolymerisatbitumen sind sowohl gegen chemische wie auch mechanische Angriffe sehr widerstandsfähig. Seit Anfang der 90-er Jahre wird mit der ▸*flexiblen Abdichtungsbahn* eine interessante Weiterentwicklung angeboten.

Ethylen-Vinylacetat-Terpolymer

Ethylen-Vinylacetat-Terpolymer ist ein ▸*thermoplastischer* und bitumenverträglicher ▸*Kunststoff*, der die Eigenschaften eines elastifizierten PVC (Polyvinylchlorid) besitzt. Er wird für ▸*Kunststoff-Dichtungsbahnen* nach ▸*DIN 18 195 „Bauwerksabdichtung"* eingesetzt. Nähte und Stöße müssen durch Quell-, Warmgas- oder Heizelement-Schweißen verbunden werden.

Ettringit

Ettringit wurde erstmals in der Basaltlava bei Ettringen in der Eifel entdeckt, die auch für die Namensgebung verantwortlich ist. Es kristallisiert in feinen seidenglänzenden Nadeln aus. Ettringit entsteht in Baustoffen dadurch, dass sich an das Trikalziumaluminat von Zementen Kalziumsulfat (Gips) anlagert. Das entstehende kristalline Trisulfat hat durch die Anlagerung einer erheblichen Menge Kristallwasser ein wesentlich größeres Volumen als die festen Ausgangsstoffe, in deren Raum es sich zwängen muss. Dadurch übt es gegen seine Umgebung einen Kristallisationsdruck aus und bewirkt eine mechanische Gefügezerstörung.

Um die Bildung von ▸*Treibmineralien* auszuschließen, dürfen auf frischen Betonflächen oder Zementputzen keine gipshaltigen Baustoffe (Reparaturmörtel oder Putze) verarbeitet werden, umgekehrt müssen auf kalziumsulfathaltigem Mauerwerk oder Baustoffen aluminatfreie oder aluminatarme Zemente eingesetzt werden. Ettringit wird ugs. auch als Zementbazillus bezeichnet.

Ettringittreiben

▸*Sulfattreiben*

EVA

▸*Ethylen-Vinylacetat-Terpolymer*

Exposition

Der Begriff Exposition ist aus dem lateinischen Wort *expositio* (wörtliche Übersetzung = Aussetzung oder im übertragenen Sinn = Darlegung) abgeleitet und wird in vielen Bereichen mit unterschiedlichen Bedeutungen verwendet. Im Baubereich oder in Bezug auf Bauwerke spricht man von Exposition, wenn man den Einfluss äußerer Einwirkungen auf ein nach Dimension und Oberflächenbeschaffenheit definiertes Bauwerk beschreiben will. Zu den äußeren Einflüssen gehören die topografische Lage, die Ausrichtung, die Witterungsbedingungen (Regen, Sonne, Wind, Frost, Schnee, Nebel) oder auch die biologische Umwelt (z. B. mikrobieller Bewuchs (gesteuert) oder Befall (ungesteuert; beide Einflüsse können die Erosion der Oberflächen beschleunigen und damit einen Bauschaden verursachen oder beschleunigen).

In Verbindung mit Bauschäden hat der Begriff Exposition noch eine andere Bedeutung. So werden Bauschäden subjektiv stärker bewertet, wenn sich ▸*Risse*, ▸*Blasen*, ▸*Abplatzungen*, ▸*Durchfeuchtungen*, ▸*Ausblühungen*, Kratzer oder Farbtonabweichungen in „exponierter Lage" wie z. B. in Augenhöhe oder an einer stark frequentierten Straße befinden.

F

Fachplanung

Unter Fachplanung wird einerseits die Planung verstanden, die auf alle unmittelbar und/oder mittelbar raumwirksamen Konzeptentwicklungen und Maßnahmen gerichtet ist. Sie ist auf bestimmte, abgegrenzte Sachbereiche oder Vorhaben ausgerichtet und fällt in die Zuständigkeit der entsprechenden Fachbehörde (Fachressorts) der EU, des Bundes, der Länder, Landkreise oder Kommunen sowie privater Träger in Wahrnehmung öffentlicher Aufgaben. Darüber hinaus wird auch die spezialisierte Planung in einem Fachgebiet (z. B. Baudenkmalpflege) als Fachplanung bezeichnet. Diese Fachplaner konzentrieren sich dann in der Regel auf Sach- und Spezialgebiete.

Falsifizierung

▸ *Diagnostikstufen*

Farben

▸ *Anstriche*

Fase

Die Fase ist eine abgeschrägte Bauteilkante, so z. B. auch zwischen der Werkstoff- und Dichtstoffoberfläche. Sie ist bei ▸ *Bauteilfugen* vorgeschrieben, um z. B. bei Betonbauteilen eine Umwanderung durch Wasser zu verhindern.

Fassadenschutz-Theorie

Auch wenn für die Bauwerksabdichtung und Kellersanierung die Fassadenschutz-Theorie nur eine untergeordnete Bedeutung hat, soll sie kurz erwähnt werden, da z. B. Sanierputze und deren Schlussbeschichtung auch im Sockelbereich eingesetzt werden. Ende der 60-er Jahre wurde durch Dr. Künzel vom Institut für Bauphysik der Fraunhofer-Gesellschaft in Holzkirchen eine vielbeachtete Theorie aufgestellt, die sich dem Fassadenschutz widmete. Die Fassadenschutz-Theorie basierte auf der Erkenntnis, dass ein wirksamer Feuchteschutz immer dann gegeben ist, wenn die Wasserabgabe einer Fassade wesentlich größer ist als deren Wasseraufnahme. Diese Grundforderung wurde wie folgt in Formeln definiert:

$$w < 0{,}5\ kg/\ m^2 \cdot h^{0{,}5}$$

$$sd < 2{,}0\ m$$

$$w \cdot sd < 0{,}1\ kg/\ m^{0{,}5}$$

Entsprechend ihrer Bedeutung für den Einsatz von Beschichtungssystemen spricht man auch von der Künzel´schen Fassadenschutz-Theorie. Sie wurde bereits Ende der 70-er Jahre Bestandteil der DIN 4108. Auch die Einstufung von ▸ *wasserabweisenden* oder ▸ *wasserhemmenden* Putzen in der DIN 18 550 erfolgte nach dieser Theorie.

Fäule

▸ *Holzzerstörende Pilze*

Fäulnis

Unter Fäulnis wird im Allgemeinen eine Zersetzung von in der Regel schwefel- oder stickstoffhaltiger, abgestorbener Biomasse durch Pilze und/oder Bakterien verstanden. Durch diesen mikrobiellen Abbau von Proteinen und anderen organischen Stoffen werden meistens unangenehme bis übelriechende (in den seltenen Fällen so gar stechende) Gase und Dämpfe freigesetzt.

In Gebäuden besitzt die von Pilzen oder Mikroorganismen verursachte Zerstörung des

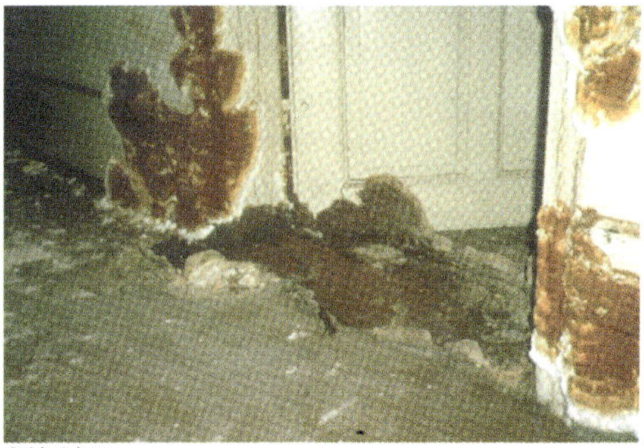

A B C D E F G H I J K L M N O P Q R S T U V W X Y Z

Holzes oder der Abbau der Holzsubstanz eine Bedeutung. Die gefährlichsten Vertreter für verbautes Holz sind die Zellulose abbauenden Braunfäuleereger (z. B. der ▸*Echte Hausschwamm*, der Weiße ▸*Porenschwamm*, der ▸*Braune Kellerschwamm* oder Blättlinge) sowie für lagernde Laub- und Nadelhölzer die Lignin und Zellulose abbauenden Weißfäuleereger sowie die Moderfäuleereger.

Fehler

Die Begriffe Fehler und Mängel werden oft gleichgesetzt. Nach BGB handelt es sich bei einem Fehler um eine Abweichung der Ist-Beschaffenheit von der Soll-Beschaffenheit, die den Wert oder die Tauglichkeit eines Produktes oder einer Dienstleitung aufhebt oder mindert. Ein Fehler (oder ein Mangel) kann sowohl die technische Funktion (wie z. B. eine Undichtigkeit einer Abdichtung) wie auch das optisch-ästhetische Erscheinungsbild (wie z. B. Farbtonabweichung) beeinträchtigen. Hierbei spielt es in der Rechtssprechung keine Rolle, wie stark diese Abweichung ist. Ausgenommen hiervon sind Abweichungen, die eine ganz unbedeutende Beeinträchtigung darstellen.

Festigkeit

Die Festigkeit ist eine physikalische Kenngröße und Baustoffeigenschaft. Mit ihr wird beschrieben, welchen Widerstand ein Baustoff der Verformung entgegen setzt. Die Einheit der Festigkeit ist Kraft pro Fläche und wird in N pro mm^2 angegeben.

Festigkeitsprüfung

Festigkeitsprüfungen richten sich nach der Art des Baustoffes. So unterscheiden sich die Prüfungen auf ▸*Druckfestigkeit*, ▸*Biegezugfestigkeit*, ▸*Zugfestigkeit*, Haftscherfestigkeit oder ▸*Haftzugfestigkeit* für Ziegelsteine von denen der Natursteine, von einzelnen Mauersteinen oder Mauermörtel von denen im Verbund als Mauerwerk, von mineralischen Baustoffen zu organisch gebundenen oder bituminösen Baustoffen sowie von spachtelbaren Abdichtungsstoffen zu denen der ▸*Kunststoff- oder Bitumenbahnen*. Weiterhin muss definiert werden, ob Festigkeitsprüfungen nur am einzelnen Baustoff oder im Verbund mit dem Untergrund durchgeführt werden.

Die Art und der Umfang entsprechender Prüfungen ist in der Regel in DIN-Normen und anderen Regelwerken oder Merkblättern beschrieben. So regelt die DIN 18 555 die Festigkeitsprüfungen für Mauermörtel und die DIN 105 die Prüfungen für Mauersteine, wobei die Prüfung für Mauerwerke wiederum in der DIN 1053 definiert ist. Die Prüfung der Sanierputze ist dagegen im WTA-Merkblatt „Sanierputzsysteme“ ausführlich beschrieben, verbindlich für die Eigen- und Fremdüberwachung und Voraussetzung für ein WTA-Zertifikat.

Festigung

Der Begriff Festigung wird für ganz unterschiedliche Bereiche verwendet. Zum Einen geht es um die Oberflächenverfestigung von mineralischen Baustoffen wie z. B. Natursteine oder Mineralputze, die in Folge der Verwitterung an der Oberfläche kreiden, sanden oder andere Auflockerungserscheinungen des Gefüges zeigen. Des Weiteren kann es in Folge der Umwelteinflüsse zu Bindemittelumwandlungen und –auswaschungen kommen, die ebenfalls zu einem Festigkeitsverlust an der Oberfläche führen können. Um dem vorzubeugen bzw. den Prozess zu stoppen, werden Festigungsmittel aufgetragen, die eine gute Penetration (Eindringtiefe) besitzen müssen. Dies können Grundierungen auf Silikatbasis sein, die mit dem Untergrund reagieren und durch Ausscheidung eines Silikatgels die einzelnen Körner des alten Untergrundes (Naturstein, Mineralputz oder dgl.) ummanteln und damit in eine feste Bindemittelmatrix chemisch einbinden. Der gleiche Effekt kann auch mit niedrigviskosen Kunstharzen (Gel, Polymer) erreicht werden, die auch die mineralischen Feinstzuschläge einbinden. Hierbei liegt meistens eine physikalische Bindung vor. In jedem Fall muss sicher gestellt werden, dass es im oberflächennahen Bereich nicht zu einer Überfestigung kommt, da diese dann wiederum zu einer

Schalenbildung (Abscheren oder Abschehlen) führen kann. Zu einer Überfestigung kann es kommen, wenn die Grundierung unzureichend eindringt und sich zu viel Wirkstoff im oberflächennahen Bereich ansammelt. Weitere Ursachen können erhöhte Untergrundfeuchtigkeit, Versalzung oder eine zu schnelle Aushärtung des Wirkstoffes sein.

Darüber hinaus wird der Begriff Festigung auch im Bereich der Baudenkmalpflege und Restaurierung verwendet, wenn sich einzelne Putzschichten vom Untergrund gelöst haben und eine komplette Entfernung und Erneuerung nicht in Frage kommt (z. B. wegen originaler Bausubstanz und/oder historisch wertvoller Intarsien, Alsecco-Malerei, Sgrafitto-Technik oder dgl.). Wenn sich der Putz nur in Teilbereichen gelöst hat, wird die Putzschicht abgestützt und anschließend durch feine Bohrungen ein Kunstharz zwischen Putzschicht und Untergrund eingespritzt, um die Haftung wieder herzustellten.

Auch im Mauerwerksbau wird der Begriff Festigung verwendet, wenn die Tragfähigkeit und Stabilität nicht mehr gegeben ist. Bei hohlräumigen, mehrschaligen und/oder klüftigen Mauerwerken werden dann verfestigende Zementleim- oder Kunstharzinjektionen und/oder Vernadelungen durchgeführt, mit denen die Festigkeit wieder hergestellt wird.

Festmörtel

Im Gegensatz zum Frischmörtel, der den plastischen Putzmörtel während oder unmittelbar nach der Verarbeitung beschreibt, wird unter Festmörtel der erhärtete Putz verstanden. Da die Härtung von zahlreichen Bedingungen abhängt und infolgedessen einen unterschiedlich langen Zeitraum einnehmen kann, gibt es keinen definierten Zeitpunkt für den Übergang von einem Frischmörtel zu einem Festmörtel. Der Übergang ist fließend. Prüfungen zur Festigkeit an einem Festmörtel werden deshalb auch nach 24 Stunden, 7 und 28 Tagen durchgeführt.

Feststoffgehalt

Der Feststoffgehalt wird auch als Festgehalt, Festkörper, Trockengehalt oder Trockenrückstand bezeichnet und beschreibt den Massenanteil (Gewichtsanteil), der von einem Beschichtungsstoff oder einem Bindemittel unter festgelegten Bedingungen als Rückstand verbleibt. Dabei sind unter den festgelegten Bedingungen Probenmenge, Fläche des Probenträgers, Temperatur und Zeitdauer der Trocknung bis zur Gewichtskonstanz zu verstehen, weil hiervon in erheblichem Maße das Ergebnis der betreffenden Bestimmung abhängt. Die Bestimmung des Festgehaltes wässriger Bindemittel erfolgt meist nach EN ISO 3251, wobei hier andere Parameter gelten. An Stelle der o.g. unterschiedlichen Bezeichnungen für den gleichen Begriff wird zukünftig nach DIN 55 945 generell der einheitliche Begriff "Nichtflüchtiger Anteil" verwendet.

Fettriss

Als Fettrisse werden kurze, nur an der Putzoberfläche vorhandene, ▸*Haarrisse* bezeichnet. Sie können an Oberputzen mit besonders feiner Struktur oder an geglätteten Oberflächen auftreten. Durch das Strukturieren bzw. Glätten der oberen Putzschicht mit einem Holzbrett bzw. einer Stahltraufel werden die Feinanteile des Putzgefüges an der Oberfläche angereichert und der Porenraum verkleinert. Für die Instandsetzung von Fettrissen gilt, dass die obere, bindemittelreiche Oberfläche abge-

A B C D E F G H I J K L M N O P Q R S T U V W X Y Z

tragen werden muss, da die Bedingungen für eine Beschichtung nicht als optimal einzustufen sind. Aus der Kenntnis dieser Schadensursache haben sich in den letzten Jahrzehnten zunehmend Putzweisen durchgesetzt, die eine intensive Nachbearbeitung der Putzoberflächen ausschließen. Hierzu gehören sowohl der Spritzputz, der Kellenputz oder der Besenwurf. Auch der Kratzputz hat den Vorteil, dass evtl. Bindemittelanreicherungen durch das anschließende Abkratzen abgetragen werden. Fettrisse, die auf zu hohe Bindemittelanteile zurück zu führen sind, treten immer seltener als Schadensbild auf, da zunehmend systemgeprüfte Werktrockenmörtel verarbeitet werden.

Feucht

Wer sich mit der Thematik Kellersanierung auseinandersetzt und vor allem eine Kosten-Nutzen-Analyse anschließender Instandsetzungsmaßnahmen durchführt, kommt an den banalen Begrifflichkeiten „feucht" und „trocken" nicht vorbei. Sie definieren die Zielsetzung einer ▸*Abdichtung* und der dazu notwendigen ▸*flankierenden Maßnahmen*, zeigen den sog. ▸*Sanierungsspielraum* auf und definieren die Eignung und Anwendungsgrenzen von Produkten und Verfahren.

Unter Feuchtigkeit wird genau genommen der ▸*Wasserdampfgehalt* in der atmosphärischen Luft verstanden. Steht eine ruhende Luftschicht bei konstanter Temperatur längere Zeit vor oder über einer Wasseroberfläche, so bildet sich ein dynamisches Gleichgewicht zwischen den verdunstenden und den kondensierenden Wassermolekülen. Infolgedessen ist die Luftmenge feuchtegesättigt, der ▸*Partialdruck* des Wasserdampfes ist gleich dem ▸*Sättigungsdruck* und die ▸*relative Luftfeuchtigkeit* beträgt 100 Prozent.

In Bezug auf Baustoffe beschreibt die Bezeichnung „feucht" einen erhöhten Feuchtigkeitsgehalt. Nahezu alle Baustoffe besitzen auch in einem „trockenem" Bauwerk einen bestimmten Gehalt an Wasser, der von den Umgebungsbedingungen abhängt und deshalb nicht konstant sein kann. Dies ist bei der sog. ▸*Mauerwerkstrockenlegung* zu beachten, da eine Reduzierung der vorhandenen Feuchtigkeit gegen Null nicht möglich ist und auch ein „trockener" Baustoff immer eine gewissen Materialfeuchte aufweist. Hinzu kommt, dass diese „natürliche" Eigenfeuchte der Materialien durch äußere Einflüsse verändert wird. So wird der Feuchtigkeitsgehalt eines Baustoffes im Außenbereich von seiner Exposition und den dadurch einwirkenden Witterungseinflüssen und im Innenbereich von der Nutzung und Lüftung stark beeinflusst. Außerdem sind Salze oder sonstige hygroskopisch wirkende Bestandteile für den Feuchtegehalt eines Baustoffes maßgebend.

Feuchteabsorptionsvermögen

Unter dem sog. Feuchteabsorptionsvermögen wird die Fähigkeit von Bauteiloberflächen verstanden, Feuchtigkeit zu absorbieren, ohne dass bei einer vorübergehenden Wasserdampfkondensation Wassertropfen sichtbar werden.

Feuchteadaptive Dampfbremse

▸*Dampfbremse*

Feuchteaufnahme

Die Feuchteaufnahme eines Baustoffes wird oft mit der ▸*Wasseraufnahme* gleichgesetzt, obwohl dies nicht ganz korrekt ist. Sie muss in Feuchteaufnahme mit und ohne Druck (kapillar und hydrostatisch) unterschieden werden, je nachdem ob von außen oder innen ein Druck ausgeübt wird. Unterschieden wird in direkte und indirekte Feuchteaufnahme. Die direkte Feuchteaufnahme findet z. B. an erdberührten Bauteilen (▸*Sickerwasser*, ▸*Bodenfeuchtigkeit* oder ▸*Grundwasser*) oder an der Fassade (Spritzwasser oder Schlagregen) statt, wenn kein Feuchteschutz vorhanden ist bzw. dieser mit der Zeit seine Funktion verloren hat. ▸*Kapillarkondensation* oder ▸*Hygroskopie* sind Prozesse, die zur indirekten Feuchteaufnahme gehören, da diese nicht durch den Baustoff, sondern durch die ▸*Salze* im Baustoff stattfindet.

Feuchtebedingte Längenänderung

Feuchtebedingte Längenänderung ist der Überbegriff für ▸*hygrisches Quellen und Schwinden*. Sie zeigt den Zusammenhang zwischen dem Feuchtigkeitsgehalt (Materialfeuchte) eines Baustoffes und der daraus resultierenden Längenänderung und ist besonders bei sog. Verbundbaustoffen zu beachten. Verbundbaustoffe haben einen mehrschichtigen Aufbau aus verschiedenen Materialien. Bedingt durch die jeweilig andere Wasseraufnahme, weisen die einzelnene Schichten ein unterschiedliches Quell- und Schwindverhalten auf. Infolgedessen muss bei einem mehrschichtigen Materialaufbau immer das sog. Schwindmaß der einzelnen Materialien beachtet werden. Dies gibt an, um wieviel mm pro m sich ein Baustoff bei der Trocknung und/oder Härtung sowie durch Veränderung der Luftfeuchtigkeit verändert. Entsprechende Materialproben werden zunächst gewogen und gemessen und anschließend gewässert. Hierbei werden Wasseraufnahme und Längenänderung festgehalten und in einem Diagramm gegenüber gestellt.

Bei der Beurteilung der feuchtebedingten Längenänderung ist wichtig, dass das einmalige Schwinden bei der Trocknung und/oder Härtung nicht mit dem hygrischen Quellen und Schwinden verwechselt oder gleichgesetzt wird.

Feuchtebilanz

Die Feuchtebilanz ist eine wichtige Kenngröße der ▸*Bauzustandsanalyse* und ▸*Bauwerksdiagnostik*. Hierbei werden die ▸*Sättigungsfeuchte*, der ▸*Feuchtegehalt* und die ▸*hygroskopische Feuchtigkeitsaufnahme* der Baustoffe bestimmt. Daraus werden dann der ▸*Durchfeuchtungsgrad* und der ▸*hygroskopische Durchfeuchtungsgrad* berechnet. Entsprechend den Objektbedingungen sind darüber hinaus für eine qualifizierte ▸*Feuchtebilanz* auch Kenntnisse über evtl. vorhandenes ▸*Sickerwasser* (▸*Lastfall* im Außenbereich) und über ▸*Kondensation* (klimatische Bedingungen im Innenbereich) notwendig. Erst dieses Zusammenspiel der Gesamt-Feuchte-Bilanz eines Bauwerkes ermöglicht dem Bauwerksdiagnostiker und Fachplaner eine fundierte Aussage über Ursache und Wirkung der vorhandenen Feuchtigkeit, über die Herkunft vorhandener oder zu erwartender Bauschäden und zur Festlegung entsprechender Maßnahmen.

Feuchtebrücke

Der in der Praxis ungebräuchliche Begriff der Feuchtebrücke beschreibt zwei Vorgänge, die zu einem unvermuteten Feuchtigkeitstransport führen.

Durch die spezielle ▸*Porengeometrie* und ▸*Hydrophobierung* der ▸*Luftporen* (▸*Makroporen*) kommt es im ▸*Sanierputz* zu einer sog. ▸*Kapillarbrechung* – d. h., dass der Transport der ▸*kapillar eindringenden Feuchtigkeit* mit den in ihr gelösten ▸*Salzen* unterbrochen wird. Dadurch nehmen kapillare Vorgänge ab und ▸*Diffusionvorgänge* zu. In der Folge führt das zur ▸*Auskristallisation* der Salze in den Poren (Wirkungsprinzip eines Sanierputzes). Ist diese ▸*Kristallisation* über einen längeren Zeitraum vorangeschritten und sind die Luftporen des Sanierputzes mit Salzkristallen gefüllt, kommt es zur sog. Feuchteberücke. Die ursprüngliche Kapillarbrechung der Poren (in Folge der Hydrophobierung und Porengröße) wird durch die feinen Salzkristalle aufgehoben, so dass ein Feuchtigkeitstransport wieder stattfinden kann.

Das Problem „Feuchtebrücke" tritt trotz ordnungsgemäß ausgeführter ▸*Horizontalabdichtung* auch auf, wenn auf der Mauerwerksoberfläche ein ▸*kapillaraktiver* Putz (z. B. ein Kalkputz) aufgebracht ist. Die ▸*Horizontalsperre* im Mauerwerk unterbindet kapillar aufstei-

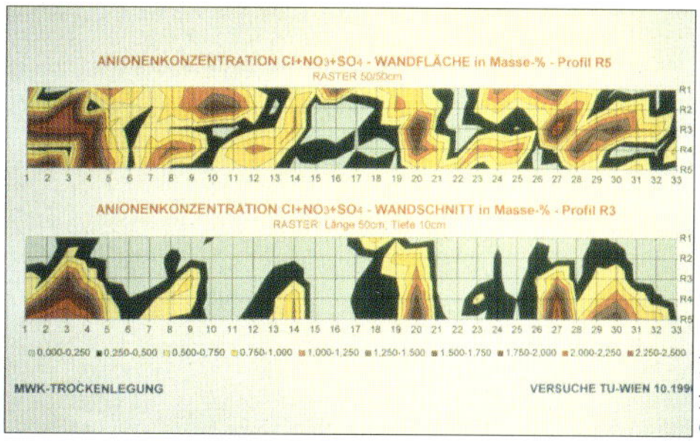

Feuchtebilanz als Bestandteil der Bauwerksdiagnostik

gende Feuchtigkeit im Bereich des Mauerwerks. Über den kapillaraktiven Putz wird die Feuchtigkeit jedoch weiter transportiert, es ist eine Feuchtebrücke entstanden.

Feuchtedehnfunktion

▸ *Feuchtebedingte Längenänderung*

Feuchtegehalt

▸ *Durchfeuchtungsgrad*

▸ *Wassergehalt*

Feuchtegradient

▸ *Feuchteprofil*

Feuchte-Isolinien

▸ *Feuchte-Tomogramm*

Feuchtemechanismen

▸ *Wasseraufnahmemechanismen*

Feuchtemessgeräte

Auf dem Markt sind vor allem zerstörungsfreie oder -arme Handmessgeräte wie z. B. elektrische Widerstandsmessgeräte und Geräte zur Messung der ▸ *Dielektrizitätskonstanten*. Elektrische Widerstandsmessgeräte nutzen die elektrische Leitfähigkeit von Baustoffen. Diese ist durch die Leitfähigkeit der Minerale und die im Porenraum des Materials enthaltenen Elektrolyte bestimmt. Der größte Teil der Minerale ist im trockenen Zustand ein Nichtleiter, bei einer Durchfeuchtung werden sie zu einem Halbleiter. Trockene Baustoffe, insbesondere auch die mit großer Porosität, haben bei normalen Temperaturen eine so geringe elektrische Leitfähigkeit, dass sie gegen die elektrolytische Leitfähigkeit der Porenwässer vernachlässigt werden kann. Der gemessene elektrische Widerstand ist deshalb ein Maß für den Feuchtegehalt eines Baustoffes.

© siehe Anhang

Die Feuchtemessung über die Bestimmung der Dielektrizitätskonstante lässt sich vereinfacht wie folgt beschreiben: Bringt man zwischen zwei Kondensatorplatten ein nicht leitendes Material (sog. Dielektrikum), dann erhöht sich die Kapazität des Kondensators um einen bestimmten Faktor, der als Dielektrizitätskonstante bezeichnet wird. Kapillarporöse trockene Feststoffe z. B. haben eine sehr geringe Dielektrizitätskonstante, Wasser hingegen ist durch einen hohen Wert charakterisiert.

Beide Messverfahren werden durch einen hohen Salzgehalt im Baustoff (▸ *hygroskopische Feuchtigkeit*) stark beeinflusst. Die Bestimmung des Wassergehaltes erfolgt dann durch indirekte Messmethoden, jedoch mit Einschränkungen. Bei der Bestimmung des Feuchtigkeitsgehaltes durch Messung des elektrischen Widerstandes sinkt dieser, wenn Natrium- und Chloridionen als Ladungsträger den Strom leiten. Die Stromstärke bei Widerstandsmessungen hängt von der Zahl der vorhandenen Ionen und von ihrer Geschwindigkeit ab.

Feuchtemessung

Die Feuchtemessung von Baustoffen, Bauteilen und ganzen Bauwerken ist ein sehr komplexes und sehr umfangreiches Thema. Dem entsprechend gibt es eine Reihe von Messverfahren mit sehr unterschiedlichen Messprinzipien und Messgenauigkeiten. Einige Verfahren zeichnen sich durch eine einfache Bedienung und wenig Vorkenntnisse, andere wiederum durch einen geringen Geräteaufwand aus. Daneben gibt es Messverfahren mit einer hohen Messgenauigkeit. Für Baustoffe ist die einfachste und genaueste Methode zur Bestimmung des Feuchtegehaltes das komplette Herauslösen des Wassers aus dem Probekörper. Hierzu sind Materialproben notwendig, weshalb diese Verfahren auch als zerstörend bezeichnet werden. In vielen Fällen (z. B. an denkmalgeschützten Bauwerken oder Gebäuden in exponierter Lage) kann jedoch an einem Bauteil keine Probe zur Bestimmung des Feuchtegehaltes entnommen werden. Die Bestimmung erfolgt dann durch indirekte Messmethoden. Diese werden auch als zerstörungsarm oder -frei bezeichnet (je nach Aufwand der Probeentnahme). Zu den direkten bzw. zerstörenden Feuchtemessverfahren gehört z. B. das ▸*Kalzium-Carbid-Verfahren* (▸*CM-Methode*) oder auch das ▸*gravimetrische Verfahren* (▸*Darr-Methode*). Für zerstörungsfreie und -arme Messungen werden vor allem Handmessgeräte wie die elektrischen Widerstandsmessgeräte oder Geräte zur Messung der Dielektrizitätskonstante verwendet.

Die wichtigsten Verfahren zur Feuchtemessung an Bauteilen und Baustoffen sind in der folgenden Tabelle zusammen gefasst und unter dem jeweiligen Begriff ausführlich beschrieben. Darüber hinaus gibt es noch eine Reihe weiterer Messverfahren und -methoden, die aber in der Praxis noch nicht die Bedeutung erlangt haben, um sie bereits als gesichert anzusehen.

Feuchteprofile

Feuchtigkeit ist nie gleichmäßig im Baustoff oder Bauteil verteilt. Es bestehen immer Feuchtigkeitsunterschiede zwischen der Oberfläche und dem Inneren aber z. B. auch zwischen benachbarten oder entfernteren Wandabschnitten, d. h., Bauelemente und Bauteile weisen immer ein dreidimensionales Feuchtigkeitsbild auf.

Der Begriff Feuchteprofil charakterisiert ein dreidimensionales Feuchtebild. Er ist erst in den letzten zwei Jahrzehnten entstanden und steht in direktem Zusammenhang mit der Weiterentwicklung der Feuchtemessverfahren sowie der allgemeinen Anerkennung der ▸*Bauwerksdiagnostik* als wesentliche Grundlage für eine technisch sinnvolle und wirtschaftlich vertretbare Sanierung. Beschränkten sich bis vor wenigen Jahren die Untersuchungen bei der Instandsetzung von feuchte- und salzgeschädigten Mauerwerken noch auf den Feuchte- und Salzgehalt an einem Messpunkt bzw. an einer Messachse, so werden seit einiger Zeit zunehmend auch dreidimensionale Feuchteprofile ganzer Mauerwerke oder Teil-

Verfahren zur Feuchtemessung	
▪ Gravimetrische Verfahren	▪ Trocknung ▪ Dampfdrucksenkung
▪ Chemische Verfahren	▪ Kalziumcarbid-Methode ▪ Karl-Fischer-Tinktur
▪ Thermometrische Verfahren	▪ Wärmeleitfähigkeit ▪ Infrarot
▪ Hygrometrische Verfahren	▪ Ausgleichsfeuchte
▪ Akustische Verfahren	▪ Ultraschall ▪ Impedanz
▪ Kernphysikalische Verfahren	▪ Gamma-/ Beta-Strahlen ▪ Röntgenstrahlen ▪ Neutronenstrahlen ▪ Magnetische Kernresonanz
▪ Elektrische Verfahren	▪ Leitfähigkeit ▪ Kapazität ▪ Mikrowellen

abschnitte erstellt. Diese werden notwendig, um den Unterschied in der Durchfeuchtung und Salzbelastung innerhalb des Mauerwerksquerschnitts und des Baukörpers sichtbar zu machen.

Werden die Messergebnisse an einem Messpunkt mit den Messergebnissen innerhalb der Messachse verglichen und diese wiederum nicht nur vertikal, sondern auch horizontal ausgewertet und dokumentiert, erhält man ein dreidimensionales Feuchteprofil, das wiederum Basis für ein ▸*Feuchte-Tomogramm* ist.

Allein aufgrund der unterschiedlichen Durchfeuchtungsmechanismen (▸*kapillar aufsteigende Feuchtigkeit*, ▸*hygroskopische Feuchtigkeit*, ▸*Kondensation* und ▸*Kapillarkondensation* sowie der Durchfeuchtung der erdberührten Bauteile durch Sickerwasser, ▸*Schichtenwasser*, ▸*Grundwasser* und dgl.) kann ein Mauerwerk durch sehr unterschiedliche Ursachen durchfeuchtet werden. Diese Durchfeuchtung muss unterschieden werden in natürliche Ursachen (wie Verschleiß oder Alterung) und konstruktive Ursachen (wie z. B. defekte Entwässerung) sowie sporadische Ursachen (wie Wasserrohrbruch, Überschwemmungen nach Regenfällen oder Brand- und Wasserschadensanierung). Alle diese Ursachen und Mechanismen können ein ganz unterschiedliches Schadensbild ergeben, sich überlagern oder so gar bestimmte Verhältnisse vortäuschen. Deshalb ist es häufig unumgänglich, möglichst detaillierte Informationen über den Feuchte- und Salzgehalt im Mauerwerksquerschnitt und Baukörper zu erhalten, um ein technisch richtiges, also ursachenbedingtes Sanierungskonzept erstellen zu können.

Feuchtesatz

▸*Wassergehalt*

Feuchteschutz

Feuchtigkeit in flüssiger Form ist als Katalysator für Schadensmechanismen und Hauptursache für Bauschäden zu sehen. Dazu gehören eindringende Feuchtigkeit von außen in Form von (Schlag)Regen oder Schnee, Spritzwasser im Sockelbereich, ▸*kapillar aufsteigende Feuchtigkeit*, Feuchtigkeitsbelastungen als ▸*Bodenfeuchtigkeit*, ▸*nichtdrückendes Sickerwasser* oder *drückendes* und ▸*Grundwasser* im Erdreich, Abwasser bei fehlender oder schadhafter Kanalisation (evtl. in Verbindung mit gelösten ▸*Salzen*) oder ▸*Drainage*. Im Innenbereich dominieren kondensierende Feuchtigkeit durch Bewohner und Pflanzen, wenn vorhandener Wasserdampf nicht schnell genug abgeführt werden kann bzw. sich an kühleren Stellen niederschlägt (Hauptursache für Schimmelpilzbildung). Die Folgen einer Durchfeuchtung können vielfältig sein: ▸*Blasenbildung*, ▸*Abblättern* oder ▸*Abplatzen*, Frostschäden, ▸*Rissbildung*, ▸*Ausblühungen*, Haftungsverlust, Bewuchs durch Mikroorganismen und teilweiser Verlust der Wärmedämmung. Der allgemein gültige Begriff Feuchteschutz umfasst sehr viele Aspekte und kann kaum einheitlich definiert werden. So gibt es Möglichkeiten, ein Bauwerk konstruktiv (z. B. Dachüberstand, Regenentwässerung, Gefälle im Sockelbereich etc.) oder durch geeignete Beschichtungen an der Fassade sowie ▸*Abdichtungen* im Dachbereich sowie im erdberührten Bereich vor Feuchtigkeit zu schützen.

Feuchtesensor

Sensoren sind Messfühler und der Teil eines Messgerätes, der unmittelbar von der Messgröße beeinflusst wird. Sensoren wandeln den Werteverlauf der Messgröße in eine andere Größe um, die von der Messeinrichtung besser verarbeitet werden kann. [5]

Feuchtesensoren sind Feuchtemessfühler. Sie werden unterteilt in Material- und Luft(gas)-feuchtemessfühler. Während zur Messung der Luftfeuchtigkeit bereits einige Sensoren für die praktische Anwendung zur Verfügung stehen, ist diese Entwicklung im Bereich der Materialfeuchtemessung insbesondere im Bereich der Baustoffe noch nicht so weit fortgeschritten. Für Feuchteuntersuchung im Rahmen der Instandsetzung von feuchte- und salzgeschädigten Bauwerken werden auch heute noch Bohrkern- und Bohrmehlproben in Verbindung mit thermographischen Auswertungen benötigt, obwohl bereits durch eine fehlerhafte Bohrkern- und Bohrmehlentnahme größere Fehlerquellen entstehen.

Feuchtespeicherfunktion

Baustoffe können Feuchtigkeit aufnehmen und speichern. Diese Feuchtespeicherung wird in zwei Bereiche gegliedert: in ▸*hygroskopische Ausgleichsfeuchte* und in ▸*Kapillarfeuchtigkeit*, die bis zur freien Sättigung erfolgen kann. Der hygroskopische Bereich wird durch die ▸*Sorptionsisotherme* charakterisiert. Sie kann gravimetrisch bis zu einer oberen Grenze von etwa 95% relativer Luftfeuchte bestimmt werden. Oberhalb dieses Wertes liegt der Bereich der ▸*Kapillarfeuchte* vor. Dieser ist ▸*gravimetrisch* nicht mehr zu bestimmen. Der überhygroskopische, also kapillare Bereich kann ebenfalls grafisch charakterisiert werden, durch die Kapillar- oder Saugspannungskurve. Zur Messung der Kapillarfeuchtigkeit wird die Saugspannungsmessanlage verwendet. [5]

Sorptionsisotherme und Saugspannungskurve geben den Wassergehalt jeweils in Abhängigkeit von stoffunabhängigen Potenzialgrößen an: der ▸*relativen Luftfeuchtigkeit* und dem Kapillardruck.

Feuchte-Tomogramm

Um den Feuchte- bzw. Durchfeuchtungszustand eines Mauerwerkes ermitteln zu können, werden repräsentative Messachsen ausgewählt. In welcher Himmelsrichtung sich diese befinden und ob Messachsen innen und außen angelegt werden sowie in welcher Höhe, richtet sich immer nach dem jeweiligen Gebäude, dem Schadensbild und dem Ausmaß sowie der Zielsetzung der Sanierung. Die Messachsen werden senkrecht übereinander angeordnet und beinhalten in der Regel mehrere Bereiche für eine Probeentnahme. Diese Proben werden an mehreren Stellen im Mauerwerksquerschnitt entnommen, so dass für nachfolgende Untersuchungen sowohl Proben in der vertikalen wie auch in der horizontalen Messachse entnommen werden. Durch die Auswertung der Messergebnisse und das Aufstellen einer Feuchtebilanz erhält man ein dreidimensionales Feuchte- bzw. Durchfeuchtungs-Tomogramm. Jedem Messpunkt im Mauerwerksquerschnitt kann ein konkreter Feuchtigkeitsgehalt bzw. Durchfeuchtungsgrad zugeordnet werden.
▸*Feuchtemessung*

Feuchte-Tomographie

Nach *Prof. Dr. Venzmer* lässt sich die Feuchteverteilung in einem Mauerwerksquerschnitt mit der Feuchte-Tomographie von der Bauwerksoberfläche aus analysieren. Dieses fast zerstörungsfreie Messverfahren arbeitet im Niederfrequenzbereich und misst zunächst in unterschiedlichen Tiefen des Mauerwerkes die elektrischen Widerstände. Daraus lassen sich komplexe Kenngrößen ableiten, die in ihrer Vielzahl ein Tomogramm ergeben. Mit Hilfe einer geeigneten Kalibrierung lassen sich dann sog. Feuchte-Tomogramme erstellen. Durch dieses Messverfahren werden die Feuchteverteilung im Mauerwerk, die Konzentration an ▸*Durchfeuchtung* und ▸*bauschädigenden Salzen* (▸*hygroskopische* Feuchtigkeit) sowie mögliche Hohlräume, Kiesnester oder sonstige Inhomo-

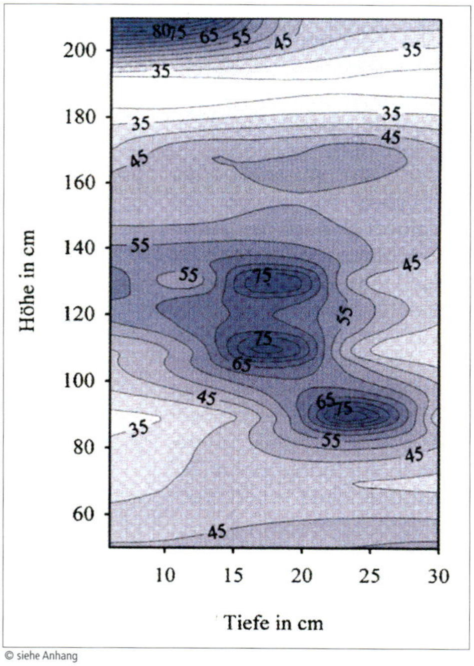

A B C D E F G H I J K L M N O P Q R S T U V W X Y Z

genitäten im Mauerwerksquerschnitt in einem dreidimensionalen Diagramm sichtbar.

Feuchteverschiebung

▸*Durchfeuchtung* und ▸*Salzbelastung* von Mauerwerken gibt es so lange, wie gebaut wird und kapillaraktive Baustoffe eingesetzt werden. Bereits frühzeitig haben Baumeister der Antike (Vitruv) nach Lösungen gesucht, konnten damals jedoch weniger das Problem als viel mehr die Symptome zu bekämpfen. Baumeister im Mittelalter (Palladio) haben deren Erfahrungen aufgenommen und weiter geführt. Da Maßnahmen der nachträglichen Horizontal- und Vertikalabdichtung technisch und finanziell zu aufwendig waren bzw. die dafür notwendigen Baustoffe noch nicht vorlagen bzw. in ihrer Funktion nur begrenzt haltbar waren, beschränkte sich der „Lösungsansatz“ auf das Kaschieren der Probleme. Dies wurde bis weit in das 20. Jahrhundert fortgesetzt und kann auch heute noch beobachtet werden. So wurden z. B. Teer- oder Ölanstriche, Teerpappen oder Schiefertafeln, Holzverkleidungen oder Zementputze auf das feuchte- und salzbelastete Mauerwerk aufgebracht. Später folgten Dispersions- und Latexanstriche oder auch das Aufbringen von Fliesen, Glasplatten und Beläge. Eines haben alle diese Versuche gemeinsam: das Problem der Durchfeuchtung und damit Salzbelastung wurde nicht gelöst und die Feuchtetransportmechanismen innerhalb des Mauerwerksquerschnittes nicht unterbunden. Lediglich an der Oberfläche konnte punktuell oder temporär eine optische Verbesserung erzielt werden, die den Entscheider oder Ausführenden in der Meinung bestärkte, dass es sich um ein „geeignetes Verfahren“ handelt. Tatsächlich wurde der Feuchtehorizont im Mauerwerk verschoben und die Folgen an anderer Stelle und zu einem späteren Zeitpunkt erneut sichtbar. In der Regel waren die Auswirkungen der erneuten Durchfeuchtung und/oder Salzbelastung dann größer oder intensiver, als vorher.

Feuchtigkeitsaufnahme

▸*Feuchtaufnahme*

Feuchtigkeitsgehalt

▸*Feuchtegehalt*

▸*Durchfeuchtungsgrad*

Feuchtigkeitstransport

Die Hauptursachen für den Feuchtigkeitstransport im Mauerwerk sind die ▸*Dampfdiffusion*, die ▸*Oberflächendiffusion* und die ▸*kapillare Leitfähigkeit*. Wird eine Kapillare im Mauerwerk betrachtet, so herrscht unter winterlichen Bedingungen an der Innenraumseite eine höhere Temperatur und damit auch ein höherer Dampfdruck als auf der Außenseite. Aufgrund der höheren Außenluftfeuchte (etwa 80% rel. Feuchte im Jahresmittel in Mitteleuropa) verläuft der Gradient der ▸*relativen Feuchte* bzw. des ▸*Wassergehalts* entgegen gesetzt dazu. Ist das Bauteil trocken, so findet in der betrachteten Kapillare nur Dampfdiffusion von innen nach außen statt; das an den Wandungen sorbierte Wasser bleibt unbeweglich aufgrund hoher Adhäsionskräfte. Steigt die Feuchte insgesamt an, so bildet sich auf der Porenwand ein Sorbatfilm, der im Außenbereich wegen der dort herrschenden größeren relativen Feuchte dicker ist als im Innenbereich. Je höher allerdings die Filmdicke ist, um so beweglicher werden die Wassermoleküle, wobei sie sich von Bereichen höherer Filmdicke in Bereiche mit geringerer Filmdicke bewegen. Dieser Vorgang wird als Oberflächendiffusion bezeichnet. Sein treibendes Gefälle ist der kapillare Unterdruck bzw. die relative Luftfeuchte. Damit gehört auch die Oberflächendiffusion genau wie die kapillare Leitfähigkeit zum Flüssigkeitstransport und nicht zur Dampfdiffusion. Durch die Oberflächendiffusion, die der Dampfdiffusion entgegen gerichtet ist, wird der Feuchtetransport von innen nach außen in der betrachteten Kapillare vermindert, bei einer weiteren Zunahme der Gesamtfeuchte durch Einsetzen der Kapillarität sogar umgekehrt.

Feuchtigkeitssperre

▸ *Horizontalabdichtung*

Feuchtkugeltemperatur

Mit dem Begriff Feuchtkugeltemperatur wird die bei der psychrometrischen Feuchtemessung angezeigte Temperatur bezeichnet. Aufgrund der Verdunstungskälte liegt diese Temperatur in Abhängigkeit von der relativen Luftfeuchtigkeit unterhalb der Lufttemperatur.

Feuchtwandsystem

Unter dem Namen Feuchtwandsystem wird seit einigen Jahren ein neues Verfahren zur Instandsetzung von feuchte- und salzgeschädigten Bauwerken angeboten, bei dem alerdings die Ursache der Durchfeuchtung und Versalzung nicht beseitigt wird. Auf das feuchte- und salzbelastete Mauerwerk wird eine Kunststofffolie mit Noppen und Abstandhaltern befestigt, die eine Hinterlüftung sicher stellt. Auf der Folie befindet sich ein Putzträger, damit die Konstruktion verputzt werden kann. Dieses System wird mit dem Argument angeboten, sich das Entfernen und die Entsorgung des alten Putzes zu sparen sowie einer schnellen und preiswerten Ausführung. Über die Be- und Entlüftung soll die Mauerwerksfeuchte abgegeben und damit reduziert werden.

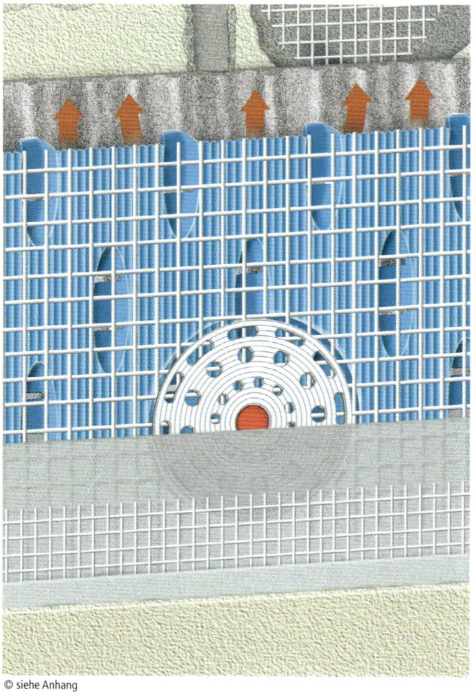

© siehe Anhang

Ähnliche Systeme hat es schon vor Jahrzehnten gegeben oder werden heute zum Teil kellerinnenseitig angeboten, ohne dass sie funktionieren. So lange das Problem der ▸ *Durchfeuchtung* und damit ▸ *Salzbelastung* nicht abgestellt, die Feuchtemechanismen innerhalb des Mauerwerksquerschnittes nicht unterbunden werden und eine ganzheitliche Betrachtung des Problems, der Möglichkeiten der Sanierung, der Wirtschaftlichkeit und Nachhaltigkeit nicht erfolgen, werden mögliche Lösungsansätze immer scheitern und das Problem der Durchfeuchtung und Versalzung zeitversetzt oder an anderer Stelle wieder kehren.

Film

Der Begriff Film wird für organisch gebundene Beschichtungen verwendet und ist nach DIN EN 971 die Sammelbezeichnung für jede zusammenhängende Beschichtung, die durch Auftragen einer (oder mehrerer) Schicht(en) auf einem Untergrund entsteht. Besonders wichtig ist die sog. ▸ *Filmbildung* (auch ▸ *Koaleszenz* genannt), die Filmbildehilfsmittel oder auch ▸ *Filmkonservierung*.

Filmbildung

Mit Filmbildung werden die Vorgänge zusammengefasst, die dazu führen, dass ein flüssiger oder pastöser Beschichtungsstoff zu einem zusammenhängenden Film bzw. einer Beschichtung physikalisch trocknen. Dabei dringt der Wasseranteil der Beschichtung partiell in einen saugfähigen Untergrund oder er verdunstet. Infolgedessen fließen die einzelnen Bindemittel-Partikel der Polymerdispersion zusammen bis sie zu einem Film verschmolzen sind. Dann erst liegt die endgültige Beschichtung mit den gewünschten Eigenschaften vor. Eine einwandfreie Trocknung sichert also die Qualität. Diese Art der Filmbil-

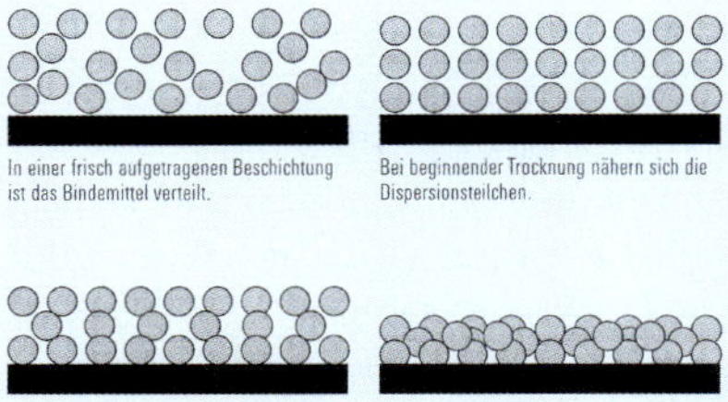

In einer frisch aufgetragenen Beschichtung ist das Bindemittel verteilt.

Bei beginnender Trocknung nähern sich die Dispersionsteilchen.

Mit fortgeschrittener Trocknung bewegen sich die Dispersionsteilchen weiter aufeinander zu und sind nun kaum noch beweglich.

Verdunstet das Wasser weiter, verbinden sich die Dispersionsteilchen fest miteinander.

© siehe Anhang

dung wird auch als Koaleszenz oder Kalter Fluss bezeichnet, da sie ohne zusätzliche Wärmezufuhr erfolgt.

Filmkonservierung

Bei Beschichtungsstoffen werden zwei Konservierungsarten unterschieden: die Topfkonservierung (biozide Einstellung im Gebinde, damit der Beschichtungsstoff nicht schon während Transport und Lagerung von Mikroorganismen befallen wird) und die sog. Filmkonservierung. Hierbei handelt es sich um eine biozide Ausrüstung des Bindemittel-Films, damit die applizierte Beschichtung nicht von Mikroorganismen wie Pilzen, Algen oder Bakterien befallen wird. Die betreffenden Wirkstoffe (Fungizide, Algizide, Bakterizide etc.) weisen eine nur (sehr) begrenzte Wasserlöslichkeit auf, damit sie durch Witterungseinflüsse nicht ausgewaschen werden.

Filterschicht

Eine Filterschicht ist ein Bestandteil der ▸*Drainage* und hat die Aufgabe, das Wasser aus dem Bereich der erdberührten Bauteile aufzunehmen und damit ein Ausschlämmen von feinen Bodenteilchen zu verhindern. Die ▸*Sickerschicht* dagegen leitet das aufgenommene Wasser in die Drainleitung weiter. Die Filterschicht wird somit komplett durchströmt, die Sickerschicht dagegen parallel zur gedrainten Fläche durchflossen. Schichten, die sowohl die Funktion einer Filterschicht wie auch die der Sickerschicht erfüllen, werden als ▸*Mischfilter* bezeichnet.

Filtervlies

Das Filtervlies ist ein feines Gewebe, das ein Einschlämmen von Feinteilen in die Filterschicht verhindert.

Fissurometer

Nach *Prof. Fecker* handelt es sich bei sog. Fissurometern um Messgeräte zur qualitativen Beurteilung von ▸*Rissen* und deren Bewegung und Flankenverschiebung mit einer Messgenauigkeit von 0,1mm. Hierbei werden mit Hilfe einer Setzlehre drei Messbolzen in die Ecken eines gleichseitigen Dreiecks so eingebracht, dass eine Seite des Dreiecks genau parallel zum Riss verläuft. An der Spitze der Messbolzen befinden sich Messmarken mit einem kleinen, kegelförmigen Trichter. Über ein spezielles Messverfahren lassen sich die Öffnung und die Scherung eines Risses berechnen. Neben dieser mechanischen Ausführung gibt es alternativ noch einen elektrischen Fissurometer. Hierbei werden die drei möglichen Bewegungsrichtungen eines Risses bzw. seiner Flanken mit elektrischen Wegaufnehmern aufgenommen. Kombiniert mit elektrischen Temperaturfühlern oder mit Feuchtigkeitssensoren lassen sich mit diesen Messgeräten sogar Zusammenhänge zwischen der Rissbewegung und der Schadensursache ableiten.

Fixativ

Mit dem Begriff Fixativ wird das Bindemittel einer zweikomponentigen ▸*Silikatfarbe* bezeichnet, dabei handelt es sich um eine ca. 20 %ige wässrige Kaliumsilikatlösung. Diese dient in verdünnter, unpigmentierter Form auch als Grundierung und zur Verfestigung stark saugfähiger, mürber mineralischer Untergründe („Fixierung“) vor dem Auftragen von Silikatfarben (Wasserglasfarben). Durch eine farblose Nachbehandlung mit einem Fixativ können Silikatfarben zusätzlich verfestigt werden.

Flächendrainage

▸*Dränung*

Flächenentsalzung
▸*Entsalzungsverfahren*

Flächeninjektion
▸*Vergelung*

Flächenkorrosion
▸*Lochfraßkorrosion*

Flämmverfahren
Beim Flämmverfahren wird die in ausreichender Menge auf den Untergrund aufgetragene Klebemasse durch Wärmezufuhr aufgeschmolzen und die fest aufgewickelte Bitumenbahn darin ausgerollt. Auf senkrechten und stark geneigten Bauwerksflächen sollten nur ▸*Bitumenbahnen* mit einer Breite bis zu 0,7m verwendet werden, außer ein maschinelles Verarbeitungsverfahren lässt eine größere Breite zu. Bei der Verarbeitung von Bitumenbahnen ist im Überdeckungsbereich der Bitumenbahn zusätzlich Klebemasse aufzubringen.

Flankenhaftung
Als Flankenhaftung wird die Haftung zwischen einem Fugenmörtel oder einer Dichtungsmasse an der Flanke des angrenzenden Baustoffs verstanden. Eine gute und dauerhafte Flankenhaftung wird nur erreicht, wenn beide beteiligten Materialien in ihren Kennwerten auf einander abgestimmt sind. Flankenhaftung sichert die definierten Eigenschaften eines Bauteils.

Flankierende Maßnahmen
Der Begriff der flankierenden Maßnahme wird häufig im Zusammenhang mit der ▸*nachträglichen Horizontalabdichtung* genannt und beschreibt mehrere, zum Teil ganz unterschiedliche, Maßnahmen. So gibt es flankierende Maßnahmen vor, während oder nach der Ausführung der ▸*Horizontalabdichtung* oder systemabhängige und systemunabhängige M. Hinzu kommt, dass eine flankierende Maßnahme an einem Bauwerk u. U. an einem anderen Bauwerk keine flankierende Maßnahme, sondern die eigentliche Sanierung darstellt.

Eine flankierende Maßnahme vor Ausführung der Horizontalabdichtung kann z. B. das systemabhängige Aufheizen des Mauerwerkes oder Erhitzen des ▸*Paraffins* bei der ▸*Paraffininjektion* sein. Während der Horizontalabdichtung kann z. B. das Aufheizen der Packer bei der ▸*thermischen Injektion* eine flankierende Maßnahme darstellen. Und nach der Horizontalabdichtung stellt z. B. die Alkalisierung der Bohrlöcher bei der ▸*Mehrstufeninjektion* eine flankierende Maßnahme dar. Alle diese Maßnahmen sind systembedingt und in den Verarbeitungsrichtlinien der Anbieter beschrieben. Systemunabhängig ist die Ausführung eines ▸*Sanierputzes*, damit die ▸*Salze*, die im Zuge der Austrocknung des Mauerwerkes oberhalb der Horizontalabdichtung an die Oberfläche treten, aufgenommen werden.

Diese systemunabhängige Ausführung eines Sanierputzes ist dann keine flankierende Maßnahme mehr, wenn Durchfeuchtung und Salzschäden durch ▸*Hygroskopizität* verursacht werden. Dann wird der Sanierputz selbst zur eigentlichen Sanierung und bedarf als flankierende Maßnahme z. B. einer hohen ▸*Luftfeuchtigkeit* im Innenraum (Keller), damit die Trocknung sicher gestellt wird. Durch das Aufstellen von Entfeuchtungs- oder Heizgeräten wird die physikalische Trocknung des Hydrophobierungsmittels im Sanierputz beschleunigt, die wiederum die ▸*Kapillarbrechung* im Porengefüge und damit erst die Funktion und Wirkungsweise des Sanierputzes sicherstellt.

Flankierende Maßnahmen dürfen nicht verwechselt werden mit vorbereitenden oder konstruktiven Maßnahmen wie das Verfüllen von klüftigen, hohlräumigen oder mehrschaligen Mauerwerken vor der ▸*Injektion* oder der Ausführung von Schutzschichten bei der nachträglichen ▸*Vertikalabdichtung*.

Flanschkonstruktion
▸*Rohrdurchführung*

Flascheninjektion
Mit der Flascheninjektion wird die heute am meisten eingesetzte Verfahrenstechnik bei der

A B C D E F G H I J K L M N O P Q R S T U V W X Y Z

▸*drucklosen Injektion* beschrieben. In vorbereitete Bohrlöcher werden Flaschen leicht geneigt eingesteckt, so dass über die Bohrlochwandung die Penetration des ▸*Injektionsmittels* erfolgen kann. Gegenüber den drucklosen Verfahren, bei denen mit einer Gießkanne die Bohrlöcher manuell befüllt wurden, kann bei der Flascheninjektion der bohrlochbezogene Injektionsmittelverbrauch beobachtet und ggf. dokumentiert und korrigiert werden. Der Nachteil der Flascheninjektion liegt zum Einen im manuellen und damit zeitaufwendigen Befüllen der Bohrlöcher und zum Anderen in der ausschließlich drucklosen Verteilung des Injektionsmittels. Damit können, je nach verwendetem Injektionsmittel, nur Mauerwerke bis zu einem ▸*Durchfeuchtungsgrad* von 60 bis 80% injiziert werden. Des Weiteren muss über mauerwerksvorbereitende Maßnahmen das unkontrollierte Wegfließen des Injektionsmittels verhindert werden. Seitdem durch Flascheninjektionen das Injektionsmittel über Vorratsgefäße injiziert wird, haben sich die ursprünglichen Bohrlochwinkel von ca. 45°auf 10 bis maximal 30° reduziert. Damit wird eine homogene und gleichmäßige Verteilung erreicht.

© siehe Anhang

Flexible Abdichtungsbahn

Mit der flexiblen Abdichtungsbahn wird seit Anfang der 90-er Jahre eine vertikale ▸*Außenabdichtung* angeboten, bei der eine kunststoffmodifizierte ▸*Bitumenbahn* (ECB-Dichtungsbahn) und ein acrylatgetränkter Polyurethanweichschaumstoff oder ein geschlossenzelliger Polyethylenweichschaumstoff miteinander kombiniertwerden.DerPolyurethanweichschaumstoff wird in einer Schichtdicke von 25 bis 50mm, der Polyethylenweichschaumstoff in einer Schichtdicke von 10mm angeboten. Beide werden beim Anfüllen des Erdreichs komprimiert. Infolgedessen passt sich die flexible Abdichtungsbahn den Unebenheiten des Bauwerkes-

© siehe Anhang

untergrundes an, so dass ein vorheriger Ausgleichsputz entfällt. Auch die Untergrundreinigung und/oder das Entfernen von alten Bitumen-, Teer- oder Ölanstrichen sowie salzbelasteten Putzen und dgl. kann eingespart werden. Voranstriche und Zwischenbeschichtungen werden ebenfalls nicht benötigt, da diese flexible Abdichtungsbahn mit dem Untergrund nicht verklebt oder verschweißt wird. Der größte Vorteil dieser Abdichtungsbahn liegt jedoch in der enormen Zeiteinsparung und der witterungsunabhängigen Verarbeitung. Die Verarbeitung kann bei Regen, Sonne, Wind oder Frost erfolgen. Außerdem gibt es keine Trocknungs- oder Härtungszeiten zu beachten, so dass innerhalb weniger Tage der Erdaushub und das Anfüllen möglich wird. Mit dieser neuartigen Vertikalabdichtung wird gleichzeitig eine Wärmedämmung erreicht. Eine zusätzlicher ▸*Anfüllschutz* wird ebenfalls nicht benötigt. Die flexible Abdichtungsbahn kann nur gegen ▸*Bodenfeuchtigkeit* und ▸*nicht gegen drückendem Wasser* eingesetzt werden.

Flexible Dichtungsschlämme

Seit etwa 30 Jahren werden zementgebundene Dichtungsschlämmen zur ▸*Abdichtung* und zum Schutz gegen ▸*Bodenfeuchtigkeit*, ▸*nichtdrückendes Oberflächen- und Sickerwasser* sowie zur Abdichtung von Nassräumen und Schwimm- sowie Wasserbehältern bzw. im Rahmen der ▸*Negativabdichtung* eingesetzt. Seit über 15 Jahren werden neben den traditionellen, starren Schlämmen auch flexible Dichtungsschlämmen angeboten, die in der Lage sind, auch feine ▸*Risse* im Untergrund zu überbrücken. Mit der Entwicklung dieser flexiblen Dichtungsschlämmen können auch Bauwerke (bei entsprechender Konstruktion und Einhaltung der Schichtdicken) gegen ▸*drückendes Wasser* abgedichtet werden. Seit Kurzem werden auch einkomponentige flexible mineralische Dichtungsschlämmen angeboten, die eine verhältnismäßig große Rissüberbrückung von über 0,75 mm gestatten. Diese Dichtungsschlämmen werden entweder im Streich-, Spritz- oder Spachtelverfahren aufgetragen.

In der für die Bauwerksabdichtung maßgebenden ▸*DIN 18 195 „Bauwerksabdichtung"* sind mineralische (starre und flexible) Dichtungsschlämmen nicht aufgeführt. Es handelt sich deshalb um eine ▸*alternative Abdichtung*, worauf in Beratung und Ausschreibung geachtet werden muss. Sie sind derzeit im Merkblatt der Deutschen Bauchemie, im ▸*WTA-Merkblatt* sowie im Merkblatt des ZDB beschrieben.

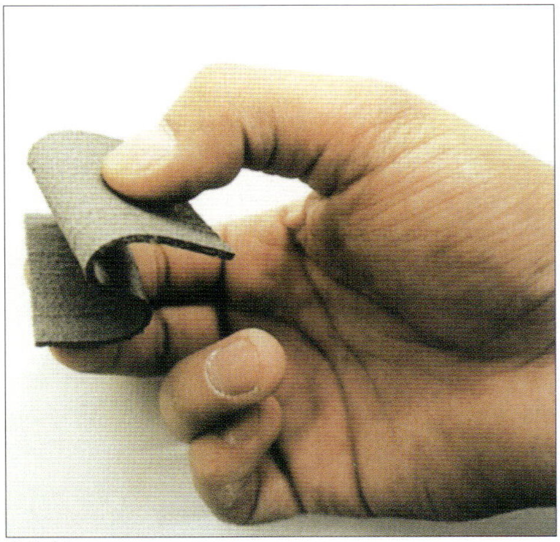

© siehe Anhang

Fließverhalten

▸*Viskosität*

Fluate

Fluate werden zur ▸*Neutralisierung* und ▸*Härtung* stark alkalischer Untergründe, zur Untergrundvorbehandlung bei mineralischen Anstrichen sowie zur Vermeidung von ▸*Salzausblühungen* bei Wasserflecken verwendet. ▸*Fluate* sind Salze der Kieselfluorwasserstoffsäure (Fluorsilikate). Sie reagieren mit dem ▸*Kalziumkarbonat* des Untergrundes. Infolgedessen können sie nur auf kalk- oder kalkzementgebunden Putzen eingesetzt werden. Auf Lehm und Gips sowie alten Beschichtungen bleiben Fluate unwirksam.

Fluatieren

Fluatieren (oder auch Ätzung) ist die ▸*Neutralisation* und ▸*Härtung* alkalischer Untergründe durch Auftragen von Fluaten. Diese Fluatierung erfolgt häufig bei Putzausbesserungen im Rahmen von Renovierungen, um deren Alkalität an die älterer Putzflächen anzugleichen sowie ▸*Ausblühungen* und eine mögliche Verseifung zu vermeiden. Fluatiert wird auch beim Vorhandensein einer ▸*Sinterschicht* auf ▸*Beton* oder ▸*Zementputzen*, oder zur Haftverbesserung bei mineralischen Untergründen mit geringem Saugvermögen. Dabei ist unbedingt zu beachten, dass fluatierte Stellen vor dem Weiterarbeiten gründlich mit Wasser nachgewaschen werden müssen.

Fluoreszenz

Einige Baustoffe haben die Eigenschaft, in definierten Spektralgebieten das Licht zu absorbieren und anschließend einen anderen Farbton wieder abzugeben. Hierbei handelt es sich um ein optisches Phänomen, bei dem ein Atom oder Molekül ein Photon absorbiert und anschließend ein Photon mit niedrigerer Energie (d. h. größerer Wellenlänge) emittiert. Die dabei entstehende Energiedifferenz wird in Wärme umgewandelt. Die Fluoreszenz ist eine besondere Art der sog. Lumineszenz, die auch als kaltes Leuchten bezeichnet wird, und wurde nach dem fluoreszierenden Mineral Fluorit benannt. Verschwindet die Ausstrahlung nach Abschalten der Lichtquelle sofort (10^{-8} sec), wird der Begriff Fluoreszenz verwendet, bei einer Zeitverzögerung von Millisekunden, Minuten oder Stunden ist der Begriff der sog. Phosphoreszenz üblich.

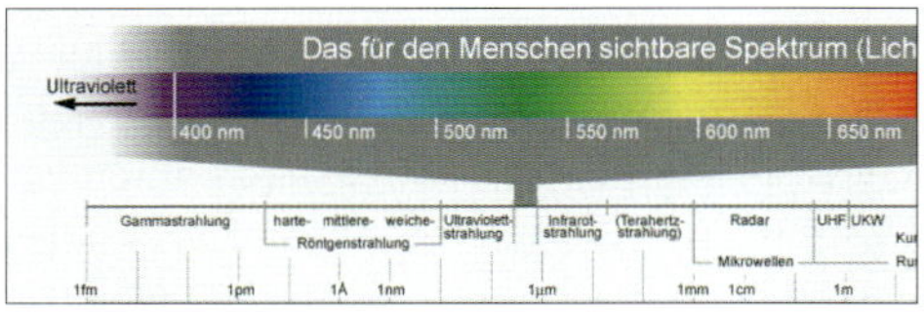

© siehe Anhang

Fluoride

Fluoride sind die ▸*Salze* der Fluorwasserstoffsäure, auch bekannt unter dem Namen Flusssäure.

Flüssigdichtung

▸*Dichtstoffe*

Flüssigfolien

▸*Abdichtungsbahnen*

Folgeschaden

Der Begriff Folgeschaden hat eine rechtliche und eine technische Bedeutung. Rechtlich werden unter Folgeschäden die Schäden verstanden, die durch die Tätigkeit eines Unternehmers entstehen. Diese Folgeschäden sind in der VOB geregelt. Der Unternehmer hat diese zu vertreten, wenn der Mangel auf grobe Fahrlässigkeit beruht, der Mangel auf einem Verstoß gegen die Anerkannten Regeln der Technik beruht oder der Mangel im Fehlen einer wesentlichen Eigenschaft besteht.

Bei der Instandsetzung von feuchte- und salzgeschädigten Bauwerken müssen jedoch auch technische Aspekte berücksichtigt werden, die zu einem Folgeschaden führen können. In einem durchfeuchteten Mauerwerk liegen die ▸*Salze* in Lösung vor. Dies kann dazu führen, dass ein Mauerwerk starke Feuchtigkeitsschäden, aber keine Salzausblühungen oder Putz- und Anstrichabplatzungen aufweist. Wird im Rahmen der Sanierung nur eine ▸*nachträgliche Horizontal-* und/oder ▸*Vertikalabdichtung* ausgeführt, ohne den Aspekt der Versalzung zu berücksichtigen, wird es zwangsläufig zu einem Folgeschaden kommen. Die gelösten Salze werden in Folge der Austrocknung des Mauerwerkes an die Oberfläche transportiert und kristallisieren aus. Infolgedessen kommt es zu ▸*Ausblühungen* auf der Oberfläche und zu ▸*Kristallisationsdrücken*, die ein ▸*Abplatzen* des Putzes und/oder der Farbe zur Folge haben. Aus diesem Grund wird bei der nachträglichen Horizontal- und/oder Vertikalabdichtung auf die ▸*flankierenden Maßnahmen* hingewiesen. In diesem Fall bestehen diese im Aufbringen eines ▸*Sanierputzes*, auch dann, wenn vor der Sanierung nur Durchfeuchtungsschäden und keine Salzausblühungen zu sehen waren.

Folien

▸*Abdichtungsbahnen*

Folientest

Der sog. Folientest ist eine sehr einfache Methode um heraus zu finden, ob sich im Untergrund noch Restfeuchte befindet. Diese Prüfung wird oft durchgeführt, wenn eine Wand beschichtet werden soll. Hierzu wird dann großflächig eine Folie auf dem Untergrund geklebt und einen Tag später beobachtet, ob sich Kondenswasser unter der Folie gebildet hat. Diese Überprüfung stellt allerdings keine qualitative Aussage über den Feuchtegehalt dar und sollte nur der Vororientierung dienen.

Fracture Grouting

▸*Aufbruchinjektionen*

Frässchlitzverfahren

▸*V-Schnittverfahren*

Fraktionierte Salzkristallisation

Der Begriff der fraktionierten Salzkristallisation wurde durch *Dr. Reul* definiert. Bei der ▸*kapillar aufsteigenden Feuchtigkeit* werden gelöste Salze mit transportiert. Nach dem Verdunsten der Feuchtigkeit werden die ▸*Salze* an der

Oberfläche nach ihrem Löslichkeitsverhalten ausgefällt und damit fraktioniert. Das Mauerwerk wirkt in seinem Absorptionsverhalten wie eine Chromatographiesäule. Aus zahlreichen Objektuntersuchungen ist bekannt, dass in der bodennahen Zone ▸*Kalzium-* und ▸*Magnesiumkarbonate* sowie ▸*Gips* ausfallen. Diese Zone ist meist weniger geschädigt. In der darüber liegenden, häufig stark verwitterten Zone des Sockelbereiches, befinden sich dagegen ▸*Krusten* und ▸*Ausblühungen* von ▸*Magnesiumsulfat*, ▸*Natriumsulfat* und gelegentlich ▸*Kaliumnitrat*. Im darüber liegenden Fassadenbereich reichern sich vor allem die ▸*Nitrate* und ▸*Chloride* der ▸*Alkali-* und ▸*Erdalkalisalze* an. Diese Zone ist wegen der ▸*Hygroskopizität* der Salze in der Regel „nur" feucht und zeigt kaum ▸*Abplatzungen* oder Ausblühungen. [6]

Fremdüberwachung

Die Fremdüberwachung ist eine neutrale Produktkontrolle durch geeignete und zugelassene Institute oder Materialprüfanstalten. Bestandteil der Fremdüberwachung sind in der Regel die Überprüfung von Produkteigenschaften, die nach DIN-Normen oder anderen Regelwerken vorgegeben werden. Die Eigenüberwachung geht einer Fremdüberwachung immer voraus.

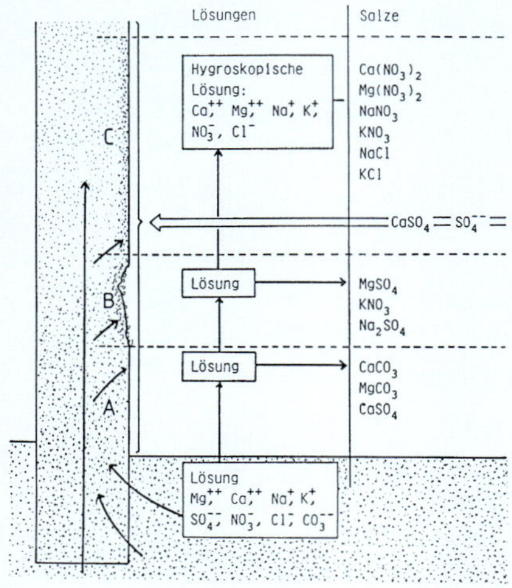

Friedel'sches Salz

▸*Chloridtreiben*

Frischmörtel

▸*Festmörtel*

Frischmörtelkonsistenz

Die Frischmörtelkonsistenz (das Ausbreitmaß) von WTA-geprüften ▸*Sanierputzen* wird gemäß EN 1015 Teil 3 ermittelt. Hierzu wird der Sanierputzmörtel angemischt und innerhalb von 15 Minuten auf sein Ausbreitmaß geprüft. Dies sollte bei ca. 17cm liegen, wobei Sanierputze mit Leichtzuschlägen aufgrund ihrer geringeren Schüttdichte in der Regel auch ein kleineres Ausbreitmaß aufweisen.

Frost

Man spricht dann von Frost, wenn die Lufttemperatur in Grad Celsius gemessen unter Null liegt (oder anders ausgedrückt, wenn Minus-Temperaturen vorliegen). Wasser gefriert bei Frost und erfährt dabei eine Volumenvergrößerung. Dies ist bei der Verarbeitung von wasserhaltigen Baustoffen wie ▸*Sanierputzen*, lösemittelfreien ▸*Bitumen-Dickbeschichtungen* und ▸*Dichtungsschlämmen* sowie für die Entwicklung von Schäden von größter Bedeutung. Der Wechsel zwischen Frost und Tauwetter führt dazu, dass das in den Baustoffen vorhandene Wasser abwechselnd flüssig oder fest vorliegt. Eis hat eine geringere Dichte als Wasser und dehnt sich dem entsprechend aus. Dies führt zu Spannungen und Druck und im weiteren Verlauf zu ▸*Abplatzungen*.

Sinken die Temperaturen in etwa 2 Meter Höhe über Nacht (bei wolkenlosen Himmel und in windgeschützter Lage) unter die Null-Grad-Grenze liegt sog. Nachtfrost vor. Dies muss vor allem beachtet werden, wenn wasserhaltige Baustoffe tagsüber bei Plustemperaturen verarbeitet werden und die Trocknungs-/Härtungszeit noch in die Nachtstunden fällt. Die Herstellen machen hierzu entsprechende Angaben in ihren technischen Merkblättern.

Frostbeständigkeit

▸*Beständigkeit*
▸*Frost-Tau-Salz-Beständigkeit*

Frostpunkt

Der Begriff Frostpunkt ist allgemein unüblich und wird in einigen Veröffentlichungen für die Taupunkttemperatur unter 0° C verwendet. Andere Bezeichnungen sind auch Taupunkttemperatur über Eis bzw. der Gefrierpunkt.

Frostschaden

In Bezug auf die ▸*Bauwerksabdichtung* und Kellersanierung müssen zwei Aspekte erwähnt werden, die im Zusammenhang mit dem Begriff Frostschaden stehen. Zum Einen sind es die ▸*bauschädigenden Salze*, die aufgrund ihrer ▸*Hygroskopizität* Feuchtigkeit aus der Luft aufnehmen und binden können und dadurch die Feuchtigkeit in Baustoffen und Bauteilen erhöhen. Ein weiterer Effekt wird oft vernachlässigt: die Hygroskopizität verhindert oder verlangsamt aber auch die Austrocknung eines Baustoffes oder Bauteils. Somit müssen als Auswirkungen der hygroskopischen Feuchtigkeit nicht nur die ▸*Kristallisations-* und ▸*Hydratationsschäden* sondern auch die Frostschäden genannt werden. Oftmals überlagern sich auch die Schadensmechanismen.

Die Gefahr von Frostschäden muss aber auch bei der ▸*Innenabdichtung* von Kellerwänden beachtet werden. Werden erdberührte Bauteile nicht von außen, sondern von innen abgedichtet (sog. ▸*Negativabdichtung*), dann bleibt der Mauerwerksquerschnitt feucht und der Durchfeuchtungsgrad steigt noch ein wenig an. Im frostgefährdeten Bereich unmittelbar unter Geländeoberkante kommt es dann aufgrund der starken Durchfeuchtung zu Frostschäden. Eine Innenabdichtung sollte aus bauphysikalischen Gründen immer abgelehnt werden und nur die absolute Ausnahme sein.

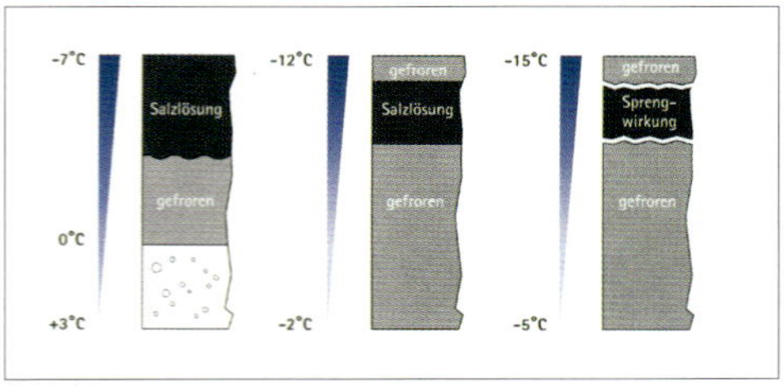

© siehe Anhang

Frost-Tau-Salz-Beständigkeit

Temperaturen unterhalb des Gefrierpunktes lassen Wasser in durchfeuchteten Baustoffen wie Natur- oder Ziegelstein sowie in Putzschichten gefrieren. Eis hat gegenüber Wasser ein etwa 9% größeres Volumen. Infolgedessen entsteht beim Gefrieren des Wassers im Baustoffgefüge ein ▸*Kristallisationsdruck*, der zu ▸*Abplatzungen* und/oder ▸*Rissen* führt. Besondere Bedeutung hat dieser Vorgang für Mauerwerke oder Putzschichten durch Spritzwasser im Sockelbereich. Schnee und Eis werden durch Streusalze aufgetaut. Hierbei dringen die gelösten Salze (in der Regel Natriumchlorid und Kalziumchlorid) in die Baustoffoberfläche ein und senken den Gefrierpunkt des Wassers ab.

Bei niedrigen Temperaturen (z. B. -7°C) gefriert nun zunächst das Wasser in den tieferen Baustoffschichten, in die kein Chlorid eingedrungen ist. Bei einem weiteren Absenken der Temperatur (z. B. -12°C) gefriert dann auch das salzhaltige Wasser im oberflächennahen Bereich, so dass sich die Salzlösung zwischen zwei Frostschichten befindet. Der durch die Volumenvergrößerung auftretende Kristallisationsdruck kann beim Gefrieren der unteren und oberen Schicht durch den Zwischenraum aufgenommen werden. Sinkt die Oberflächentemperatur noch weiter ab (z. B. -15°C) kommt es auch zum Gefrieren dieser mittleren Schicht. Die dann auftretenden Spannungen können vom Baustoffgefüge nicht mehr aufgenommen werden, so dass es zu Rissen und Abplatzungen an der Oberfläche kommt.

Um die Frost-Tau-Salz-Beständigkeit z. B. bei ▸*Sanierputzen* zu erhöhen, werden sog. Luftporenbildner eingesetzt. Hierbei handelt es sich um oberflächenaktive Stoffe, mit denen die ▸*Grenzflächenspannung* zwischen Wasser und Luft reduziert wird. Nach der Härtung des Sanierputzes befinden sich viele ▸*Luftporen* im Putzgefüge. Dadurch reduziert sich der Weg für das gefrierene Wasser in den Kapillaren bis zur nächsten Pore. Der Aufbau eines Kristallisationsdruckes wird verhindert und dadurch der Frost-Tau-Salzwiderstand des Sanierputzes erhöht. Neben Sanierputzen spielt die Frost-Tau-Salz-Beständigkeit auch auf Betonoberflächen eine wichtige Rolle.

Fruchtkörper

In feuchtebelasteten Kellerräumen kann es zu einem starken Befall durch sog. ▸*Hausfäulen* kommen, die unter dem Namen ▸*Hausschwamm* oder Mauerschwamm besser bekannt sind. Diese werden im Anfangsstadium durch das ▸*Myzel* und bei fortgeschrittenem Wachstum durch die Fruchtkörper sichtbar. Die Fruchtkörper sind fleischig, weich, aber zäh und von meist fladenartiger, kreisförmiger bis elliptischer Gestalt. Sie liegen am Holz oder Mauerwerk flach an und lassen sich in der Regel leicht ablösen. Frische Fruchtkörper haben einen angenehmen Pilzgeruch. Allerdings faulen sie relativ schnell und nehmen dann einen widerlichen, üblen Geruch an. Alte, vertrocknete Fruchtkörper sind dunkel bis schwarzbraun gefärbt und die typische Faltenstruktur der Fruchtschicht ist kaum mehr wahrzunehmen oder nur noch andeutungsweise erkennbar. Die in großen Mengen anfallenden Sporen bilden einen zimt- bis rotbraunen Staub, der bei starker Fruktifikation des Pilzes nicht selten Kellerräume oder andere stark schwammverseuchte Räume bzw. die darin vorhandenen Gegenstände gänzlich pulverartig überdeckt. Die Sporen sind dünnwandig, von länglich, ovaler, elliptischer bis typisch bohnenförmiger Gestalt mit Längen von 9 bis 12 µm und Breiten von 4 bis 6 µm sowie von gelbbrauner Färbung. Am Ende der Längsachse befindet sich ein sog. Apiculus, ein spitzenartiger Fortsatz.

In der Praxis können unter günstigen Wachstumsbedingungen Durchmesser von über einem Meter beobachtet werden. Vielfach wachsen bei starker Fruchtkörperbildung benachbarte Fruchtkörper auch zu extrem großen Gebilden zusammen, so dass Durchmesser von 1 bis 3 Meter durchaus möglich sind. An der Oberseite zeigen die Fruchtkörper eine in Abhängigkeit von Alter und Umweltbedingungen von orangerot über gelb- oder rotbraun bis rostbraun gefärbte Fruchtschicht. Als besonders typisches Merkmal besitzt sie eine gewunden-faltige oder gekreuselte Struktur. Umgeben sind die Fruchtkörper von einem weißen, zuweilen auch leicht rosa gefärbten, oft wulstigen und scharf begrenzten Zuwachsrand. Als weitere mögliche Formen treten aus Spalten oder Mauerritzen oft polsterförmige und konsolenartige Fruchtkörper auf. Außerdem können derartige Formen an senkrechten Flächen vorkommen. Bei großflächigem Überzug vertikaler Flächen und konsolenförmiger Gestalt geht die übliche faltige Struktur der Fruchtschicht des Öfteren in eine Stalaktitenform über. Häufig treten vor allem

© siehe Anhang

© siehe Anhang

am Randwulst auf den Fruchtkörpern wie auch auf dem Myzel Flüssigkeitstropfen auf, die dem Pilz den Namen lacrimans („der Tränende") gegeben haben.

© siehe Anhang

Fügetechnik

Nach der ▸*DIN 18 195 „Bauwerksabdichtung"* wird unter der Fügetechnik die materialgerechte Herstellung von Naht- und Stoßverbindungen von ▸*Abdichtungsbahnen* verstanden.

Füllmauerwerk

Sog. Füllmauerwerke stellen für die ▸*Abdichtung* und Sanierung eine schwierige Konstruktion dar. Es handelt sich hierbei um meist zweischalige Mauerwerke, die aus einer inneren und äußeren Mauerwerksschale und einer losen Füllung bestehen. Die beiden Außenschalen sind entweder aus dem gleichen Material (Ziegelstein oder Naturstein) oder können auch unterschiedlich zusammen gesetzt sein (Mischmauerwerk, Bruchsteinmauerwerk). Das eigentliche Problem stellt die Füllung dar. Sowohl bei der ▸*nachträglichen Horizontalabdichtung* mit ▸*mechanischen Verfahren* oder ▸*Bohrlochinjektionen* wie auch bei der ▸*verfestigenden Injektion* und/oder ▸*Vernadelung* kann die Füllung einen deutlich höheren Aufwand hervorrufen oder sogar zum Versagen der Instandsetzung führen. Dies ist abhängig von der Art und dem Zustand der Füllung – es gibt Ausführungen, die relativ feste Steinstücken über lockerem Bauschutt aufweisen, aber auch komplette Auffüllungen mit Sand und Kies. Mauerwerke mit einem kompletten Hohlraum (also ohne jegliche Füllung) werden nicht als Füllmauerwerk bezeichnet.

Mechanische Verfahren zur nachträglichen Horizontalabdichtung scheiden meistens aus. Bei denkmalgeschützten Bauwerken werden sie auch durch den Denkmalschutz abgelehnt. Bei Injektionsverfahren besteht das Problem, dass sich das ▸*Injektionsmittel* unkontrolliert verteilen kann und keine durchgehende Horizontalabdichtung aufgebaut wird. Dann sind spezielle ▸*Injektionslanzen* erforderlich. Bei der verfestigenden Injektion z. B. mit zementhaltigen Injektionsleimen muss der Gipsgehalt dieser historischen Mauerwerke im Vorfeld analysiert werden, um einem ▸*Gipstreiben* vorzubeugen.

Statische Probleme zeigen sich an diesen Mauerwerken in der Regel dann, wenn der Verbund zwischen Schale und Füllung nicht ausreichend ist und/oder wenn im Zuge einer Umnutzung eine Lasterhöhung stattfindet. Häufig kann dann ein Auseinanderdriften (Bauchbildung) beobachtet werden.

Füllstoff

Spricht man bei anorganisch (mineralischen) gebundenen Beschichtungen von ▸*Zuschlägen* oder ▸*Zuschlagstoffen*, so ist der Begriff Füllstoffe für organisch gebundene Putze und Farben sowie sonstige Beschichtungsstoffe üblich. Hierbei handelt es sich um unlösliche, feste aber feinteilige, meist schwach färbende oder farblose Stoffe, die dem Bindemittel zur Vergrößerung des Volumens, zur Erzielung oder Verbesserung technischer Eigenschaften (Witterungsbeständigkeit, Packungsdichte, Armierung, Mattierung, Scheuerbeständigkeit) und/oder zur Beeinflussung optischer Eigenschaften (Deckvermögen) zugegeben werden. Füllstoffe dienen darüber hinaus auch zum Strecken einer Beschichtung, da sie preislich immer unterhalb des Preisniveaus der zur Farbgebung eingesetzten Pigmente liegen.

Unterschieden werden anorganische (oder mineralische oder auch natürliche) Füllstoffe der Stoffklassen Karbonate, Silikate, Sulfate und Oxide als auch synthetisch hergestellte (gefällte) sowie organische oder Polymerfüllstoffe. Die wichtigsten natürlichen anorganischen Füllstoffe sind Calcit, Dolomit, Quarz, Talkum, Schwerspat, Kaolin, Glimmer und Kreide. Synthetische, anorganische Vertreter dieser Produktgruppe sind gefälltes Kalziumkarbonat, gefälltes Bariumsulfat und gefälltes Aluminiumsilikat. Organische Polymerfüllstoffe weisen in der Regel eine Kugelform auf, deren Hohlräume mit Wasser gefüllt sind. Dieses entweicht beim Trocknen und wird durch Luft ersetzt. Durch das niedrige Gewicht dieser luftgefüllten Hohlkörper ist es möglich, z. B. das spezifische Gewicht von Anstrich- oder Beschichtungsstoffen zu verringern. Im Prinzip handelt es sich bei dieser Art von organischem Material um einen sog. Leichtfüllstoff. Als organische Füllstoffe finden in sehr begrenztem Umfang auch Holz- und Korkmehl ihre Anwendung.

Fugen

Eine Fuge ist ein geplanter Zwischenraum bzw. Abstand zwischen zwei Bauteilen bzw. Bauelementen. Sie hat die Aufgabe, die Bewegungen und Verformungen, denen die Bauteile bzw. Bauelemente unterliegen, aufzufangen. Diese Bewegungen treten in erster Linie durch klimatische Einwirkungen (Temperatur, Feuchtigkeit) sowie durch mechanische Belastungen (Wind, Druck) auf und werden

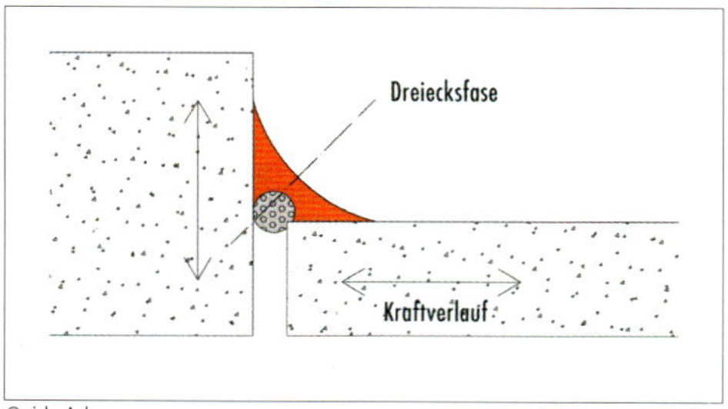

© siehe Anhang

ganz wesentlich durch die spezifische Längenänderung der verschiedenen Baustoffe beeinflusst. Dies gilt für solche Fugenarten wie ▸*Bauteilfuge* und ▸*Anschlussfuge*. Fugenbereiche können in Sohlplatten, beim Übergang von der Sohlplatte zur Wand sowie in Wänden

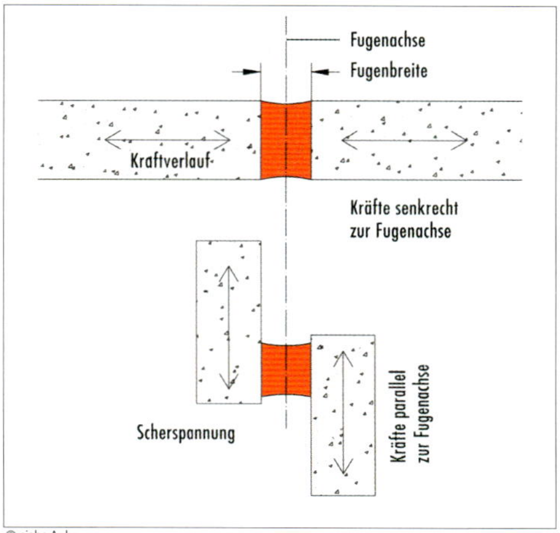

© siehe Anhang

zur Unterteilung in Wandabschnitte entstehen. Außerdem entstehen Fugenbereiche bei der vollständigen Trennung benachbarter Bauteile. In Abhängigkeit der Funktion und Ausbildung werden ▸*Bewegungsfugen* (▸*Dehnfugen*, ▸*Trennfugen*, Bauteilfugen, ▸*Gebäudefugen*), ▸*Scheinfugen* (Sollrissfugen, Temperaturfugen) und Arbeitsfugen (Betonierfugen) unterschieden. Da in nahezu allen Fugen eine gewisse Bewegung auftritt, stellen Fugen Schwachstellen dar, die in der Regel durch zusätzliche Maßnahmen abzudichten sind. Es muss unbedingt berücksichtigt werden, dass jede Art der Fugenausbildung ein geschlossenes, wasserdichtes System bilden muss. Dies bedeutet, dass die Verbindung untereinander in horizontaler und senkrechter Richtung jeweils in einer Ebene liegen müssen.

Fugenabdichtung

▸*Fugen* haben die Aufgabe, Längenänderungen auszugleichen, Bewegungen aufzunehmen und ▸*Risse* zu vermeiden. Hierbei muss die Fugenausbildung ein geschlossenes System bilden, wasserdicht und auf die entsprechenden

Anforderungen abgestimmt sein. Diese Anforderungen ergeben sich aus dem Beanspruchungsgrad, dem die unterschiedlichen Fugenarten ausgesetzt sind. Hierzu gehören statisch-konstruktive und/oder thermische Bewegungen, Wasserdichtigkeit und Wasserbeständigkeit, Zugfestigkeit und Elastizität, UV-Stabilität und Witterungsbeständigkeit sowie Widerstandsfähigkeit gegen Chemikalien, salzhaltige oder alkalische Medien, Säuren und Laugen, Bitumen- oder Mineralölbeständigkeit. Je nach Beanspruchung und Untergrundbedingungen sowie Wirtschaftlichkeit werden für die Fugenabdichtung neben den spritzbaren Fugendichtstoffen verschiedene Arten von Fugenbändern eingesetzt. Hierbei haben sich grundsätzlich vier verschiedene Abdichtungsprinzipien durchgesetzt: das Quell-, das Anpress-, das Einbettungs-, das Anflansch- und das sog. Labyrinthprinzip.

Beim Quellprinzip quillt das Dichtungsmaterial nach dem Kontakt mit Wasser auf und dichtet somit die Fuge ab. Beim Anpressprinzip soll die ▸*Abdichtung* durch den Anpressdruck zwischen dem Untergrund und dem Fugenband entstehen. Hierfür sind ein permanenter Wasserdruck sowie Bauteilbewegungen notwendig, die eine Spannung am Fugenband erzeugen. Bei dem sog. Einbettungsprinzip wird das Fugenband beim Betonieren gleich mit eingebettet, so dass eine kraftschlüssige Verbindung bzw. große Haftung zwischen dem Fugenband und dem Untergrund entsteht. Beim sog. Anflanschprinzip werden die Fugenbänder nicht gleich mit eingebettet, sondern nachträglich angeflanscht. Hierzu müssen Fugenbänder eingesetzt werden, die auch unter Druck eine große und dauerhafte Rückstellkraft besitzen. Etwas außergewöhnlich ist das sog. Labyrinthprinzip, bei dem durch eine Wasserumleitung der Wasserdruck vom Fugenband genommen werden soll. Für dieses Abdichtungsprinzip ist die Profilgebung des Fugenbandes und insbesondere die Zahl der sog. Dichtriffel und deren Winkel sowie deren Größe entscheidend.

© siehe Anhang

Fugenbänder

Neben spritzbaren ▸*Dichtstoffen* werden auch vorkonfektionierte Fugenbänder verschiedener Dimensionierungen eingesetzt. Man unterscheidet plastische Fugenbänder wie ▸*Butylkautschuk* und elastische Fugenbänder wie ▸*Silicon*, ▸*Polyurethan* oder ▸*Polysulfid*. Neben der Abdichtung von Fugen im Hochbau sowie für die Sanierung alter Fugen werden Fugenbänder vor allem für ▸*Abdichtungen* im Keller-

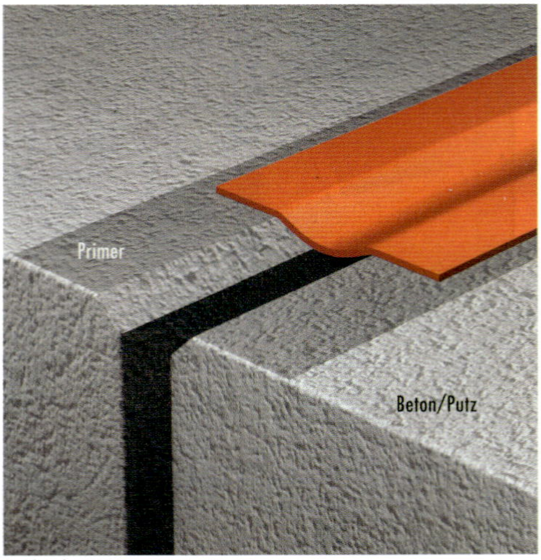

© siehe Anhang

bereich eingesetzt, die besonders hohen Belastungen ausgesetzt sind. Hierzu gehören vor allem Anforderungen in Bezug auf die Wasserundurchlässigkeit und Wasserbeständigkeit sowie einer hohen Elastizität. Daneben können aber auch eine besondere UV-Stabilität, eine große Witterungsbeständigkeit und Widerstandsfähigkeit gegen Chemikalien, salzhaltige oder alkalische Medien, Säuren und Laugen, Bitumen- oder Mineralölbeständigkeit sowie hohe Zugfestigkeiten gefordert sein. Unterschieden werden sog. ▸*Dehnfugenbänder* und ▸*Arbeitsfugenbänder*.

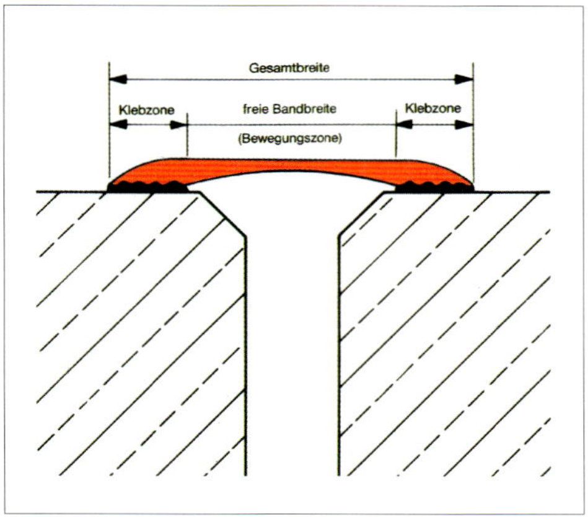

© siehe Anhang

Fugenbewegung

In jeder Fuge, dem Abstand zwischen zwei Bauelementen, findet eine bestimmte Bewegung statt, die durch temperaturbedingte Längenveränderung der Bauelemente, durch Schwingungen und Erschütterungen sowie durch Quellen und Schwinden verursacht wird. Die Fugenbewegung kann in Form von Dehn- und Stauchbewegungen, Scherbewegungen und Schälbewegungen auftreten.

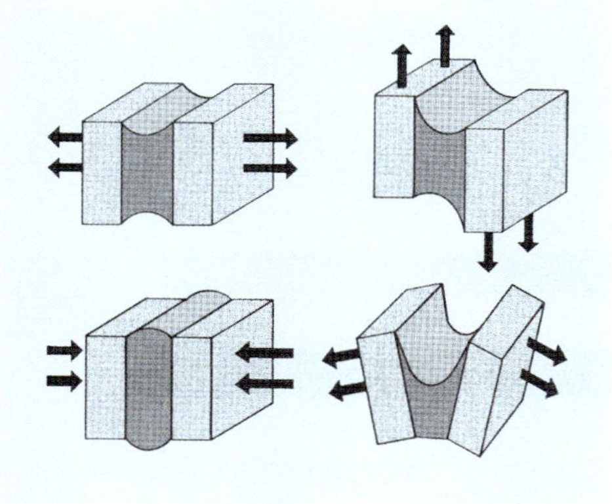

© siehe Anhang

Fugenbleche

Nach [2] können Fugen entweder durch ▸*Fugenbänder* oder durch Fugenbleche abgedichtet werden. Fugenbleche wirken nach dem sog. ▸*Einbettungsprinzip*. Da sie eine große Steifigkeit besitzen, können sie sicher einbetoniert werden und stellen eine feste Verbindung her. Infolgedessen dürfen sie aber auch nur in Arbeitsfugen eingesetzt werden, bei denen keine Bewegung erwartet wird. Dies kann in der Arbeitsfuge zwischen Sohlplatte und Wand der Fall sein, dagegen scheidet eine Verwendung von Fugenblechen in der Wandfläche definitiv aus. Eine Besonderheit sind sog. Fugenbänder mit Stahllasche, die eine Kombination aus beiden o. g. Prinzipien darstellen.

Fugenbreite

Die Dauerhaftigkeit einer ▸*Fugenabdichtung* hängt auch von der fachgerechten Fugendimensionierung ab. Hierbei spielt die zulässige Fugenbreite eine wichtige Rolle, damit die im technischen Merkblatt des Herstellers angegebene Gesamtverformung des ▸*Dichtstoffes* nicht überschritten wird.

Fugendichtstoff

Nach DIN EN 26 927 ist ein Fugendichtstoff ein Stoff, der als spritzbare Masse in eine Fuge eingebracht wird und diese abdichtet, in dem er an den geeigneten Flächen in der Fuge haftet. Aufgrund der Bewegungen in einer Fuge muss ein Fugendichtstoff elastische Eigenschaften haben, wenn er diese ▸*Fuge* dauerhaft abdichten soll. Prinzipiell gilt: je höher das Rückstellvermögen, desto höher der elastische Anteil und die zulässige Gesamtverformung in Prozent. Um die Bewegungen auffangen zu können, muss der eingebrachte ▸*Dichtstoff* sowohl an der Oberfläche als auch am Fugengrund frei beweglich sein. Er darf nur an den beiden seitlichen Flanken haften, was auch als

A B C D E F G H I J K L M N O P Q R S T U V W X Y Z

▸*Zweiflankenhaftung* bezeichnet wird. Kann eine Fuge aufgrund zu geringer Tiefe nicht mit einer Rundschnur hinterfüllt werden, so muss ein Klebeband oder eine Folie verwendet werden, um den Dichtstoff vom Untergrund zu trennen. Um eine zulässige Gesamtverformung sicher zu stellen ist das Verhältnis von Fugenbreite zur Fugentiefe ausschlaggebend. In der Praxis bewährt hat sich dabei folgende Faustregel: bis zu 10 mm Fugenbreite ist das Verhältnis eins zu eins, bei Fugenbreiten größer als 10 mm ist das Verhältnis zwei zu eins. Häufig wird in der Planung und Ausführung von Fugen vernachlässigt, dass erst die Einhaltung dieser Fugendimensionierung die wesentlichen Eigenschaften des Dichtstoffes wie z. B. den Dehn-/ Spannungswert sicher stellt. Dieser Dehn-/ Spannungswert ist die Kenngröße, die festlegt, für welchen Untergrund bzw. Untergrundfestigkeit der Dichtstoff geeignet ist. Hierfür gilt die Faustregel: je geringer die Eigenfestigkeit eines Untergrundbaustoffes, desto niedriger muss der Dehn-/ Spannungswert eines Dichtstoffes gewählt werden.

Fugendichtmasse

▸*Dichtstoffe*
▸*Fugendichtstoffe*

Fugendimensionierung

In der Praxis wird allgemein angenommen, dass die Breite und Tiefe einer Fuge zwischen den Bau- oder Konstruktionsteilen hauptsächlich nach optischen Gesichtspunkten dimensioniert wird. Dabei muss die Planung, Anordnung und Ausführung einer Fuge die zu erwartenden Verformungen der Bau- oder Konstruktionsteile und die zulässige Gesamtverformung des Dichtstoffes berücksichtigen. Hierbei hat der Ausdehnungskoeffizient der angrenzenden Bau- oder Konstruktionsteile einen entscheidenden Einfluss, da sich die Abmessungen der Baustoffe bei Temperaturänderungen verändern (thermische Verformung). Bei Erwärmung dehnt sich der Baustoff aus, so dass die Fuge dünner wird. Bei Kälte zieht sich der Baustoff zusammen, so dass die Fuge breiter wird.

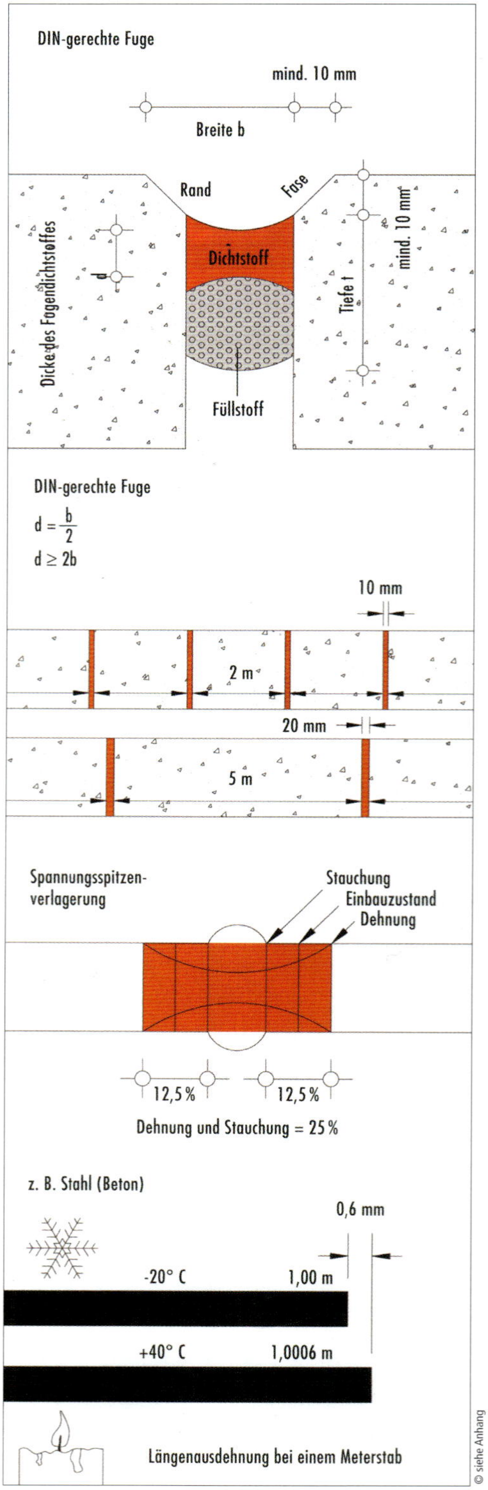

Diese thermischen Verformungen sind auf den Tag bezogen relativ klein, gemessen auf die Schwankungen der Jahreszeiten können diese Verformungen erheblich sein. Die Fugendimensionierung beschreibt deshalb ein bestimmtes, vorgeschriebenes Verhältnis zwischen Fugenbreite und eingebrachter Dicke des Dichtstoffes. Hierbei hat sich folgendes Verhältnis bewährt: bei einer Fugenbreite bis 10 mm das Verhältnis 1 zu 1 und bei einer Fugenbreite größer als 10 mm ein Verhältnis von 2 zu 1.

Fugendurchlässigkeit

Der Begriff der Fugendurchlässigkeit hat nichts mit der eigentlichen Fuge zu tun und wird von Baubiologen für den natürlichen Luftaustausch durch undichte Fenster sowie Spalten und Ritzen verwendet. Der Begriff wird offiziell in der Bauklimatologie verwendet. [5]

Fugenflanke

Unter der Fugenflanke versteht man die seitlichen Haftflächen einer ▸*Fuge*. Der ▸*Dichtstoff* muss mit der Fugenflanke eine so feste Verbindung eingehen, dass er den Bewegungen zwischen den angrenzenden Bau- oder Konstruktionsteilen standhält, ohne dass die Haftung verloren geht. Grundsätzlich muss die Fugenflanke konstruktive, funktionsbedingte und verarbeitungstechnische Voraussetzungen erfüllen, die auf den jeweiligen Dichtstoff abgestimmt sein muss.

In dem Zusammenhang wird häufig der Begriff der Zweiflankenhaftung sowie der Dreiflankenhaftung erwähnt. Damit ein Dichtstoff seine Funktion als bewegungsausgleichende Abdichtung erfüllen kann, muss er sich frei bewegen können. Dies ist gegeben, wenn der Dichtstoff ungehindert den Zug- und Druckbewegungen zwischen den Fugenflanken nachgeben kann. Dies bedeutet, dass der Dichtstoff nur an den Seitenflächen eine feste Verbindung eingehen darf (Zweiflankenhaftung). Ist dies nicht gegeben und besteht eine Verbindung des Dichtstoffes auch zum unteren (hinteren) Teil der Fuge, wird von der ▸*Dreiflankenhaftung* gesprochen. Da der Dichtstoff dann in einer dreidimensionalen Bewegung belastet und örtlich überfordert wird (▸*Adhäsions-* und ▸*Kohäsionsbruch*) kommt es zu Kerbrissen im Dichtstoff. Um dies zu vermeiden, wird in die Tiefe der Fuge ein Hinterfüllmaterial eingebracht, mit dem der Dichtstoff keine Verbindung eingehen kann. Besonders gut eignen sich Profilschnüre aus Polyethylen oder Polyurethan. Ist die Fuge nicht tief genug, um eine Profilschnur einzulegen, wird die untere (hintere) Haftfläche mit einer Polyethylenfolie abgedeckt.

Fugenkammer

Nach der ▸*DIN 18 195 „Bauwerksabdichtung“* wird unter dem Begriff der Fugenkammer eine Verbreiterung einer ▸*Bewegungsfuge* in ausreichender Tiefe an der Abdichtungsfläche verstanden.

Fugenmörtel (alter)

Der alte Fugenmörtel hat bei der Verarbeitung von ▸*Sanierputzen* eine wichtige Bedeutung, die oft aus Unkenntnis unterschätzt wird. So ist bei der entsprechenden Untergrundvorbereitung die alte Fuge ca. 2 cm tief zu entfernen. In der Praxis wird oft angenommen, dass dies für die Haftung des nachfolgenden Sanierputzes eine wichtige Maßnahme ist. Dies ist aber nur die Hälfte der Begründung. Aufgrund der Offenporigkeit findet die ▸*Kapillarität* primär über die Mauerwerksfuge statt. Dem entsprechend ist in der Fuge auch der höhere Anteil an bauschädigen Salzen nachweisbar. Durch das Entfernen des alten Fugenmörtels wird nicht nur ein Großteil der ▸*Salze* entfernt, sondern auch der nachfolgende Sanierputz in diesem Bereich in einer höheren Schichtdicke (ca. 2 cm mehr) aufgetragen.

Fugenprofil

▸*Kompriband*

Fugenrisse

Fugenrisse zeichnen sich im ▸*Mauerwerk* oder ▸*Putz* sowohl vertikal wie auch horizontal ab und verlaufen in der Regel von Stoßfuge zu Stoßfuge. Die Rissbreiten liegen etwa zwischen

0,05 und 0,15mm. Das größte Problem besteht darin, dass häufig ein Rissbild vorliegt, bei dem sowohl Fugenrisse als auch typische Schwindrisse vorhanden sind. In diesen Fällen bestimmen die Fugen teilweise durch ihren Einfluss auf die Putzdicke und evtl. die Festigkeitsentwicklung des Putzmörtels die Lage und den Verlauf der Schwindrisse. Die Risse treten in der Regel in den ersten beiden Jahren nach Abschluss der Neubau- oder Sanierungsmaßnahmen auf. Bei den Fugenrissen handelt es sich um typische putzgrundbedingte Risse, die nur bedingt beruhigbar sind und in der Regel relativ aufwendige Sanierungen erforderlich machen.

Fugensanierung

Die Fugensanierung muss in zwei Teilaspekte unterteilt werden. Zum Einen geht es um die ▸*Bauwerksabdichtung*, bei der auch die Fugen abgedichtet werden müssen und dann Bestandteil des Abdichtungssystems sind. In dem Fall muss die Materialverträglichkeit zu anderen Abdichtungsstoffen gegeben sein. Zum Anderen geht es um die eigentliche Sanierung von alten oder nicht mehr funktionsfähigen ▸*Fugen*. In dem Fall ist dann die Oberflächenbeschaffenheit der Fugenflanken nicht mehr im ursprünglichen Zustand vorhanden. Für die eigentliche Sanierung können dann mehrere Methoden gewählt werden, die sich nach Art und Zustand des Untergrundes (Fugenflanken), der alten Fuge, der Beanspruchung und dgl. richten. Alte Dichtstoffreste, Hinterfüllmaterialen und ggf. Beschichtungen können die Haftung des neu einzusetzenden Dichtstoffes stark beeinflussen.

Die Sanierung mit einem spritzbaren Dichtstoff ist nur dann geeignet, wenn die Schadensursache in der unzureichenden Qualität des alten oder eines ungeeigneten ▸*Dichtstoffes* sowie in der handwerklichen Ausführung liegt. Liegt die Schadensursache in der Fugenkonstruktion, in der Überforderung der zulässigen Gesamtverformung oder in einer chemischen Reaktion des alten Dichtstoffes mit dem Untergrund, ist die Sanierung mit einem spritzbaren Dichtstoff nicht geeignet. Für den Einsatz eines spritzbaren Dichtstoffes ist folgende Arbeitsweise vorgeschrieben: Herausschneiden des vorhandenen Dichtstoffmaterials, Freischleifen der Fugenflanken bis zum Untergrund, Aufbringen eines Haftvermittlers und anschließend Einsatz des neuen Dichtstoffes. Hierbei sollte man versuchen, mit einem Dichtstoff gleicher Zusammensetzung zu arbeiten. Selbst bei gründlicher Reinigung der Fugenflanken besteht die Möglichkeit, dass Inhaltsstoffe des alten Dichtstoffes in den Untergrund eingewandert sein können. Außerdem muss die Materialverträglichkeit des alten und des neuen Dichtstoffes untereinander geprüft werden. Hierbei muss beachtet werden, dass eine chemische Unverträglichkeit in den meisten Fällen ein Langzeiteffekt darstellt. In dem Fall würde sich nach einem längeren Zeitraum ein Ablösen des neuen Dichtstoffes, eine Klebrigkeit oder Verfärbung an der neuen Fugenoberfläche abzeichnen. Um ein mögliches Restrisiko auszuschließen, kann in derartigen Fällen auf Fugenbänder zurück gegriffen werden. Hierbei wird zwischen den plastischen und elastischen Fugenbändern unterschieden. Während plastische ▸*Fugenbänder* aufgrund ihrer Klebrigkeit ohne weitere Vorbehandlung auf fast allen trockenen Untergründen haften, werden die elastischen Fugenbänder unter Verwendung eines Klebers gleicher Zusammensetzung auf die Haftfläche aufgeklebt.

Fugenverstärkung

Eine Fugenverstärkung ist nach der Definition der ▸*DIN 18 195 „Bauwerksabdichtung“* eine Verstärkung der Abdichtung durch eine oder mehrere zusätzliche Abdichtungslagen im Bereich der ▸*Bewegungsfugen*.

Fundament

▸*Gründung*

Fungizide

Der Begriff Fungizide wurde vom Lateinischen (*fungus* = Pilz und *caedere* = töten, vernichten) abgeleitet und gehört zur Gruppe der ▸*Biozide*.

Fungizide sind Substanzen unterschiedlicher chemischer Zusammensetzung, die zur Bekämpfung und Abtötung von Pilzen und deren Sporen eingesetzt werden. Hierbei muss unterschieden werden, ob der Anstrich- oder Beschichtungsstoff selbst vor Pilzbefall geschützt werden (Gebinde- oder Topfkonservierung) oder ob ein Pilzbefall auf dem Untergrund vermieden werden soll. Hierbei muss dann noch einmal unterschieden werden, ob dieser Pilzbefall im Innen- oder Außenbereich vorliegt, da im Innenbereich in der Regel andere Pilzspezies auftreten als an der Fassade und im Innenbereich zusätzlich ökologische Aspekte und der Gesundheitsschutz eine wichtige Rolle spielen.

Fungizide müssen eine gute Wasserlöslichkeit besitzen, damit immer ein ausreichendes Wirkstoff-Depot an die Oberfläche „ausgewaschen" wird und dort wirken kann. Andererseits darf diese Wasserlöslichkeit nur begrenzt vorliegen, damit die Fungizide nicht zu schnell ausgewaschen werden und der Wirkstoff über eine längere Zeit an die Oberfläche abgegeben werden kann. In der Regel beinhalten Beschichtungen nicht nur ein Fungizid, sondern immer Wirkstoffkombinationen, da die unterschiedlichen Pilzspezies nicht mit einem Fungizid getötet werden können und die Pilze über die Zeit Strategien entwickeln, um gegenüber den Fungiziden resistent zu werden.

Futterrohre

▸*Rohrabdichtung*

G

Gamma-Strahlen-Feuchte-Messverfahren

Gammastrahlen bezeichnen nach [1] den Teil der elektromagnetischen Strahlung, der eine sehr kurze Wellenlänge (unter 0,5 nm) hat. Die Photonen der Gammastrahlung werden auch als sog. Gammaquanten bezeichnet. Ionisierende Strahlen, die beim radioaktiven Zerfall in Alphastrahlen, Betastrahlen und Gammastrahlen unterteilt werden, können Materie durchdringen. Anders, als die α- bzw. β-Teilchen sind die γ-Quanten elektrisch neutral. Infolgedessen lassen sich Gammastrahlen nicht von elektrischen Feldern beeinflussen. Wenn Gammastrahlen durch zwei elektrisch geladene Platten gesendet werden erfolgt dem entsprechend keine Ablenkung. Beim Durchgang durch kapillar-poröse Baustoffe wird in Abhängigkeit zum Feuchtegehalt ein Teil der Gammastrahlung absorbiert. Diese Tatsache wird als Messprinzip beim sog. Gamma-Strahlen-Feuchte-Messverfahren genutzt. Problematisch ist die Wechselwirkung eines feuchten Baustoffes mit den Einflüssen der ▸*Hygroskopizität* und deren klare Trennung. Die Gefahr der Fehlinterpretation ist damit gegeben. Außerdem ist eine umfangreiche Kalibrierung der Messgeräte und viel Erfahrung notwendig, um das Gamma-Strahlen-Feuchte-Messverfahren anwenden zu können. Auf Grund der Gefahr, die von Gammastrahlen ausgeht, sind umfangreiche Arbeitsschutzmaßnahmen und behördliche Genehmigungen notwendig. Das Verfahren ist deshalb für den praktischen Einsatz am Objekt weniger geeignet und sollte dem Labor vorbehalten bleiben.

Gaschromatographie

Die Gaschromatographie ist eine zerstörungsfreie Messmethode (labortechnisches Trennverfahren) zur qualitativen und quantitativen Analyse von Flüssigkeiten, Gasen oder Feststoffen, deren Komponenten sich ohne Zersetzung verdampfen lassen. Dabei wird eine kleine Menge des zu untersuchenden Probenmaterials in den Strom eines Trägergases injiziert. Das Gas trägt die verdampfte Substanz in die Trennsäule. In ihr verzögert eine stationäre Phase den Durchlauf der einzelnen Komponenten des verdampften Probematerials unterschiedlich stark. Dieser Vorgang wird grafisch aufgezeichnet. Die Kurve zeigt sog. Peaks, die jeweils charakteristisch für eine Komponente sind. Die Gaschromatografie hat insbesondere in der Umweltanalytik, z. B. zum Nachweis von Holzschutzmitteln in Holzbauteilen, eine große Bedeutung.

Gebäude

▸*Bauwerk*

Gebäudefugen

Eine Gebäudefuge ist der Abstand zwischen einzelnen Gebäuden oder Gebäudeteilen. Sie stellen im Wohnungsbau die häufigste Art der ▸*Fugen* im erdberührten Bereich dar. Diese werden in der Praxis gar nicht oder nur mit ungeeigneten Materialien verschlossen. Bei Undichtigkeit dringt Feuchtigkeit in die Trennfugen und durchfeuchtet die Gebäudetrennwände. Schäden dieser Art oder auf Grund dieser Ursache sind nur sehr schwer und mit großem Aufwand zu beseitigen. Die Anordnung und Ausführung von Bewegungsfugen benötigen eine sorgfältige Planung. ▸*Bewegungsfugen* sind mit einem auf das Abdichtungssystem abgestimmten Dichtungsband abzudichten. In der Regel werden bitumenverträgliche Synthese-Kautschuk-Bänder eingesetzt, die im Randbereich eine Vlieskaschierung besitzen. Diese wird mit der ▸*kunststoffmodifizierten Bitumen-Dickbeschichtung* auf dem Untergrund verklebt und im Randbereich überspachtelt.

Abhängig von den zu erwartenden Bewegungen und der Art des Dichtungsbandes kann eine Schlaufenausbildung erforderlich sein. Ein Überspachteln der Fugen ist unzulässig. Das Fugendichtungsband ist wasserdicht in die Flächenabdichtung einzubinden und kann entweder mit einer ▸*flexiblen Dichtungsschlämme*, einer ▸*Bitumen-Dickbeschichtung* oder einen Reaktionsharzklebstoff befestigt werden. Die Abdichtung der Fugen wird somit nahtlos in die Flächenabdichtung integriert. Bei zu erwartender Druckbelastung ist die Fuge entsprechend druckstabil auszuführen. Speziell hergestellte Formteile, wie Außen- oder Innenecken sowie Endstücke ermöglichen die Herstellung beliebig geformter Fugenkonstruktionen.

Gebäudeklima

Der Begriff Gebäudeklima bekommt eine immer größere Bedeutung. Er definiert die klimatischen Verhältnisse innerhalb von Gebäuden in ihrer Abhängigkeit von und in Wechselwirkung mit dem umgebenden Klima. Auf das Gebäudeklima wirken u. a. Lufttemperatur, Strahlung, Wind (Windlast), Feuchte und Niederschlag (Schlagregen) von außen ein. Von innen wirken vor allem Lufttemperatur und -feuchtigkeit sowie Innenraumbelastungen aus spezieller Nutzung. Die Auswirkungen auf das (und im) Gebäudeinnere(n) können durch bauphysikalische Maßnahmen wie z. B. Wärmedämmung und -speicherung, Lüftung, Schutz gegen Einstrahlung und Regen sowie durch Klimatisierung beeinflusst werden. Wesentlichen Einfluss können auch die Bewohner durch ein angepasstes Lüftungsverhalten nehmen. [5]

Gebäudeklimatologie

Die Gebäudeklimatologie ist abgeleitet vom Gebäudeklima und beschreibt die Lehre vom Klima in Gebäuden und deren Wechselwirkung mit dem Klima der unmittelbaren Umgebung. Ziel der Gebäudeklimatologie ist es, die natürlichen und technischen Möglichkeiten aufzuzeigen, um für ein „klimaorientiertes" Bauen sowie ein gesundes und behagliches Wohnen die gegenseitige Beeinflussung von Klima und Gebäude zu nutzen sowie ungünstige oder bauschädigende Einwirkungen zu korrigieren. Durch eine Zunahme von Allergien und Krankheiten sowie immer bessere Kenntnis über schädigende Eigenschaften von Innenraummaterialien (oder einem neuen subjektiven Empfinden auf Grund sich erweiternder Informationsquellen und besserer Untersuchungsmethoden sowie durch mehr Transparenz über Inhaltsstoffe) werden sich die Untersuchungen zu den Einflüssen auf das Gebäudeklima in den nächsten Jahren zu einer eigenen Disziplin innerhalb der ▸*Bauwerksdiagnostik* entwickeln. [5]

Geblasenes Bitumen

Geblasenes ▸*Bitumen* wird aus heißflüssigem Destillationsbitumen durch Einblasen von Luft bei hohen Temperaturen gewonnen. Es wird auch als ▸*Oxidationsbitumen* bezeichnet und durch den Erweichungspunkt (EP) und die ▸*Penetration* gekennzeichnet.

Gebrauchswasser

Unter dem Begriff Gebrauchswasser wird gespeichertes Wasser aus Auffangbecken oder Nassräumen bezeichnet.

Gefügeanalyse

Unter Gefügeanalyse wird die Untersuchung der mikrostrukturellen Zusammensetzung von Baustoffen verstanden. In der Praxis werden hierfür auch Begriffe wie Baustoff- oder Mörtelanalyse verwendet.

Gefülltes Bitumen

Unter gefülltem ▸*Bitumen* versteht man eine aus Bitumen und ▸*Füllstoffen* bestehende Masse. Der Füllstoff kann z. B. aus Gesteinsmehl bestehen. Gefülltes Bitumen darf nicht mit gefüllten ▸*Bitumen-Dickbeschichtungen* verwechselt werden, da hierbei der Füllstoff u. a. aus Polystyrol besteht und zum Strecken der Bitumenemulsion verwendet wird.

Gelabdichtung

▸*Schleierabdichtung*

Gelabscheidung

▸*Gelschleierabdichtung*

A B C D E F G H I J K L M N O P Q R S T U V W X Y Z

A B C D E F G H I J K L M N O P Q R S T U V W X Y Z

Gelege

Ein Gelege ist ein grobmaschiges Gitter aus Glas- und/oder Polyesterfäden und wird in der Regel in Verbindung mit Glas- oder Polyester-Vliesen als Verbundträger mit hoher Höchstzugkraft und mittlerer Dehnung angeboten. Verwendet werden diese Gelege in Schweiß- und ▸*Kaltselbstklebebahnen*.

Gelporen

▸*Mikroporen*

Gelschleierabdichtung

Bei der sog. Gelschleierabdichtung handelt es sich um ein spezielles ▸*Injektionsverfahren*, bei dem ein Gel über Bohrlöcher von der Innenseite eines erdberührten Bauwerks an die Außenseite injiziert wird. Dort vermischt sich dieses Gel mit dem Erdreich, verdrängt das in den Poren vorhandene Wasser und erhärtet anschließend zu einem elastischen Gel-Boden-Gemisch, das als Gelschleier bezeichnet wird. Da es sich bei der Gelschleierabdichtung um ein Sonderverfahren handelt, ist eine sach- und fachkundige Planung und Betreuung immer zwingend erforderlich. Des Weiteren müssen umfangreiche Voruntersuchungen durchgeführt werden, um die baugrund- und objektspezifischen Rahmenbedingungen zu kennen. Die Voruntersuchungen müssen mindestens Angaben über den Schadensumfang und die -ursache, mögliche Auswirkungen auf die Tragfähigkeit, Art und Zustand evtl. vorhandener Altabdichtungen, sonstige Bauwerksschäden wie ▸*Risse* und dgl., Angaben über Wandkonstruktion, Mauerwerksaufbau und Art und Zustand der Baustoffe, Angaben zur Bodenplatte sowie zum Höchstwasserstand (▸*Bemessungswasserstand*) oder zum ▸*Lastfall* sowie über Art und Menge von Rohrleitungen, ▸*Drainagen* und dgl. liefern. Erst dann kann die Fachplanung erfolgen, mit der die Injektionstechnologie und der Packerabstand sowie die Materialauswahl festgelegt werden. Da das ▸*Injektionsmittel* mit dem ▸*Grund- bzw. Sickerwasser* in Berührung kommt, muss vor dem Einsatz der Nachweis der physiologischen Unbedenklichkeit erbracht werden.

▸*Schleierabdichtung*

© siehe Anhang

Geoelektrische Verfahren

Bei einem geoelektrischen Verfahren (Geoelektrik) wird über Elektroden der spezifische Widerstand des Baugrundes gemessen. Durch Variation des Messortes und der Elektrodenabstände sowie durch eine computergestützten Auswertung werden Erkenntnisse zur Struktur des Untergrundes gewonnen. Dieses zerstörungsfreie Prüfverfahren wird direkt am Bauwerk durchgeführt und bedarf einer aufwändigen Auswertung im Labor.

Geometrische Wärmebrücken

Wärmebrücken sind die Bereiche der Gebäudehülle, die einen wesentlich höheren Wärmeabfluss als benachbarte Wand- und Deckenteile haben und dem entsprechend eine geringere Oberflächentemperatur aufweisen. Sie werden nach ihrer Ursache in materialbedingte und geometrische Wärmebrücken unterteilt.

Zu den geometrischen Wärmebrücken zählen z. B. Raumecken, Fensterlaibungen oder vorkragende Bauteile. Ebenso zählen dazu die linienförmigen Wärmebrücken der Außenwandkanten. Werden die Wärmestromlinien wie z. B. in Außenecken oder bei Kragarmen in alle drei Raumrichtungen verzerrt, so handelt es sich um eine punktförmige Wärmebrücke.

Geophysikalische Untersuchungen

Im Gegensatz zu den üblichen Bodenuntersuchungen (z. B. Bohrungen oder Schürfgruben) ist es bei den geophysikalischen Untersuchungen möglich, die Art und Dicke sowie Zusammensetzung der Bodenschichten ohne Probenahme zu ermitteln. Zu den geophysikalischen Untersuchungen gehören die seismischen Bodenuntersuchungen, die dynamischen Bodenuntersuchungen, die bodenelektrischen Untersuchungen und die Untersuchungen mittels radioaktiver Isotope.

Bei den seismischen Bodenuntersuchungen werden kleine Sprengungen durchgeführt, die Bodenerschütterungen erzeugen. Diese verursachen längsschwingende Wellen, wobei die unmittelbar an der Erdoberfläche verlaufende Welle zuerst den Seismographen erreicht. Bei den seismischen Bodenuntersuchungen schließt man aus dem elastischen Verhalten des Bodens auf seine Art, Schichtung und Festigkeit. Auch bei der dynamischen Bodenuntersuchung erlaubt das elastische Verhalten des Bodens Rückschlüsse auf Art, Schichtung und Festigkeit. Durch einen Impulsgeber werden sinusförmige Schwingungen erzeugt, deren Schwingzahl und Schwingweite regelbar sind. Die Geschwindigkeit im Boden hängt von der Bodenart ab, so dass eine Änderung stets auf Unterschiede in der Bodenzusammensetzung hinweisen. Allerdings ist die Feststellung der Tiefenlage und Schichtdicke einer zweiten Schicht mit diesem Verfahren nur sehr schwer möglich. Infolge dessen sind mit der dynamischen Bodenuntersuchung nur Messungen bis ca. 20 m Tiefe möglich. Die bodenelektrische Untersuchung wird auch als elektrische Widerstandsmessung bezeichnet und basiert darauf, dass die Leitfähigkeit des Bodens von seiner Beschaffenheit abhängt. Vor allem ändert der Wassergehalt die Leitfähigkeit erheblich, so dass stark durchfeuchtete Böden wesentlich geringeren Widerstand zeigen als trockene, poröse Böden. [1]

Geotechnische Untersuchungen

▸*Baugrunduntersuchungen*

Geruchsneutralisation

Bis heute ist es der Wissenschaft nicht vollständig gelungen, den Geruchssinn des Menschen in allen Details zu erforschen oder gar zu beschreiben. Bekannt ist allerdings, dass der Mensch weit über 2000 Gerüche unterscheiden kann und die Wahrnehmung über die Riechzellen an der Nasenrückwand, die sog. Chemorezeptoren, erfolgt. Als einatembare Gase oder Aerosole (Luftschwebstoffe) werden Geruchsstoffe von den Chemorezeptoren nach dem Prinzip von „Schlüssel" (Geruchsstoff) und passendem „Schloss" (Chemorezeptor) erkannt. Hinzu kommt, dass die Wahrnehmung von Gerüchen immer auch individuellen und subjektiven Charakter besitzt.

Im Zusammenhang mit Wasserschäden machen sich Geruchsbelästigungen bei akuten Problemen in Rohrleitungssystemen – nach Rohrbrüchen oder Rückstauungen in fäkalienführenden Abwasserleitungen – sofort bemerkbar. Sie sind besonders unangenehm, wenn Hohlräume und/oder poröse Materialien betroffen sind. Eine andere Geruchsproblematik kann aus unzulänglich getrockneten oder nicht entdeckten Langzeitwasserschäden entstehen – vorwiegend in Hohlräumen, in denen organische Stoffe wie z. B. Holz, Kork etc. sich langsam zersetzen und zunehmender Modergeruch auf Schimmelpilz- und Bakterienbefall hinweist. Für die dann notwendige Geruchsneutralisation werden unterschiedliche Systeme eingesetzt: Trocken- und Feuchtnebelerzeugung, Besprühung, Bedampfung, Ozonisierung und Ionisierung. Hierdurch kann eine dauerhafte Geruchsneutralisierung durch Verdünnung, Modifikation oder Zerstörung der Geruchsmoleküle erreicht werden. Die entscheidende Variante ist die Neutralisation und damit die wirkliche Beseitigung, denn eine Geruchsüberdeckung (z. B. mit Parfüm oder Duftstoffen) ist keine Lösung von langer Dauer. Für alle Anwendungen gilt jedoch das gleiche Prinzip: erst muss die Geruchsquelle beseitigt und anschließend ggf. gereinigt und desinfiziert werden, bevor Maßnahmen zur Geruchsneutralisation erfolgreich eingesetzt werden können.

Hierbei werden dann desinfizierende und geruchsneutralisierende Substanzen in feinste

A B C D E F G H I J K L M N O P Q R S T U V W X Y Z

Tröpfchen vernebelt. Je nach Zielsetzung werden Geräte zur Erzeugung von Feuchtnebel oder Trockennebel eingesetzt. Der Feuchtnebel eignet sich insbesondere zum Desinfizieren und Neutralisieren von Oberflächen, die gezielt eingesprüht werden sollen. In einer konzentrierten Form bildet sich ein Oberflächenfilm, der jedoch durch das Auge nicht wahrgenommen werden kann. Der Vorteil beim Trockennebel-Verfahren liegt in der außergewöhnlichen Feinheit der produzierten Tröpfchen, die bis zu 20 Stunden in der Luft schweben. Infolgedessen können sie auch in Hohlräume eindringen und dort eingezogene Geruchsstoffe erreichen. Diese Verfahren bietet auf Grund der äußerst kurzen Berührungszeit von Substanz und Heißluftstrom den Vorteil, dass selbst thermisch sehr empfindliche Substanzen ohne Wirkungsverlust vernebelt werden können. Bei der Methode des Besprühens werden geruchsneutralisierende und auch zum Teil -modifizierende Substanzen eingesetzt und mittels Airlessgerät als dünner Film direkt auf der Oberfläche aufgetragen, der sich im Anschluss verflüchtigt. Durch den Einsatz der Feinsprühgeräte wird eine gezielte Flächenbekämpfung der Geruchsquelle erreicht. Die betroffenen Räume können nach der Behandlung sofort wieder genutzt werden. Bei der sog. Bedampfung werden geruchsneutralisierende Substanzen in geringen Konzentrationen über einen langen Zeitraum verdampft. Alle Räume können ohne Unterbrechung weiter genutzt werden. Die Bedampfung wird häufig zur Neutralisation von wiederkehrenden Gerüchen wie z. B. Zigaretten- oder Gaststättengerüchen oder auch bei geringer einmaliger Geruchsbelastung eingesetzt. Bei der Ionisierung wird vorhandene Raumluft durch eine Hochspannungsröhre geführt, in der alle größeren Moleküle und damit nahezu alle Geruchsstoffe aufgespalten werden. Die Wirksamkeit dieser Methode beschränkt sich allerdings auf die in der Luft befindliche Schwebstoffe, bereits abgesetzte Substanzen werden nicht erreicht. Bei der Ozonisierung wird in einer Hochspannungsröhre Luftsauerstoff in zwei Sauerstoffatome aufgespalten. Ein Großteil wird zwar wieder zu O_2-Molekülen zurückgebildet. Ein anderer Teil bildet aber das sog. Ozon (O_3-Moleküle) und weist eine freie Bindung auf. Deshalb sind die O_3-Moleküle nicht besonders stabil und können heftig mit anderen Substanzen reagieren, diese verändern und somit den Geruch beseitigen. Die Ozonisierung ist eines der wirkungsvollsten Verfahren der Geruchsneutralisation, aber zugleich auch das aggressivste. Vor einem Einsatz sollten die Gefahren der Nebenwirkungen sorgfältig geprüft werden, da die intensive Reaktionsfähigkeit der O_3-Moleküle auch Schädigungen bei Inventar aus Kunststoff, Gummi und anderen Materialien zur Folge haben und die menschlichen Schleimhäute reizen kann.

Gesamt-Wärmedurchlasswiderstand

Bauteile setzen sich in der Regel aus mehreren Schichten verschiedener Werkstoffe zusammen, die unterschiedliche Dicken und Wärmeleitzahlen aufweisen. Für solche Bauteile muss ein Gesamt-Wärmedurchlasswiderstand ermittelt werden, der sich aus der Summe aller Einzel-Wärmedurchlasswiderstände ergibt.

Geschlossene Poren

Geschlossene ▸*Poren* in einem Baustoff haben keine Öffnungen. Sie werden auch als isolierte Poren bezeichnet und können ohne Druck nicht mit Wasser gefüllt werden. Dies ist u. a. bei der ▸*nachträglichen Horizontalabdichtung* mittels ▸*Bohrlochinjektion* zu beachten.

Gewöhnlicher Klopf- oder Nagekäfer

▸*Holzwurm*

Gießkannenverfahren

▸*Drucklose Injektion*

Gießverfahren/ Einwalzverfahren

Beim Gieß- und Einwalzverfahren werden die ▸*Bitumenbahnen* in die ausgegossene Klebemasse eingewälzt. Hierzu darf nur eine gefüllte Klebemasse verwendet werden. Auf waagerechte und schwach geneigte Bauwerksflächen ist die Klebemasse so auf den Untergrund vor die aufgerollte Bitumenbahn zu gießen, dass sie beim Ausrollen satt in die Klebemasse eingebettet wird. Die aufzuklebenden Bitumenbahnen müssen straff auf einen Kern aufgewickelt sein und beim Ausrollen in die Klebemasse fest eingewalzt werden. Auf senkrechten und stark geneigten Bauwerksflächen ist die Klebemasse in den Zwickel zwischen Untergrund und angedrückter Bahnenrolle zu gießen. Beim Ausrollen der Bitumenbahn muss der Bahnenrolle in ganzer Breite ein Wulst mit Klebemasse vorlaufen und die Klebemasse muss an den Rändern der Bitumenbahn austreten. Die ausgetretene Klebemasse ist sofort flächig zu verteilen. Es sollten nur Bitumenbahnen mit einer Breite bis zu 0,7m verwendet werden, außer ein maschinelles Verarbeitungsverfahren lässt eine größere Breite zu.

Giftklassen

Als giftig werden Stoffe oder Zubereitungen bezeichnet, die durch Einatmen (Dämpfe; Gase), Verschlucken (Flüssigkeiten; Pulver) oder bei einer Aufnahme über die Haut akute oder chronische Gesundheitsschäden bewirken können. Dabei wird in Abhängigkeit von ihrem Gefährlichkeitsgrad nach Gruppen in sehr giftige, giftige und minder giftige Mittel unterschieden. Der Grad der Giftwirkung wird durch den sog. MLD-Wert (= kleinste tödliche Dosis) gekennzeichnet und in mg pro kg Körpergewicht angegeben. Es können aber auch die sog. LD50-Werte (= letale Dosis, die innerhalb eines bestimmten Zeitraumes bei 50 % der betreffenden Organismen den Tod verursacht) für die Klassifizierung von giftigen Substanzen herangezogen werden. Gifte können sowohl einzelne Elemente (z. B. Quecksilber, Blei) als auch Verbindungen anorganischer (z. B. Salzsäure, Natronlauge) wie organischer Natur (z. B. Methanol, Oxalsäure) sein. Grundsätzlich gilt: Die Giftwirkung ist in hohem Maße von der jeweiligen Konzentration und Dosis abhängig.

Gips

Gips ist ein farbloses bis weißes Mineral mit der chemischen Zusammensetzung $CaSO_4 \cdot 2\,H_2O$, ist also chemisch gesehen ▸*Kalziumsulfat*. Gips weist einen relativ hohen Weißgrad auf, ist in Wasser schwer löslich und kristallisiert im monoklinen Kristallsystem. Beim Erhitzen bzw. oberhalb von 120° C gibt Gips stufenweise das im Molekül vorhandene Kristallwasser ab. Dabei bildet sich das sog. Halbhydrat (oder Hemihydrat bzw. Bassanit genannt) mit der chemischen Formel $CaSO_4 \cdot ½\,H_2O$. Bei weiterem Wasserverlust bildet sich schließlich das sog. Anhydrit III ($CaSO_4$), das mineralogisch als Anhydrit bezeichnet wird. Unterhalb von 1000° C gebrannt entsteht $CaSO_4$ (Anhydrit) ohne Kristallwasseranteil – durch Zufügen von H_2O erfolgt die Rückverwandlung in Gips ("Härten"). Durch dieses Vermögen einer erneuten Wasseraufnahme und dem darauf folgenden Aufweichen eignet sich Gips als Bindemittel nur für den Innenbereich und wird in reinen Gipsputzen, Gipskalkputzen, Kalkgipsputzen sowie Estrichen und Gipskartonplatten eingesetzt. Da Gips hygroskopisch ist und Feuchtigkeit aufnimmt und bindet, kann es bei hoher Feuchtigkeit zu Verfärbungen und Pilzbefall kommen. In Nassräumen, Nasszellen sowie im Kellerbereich sind Gips und seine Baustoffe nur eingeschränkt geeignet. Bei Renovierungsarbeiten wird Stuckgips verwendet, um kleine Risse und Löcher in den Wänden zu schließen, Elektroinstallationen zu fixieren oder Lichtschalter und Steckdosen „einzugipsen". Dies muss gerade bei der Kellersanierung beachtet werden, da

© siehe Anhang

häufig ▸*Sanierputze* und damit zementgebundene Putze eingesetzt werden und damit die Gefahr der ▸*Ettringitbildung* besteht.

Gipshärtung

Die Gipshärtung als Vorgang der ▸*Hydratation* ist ein komplizierter chemischer Vorgang. Einfach erklärt, versteht man unter der Hydratation die Anlagerung von Wasser. Durch diese Wasseranlagerung vergrößert sich das Salzmolekül. Bei bestimmten Temperaturen erfolgt eine Abtrennung. Je niedriger die salzspezifische Umwandlungstemperatur liegt, umso gefährdender ist dies für den Baustoff. Der Umwandlungsvorgang kann sich bei Temperaturwechsel in kurzer Zeit mehrfach wiederholen.

$$\underset{\text{Gips-Halbhydrat}}{CaSO_4 \cdot \tfrac{1}{2}H_2O} + \underset{\text{Wasser}}{1\tfrac{1}{2}H_2O} \rightarrow \underset{\text{Gips} \cdot \text{Dihydrat}}{CaSO_4 \cdot 2H_2O}$$

Die Reaktionszeit beträgt einige Minuten.

Der Abbindeprozess der unterschiedlichen Phasen des ▸*Kalziumsulfat* zum Kalziumsulfatdihydrat (und damit der gleichen chemischen Verbindung wie die des Ausgangsproduktes Naturgips $CaSO_4 \cdot 2H_2O$) wird im Wesentlichen von der Löslichkeit der Ausgangsphase bestimmt. Je größer die Löslichkeit ist, desto schneller erfolgt die Übersättigung des Anmachwassers und umso schneller erfolgt der Kristallisationsvorgang zu Kalziumsulfatdihydrat. Darüber hinaus wird die Kristallisationsgeschwindigkeit und damit die Abbindezeit zusätzlich von der spezifischen Oberfläche beeinflusst. Auch die Temperatur nimmt Einfluss auf das Abbindeverhalten. Der Abbinde- und Kristallisationsvorgang kann durch sog. Additive sehr stark beeinflusst werden. Beschleunigend sind z. B. Schwefelsäure und einige ihrer Verbindungen, Salpetersäure, Salzsäure und einige ihrer Akali- und Ammoniumsalze oder auch Wasserglas. Dagegen wirken Kalziumchlorid, Kali- und Natronlauge, Glycerin, Aceton, Zucker, Zitronensäure, Essigsäure u. a. als reaktionsverzögernd.

Gipsnachweis

▸*Sulfate*

Gipstreiben

▸*Sulfattreiben*

Gitterrabbot

Mit einem Gitterrabbot wird ein Werkzeug beschrieben, mit dem Putzoberflächen während der Härtungsphase abgerieben werden. Infolgedessen werden ebene Putzflächen erzielt, die anschließend weiterbeschichtet werden können.

Gitterschnitt

Der Gitterschnitt oder die Gitterschnittprüfung ist eine sehr einfache und praxistaugliche Prüfmethode zur Untergrundhaftung von Beschichtungen. Hierzu werden mehrere waagerechte und senkrechte Schnitte durchgeführt, die durch die gesamte Beschichtung bis zum Untergrund reichen. Dadurch entsteht ein Raster aus mehreren kleinen Quadraten. Allein durch das Einschneiden der Beschichtungen und dem möglichen Ausbrechen oder den Abplatzungen an den Ecken können bereits Aussagen zur ▸*Kohäsion* und ▸*Adhäsion* des Beschichtungsstoffes zum Untergrund getroffen werden. Für die vorliegende Optik gibt es ein Bewertungsschema, mit dem die Haftung objektiv beurteilt werden kann. Um den Effekt noch zu intensivieren, wird die sog. Klebebandabrissmethode durchgeführt. Hierzu wird wieder ein Gitterschnitt ausgeführt und anschließend ein Klebeband mit konstantem Druck aufgeklebt. Durch ruckartiges Abziehen

© siehe Anhang

des Klebebandes wird der Abriss der Beschichtung vom Untergrund noch verstärkt.

Glättmittel

Glättmittel werden eingesetzt, um ▸*Dichtstoffe* direkt nach dem Ausspritzen an der Oberfläche nachzubehandeln. Bei Dichtstoffen auf Acrylatdispersionsbasis wird hierfür klares Wasser verwendet. Bei Dichtstoffen auf Silicon- oder Polyurethanbasis wird dem Wasser noch ein Netzmittel zugegeben. Der Zusatz von Netzmitteln muss mit dem Dichtstoffhersteller abgestimmt werden.

Glaubersalz

▸*Natriumsulfat*

Glasgewebe

Ein Glasgewebe ist eine Trägereinlage für ▸*Schweiß- und Dichtungsbahnen* mit sehr hoher Höchstzugkraft und geringer Dehnung.

Glasübergangstemperatur

Bei keinem anderen Baustoff ist die Eigenschaft so stark abhängig vom jeweiligen Temperaturzustand, wie bei den ▸*Kunststoffen*. Bei ihnen ergibt sich im Bereich der sog. Glasübergangstemperatur die größte Veränderung der Verformungsfähigkeit. Diese trennt den unterhalb liegenden energieelastischen Bereich (= Glasbereich) vom oberhalb liegenden entropieelastischen Bereich (= gummielastischer Bereich). Da sich in diesem Temperaturbereich ein plötzlicher Übergang vom für die Verarbeitung erforderlichen viskosen in den spröden Zustand ergibt, darf die Glasübergangstemperatur nicht im Bereich der Verarbeitungstemperatur liegen.

Glasvlies

Ein Glasvlies ist eine Trägereinlage mit sehr hoher Höchstzugkraft und geringer Dehnung.

Gleichgewichtsfeuchte

▸*Sorptionsfeuchte*

Gleitschichten

Gleitschichten haben die Aufgabe, die Bewegung zwischen zwei unterschiedlichen Schichten zu ermöglichen und hierbei möglichst wenig Widerstand zu erzeugen. Nach [2] wird dieser unterschieden nach Reibungswiderstand und viskosem Widerstand. Der reibende Widerstand entsteht bei Scherbelastung zwischen zwei festen Materialoberflächen mit einer feinen rauhen Oberfläche. Dieser wächst linear mit dem Pressdruck an und lässt erst eine Bewegung zu, wenn der Grenzwert der Scherkräfte erreicht ist. Als Gleitschichten mit Reibungswiderstand werden Kunststofffolien (doppellagig, mit oder ohne Kaschierung und mit oder ohne Gleitmittel zwischen den Folien) verwendet. Der viskose Widerstand wiederum entsteht zwischen hochviskosen Flüssigkeiten und ist proportional zur Geschwindigkeit zwischen den beiden Oberflächenschichten der Gleitschicht. Als Gleitschichten mit viskosem Widerstand werden ▸*Bitumen* z. B. in Form von ▸*Schweißbahnen* eingesetzt.

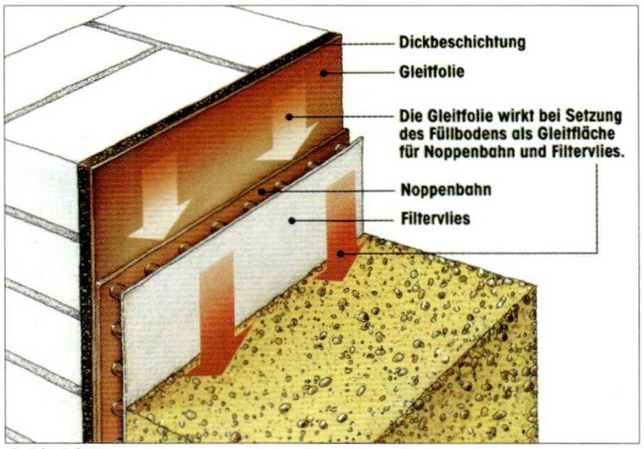

© siehe Anhang

Graffiti

Die Bezeichnung Graffiti ist ein Sammelbegriff für gesprühte Bilder und Texte, der seinen Ursprung in Wandparolen (an eine Wand geschriebene oder geritzte Texte) hatte. Allgemein unbekannt ist, dass Graffiti keine neuzeitliche Erfindung ist, sondern bereits im antiken Pompeji nachgewiesen wurde. So stellt Graffiti den Plural des italienischen Wortes *graffito* dar, das seinerseits aus einem vulgärlateinischen Verb für „mit dem Griffel kratzen" entstanden ist (*graphium* „Griffel"). Andere

A B C D E F G H I J K L M N O P Q R S T U V W X Y Z

Quellen erwähnen, dass der Begriff aus dem ebenfalls italienischen Begriff *sgraffito* abgeleitet wurde und damit von einer Art der Putztechnik (= mehrschichtiger Auftrag mit anschließendem Abkratzen) abgeleitet wurde. Der Singular ist im Deutschen unüblich, so dass häufig auch von *einem Graffiti* (und nicht von *einem Graffito*) gesprochen wird.

Eine moderne Graffiti-Tradition entstand in der zweiten Hälfte des 20. Jahrhunderts und beschreibt vor allem die von Jugendlichen mit Sprühdosen hergestellten Bilder (sog. *pieces*). Diese dienten als geheime Nachrichten oder Mitteilungen von Gang- und Cliquenmitgliedern. Die Schriftzüge wurden so verziert, verzogen und verändert, dass jeweils nur die Gangmitglieder wussten, was es hieß. Unterschrieben wurden die Pieces auch. Da die Ausführung eines Graffiti illegal war, unterschrieb jeder nur mit seinem Spitznamen, den er zusätzlich noch unlesbar machte. Später markierten (vor allem in den sog. Ghettos) Gangs ihre Gebiete mit den *Pieces* oder *Tags* – weniger aufwendigen Schriftzügen. Wenn eine Gang das Graffiti einer anderen übersprayte, hieß das „Krieg", die zwischen den Gangs selten gewaltlos verliefen. [1]

Untergründe für Graffiti sind Außenwände von Häusern und anderen Gebäuden, Betonmauern von außerstädtischen Großbauwerken wie Autobahn- oder Kanalbrücken, aber auch nur zeitweilig ruhende Objekte mit großen Flächen wie Straßenbahnen und Eisenbahnwaggons. Ausgeführt werden Graffiti mit sog. Aerosol-Spraydosen mit Acrylaten oder Alkyddispersionen oder auch Breitrand-Filzstiften. Das Graffiti selbst richtet keinen Schaden an, deren Entfernung verursacht aber pro Jahr Kosten in Millionenhöhe. Für die Beseitigung und Prophylaxe werden verschiedene Systeme angeboten, die von der „Gütegemeinschaft Anti-Graffiti e.V." empfohlen werden.

Graffitibeseitigung

▸*Graffiti-Entfernung*

Graffiti-Entfernung

Antigraffiti-Systeme bieten die Möglichkeit zur Graffiti-Entfernung, zur Graffiti-Beseitigung und zum Graffiti-Schutz. Ein großes Problem besteht darin, dass ein Graffiti in der Regel nicht einfach überstrichen werden kann, da der Untergrund noch durchscheint bzw. wieder durchschlägt. Auch ein mehrmaliges Wiederholen oder der Einsatz von Farben mit hohem Füllstoff- und Festkörperanteil bringt keine Verbesserung, da sich mit jeder Schicht die Gefahr von Abplatzungen erhöht. Deshalb ist auch bei der Graffiti-Beseitigung vorab eine Entfernung sinnvoll.

Unter der Graffiti-Entfernung wird die komplette Entfernung der Graffitischicht von allen festen Untergründen verstanden, die nicht oder nur wenig angelöst werden können. Je nach Wahl des Reinigungsmittels wird in chemische oder mechanische Methoden unterschieden. Die Ausführung erfolgt entweder manuell oder mit speziellen Reinigungsverfahren. So gibt es die chemisch unterstützte Graffiti-Entfernung mit dem Heißwasserhochdruckstrahl, die zur schonenden Entfernung eingetrockneter Sprayfarben von Fassaden und anderen Untergründen eingesetzt wird. Alternativ wird das Graffiti vom Untergrund mit Hilfe der Heißwasserhochdrucktechnik vom Untergrund „geschält". Diese Technologie kommt vor allem auf den Untergründen zum Einsatz, die mit sog. temporären Trennschichtbildnern beschichtet sind. Als Reinigungs- oder Abbeizmittel kommen Reinigungs- oder Abbeizpasten zum Einsatz, die in der Regel als Lösemittel Terpene, Pyrrolydon oder Butyrolacton enthalten. Aus diesem Grund müssen die Untergründe ausreichend lösemittelbeständig sein.

Darüber hinaus gibt es die Möglichkeit, die Graffiti-Entfernung im Niederdruck-Feuchtstrahlverfahren mechanisch auszuführen. Diese Variante ist sehr substanzschonend. Manuell kann ein Graffiti ebenfalls entfernt werden. Hierzu wird der Reiniger auf einen saugfähigen oder auch glatten Untergrund aufgetragen. Nach einer entsprechender Einwirkzeit und dem An- oder Aufquellen kann dann die Farbschicht abgetragen werden. Da mechanische Methoden einen erhöhten Materialabtrag verursachen, werden sie in der Regel nur eingesetzt, wenn chemische Verfahren nicht den gewünschten Erfolg gebracht haben.

Im Gegensatz dazu wird bei der Graffiti-Beseitigung zunächst das Graffiti entfernt und anschließend die Fläche überstrichen, um den alten Zustand wieder herzustellen und den durch die Graffitientfernung möglicherweise beschädigten Fassadenschutz wieder herzustellen.

Im Gegensatz zur Graffitibeseitigung oder -entfernung stellt der Graffitischutz eine Prophylaxe dar und wird je nach Haltbarkeit bzw. nach der Dauer der Schutzfunktion in temporäre, semi-permanente oder permanente Verfahren unterschieden. In der letzten Zeit werden diese Systeme zunehmend auch als Trennschichtbildner bezeichnet. Hierbei handelt es sich um mehrschichtige Komponenten, die den Untergrund bedecken und/oder eindringen. Je nach System bilden diese Komponenten nach der Trocknung und/oder Reaktion entweder hydrophobe, oleophobe und/oder quellfähige dünnen Schichten (die auch als Hüllen bezeichnet werden). Mit diesen Hüllen soll einerseits die direkte Haftung der Sprayfarben und Farbtinte am Untergrund verschlechtert oder unterbunden und andererseits die Entfernung derselben vereinfacht werden. Aufgrund der unterschiedlichen Graffiti-Arten und Qualitäten der Untergründe gibt es kein Anti-Graffiti-System für alle Anwendungen. So muss die Eignung individuell am Objekt durch Musterflächen geprüft werden. Alle Antigraffitisysteme bestehen aus einer sog. Sperrschicht, die das Eindringen der Farbpigmente in den Untergrund verhindern soll.

Sog. temporäre Trennschichtbildner sind reversibel, preiswert und leicht aufzutragen. Sie haben eine hohe Wasserdampfdurchlässigkeit und je nach System und Untergrund eine Schutzwirkung von ca. 2 Jahren. Aufgrund ihrer Transparenz sind die meisten Systeme optisch nicht zu erkennen. Einige lassen sich sehr einfach mit heißem Wasser entfernen. Der Nachteil der temporären Trennschichtbildner wird bereits über den Namen ausgedrückt: die Funktion ist temporär beschränkt und erfordert eine regelmäßige Wartung. Dies liegt daran, dass bei der Reinigung ein Großteil der Opferschicht mit entfernt wird und deshalb bei jeder Reinigung erneuert werden muss. Bei den sog. semi-permanenten Trennschichtbildnern wird in Einschicht- und Zweischicht-Systeme unterschieden, wobei hauptsächlich Mehrschichtsysteme eingesetzt werden. Einschichtsysteme bestehen aus Siloxanen oder Acrylaten und besitzen eine gute Wasserdampfdurchlässigkeit. Die Zweischichtsysteme bestehen aus einer Grundierung (meist aus oligomeren Siloxanen) und einer temporären Beschichtung (Opferschicht) aus Spezialwachsen. Auch bei diesen Systemen ist die Schicht kaum zu erkennen und verhindert ein Eindringen des Graffiti in den Untergrund. Die permanenten Trennschichtbildner bestehen aus Polyurethanbeschichtungen und speziellen Dispersionsfarben. Sie sind dauerhaft und besitzen auf vielen Untergründen eine gute Haftung. Die Graffiti lassen sich zwar gut und einfach entfernen, aufgrund der CO_2-Dichtigkeit sind diese Systeme aber nicht auf allen Untergründen geeignet. Ein weiterer Nachteil ist die hohe Untergrundhaftung, so dass sich diese Systeme schwer entfernen lassen. Außerdem besitzen sie eine geringe Wasserdampfdurchlässigkeit und können deshalb auf feuchten Untergründen nicht eingesetzt werden. Einige Vertreter neigen zur Vergilbung.

Graffitischutz

▸*Graffiti-Entfernung*

Gravimetrische Feuchtemessung

Die gravimetrische Feuchtemessung wird zur Materialfeuchtebestimmung verwendet. Dem zu untersuchenden Bauteil wird ein ▸*Bohrkern* (manchmal auch das Bohrmehl von Bohrungen) entnommen, anschließend die Probe im Labor gewogen, dann getrocknet und abschließend wieder gewogen. Die festgestellte Gleichgewichtsdifferenz drückt den ▸*Wassergehalt* der Probe aus.

Die Trocknung der Probe erfolgt durch Erwärmung in einem Trockenschrank bei einer Temperatur, bei der chemisch gebundenes Wasser nicht freigesetzt wird. Für die meisten Baustoffe beträgt diese Temperatur 105 °C, bei einigen ist sie niedriger (z. B. bei Gips 40 °C). Durch das Auftrennen des Bohrkerns in Scheiben bzw. der schrittweisen Entnahme von Bohrmehl beim Bohren ist eine stufenweise Feuchtebestimmung in Abhängigkeit von der Bauteiltiefe möglich. Damit kann dann ein dreidimensionales ▸*Feuchteprofil* erstellt werden.

Grenzfläche

Unter einer Grenzfläche versteht man in der physikalischen Chemie eine Fläche, die zwei Phasen eines Systems trennt, an der besondere Verhältnisse im Vergleich zum Inneren des Systems herrschen. Physikalisch werden diese Phänomene als Grenzflächenspannung oder auch – im Falle von flüssig/gasförmiger Grenzfläche – als Oberflächenspannung bezeichnet. Die Oberflächenspannung ist messbar, z. B. mit einem sog. Tensiometer. Mit grenzflächenaktiven Verbindungen (Surfactants), die sich an der Grenzfläche anreichern, kann die Grenzflächenspannung erniedrigt werden, wodurch die

Gravimetrische Feuchtemessung	
	1. feuchte Probe wiegen (G_F) 2. Probe trocknen bis zur Gewichtskonstanz 3. trockene Probe wiegen (G_{TR})
Feuchtegehalt:	$\frac{G_F - G_{TR}}{G_{TR}} \cdot 100 = \text{M-\%}$
	1. Probe trocknen bis zur Gewichtskonstanz 2. trockene Probe wiegen (G_{TR}) 3. trockene Probe bei entsprechender Luftfeuchtigkeit lagern, Probe wiegen (G_F)
Hygroskop. Feuchtegehalt:	$\frac{G_F - G_{TR}}{G_{TR}} \cdot 100 = \text{M-\%}$
	1. Probe bis zur Gewichtskonstanz im Wasser lagern 2. nasse Probe wiegen (G_F) Probe trocknen bis zur Gewichtskonstanz und dann die trockene Probe wiegen (G_{TR})
Sättigungsfeuchte:	$\frac{G_F - G_{TR}}{G_{TR}} \cdot 100 = \text{M-\%}$
Durchfeuchtungsgrad	$\frac{\text{Feuchtegehalt}}{\text{Sättigungsfeuchte}} \cdot 100 = \text{M-\%}$

Benetzung einer festen Phase, z. B. eines Substrates, durch eine flüssige Phase, z. B. einen Beschichtungsstoff, erleichtert wird. Grenzflächenaktive Stoffe haben im Allgemeinen zwei unterschiedlich wirksame Gruppen in ihrem Molekül: Eine Gruppe mit einer Affinität (= Verwandtschaft; Ähnlichkeit) zu polaren Oberflächen – bedingt die Wasserlöslichkeit – und einen Rest mit geringer Affinität zu Wasser. Es ist für die Atome oder Moleküle, aus denen die Phasen aufgebaut sind, in der Regel energetisch ungünstig, sich in der Nähe der Grenzfläche aufzuhalten, da sie dort geringere Kohäsionskräfte als im Inneren ihrer Phase besitzen. Daraus resultiert die ▸*Grenzflächenspannung*, die in der Praxis besser bekannt ist unter der Bezeichnung ▸*Oberflächenspannung*.

Grenzflächenaktive Stoffe

▸*Emulgatoren*
▸*Tenside*

Grenzflächenspannung

▸*Oberflächenspannung*

Grenzwert

Bei der Beurteilung von Bauschäden oder optischen Abweichungen (Soll-Ist-Zustand), für die es keine Regelwerke und objektiven Kriterien gibt, werden häufig Begriffe wie „schlecht" oder „gut", „groß" oder „nicht so groß" oder „dunkel" oder „doch nicht so dunkel" etc. verwendet. Ein Riss ist „überhaupt nicht hinnehmbar" bis „gerade noch zu akzeptieren", ein Feuchtigkeitsfleck „dramatisch" bis „doch nicht schlimm". Darüber hinaus gibt es eine ganze Reihe weiterer Einstufungen, die sich zum Teil schon in Normen und Merkblättern wiedergefunden haben. Angefangen von der „Höchstmenge" oder dem „Grenzwert" über den etwas abgeschwächten Begriff „Richtwert", aber auch den „Orientierungswert" bis hin zum „Zielwert" gibt es eine Reihe von Klassifizierungen, die nicht eindeutig definiert sind. Hinter all diesen Begriffen sowie darüber hinaus nicht definierten Bezeichnungen (z. B. „Referenzwert" oder „Sollwert") stehen unterschiedliche Ansichten, Standpunkte, Interessen, Interpretationen und Bewertungen.

So stellt der Grenzwert einen Mindest- oder Höchstwert dar, der nicht unter- oder überschritten werden darf oder soll. Ausnahmen bestätigen die Regel. Die Behörden sind z. B. der Auffassung, dass ausschließlich der Gesetzgeber einen Grenzwert aufstellen darf, damit bei Überschreiten und im Wiederholungsfall eine strafrechtliche Verfolgung des Verursachers erfolgen kann. Die Umsetzung in der Praxis ist deshalb schwierig, da für viele Grenzwerte die wissenschaftliche Basis fehlt oder Experten unterschiedlicher Meinung sind. Hinzu kommt, dass für die Festlegung entsprechender Grenz- oder Vergleichswerte auch noch unterschiedliche Konzepte und Methoden zugrunde liegen und dass die Juristen den gleichen Grenzwert anders interpretieren, als der Bautechniker. Aus diesem Grund sollten nur Begriffe verwendet werden, die eindeutig definiert werden können und zwischen Auftraggeber und Auftragnehmer keinen Spielraum für Interpretationen lassen.

Gründung

Als Gründung oder Fundament werden Tragelemente bezeichnet, mit denen die Lasten eines Bauwerks in den Untergrund eingeleitet werden. Gründungen oder Fundamente werden nach ihrer Tiefe (in Flach- und Tiefgründungen) und ihrer Ausführung (Einzel-, Streifen- und Plattenfundamente) unterschieden. Bei der Flachgründung wird das Fundament in den oberen Bodenschichten ausgeführt. Im Gegensatz dazu werden die Lasten eines Bauwerks bei der Tiefgründung mittels Pfähle oder Schlitzwände in den tieferen Bodenschichten abgeleitet. Einzelfundamente werden in der Regel nur für Einzelbauteile wie z. B. Säulen ausgeführt, wo hingegen Streifenfundamente bei Wänden ausgeführt werden. Streifenfundamente sind am verbreitetsten und übernehmen die Lasten der tragenden Wände. Die nicht tragenden Wände werden in der Regel auf einer Bodenplatte ausgeführt. Die Breite der Streifenfundamente beträgt in der Regel das Doppelte der

A B C D E F G H I J K L M N O P Q R S T U V W X Y Z

Wanddicke. Sind Streifen- oder Einzelfundamente für die Aufnahme der zu erwartenden Lasten ungeeignet oder unwirtschaftlich, werden sog. Plattenfundamente ausgeführt. Hierbei führt man die gesamte Bodenplatte als Gründungsplatte aus.

Gründungsplatte

Eine Gründungsplatte wird ausgeführt, wenn die zu erwartenden Lasten eine Ausführung als Streifen- oder Einzelfundament nicht zulassen oder wirtschaftlich nicht zu vertreten ist. Hierbei ist die Gründungsplatte immer dicker als eine Bodenplatte bei einem Streifenfundament und stets an der Ober- und Unterseite bewehrt. An der Seite steht die Gründungsplatte über die Kellerwände vor.

Gründungssanierung (bei Rissbildung)

Wenn durch Lageänderungen und Setzungen Risse in Gebäuden auftreten, die ihre Ursache in Baugrundbewegungen haben, kann man davon ausgehen, dass diese Bewegungen nicht zur Ruhe kommen. Man spricht deshalb auch von ▸*baudynamischen* oder ▸*konstruktionsbedingten Rissen*. Diese können dauerhaft nur durch eine Sanierung der Fundamentgründung beseitigt werden. Ein kraftschlüssiges Verpressen von konstruktionsbedingten Einzelrissen führt bei nicht ausreichender Gründung oder variablem Baugrund nicht zum Erfolg. Auch die sonst bekannten Systeme der putz- und anstrichtechnischen Risssanierung sind dann ungeeignet bzw. nur von kurzer Dauer.

Eine nachhaltige Gründungssanierung kann verschiedene Sanierungsziele beinhalten. Abhängig vom Einzelfall können dies die Verbesserung der Bodenverhältnisse, die nachträgliche Fundamentierung und Gründung oder das Abfangen von Gebäudesetzungen sein. Hierfür werden verschiedene Sanierungsverfahren wie z. B. Hohlraumverfüllungen durch Verdichtungsinjektionen, Bodenverfestigungen, Tiefergründungen durch Injektions- oder Bohrpfähle oder durch das sog. Düsenstrahlverfahren eingesetzt. Alternativ können auch Fundamente verbreitert werden, wenn ohnehin Fundamentaustausch oder Gründungsarbeiten im Rahmen von Umbaumaßnahmen durchgeführt werden müssen.

Gründungssanierung
(bei Durchfeuchtung und/oder Salzbildung)

Wenn die Statik eines Gebäudes im Fundamentbereich ohnehin erneuert werden muss und gleichzeitig im Fundamentbereich ▸*Durchfeuchtungen* und/oder ▸*Salzbelastungen* vorliegen, entscheidet man sich für das sog. ▸*Maueraustauschverfahren* oder die sog. Fundamentunterfangung. Je nach Baustatik wird das geschädigte Mauerwerk abschnittsweise über die volle Wandtiefe ausgebrochen. Dabei ist besonders auf erschütterungsfreies Arbeiten zu achten, damit Setzungen und Risse möglichst vermieden werden. Die Anwendung von Presslufthämmer sollte deshalb unbedingt auf den schwierigen ersten Durchbruch beschränkt bleiben und anschließend mit der Hand weiter gestemmt werden. Durchgehend lässt sich arbeiten, wenn die Wände auf ihrer gesamten Länge jeweils in halber Wanddicke geöffnet sind. Eine derartige Vorgehensweise setzt allerdings ein einschaliges und intaktes Mauerwerk möglichst in Ziegelbauweise voraus. Die Länge der zu bearbeitenden einzelnen Mauerwerksabschnitte kann an die Belastung der Bauteile angepasst werden. In der Regel sollte die Länge der herausgenommenen Mauerwerksabschnitte einen Meter nicht übersteigen. Im Einzelfall kann eine wesentliche Verringerung notwendig werden. Nachdem die Abschnitte freigelegt, das Fundament gereinigt und ggf. Unebenheiten ausgeglichen wurden, kann die ▸*Horizontalabdichtung* ausgeführt und anschließend das Mauerwerk wieder aufgemauert werden.

Grundierung/ Grundanstrich

Grundierung (oder auch Grundanstrich, Primer oder Tiefengrund) ist der Sammelbegriff für verschiedene Arten von Grundbeschichtungen, die pigmentiert oder unpigmentiert, lösemittelhaltig oder wässrig sein können und einschichtig oder mehrschichtig aufgetragen werden. Ganz allgemein haben Grundierungen die Aufgabe, eine dauerhafte Verbindung zwischen dem jeweiligen Untergrund und der nachfolgenden Beschichtung sicher zu stellen. Daneben gibt es spezielle Anforderungen, wie z. B. die ▸*Neutralisierung* von alkalischen Untergründen, das Absperren von Stoffen, die aus dem Untergrund durchschlagen und zu Verfärbungen führen können, die Verhinderung von Rostbildung, die Reduzierung starker Saugfähigkeit oder die farbliche Anpassung, um einen Untergrund in einem anderen Farbton sicher abzudecken. Je nach Anforderung können Grundierungen aber auch dem Baustoff Eigenschaften verleihen, die er nicht mehr besitzt oder noch nie besessen hat. Dies können z. B. ▸*biozide*, ▸*hydrophobierende* (wasserabweisende), ▸*oleophobe* (ölabweisende), gefügefestigende oder auch oberflächenverdichtende Eigenschaften sein. Aus der Aufzählung der sehr unterschiedlichen Anforderungen an Grundierungen ist abzuleiten, dass es keine „Universalgrundierung" geben kann, sondern dass eine Grundierung sehr sorgfältig auf den jeweiligen Untergrund, die notwendige Anwendung und das gesamte Beschichtungssystem abgestimmt sein muss. Wichtig ist, dass die Grundierung in den Untergrund eindringen kann und nicht auf der Oberfläche wie eine „Speckschicht" stehen bleibt.

Grundputz

Der pauschale Begriff Grundputz (oder Unterputz) dürfte aufgrund der Vielzahl an verschiedenen Putzmörteln und ihrer Eigenschaften heute kaum noch verwendet werden. Wurde früher mit dem Begriff ein klassischer Kalkzementputz beschrieben, so werden heute immer mehr Leichtputze, Ultraleichtputze, Faserleichtputze, ▸*Sanierputze*, ▸*Porengrundputze*, ▸*Sanierleichtputze*, ▸*Kompressenputze*, ▸*Entfeuchtungsputze*, Wärmedämmputze und dgl. angeboten, die alle für den jeweiligen Anwendungszweck konzipiert wurden und jeweils spezifische Eigenschaften aufweisen. Bei der Verwendung des pauschalen Begriffes Grundputz sollte deshalb darauf geachtet werden, dass es zum Teil gravierende Unterschiede bei den Unterputzen gibt. Deshalb muss immer ein für den jeweiligen Untergrund bzw. für die entsprechenden Anforderungen geeignetes Material ausgewählt wird.

Grundwasser

Als Grundwasser wird Wasser im Boden, in Erdschichten oder im Gestein bezeichnet, wobei nicht nur unterirdische Seen, sondern auch Schichtenwasser etc. über einer nichtdurchlässigen Schicht, dazu gezählt werden. Dieses füllt die im Boden vorhandenen Hohlräume bis zur Sättigung mit Wasser aus. Allgemein unbekannt ist, dass die Oberfläche dieses Grundwassers (der Grundwasserspiegel) keine waagerechte Ebene darstellt, sondern mehr oder weniger konvex ausgebildet ist. Dies hängt mit den unterschiedlichen Schichten und deren Wasserdurchlässigkeit zusammen. Der höchste

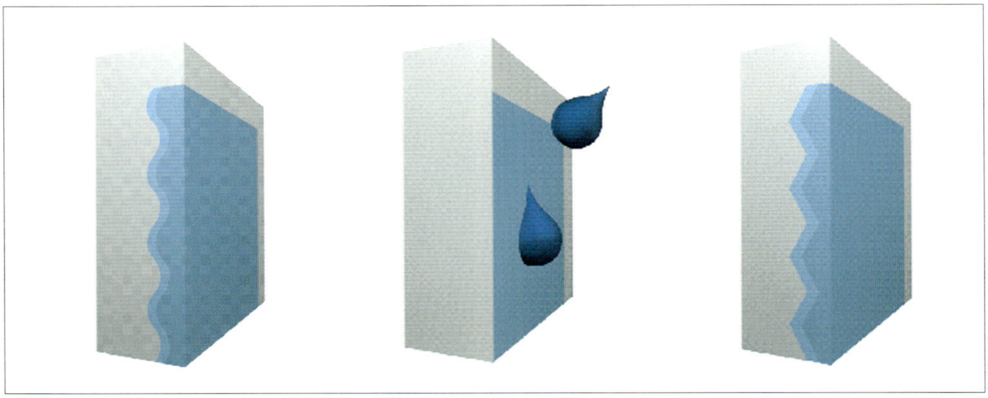

Systemdarstellung verschiedener Grundierungen

Punkt des Grundwasserspiegels befindet sich immer in der Nähe des Zulaufs, wobei Schwankungen eine Folge der jahreszeitlich unterschiedlichen Niederschlagsmengen sind.

Auf eintauchende Bauwerke übt ▸*Grundwasser* einen hydrostatischen Druck aus. Deshalb muss für die Planung und Ausführung von Bauwerksabdichtungen immer der sog. ▸*Bemessungswasserstand* bekannt sein.

Grundwasserspiegel

▸*Grundwasser*

Gussasphalt

▸*Asphalt*

H

Haarrisse

Der Begriff Haarriss ist ein Trivialname für einen ganz feinen ▸*Riss* und beschreibt in der Praxis Risse mit einer Breite bis maximal 0,2 mm. Im WTA*- und BFS**-Merkblatt zur putz- und anstrichtechnischen Risssanierung wird der Haarriss nicht definiert, dafür aber in der alten Putznorm DIN 18 550 erwähnt. Dort heißt es, dass Haarrisse in begrenztem Umfang nicht zu bemängeln sind, da sie den technischen Wert des Putzes nicht beeinträchtigen. Diese Pauschalisierung sollte nicht mehr verwendet werden, da auch Risse < 0,2 mm je nach Untergrund und dessen Beschaffenheit sowie Belastung durch hygrische, thermische sowie biologische und chemische Einflüsse einen Bauschaden verursachen oder fördern können. Im Bereich der ▸*Bauwerksabdichtungen* sind Risse in dieser Breite nicht tolerierbar.

Härte

Feste Stoffe können weiche oder harte Oberflächeneigenschaften besitzen. Um diese subjektiven Eigenschaften miteinander vergleichen zu können, wird mit der Härte die Widerstandsfähigkeit eines Materials gegen äußere Krafteinwirkungen definiert. Die Härte ist damit eine physikalische Kenngröße aus der Baustoffkunde und wird mit Kraft pro Fläche und damit in N pro mm^2 angegeben.

Härter

Unter dem Begriff Härter werden Materialkomponenten zusammen gefasst, die durch chemische Reaktion die Härtung eines Stoffes oder Stoffgemisches einleiten oder in ihrer Eigenschaft beeinflussen.

* Wissenschaftlich-Technische Arbeitsgemeinschaft für Bauwerkserhaltung und Denkmalpflege

** Bundesverband Farbe und Sachwertschutz

Härtung

Mineralische Putze bestehen aus dem Bindemittel und den ▸*Zuschlagstoffen*. Als Bindemittel wird meist Kalkhydrat und/oder Zement eingesetzt. Diese Bindemittel erhärten chemisch, dass bedeutet, dass sie sich durch ▸*Karbonatisierung* oder kristalline (Er)Härtung verfestigen. Man spricht auch von einer hydraulischen (Er)Härtung, da diese Bindemittel zum (Er)Härten Wasser benötigen. Bei diesem Vorgang wird ein Teil des Anmachwassers verbraucht und der Putz verfestigt sich. Das überschüssige Anmachwasser verdunstet.

Kalkhydrat reagiert unter Abgabe von Wasser und Aufnahme von Kohlendioxid zu ▸*Kalziumkarbonat*, auch Kalkstein genannt. Diesen Vorgang bezeichnet man als Karbonatisierung. Kalkhydrat nimmt dabei an Volumen zu und füllt den vorhandenen Raum zwischen den Zuschlagsstoffen aus. Infolgedessen härtet der Putz aus. ▸*Zement* bildet in einer komplizierten Reaktion Kalziumsilikathydrate, die nadelförmig sind und dadurch miteinander verfilzen. Man spricht deshalb auch von einer kristallinen (Er)Härtung. Es entsteht der sog. "Zementstein", der sehr fest ist und die ▸*Zuschlagsstoffe* mit einer feinen Schicht umhüllt und diese verbindet. Für die (Er)Härtung von Zement ist Wasser erforderlich, das in den Kalziumsilikathydraten gebunden wird. Das Wasser ist nötig, um die nadelförmigen Kristalle entstehen zu lassen, ohne die der Putz nicht hart werden kann. Je nach Wasserangebot ist die Form der Kristalle unterschiedlich in Länge und Dicke. Die Form der Kristalle hat einen großen Einfluss auf die Erhärtung des Putzes sowie auf dessen Helligkeit. Bei der Härtungsreaktion entsteht außer den Hydratphasen zusätzlich das alkalische Kalziumhydroxid.

Haftbrücken (bei Beschichtungen)

Mit Haftbrücken wird eine griffige und tragfähige Schicht für nachfolgende Beschichtungen vor allem auf glatten und/oder schwach saugenden Untergründen, wie z. B. Beton und Betonfertigteilen erzielt. Sie dienen als sog. „Haftvermittler“. Ist zur Erhöhung der Griffigkeit feiner Quarzsand Bestandteil eines derartigen Haftvermittlers, bezeichnet man diesen häufig auch als „Quarzhaftbrücke".

Bzgl. ihrer Zusammensetzung unterscheidet man rein organische (zementfreie) Haftbrücken, organische Haftbrücken mit Zusatz von Zement, mineralische Haftbrücken kunstharzvergütet und Haftemulsionen bzw. -dispersionen. Bei ihrer Anwendung ist es wichtig, die vom Hersteller für den jeweiligen Einsatzzweck vorgegebene Haftbrücke zu verwenden, damit ein bestmöglicher Haftverbund zwischen dem jeweiligen Untergrund und der nachfolgenden Beschichtung erreicht werden kann.

Haftbrücken (bei Dichtstoffen)

Es gibt keinen ▸*Dichtstoff*, der auf allen Untergründen selbsthaftend ist. Bei den am Markt angebotenen Dichtstoffen mit der Bezeichnung „selbsthaftend" bezieht sich diese Aussage immer nur auf die empfohlenen und vorgeschriebenen Untergründe. Darüber hinaus müssen vom Dichtstoffhersteller Angaben über Untergrundhaftung zur Verfügung gestellt werden.

Haft-/ Dehnverhalten

▸*Dichtstoff*

Haftfestigkeit

Mit der sog. Haftfestigkeit wird die gesamte ▸*Adhäsion* einer Beschichtung zum Untergrund definiert. Alternativ wird für den Begriff auch nur die Bezeichnung Haftung verwendet oder Haftvermögen.

Haftgrund

▸*Grundierung, Voranstrich*

Haftscherfestigkeit

Die Haftscherfestigkeit beschreibt die Verbundfestigkeit zwischen zwei Baustoffen, die durch Scherkräfte beansprucht werden. Dies können z. B. ▸*Dichtstoffe* zwischen zwei Bauteilen, zwei Mauersteine und der dazwischen liegende Fugenmörtel oder ▸*Abdichtungsbahnen* zum Untergrund beim Anfüllen des Erdreiches sein. Genau genommen wird der Widerstand definiert, der den Scherkräften entgegen gesetzt wird. [5]

Haftung

Die Haftung ist eine physikalische Kraft, die zwischen zwei Körpern (oder Baustoffen) wirkt und diese daran hindert, sich auseinander zu bewegen. Voraussetzung für das Auftreten einer Haftung ist, dass sich diese zwei Körper (oder Baustoffe) berühren und dass die Berührungsfläche unter einem gewissen Druck steht. Hierbei wird unterschieden, ob die Haftung auf natürlicher ▸*Adhäsion* beruht oder durch Kleb- oder Dichtstoffe künstlich verursacht wird.

Haftreibung

Die Haftreibung ist eine physikalische Kenngröße, die der Haftung zwischen zwei Körpern (oder Baustoffen) entgegen wirkt. Wird einer dieser beiden entlang der Berührungsfläche entgegen gesetzt dem anderen verschoben, baut sich eine Kraft in gleicher Größe und entgegen gesetzter Richtung auf. Infolgedessen kann Reibung entstehen. Haftreibung unterscheidet sich allerdings von jeder anderen Form von Reibung dadurch, dass keine Energie umgewandelt und keine Wärme erzeugt wird. Mit anderen Formen der Reibung hat die Haftreibung gemeinsam, dass sie von den Materialeigenschaften und der Oberflächenbeschaffenheit abhängt und deshalb nur annähernd durch eine einfache physikalische Gesetzmäßigkeit beschrieben werden kann: So ist die durch Haftreibung hervorgerufene Haltekraft (oder auch Ruhereibung genannt) von der Normalkraft und von der sog. Haftreibungszahl abhängig, von der Größe der Berührungsfläche allerdings unabhängig. Die Haftreibungszahl wird bestimmt durch die Rauhigkeit und die Stoffarten der reibenden Flächen. [1]

Haftverhalten

▸*Dichtstoff*

Haftwasser

Unter Haftwasser wird Wasser verstanden, das auf den Gesteinskörnern durch Oberflächenspannung festgehalten wird. Es hat entweder die Form einer Hülle oder haftet in den Winkeln zwischen den Bodenkörnern (Porenwinkelwasser).

Haftzug

Der Haftzug ist ein Maß für die ▸*Adhäsion* zwischen zwei Körpern (oder Baustoffen) und beeinflusst die ▸*Zug- und Biegezugfestigkeit*. [5]

Haftzugsfestigkeit

Die Haftzugfestigkeit (oder auch Abreißfestigkeit genannt) ist ein Maß für die Eigenschaft einer Beschichtung, auf einem bestimmten Untergrund zu haften und dem Versuch der Trennung einen Widerstand entgegen zu setzen. Dazu wird unter definierten Bedingungen (Messfläche, Temperatur, Abzugsgeschwindigkeit usw.) ein auf dem Untergrund aufgeklebter Stempel mit Hilfe einer Zugprüfmaschine senkrecht und gleichmäßig langsam bis zum Abriss (Bruch) abgezogen. Dieser Messwert wird dann als Kraft pro Fläche in N pro mm^2 oder m^2 angegeben. Wichtig dabei ist, dass eine sorgfältige Beschreibung des Bruchbildes erfolgt, da der Bruch innerhalb der Beschichtung (sog. ▸*Kohäsionsbruch*), in der Grenzfläche zwischen Beschichtung und Untergrund (sog. ▸*Adhäsionsbruch*) oder im Untergrund selbst erfolgt ist.

Alternativ kann die Haftzugfestigkeit auch mit der ▸*Gitterschnittprüfung* oder dem Klebebandversuch durchgeführt werden. Dies hängt im Wesentlichen von der Art der Beschichtung und des Untergrundes ab.

Haftzugprüfungen

▸*Dichtstoff*
▸*Haftzugfestigkeit*

Hangwasser

Hangwasser stellt eine besondere Form des ▸*Sickerwassers* dar, dass in der Regel als Schichtenwasser hangseitig am Grundmauerwerk bei entsprechenden Niederschlägen ansteht. Beim Vorliegen von Hangwasser sind die einschlägigen Vorschriften der ▸*DIN 18 195 „Bauwerksabdichtung“* zu beachten. Insbesondere ist in der Regel das Anlegen einer ▸*Dränung* nach DIN 4095 erforderlich.

Harze

Die Gruppe der Harze wird in Naturharze und Kunstharze unterschieden. Naturharze stellen eine Sammelbezeichnung für Harze pflanzlicher oder tierischer Herkunft dar und basieren meistens auf Ausscheidungen bestimmter Pflanzen (in der Regel Bäume). Für die ▸*Bauwerksabdichtung* haben diese Harze keine Bedeutung. Hierfür werden Kunstharze eingesetzt. Nach der DIN 55 958 handelt es sich bei ihnen um synthetische Harze, die durch Polymerisations-, Polyadditions- oder Polykondensationsreaktionen hergestellt werden. ▸*Kunstharze* bestehen in der Regel aus mindestens zwei Komponenten. Die Vermischung beider Teile (Harz und Härter) ergibt die reaktionsfähige Harzmasse. Bei der Härtung steigt die Viskosität an und nach abgeschlossener Härtung erhält man einen unschmelzbaren (duroplastischen) Kunststoff. Aufgrund seiner besonders hohen Haltbarkeit findet in der Bauwerksabdichtung das sog. Acrylharz (z. B. für Klebstoffe) seine Anwendung. ▸*Acrylharze* sind nach der Aushärtung dauerhaft haltbar und fest. [1]

Hausbockkäfer

Der Hausbockkäfer, in der wissenschaftlichen Sprache auch als *Hylotrupes bajulus* bezeichnet, ist ein gefürchteter Trockenholzschädling und unter den holzzerstörenden Insekten der mit Abstand gefährlichste Zerstörer des verbauten Holzes. *Hylotrupes bajulus* heißt frei übersetzt: „Ich bohre im Holz des Lastenträgers“ (Lastenträger= Balken im Haus). Der Name „Hausbock“ wurde ihm vermutlich gegeben, da seine vielfach gekerbten Fühler eine gewisse Ähnlichkeit mit den Hörnern z. B. eines Steinbockes haben.

Befallen werden nur Nadelhölzer, wobei der Hausbockkäfer – Hausbock – Holzbock ausgesprochen wärmeliebend ist (Temperaturen von 28-30°C bevorzugt) und daher besonders an warmen Orten, wie z. B. im Sommer auf stark erwärmten Dachböden und unter Metall-, Papp- und Schieferdächern sowie in der Nähe der Dachfenster, anzutreffen ist. Darüber hinaus benötigt dieser Schädling eine Mindestholzfeuchtigkeit von 8 bis 10%. Darunter sowie unterhalb von 10°C nimmt die Aktivität der Larven stark ab. Allerdings schadet ihnen auch starker Frost nicht und bei ansteigender Temperatur nehmen sie die Fresstätigkeit wieder auf. Hoher Nährstoffgehalt des Holzes (z. B. Eiweiß, Stärke), eine Feuchte von max. 50% und die in Dachstühlen herrschenden Temperaturen sind also günstige Voraussetzungen für die Entwicklung der Larven. Was den Hausbock so gefährlich macht ist die Gefräßigkeit der Larven.

Die Fraßgänge der Larven verlaufen im Querschnitt oval und unregelmäßig, oft wellenförmig, und sind mit Bohrmehl und Kot verstopft. Bevorzugt wird Splintholz gefressen. Außen verbleibt die Holzoberfläche in der Regel als papierdünne Haut erhalten, da der Hausbock im Balkeninneren, d. h. unter der sichtbaren Holzoberfläche, frisst. Da zusätzlich kaum Bohrmehl ausgeworfen wird, ist der Befall in den seltensten Fällen von außen sichtbar. Selbst bei starkem Befall gibt es nur wenige Ausfluglöcher. Diese ovalen und etwa 6 bis 7 mal 3 bis 4mm² großen Ausfluglöcher sind am Rand meist etwas ausgefranst, dies gilt als sehr wichtiger Hinweis auf das Insekt.

Hausfäule

▸*Holzzerstörende Pilze*

▸*Hausschwammsanierung*

Hausschwamm

▸*Holzzerstörende Pilze*

Hausschwammsanierung

Die Bekämpfung oder Sanierung des ▸*Echten Hausschwamms* sowie anderer ▸*Hausfäulen* sind in der DIN 68 800 Teil 4 sowie im ▸*WTA-Merkblatt* „der Echte Hausschwamm" beschrieben. Demnach sind befallene Hölzer zu entfernen und in Abhängigkeit zur Art der Hausfäule

© siehe Anhang

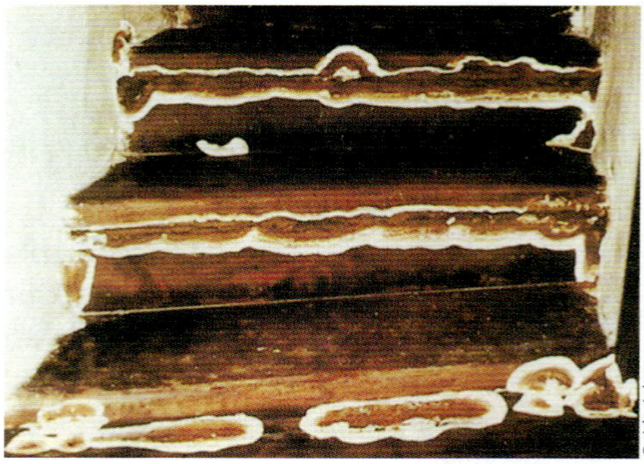

© siehe Anhang

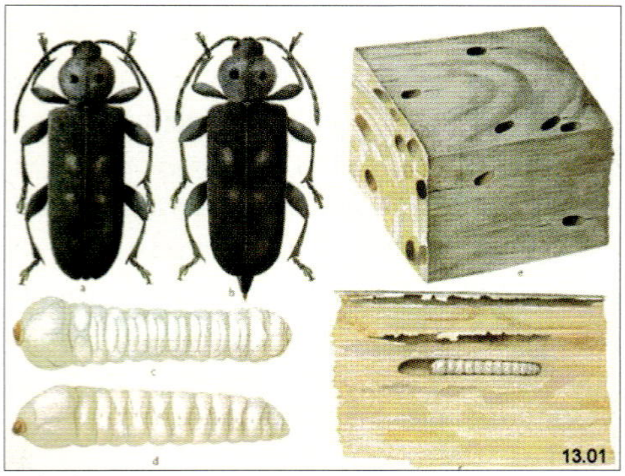

© siehe Anhang

© siehe Anhang

A B C D E F G H I J K L M N O P Q R S T U V W X Y Z

noch 30 bis 100 cm über den sichtbaren Befall hinaus auszutauschen. Oberflächenmyzel, Stränge und ▸*Fruchtkörper* sind grundsätzlich vorsichtig zu entfernen. Alter Putz sowie lose Fugen oder Mauerwerksteile müssen entfernt werden, bevor das Mauerwerk abgeflammt wird. Verdeckte Konstruktionen und Balkenauflager sowie Hohlräume müssen freigelegt und untersucht werden. Auch angrenzende Räume sollten untersucht und ggf. in die Sanierung mit einbezogen werden. Bevor die eigentliche Hausschwammsanierung beginnt, muss die Ursache der erhöhten Feuchtigkeit bekannt sein und abgestellt werden.

Für die anschließende Hausschwammsanierung sowie zum vorbeugenden Schutz des verbliebenen bzw. neu eingebauten Holzes sind nach DIN 68 800 Teil 4 ausschließlich chemische Holzschutzmittel zugelassen, deren Wirkung und Eignung durch eine anerkannte Prüfstelle anerkannt sein muss. Die gesundheitliche Unbedenklichkeit und Umweltverträglichkeit muss durch das Bundesgesundheitsamt bzw. durch das Bundesumweltamt bestätigt werden. Als bekämpfend wirkende Holzschutzmittel werden Präparate eingesetzt, die mit dem RAL-Gütezeichen im nichtamtlichen Teil B des Holzschutzmittelverzeichnisses aufgelistet werden. Darüber hinaus werden Präparate mit bekämpfender (und zugleich vorbeugender) Wirkung gegen holzzerstörende Insekten und ggf. gleichzeitiger vorbeugender Wirkung gegen Pilze angeboten. Als vorbeugend wirkende Holzschutzmittel zum Schutz des verbliebenen und des neu eingebauten Holzes und von Holzwerkstoffen werden Präparate mit vorbeugender Wirkung gegen holzzerstörende Pilze und in der Regel gleichzeitig vorbeugend gegen Insekten angeboten. Für tragende und aussteifende Holzbauteile dürfen nach DIN 68 800 Teil 3 nur Holzschutzmittel mit bauaufsichtlichem Prüfzeichen verwendet werden. Das Institut für Bautechnik in Berlin gibt jährlich ein Verzeichnis über alle amtlich geführten Holzschutzmittel heraus.

© siehe Anhang

© siehe Anhang

Die Anwendung der Holzschutzmittel erfolgt an der Oberfläche entweder im Sprüh-, Flut- oder Schaumverfahren oder als Injektion im Mauerwerksquerschnitt.

Hautbildungszeit

Unter der Hautbildungszeit wird die Zeitspanne definiert, die zwischen dem Ausspritzen und der beginnenden Hautbildung an der Oberfläche eines ▸*Dichtstoffes* liegt. Sie gilt nur für einkomponentige Dichtstoffe und ist neben der Umgebungstemperatur und der relativen Luftfeuchtigkeit von dem Vernetzungssystem und der Rezeptur des Dichtstoffes abhängig. Zur Bestimmung dieser Hautbildung existiert keine Norm. Kurze Hautbildungszeiten erschweren das Bearbeiten und Glätten, lange Hautbildungszeiten erhöhen die Verschmutzungsgefahr.

▸*Dichtstoff*

A B C D E F G H I J K L M N O P Q R S T U V W X Y Z

HDI-Verfahren

▸*Hochdruck-Injektionsverfahren*

Hectorit

Hectorit ist ein weißes Mineral und wird vor allem als Stabilisierungs- und Verdickungsmittel eingesetzt. Mineralogisch gehört Hectorit zur Gruppe der ▸*Schichtsilikate*. Es besitzt thixotrope Eigenschaften und wird ausschließlich für wässrige Beschichtungssysteme verwendet. Interessant ist, dass Hectorit als anorganischer Verdicker gegenüber Mikroorganismen resistent ist.

Heißluftverfahren

Das Heißluftverfahren wird seit Jahrzehnten zur Bekämpfung von holzschädigenden Insekten (z. B. Hausbock, Anobien etc.) eingesetzt und ist in der DIN 68 800, Teil 4 genormt. Die Bekämpfung der Insekten beruht auf der Gerinnung tierischen Eiweißes bei Temperaturen über 49 °C. Die Nutzung von Wärme, also auch des Heißluftverfahrens, zur Bekämpfung des ▸*Echten Hausschwammes* sowie anderer ▸*Hausfäulen* bzw. sonstiger bauwerkszerstörender Pilzarten ist seit Jahren umstritten. Das Heißluftverfahren kann eine sichere Bekämpfung des Hausschwamms nicht in allen Fällen gewährleisten. Insbesondere sind die in sämtlichen Bereichen des befallenen Holzes und vor allem auch über den gesamten Mauerwerksquerschnitt oder sonstiger Bauteile erforderlichen Temperaturen zur Abtötung der Sporen in der Praxis kaum erreichbar. Solange aber nicht alle Sporen abgetötet werden, muss mit einem erneuten Auskeimen, d. h. einem Wiederbefall, gerechnet werden. Bei unsachgemäßen Bekämpfungsmaßnahmen ist die Gefahr eines Wiederauflebens des Schwammbefalls durch auskeimende Sporen mindestens genauso groß, wie die durch erneut auswachsendes Myzel. Des Weiteren besteht die Gefahr, dass infolge der Heißluftbehandlung in verschiedenen Bereichen des Gebäudes durch Kondenswasser Feuchte- und Temperaturverhältnisse auftreten, die für die Keimung der Sporen und das Wachstum des ▸*Myzels* besonders förderlich sind. Es wird gegenwärtig bei historisch wertvoller und/oder denkmalgeschützter Bausubstanz eingesetzt. Neben dem Heißluftverfahren werden in den nächsten Jahren noch weitere Technologien, z. B. auf der Basis der Hochfrequenztechnik oder durch Nutzung von Infrarot- und Mikrowellenstrahlung, immer mehr an Bedeutung gewinnen. Die Wärmebehandlung insgesamt bietet eine interessante Alternative, wenn befallene aber noch tragfähige und/oder denkmalgeschützte Bauteile erhalten werden müssen.

Heizschmelzen

▸*Paraffininjektion*

Heizverfahren

Das sog. Heizverfahren darf nicht mit dem ▸*Paraffinverfahren*, das teilweise auch als Heißschmelz-Verfahren bezeichnet wird, verwechselt werden. Beim Heizverfahren werden in die Bohrlöcher Heizpatronen eingeführt, um die Verdunstung der Mauerwerksfeuchte zu beschleunigen. Die Heizpatronen stehen ständig unter Spannung von ca. 40 Volt. Der Stromverbrauch ist erheblich und richtet sich nach der Mauerwerksdurchfeuchtung. Zur Vortrocknung eignen sich auch Mikrowellengeräte. Diese können nicht zur ▸*Mauerwerkstrockenlegung* eingesetzt werden, sondern dienen lediglich zur Mauerwerksvorbehandlung.

HF-Feuchtemessverfahren

Das HF-Feuchtemessverfahren ist eine relativ unbekannte Methode, die mit Hilfe von hochfrequenten elektromagnetischen Wellen arbeitet. Das Messprinzip basiert auf der Tatsache, dass durch die Messung von zwei Parametern im Frequenzbereich von 100 MHz bis ca. 1 GHz auf den Feuchtegehalt eines Baustoffes geschlossen werden kann. Nur in diesem Bereich ist die Dielektrizitätskonstante noch vom Einfluss der gelösten Salze abhängig und vom Feuchtegehalt trennbar. Unterhalb der Frequenz von 100 MHz dies nicht möglich, oberhalb von 1 GHz ist die Dielektrizitätskonstante zu stark vom Salzgehalt abhängig, so dass auch dann eine Messung der Feuchtigkeit nicht mehr ohne weiteres möglich ist. [5]

HGW

HGW ist die Abkürzung für Höchster Grundwasserspiegel und beschreibt den sog. ▸*Bemessungswasserstand*.

Hilfsstoffe

▸*Additive*
▸*Zusatzstoffe*

Hinterfüllmaterial (bei der Fugenabdichtung)

Bei der ▸*Fugenabdichtung* werden sog. Hinterfüllmaterialien eingesetzt. Dabei handelt es sich jeweils um ein spezielles Material, das zur Begrenzung der Dicke des ▸*Dichtstoffes* in die ▸*Fuge* eingebracht wird und so das rückseitige Profil des Dichtstoffes bestimmt. Hinterfüllmaterialien können aus offenporigen Polyurethan-Schaumstoff oder geschlossenzelligen, wasserabweisenden Polyethylen-Schaumstoff bestehen. Für bestimmte Fugenbereiche wie z. B. ▸*Bauteilfugen* nach DIN 18 540 oder auch Bodenfugen sind Polyethylen-Materialien in Form einer Rundschnur vorgeschrieben.

Historische Bauwerksabdichtungen

Beispiele ausgeführter Horizontalabdichtungen aus der Zeit vor dem 20. Jahrhundert sind relativ selten. Im Rahmen des Neubaus beschränkten sie sich im Wesentlichen auf die Verwendung dichter Baustoffe oder den Einbau von Isolierschichten. Mitte des 19. Jahrhunderts, mit zunehmendem Anspruch an

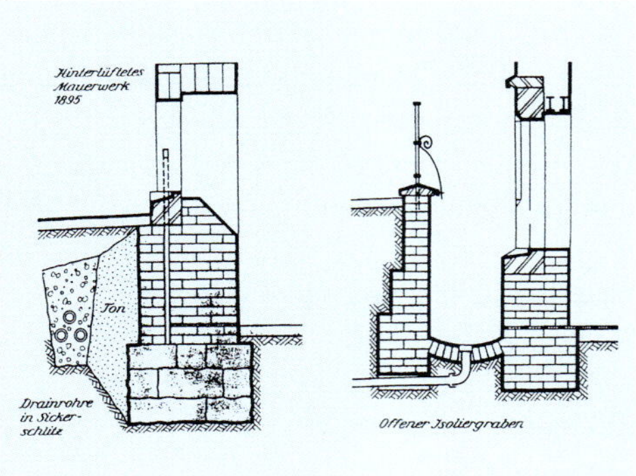

trockene Kellerräume, wurden die bisherigen Maßnahmen des „konstruktiven Feuchteschutzes" durch waagerechte und senkrechte Sperrschichten ergänzt. Für die Herstellung der Kellermauerwerke wurden zunächst dichte Baustoffe wie Granit, Basalt und hartgebrannte Klinker verwendet. Als Materialien für die Isolierschicht stand eine wesentlich größere Variantenvielfalt zur Verfügung. Neben klassischen Abdichtungsschichten aus Zementmörtel, Teermörtel, Asphalt und dgl. wurden zunehmend vorgefertigte Platten und Bleche aus Blei oder Zink, Rohglas oder Asphalt und später dann bituminöse Pappen eingesetzt. Durch die Verwendung von Zement statt Kalk konnten schnell trocknende, feuchtigkeitsbeständige Mörtel und Putze hergestellt werden. Seit den 20-er Jahren ersetzt Stampfbeton vielfach das Kellermauerwerk aus Ziegeln oder Naturstein. Hinweise zur nachträglichen ▸*Horizontalabdichtung* (Maueraustausch, Mauertrennung) werden erst um 1900 in der Literatur aufgeführt.

Bei der „Trockenlegung" von bestehenden Bauten beschränkten sich die Empfehlungen noch im 19. Jahrhundert vorrangig auf den Schutz vor seitlich angreifender Feuchtigkeit. Die ausgeführten Vertikalabdichtungen unterscheiden sich zu unseren heutigen Maßnahmen dadurch, dass sie entweder nur die Feuchtigkeitseinwirkung kaschieren oder tatsächlich die Durchfeuchtung auf der Außenseite reduzieren. Der Unterschied dieser beiden Abdichtungsvarianten war den damaligen Baumeistern sehr wohl bekannt und wurde mehr oder weniger kritisch kommentiert. Neben der nachträglichen Vertikalabdichtung von Außen wurden bereits vor über 100 Jahren Maßnahmen zur Innenabdichtung der erdberührten Bauteile beschrieben. Hierbei wurde das Kellermauerwerk mehrmals mit einem Zementputz verputzt, wobei in die frische Putzschicht Dachziegel und auch Schieferplatten eingedrückt wurden. Andere Maßnahmen beschreiben das Überkleben der Innenseite mit Staniolplatten, die auch als sog. „Tabaksblei" bezeichnet wurden. Hierbei werden die Wände mit Teermörtel überzogen und diese Staniolplatten anschließend eingedrückt. Danach erfolgte wiederum ein Teermörtelüberzug und der Verputz mit einem Kalkmörtel. Außerdem wurden Glasplatten in den noch frischen Zementputz eingedrückt. Die dabei entstehenden Stöße wurden wiederum mit dünnen Glasstreifen überdeckt und alles dann mit einem Zementputz versehen. Aber auch einfache Wandbekleidungen aus Holzspangeflecht oder Holzpaneelen wurden als vermeintliche „Lösung" gegen Feuchtigkeitsprobleme angeboten.

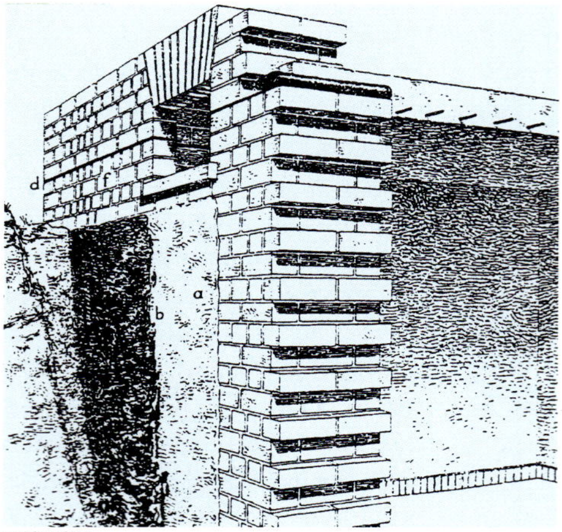

© siehe Anhang

Hochdruck-Injektionsverfahren

Der Begriff Hochdruckverfahren (kurz HDI-Verfahren genannt) kommt aus dem Bereich der Gründungssanierung und stellt ein Spezialverfahren zur Bodeninjektion dar. Je nach Anbieter wird dieses Verfahren, das in der EN 12 716 beschrieben wird, auch unter dem Namen Düsenstrahl-Verfahren oder Soilcrete-Verfahren vermarktet. Gerade letztere Bezeichnung beschreibt sehr schön, wo dieses Verfahren einzuordnen ist. Die Bezeichnung „Soilcrete" leitet sich von den englischen Begriffen *„soil"* (= Boden) und *„to concrete"* (= sich zu einer kompakten Masse verbinden) ab. Im Gegensatz zu anderen Injektionsverfahren zur Baugrundverfestigung wird das HDI-Verfahren sowohl zur Baugrundverfestigung wie auch zur –abdichtung eingesetzt. Das HDI-Verfahren kommt bei ▸*baudynamischen* oder ▸*konstruktiven Rissen* im Rahmen der Gründungssanierung zur Anwendung. Hierbei werden relativ kleine Bohrstangen, die am Ende mit einer Hochdruckdüse versehen sind, in den Boden eingeführt. Durch den hohen Druck von 400 bis 1000 bar und die hohe Austrittsgeschwindigkeit von mehr als 100 m/sec. entsteht ein sog. Schneidstrahl, der das Korngefüge des Bodens lockert und durch den Austritt von Bindemittel anschließend verfestigt. Im Gegensatz zu anderen ▸*Injektionsverfahren* werden nicht nur die Hohlräume und Risse mit ▸*Injektionsmitteln* gefüllt, sondern auch der gelockerte Boden mit Bindemittelsuspension ausgefüllt.

Hochdruckreinigung

▸*Reinigungsverfahren*

Hoch hydraulischer Kalk

▸*Baukalk*

Hochvakuumbitumen

Hochvakuumbitumen entstehen aus Destillationsbitumen, wenn durch Anwendung besonders guter Vakuumbedingungen weitere, hochsiedende Ölfraktionen herausdestilliert werden. Die Unterscheidung und Kennzeichnung dieser ▸*Bitumen* erfolgt nach den Grenzwerten der Erweichungspunktspannen. Eingesetzt werden Hochvakuumbitumen, wenn große Härte gefordert wird, wie dies bei Anstrichen zur ▸*Abdichtung* gegen Feuchtigkeit der Fall ist. Werden Bitumen mit geringer Temperaturempfindlichkeit gefordert, werden ▸*Destillationsbitumen* unterschiedlicher Härte mit Luft bei Temperaturen von 230 bis fast 400 °C behandelt. Die Unterscheidung und Kennzeichnung derartiger Bitumen erfolgt nach den mittleren Spannweiten der Grenzwerte für Erweichungspunkt und Nadelpenetration.

Höchstdruckreinigung

▸*Reinigungsverfahren*

Höchster Grundwasserspiegel

▸*Bemessungswasserstand*

Höchstzugkraft

Bei der Prüfung eines 5 cm breiten Streifens einer ▸*Kunststoff-* oder ▸*Bitumen-Dichtungsbahn* muss eine Kraft bis zum Bruch der Einlage aufgewendet werden. Diese wird als Höchstzugkraft bezeichnet.

Hohlkehle

Der Duden definiert eine Hohlkehle als die negative Ausrundung einer Kante. Den Vorgang, mit dem eine Hohlkehle hergestellt wird, nennt man „abkehlen“ oder „auskehlen“. Im Rahmen der ▸*Bauwerksabdichtung* bezeichnet man die Anschlussstelle zwischen Kellerwand und Bodenplatte als Hohlkehle. Sie wird in der Regel aus wasserdichtem Mörtel gefertigt und soll verhindern, dass Wasser an dieser Stelle in das Gebäude eindringt. Teilweise wird bei einer ▸*Vertikalabdichtung* mit ▸*Bitumen-Dickbeschichtung* auch gleich die Hohlkehle mit diesem Material ausgeführt. Dies ist kritisch zu betrachten, da eine Bitumen-Dickbeschichtung im

© siehe Anhang

© siehe Anhang

Scheitel der Hohlkehle länger braucht, um durchzutrocknen und vor allem plastisch bleibt und damit bei mechanischer Belastung eingedrückt wird.

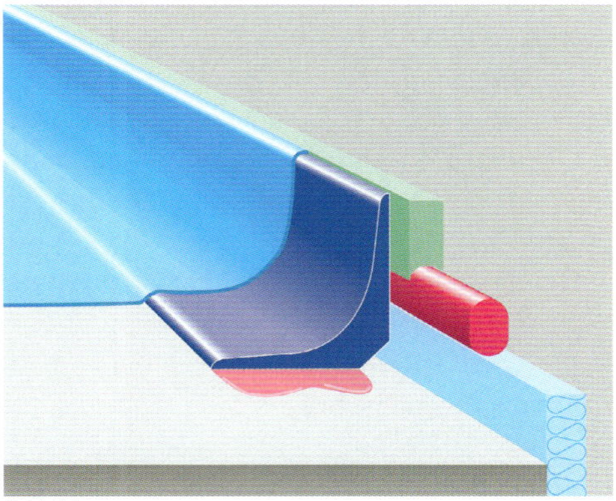

© siehe Anhang

Alternativ werden auch industriell vorgefertigte Hohlkehlenprofile angeboten, die aus ausgehärtetem Epoxidharz bestehen. Deren Einsatzgebiete liegen im Innen- wie im Außenbereich. Sie besitzen vor allem bei planebenen Untergründen wie Betonwänden oder Böden (Balkonen, Tiefgaragen, Industrieböden, Wasserbehältern oder WU-Beton) wirtschaftliche Vorteile. Die Profile werden durch einfaches Verkleben mit Epoxidharz (Boden) und Polyurethan (Wand) befestigt.

Hohlraumausfüllung

Die Hohlraumausfüllung ist ein teilweises oder vollständiges Ausfüllen eines Hohlraumes zwischen der raumseitigen und der außenseitigen Anschlussfuge eines Bauelementes zum Baukörper. Die Hohlraumausfüllung ist aus Wärme- und Schallschutzgründen vorgeschrieben.

Hohlraumtrocknung

Eine Hohlraumtrocknung ist dann erforderlich, wenn Wasser z. B. nach einem ▸*sporadischen Wasserschaden* (Rohrbruch, Überschwemmung und dgl.) in die Gebäudekonstruktion gelaufen und in schwer oder nicht zugängliche Bereiche eingedrungen ist. Aber auch zur Trocknung von Leitungsschächten oder Trockenbauwänden im Neubau wird die Hohlraumtrocknung zunehmend angewendet. Der gezielte Einsatz kann die Restfeuchtigkeit reduzieren und die Gefahr von Bauschäden minimieren. Das Prinzip der Hohlraumtrocknung basiert darauf, dass mit einem Trocknungsgerät (Kondens- oder Adsorptionstrockner) trockene Luft verdichtet und dann den feuchten Bereichen zugeführt wird. Die feuchte Luft entweicht dann über sog. Entlastungsöffnungen. Der Adsorptionstrockner entfeuchtet wiederum die feuchte Luft und leitet sie über ein Schlauchsystem nach außen. Dieser Prozess wird kontinuierlich wiederholt und über permanente Kontrollmessungen überwacht.

Holzfeuchte

Unter Holzfeuchte (oder Holzfeuchtigkeit) wird der Anteil an Wasser in den Holzzellen im Verhältnis auf die dazugehörige Trockenmasse des Holzes definiert und in % angegeben. Sie ist eine wesentliche Kenngröße des Werkstoffes Holz und für seine technologischen und mechanischen Eigenschaften charakteristisch. So kann man Holz z. B. bei einer bestimmten Holzfeuchte als resistent gegen tierische oder pflanzliche Schädlinge einstufen. Absolut trockenes Holz (0 % Holzfeuchte) bezeichnet man als darrtrocken. Die Holzfeuchte von verarbeitetem Holz passt sich immer der Umgebungsfeuchte in der Luft an. Die Holzfeuchte in Räumen schwankt zwischen 6 und 10 %. Die Holzfeuchte im Freien kann zwischen 8 und 16 % schwanken. Je nach Holzart schwindet das Holz ab einer Holzfeuchte unter 30 % (dem sog. Fasersättigungspunkt). Ab diesem Zeitpunkt ist das gesamte Wasser aus den Zellhohlräumen entwichen und das in den Zellwänden gebundene Wasser beginnt auszutrocknen. Hierdurch kommt es zu einem Zusammenziehen der Zelle bzw. schwinden des Holzes. Dieser Vorgang wird durch die Wasseraufnahme umgekehrt, so dass das Holz quillt. Holz ist also hygroskopisch und reagiert auf Veränderungen der Luftfeuchtigkeit. [1]

Die Holzfeuchte ist auch ein wichtiges Kriterium für die Entwicklung aller holzverfärbenden und -zerstörenden Pilze. Allgemein ist ein Pilzbefall erst ab einem Feuchtegehalt von über 20 %, bezogen auf das Trockengewicht des Holzes, möglich. Fast alle holzzerstörenden Pilze benötigen sogar deutlich höhere Holzfeuchtigkeit, zu mindestens im Bereich der Fasersättigung, die im Mittel bei ca. 30 % liegt und sich bei 100 % rel. Luftfeuchtigkeit im Holz einstellt. Der Echte Hausschwamm benötigt von allen Bauholzpilzen und insbesondere von den Hausfäulen die niedrigsten Werte an Feuchtigkeit. Die unten stehende Tabelle zeigt den Holzfeuchteanspruch der wichtigsten Hausfäulen.

Nach Literaturangaben scheint sich der optimale Feuchtebereich mit zunehmender Zersetzung des Holzes zu höheren Werten hin zu verschieben und zwischen 40 bis 60 % Holzfeuchte zu liegen. Ein Stillstand des Wachstums ist erst bei einem Wassergehalt von etwa 90 % zu erwarten.

Pilzart	Holzfeuchtebereich	Holzfeuchte-Optimum
Echter Hausschwamm	20 bis 40%	30% (im Anfangsstadium) bis 60% (bei zunehmender Zersetzung)
Brauner Kellerschwamm	30 bis 60%	ca. 55%
Weißer Porenschwamm	30 bis 55%	ca. 40%
Blättlinge	30 bis 60%	ca. 40% (in Ausnahmen bis 60%)

Holzschutz

Holz unterliegt Witterungs- und hygrischen Einflüssen, biologischem (oder mikrobiellem) Befall durch Pilze und Insekten, thermischen Einflüssen durch Hitze oder Feuer sowie chemischen Einflüssen. Alle Maßnahmen, die zur Verlängerung der Haltbarkeit von Holzgegenständen und Holzbauteilen dienen werden unter dem Begriff Holzschutz zusammen gefasst. Man unterscheidet konstruktiven und chemischen Holzschutz, wobei insbesondere Maßnahmen gegen eine Zerstörung und/ oder Verfärbung des Holzes durch (Mikro)Organismen im Fokus stehen. Holz hat natürliche Dauereigenschaften, die durch die Art und Anteile von sog. Resistenzstoffen bestimmt werden. So enthält z. B. Teakholz giftige Inhaltsstoffe, die dem Zersetzen des Holzes durch natürliche Feinde entgegen wirken. Den weitaus größeren Anteil aber nimmt der industrielle oder chemische Holzschutz ein. Entweder wird das Holz an der Oberfläche behandelt oder mit dem Holzschutzmittel durchtränkt. Neue Holzschutzmittel werden zunehmend umweltverträglicher konzipiert. Als Lösungs- bzw. Transportmittel (für den Wirkstoff) wird zunehmend Wasser genutzt. Aber auch ölige Holzschutzmittel können als Emulsionen in das Holz eindringen und dort Ihre Holz schützende Wirkung entfalten. Dadurch wird an der Oberfläche kaum Holzschutzmittel freigesetzt, was sich auf die Umweltverträglichkeit auswirkt. Der chemische Holzschutz ist in der DIN 68 800 geregelt und betrifft vor allem die tragenden Holzbauteile, die durch holzzerstörende Pilze und Insekten in ihrer Standsicherheit gefährdet sind. Holzschutzmittel werden entweder gegen holzverfärbende oder holzzerstörende Pilze oder Insekten und Lästlinge eingesetzt. Hierbei werden je nach Anwendung drucklose und Druckverfahren sowie das Schaumverfahren unterschieden. Neben dem chemischen Holzschutz kommt der konstruktive Holzschutz zum Einsatz, handwerkliche Maßnahmen können ergänzend wirken. Alle drei Möglichkeiten sollten immer in Kombination angewendet werden.

Holzschutzmittel

Unter Holzschutzmitteln werden chemische Substanzen verstanden, die zum Schutz von Holz vor Schädlingen eingesetzt werden. Diese bestehen aus Wirkstoffen, mit denen holzzerstörende oder holzentwertende/ holzverfärbende (Mikro)Organismen abgehalten werden sollen, Holz oder Holzwerkstoffe zu befallen. Alternativ werden diese Wirkstoffe eingesetzt, um einen bereits bestehenden Befall durch diese (Mikro)Organismen zu bekämpfen. Im Sinne dieser Definition schließt der Begriff Holzschutzmittel alle Wirkstoffe und Präparate ein, die direkt oder indirekt an Holz oder Holzwerkstoffen angewendet werden. Indirekt wirkende Holzschutzmittel werden mit der Zielsetzung auf oder in das Mauerwerk oder in Gründungen von Bauwerken gebracht, mit ihnen in Verbindung stehendes Holz oder Holzwerkstoffe vor einem Befall durch holzzerstörende Organismen (z. B. dem Echten Hausschwamm) zu schützen. In der Praxis werden oft wirksame Holzschutzmittel verlangt, die aber "umweltfreundlich" und möglichst ungiftig sein sollen. Dies ist ein Widerspruch, da Holzschutzmittel mehr oder weniger giftig sein müssen, damit sie wirken. Diese dürfen nicht mit den sog. biologischen Holzschutzmitteln verwechselt werden. Hierbei handelt es sich um Wirkstoffe, die komplett ohne Insektzide und Biozide auskommen und trotzdem eine Schutzwirkung entfalten können. Das Wirkprinzip basiert darauf, dass die Nahrungsquelle Holz für die Schädlinge abgesperrt oder ungenießbar gemacht wird. Allerdings wirken biologische Holzschutzmittel meist nur vorbeugend, nicht bekämpfend und nur gegen tierische Schädlinge.

Unterschieden werden Holzschutzmittel gegen tierische und pflanzliche Schädlinge sowie für den bekämpfenden und vorbeugenden Holzschutz. Ölhaltige Produkte finden vorbeugend und bekämpfend gegen pflanzliche und tierische Schädlinge Verwendung, während Salze in der Regel (aber nicht ausschließlich) vorbeugend gegen pflanzliche Schädlinge verwendet werden. Zunehmend werden auch

A B C D E F G H I J K L M N O P Q R S T U V W X Y Z

Emulsionen angeboten, die den Verbrauch an Holzschutzmitteln reduzieren und dennoch eine gute Verteilung der Wirkstoffe im Holz sowie eine hohe Wirksamkeit sicher stellen.

Die Anwendung der Holzschutzmittel ist in der DIN 68 800 (Holzschutz) beschrieben. Das Deutsche Institut für Bautechnik (DIBt) gibt darüber hinaus jährlich das "Verzeichnis der Holzschutzmittel mit allgemeiner bauaufsichtlicher Zulassung - Auflistung der Holzschutzmittel mit RAL-Gütezeichen - Auflistung der Bläueschutzmitel nach VDL-Richtlinie" heraus. [1]

Holzschutzverfahren

Mit Holzschutzverfahren werden Hölzer vorbeugend gegen holzzerstörende oder holzverfärbende Organismen geschützt oder ein Befall durch diese Organismen bekämpft. Die unterschiedlichen Einbringverfahren werden entweder vorbeugend oder bekämpfend eingesetzt. Darüber hinaus sind nach DIN 68 800 noch das Begasungs- und das Heißluftverfahren zugelassen. Diese dürfen aber nur gegen holzzerstörende Insekten und nicht gegen den ▸*Echten Hausschwamm* oder andere ▸*Hausfäulen* eingesetzt werden.

Holzverfärbende Pilze

Die holzverfärbenden Pilze zählen zu der Gruppe der Schlauchpilze (Ascomyceten), der viele der üblichen ▸*Schimmelpilze* angehören. Der am häufigsten anzutreffende holzverfärbende Pilz ist die Blaufäule, die allerdings keine Auswirkung auf die Festigkeit des Holzes besitzt, denn die Zellwände werden nicht abgebaut. Genau genommen liegt auch keine Fäulnis, sondern nur eine Verfärbung vor, so dass der Name Blaufäule etwas irreführend und unzutreffend ist. In Fachkreisen wird deshalb zunehmend die Bezeichnung Bläuepilz (franz.= champignons du bleuissement) verwendet. Als Entwicklungs- oder Wachstumsbedingungen können ca. 15 bis 40 °C und eine Holzfeuchtigkeit von > 30% angesetzt werden. Holzverfärbende Pilze stellen selbst kaum eine Gefährdung für die Festigkeit des Holzes dar, weil sie in der Regel nie tiefer als 1mm in das Holz hineinwachsen.

Holzwurm

Der Gewöhnliche Klopf- oder Nagekäfer (im Volksmund auch „Holzwurm" genannt) ist die am häufigsten anzutreffende und damit wichtigste Käferart aus der Familie der Nagekäfer (Anobiidae). Das ist jener Winzling, der nicht nur in antiken Möbeln und hölzernen Kunstgegenständen, sondern auch in Treppen, Fachwerk und Konstruktionshölzern aller Art die bekannten „Schrotschuss"-Löcher verursacht. Der 2,5 bis 4,5mm lange, schwarz bis dunkelbraune Käfer besitzt hellere Längsstreifen auf den Flügeldecken und tritt in großem Umfang in Gebäuden als Zerstörer des verbauten Holzes auf. In Mitteleuropa sind ca. 70 verschiedene Arten dieser holzzerstörenden Anobiiden bekannt. Der bekannteste davon ist der sog. Gemeine Holzwurm.

Die 4 bis 6mm lange Larve besitzt gelblichweißes Aussehen und eine engerlingsartige Form, drei Beinpaare und seitliche Atemöffnungen. Die Larven dieses Insektes leben je nach Klimaverhältnissen und Nährwert des Holzes zwischen 3 und 8 Jahren im befallen Holz. Die Eier werden bevorzugt wieder in das Holz abgelegt, aus dem das Muttertier geschlüpft ist.

Befallen wird sowohl Nadel- als auch Laubholz, wobei das Alter des Holzes keine Rolle spielt. Als Faustregel gilt, dass von Natur aus helle Hölzer grundsätzlich gefährdet sind. Die Zerstörung des Holzes wird durch den Fraß der Larven hervorgerufen. Hauptnahrungsstoff bildet die Zellulose, gleichfalls für die Entwicklung notwendig sind geringe Mengen an Eiweißstoffen. Anobienlarven sind sehr zählebig und vermögen lange ohne Nahrung auszukommen, um sich bei besseren Umweltbedingungen wieder zu erholen und weiterzuwachsen. Der Gewöhnliche Klopf- oder Nagekäfer bevorzugt eine Feuchte in der Nähe des Fasersättigungspunktes. Trockene und beheizte Räume mag er nicht; dagegen bevorzugt er Objekte in Museen und Kirchen.

Holzzerstörende Pilze

Holz besteht aus den drei wesentlichen Bestandteilen Zellulose, Hemizellulose und Lignin sowie darüber hinaus noch aus Mineralsalzen, Wasser, Harzen, Gerbstoffen und anderen Stoffen wie Eiweiß, Fett usw. Es gibt nun Pilze, die die Zellulose angreifen und mit der Zeit abbauen und Pilze, die nur das Lignin zerstören. Beim Abbau der Zellulose wird praktisch die Wand oder das tragende Gerüst des Holzes zerstört. Das Holz bricht abgehakt, würfelförmig und zerbröselt bei der Hammerschlagprobe mit dem Spitzhammer. Holzzerstörende Pilze (oft auch nur als Schwämme bezeichnet) treten in verschiedenen Unterarten auf. Sie werden nach der Verteilung des Myzels im Holz in Substrat- und Oberflächenpilze unterschieden. Die wichtigsten ▸*Hausfäulen* werden durch Oberflächenpilze verursacht. Die Substratpilze sind normalerweise äußerlich erst bei Fruchtkörperbildung zu erkennen. Im fortgeschrittenen Stadium entwickeln sich auf der Holzoberfläche ▸*Fruchtkörper*. Diese sind sehr unterschiedlich in Farbe und Aufbau (watteartiger Überzug bis geweihförmige Gebilde). Es gibt mehrjährige Fruchtkörper, die sich ähnlich den Jahresringen ausbreiten. In vielen Fällen gestattet der Fruchtkörper zwar die Bestimmung der Pilzart, jedoch sind die Fruchtkörper einer Pilzart je nach Wuchsbedingungen und Alter so unterschiedlich, so dass zur Bestimmung der Pilzart anhand von Fruchtkörpern sehr viel Erfahrung und Fachkompetenz gehört.

Nach dem Schadensbild werden die Pilze in ▸*Weiß- oder Braunfäule* unterschieden. Beide Arten haben aber nicht nur ein unterschiedliches Aussehen, sondern greifen das Holz auch unterschiedlich an. Die Braunfäule (Destruktions-

Pilz	Vorkommen	Erkennungsmerkmal Pilzgeflecht	Fruchtkörper
Echter Hausschwamm	Wächst und gedeiht bereits bei 20% Holzfeuchtigkeit. Befällt Nadel- und Laubholz, jedoch auch holzhaltige Baustoffe	Oberflächenmyzel weiß, watte-artig, gegen Luftzug empfindlich. Stränge bis bleistiftdick, grau bis graubraun, verzweigt mit lappigem Zwischenmyzel	Rostbraun mit weißem Rand, fleischig weich, aber zäh; leicht von der Unterlage ablösbar; leicht faulend
Warzen- oder Kellerschwamm	An feuchtem Holz, befällt Nadel- und Laubholz	Kein Oberflächenmyzel; Oberfläche des befallenen Holzes bleibt ziemlich intakt, so dass der Schaden erst spät augenscheinlich wird. Stränge, mit denen weite Strecken überwunden werden können, sind dünne, schwarzbraune Fäden; selten auftretend.	Braun, anfangs mit weißgelblichen Rand. Flache, dem Holz aufliegende, filzig-lederige Krusten; besonders im Alter brüchig und schwer von der Unterlage ablösbar; selten auftretend.
Porenschwamm	An feuchtem Holz, bevorzugt Nadelholz	Luftmyzel weiß, watte- oder eisblumenartig. Stränge, mit denen auch Mauern durchwachsen werden, bis bindfadendick, ziemlich glatt, auch im trockenen Zustand biegsam bleibend	Weiß, später gelblich. Polsterförmig, nicht faulend.

fäule) zerstört zunächst die Zellulose aus der Holzsubstanz. Die Hauptbestandteile des Holzes sind helle und dunkle Substanzen. Da Zellulose zu den hellen zählt, bleiben die bräunlichen Substanzen zurück. Entsprechend verfärbt sich das befallene Holz dunkel bis braun und es werden Risse sichtbar, die längs, radial und tangential verlaufen (wie im verkohlten Holz). Korrosionsfäule wird durch Pilze verursacht, die vorzugsweise das Lignin angreifen bzw. abbauen (Weißfäule). Das Zellgerüst des Holzes bleibt erhalten und kann trotz Festigkeitsabfall unter Umständen noch für bestimmte Zwecke eingesetzt werden. Einige Pilze greifen aber auch beide Holzbestandteile gleichzeitig an und werden als sog. Simultanfäule bezeichnet. Braunfäule (Destruktionsfäule) und Weißfäule (Korrosionsfäule) sind überwiegend in alten Holzbalkendecken anzutreffen, wobei die Tragbalken unter Nassräumen, wie Bädern, Küchen und Waschräumen, besonders gefährdet sind. Einhergehend mit der über Jahre oder Jahrzehnte dauernden Fäulnis ist in der Regel eine erhöhte Holzfeuchtigkeit an der betroffenen Stelle festzustellen. Da es in diesem Bereich zu einer verstärkten Durchbiegung der Balken infolge der Verrottung kommen kann, werden dann Aufdoppelungen notwendig. Werden derartige Aufdoppelungen bei der Aufnahme eines Holzfußbodens festgestellt, ist immer Vorsicht geboten. Nachfolgende Tabelle zeigt eine Übersicht über die in Gebäuden auftretenden holzzerstörenden Pilze.

Holzzerstörende Insekten

Holzzerstörende Insekten werden in zwei Gruppen unterteilt: In die sog. Frischholzinsekten, die lebende Bäume oder frisch gefällte Stämme befallen und nur gelegentlich beim Einbau frischer Bauhölzer in die Gebäude eingebracht werden. Dagegen gibt es die Trockenholzinsekten, die das lufttrockene Bau- und Werkholz befallen und über viele Generationen hindurch in dem gleichen Holz bis zu seiner völligen Zerstörung tätig bleiben. Die wichtigsten Insektenarten, die das trockene Holz als Nahrungsquelle erschlossen haben, sind der Hausbockkäfer (Hylotrupes bajulus), verschiedene Nagekäfer (Anobiidae) – zu denen

© siehe Anhang

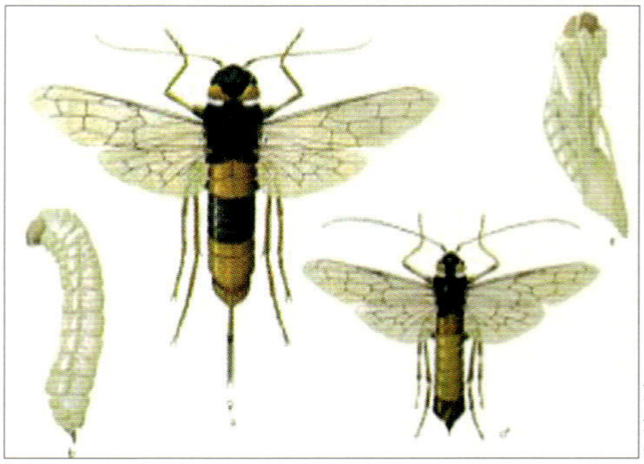
© siehe Anhang

© siehe Anhang

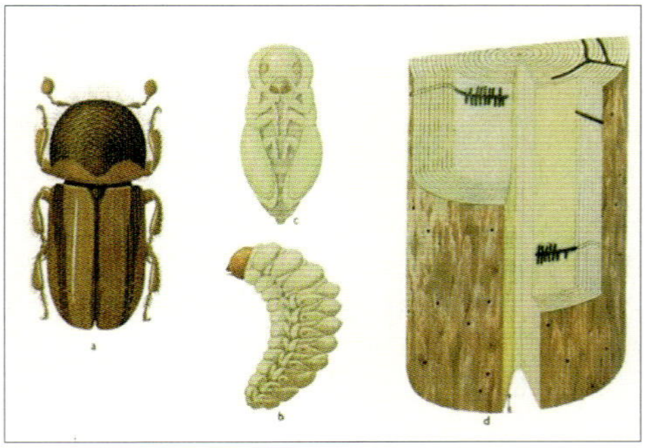
© siehe Anhang

auch der sog. „Holzwurm" gehört – und die Splintholzkäfer (Lyctuskäfer). Die in südlichen, besonders tropischen Ländern gefürchteten-Termiten spielen in Mitteleuropa praktisch keine Rolle.

Man unterscheidet holzfressende und holzbrütende Insekten. Die holzfressenden Insekten benutzen das Holz als Nahrung, während die holzbrütenden Insekten das Holz zur Anlage von Brutplätzen zernagen und damit zerstören, obwohl sie von der Holzsubstanz selbst nicht leben. Während ihrer Entwicklung machen fast alle holzzerstörenden Insekten einen vollkommenden Formenwandel durch. Man unterscheidet folgende vier Entwicklungsstadien: Ei – Larve – Puppe – Vollinsekt.

Homogenität (im Bauwesen)

Der Begriff Homogenität besagt, dass ein Baumaterial (z. B. ein Ziegel) oder Bauteil (z. B. Mauerwerk) an allen Stellen gleiche Eigenschaften aufweist. Dies ist z. B. bei der ▸*nachträglichen Hotizontalabdichtung* mittels ▸*Bohrlochinjektion* eine wichtige Kenngröße, da in Altbauten und/oder denkmalgeschützten Gebäuden oft inhomogene und klüftige, mehrschalige oder hohlräumige Mauerwerksquerschnitte vorliegen, die vor einer Injektion zunächst vorbereitet werden müssen (z. B. Verfüllen oder Vorinjektion mit einer Bohrlochsuspension).

Homopolymere

Die Bezeichnung Homopolymere wird für ▸*Polymere* bzw. ▸*Polymerisate* verwendet, die ausschließlich aus einem Monomer aufgebaut sind wie z. B. (Poly-) Vinylacetat, (Poly-) Methylmethacrylat oder (Poly-) Vinylchlorid. Die chemischen, physikalischen und toxischen Eigenschaften von Polymeren entsprechen nicht mehr denen der Ausgangsmonomere, aus denen sie ursprünglich hergestellt wurden. Allerdings trifft dies nicht nur auf die Homopolymere, sondern auf alle Arten von ▸*Polymerisatharzen* zu.

Horizontalabdichtung (am Neubau)

Die Horizontalabdichtung am Neubau ist durch die ▸*DIN 18 195 „Bauwerksabdichtung"* geregelt. Die Art der ▸*Abdichtung* hängt von der Art des ▸*Dichtungsträgers* (Untergrund) sowie dem ▸*Lastfall* ab. Dichtungsträger kann ein Mauerwerk oder ein ▸*WU-Beton* sein. Lastfälle liegen in Form von ▸*Bodenfeuchtigkeit* und ▸*nicht stauendem Sickerwasser*, ▸*nichtdrückendem Wasser* sowie von außen ▸*drückendem Wasser* oder ▸*aufstauendem Sickerwasser* vor.

Die horizontale Abdichtung bei Mauerwerk nach DIN 1053 wird unmittelbar am Wandfuß auf die Bodenplatte aufgebracht und unter der ersten Steinlage nach außen geführt. Die Breite der ▸*Horizontalabdichtung* muss deshalb so gewählt werden, dass die ▸*Dichtungsbahn* mindestens 10 cm an jeder Seite der Kellerwand überstehen. Gerade bei der Ausführung dieses Details werden besondere Anforderungen an den Verarbeiter gestellt. Mit einer möglichst schlanken ▸*Hohlkehle* ist eine durchgehende Auflage und ein ausreichender Verbund zwischen Untergrund und Abdichtungsschicht sicher zu stellen. Anschließend muss die Horizontalabdichtung mit ausreichender Überlappung mit der Vertikalabdichtung verbunden werden, ohne dass sog. Feuchtigkeitsbrücken entstehen können. Die Überlappung zwischen der horizontalen und vertikalen Abdichtung soll mindestens 10 cm betragen. Ein ausreichender Überstand der Bodenplatte gegenüber dem Wandfuß muss sicher gestellt werden und beträgt in der Regel 7 bis 8 cm.

Auch wenn die Bodenplatte aus was-

© siehe Anhang

serundurchlässigem Beton hergestellt wurde, wird eine vollflächige Horizontalabdichtung der Kellersohle empfohlen. Sie wird entweder von oben auf die Bodenplatte aufgebracht und außen mit der Vertikalabdichtung der Außenwände verbunden oder unterhalb der Bodenplatte wie eine ▸*schwarze Wanne* ausgeführt.

Zugelassene Materialien sind ▸*Bitumen- oder Kunststoffdichtungsbahnen*. Zwischen der ▸*Horizontal- und der Vertikalabdichtung* muss eine entsprechende Materialverträglichkeit bestehen.

Horizontalabdichtung
(nachträglich am Altbau)

Die ▸*nachträgliche Horizontalabdichtung* im Rahmen der Altbausanierung erfolgt entweder mit einem ▸*mechanischen Verfahren* oder mit einer ▸*Bohrlochinjektion*. ▸*Elektro-physikalische Verfahren* oder sonstige Systeme haben sich in der Praxis nicht bewährt bzw. sind den Nachweis ihrer Funktionalit bisher schuldig geblieben. Für die nachträgliche Horizontalabdichtung gibt es keine DIN-Norm. Das einzige technische Regelwerk ist das ▸*WTA-Merkblatt* über die mechanischen Verfahren sowie die Injektionsverfahren gegen kapillar aufsteigende Feuchtigkeit.

© siehe Anhang

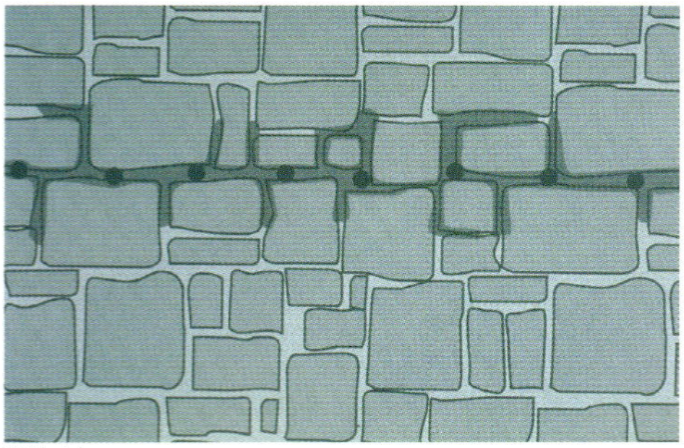

© siehe Anhang

Zu den mechanischen Verfahren gehören das ▸*Mauersägeverfahren* und das ▸*Chromstahlblechverfahren*. Andere Systeme wie das ▸*Bohrkernverfahren*, das ▸*V-Schnitt-Verfahren*, der ▸*Mauerwerksaustausch* oder die ▸*Unterfangung* haben praktisch keine Bedeutung mehr, da sie zu aufwändig, zu teuer und zu umständlich sind und darüber hinaus einen erheblichen Eingriff in die Statik des Gebäudes darstellen. Bei dem Mauersägeverfahren wird das Mauerwerk abschnittsweise aufgesägt, die Abdichtungsfolien oder –bahnen eingelegt und der Schlitz anschließend wieder verfüllt. Alternativ wird ein Chromstahlblech in die horizontal verlaufende Lagerfuge des Mauerwerkes mit einer hohen Schlagfrequenz eingeschlagen. Aufgrund der Trennung und Abdichtung in einem Arbeitsgang wird das Chromstahlblechverfahren auch als einstufiges Verfahren bezeichnet, im Gegensatz zum zweistufigen Mauersägeverfahren. Während das Mauersägeverfahren, je nach Vorrichtung, an jedem Mauerwerk eingesetzt werden kann, eignet sich das Chromstahlblechverfahren nur an Mauerwerken mit durchgehender Lagerfuge.

Horizontalschnittverfahren

▸*Mauersägeverfahren*

Horizontalsperre

▸*Horizontalabdichtung*

HS-Zement

Hinter der Abkürzung HS verbergen sich ▸*Zemente* mit einem hohen Sulfatwiderstand. Bei der Einwirkung von sulfathaltigen Gasen oder Lösungen auf ▸*Beton* und ▸*Zementputze* kommt es zur Reaktion zwischen den ▸*Sulfaten* und dem Trikalziumaluminat des Zementsteins und in der weiteren Folge zur ▸*Ettringitbildung* (Sulfattreiben). Dabei vergrößert sich das Volumen der Zementmatrix um das 8- bis 12-fache, so dass ein erheblicher Kristallisationsdruck von innen auf das Gefüge einwirkt. Mineralische Dichtungsschlämmen zur Abdichtung von Abwasseranlagen werden deshalb heute fast ausschließlich mit HS-Zementen angeboten, aber auch zur ▸*Innenabdichtung* mit ▸*Dichtungsschlämmen* sowie in ▸*Sanierputzen* werden zunehmend HS-Zemente eingesetzt.

Hüllen

▸*Graffiti-Entfernung*

HW-System

▸*Chromstahlblechverfahren*

Hybridabdichtung

Der Begriff der Dickbeschichtung war bisher nur auf bitumenhaltige Abdichtungsprodukte beschränkt. Seit Kurzem wird daneben auch eine mineralische und bitumenfreie Dickbeschichtung angeboten. Diese Hybridabdichtung kombiniert die Vorteile der bisherigen ▸*flexiblen Dichtungsschlämmen* mit denen der ▸*Bitumen-Dickbeschichtungen*. In einem bauaufsichtlichen Prüfzeugnis werden Eigenschaften wie Wärmebeständigkeit, hohe Rissüberbrückung, Verwendung auch als Horizontalabdichtung sowie einlagige Verarbeitbarkeit bestätigt. Eine Hybridabdichtung wird je nach ▸*Lastfall* in ein oder zwei Arbeitsgängen mit oder ohne Gewebeeinbettung verarbeitet.

Im Gegensatz zu den Bitumen-Dickbeschichtungen soll die Hybridabdichtung über eine höhere Druckbelastbarkeit und einem besseren Kaltbiegeverhalten verfügen. Eine höhere Wärme- und UV-Beständigkeit werden vom Hersteller als weitere Vorteile ausgelobt. Für die Hybridabdichtung spricht, dass die Sockelausbildung und -gestaltung deutlich mehr Möglichkeiten bietet, da neben Mineral- und Kunstharzputzen auch Buntsteinputze sowie unterschiedliche Fassadenfarben eingesetzt werden können.

Hybrid-Klebstoff

▸*Klebstoff*

Hybrid-Polymer-Dichtstoff

▸*Polyoxipropylen-Dichtstoff*

Hybridsysteme

Der Begriff der Hybridsysteme taucht in der letzten Zeit immer öfter auf. Hierbei handelt es sich um die Kombination von verschiedenen Bindemitteln zu ▸*Polymeren*, bei denen die Vorteile der einzelnen Systeme genutzt und gegenseitig addiert werden. Mussten z. B. bei hoch elastischen Beschichtungen aufgrund des Bindemittelfilms Nachteile in der Wasserdampfdiffusion oder bei hoch diffusionsfähigen mineralischen Beschichtungen Nachteile in der Flexibilität und Elastizität hingenommen werden, stehen mit den Hybridsystemen erstmalig die technischen Möglichkeiten zur Verfügung, Produkte und Systeme mit einem breiten Spektrum und Leistungsprofil zu entwickeln. Aus diesem Grund werden in den nächsten Jahren weitere Hybridsysteme auf den Markt kommen und Anwendungen abdecken, die heute noch als unmöglich gelten.

Hydratation/ Hydratisierung

Unter der Hydratation versteht man vereinfacht die Anlagerung von Wasser. Mit der ▸*Hydratation* (oder auch Hydratisierung oder hydraulische Erhärtung) wird in der Regel die Zementhärtung beschrieben. Diese ist ein chemischer Vorgang, bei der ▸*Zement* in einer komplizierten Reaktion Kalziumsilikathydrate bildet, welche nadelförmig sind und dadurch miteinander verfilzen. Man nennt diesen Vorgang deshalb auch kristalline Erhärtung. Es entsteht der sog. "Zementstein", der sehr fest ist. Er umhüllt die Zuschlagsstoffe mit einer feinen Schicht und bindet sie zusammen. Für die Erhärtung von Zement ist Wasser erforderlich, welches in den Kalziumsilikathydraten gebunden wird. Das Wasser ist nötig, um die nadelförmigen Kristalle entstehen zu lassen, ohne die der Putz nicht hart werden kann. Je nach Wasserangebot ist die Form der Kristalle unterschiedlich in Länge und Dicke. Die Form der Kristalle hat einen großen Einfluss auf die Erhärtung des Putzes sowie auf dessen Helligkeit.

A B C D E F G H I J K L M N O P Q R S T U V W X Y Z

A B C D E F G H I J K L M N O P Q R S T U V W X Y Z

Hydratationsdruck

▸*Hygroskopische* Baustoffe nehmen aus der Luft Feuchtigkeit auf, wobei es bei der Wassereinlagerung in den ▸*Salzen* zu einer Volumenvergrößerung kommt. Diese äußert sich in der Druckzunahme innerhalb des Baustoffgefüges, der als Hydratationsdruck bezeichnet wird. In der DIN 52 111 (dem sog. ▸*Salzsprengtest*) wird dieser Hydratationsdruck u. a. zur Baustoffprüfung mit heran gezogen. Dieser muss für ▸*Sanierputze* nach ▸*WTA-Richtlinien* durchgeführt werden.

Hydratationsschäden

Eine ganze Reihe von ▸*Salzen* sind in der Lage, chemisch mit Wasser zu reagieren. Dieser Vorgang ist aus der Härtung der Bindemittel bekannt. Er wird allgemein als Hydratation bezeichnet (Anlagerung von Wasser). Besonders gefährlich sind dabei Salze, deren Hydratationstemperatur relativ niedrig liegt. Unter dieser versteht man den Temperaturwert, bei dem die Wasseranlagerung bzw. Wasserabgabe erfolgt. Der gesamte Vorgang der Hydratation ist reversibel, d. h. Wasseranlagerung und -abgabe finden immer dann statt, wenn die kritische Hydratationstemperatur über- oder unterschritten wird. Natürlich ist die Wasseranlagerung der Salze bei der Hydratbildung mit einer Volumenvergrößerung verbunden, genauso wie dies bei der ▸*Kristallisation* der Fall ist. Im Verlauf einer ▸*Hydratation* können Anhydrate Wasser aus Lösungen von Salzen aufnehmen und dabei hydratisieren. Dies führt zu einer Verminderung des Volumens vom Salz/ Wassersystem (Anhydrat/ Wasser). Durch den Wasserentzug bei der Hydratation von Anhydraten (aus den diese umgebenden konzentrierten Hydratsalzlösungen) wird jene überkonzentriert. Die daraus resultierende Ausfällung von Hydratsalzen aus einer überkonzentrierten Hydratsalzlösung geht mit einer Volumenvergrößerung einher. Der Mechanismus, der die entsprechenden Kräfte auslöst, ist der Hydrauldruck in der flüssigen Phase des Salz/ Wassersystem. Die Materialzerstörung in Vereinigung mit der Hydratation von Salzen ist also auch nur ein Ausfällungsvorgang von Salzen aus konzentrierten (Hydrat)Salzlösungen, doch mit weit größerer Intensität.

Hydrate

▸*Kristallwasser*

Hydrathülle

Der Begriff Hydrathülle taucht das erste Mal unter [7] auf und ist ein Begriff, der seine Bedeutung beim elektrolytischen Wassertransport hat. Die bei der Lösung von Salzen in Wasser entstehenden Ionen bewegen sich bei einem von außen anliegenden elektrischen Feld je nach ihrer Ladung zur Anode bzw. Katode. Da diese Anionen oder Kationen immer von Wassermolekülen umgeben bzw. an dieses Ion gebunden sind, wird dieses Phänomen auch als Hydrathülle bezeichnet. Für die Praxis bedeutet dies, dass bei der Wanderung der Ionen (Elektrolyse) aufgrund des elektrischen Feldes immer auch Wasser mit transportiert wird – die wissenschaftliche Grundlage für die ▸*elektro-physikalische Entfeuchtung* und ▸*Entsalzung* von Mauerwerken.

Hydraulische Bindemittel/ Härtung

Unterschieden werden karbonatisch härtende, hydraulisch härtende und latent-hydraulisch härtende Bindemittel bzw. Bindemittelkombination. Mineralische Putze und Steine bestehen aus dem Bindemittel und den Zuschlagstoffen (Sand). Als Bindemittel wird meist Kalkhydrat und/oder Zement eingesetzt. Diese Bindemittel erhärten chemisch, dass bedeutet, dass sie sich durch ▸*Karbonatisierung* oder ▸*kristalline Erhärtung* verfestigen. Man spricht auch von einer hydraulischen Erhärtung, da diese Bindemittel zum Erhärten Wasser benötigen. Bei diesem Vorgang wird ein Teil des Anmachwassers verbraucht und der Putz verfestigt sich. Das für die Härtung nicht benötigte Anmachwasser verdunstet.

Der Vollständigkeit halber soll noch erwähnt werden, dass es im Gegensatz zu der hydraulischen Härtung, die eine chemische Reaktion darstellt, oxidativ trocknende, chemisch vernetzende und physikalisch trocknende Bindemittel gibt.

Hydraulische Permeabilität

▸*Permeabilität*

Hydraulischer Kalk

▸*Baukalk*

Hydraulite

Der Begriff Hydraulite wurde erst 1956 durch *Otto Graf* eingeführt und beschreibt die sog. ▸*Puzzolane*, die bereits in der Antike beschrieben wurden. Natürliche Hydraulite kommen in Deutschland etwa als Rheinischer oder Bayrischer ▸*Trass* in großen Mengen vor. Synthetische Hydraulite sind etwa SiO_2-reiches Kalziumoxid und magnesiumoxidarme Schlacken und Aschen mit hohen Glasanteilen. Sie sind im Wesentlichen dadurch gekennzeichnet, dass ein hoher Gehalt an SiO_2 vorhanden ist. Dabei kann die Art des SiO_2 äußerst verschieden sein und bestimmt die Reaktionsfreudigkeit. In einer ganzen Reihe der SiO_2-Modifikationen können bestimmte Hydraulite (die Opale) dominieren. Besonders die sog. Vulkanaschen weisen hochreaktives SiO_2 auf. Eine bestimmte Gruppe der Minerale (wie etwa Zeolithe) reagieren sehr schnell mit Kalziumhydroxid, dagegen reagieren Silikate wie z. B. Quarz oder Feldspat sehr langsam, es sei denn, sie werden extrem fein gemahlen. Dies wiederum bedeutet, dass spezifische Oberflächen von 20 bis $50 m^2/g$ erreicht werden müssen.

Hydraulisch aktives SiO_2 reagiert stöchiometrisch mit $Ca(OH_2)$ – also Luftkalk. Hydraulite allein haben kein Erhärtungsvermögen, sind also keine klassischen Bindemittel, sondern nur Reaktionspartner für anorganische Bindemittel. Wichtig ist weiterhin, dass sowohl natürliche als auch synthetische Hydraulite nicht nur reaktive Komponenten aufweisen. In natürlichen Hydrauliten können Quarze, Feldspate etc. vorkommen, die keine Reaktionsbereitschaft zeigen. Genauso sind bei dem synthetischen Hydraulit-Ziegelmehl nichtreaktive Komponenten vorhanden (z. B. Quarz, Eisenoxide etc.). Infolgedessen ist es von größter Bedeutung, den Gehalt an reaktiver SiO_2-Komponente zu bestimmen und nicht eine Pauschalanalyse in die Stöchiometrie einzubeziehen, mit der nur bestimmt wird, wie viel Kalziumhydroxid zugegeben werden muss. Die Bestimmung der reaktiven SiO_2-Komponente kann erfolgen, in dem Prüfkörper mit verschiedenen Mischungen erstellt und die Festigkeitsentwicklung nach einer bestimmten Zeit ermittelt werden. Alternativ kann Hydraulit auch mit einer bestimmten Menge Kalziumhydroxid angesetzt und nach verschiedenen Zeiten die Restmenge ermittelt werden.

Hydrophil/ Hydrophilie

Baustoffe oder Baustoffflächen, die sich mit Wasser leicht benetzen lassen, werden als ▸*hydrophil* bezeichnet. Der Begriff wurde aus dem Lateinischen abgeleitet und bedeutet sinngemäß „wasserfreundlich". Hydrophile Baustoffe mit einer feinporigen oder offenporigen Porengeometrie werden auch als ▸*hygroskopisch* bezeichnet, da die Wasseraufnahme an den inneren Oberflächen zu einem messbaren Wassergehalt führt. Hydrophile Baustoffe können durch die Behandlung mit hydrophobierenden Präparaten/ Produkten wasserabweisend ausgebildet werden. Das Maß für die Benetzbarkeit eines Stoffes mit einer Flüssigkeit ist der ▸*Randwinkel*.

Hydrophob/ Hydrophobie

Der Begriff Hydrophob wurde aus dem Griechischen (*hydro* = Wasser und *Fóbos* = Furcht) abgeleitet und bedeutet so viel wie „wassermeidend" oder „wasserabstoßend". Baustoffe oder Baustoffoberflächen, die sich mit Wasser nicht

© siehe Anhang

oder nur sehr schwer benetzen lassen, werden als hydrophob bezeichnet. Gewöhnlich verhalten sich Baustoffoberflächen zum Wasser ▸*hydrophil*. Die Flüssigkeit wird kapillar aufgesaugt, d. h. wegen des ▸*Randwinkels* unterhalb von 90° liegt ein Benetzungsverhalten vor und die Haftspannung erreicht positive Werte. Dieses Verhalten ist beeinflussbar, wenn hydrophobe Substanzen in das kapillare Gefüge ein- bzw. auf die Oberfläche aufgebracht werden. Das ▸*Benetzungsverhalten* wird aufgehoben. Die Haftspannung wird negativ und ein Randwinkel von mehr als 90° erreicht. Ein Extrembeispiel für eine hydrophobe Oberfläche ist die Oberfläche von Blättern und Blüten des Lotusblattes. Dieses ist rauh und zusätzlich mit hydrophoben Substanzen bedeckt (beschrieben von *W. Barthlott* und *C. Neinhuis* in den 90er Jahren). Durch diese Besonderheit, weist die Oberfläche einen ▸*Kontaktwinkel* von über 160° auf, so dass Tropfen auf ihr fast rund sind. Aufliegende Schmutzpartikel werden sehr leicht weggespült. Dieses Phänomen wird als Lotuseffekt bezeichnet und wurde bereits in einigen Baustoffen erfolgreich angewendet. [1]

Hydrosol

Hydrosol ist die Bezeichnung für Stoffgemische, deren eine Komponente in besonders feiner Verteilung in Wasser als Dispersionsmittel vorliegt. Häufig werden sie auch „kolloidale" ▸*Dispersionen* genannt. Wegen ihrer Feinteiligkeit werden Hydrosole insbesondere für unpigmentierte, tief eindringende Grundierungs- und Verfestigungsmittel verwendet, wobei sie als Alternative zu echten Lösungen gelten können. Vorteilhaft ist, das Wasser an die Stelle von brennbaren und schlecht riechenden Lösungsmitteln tritt. Andererseits ist der Feststoffgehalt von Hydrosolen geringer, als der von Dispersionen, und ihre Pigmentierbarkeit ist relativ schlecht.

Hydrostatischer Druck

Der hydrostatische Druck übt auf eine Fläche eine Kraft aus, die zur Größe der Fläche direkt proportional ist. Es handelt sich hierbei um eine spezielle Form der elastischen Spannungen, die für ideale (reibungslose) Flüssigkeiten und Gase typisch ist. In diesen Flüssigkeiten existieren sog. Normalspannungen, die als hydrostatischer Druck bezeichnet werden. Eine Ausnahme hiervon bilden zähe Flüssigkeiten, bei denen auch sog. Tangential- oder Schubspannungen infolge der Reibungskräfte auftreten können. Beispiele für einen hydrostatischen Druck sind z. B. der hydrostatische Wasserdruck.

Hydrostatischer Wasserdruck

Die Kellerkonstruktion im Wasser wird neben dem anliegenden unter Auftrieb stehenden Erddruck an den Wänden auch auf hydrostatischen Wasserdruck belastet. Da der Wasserdruck von allen Seiten wirkt, wird die Bodenplatte überall von unten mit einem nach oben gerichteten Wasserdruck belastet. Dieser ergibt sich aus der Höhe des ▸*Bemessungswasserstandes*. Bei z. B. 2 Meter Wasserstand über der Sohle der Bodenplatte beträgt der aufwärts gerichtete Wasserdruck 20 kN/m^2. Zur Verdeutlichung: dies sind 2 Tonnen Gewicht pro m^2, der nur das Eigengewicht der Bodenplatte entgegen wirkt.

Hydroxid

Hydroxide sind chemische Verbindungen, die die einwertige Hydroxidgruppe -OH als negative Gitterbausteine (Anionen) enthalten. Die Hydroxide der Alkali- und Erdalkalimetalle sind in Wasser löslich. Natriumhydroxid oder Kaliumhydroxid bilden bei Wasserzugabe stark alkalische Lösungen (Laugen), die besser bekannt sind unter dem Begriff Natron- oder Kalilauge. Dagegen bilden die weniger gut löslichen Hydroxide wie Bariumhydroxid oder Kalziumhydroxid mit Wasser schwach alkalische Suspensionen. Hierbei handelt es sich bei den filtrierten Lösungen um Baryt- oder Kalkwasser.

Hygrische Dilatation

Unter der sog. hygrischen Dilatation wird das Längenänderungsverhalten mineralischer Baustoffe unter dem Einfluss von Wasser verstanden.

Hygrischer Längenausdehnungskoeffizient

▸*Längenausdehnungskoeffizient*

Hygrisches Quellen

Unter hygrischem Quellen wird die Volumenzunahme in Folge von ▸*Wasseraufnahme* verstanden. Bei Baustoffen wird die Längenänderung nach einer ▸*Wassersättigung* als ▸*Quellmaß* bezeichnet. ▸*Quellen* und ▸*Schwinden* sind reversible Vorgänge, da die an den ▸*Grenzflächen* von Mineralien mit hoher innerer Oberfläche aufgenommenen Wassermoleküle auch wieder herausgelöst werden können. Besonders ausgeprägt ist das hygrische Quellen und Schwinden bei den Tonmineralien, die im Baustoff zu einer verstärkten Wasseraufnahme und -anlagerung neigen. Infolgedessen unterliegen diese Baustoffe auch einem stärkeren Einfluss der Verwitterung.

Hygrisches Schwinden

▸*Hygrisches Quellen*

Hygrograph

▸*Luftfeuchtemessverfahren*

Hygrologger

▸*Luftfeuchtemessverfahren*

Hygrometer

Das Hygrometer ist ein Gerät zur Messung der ▸*Luftfeuchtigkeit*. Das weit verbreitete Haarhygrometer macht sich die Veränderung der Länge eines menschlichen Haares durch die Aufnahme von Luftfeuchtigkeit zunutze. Die Längenänderung wird über einen Mechanismus und einen Zeiger auf eine Skala übertragen, auf der die relative Luftfeuchtigkeit in Prozent abzulesen ist. Das Messprinzip dieser Feuchtigkeitsmessung basiert auf der Tatsache, dass sich in Abhängigkeit der Luftfeuchtigkeit eine stoffspezifische Ausgleichsfeuchte im Baustoff einstellt. Hilfsgröße zur Erfassung der Stofffeuchte stellt die Wasseraktivität dar, die den Feuchtegehalt einer Probe ausweist, der in der Lage ist, in einem engvolumigen Exikator die Luftfeuchtigkeit bis zum Ausgleich mit einer Stofffeuchte zu erhöhen. Die Fehlerquelle bei der Messwerterfassung und die Fehlinterpretation sind bei diesem Verfahren zu hoch.

Ein Hygrometer, das exakte Messungen der relativen Luftfeuchtigkeit erlaubt, ist das Psychrometer. Zwei gleiche Thermometer sind nebeneinander befestigt: ein trockenes und ein in befeuchtetes Material gehülltes, das die Verdunstungskälte anzeigt – je trockener die Luft ist, desto schneller verdunstet das Wasser und um so mehr wird das Thermometer abgekühlt. Aus der Differenz der Temperaturen ergibt sich die relative Luftfeuchtigkeit.

Zu den Absorptionshygrometern gehören z. B. das Haar-Hygrometer. Es enthält ein Haar, das sich bei Feuchtigkeit ausdehnt. Der Längenunterschied bei völlig trockener Luft (0 % Luftfeuchtigkeit) und gesättigter Luft (100 %) be-

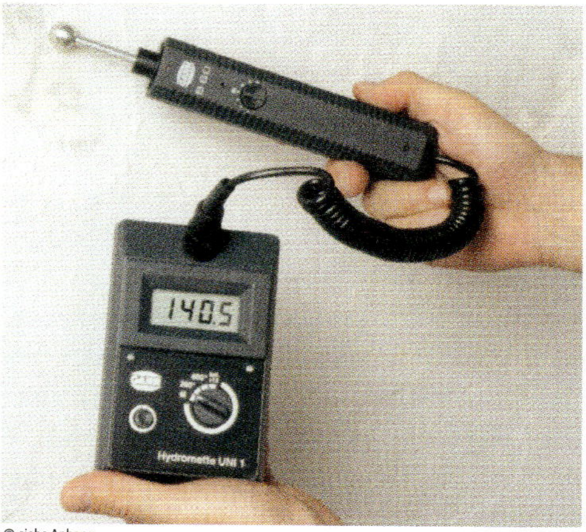

© siehe Anhang

A B C D E F G H I J K L M N O P Q R S T U V W X Y Z

trägt dabei etwa 2,5 %. Früher kamen dabei Menschen-, Schaf- oder Pferdehaare zur Anwendung. Heute werden dagegen vorwiegend Kunstfasern verwendet. Des Weiteren gibt es noch das sog. Taupunkt-Hygrometer. Die Bestimmung des Taupunkts ist ein vergleichsweise aufwändiges, aber präzises Messverfahren. Dazu wird ein Spiegel soweit abgekühlt, bis sich die Luftfeuchtigkeit auf ihm niederschlägt. Mit einer Lichtquelle und einem Photosensor wird der Moment der ▸*Kondensation* bestimmt. Aus der Temperatur, die der Spiegel zu diesem Zeitpunkt hat, kann die Luftfeuchte berechnet werden.

Daneben gibt es noch relativ unbekannte Hygrometer wie z. B. die chemischen Hygrometer (Veränderung der Eigenschaften eines Materials aufgrund der chemischen Reaktion mit Wasser) sowie die optischen Hygrometer (Bestimmung der Luftfeuchte durch die Messung der Absorption von Licht mit einer bestimmten, für Wasserdampf charakteristischen Wellenlänge). Das optimale Hygrometer gibt es nicht, die Verfahren haben alle mehr oder weniger Vor- und Nachteile oder Anwendungsgrenzen. [1]

Hygrometrische Feuchtemessung

Bei der hygrometrischen Feuchtigkeitsmessung wird genutzt, dass jeder Baustoff aus der Umgebungsluft Wasser aufnehmen kann, das in den Baustoffporen angelagert (▸*Sorption*) und wieder abgegeben (▸*Desorption*) wird. Diese Vorgänge werden durch die ▸*Sorptionsisothermen* beschrieben, aus denen umgekehrt dann aus der Luftfeuchte in einem abgeschlossenem Volumen innerhalb des Bohrloches die Materialfeuchte des Baustoffes bestimmen lässt. Diese Art der Feuchtebestimmung ist relativ ungenau und unsicher, da die Sorptionskurven zum Teil starke Gradienten sowie eine Temperatur- und Materialabhängigkeit aufweisen und Bauteilfeuchte nur bis zur Sättigungsfeuchte im Hohlraum feststellbar ist. Wegen einer Reihe von Problemen (Hysterese, Temperatur-, Dichte- und Materialabhängigkeit der Sorptionsisothermen usw.) findet dieses Verfahren bei der Messung der Holzfeuchte und zur Überprüfung des Härtungs- und Abbindeprozesses von Beton in der Praxis bisher nur selten Anwendung.

Hygroskopische Ausgleichsfeuchte

▸*Hygroskopizität*

Hygroskopische Feuchtigkeitsaufnahme

▸*Hygroskopizität*

Hygroskopizität

Der Begriff der Hygroskopizität (aus dem Griechischen *hygros* = feucht, nass und *skopien* = anschauen) beschreibt die Eigenschaft von Baustoffen, Feuchtigkeit aus der Umgebung (in der Regel von Wasserdampf aus der Luftfeuchtigkeit) aufzunehmen. Häufig wird der Begriff mit der hygroskopischen Feuchtigkeit infolge der Belastung durch ▸*bauschädigende Salze* gleichgesetzt oder verwechselt. Auch wenn beide Begriffe und die damit verbundenen Mechanismen in einer direkten Abhängigkeit stehen, sind sie dennoch voneinander zu unterscheiden.

Die Hygroskopizität findet immer dann statt, wenn ein Baustoff aus der angrenzenden Luft-

© siehe Anhang

© siehe Anhang

schicht die Feuchtigkeit aufnimmt und damit seinen eigenen Feuchtegehalt (Sorptionsfeuchte) erhöht. Je nach Temperatur- und Luftfeuchtigkeit stellt sich dann mit der Zeit ein Gleichgewichtszustand ein, der als hygroskopisch bedingte ▸*Ausgleichsfeuchte* bezeichnet wird. Natürlich wird diese Ausgleichsfeuchte durch Anwesenheit bauschädigender ▸*Salze* direkt beeinflusst, da auch Salze zum Teil stark hygroskopisch sind und Feuchtigkeit aus der Luft aufnehmen und binden können. Ein mit Salzen belasteter Baustoff hat infolgedessen immer eine höhere hygroskopisch bedingte Ausgleichsfeuchte, als ein vergleichbarer Baustoff ohne Salze.

Diese Zusammenhänge müssen bei der Instandsetzung von feuchte- und salzgeschädigten Bauwerken sowie generell bei der Altbausanierung und Baudenkmalpflege bekannt sein. Ältere Bauwerke sowie historisch wertvolle und/oder denkmalgeschützte Bausubstanz ist in der Regel über Jahrzehnte bis hin zu Jahrhunderten durchfeuchtet gewesen und wurde damit auch durch Salze, die ▸*kapillar* mit eingebracht wurden, stark hygroskopisch belastet.

Die „natürliche" Ausgleichsfeuchte dieser Baustoffe liegt also immer deutlich über der „normalen" Sorptionsfeuchte und in den meisten Fällen auch über der „normalen" hygroskopischen Feuchtigkeit. In einigen Fällen kann diese hygroskopisch bedingte Feuchtigkeit so gar über dem Maß der kapillaren Feuchtigkeit liegen. Dies muss berücksichtigt werden, wenn ein kapillar durchfeuchtetes Mauerwerk „trockengelegt" werden soll. In vielen Fällen muss unbedingt erst eine Reduzierung der bauschädigen Salze stattfindet, damit überhaupt eine Reduzierung der Mauerfeuchtigkeit stattfinden kann.

Hypochlorit

Hypochlorit ist ein Desinfektionsmittel gegen Pilze und Algen und stellt technisch das Salz der hypochlorigen Säure dar. Es entsteht, wenn man Chlor in Laugen einleitet. In Lösung disproportioniert Hypochlorit mit der Zeit zu Chlorat und Chlorid.

A B C D E F G H **I** J K L M N O P Q R S T U V W X Y Z

I

I-Bausystem

Unter dem Namen „I-Bausystem“ oder alternatives Bausystem wird seit einigen Jahren eine Lösung zur Kellersanierung angeboten, bei der auf das alte Mauerwerk eine Folie oder ▸*Noppenbahn* aufgebracht wird. Anschließend wird ein Putzträger aufgedübelt, so dass die Oberflächen verputzt werden können. Parallel wird die Oberflächentemperatur erwärmt und/oder die ▸*Luftfeuchtigkeit* abgesenkt, um die ▸*Kondensationsbildung* zu vermeiden. Dies kann z. B. durch die Integration der bestehenden Heizungsrohre erreicht werden. Im Gegensatz zu anderen Systemen dieser Art soll zwischen der Folie oder Noppenbahn und dem feuchte- und salzbelasteten Mauerwerk keine Be- und Entlüftung stattfinden und damit die Kristallisation von ▸*Salzen* auf der Oberfläche in Folge der Austrocknung sowie die Bildung von ▸*Schimmelpilzen* vermieden werden. Die Feuchtigkeit im Mauerwerk bleibt auf hohem Niveau, so dass auch Salze in Lösung gehalten werden. Lt. Angaben des Anbieters soll sich durch dieses Bausystem so gar die Luftfeuchtigkeit reduzieren, so dass diese Kelleräume anschließend einer hochwertigen Nutzung zugeführt werden können. Wie dies angesichts der bauphysikalischen Probleme dieser „Lösung“ funktionieren soll, bleibt das Geheimnis des Erfinders. Das Verfahren löst keine Probleme, beseitigt nicht die Ursachen der Durchfeuchtung und verschlechtert mit der Zeit die Bausubstanz.

© siehe Anhang

Impermeabilität

▸*Semipermeabilität*

Imprägnieren

Das Imprägnieren beschreibt einen Oberflächenschutz von porösen Oberflächen und wird bei mineralischen Baustoffen in filmbildende und nicht filmbildende Imprägnierungen unterschieden. Filmbildende Imprägnierungen sind z. B. ▸*Acrylate*, ▸*Epoxidharze* und ▸*Polyurethane*. Zu den nicht filmbildenden Imprägnierungen werden die Silicone oder Siloxane gezählt.

Imprägniermittel

Ein Imprägniermittel ist ein nicht pigmentiertes, niedrigviskoses und kapillaraktives Material, das im Allgemeinen durch Tränken, Fluten, Spritzen oder Streichen aufgetragen wird und zur Verringerung der Saugfähigkeit stark saugender Untergründe dient. Im Prinzip handelt es sich dabei um ein stark verdünntes Bindemittel, das in Lösungsmitteln gelöst ist oder in wässriger Form vorliegt oder um eine Emulsion mit feinsten Teilen (= „Mikroemulsion“) bzw. ein Hydrosol. Darüber hinaus kann ein Imprägniermittel zusätzliche Additive enthalten, die auf eine spezielle Anforderung abgestimmt sind. Bei mineralischen Untergründen wird ein Imprägniermittel, das die Wasseraufnahme reduziert häufig auch als Hydrophobierungsmittel und bei gleichzeitiger Untergrundverfestigung auch als Tiefgrund bezeichnet.

Impulsradar

Das Impulsradar findet in der ▸*Bauzustandsanalyse* und ▸*Bauwerksdiagnostik* Anwendung und beschreibt ein Verfahren zum Lokalisieren von Hohlstellen, Brüchen und Rissen. Bei dieser Messmethode werden spezielle Signale ausgesandt, die vom Untergrund reflektiert und von einer Antenne wieder aufgenommen und an einen Datenträger übermittelt werden. Die

Auswertung der Signale erfolgt dann durch Spezialisten.

Impulssystem

Das Impulssystem beschreibt ein ▸*Injektionsverfahren* zur ▸*nachträglichen Horizontalabdichtung*. Über ein Impulsgerät wird die ▸*Injektionsflüssigkeit* in Intervallen in das Mauerwerk injiziert. Dafür wird eine elektronische Steuerung am Impulsgerät eingestellt, mit der die Zufuhr des Injektionsmittels in Abhängigkeit der untergrund- und/oder objektspezifischen Bedingungen geregelt wird. Hierbei variieren die Impulsdauer und die Pausenzeiten zwischen den ▸*Injektionen*. Die Injektionszeiten können individuell zwischen 0,5 bis 2,5 sec. und die dazwischen liegenden Pausenzeiten mit 1 bis 10 Minuten eingestellt werden. Zu Beginn einer Injektion werden lange Injektionszeiten und kurze Pausenzeiten eingestellt, da der Baustoff noch relativ viel Injektionsmittel aufnehmen kann. Mit zunehmender Injektionszeit werden die Impulse verkürzt und die Pausenzeiten verlängert, so dass dem Bohrloch nur so viel Injektionsmittel zugeführt wird, wie der Baustoff aufnehmen kann.

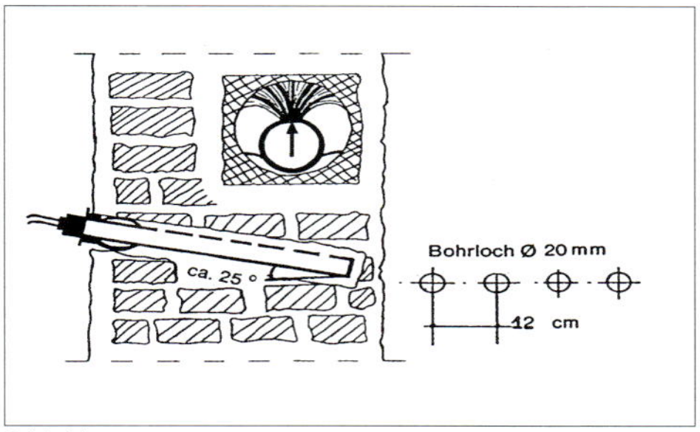

© siehe Anhang

© siehe Anhang

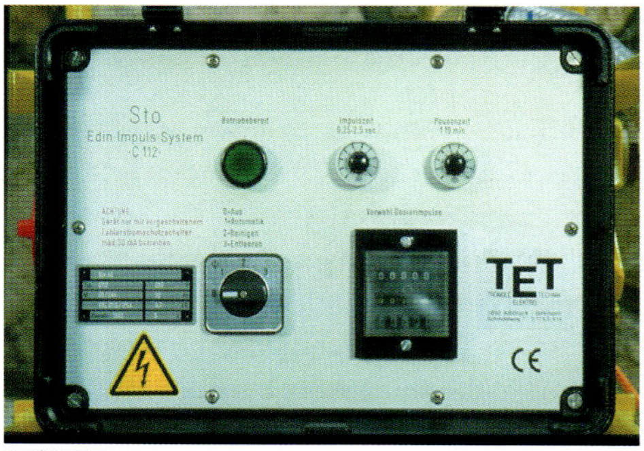

© siehe Anhang

Vom Impulsgerät ausgehend wird die Injektionsflüssigkeit über ein Zuleitungssystem in perforierte ▸*Infusionsrohre* zugeführt. Diese Infusionsrohre, auch Injektions- oder Sprühlanzen genannt, besitzen im Abstand von 6 bis 8cm eine versetzt angeordnete Perforierung mit einem Durchmesser von < 1mm. Durch diese Öffnungen tritt das Injektionsmittel bei jedem Impuls aus und benetzt die Bohrlochinnenwand. So wird sicher gestellt, dass die Injektionsflüssigkeit über den gesamten Mauerwerksquerschnitt verteilt wird. Vorbereitungen des Mauerwerks, wie z. B. das Verfüllen der Hohlräume etc. sind aufgrund der perforierten Infusionsrohre nicht notwendig. Da das Impulssystem ausschließlich mit ▸*SMK´s* angeboten wird, können auch Mauerwerke mit hohem ▸*Durchfeuchtungsgrad* injiziert werden.

Indikatoren

Indikatoren sind Stoffe, die bei Kontakt mit anderen Medien eine Veränderung anzeigen können. Hierzu werden entweder ▸*Indikatorlösungen* oder ▸*Indikatorpapier* eingesetzt.

Indikatorlösung

Eine Indikatorlösung zeigt bei Kontakt mit anderen chemischen Medien in einer bestimmten Konzentration eine Veränderung an, in dem sie die Farbe ändert. In der Praxis übliche Indikatorlösungen sind z. B. Phenolphthalein-, Silbernitrat- und Kaliumchromatlösungen.

A B C D E F G H I J K L M N O P Q R S T U V W X Y Z

Indikatorpapier

Durch die Verwendung eines Universal-Indikatorpapiers kann überprüft werden, welchen pH-Wert ein Untergrund hat und ob dieser sauer, alkalisch oder neutral eingestuft werden kann. Nachdem das Indikatorpapier auf den Untergrund gelegt und mit entionisiertem Wasser benetzt wurde, verändert sich aufgrund des pH-Wertes des Untergrundes der Farbton. Saure Medien verfärben das gelbe Indikatorpapier rot, alkalische Medien bewirken eine Blaufärbung.

Indirekte Feuchtemessverfahren

▸*Feuchtemessverfahren*

Inert

Mit dem Adjektiv inert (von lat. Iners = untätig, träge) werden in der Chemie Stoffe oder Stoffgemische bezeichnet, die mit anderen Stoffen nicht reagieren, z. B. inerte Gase als Schutzmedium für luftempfindliche Reaktionen.

Infrarot-Feuchtemessverfahren

Der Einfluss der Feuchtigkeit auf die Wärmeleitfähigkeit eines Baustoffes wirkt sich u. a. auf die Oberflächentemperatur von Bauteilen aus. Infolgedessen verändert sich die von diesen Bauteilen ausgesandte langwellige Wärmestrahlung, die als elektromagnetische Strahlung im infraroten Spektralbereich bekannt ist und mit einem sog. Thermogramm aufgezeichnet wird. Dieses Prinzip nutzt die Infrarotthermographie, mit der es grundsätzlich möglich ist, unterschiedliche Durchfeuchtungsgrade eines Bauteils zu erkennen und zu messen. Allerdings hängt die Intensität der emittierten Strahlung nicht nur von der Feuchtigkeit, sondern auch von Veränderungen im Aufbau eines Bauteils (z. B. durch Wärmebrücken) ab. Infolgedessen lassen sich mit Hilfe der Infrarotthermographie nur orientierende und qualitative Aussagen bzgl. des Durchfeuchtungsgrades einer Wand bzw. eines Bauteils treffen. [5]

Infrarotkamera

Die Infrarotkamera nutzt das Messprinzip, dass sich die Feuchtigkeit eines Baustoffes auf dessen Wärmeleitfähigkeit auswirkt und die sog. Wärmestrahlung emittiert wird. Hierbei wird die vom Baustoff emittierte Infrarotstrahlung von einem IR-Detektor in elektrische Signale umgewandelt. Ein sog. Analog-Digital-Wandler tastet diese Signale ab und wandelt sie in Bildpunkte um, die auf der Infrarotkamera ein Wärmebild mit verschiedenen Temperaturbereichen des Objektes ergeben. Besonders gut können Luftströmungen durch Bauteile nachgewiesen werden, insbesondere wenn diese eine deutliche Temperaturdifferenz zur Innenluft aufweisen. Die Kaltluft kühlt die Bauteile im Vorbeiströmen aus, was durch die Kamera dargestellt wird.

Infrarotspektrometer

Mit Hilfe des Infrarot(IR)-Spektrometers werden funktionelle Gruppen in allen Stoffen und Verbindungen nachgewiesen, soweit diese infrarot-aktiv sind. Im Analytiklabor wird der Einsatz weitestgehend auf organische Verbindungen beschränkt. So werden mit Hilfe des IR-Spektrometers der chemische Aufbau z. B. von organischen Bindemitteln, Lösungsmitteln, Füllstoffen, Harzen, Härtern usw. bestimmt. Mit dem IR-Spektrometer können nur reine Substanzen analytisch nachgewiesen werden, deshalb müssen diese vorab präparativ aufgeschlossen werden.

Infrarotspektroskopie

Grundlage für die Infrarotspektroskopie ist die Tatsache, dass jede Verbindung, auch jede organische Verbindungen, bei Anregung mit Infrarotlicht ein spezifisches Schwingungsverhalten der Moleküle zeigt. Infolgedessen werden materialtypische Spektren gebildet, die für die Bestimmung der einzelnen Stoffkomponenten und Materialzusammensetzungen verwendet werden können. Die Infrarøtspektroskopie ist das am meisten angewendete physikalische Hilfsmittel des Chemikers bei der Strukturaufklärung, da unterschiedliche Substanzen niemals gleiche IR-Spektren liefern.

Im langwelligen Bereich zeigen Infrarotspektren besondere Peaks, die u. a. zur Identifizierung von Anstrich- und Beschichtungsstoffen sowie deren Bindemitteltypen verwendet werden. Zur quantitativen Stoffbestimmung ist es allerdings notwendig, die erhaltenen Spektren mit den Infrarotspektren der Ausgangssubstanzen zu vergleichen.

Infrarotreflektographie

Die Infrarotreflektographie ist ein zerstörungsfreies Verfahren zum Nachweis insbesondere der Oberflächenfeuchtigkeit. Das Messprinzip basiert auf der Ausnutzung der spektralen Eigenschaften der Wasserabsorptionsbande. Die Infrarotreflektographie wird sowohl am Bauwerk als auch im Labor eingesetzt und stellt ein sehr aufwändiges Verfahren dar.

Infrarotthermographie

Mittels Infrarotthermographie werden Oberflächentemperaturen von Gebäuden und Bauteilen erfasst. Die Messung erfolgt berührungslos (und damit zerstörungsfrei) über den sog. Emissionsgrad der elektromagnetischen Strahlung an Oberflächen. Für Bauwerke üblicher Nutzung, wie z. B. Wohngebäude, gilt der Wellenbereich des Infrarotspektrums als der günstigste Messbereich zur Erfassung von Kenndaten. Die Infrarotthermografie liefert ein Wärmebild, d. h., unterschiedliche Oberflächentemperaturen, hervorgerufen durch Wärmeleitfähigkeitsunterschiede in der Konstruktion, sind durch unterschiedliche Farben zu erkennen.

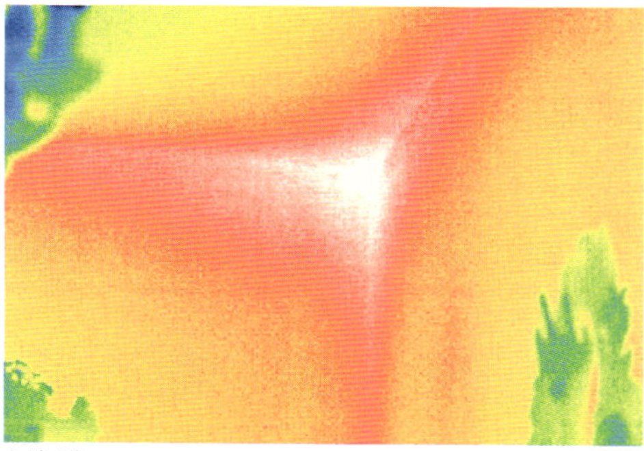

© siehe Anhang

Die Infrarotthermographie ermöglicht eine schnelle, einfache und übersichtliche (indirekte) Erfassung von Inhomogenitäten. So können verdeckte Fugen, Hohlräume, Metallrohre, Holz- oder Stahlkonstruktionen sowie Durchfeuchtungen optisch dokumentiert werden. Anwendung und Interpretation benötigen eine ausreichende Erfahrung, da z. B. Feuchtigkeitsbereiche auch durch Sonnenstrahlung, Hohlstellen oder konstruktive Besonderheiten vorgetäuscht werden können.

▸ *Thermographie*

Infrarotthermometer

Ein Infrarotthermometer ist ein Messinstrument zur kontaktlosen Temperaturmessung nach dem Prinzip der Infrarotthermografie. Nach [5] besteht es im Wesentlichen aus einem Filter, der nur im Spektralbereich zwischen ca. 8 und 14 μm durchlässig ist und einem sog. Bolometer. Ein Bolometer (abgeleitet aus dem Griechischen *bole* = Wurf, Strahl) ist ein Messgerät, das die abgestrahlte Energie bzw. Leistung von meist schwachem Infrarotlicht ermitteln kann. In Abhängigkeit von der Wellenlänge der zu untersuchenden Quelle werden als Sensor ein feines Metallband oder eine dünne Metallfolie, meist aus Platin oder Gold (evtl. schwarz eingefärbt) benutzt. Die durch die elektromagnetische Strahlung hervorgerufene Wärmewirkung (Wärmestrahlung) verändert den Ohmschen Widerstand des Sensors, und lässt damit Rückschlüsse auf den Energiegehalt der Strahlung zu.

Infusionsrohre

▸ *Injektionslanzen*

Inhibitoren

Inhibitoren sind Stoffe, die eine chemische Reaktion hemmen oder verhindern. Im Gegensatz dazu sind Katalysatoren Stoffe, die eine chemische Reaktion ermöglichen oder beschleunigen.

Injektage

▸ *Injektionen*

Injektionen (zur Hausschwammsanierung)

Injektionen zur Hausschwammsanierung werden eingesetzt, wenn der gesamte Mauerwerksquerschnitt bereits durch das ▸*Myzel* des ▸*Hausschwamms* durchzogen wurde und deshalb eine Oberflächenbehandlung nicht zum gewünschten Erfolg führen kann. Zur Einbringung des ▸*Injektionsmittels* wird eine Bohrlochtränkung (auch als Bohrlochimpfung bezeichnet) oder eine ▸*Injektion* mit Druck durchgeführt. Hierbei gilt, dass sich der Sanierungsbereich auf ca. 1,5 Meter in alle Richtungen über den sichtbaren Pilzbefall hinaus erstrecken muss. Zur Bohrlochtränkung werden zunächst die Wandflächen mit einer Drahtbürste oder einem Drahtbesen gründlich gereinigt, loser Fugenmörtel ausgekratzt und in der Regel zur leichteren Entfernung des Myzels das Mauerwerk abgeflammt. Durch Abflammen und Ausbrennen der Mauerwerksfugen werden die Myzelteile an der Oberfläche entfernt. Das sich im Mauerwerksquerschnitt befindliche Myzel wird dadurch jedoch nicht abgetötet, es wird auch keine Dauerwirkung erzielt. Hierfür ist eine chemische Injektion über den gesamten Mauerwerksquerschnitt notwendig.

Dazu werden die Bohrlöcher schräg nach unten im Winkel von 30 bis 45° in zueinander versetzten Reihen angebracht. Der Abstand soll 35 bis 40 cm horizontal und ca. 25 cm vertikal betragen. Der Durchmesser der Bohrlöcher soll 20 bis 30 mm betragen, ihre Tiefe etwa zwei Drittel der Wanddicke erfassen. Objektbezogen muss die Behandlung ggf. beidseitig erfolgen. Bohrlochdurchmesser und -tiefe sowie Zahl der Bohrlöcher hängen von der Stärke des Befalls sowie der Art des Mauerwerkes (Aufbau und Saugfähigkeit) ab. So können in der Praxis auch Bohrlochdurchmesser von 10 bis 18 mm oder bis zu 24 Bohrlöcher pro m^2 beobachtet werden. In Abhängigkeit zur Penetrationstiefe und dem Aufnahmeverhalten des Mauerwerkes werden die Bohrlöcher zwei- bis dreimal mit dem Bekämpfungsmittel gefüllt und anschließend verschlossen. Abschließend wird die gesamte Wandfläche in 1 bis 2 Arbeitsgängen mit dem Bekämpfungsmittel besprüht oder geflutet. Die Herstellerangaben sind unbedingt zu beachten.

Injektionen (zur Mauerwerkssanierung)

Diese Verfahren werden zur Herstellung kraftschlüssiger Verbindungen oder zur ▸*Abdichtung von Rissen* eingesetzt. Es werden vor allem ▸*Epoxydharze*, ▸*Polyurethane*, ▸*Zementleime* und Zementsuspensionen verwendet.

Injektionen (zur nachträglichen Horizontalabdichtung)

Injektionen zur nachträglichen ▸*Horizontalabdichtung* werden seit etwa 30 Jahren angewendet. Hierbei werden über Bohrlöcher verschiedene ▸*Injektionsstoffe* mit oder ohne Druck eingebracht. Je nach Injektionsstoff und/oder ▸*Injektionsverfahren* werden vor, während oder nach der Injektion ▸*flankierende Maßnahmen* notwendig. Früher wurden fast ausschließlich ▸*drucklose Injektionen* (Gießkanne) durchgeführt, die dann von ▸*Flascheninjektionen* abgelöst wurden. Seit ca. 10 Jahren wird zunehmend mit Druck injiziert, damit auch bei

© siehe Anhang

© siehe Anhang

hohen ▸*Durchfeuchtungsgraden* eine Verteilung des Injektionsmittels im Mauerwerksquerschnitt sichergestellt werden kann. Außerdem gibt es seit über 20 Jahren das ▸*Impulssystem* und die ▸*Paraffininjektion* und seit ca. 10 Jahren

© siehe Anhang

die ▸*Mehrstufeninjektion* und das ▸*Nass-in-nass-Verfahren*. Seit einigen Jahren können Neuentwicklungen beobachtet werden, bei denen vor, während oder nach der Injektion die Verteilung des Injektionsmittels im Wandquerschnitt, die ▸*Penetration* (Eindringtiefe) in den Baustoff sowie der schnelle Aufbau des Wirkprinzips durch Wärmeeintrag sichergestellt werden soll. Die Injektionsmittel verändern die Baustoffkapillaren so, dass sie wasserabweisend werden. Dies kann durch eine ▸*Kapillarverstopfung* oder –abdichtung (z. B. durch ▸*Paraffine* oder ▸*Harze*), durch ▸*Kapillarverengung* (z. B. durch ▸*Silikate*) oder durch eine ▸*Kapillarhydrophobierung* (z. B. durch ▸*Silane*, ▸*Siloxane* oder ▸*Siliconmikroemulsionen*) erreicht werden.

Injektionsanker

Injektionsanker werden bei der nachträglichen Verfestigung von Mauerwerken eingesetzt, um gerissene Bauwerksteile wieder fest miteinander zu verbinden, die Stabilität zu verbessern oder die Standfestigkeit zu erhöhen. Hierzu werden Löcher gebohrt und die Anker mit einem entsprechenden Mörtel im Bauteil befestigt bzw. an eingesetzten Ankerplatten fixiert. Je nach Anwendung werden diese Injektionsanker auch vorgespannt.

Injektionscreme

Eine Injektionscreme ist ein neues ▸*Injektionsmittel*, das auf einer Silan- bzw. Siloxanemulsion basiert. Die cremige Konsistenz ermöglicht auch die Injektion in waagerecht gebohrte Bohrlöcher, ohne dass das Injektionsmittel herausläuft. Aufgrund der guten ▸*Penetration* der Injektionscreme in den Untergrund verspricht sich der Hersteller, dass die Lagerfuge zur Horizontalabdichtung ausgebildet wird. So lange die Injektionscreme drucklos eingebracht wird, bleibt eine gewisse Skepsis nicht unbegründet.

© siehe Anhang

Injektionsdübel

▸*Injektionspacker*

Injektionsgeräte

▸*Injektionspumpen*

Injektionsharze

▸*Gelschleierabdichtung*
▸*Harze*
▸*Injektionen*
▸*Schleierabdichtung*

Injektionskompressenverfahren

Das sog. Injektionskompressenverfahren ist eine interessante Weiterentwicklung der klassischen Kompressenverfahren zur ▸*Mauerwerksentsalzung*. Hierbei wird Wasser in die tieferen Schichten der Bauteile injiziert. Infolgedessen kommt es zur Lösung und zum Transport ▸*bauschädigender Salze* an die Wandoberfläche, die dort in ▸*Kompressen* auskristallisieren. Neben einer Beschleunigung dieses Vorgangs werden so auch größere Wandquerschnitte mit einbezogen. Salzionen können aus größeren Tiefen als bisher über die Mauerwerksoberfläche abgeführt werden. Nachteilig wirkt, dass mit einem relativ großen Aufwand und nur über einen verhältnismäßig langen Zeitraum die Mauerwerksflächen entsalzt werden können, so dass dieses Injektionskompressenverfahren für großflächige Anwendungen sowie zur Fassadensanierung ungeeignet ist. Der Einsatz wird infolgedessen weiter auf hochwertige Skulpturen oder kleinere Flächen im Bereich der Denkmalpflege beschränkt bleiben.

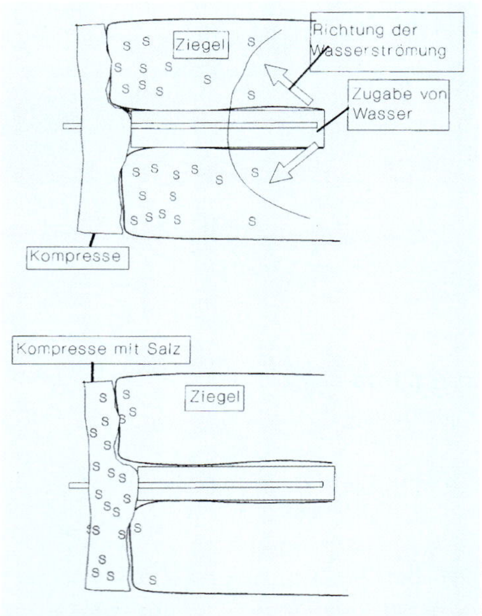

© siehe Anhang

© siehe Anhang

Injektionslanzen

Ausgehend vom ▸*Impulssystem*, bei dem vor ca. 25 Jahren erstmals perforierte Injektionslanzen eingesetzt wurden, gibt es mittlerweile einige Injektionssysteme, bei denen hohlraumüberbrückende Infusionsrohre oder auch Injektionslanzen verwendet werden. Je nach ▸*Injektionssystem*, ▸*Injektionsmittel* und Anwendung werden klassische Einschlagpacker mit einer perforierten Verlängerung versehen oder spezielle Infusionsrohre mit integriertem Rückschlagventil verwendet. Beide Rohrtypen haben den Vorteil, dass sich in hohlräumigen, mehrschaligen und/oder klüftigen Mauerwerkskonstruktionen das Injektionsmittel über den gesamten Mauerwerksquerschnitt

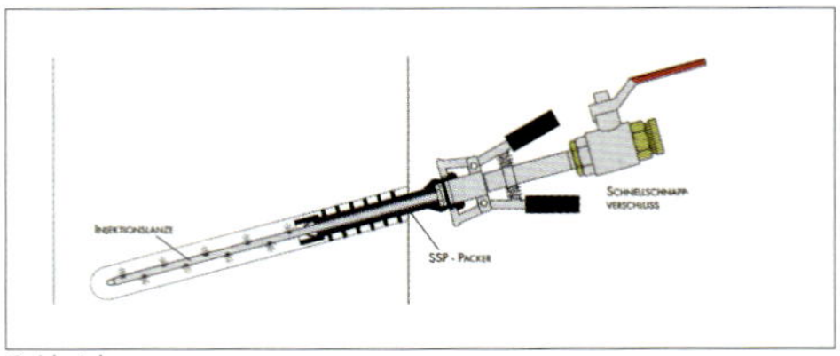

© siehe Anhang

verteilen kann und ein unkontrolliertes Wegfließen des Injektionsmittels verhindert wird. Um dies sicherzustellen können nur Injektionssysteme im Niederdruckverfahren eingesetzt werden. Zu diesen Infusionsrohren werden seit kurzer Zeit hohlraumüberbrückende Alternativen angeboten, bei denen das Bohrloch über einen Kunststoffstab oder einem Naturschwamm mit Injektionsmittel getränkt wird. Diese Alternativen sind ausschließlich drucklose Verfahren, mit denen nur Mauerwerke bis zu einem ▸*Durchfeuchtungsgrad* von ca. 70% (in Abhängigkeit des Injektionsmittels) injiziert werden können.

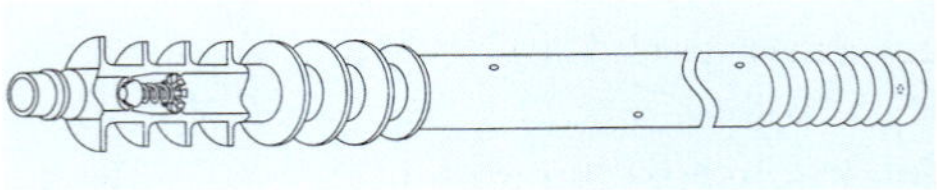

© siehe Anhang

Injektionsmittel

(zur nachträglichen Horizonatalabdichtung)

Injektionsmittel zur ▸*nachträglichen Horizontalabdichtung* werden entweder mit oder ohne Druck über Bohrlöcher in das Mauerwerk eingebracht. Hierfür werden entweder lösungsmittelhaltige oder wässrige ▸*Injektionsmittel*, ein- oder mehrkomponentige Injektionsmittel sowie Injektionsmittel mit verschiedenen

Wirkprinzipien eingesetzt. Neben der ▸*Kapillarverstopfung* oder –abdichtung werden auch Injektionsmittel angeboten, mit denen die Kapillaren verengt werden oder eine ▸*Hydrophobierung* der Kapillaroberfläche ausgebildet wird. Verschiedene Wirkprinzipien können auch in Kombination eingesetzt werden. Angeboten werden ▸*Paraffine*, ▸*Polyacrylatgele*, ▸*Polyurethanharze*, ▸*Polyurethangele*, ▸*Epoxidharze*, ▸*Siliconate*, ▸*Alkalimethylsiliconate*, ▸*Kombinationsprodukte* aus ▸*Alkalisilikat-* und ▸*Alkalimethylsiliconatlösungen*, ▸*Alkalipropylsiliconatlösungen*, *Silane* und ▸*niedermolekulare Siloxane* sowie ▸*Siliconmicroemulsionen*. Reine Silikate werden heute kaum noch und Bitumenlösungen und –emulsionen zur ▸*Bohrlochinjektion* gar nicht mehr eingesetzt.

Damit sich eine nachträgliche ▸*Horizontalabdichtung* im Sinne einer durchgehenden „Abdichtung" einstellen kann, müssen sich Injektionsmittel in feuchtem (bis gesättigtem) und salzbelastetem Mauerwerk gut verteilen können, eine gute Eindringtiefe besitzen, keinerlei Salze oder sonstige baustoffschädigende Nebenprodukte bilden, keine mit dem Untergrund treibende Verbindungen eingehen, eine ausreichend lange Reaktionszeit besitzen und in jeden Baustoff eingebracht werden können. Infolgedessen werden Injektionsmittel bevorzugt, die niedermolekular aufgebaut, salzfrei und wasserverträglich formuliert sind. Klassische Emulsionen und Suspensionen sowie hochpolymere Stoffe sind aufgrund ihrer geringen Eindringtiefe weniger gut geeignet. An ein flüssiges Injektionsmittel werden demnach Anforderungen in Bezug auf Viskosität, Oberflächenspannung, Teilchengröße, Gehalt an nicht flüchtigen Bestandteilen und die Härtung gestellt. Gegenüber dem ausgehärtetem Injektionstoff werden Anforderungen in Bezug an das Härtungsprodukt, der ▸*Hydrophobie* bzw. den ▸*Porenfüllungsgrad*, an die Alterungs- und Temperaturbeständigkeit und an die ▸*kapillare Wasseraufnahme* gestellt.

Injektionsmittel (zur Mauerwerksverfestigung)

Injektionsmittel werden zur Mauerwerksverfestigung und/oder im Rahmen der Gründungssanierung eingesetzt, um poröse und klüftige Mauerwerke zu stabilisieren. Je nach Mauerwerk und seiner Konstruktion sowie seinem Querschnitt soll mit der Injektion die Festigkeit (Druck-, Biege-, Haftzugfestigkeit) erhöht oder ein kraftschlüssiger Verbund hergestellt werden. Die Injektionsmittel werden entweder mit Packern oder Injektionslanzen in die Hohlräume eingebracht. Eingesetzt werden entweder Suspensionen (z. B. ▸*Zement*, ▸*Bentonit* in Wasser mit einer Korngröße von 100 µm), Lösungen (▸*Silikate* oder flüssige Kunststoffe wie z. B. ▸*Epoxidharze*), selten Emulsionen (▸*Bitumen*) oder auch Kombinationen dieser ▸*Injektionsstoffe*.

Injektionsmittel (zur Schwammsanierung)

▸*Injektionen zur Schwammsanierung*

Injektionsmörtel

Während für ▸*Injektionsstoffe* zur ▸*Bohrlochinjektion* gegen ▸*kapillar aufsteigende Feuchtigkeit* der Begriff Injektionsmittel üblich ist, werden mit dem Begriff Injektionsmörtel in der Regel fließfähige, feinkörnige mineralische Injektionsstoffe beschrieben, die zur verfüllenden und/oder verfestigenden Injektion verwendet werden. In Ausnahmen werden auch kurzharzgebundene Injektionsmörtel verwendet, wobei lösemitelfreie ▸*Epoxidharze* zum Einsatz kommen.

Injektionsnippel

▸*Injektionspacker*

Injektionspacker

Damit ein ▸*Injektionsmittel* mit Druck in das Mauerwerk injiziert werden kann, müssen am Bohrloch entsprechende Vorrichtungen geschaffen werden. Diese druckfesten Vorrichtungen bzw. Anschlüsse werden als Bohrloch- oder ▸*Injektionspacker* bzw. –dübel bezeichnet. Gelegentlich wird auch die Bezeichnung Bohrlochventile oder Injektionsnippel verwendet.

A B C D E F G H I J K L M N O P Q R S T U V W X Y Z

Injektionspacker können aus Kunststoff oder Metall bestehen und werden nach ihrer Montage in ▸*Bohr-*, ▸*Schlag-* oder ▸*Schraubpacker* unterschieden. In Ausnahmen werden auch ▸*Klebepacker* oder ▸*Injektionsschläuche* verwendet, wobei diese Systeme aus der Rissverpressung, also der kraftschlüssigen Injektion in Betonbauteilen, bekannt sind. Bohr- oder Schraubpacker bestehen in der Regel aus Metall und werden in ein vom Durchmesser abgestimmtes Bohrloch eingedreht bzw. verspannt. Hierbei stellt eine im Gewinde verformbare Gummimanschette den Verschluss zwischen Bohrloch und Injektionspacker sicher. Dabei muss darauf geachtet werden, dass das Mauerwerk über ausreichende Druckfestigkeit verfügt, damit der Injektionspacker fest sitzt. Der Anschluss zum Injektionsgerät wird über einen sog. Injektionsnippel hergestellt. In ihm befindet sich ein Rückschlagventil, damit das Injektionsmittel nicht austreten und sich innerhalb des Bohrloches ein Druck aufbauen kann. Schlagpacker bestehen aus einem Hartkunststoff und werden in das Bohrloch eingeschlagen. Die Verdichtung im Bohrloch erfolgt über Lamellen, die sich beim Einschlagen im Bohrloch umlegen und sich damit verkrallen. Wie bei den o. g. Packern besitzen auch die Schlagpacker ein Rückschlagventil, mit dem ein Austritt oder der Rückfluss des Injektionsmittels verhindert wird. Der Vorteil dieser Injektionspacker besteht darin, dass ein kleinerer Bohrlochdurchmesser möglich ist. Ein weiterer Vorteil ist die schnelle Montage und häufig der Stückpreis. Dem gegenüber haben diese Packer den Nachteil, dass sie während der Injektion nicht nachgespannt werden können. Sie müssen also nach dem Einschlagen fest sitzen, damit die Dichtigkeit am Anpresspunkt gegeben ist. Bei Injektionsverfahren mit höherem Druck sollten diese Packer nur bei guter Baustoffqualität eingesetzt werden. [8]

© siehe Anhang

© siehe Anhang

Injektionssperren

▸*Horizontalabdichtung*
▸*Injektionen*

Injektionspumpen

Für das Einbringen oder Einpressen der ▸*Injektionsmittel* werden sog. Injektionspumpen oder -geräte verwendet, die nach dem Bauprinzip oder dem Antrieb unterschieden werden. Eingesetzt werden Membran- oder Airlessgeräte, Kolbenpumpen, Schneckenpressen oder Kniehebelpressen. Neben Vakuumpumpen werden auch spezielle Injektionspumpen eingesetzt, bei denen verschiedene Injektionsgeräte miteinander kombiniert werden. Eine andere Unterscheidung erfolgt nach den Komponenten des Injektionsmittels. So werden ein- oder mehrkomponentige Injektionspumpen angeboten. Bei den Erstgenannten werden die Injektionsmittel angerührt oder verdünnt und in den Vorratsbehälter der Injektionspumpe gegeben. Alternativ erfolgt die Verarbeitung der einkomponentigen Injektionsmittel direkt aus den Gebinden. Zu beachten ist, dass die Verarbeitung innerhalb der sog. Topfzeit erfolgen muss, damit durch die einsetzende Reaktion nicht das Penetrationsverhalten des Injektionsmittels negativ beeinflusst wird. Der Nachteil besteht darin, dass nur soviel Material angemischt oder verdünnt werden kann, wie in einer definierten Zeit injiziert wird. Bei jeder Unterbrechung muss die Injektionspumpe gründlich gereinigt werden. Bei den Injektionspumpen, die für mehrkomponentige Injektionsmittel ausgelegt sind, werden die Komponenten getrennt gefördert und erst unmittelbar vor der Injektion gemischt. Dies hat den Vorteil, dass die Injektionspumpe auch bei Unterbrechungen nicht zwischendurch gereinigt werden muss. Als Nachteil ist ggf. zu sehen, dass evtl. Entmischungen oder unzureichende Vermischungen nicht beobachtet werden können. Membran- oder Airlessgeräte werden vor allem für die Druckinjektion eingesetzt. Sie eignen sich zur Injektion von niedrigviskosen

© siehe Anhang

Injektionsmitteln, z. B. Siliconaten, Kombinationsprodukten oder ▸*Siliconmikroemulsionen*, und kommen für die Niederdruckinjektion zur Anwendung. Bei den Kolbenpumpen kann in der Regel der Injektionsdruck genauer eingestellt werden. Da die meisten Injektionspumpen dieser Bauart selbstansaugend sind, können mit Kolbenpumpen einkomponentige Injektionsmittel direkt aus den Gebinden im Nieder- und Hochdruckverfahren injiziert werden. Dem gegenüber werden Schneckenpressen vorwiegend zur Injektion von hochviskosen Materialien, wie z. B. Zementleimen, Injektionsmörteln oder Harzen, verwendet. Sie arbeiten hauptsächlich im Niederdruckbereich. Gelegentlich werden sie auch zur Injektion von niedrigviskosen Materialien eingesetzt. [8]

Injektionsschlauch

Injektionsschläuche sind Bestandteile der Fugenausbildung bei Bauwerken aus ▸*wasserundurchlässigen Beton*. Sie werden also nicht bei der ▸*Injektion* einer ▸*Horizontalabdichtung* gegen ▸*kapillar aufsteigende Feuchtigkeit* und auch nicht bei der ▸*Schleierinjektion* bei der ▸*Vertikalabdichtung* eingesetzt. Injektionsschläuche haben die Aufgabe, planmäßig oder arbeitstechnisch angelegte Arbeitsfugen abzudichten. Der Injektionsschlauch, der auch unter der Bezeichnung Verpressschlauch bekannt ist, wird in die entstehende Arbeitsfuge eingebaut und mit einem Be- und Entlüftungsschlauch versehen, über die eine spätere Verpressung erfolgt. Diese erfolgt frühestens, wenn das Schwinden des Betons abgeschlossen und erste Setzungen des Bauwerks erfolgt sind. Bei der Anordnung und dem Einbau ist darauf zu achten, dass der Injektionsschlauch engen Kontakt zur Betonierfuge behält und beim Betonieren nicht vollständig mit Beton oder Zementleim umschlossen wird. Während der Verpressung bewirkt der unter Druck zugeführte Injektionsstoff ein Aufplatzen bzw. Öffnen (je nach Schlauchtyp) des Injektionsschlauches und führt zur Verfüllung der vorhandenen Hohlstellen, Kiesnester und Risse im Fugenbereich. In der Praxis sind zwei verschiedene Arten von Injektionsschläuchen üblich: „Einwegschläuche" und „mehrfachverpressbaren Injektionsschläuche". Bei den Einwegsystemen handelt es sich in der Regel um Injektionsschläuche in Verbindung mit ▸*Polyurethanharzen*, die nur einmal verpresst werden können. Ein Nachverpressen ist nicht möglich. Als Injektionsstoffe für die „Mehrwegschläuche" werden ▸*Acrylatharze* oder ▸*Zementsuspensionen* verwendet. Diese Materialien sind im frischen Zustand wasserlöslich und relativ dünnflüssig, so dass sie mit einer "Vakuum-Einheit" leicht aus dem Injektionsschlauch wieder herausgesogen werden können. Die Reinigung des Injektionsschlauches erfolgt durch eine Spülung mit Wasser, wobei die "Vakuum-Einheit" das Wasser durch den Injektionsschlauch saugt. [3]

A B C D E F G H I J K L M N O P Q R S T U V W X Y Z

Injektionsschleier

▸*Gelschleierabdichtung*
▸*Schleierabdichtung*

Injektionsstoff

▸*Injektionsmittel*

Injektionsverfahren

▸*Injektionen*

Injektionszeit

Damit sich das Injektionsmittel auch bei Mauerwerken mit hohem ▸*Durchfeuchtungsgrad* gut und vor allem über den gesamten Mauerwerksquerschnitt verteilen kann, muss eine ausreichende Injektionszeit eingehalten werden. Diese wird durch die Art des verwendeten ▸*Injektionsmittels* (ein- oder mehrkomponentig, physikalisch trocknend oder chemisch reagierend) und das verwendete Injektionssystem beeinflusst. ▸*Flascheninjektionen* sollten mindestens 48 Stunden und ▸*Niederdruckinjektion* mindestens 12 Stunden durchgeführt werden. Bei der ▸*Druckinjektion* beträgt die Injektionszeit (je nach Druck und Injektionsmittel) zwischen 20 Minuten und 2 Stunden, wobei die Injektion in mehreren Schritten erfolgt. Beim ▸*Impulssystem* erfolgt eine Injektion von 8 lfd. Metern über den Zeitraum von 4 bis 8 Stunden.

Injektion von Rissen

▸*Rissinjektion*

Inkorporation

▸*Mikrobielle Kontamination*

Innenabdichtung

Bei der Innenabdichtung handelt es sich um eine ▸*Vertikalabdichtung* erdberührter Bauteile von der Kellerinnenseite her, die dann zur Ausführung kommt, wenn das erdberührte Mauerwerk von außen in Folge einer Nachbar- oder Überbauung oder Teilunterkellerung nicht zugänglich ist. Die Innenabdichtung, die auch als ▸*Negativabdichtung* bezeichnet wird, ist einer ▸*Außenabdichtung* immer unterlegen, da bei der innenseitigen Abdichtung das Mauerwerk feuchtebelastet bleibt und sich damit die bauphysikalischen Verhältnisse zunehmend verschlechtern.

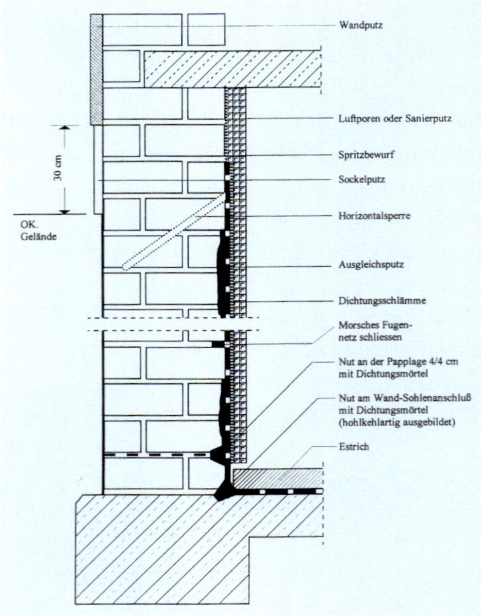

Bei der Ausführung von Innenabdichtungen ist zu beachten, dass durch die verminderte Feuchtigkeitsabgabe an der Innenwand ein ▸*kapillarer* Feuchtigkeitsanstieg im Mauerwerk stattfinden bzw. sich ein Negativdruck an der Rückseite der ▸*Abdichtung* aufbauen kann. Innenabdichtungen werden hauptsächlich mit Dichtungsschlämmen ausgeführt, da diese auf feuchten Untergründen haften und härten. Die Haftzugfestigkeit derartiger Materialien muss auf den jeweiligen Untergrund abgestimmt sein.

Der komplett falsche Ansatz besteht darin, feuchtes Mauerwerk bzw. kellerinnenseitiges Eindringen von Wasser ausschließlich durch Sanierputzsysteme kaschieren zu wollen. Mit der Zeit wird die ▸*Hydrophobie* im Sanierputzgefüge überwunden und eine Sättigung der ▸*Poren* erreicht. Die Funktionsdauer von Sanierputzsystemen wird bei dieser Vorgehensweise um ein Vielfaches reduziert, da Sanierputze in dem Fall zweckentfremdet eingesetzt werden. Als ▸*flankierende Maßnahme* bei der innenseitigen Flächenabdichtung stellen Sanierputzsysteme eine sinnvolle Maßnahme dar.

Innendämmung

Eine nachträgliche Wärmedämmung ist oft der einfachste Weg, der Abkühlung und *Kondensation* an den innenliegenden Oberflächen der Kelleraußenwände entgegen zu wirken und eine gewisse Behaglichkeit in diesem Bereich sicher zu stellen. Allerdings müssen bei der Innendämmung mehrere Besonderheiten beachtet werden: Eine Innendämmung verringert den Nutzraum im Keller. Im Bereich des Deckenauflagers, also da, wo die Kellerdecke auf der Kellerwand aufliegt, entsteht eine Wärmebrücke. Bei nicht fachgerechter Ausführung der Innendämmung besteht außerdem das Risiko, dass Wasserdampf aus der Raumluft an die durch die innenliegende Dämmschicht kalt gehaltene Kellerwand gelangt. Infolgedessen kann es in der Grenzschicht zwischen Wärmedämmung und Wand zu Tauwasserausfall in unkontrollierbaren und damit bauschädigenden Mengen kommen, da hier der ▸*Taupunkt* der Konstruktion liegt. Die Folge wäre eine ▸*Durchfeuchtung* der Wandbaustoffe bis hin zu ▸*Schimmelpilzbefall*.

Wenn die Oberfläche abschließend mit einem Oberputz versehen werden soll, sind EPS- oder XPS-Dämmstoffplatten aufgrund ihrer Oberflächenausbildung (z. B. Waffelmuster) oder ▸*Kalziumsilikatplatten* (rauhe Oberfläche) besonders gut geeignet. Bei der Auswahl anderer Wärmedämmstoffe wie Mineralwolle oder Schaumglas muss die Haftung nachfolgender Schlussbeschichtungen geprüft oder der Wärmedämmplatte angepasst werden.

Im Bodenbereich muss der verwendete Wärmedämmstoff eine ausreichende Druckfestigkeit aufweisen, um durch die Lasten aus der Einrichtung nicht zusammen gedrückt zu werden. Je nach erwarteter Belastung kann entweder EPS oder bei höheren Lasten XPS verwendet werden. Auf die Wärmedämmplatten wird eine Trennfolie gelegt und anschließend der Mörtel- oder Trockenestrich verlegt.

Insektizide

▸*Holzschutzmittel*

Instandhaltung

Der Begriff der Instandhaltung darf nicht mit dem Begriff der Instandsetzung verwechselt werden. Bei der Instandhaltung eines Bauwerkes oder Baudenkmals werden Präventivmaßnahmen ergriffen, damit eine Instandsetzung nicht notwendig wird. Hierzu gehören Wartung und Pflege der Bauteile und Konstruktionen, die für den Schutz und die Funktion notwendig sind, z. B. die Reinigung der Regenentwässerung. Die Instandhaltung beschreibt also alle Wartungsarbeiten, damit die Funktionalität, Sicherheit und strukturelle Integrität auf einem gewünschten technischen Stand gehalten werden kann. In der praktischen Altbausanierung und Baudenkmalpflege erfolgt die Instandhaltung durch regelmäßige Überprüfung und ggf. auch Wiederherstellung einer gewünschten Funktionalität eines Bauteils. Aber auch der vorbeugende regelmäßige Austausch von Bauteilen, die einem Verschleiß unterliegen, kann noch als Instandhaltung definiert werden.

Rein wirtschaftlich betrachtet, müssen die Kosten für die Instandhaltung mit den Kosten für eine notwendige Instandsetzung in Verhältnis gesetzt werden, die durch unterlassene Instandhaltung anfallen würden. Der Aufwand für Instandhaltungsmaßnahmen ergibt sich deshalb immer aus Risikoanalysen und Schadensbewertungen. Die Kosten für vorbeugende Instandhaltungsmaßnahmen sind oft schwer einzuschätzen und vor allem zu rechtfertigen, da diesen realen Kosten die geschätzten Kosten für die Instandsetzung gegenüber stehen, die bei einer regelmäßigen Instandhaltung gar nicht erst auftreten.

Instandsetzung

Instandsetzung ist der Oberbegriff für alle Maßnahmen an Bauwerken oder Baudenkmalen, mit denen der vorhandene Zustand verbessert wird. Unterschieden wird die Renovierung, die Modernisierung und die Sanierung. Unter Renovierung (abgeleitet vom Lateinischen *renovare* = erneuern) werden in erster Linie optisch-ästhetische Maßnahmen zusammengefasst, z. B. das Aufbringen eines neues Anstrichs. Typisch für eine Renovierung ist, dass Maßnahmen unabhängig von einem Bauschaden durchgeführt werden. Eine Renovierung verfolgt auch nicht das Ziel, die heutigen Anforderungen an Feuchte-, Wärme-, Schall- und/oder Brandschutz zu erfüllen. Diese Maßnahmen werden unter dem Begriff der Modernisierung zusammengefasst. Mit der Modernisierung werden alle Maßnahmen beschrieben, mit denen ein Bauwerk oder Gebäude eine zeitgemäße Ausstattung erhält, so z. B. eine nachträgliche Wärmedämmung oder eine neue Sanitärinstallation. Die Erfüllung der heutigen Anforderungen an Feuchte-, Wärme-, Schall- und/oder Brandschutz erhöht den Nutz- und Immobilienwert. Im Gegensatz dazu beschreibt die Sanierung (vom Lateinischen *sanare* = heilen) alle Maßnahmen, mit denen vorhandene strukturelle Defizite und/oder Bauschäden beseitigt werden, dazu gehören z. B. Riss- oder Kellersanierungen. Dies erfordert in der Regel zusätzliche und weitergehende Untersuchungen vor Beginn der Ausführung. Oftmals werden die Sanierung und die Modernisierung kombiniert, also zunächst die vorhandenen Schadensbilder beseitigt (Feuchtigkeit, Salze, Risse, Ausblühungen) und anschließend die Bausubstanz dem heutigen Anspruch angepasst.

Instandsetzungsbedarf

Der Instandsetzungsbedarf wird nach dem 3. ▸*Bauschadensbericht der Bundesregierung*, der Mitte der 90-er Jahre aufgelegt wurde, unter zwei verschiedenen Aspekten definiert. Zum Einen werden die Bauschäden und die sanierungsbedürftige Bausubstanz technisch beurteilt und in verschiedene Klassen eingeteilt. Hierbei wird nach dem sog. kurzfristigen und nicht kurzfristigen Instandsetzungsbedarf unterschieden. Relevant ist vor allem der kurzfristige Instandsetzungsbedarf. Er drückt aus, welche Bauschäden innerhalb von 2 (maximal 5) Jahren instandgesetzt werden müssen, damit keine weiteren Bauschäden (Folgeschäden) bis hin zu statischen Problemen auftreten können. Der Instandsetzungsbedarf beschreibt also den Gesamtbedarf an Sanierungsmaßnahmen, unabhängig von den Ursachen, der Wirtschaftlichkeit oder sonstiger politischer oder wirtschaftlicher Interessen.

Zum Anderen gibt es eine finanzielle Betrachtung für den Instandsetzungsbedarf. Diese beziffert den finanziellen Umfang für den Instandsetzungsbedarf – unabhängig davon, um welchen Bauschaden es sich handelt, welches Bauteil betroffen ist oder ob ein kurzfristiger oder langfristiger Instandsetzungsbedarf vorliegt.

Instandsetzungsplanung

Im Bereich der Instandsetzungsplanung werden alle Ingenieurleistungen abgedeckt, die für den vorbeugenden Schutz, als auch für die Instandsetzung bzw. Erhaltung von Bauwerken notwendig sind.

Instandsetzungspotenzial

Das Instandsetzungspotenzial definiert den gesamten potenziellen Bedarf, der sich pro Jahr maximal ergeben würde. Auf die Kellerabdichtung und –sanierung bezogen bedeutet dies, dass jeder sanierungsbedürftige Keller zum Instandsetzungspotenzial hinzugerechnet wird (unabhängig, ob dieser dann auch saniert wird). Auf Deutschland bezogen wird von ca. 400 Mio. m^2 erdberührter Kellerflächen ausgegangen, die in den nächsten Jahren außen abgedichtet und innen verputzt werden müssen. Die innenseitige Kellerfläche wird aufgrund von Trennwänden etwa mit dem Faktor 4 bis 6 gegenüber der Außenwand geschätzt. Dies bedeutet, dass etwa 1,6 bis 2,4 Mrd. m^2 Kellerflächen zum Instandsetzungspotenzial für Sanierputze und andere Putzmörtel sowie für sog. Klimaplatten angesetzt werden können.

Im Gegensatz dazu beschreibt das sog. Instandsetzungsvolumen die tatsächliche Marktgröße. Diese liegt bei ca. 15 Mio. m^2 Außenflächen und ca. 60 bis 90 Mio. m^2 Innenflächen, die nachträglich abgedichtet werden müssten. Diese werden zum Teil sehr einfach mit Sanierputzen oder anderen Putzmörteln beschichtet, zum Teil aber auch sehr aufwendig mit Klimaplatten und Innendämmung versehen. Ein nicht genau definierter Anteil an Kellerinnenfläche wird nur mit einer Kalkfarbe gestrichen oder so gar sichtbar belassen. Dies ist immer von der Nutzung des Kellers abhängig.

Instandsetzungsvolumen

▸*Instandsetzungspotenzial*

Instandsetzungziel

Das Instandsetzungsziel sollte nicht erst vor der Auftragsvergabe zwischen Auftraggeber und Auftragnehmer definiert werden, sondern bereits in der Vorplanung möglichst genau durch den Auftraggeber vorgegeben werden. Erst wenn ausgehend von einer Wunschvorstellung die Zielsetzung oder ein zukünftiges Nutzungskonzept durch den Auftraggeber genau beschrieben wurde, kann über eine Instandsetzungsplanung die notwendige Bauwerksdiagnostik durchgeführt und erst im Ergebnis dieser die einzelnen Maßnahmen der Instandsetzung vorgegeben und ausgeführt werden. Wichtig hierbei ist, dass die technische Machbarkeit des Instandsetzungsziels vor Auftragsvergabe geklärt wird und nicht erst nach der Nichterfüllung zugesicherter Eigenschaften als Begründung herangezogen wird. Gerade bei der Instandsetzung von feuchte- und salzgeschädigten Bauwerken muss zu oft festgestellt werden, dass Versprechungen vor Auftragsvergabe in der Umsetzung an den technischen Möglichkeiten der Bauphysik sowie an den Anwendungsgrenzen der eingesetzten Produkte scheitern – und es je nach Einzelfall zu Rechtsstreitigkeiten kommt, die vermieden werden könnten, wenn das Instandsetzungsziel eindeutig und unmissverständlich definiert worden wäre.

Irreversibel

Der Begriff irreservibel wurde aus dem Lateinischem (*Revertere* = umkehren) abgeleitet und bezeichnet allgemein Vorgänge, die nicht mehr umkehrbar sind oder rückgängig gemacht werden können. Bei mineralischen Baustoffen bedeutet dies, dass die chemische Reaktion (Härtung oder Verkieselung) abgeschlossen ist. Bei organisch gebundenen Baustoffen bedeutet dies, dass der aus der flüssigen Phase gebildete Film sich verändert hat: Oxidativ trocknende Bindemittel (z. B. Öle und Alkydharze) sind durch die Aufnahme von Sauerstoff gehärtet. Kunststoffdispersionen können durch Wasser nur noch gequollen, aber nicht mehr gelöst werden. Bei Maßnahmen bedeutet das die Rückführbarkeit in den vorherigen Zustand.

Isobohrverfahren

▸*Bohrkernverfahren*

Isolieren

Der Begriff Isolierung wird ugs. für mehrere und verschiedene Anwendungen verwendet und bedeutet Abdichtung gegen z. B. Strom, Wärme, Schall, Feuchtigkeit. Für die Kellerabdichtung und -sanierung wird damit das Absperren gegen Feuchtigkeit (Bauwerksisolierung) oder gegen Substanzen aus dem Untergrund verstanden, die durchschlagen könnten. Hierzu gehören z. B. Nikotin oder Teer und Bitumen, gegen die sog. Isolierfarben eingesetzt werden.

Isolierfarbe

Eine sog. Isolierfarbe ist die übliche Bezeichnung für spezielle Grundbeschichtungen, mit denen die schädigende Einwirkung eines Substrates auf die nachfolgende Beschichtung verhindert oder ein Durchschlagen löslicher Stoffe unterbunden werden soll. Der korrekte, genormte Begriff lautet "Absperrmittel"; um Verwechslungen mit Elektroisolierstoffen oder Schall- und Wärmedämmstoffen auszuschließen. Es gibt lösemittelhaltige und wasserverdünnbare Absperrmittel für die verschiedensten Arten von Verunreinigungen, so z. B. gegen Teerflecken, Rußverschmutzungen, Verfärbungen durch Holzinhaltsstoffe, Wandschmierereien mit Kugelschreibern und Filzstiften oder auch Nikotinablagerungen und getrocknete Wasserflecken (von vorhergehenden partiellen Durchfeuchtungen), die den größten Anteil ausmachen. Die meist weiß pigmentierten Isolierfarben trocknen in der Regel matt und spannungsarm und müssen einen porendichten Film ergeben, um ein Durchwandern von unerwünschten Stoffen aus dem Untergrund dauerhaft und sicher zu verhindern. Der Untergrund muss auch bei der Verarbeitung von Isolierfarben trocken, tragfähig und frei von trennenden Substanzen (Fett) sein! Bei sehr starken Verunreinigungen sollte versucht werden, diese durch entsprechende Vorbehandlung wenigstens teilweise zu entfernen (Abwaschen), ansonsten müssen evtl. zwei Anstriche mit Absperrmittel aufgetragen werden.

Isoliergel

▸*Gelschleierabdichtung*
▸*Schleierabdichtung*

Isoliergraben

Bevor es Abdichtungsmaterialien (nach heutigem Verständnis) gab, haben die Baumeister in frühen Jahrhunderten versucht, die Feuchtigkeitsprobleme und deren Auswirkungen dadurch zu „lösen", dass die Feuchtigkeit vom Haus weggehalten wurde. Dies wurde im 19. Jhd. z. B. über sog. Isoliergräben erreicht. Dazu wurden parallel zur Hauswand eine weitere Mauer erstellt, die bis zur Fundamentsohle reichte und über die Hauswand versteift wurde. Der Isoliergraben hatte eine Breite von ca. 70 cm. An der Sohle wurde eine mit Gefälle versehene Zementrinne ausgebildet. Die Oberseite wurde mit Zementplatten abgedeckt, die in Abständen durch ein Gitter unterbrochen wurden. War eine offene Ausführung nach oben nicht möglich, wurden diese Isoliergräben durch Steinplatten oder Gewölbe überdeckt. Gegenüber den bedeckten Isoliergräben besaß diese Ausführung den Nachteil, dass Regen und Schnee ungehindert eindringen konnte. Der Vorteil bestand in der leichten Reinigung und Beaufsichtigung. Die in den Gräben vorhandene Feuchtigkeit musste natürlich abgeführt werden, wenn sich der Entfeuchtungseffekt einstellen und die Umgebungsmauer nicht zusätzlich durchfeuchtet werden sollte. Des Weiteren wurde ein entsprechender Luftwechsel gefordert, damit die feuchte und kalte Luft abgeführt werden konnte. Hierzu wurden diese Isoliergräben mit den Schornsteinabzugsrohren verbunden und damit die erhöhte Luftfeuchtigkeit über das Dach abgeführt. Teilweise wurde diese Form des Feuchtigkeitsschutzes auch innerhalb der Wandkonstruktion ausgebildet, wenn eine vortretende Hohlmauerung wegen evtl. Grundstücksgrenze oder Nachbarbebauung nicht möglich war.

Isoliergrund

▸*Isolierfarbe*
▸*Absperrmittel*

Isolierte Poren

▸*Geschlossene Poren*

ISO-Normen

Neben länderspezifischen Normen mit Gültigkeit jeweils nur für das betreffende Land, z. B. den DIN-Normen für den Bereich der Bundesrepublik Deutschland und den europaweit gültigen CEN-Normen (soweit die einzelnen Länder sich den Vereinbarungen mit dem europäischen Normenkomitee angeschlossen haben), gibt es auch noch international akzeptierte ISO-Normen, die von der International Standardisation Organization erarbeitet und herausgegeben werden. Mitglieder dieser Organisation sind die nationalen Normungsinstitute.

IVD

Industrieverband Dichtstoffe e.V. Die IVD-Merkblätter werden als technische Informationen vom Industrieverband ▸*Dichtstoffe* immer dann erarbeitet, wenn für ein Einsatzgebiet keine entsprechende DIN-Norm vorliegt. Sie gelten in Fachkreisen als Normersatz. Für die ▸*Bauwerksabdichtung* und Kellersanierung relevante IVD-Merkblätter sind u. a. Nr. 1 „Abdichtung von Bodenfugen mit elastischem Dichtstoff", Nr. 2 „Dichtstoffcharakterisierung" und Nr. 3 „Konstruktive Ausführung und Verarbeitung der Fugen im Nassbereich".

A B C D E F G H I J K L M N O P Q R S T U V W X Y Z

K

Kältebrücken
▸ *Wärmebrücken*

Kälteflexibilität
▸ *Kaltbiegeverhalten*

Kältetrockner
Sog. Kältetrockner werden bei der ▸ *Wasserschadensanierung* eingesetzt. Im Gegensatz zu anderen Trocknungsgeräten arbeiten die Kältetrockner nach einem grundsätzlich anderen Prinzip und sind vielmehr mit einem Kühlschrank vergleichbar. Bei diesen Geräten umströmt die feuchte Luft den Verdampfer und kühlt soweit ab, dass ein Teil der enthaltenen Feuchtigkeit an der Oberfläche des Verdampfers kondensiert und in Form von Wasser aufgefangen oder abgepumpt werden kann. Anschließend wird die Luft am Kondensator wieder erwärmt und in den Raum zurückgeführt.

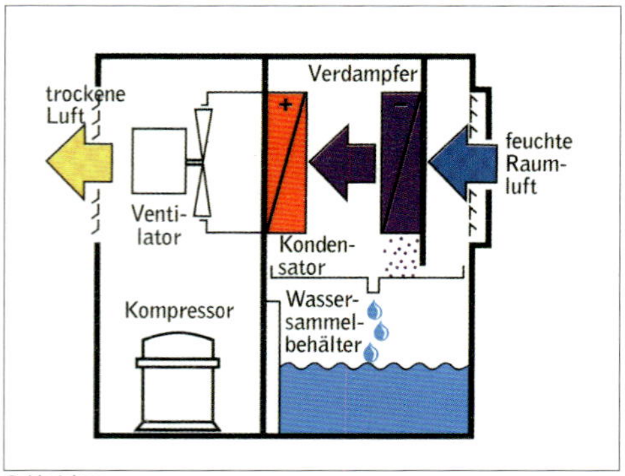

© siehe Anhang

Kalilauge
Kalilauge ist der Trivialname für eine stark alkalische, ätzende Kaliumhydroxidlösung. Mit Kalilauge können Säuren aller Art neutralisiert werden, wobei Kaliumsalze entstehen.
▸ *Hydroxid*

Kalisalpeter
▸ *Salpeter*

Kalium
Kalium ist ein chemisches Element der ersten Hauptgruppe und kommt in der Natur nur als Kation in Kaliumverbindungen vor. Der Name dieses Alkalimetalls soll aus dem Arabischen (*al galia* = Soda) abgeleitet worden sein. Wie auch die anderen Alkalimetalle reagiert Kalium mit anderen Elementen und Verbindungen in sehr heftiger Form und kommt infolgedessen in der Natur nur in gebundener Form vor. Mit Wasser reagiert Kalium unter Bildung von Kaliumhydroxid und Freisetzung von Wasserstoff.

Kaliumkarbonat
Kaliumkarbonat ist das Kaliumsalz der Kohlensäure und wird ugs. auch als Pottasche bezeichnet. Dieser Trivialname stammt aus der Zeit, als das Kaliumkarbonat noch mit Holzasche angereichert und die ▸ *Salze* durch Auswaschung mit Wasser und anschließendem Eindampfen in Töpfen (Pötten) gelöst wurden. Kaliumkarbonat ist ein weißes, hygroskopisches Pulver und in Wasser sehr gut löslich. Durch Hydrolyse reagiert die Lösung wegen der Bildung von Kaliumhydroxid alkalisch. Bei der Reaktion mit Säuren entstehen unter Kohlendioxidbildung die entsprechenden Kaliumsalze. [1]

Kaliumnachweis
Kalium ist gut löslich, so dass aus der Lösung z. B. mit Perchlorsäure bei niedriger Temperatur das sog. Kaliumperchlorat als kristalliner Niederschlag gefällt werden kann. Der Nachweis erfolgt dann über die in Wasser gelösten Kalium-Ionen, die mit ionenspezifischen Elektroden bestimmt werden. Alternativ kann Kalium auch spektroskopisch nachgewiesen werden. [5]

Kaliumnitrat
▸ *Salpeter*

A B C D E F G H I J K L M N O P Q R S T U V W X Y Z

Kaliwasserglas

▸*Silikate*

Kalk

▸*Baukalk*

Kalkausblühungen

Bei Kalkputz- und Mauermörtel kann es aufgrund chemischer Prozesse in Folge der Umwelteinflüsse und/oder bei starker Durch- und Hinterfeuchtung zu einem „Auswaschen" von Kalkstein kommen. Diese auch als Kalziumkarbonatausblühungen bezeichneten Erscheinungen treten vor allem auf Sichtmauerwerk aus Ziegeln sowie bei getönten Mineralputzen auf.

▸*Kalziumkarbonat*

Kalkfarben

Nach der DIN 55 945 wird unter einer Kalkfarbe die wässrige Aufschlämmung von gelöschtem Kalk verstanden, der ggf. farbgebende Pigmente und/oder geringe Anteile anderer Bindemittel (Gips, Leim, Dispersion) zugegeben werden. Bis zum 19. Jahrhundert wurden die Begriffe Kalkfarbe und Kalkmilch oftmals gleichgesetzt.

Kalkgestein

Unter Kalkgestein wird ein Gestein verstanden, das im Wesentlichen aus Kalzitkristallen aufgebaut ist. Diese sind klein und in der Regel unter 0,1mm. Unter Marmor wird wiederum ein metamorpher Kalk verstanden, das heißt ein Kalkgestein, das durch geologische Bewegungen einen höheren Druck und Temperaturen erfahren hat und infolgedessen umkristallisierte. Bei diesem Vorgang wurden die Kalzitkörner deutlich vergrößert und liegen in der Größenordnung von über 0,5mm und in der Regel bei 1 bis 3mm, in Ausnahmen bei bis zu 1cm. Im Gegensatz zum Kalkgestein, in dem noch Fossilien gefunden werden können, ist dies bei Marmor nicht mehr möglich, da durch die metamorphe Umwandlung eine Zerstörung evtl. Fossilien eingetreten ist. Unter Branntkalk wiederum wird, wie der Name bereits verrät, der gebrannte Kalk verstanden und Luftkalk beschreibt das Kalziumhydroxid. Dolomit ist ein Magnesiumkalziumkarbonat und Dolomitkalk ist ein dolomithaltiges Kalkgestein. Hydraulischer Kalk, hochhydraulischer Kalk und der sog. Romankalk werden aus natürlichen und unreinen Kalken bei 1100 bis 2000°C gebrannt. [1]

Kalkgesteine sind Sedimentgesteine und lassen sich in Kalkgesteine durch biologischen Ursprung und durch chemische Fällung einteilen. Vielfach sind bei der Kalksedimentation auch untergeordnet Dolomitgehalte vorhanden. Der durch die verschiedenen Fällungen entstehende Kalkschlamm wird durch die so genannte Diagenese verfestigt – eine Veränderung vom Zeitpunkt der Sedimentüberdeckung durch darüber folgende Sedimente und Schichten. Die treibende Kraft der Diagenese sind das Poren- und Restwasser sowie gelöste Stoffe und Temperatur. Bei diesem Vorgang verfestigen sich die Sedimente primär durch die Auflast.

© siehe Anhang

© siehe Anhang

A B C D E F G H I J K L M N O P Q R S T U V W X Y Z

Kalkgipsputz
▸*Putz*

Kalkhärtung
▸*Karbonatisierung*

Kalkhydrat
Gelöschter Kalk, der überwiegend aus Kalziumhydroxid besteht, wird nach der DIN 1060 als Kalkhydrat bezeichnet.

Kalkmilch
Bei einer sog. Kalkmilch handelt es sich um eine Aufschlämmung (wässrige Suspension) von Kalziumoxid oder Kalziumhydroxid in Wasser. Beide Verbindungen sind in Wasser schwer löslich. Für die Herstellung einer Kalkmilch werden drei Teile Sand mit einem Teil Kalziumhydroxid vermischt. Anschließend reagiert das Kalziumhydroxid mit dem Kohlenstoffdioxid der Luft zu feinen, nadelartigen Kalziumkarbonatkristallen, die mit dem Sand verfilzen.

Früher wurde Kalkmilch zum Weißen (oder auch Tünchen genannt) von Wänden in Tierställen und untergeordneten Räumen wie Keller oder Lagerräume verwendet, da das in der Kalkmilch vorhandene Kalziumhydroxid Kohlenstoffdioxid absorbiert und unter Bildung von weißem Kalk (Kalziumkarbonat) abbindet. Darüber hinaus wird eine Kalkmilch auch bei der nachträglichen Horizontalabdichtung durch Bohrlochinjektionen verwendet, wenn das Injektionsmittel ein hoch alkalisches Medium benötigt. Kalkmilch wirkt wegen seiner alkalischen Reaktion vor allem auf Schleimhäute und Augen ätzend.

Kalkmörtel
▸*Mörtel*

Kalkputz
▸*Putz*

Kalksalpeter
▸*Salpeter*

Kalksandstein
Wie der Name schon vermuten lässt, handelt es sich bei diesem Baustoff um einen Sandstein, bei dem das Bindemittel Kalk ist. Kalksandstein kommt sowohl als natürlicher Sandstein vor, wird aber auch künstlich hergestellt. Bei der künstlichen Herstellung werden dem Baustoff Kalk kieselsäurehaltige Zuschläge (Quarzsand) zugegeben und mit Wasser zu einem Brei vermischt, anschließend in Formen gegossen, verdichtet und unter Dampfdruck gehärtet.

Kalksinterschicht
Auf der Oberfläche von Kalkfarben und -putzen kann sich durch die Aufnahme von Kohlendioxid und die Reaktion mit Kalziumhydroxid eine Schicht aus reinem Kalkstein mit glasartiger und kristalliner Struktur bilden. Diese Kalksinterschicht hat eine sehr dichte, glatte und glänzende Oberfläche und ist schwach saugfähig. Infolgedessen kann es zu Haftungsproblemen bei der Überarbeitung kommen, so dass diese Schichten entfernt werden müssen.

Kalkspat
▸*Kalziumkarbonat*

Kalkstein
▸*Kalkgestein*
▸*Kalziumkarbonat*

Kalkzementputz
▸*Putz*

Kalkteig
Unter dem Begriff Kalkteig wird in der DIN 1060 „Baukalk" ein gelöschter ▸*Kalk* definiert, der mit Wasser zu einer gewünschten Konsistenz vermischt wird und überwiegend aus Kalziumhydroxid mit oder ohne Magnesiumhydroxid besteht.

Kaltbiegeverhalten
Das Kaltbiegeverhalten stellt eine Prüfung für Bitumenprodukte zur ▸*Bauwerksabdichtung* dar. Bezogen auf eine ▸*Bitumenbahn* wird sie zur Ermittlung des Biegevermögens bei Tempe-

raturen weit unter dem Gefrierpunkt (z. B. –25 °C) herangezogen.

Kaltbitumenkleber

Unter dem Namen Kaltbitumenkleber bietet ein Hersteller von Schaumglas zur ▸*Perimeterdämmung* seit Kurzem den passenden Systemkleber an. Dieser lösungsmittelfreie und polymervergütete Bitumenkleber wird vor allem für den Bau einer weißen Wanne (▸*WU-Beton*) mit anschließender Perimeterdämmung aus Schaumglas eingesetzt.

Kaltklebeverfahren

Das Kaltklebeverfahren ist die Klebetechnik, mit der ▸*Bitumenbahnen* mit Kaltklebern aufgeklebt werden.

Kaltselbstklebende Dichtungsbahnen

Kaltselbstklebebahnen (KSK-Dichtungsbahnen) sind ▸*Polymerbitumenbahnen*, die bereits werkseitig mit einer unterseitigen Kaltklebeschicht versehen wurden. Nach Abzug einer Trennfolie oder eines Trennpapiers werden diese ▸*Abdichtungsbahnen* unter Druck auf einen kaltselbstklebenden Untergrund verlegt.

Diese Polymerbitumenbahnen sind 2 bis max. 5 mm dick und werden entweder unter Verwendung von ▸*Oxidations-* oder mit ▸*Polymerbitumen* unter Verwendung von plastizitätsverbessernden und stabilisierenden Füllstoffen hergestellt. Als Träger dienen Glasvlies, Glasgewebe, fäulnishemmend imprägniertes Jutegewebe und Polyestervlies. Der Gehalt an löslichem Bindemittel liegt in der Größenordnung von 3500 g/m² bzw. bei 4500 g/m² bei den 5 mm dicken Polymerbitumenbahnen. Die Höchstzugkraft beträgt mindestens 300 N und ihre Dehnung liegt bei mindestens 2%, ermittelt an 5 cm dicken Streifen. Hierbei muss bemerkt werden, dass die genannten Mindestwerte z. B. von den ▸*Schweißbahnen* mit Trägereinlage aus Polyestervlies erheblich übertroffen werden. Die Dehnung bei Höchstzugkraft beträgt 40% und mehr, so dass diese Abdichtungsbahnen im Hinblick auf die Fähigkeit, Risse im Untergrund zu überbrücken, besonders gut geeignet sind.

Diese Polymerbitumenbahnen eignen sich besonders für die ▸*Abdichtung* großer und ebener Flächen mit wenig oder keinen Durchbrüchen und erfordern besonders im Wand-Sohlplatten-Anschluss einen lunkerfreien und ebenflächigen Untergrund. Der vorbereitete Untergrund wird grundiert. Die Art der Grundierung ist temperatur- und untergrundabhängig. Bis zur Verklebung der Dichtungsbahnen sind die systembedingten Abtrocknungszeiten einzuhalten. Bei rückwärtiger Wasserbelastung oder feuchten Untergründen ist vor dem Auftrag der Dichtungsbahn grundsätzlich eine Dichtungsschlämme aufzutragen. Bei Rohr-

A B C D E F G H I J K L M N O P Q R S T U V W X Y Z

oder Kabeldurchbrüchen sind die ▸*Dichtungsbahnen* mit geeigneten Spezialbändern zu verkleben. Auf alle Ecken, Kanten und Kehlen wird vor Aufbringen der eigentlichen Abdichtungsbahn ein ca. 20 cm breiter Verstärkungsstreifen aufgeklebt. Die selbstklebende Dichtungsbahn wird vollflächig mit dem Untergrund verklebt, bei einer Überlappung der einzelnen Bahnen von mindestens 5cm. Die Bahnendicke und die Anzahl der erforderlichen Lagen sowie die Anschlussdetails sind systembedingt für den vorhandenen Lastfall zu wählen. ▸*Drückendes Wasser* erfordert besondere Detaillösungen.

Besonders vorteilhaft bei KSK-Dichtungsbahnen ist die weitgehende Witterungsunabhängigkeit. So können diese Dichtungsbahnen, je nach Hersteller, bis zu −5°C verarbeitet werden. Außerdem sind Bauwerksabdichtungen aus diesem Material sofort nach der Verarbeitung regen- und frostbeständig und benötigen keine Trocknungs- oder Härtungszeiten. Dies hat den Vorteil, dass notwendige ▸*Schutzschichten* gleich verlegt werden können.

Kaltselbstklebeverfahren

▸*Kaltklebeverfahren*

Kalzit

Kalzit (Cacit) oder Kalkspat ist ein gesteinsbildendes Mineral mit der chemischen Formel $CaCO_3$, trigonal, farblos und oft durch Beimengungen unterschiedlich gefärbt. Die rhombische Modifikation heißt Aragonit. Kalzit gehört zu den formenreichsten Mineralien und ist in der Erdkruste weit verbreitet, so als Hauptgemengeteil von Kalkstein, im Marmor, sowie als Bindemittel in Sandsteinen. Kalzit löst sich leicht in säurehaltigem Wasser und wird dadurch z. B. aus Kalkstein ausgewaschen. [1]

Kalzium

Kalzium gehört zu den Erdalkalimetallen und ist das fünft-häufigste Element der Erdkruste. Die Elementbezeichnung leitet sich von dem lateinischen Begriff calx ab. So bezeichneten die Römer Kalkstein, Kreide und daraus hergestellte Mörtel. Kalziumhaltige Gesteine und Mineralien wie Kalkstein, Marmor, Kreide, Dolomit und Gips sind vielfältig vorhanden.

Kalziumchlorid

Kalziumchlorid, $CaCl_2$, ist das Kalziumsalz der Salzsäure und dient u. a. als Zusatzmittel zur Modifizierung von Mörtel- oder Betoneigenschaften, so z. B. als Abbindebeschleuniger im Beton oder zur Senkung des Gefrierpunktes frischer Mischungen. Zusatzmittel werden in der Regel in Mengen < 1M.-% beigegeben. Da Kalziumchlorid auch ein ▸*bauschädigendes Salz* mit hoher ▸*Hygroskopizität* ist, erfordert die Verwendung als Zusatzmittel höchste Dosiergenauigkeit, da es sonst zu intensiven Ausblühungen oder extremen Korrosionsproblemen kommen kann.

Kalziumhydrogenkarbonat

Bei der Reaktion von ▸*Kalziumkarbonat* mit der Kohlensäure wird das leicht lösliche Kalziumhydrogenkarbonat gebildet. Diese Salzverbindung ist instabil und zerfällt sofort wieder in das Kalziumkarbonat. Dieser Vorgang spielt bei Kalkputzen eine wichtige Rolle und wird als ▸*Rekristallisation des Kalkes* bezeichnet. Aus diesem Grund dürfen Kalkputze nicht mit einer CO_2-dichten Endbeschichtung versehen werden. Die Folge wäre eine Zerstörung des Bindemittels und der gesamten Putzbeschichtung, was sich in der Regel durch ein Absanden des Putzes bemerkbar macht.

Kalziumkarbid-Methode

▸*CM-Gerät/ -Methode/ -Verfahren*

Kalziumkarbonat

Kalkstein (oder Kalziumkarbonat) ist eine chemische Verbindung mit der Formel $CaCO_3$. Es ist ein Kalziumsalz der Kohlensäure und besteht im festen Zustand aus einem Ionengitter mit Ca^{2+}-Ionen und CO_3^{2-}-Ionen im Verhältnis 1:1. Kalziumkarbonat ist in reinem Wasser kaum löslich. Die Verwitterung des Kalkgesteins erfolgt unter Bildung des leicht löslichen Kalziumhydrogenkarbonats $Ca(HCO_3)_2$ und wird durch Säuren (Kohlensäure aus Kohlendioxid und schwefelige Säure aus dem Schwefeldioxid der Luft) beschleunigt. Kohlensäure liegt nur in Form ihrer wässrigen Lösung vor. Kalziumkarbonat ist deshalb extrem säureempfindlich, da die schwache, flüchtige Kohlensäure durch alle Mineralsäuren aus ihren Salzen vertrieben wird. Demzufolge reagiert Kalziumkarbonat als Bindemittel mit den sauren Bestandteilen des Regenwassers und der Luft und bildet dabei die entsprechenden Salze dieser Säuren. Der Angriff der Kohlensäure verläuft über mehrere Stufen:

- Reaktion des gebrannten Kalkes mit Kohlensäure zu ▸*Kalkstein*
- weitere Kohlensäure bildet mit ▸*Kalziumkarbonat* das Kalziumbikarbonat (Kalziumydrogenkarbonat)
- Kalziumbikarbonat reagiert mit Kalziumhydroxid zu Kalziumkarbonat.
- weitere Kohlensäure löst Kalziumkarbonat unter Bildung von Kalziumbikarbonat, das aus dem Bauteil austritt, sich verfestigt und als ▸*Ausblühung* sichtbar bleibt.

Diese Reaktion führt dabei durch Einwirkung von Schwefelsäure zur Gipsbildung, die auch

Lösender Angriff

$$CaCO_3 + H_2SO_4 \xrightarrow{H_2O} CaSO_4 \cdot H_2O + CO_2 + H_2O$$

$CaCO_3$: Kalziumkarbonat, Kalkstein; H_2SO_4: Schwefelsäure; $CaSO_4 \cdot H_2O$: Kalziumsulfat, Gips; CO_2: Kohlendioxid; H_2O: Wasser

$$CaCO_3 + H_2SO_4 + H_2O \rightarrow CaSO_4 \cdot H_2O + CO_2 + H_2O$$

$CaCO_3$: Kalziumkarbonat, Kalkstein; H_2SO_4: Schwefelsäure; H_2O: Wasser

Treibender Angriff

$CaSO_4 \cdot H_2O$: Kalziumsulfat, Gips; CO_2: Kohlendioxid; H_2O: Wasser

als Vergipsung der Baustoffe bezeichnet wird. Dabei sind für die Beständigkeit der Baustoffe zwei grundlegende Reaktionsgleichungen maßgebend. Zunächst wird der Kalk von der Schwefelsäure aufgelöst. Dieser Vorgang wird deshalb auch als lösender Angriff bezeichnet. Kalziumkarbonat wird zu ▸*Kalziumsulfat* (Gips) umgewandelt, kristallisiert unter erheblicher Volumenvergrößerung aus und wird beim nächsten Regen oder Tau erneut gelöst. Dieser Vorgang der Lösung und Kristallisation wiederholt sich ständig und wird auch als Gipstreiben bezeichnet. Der dabei entstehende Gips zeigt jedes Mal erhebliche Volumenvergrößerungen von ca. 100%.

Das Bindemittel Kalk ist in reiner Form äußerst frostempfindlich und weist nur eine geringe Salzbeständigkeit auf. Außerdem entstehen bei kalkgebundenen Putzen und Mörteln Porensysteme mit Kapillarporen im Größenbereich von 10^{-4} bis 10^{-7} m (auf den Porenradius bezogen). Infolgedessen sind diese Putze und Mörtel besonders kapillaraktiv und unterstützen ▸*kapillar aufsteigende Feuchtigkeit*. Neben dieser Eigenschaft ist ist es vor allem das Bindemittel Kalk (nicht frost-tausalz-beständig), weshalb gerade Kalkmörtel für die Sanierung von feuchte- und salzbelasteten/ -geschädigten Bauwerken denkbar ungeeignet sind. Es verwundert deshalb immer wieder, dass kalkgebundene Putzmörtel für diese Anwendung im denkmalgeschützten Bereich empfohlen und eingesetzt werden.

© siehe Anhang

A B C D E F G H I J K L M N O P Q R S T U V W X Y Z

Kalziumnachweis

Da Kalzium gut löslich ist lässt es sich durch eine sog. komplexometrische Titration bestimmen. Alternativ kann Kalzium auch spektroskopisch nachgewiesen werden. [5]

Kalziumnitrat

▸*Salpeter*

Kalziumoxid

Kalziumoxid (auch als gebrannter Kalk, Branntkalk oder Ätzkalk bezeichnet) ist ein weißes Pulver, das sich in Wasser unter starker Wärmeentwicklung löst. Durch die Reaktion wird das Kalziumhydroxid gebildet.

Kalziumsilikatplatte

Kalziumsilikatplatten werden aus porösen Kalksilikaten hergestellt, die mit Zellstoff vermischt und unter Wasserdampf gehärtet werden. Je nach Anforderungen und Plattentyp werden die Kalziumsilikatplatten komplett oder nur im oberflächennahen Bereich hydrophobiert. Sie werden eingesetzt zur nachträglichen Wärmedämmung erdberührter Kellerwände (innenseitig) oder zur Entsalzung von feuchte- und salzgeschädigten Mauerwerken. Aufgrund ihrer hohen Porosität von bis zu 80% besitzen Kalziumsilikatplatten eine hohe Wärmedämmung bei gleichzeitig hoher Wasserdampfdiffusion. Durch ihren hohen pH-Wert beugen sie auf natürliche Weise dem Schimmelpilzbefall vor. Des Weiteren sind Kalziumsilikatplatten druckfest, schallhemmend und nicht brennbar. Dies macht sie im Rahmen der Kellersanierung zu einer beliebten Variante beim Umbau zu einer hochwertigen Kellernutzung. Allerdings müssen bauphysikalische Aspekte berücksichtigt werden.

Kalziumsulfat

Kalziumsulfat ist die Ausgangsbasis für Gips und Anhydrit und wird beim Brennen von Zement als Abbindeverzögerer eingesetzt. Gips als Bindemittel ergibt ähnlich wie Kalk ein Porensystem, das kapillar aufsteigende Feuchtigkeit im Mauerwerksquerschnitt oder im Putzgefüge unterstützen.

Es ist das ▸*Salz* einer starken Säure – der Schwefelsäure. Demzufolge zeigt Kalziumsulfat (Gips) eine extrem hohe Säurebeständigkeit. Trotzdem wird dieses Bindemittel im Außenbereich nicht eingesetzt, da die Wasserlöslichkeit relativ hoch ist. Kalziumsulfat spielt eine nicht unbedeutende Rolle als bauschädigendes Salz. Bei der Reaktion von Kalziumkarbonat mit Schwefelsäure bildet sich kristallines Kalziumsulfat (Gips) unter erheblicher Volumenvergrößerung. Bei Feuchtigkeitsaufnahme werden Anteile des Gipses erneut gelöst. Lösung und Kristallisation wiederholen sich permanent, wobei es jedes Mal zu erheblichen Volumen- und Konzentrationssteigerungen kommt.

Kaolin

Der Name Kaolin führt auf den Berg ka-o-ling zurück, an dem die Chinesen als erste aus einem Gemenge von Aluminiumsilikat und Feldspatmehl Porzellan brannten. Kaolin gehört zu den Tonmineralien und ist eine weiße, erdige und aus allerfeinsten blättrigschuppigen Kristallen aufgebaute Masse. Die meisten der feinen Kristalle sind erst unter einem Elektronenmikroskop sichtbar. Chemisch ist Kaolin als Aluminiumsilikathydrat charakterisiert. Dies bedeutet, dass es etwa 14 % chemisch gebundenes Wasser enthält, wodurch sich Kaolin relativ weich und bröckelig anfühlt. Das Wasser dringt zwischen das blättrige Kristallgefüge des Kaolins und verursacht ein Quellen. Die Kristallblättchen liegen dann nicht mehr dicht aufeinander, sondern sind durch einen hauchdünnen Wasserfilm voneinander getrennt und gleiten dadurch beim Reiben und Kneten sehr leicht aneinander vorbei. Infolgedessen fühlt sich der feuchte Ton fettig an.

Kapazitives Verfahren

▸*Elektronische Feuchtemessung*

Kapillarabdichtung

▸*Kapillarverdichtung*

Kapillaraktiv

Der Begriff kapillaraktiv charakterisiert die Baustoffkapillaren, die in der Lage sind, Feuchtigkeit auf kapillarem Weg aufzunehmen. Diese Eigenschaft hängt von deren Größe (Durchmesser) und Form ab. Unterschieden werden ▸*Mikro- oder Gelporen*, ▸*Kapillarporen* und ▸*Makro- oder Luftporen*. Je dünner eine Kapillarpore ist, desto höher kann in ihr Feuchtigkeit aufsteigen. Diese Tatsache kann nicht nur bei Durchfeuchtungen beobachtet werden, sondern wird auch gezielt bei der Formulierung von Baustoffen genutzt. So ist z. B. bei Kompressenputzen eine ▸*Kapillarität* ausdrücklich gewünscht (sie sind kapillaraktiv). Bei Sanierputzen wird dagegen durch eine gezielte Einbringung von hydrophobierten Makro- oder Luftporen die Kapillarität unterbrochen (sie sind ▸*kapillarbrechend*).

Kapillaraszension

▸*Kapillarität*

Kapillar aufsteigende Feuchtigkeit

Der Vorgang der kapillar aufsteigenden Feuchtigkeit wird unter dem Begriff der Kapillarität und der kapillaren Wasseraufnahme beschrieben. An dieser Stelle soll nur kurz darauf hingewiesen werden, dass in der Praxis sehr oft kapillar aufsteigende Feuchtigkeit „diagnostiziert“ wird, ohne dass diese tatsächlich vorliegt. In den seltensten Fällen liegt bei einer Durchfeuchtung des Sockelbereiches tatsächlich kapillar aufsteigende Feuchtigkeit als eigentliche Ursache vor. Vielmehr sind eine fehlende oder nicht mehr funktionstüchtige

© siehe Anhang

Vertikalabdichtung die Ursache für eine Feuchtigkeitsaufnahme im erdberührten Bereich. Diese wird anschließend kapillar transportiert und im Sockelbereich (aufgrund der Verdunstung und der daraus resultierenden Schadensmechanismen) optisch sichtbar. Kapillar aufsteigende Feuchtigkeit im Sockel ist also in den seltensten Fällen die Schadensursache, sondern vielmehr das Ergebnis aus anderen Schadensmechanismen. Hinzu kommt, dass durch die kapillare Feuchtigkeit einerseits sowie durch Spritzwasser im Sockelbereich andererseits Salze in den Putz bzw. in das Mauerwerk eingebracht werden. Salze binden aufgrund ihrer Hygroskopizität Feuchtigkeit aus der Luft und erhöhen damit die Durchfeuchtung bzw. behindern damit die Austrocknung. Sind an einem Sockel neben starken Durchfeuchtungen auch Salzausblühungen zu beobachten, sollte immer eine Voruntersuchung durchgeführt werden, die den Salzgehalt (quantitativ und qualitativ) in Abhängigkeit zum Durchfeuchtungsgrad bestimmt, bevor Maßnahmen zur Instandsetzung diskutiert und entschieden werden. Unprofessionell ist es, nach einer rein visuellen Begutachtung eine ▸*nachträgliche Horizontalabdichtung* zu empfehlen, hier ist Vorsicht geboten!

Kapillarbrechend

Der Begriff kapillarbrechend charakterisiert im Wesentlichen drei Vorgänge. Zum Einen wird damit die Funktion einer ▸*nachträglichen Horizontalabdichtung* durch eine ▸*Bohrlochinjektion* beschrieben, da durch das ▸*Injektionsmittel* die ▸*Kapillarität* im Mauerwerk gebrochen wird. Des Weiteren beschreibt dieser Begriff die Wirkungsweise und Funktion eines ▸*Sanierputzes*. Durch die Zusammensetzung der ▸*Porengeometrie* (Porengröße, -art und verteilung) wird die kapillare Feuchtewanderung aus dem Mauerwerk im Putzgefüge kapillar gebrochen. Dieser Vorgang findet bei Sanierputzen nach ▸*WTA-Richtlinien* im Bereich von 3 bis 7mm in der ersten Putzlage statt. Durch die Kapillarbrechung und den anschließenden Feuchtigkeitstransport durch ▸*Diffusion* werden die gelösten ▸*Salze* auskristallisiert, so dass es im Putzgefüge und nicht auf der Putzoberfläche zur Kristalisation der Salze (▸*Ausblühungen*) kommt. Aber auch für die Kiesschüttung unter Bodenplatten wird der Begriff kapillarbrechend benutzt.

Kapillardepression

Im Gegensatz zur ▸*Kapillarität* tritt die Kapillardepression bei Flüssigkeiten auf, die nicht benetzend sind. Dies sind Flüssigkeiten mit einer hohen Oberflächenspannung, was in den Kapillaren durch die obere Krümmung (konvexe Oberfläche) zu erkennen ist. Als Beispiel hierfür kann Quecksilber genannt werden. Diese Flüssigkeiten haben in einem Röhrchen einen niedrigeren Pegel als in der Umgebung und sind nach oben gekrümmt. Die Oberfläche des Quecksilbers strebt vom Mittelpunkt weg. Durch diese Wechselwirkung der Kapillarwand mit der Flüssigkeit steigt diese in begrenztem Maß bis zu einem bestimmten Punkt an. Dann heben sich Schwerkraft und Kapillarkräfte auf. Die Höhe der Flüssigkeitssäule verhält sich dabei zum Kapillardurchmesser umgekehrt proportional. Dies bedeutet, dass die Flüssigkeit bei halbem Durchmesser doppelt so hoch steigt. Der Effekt zeigt sich also besonders ausgeprägt in dünnen Kapillaren. Grundsätzlich beruht der Effekt auf den Molekularkräften, die innerhalb eines Stoffes (▸*Kohäsionskräfte*) und an der Grenzfläche zwischen einer Flüssigkeit, einem festen Körper (Gefäßwand) und einem Gas (z. B. Luft) auftreten (▸*Adhäsionskräfte*). [1]

Kapillardruck

Der Kapillardruck ist verantwortlich für die sog. Steighöhe. Dies bedeutet, dass in Abhängigkeit von der Größe des Rand-, Benetzungs- oder Kontaktwinkels der sog. Meniskus in der Kapillare in seinem Ansteigen oder Absinken beeinflusst wird. Des Weiteren spielt die Größe und der Durchmesser der Kapillare eine wichtige Größe bei der Berechnung des Kapillardrucks.

Kapillare

Der Begriff der Kapillare ist eine Bezeichnung für einen sehr feinen und lang gestreckten Hohlraum und leitet sich vom lateinischen Begriff (*capillus* = Haar) ab. In Bezug auf Baustoffe werden mit dem Begriff Kapillare die feinen Hohlräume mit kleinem Innendurchmesser bezeichnet, die sich in einem Baustoff (z. B. Putz oder Stein) oder zwischen zwei Baustoffen (z. B. Abdichtungsschicht und Untergrund) befinden. Diese sind für ▸*Feuchtigkeitsmechanismen* und spezielle physikalische Effekte verantwortlich. So steigen z. B. Flüssigkeiten mit einer hohen ▸*Oberflächenspannung* in Kapillaren auf und verursachen ▸*kapillar aufsteigende Feuchtigkeit* in Mauerwerken. Sie können aber auch an den Kapillarwänden oberhalb des Siedepunktes kondensieren (sog. ▸*Kapillarkondensation*). Oder es kann zu chemischen Reaktionen kommen, die außerhalb von Kapillaren so nicht ablaufen würden.

Kapillareffekte

Kapillareffekte beruhen grundsätzlich auf den Molekularkräften, die innerhalb eines Stoffes (▸*Kohäsionskräfte*) und an der Grenzfläche zwischen einer Flüssigkeit, einem festen Körper (Kapillarwand) und einem Gas (z. B. Luft) auftreten (▸*Adhäsionskräfte*). Häufig hat der Kapillareffekt auch die Bedeutung von Oberflächenspannung. Im Innern eines Baustoffes heben sich die auf ein bestimmtes Molekül wirkenden Kräfte aus seiner Umgebung gegenseitig auf. An den Rändern jedoch ergibt sich eine resultierende Kraft, die in Abhängigkeit vom jeweiligen Material entweder in die Flüssigkeit hinein oder aus ihr heraus gerichtet ist. Ist die Wirkung der Kapillarwand gegenüber den Kohäsionskräften in der Flüssigkeit klein, dann zeigt die resultierende Kraft ins Innere der Flüssigkeit. Deren Oberfläche ist an der Kontaktstelle zur Wand nach unten gekrümmt und benetzt die Kapillarwand nicht. Ist jedoch die Wirkung der Kapillarwand gegenüber den Kohäsionskräften in der Flüssigkeit groß, dann zeigt die resultierende Kraft in die Kapillarwand hinein und die Flüssigkeit ist am Rande nach unten gebogen. Die Flüssigkeit benetzt die Kapillarwand. [1]

Kapillare Feuchtigkeitsaufnahme

▸*Kapillare Wasseraufnahme*
▸*Kapillarität*

Kapillareffekt

▸*Kapillarität*

Kapillare Permeabilität

▸*Permeabilität*

Kapillare Sauggeschwindigkeit

▸*Wasseraufnahmekoeffizient*

Kapillare Steighöhe

▸*Kapillardruck*
▸*Kapillare*
▸*Kapillarität*

Kapillare Wasseraufnahme

Fast alle mineralischen Hauptbaustoffe haben materialspezifische Porensysteme. Wegen ihrer guten Wärmedämmeigenschaften werden heute Baustoffe mit großem ▸*Porenanteil* und definierter ▸*Porengeometrie* bevorzugt. Diese Poren beeinflussen aber auch ganz wesentlich die kapillare Wasseraufnahme. Je höher die ▸*Porosität* eines Baustoffes ist, desto geringer ist auch die Dichte und desto größer ist die kapillare Wasseraufnahme. Bei der Verarbeitung von beispielsweise Putzen wird Wasser zugegeben, das infolge der chemischen Härtung eingebunden wird oder zum Teil verdunstet. Während dieser Verdunstung entstehen im Putzgefüge feine ▸*Kapillaren* und Poren. Diese Kapillaren und Poren mit einem Radius zwischen 10^{-7} und 10^{-4} m sind für die kapillare Wasseraufnahme geeignet und in der Lage, Wasser und andere Flüssigkeiten entsprechend der Kapillarität zu transportieren. Infolgedessen können bereits innerhalb kurzer Zeit erhebliche Mengen an Feuchtigkeit in den Baustoff oder innerhalb des Baustoffes transportiert werden.

In einem Mauerwerk ist die kapillare Saugfähigkeit bzw. Wasseraufnahme der Haupttransportmechanismus von Feuchtigkeit. Sie wird durch den ▸*Wasseraufnahmekoeffizienten* w ($kg/m^2 \cdot h^{0,5}$) ausgedrückt und im Wesentlichen bestimmt durch den Kapillarradius der Poren. Ist der Kapillarradius relativ klein und liegt er unter 10^{-7}m, spricht man von ▸*Mikroporen* oder ▸*Gelporen*, in denen ein kapillarer Wassertransport nicht mehr stattfinden kann. Diese Poren füllen sich mit Wasser nur noch durch den ▸*Wasseraufnahmemechanismus* der ▸*Kapillarkondensation*. Im Porengrößenbereich über 10^{-4}m findet ebenfalls kein kapillarer Wassertransport statt. Diese Poren besitzen ▸*kapillarbrechende* Wirkung und werden häufig auch als ▸*Luftporen* bezeichnet. Sie werden in einige Baustoffe wie Beton oder ▸*Sanierputze* gezielt eingebracht. Die Luftporen können nur noch unter Druck, z. B. durch Sickerwassereinfluss, gefüllt werden. Im Porengrößenbereich zwischen 10^{-4}m und 10^{-7}m ist die Kapillarität am besten ausgeprägt. Die Poren werden deshalb auch als ▸*Kapillarporen* bezeichnet.

A B C D E F G H I J K L M N O P Q R S T U V W X Y Z

Wird die oben beschriebene Benetzung (der ▸*hydrophilen*) oder Wasserabweisung der (▸*hydrophoben*) Oberfläche auf eine Baustoffkapillare übertragen, ergibt sich bei der ▸*Benetzung* eine konkav gewölbte Flüssigkeitsoberfläche und damit das Aufsteigen der Flüssigkeit in den Kapillaren. Die Kraft, mit der dieser Meniskus in eine Kapillare hineingezogen wird, kann nach folgender Beziehung berechnet werden:

$$F = 2 \cdot \sigma \cdot r \cdot \cos\delta$$

σ = Oberflächenspannung des Wassers in N/m
r = Kapillarradius in m
δ = Randwinkel zwischen Flüssigkeit und Feststoff

Dieser Kapillarkraft wirken beim Eindringen in den Baustoff im Wesentlichen Reibungskräfte und beim Aufsteigen die Schwerkraft entgegen. Vereinfacht lässt sich dies so darstellen: Kapillarkraft = Reibungskraft + Schwerkraft. Die kapillare Wasseraufnahme von porösen mineralischen Baustoffen folgt in der Regel dem sog. „Wurzel-Zeit-Gesetz". Trägt man die Wasseraufnahme W gegen die Wurzel aus der Zeit t auf, so erhält man – zumindestens in der Anfangsphase des kapillaren Saugvorganges – eine Gerade. Die Steigung dieser Geraden wird auch als Wasseraufnahmekoeffizient w oder häufig auch nur als w-Wert bezeichnet:

$$W = w \cdot \sqrt{t}$$

W = Wasseraufnahme (kg/m²)
w = Wasseraufnahmekoeffizienten (kg/ m² • h0,5)
t = Saugzeit (h)

Der Wasseraufnahmekoeffizient beschreibt im eigentlichen Sinn die kapillare Sauggeschwindigkeit eines Baustoffes, wird aber häufig als das Maß der kapillaren Saugfähigkeit von Baustoffen verwendet. Die Höhe, bis zu der das Wasser aufsteigen kann, hängt u. a. vom Porenradius ab. Vereinfachend kann man für Wasser in einem benetzbaren Material folgende Gleichung angeben:

$$h_{max} = \frac{2\sigma \cdot \cos\delta}{\varsigma \cdot g \cdot r}$$

h_{max} = max. Steighöhe in m
σ = Oberflächenspannung des Wassers in N/m
δ = Randwinkel zwischen Flüssigkeit und Feststoff
ς = Dichte der Flüssigkeit in kg/ m³
g = Erdbeschleunigung (9,81 m/ sec.²)
r = Kapillarradius in m

Entsprechend dieser Gleichung ist die maximale Steighöhe in einer Kapillare umgekehrt proportional zum Halbmesser der Kapillare. Dies bedeutet, dass das Wasser um so höher steigen kann, desto kleiner der Kapillardurchmesser ist. Werden die entsprechenden Materialkenndaten für Wasser eingesetzt so ergibt sich für die Steighöhe:

$$h_{max} = \frac{1{,}49 \text{ mm}}{r}$$

h_{max} = max. Steighöhe in mm
r = Kapillarradius in mm

Werden die Gleichungen der kapillaren Sauggeschwindigkeit und die maximale Steighöhe in den Kapillaren verglichen, stellt sich eine umgekehrte Abhängigkeit vom Radius ein. Dies bedeutet, je feiner die Kapillaren werden, desto geringer wird die Sauggeschwindigkeit und umso höher ist die theoretisch mögliche maximale Steighöhe. Wird demnach die Sauggeschwindigkeit sehr klein, ist es aufgrund der Verdunstung der aufgenommenen Feuchtigkeit an der Wandoberfläche sehr unwahrscheinlich, dass die mögliche maximale Steighöhe überhaupt erreicht wird. Es kann weiterhin angenommen werden, dass es für die kapillare Leitfähigkeit einen Grenzwertbereich gibt. Bei einem sehr kleinen Kapillarradius entwickelt sich die Sauggeschwindigkeit gegen Null. Dem gegenüber entwickelt sich die maximal mögliche Steighöhe gegen Null, wenn der Kapillarradius sehr groß ist. Vereinfacht dargestellt:

Kapillarradius < 0,1µm → Sauggeschwindigkeit ~ Null

Kapillarradius > 100µm → max. mögliche Steighöhe ~ Null

Die kapillare Wasseraufnahme, das Kapillarmodell sowie daraus abgeleitete Kenngrößen wie die maximale Steighöhe usw. gehen immer von einem idealisierten Zylinder aus. Da dieser Zustand im Baustoff kaum und im Mauerwerk in der Regel nicht anzutreffen ist, sollten die o. g. Berechnungen nur für die theoretische Erklärung der kapillaren Wasseraufnahme herangezogen werden. Eine Übertragung auf die Praxis ist kaum möglich, da die Wasseraufnahme eines Baustoffes oder Bauteils ein sehr komplexer Vorgang ist. Anders ausgedrückt – in einem historischen Mauerwerk mit ▸*Durchfeuchtungen* im Sockelbereich liegt nicht automatisch ▸*kapillar aufsteigende Feuchtigkeit* vor. Um so wichtiger ist es, durch eine Bauwerksdiagnostik die Ursachen der Durchfeuchtung eindeutig zu bestimmen.

Kapillare Zugkraft

▸*Kapillartransportkoeffizient*

Kapillarhydrophobierung

Die Kapillarhydrophobierung beschreibt im Wesentlichen zwei Vorgänge. Zum Einen wird damit ein Wirkprinzip bei der ▸*nachträglichen Horizontalabdichtung* beschrieben, wenn durch die ▸*Injektion* mit ▸*Silanen*, ▸*Siloxanen* oder ▸*Siliconmikroemulsionen* die Oberflächen der ▸*Kapillarporen* ▸*hydrophobiert* werden. Zum Anderen beschreibt dieser Begriff die Wirkungsweise und Funktion eines ▸*Sanierputzes*. Neben der Zusammensetzung der ▸*Porengeometrie* (Porengröße, -art und verteilung) ist vor allem die Porenhydrophobie für die Wasserabweisung innerhalb des Putzgefüges verantwortlich. Diese darf nicht mit der wasserabweisenden Oberfläche der Sanierputze verwechselt werden. Die Kapillarhydropbierung beschreibt die hydrophobe Ausbildung der Oberflächen der sich im Sanierputz befindlichen Luftporen. Infolgedessen wird die kapillare Feuchtigkeit aus dem Mauerwerk kapillar gebrochen, so dass ein Feuchtigkeitstransport nur noch auf dem Weg der ▸*Diffusion* stattfindet. Somit wird die Verdunstung/ Austrocknung des feuchten Mauerwerkes nicht behindert, aber gleichzeitig die auskristallisierenden Salze im Putzgefüge eingelagert.

Kapillarität

Der Begriff der Kapillarität (oder auch Kapillareffekt) wurde aus dem Lateinischen abgeleitet und bedeutet sinngemäß Haarröhrchenwirkung. Sie hängt mit der ▸*Oberflächenspannung* zusammen. Unter dem Kapillareffekt ist eine Erscheinung gemeint, bei der eine Flüssigkeit in eine dünne Kapillare entweder hineingezogen oder aus ihr verdrängt wird. Die Oberfläche in diesen Kapillaren sieht aus wie ein Hohlspiegel, sie ist konkav. Diese Wirkung wird auch als Kapillaraszension bezeichnet. Die Oberfläche der Flüssigkeit strebt immer von ihrem Mittelpunkt weg, da die benetzenden Flüssigkeiten versuchen die Wand zu benetzen. Durch diese Wechselwirkung der Kapillarwand mit der Flüssigkeit steigt diese in begrenztem Maße. An einem bestimmten Punkt heben sich Schwerkraft und Kapillarkräfte auf.

Sog. benetzende Flüssigkeiten, also Flüssigkeiten mit einer geringen Oberflächenspannung wie z. B. Wasser, steigen in diesen Kapillaren auf. Dies kann bei der ▸*kapillar aufsteigenden Feuchtigkeit* in Mauerwerken oder mineralischen Putzen gut beobachtet werden. Die kapillare Leitfähigkeit hängt im Wesentlichen von der Größe der ▸*Kapillaren* ab. Ist der Kapillarradius relativ klein und liegt er unter 10^{-7} m, spricht man von ▸*Mikroporen* oder

A B C D E F G H I J K L M N O P Q R S T U V W X Y Z

▸*Gelporen* 10^{-9} bis 10^{-8} m, in denen ein kapillarer Wassertransport nicht mehr stattfinden kann. Diese Poren füllen sich mit Wasser nur noch durch den ▸*Wasseraufnahmemechanismus* der ▸*Kapillarkondensation*. Im Porengrößenbereich über 10^{-4} m findet ebenfalls ein kapillarer Wassertransport nicht mehr statt. Diese Poren besitzen ▸*kapillarbrechende* Wirkung und werden häufig auch als ▸*Luftporen* bezeichnet. Sie werden in einige Baustoffmischungen gezielt eingebracht. Die Luftporen können nur noch unter Druck gefüllt werden. Im Porengrößenbereich zwischen 10^{-4} und 10^{-7} m ist die Kapillarität am besten ausgeprägt. Die Poren werden deshalb auch als ▸*Kapillarporen* bezeichnet.

Kapillarkondensation

An den Wandoberflächen tritt erst beim Unterschreiten der von der ▸*relativen Luftfeuchtigkeit* abhängigen Taupunkttemperatur die Tauwasserbildung auf. Dabei kann sich in den Kapillaren schon bei niedriger Luftfeuchte Tauwasser einstellen. Diese Tauwasserbildung innerhalb des Kapillarsystem wird auch als Kapillarkondensation bezeichnet und wird durch den Porenradius der Baustoffe beeinflusst.

Kapillarleitfähig

▸*Kapillaraktiv*

Kapillarmodell

Das Kapillarmodell wurde entwickelt, um die theoretischen Grundlagen für den Feuchtetransport in Baustoffen transparent darstellen zu können. Damit wird die ▸*kapillar aufsteigende Feuchtigkeit* in Mauerwerken sowie die kapillare Wasseraufnahme in Baustoffen erklärt. Wie dies bei Modellen allgemein üblich ist, dient auch das Kapillarmodell nur der Veranschaulichung eines nachgewiesenen Phänomens.

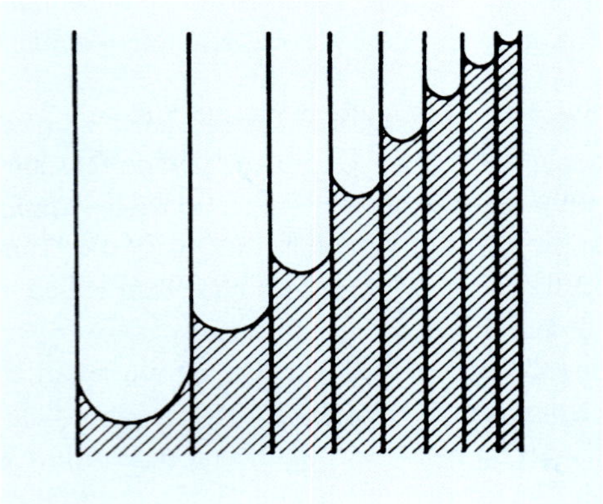

Kapillarporen

▸*Poren* mit einem Radius zwischen 10^{-7} und 10^{-4} m werden als Kapillarporen bezeichnet. Diese Poren sind für die kapillare Flüssigkeitsaufnahme geeignet und sind in der Lage, Wasser und andere Flüssigkeiten im Baustoff entsprechend der Kapillarität zu transportieren. Dies bedeutet, dass diese Baustoffe nicht nur kapillarem Wasser zugänglich, sondern auch ohne großen Aufwand imprägnierbar sind bzw. gut injiziert werden können.

Kapillarporensystem

Da sich in einem Baustoff oder Bauteil keine durchgehenden ▸*Kapillaren* befinden, wie dies in Pflanzen der Fall ist, dürfte keine ▸*kapillar aufsteigende Feuchtigkeit* vorliegen. Dass dennoch Feuchtigkeit auf kapillarem Weg aufgenommen und horizontal und vertikal transportiert wird, liegt an dem fein verteilten ▸*Kapillarporen*, die zum Teil untereinander verbunden sind und somit ein System an benetzbaren Kapillaren ergeben. Dies ist neben anderen Ursachen wie ▸*Hygroskopizität* oder Inhomogenität auch der Grund dafür, dass Baustoffe und Bauteile nicht gleichmäßig durchfeuchten.

Kapillarradius

▸*Porengröße*
▸*Kapillare Wasseraufnahme*

Kapillartransport

▸*Kapillaraktiv*
▸*Kapillarität*
▸*Kapillarmodell*

Kapillartransportkoeffizient

Nach [5] ergibt sich aufgrund der Wechselwirkung der Wassermoleküle untereinander sowie zwischen den Porenwandungen eine sog. kapillare Zugkraft, die für den Flüssigkeitstransport in Baustoffen und Bauteilen ursächlich ist. Dieser Transport wird durch den sog. Kapillartransportkoeffizienten beschrieben und ist von der kapillaren Zugkraft und/oder der relativen Luftfeuchtigkeit abhängig. Unterschieden wird auch zwischen dem eigentlichen Vorgang der ▸*Kapillarität* (Saugvorgang) und der Feinverteilung im Baustoff.

Kapillarverdichtung

Der Begriff Kapillarverdichtung wird nicht einheitlich verwendet. Zum Einen wird mit der Kapillarverdichtung nur die Verengung der Baustoffkapillaren definiert, also eine Reduzierung des Kapillarradius durch Ablagerung der ▸*Injektionsstoffe* auf der Oberfläche der Kapillaren. Gelingt es, den Kapillarradius auf Werte unter 10^{-7} m zu reduzieren, bewirkt eine derartige Kapillarverdichtung eine Reduktion der kapillaren Leitfähigkeit – also die Reduzierung der kapillaren Feuchtigkeit. Hierzu werden z. B. ▸*Silikate* (Wassergläser) eingesetzt, die in Folge der „Verkieselung" ein Silikatgel abscheiden und auf der Oberfläche ablagern. Zum Anderen wird er aber auch für einige ▸*Injektionsmittel* verwendet, die sich im Kapillarsystem so ablagern, dass es zu einer echten Verstopfung, Verdichtung oder Abdichtung der Kapillaren kommt. Hierzu gehören ▸*Bitumen* (die heute nicht mehr eingesetzt werden), ▸*Paraffine* sowie die große Gruppe der Injektionsharze.

Kapillarverengung

▸*Kapillarverdichtung*

Kapillarverstopfung

▸*Kapillarverdichtung*

Kapillarwasser

▸*Porenwasser*

Karbolinieum

▸*Steinkohlenteeröl*

Karbonate

Am Beispiel der Karbonate zeigt sich sehr deutlich die enge Verwandtschaft zwischen Bindemittel und ▸*bauschädigendem Salz*. Das bekannteste Karbonat ist das Kalziumkarbonat, das als Kalk vielen mineralischen Baustoffen als Bindemittel zugrunde liegt. Der einzige Unterschied zwischem dem Bindemittel (Kalk) und dem bauschädigenden Salz (Natriumkarbonat) liegt in der Löslichkeit und im Wassergehalt der Produkte. Karbonate sind die Salze der Kohlensäure, die eine sehr schwache Säure darstellt. Deshalb sind alle Karbonate extrem säureempfindlich und werden auch von den schwächsten Säuren aus ihren Salzen vertrieben. Regenwasser verbindet sich mit dem Kohlendioxid aus der Luft zu aggressiver Kohlensäure:

$$\underset{\text{Wasser}}{H_2O} + \underset{\text{Kohlendioxid}}{CO_2} \rightarrow \underset{\text{Kohlensäure}}{H_2CO_3}$$

Der Angriff der Kohlensäure verläuft über mehrere Stufen: Reaktion des gebrannten Kalkes mit Kohlensäure zu Kalkstein:

$$\underset{\text{Kalziumhydroxid}}{Ca(OH)_2} + \underset{\text{Kohlendioxid}}{CO_2} + \underset{\text{Wasser}}{H_2O} \rightarrow \underset{\text{Kalziumkarbonat}}{CaCO_3} + \underset{\text{Überschusswasser}}{2H_2O}$$

Weitere Kohlensäure bildet mit Kalziumkarbonat und Wasser das Kalziumbikarbonat oder auch Kalziumydrogenkarbonat. Dieses ist leicht wasserlöslich und wird deshalb im Wandaufbau von innen nach außen transportiert.

$$\underset{\text{Kalziumkarbonat}}{CaCO_3} + \underset{\substack{\text{Kohlensäure} \\ H_2CO_3}}{CO_2 + H_2O} \rightarrow \underset{\text{Kalziumbikarbonat}}{Ca(HCO_3)_2}$$

Kalziumbikarbonat reagiert mit Kalziumhydroxid zu Kalziumkarbonat:

$$\underset{\text{Kalziumbikarbonat}}{Ca(HCO_3)_2} + \underset{\text{Kalziumhydroxid}}{CaOH_2} \rightarrow \underset{\text{Kalziumkarbonat}}{2CaCO_3} + \underset{\text{Wasser}}{2H_2O}$$

Weitere Kohlensäure löst Kalziumkarbonat unter Bildung von Kalziumbikarbonat, das aus dem Bauteil austritt, sich verfestigt und als Ausblühung sichtbar bleibt:

$$\underset{\text{Kalziumbikarbonat}}{Ca(HCO_3)_2} + \text{Luft} \rightarrow$$

$$\underset{\text{Kalziumkarbonat}}{CaCO_2} + \underset{\text{Kohlendioxid}}{CO_2} + \underset{\text{Wasser}}{H_2O}$$

Dieser Vorgang entspricht dem Ablauf der Tropfsteinbildung, bei der durch Kalkstein sickerndes kohlensaures Wasser das Kalziumbikarbonat bildet, das sich an der Luft unter Kalksteinbildung (Tropfsteine) zersetzt. Ähnlich reagieren einige Kalium- und teilweise Ammoniumsalze. Diese Salze sind in einigen Fällen derart hoch wasserlöslich, dass sie nicht auskristallisieren oder aufgrund ihrer Hygroskopizität sehr schnell wieder in Lösung gehen oder auskristallisieren und vom Regenwasser direkt abgewaschen werden. Beispielhaft sollen die Kaliumkarbonate genannt werden, die bei der Verkieselung von Silikatfarben gebildet werden und mit der Zeit aus dem Anstrich ausgewaschen werden.

Karbonatisierung

Unter Karbonatisierung versteht man die chemische Reaktion von Kalziumhydroxid mit dem Kohlendioxid der Luft zu Kalziumkarbonat. Dieser Vorgang geht auch bei der ▸*Härtung* kalkgebundener oder kalkzementgebundener Baustoffe vor sich, dadurch wird die erforderliche Endhärte erreicht. Durch die Karbonatisierung wird die ▸*Alkalität*, also der ▸*pH-Wert* eines Baustoffes, abgebaut. Um die unter dem Begriff Karbonatisierung zusammengefassten chemischen Reaktionen zu verstehen, werden die einzelnen Kohlensäurereaktionen am Beispiel Putz erläutert: In der 1. Phase (Eindringen des Kohlendioxid) dringt das Kohlendioxid durch Diffusion in die feinen Kapillarporen im oberflächennahen Putzbereich ein. Die Kapillarporen eines Putzmörtels stellen das Transportsystem für Gase und Wasser dar. Die 2. Phase (Bildung der Kohlensäure) ist durch das Lösen des Kohlendioxid im Kapillarsystem des Putzmörtels gekennzeichnet. Die 3. Phase stellt eine Neutralisationsreaktion der Kohlensäure und der Alkalität des Untergrundes (Mörtel/Ziegel) dar. Der gebildete Kalkstein wird aufgrund seiner hohen spezifischen Oberfläche sehr schnell wieder in eine leicht lösliche Kalkverbindung, das Kalziumhydrogenkarbonat, umgewandelt. Diese Reaktion ist sehr stark temperaturabhängig und reversibel. Infolgedessen kommt es an der Fassade zu einer ständigen Reaktion, die zu Lösungserscheinungen und zu erneuter Auskristallisation führt. Das entstehende Kalziumhydrogenkarbonat besitzt eine größere Löslichkeit als Kalkstein und wird durch kapillare Transportvorgänge in andere Bereiche des Baustoffgefüges transportiert. Insbesondere bei Temperaturerhöhung kommt es dann zur erneuten Auskristallisation.

Karbonatisierungsbremse

Eine Karbonatisierungsbremse nennt man eine Dünnbeschichtung oder Versiegelung auf Beton, die einen hohen Diffusionswiderstand gegenüber Kohlendioxid aufweist, damit die für den Schutz des Bewehrungsstahls erforderliche Alkalität möglichst lange im optimalen Bereich gehalten werden kann. Eine entsprechende Betonbeschichtung hat also nicht in erster Linie eine optisch-ästhetische, sondern eine Schutzfunktion zu erfüllen. Zur Anwendung kommen überwiegend Siloxan- und ▸*Acrylharze* sowie in Ausnahmen auch ▸*Epoxidharze*. Die Gesamtschichtdicke von Karbonatisierungsbremsen beträgt in der Regel 50 μm. [3]

Karbonatnachweis

Karbonate lassen sich durch verdünnte Salzsäure nachweisen, da diese bei Zugabe leicht aufbrausen (Verdrängungsprinzip, Verdrängung der schwachen Säure durch die stärkere). Dies ist ein Hinweis auf die Anwesenheit von Soda oder Pottasche.

Karl-Fischer-Verfahren

Das sog. Karl-Fischer-Verfahren stellt ein chemisches Verfahren zur ▸*Feuchtemessung* von Baustoffen dar, bei dem die chemische Reaktion eines Stoffes mit Wasser analysiert wird. Das Verfahren ist eine Titration, bei der sich Jod, Schefeldioxid und Wasser zu Schwefelsäure und Jodwasserstoff verbinden. Der Feuchtegehalt des zu prüfenden Baustoffes wird aus der Menge der erforderlichen Karl-Fischer-Lösung, die Namensgeber für dieses Messverfahren ist, bestimmt. Vorteilhaft gegenüber anderen Verfahren ist, dass bereits Spuren von Wasser nachgewiesen werden können. Nachteilig ist, dass es sich um ein zerstörendes Verfahren handelt und die Baustoffproben nur einmal verwendet werden können.

Karsten´sches Prüfrohr

Mit dem Karsten´schen Prüfrohr werden Wasseraufnahme und Saugverhalten eines Untergrundes geprüft. Hierzu wird das Prüfrohr am Untergrund mit einem Kitt fixiert und mit einer definierten Menge Wasser gefüllt. Anschließend wird die ▸*Wasseraufnahme* des Untergrundes in zeitlicher Abhängigkeit gemessen. Die Prüfung von Wasseraufnahme und Saugfähigkeit mit dem Karsten´schen Prüfröhrchen verlangt Erfahrung, da eine generelle Aussage über die wasserabweisenden Eigenschaften des Untergrundes nicht gemacht werden kann. Oftmals ist die Verteilung auf der Wandoberfläche sehr groß, obwohl das Wasser nicht weit in den Untergrund eindringen kann. Hinzu kommt, dass organischer und anorganischer Schmutz ▸*hydrophobe* Eigenschaften besitzen und damit die gemessenen Werte beeinflussen kann.

Kaschierlage

Hinter dem Begriff Kaschierlage verbirgt sich eine ▸*Bitumenbahn*, die bereits werkseitig auf einen Wärmedämmstoff aufgeklebt ist.

Katalysator

Ein Katalysator ist ein Stoff, der die Geschwindigkeit einer chemischen Reaktion erhöht oder überhaupt erst ermöglicht. Im Zusammenhang mit feuchte- und salzgeschädigten Bauwerken wird Wasser häufig als Katalysator bezeichnet, da durch Wasser z. B. ▸*bauschädigende Salze* kapillar transportiert werden und an der Oberfläche auskristallisieren. Hierbei vergrößern sie ihr Volumen, so dass es zu Kristallisationsdrücken kommt. Infolgedessen können Salze erst ihre bauschädigende Wirkung entfalten.

Kationen

Ionene sind elektrisch geladene Atome, Atomgruppen oder Moleküle. Positiv geladene Ionen, die aus den neutralen Teilchen durch Abgabe von Elektronen entstanden sind, heißen Kationen. Sie wandern bei einer Elektrolyse zur Katode (dem Minuspol). Ein Kation kann einfach oder mehrfach positiv geladen sein. Negativ geladene Ionen heißen Anionen, wandern zur Anode und entstehen durch Elektronenaufnahme der neutralen Teilchen. Salze bestehen immer aus Kationen und Anionen.

Katode

In der Chemie wird mit Katode eine Elektrode beschrieben, an der eine Reduktionsreaktion stattfindet. Sie ist diejenige Elektrode eines Elektrodenpaares, die negativ geladen ist und deshalb die positiv geladenen Ionen anzieht. Die Katode ist damit die Gegenelektrode zur

Anode. Beide finden bei der Elektro-physikalischen Entsalzung und elektrophysikalischen Mauerwerkstrockenlegung ihre Anwendung.

KBE

Bei der ▸*biologischen Diagnostik* von Mikroorganismen werden sog. Kolonie-Bildende-Einheiten pro m^3 Luft bestimmt. Liegt bei der Bestimmung von lebenden Zellen eine Gesamtkonzentration z. B. von ▸*Schimmelpilzen* von mehr als 100 KBE pro m^3 Luft über der in der Außenluft bestimmten Konzentration vor, so gilt dies als Hinweis auf eine Schimmelpilzbelastung im Innenraum. Die Kolonie-Bildende Einheit entspricht der Anzahl lebender Pilze, die auf einen bestimmten Nährsubstrat wachsen können. Eine differenzierte Betrachtung ist möglich, wenn die einzelnen Schimmelpilzgruppen bestimmt werden. Das National Health and Welfare Institute in Kanada hat z. B. 1993 bereits folgende Empfehlung herausgegeben: Pathogene oder toxische Pilze (z. B. *Aspergillus fumigatus*, *Stachybotrys chartarum*) dürfen in Innenräumen gar nicht vorkommen. Bis zu 50 KBE/m^3 einer einzigen Pilzart in der Raumluft sind akzeptabel, bis zu 150 KBE/m^3 sind akzeptabel, wenn eine ausgewogene gemischte Pilzflora vorhanden ist und bis zu 500 KBE/m^3 sind akzeptabel, wenn es sich hauptsächlich um *Cladosporien* oder andere pflanzenassoziierte Pilze handelt.

Kehle

Im Bauwesen bedeutet Kehle die einspringende Schnittlinie zweier nicht in einer Ebene liegenden Flächen, z. B. zweier Dachflächen, zwischen Wand und Decke, zwischen Fundament und aufgehendem Mauerwerk oder der Entwässerungslinie zu einem Dachablauf.

Kehlstoß

Der Begriff Kehlstoß wird im Übergang von der Fundamentplatte zum aufgehenden Mauerwerk verwendet und beschreibt einen Übergang der Abdichtungsschicht, der in der Regel vor der Erstellung des abzudichtenden Bauwerks bereits hergestellt wird. [2]

Keilschnittprobe

Eine sog. Keilschnittprobe wird bei der ▸*Abdichtung* mit ▸*Bitumen-Dickbeschichtungen* durchgeführt, um die Durchtrocknung und Schichtdicke überprüfen zu können. Hierzu wird der gleiche Mauerstein oder sonstige Untergrund, der abgedichtet werden soll, beschichtet und mit in die Baugrube gelegt. Bei der nachträglichen Prüfung der ▸*Trockenschichtdicke* wird ein im Querschnitt dreieckiger Keil bis auf den Prüfkörper ausgeführt, so dass in der ▸*Bitumen-Dickbeschichtung* eine Aussparung in dreieckiger Form entsteht. Durch die sichtbare Breite des Keils wird dann auf die ausgeführte Schichtdicke geschlossen. [2]

Keller

Der Keller wird auch als Kellergeschoss bezeichnet und beschreibt das Geschoss unter dem Erdgeschoss, ganz oder teilweise unter der Erdoberfläche liegend. Die Funktion eines Kellers war in der Vergangenheit auf die Lagerung von Lebensmitteln oder Kohlen und Holz beschränkt. Für die Lebensmittellagerung besaß der Keller die notwendige Lufttemperatur und -feuchtigkeit. Auch für die Lagerung von Holz und Kohle oder als Abstellraum für wenig genutzte Gegenstände waren Kellerräume besonders gut geeignet. Durch die Kältetechnik (Kühlschränke und Gefriertruhen) hat der Keller seine Bedeutung als Lagerraum für Lebensmittel komplett verloren. Auch die Lagerung von Holz und Kohle wird durch Öl- und Gasheizungen immer mehr verdrängt, so dass der Keller heute nur noch als Abstellraum benutzt wird oder immer mehr einer neuen Nutzung wie Arbeitszimmer, Fitnessraum, Hobbyraum oder Partykeller und dgl. zugeführt wird. Aus diesem Grund wird der Keller immer öfter als Untergeschoss bezeichnet.

Kellerassel

Von den Asseln, die zu den Krebstieren gehören, sind weltweit etwa 1300 Arten bekannt. Sie leben an feuchten Orten unter Pflanzenresten, loser Rinde und unter Steinen. Zu den bekanntesten Arten zählen die Kellerassel (lat.=

Porcellio scaber, engl.= *dooryard sowbug*, franz.= *le cloporte*, span.= *cochinilla de humedad*) und die Mauerassel (lat.= *Oniscus asellus*), die nahezu weltweit verbreitet sind.

Die bis zu 16mm langen Kellerasseln haben einen ovalen, abgeplatteten Körper und sind grau bis schiefergrau, die Unterseite ist hellgrau gefärbt. Am Kopf, der mit dem ersten Brustring verschmolzen ist, befinden sich zwei Fühlerpaare, von denen das erste rudimentär ist und das zweite aus 5 Gliedern und einer zweigliedrigen Fühlerkeule besteht. Charakteristisch sind die 7 freibeweglichen Brustsegmente, an denen sich je ein Paar Laufbeine befindet. Die Mauerassel unterscheidet sich von der Kellerassel durch ihre hellbraune Färbung, zwei Reihen gelber Flecken auf der Oberseite und die Fühlergeißel, die aus drei Gliedern besteht.

Die Weibchen tragen bis zu 90 Eier über den Zeitraum von ca. 45 Tagen bis zum Schlüpfen der Larven in einem speziellen Brutraum, der sich an der Unterseite des Körpers befindet. Innerhalb eines Jahres sind bis zu drei Eiablagen möglich. Die aus den Eiern schlüpfenden Larven, die auch „Mancastadien" genannt werden, sehen den erwachsenen Asseln bereits ähnlich. Nach der 3. Häutung werden die Larven zum „Immaturesstadium" und durchlaufen bis zur Geschlechtsreife weitere 10 bis 13 Häutungen im Abstand von je zwei Wochen. Die erwachsenen Tiere haben eine Lebenserwartung von bis zu zwei Jahren.

Asseln sind Allesfresser und ernähren sich fast ausschließlich von pflanzlichen Materialien, wobei angefaulte Substanzen bevorzugt werden. Da die Sauerstoffaufnahme über Kiemen erfolgt und die Exokutikula nicht vor der Austrocknung geschützt ist, sind Asseln auf einen feuchten Lebensraum und nächtliche Aktivitäten angewiesen. Die Tiere richten in der Regel keine Schäden an und können im Wohn- oder Kellerbereich höchstens als Lästlinge angesehen werden. Gelegentlich werden Asseln in feuchten Kellern an gelagerten Kartoffeln, Mohrrüben, Äpfeln und anderen pflanzlichen Vorratsgütern schädlich. Waschküchen werden aufgrund der hohen Luftfeuchtigkeit gern von Asseln besiedelt.

Treten gehäuft Asseln im Wohnbereich auf müssen ihre feuchten Lebensräume beseitigt werden. Ritzen und Spalten, in die Wasser eindringen kann, müssen mit geeigneten Materialien verschlossen werden. Lose Terrassenplatten und undichte Wasserrohre können ebenfalls die Ursache für ein gehäuftes Auftreten von Asseln sein. Blumenkübel und -töpfe müssen so aufgestellt werden, dass sich unter dem Boden keine Feuchtigkeit ansammeln kann.

Kelleraußentreppe

Im Rahmen der Kellerabdichtung und -sanierung werden die Besonderheiten einer Kelleraußentreppe oft vernachlässigt. Zum Einen geht es um die Planung und Ausführung von Kellern aus ▸*WU-Beton*, bei denen auch die Anordnung der Kelleraußentreppe mindestens 30 cm über dem höchstmöglichen Grundwasserspiegel (▸*Bemessungswasserstand*) erfolgen muss. Zum Anderen sollten Kelleraußentrep-

© siehe Anhang

© siehe Anhang

pen vor Niederschlägen geschützt (Abdeckungen) und Abflüsse regelmäßig gereinigt werden, damit evtl. Niederschläge abgeführt werden können. Bei der nachträglichen Vertikalabdichtung stellt sich oft das Problem, dass Kelleraußentreppen die eigentliche Außenwand verdecken und somit eine durchgehende Abdichtung verhindern. Hier muss je nach Objektbedingungen und Lastfall sowie nach wirtschaftlichen Gesichtspunkten (Aufwand und Nutzen) entschieden werden, ob die Konstruktion der Kelleraußentreppe entfernt und nach der Abdichtung wieder ausgeführt wird oder ob in diesem Bereich eine ▸*Innenabdichtung* erfolgt oder ob es ausreicht, die ▸*Vertikalabdichtung* inklusive der Kelleraußentreppe auszuführen.

© siehe Anhang

Kellerbodendämmung

Der Kellerboden wurde ursprünglich aus Sand und Lehm, Ziegel- oder Naturstein ausgebildet. Später begann man den Boden zu betonieren, wobei nach heutigem Verständnis Magerbetone eingesetzt wurden. Erst Ende der 70-er und Anfang der 80-er Jahre wurde begonnen, auch den Kellerfußboden zu dämmen. Hierzu wird die horizontale Flächenabdichtung mit Abdichtungsbahnen ausgeführt, bevor dann Wärmedämmplatten (z. B. Schaumglas) und anschließend der Estrich ausgeführt wurden. Alternativ werden Verbundplatten als sog. Thermoböden eingesetzt. Diese bestehen aus einer Spanplatte und einer Polystyrol-Hartschaumplatte mit Unterlüftungskanälen und seitlichem Luftaustritt.

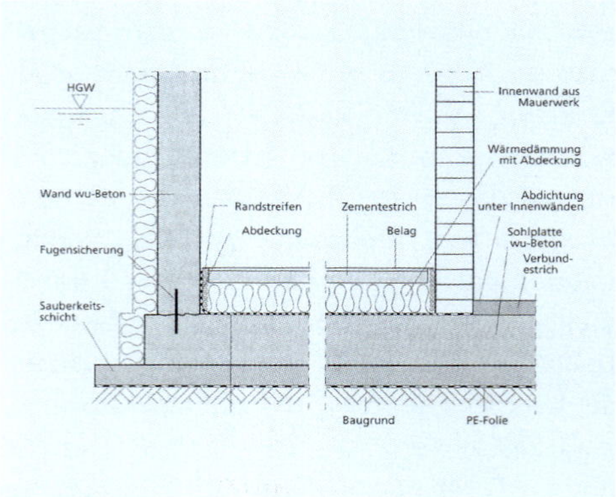

© siehe Anhang

Kellerdeckendämmung

Im Rahmen der energetischen Modernisierung von Gebäuden muss auch die Kellerdecke nachträglich wärmegedämmt werden, wenn die Anforderungen der EnEV (Energie-Einspar-Verordnung) erfüllt werden sollen. Dies ist in vielen Fällen nicht so einfach, da Betonstürze, Gas-, Wasser- und Elektroleitungen sowie eine geringe Kellerraumhöhe oder feststehende Tür- und/oder Fensterhöhen beachtet werden müssen. Je nach Gebäudealter und Region besteht die Kellerdecke aus einer mit Dispersionsfarbe gestrichenen Betonplatte, aber auch aus Ziegelmauerwerk oder einer Holzbalkendecke. Je nach Nutzung der Kellerräume sowie Energiebilanz erfolgt eine Wärmedämmung aus EPS-, Mineralwolle- oder Glaswolle-Dämmplatten, Mineralschaum-, Kalziumsilikatplatten oder Holzwolle-Leichtbauplatten. Bei kritischem Untergrund (Altanstrich, glatter Beton) und/oder bei schweren Wärmedämmplatten müssen die Dämmplatten zusätzlich gedübelt werden.

Kellerfenster

Um bestehende Kellerräume einer Umnutzung zu unterziehen, müssen entsprechende Mindestanforderungen erfüllt werden. So müssen umgebaute, sanierte oder modernisierte Kellerräume je nach Nutzung die Anforderungen hinsichtlich Feuchte- und Wärmeschutz, Schall- und Brandschutz sowie baurechtliche Maßvorgaben erfüllen. Darüber hinaus muss ein Keller über eine entsprechende Beleuchtung verfügen. Diese kann u. a. über neue oder umgebaute Kellerfenster sicher gestellt werden. Da in alten Kellern oftmals nur kleine Fenster eingebaut wurden, stellt sich im Rahmen der Kellersanierung und –modernisierung oftmals die Frage nach der Art und Größe neuer Fenster.

Das Stahlkellerfenster ist das traditionelle Kellerfenster für nicht beheizte Räume mit feuchte- unempfindlicher Nutzung (Vorratsraum, Abstellraum, Tankraum oder Garage). Es ist feuerverzinkt oder zusätzlich pulverbeschichtet und besitzt eine Sicherheitsverglasung. Die Fenster sind mit drehbarem oder feststehendem Lochgitter erhältlich. Je nach Größe und Art haben Stahlkellerfenster einen oder zwei Fensterflügel. Alternativ gibt es Kunststoffkellerfenster, die in Kippfenster, sog. Variofenster und in Dreh-Kipp-Fenster unterschieden werden. Die Kippfenster bieten sich als Alternative zu den Stahlkellerfenstern an, da sie für den gleichen Anwendungsfall (nicht beheizte Räume mit feuchteunempfindlicher Nutzung) eingesetzt werden. Im Gegensatz dazu werden Kippfenster aus Kunststoff mit Einfach- oder Isolierverglasung angeboten. Bei den sog. Variofenstern handelt es sich um Kippfenster, bei denen ein Teil der Fensterfläche als Funktionsfeld ausgeführt wird. Dies ist besonders bei Kellerräumen praktisch, aus denen z. B. die Luft von Wäschetrockner abgeführt oder in die z. B. Öl eingeleitet werden muss. Zum Teil werden so gar Variofenster mit Wasseranschluss angeboten. Da diese Funktionsfelder jederzeit zugänglich sind, werden Durchdringungen durch das Mauerwerk gespart, die aufwändig abgedichtet werden müss(t)en. Dagegen besitzen die Dreh-Kipp-Fenster eine Wärmeschutzverglasung und sind aus Kunststoff. Da sie damit die Anforderungen an hochwertige Wohnraumfenster erfüllen, können sie für Arbeits- oder Gästezimmer, Fitness- oder Hobbyräume sowie Sauna und dgl. verwendet werden.

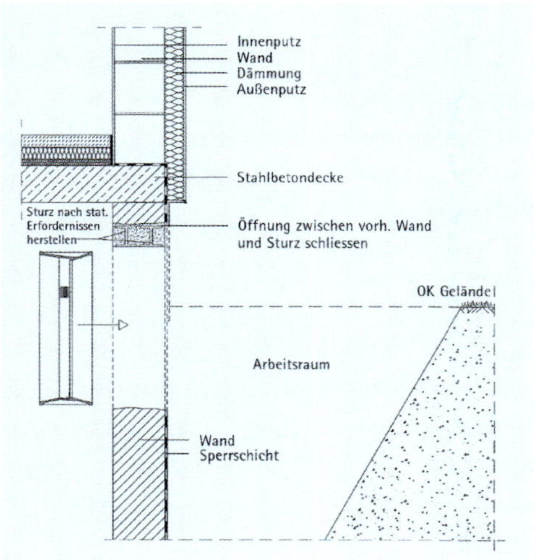

© siehe Anhang

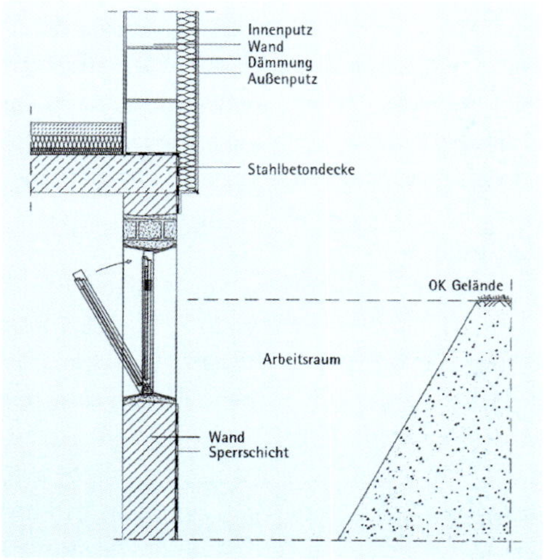

© siehe Anhang

Kellersanierung

Der Begriff Kellersanierung umfasst unterschiedlichste Tätigkeiten, so z. B. die Feststellung von Schäden und deren Ursachen, die Aufnahme der Lastfälle, die Definition der künftigen Nutzung sowie die Bestimmung der Wirtschaftlichkeit für unterschiedliche Sanierungs- und Nutzungsmöglichkeiten. In den meisten Fällen liegen ▸*Feuchtigkeitsschäden* und ▸*Salzausblühungen*, Putzabplatzungen und ein ▸*Abblättern* von Anstrichen sowie ein moderiger Geruch vor, wenn ein Keller saniert werden

A B C D E F G H I J K L M N O P Q R S T U V W X Y Z

soll. Darüber hinaus kann auch ein mikrobiologischer Befall vorliegen, wenn das Mauerwerk oder der Kellerboden durch den ▸*Echten Hausschwamm* oder sonstige ▸*Hausfäulen* (Holzzerstörende Pilze) befallen ist. Aber auch ohne Schäden kann eine Kellersanierung nowendig werden, wenn bisher nicht oder sporadisch genutzte Räume in eine andere Nutzung überführt werden sollen und Umbauten oder eine energetische Sanierung notwendig wird. Je nach Objektbedingungen kann eine ▸*nachträgliche Horizontal- und/oder Vertikalabdichtung* (von innen oder außen), Sanier- oder Wärmedämmputze, ▸*Perimeterdämmung* (außen) oder Kellerdecken- und/oder Innendämmung, eine nachträgliche Bodenabdichtung und/oder Kellerbodendämmung, Hausschwammsanierung oder technische Bautrocknung notwendig werden.

© siehe Anhang

Kellerschwamm

Neben dem bekannten ▸*Echten Hausschwamm* wird der Kellerschwamm häufig unterschätzt, der auch als Coniophora puteana oder französisch *coniophore des caves* bezeichnet wird. Im

© siehe Anhang

Gegensatz zum Hausschwamm besitzt diese Braunfäule ein nur schwach entwickeltes Myzel, das zum Beginn weiß und mit zunehmenden Alter graubraun bis dunkelbraun wird. Die Fruchtkörper besitzen eine dünne, gelbbraune, krustenartige Haut, die im trockenen Zustand sehr brüchig ist. Als Wachstumsbedingung muss eine Temperatur von 5 bis 35°C (Optimum bei 22 bis 26°C) und eine Holzfeuchtigkeit von 50 bis 60% vorliegen. Nach dem Echten Hausschwamm ist der Kellerschwamm der bedeutendste holzzerstörende Pilz in Gebäuden. Die Bezeichnung „Kellerschwamm" kann zu Missverständnissen führen, da der Pilz sowohl im Keller als auch im Dachstuhl (Konstruktion und Holzböden) anzutreffen ist.

Kerasan-Verfahren

▸*Elektro-physikalische Entsalzung*

Kerbrisse

Bei Kerbrissen handelt es sich um diagonal verlaufende ▸*Risse*, die bevorzugt bei Maueröffnungen zu beobachten sind. Die Schadensursache liegt darin, dass in diesen Bauteilbereichen eine Unterbrechung des Mauerwerkes (z. B. Fenster, Türen) stattfindet. Bei thermischen und hygrischen Längenänderungen der gesamten Bauwerkskonstruktion kommt es dann in diesem Bereich zu anderen Verformungen (Scherspannungen), so dass diagonal verlaufende Risse in der Putzschale verursacht werden. Bei Putzmörteln mit hohem Schwindmaß oder bei schneller Putzaustrocknung kann die als Kerbe wirkende Ecke auch wiederum Auslöser eines neuen und dann reinen Putzschwindrisses sein. Diese Risse sind häufig zu beobachten, wenn sehr harte Putzsysteme verwendet wurden und gleichzeitig die Diagonalarmierung als Putzbewehrung im Eckbereich von Öffnungen vergessen wurden. Ursachen für Kerbrisse liegen in der Schwindverkürzung des Mauerwerkes (z. B. bei hoch wärmedämmendem Mauerwerk aus Blähton-, Porenbeton-, Bimshohlblocksteinen und dgl.), Verformung des Mauerwerkes aufgrund seines Kriechverhaltens (bei mehrgeschossigen Gebäuden werden die Lasten in den unteren Geschossen immer größer, dadurch verkürzt sich in den unteren Geschossen das Mauerwerk weniger, als in den oberen) sowie infolge der Verformung von Deckenplatten oder des tragenden Mauerwerks.

Kernbohrung

Die Kernbohrung ist eine zerstörende Probenahme, bei der mittels Spezialbohrer Materialzylinder aus Baustoffen oder Bauteilen gewonnen werden. Kernbohrungen werden im Rahmen der Voruntersuchung zur Bauwerksdiagnostik durchgeführt. In Abhängigkeit von den nachfolgenden Untersuchungen werden Kerne in unterschiedlichen Dimensionen gezogen. Üblich sind Durchmesser von 20 bis 50 mm. An ihnen werden z. B. Feuchte- und/oder Salzgehalte, die stoffliche Zusammensetzung oder Porosität bestimmt. Kernbohrungen können auch dazu dienen, den Zustand und Aufbau eines Mauerwerksquerschnittes (z. B. Inhomogenität, mehrschaliges Mauerwerk, Art der Füllung etc.) zu untersuchen.

Kernbohrverfahren

▸*Bohrkernverfahren*

Kernphysikalische Feuchtigkeitsmessung

Bei der kernphysikalischen Feuchtigkeitsmessung werden Eigenschaften des Wasserstoffkerns zur Feuchtedetektion genutzt. Über eine Resonanzabsorption der Wasserstoffkerne im Magnetfeld werden der Feuchtegehalt und die Feuchteverteilung bestimmt. Da die Art der Atombindung dabei ohne Bedeutung ist, erfassen diese Messmethoden jegliche Art und Form von Wasser. Es wird also auch das chemisch und das chemisch-physikalisch gebundene Wasser erfasst, was in bestimmten Fällen zur Einschränkung der Aussage führt, z. B. bei stark Gips haltigem Mauerwerk. Die Kernphysikalische Feuchtemessung benötigt den Spezialisten. [17]

Kernspinresonanz zur Feuchtemessung

▸*Kernphysikalische Feuchtigkeitsmessung*

Kettensäge

Kettensägen kommen beim ▸*Mauersägeverfahren* zur ▸*nachträglichen Horizontalabdichtung* zum Einsatz. Bei diesem zweistufigen Verfahren wird zunächst das Mauerwerk abschnittsweise durchgesägt, bevor dann Abdichtungsfolien und -bahnen sowie -bleche mit Überlappung eingeschoben werden. Die Schnittbreite liegt je nach Verfahren bei max. 15 mm, die für das Einlegen der Abdichtungsstoffe und das kraftschlüssige Verpressen der Fuge ausreichen. Heute werden nur noch Kettensägen angeboten, die auf einem fahrbaren Untersatz zu bewegen sind. Dies kann eine Konstruktion auf Rädern sein, die parallel zum Mauerwerk bewegt wird oder eine Schiene am Mauerwerk, auf der die Kettensäge entlang fährt. Für kleine Wanddicken und/oder Ziegelsteine von geringer Festigkeit werden Kettensägen mit Elektroantrieb eingesetzt. Bei Wanddicken über 80 cm und/oder Mauerwerken mit höherer Festigkeit werden die Kettensägen mit Hydraulikantrieb versehen. Die gleiche Unterscheidung gilt auch bei der Qualität der Ketten – für erstgenannte Anwendungen reichen in der Regel hartmetallbesetzte Ketten. Für Mauerwerke mit über 80 cm Wanddicke und/oder höherer Festigkeit werden diamantbesetzte Ketten eingesetzt, die auch für die Trennung von Beton geeignet sind. Ein großer Vorteil gegenüber z. B. dem ▸*Chromstahlblechverfahren* besteht darin, dass auch Bruchstein- und Mischmauerwerke ohne durchgehende Lagerfuge durchtrennt werden können. Ein großer Nachteil z. B. gegenüber anderen Mauersägeverfahren besteht darin, dass beim Sägen Kühlwasser benötigt wird, wodurch die Durchfeuchtung des Mauerwerkes noch einmal kurzfristig erhöht wird.

Kieselgel

Kieselgel (oder auch Silicagel genannt) entsteht durch die Gelabscheidung aus Kieselsol oder Kieselsäureester und wird zur Mauerwerksverfestigung eingesetzt. Hierbei hat das Kieselgel die Aufgabe, den Bindemittelabbau oder –verlust zu ersetzen und somit die Festigkeit wieder herzustellen. Kieselgele haben die Eigenschaft, mit zunehmender Zeit zu schrumpfen, wodurch sog. Sekundärporen gebildet werden. Diese erhöhen einerseits die Wasserdampfdiffusion, aber können auch für ▸*kapillar aufsteigende Feuchtigkeit* zugänglich sein bzw. die Gefügefestigkeit mit der Zeit reduzieren. Wie unter Kieselsäureester beschrieben, konnte dieser Nachteil durch Neuentwicklungen eleminiert werden, da mittlerweile auch flexible Produkte angeboten werden, die elastische Komponenten enthalten und so einer Schrumpfung entgegen wirken.

Kieselsäure

Kieselsäure (SiO_2) kommt in der Natur kristallin als Quarz(-Kies) bzw. Sand vor. Daraus werden entweder im Nassverfahren sog. „Fällungskieselsäuren“ hergestellt oder durch Flammenhydrolyse sog. „pyrogene“ Kieselsäuren, die aufgrund ihrer außerordentlichen Feinteiligkeit auch als hochdisperse Kieselsäuren bezeichnet werden. In beiden Fällen handelt es sich bei den Endprodukten um synthetische Kieselsäuren. Sie werden als weiße, inerte Füllstoffe für Beschichtungssysteme verwendet. Pyrogene Kieselsäure dient als anorganisches Additiv für Beschichtungsstoffe. Ihre Oberfläche ist nahezu porenfrei. Durch chemische Nachbehandlung kann Kieselsäure zusätzlich hydrophobiert werden, so dass sie auch gegen das Zusammenkleben von zwei Oberflächen wirksam ist. Die Salze der Kieselsäure sind die Silikate.

Kieselsäureester

Kieselsäureester werden im Bereich der Sanierung zur Festigung z. B. von Naturstein und Ziegel eingesetzt. Kieselsäureester ($Si(OR)_4$) sind die chemische Verbindung der Kieselsäure mit organischen Alkoholen. Bei der Hydrolyse der Kieselsäureester durch z. B. Luftfeuchtigkeit entstehen Siliziumdioxid (SiO_2) und der verwendete Alkohol – in der Regel Ethanol. Der Alkohol verdampft anschließend und das zurückbleibende Siliziumdioxid führt zur Verklebung und damit zur Verfestigung des gelockerten Baustoffgefüges. Durch stoffliche Weiterentwicklung sind heute auch flexible Kieselsäureester auf dem Markt, die sich der natürlichen Ausdehnung der Baustoffe durch hygrisches und thermisches Quellen und Schwinden angleichen und dadurch deutlich weniger zur Rissbildung bzw. Schollenbildung neigen.

Kieselsäureethylester

Kieselsäureethylester hat die chemische Formel $Si(OC_2H_5)_4$ und die chemische Bezeichnung Tetra-Ethyl-Ortho-Silicate. Die Herstellung erfolgt durch Umsetzung von Siliziumtetrachlorid mit Ethanol unter Abspaltung von Salzsäure. Bei der Hydrolyse von Kieselsäureethylester aufgrund der Luft- oder Baustofffeuchtigkeit werden zunächst unter Abspaltung von Ethanol freie Silanolgruppen gebildet. Anschließend kondensieren diese und bilden unter Abspaltung von Wasser stabile Siloxanverbindungen, bevor dann endgültig eine Vernetzung der Siliziumatome stattfindet und feste Kieselgele gebildet werden. Hydrolyse und Kondensation laufen parallel zueinander ab und werden durch äußere Einflüsse wie Temperatur und Feuchtegehalt gesteuert. Infolgedessen werden Kieselgele mit unterschiedlichem Vernetzungsgrad und damit definierten Eigenschaften angeboten, die dem jeweiligen Anwendungsgebiet und Einsatzzweck angepasst werden können.

Eingesetzt werden Kieselsäureethylester bei der Baustoff- und Mauerwerksverfestigung, in dem der Bindemittelabbau oder -verlust ersetzt und somit die Festigkeit des Gefüges wieder hergestellt wird, wie z. B. bei der Steinkonservierung. Hierfür werden sie unverdünnt oder in Alkoholen oder Ketonen gelöst eingesetzt. Darüber hinaus finden Kieselsäureethylester auch Anwendung als Bindemittel für Steinreparatur- und -ersatzmörtel sowie für Injektionsmörtel. [5]

Kieselsol
Kieselsole werden als Bindemittel für die Herstellung von Injektionsmörteln aus Kieselgelen oder Grundbeschichtungen zur Festigung von Putzen und Natursteinoberflächen verwendet. Es handelt sich um eine wässrige Lösung aus unterschiedlich großen Polysilikaten. Kieselsole sind metastabile Lösungen, die durch Verdunstung von Wasser sowie durch Änderung des pH-Wertes oder der Elektrolytkonzentration in mehreren Phasen in Kieselgele überführt werden. Um den Vorgang zu beschleunigen werden gelegentlich Alkohole oder Ketone zugeführt.

Kiesschüttung
Eine Kiesschüttung wird überall dort ausgeführt, wo anfallendes Wasser (von oben) schnell abgeführt oder (von unten) am Aufsteigen behindert werden soll. So werden Kiesschüttungen z. B. bei der Verlegung von Ringdrainagen sowie unter Bodenplatten ausgeführt, um als kapillarbrechende Schicht zu wirken.

Kiestraufe
Den Streifen zwischen Gebäude und angrenzender Rasenfläche oder Gehweg, der in der Regel als Kiesstreifen ausgebildet wird, bezeichnet man als Kiestraufe, da die Breite in der Regel mit dem Dachüberstand übereinstimmt.

Klebeanker
▸*Anker*
▸*Mauerwerksverfestigung*

Klebedübel
▸*Klebepacker*

Klebeflansch (Anschweißflansch)
Klebeflansch und Anschweißflansch sind flächige Einbauteile, die mit den ▸*Durchdringungen* von ▸*Abdichtungen* wasserundurchlässig und fest verbunden sind und zum wasserdichten Auf- oder Einkleben einer Abdichtung aus Bitumenwerkstoffen oder zum Anschweißen einer Abdichtung aus ▸*Kunststoffbahnen* geeignet sind.

Klebemasse
▸*Bitumen-Klebemasse*

Klebepacker
Klebepacker werden zur ▸*Rissinjektion* eingesetzt. Ihr Anwendungsgebiet liegt nach [8] vor allem dort, wo das Herstellen von Bohrkanälen aus konstruktiven Gründen, einer eng liegenden Bewehrung oder auch schlanken Bauteilen nicht möglich ist. Klebepacker werden aus Kunststoff und Metall angeboten. Wichtig bei der ▸*Injektion* mit Klebepackern ist die Reinigung und Vorbereitung des Untergrundes und speziell direkt links und rechts vom Riss, damit eine ausreichende Haftung gegeben ist. Dies erfolgt durch Druckluftstrahlen oder Schleifen (je nach Größe). Anschließend wird der Klebepacker mit speziellen Kunstharzklebern aufgeklebt. Nach der Härtung wird in der Regel der Klebepacker noch einmal mit einer Rissverdämmung überspachtelt, damit bei der anschließenden Injektion das ▸*Injektionsmittel* nicht austreten kann.

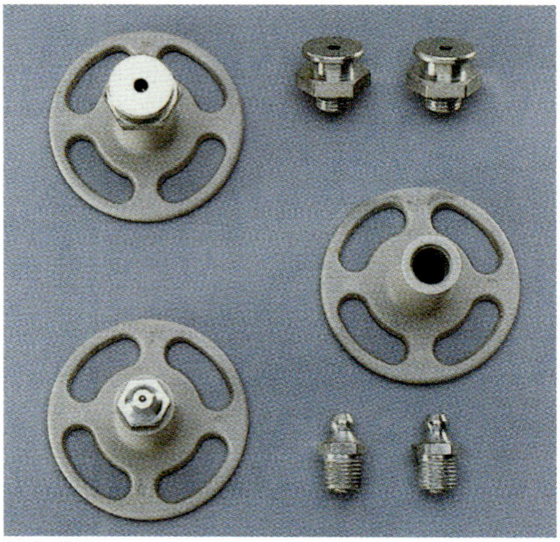
© siehe Anhang

Klebfreiheit
▸*Dichtstoff*

Klebstoffe
Ein Klebstoff ist nach [1] ein sog. Prozesswerkstoff, der zum Kleben verwendet wird und in der DIN EN 923 als ein nichtmetallischer Werkstoff definiert, der Fügeteile durch Flä-

chenhaftung und innere Festigkeit verbinden kann. Obwohl es vereinzelt auch Klebstoffe auf der Basis anorganischer Substanzen wie z. B. Natrium- oder Kaliumsilikat sowie Zement gibt, ist die überwiegende Mehrzahl der heute eingesetzten Klebstoffe den organischen Substanzen zuzuordnen. Die verschiedenen Klebstoffarten lassen sich nach der chemischen Basis und nach dem Verfestigungsmechanismus unterteilen.

Eine Einteilung in ▸*Duromere*, ▸*Thermoplaste* und ▸*Elastomere* (wie bei Kunststoffen üblich) ist bei Klebstoffen nicht sinnvoll. Es gibt Klebstoffe (besonders bei den ▸*Polyurethanen*), die als Duromere, Elastomere und Thermoplaste aushärten. Ein besseres Ordnungskriterium ist die Art und Weise, wie sich der Klebstoff verfestigt – somit nach dem Mechanismus beim Abbinden.

Bei physikalisch abbindenden Klebstoffen wird bereits der fertige Klebstoff (Polymer) in die Klebefuge eingebracht. Hierzu wird ein physikalisches Verfahren angewendet, das den Klebstoff zunächst in eine verarbeitbare Form bringt, um ihn später im Klebespalt wieder verfestigen zu lassen. Bei den zu dieser Gruppe gehörenden lösemittelhaltigen Nassklebstoffen liegt das Polymer in organischen Lösemitteln gelöst vor. Die Applikation findet zu einem Zeitpunkt statt, bei dem noch genügend Lösemittel in der Klebschicht vorhanden ist, um eine Benetzung der entgegen liegenden Oberfläche sicher zu stellen. In Folge der Verdunstung der Lösemittel bindet der Klebstoff ab. Dies bedeutet, dass der Klebstoff zunächst zäher wird und dann durch die Ausbildung physikalischer Wechselwirkungen zwischen den Polymerketten verfestigt. Lösemittelhaltige Nassklebstoffe können aber auch zum sog. Kaltschweißen thermoplastischer Kunststoffe verwendet werden. Dabei werden beide Klebflächen mit dem Klebstoff bestrichen, der ein Lösemittel enthält. Dieses löst die beiden entgegen liegenden Oberflächen an. Nach kurzer Einwirkzeit werden die beiden Oberflächen unter Druck zusammen gefügt, wodurch sich die durch das Lösemittel freigelegten Polymerketten „durchdringen" und miteinander verschlaufen. Nach Entweichen des Lösemittels entsteht so nach einiger Zeit eine Verbindung, die rein auf Kohäsionskräften beruht. Die Dispersionsklebstoffe nutzen Wasser als mobile Phase, in der die Klebstoffbestandteile als Dispersion vorliegen. Nach der Applikation bricht die Dispersion durch Verdunsten des Wassers oder Veränderung des pH-Wertes, bildet einen Film und kann die beiden Oberflächen verbinden. Kontaktklebstoffe können sowohl Lösemittelklebstoffe oder auch Dispersionsklebstoffe sein, die im Kontaktklebeverfahren verarbeitet werden. Dazu werden zunächst beide Klebeflächen gleichmäßig mit Klebstoff bestrichen. Dann lässt man den Klebstoff so lange ablüften, bis der Klebefilm sich trocken anfühlt. Anschließend müssen die Klebeflächen innerhalb der offenen Verarbeitungszeit exakt zusammengefügt werden, da eine Korrektur dann nicht mehr möglich ist. Für spezielle Anwendungen abgestimmt sind die Haftklebstoffe, die nach dem Auftragen dauerklebrig bleiben und durch Druck auf ein Substrat aufgebracht werden können und dort haften bleiben. Anwendung finden sie als Beschichtung von Klebebändern und Kalt-

Einteilung der Klebstoffe nach der chemischen Basis

Organische Verbindungen auf natürlicher Basis:	Organische Verbindungen auf synthetischer Basis:	Silicone	Anorganische Verbindungen
Leim (Kasein)	Kohlenstoff-Wasserverbindungen + Sauerstoff		keramische Bestandteile-Metalloxide
Kohlenhydrate (Stärke)	Stickstoff		Silikate
Harze	Chlor		Phosphate
	Schwefel		Borate

selbstklebebahnen usw.

Bei chemisch härtenden Klebstoffen, oft auch als Reaktionsklebstoffe bezeichnet, werden die chemischen Komponenten im definierten Verhältnis in die Klebefuge eingebracht, wo die Verfestigung durch chemische Reaktion stattfindet. Topf- und Verarbeitungszeiten sind deshalb unbedingt einzuhalten. Außerdem ist darauf zu achten, dass äußere Einflüsse wie z. B. die Temperatur die Reaktions- und Aushärtungszeit beeinflusst. Eine Temperaturerhöhung führt zu einer schnelleren Reaktion und in der Regel auch zu einer höheren Festigkeit, während kühlere Temperaturen die Reaktionsgeschwindigkeit herabsetzen. Reaktionsklebstoffe werden in ein- sowie zwei- oder mehrkomponentige Systeme unterschieden.

Methylmethacrylat-Klebstoffe sind zweikomponentige Reaktionsklebstoffe, bei denen das eingesetzte Monomer durch eine definierte Kettenreaktion polymerisiert wird. Hierfür wird ein sog. reaktives Radikal benötigt, das in der Regel aus einem Peroxid entsteht, wenn man diesem einen Beschleuniger zusetzt. Eingesetzt werden diese Polymerisationsklebstoffe vor allem zur Verklebung von Metallen. Charakteristisch für die sog. anaerob härtenden Klebstoffe ist, dass die Härtungsreaktion dieser einkomponentigen Systeme nur unter Ausschluss von Sauerstoff startet, wenn der Klebstoff in einer engen metallischen Klebfuge von der Umgebungsluft abgeschlossen wird. Die Polymere der Silicondichtstoffe unterscheiden sich grundsätzlich von den anderen Polymertypen. Für die Kleb- und Dichtsysteme werden Polymere eingesetzt, die sich noch im Vorstadium befinden. Ihre funktionellen Ketten sind so gestaltet, dass sie bei einkomponentigen Systemen unter Einwirkung von Luftfeuchtigkeit oder nach Zugabe eines Härters bei zweikomponentigen Systemen zu einem hochmolekularen Polymer vernetzen. Eine relativ neue Klebstoffart sind silanvernetzende Polymerklebstoffe. Die Vernetzung erfolgt durch die Reaktion mit Luftfeuchtigkeit. Silanvernetzende Polymerklebstoffe sind in der Regel zähelastisch und besitzen eine hohe Klebekraft. Gelegentlich werden diese Produkte auch Hybridklebstoffe genannt, weil Polymere und Silane ein Hybrid ergeben. Die Silan-Bausteine können sich durch chemische Reaktion mit benachbarten Polymermolekülen dreidimensional vernetzen. Epoxidharz-Klebstoffe sind zweikomponentig und bestehen aus dem Harz und Härter. Hierfür werden Polymerbausteine verwendet, die am Ende sog. Epoxidgruppen tragen. Nach der Reaktion werden stabile Duroplaste gebildet. Die Aushärtungsreaktion kann sowohl bei Raumtemperatur als auch bei höherer Temperatur stattfinden. Bei höherer Temperatur werden in der Regel höhere Festigkeiten erzielt. [1]

Klemmschiene

Nach der Definition in der ▸*DIN 18 195 „Bauwerksabdichtung“* ist eine Klemmschiene ein Einbauteil aus einem flanschartigen Metallprofil, mit dem Abschlüsse von ▸*Bauwerksabdichtungen* unmittelbar an Bauwerksteile angeklemmt werden.

Klima

Das Wort Klima (Mehrzahl Klimata oder auch Klimate) wurde ursprünglich aus dem griechi-

Einteilung der Klebstoffe nach dem Verfestigungsmechanismus

physikalisch abbindende Klebstoffe	chemisch härtende Klebstoffe
lösemittelhaltige Nassklebstoffe Kontaktklebstoffe Dispersionsklebstoffe wasserbasierte Klebstoffe Haftklebstoffe	**Polymerisationsklebstoffe** wie Methylmethacrylatklebstoffe, anaerob härtende Klebstoffe, ungesättigte Polyester (UP-Harze) **Polykondensationsklebstoffe** wie Phenolformaldehydklebstoffe (Siliconklebstoffe, Polyimidklebstoffe) **Polyadditionsklebstoffe** wie Epoxidharzklebstoffe und Polyurethanklebstoffe

schen Verb klinein abgeleitet und bedeutet übersetzt „neigen". Damit hatte der Ursprung nichts mit dem heutigen Verständnis des Begriffes zu tun und bezog sich auf die Schiefe der Ekliptik der Erde. In diesem Kontext spricht man bei dem Begriff Klima auch von der Synthese des Wetters. Nach heutigem Verständnis definiert der Begriff Klima die Gesamtheit der meteorologischen Erscheinungen, die für einen definierten Zeitraum, an einem Ort und Zustand der Erdatmosphäre zuständig sind. Die Wissenschaft, die sich mit den Gesetzmäßigkeiten des Klimas, dessen Eigenschaften, Entwicklung und Erscheinungsbild auseinander setzt, wird als Klimatologie bezeichnet. Interessant und allgemein unbekannt ist die Tatsache, dass die Wissenschaft den Begriff Klima anders verwendet, als dies im Alltag üblich ist. So wird in Abgrenzung zu den Begriffen Wetter (Zeitraum von wenigen Minuten bis wenigen Tagen) und Witterung (Zeitraum von einigen Tagen bis maximal eine Woche, im Extremfall auch ein Monat oder eine Jahreszeit) der Begriff Klima für einen Zeitraum von mehreren Jahrzehnten (meist 30 Jahre) verwendet. Hierbei wird der Zustand der Erdatmosphäre statistisch bereinigt, um kurzfristige Schwankungen des Wetters zu filtern und charakteristische Werte bezüglich verschiedener meteorologischer Größen zu erhalten. Der Begriff Klima oder Klimaschwankungen ist keine globale Definition und wird in verschiedene Maßstäbe eingeteilt. Das sog. Mikroklima beschränkt sich auf wenige Meter bis maximal einige Kilometer. Das sog. Mesoklima bezieht sich auf Landschaften oder Länder bis zu einigen hundert Kilometern Ausdehnung. Nur das sog. Makroklima beschreibt kontinuierliche und globale Zusammenhänge und Abhängigkeiten. [1]

Für den Neubau, die Unterhaltung oder Instandsetzung von Gebäuden ist das sog. Mikroklima relevant. Es bezeichnet das Klima im Bereich der bodennahen Luftschichten bis etwa 2 Meter Höhe oder das Klima, das sich in einem kleinen, eindeutig umrissenen Bereich (z. B. zwischen Gebäuden in einer Stadt) ausbildet. Es wird maßgeblich durch die Nähe der Bodenoberfläche und die dortige Bodenreibung des Windes beeinflusst. Hier gibt es schwächere Luftbewegungen, dafür aber größere Temperaturunterschiede. Für den Einfluss des Klimas auf Gebäude und beschichtete Bauteile wurde die DIN 50 010 Teil 1 „Klimabegriffe" in drei klimatische Beanspruchungsgruppen unterteilt. Danach werden das Außenraumklima (Konstruktion geschützt), Freiluftklima I (normale Klimabeanspruchung, Konstruktion teilweise geschützt sowie Gebäude mit ≤ drei Geschosse in geschützter Lage) und Freiluftklima II (extreme Klimabeanspruchung, Konstruktion nicht geschützt sowie Gebäude über drei Geschosse in besonders exponierter Lage und/oder im Freien stehende Konstruktionen) definiert.

Klimakammer

Eine Klimakammer ist heute aus der Produktentwicklung und -betreuung sowie bei der Bauwerksdiagnostik nicht mehr wegzudenken. Hierbei handelt es sich um einen klar abgegrenzten Raum in durchaus unterschiedlichen Größen, in dem ein bestimmtes Klima künstlich simuliert wird. Dabei kann das Klima auf gleichmäßig hohem oder niedrigem Niveau gehalten werden, aber auch gewollte Schwankungen aufweisen z. B., um Tag-Nacht-Wechsel oder jahreszeitliche Schwankungen oder auch die Witterungsverhältnisse in verschiedenen Klimazonen zu simulieren. Wurden früher in Klimakammern nur Feuchtigkeits- und Temperatureinflüsse simuliert, so bieten neue Anlagen auch die Möglichkeit, Licht und UV-Strahlung, Luft und Luftbewegungen und selbst verschiedene Luftzusammensetzungen und Luftverschmutzung nachzustellen bzw. die Prüfkörper diesen „realen" Witterungsbedingungen auszusetzen.

Die Klimakammer hat gegenüber der Freibewitterung auf Wetterständen den Vorteil, die unterschiedlichen Bedingungen unabhängig von der Witterung simulieren zu können und die über mehrere Monate und Jahre vorhandenen Witterungseinflüsse auf wenige Tage oder

Wochen zu reduzieren. Diese Zeiteinsparung ist bei der Produktentwicklung ein wichtiger wirtschaftlicher Faktor. Die Klimakammer leistet auch bei der Nachstellung und Beurteilung von Schäden und Mängeln sowie der Einhaltung oder Überschreitung der Anwendungsgrenzen von Produkten wertvolle Dienste.

Klimamessungen

Unter Klimamessungen werden alle Daten zusammen gefasst, die in der Klimakammer je nach Aufgabenstellung durchgeführt werden. Dies können außenklimatische (meteorologische) oder innenklimatische (lufthygienische) Parameter sein. Wichtig bei der Durchführung von Klimamessungen und deren Auswertung ist, dass die Datenreihen repräsentativ sind und über einen ausreichend langen Zeitraum erfasst werden.

Klimaplatten

Der Begriff Klimaplatte ist ein Trivialname und etwas irreführend, da die ursprünglich mit Zellstoff verstärkten ▸*Kalziumsilikatplatten* nichts mit dem Klima gemeinsam haben – weder mit dem Außen- noch mit dem Innenraumklima. Der Name wurde vor einigen Jahren eingeführt, da diese Kalziumsilikatplatten zur Innendämmung von Wohnraum und/oder bei der Kellermodernisierung eingesetzt werden und das Klima „verbessern sollen". Letztendlich handelt es sich um einen Wärmedämmstoff, der durch feine Kristalle ein Gerüst bildet und dadurch Millionen von Mikroporen schafft. Diese Poren sind untereinander und mit der Oberfläche verbunden. Aufgrund des geringen Anteils Zellstoffs sind die Klimaplatten nach DIN 4102 nicht brennbar und sorgen durch das kristalline Grundgerüst für eine hohe Druckfestigkeit. Sowohl die geringe Wärmeleitfähigkeit als auch die hohe Kapillarität sind auf die sehr feinen offenen Poren zurückzuführen, die ca. 90% am Gesamtvolumen ausmachen. An der großen inneren Oberfläche kann sich Wasser adsorptiv binden, womit die „Klima regulierende" Wirkung begründet wird. Kalziumsilikatplatten sind schwach alkalisch (pH-Wert ~10) und hoch wasserdampfdiffusionsoffen. Sie sollten deshalb mit geeigneten Schlussbeschichtungen wie Mineral- oder Silikatfarben oder -putze beschichtet werden. Beim Einsatz der Klimaplatten für die Kellersanierung ist zu beachten, dass es sich um keine Innenabdichtung handelt, auch wenn dies gelegentlich durch einige Firmen so angeboten wird.

Klimaprüfstand

▸*Bewetterung*

▸*Klimakammer*

Klimaschleier

Der allgemein unbekannte Begriff Klimaschleier taucht bisher nur in [5] auf und beschreibt eine Methode, zur Nutzung von Räumen mit stark feuchte- und salzbelasteten Wänden oder Wandbekleidungen unter Behaglichkeitsbedingungen und bei freier Sicht auf die Wände. Hintergrund ist die Tatsache, dass feuchte- und salzbelastete Mauerwerke an der Oberfläche zur verstärkten Kristallisation von ▸*bauschädigenden Salzen* neigen. Durch die Wechselwirkung aus ▸*Hygroskopizität* und ▸*Kristallisation* in Folge der schwankenden ▸*Luftfeuchtigkeit* bei permanent genutzten Räumen (z. B. Gaststätten, Museen) kommt es zwangsläufig zu einer starken Zerstörung der Baustoffoberfläche in Folge der Kristallisationsdrücke. Das o. g. Verfahren setzt genau an diesem Punkt an. Durch eine gezielte Luftführung, vom Fußboden ausgehend an der Wand entlang zur Decke (dem Luftschleier), wird die Luftfeuchtigkeit in unmittelbarer Nähe der gefährdeten Wandbereiche konstant auf dem Niveau gehalten, bei dem die meisten Salze nicht auskristallisieren. Dies wird erreicht, in dem die Luftfeuchtigkeit konstant unter 50% gehalten wird. Das Raumklima selber ist von diesem Klimaschleier lüftungstechnisch, nicht konstruktiv, abgekoppelt und kann deshalb entsprechend den Vorschriften für ein Behaglichkeitsklima ausgelegt werden. Da der technische Aufwand hoch ist, sollte bei jedem in Frage kommenden Fall eine Kosten-Nutzen-Analyse erarbeitet werden.

A B C D E F G H I J **K** L M N O P Q R S T U V W X Y Z

Kluftinjektion
▸ *Auffüllinjektion*

KMB
▸ *Bitumen-Dickbeschichtung*

Knapen´sche Röhrchen
Unter Knapen´sche Röhrchen versteht man Mauerröhrchen, die nach ihrem Erfinder, dem Belgier Knapen, benannt worden sind. Bereits Anfang des 19. Jahrhunderts erhielt er vom Kaiserlichen Patentamt ein Patent für diese Erfindung. Die Knapen´sche Röhrchen stellten klassische Tonröhrchen dar, die schräg in das Mauerwerk eingebracht worden sind. Durch die Saug- und Diffusionsfähigkeit des Tones sollte ▸ *kapillar aufsteigende Feuchtigkeit* im Mauerwerk über die Oberflächen der Röhrchen verdunsten. Auf diese Weise sollte der Durchfeuchtungsgrad reduziert und damit eine "Trockenlegung" herbeigeführt werden. Wie alle Belüftungssysteme zur Trockenlegung funktioniert auch dieses Verfahren nur in der Theorie, da durch den Wassertransport in die Tonröhrchen natürlich auch ein Salztransport stattfindet, so dass durch die abgelagerten ▸ *Salze* die ▸ *hygroskopische Feuchtigkeit* zunimmt und der Entfeuchtungseffekt zum Stillstand kommt. Nach dem Krieg wurden in Deutschland die Tonröhrchen durch Kunststoffröhrchen ersetzt, die überhaupt keine Wirkung im obigen Sinne erbringen konnten. Diese Objekte müssen heute saniert werden, indem eine ▸ *nachträgliche Horizontalabdichtung* eingebracht wird.

Kniehebelpressen
Kniehebelpressen werden zur ▸ *Bohrlochinjektion* eingesetzt und arbeiten nach dem Prinzip der sog. Fettpressen. Die Funktion der Injektionspumpe ist ähnlich wie bei der Kolbenpumpe, wobei die Kniehebelpressen in der Praxis kaum Bedeutung haben.

Koagulat
Ausgefällte Polymerteilchen einer Dispersion werden als Koagulat bezeichnet. Ursachen für eine Ausfällung können z. B. plötzlicher Wasserentzug, ein Lösemittelschock, mangelnde Elektrolytbeständigkeit, zu hohe Temperatur, Frost, das Eintragen trockener Pigmente und/oder Füllstoffe (insbesondere solche mit großer Oberfläche) oder die Unverträglichkeit mit einem Reaktionspartner sein. Die Koagulatbildung, d. h. der spontane Übergang vom flüssigen in den festen, ungeordneten Zustand bzw. die Zusammenballung und Ausflockung von Festanteilen aus Dispersionen, ist ein irreversibler Vorgang. Dies bedeutet, dass ein einmal gebildetes Koagulat nicht wieder reemulgiert werden kann und dass ein koagulierter Beschichtungsstoff unbrauchbar geworden ist. Um die Koagulation zu vermeiden sind vorbeugende Maßnahmen am Dispersionsbindemittel, das sich in einem labilen Gleichgewichtszustand befindet, notwendig. Hierzu gehören die Grundierung von stark saugfähigen Untergründen, eine langsame Zugabe von evtl. notwendigen Filmbildehilfsmitteln bei gleichzeitig langsamem Rühren, zusätzliche Stabilisierung mit Schutzkolloiden oder Verdickungsmitteln, Vermeidung von Hitze und Kälte, Herstellen einer gut dispergierten Pigmentpaste vor Zugabe der Dispersion sowie eine Überprüfung der Verträglichkeit mit weiteren Rezepturbestandteilen.

Koaleszenz
Der Vorgang der Bildung eines zusammenhängenden Films aus einer Polymerdispersion oder einem daraus hergestellten Beschichtungsstoff durch Wasserverdunstung wird auch Koaleszenz genannt. Die einzelnen, in

der wässrigen Phase dispergierten und voneinander getrennten Partikel kommen bei zunehmendem Wasserentzug miteinander in Kontakt, berühren sich, werden immer weiter zusammengepresst und verschmelzen schließlich miteinander (*coalescere* = sich vereinigen, verschmelzen). Je härter das dispergierte Polymer ist, desto schwieriger gestaltet sich das Zusammenfließen der Einzelteilchen bei normaler Temperatur, d. h. zwischen + 5 °C und maximal 20 °C. Hier behilft man sich durch Zugabe einer geringen Menge eines sog. Koaleszenz- oder Filmbildehilfsmittels. Die dafür geeigneten Lösemittel oder Weichmacher verschiedener chemischer Zusammensetzung und unterschiedlicher Siedebereiche wirken dadurch, dass sie in das Polymere eindringen („migrieren") und es äußerlich (temporär) weich machen, so dass die Einzelpartikel besser miteinander verschmelzen können. Die ursprünglich relativ hohe Filmbildetemperatur wird dadurch messbar herabgesetzt. Besonders wichtig bei der Auswahl eines Koaleszenzmittels ist, dass es nicht oder nur begrenzt wassermischbar sein darf, da es sich sonst mit der wässrigen äußeren Phase der Dispersion mischt und dadurch als Filmbildehilfsmittel nicht wirksam sein kann. Bei Lösemitteln, die Estergruppen enthalten, ist zu beachten, dass diese während längerer Lagerung des alkalisch eingestellten Beschichtungsstoffes teilweise verseifen können.

Koaleszenzmittel

▸*Filmbildehilfsmittel*

Kohäsion

Der Begriff der Kohäsion ist abgeleitet aus dem Lateinischen (*cohaerere* = zusammenhängen) und beschreibt den Zusammenhalt innerhalb desgleichen Stoffes durch intermolekulare Kraftwirkung. Dabei kann die Kohäsion teils sowohl durch elektrostatische Kräfte, meist aber durch chemische Bindungen, bedingt sein. Bei mechanischer Belastung kann eine nicht ausreichende Kohäsion innerhalb einer Schicht zur Enthaftung, dem sog. "Kohäsionsbruch", führen.

Kohäsionsbruch

Ein Kohäsionsbruch entsteht, wenn ein Werkstoff mechanisch belastet wird und gleichzeitig keine ausreichende Kohäsion besitzt. In Bezug auf ▸*Dichtstoffe* spricht man von einem Kohäsionsbruch, wenn ein unerwünschter Materialbruch innerhalb des Dichtstoffes vorliegt. Er ist im Allgemeinen ein Zeichen der Überforderung eines Dichstoffes durch z. B. zu hohe auftretende Bewegungen im Fugenbereich, falsche Fugendimensionierung (zu hohe Fugenbreite oder auch schwankende bzw. zu geringe Dicke des Dichtstoffes.

Kohäsionskräfte

Die Moleküle des gleichen Stoffes werden untereinander durch Kräfte zusammen gehalten. Diese Kräfte werden als Zusammenhangskräfte, Anziehungskräfte oder Kohäsionskräfte bezeichnet. Im Gegensatz dazu werden die Kräfte, die zwischen den Molekülen verschiedener Stoffe wirken, als Adhäsionskräfte bezeichnet. Wird ein Baustoff belastet, so verhindern die Kohäsionskräfte die Trennung der Baustoffteilchen. Steigt allerdings die Belastung über die Kohäsionskräfte kommt es zur Trennung der Teilchen. Die Kraft zur Überwindung der Kohäsionskräfte hängt vom Baustoff und vom Querschnitt des belasteten Körpers ab. Mit größer werdendem Querschnitt kann ein Körper eine größere Belastung aufnehmen. Damit verschiedene Baustoffe miteinander verglichen werden können, rechnet man die zur Überwindung der Kohäsionskräfte nötige Belastung auf einen Quadratmillimeter des Querschnitts um. Man spricht dann von der Festigkeit des Baustoffes: Festigkeit = größtmögliche Belastung / Querschnitt. [1]

Kohäsionsriss

▸*Kohäsionsbruch*

Kohäsionswert

Die Kraft, mit der die Einzelteilchen eines Stoffes miteinander verbunden sind oder anders ausgedrückt die Kraft, die notwendig ist, um einen feststen Stoff zu zerreißen, wird als Kohäsionswert bezeichnet.

Kohlendioxid

Kohlendioxid wird chemisch als CO_2 dargestellt und ist als gasförmiger Stoff Bestandteil der Luft. Der Begriff wird erwähnt, da bei der Reaktion mit der ubiquitären Luftfeuchtigkeit und/oder durch Niederschläge kohlensaures Wasser entsteht, das ugs. auch als saurer Regen bezeichnet wird. Kalkputze und -farben benötigen Kohlendioxid zur Härtung, der sog. Karbonatisierung.

Kolbenpumpe

Kolbenpumpen werden zur ▸*Bohrlochinjektion* eingesetzt. Bei diesen Pumpen ist der Kolben durch eine Kolbenstange mit der Antriebseinheit verbunden. Der Injektionsdruck wird durch das Heben und Senken der Kolbenstange sichergestellt. Bei den Kolbenpumpen kann in der Regel der Injektionsdruck genau eingestellt werden. Da die meisten Injektionspumpen dieser Bauart selbstansaugend sind, können mit Kolbenpumpen einkomponentige Injektionsmittel direkt aus dem Gebinde im Nieder- und Hochdruckverfahren injiziert werden. Die Reinigung der Injektionspumpen muss gründlich und gewissenhaft durchgeführt werden, damit es durch Verschmutzung oder Verunreinigung nicht zu einer Beeinträchtigung des Injektionsvorganges kommen kann. Es ist darauf zu achten, dass Reinigungswasser vollständig aus der Injektionspumpe entfernt wird bzw. sich kein Kondensat bilden kann, wenn mit Wasser reagierende Injektionsmittel eingesetzt wurden. [8]

Kombinationsprodukte

▸*Injektionsmittel*, die aus mehreren Wirkstoffen bestehen und auf unterschiedlichen Wirkprinzipien basieren, werden auch als Kombinationsprodukte bezeichnet. Klassische Kombinationsprodukte bestehen in der Regel aus verdünnten wässrigen Lösungen von Alkalisilikaten (Wassergläsern) und einer Lösung von ▸*Kaliummethylsiliconaten*. Das ▸*Alkalisilikat* reagiert durch CO_2-Zufuhr zu einem wässrigen Kieselgel, das sich zunächst einmal an den Oberflächen der Poren und im Kapillarraum des Mauerwerks ablagert. Infolgedessen wird der Kapillarradius im Baustoff reduziert. Man spricht dann auch von dem Wirkprinzip der ▸*Kapillarverengung*. Durch die endgültige Trocknung des Silikatgels wird Wasser abgegeben, so dass sog. Sekundärporen gebildet werden. Diese sind ursächlich dafür verantwortlich, dass mit Silikaten keine echte Horizontalabdichtung erzielt werden kann, sondern nur eine Reduzierung der Kapillarität.

Aus diesem Grund kombiniert man Silikate mit Siliconaten. Der Siliconatanteil vernetzt ebenfalls unter dem Einfluss von CO_2 zur sog. Polymethylkieselsäure. Diese hydrophobe Substanz lagert sich auf den Oberflächen der Baustoffporen und in den Kapillaren des Mauerwerkes ab. Durch die Vergrößerung des sog. Benetzungswinkels größer 90° wird die kapillare Sauggeschwindigkeit aufgehoben.

Kombinationsprodukte wurden in den letzten Jahren vielfach eingesetzt und haben eine gute Wirkung bewiesen. Nachteilig ist die Salzbildung der Alkalisilikate und der Methylsiliconate, da im Nebenprodukt der chemischen Reaktion Karbonate gebildet werden. Außerdem benötigen beide Komponenten CO_2 zur Ausbildung ihres Wirkprinzips, so dass sie nur bis zu einem begrenzten Durchfeuchtungsgrad von kleiner 60% und nur für Mauerwerke mit geringer Wanddicke eingesetzt werden können.

Kompresse

Nach dem Duden ist eine Kompresse ein feuchter Umschlag. Damit wird bereits deutlich, dass auch für die ▸*Entsalzung* von Mauerwerken eine Kompresse feucht gehalten werden muss, damit sie überhaupt ihre Funktion entfalten kann. Wichtig ist, dass die Kompresse kapillar leitfähig ist und gelöste ▸*Salze* durchwandern können.

Kompressenentsalzung

Das Prinzip der Kompressenentsalzung besteht darin, dass gelöste Salze aus dem Mauerwerksquerschnitt an die Oberfläche transportiert und durch eine auf der Oberfläche der Wand aufgebrachte Kompresse auf aufgenommen werden. Hierfür werden neben kapillarleitfähigen ▸*Kompressenputzen* auch Kompressen aus Bentonit, Zellstoff oder ▸*Buchenholz-Zellulose* verwendet. Außerdem wird eine sog. elektrochemische Kompressen-Entsalzung angeboten. Je nach Auslegung werden auch kapillarleitfähige Kalkputze zu den Kompressen gezählt.

Voraussetzung für alle Verfahren ist ein ▸*kapillarer Wassertransport* vom Bauteil in die Kompressenschicht und eine Möglichkeit, dass dort Feuchtigkeit verdunsten kann. An der Schnittstelle zwischen Mauerwerksoberfläche und der Kompresse findet ein Anstieg der Salzionenkonzentration statt. Durch das Austrocknungsbestreben wandern die Salzionen in die Kompresse und die Salze lagern sich mit der Zeit in der neuen Verdunstungszone ab. Damit wird das Konzentrationsgefälle weiter abgebaut. Grundvoraussetzung für das Gelingen dieser Kompressenverfahren ist das ständige Feuchthalten der Kompressen. Nur dann kommt es zu einem Feuchte- und damit zu einem Salzionentransport. Die Kompressen müssen ausgetauscht werden, wenn der Konzentrationsunterschied zwischen dem Mauerwerk und der Kompresse selbst abgebaut ist. Dies gilt für die eingesetzten Kompressenputze wie für Kompressen aus Bentonit, Zellstoff oder Buchenholz-Zellulose gleichermaßen. Bei der Bentonitkompresse wird der klassischen Zellulosekompresse Bentonit zugegeben. Daneben werden auch sog. Zellulose-Bentonit-Sand-Kompressen angeboten. Kompressen werden nur für die kleinflächige Entsalzung sowie speziell im Rahmen der Restaurierung eingesetzt.

© siehe Anhang

© siehe Anhang

Kompresseninjektionsverfahren

Als eine spezielle Form der ▸*Entsalzung* wird das sog. Injektionskompressenverfahren angeboten. Hierbei handelt es sich um eine interessante Weiterentwicklung der klassischen Kompressenverfahren, da über Injektionen Wasser in den Mauerwerksquerschnitt eingebracht und somit die ▸*Salze* in Lösung gebracht werden. Da Salze nur im gelösten Zustand transportiert werden können, werden damit auch Salzionen aus größeren Tiefen über die Mauerwerksoberfläche abgeführt. Obwohl es sich bei diesem Verfahren um eine interessante und logische Weiterentwicklung handelt, ist davon auszugehen, dass es den großen Durchbruch nicht schaffen kann. Nachteilig wirkt, dass mit einem relativ großen Aufwand und nur über einen verhältnismäßig langen Zeitraum kleine Mauerwerksflächen entsalzt werden können. Da dieses Injektionskompressenverfahren für großflächige Anwendungen sowie zur Fassadensanierung ungeeignet ist, wird sich der Einsatz auf hochwertige Skulpturen oder kleinere Flächen im Bereich der Denkmalpflege und Restaurierung beschränken.

Kompressenputz

Nach dem Auftrag der kapillarleitfähigen Putze mit hoher Porosität erfolgt ein sehr schneller Salzeintrag. Der Kompressenputz weist ein beträchtliches Salzaufnahmevermögen auf. Dabei wandert die Salzfront verhältnismäßig schnell in Richtung Putzoberfläche. Der Vorteil eines Kompressenputzes besteht darin, dass auch Mauerwerke mit geringer Festigkeit verputzt werden können und sie eine hohe Resistenz gegenüber auskristallisierenden ▸*Salzen* haben, wobei lange Standzeiten auch bei hoher Salzbelastung aus dem Untergrund möglich sind. Durch eine große Gesamtporosität (> 60%) und einem konstant niedrigen Wert für die ▸*Wasserdampfdiffusionswiderstandszahl* (μ <10) auch nach der Salzeinlagerung ist die Menge der in den Kompressenputz einwandernden Salze als relativ hoch einzustufen. Nachteil dieser Kompressenputze ist, dass in Abhängigkeit von der im Mauerwerk enthaltenen Menge Feuchte und Salze mit Feuchteflecken und ▸*Salzausblühungen* auf der Putzoberfläche zu rechnen ist. Die absolute Standzeit bei hoher Belastung aus dem Mauerwerksuntergrund ist im Vergleich zum WTA-Sanierputz kürzer. Gegenüber ▸*Sanierputzen* besteht die Aufgabe eines Kompressenputzes in der relativ schnellen Aufnahme einer großen Menge an Salzen. Sie entsprechen deshalb nicht den WTA-geprüften Sanierputzen, sondern besitzen lediglich sanierputzähnliche Eigenschaften.

Kompressenverfahren

Stark durchfeuchtete ▸*Kompressen* aus besonders ▸*kapillaraktiven* Stoffen bzw. Putze mit besonders hoher ▸*Kapillarität* werden eingesetzt, um Mauerwerke mit einer hohen Salzbelastung im oberflächennahen Wandbereich zu entsalzen. Voraussetzung ist ein kapillarer Wassertransport vom Bauteil in die Kompressenschicht und eine Möglichkeit, dass dort Feuchtigkeit verdunsten kann. An der Schnittstelle zwischen Mauerwerksoberfläche und der Kompresse steigt die Salzionenkonzentration. Durch das Austrocknungsbestreben wandern die Salzionen in die Kompresse ein und die Salze lagern sich mit der Zeit in der neuen Verdunstungszone ab. Damit wird das Konzentrationsgefälle weiter abgebaut. Eine Grundvoraussetzung für das Gelingen dieser Kompressenverfahren besteht darin, dass die Kompressen ständig feucht gehalten werden müssen. Nur bei ausreichender ▸*Durchfeuchtung* der Kompressen kommt es zu einem Feuchte- und damit zu einem Salzionentransport. Die Kompressen müssen ausgetauscht werden, wenn der Konzentrationsunterschied zwischen Mauerwerk und der Kompresse selbst abgebaut ist.

Kompriband

Der ugs. Begriff Kompriband beschreibt ein vorkomprimiertes, imprägniertes Schaumstoffdichtungsband auf Polyurethanbasis, das nach dem Einbringen in die Fuge oder in einen Zwischenraum langsam expandiert und sich dicht an die Fugenränder anlegt. Kompribänder werden zur ▸*Abdichtung* von Dehnfugen an Fenster- und Türanschlüssen, Trennwänden sowie Wärmedämmverbundsystemen eingesetzt.

Kondensation

Der Begriff Kondensation wurde aus dem Lateinischen (*condensare* = verdichten) abgeleitet und bedeutet in der physikalischen Chemie den Übergang von Dämpfen oder Gasen in

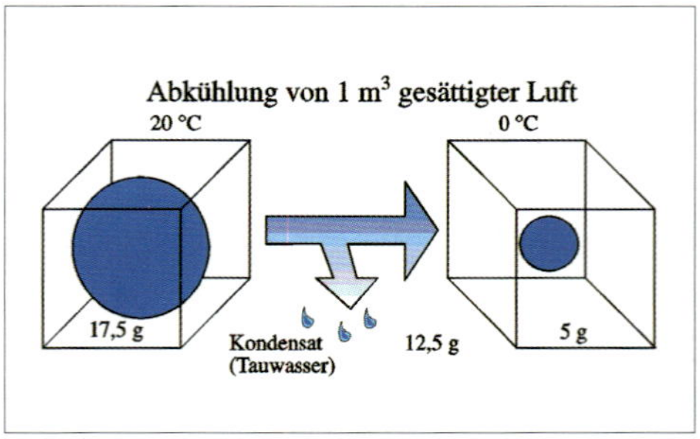

© siehe Anhang

Flüssigkeiten oder feste Stoffe durch Abkühlung. Im alltäglichen Sprachgebrauch versteht man unter Kondensation die Verflüssigung von Dämpfen. Die Kondensation setzt beim Abfall der Temperatur unter einen bestimmten Punkt (Kondensationspunkt) ein. Dabei wird sog. Kondensations- oder Umwandlungswärme an die Umgebung abgegeben. Diese Wärme (auch als Enthalpie bezeichnet) wird umgekehrt bei der Verdampfung aufgenommen. Die aus dem Gas bzw. Dampf kondensierte Flüssigkeit nennt man Kondensat. Nach der kinetischen Gas-Theorie führt die Abnahme der Energie dazu, dass das Gas oder der Dampf beim Abkühlen schließlich in den flüssigen Zustand übergeht.

© siehe Anhang

Kondensationsvernetzung

▸*Silicon-Dichtstoffe*

Kondenstrocknung

Durchnässtes Mauerwerk ohne Versalzung kann auch innenseitig durch das indirekte Luftentfeuchtungsverfahren getrocknet werden. Dieses im Neubaubereich längst etablierte Verfahren beaufschlagt das zu trocknende Mauerwerk mit einem warmen Luftstrom und kondensiert das dabei verdampfende Wasser aus dem Gemäuer. Mit dieser recht sanften Methode ist es möglich, auch dickem Mauerwerk in zeitlich aufeinanderfolgenden Perioden das überschüssige Wasser bis zur Ausgleichsfeuchte zu entziehen. Im Rahmen der Mauerwerkstrockenlegung und Kellersanierung ist es seit einiger Zeit üblich, Kondensattrockner als flankierende Maßnahme einzusetzen. Damit soll das Mauerwerk nach einer ▸*nachträglichen Horizontalabdichtung* schneller austrocknen oder auch die Trocknung der Sanierputzsysteme sichergestellt/ beschleunigt werden.

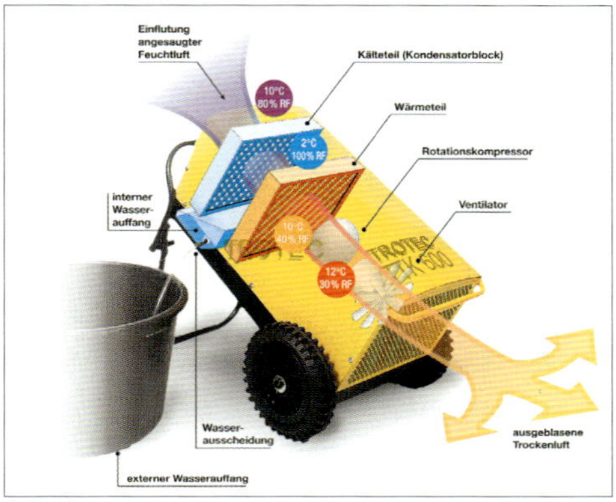

© siehe Anhang

Kondenswasser

Ständige Kondenswasserbildung an den Innenseiten von Außenwänden ist ein Zeichen für eine ungenügende Wärmedämmeigenschaft der Wand. Verstärkt wird die ▸*Durchfeuchtung* unter Umständen durch eine Erhöhung der ▸*Luftfeuchtigkeit* infolge der Raumnutzung (z. B. Waschküche, Sauna etc.). Plötzlich auftretende Kondenswasserbildung besonders in Ecken, Nischen und Fensterleibungen sind meist auf Veränderungen der Luftzirkulation – z. B. durch den Einbau neuer Fenster oder einer Heizungsanlage – zurückzuführen. Falsches Lüftungsverhalten kann hier eine zusätzliche Rolle spielen. Kondenswasser tritt dann auf, wenn die relative Luftfeuchtigkeit 100% erreicht, also die sog. Taupunktlinie, überschreitet. Der überschüssige Wasserdampfgehalt der Luft wird dann an den Baustoffoberflächen abgeschieden. Infolgedessen kann es zu gravierenden Durchfeuchtungsschäden kommen.

Konservierung

Der Begriff der Konservierung wurde aus dem lateinischen Begriff (*conservare* = erhalten, bewahren) abgeleitet. Im Bauwesen wird damit der Vorgang beschrieben, der ein Material, ein Bauteil oder ein Gebäude über möglichst lange

A B C D E F G H I J K L M N O P Q R S T U V W X Y Z

A B C D E F G H I J K L M N O P Q R S T U V W X Y Z

Zeit so erhält, dass es seinen Zweck weiterhin erfüllen kann oder seine Erscheinung erhalten bleibt. In Bezug auf die Baudenkmalpflege ist das Ziel der Konservierung, den vorhandenen Bestand zu sichern oder ggf. zu erschließen. Nach heutiger Auffassung ist die Zielsetzung, das Bau- oder Kunstdenkmal für möglichst viele Interpretationen offen zu halten oder zu öffnen.

Konservierungsmittel

In der Definition von Konservierungsmitteln gehen die Auffassungen und Interpretationen der Denkmalpfleger mit denen der Denkmalschützer auseinander. So wird einerseits nur die natürliche Konservierung z. B. aufgrund der Patina oder mit historischen Baustoffen wie Leinölfirnis, Öle oder Wachse als Konservierungsmittel verstanden. Andere Auffassungen sehen auch in silikatischen Produkten und Kieselgelen, Kieselsäureestern und transparenten Imprägnierungen auf Silan- und Siloxanbasis ein Konservierungsmittel. Im Extremfall werden auch Anstriche, Lasuren und Opferputze sowie alle anderen Beschichtungen und selbst Verkleidungen als Konservierungsmittel ausgelegt, wenn sie den Untergrund und damit die Originalbausubstanz schützen und erhalten.

Konsistenz

Konsistenz ist die Sammelbezeichnung für das rheologische Eigenschaftsbild eines Beschichtungsstoffes und beinhaltet Aspekte wie Viskosität, Thixotropie, Fließgrenze, Oberflächenspannung u. a. Grundlage für die Messung der Konsistenz ist die Viskosimetrie, also die verschiedenen Methoden zur Bestimmung der Viskosität von Flüssigkeiten mittels geeigneter Messgeräte (z. B. Auslaufbecher, Fallkörper- oder Rotations-Viskosimeter). Der Begriff Konsistenz wird ugs. auch verwendet zur subjektiven Charakterisierung der durchgängigen Beschaffenheit einer Substanz, z. B. zähe Konsistenz, wässrige Konsistenz, "buttrige" Konsistenz, ohne dass diese Angaben mit definierten Messmethoden korrekt erfasst werden könnten.

Konstruktionsbedingte Risse

▸*Bauwerksbedingte Risse*

Konstruktive Mängel

Konstruktive Mängel am oder auch im Gebäude führen sehr häufig zu ▸*Durchfeuchtungen* der Bausubstanz, die dann in der weiteren Folge ▸*kapillar aufsteigende Feuchtigkeit* und/oder ▸*Salzausblühungen* verursachen können. Infolgedessen erhöht sich die Gefahr einer falschen Beurteilung der Schadensursache und in der weiteren Folge entweder die Gefahr für falsche oder unzureichende Sanierungsmaßnahmen, die das Problem nicht beseitigen und/oder unwirtschaftlich sind. Zu den konstruktiven Mängeln gehören alle Zustände, die Feuchtigkeit (egal in welchem Zustand und unabhängig der Ursache) nicht vom Gebäude weg, sondern zum Gebäude hin leiten, so z. B. eine falsche oder fehlende Regenentwässerung oder auch eine fehlende Abdeckung auf horizontalen Flächen sowie ein ungenügendes oder in die verkehrte Richtung ausgebildetes Gefälle.

Kontaktklebstoff

▸*Klebstoffe*

Kontakttemperatur

▸*Oberflächentemperatur*

Kontaktwinkel

▸*Benetzungswinkel*

Kontamination

Unter der Kontamination (lat. *Contaminare* = verunreinigen) versteht man die Anreicherung von Schadstoffen in Boden, Wasser, Mensch, Tier, Pflanze, aber auch in und auf Werk- und Baustoffen.

Kontraktion

▸*Dilatation*

Kontrollschacht

Ein Kontroll- oder Spülschacht ist Bestandteil einer ▸*Ringdrainage* und dient dem Zugang während möglicher Wartungsarbeiten. Werden in den Kontrollschächten Verschlammungen und sandartige Sinterbildungen (Kalk, Gips und dgl.) erkannt, sind diese mit Hochdruckspülung zu reinigen. Alternativ können auch mechanische Spülhilfen (z. B. rotierende Bürstenköpfe) eingesetzt werden.

© siehe Anhang

Konvektion

Die Konvektion ist eine Form der Wärmeübertragung, bei der Wärmeenergie zwischen einem gasförmigen oder flüssigen Medium und einem festen Stoff ausgetauscht wird. Im Bauwesen tritt Konvektion an der Oberfläche von Wänden und Decken mit der sie umgebenden Luft auf. Dabei bewegt sich Luft entlang der Oberflächen der Bauteile und überträgt einen Teil ihrer Wärmeenergie an das Bauteil, sofern die Temperatur der Luft höher ist, als die des Bauteils und kühlt sich dabei ab. Ist dagegen die Oberflächentemperatur des Bauteils höher, wird der Luft Wärmeenergie zugeführt, die Luft erwärmt sich. Unangenehm macht sich die Konvektion bemerkbar, wenn sich in einem Raum eine schlecht wärmegedämmte Fläche (z. B. ein Fenster mit Einfachverglasung) gegenüber einer Heizquelle befindet. Die warme Luft steigt über der Heizquelle an die Decke, kühlt sich an der kalten Fensterfläche ab und sinkt dabei nach unten. Dieser Luftkreislauf vermittelt das Gefühl von Kälte und Zugerscheinungen.

Konvektiver Salztransport

Ein konvektiver Salztransport liegt nach [5] vor, wenn der Salztransport durch sog. Druckgradienten entsteht, die von außen aufgeprägt werden. Beispielhaft sollen die sog. ▸*Delta-P-Entsalzung*, die ▸*Vakuumfluid-Entsalzung* sowie die ▸*Injektionskompressen-Entsalzung* erwähnt werden.

Konvektive Wärmebrücken

Konvektive Wärmebrücken entstehen durch Undichtigkeiten oder Durchführungen von Versorgungsleitungen, über die durch konvektive Mitführung von Luft, Gasen oder Flüssigkeiten Wärmeenergie vom Warmen ins Kalte transportiert wird. Beispiele hierfür sind ungedämmte Wasserleitungen durch Außenbauteile, die Fugendurchlässigkeit der Fensterflügel oder auch nicht winddichte Konstruktionsfugen.

Konzentrationsausgleich

In Bezug auf Baustoffe und Bauteile gehören nach [5] die ▸*Osmose* und die ▸*Diffusion* zu den wichtigsten Transportvorgängen in Lösungen. Hierbei ist das wässrige System bestrebt, überall die gleiche Konzentration an gelösten Stoffen zu erreichen. Dieser Ausgleich innerhalb des Lösungsmittels (z. B. Wasser) wird als Konzentrationsausgleich bezeichnet. Befindet sich zwischen zwei wässrigen Lösungen mit unterschiedlichen Konzentrationen eine semipermeable Membran so können zwar die Wassermoleküle durch die Membran hindurchwandern, die gelösten Stoffe allerdings in Abhängigkeit zu ihrer Größe nicht (osmotischer Druck).

Korngröße

Der Begriff der Korngröße wird für zwei ähnliche, aber nicht gleiche, Dinge verwendet. Bei natürlichen Baustoffen wie z. B. Natursteinen ist der Begriff der Gesteinskunde entnommen und beschreibt die Größe des Korngefüges oder der Korngemische. Nach der Einteilung der Sedimentgesteine werden die Korngrößen in > 2 mm für Kies und Steine sowie 0,02 bis 2 mm für

Grobschluff und Sande sowie < 0,2 mm für Ton bis Mittelschluff eingestuft. Darüber hinaus werden auch die einzelnen Zuschlagsstoffe in Mörteln nach ihrer Korngröße unterschieden. Hierbei liegen immer relative und absolute Korngrößen vor, da der Mörtel in Abhängigkeit zu seinem Anwendungsgebiet und den daraus resultierenden Anforderungen ein darauf abgestimmtes Korngefüge benötigt. Dies wird über das sog. Stützkorn und die Feinanteile sicher gestellt.

Korrosion

In der Werkstoffkunde wird unter Korrosion die von der Oberfläche ausgehende Zerstörung durch chemische oder elektrochemische Reaktionen verstanden, im Unterschied zu Zerstörungen in Folge von Kavitation, Verschleiß oder Erosion. Korrosion kann zu einer Veränderung der Eigenschaften und zur Beeinträchtigung der Funktion führen. So entsteht z. B. durch die Einwirkung von Wasser (H_2O) und sog. Atmosphärilien (z. B. Schadstoffe wie CO_2, SO_2 und NO_x) schwefelsaures und/oder kohlensaures Wasser, das die Bildung bauschädigender Salze verursacht und in der Folge zur Korrosion von ungeschützten Baustählen führen kann.

Korrosionsbeständigkeit

▸*Beständigkeit*

Korrosionsschutz

Im Gegensatz zur allgemeinen Auffassung, dass der Begriff Korrosionsschutz nur den Schutz von Metallen und metallischen Gegenständen beinhaltet, definiert die DIN 55 945 den Begriff als die Summe an Maßnahmen zum Schutz von Metallen, Kunststoffen, Beton und anderen Bau- und Werkstoffen, die vor der Zerstörung durch chemische und/oder physikalische Angriffe geschützt werden müssen.

"Kosmospappe"

Kosmospappen waren früher viel verbreitet und wurden eingesetzt zur Kaschierung der wahren Feuchtigkeitsverhältnisse im Wandbereich. Die gewellten bitumen- oder teergetränkten Pappen wurden am Mauerwerk befestigt. Über die Luftkanäle sollte eine Art begünstigte Trocknung im Sinne eines Belüftungssystemes stattfinden. Auf die Pappe wurde dann über einen Putzträger z. B. ein Putz aufgebracht. Da mit derartigen Verfahren die Möglichkeit einer Wasserabgabe des Mauerwerkes und damit die Trocknung reduziert wurde, kam es zu einem erheblichen Feuchtigkeitsanstieg im Wandbereich.

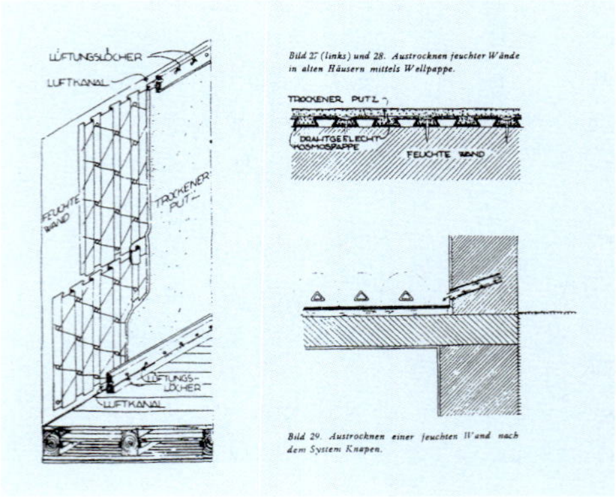

Kraft

Mit dem physikalischen Begriff der Kraft wird die Fähigkeit beschrieben, Körper zu verformen oder zu beschleunigen. Ihr Formelzeichen ist das F (von frz./engl. force). In der physikalischen Bedeutung wurde der Begriff Kraft erstmals von *Archimedes* erwähnt und später von *Galileo* aufgegriffen. Es war aber erst *Isaac Newton*, der mit seinen Bewegungsgesetzen im Jahre 1687 den Begriff so definiert hat, wie er bis heute gültig ist. Bis in das 19. Jahrhundert benutzten Physiker das Wort Kraft allerdings auch in der Bedeutung von Energie. Erst mit dem ersten Hauptsatz der Thermodynamik (1842 durch *Julius Robert von Mayer*) wurde die Kraft und Energie in ihrer Bedeutung unterschieden. Zu Ehren von *Isaac Newton* wird die Einheit der Kraft in N für Newton angegeben ($N = kg/\ m/sec.^2$).

Kräfte erkennt man an ihren (Aus)Wirkungen, da sie die Geschwindigkeit oder Bewegungsrichtung eines Körpers verändern oder einen

A B C D E F G H I J K L M N O P Q R S T U V W X Y Z

Körper verformen können (Deformation). Infolgedessen ist es nicht korrekt, eine Kraft nur durch einen Zahlenwert und eine Einheit zu beschreiben. Es muss immer auch die Richtung angegeben werden, in die Kraft wirkt. Physikalische Größen, die erst durch die Angabe von Zahlenwert, Einheit und Richtung definiert sind, werden als sog. vektorielle Größe bezeichnet und mit einem Richtungspfeil versehen. [1]

Kraftschlüssige Injektionen

Kraftschlüssige Injektionen werden eingesetzt, um eine homogene und zugfeste Verbindung zwischen den beiden Rissflanken herzustellen, aber auch um Hohlräume und klüftiges, haufwerksporiges Gefüge nachträglich zu verfüllen, verdichten und zu verfestigen. Die Zugfestigkeit ist dabei abhängig vom Baustoff, da die eingesetzten ▸*Injektionsstoffe* in der Regel über eine höhere Zugfestigkeit verfügen. Bei der kraftschlüssigen ▸*Injektion* von sog. dynamischen ▸*Rissen* muss darauf geachtet werden, dass spezielle Injektionsharze wie z. B. ▸*Epoxidharze* zum Einsatz kommen.

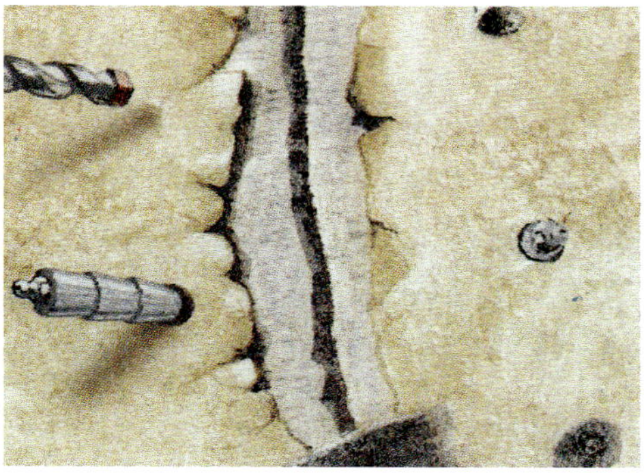

© siehe Anhang

© siehe Anhang

Kratzspachtelung

Eine Kratzspachtelung ist eine Untergrundvorbehandlung für nachfolgende ▸*Abdichtungen* aus spachtelbaren Abdichtungsstoffen. Sie dienen dazu, Öffnungen, Vertiefungen, Risse, Poren und Lunker sowie kleinere Unebenheiten zu egalisieren. Hierfür werden entweder ▸*Zementputze* oder ▸*mineralische Dichtungsschlämmen*, aber auch ▸*Bitumen-Dickbeschichtungen*

© siehe Anhang

eingesetzt, wenn die nachfolgende Abdichtung auch aus Bitumen-Dickbeschichtungen hergestellt wird. Die Kratzspachtelung stellt keine erste Abdichtungslage dar und ist kratzend über Grate und Spitzen abzuziehen. Je nach Standzeit sowie nachfolgender Beschichtung ist die Oberfläche der Kratzspachtelung ggf. mit Quarzsand abzustreuen. Bevor die eigentliche Abdichtung erfolgt muss die Kratzspachtelung komplett durchgetrocknet sein.

Kreiden/ Kreidung

Nach DIN 55 945 wird unter dem Begriff Kreiden (oder Kreidung) das Ablösen von Pigmenten und Füllstoffen aus einem Beschichtungssystem bezeichnet. Der Abbau der oberflächennahen Bindemittelschicht ist dabei von der Art und Menge des Bindemittels, der Pigmentierung und den Objekt- und Witterungseinflüssen sowie der Bewitterungsdauer abhängig. Beim Abwischen entsteht der Eindruck einer “kreidenden” Oberfläche. Die Primärursache für die Kreidung ist ein Bindemittelab-

A B C D E F G H I J K L M N O P Q R S T U V W X Y Z

bau in Folge UV-Strahlung. Aber auch die Art und Konzentration des eingesetzten Pigmentes, eine Überpigmentierung bzw. ein zu geringer Bindemittelanteil, ein von seiner chemischen Zusammensetzung ungeeignetes Bindemittel, die Himmelsrichtung einer Gebäudeseite und die Lage eines Objektes können für die Kreidung ursächlich sein.

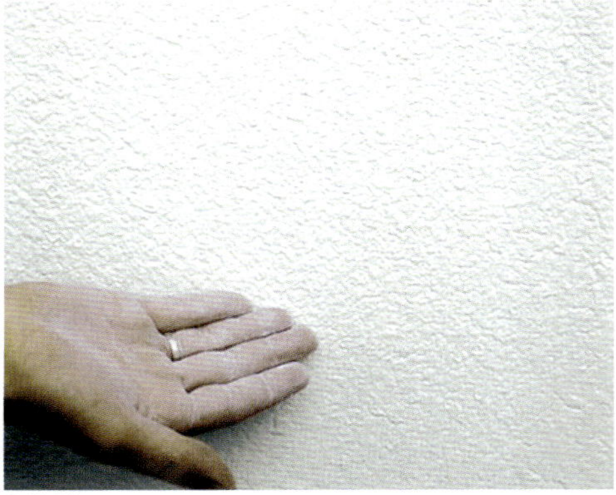

Kreuzstoß

Der Begriff Kreuzstoß kommt aus der ▸*Bauwerksabdichtung* mit ▸*Bitumenbahnen*. Man versteht unter einem Kreuzstoß den Bereich, der zwangsläufig entsteht, wenn 4 Abdichtungsbahnen aufeinander treffen. Dieser Kreuzstoß kann vermieden werden, wenn die ▸*Abdichtungsbahnen* entsprechend versetzt angeordnet werden. Dann entsteht der sog. T-Stoß.

Kriechen

Der Begriff Kriechen beschreibt die temperatur- und zeitabhängige Verformung eines Bau- oder Verbundwerkstoffes bei langzeitig wirkender mechanischer Belastung.

Kristalline Erhärtung

▸*Härtung*

Kristallinjektion

Unter der Bezeichnung Kristallinjektion wird eine ▸*Bohrlochinjektion* gegen ▸*kapillar aufsteigende Feuchtigkeit* angeboten, bei der ein mineralisches Injektionsmittel verwendet wird. Namensgeber soll die kristalline Ausbildung des Injektionsmittels im Mauerwerk nach der Härtung sein. Nach Aussage des Anbieters wird neben der horizontalen Feuchtigkeitssperre auch eine Verfestigung des Mauerwerksquerschnittes erreicht.

Kristallisation

Als Kristallisation wird die Bildung von Kristallen bezeichnet. Dies kann aus einer Lösung, einer Schmelze, der Gasphase, einem amorphen Festkörper oder auch aus einem anderen Kristall erfolgen. In der Regel wird bei der Kristallisation Kristallisationswärme frei. Damit sich ein Kristall überhaupt bilden kann, muss der auszukristallisierende Stoff zunächst in eine Übersättigung gebracht werden. Dies geschieht entweder bei Abkühlungsprozessen von Lösungen oder Schmelzen sowie durch Verdampfen oder Verdunsten des Lösungsmittels. Dieser Vorgang kann bei ▸*bauschädigenden Salzen* beobachtet werden, wenn das Lösungsmittel (Wasser) verdunstet und die Salzkristalle auf der Baustoffoberfläche entstehen. [1]

Kristallisationsdruck

Alle mineralischen Baustoffe enthalten ▸*Salze*, zu denen u.a. die ▸*Sulfate*, ▸*Karbonate*, ▸*Chloride* und ▸*Nitrate* gehören. Die bauschädigende Wirkung dieser Salze ist in der Hauptsache darauf zurückzuführen, dass sie bei auftretender Feuchtigkeit in Lösung gehen und bei späterer Trocknung unter chemischer Bindung einer oft beträchtlichen Menge Kristallwasser wieder auskristallisieren. Durch diese Wasseraufnahme kommt es zu einer Volumenvergrößerung der sich bildenen Kristalle. Da das Volumen der Salze, die aus Lösungen kristallisieren, größer ist als der zur Verfügung stehende Porenraum, wird ein sog. Kristallisationsdruck hervor gerufen. Bei wiederholtem Wechsel von nass und trocken verstärkt sich dieser Schadensprozess. Der Kristallisationsdruck übersteigt in der Regel die Festigkeit von Putzmörteln, Natursteinen und Ziegeln, so dass es zu einer Sprengung des Korngefüges, zum Zermürben der Baustoffe sowie zu Ausblühungen und Abplatzungen kommt. Einige

Kristallisationsdrücke wichtiger Salze beinhaltet die unten stehende Tabelle. Zu beachten sind die Temperatureinflüsse. Gesteinsfestigkeiten liegen um 10 N/mm², werden also durch Kristallisationsdrücke in der Regel deutlich übertroffen.

Kristallisationsschäden

Die Gefährlichkeit ▸*bauschädigender Salze* besteht nicht in den weißen ▸*Ausblühungen* an der Oberfläche, die ein kristallines oder flaumartiges Erscheinungsbild haben. Sie besteht auch nur begrenzt in der Fähigkeit, Feuchtigkeit aus der Luft aufzunehmen, den Baustoff oder das Bauteil zu durchfeuchten sowie das Austrocknungsverhalten negativ zu beeinflussen. Das eigentliche Schadenspotenzial der ▸*Salze* geht von der Volumenvergrößerung aus, die sich bei dem Kristallisationsvorgang ergibt. Infolgedessen entsteht ein Spreng- oder Kristallisationsdruck, der größer ist als der Zusammenhalt der mineralischen Baustoffe. Bei hoher Konzentration führt dieser Vorgang zwangsläufig zu einer mechanischen Zerstörung des Porengefüges und damit verbunden zu ▸*Abplatzungen* auf der Steinoberfläche, Putzabplatzungen und einem ▸*Abblättern* von Farbschichten. Hinzu kommen feine ▸*Risse*, die eine höhere Wasseraufnahme verursachen, die ▸*Diffusion* von Schadstoffen und Gasen erhöhen und ein weiteres Vordringen in tiefere Bauteilschichten ermöglichen.

Kristallwasser

Wasser, das im kristallinen Festkörper (Baustoff) gebunden vorkommt, wird als Kristallwasser bezeichnet, wobei auch die Bezeichnung ▸*Hydrate* üblich ist. So gibt es z. B. das kristallwasserfreie Natriumsulfat (Na_2SO_4) und Glaubersalz mit zehn Wassermoleküle pro Einheit Natriumsulfat.

Krusten

▸*Krustenbildung*
▸*Oberflächenschmutz*

Krustenbildung

Krusten sind zusammenhängende Schichten auf der Oberfläche von Baustoffen und können entweder wenige mm bis cm dick sein. In der Regel wird der Begriff der Krustenbildung im Rahmen der Natursteinsanierung und/oder im Zusammenhang mit Umweltverschmutzung von mineralischen Baustoffen verwendet. Unterschieden werden Sinter- und Anlagerungs- und Reaktionskrusten. Sinterkrusten entstehen aus gelösten chemischen Verbindungen im Inneren des Baustoffes, die durch Lösungs-

Kristallisationsdrücke wichtiger Salze

Salze	Molvolumen	Kristallisationsdruck in N/mm² C/CS = 2		C/CS = 10	
		0°C	50°C	0°C	50°C
$CaSO_4 \cdot ½H_2O$	46	33,5	39,8	112,0	132,5
$CaSO_4 \cdot 2H_2O$	55	28,2	33,4	93,8	111,0
$MgSO_4 \cdot 7H_2O$	147	10,5	12,5	35,0	41,5
$MgSO_4 \cdot 6H_2O$	130	11,8	14,1	39,5	49,5
$MgSO_4 \cdot 1H_2O$	57	27,2	32,4	91,0	107,9
$Na_2SO_4 \cdot 10H_2O$	220	7,2	8,3	23,4	27,7
Na_2SO_4	53	29,2	34,5	97,0	115,0
NaCl	28	55,4	65,4	184,5	219,0
$Na_2CO_3 \cdot 10H_2O$	199	7,8	9,2	25,9	30,8
$Na_2CO_3 \cdot 7H_2O$	154	10,0	11,9	33,4	36,5
$Na_2CO_3 \cdot 1H_2O$	55	28,0	33,3	93,5	110,9

A B C D E F G H I J K L M N O P Q R S T U V W X Y Z

vorgänge an die Oberfläche transportiert werden. Die sog. Anlagerungskrusten entstehen durch die Ablagerung von feinen Stäuben an oder auf der Steinoberfläche. Reaktionskrusten dagegen entstehen dann, wenn reaktionsfähige Baustoffe mit der Umwelt reagieren. Beide Krustenarten überlagern sich häufig, so dass eine Zuordnung oft nicht eindeutig ist. Anlagerungskrusten und Reaktionskrusten sulfatischen Ursprungs werden unter dem Begriff Gipskrusten zusammengefasst.

KSK-Abdichtungsbahn

▸*Kaltselbstklebende Dichtungsbahnen*

Kunstharze

Kunstharze sind in der DIN 55 958 als synthetische ▸*Harze* beschrieben, die durch Polymerisations-, Polyadditions- oder Polykondensationsreaktionen hergestellt werden. In der Regel bestehen Kunstharze aus mindestens zwei Komponenten, dem eigentlichen Harz und dem sog. Härter. Infolge der Härtung steigt die ▸*Viskosität* an und nach abgeschlossener Reaktion liegt ein unschmelzbarer (duroplastischer) Kunststoff vor. Die Verwendung ist (auch im Bauwesen) so vielschichtig, dass nur Vergussmassen/ Gießharze, Putze und Beschichtungsstoffe sowie ▸*Injektionsstoffe* und -mörtel beispielhaft genannt werden sollen.

Kunstharzinjektion

▸*Kunstharzverpressung*

Kunstharzverpressung

Während der Begriff Kunstharzinjektion allgemein üblich ▸*Bohrlochinjektionen* gegen ▸*kapillar aufsteigende Feuchtigkeit* oder abdichtende Injektionen im Rahmen der ▸*Schleierabdichtung* mittels Kunstharze beschreibt, wird der Begriff Kunstharzverpressung in der Regel für die kraftschlüssige Injektion im Rahmen der ▸*Rissinjektion* für Betonbauteile und Mauerwerke verwendet. Unterschieden werden kraftschlüssige Injektionen, die vor allem mit ▸*Epoxidharzen* durchgeführt werden, und abdichtende Injektionen, die mit ▸*Polyurethanen* ausgeführt werden. Die Injektion erfolgt über Injektionspumpen und -packer.

Kunststoffe

Mit dem Begriff Kunststoffe werden Stoffe bezeichnet, die im Wesentlichen aus synthetisch oder halbsynthetisch hergestellten ▸*Polymeren* bestehen. Je nach Rohstoff, dem Herstellungsverfahren und der Zugabe von Additiven können die technischen Eigenschaften der Kunststoffe wie Formbarkeit, Härte, Elastizität, Bruchfestigkeit, Temperatur- und chemische Beständigkeit individuell und dem jeweiligen Anwendungsgebiet angepasst werden. Die für den Bautenschutz allgemein und für die Bauwerksabdichtung und Kellersanierung im Speziellen eingesetzten Kunststoffe werden in der Regel als Kunstharze bezeichnet. Zu ihnen gehören die Gruppe der ▸*Silicone* mit ▸*Siliconharzen*, ▸*Siloxanen* und ▸*Silanen*, die ▸*Acrylharze*, die ungesättigten ▸*Polyesterharze*, die ▸*Epoxidharze* und die ▸*Polyurethanharze*. Je nach Vernetzung, Erhärtung und Filmbildung werden ein- und zweikomponentige Systeme unterschieden.

Sie bestehen im Wesentlichen aus Kohlenstoffatomen, die durch Vernetzung untereinander sehr lange Teilchenketten aus jeweils vielen Tausend Molekülen (= Makromoleküle) bilden. Nach dieser Vernetzung werden die Kunststoffe in ▸*Thermoplaste*, ▸*Elastomere* und ▸*Duroplaste* unterschieden. Bei den Thermoplasten handelt es sich um Kunststoffe, die aus langen, linearen Molekülen bestehen. Durch Energiezufuhr werden diese Materialien formbar bis flüssig und können mit verschiedenen Verfahren verarbeitet werden. Nachdem das jeweilige Werkstück wieder abgekühlt ist, behält es seine Form. Dieser Prozess ist reversibel (wiederholbar). Zu ihnen gehören Polypropylen (PP), Polyethylen (PE), Polyethylenterephthalat (PET) und Polystyrol (PS), aber auch Polyacetal (POM), Polyamid (PA), Polybutylentherephthalat (PBT), Polyethersulfon (PES), Polycarbonat (PC), Polyphenylensulfid (PPS), Polyetheretherketon (PEEK) oder Polyimid (PI). Um neue und bisher noch nicht vorhandene Eigenschaften zu gewinnen, werden zwei oder mehrere Thermoplaste kombiniert. Dieser neue Kunststoff wird dann als Polyblend bezeichnet. Zu den Elastomeren gehören alle Arten von Kautschuk. Die Elastomere sind weitmaschig vernetzt und daher sehr flexibel. Sie werden beim Erwärmen nicht weich und sind in den meisten Lösungsmitteln nicht löslich. Bei den Duroplasten handelt es sich um Kunststoffe, die bei der Verarbeitung räumlich eng vernetzen. Diese Vernetzung erfolgt chemisch zwischen den Molekülen der Ausgangsmaterialien. Dieser Vorgang ist nicht umkehrbar, also nicht reversibel. Sobald ein derartiges Material vernetzt ist, kann es nur noch mechanisch bearbeitet werden. Duroplaste sind meistens hart und spröde. In diese Gruppe fallen praktisch auch alle Kunstharze wie z. B. die Epoxide. [1]

Kunststoffabdichtungsbahn

Alternativ zu den ▸*Bitumenbahnen* mit Glasvlies-, Glasgewebe- oder mit Kunststoffeinlage, ▸*Polymerbitumenbahnen* mit Glasgewebe- oder Kunststoffvlieseinlage, kaltselbstklebenden ▸*Bitumen-Dichtungsbahnen* werden auch Kunststoff-Dichtungsbahnen aus z. T. thermoplastischen Kunststoffen wie z. B. PIB (Polyisobutylen), ECB (Ethylencopolymerisatbitumen), PETP (Polyäthylenterepthalat), PVC/P (Polyvinylchlorid in unterschiedlicher Zusammensetzung) oder aus EPDM (Elastomeren) angeboten. Dichtungsbahnen sind entweder durch Verlegung mit heiß zu verarbeitender Klebemasse, durch lose Verlegung mit mechanischer Befestigung oder durch lose Verlegung mit Auflast zu verarbeiten. Für die Verlegung mit heiß zu verarbeitender Klebemasse dürfen nur bitumenverträgliche Kunststoff-Dichtungsbahnen verwendet werden. Die Kunststoff-Dichtungsbahnen sind im ▸*Bürstenstreichverfahren* oder im ▸*Flämmverfahren* zu verarbeiten. Soweit die Naht- und Stoßverbindungen nicht mit ▸*Bitumen* verklebt werden, ist sicherzustellen, dass die zu überlappenden Teile der Kunststoff-Dichtungsbahnen frei von Klebemassen sind. (ggf. Bitumenverträglichkeit der Kunststoff-Dichtungsbahn überprüfen). Alternativ werden die Kunststoff-Dichtungsbahnen lose auf dem Untergrund verlegt und stellenweise mit dem Untergrund mechanisch befestigt. Art, Lage und Anzahl der Befestigungsmittel sind auf die Art des Untergrundes und der Kunststoff-Dichtungsbahnen sowie auf die zu erwartende Beanspruchung abzustimmen, wobei eine chemische oder mechanische Belastung ausgeschlossen werden muss. Als Montagehilfe werden in der Regel kunststoffverträgliche Kaltklebestoffe verwendet.

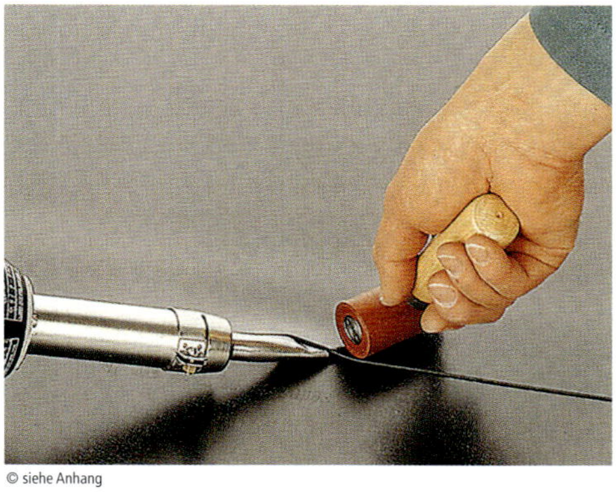

© siehe Anhang

Kunststoff-Bitumen-Abdichtungsbahn

▸*Polymer-Bitumenbahnen*

Kunststoffmodifizierte Bitumen-Dickbeschichtung

▸*Bitumen-Dickbeschichtung*

Kunststoffdübel

▸*Packer*

Kunststoffpacker

▸*Packer*

Kunststoffplatten

Alternativ zu den ▸*Kunststoffbahnen* zur Vertikalabdichtung werden auch sog. Kunststoffplatten zur ▸*nachträglichen Horizontalabdichtung* eingesetzt. Hierunter werden Materialien aus Kunststoff verstanden, die zur Erhöhung ihrer mechanischen Festigkeit mit Glasfasern verstärkt werden. Die Platten müssen mindestens 10 cm überlappen, wasserundurchlässig und hinreichend chemisch beständig sein. Die

A B C D E F G H I J K L M N O P Q R S T U V W X Y Z

Mindestdicke der Kunststoffplatten für die Horizontalabdichtung beträgt 0,5 bis 2mm.

Kunststoffvergütete Bitumen-Dickbeschichtung

▸*Bitumen-Dickbeschichtung*

Kunststoffvergütete Dichtungsschlämmen

▸*Flexible Dichtungsschlämme*

Kunz´sches Verfahren

▸*V-Schnittverfahren*

L

Laboruntersuchungen

Je nach Objektbedingungen und Zielsetzung einer ▸*Bauwerksabdichtung* oder Kellersanierung müssen sowohl Vor-Ort-Untersuchungen als auch Laboruntersuchungen durchgeführt werden. Beide Maßnahmen der ▸*Bauwerksdiagnostik* stehen in direktem Zusammenhang bzw. in Abhängigkeit zueinander. So müssen in den meisten Fällen die Untersuchungen vor Ort durch entsprechende Laboruntersuchungen ergänzt und/oder bestätigt werden, da einige Materialkenndaten nur durch aufwendige Laboruntersuchungen ermittelt werden können. Hierzu gehören die Ermittlung der Baustoffzusammensetzung, die Prüfung der ▸*Druckfestigkeit*, der ▸*Rohdichte*, der ▸*Zugfestigkeit*, der ▸*Biegezugfestigkeit*, der ▸*Spaltzugfestigkeit*, des ▸*E-Moduls* (statisch und dynamisch), der thermischen und hygrischen *Dehnung*, der ▸*Frostbeständigkeit*, der ▸*Porosität* sowie der ▸*Wasseraufnahme* und ▸*Wasserdampfdurchlässigkeit*. Für diese Prüfungen reicht in der Regel eine Bohrkern- oder Bohrmehlprobe, die von einem erfahrenen Fachmann entnommen werden sollte. Die Qualität der Laboruntersuchungen hängt ganz wesentlich von der Art und Qualität der Probe ab, die nicht nur repräsentativ sein muss, sondern nach der Entnahme auch dokumentiert und sachgerecht verpackt werden muss. Außerdem sollten möglichst viele Informationen über die Entnahme festgehalten werden (Temperatur, ▸*Luftfeuchte*, Digitalfoto, Entnahmeplan etc.).

Die Ermittlung der Baustoffzusammensetzung kann z. B. mikroskopisch, mit nasschemischen Verfahren, dem Röntgendiffraktometer oder mittels Röntgenfluoreszens erfolgen, je nachdem ob Kenndaten über die Mineralzusammensetzung, das Gefüge, die Kornverteilung, der Porenraum oder die Elementverteilung gewünscht werden. Für spezielle Mörtelkenndaten werden auch Siebanalyse, Differenzialthermoanalyse, ▸*Infrarotspektroskopie* oder ▸*Röntgendiffraktometrie* eingesetzt, je nachdem ob das Bindemittel oder die Korngrößenverteilung der Zuschlagstoffe bekannt sein müssen. Abgerundet werden diese Baustoffanalysen durch die Ermittlung der ▸*Porenkennwerte* und des ▸*Feuchte- und Salzgehaltes*, die gerade für die Kellersanierung wesentliche Kenngrößen darstellen. Hierfür werden die Materialfeuchte (z. B. ▸*Darr-oder CM-Methode*), die ▸*Sättigungsfeuchte* oder die *Ausgleichsfeuchte* (Lagerung bei unterschiedlichen ▸*relativen Luftfeuchtigkeiten* – in der Regel bei 70 bis 80% rel. Luftfeuchte) am ▸*Bohrkern* oder einer kompakten Materialprobe bestimmt. Die Bestimmung der Salzgehalte erfolgt entweder mit nasschemischen Verfahren, über die spezifische Leitfähigkeit, über Photometer, Ionenchromatograph, Röntgendiffraktometrie oder Infrarotspektroskopie.

Labyrinthprinzip

▸*Fugenabdichtung*

Ladikom-Verfahren

▸*Ladungskompensationsverfahren*

Ladungskompensationsverfahren

Werden elektrische Leiter mit definiertem Längen- und Abstandsverhältnis eingebaut, soll das mauereigene elektrische Feld zerstört werden. Die ▸*Elektroden*, die nicht miteinander verbunden sind, werden hierbei zu Dipolen. Das Mauerwerk soll nun oberhalb der Mitte des Dipoles austrocknen, da die entscheidene, den vertikalen Wassertransport beschleunigende, elektrische Kraft ausgeschaltet ist. Dieses Verfahren ist unter dem Namen „Ladikom" bekannt und wurde in der DDR viel eingesetzt. Wie bei vielen derartigen Verfahren ist auch bei diesen so sanierten Bauten heute eine Sanierung der Sanierung notwendig.

Längenänderung

Aufgrund des hygrischen und/oder thermischen Schwindens und Quellens können Baustoffe ihre Lage, Länge oder ihr Volumen verän-

A B C D E F G H I J K L M N O P Q R S T U V W X Y Z

dern. Dies muss beim Verbauen und/oder Beschichten von feuchten oder nassen Baustoffen berücksichtigt werden, da diese auf Grund der ▸*Trocknung* und/oder ▸*Härtung* schwinden und dadurch zur Bildung von Rissen und/oder Sekundärporen neigen. Umgekehrt muss dies aber auch bei Baustoffen und/oder Bauteilen berücksichtigt werden, die eine hohe Wasseraufnahme besitzen und erst nach dem Einbau oder der Beschichtung Feuchtigkeit aufnehmen und infolgedessen quellen und dadurch Abplatzungen verursachen können.

Das thermische und/oder hygrische Quellen und Schwinden wird über verschiedene Messungen erfasst und durch Koeffizienten ausgedrückt. So gibt es das Quellmaß und das Schwindmaß. Die hygrische Längenänderung wird in mm pro m angegeben. Die thermische Längenänderung wird durch den Wärmeausdehnungskoeffizienten gekennzeichnet, der wiederum unterschieden wird nach ▸*Längenausdehnungskoeffizient* und thermischem Raumausdehnungskoeffizient.

Lagenrückversatz

Der Lagenrückversatz ist eine Anschlusstechnik beim Einkleben von ▸*Bitumenbahnen* zur ▸*Bauwerksabdichtung*, wobei die letzte Lage die abgestuft verlegten unteren Lagen entsprechend überdecken muss.

Lagenversatz

Bei dem Lagenversatz ist die Anordnung der ▸*Abdichtungsbahnen* mehrerer Abdichtungslagen in der Form auszuführen, dass die Längsnähte nicht übereinander liegen.

Lambda-Nadelsonde

▸*Lambda-Sonden-Verfahren*

Lambda-Sonden-Verfahren

Bei dem Lambda-Sonden-Verfahren wird die Veränderung des Wärmeleitwiderstandes von Baustoffen bei Veränderung des Feuchtigkeitsgehaltes gemessen. Grundprinzip dieser Messmethode ist die Tatsache, dass sich der Wärmeleitwert eines Baustoffes mit Zunahme der Durchfeuchtung erhöht. Der Baustoff wird während der Aufheizphase erwärmt und in der Ausgleichsphase bei konstanter Temperatur gehalten. Anschließend wird aus dem Temperaturverlauf der Aufheizphase und dem Energieverbrauch während der Ausgleichsphase der Wärmeleitwert ermittelt. Der Vorteil dieser Feuchtigkeitsmessung besteht in der zerstörungsfreien oder -armen Messung. Der Nachteil für die Praxis ist, dass sich der stationäre Zustand erst einstellen muss und dadurch längere Messzeiträume erforderlich sind. Die Messung und Auswertung ist direkt am Objekt möglich.

Laminare Strömung

▸*Wassertransport*

Längenausdehnungskoeffizient

Der Längenausdehnungskoeffizient wird nach thermischem und hygrischem L. unterschieden. Der thermische Längenausdehnungskoeffizient ist ein Kennwert, der das Verhalten eines Baustoffes bzgl. seiner Längen- oder Volumenveränderung bei Veränderung der Temperatur beschreibt. Unterschieden werden der thermische (oder auch lineare) Längenausdehnungskoeffizient und der thermische Raumausdehnungskoeffizient, der auch als räumlicher Ausdehnungskoeffizient oder Volu menausdehnungskoeffizient bezeichnet wird. Der Längenausdehnungskoeffizient definiert, um welchen Betrag sich ein <u>fester</u> (Bau)Stoff bei einer Temperaturveränderung im Verhältnis zur gesamten <u>Länge</u> vergrößert oder verkleinert. Der Raumausdehnungskoeffizient dagegen zeigt an, um welchen Betrag sich ein <u>flüssiger</u> (Bau)Stoff bei einer Temperaturveränderung im Verhältnis zum gesamten <u>Volumen</u> vergrößert oder verkleinert. Bei den Messungen des thermischen Längenausdehnungskoeffizienten muss unbedingt darauf geachtet werden, dass die hygrischen Einflüsse auf das Quellen und Schwinden ausgeschlossen werden. Der hygrische Längenausdehnungskoeffizient definiert, um welchen Betrag sich ein Baustoff bei Veränderung des Feuchtigkeitsgehaltes im Verhältnis zur gesamten Länge vergrößert oder verkleinert. Auch hier gilt für die Messung, dass die thermischen Einflüsse ausgeschlossen werden, damit die Messungen des hygrischen Längenausdehnungskoeffizienten nicht verfälscht werden.

Langzeitporosität

▸*Primäre Porosität*

Lastabhängige Verformung

▸*Verformung von Baustoffen*

Lastfälle

Mit dem Begriff Lastfall wird in der ▸*DIN 18 195 „Bauwerksabdichtung"* die Belastung eines Mauerwerkes durch Feuchtigkeit in verschiedenen Formen beschrieben. ▸*Lastfälle* sind ▸*Bodenfeuchtigkeit* und ▸*nicht stauendes Sickerwasser*, ▸*nichtdrückendes Wasser*, von außen ▸*drückendes Wasser* oder ▸*aufstauendes Sickerwasser* sowie von innen drückendes Wasser. Lastfälle können aber auch rückseitig einwirkendes Wasser und Feuchtigkeitsbelastungen aus ▸*hygroskopischer Feuchtigkeitsaufnahme* (durch Salzbelastung), Tauwasser, Havarieschäden, Belastungsänderungen oder schädigende Bestandteile im Wasser oder Erdreich sein. Diese werden aber in den Regelwerken nicht definiert. Die ▸*Abdichtung* erdberührter Bauteile wird gemäß dieser Lastfälle geplant und ausgeführt.

Lastunabhängige Verformung

▸*Verformung von Baustoffen*

Latent-hydraulische Bindemittel

▸*Puzzolane*, ▸*Trass*, Hüttensand und Stoffe, die amorphe Kieselsäure enthalten, werden als latent-hydraulische Bindemittel bezeichnet. Diese benötigen für den Härtungsverlauf immer

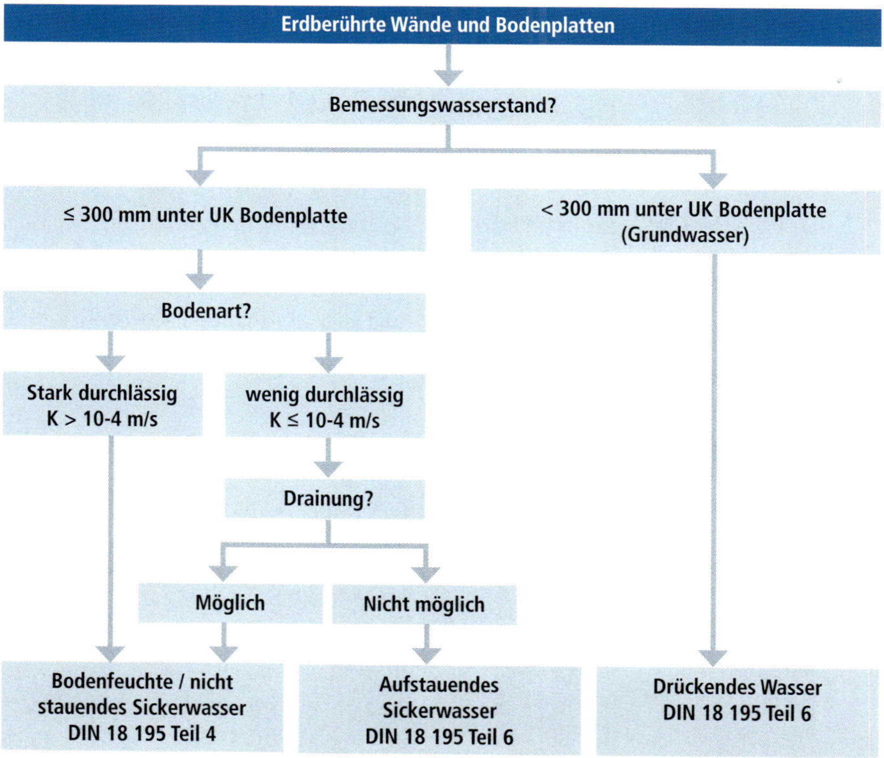

Die Abdichtung erdberührter Bauteile wird gemäß dieser Lastfälle geplant und ausgeführt.

A B C D E F G H I J K L M N O P Q R S T U V W X Y Z

einen „Anreger" als Reaktionspartner. Erst bei Gegenwart von Kalkhydrat oder Zement werden diese Bindemittel wirksam. Der gebräuchliste und übliche Anreger ist Kalziumhydroxid, das allmählich mit der amorphen Kieselsäure des latent-hydraulischen Bindemittels unter Gegenwart von Wasser reagiert und als Endprodukt ein Kalziumsilikathydrat bildet. Die Reaktion dauert relativ lange und muss durch permanentes Feuchthalten als entsprechende Nachbehandlung in ihrem Verlauf sichergestellt werden. Wird die Feuchtigkeitszufuhr unterbrochen, ist die Reaktion unterbrochen. Die Oberflächen der amorphen Kieselsäure passivieren sich und der Reaktionsmechanismus kommt zum Stillstand. Analog der Zementhärtung entsteht auch bei latent-hydraulischen Bindemitteln ein Porensystem, das nur bedingt für kapillare Feuchtigkeit zugänglich ist. Diese Theorie wird durch die Praxis bestätigt. In Regionen, in denen bereits im Mittelalter bevorzugt latent-hydraulische Bindemittel eingesetzt wurden, sind heute Feuchtigkeitsschäden durch ▸*kapillar aufsteigende Feuchtigkeit* und/oder ▸*Salze* nur sehr selten festzustellen.

Lauge

In der Chemie bedeutet Lauge eine basische Lösung.

Lebensdauer

Allgemein wird der Begriff Lebensdauer verwendet, wenn die Haltbarkeit von Produkten oder von Sanierungsmaßnahmen und dgl. beschrieben wird. Obwohl dieser Begriff für technische Produkte sowie handwerkliche Dienstleistungen nicht zutreffend ist, hat er sich auch bei der Qualitätssicherung und Normung durchgesetzt. Technisch korrekt wäre es allerdings, von einer Haltbarkeit, Funktionalität oder Nutzungsdauer zu sprechen, die dann durch eine Zeitangabe ergänzt wird.

Leckage

Eine Leckage (ugs. auch nur als Leck bezeichnet) ist eine Undichtigkeit in einem technischen oder Bautenschutzsystem. Eine Leckage kann sowohl von außen eindringende Feuchtigkeit (Undichtigkeit in der ▸*Horizontal- und/oder Vertikalabdichtung*) oder durch einen ▸*sporadischen Wasserschaden* (geplatztes Wasserrohr) im Gebäude eine Durchfeuchtung von innen verursachen. Es werden Leckagen unterschieden, die durch Materialverschleiß sowie durch mechanische oder chemische Einwirkungen (z. B. Beschädigung der ▸*Abdichtung* beim Auffüllen der Baugrube) entstehen. Einige Leckagen entstehen erst mit der Zeit, während andere Leckagen gleich auf unsachgemäße Ausführung zurück zu führen sind (z. B. mangelhafte Ausführung einer ▸*Rohrdurchführung* in der ▸*Außenabdichtung*).

Während ein sporadischer Wasserschaden in der Regel schnell bemerkt und deshalb schnell behoben werden kann, stellen Undichtigkeiten in der Vertikalabdichtung erdberührter Bauteile ein großes Problem dar. Zum Einen hat die Durchfeuchtung des Mauerwerkes bereits einige Zeit stattgefunden, bevor sich Feuchtigkeitsschäden an der Oberfläche zeigen. Dies hat zur Folge, dass der Mauerwerksquerschnitt zum Teil starke Durchfeuchtungen aufweist. Zum Anderen zeigen sich nicht automatisch an der Stelle einer Kellerinnenwand die Durchfeuchtungen, an der im Außenbereich tatsächlich eine Leckage vorliegt. Deshalb ist ein gezieltes Öffnen und Nachbessern einer Leckage im Außenbereich in den seltensten Fällen möglich. Aber auch im Innenbereich kann eine Leckage ein Problem darstellen, das erst nach Tagen oder Wochen festgestellt wird. Befindet sich die Leckage hinter einer Verkleidung (z. B. unter der Dusche oder Wanne) oder in einer Konstruktion (z. B. Fußboden) muss in der Regel eine Leckageortung durchgeführt werden.

Leckageortung

Wird eine ▸*Durchfeuchtung* festgestellt und kann die Ursache für die Undichtigkeit (Leckage) nicht genau lokalisiert werden, muss eine Leckageortung durchgeführt werden. Die Zeiten, in denen man sich hierzu mit Hammer und Meißel langsam an die undichte Stelle „herantasten" musste, gehören seit Einführung moderner Verfahren zur Leckageortung der Vergangenheit an. Zu ihnen gehören die Endoskopie, die elektronische und akustische Leckortung, die Thermografie sowie der Einsatz von Tracergas. Das Endoskop ist sicherlich das einfachste Gerät zum Aufspüren von Leckagen und dient zur Besichtigung von Hohlräumen und verdeckten Querschnitten. Sog. Videoskope sind mit einer flexiblen Linse ausgestattet und können auch in Rohrleitungen und dgl. eingeführt werden. Das wichtigste Hilfsmittel für das Aufspüren von Undichtigkeiten in der Hausinstallation ist die akustische Leckageortung. Es besteht aus einem Hochleistungsmikroskop, einem Spezialverstärker und Kopfhörern. Anhand der zunehmenden Geräuschentwicklung beim Annähern an die Leckage kann der Fachmann mit ziemlicher Sicherheit die lokale Stelle orten. Die Thermografie macht Temperaturdifferenzen von Körperoberflächen als Folge einer Durchfeuchtung sichtbar. Außerdem nimmt die Wärmeausbreitung in durchfeuchteten Materialien zu, so dass neben der lokalen Leckage auch die Verbreitung der Feuchtigkeit sichtbar wird. Alternativ kann auch Tracergas eingesetzt werden. Hierbei wird Gas mit Überdruck in Wasserleitungen eingegeben. Mit Hilfe eines sog. Gasdetektionsverfahren oberhalb der Rohrleitungen können auch kleinste Mengen des Gases nachgewiesen werden. Das sog. Korrelationsverfahren stellt ein elektroakustisches Verfahren dar. Das Messprinzip basiert auf dem Vergleich der durch zwei Mikrophone übertragenen Signale. Dieser Vergleich ermöglicht die Bestimmung der Laufzeitdifferenz. Da diese von der Schallgeschwindigkeit in der Rohrleitung abhängt, kann man daraus die Leckagestelle berechnen. Die elektronische Leckageortung wird eingesetzt, um verdeckte Rohrleitungen und Kabel aufzuspüren. Hierzu wird mit einer Suchspule das vorhandene oder künstlich geschaffene elektrische Feld um die Leitung aufgespürt.

Lehm

Lehme und Tone sind Lockergesteine und Verwitterungsendprodukte silikatischer Festgesteine. Sie bestehen aus ▸*Tonmineralen* (z. B. Kaolinit, Illit, Montmorillonit), die plastische Eigenschaften haben und in wechselnden Mengen nicht plastischen Mineralen (z. B. Quarz, Feldspat, Glimmer, Eisenoxyden). Tonminerale sind komplexe Alumosilikate, die zahlreiche Varianten der chemischen Zusammensetzung von Aluminiumoxid, Siliziumdioxid und Wasser bilden. Tonminerale sind durch ihre Kleinheit und die plättchenförmige Gestalt gekennzeichnet. Der mittlere Durchmesser der Partikel reicht etwa von 20µm bis weit unter 1µm. Tonminerale haben plastische Eigenschaften, da sich Wasser an der Oberfläche der Plättchen anlagern kann, wodurch ein Gleiten der einzelnen Teilchen gegeneinander möglich wird. Dies bedeutet, dass sich Lehme und Tone, mit Wasser angemacht, zu nahezu allen Gebilden verformen lassen und diese Form auch nach dem Trocknen beibehalten. Getrocknete Lehme und Tone haben in Abhängigkeit von ihrer Zusammensetzung eine mittlere bis sehr hohe Festigkeit. Diese Trockenfestigkeit, die bei Lufttrocknung auch als Grünfestigkeit bezeichnet wird, ermöglicht überhaupt erst, dass Lehme und Tone als Bindemittel und als Rohstoff zur Herstellung von Baustoffen verwendet werden können. Fette Lehme bestehen hauptsächlich aus feinen, teilweise quellenden Tonmineralen. Bei mageren Lehmen sind größere Mengen von Nichttonmineralen (z. B. Sande, Hydroxide etc.) beigemengt. Mit der Zunahme der Nichttonminerale sinkt die Trockenfestigkeit.

Leibungsrahmen

Bei Leibungsrahmen handelt es sich um vorgefertigte Bauteile zur Fenstersanierung. Vor allem bei Gebäuden, die auch während einer Kellersanierung bewohnt sind, haben sich vorgefertigte Leibungsrahmen bewährt. In dieser Zeit soll die Außenhülle eines Bauwerks nur möglichst kurz geöffnet sein, damit Regen, Kälte, Feuchtigkeit oder auch Eindringlinge jeglicher Art nicht in das Gebäude eindringen können. Bei der Verwendung eines vorgefertigten Leibungsrahmen können die Kellerfenster relativ schnell und einfach eingesetzt und die Gebäudehülle damit wieder geschlossen werden. Die vorgefertigten Bauelemente werden beim Neubau oder im Rahmen von Umbau- und Modernisierungsarbeiten wie eine verlorene Schalung eingesetzt. Angeboten werden Leibungsrahmen aus Stahlblech, Polymerbeton, Glasfaserkunststoff, PVC, Beton oder Glasfaserbeton. Bei der Auswahl des jeweiligen Materials sollte aber auch auf den Ausdehnungskoeffizienten geachtet werden, damit der Gefahr von Rissbildung infolge thermischer Spannungen vorgebeugt werden kann.

Leichtfüllstoffe

Der Begriff Leichtfüllstoffe wird hauptsächlich für organisch gebundene Beschichtungen verwendet. Für mineralische Putze und Beschichtungen ist der Begriff ▸*Leichtzuschlag* oder ▸*Leichtzuschlagsstoff* üblich.

Leicht lösliche Salze

▸*Salze*

Leichtzuschläge

Leichtzuschläge (oder auch Leichtzuschlagsstoffe) werden in Leichtputzen, Wärmedämmputzen oder in ▸*Sanierputzen* eingesetzt, damit die Putzmörtel je nach Anwendung eine definierte Rohdichte, ein bestimmtes ▸*E-Modul* oder einen erforderlichen Porenanteil bekommen. Als Leichtzuschläge werden ▸*Bims*, Perlite, Styropor, ▸*Vermiculit* und Blähglas verwendet. Bims als Leichtzuschlag für Sanierputze wird mit einem Korndurchmesser von 0,3 bis 1,5 mm eingesetzt. Hierbei handelt es sich um stark aufgeblähte und infolgedessen hoch poröse Zuschlagsstoffe. Sie eruptieren in großen Mengen in Verbindung mit saurem Vulkanismus. Wegen starker Entgasung kommt es unter Umständen schon im Schlot zur Aufblähung der Lava. Noch während der Auswurfphase erstarrt das Material glasig. Bims hat ein niedriges spezifisches Gewicht und einen großen ▸*Porenanteil*. Deshalb eignet sich Bims besonders gut als Leichtzuschlag für Leicht- und Wärmedämmputze und aufgrund des Porenanteils für Sanierputze. Natürliche Perlite werden als Leichtzuschlagstoff mit einem Korndurchmesser von 0,1 bis 2 mm angeboten. Es handelt sich um vulkanische Gesteine mit einer besonderen Porenstruktur. Werden Perlite auf > 1200° C erhitzt, erhält man einen „federleichten" Gesteinsschaum, der unbrennbar und verwitterungsbeständig ist. Styropor als Leichtzuschlagsstoff wird mit einem Durchmesser von ca. 1 mm angeboten. Es handelt sich hierbei um ein treibmittelhaltiges Styrol-Polymerisat, das zur Herstellung von Schaumstoffen Verwendung findet. Vermiculit ist ein quellfähiges Silikatmineral mit sehr hohem Porenanteil. Deshalb enthalten die meisten Sanierputze Vermiculite als Leichtzuschlagsstoff. [9]

Leichtzuschläge, die in Sanierputzen eingesetzt werden, müssen offene Poren für den Eintrag von Salzlösungen und Wasserdampf

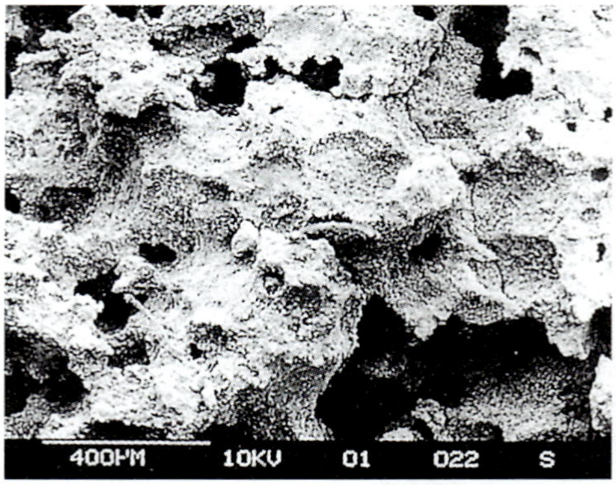

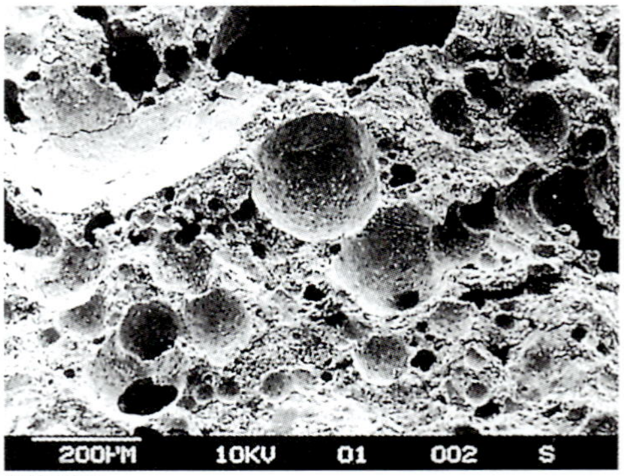

haben. Die Theorie besagt, dass sich der erhöhte Kapillarporenraum der Leichtzuschläge günstig auf die Salzspeicherkapazität auswirkt.

Leitfähigkeit

Mit dem Begriff Leitfähigkeit wird die Fähigkeit eines Stoffes oder Stoffgemisches beschrieben, einen anderen Stoff transportieren zu können. Zu den wesentlichen Kenngrößen im Bauwesen gehören die ▸*kapillare Leitfähigkeit* (Feuchtigkeitstransporte in Baustoffen und Bauteilen), die thermische oder Wärmeleitfähigkeit (für Wärmetransport) sowie die elektrische Leitfähigkeit (für elektrischen Strom).

Leitfähigkeitsmessung

▸*Widerstandsmessmethode*

Lichtechtheit

Unter dem Begriff der Lichtechtheit versteht man die Eigenschaft eines Bau-, Dicht- oder Werkstoffes, auch unter starken äußeren Einflüssen wie z. B. Licht oder UV-Strahlung seinen ursprünglichen Farbton nicht zu verändern. Aber auch für weiße und transparente Bau-, Dicht- und Werkstoffe gilt eine Lichtechtheit im Sinne des Nichtauftretens von Vergrauungen und Vergilbungen.

Lichtschacht

Eine Kellersanierung ist oft mit dem Austausch der zu kleinen Fenster oder überhaupt mit deren Einbau verbunden. Dies ist von der Höhe des Kellers sowie der Einbindung im Erdreich abhängig. Je nach Tiefe der einzubauenden Kellerfenster werden Lichtschächte benötigt, die neben ausreichender Beleuchtung auch eine ausreichende Belüftung sicherstellen. Früher wurden fast ausschließlich Lichtschächte aus Beton hergestellt. Die größte Anzahl der heute verkauften Lichtschächte besteht aus Kunststoff. Weiterhin werden begehbare und befahrbare Lichtschächte unterschieden. Kunststoff-Lichtschächte haben im Gegensatz zu den Beton-Lichtschächten eine runde Form und bestehen aus Polypropylen oder Glasfaserkunststoff (GFK). GFK weist materialbedingt eine etwa doppelt so hohe Steifigkeit und Temperaturbeständigkeit auf als Polypropylen. Um die Lichtschächte den individuellen Höhen der verschiedenen Gebäude und Gelände anzupassen, bieten die Hersteller entsprechende Aufsätze an.

Je nach Objektbedingungen und Anforderungen müssen Lichtschächte druckwasserdicht oder befahrbar ausgebildet werden. In dem Fall muss der Lichtschacht direkt auf der Kellerwand befestigt und die anschließende ▸*Perimeterdämmung* dem Lichtschacht angepasst werden. Liegen diese Anforderungen nicht vor, kann der Lichtschacht mit speziellen Isolierabstandsdübeln direkt auf der Perimeterdämmung befestigt werden.

Einen sehr großen Einfluss auf den Lichteinfall im Keller hat die Farbe des Lichtschachtes. Hierbei gilt, dass die Helligkeit des Lichtschachtes die Lichtreflexion erhöht. Ein weißer Lichtschacht reflektiert bis zu 80% des einfallendes Lichtes und stellt damit gegenüber gelben,

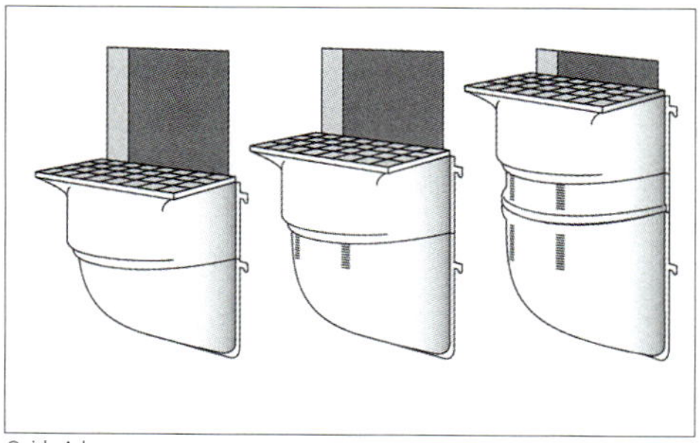

© siehe Anhang

© siehe Anhang

grauen oder schwarzen Lichtschächten die optimale Lösung dar. Auch die Form des Lichtschachtes beeinflusst die Lichtstärke. Damit der Lichteinfall durch die Gitterroste nicht beeinträchtigt wird, bieten einige Hersteller eine unter 45° bis 60° geneigten Streckmetall-Auflagen an, die so konstruiert sind, dass die Lichtstrahlen nahezu ungehindert in den Lichtschacht und über die Reflexion an den Wänden in den Kellerraum einfallen können.

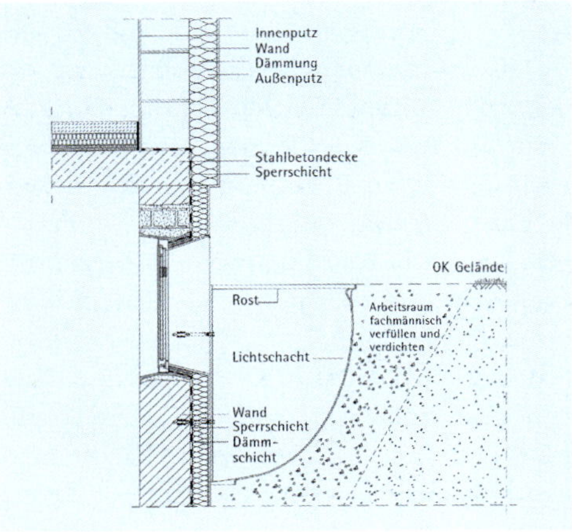

© siehe Anhang

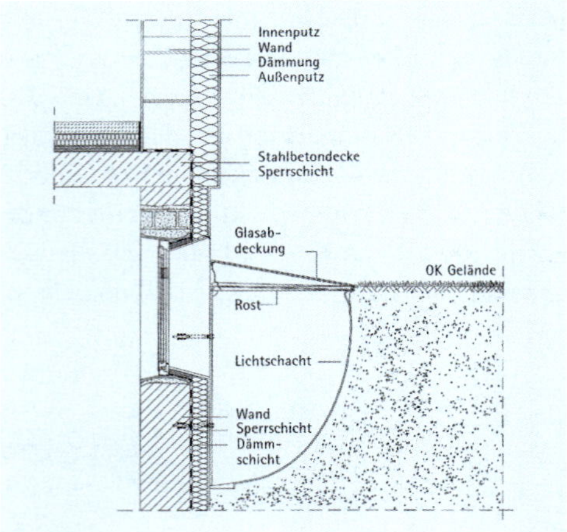

© siehe Anhang

Linienbefestigung

Unter einer Linienbefestigung wird ein kontinuierliches Band oder Profil verstanden, das zur Befestigung einer ▸*Kunststoff-* oder ▸*Bitumenbahn* am Untergrund verwendet wird.

Lineare Befestigung

Im Gegensatz zur ▸*Linienbefestigung* ist die sog. lineare Befestigung eine in Reihe angeordnete Einzelbefestigung von ▸*Kunststoff-* oder ▸*Bitumenbahnen*, die nur punktweise (und nicht kontinuierlich) befestigt wird.

Linearer Wachstumsdruck

In Abhängigkeit von physikalischen und/oder chemischen Einflüssen wie Temperatur, Druck, Konzentration sowie der sog. Umgebungsmorphologie wächst ein Salzkristall in Richtung der ausgebildeten Fläche. Dieses Wachstum kann durch entgegen gesetzt wachsende Kristalle und/oder durch Porenwandungen an der Ausdehnung behindert werden. Trotzdem sind Kristalle in der Lage, in diese Richtung weiter zu wachsen. Dabei baut sich innerhalb des Kristalls gegenüber dem Hindernis ein gerichteter Druck auf, der als linearer Wachstumsdruck bezeichnet wird. Dieser ist von der Übersättigung der Porenlösung abhängig. [9]

Lipophilie

Eine Substanz wird als *lipophil* (griechisch für fettliebend) bezeichnet, wenn sie Fette oder Öle gut lösen kann oder sich in Fetten und Ölen gut lösen lässt. Aufgrund ihrer Eigenschaften sind lipophile Baustoffe oder Oberflächen oftmals auch ▸*hydrophob*, also wasserabweisend. Liegen dagegen lipophile und ▸*hydrophile* (wasseranziehende) Eigenschaften vor, spricht man von ▸*amphiphilen* Baustoffen oder Oberflächen.

Lithotrophe Mikroorganismen

Der Begriff Lithotrophie kommt aus dem Griechischen und bedeutet wörtlich *„sich von Steinen ernährend“* (*lithos* = Stein, *trophe* = Ernährung), wobei *„lithos“* (der Stein) für anorganische Stoffe steht. Das Adjektiv zu „Lithotrophie“ ist *„lithotroph“*. Ein lithotropher Stoffwechsel beschreibt dabei die Fähigkeit von Lebewesen, ihren Energiebedarf aus exergonisch (= Energie abgebend) chemischen Umsetzungen mit ausschließlich anorganischen Stoffen zu decken. Beispiele für lithotrophe

Mikroorganismen sind sog. hydrogenotrophe Bakterien (wie z. B. die der Gattung *Ralstonia*), Bakterien der Art *Thiobacillus thiooxidans* sowie ▸*sulfatreduzierende Bakterien* wie z. B. die der Gattung *Desulfovibrio*. Sie bilden häufig anorganische Säuren wie z. B. die Schwefelsäure, die zu Baustoffschäden führen können.

Im Rahmen von BMBF-(Bundesministerium für Bildung und Forschung)-Projekten wurde seit Anfang der 90-er Jahre der Nachweis für die Schadensursache bauschädigender Salze durch lithotrophe Mikroorganismen geführt. Hierbei wurden lithotrophe ▸*Nitrifikanten* und Schwefeloxidanten (sog. Schwefelbakterien) als Schadensquelle an Gebäuden nachgewiesen.

Lochfraßkorrosion

Der Begriff Lochfraßkorrosion stammt aus der Metallkorrosion und definiert eine Erscheinungsform der örtlichen Korrosion, zu der außerdem Narben- und Schichtkorrosion, selektive K., interkristalline K., Spalt- und Kontaktkorrosion gehören. Im Bauwesen wird der Begriff Lochfraßkorrosion für die elektrochemische Zersetzung der Bewehrungsstähle verwendet. Dieser Schadensprozess kann auftreten, wenn die durch chemische Reaktion gebildete alkalische Schutzschicht auf der Oberfläche der Bewehrung zerstört wird. Ursächlich hierfür ist entweder das Eindringen von CO_2 aus der Atmosphäre und der daraus folgenden Karbonatisierung des Betons, der die Bewehrungsstähle umgibt, oder das Eindringen von ▸*Chloriden* aus Tausalzen. Natürlich können auch beide Prozesse parallel ablaufen. Im Gegensatz zur Flächenkorrosion tritt die Lochfraßkorrosion nur an einer Stelle bzw. nur punktuell auf. Dies führt dazu, dass der Bewehrungsstahl in seinem Querschnitt geschwächt und die Statik gefährdet wird. [3]

Lock-In-Thermographie

Die sog. Lock-In-Thermographie ist ein zerstörungsfreies Messverfahren zur Bestimmung von Oberflächenfeuchtigkeit und Feuchteverteilung. Darüber hinaus kann es auch zur Ermittlung von Hohlräumen und Hohlstellen verwendet werden. Das Messprinzip basiert darauf, dass das zu untersuchende Bauteil mit einer Strahlungsquelle periodisch erwärmt und die Oberflächentemperatur mit einer ▸*Infrarotkamera* gemessen wird. Anschließend wird die Phasenbeziehung zwischen der aufgeprägten Strahlung und den Thermogrammen ausgewertet. Das Messverfahren ist sehr aufwändig und erfordert den Spezialisten. [17]

Lösender Angriff

Unter lösendem Angriff versteht man die chemische Reaktion von zugeführten Lösungen mit dem Baustoff, durch die schwerlösliche Bestandteile des Baustoffes in leichtlösliche Neubildungen überführt werden. Diese können dann leicht ausgewaschen werden. Es entstehen oberflächlich oder im Gefüge Fehlstellen und Hohlräume, d. h. ein poröses lockeres Gefüge.

Lösungsdiffusion

▸*Diffusionsarten*

Lösungsmittel/ Lösemittel

Zur ▸*Reinigung*, ▸*Hydrophobierung*, ▸*Festigung* und Beschichtung von Baustoffen werden neben Wasser auch zahlreiche organische Lösungsmittel eingesetzt. Unter Lösungsmittel versteht man bei Raumtemperatur flüssige und flüchtige Verbindungen, die in der Lage sind, andere (feste) Stoffe zu lösen, ohne dass es hierbei zu einer chemischen Veränderung kommt. Lösungsmittel sollten vor allem restlos verdunsten, um die Trocknung oder Aushärtung zu ermöglichen. Als Lösungsmittel werden Wasser, natürliche Öle, Kohlenwasserstoffe, Alkohole, Ketone, Ester oder Ether eingesetzt.

Wasser: Lösungsmittel für traditionell angewandte Leim-, Kasein- oder Wasserglasfarben sowie seit einigen Jahren zunehmend in wasserlöslichen Lacken, Dispersionsfarben sowie seit Jahrzehnten für alle Putzbindemittelarten. Natürliche Öle: In zahlreichen Farben und Hilfsstoffen werden z. B. Terpentinöl (durch Destillation von Harz hergestellt) oder Leinöl (aus Leinsamen) eingesetzt. Kohlenwasserstoffe: Diese werden vielfach als Lösungsmittel in

A B C D E F G H I J K L M N O P Q R S T U V W X Y Z

Unterwasseranstrichen und Korrosionsschutzlacken eingesetzt, wie z. B. Benzinkohlenwasserstoffe (Lackbenzin, Testbenzin), Benzolkohlenwasserstoffe (Toluol, Xylol), hydrierte Kohlenwasserstoffe (Decalin, Tetralin), chlorierte Kohlenwasserstoffe. Alkohole, Ketone, Ester, Ether: Diese dienen vor allem als Lösungsmittel für schnelltrocknende Lacke sowie für Siliconharze und Silane in Hydrophobierungsmitteln. [1]

Lösliche Salze

▸*Bauschädigende Salze*

▸*Salze*

Los- und Festflanschkonstruktion

Die Los- und Festflanschkonstruktion ist in der Regel eine aus Stahl bestehende Konstruktion zum Einklemmen einer ▸*Abdichtung*, die mit den Durchdringungen von Abdichtungen wasserundurchlässig und fest verbunden sind. Diese Konstruktionen sind zum wasserdichten Auf- oder Einkleben von Abdichtungen aus Bitumenwerkstoffen oder zum Anschweißen einer Abdichtung aus ▸*Kunststoffbahnen* geeignet.

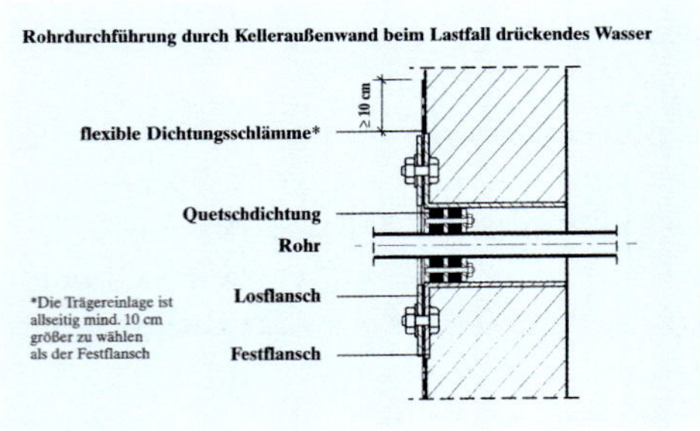

© siehe Anhang

Lüften/ Lüftung

Luft ist wie Wasser ein Lebensmittel. Das Lüften ist eine Methode, um in einem Raum einen Luftwechsel durchzuführen. Eine wichtige Grundlage des aeroben Lebens ist Sauerstoff, dieser wird verbraucht, im Gegenzug wird Kohlenstoffdioxid produziert. Das dadurch in einem Raum entstehende Sauerstoffdefizit wird durch das Lüften wieder ausgeglichen. Daneben wird aber auch feuchte Luft durch trockene Luft ausgetauscht und toxische und nicht toxische Gefahrstoffe, Gase und Aerosole abgeführt. Richtiges Lüften ist in unserem Klima, das durch jahreszeitlich bedingte große Temperaturunterschiede zwischen Innen und Außen gekennzeichnet ist, nicht nur für die Nutzer wichtig, sondern auch für den Erhalt der Gebäude unabdingbar.

Man unterscheidet Stoßlüftung, Spaltlüftung und Zwangslüftung, wobei in der Regel auch ein Energieverlust entsteht, da wärmere Innenraumluft durch kältere Außenluft ersetzt wird. Stoßlüften erfolgt durch kurzzeitiges weites Öffnen der Fenster oder Türen. Innerhalb weniger Minuten wird die verbrauchte Raumluft durch frische Außenluft ersetzt. Die Lüftungszeit kann durch Öffnen gegenüberliegender Fenster (Durchzugslüftung) noch verkürzt werden. Hierbei wird versucht, Energie optimiert zu lüften, in dem eine kurzzeitige Temperaturabsenkung im Raum erfolgt. Eine schnelle Aufheizung ist aber nach Abschluss des Lüftens möglich, da die wärmespeichernden Oberflächen ihre noch vorhandene Energie an die Raumluft abgeben können. Spaltlüften erfolgt durch langzeitiges spaltweises Öffnen der Fenster oder Türen, bei Fenstern vorzugsweise durch Kippstellung. Die verbrauchte Raumluft wird langsam durch frische Außenluft ersetzt. Diese Lüftungsart hat zur Folge, dass viel Energie verloren geht und sich auch die Raumoberflächen abkühlen, so dass diese nicht zur Erwärmung der Raumluft beitragen können und selbst erst wieder erwärmt werden müssen. Außerdem kann die Auskühlung der Wandoberflächen nach Schließen der Fenster und bei erhöhter Luftfeuchtigkeit zur Kondensatbildung führen. Deshalb empfiehlt es sich, die Kippfunktion der Fenster nur in klimatisch warmen Zeiten anzuwenden, wenn die Innentemperatur gleich oder geringer als die Außentemperatur ist. Zwangslüftung erfolgt oft über Klimaanlagen. Seit Einführung der Wärmeschutzverordnung 1995 wird aber oft auch eine Wärmerückgewinnungsanlage eingebaut, um verbrauchte Luft zu ersetzen. Die bei der Zwangsbelüftung von Gebäuden eingesetzten Anlagen verfügen über einen Wärmetauscher, der dem Entlüftungsstrom Wärme entzieht und dem Zuluftstrom Wärme zuführt. Der Luftaustausch wird durch eine mechanische Be- und Entlüftungsanlage bei geschlossenen Fenstern gewährleistet. Diese Methode ist die energiesparendste Lüftungsart, da ein Teil der Energie im Abluftstrom zurück gewonnen werden kann. Beim Einsatz von Wärmerückgewinnungsanlagen ist darauf zu achten, dass der Stromverbrauch niedrig ist, um den Energiegewinn des Wärmetauschers nicht zu kompensieren.

Darüber hinaus gibt es noch besondere Lüftungsvorrichtungen. Bei der Schachtlüftung (ohne Ventilator) wird die Luft über einen eigenen Schacht über das Dach abgeführt. Eigene Abluftschächte sind bei innenliegenden Bädern ohne Fenster üblich. Bei der sog. Berliner Lüftung erfolgt die Zuluft durch die Nachbarräume durch Tür- und Fensterfugen. Bei zu dichten Fenstern kann allerdings keine Lüftung entstehen, da für den Luftaustausch Zugluft notwendig ist. Bei der sog. Dortmunder Lüftung erfolgt die Zuluft über einen separaten Schacht. Dieser endet in der Diele, so dass Zuluft sichergestellt ist. Durch die Erwärmung der Dielenluft wird Zugluft verhindert. Bei der sog. Kölner Lüftung kommt die Zuluft durch einen eigenen Schacht in den zu belüftenden (meist fensterlosen) Raum. Auch diese Methode wird zum Teil für innenliegende Bäder verwendet. Zugluft ist nicht ausgeschlossen.

▸*Luftwechsel*

Lüftungswärmebedarf

Der Wärmebedarf zum Ausgleich der ▸*Lüftungswärmeverluste* wird als Lüftungswärmebedarf bezeichnet, wobei zwischen dem Lüftungswärmebedarf ohne und mit mechanisch betriebenen Lüftungsanlagen unterschieden wird.

Lüftungswärmeverluste

Die Lüftungswärmeverluste sind Wärmeverluste durch Luftaustausch über Fugen und Öffnungen. Sie werden durch die ▸*Luftwechselzahl*, das anrechenbare Luftvolumen, die ▸*spezifische Wärmekapazität* und die Dichte der Luft sowie der mittleren Heizgradtagzahl beeinflusst.

Luftabsorption

Der Begriff Luftabsorption beschreibt die Fähigkeit der Luft, Schall zu absorbieren und ist abhängig von Temperatur, ▸*Luftfeuchtigkeit* und Frequenz.

Zu erwartende Luftwechselzahl und Luftwechseldauer bei verschiedenen Fensterstellungen

Lüftungsart		Fensterstellung	Luftwechselzahl in h^{-1}	ungefähre Dauer der Lüftung, um einen Luftwechsel zu erzielen
Spaltlüftung	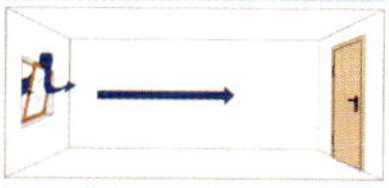	Fenster in Kippstellung, Tür geschlossen	1 bis 2	30 bis 60 Minuten
		Fenster halb offen, Tür geschlossen	5 bis 10	6 bis 12 Minuten
		Fenster gekippt, Tür ganz offen	2 bis 4	15 bis 30 Minuten
Stoßlüftung	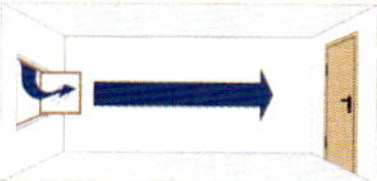	Fenster offen, Tür geschlossen	15 bis 19	4 bis 8 Minuten
Querlüftung	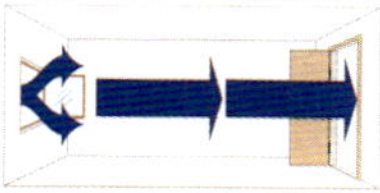	Fenster und Türen offen	ca. 40	1 bis 2 Minuten

Luftdichtigkeit

Unter Luftdichtigkeit wird die Anforderung verstanden, die an die Dichtigkeit von Gebäudehüllen, Fenstern, Türen und sonstige Fugen gestellt wird. Die Luftdichtigkeit ist Grundvoraussetzung jeder wärmegedämmten Gebäudehülle. Nur mit einer luftdichten und winddichten Konstruktion kann verhindert werden, dass warme und feuchte Luft in die Konstruktion gelangt und dort in einer kälteren Zone kondensiert. Die luftdichte Ausführung der Außenhülle ist nach DIN 4108 und in der Wärmeschutzverordnung vorgeschrieben und kann am besten mit dem sog. ▸*Blower-Door-Verfahren* überprüft werden.

Luftdrainage/ Luftdränage

Der Begriff der Luftdrainage wird in [2] im Zusammenhang mit der ▸*Abdichtung* von bituminösen Klebeabdichtungen gegen ▸*drückendes Wasser* erwähnt. Diese mit nackten ▸*Bitumenbahnen* ausgeführten Klebeabdichtungen sind nicht gasdicht, so dass evtl. Druckluft durch die Abdichtungsschicht dringen kann und dadurch ▸*Poren* verursacht werden, die dann auch Wasser durchlassen. Aus diesem Grund wurden bisher sog. Luftdrainagen angeordnet, um den Luftdurchtritt auszuschließen. Mittlerweile werden aber hierfür luftseitig sog. Metallbänder (vorzugsweise Kupferriffelband) ausgeführt, die jeglichen Luftdurchtritt ausschließen.

Luftdruck

Der Luftdruck bezeichnet die Gewichtskraft der Luftsäule, die über einer Fläche oder einem Körper steht. Der Luftdruck wirkt senkrecht auf eine Fläche und ist somit ein Auflagendruck, der sich in der Regel auf 1 cm^2 Querschnitt der Luftsäule bezieht. Die Einheit des Luftdrucks ist das Pascal (Pa) oder die auch zulässige Einheit Bar (bar = 105 Pa). Der Luftdruck wird meist mit einem Barometer gemessen.

Luftfeuchte/ Luftfeuchtigkeit

Die Luftfeuchtigkeit (oder kurz Luftfeuchte) bezeichnet den Anteil des gasförmigen Wassers am Gasgemisch, also den nicht sichtbaren in der Luft vorhandenen Wasserdampf. Wasser in flüssiger und/oder fester Form wird nicht zur Luftfeuchtigkeit gezählt. In der Umgebungsluft ist stets ein gewisser Anteil an Wasser in dampfförmigem Zustand enthalten. Ein theoretisches Luftgemisch, in dem sich kein Wasserdampf befindet, wird als trockene Luft bezeichnet.

Die Fähigkeit der Luft, Wasser aufzunehmen, nimmt mit steigender Temperatur zu und wird durch den Partialdruck des Wasserdampfes beschränkt. Entspricht dieser bei der herrschenden Lufttemperatur dem Dampfdruck, so ist das Luft-Wasserdampf-Gemisch gesättigt. Dies bedeutet, dass der Wasserhöchstgehalt erreicht wird, der dampfförmig aufgenommen werden kann. Das diesen Wasserdampfhöchstgehalt überschreitende Wasservolumen wird von der Luft in Nebelform ausgeschieden. Das Verhältnis des jeweils vorliegenden zum höchstmöglichen Wasserdampfgehalt wird als relative Luftfeuchtigkeit bezeichnet.

Luftfeuchte, absolute

▸*Absolute Luftfeuchte*

Luftfeuchte, relative

▸*Relative Luftfeuchte*

Luftfeuchtemessung

▸*Luftfeuchtemessverfahren*

Luftfeuchtemessverfahren

Der Begriff Luftfeuchtemessverfahren stellt nach [5] einen Oberbegriff für eine Gruppe von ▸*Messverfahren* dar, mit denen der Wasser-

© siehe Anhang

dampfanteil der Luft bestimmt wird, aus denen wichtige Kenngrößen wie ▸*absolute Luftfeuchte*, ▸*relative Luftfeuchte* und ▸*spezifische Feuchte,* der ▸*Dampfdruck* und ▸*Sättigungsdampfdruck* sowie der ▸*Taupunkt* abgeleitet werden. Die Geräte für die Luftfeuchtemessung heißen ▸*Hygrometer* und sind weit verbreitet. Die verschiedenen Messmethoden basieren auf unterschiedlichen physikalischen Vorgängen und Eigenschaften. So wird einerseits die durch Feuchteeinwirkung hervorgerufene Längenänderung durch menschliche oder tierische Haare (▸*Haarhygrometer*) ausgenutzt. Alternativ wird die durch Verdunstung von Wasser verursachte Abkühlung beim sog. ▸*Psychrometer* genutzt. Aber auch die ▸*hygroskopische* Eigenschaft von Materialien dient als Messprinzip bei der ▸*Feuchtemessung* (Absorptionshygrometer) sowie die Bestimmung der Luftfeuchte aus der Taupunkttemperatur (Kondensationshygrometer, Taupunkthygrometer).

Luftgeschwindigkeit

Unter Luftgeschwindigkeit wird die Bewegung der Umgebungsluft verstanden. Für die Luftbewegung in raumlufttechnisch behandelten Räumen (Klimaanlage) sind regellose örtliche und zeitliche Schwankungen der Luftgeschwindigkeiten nach Richtung und Größe hin kennzeichnend. Diese werden nicht nur durch die maschinelle Luftzuführung und die hiermit verbundene Raumluftinduktion bewirkt, sondern auch durch Konvektionsströmungen, die von Personen, Wärmequellen (Heizkörper, Beleuchtung und dgl.) sowie Abkühlungsflächen (Fenster, Wände etc.) ausgelöst werden. Unbehaglich zu kalt empfundene Raumluftzustände werden in klimatisierten Räumen meist durch Zugluft, d. h. durch zu hohe Luftgeschwindigkeiten verursacht. Hierbei wird durch eine zu starke, oft örtlich begrenzte Abkühlung der Körperoberfläche (unter 34 °C) das metabolische Gleichgewicht beim Menschen gestört. Der hierzu notwendige zu hohe konvektive Wärmeübergang von der Hautoberfläche zur Umgebungsluft kann sowohl durch eine zu hohe Absenkung der Lufttemperatur wie eine erhöhte Luftbewegung (Anstieg des Wärmeübergangskoeffizienten) verursacht werden. [1]

Luftkalk

▸*Baukalk*

Luftkissenverfahren

Müssen nach einem ▸*sporadischen Wasserschaden* nur einzugrenzende Flächen entfeuchtet oder getrocknet werden, ist das sog. Luftkissenverfahren eine kostengünstige Methode. Die Flächen werden mit einer Folie abgeklebt, unter die trockene Luft geblasen wird. Die zwischen Folie und Oberfläche vorbeiziehende Luft entzieht dem Material die Feuchtigkeit und wird wieder abgeführt. Der kontinuierliche trockene Luftstrom sorgt für extrem schnelle und effiziente Trocknung.

Luftporen

Als Luftporen werden ▸*Poren* bezeichnet, die einen Radius größer als 10^{-6} m besitzen und sich also bereits im Millimeterbereich befinden. Diese Poren sind für die ▸*kapillare Wasseraufnahme* zu groß und werden deshalb in einige Baustoffe (z. B. ▸*Sanierputzen*) gezielt eingebracht, um ▸*kapillarbrechend* zu wirken. In die-

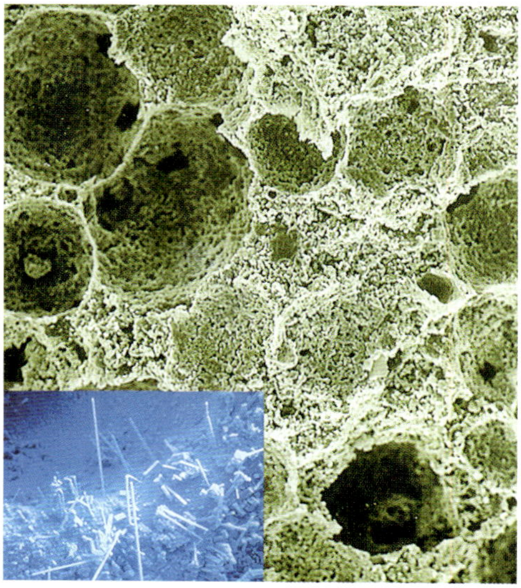

© siehe Anhang

Porengefüge eines Sanierputzes (mit und ohne Salzeinlagerung)

A B C D E F G H I J K L M N O P Q R S T U V W X Y Z

sen auch als ▸*Makroporen* bezeichneten Poren kann ein Feuchtetransport nur gasförmig stattfinden oder unter Druck in flüssiger Form.

© siehe Anhang

Luftporenbildner

Die Zugabe von Luftporenbildnern ist seit Jahrzehnten aus der Betontechnologie bekannt. Hierzu werden Harzseifen und nichtionische und ionische▸ *Tenside* in vielfältigen Abmischungen untereinander verwendet. Harzseifen werden im Wesentlichen aus Tallharzen, Balsamharzen, Wurzelharzen und Derivaten dieser Harze gewonnen. Diese werden mit Kali- bzw. Natronlauge oder Soda in die wasserlöslichen Harzseifen überführt. Als weitere Rohstoffe werden Verbindungen aus Alkylsulfat mit anorganischen Siliziumverbindungen, Dodecylhydrogensulfat, Kombination aus Alkylbenzolsulfonat, Natriumtripolysulfat, Natriumsulfat und Natriumsilikat sowie Olefinsulfonat verwendet.

Tenside setzen die ▸*Oberflächenspannung* des Wassers herab. Durch diese Eigenschaft werden sie als Plastifizierungsmittel und als Luftporenbildner eingesetzt. Es bilden sich während des Anmachen und Mischens feine und stabile Luftporen, die die Frostbeständigkeit und das Wasserrückhaltevermögen verbessern. Hydraulische Putze mit einem hohen Luftporenanteil sind gegenüber ▸*Schwinden* und ▸*Rissbildung* weniger anfällig. Durch die ▸*Grenzflächenaktivität* der Luftporenbildner wird die ▸*Benetzbarkeit* der Bindemittel und Zuschlagsstoffe beschleunigt.

Im Rahmen der Kellersanierung haben Luftporenbildner in den letzten 25 Jahren vor allem bei der Anwendung von ▸*Sanierputzen* an Bedeutung gewonnen. Die Putzzusätze erzeugen während des Mischvorganges im Putz einen Mikroschaum, der sich nach der Härtung in Form vieler kleiner Luftporen zeigt. Sie benötigen nur kurze Anmischzeiten, jedoch relativ lange Reaktionszeiten und ausreichend hohe Temperaturen. Besonders gut kann dieser Vorgang nach Zugabe des Wassers und dem Aufrühren beobachtet werden, da der Sanierputz durch die Luftporenbildung sein Volumen vergrößert. Infolgedessen werden Luftporengehalte von über 40 Vol.-% erreicht, die wiederum die ▸*Frost-Tau-Salz-Beständigkeit* erhöhen und die ▸*kapillare Leitfähigkeit* und den Wasserdampfdiffusionswiderstand des Putzes reduzieren.

Luftporengehalt

Der Luftporengehalt spielt vor allem bei ▸*Sanierputzen* nach ▸*WTA-Richtlinien* eine wichtige Rolle und muss beim Festmörtel > 40 Vol.-% betragen. Dabei ist es unerheblich, ob der Sanierputz manuell oder maschinell verarbeitet wird. Der Luftporengehalt wird nach dem sog. Druckausgleichsverfahren mit einem Luftgehalt-Prüfgerät ermittelt. Dieses Prüfgerät hat eine Druckkammer, in der ein definierter Druck erzeugt wird. Anschließend wird ein Messgerät mit Frischmörtel gefüllt und zum Druckausgleich zwischen den Gefäßen ein Ventil geöffnet. Der gemessene Druckabfall ist ein Maß für den im Frischmörtel vorhandenen Luftporengehalt. [9]

Luftschichtdicke

▸*Wasserdampfdiffusionsäquivalente Luftschichtdicke*

Luftströmung

▸*Wassertransport*

Lufttemperatur

Die Lufttemperatur ist eine thermodynamische Zustandsgröße und beschreibt den Wärmezustand der Luft. Für den Bautenschutz, die Wärmedämmung von Gebäuden, die Gebäudeklimatologie und dgl. besitzen

Außenluft-, Raumluft- und Lufttemperatur in Hohl- und Zwischenräumen einer Gebäudehülle und -konstruktion eine große Bedeutung. Die Außenlufttemperatur wird durch die einfallende Sonnenstrahlung, die Absorptionskoeffizienten und Wärmeübergangskoeffizienten der von ihr erfassten Flächen sowie durch die Windströmungen und die Höhe und Lage des Bauwerkes bestimmt. Infolge der Sonnenbewegung, der geomorphologischen Situation einer Region aber z. B. auch auf Grund der Bebauungsdichte unterliegt die Außenlufttemperatur großen zeitlichen und örtlichen Schwankungen.

Den Wärmeverlust beheizter Gebäude sowie den Energieverbrauch in gekühlten Bereichen wiederum bestimmt die Raumlufttemperatur. Diese bestimmt in Verbindung mit der inneren Oberflächentemperatur etwa zu gleichen Anteilen die empfundene thermische Behaglichkeit eines Raumes. Die Norm-Innentemperatur in Wohn- und Aufenthaltsräumen soll, einen Meter von der Außenwand entfernt und in 1,8 Meter über dem Fußboden, etwa 20°C betragen. Beim Vorhandensein raumlufttechnischer Anlagen (Klimaanlagen) sind diese Werte auf Grund der höheren Luftgeschwindigkeit auf größer/gleich 22°C festgelegt.

Lufttrocknung

Unter Lufttrocknung wird eine Trocknung ohne Wärmezufuhr bezeichnet.

Luftwechsel

Der ugs. Begriff der ▸*Lüftung* wird unter dem Fachbegriff Luftwechsel geführt. Er beschreibt die auf natürliche Art oder mit mechanischen Hilfsmitteln stattfindende Zu- und Abfuhr von Luft in einem Raum. Unterschieden werden die natürliche und die erzwungene Lüftung. Unter natürlicher Lüftung wird zum Einen der unkontrollierte Luftein- und –austritt durch jegliche Öffnungen in einem Gebäude wie Ritzen und Spalten verstanden. Dieser Vorgang wird auch als Infiltration und Exfiltration bezeichnet. Zum Anderen wird der gezielte Luftein- und –austritt über dazu vorgesehene Bauteile und –elemente, wie geöffnete Türen und Fenster oder auch Lüftungsschächte, ebenfalls zur natürlichen Lüftung gezählt. Dagegen gibt es die mechanische und damit erzwungene Lüftung, bei der ein Luftaustausch durch elektrisch betriebene Ventilatoren oder Gebläse vorgenommen wird. Diese Funktion wird häufig von einer Klimaanlage übernommen, die für eine Zuführung von Außenluft oder das Absaugen der verbrauchten Luft verantwortlich ist. [5]

Luftwechselrate

▸*Luftwechselzahl*

Luftwechselvolumen

Das Luftwechselvolumen ist die Luftmenge, die in einer Stunde zu- oder abgeführt werden muss. Es kennzeichnet also die Lüftungsleistung, die von einem Lüftungselement (Fenster, Schacht, Ventilator o. ä.) geleistet werden muss, damit der angestrebte ▸*Luftwechsel* erreicht wird.

Luftwechselzahl

Für die Intensität der Lüftung bzw. des Luftaustausches wurde die sog. Luftwechselzahl eingeführt. Sie kennzeichnet die Intensität der Raumlüftung und gibt an, wie oft während einer Stunde das Luftvolumen eines Raumes gegen Außenluft ausgetauscht wird. Bei einer Luftwechselzahl von z. B. 1 h^{-1} bzw. 1/h wird die Raumluft während einer Stunde einmal durch die Außenluft erneuert. Die Angaben für die Luftwechselzahl sind nicht genormt und weichen in den Empfehlungen der Fachliteratur teilweise erheblich voneinander ab. Dies ist sicherlich angesichts der zahlreichen Prozesse um Schimmelpilze in Wohnungen und der damit immer wiederkehrenden Streitfrage nach dem ausreichenden Lüftungsverhalten der Mieter unbefriedigend. Auch Angaben zum sog. Mindestluftwechsel in Wohnräumen können nicht pauschalisiert werden, da sich diese ganz wesentlich nach dem Frischluftbedarf jedes einzelnen Menschen richten. In den Literaturangaben finden sich hierzu

Empfehlungen von 15 und 30 m^2 pro Stunde und Person, wobei dies nach Mensch und Qualität der Außenluft stark abweichen kann. Für normale Wohnräume sollte die Luft mindestens alle 2 Stunden einmal ausgewechselt werden, wobei dies bei Berufstätigen schon allein an der Abwesenheit scheitert. Die Mindestlüftung von Räumen soll nicht nur die zulässige Konzentration an CO_2 oder Geruchs- und Schadstoffen vermeiden, sondern auch hohe ▸*Luftfeuchtigkeit* abführen, damit es nicht zu Bauschäden und/oder Schimmelpilzbefall kommt.

Lumineszenz

▸*Fluoreszenz*

Lunker

Im Bauwesen werden damit kleinere Öffnungen und unregelmäßige Löcher sowie Fehlstellen in Betonbauteilen bezeichnet. Sie sind z. B. an der Oberfläche von Betonbauteilen zu beobachten. Diese Lunker sind beim Betonieren durch ungenügende Verdichtung entstanden und stellen für den Beton sowie für die anschließende Beschichtung und Abdichtung ein Risiko dar. Bei Bauteilen aus Stahlbeton sollten Lunker vermieden werden, da dadurch die Betonüberdeckung am Baustahl reduziert und das Risiko der Korrosionsgefahr des Baustahls erhöht wird. Für die anschließende ▸*Abdichtung* von Betonflächen stellen Lunker ein Risiko dar, weil sich in ihnen Wasser ansammeln kann, das bei der Beschichtung eingeschlossen wird. Bei intensiver Sonneneinstrahlung kann es dann zu einer ▸*Blasenbildung* in der Beschichtung kommen, deshalb müssen Lunker immer vor der Abdichtung verschlossen werden. Dies sollte vorzugsweise mit zementgebundenen ▸*Dichtungsschlämmen* erfolgen.

M

Mäßig beanspruchte Abdichtung

▸ *Nicht drückendes Wasser*

Magnesia

Mit entsprechenden Füllstoffen versehen, wird Magnesia zur Herstellung von Steinen und Kunstmarmor verwendet, wobei der Hauptanwendungsbereich in der Herstellung von Holzwolle-Leichtbauplatten und aufgrund der sehr hohen Festigkeit und ebenen Oberfläche von Magnesiaestrichen liegt.

Grundlage dieses Bindemittels ist die aus dem natürlich vorkommenden Magnesit bei ca. 800 °C gebrannte Magnesia (MgO). Daneben gibt es auch noch sintergebrannte Magnesia, die bei ca. 1600 °C hergestellt wird. Magnesiabinder ist ein nichthydraulisches Bindemittel, deren Erhärtung auf der Bildung schwerlöslicher (basischer) Magnesium-Hydroxid-Salz-Hydrate beruht. Wenn man leichtgebrannte, ungesinterte Magnesia mit konzentrierter $MgCl_2$-Lösung zu einer Paste verrührt, so verfestigt sich diese wegen der Bildung schwerlöslicher Verbindungen nach wenigen Stunden, wobei eine weiße und polierfähige Masse mit einer hohen Druckfestigkeit von über 12 N/mm^2 entsteht. Entscheidend für die Erhärtung ist die Aktivität des MgO, die durch Feinmahlung noch erhöht werden kann. Die gebrannte Magnesia verbindet sich mit der Salzlösung einiger Metalle und erhärtet anschließend steinartig (am gebräuchlichsten ist die Magnesiumchloridlösung). Bei der Erhärtung des Magnesiamörtels bilden sich nadelförmige Kristalle verschiedener Zusammensetzung, die für die hohe Festigkeit ursächlich sind.

Da durch freies Magnesiumchlorid die Korrosion von entsprechenden Bauteilen stark gefördert wird, müssen vor der Verarbeitung alle mit ihm in Berührung kommenden Metalle geschützt werden. Eines der Reaktionsprodukte des Magnesiamörtels ist das Magnesiumhydroxid. Hierbei handelt es sich um eine relativ starke Base, die auch Metallflächen aus Aluminium und Blei angreift. Darüber hinaus weisen diese Materialien eine hohe elektrische Leitfähigkeit auf und sind gegen heißes Wasser nicht beständig.

Magnesiatreiben

▸ *Magnesium*

▸ *Magnesiumsalze*

Magnesit

▸ *Magnesiumkarbonat*

Magnesium

Magnesium ist ein chemisches Element aus der Gruppe der Erdalkalimetalle und ist als achthäufigstes Element zu etwa zwei Prozent am Aufbau der Erdkruste beteiligt. Die Herkunft der Elementbezeichnung wird in der Literatur unterschiedlich interpretiert. In der altgriechischen Bedeutung wurde es mit dem sog. Magnetstein begründet. Im antiken Rom (Vitruv) wurde eine Herkunft des Begriffes von Magnesia, einem Gebiet im östlichen Griechenland, abgeleitet. Palladio leitete den Begriff Magnesium auch von der Stadt Magnesia ab, allerdings bezog er sich auf eine Stadt in Kleinasien auf dem Gebiet der heutigen Türkei.

Magnesium kommt in der Natur nicht in elementarer Form, sondern nur als Verbindung, vor. Als Verbindungen überwiegen ▸ *Karbonate* wie ▸ *Magnesit* $MgCO_3$ oder Dolomit $CaMg(CO_3)_2$, ▸ *Sulfate* wie Bittersalz $MgSO_4$ (bzw. Kieserit $MgSO_4 \cdot H_2O$) sowie ▸ *Chloride* und ▸ *Silikate*. Portlandzemente enthalten bis maximal 10% Magnesiumoxid. Höhere Gehalte können zum sog. Magnesiatreiben führen.

Magnesiumkarbonat

Magnesiumkarbonat ($MgCO_3$) kommt in der Natur in großen Mengen als Magnesit oder Bitterspat vor. Es ist neben Dolomit das wichtigste Magnesium-Mineral.

Magnesiumnachweis

Magnesium lässt sich wie alle Erdalkalimetalle mit spektroskopischen Methoden sowie gravimetrisch nachweisen.

Magnesiumsalze

Magnesiumsalze sind die Folge von Treiberscheinungen durch ▸*Alkali-* und ▸*Erdalkalisalze*. Überall dort, wo magnesiumhaltige Bindemittel (z. B. Dolomitkalk bzw. Weißkalk und Zement mit entsprechendem MgO-Gehalt) eingesetzt werden, können die Umwelteinflüsse die Bildung von Magnesiumsulfaten verursachen.

$MgCO_3$	+	$2H_2SO_4$	+	$7H_2O$	$\rightarrow$	
Magnesiumkarbonat		Schwefelsäure		Wasser		
$MgSO_4 \cdot 7H_2O$		$+ CO_2$	+	$7H_2O$		
Magnesiumsulfat Bittersalz		Kohlendioxid		Wasser		

Durch Reaktion mit Portlandit aus Bindemitteln kommt es zur Bildung von schwer löslichem $Mg(OH)_2$ und löslichem ▸*Gips*.

$MgSO_4 \cdot 7H_2O$	+	$Ca(OH)_2$	$\rightarrow$		
Epsomit		Portlandit			
$CaSO_4 \cdot 2H_2O$	+	$Mg(OH)_2$	+	$5H_2O$	
Gips		Brucit		Wasser	

Magnesiumsulfat kann darüber hinaus mit Kalziumsilikathydraten, die in abgebundenen hydraulischen Kalken oder Zementen vorkommen, zur Bildung von ▸*Kalziumsulfat* (Gips), Magnesiumhydroxid und Kieselgel führen. Diese Reaktion führt zur Gefügeschwächung bis hin zum Festigkeitsverlust. Der Gips wiederum kann zum ▸*Sulfattreiben* (▸*Ettringit-* oder ▸*Thaumasitbildung*) führen.

Makromoleküle

Unter dem Begriff Makromoleküle werden langkettige organische Kohlenstoffverbindungen verstanden. Über die kettenartigen Verbindungen der Kohlenstoffatome der Monomere werden zunächst die sog. Oligomere gebildet, aus denen dann durch weitere chemische Reaktion die ▸*Polymere* entstehen. Diese Reaktion wird in die ▸*Polymerisation*, ▸*Polyaddition* und ▸*Polykondensation* unterschieden. Makromoleküle sind auch die Grundlage, um durch zusätzliche Vernetzung die ▸*Duromere*, ▸*Plastomere* oder *Elastomere* zu bilden. [10]

Makroporen

Poren mit einem Radius zwischen 10^{-7} und 10^{-4} m werden als Makroporen bezeichnet. Diese Poren sind für die ▸*kapillare Wasseraufnahme* nicht geeignet und werden einigen Baustoffen gezielt zugegeben, um eine ▸*kapillarbrechende* Schicht aufzubauen. Dies bedeutet, dass diese Baustoffe nicht nur kapillarem Wasser zugänglich, sondern auch ohne großen Aufwand imprägnierbar sind.

Makrorisse

▸*Risse*

Mangel

Die Beurteilung eines Mangels kann nach rechtlichen, technischen und optischen Gesichtspunkten erfolgen. Dem entsprechend unterschiedlich ist die Definition des Mangel-Begriffes. Im § 434 BGB und § 633 BGB ist ein Werk frei von Mängeln, wenn es die vereinbarte Beschaffenheit hat. Ein Werk ist mangelhaft, wenn Abweichungen von den vertraglich vereinbarten Anforderungen vorliegen. Sind diese nicht vereinbart, gelten die Allgemein Anerkannten Regeln der Technik. Eine Abweichung von den Vereinbarungen kann auch dann mangelfrei sein, wenn es sich für die vertraglich vorausgesetzte Verwendung eignet oder sich für eine übliche Verwendung eignet und so beschaffen ist, wie es bei anderen Werken gleicher Art üblich ist und wie es der Auftraggeber erwarten kann. Ein Mangel muss also nicht unbedingt eine Einschränkung der vorgesehenen Funktion zur Folge haben, so dass in derartigen Fällen anstatt der Nachbesserung auch ein Nachlass auf die vereinbarte Vergütung getroffen werden kann.

Manschette

Nach der ▸*DIN 18 195 „Bauwerksabdichtung“* ist eine Manschette ein tüllenförmiges, an die ▸*Durchdringung* einer ▸*Abdichtung* angeformtes Einbauteil, das z. B. mit Schellen wasserdicht an die Durchdringung angeschlossen wird. Eine Schelle ist eine ringförmig zu schließende Spannvorrichtung zum wasserdichten Anschluss von Abdichtungen und Manschetten an durchdringende Bauteile mit kreisförmigem Querschnitt. In Sonderfällen kann eine Manschette auch aus dem Abdichtungsmaterial selbst hergestellt werden, z. B. bei der ▸*flexiblen Abdichtungsbahn*.

© siehe Anhang

© siehe Anhang

Massari-Verfahren

▸*Bohrkernverfahren*

Massedifferenz

Nach [5] ist erwiesen, dass in porösen Baustoffen mit hohem ▸*Durchfeuchtungsgrad* und unter Einfluss elektrischer Felder eine Masseverschiebung stattfindet. Durch verschiedene Experimente wurde nachgewiesen, dass in Abhängigkeit von elektrischer Feldstärke und Zeit auf der einen Seite des Probekörpers eine entsprechende Massezunahme und auf der anderen Seite eine entsprechende Masseabnahme stattfindet, wenn an die durchfeuchteten Querschnittsflächen ein elektrisches Feld angelegt wird. Mit dieser Massedifferenz lassen sich bestimmte Transportphänomene in kapillar durchfeuchteten Baustoffen und Bauteilen erklären.

Massestromdichte

Der Begriff Massestromdichte ist eine quantitative Kenngröße und beschreibt den Massetransport durch einen porösen Baustoff oder ein Bauteil. Dem entsprechend ist ihre Einheit kg pro Fläche und Zeiteinheit.

Materialuntersuchungen

Materialuntersuchungen umfassen ein großes Spektrum und beginnen bei einer einfachen visuellen Erfassung über die aufwendige Bestimmung von Materialkennwerten bis hin zum Einsatz eines ▸*Rasterelektronenmikroskop* oder ▸*Röntgendiffraktometer*. Der Umfang notwendiger Untersuchungen wird durch den Fachplaner oder Bauwerksdiagnostiker festgelegt und richtet sich nach objektspezifischen Anforderungen und/oder den Vorgaben des Auftraggebers. Die Materialuntersuchungen sind primär nach Bauteilgruppen und erst dann nach Stoffgruppen vorzunehmen. Weiterhin ist zu unterscheiden, ob Materialuntersuchungen nach denkmalpflegerischen Gesichtspunkten oder auf Grund vorhandener Bauschäden durchzuführen sind. Im ersten Fall geht es primär darum, die Qualität, Zusammensetzung, das Alter und die Bearbeitung des vorhandenen Baustoffes zu analysieren und für eine Konservierung, Restaurierung oder Rekonstruierung die Grundlage zu schaffen. Im zweiten Fall geht es mehr darum, die Ursache für einen Schaden zu finden, um im Rahmen der Sanierung oder Modernisierung eine Materialverträglichkeit neuer Baustoffe mit den vorhandenen sicher zu stellen. Außerdem haben beide Herangehensweisen erheblichen Einfluss auf die Art der Materialuntersuchungen, da diese zerstörungsfrei, zerstörungsarm oder (partiell) zerstörend erfolgen können. Dies hat neben dem Eingriff auf die Bausubstanz wiederum Einfluss auf die Qualität und den Umfang der Ergebnisse sowie die Kosten.

Im Rahmen der Kellersanierung und nachträglichen ▸*Bauwerksabdichtung* werden Materialuntersuchungen am Mauerwerk (Mauersteine/Mauerziegel, Putz- und Mauermörtel, ggf. Mauerwerksfüllung), ggf. Holzbestandteile sowie je nach Objekt an Beton/Stahlbeton durchgeführt und evtl. vorhandene Schäden auf ihre Ursachen untersucht (▸*Risse*,

▸*Abplatzungen*, ▸*Salze*, ▸*Feuchtigkeit*, mikrobieller Befall und dgl.).

Mauer

▸*Mauerwerk*

Mauerassel

▸*Kellerassel*

Mauerfraß

▸*„Mauersalpeter"*

"Mauerlungen"

Der Begriff Mauerlunge ist ein Trivialname und beschreibt den Versuch aus früheren Jahrhunderten, die Feuchtigkeit und ihre Folgen aus den Mauerwerken durch eine Be- und Entlüftung fernzuhalten. Von der menschlichen Atmung abgeleitet, sollte feuchte Luft abgegeben und durch trockene Luft ersetzt werden. Hierzu wurden im Fundament- oder Sockelbereich kleine Kammersteine eingebaut, die wie eine Luftdrainage wirken sollten. Diese Verfahren waren zur ▸*Mauerwerkstrockenlegung* ungeeignet.

"Mauersalpeter"

Der Begriff Mauersalpeter (oder auch Mauerfraß) ist ein Trivialname und wird ugs. für alle ▸*Salze* an Mauwerken verwendet, obwohl es sich chemisch betrachtet nur um das ▸*Kalziumnitrat* handelt – eine Stickstoff- (oder Salpeter) Verbindung. Bei der Reaktion von z.B. Ammoniak und Harnstoff, wie er in tierischen Fäkalien oder in Jauche in erheblichen Mengen vorkommt, und dem Kalziumhydroxid (gelöschter Kalk) bildet sich das Kalziumnitrat (oder auch ▸*Kalksalpeter* bezeichnet). Infolgedessen ist das Kalziumnitrat („Mauersalpeter") vorrangig in den unteren Bereichen in und an Stallungen und sonstigen landwirtschaftlich genutzten Gebäuden, in Toilettenanlagen sowie bei defekten Entwässerungssystemen nachweisbar. Aber auch die intensive Landwirtschaft, bei der die Düngung aus der Luft erfolgt, führt zu Nitratanreicherungen in Bauwerken. In Gebieten intensiver Landwirtschft sind deshalb Untersuchungen auf ▸*Nitrat* auch an Türmen, Mauerabdeckungen und im Dachbereich durchzuführen.

Aufgrund ihrer hohen Wasserlöslichkeit kommt es bei der Wasseraufnahme von salpeterhaltigen Baustoffen zu einem erheblichen ▸*Kristallisationsdruck* und infolgedessen zu Putz- und Anstrichabplatzungen aber auch zur Zerstörung von Ziegel- oder Natursteinmauerwerk.

▸*Nitrifizierende Bakterien* können ebenfalls als Schadensursache bei der Salzbildung herangezogen werden. Hierbei wird aus Eiweißabbauprodukten frei werdender Ammoniak über die Zwischenstufe der salpetrigen Säure zu Salpetersäure oxidiert. In Reaktion mit Kalk bildet sich das Kalziumnitrat oder der Kalksalpeter. Die Umsetzung mit ▸*Kalziumkarbonat*:

$$CaCO_3 + 2HNO_3 \rightarrow Ca(NO_3)_2 + H_2O + CO_2$$

$CaCO_3$	$2HNO_3$	$Ca(NO_3)_2$	H_2O	CO_2
Kalziumkarbonat	Salpetersäure	Kalziumnitrat	Wasser	Kohlendioxid

Die Umsetzung mit Kalziumhydroxid:

$$Ca(OH)_2 + 2HNO_3 \rightarrow Ca(NO_3)_2 + 2H_2O$$

$Ca(OH)_2$	$2HNO_3$	$Ca(NO_3)_2$	$2H_2O$
Kalziumhydroxid	Salpetersäure	Kalziumnitrat	Wasser

Das Kalziumnitrat kristallisiert unter Bindung von 4 Molekülen Kristallwasser je Molekül aus.

$$Ca(NO_3)_2 + 4H_2O \rightarrow Ca(NO_3)_2 \rightarrow 4H_2O$$

$Ca(NO_3)_2$	$4H_2O$	$Ca(NO_3)_2 \rightarrow 4H_2O$
Kalziumnitrat	Wasser	Kalksalpeter ›echter Mauersalpeter‹

Nitrate sind hoch ▸*hygroskopisch*, d. h. sie haben die Eigenschaft, aus der ▸*Luftfeuchtigkeit* Wasser aufzunehmen und zu binden. Hierbei muss beachtet werden, dass der Baustoff damit nicht nur Feuchtigkeit aufnimmt, sondern auch erheblich langsamer austrocknet, da die

Feuchtigkeit gebunden wird und damit die hygroskopische Ausgleichsfeuchte erhöht.

Mauersägeverfahren

Das Mauersägeverfahren wurde im Jahr 1906 erstmals schriftlich erwähnt. Hierbei erfolgt die Trennung des Mauerwerks und eine ▸*nachträgliche Horizontalabdichtung*. Zum Trennen werden Trennscheiben, Mauerfräsen, Stichsägen, ▸*Seilzugsägen*, Kreissägen oder ▸*Schwertsägen* benutzt werden. Bei Ziegel- oder Sandsteinmauerwerk bzw. allen anderen weichen bis mittelharten Natursteinmauerwerken werden fahrbare Sägemaschinen mit widiabesetzten Ketten eingesetzt. Bei hartem Naturstein wie Basalt, Granit etc. werden diamantbesetzte Werkzeuge eingesetzt, wobei den Diamantseilsägen in der Regel der Vorzug gegeben wird.

Lagerfugen können trocken geschnitten werden. Wird dagegen Mauerwerk ohne durchgehende Fugen gesägt, z. B. Naturstein- oder zweischaliges Mauerwerk, ist es erforderlich, die dabei verwendeten Sägeblätter oder Sägeketten zu kühlen. Dabei ist zum Teil sehr viel Kühlwasser nötig. Die Schnittbreite beträgt je nach eingesetzter Sägetechnologie mindestens 5 bis 6 und maximal 10 bis 13mm und kann bis mindestens 4cm über Oberkante Boden ausgeführt werden. Wenn die Fuge im Mauerwerk entweder mit einer fahrbaren Mauersäge oder einer nassschneidenden Seilsäge über den gesamten Wandquerschnitt durchgeschnitten wird, darf max. nur 1 lfm durchtrennt werden. Anschließend wird die trennende Abdichtungsfolie aus hochwertigem, verschleiß- und druckfestem sowie chemisch widerstandsfähigem Kunststoff, eine bitumenkaschierte Aluminium- oder Bleifolie oder korrosionsbeständiger Edelstahl eingeschoben. Die meiste Verbreitung finden glasfaserverstärkte Kunststoffplatten oder HD-Polyethylenplatten mit einer Materialdicke von 1,5 bis 2,0mm. Dabei muss auf eine ausreichende Überlappung der ▸*Horizontalsperre* geachtet werden. Unmittelbar danach werden hochdruckfeste Keilplatten mit einer Mindestdruckfestigkeit von 50 N/mm² in Abständen von 15 bis 25cm zueinander und in der gesamten Mauerwerksdicke kraftschlüssig eingeschlagen.

Die noch vorhandenen Hohlstellen müssen vorsichtig verpresst werden. Dies kann z. B. mit Zementsuspensionen unter Quellmittelzugabe oder mit geeigneten Harzen erfolgen. Auf die Zusammensetzung des Verpressmörtels ist zu achten, damit eine ▸*Alkalibeständigkeit* gegeben ist. Bei ▸*Gips* im Mauerwerk muss darauf geachtet werden, dass die verwendeten Dichtungsmaterialien alkalibeständig sind. Nur so lässt sich verhindern, dass es nach der Verpressung zur Bildung von sog. ▸*Treibmineralien*, wie z. B. ▸*Ettringit* oder Thaumasit, kommt.

In Abhängigkeit der verwendeten Säge ist eine Anwendungsgrenze der einzelnen Verfahren hinsichtlich Mauerwerksart und -dicke gegeben. Bei Wanddicken über 80cm eignen sich besonders Schwert-, Seilzug- oder Diamantkreissägen. Mit der Schwertsäge sind heutzuta-

© siehe Anhang

© siehe Anhang

ge Schnitttiefen von 1,50 bis 2m von einer Mauerseite möglich. Große Schnitttiefen können allerdings für die Schwertsäge problematisch werden, da es beim Auftreten von Hohlräumen im Mauerwerk zum Durchbiegen/ Durchhängen des Sägeblattes und damit zum unkontrollierten Sägeschnitt kommen kann. Die Schwertsäge ist unter gewissen Umständen die einzige Säge, mit der auch ohne Wasserkühlung und damit trocken gesägt werden kann. Voraussetzung hierfür sind durchgängige Lagerfugen und ein relativ weicher Baustoff. Bei größeren Wanddicken werden im Allgemeinen diamantbesetzte Seilzugsägen verwendet. Mit dieser Sägetechnolgie können nicht nur Mauerwerke bis zu 3m Wanddicke durchtrennt werden. Diese Sägen besitzen eine größere Präzision bei der Einhaltung des Sägehorizontes bzw. dem Verlauf des Sägeschnittes, da die Seile über Umlenkrollen laufen, die im Mauerwerk verdübelt werden.

© siehe Anhang

© siehe Anhang

© siehe Anhang

Mauerwerk

Mauerwerk ist ein Baukörper, der aus natürlichen oder künstlichen Steinen nach den Regeln des Mauerverbandes mit oder ohne Mörtel zusammengefügt ist. Natürliche Steine (Natursteine) können z. B. Kalkstein, Sandstein oder Granit sein, künstliche Steine sind z. B. Ziegel, Kalksandsteine Beton- oder Porenbetonsteine. In der Regel werden die Mauersteine durch einen Mauermörtel verbunden. Es gibt aber auch Mauerwerk, das nur geschichtet ist, dessen Steine also nicht durch einen Mauermörtel verbunden sind; dieses nennt sich Trockenmauerwerk. Mauern sind Baukörper mit einer unteren Begrenzung, Sohle genannt und einer oberen Begrenzung, Mauerkrone, genannt. Man unterscheidet Mauern nach ihrer Lage und Aufgabe im Gebäude, z. B. Keller-, Sockel-, Geschoss-, Brand-, Stütz-, Umfassungsmauer u.a.

Mauern müssen verschiedene Funktionen erfüllen, generell jedoch den statischen Erfordernissen gerecht werden. Im erdberührten Bereich sind sie abzudichten. Die Gebäudemauern übernehmen üblicher Weise Teile der Schall- oder Wärmedämmung. Ist dies jedoch nicht in ausreichendem Maße gegeben, können Wärmedämmverbundsysteme diese Aufgabe übernehmen. Das Wärmedämmverbundsystem übernimmt dann gleichzeitig den Feuchte-, Schall- und Brandschutz oder im Rahmen der Sanierung auch die Überbrückung von Rissen.

Im Rahmen der Kellersanierung und ▸*nach-*

träglichen Horizontalabdichtung muss beachtet werden, dass Mauerwerke im Altbau nicht immer kompakt sind und Hohlräume aufweisen können oder zweischalig ausgeführt wurden. Bevor ▸*mechanische Verfahren* zur Anwendung kommen muss die Statik des Mauerwerkes auf Eignung geprüft werden. Genauso muss bei Anwendung der ▸*Injektionsverfahren* darauf geachtet werden, dass sich das ▸*Injektionsmittel* über den gesamten Querschnitt verteilen und nicht unkontrolliert wegfließen kann.

Mauerwerksabdichtung

Unter der Mauerwerksabdichtung werden im Wesentlichen zwei verschiedene Vorgänge zusammen gefasst: zum Einen die ▸*Horizontalabdichtung* beim Neubau (oberhalb der Fundamente) und die ▸*nachträgliche Horizontalabdichtung* beim Altbau (je nach Durchfeuchtung und Objektbedingungen oberhalb der Fundamente oder im Sockelbereich) sowie zum Anderen die ▸*Vertikalabdichtung* (von außen beim Neubau) und von außen oder innen bei der nachträglichen Vertikalabdichtung erdberührter Bauteile im Rahmen der Altbausanierung.

Mauerwerksaustausch

Unter dem Begriff Mauerwerksaustausch verbirgt sich ein sehr altes ▸*mechanisches Verfahren* zur ▸*nachträglichen Horizontalabdichtung*. Je nach statischer Möglichkeit wird das geschädigte Mauerwerk abschnittsweise über die volle Wandtiefe ausgebrochen. Dabei ist besonders auf erschütterungsfreies Arbeiten zu achten, damit Setzungen und Risse möglichst vermieden werden. Die Anwendung von Presslufthämmer sollte deshalb unbedingt auf den schwierigen ersten Durchbruch beschränkt bleiben und anschließend mit der Hand weiter gestemmt werden. Durchgehend lässt sich arbeiten, wenn die Wände auf ihrer gesamten Länge jeweils in der halben Wanddicke geöffnet sind. Eine derartige Vorgehensweise setzt allerdings ein einschaliges und intaktes Mauerwerk möglichst in Ziegelbauweise voraus und erlaubt keine exakte Begrenzung der Mauertiefe und ebenso keine Rücksichtnahme besonders belasteter Bauteile. Im Allgemeinen wird deshalb das Mauerwerk in der gesamten Mauerwerksdicke, aber nur in kurzen Mauerwerksabschnitten, herausgenommen. Die Länge der einzelnen Mauerwerksabschnitte kann so an stärker und weniger belastete Bauteile angepasst werden. Damit kann außerdem besser auf die unterschiedlichen Materialfestigkeiten, auf Hohlräume und dgl. Einfluss genommen werden. In der Regel sollte die Länge der herausgenommenen Mauerwerksabschnitte einen Meter nicht übersteigen. Die anschließend eingelegten ▸*Abdichtungsstoffe* müssen nun in den einzelnen Abschnitten so reichlich bemessen werden, dass sich an den Stößen eine mindestens 20 cm breite Überlappung ergibt. Zum Schutz der Abdichtungsstoffe vor Zerstörung durch Steinkanten und Unebenheiten muss eine Ausgleichsschicht (Mörtelglattstrich als Auflager) aufgebracht werden. Nachdem eine ▸*Dichtungsfolie* oder ▸*Abdichtungsbahn* eingelegt oder in die frische Ausgleichsschicht eingedrückt wurde, wird das Mauerwerk wieder kraftschlüssig geschlossen. Hierbei sollte beachtet werden, dass die alten, feuchte- und salzgeschädigten Mauerziegel nicht wieder verwendet werden. Häufig ist zu beobachten, dass die salzgeschädigten Ziegelflächen einfach nach innen gedreht und erneut vermauert werden. Hierdurch wird die ▸*Hygroskopizität* des Mauerwerkes erhöht.

Der Mauerwerksaustausch ist mit einem relativ hohen manuellen Aufwand verbunden und damit sehr kostenintensiv. Dieses Verfahren wird vorrangig dann empfohlen oder vorgenommen, wenn die Festigkeit des Mauerwerkes die Anwendung anderer Verfahren nicht zulässt, oder wenn die Bausubstanz ohnehin Maßnahmen im Fundamentbereich erfordert. Wenn eine Reduzierung der hohen Versalzung des Mauerwerkes durch parziellen Austausch notwendig erscheint, bietet sich diese Art der nachträglichen Horizontalabdichtung an. In Anbetracht des erheblichen Eingriffs in die Bausubstanz, bei Maueraustausch zeitweise mit Gefügeschwächungen, bedarf es unbedingt

A B C D E F G H I J K L M N O P Q R S T U V W X Y Z

der Fachplanung und -betreuung durch einen Tragwerksplaner. Dies trifft insbesondere auf statisch problematisches Mauerwerk wie mehrschaliges Mauerwerk, Misch- oder extrem klüftiges Mauerwerk zu.

Mauerwerksentfeuchtung

▸*Mauerwerkstrockenlegung*

Mauerwerksfeuchte

Unter dem Begriff Mauerwerksfeuchte werden die Begriffe ▸*Feuchtegehalt*, ▸*Wassergehalt* oder auch ▸*Durchfeuchtungsgrad* des Mauerwerkes als Bauteil zusammen gefasst. Häufig wird dies mit der Bestimmung der Feuchtigkeit oder des Durchfeuchtungsgrades eines Baustoffes gleichgesetzt. Da hierbei große Unterschiede bestehen können, muss bei der Bestimmung der Mauerwerksfeuchte sowohl der Feuchtegehalt der Mauer- oder Ziegesteine als auch der Feuchtegehalt des Mauermörtels gemessen werden. Darüber hinaus bestehen große Unterschiede in der Feuchteverteilung eines Mauerwerkes, sowohl in Bezug auf die vertikale Achse als auch im horizontalen Mauerwerksquerschnitt. Dies wird am besten durch ein sog. Feuchte-Tomogramm dokumentiert. Die Ursachen für diese dreidimensionalen Feuchtigkeitsunterschiede sind vielfältig: neben der natürlichen Baustofffeuchte (▸*Ausgleichsfeuchte*, *Sorptionsfeuchte*) können ▸*bauschädigende Salze* die ▸*Hygroskopizität* des Mauerwerkes oder ▸*kapillar aufsteigende Feuchtigkeit* die Durchfeuchtung erhöhen. Schlagregen an der Fassade oder starke Kondensation im Gebäudeinneren müssen ebenfalls dazu gezählt werden. Aber auch *Leckagen* in der ▸*Vertikalabdichtung* oder ▸*sporadische Wasserschäden* durch Materialverschleiß an Wasserleitungen oder Toilettenanlagen und dgl. sowie Überschwemmungen durch Unwetter können den Feuchtegehalt in einem Mauerwerk ganz wesentlich beeinflussen. Deshalb ist in der Regel die lokale oder örtliche Durchfeuchtung eine ganz wesentliche Ursache für die Unterschiede innerhalb des Mauerwerksquerschnitts. Sie geben dem Bauwerksdiagnostiker bereits einen konkreten Hinweis zur Schadensursache und damit zur Instandsetzung.

Die Mauerwerksfeuchte im flüssigem oder gasförmigem Zustand ist auf drei Transportmechanismen zurück zu führen: auf Diffusions- und Strömungsvorgänge sowie auf kapillare Feuchtigkeitsbewegungen. Alle drei Transportmechanismen werden durch die Parameter Temperatur, Porosität, Kapillardurchmesser, Art des Hauptbaustoffes und Zusammensetzung des Mauermörtels, Oberflächenstruktur der Kapillaren und damit der Absorbtionsfähigkeit sowie der Versalzung des Mauerwerkes wesentlich beeinflusst.

Mauerwerksinjektion

▸*Injektionen*

▸*Injektionsverfahren*

Mauerwerkstrennung

▸*Horizontalabdichtung*

Mauerwerkstrockenlegung

Werden Maßnahmen zur Instandsetzung von feuchte- und salzgeschädigten Mauerwerken beschrieben, hat sich hierfür der Begriff ▸*Bauwerkstrockenlegung* (oder auch Mauerwerkstrockenlegung) durchgesetzt, obwohl er ungeeignet ist. Eine absolute Bauwerkstrockenlegung ist physikalisch und technisch nicht möglich. Es kann jedoch durch geeignete Verfahren, Systeme und Produkte der Feuchtegehalt im Baustoff/Mauerwerk gesenkt werden. Die Grenze für diese „Trockenlegungen" stellt die jeweilige ▸*Gleichgewichtsfeuchte* dar. Sie wird durch die ▸*Sorption* und ▸*Hygroskopizität* der Baustoffe bestimmt. Deshalb kann ein Mauerwerk nie trocken gelegt werden und weist immer eine natürliche Restfeuchte auf. Infolgedessen ist der Begriff der Bauwerks- oder Mauerwerkstrockenlegung irreführend.

Mauerwerksunterfangung

Die Mauerwerksunterfangung ist ein sehr aufwändiges und kostenintensives Verfahren und wird deshalb in der Regel nur dann eingesetzt, wenn der Fundamentbereich eines Bauwerkes aus statischen Gründen erneuert werden muss. Hierzu werden die betroffenen Bereiche abgestützt und anschließend die Steine einzeln entnommen. Nachdem die ▸*Horizontalabdichtung* ausgeführt wurde, wird das Mauerwerk wieder aufgemauert bzw. der entstandene Hohlraum wieder aufgefüttert. Alternativ zum Aufmauern kann auch ein ▸*WU-Beton* eingesetzt werden. Abschließend wird dann noch die ▸*Vertikalabdichtung* ausgeführt, so dass der Fundamentbereich komplett abgedichtet wurde. Dieses Verfahren bietet jedoch einen ganz großen Vorteil: bei Mauerwerken mit hoher Salzbelastung werden durch die Entfernung der einzelnen Fundamentbereiche auch die salzbelasteten Mauerziegel entfernt und damit die ▸*hygroskopische Feuchtigkeit* reduziert.

Mauerwerksverfestigung

Unter der Verfestigung versteht man die Zunahme der mechanischen Festigkeit. Wenn Tragfähigkeit und Stabilität eines Mauerwerkes nicht mehr gegeben sind, werden verfestigende Zementleim- oder Kunstharzinjektionen und/oder Vernadelungen durchgeführt, mit denen die Festigkeit wieder hergestellt und poröse und klüftige Mauerwerke wieder stabilisiert werden. Je nach Mauerwerk und seiner Konstruktion sowie seinem Querschnitt soll mit der Injektion die Festigkeit (Druck-, Biege-, Haftzugfestigkeit) erhöht oder ein kraftschlüssiger Verbund hergestellt werden. Hierbei werden vor allem ▸*Epoxydharze*, ▸*Polyurethane*, ▸*Zementleime* und Zementsuspensionen verwendet. Die ▸*Injektionsmittel* werden entweder mit ▸*Packern* oder Injektionslanzen in die Hohlräume eingebracht.

Mauerwerksverfugung

Im Rahmen der Instandsetzung von feuchte- und salzgeschädigten Sichtmauerwerken stellt die Verfugung, also die Erneuerung des Fugenbildes, ein großes Problem dar. Im Gegensatz zur Möglichkeit, das Mauerwerk mit einem ▸*Sanierputz* zu beschichten, der die auskristallisierenden ▸*Salze* in seinem Putzgefüge (▸*Poren*) aufnimmt, steht diese Lösung bei einem Sicht- oder Verblendmauerwerk nicht zur Verfügung. Das Mauerwerk soll schließlich sichtbar bleiben, so dass auch Alternativen wie ▸*Kompressen* und dgl. ausscheiden. Das sog. ▸*Injektionskompressenverfahren* würde eine Möglichkeit darstellen, ist aber für die großflächige Anwendung in der Praxis ungeeignet. Aus diesem Grund stellt die Entfernung des alten Fugenmörtels in einer Tiefe von mindestens 2 oder 3 cm (in Abhängigkeit vom Mauerwerk) und das anschließende Neuverfugen mit einem Sanierputz als Fugenmörtel eine interessante Alternative dar. Parallel wird das Sicht- oder Verblendmauerwerk mit einer ▸*Hydrophobierung* versehen, um die Feuchteaufnahme zu reduzieren. Infolgedessen kommt es verstärkt im Bereich der Fugenmörtel zur ▸*Kristallisation* der Salze, die sich im ▸*Porengefüge* des Sanierputzes (Fugenmörtels) einlagern können.

Mauerziegel

Künstlich hergestellte Ziegel bestehen aus Ton und Lehm, also kristallwasserhaltigen Aluminiumsilikaten mit mehr oder weniger großen Beimengungen von Quarz, Feldspat, Glimmer, Kalkspat- oder auch Eisenoxiden. Damit besteht ein Ziegel aus ▸*Tonmineralen*, karbonatführenden Mineralanteilen (z. B. Kalkgehalt), Magerungsbestandteilen (z. B. Sand) und Flussmitteln (z. B. Feldspat). Da jedes Tonvorkommen regionale Unterschiede besitzt, gibt es entweder starke Unterschiede in der Ziegelzusammensetzung oder in der Zugabe von Bestandteilen.

Gemische nur aus Tonmineralen kommen in der Regel sehr selten vor. Üblich sind Tone, die mit anderen Bestandteilen vermischt oder angereichert sind. Beispiele hierfür sind Lehm (hoher Sandanteil), Mergelton (hoher Kalkgehalt), Löß (äußerst feinkörniges, kalkhaltiges Material) usw. Tonminerale sind Verwitterungs- und Umwandlungsprodukte silikatischer Festgesteine und wurden in geologisch langen Zeiträumen gebildet. Infolge dieser Verwitterung und chemischen Umwandlung der silikatischen Ursprungsgesteine werden bei der Diagenese (= geologische Entstehung) der

A B C D E F G H I J K L M N O P Q R S T U V W X Y Z

Tonminerale zunächst unterschiedliche Minerale wie Quarz, Feldspäte und dgl. freigesetzt und durch Oberflächenwasser abtransportiert, an anderer Stelle sedimentiert und später in verschiedene, sog. Zwei- und Dreischicht-Tonminerale umgewandelt. Alle diese Tonminerale stehen in einer Wechsellagerung von Silizium-Sauerstoff-Tetraedern und Aluminium- bzw. Magnesiumhydroxidschichten. Diese wiederum sind für das Quell- und Schwindverhalten von Tonen verantwortlich. Des Weiteren enthalten Ziegeltone karbonatische Bestandteile (Kalk). Deshalb werden kalkreiche (Karbonatgehalt > 9 bis 10%) und kalkarme (Karbonatgehalt < 5 bis 7%) Ziegeltone unterschieden. Die kalkreichen Ziegelsteine besitzen eine hohe ▸*Porosität* und geringe ▸*Frostbeständigkeit*. Der Kalkgehalt bestimmt weiterhin, in Abhängigkeit zum Anteil an Eisenoxid, den Farbton des Ziegels. Ein erhöhter Kalkgehalt führt zu ockerfarbenen Ziegelsteinen. Die natürlichen oder zugesetzten Fluss- und Magerungsmittel setzen die Schmelztemperaturen herab, in dem sie auf die anderen Rohstoffbestandteile verflüssigend oder lösend wirken. Zu den natürlichen Flussmitteln gehören die Feldspäte sowie weitere Alkali- und Erdalkaliverbindungen. Als Magerungsmittel werden in erster Linie Quarz(Sand), Schamotte (vorgebranntes, keramisches Granulat) und Ziegelmehl eingesetzt. Magere Tone sind sandreich, fette Tone besitzen einen geringen Sandanteil. Das Wassersaugvermögen richtet sich nach dem Porenvolumen, wobei weichere Ziegelarten ein ausgeprägtes Saugvermögen haben.

Im trockenen Zustand sind Ziegel als Baustoff für erdberührte Flächen und Kellermauerwerke im Allgemeinen beständig. Probleme treten immer dann auf, wenn sie durchfeuchtet werden oder einem ständigen Wechsel von ▸*Durchfeuchtung* und Trocknung unterliegen. Ziegel dürfen keine schädlichen Bestandteile wie Kalk- und Mergelknollen bzw. ▸*Treibmineralien* aufweisen. Weiterhin dürfen sie keine ▸*Salze* enthalten, die unter Feuchtigkeitseinfluss in Lösung gehen, chemisch reagieren und zu Abplatzungen oder Zersetzungserscheinungen führen können.

Während in der Vergangenheit der gebrannte Tonziegel der meist verwendete Baustoff war, werden heute auch Betonsteine, Kalksandsteine oder zementgebundene Bims- bzw. Bimshohlblocksteine eingesetzt.

Maximale Abflussspende

Die Bemessung von Dränelementen berechnet sich aus der maximalen Abflussspende nach DIN 4095 „Dränung“ und kann entsprechend der unten stehenden Tabelle angenommen werden.

Maximale Feuchtigkeit

▸*Sättigungsfeuchte*

Maximaler Feuchtigkeitsgehalt

▸*Sättigungsfeuchte*

Mechanische Spannung

Unter mechanischer Spannung wird die Kraft verstanden, die pro Flächeneinheit in einer gedachten Schnittfläche durch einen Baustoff (fest, flüssig oder gasförmig) wirkt. Sie hat die gleiche physikalische Dimension wie der Druck – Kraft pro Fläche und wird in N/ mm^2 angegeben. Die auftretenden Spannungen, ohne von außen einwirkende Kräfte, werden auch als Eigenspannungen bezeichnet.

Mechanische Verfahren (zur Feuchtemessung)

Das mechanische Verfahren zur Messung von Feuchtigkeit basiert auf der Ausdehnung bzw.

Maximale Abflussspende

Lage	Abflussspende
Vor Wänden	0,30 l/ (s •m)
Auf Decken	0,03 l/ (s •m)
Unter Bodenplatten	0,005 l/ (s •m)

dem Zusammenziehen von verschiedenen (in der Regel organischen) Messelementen. Derartige Messelemente können z. B. Haare oder auch Darmsaiten sein. In der Regel werden aber Haare oder der sog. Durotherm eingesetzt. Hierbei handelt es sich um ein künstliches und sehr feuchteempfindliches Messelement. Nach der Feuchteeinwirkung kommt es zur Längenausdehnung, die über eine Kalibrierung angezeigt wird.

Bei der Verwendung eines ▸*Haarhygrometers* muss darauf geachtet werden, dass dieses regelmäßig gepflegt und gewartet wird, damit die Haare nicht austrocknen. Hierzu wird die sog. Haarharfe mit einem mit destilliertem Wasser befeuchteten Tuch umhüllt oder besprüht, so dass eine Sättigung eintritt.

Mechanische Verfahren

(zur Horizontalabdichtung)

Zu den mechanischen Verfahren zur ▸*nachträglichen Horizontalabdichtung* gehören heute nur noch das ▸*Mauersäge-* oder ▸*Schneideverfahren*, das ▸*Chromstahlblech-* oder ▸*Rammverfahren* sowie in Ausnahmen der ▸*Mauerwerksaustausch* bzw. die Unterfangung. Sie bezeichnen den Einbau oder das Einlegen kapillarwasserdichter Stoffe in entsprechender Dicke in das Mauerwerk. Mit dieser horizontalen Sperrschicht ist es möglich, eine Horizontalabdichtung nach der heute für den Neubau gültigen Technologie einzubringen. Die Praxis und Erfahrungen der vergangenen Jahre haben gezeigt, dass mit diesen Systemen ein hoher Wirkungsgrad erzielt werden kann. Allerdings sind alle mechanischen Abdichtungsverfahren aufwändig und

© siehe Anhang

mit mehr oder weniger erheblichen Eingriffen in die Baustatik verbunden.

Nach Anzahl der Arbeitsschritte werden die mechanischen Verfahren in der Ö-Norm B 3355 „Trockenlegung von feuchtem Mauerwerk" in ein- und zweistufige Verfahren unterschieden. Bei dem einstufigen Verfahren stellt die Mauerwerkstrennung und die Horizontalabdichtung einen Arbeitsgang dar. Durch Einschlagen von gewellten Edelstahlplatten in die Lagerfuge eines Mauerwerkes werden gleichzeitig zwei Arbeitsschritte verrichtet. Bei dem zweistufigen Verfahren wird zunächst abschnittsweise das Mauerwerk durch Stemmen, Bohren, Schneiden oder Fräsen mechanisch durchtrennt. Im zweiten Arbeitsgang werden dann horizontale Sperrschichten eingelegt und der verbleibende Spalt im Mauerwerk kraftschlüssig verfüllt.

Aufgrund des hohen Arbeitsaufwandes und der damit verbundenen Kosten werden Verfahren wie das Bohrkernverfahren oder auch V-Schnittverfahren nicht mehr eingesetzt und auch der Mauerwerksaustausch oder die Mauerwerksunterfangung kommen nur zum Einsatz, wenn ohnehin aus statischen Gründen der Fundamentbereich saniert werden muss.

Mehrschaliges Mauerwerk

▸*Füllmauerwerk*

Mehrstufeninjektion

Seit Mitte der 90-er Jahre wird für die ▸*Bohrlochinjektion* in stark durchfeuchteten bis kapillar gesättigten Mauerwerken ein neues Verfahren empfohlen. Ziel ist es, in drei Stufen eine optimale Injektionstechnologie anzuwenden, die auch für hohlräumiges und mehrschaliges Mauerwerk, bei hohen Durchfeuchtungsgraden und bei hoher Luftfeuchtigkeit eingesetzt werden kann. Bei physikalisch trocknenden ▸*Injektionsmitteln* kann es bei hoher ▸*Durchfeuchtung* des Mauerwerkes und gleichzeitig hoher ▸*Luftfeuchtigkeit* zu Trocknungsproblemen kommen. Wenn das Wasser, als Trägermaterial des Injektionsmittels, nicht verdunsten kann, bleibt das Injektionsmittel im Mauerwerk flüssig und kann demzufolge nicht seine wasserabweisende Wirkung ausbilden. Aus diesem Grund wurde für die Siliconmikroemulsion die Mehrstufeninjektion entwickelt, um die Reaktionsbedingungen für das Injektionsmittel unter schwierigen Bedingungen zu verbessern.

Zunächst erfolgt eine Injektion mit einer mikrofeinen Zementsuspension, damit in klüftigem und/oder mehrschaligem Mauerwerk die Hohlräume und ▸*Risse* verfüllt werden. Auf diese Weise wird sichergestellt, dass sich der Wirkstoff in Form des Injektionsmittels nicht unkontrolliert im Mauerwerk verteilt. Das heißt, dass Stufe I nur bei hohlräumigen, klüftigen oder mehrschaligen Mauerwerk durchgeführt und notwendig wird. Etwa 30 bis 60 Minuten nach der Hohlraumverfüllung werden in der

System A der Merstufeninjektion

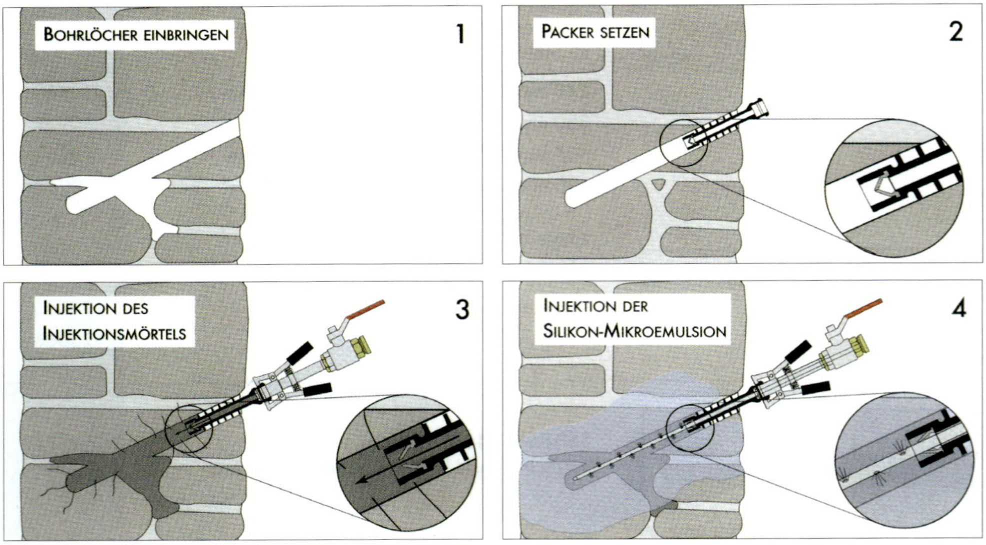

© siehe Anhang

System B der Merstufeninjektion

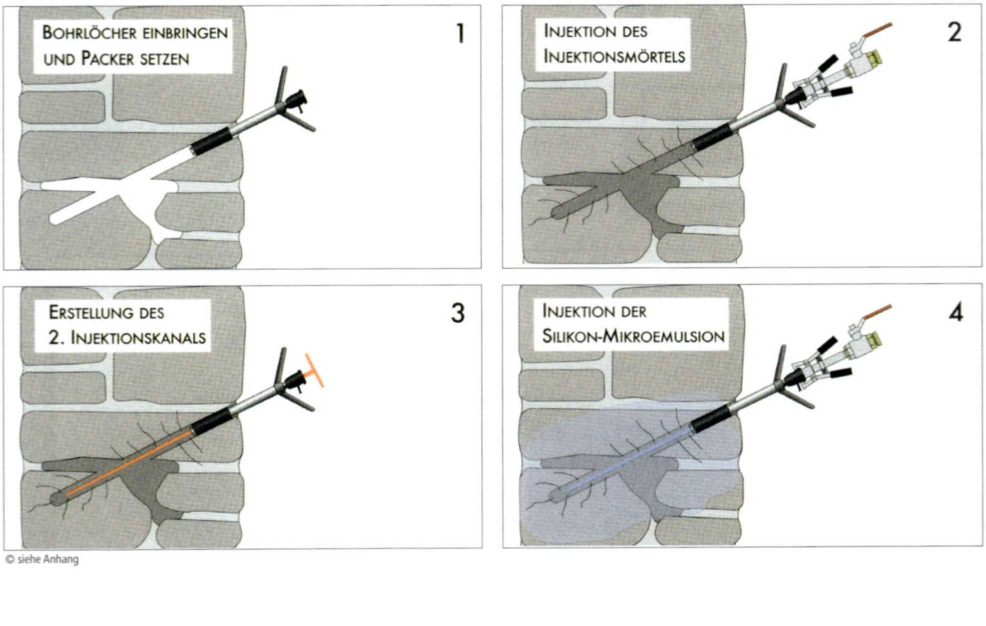

© siehe Anhang

zweiten Stufe die gleichen Bohrlöcher mit einer speziellen Injektionslanze wieder aufgestoßen, damit die ▸*Siliconmikroemulsion* in das Mauerwerk injiziert werden kann. Durch die vorherige Injektion mit der hochalkalischen Mikrozementsuspension findet eine sofortige Aktivierung der Siliconmikroemulsion statt. Der verwendete Druck liegt, in Abhängigkeit vom jeweiligen Mauerwerk, zwischen 10 und max. 30 bar. In der Stufe III wird das Injektionsmittel einer Siliconmikroemulsion durch einen alkalischen Wirkstoff aktiviert. Hierzu werden in der Regel ▸*Siliconate* oder sog. Kombinationsprodukte aus ▸*Alkalisilikate* und ▸*Alkalisiliconaten* verwendet. Die Aktivierung der Siliconmikroemulsion sollte frühestens nach 1 Tag und spätestens nach 2 Tagen über die gleichen Bohrlöcher der Stufe II erfolgen. Infolge der Aktivierung kann der Reaktionsverlauf gesteuert werden. Dies bedeutet, dass auch bei hoher Durchfeuchtung und hoher Luftfeuchtigkeit die Hydrophobie des Injektionsmittels gebildet wird. Erst mit dieser ▸*Hydrophobie* wird sichergestellt, dass der Baustoff wasserabweisende Eigenschaften besitzt und demzufolge die Feuchtigkeit oberhalb der Injektionsebene abtrocknen kann.

Nachteilig wirkt sich der technologische und hohe zeitliche Aufwand aus, der mit einfachen Mitteln reduziert werden kann. So wird die physikalische Trocknung auch durch das Aufstellen von Heiz- und/oder Entfeuchtungsgeräten sichergestellt. Bei der Mehrstufeninjektion wird häufig missverstanden, dass nicht bei jeder Sanierungsmaßnahme automatisch alle drei Stufen durchgeführt werden müssen. Bei kompaktem Mauerwerk kann Stufe I entfallen. Stufe II muss in jedem Fall durchgeführt werden, da mit ihr der ▸*Wirkstoff* injiziert werden. Stufe III wird nur dann notwendig, wenn im Mauerwerk ein hoher Durchfeuchtungsgrad und gleichzeitig eine hohe Luftfeuchtigkeit vorhanden ist.

Membranpumpen

Membranpumpen werden ebenfalls zur ▸*Bohrlochinjektion* eingesetzt, obwohl die ursprüngliche Anwendung das Farbspritzen ist. Förderung und Druckaufbau erfolgen über Membranen. Eingesetzt werden die Membranpumpen zum Injizieren von niedrig-viskosen ▸*Injektionsstoffen* im Hoch- oder Niederdruckverfahren. Gegenüber anderen Injektionspumpen haben sie den Vorteil, dass sie in der Regel mit einem 220 Volt-Anschluss versehen sind und damit ohne großen Aufwand auf der Baustelle eingesetzt werden können. Die Reinigung der Injektionspumpen muss gründlich und gewissenhaft durchgeführt werden, damit es nicht zu einer Beeinträchtigung des Injektionsvorganges durch Verschmutzung oder Verunreinigung kommen kann. Darüber hinaus ist darauf zu achten, dass das Reinigungswasser vollständig aus der Injektionspumpe entfernt wird bzw. sich kein Kondensat bilden kann, wenn mit Wasser reagierende ▸*Injektionsmittel* eingesetzt wurden. [8]

Messgeräte

Die Messtechnik hat sich in den letzten Jahren so stark verändert, dass es unmöglich ist, auf alle Bereiche ausführlich einzugehen. Für die ▸*Bauwerksabdichtung* und Kellersanierung sind vor allem die Messgeräte zur Feuchtigkeits- und Temperaturmessung relevant sowie zur Messung der Luftströmung. Messgeräte werden entweder nach ihrem Messprinzip oder ihrem Einsatzgebiet unterschieden sowie der Tatsache, ob sie zerstörend, zerstörungsarm oder zerstörungsfrei arbeiten. Außerdem werden Messgeräte danach eingestuft, ob sie vor Ort oder im Labor zum Einsatz kommen. Wurden früher fast ausschließlich ▸*gravimetrische* und chemische Verfahren eingesetzt, so haben in den letzten Jahren elektrische Verfahren (▸*Mikrowellentechnik*) und thermometrische Verfahren (▸*Infrarotthermografie*) einen deutlichen Aufschwung verzeichnet. Aber auch im Bereich der sog. Handgeräte wurden in den letzten Jahren erhebliche Fortschritte erzielt. So werden seit einiger Zeit sog. multifunktionale Messgeräte mit digitaler Präzision angeboten, die mit einfachem Aufwand und relativ geringen Kosten ein hohes Maß an Messgenauigkeit bieten und eine Vielzahl von Einsatzgebieten abdecken. So können mit diesen Messgeräten ▸*Luftfeuchte*, Material- und Baustofffeuchte, Holzfeuchte und ▸*Ausgleichsfeuchte* sowie Lufttemperatur, Material- und Oberflächentemperatur, Holztemperatur, Gas- und Schüttguttemperatur, Taupunkt- und Flüssigkeitstemperatur sowie die Luftströmungsgeschwindigkeit gemessen werden. Die Geräte besitzen einen SDI-Eingang (Serielle Digitale Interface) und BNC-Eingang, der den Anschluss von Elektroden zur Bau- und Holzfeuchtemessung nach dem Widerstandsprinzip unterstützt. Die Oberflächenmessung reicht bis 4 cm und die Tiefenmessung bis 30 cm.

Messingkäfer

Der zu den Diebkäfern (Ptinidae) gehörende 2,5 bis knapp 5mm große, dicht messinggelb behaarte Käfer hat ein spinnenähnliches Aussehen, da sein den Kopf überragender Halsschild durch eine Einschnürung am Hinterrand von den fast halbkugeligen, bis auf die Bauchseite reichenden Flügeldecken deutlich abgesetzt ist und die den Beinen an Länge fast gleichen Fühler bei flüchtiger Betrachtung als ein 4. Beinpaar angesehen werden können. Hinterflügel fehlen, weshalb die Käfer nicht fliegen können.

Vor allem in alten und feuchten Häusern, besonders wenn Fußböden und Wände mit organischen Dämmstoffen (Heu, Stroh, Häcksel) gefüllt sind, und in Lagern von Produkten tierischer Herkunft (Häute, Felle, Knochen, Leder), Brauereien usw. ist der Messingkäfer beheimatet. Die Bedeutung als Vorratsschädling ist gering. Aber als Zerstörer von Materialien wie Textilien, Leder, Papier und Verpackung ist er nicht zu unterschätzen. Die Käfer zernagen auf ihren Wanderungen durch Wohnungen Textilien aller Art, Leder, Bürsten, Federn, Bücher, Papier usw.; aus Textilien ziehen sie mit ihren Mundwerkzeugen Fäden heraus, um sie dann zu durchnagen. In dünnen Stoffen entstehen so rundliche Löcher mit ausgefransten Rändern.

Minustemperaturen kann der Messingkäfer ertragen. Sein Lebensoptimum liegt bei etwa 20 bis 22°C, ab 25°C sind die Lebensprozesse (Eiablage, Entwicklung, Überleben) meist schon negativ beeinträchtigt. Der Entwicklungsnullpunkt liegt etwa bei 10°C. Der Messingkäfer kann einerseits Trockenheit vertragen, bevorzugt andererseits aber eine gewisse Feuchtigkeit. Die Käfer sind dämmerungs- und nachtaktiv und können längere Zeit ohne Nahrung leben.

Messverfahren zur Feuchtigkeitsmessung

▸*Feuchtemessverfahren*

Metallbahnen

Bei sog. Metallbahnen werden Weichkupfer- oder Aluminiumbahnen oder thermoplastische ▸*Kunststofffolien* in ▸*Bitumen* verlegt. Anwendung finden diese Abdichtungsfolien bei Wänden, Decken und Flachdächern als Schutz gegen ▸*Bodenfeuchtigkeit* und Oberflächenwasser.

Metallband

Ein Metallband ist ein dünnes (bis auf < 0,1mm) ausgewalztes Metall und dient als Trägereinlage für z. B. ▸*Dampfsperren*, ▸*Abdichtungsbahnen* gegen ▸*drückendes Wasser* sowie in ▸*Schutzschichten* zur Wurzelfestigkeit. Meistens werden diese Metallbänder in Kombination mit einem Glasvlies oder –gewebe eingesetzt.

Metall-Kunststoff-Verbund

Der Metall-Kunststoff-Verbund stellt eine Metallfolie dar, die ein- oder beidseitig beschichtet ist und als Trägereinlage für ▸*Dampfsperren* oder *Schutzschichten* zur Wurzelfestigkeit (sog. Wurzelschutzbahnen) dient. Diese Metallfolie wird in der Regel in Kombination mit einem Glasvlies oder –gewebe ausgeführt.

Methacrylate

Methacrylate sind esterartige Copolymerisate wie z. B. Methylester oder Ethylbutylester). Sie werden als Bindemittel eingesetzt.

Methylzellulose

Die Methylether der Zellulose werden als Methylzellulose bezeichnet und in zahlreichen Baustoffen eingesetzt, so z. B. in ▸*Sanierputzen*. Sie haben eine große spezifische Oberfläche und deshalb ein hohes Wasserrückhaltevermögen, darüber hinaus eine hohe chemische Resistenz gegenüber Salzen und pH-Schwankungen. [9]

Mica

Mica ist in wasserhaltiges Kalium-Aluminiumsilikat. Es enthält mehrere komplexe, mineralogisch verwandte Gruppen und ist ein plättchenförmiger Füllstoff, der ähnlich wie Glimmer und Talkum, in erster Linie als armierende Komponente gegen Rissbildung in Beschichtungssystemen, eingesetzt wird. Gleichzeitig bietet die Plättchenstruktur Schutz gegen UV-Strahlung. Die chemische Beständigkeit von Mica ist vorteilhaft bei Beanspruchungen durch aggressive Industrieatmosphären. Die natürliche Färbung und der relativ hohe Bindemittelbedarf begrenzen jedoch den prozentualen Anteil in Beschichtungsstoffen.

Migration

▸*Weichmacherwanderung*

Mikroanalyse

Für den Begriff der Mikroanalyse gibt es im Markt zwei Verwendungen oder Erklärungen: zum Einen werden Baustoffanalysen unter einem Mikroskop als Mikroanalyse bezeichnet oder wenn nur sehr kleine Probenmengen für die Analyse zur Verfügung stehen.

Mikrobielle Entsalzung

Die mikrobielle Entsalzung ist ein neues und interessantes Verfahren, bei dem die Wirkung einer Textil-Kunststoff-Kompresse mit mikrobiologischen Wirkmechanismen kombiniert wird. Hierbei werden die Stoffwechselvorgänge ▸*denitrifizierender Bakterien* benutzt, um ▸*Nitrate* unter anaeroben Bedingungen in der ▸*Kompresse* zu Stickstoff umzuwandeln. Das Verfahren wird mit dem Namen Bio-Kompresse oder auch als BIOKOM-Entsalzung bezeichnet. Die Bio-Kompresse hat hierbei die gleiche Funktion wie bei einer herkömmlichen Buchenholz-Kompresse im Rahmen der Denkmalpflege und Restaurierung oder eines klassischen ▸*Kompressenputzes*. Im Unterschied zu den bisherigen Verfahren zur ▸*Kompressen-Entsalzung* werden in der Bio-Kompresse die eingelagerten Nitrate zu Stickstoff abgebaut. Infolgedessen wird ein Konzentrationsgefälle von Nitrat-Ionen zwischen Mauerwerk und der Bio-Kompresse aufgebaut. Dies hat den Vorteil, dass die Kompresse nicht ausgetauscht werden muss. Es muss abgewartet werden, ob und welcher Erfolg mit dieser Art der Mauerwerksentsalzung erzielt werden kann.

Mikrobielle Kontamination

Kontamination ist die Anreicherung von Schadstoffen in Boden, Wasser, Mensch, Tier, Planze aber auch in und auf Werk- und Baustoffen. Als mikrobielle Kontamination wird zum Einen eine Verunreinigung oder Vergiftung von Organismen durch unerwünschte oder schädliche Stoffe bezeichnet. Diese kann als äußerliche Verunreinigung auftreten. Bei der Aufnahme der Stoffe in den Körper spricht man von der sog. Inkorporation. Der Begriff mikrobielle Kontamination wird zum Anderen für eine Verunreinigung von Flächen oder Baustoffen durch (Mikro)Organismen verwendet. Dann wird häufig von einem mikrobiellen Befall gesprochen. Die mikrobielle Kontamination von Baustoffoberflächen kann durch das sog. Biofouling stattfinden, das eine ▸*Biokorrosion* nach sich ziehen kann. Damit Baustoffe (z. B. Farben) nicht bereits im Gebinde durch Mikroorganismen befallen werden, gibt es eine sog. Topfkonservierung. Diese schützt den Baustoff im Gebinde und darf nicht mit der Filmkonservierung verwechselt werden, die den applizierten Baustoff vor mikrobiellem Befall schützen soll. Die Beseitigung des mikrobiellen Befalls bzw. der mikrobiellen Kontamination wird als Dekontamination bezeichnet.

Mikrobieller Befall

▸ *Mikrobielle Kontamination*

Mikrobieller Schaden

▸ *Biokorrosion*

Mikrobiologie

Als Teilgebiet der Biologie befasst sich die Mikrobiologie mit einer großen, heterogenen Gruppe von meist einzelligen Organismen, deren gemeinsames Merkmal ihre geringe Größe ist. Sie werden deshalb als Mikroorganismen bezeichnet und sind mit dem bloßen Auge nicht zu erkennen. Ihre Entdeckung wurde erst möglich, als das erste noch sehr einfache Mikroskop entwickelt worden war.

Mikroorganismen

Als Mikroorganismen werden eine Reihe sehr unterschiedlicher Organismen bezeichnet, deren charakteristische Eigenschaft ihre geringe Größe ist. Sie werden anhand bestimmter Eigenschaften, vor allem aufgrund ihrer verwandtschaftlichen Beziehungen in mehrere Gruppen unterteilt. Zu den Mikroorganismen vom eukaryotischen Zelltyp gehören Einzeller wie Protozoen, Hefen und kleine Algen sowie auch einige mehrzellige kleine Hyphenpilze (z. B. ▸ *Schimmelpilze*). Die einzelligen Bakterien dagegen entsprechen dem prokaryotischen Zelltyp. Als eigenständige Gruppe werden auch die Viren zu den Mikroorganismen gezählt – sie sind allerdings keine echten Lebewesen, da ihnen ein eigener Stoffwechsel fehlt, ein sonst typisches Merkmal lebender Organismen.

Die Größe der meisten Mikroorganismen liegt unter einem Millimeter, wobei der Größenbereich eine relativ große Spanne umfasst. Manche Amöben können eine Größe von bis zu 1 mm erreichen, während die kleinsten Viren nur einen Durchmesser von weniger als 0,02 µm haben. Im Allgemeinen Sprachgebrauch werden auch Hefen, Algen der verschiedensten Art, Moose und Flechten zu den Mikroorganismen gezählt, obwohl sie streng genommen nicht mehr dazugehören, weil sie (mit Ausnahme der Hefen) bereits mit bloßem Auge sichtbar sind.

Mikroporen

Poren mit einem Radius, der kleiner ist als 10^{-7} m, werden als Mikroporen, der kleiner ist als 10^{-9} m werden als ▸ *Gelporen* bezeichnet. Für die ▸ *kapillare Wasseraufnahme* und den -transport sind sie nicht geeignet. Wasser kann in diese Porenräume nur als ▸ *Wasserdampf* eindringen. Dies bedeutet, dass diese Baustoffe als kapillar ▸ *wasserdicht* eingestuft werden können. Sie sind einerseits nicht in der Lage, Wasser auf kapillarem Weg aufzunehmen und können deshalb andererseits auch nicht imprägniert oder injiziert werden.

Mikroskopie

Der Begriff der Mikroskopie wurde aus dem Griechischen (*mikros*= klein und *skopein*= betrachten) abgeleitet und beschreibt ganz allgemein die Betrachtung und Untersuchung kleiner und kleinster Dinge. Im engeren Sinn bezieht sich der Begriff auf die Zuhilfenahme eines Mikroskops. In Bezug auf Baustoffe werden Mikroskope vor allem zur Bestimmung von Mineralen sowie Form und Größe von Zuschlagsstoffen und Füllstoffen verwendet. Unterschieden werden die Lichtmikroskopie, die Fluoreszenzmikroskopie und die Elektronenmikroskopie. Bei der Lichtmikroskopie, die in Auflicht- und Durchlichtmikroskopie unterteilt werden kann, wird die Probe mit Hilfe von Lichtstrahlen untersucht. Hierbei wird normales und polarisiertes Licht aus dem sichtbaren Spektrum verwendet. Die Auflichtmikroskopie findet ihre Anwendung bei undurchsichtigen Proben, die Durchlichtmikroskopie bei durchsichtigen Proben. Die Phasenkontrastmikroskopie und Dunkelfeldmikroskopie sind lichtmikroskopische Sonderverfahren, mit denen unter Umständen biologische Vorgänge ohne Zugabe von Farbstoffen beobachtet werden können. Die Dunkelfeldmikroskopie findet bevorzugt Anwendung zum Nachweis von kristallinen Strukturen in biologischem Material.

Mikrowellen

Mikrowellen sind elektromagnetische Wellen, deren Wellenlänge im Bereich zwischen 1 mm und 30 cm und Frequenz von 0,3 bis 300 GHz liegt. Eine typische Eigenschaft von Mikrowellen ist es, effektiv Wassermoleküle zu Schwingungen und zur Aufnahme von Energie anzuregen. Die dafür effektivste Frequenz liegt bei ca. 18 GHz. Mikrowellenstrahlung kann, wie sichtbares Licht auch, reflektiert und gebrochen werden und kann interferieren.

Mikrowellen-Feuchtemessung

▸*Mikrowellenmessung*

Mikrowellenmessung

Die Grundlage der Mikrowellenmessung ist die sog. Dielektrizität eines Baustoffes. Gegenüber der ▸*kapazitiven Feuchtigkeitsmessung* werden bei der Mikrowellenmessung sowohl die Dielektrizitätskonstante wie auch die dielektrischen Verluste gemessen. Hierfür werden entweder Richtantennen (Volumensonden) verwendet, die etwa in einen Bereich von 20 bis 30 cm in den Baustoff hinein eingesetzt werden können oder Streufeldantennen (Oberflächensonden), bei denen eine Messung bis etwa 3cm Tiefe möglich ist. Die Messsonden senden entweder tiefenwirkend oder oberflächennah ein elektromagnetisches Wechselfeld in den Baustoff. Infolgedessen gerät das Wasser, das ein polares Molekül darstellt, in Schwingungen. Bei hohen Frequenzen entsteht eine Phasenverschiebung zwischen der Dipolbewegung des Wassers und dem anliegenden Wechselfeld. Diese Wirkung wird bei der Mikrowellenmessung genutzt, da viele flüssige Stoffe ihr Maximum an Absorption durch Resonanz im Bereich dieser Wellen zeigen. Dieses Mitschwingen ist mit einem Energieverlust verbunden, der nun wiederum messbar ist. Um auch bei diesem Feuchtemessverfahren alle möglichen Störungen durch andere Faktoren ausschließen zu können, muss mit sehr hohen Frequenzen und mit einem relativ hohem Energieeinsatz gearbeitet werden, deshalb sind einem praktikablen Baustelleneinsatz Grenzen gesetzt. Hintergrund ist, dass im Frequenzbereich von 100 MHz bis ca. 1 GHz durch eine Messung zweier Parameter auf den Feuchtegehalt eines Baustoffes geschlossen werden kann. Eine Messung zweier Parameter ist deshalb notwendig, da in diesem Frequenzbereich beide Anteile der komplexen Dielektrizitätszahl (auch *Dielektrizitätskonstante* genannt) noch vom Gehalt gelöster Salze abhängig sind. Der Einfluss des Salzes ist im Falle der Messung beider Parameter vom Einfluss der Feuchte trennbar, was bei Frequenzen unter 100 MHz nicht der Fall ist (niederfrequente dielektrische Messverfahren). Oberhalb von 1 GHz wird der Realteil der Dielektrizitätszahl zunehmend abhängig vom Einfluss gelöster Salze. Dies bedeutet, dass hier durch die Messung nur eines Parameters eine salzunabhängige Feuchtemessung realisiert werden kann. Im Mikrowellenbereich ist eine solche Feuchtemessung bis zum Frequenzbereich der sog. Dipolrelaxation möglich (dielektrisches Verhalten von Baustoffen), der für freies Wasser bei ungefähr 16 GHz liegt und für Wasser im Baustoff niedriger liegt.

Der Vorteil dieser zerstörungsfreien Messmethode liegt darin, dass sowohl die Feuchtigkeit auf der Wandoberfläche als auch im Wandquerschnitt getrennt erfasst werden kann. Auch der Einfluss von Salzen und der daraus resultierenden ▸*Hygroskopizität* kann von der ▸*Feuchtigkeitsmessung* abgekoppelt werden. Probleme bei der Anwendung der Mikrowellenfeuchtemessung ergeben sich nach heutigem Stand hinsichtlich der Kalibrierung. Eine Vielzahl an mineralischen Baustoffen zeigt einen gleichen Zusammenhang zwischen Realteil der Dielektrizitätszahl und dem Volumenanteil der Baustofffeuchte, d. h. eine weitgehend materialunabhängige Kalibrierung ist bzgl. des volumenbezogenen Feuchtegehaltes möglich. Zur Ermittlung des massenbezogenen Feuchtegehaltes ist jedoch die Kenntnis der Rohdichte des Materials notwendig. Weitere Probleme bestehen bei Inhomogenitäten im zu untersuchenden Bauteil, da die Mikrowellen gestreut werden können und infolgedessen

A B C D E F G H I J K L M N O P Q R S T U V W X Y Z

A B C D E F G H I J K L M N O P Q R S T U V W X Y Z

eine Verfälschung des Empfangssignals nicht auszuschließen ist. Im Bereich der Messung von Feuchteprofilen sind jedoch Ansätze erkennbar, um dieses Problem zu minimieren bzw. zukünftig abzustellen. Des Weiteren sind erst für wenige Baustoffe Kalibrierungskurven vorhanden. Außerdem soll noch erwähnt werden, dass die Einarbeitung in dieses Messverfahren sehr aufwendig ist und entsprechende Erfahrung in der Anwendung vorliegen muss, um Fehlerquellen zu vermeiden. [5,17]

Mikrowellen-Reflexion

Bei der Mikrowellen-Reflexion handelt es sich um ein zerstörungsfreies Prüfverfahren zur Feuchtemessung und Fehlstellenortung in nicht-metallischen Materialien. Die Messmethode basiert auf dem Prinzip der Reflexion elektro-magnetischer Wellen im Mikrowellenbereich. Die Messung und Auswertung ist direkt am Bauwerk möglich und liefert absolute Werte. Sie ist aber einem Spezialisten vorbehalten und sehr aufwändig.

Mikrowellen-Spektroskopie

Die sog. Mikrowellen-Spektroskopie wird zur qualitativen und quantitativen Materialanalyse verwendet und beruht nach [5] auf der Absorption durch Gase unter Aufnahme von Energie aus hochfrequenten Wechselfeldern und wird zur Messung von Energiedifferenzen auf Molekülebene eingesetzt.

Mikrowellen-Transmission

Bei der Mikrowellen-Transmission handelt es sich um ein zerstörungsfreies Prüfverfahren zur Feuchtemessung in nicht-metallischen Materialien. Die Messmethode basiert auf dem Prinzip der Durchstrahlung mit elektro-magnetischen Wellen im Mikrowellenbereich. Die Messung und Auswertung ist direkt am Bauwerk möglich und liefert absolute Werte. Sie ist aber einem Spezialisten vorbehalten und sehr aufwändig.

Mikrowellentrocknung

Bei der Mikrowellentrocknung wird der zu entfeuchtende Bereich mit Mikrowellen bestrahlt. Die Mikrowellen entfalten ihre Wirkung durch den asymetrischen Molekülaufbau des Wassers. Bei dipoligen Stoffen wie Wasser kommt es zu Polarisationsvorgängen, d. h. die Moleküle orientieren sich an der Richtung des elektrischen Wechselfeldes (in der Regel 2,45 GHz, dies entspricht 2,45 Milliarden Schwingungen pro Sekunde). Einfach ausgedrückt versetzen die energiereichen Mikrowellen die Wassermoleküle in Schwingungen. Diese Bewegung der Wassermoleküle erzeugt Reibungswärme, die wiederum einen hohen Dampfdruck im Materialinneren erzeugt und damit die Feuchtigkeit aktiv verdrängt. Dieser Dampf kann im Gegensatz zur kalten Feuchtigkeit aus dem zu entfeuchtenden Material entweichen. Dadurch laufen Trocknungsprozesse deutlich schneller ab, als bei herkömmlicher Trocknung: was sonst in Tagen trocknet, kann mit der Mikrowellentrocknung in Stunden getrocknet werden. Die Mikrowellentrocknung bietet sich deshalb für die Entfeuchtung von bestimmten Materialien in begrenzten Bereichen und insbesondere bei Zeitdruck an.

Mikrozement

Durch die Einführung der Mikrozemente (Größe der Feinanteile liegen bei ca. 15 μm) können heute Injektionsstoffe zur Mauerwerksverfestigung sowie zur Rissinjektion bei Betonbauteilen eingesetzt werden, die eine hohe Affinität zum mineralischen Untergrund aufweisen. Gerade für die Injektion von Rissen im Beton ergibt sich der Vorteil, dass der Injektionsmörtel aus Mikrozement die gleichen Eigenschaften wie sein Umgebungsmedium hat und damit auf thermische und mechanische Beanspruchungen das gleiche Verhalten zeigt. Um die innere Reibung der Zementteilchen zu reduzieren und die ▸*Injektionsmörtel* den jeweiligen Anforderungen anzupassen, werden spezielle Feinstdispersionen zugegeben. Aus diesem Grund werden diese Injektionsmörtel häufig auch als Zementleime bezeichnet.

Mindestfilmbildetemperatur (MFT)

Die Mindestfilmbildetemperatur (MFT) oder Temperatur-Minimum der Filmbildung (TMF) bezeichnet die unterste Temperatur, bei der eine Polymerdispersion vom flüssigen in den festen Zustand eines zusammenhängenden, geschlossenen, fehlerfreien Films übergeht. Die MFT ist im Wesentlichen von der Härte bzw. Weichheit der, die innere Phase einer ▸*Dispersion* bestimmenden, Polymere abhängig. Da der Übergang innerhalb eines verhältnismäßig engen Temperaturbereiches vor sich geht, spricht man dabei auch vom Weißpunkt und meint damit, dass oberhalb dieser Temperatur sich ein einwandfreier, klarer Film bildet, während die Dispersion unterhalb des Weißpunktes nur ein undurchsichtig-weißes, unzusammenhängendes pulvriges Gemisch ausbildet, das keinerlei mechanische Festigkeit aufweist. Durch geringe Zusätze an geeigneten Filmbildehilfsmitteln (Lösemittel; Weichmacher) kann erreicht werden, dass auch relativ harte Polymere bis herab zu + 1 °C einwandfrei verfilmen.

Mindestfugenbreite

Die Mindestfugenbreite im Rahmen der ▸*Fugenabdichtung* oder –sanierung ist so zu bemessen, dass die zulässige Gesamtverformung eines ▸*Dichtstoffes* nicht überschritten wird.

Mindestwärmeschutz

Der Mindestwärmeschutz wird durch verbindlich festgelegte Mindestwerte für Decken, Wände, Dächer usw. und Räume zum dauerhaften Aufenthalt von Menschen definiert und ist in der DIN 4108 verankert.

Mineralfarben

Der Begriff Mineralfarbe steht für eine Gruppe anorganischer Beschichtungsstoffe mit dem Bindemittel ▸*Kalk*, ▸*Weißzement* oder ▸*Kaliwasserglas* (▸*Silikatfarbe*). Farben oder „Tünchen" auf der Basis von Weißzement werden heute (auch in der Denkmalpflege) nicht mehr verwendet. Kalkfarben dagegen werden nicht nur in der Denkmalpflege eingesetzt, sondern erfreuen sich auch im Neubau und der Renovierung von Altbauten im Innenbereich zunehmender Beliebtheit. Silikatfaben müssen unterschieden werden, da ein- und zweikomponentige oder Reinsilikat und Dispersions-Silikatfarben angeboten werden. Der Unterschied liegt darin, dass den einkomponentigen Silikatfarben ein Dispersionsanteil von max. 5% zugegeben wurde, was neben der einfachen Verarbeitung (einkomponentig) auch zu einer größeren Untergrundvielfalt für die Anwendung sowie höheren Farbtonstabilität führt. Alle Mineralfarben sind hoch alkalisch, was bei der Verarbeitung (Arbeitsschutz) sowie dem Schutz der angrenzenden Flächen beachtet werden muss.

Mineralisation

▸*Destruenten*

Mineralisch

Im Bauwesen charakterisiert der Begriff mineralisch z. B. Baustoffe, die ein anorganisches Bindemittel wie ▸*Kalk*, ▸*Zement*, ▸*Gips* oder ▸*Wasserglas* (▸*Silikat*) enthalten.

Mineralische Bindemittel

Unter mineralischen Bindemitteln werden anorganische pulverige Stoffe zusammengefasst, die mit (Anmach)Wasser vermischt eine physikalische und/oder chemische Reaktion eingehen und anschließend durch Kristallbildung in einen festen Zustand übergehen. Bei Zugabe von Füll- oder Zuschlagsstoffen werden diese mit eingebunden, so dass die einzelnen Körner zu einem Festkörper verbunden werden. Die Füll- oder Zuschlagstoffe können hierbei sowohl organisch wie auch anorganisch, natürlich oder synthetisch sein und beeinflussen ganz wesentlich die Eigenschaft des fertigen Baustoffes. Die unterschiedlichen Bindemittel werden nach verschiedenen Gesichtspunkten eingeteilt und klassifiziert.

In der Praxis ist es üblich, die mineralischen Bindemittel wie folgt einzuteilen:

- hydraulische Bindemittel (unter Wasser härtend)

- latent-hydraulische Bindemittel, die durch einen Anreger reagieren. Der Anreger startet den Erhärtungsprozess (sehr wesentlich ist, dass der Anreger nicht in stöchiometrischen Verhältnissen zugegeben werden muss, sondern in deutlich darunter liegenden Prozentsätzen)
- Hydraulite, die an sich keine eigenen Bindemittel sind, sondern zur Reaktion und Verfestigung einen in stöchiometrischer Menge vorkommenden Reaktionspartner benötigt. Diese Art „Bindemittel" wird am besten als Reaktionsbindemittel bezeichnet. (früher war für diese Stoffe auch der Begriff Puzzolane üblich)
- Hydratationsbindemittel, welche allein durch Zugabe von Wasser, also durch Hydratation, erhärten

Darüber hinaus gibt es noch sog. Gasbindemittel, die durch Einwirkung eines Gases erhärten, wie z. B. Luftkalk (Kalziumhydroxid), dann sog. Gelbindemittel, wie etwa Gele von Eisen, Mangan, Aluminium, Silizium etc. Diese erhärten im Wesentlichen durch Abgabe von Wasser. Außerdem gibt es noch säurehärtende Bindemittel, etwa auf Phosphorsäurebasis und oxydische Bindemittel wie z. B. Magnesiumbinder etc. Vervollständigt werden sollen diese noch durch die trocken härtenden Bindemittel wie Lehme oder Tone, wenn diese mit Wasser angeteigt werden. [18]

Mineralische Dichtungsschlämme

Mineralische Dichtungsschlämmen sind ein- oder zweikomponentige Werktrockenmörtel, die auf der Baustelle unter Zugabe von Anmachwasser hergestellt werden. Sie bestehen aus feinkörnigen Quarzsanden, ▸*Zement* als Bindemittel sowie aus physikalisch und chemisch wirkenden Zusätzen. Des Weiteren werden kunststoffvergütete Mörtel angeboten, die dann flexible Eigenschaften besitzen. Unterschieden werden demnach mineralische starre und mineralische ▸*flexible Dichtungsschlämmen*. Ihre Dichtigkeit erreichen die mineralischen Dichtungsschlämmen aufgrund des weitgehend wasserundurchlässigen Gefüges der Mörtelschicht. Diese Wasserundurchlässigkeit wird in erster Linie durch einen hohlraumarmen Sieblinienaufbau des Zuschlages, durch den Zementgehalt, den ▸*Wasserzementwert* und durch das Wasserrückhaltevermögen bestimmt. Bei Wasserzutritt quellende, d. h. ▸*porenverengende* und/oder ▸*hydrophobierende* Zusätze erhöhen die Dichtigkeit des Mörtels. Körnungen > 1 mm dürfen im Kornaufbau der Dichtungsschlämme nicht vorhanden sein, wobei der Anteil der

Einteilung der anorganischen Bindemittel

nach der Erhärtungsfähigkeit	nach der Erhärtungsart	nach der Herstellungsart
• selbstständig erhärtende Bindemittel (z. B. Lehm) • unselbstständig erhärtende Bindemittel (z. B. Portlandzement)	• lufthärtend (z. B. Kalkhydrat) • hydraulisch, unter Wasser durch Hydrolyse und Hydratisation erhärtend (z. B. Portlandzement, Eisenportlandzement, Hochofenze ment, Erzzement, Hüttenzement, Sulfathüttenzement, Trasszement, Gelzement, Feinstzemente, Magnesiabinder etc.) • reaktiv erhärtend (z. B. Hydraulite mit Hydratkalk- und Magnesiabin der etc. • mit Wasser hydratisierend (z. B. Stuckgips, Putzgips, Anhydrit)	• in natürlicher Form verwendbar (z. B. Lehm nach der Trocknung) • zur Entwässerung gebrannt (z. B. Stuckgips) – also Produkte, die bis ca. 200°C behandelt werden • zur Entsäuerung gebrannt (z. B. Luftkalk, Magnesiabinder) – also Produkte, die bis ca. 900°C behandelt werden • zur Sinterung gebrannt (z. B. Zemente) – also Produkte, die > 1200°C behandelt werden • zur Schmelze erhitzt (z. B. Tonerdeschmelzzement

Korngruppe 0,5 bis 1 mm von 5 bis 10 Gew.-% je nach Zusammensetzung des Gesamtkorngemisches nicht überschreiten darf. Daran wird deutlich, dass es sich bei mineralischen Dichtungsschlämmen um sehr feinkörnige und -teilige Mörtel handelt.

Die Verarbeitung der mineralischen Dichtungsschlämmen erfolgt je nach Konsistenz im Streich-, Spachtel- oder Spritzverfahren. Sie werden in mehreren Schichten in zwei bis drei Arbeitsgängen aufgetragen, bis die erforderliche Mindestschichtdicke in Abhängigkeit vom ▸*Lastfall* aufgebaut ist. Für die ▸*Abdichtung* von horizontalen und geneigten erdberührten Betonbauteilen sowie den Lastfall ▸*drückendes Wasser* sind mindestens drei Schichten erforderlich. Vor dem Auftragen jeder weiteren Schicht muss die darunter liegende Schicht so weit ausgehärtet sein, dass die Abdichtung nicht durch den nachfolgenden Arbeitsgang beschädigt wird. Die Trockenschichtdicke der aufgebrachten Dichtungsschlämme ist lastfallabhängig und muss bei ▸*Bodenfeuchtigkeit* und ▸*nichtdrückendem Wasser* mindestens 2 mm betragen. Für die Lastfälle drückendes Wasser bis 3 m Eintauchtiefe beträgt die Mindesttrockenschichtdicke 2,5 mm.

Mineralische Härtung

Der Begriff der mineralischen Härtung drückt zwei wesentliche Unterscheidungsmerkmale aus: zum Einen liegt ein mineralisches Bindemittel vor und zum Anderen erfolgt die Verfestigung durch einen chemischen Härtungsprozess. Dies unterscheidet die mineralische ▸*Härtung* z. B. von der physikalischen ▸*Trocknung* organisch gebundener Beschichtungen. Die chemische Härtung der mineralischen Bindemittel bedeutet, dass sie sich durch ▸*Karbonatisierung* (Lufterhärtung) oder kristalline Erhärtung (hydraulische Erhärtung) verfestigen. Kalkhydrat reagiert unter Abgabe von Wasser und Aufnahme von Kohlendioxid zu ▸*Kalziumkarbonat*, auch Kalkstein genannt. Diesen Vorgang bezeichnet man als Karbonatisierung. Die hydraulische Erhärtung basiert auf der Bildung von Kalziumsilikathydraten. Für den Vorgang benötigt das Bindemittel zum Erhärten ein Teil des Anmachwassers. Das überschüssige Anmachwasser verdunstet. Die hydraulische Erhärtung verursacht eine wesentlich höhere Festigkeit, als die Luftkalke, und verläuft deutlich schneller.

Mineralisch gebundene Putze

▸*Mineralputze*

Mineralisierer

▸*Destroenten*

Mineralogische Diagnostik

Der Begriff der mineralogischen Diagnostik beschreibt die chemische Struktur- und Gefügeanalytik von mineralischen Baustoffen wie Natursteinen, Zuschlagsstoffen und Bindemitteln. Nach [5] zählen zur mineralogischen Diagnostik die chemisch-analytischen Untersuchungen an Baustoffen. Darüber hinaus werden Arbeitsmethoden aus der Mineralogie verwendet, um Gefüge- und Mineralanalysen durchzuführen (Bestimmung der Gefügestruktur, Schieferung, ▸*Kapillarität*, Härte, Korngrößenverteilung sowie ▸*Porosität* und Dichtigkeit) und um die einzelnen Mineralphasen zu identifizieren und Umwandlungsprozesse zu diagnostizieren. Diese sollen Aufschluss über das Verwitterungsverhalten und seiner Ursachen geben und Rückschlüsse für die Bauwerksinstandsetzung und -erhaltung zulassen. Schwerpunkt hierbei sind Lösungserscheinungen durch Einwirkung von Feuchtigkeit und Schadstoffen in der Luft (Atmosphärilien), Schalen- und Krustenbildung durch anorganischen und organischen Schmutz, Bindemittelumwandlungen und/oder -auswaschungen sowie ▸*Kristallisations-* und ▸*Hydratationsschäden* und Bauschäden durch ▸*Frost-Tau-Zyklen* (▸*Treiberscheinungen* und Frostsprengungen). Für die mineralogische Diagnostik sind grundlegende kristallografische und mineralogische Kenntnisse über die jeweiligen Mineralphasen notwendig. Eingesetzt werden Auflicht- und Durchlichtmikroskopie, ▸*Röntgendiffraktometrie*, ▸*Elektronenmikroskopie* und ▸*Röntgenfluorreszensanalyse*.

A B C D E F G H I J K L M N O P Q R S T U V W X Y Z

Mineralputz

Der Begriff Mineralputz kann nicht eindeutig definiert werden, da er für eine Gruppe anorganischer (mineralischer) Putze, Putzmörtel und Beschichtungsstoffe verwendet wird, die sich in ihren Eigenschaften, ihrem Verwendungszeck sowie ihrer Verarbeitung zum Teil erheblich unterscheiden. Die Gemeinsamkeit besteht darin, dass ein mineralisches (oder anorganisches) Bindemittel wie ▸*Kalk*, ▸*Zement*, ▸*Gips* oder ▸*Silikat* (Wasserglas) verwendet wird. Darin zeigt sich bereits der erste Unterschied: während Mineralputze aus Kalk, Zement oder Gips sowohl dickschichtig (Unterputz) wie auch dünnlagig (Oberputz) verarbeitet werden können, stellen Silikatputze ausschließlich dünnlagige Oberputze dar. Auch die Unterteilung der Putzmörtelgruppen in P I (Luftkalke, Wasserkalke, Hydraulische Kalke), P II (hoch hydraulische Kalke, Putz- und Mauerbinder, Kalk-Zement-Gemische), P III (Zemente mit oder ohne Anteile an Kalkhydrat), P IV (Gips, Gipssand, Gips-Kalkhydrat, Kalkhydrat-Gips) sowie P V (Anhydrit mit Anteilen an Baukalk) beschränkt sich nur auf die Art des Bindemittels.

Des Weiteren sind die Grenzen der zugegebenen Anteile an Dispersion fließend. Stellten Kalk- oder Kalkzementputze bis vor einigen Jahren noch „reine“ Mineralputze dar, so werden diese heute immer mehr „organisch vergütet“. Während der Dispersionsanteil bei Silikatputzen in Anlehnung an die Dispersions-Silikatfarben bei max. 5% festgelegt wurde, liegt er in der Regel bei Mineralputzen bei nur 0,5 bis 1%. Ursächlich hierfür ist die zunehmende Untergrundvielfalt, die geforderte Farbtonstabilität, Rissfreiheit sowie Witterungsbeständigkeit.

Der dritte große Unterschied ist der Verwendungszweck bzw. das Einsatzgebiet von Mineralputzen. Ein Sockelputz oder ▸*Sanierputz*, ein Leichtputz oder Trasskalkputz, ein Wärmedämmputz oder ▸*Kompressenputz*, ein ▸*Silikatputz* oder Gipsputz – sie alle sind Mineralputze und doch in ihren Eigenschaften, Zusammensetzungen oder dem jeweiligen Verwendungszweck sowie der Möglichkeit der Überarbeitung grundlegend verschieden. Deshalb sollte der allgemeine Begriff des Mineralputzes immer konkretisiert werden.

Mischfilter

Der Begriff Mischfilter kommt aus der ▸*Dränung* von Gebäuden und beschreibt den Teil der Dränschicht, der aus einer gleichmäßig aufgebauten Schicht abgestufter Körnung besteht.

Mischmauerwerk

Unter einem Mischmauerwerk versteht man ein Mauerwerk, das aus verschiedenen Baustoffen wie Hochlochziegel, Mauerziegel, Bimsstein, Kalksandstein oder diversen Natursteinen erstellt wurde. In der Altbausanierung stößt man häufig auf Mischmauerwerke, die dann gelegentlich auch noch Anteile von Beton aufweisen oder durch den Um- und Anbau noch andere Wandbildner wie Holzwolleleichtbauplatten oder Styrodurplatten besitzen können. Besonders problematisch sind Mischmauerwerke bei der Instandsetzung von ▸*Rissen* sowie bei der ▸*nachträglichen Horizontalabdichtung*. Das Mischmauerwerk darf nicht mit dem Füllmauerwerk, Bruchsteinmauerwerk oder Zyklopenmauerwerk verwechselt werden, auch wenn die Probleme der Instandsetzung ähnlichen Charakter haben.

Mittlerer Wärmedurchgangskoeffizient

Werden Berechnungen zum Wärmedurchgangswiderstand und Wärmedurchgangskoeffizienten durchgeführt, beruhen diese in der Regel auf der Annahme, dass das Bauteil aus einer oder mehreren Schichten in der gesamten Ebene (z. B. innen und außen verputztes Mauerwerk) besteht. Bei Bauteilen, die aus unterschiedlichen nebeneinander liegenden Bereichen bestehen (z. B. bei Fachwerkkonstruktionen) ergeben sich auch andere wärmetechnische Eigenschaften. Bei der Berechnung des mittleren Wärmedurchgangskoeffizienten für Bauteile aus verschiedenen Materialien und Bereichen wird dies berücksichtigt. Die unterschiedlichen Flächenanteile an der Gesamtkonstruktion müssen berücksichtigt werden. Dies hat zur Folge, dass der Wärmedurchlasswiderstand bzw. der Wärmedurchgangskoeffizient der gesamten Konstruktion nicht mehr nur durch einen Wert quantifiziert werden kann.

Moderfäule

Die Moderfäule beschreibt eine durch Schlauchpilze (Ascomyceten, Fungi imperfecti) verursachte, der ▸*Braunfäule* gleichende, langsame Zerstörung bzw. den Abbau von feuchtem und nassem Holz, wobei in der Regel Erdkontakt vorliegt. Die verbleibende Holzsubstanz wird dabei modrig grau und fein würfelbrüchig. Charakteristisch ist ein kurzfaseriges Brechen der verbleibenden Holzsubstanz.

Modernisierung

Der Duden definiert den Begriff Modernisierung als eine Veränderung nach neuesten technischen oder wissenschaftlichen Erkenntnissen. Allgemein werden unter der Altbaumodernisierung der Umbau und die Anpassung der vorhandenen Bausubstanz an neueste technische Anforderungen wie Feuchte-, Brand-, Schall- und Wärmeschutz verstanden. Für die nachträgliche ▸*Bauwerksabdichtung* und/oder Kellersanierung bedeutet dies z. B. die energetische Modernisierung (▸*Perimeterdämmung* oder Innendämmung).

Mörtel

Als Mörtel bezeichnet man generell Baustoffe, die im Zustand der Verarbeitung leicht verformbar und damit plastisch sind und infolge der Bindemittelart und des Bindemittelanteils mehr oder weniger schnell in unterschiedlicher Festigkeit erhärten. Zusammen gesetzt sind Mörtel aus einem oder mehreren mineralischen (anorganischen) Bindemitteln (Kalk, Zement, Gips), mineralischen oder organischen Zuschlagsstoffen, Zusätzen und Wasser. Diese Frischmörtel werden an der Baustelle verarbeitet und ergeben nach Trocknung und Erhärtung den sog. Festmörtel oder Putz. Dabei wird zwischen einem am jeweiligen Objekt hergestellten Baustellenmörtel und dem in einem Werk produzierten Werktrockenmörtel unterschieden.

Je nach Anwendung unterscheidet man Mauermörtel (oder ugs. Speis), Putzmörtel, Stuckmörtel, Fugenmörtel, Vergussmörtel oder auch Injektionsmörtel. Je nach Zusammensetzung und Beständigkeit unterscheidet man den erhärteten Mörtel in Luftmörtel (z. B. Kalk oder Gips), der von Wasser angegriffen wird, und den Wassermörtel (z. B. aus Portlandzement), der wasserbeständig ist. Der bekannteste Luftmörtel ist der Kalkmörtel, der aus einer Mi-

Klassifizierung der Mörtel

Mörtelgruppe	Mörtelart
P I a	Luftkalkmörtel
P I b	Wasserkalkmörtel
P I c	Mörtel mit hydraulischem Kalk
P II a	Mörtel mit hydraulischem Kalk oder Mörtel mit Putz- und Mauerbinder
P II b	Kalkzementmörtel
P III a	Zementmörtel mit Zusatz von Kalkhydrat
P III b	Zementmörtel
P IV a	Gipsmörtel
P IV b	Gipssandmörtel
P IV c	Gipskalkmörtel
P IV d	Kalkgipsmörtel
P V a	Anhydritmörtel
P V b	Anhydritkalkmörtel

schung aus Sand und gebranntem Kalk (oder auch Kalkmilch) hergestellt wird.

Der Begriff Mörtel wird nur für mineralische (anorganische) Baustoffe verwendet. Organisch gebundene Beschichtungen sowie Kunstharzputze (und Silikat- und Siliconharzputze) werden nicht als Mörtel bezeichnet.

Mörtelanalytik

▸*Mineralogische Diagnostik*

Mörteldiagnostik

▸*Mineralogische Diagnostik*

Mörtelgruppen

▸*Mörtel*

Monomere

Der Begriff Monomer ist aus dem Griechischen abgeleitet und bedeutet so viel wie allein oder einzig. Hierbei handelt es sich um einzelne, gleichartige Moleküle, die zunächst getrennt nebeneinander vorliegen und erst durch chemische Reaktionsmechanismen zu größeren Polymeren verkettet werden. Monomere sind damit die Ausgangsstoffe für die Makromoleküle.

MS-Polymer-Abdichtung

Als Alternative zur ▸*Bitumenabdichtung* wird seit Kurzem eine neue Abdichtungstechnologie angeboten. Unter dem Namen SMP (Silyl Modified Polyether) werden die positiven Eigenschaften eines ▸*Polyurethans* mit denen eines ▸*Silicons* kombiniert. Im Ergebnis entstand eine bitumen- und lösemittelfreie Abdichtung mit hoher Rissüberbrückung von > 5mm und einer vergleichbaren Wasserdichtigkeit. Je nach Untergrund kann die MS-Polymer-Abdichtung direkt auf den gereinigten Untergrund aufgetragen werden, ohne dass eine zusätzliche Grundierung und/oder Kratzspachtelung notwendig wird. Feuchte Untergründe können ebenfalls beschichtet werden und die Durchtrocknung erfolgt auch bei hoher Luftfeuchtigkeit und/oder geringen Temperaturen. Allerdings muss darauf hingewiesen werden, dass es sich hierbei um eine alternative Bauwerksabdichtung handelt, die weder in der ▸*DIN 18 195 "Bauwerksabdichtung"* noch im ▸*WTA-Merkblatt* "Nachträgliche Abdichtung erdberührter Bauteile" beschrieben ist und dem entsprechend bei Beratung und Ausschreibung der Hinweis erfolgen muss.

▸*Alternative Abdichtung*

MS-Dichtstoff

▸*Polyoxipropylen-Dichtstoff*

Multispektraltechnik

Die Multispektraltechnik ist ein optisches Verfahren zur Untersuchung von Oberflächen. Mit dieser zerstörungsfreien Messmethode wird der Nachweis von Beschichtungen und Materialeigenschaften geführt, aber auch der Feuchtigkeitsgehalt und die Feuchteverteilung von Baustoffen gemessen. Außerdem findet die Multispektraltechnik auch zur Untersuchung von biologischen Schichten und Schäden durch mikrobiellen Befall zunehmende Anwendung. Hierbei werden Aufnahmen in mehreren spektralen Bereichen kombiniert.

Musterflächen

Eine Musterfläche ist eine am Bauwerk bereitgestellte kleinere Fläche zur Erprobung von Materialien oder Verfahren unter Baustellenbedingungen und realen Belastungen.

Musterflächen werden aus den unterschiedlichsten Zielsetzungen und Anforderungen angelegt. Aus diesem Grund unterscheidet man auch die klassische Musterfläche, die Referenzfläche und die Gewährleistungsfläche. Musterflächen werden entweder durch einen Hersteller auf dem eigenen Firmengelände angelegt, um im Rahmen der Produktentwicklung die Farbigkeit, Farbtonstabilität, die Körnung oder Putzstruktur, die Witterungsbeständigkeit oder Rissüberbrückung, die mechanische Belastbarkeit oder dgl. zu testen. Darüber hinaus werden Musterflächen angelegt, wenn ein Verarbeitungstest durchgeführt wird oder um eine Reklamation nachzustellen. Die Zielsetzung einer Musterfläche muss deshalb vorab eindeutig geklärt werden, um anschließend ein repräsentatives Ergebnis zu erhalten.

Darüber hinaus gibt es Musterflächen, die ein Hersteller oder Verarbeiter für Auftraggeber oder ausschreibende Stellen anlegt, um verschiedene Oberflächenstrukturen oder auch verschiedene Wettbewerbsprodukte zu vergleichen. Diese werden häufig auch als Referenzflächen bezeichnet. Diese Referenzflächen dürfen aber nicht mit Musterflächen verwechselt werden, die vor einer Beschichtung angelegt werden, um nach der Fertigstellung miteinander verglichen zu werden.

Außerdem gibt es noch sog. Gewährleistungsflächen, die ein Hersteller oder Verarbeiter mit einem vorgesehenen Material ausführt, um deren Optik, technische Eigenschaften oder fachgerechte Verarbeitung innerhalb der entsprechenden Gewährleistung nach VOB und/oder BGB nachweisen zu können. In allen Fällen ist es wichtig, dass die Musterflächen selbst sowie die Bedingungen während der Ausführung genau dokumentiert werden.

MVOC

Bei Auftreten von ▸*Schimmelpilzen* infolge von Feuchtigkeitsschäden oder bei sonstigem länger andauernden mikrobiellen Befall von Räumen können Stoffwechselprodukte von Mikroorganismen, z. B. verschiedene Alkohol-, Aldehyd- und Ketonverbindungen, in die Raumluft gelangen. Einige dieser MVOC sind mikrobenspezifisch und können deshalb als Indikatoren für das Auftreten dieser Mikroorganismen dienen. Einzelne MVOC können zu Geruchsbelästigungen führen.

μ-Wert

▸*Wasserdampf* diffundiert durch nahezu alle Baustoffe (mit Ausnahme von Glas, Metall oder sog. ▸*Dampfsperren*). Der Widerstand, der dem Diffusionsstrom entgegen wirkt, wird mit Hilfe der ▸*Wasserdampfdiffusionswiderstandszahl* (auch als μ-Wert bezeichnet) ausgedrückt. Sie beschreibt bei gleichen Bedingungen den Faktor, wie oft der Diffusionsstrom durch eine Materialschicht kleiner ist als durch eine gleich dicke Luftschicht. Demzufolge ist der μ-Wert eine dimensionslose Größe, da mit ihr nur das Verhältnis ausgedrückt wird.

Mykotoxine

Von den etwa 200 Schimmelpilzarten ist bekannt, dass sie sog. Mykotoxine bilden. Hierbei handelt es sich um für den Menschen zum Teil hochgiftige Stoffwechselprodukte mit unterschiedlicher chemischer Struktur. Mykotoxine wirken teilweise auch gegen andere Mikroorganismen, so dass die Abgrenzung zu den Antibiotika nicht immer eindeutig ist. Mykotoxine produzieren u. a. Aspergillus-, Penicillium-, Fusarium-, Claviceps- und Rhizopus-Arten. Bekannte Mykotoxine sind Aflatoxine, Patulin, Ochratoxin, Penicillinsäure, Zearalenon sowie Trichothecene.

Myzel

Alle ▸*Hausfäulen* gehören zu den sog. Oberflächenpilzen, die ein Oberflächenmyzel ausbilden, mit dem sie sich ausbreiten und das Holz von der Oberfläche aus befallen. Der Vegetationskörper eines Pilzes besteht aus einem Geflecht zahlreicher Zellfäden, die als Hyphen bezeichnet werden und in ihrer Gesamtheit das Myzel des Pilzes bilden. Aufgabe des Myzels ist es, dem Pilz die Nährstoffe zugänglich zu machen.

Häufig entstehen zunächst als Luftmyzel entweder ein schneeweißer watteartiger Myzelrasen, der bereits von den für den ▸*Hausschwamm* typischen Myzelsträngen durchzogen ist oder

bei hoher Luftfeuchtigkeit in Kellerräumen dicke polsterförmige Myzelmassen. Nicht selten kommen auch zitronengelbe bis burgunderrote Verfärbungen vor. Die frischen Myzelwatten sind recht empfindlich und sinken bei Zutritt von trockener Luft, Zugluft oder Berührung schnell ein. Mit der Zeit fällt das Luftmyzel zu leicht abziehbaren Häuten bzw. Überzügen von silber- bis schmutziggrauer Farbe zusammen. Diese Verfärbungen können auch olivgrüne, tonfarbige bis violette Farbtöne annehmen. Bei niedriger Luftfeuchtigkeit unterbleibt in der Regel die Ausbildung eines typischen Luftmyzels und es bilden sich papierdünne, oft altrosa bis violett getönte Häute aus. Im Endstadium dieser Entwicklung liegt schließlich ein kräftiges, verzweigtes Strangmyzel und lappiges Oberflächenmyzel vor. Optisch zeichnen sich diese Stränge durch eine streichholz- bis teilweise bleistiftdicke, grau bis graubraun gefärbte und faserige aufgerauhte Oberfläche aus. Im trockenen Zustand sind die Myzelstränge starr und brüchig. Sie zerbrechen unter einem deutlich hörbaren Knacken, das als wichtiges Erkennungs- und Unterscheidungsmerkmal vom weißen Porenschwamm dient, deren Stränge schneeweiß und beweglich bleiben.

N

Nachbehandlung

Nachbehandlung ist ein zusammenfassender Begriff für Maßnahmen zum Schutz von zementgebundenen Baustoffen gegen schädigende Einflüsse wie Hitze, Kälte, Wind, strömendes Wasser, chemische Angriffe oder Erschütterungen. Diese haben insbesondere den für den hydraulischen Erhärtungsprozess notwendigen Feuchtigkeitsgehalt der Umgebungsluft zu sichern und sind deshalb für das Erreichen der vorgegebenen Baustoffparameter von eminenter Bedeutung. So sollten zementgebundene Baustoffe mit Rücksicht auf das Schwinden 8 bis 14 Tage feucht gehalten werden, was in der Praxis selten sichergestellt wird und einer der Gründe für die zunehmende Rissbildung ist.

Auch Putzmörtel besitzt zwar nach dem Anmischen ausreichend Wasser für die ▸*hydraulische Härtung*, aber durch Wind- und/oder starker Sonneneinwirkung kann es zu einem schnellen Wasserentzug an der Oberfläche kommen. Unter diesen Bedingungen kann die ▸*Hydratation* negativ beeinflusst werden und eine geringere als die geplante Festigkeit verursachen. Aus diesem Grund wird für die Verarbeitung zementgebundener Baustoffe wie z. B. ▸*Sanierputze* (und andere Putzmörtel) oder auch ▸*Dichtungsschlämmen* eine Nachbehandlung vorgeschrieben, die entweder in Form eines regelmäßigen Nachnässens oder Abdeckens/ Abhängens der Oberflächen erfolgt. Ob und in welcher Form die Notwendigkeit zur Nachbehandlung besteht ist immer objektbezogen und in Abhängigkeit zum Untergrund und seines Saugverhaltens, der Witterung, des jeweiligen Beschichtungssystems und der möglichen Endbeschichtung festzulegen.

Nachglätten

▸*Glättmittel*

Nachträgliche Horizontalabdichtung

▸*Horizontalabdichtung*

Nachträgliche Vertikalabdichtung

▸*Vertikalabdichtung*

Nachträgliche Vorspannung

Die nachträgliche Vorspannung ist ein Verfahren zur Verstärkung bestehender Mauerwerke und Deckenkonstruktionen, wenn konstruktive ▸*Risse* saniert und die Standfestigkeit infolge übermäßiger Durchbiegung wieder erhöht werden.

„Nadelstiche"

▸*Porenbildung*

Naht

Nach der ▸*DIN 18 195 „Bauwerksabdichtung"* ist eine Naht die Verbindung zweier ▸*Abdichtungsbahnen* in einer ▸*Abdichtungslage* an ihren Längs- oder Querrändern.

Nahtverbindung

In der Praxis werden die Begriffe Naht und Nahtverbindung oft gleichgesetzt. Im Gegensatz zur Naht, mit der die Verbindung zwischen zwei ▸*Abdichtungsbahnen* beschrieben wird, ist die Nahtverbindung als wasserdichte Verbindung der Überdeckung definiert.

Nassfäule

Der sog. ▸*Kellerschwamm* wird gelegentlich auch mit dem Begriff Nassfäule beschrieben. Nach dem ▸*Echten Hausschwamm* ist der Kellerschwamm (Coniophora puteana) einer der Hauptschädlinge in Gebäuden. Er befällt feuchtes Nadelholz. Typisches Erscheinungsbild ist sein braunschwarzes Myzel, das dem Holz in sehr feinen Strängen anhaftet. Diese sind in der Regel so fein, dass sie schnell mit Spinnweben verwechselt werden können. Der Name Kellerschwamm ist irreführend, da dieser Braunfäuleerreger in allen Geschossen eines Gebäudes anzutreffen ist.

Nass-in-Nass-Verfahren

Das Nass-in-Nass-Verfahren ist eine Abwandlung der sog. ▸*Mehrstufeninjektion*. Hintergrund der Entwicklung war, dass die Reaktionszeit der physikalisch trocknenden ▸*Injektionsmittel* (vor allem der ▸*Siliconmikroemulsion*) bei ungünstigen Bedingungen, z. B. bei hohem ▸*Durchfeuchtungsgrad* und hoher ▸*Luftfeuchtigkeit*, beschleunigt werden sollte. Für dieses Verfahren gibt es eine spezielle Injektionslanze, mit der in der ersten Stufe eine ▸*Mikrozementsuspension* injiziert wird. Unmittelbar nach der ▸*Injektion* wird die Injektionslanze heraus gezogen, so dass ein Hohlraum entsteht. Dieser wird als Bohrloch (oder Injektionskanal) verwendet. Im Unterschied zu anderen Injektionsverfahren besitzt das ▸*Bohrloch* (oder der Injektionskanal) aufgrund der Injektion mit der Mikrozementsuspension eine hohe Alkalität – es wird in den „grünen Zement“ injiziert. Diese führt dazu, dass die physikalische Trocknung der Siliconmikroemulsion in eine chemische Reaktion „überführt“ wird, so dass es deutlich schneller zu einem Ausflocken (Molekülvergrößerung) und damit zum Aufbau des Wirkprinzips kommt. Das Verfahren ist patentiert und wird nur in Verbindung mit der Siliconmikroemulsion angeboten.

© siehe Anhang

© siehe Anhang

Nassraum

Nach ▸*DIN 18 195 „Bauwerksabdichtung“* werden Innenräume, in denen nutzungsbedingt Wasser in derartiger Menge anfällt, dass zu seiner Abführung eine Fußbodenentwässerung erforderlich wird, als Nassraum bezeichnet. Bäder im Wohnungsbau ohne Bodenablauf zählen nicht hierzu.

© siehe Anhang

Nassschichtdicke

Die Nassschichtdicke hat vor allem durch die Aufnahme der ▸*kunststoffmodifizierten Bitumen-Dickbeschichtungen* in der ▸*DIN 18 195 „Bauwerksabdichtung“* an Bedeutung gewonnen. Sie beschreibt die Schichtdicke unmittelbar nach der Applikation. Die kontinuierliche Messung und Dokumentation der geforderten Nassschichtdicke in Abhängigkeit zum ▸*Lastfall* war eine der wesentlichen Forderungen der Sachverständigenverbände zur Aufnahme dieser Abdichtungsprodukte in der Neufassung der o. g. ▸*DIN Norm*. Die Prüfung erfolgt mit einem Schichtdickenmesser. Die DIN 18 195 „Bauwerksabdichtung“ fordert mindestens 20 Messungen je Ausführungsobjekt bzw. mindestens 20 Messungen pro 100 m² Abdichtungsfläche. Die Nassschichtdicke steht aufgrund des Schwindens bei der physikalischen Trocknung in unmittelbarem Zusammenhang mit der ▸*Trockenschichtdicke*, so dass die Hersteller beide

Angaben in ihren technischen Merkblättern dokumentieren.
▸ *Schichtdickenmessung*

Natrium

Natrium wurde ursprünglich aus dem arabischen Wort *natrun* (= Natron) abgeleitet, da Natrium den Hauptbestandteil von Natron bildet. Die veraltete und englisch-französische Bezeichnung für Natrium ist Sodium. Es handelt sich um ein weiches bis wachsartiges, silberglänzendes und hoch reaktives Alkalimetall, das eine hohe Wärmeleitfähigkeit besitzt. Wichtige natürlich vorkommende Minerale sind z. B. das Steinsalz (Halit), der sog. Natronsalpeter sowie das Natronfeldspat (Albit). Als ▸ *bauschädigendes Salz* haben vor allem das Soda (Na_2CO_3) und das Glaubersalz (Na_2SO_4) eine Bedeutung.

Analog den anderen Alkalimetallen reagiert Natrium mit anderen Elementen und Verbindungen sehr heftig und kommt in der Natur nur in gebundener Form vor. Mit Wasser und seinen Derivaten bildet es unter großer Wärmeentwicklung Natriumhydroxid, dabei wird Wasserstoff freigesetzt.

Natriumbentonit

▸ *Bentonit*

Natriumhypochlorit

Bei Natriumhypochlorit handelt es sich um das Natriumsalz der unterchlorigen Säure. Es wird durch Einleiten von Chlorgas in Natronlauge oder durch Elektrolyse einer Kochsalz-Lösung hergestellt. Das auch unter der Bezeichnung Chlorbleichlauge bekannte Natriumhypochlorit wird u. a. zur Desinfektion gegen Pilze und Bakterien in Innenräumen eingesetzt.

Natriumkarbonat

Natriumkarbonat (Na_2CO_3) ist ein ▸ *Salz* der Kohlensäure und wird auch als Soda bezeichnet. Im wasserfreien Zustand (sog. calciniertes Soda) ist Natriumkarbonat eine weiße Substanz. Als Salz einer schwachen Säure reagiert es mit stärkeren Säuren unter Bildung von Kohlendioxid (Aufschäumen). In Wasser löst es sich unter starker Wärmeentwicklung (Hydratationswärme) und Bildung einer stark alkalischen Lösung. An der Luft reagiert es unter Aufnahme von Wasser und Kohlendioxid zu Natriumhydrogenkarbonat.

Natriumnachweis

Natrium erkennt man gut an seiner typischen gelblichen Flammenfärbung.

Natriumnitrat

Natriumnitrat wird auch als Natronsalpeter bezeichnet und ist das Natriumsalz der Salpetersäure. Die chemische Formel lautet $NaNO_3$. Es handelt sich hierbei um eine weiße, sehr ▸ *hygroskopische* Substanz.
▸ *Salpeter*

Natriumsulfat

Natriumsulfat (Na_2SO_4) wird ugs. auch als ▸ *Glaubersalz* bezeichnet und ist ein ▸ *Salz*, das bei der vollständigen ▸ *Neutralisation* von Natronlauge und Schwefelsäure gebildet wird. Es ist gut in Wasser löslich.

Natronsalpeter

▸ *Natriumnitrat*

Naturharze

▸ *Harze*

Natursteine

Natursteine werden nach Entstehungsform in magmatische Gesteine (Erstarrungsgestein), Sedimentgesteine und metamorphe Gesteine unterschieden. Erstarrungsgesteine sind z. B. Basalt, Granit oder auch Porphyr. Zu den Sedimentgesteinen werden Dolomite/Marmor, Kalke und Quarzit gezählt. Gneis ist ein typischer Vertreter der metamorphen Gesteine. Natursteine sind unterschiedlich zusammengesetzt und besitzen ausgeprägte Variationsbreiten hinsichtlich ihrer Eigenschaftsbilder. Als Baumaterial haben Buntsand- bzw. Kalkgesteine den größten Anteil, aber auch Granite und Ba-

A B C D E F G H I J K L M N O P Q R S T U V W X Y Z

salte sowie Schiefer als Dachdeckungs- oder Bekleidungsmaterial ist anzutreffen. Verarbeitet werden Natursteine in bruchrauher oder bearbeiteter Form. Die Porosität von Natursteinen hängt von der Gesteinsart ab und variiert von stark porös bis dicht. Basalt z. B. verfügt als starre Schmelze über ein geringes Porenvolumen und damit auch geringe Saugfähigkeit. Sandstein oder kalkhaltige Gesteine sind durch ihre Entstehungsgeschichte und Zusammensetzung bereits poröser und werden deshalb von allen Atmosphärilien leichter angegriffen.

Auch die Dauerhaftigkeiten sind sehr unterschiedlich. So sind z.B. Kalkgesteine säurelöslich, Buntsandsteine unterliegen in Bewitterungszonen einem allmählichem Abbau, Granite und Basaltgesteine zeichnen dagegen durch große chemische und physikalische Beständigkeit aus. Problemzonen können deshalb die Mörtelfugen der Natursteinmauerwerke sein, da die Mauermörtel in historischen Gebäuden hauptsächlich Kalke als Bindemittel enthalten und deren Verhalten im Mauerwerk abhängig ist von der vermauerten Natursteinart.

Natursteinmauerwerk

Natursteinmauerwerk ist ein Baukörper aus natürlichen Gesteinen, wie z. B. aus den Sedimentgesteinen Kalkstein oder Sandstein oder aus Tiefengesteinen wie Granit oder Basalt, der nach den Regeln des Mauerwerksverbandes mit oder ohne Mörtel zusammengefügt ist. Wird kein Mauermörtel verwendet, spricht man von Trockenmauerwerk. Bei diesem Mauerwerk werden bearbeitete Natursteine so geschichtet, dass nur kleine Fugen und Hohlräume entstehen.

Bei Natursteinmauerwerk, das mit Mauermörtel errichtet wird, sind im Rahmen der Kellersanierung vor allem zwei Arten von Bedeutung: das Zyklopenmauerwerk und das hammerrechte Schichtenmauerwerk. Zyklopenmauerwerk ist ein Bruchsteinmauerwerk aus nicht oder nur sehr wenig behauen Steinen mit vieleckigen Ansichtsflächen. Beim hammerrechten Schichtenmauerwerk erhalten die Natursteine eine Bearbeitung auf mindestens zwei gegenüber liegenden Steinflächen. Im Rahmen der Kellersanierung und ▸*nachträglichen Horizontalabdichtung* muss beachtet werden, dass Natursteinmauerwerke im Altbau nicht immer kompakt sind und Hohlräume aufweisen oder zweischalig ausgeführt wurden. Bevor mechanische Verfahren zur Anwendung kommen muss die Statik des Mauerwerkes auf Eignung geprüft werden. Genauso muss bei Anwendung der Injektionsverfahren darauf geachtet werden, dass sich das Injektionsmittel über den gesamten Querschnitt verteilen kann und nicht unkontrolliert wegfließen würde.

Nebelstrahlverfahren

▸*Reinigungsverfahren*

Negativabdichtung

▸*Innenabdichtung*

Netzmittel

Netzmittel sind oberflächenaktive Substanzen, mit denen die Oberflächenspannung von Baustoffen herabgesetzt werden kann.

Netzrisse

Der Begriff Netzriss ist nicht eindeutig definiert. Er beschreibt verschiedene Arten von ▸*Rissen* in Putzen und Beschichtungsstoffen, die entweder nur an der Oberfläche auftreten oder sich durch die gesamte Schicht durchziehen. Die Gemeinsamkeit liegt in der ▸*Rissbreite* von < 0,2 mm und dem „netzartigen" Erscheinungsbild.

Neutral

▸*pH-Wert*

▸*Neutralpunkt*

Neutralisation

In der Chemie bedeutet Neutralisation die Umsetzung äquivalenter Mengen einer Säure und einer Base. Die Neutralisation ist also das Einstellen auf den Neutralpunkt (pH-Wert 7). Dies geschieht mit Hilfe flüchtiger Basen (Ammoniak, Amine) oder mit Laugen (Natronlauge, Kalklauge, Ätzkalk), falls das betreffende Medium sauer reagiert oder mit Säuren (Ameisensäure; Essigsäure; Salzsäure), wenn der pH-Wert im alkalischen Bereich liegt. Zur Messung werden elektrische pH-Messgeräte, Indikator-Lösungen wie z. B. Phenolphthalein oder Indikatorpapiere verwendet. Indikatorpapiere können den jeweiligen pH-Wert anzeigen, da bei einem bestimmten pH-Wert eine Farbveränderung erfolgt.

Neutralisationszahl

▸*Säurezahl*

Neutralpunkt

Unter dem Neutralpunkt wird in der Chemie der Zustand einer Lösung nach einer Säure-Base-Reaktion verstanden, der nach der Defintion des pH-Wertes als neutrale Lösung bezeichnet wird (pH-Wert 7).

Neutronensonde-Verfahren

Mit der Neutronenstabsonde kann die Feuchtigkeit von Baustoffen gemessen werden. Dabei wird die Konzentration der Wasserstoffatome im Baustoff erfasst, indem eine Neutronenstabsonde schnelle Elektronen in einer definierten Menge pro Sekunde ausstrahlt. Der Dedektor des Messgerätes erfasst die Anzahl der Zusammenstöße zwischen den Neutronen und den Wasserstoffatomen. Für die Bauwerksdiagnostiker stellt die Differenz aus den gesendeten Neutronen und den Zusammenstößen eine verwertbare Messgröße dar. Hierbei weisen viele Zusammenstöße auf das Vorhandensein von vielen Wasserstoffatomen hin. Wenige Zusammenstöße hingegen deuten auf eine geringe Konzentration von Wasserstoffatomen.

Vorteil dieses zerstörungsfreien Verfahrens ist, dass es außer zur Feuchtigkeitsmessung auch zur Leckageortung eingesetzt werden kann. Nachteil des Verfahrens ist, dass der Messbereich je Messung in Abhängigkeit von der Feuchtigkeit auf einen Radius von etwa 20cm beschränkt wird und die ermittelten Messwerte auch organisch gebundene Wasserstoffatome enthalten. Das Verfahren ist teuer und für die tägliche Baupraxis aufwändig. [17]

Neutronenstrahl-Feuchtemessverfahren

▸*Feuchtemessverfahren*

Neuverfugung

Als Neuverfugung bezeichnet man die Erstabdichtung einer Fuge auf unbelastete und vorschriftmäßig vorbereitete Untergründe.

Nichtbenetzung

▸*Hydrophobierung*

Nicht drückendes Wasser

Nicht drückendes Wasser ist Oberflächen-, ▸*Sicker- oder Schichtenwasser* in tropfbar-flüssiger Form, welches auf waagerechte oder senkrechte Flächen keinen hydrostatischen Druck aufbaut bzw. ausübt. Bei bindigen Böden und/oder Hanglagen ist in der Regel immer nicht drückendes Wasser anzunehmen und die Abdichtung gemäß diesem ▸*Lastfall* auszuführen. Zusätzlich ist der Lastfall nicht drückendes Wasser durch geeignete Dränmaßnahmen nach DIN 4095 sicherzustellen. Bei der Ableitung/ Abführung von nicht drückendem Wasser in die ▸*Vorflut* sind die jeweiligen Aussatzungen zu berücksichtigen.

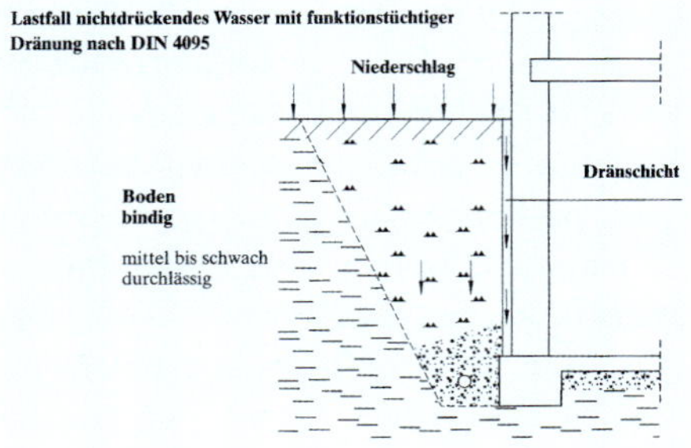

© siehe Anhang

Nicht stauendes Sickerwasser

Nichtstauendes Sickerwasser ist als ▸*Lastfall* anzunehmen, wenn der Baugrund aus wenig durchlässigem Boden besteht und ▸*Sickerwasser* von Niederschlägen durch eine funktionsfä-

A B C D E F G H I J K L M N O P Q R S T U V W X Y Z

hige ▸*Drainage* abgeleitet wird. Das versickernde Oberflächen- und ▸*Sickerwasser* übt auf die ▸*Abdichtung* und/oder das Bauwerk keinen hydrostatischen Wasserdruck aus. Als ▸*Bemessungswasserstand* gelten 30 cm Unterkante Bodenplatte und als Einbindetiefe für das Gebäude weniger als 3 Meter.

Niederdruckinjektion

Die Niederdruckinjektion liegt zwischen 2 und max. 10 bar. Es ist allgemein üblich, ▸*Injektionen* unter 2 bar als drucklose Verfahren und Injektionen über 10 bar als Hochdruck-Injektionen zu bezeichnen.

Niederfrequenz-Feuchtemessverfahren

▸*Feuchtemessverfahren*

Niederfrequenz-Tomographie

▸*Tomographie*

Nirosta-Verfahren

▸*Chromstahlblechverfahren*

Nitrate

Nitrate sind ▸*Salze* der Salpetersäure und gehören zu den ▸*bauschädigenden Salzen*. Ugs. werden Nitratverbindungen auch als ▸*Mauersalpeter* oder Mauerfraß bezeichnet. Als Mauerfraß wird die Einwirkung stickstoffhaltiger Säuren auf die im Mörtel vorhandenen Kalkbestandteile bezeichnet. Im Bereich von Fäkaliengruben, Latrinen und/oder in landwirtschaftlich genutzten Gebäuden muss mit erhöhten Nitratbelastungen gerechnet werden. Aus tierischen Abfallstoffen (Jauche, Urin, Fäkalstoffe) und Eiweißabbauprodukten freiwerdender Ammoniak werden Nitrate von Nitratbakterien zu Salpetersäure oxidiert, mit dem Kalk bildet sich Kalziumnitrat. Nitrate sind hochhygroskopisch, d. h., sie haben die Eigenschaft, aus der Luftfeuchtigkeit Wasser zu binden. Kommt es zu Trockenphasen, dann kristallisieren die Salze aus und vergrößern ihr Volumen erheblich. Zu den wichtigsten bauschädigenden Nitraten gehören das ▸*Magnesium-*, ▸*Kalzium-* und ▸*Natriumnitrat*.

Nitratnachweis

Die ▸*Salze* der Salpetersäure liegen meist als Natrium-, Kalium- oder Kalziumnitrat sowie Ammoniumnitrat vor. Für den Nachweis steht ein einfach zu handhabendes Merckoquant-Nitrat-Teststäbchen zur Verfügung. Die Teststäbchen enthalten in der äußeren Reaktionszone ein Reduktionsmittel, das ▸*Nitrat* zu ▸*Nitrit* reduziert. Aus dem gebildeten Nitrit entsteht in Gegenwart eines sauren Puffers salpetrige Säure, die ein aromatisches Amin (Sulfaninsäure) bildet. Durch Kupplung mit Naphtyl(1)-ethylendiamin entsteht ein rotvioletter Azofarbstoff.

Nitrifikanten

Nitrifikanten sind Bakterien, die Ammoniak über ▸*Nitrit* zu ▸*Nitrat* oxidieren. Bei diesem Prozess gewinnen die Bakterien die notwendige Energie für ihren Stoffwechsel. Das Schadenspotenzial besteht vor allem darin, dass durch Nitrifikanten das hoch ▸*hygroskopische* Nitrat gebildet wird. In [5] wird die interessante Theorie aufgestellt, dass die größte Menge an Nitraten auf Baustoffen und Bauteilen direkt oder indirekt durch Nitrifikanten verursacht wird. Es wird davon ausgegangen, dass der Umwandlungsprozess entweder im Boden stattfindet und die Rektionsprodukte durch kapillar aufsteigende Feuchtigkeit im Mauerwerk verteilt werden oder dass Nitrifikanten direkt im Baustoff leben und dort diesen Prozess auslösen.

Nitrit

Nitrit ist das Anion der salpetrigen Säure. Enthalten ▸*Salze* das Nitrit-Ion werden sie als Nitrite bezeichnet. Zu den bekanntesten Nitriten gehören das Natriumnitrit und das Kaliumnitrit. Nitrit-Ionen werden entweder durch Nitritbakterien durch Oxidation der Ammonium-Ionen unter Verbrauch von Sauerstoff oder durch die Reduktion aus Nitrat-Ionen (auch unter anaeroben Bedingungen) gebildet. Bis auf eine geringe Konzentration im Erdreich und der damit verbundenen Belastung einer ▸*Abdichtung* besitzen Nitrite für die Kellersanierung keine Bedeutung.

Nitritoxidanten

Nitritoxidanten gehören zur Gruppe der sog. ▸*Nitrifikanten*, die Nitrit zu Nitrat umwandeln. [5]

NMR-Feuchtemessverfahren

▸*Feuchtemessverfahren*

Noppenbahn

Noppenbahnen bestehen aus hoch verdichtetem Polyethylen (HDPE) und werden in schwarz und braun angeboten. Sie dienen als Anfüllschutz bei spachtelbaren ▸*Abdichtungen* wie ▸*mineralischen Dichtungsschlämmen* oder ▸*Bitumen-Dickbeschichtungen* oder bei der ▸*Perimeterdämmung*. Die Noppen sind in der Regel 8 – 10 mm (in Ausnahmen bis 20 mm) hoch und die Schichtdicke beträgt je nach Anwendung 0,5 bis 1 mm. Laut Anbieter sollen die Noppen wie eine Luftkammer wirken und damit wärmedämmende Eigenschaften haben. Die Noppenbahnen sind extrem belastbar, besitzen eine hohe Druckfestigkeit, sind beständig gegen Chemikalien und Pilz- sowie Bakterienbefall, sie sind wurzel- und verrottungsfest sowie trinkwasserneutral und von -40 °C bis 80 °C einsetzbar.

In der Praxis ist immer wieder zu beobachten, dass die Noppenbahnen verkehrt verlegt werden und die Noppen die Abdichtung durchstanzen. Es muss deshalb darauf geachtet werden, dass die Abdichtung nicht nur durchgetrocknet ist, sondern die Noppenbahn auch richtig verlegt wird.

Unterschieden werden Standard-Noppenbahnen, mit denen die Abdichtung vor mechanischen Beschädigungen geschützt wird und Spezial-Noppenbahnen. Eine der Spezialausführungen ist die Dränage-Noppenbahn mit ▸*Filtervlies*. Das aufkaschierte Filtervlies verhindert, dass die Noppenbahnstruktur durch Schlamm zugesetzt wird. Darüber hinaus gibt es Noppenbahnen, die neben dem Filtervlies auch noch eine Gleitfolie besitzen. Mit der Gleitfolie soll sicher gestellt werden, dass sich die Noppenbahnen bewegen können. Dies vermeidet Punkt(be)last(ung)en und damit die Beschädigungen der Abdichtung.

Seit Kurzem wird eine neue, vierlagige Noppenbahn angeboten, mit der die Nachteile bisheriger Noppenbahnen eleminiert wurden. Bei diesem vierlagigen Schutz- und Dränsystem sind Gleitfolie, Noppenbahn und Filtervlies noch mit einer zusätzlichen Dämpfungs- und Dränschicht versehen. Diese dämpfende Vliesschicht stellt nicht nur eine bessere Schockabsorption beim Anfüllen/Verfüllen der Baugrube sicher, sondern verbessert auch die Gleiteigenschaften. Diese innovative Noppenbahn besitzt auch eine Perforation auf der

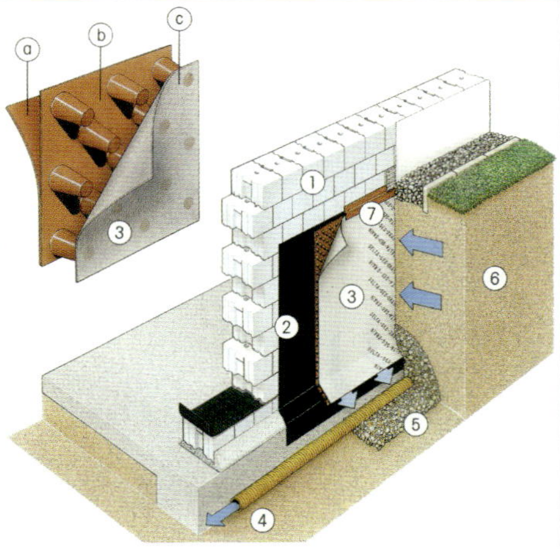

1 Kellermauerwerk
2 Bitumendickbeschichtung
3 Sandwichbahn bestehend aus:
  a Trenn- und Gleitfolie
  b Noppenbahn
  c Filtervlies
4 Dränrohr
5 Filterkies
6 Füllboden
7 MS PROFIL

Rückseite, so dass während der Bauphase von oben eindringendes Niederschlagswasser austreten und innerhalb der Schichten wegsickern kann. So entsteht kein hydrostatischer Wasserdruck auf die Abdichtung.

Des Weiteren werden spezielle Noppenbahnen auch zur ▸*Innenabdichtung* von erdberührten Kellern angeboten, die mit einem Putzträger versehen sind. Hierbei soll die Noppenstruktur eine Be- und Entlüftung der feuchten Luftschicht zwischen Mauerwerk und Noppenbahn sicher stellen und somit zur Raumluftregulierung beitragen.

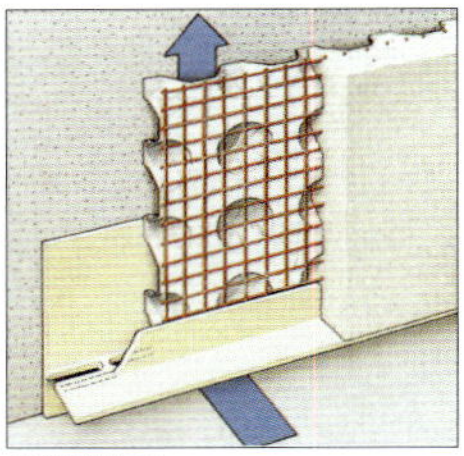

© siehe Anhang

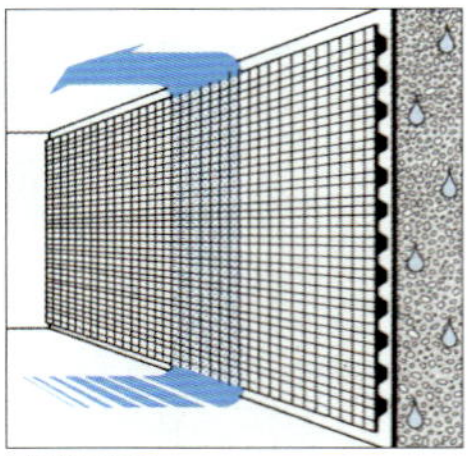

© siehe Anhang

Noppenbahn (mit Putzträgerplatte)

Seit einigen Jahren wird auch für die Kellersanierung (von innen) eine Noppenbahn angeboten. Diese Noppenbahn ist mit einer Putzträgerplatte versehen, damit anschließend eine Putzbeschichtung oder Tapete aufgebracht werden kann. Auch die Montage von Gipskartonplatten ist möglich. Die 8 – 10 mm großen Noppen gestatten eine Hinterlüftung zwischen dem ggf. feuchten Mauerwerk und der Putzträgerplatte, so dass Putzbeschichtung, Tapete oder Gipskartonplatte trocken bleiben. Im Fußboden- und Deckenbereich muss unbedingt ein Belüftungsschlitz von mindestens 10 mm vorgesehen sein, damit eine Be- und Entlüftung sicher gestellt ist. Auch diese Noppenbahn ist keine ▸*Negativabdichtung*, sondern nur ein Mittel zum Kaschieren feuchter Wände.

Noppenfolie

▸*Noppenbahn*

Normen

▸*DIN-Normen, Regelwerke*

Normklima

Als Normklima nach DIN bezeichnet man folgende klimatische Bedingungen: 23° C und 50% ▸*relative Luftfeuchtigkeit*. Diese Daten sind für Planung und Ausschreibung sowie Ausführung wichtig, da sich viele Angaben in Technischen Merkblättern von Produkten auf das Normklima beziehen.

Notabdichtung

Der Begriff Notabdichtung wird für kurzfristige Maßnahmen gegen Witterungseinflüsse während der eigentlichen Abdichtungsmaßnahmen oder auch unmittelbar nach einem ▸*sporadischen Wasserschaden* benutzt.

Nut und Feder

Rinnenförmige, meist ausgefräste oder eingesägte Vertiefung mit parallelen oder konischen Seitenflächen und ebenem oder halbrundem Grund (Nut) eines Bauteils zur Aufnahme eines anderen Bauteils mit leistenartig ausgebildetem Steg (Feder). Die Nut-und-Feder-Ausbildung gibt es bei vielen Baustoffen und Systemen. Bei der ▸*Bauwerksabdichtung* und Kellersanierung ist vor allem die ▸*Bewegungsfuge* in der Sohlplatte zur Übertragung von Querkräften zu erwähnen. Dabei muss das ▸*Fugenband* so liegen, dass es an der Wand angeschlossen werden kann. Außerdem muss der Versatz der Feder beachtet werden, so dass das Fugenband in der Sohlplatte entweder an der Unterseite der Sohle auf der Sauberkeitsschicht oder im oberen Bereich liegen muss.

Nutzungsfeuchte

Der Begriff Nutzungsfeuchte ist in der Praxis ungebräuchlich und beschreibt die Feuchtigkeit, die durch die Nutzung eines Gebäudes in den Innenräumen anfällt. Sie darf nicht mit der sog. Baufeuchte verwechselt werden, die durch Baumaßnahmen (Neubau) und den damit eingebrachten Baustoffen anfällt, die durch Trocknung Feuchtigkeit abgeben und damit die ▸*Luftfeuchtigkeit* zusätzlich erhöhen.

Nutzungskonzept

Die ehemalige, gegenwärtige und zukünftige Nutzung spielt bei der Kellersanierung eine ganz wesentliche Rolle und wird in der Instandsetzungsplanung, wenn sie denn überhaupt existent ist, zu oft vernachlässigt. So gibt die ehemalige Nutzung des Kellers (oder anderer Räume) Aufschlüsse über mögliche Durchfeuchtungsursachen oder hohe Salzbelastung. Umgekehrt muss vor der Instandsetzung klar sein, wofür der Keller (oder andere Räume) zukünftig genutzt werden soll. Kann die vorgesehene Nutzung mit der technisch machbaren Instandsetzung nicht sicher gestellt werden, so muss dies im Vorfeld zwischen Auftraggeber und Auftragnehmer geklärt werden.

Bei einer hochwertigen Nutzung des Kellers (z. B. zu Wohnzwecken, als Büroräume oder Archive) muss die Instandsetzung den zukünftigen bauphysikalischen, bauchemischen, mechanischen und biologischen Beanspruchungen gerecht werden. Die Anforderungen der Energieeinsparverordnung (ehemals Wärmeschutzverordnung) muss ebenso eingehalten wie die Bildung von Tauwasser verhindert werden. In dem Fall ist eine ▸*Außenabdichtung* mit allen ▸*flankierenden Maßnahmen* unumgänglich. Bei einer minderwertigen Nutzung (z. B. als Abstellraum, Lagerraum für nicht feuchtigkeitsempfindliche Güter sowie Heizungsraum oder als sporadisch genutzter Raum) können oftmals alternative ▸*Abdichtungen* (wie ▸*Negativabdichtung*) gewählt werden. Wichtig ist, dass die Anforderungen vor der Instandsetzung dann auch nach der Instandsetzung noch relevant sind und nicht verändert werden dürfen.

Durch ▸*Voruntersuchungen* ist es möglich, die vorhandene Feuchtigkeits- und Salzbelastung sowie ggf. klimatischen Bedingungen zu erfassen. Der sachkundige Fachplaner (Instandsetzungsplaner) erstellt anschließend unter Berücksichtigung der Voruntersuchung sowie unter wirtschaftlichen, technischen, ökologischen und ggf. denkmalpflegerischen Gesichtspunkten ein Abdichtungskonzept. Erst dann kann für die jeweilige Kellerabdichtung und -sanierung ein geeignetes Verfahren sowie die notwendigen flankierenden Maßnahmen ausgewählt und definiert werden. Ob es immer sinnvoll ist, dieses Verfahren dann auch anzuwenden, hängt allerdings von weiteren Faktoren ab. Ist z. B. die Bausubstanz durch die Feuchtigkeitsbelastung nicht sehr geschädigt, kann die vorgesehene Nutzung des Bauwerkes die weiteren Maßnahmen erheblich beeinflussen. So spricht bei einer untergeordneten Nutzung der Kellerräume häufig nichts dagegen, die Maßnahmen auf ein Minimum zu beschränken, z. B. durch Aufbringen eines ▸*Sanierputzes*. Allerdings ist die billigste Lösung unter Berücksichtigung von Nutzbarkeit, Dauerhaftigkeit, Wirksamkeit und Vollständigkeit nicht immer die wirtschaftlichste Lösung. Umgekehrt gibt es bei einigen Instandsetzungskonzepten Einschränkungen für die zukünftige Nutzung. So erklärt sich sicherlich von selbst, dass eine nachträgliche Innenabdichtung (Negativabdichtung) anschließend nicht durchstoßen oder angebohrt werden darf, um Installationen, Befestigungen oder ▸*Durchdringungen* durchzuführen. Die Alternativen zur technisch korrekten und qualitativ hochwertigen Abdichtung sind mit dem Auftraggeber abzustimmen und dessen Genehmigung ist schriftlich einzuholen. Die Abweichung kann erhebliche Auswirkungen auf Gewährleistung und Wirksamkeit haben. Dies bedeutet, dass vor Auswahl des Verfahrens der zukünftige Nutzungsanspruch des Auftraggebers genau zu definieren ist und der Auftragnehmer die technischen Grenzen seines Instandsetzungsverfahrens genau aufzeigen muss.

A B C D E F G H I J K L M N O P Q R S T U V W X Y Z

O

Oberflächendiffusion

Durch die Anlagerung von Wassermolekülen an der Innenseite der Baustoffe entsteht nach [3] ein sog. Sorbatfilm. Unter einem Sorbat versteht man den aufgenommenen Stoff bei einer ▸*Sorption*. Die Filmdicke nimmt mit steigender ▸*relativer Luftfeuchtigkeit* zu. An der Oberfläche der Baustoffpore kommt es durch Schichtdickenunterschiede des Sorbatfilmes zu einem Massetransport der absorbierten Wassermoleküle. Für diese Oberflächendiffusion muss ein Gefälle der relativen Luftfeuchtigkeit anliegen.

Oberflächenenergie

Die Moleküle eines Stoffes an der Grenzfläche zu einem anderen Stoff haben gegenüber den Molekülen im Inneren dieses Stoffes eine zusätzliche potentielle Energie. Sie wird als Oberflächenenergie bezeichnet. Dieses Phänomen tritt auch innerhalb von ▸*Poren* auf und beeinflusst die Oberflächenspannung von Baustoffen. Darüber hinaus ist es die Ursache dafür, dass Wasser in unterschiedlich großen Poren bei unterschiedlicher Temperatur gefriert. Je kleiner der Porendurchmesser eines Baustoffes ist, um so niedriger liegt der Gefrierpunkt, z. B. gefriert Wasser bei einem Porendurchmesser im Nanometerbereich (Porendurchmesser ca. 0,01μm) erst bei -30 °C. Dieses Phänomen wird mit der Oberflächenenergie der Porenwandung begründet.

Oberflächenfinish

▸*Schlussbeschichtungen*

Oberflächengestaltung

Die Oberflächengestaltung besitzt im Rahmen der ▸*Bauwerksabdichtung* und Kellersanierung verschiedene Bedeutungen.

In Bezug auf ▸*Sanierputze* muss die Oberflächengestaltung z. B. durch Farben oder Oberputze auf die hohe ▸*Wasserdampfdiffusionsfähigkeit* und geringe ▸*Druckfestigkeit* der Sanierputze abgestimmt werden. So können intensive Farbtöne, wie sie z. B. durch Dispersionsfarben oder Kunstharzputze technisch möglich sind, aufgrund der geringeren Wasserdampfdiffusion dieser Beschichtungen auf Sanierputzen nicht eingesetzt werden. Geeignet sind ▸*Silikat-* oder ▸*Siliconharzfarben* sowie ▸*Mineral-* oder ▸*Silikatputze*. Mit diesen Beschichtungen sind nur pastellfarbende Oberflächengestaltungen möglich. Der im Sockelbereich vielfach eingesetzte Buntsteinputz kann ebenfalls aufgrund der geringen Wasserdampfdiffusion sowie der geringen Druckfestigkeit des Sanierputzes nicht eingesetzt werden. Im Innenbereich scheiden neben den Kunstharzputzen und Dispersionsfarben Tapeten und Wandbeläge auf Sanierputzen aufgrund der verwendeten Kleber aus.

Die Oberflächengestaltung von ▸*Bitumen-Dickbeschichtungen* im Sockelbereich ist ebenfalls stark eingeschränkt. Aufgrund der thermoplastischen Eigenschaften können mineralische Armierungen, Spachtel und Putze nicht verwendet werden. Ausschließlich Anstriche können auch nicht verwendet werden, da es zu Durchblutungen kommt. Müssen also Bitumen-Dickbeschichtungen im sichtbaren Sockelbereich überarbeitet werden, können nur organisch gebundene Armierungsputze verwendet werden. Um die Haftung sicher zu stellen kann es erforderlich sein, dass in die frische Bitumen-Dickbeschichtung Quarzsand eingestreut wird.

Ist die Ausführung mit einer Bitumen-Dickbeschichtung oder eines Sanierputzes im Sockelbereich nicht möglich oder gibt es spezielle Vorgaben seitens des Auftraggebers in Bezug auf Optik und/oder mechanische Stoßfestigkeit, so kann der Sockel auch mit einer ▸*mineralischen Dichtungsschlämme* ausgebildet werden. Diese wird dann 30 – 50 cm unterhalb und 30 – 50 cm oberhalb der späteren Oberkante Erdreich ausgeführt und kann anschließend mineralisch oder organisch endbeschichtet werden.

Oberflächenklebrigkeit

Die Oberflächenklebrigkeit spielt außer bei Fassadenbeschichtungen auch bei den ▸*Dichtstoffen* eine wichtige Rolle. Mit Beginn der Hautbildung eines Dichtstoffes darf die Oberfläche keine Klebrigkeit mehr aufweisen. Je länger die Oberflächenklebrigkeit anhält, desto höher ist die Verschmutzung der Dichtstoffoberfläche. Dichtstoffe mit einer systembedingten dauerhaften Oberflächenklebrigkeit müssen vollflächig überstrichen werden.

Oberflächenkonservierung

▸*Konservierung*

Oberflächenkreidung

▸*Kreidung*

Oberflächenkräfte

Oberflächenkräfte wirken auf die Moleküle einer Flüssigkeit, die mit einem Gas im Kontakt steht. Unter dem Einfluss dieser Kohäsionskräfte streben die Moleküle danach, die äußere Phase zu verlassen und in das Innere der Phase zu gelangen. Durch diese Kräfte wird verhindert, dass die Oberfläche vergrößert wird. [5]

▸*Oberflächenspannung*

Oberflächenschmutz

Zum Oberflächenschmutz werden alle Ablagerungen gezählt, die in Folge von Witterungseinflüssen, durch Schwebstoffe in der Atmosphäre und/oder durch chemische Reaktion zwischen dem Baustoff/Bauteil und der Umwelt entstehen. Es werden ▸*Krusten*, Filme und ▸*Patina* unterschieden. Eine Kruste ist eine dicke, zusammenhängende Schicht auf einer Bauteiloberfläche, die mit dem Baustoff chemisch reagieren und infolgedessen seine Oberflächenstruktur verändern kann. Es werden sog. Sinterkrusten und Anlagerungskrusten unterschieden. Sinterkrusten entstehen aus chemischen Verbindungen, die im gelösten Zustand aus dem Baustoffinneren an die Oberfläche transportiert werden und sich dort nach der Verdunstung der Feuchtigkeit ablagern. Sie bestehen häufig aus Kalzit oder Kieselsäuregelen. Anlagerungskrusten entstehen durch Partikelanlagerung an der Oberfläche und chemische Reaktion mit Bestandteilen der Luft, so können z. B. Gipskrusten als Folge einer örtlichen Luftverunreinigung mit Schwefeldioxid entstehen. Ein Film dagegen ist eine bis zu mehreren Millimetern dicke Schicht, die durch Staubablagerung (vor allem auf horizontalen Flächen) entstanden ist. Diese kann mit dem Untergrund reagieren oder lose auf ihm liegen. Filme bestehen in der Regel aus anorganischem Material, bei einem Belag aus organischem Material spricht man vom sog. Biofouling. Bei einer Patina dagegen findet eine regelrechte Oberflächenveränderung durch physikalische, chemische und/oder biologische Einflüsse statt. [3]

Oberflächenschutz

Mit dem Begriff Oberflächenschutz werden ▸*Schutzschichten* beschrieben, die auf der obersten ▸*Abdichtungslage* oder -schicht ausgeführt werden und die ▸*Abdichtung* vor mechanischer Beanspruchung oder Witterungseinflüssen schützen soll. Hierbei kann es sich um reine Schutzschichten oder um Kombinationen handeln, bei denen die ▸*Dränage* und/oder Wärmedämmschicht (▸*Perimeterdämmung*) integriert ist.

Oberflächenspannung

Die Oberflächenspannung, die auch als ▸*Grenzflächenspannung* bezeichnet wird, beschreibt einen physikalischen Effekt, der auf die Grenzfläche zweier Stoffe wirkt. Diese entsteht aus der gegenseitigen Anziehungskraft der Moleküle oder Atome, aus denen die Oberfläche aufgebaut ist. So wirken im Inneren einer Flüssigkeit auf jedes Molekül nach allen Seiten gleichgroße molekulare Kräfte. Jede Flüssigkeit ist dabei bestrebt, ihre Oberfläche möglichst gering zu halten. Dieses Bestreben resultiert nach [9] aus den unausgeglichenen molekularen Anziehungskräften der Moleküle an der Oberfläche der Flüssigkeit. Die Resultierende aus diesen Kräften zieht die Moleküle in die Flüssigkeit hinein. Somit entsteht eine Differenz zwischen der potenziellen Energie im Inneren und der sog. Oberflächenenergie. Die Oberflächenspannung einer Flüssigkeit bewirkt eine Oberflächenverkleinerung und ist als Quotient aus Energiezuwachs und Zunahme an Oberfläche definiert. Infolge der verschiedenen Kohäsionskräfte (Anziehungskräfte zwischen den Molekülen eines Stoffes) haben Flüssigkeiten unterschiedliche Oberflächenspannungen und infolgedessen unterschiedliche Benetzungseigenschaften.

Oberflächentemperatur

Im Gegensatz zur allgemeinen Auffassung beschreibt die sog. Oberflächentemperatur nicht den Temperaturbereich auf einer Baustoff- oder Bauteiloberfläche, sondern den Grenzbereich zwischen zwei verschiedenen Stoffen oder Aggregatzuständen. Die auch als Kontakttemperatur bezeichnete Oberflächentemperatur spielt bei der Bauphysik und ▸*Bauwerksdiagnostik* eine wichtige Rolle (▸*Thermometrie*) und muss mit speziellen Messmethoden erfasst werden. Hierzu sind ausreichende Fachkompetenz und Erfahrung notwendig. Besondere Bedeutung hat die Oberflächentemperatur z. B. bei der Taupunktüberschreitung in Innenräumen.

Oberflächenwasser

Unter Oberflächenwasser werden Niederschläge und sonstige Wassermengen verstanden, die sporadisch anfallen und aufgrund unterschiedlichster Bedingungen und Ursachen nicht abgeführt werden. Dies kann z. B. Niederschlagswasser sein, dass durch Asphaltierung nicht versickern kann und infolgedessen den Sockelbereich eines Gebäudes belastet. Aber auch Wasser auf stehenden Flächen wird als Oberflächenwasser bezeichnet.

Oberlage

Der Begriff Oberlage ist in der Praxis unüblich und beschreibt die oberste Lage (oder Schicht) der ▸*Abdichtung*.

Oberputz

Unter einem Oberputz wird eine dünnschichtige ▸*Schlussbeschichtung* mit Putzstruktur verstanden. Er ist die oberste Putzlage oder Putzschicht innerhalb eines Putzsystems und sollte auf die darunter liegenden Schichten abgestimmt sein. Bei der Kellersanierung werden Oberputze hauptsächlich auf ▸*Sanierputzen* appliziert, aber auch auf Leicht- oder Wärmedämmputzen, wenn keine Feuchte- und Salzbelastung vorliegt. Darüber hinaus werden Oberputze auch auf sog. ▸*Klimaplatten* eingesetzt und dienen dazu, den renovierten Keller- oder sonstigen Räumen eine optisch ansprechende Oberfläche zu geben.

Im Gegensatz zum Unterputz hat der Oberputz eine dekorative, optische und strukturgebene Funktion zu erfüllen und muss gleichzeitig bauphysikalische Anforderungen erfüllen, so muss er als Witterungsschutz gegenüber physikalischen, chemischen und biologischen

© siehe Anhang

Angriffen resistent sein und das darunter liegende Putzsystem schützen.

Es gibt organisch gebundene und mineralische (anorganische) Oberputze in weiß und getönt sowie in verschiedenen Korngrößen und Putzstrukturen. Zu den organisch gebundenen Oberputzen gehören die Kunstharz- und ▸*Siliconharzputze*. Die Kalk-, Kalkzement- oder ▸*Silikatputze* werden den mineralischen Oberputzen zugeordnet. Der organische Anteil (Dispersion) der Silikatputze liegt in der Regel bei max. 5%. Angeboten werden Kratz- und Rillenputz- sowie Modellierputzstruktur, wobei es für diese Putzstrukturen regional oder je Hersteller verschiedene Bezeichnungen gibt (Reibeputz, Vollabrieb, Scheibenputz, Waschel- oder Waschputz, Landhausputz, Münchener Rauhputz, Kellenputz usw.). Daneben gibt es auch Oberputze, die gefilzt oder geglättet werden.

Auf Grund der thermischen und hygrischen Wechselwirkungen und Schwankungen müssen Oberputze eine hohe Wasserabweisung haben und dennoch ausreichend wasserdampfdiffusionsoffen sein, eine gewisse ▸*Elastizität* besitzen und dennoch keine Eigenspannung aufbauen.

Objektspezifische Kenndaten

Der Begriff „Objektspezifische Kenndaten" wird im Zusammenhang mit der „Diagnose von Schäden an Bauweren" seit Ende der 80-iger Jahre zunehmend gebraucht, um die Notwendigkeit von Voruntersuchungen als Grundlage für die Erarbeitung von Sanierungskonzepten und/oder die Instandsetzungsplanung zu verdeutlichen. Die „Objektspezifischen Kenndaten" sind die an einem konkreten Bauwerk zu einer definierten Zeit an definierten Bauteilen, Bauelementen und Baustoffen mittels bauwerksdiagnostischer Verfahren ermittelten Kennwerte. Unterschieden wird nach Kenndaten, die direkt am Bauwerk ermittelt werden können und solchen, für die Laboruntersuchungen notwendig sind. In der Regel erfordert eine fachgerechte Bauwerksdiagnose die Verknüpfung von beiden Arten. Die Aufnahme der objektspezifischen Kenndaten beginnt mit der Objektbesichtigung und der Begutachtung der Schadensbilder sowie einer ersten Formulierung möglicher Schadensursachen und -quellen. Bei der Kellersanierung sind z. B. wichtige Daten die Lage des Objektes, die Beschaffenheit des angrenzenden Erdreiches (bindiger oder sandiger Boden), das Vorhandensein von ▸*Schichten-*, ▸*Hang-* oder ▸*Sickerwasser* bzw. die Kenntnisse über den ▸*Bemessungswasserstand* durch Anlegen entsprechender Schürfgruben, über die Dichtigkeit von Regenfallrohren und Regenrinnen, die Abführung von Oberflächenwasser, die Beurteilung der Mauerwerkskonstruktion, Kenntnisse über die Art des Mauerwerks und seine Ausbildung im erdberührten Bereich, eine statische Beurteilung des Gebäudes, die Art und Weise der bisherigen Nutzung sowie das zukünftige Nutzungskonzept. Aus der Erfassung und Analyse und vor allem Auswertung dieser objektspezifischen Kenndaten ergeben sich dann die notwendige Maßnahmen für die Sanierungsplanung und dem Instandsetzungskonzept.

Ö-Norm B 3355 „Trockenlegung"

Die österreichische Norm B 3355 "Trockenlegung" wurde Mitte/Ende der 90-er Jahre veröffentlicht mit dem Anspruch, die erste Norm in Europa zum Thema Instandsetzung von feuchte- und salzgeschädigten Bauwerken zu sein. In drei Teile gegliedert, werden im ersten Teil ▸*Voruntersuchungen*, ▸*Bauwerksdiagnostik* und Instandsetzungsplanung beschrieben, im zweiten Teil werden die drei Verfahren zur ▸*nachträglichen Horizontalabdichtung* aufgeführt. Im dritten Teil sind die flankierenden ▸*Maßnahmen* definiert. Inhalt und Umfang dieser Norm sind mit einer ▸*DIN-Norm* nicht zu vergleichen; sie entspricht einem ▸*WTA-Merkblatt*. Im Unterschied zum WTA-Merkblatt gelten in Österreich die ▸*elektro-physikalischen Verfahren* als anerkannt und es wurde die Bauwerksdiagnostik als notwendiger Bestandteil integriert und damit Vertragsbestandteil bei der Ausführung. Außerdem wird über die Ö-Norm B 3355 "Trockenlegung" der Nachweis der Funktion des eingesetzten Verfahrens nach spätestens 2 Jahren eingefordert.

Offene Porosität

▸ *Porengeometrie*

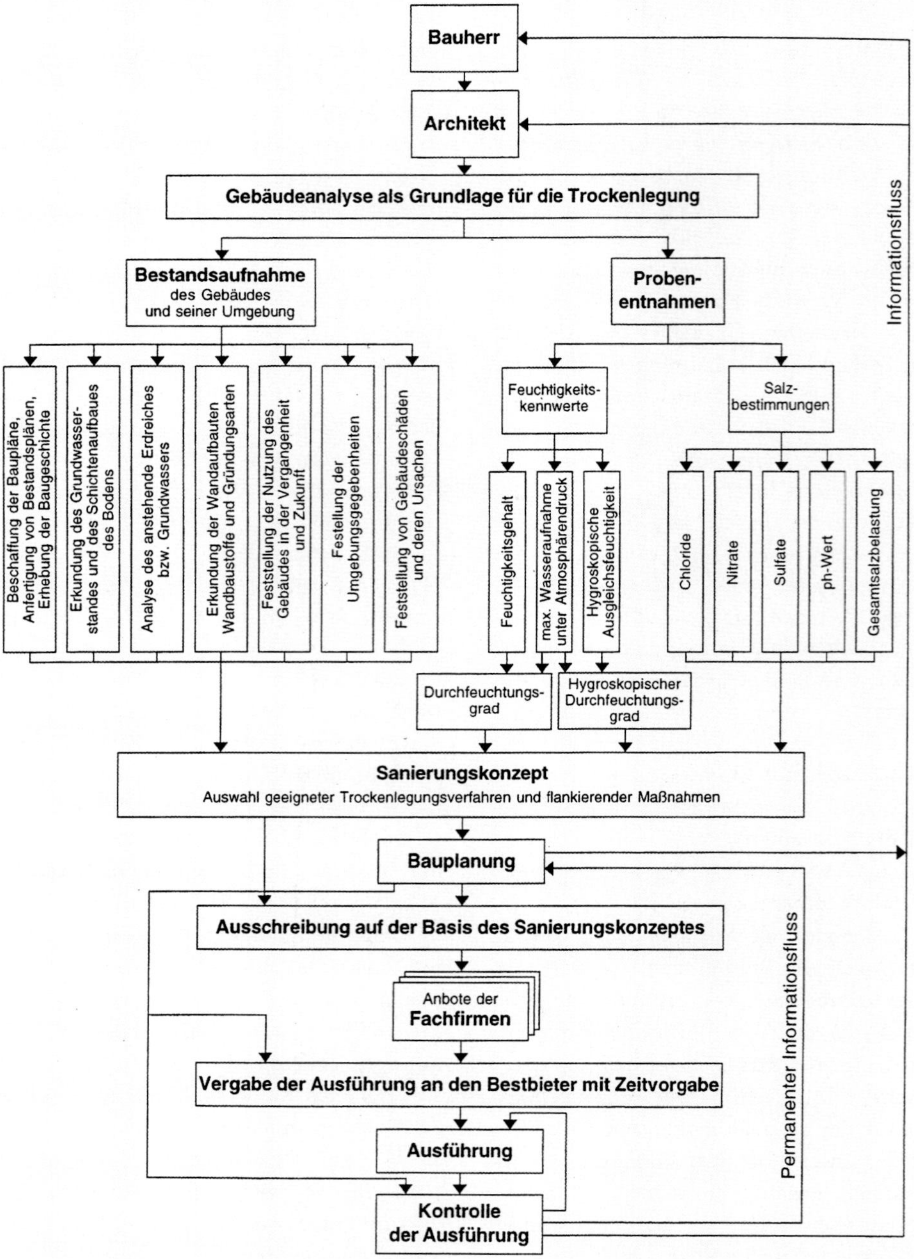

Gebäudeanalyse als Grundlage für die Trockenlegung (ausgenommen sind statisch konstruktive Untersuchungen) (Die Nummern bilden die Reihenfolge der Behandlung.)

© siehe Anhang

Oleate

Oleatverbindungen werden als Hydrophobierungsmittel in Baustoffen eingesetzt.

Opazität

Die Opazität (lat. für Undurchsichtigkeit) ist das Gegenteil von Durchlässigkeit und bezeichnet das Verhältnis von einfallender zu der durch ein absorbierendes Medium hindurchgehenden (Licht-) Intensität. In der Praxis wird der Begriff Opazität häufig als Synonym für das Deckvermögen einer pigmentierten Beschichtung gebraucht. Deckvermögen kommt sowohl durch Streuung als auch durch Absorption zustande: Bei Weißpigmenten beruht es überwiegend auf dem Streuvermögen, bei Schwarzpigmenten auf deren Absorptionsvermögen.

Opferkalk

▸*Opferputz*

Opferputze

Der Begriff Opferputz ist bis heute nicht eindeutig definiert und wird je nach Einsatz und Anforderung unterschiedlich ausgelegt. Die Denkmalpflege versteht unter einem Opferputz einen karbonatisch gebundenen Putz, der die historisch wertvolle Untergrundfläche schützen soll und jederzeit wieder geopfert werden kann, wenn die Fläche wieder sichtbar werden soll. Um stark salzbelastete Mauerwerke im Rahmen der Altbausanierung zu sanieren, werden ebenfalls Opferputze verwendet. Es handelt sich hierbei um schwach gebundene und ▸*kapillaraktive* Putze, die im Sinne eines ▸*Kompressenputzes* wirken. Diese sind in der Lage, Feuchtigkeit aus dem Mauerwerk aufzunehmen und damit Salze in die Putzschicht transportieren zu lassen. Voraussetzung für die Wirksamkeit ist wiederum eine ausreichende ▸*Durchfeuchtung* und ein Feuchtigkeitsnachschub im Mauerwerk sowie eine Verdunstungsmöglichkeit der Feuchtigkeit an der Putzoberfläche. Im Gegensatz zu Sanierputzsystemen, in denen die ▸*Salze* im Putzgefüge auskristallisieren, haben Opferputze die Aufgabe, Salze aus dem Bauwerk „heraus zu ziehen“ und an der Oberfläche auskristallisieren zu lassen. Nach einiger Zeit ist das Putzgefüge der Opferputze infolge der Auskristallisierung zerstört und der Putz wird „geopfert“. Mit ihm sollen die eingewanderten Salze mit entfernt werden, so dass Opferputze hauptsächlich zur Reduzierung des Salzgehaltes eingesetzt werden. Eine sinnvolle Basis zur Untergliederung möglicher Opferputzkonzeption ist deren Bindemittelzusammensetzung, also karbonatisch gebunden und hydraulisch gebundene Putze. Entsprechend dieser Unterscheidung nach Bindemittelgruppen lassen sich folgende Putztypen mit für sie charakteristischen Eigenschaften zuordnen:

- Karbonatisch gebundene Putze sind die klassischen Opferputze. Ihre Vorteile liegen in der niedrigen Festigkeit sowie im hohen Anteil kapillar aktiven Porenraums, durch den eine große Transportleistung für Feuchte und Salz ermöglicht wird. Ihr Nachteil ist die geringe Festigkeitsentwicklung bei hohen Feuchteangeboten aus dem Untergrund. Außerdem besitzen diese Putze eine geringe Resistenz gegenüber auskristallisierenden Salzen. Die Gesamtporosität mittlerer Größenordnung führt bei Salzeintrag zur Gefahr von frühzeitigem Porenverschluss, welches wiederum zur Erniedrigung des effektiven Feuchtedurchgangs führen würde. Dies hätte zur Folge, dass Opferputze mit Karbonatbindung ein mangelhaftes Austrocknungsverhalten bei hoher Feuchtebelastung des Mauerwerkes haben. Das zur Salzeinwanderung notwendige Festigkeitsgefälle ist nur unvollständig ausgebildet.
- Hydraulisch gebundene Putze sind die klassischen Sanierputze sowie Wärmedämmputze.

Der WTA-geprüfte Kompressenputz wird zukünftig die Vorteile karbonatisch und hydraulisch gebundener Putze kombinieren und ein spezifisches Leistungsprofil besitzen. Dieser Kompressenputz wird eine hohe Salzresistenz besitzen und hohe Salzeinlagerungsraten aufweisen bei gleichzeitig hoher ▸*Wasserdampfdiffusion*. [11]

Opferschicht

Wann und wo der Begriff Opferschicht das erste Mal verwendet wurde, lässt sich heute nicht mehr genau belegen. Tatsache ist, dass seit einigen Jahrtausenden das Mauerwerk vor Witterungseinflüssen geschützt und hierfür verschiedene Materialien eingesetzt wurden. Je nach Region und den damit zur Verfügung stehenden Rohstoffen wurden Lehmputze und -schlämmen, Kalkputze und -schlämmen sowie Kalkkaseinanstriche als Schutzschicht aufgebracht. Im Laufe der Zeit arbeitete man mit verschiedenen Schichtdicken, je nach Region und Baustil sowie dem eingesetzten Material. Neben dünnen Schlämmen, die mit Ziegelmehl eingefärbt wurden, um dem Mauerwerk trotz Anstrich einen authentischen Charakter zu geben bis hin zu Putzmörteln, die wenige Millimeter bis einige Zentimeter dick aufgetragen wurden. Zum Teil wurden so gar Gipsschlämmen und heißer Kalkmörtel verwendet, um Feuchtigkeit, Sonne und Wind vom Mauerwerk fernzuhalten. Hierbei war den Baumeistern vergangener Jahrhunderte bekannt und bewusst, dass diese Schutzschicht nicht von Dauer ist und mit der Zeit erneuert werden muss. Sie wurde „geopfert", um das Mauerwerk zu schützen. Dabei hatte die Opferschicht nicht nur die Aufgabe, die Fassade vor äußeren Einflüssen zu schützen. Auch der erdberührte Bereich wurde zum Teil mit Opferputzen beschichtet, um die Feuchtigkeitsaufnahme zu verzögern. Hierzu wurden dann bereits Putze mit Trass verwendet.

In der heutigen Zeit, in der Putze und Beschichtungen über eine deutlich längere Haltbarkeit verfügen, haben sie keine Funktion mehr als Opferschicht zu erfüllen, sondern einen langjährigen Schutz vor physikalischen, chemischen und biologischen Einflüssen sicher zu stellen. Der Begriff Opferschicht wird heute nur noch in der Baudenkmalpflege oder bei der Instandsetzung salzbelasteter Untergründe verwendet. Bei Letzterem handelt es sich dann um Opferputze, die aufgrund ihrer zu erfüllenden Aufgabe häufig auch als Kompressenputze bezeichnet werden.

Organische Harze

Unter organischen Harzen werden ugs. ▸*Kunstharze* oder synthetische Harze verstanden, die durch Polymerisations-, Polyadditions- oder Polykondensationsreaktionen hergestellt werden. Sie bestehen in der Regel aus mindestens zwei Komponenten. Erst die Vermischung der beiden Teile (Harz und Härter) ergibt das verarbeitungsfertige Harz. Bei der ▸*Bauwerksabdichtung* werden Harze für Klebstoffe und als Injektionsmittel verwendet. Eine kurze Übersicht der organischen Harze gibt folgende Tabelle.

Organische Verbindungen

Unter dem Begriff organische Verbindung werden in der Baustoffchemie alle natürlichen und chemischen Verbindungen des Kohlenstoffes verstanden. In der Regel handelt es sich

Klassifizierung der organischen Harze

Kunststoffbezeichnung	Reaktionspartner	Reaktionsart	Wirkprinzip
Epoxidharze	Epoxide - Polyamine - Polyamide - Polyamionade	Polyaddition	Kapillarverdichtung bzw. –verstopfung
Polyurethanharze	Polyole - Polyisocyanate	Polyaddition	Kapillarverdichtung bzw. –verstopfung
Polymethylmethacrylate	Methacrylsäureester - Peroxid - Beschleuniger	Polymerisation	Kapillarverdichtung bzw. –verstopfung

um Kunststoffe sowie Dispersionsgebundene Beschichtungen und Lösemittel. Enthält die organische Verbindung Silizium anstatt Kohlenstoff, dann werden diese als silizium-organische Verbindungen bezeichnet.

Organo-Silikatfarbe

▸*Silikatfarben*

Organotrophe Mikroorganismen

Im Gegensatz zur Lithotrophie beschreibt die sog. Organotrophie die Deckung des Energiebedarfs bei Mikroorganismen aus exergonen chemischen Umsetzungen mit organischen Stoffen.

Ortung von Leckagen

▸*Leckageortung*

Osmose

Osmose ist die einseitig gerichtete ▸*Diffusion* eines Lösungsmittels durch ein sog. semipermeables (halbdurchlässiges) Medium. Bei diesem Vorgang diffundiert das Lösungsmittel von Bereichen mit niedriger Konzentration in Bereiche mit hoher Konzentration des gelösten Stoffes. Grundlage für diesen Vorgang ist die Tatsache, dass das semipermeable Medium für das Lösungsmittel durchlässig ist, allerdings nicht für den gelösten Stoff. Beim semipermeablen Medium handelt es sich dabei in der Regel um eine Membran oder ein sog. Diaphragma. Die Osmose verläuft immer so, dass der osmotische Druck ausgeglichen wird. Während sich die Konzentrationen gegeneinander angleichen, verändern sich die Volumen der Lösungen. Dies bedeutet, dass beim Erreichen des osmotischen Gleichgewichts alle durch die semipermeablen Membranen getrennten Lösungen die gleiche Konzentration haben, aber evtl. ein größeres oder kleineres Volumen als zuvor.

Dieses Bestreben zum Konzentrationsausgleich wird durch sog. elektro-osmotische Verfahren zur Sanierung von feuchte- und salzgeschädigten Bauwerken genutzt. Hierbei werden die unterschiedlichen Salzkonzentrationen durch eine Membran (= poröser Baustoff) getrennt. Da Wasser leichter beweglich als gelöste Salzionen ist, erfolgt eine Wasserwanderung in Richtung höherer Salzkonzentrationen so lange, bis ein Konzentrationsausgleich erreicht ist. Durch derartige Transportvorgänge sollen in Feuchtigkeit gelöste Salze transportiert werden, die dann an einer Elektrode auskristallisieren. Der Vorgang der Osmose ist naturwissenschaftlich erwiesen und in zahlreichen Laborversuchen nachgestellt worden. In der Praxis und unter objektspezifischen Bedingungen konnten diese Verfahren den Beweis ihrer Funktionalität noch nicht eindeutig erbringen.

Osmotischer Druck

Der Begriff osmotischer Druck (auch als Tugordruck bezeichnet) kommt eigentlich aus der Mikrobiologie und beschreibt den inneren Druck einer Zelle. Der Tugor wird häufig im Zusammenhang mit der Osmose genannt, da die Zellflüssigkeit in der Regel einen hohen osmotischen Wert besitzt, saugt die Zelle Wasser aus dem Umgebungsmedium an, vergrößert sich und das sie umgebende Plasma drückt gegen die Zellwand. Die Formel hierfür lautet: Wanddruck = osmotischer Druck − Saugkraft. Wenn das osmotische Potenzial einer Salzlösung von einer semipermeablen Membran umgeben ist, kommt es zu folgender Gesetzmäßigkeit: „Wenn zwei Lösungssysteme über eine semipermeable Membran miteinander in Verbindung stehen, hängt es von den Konzentrationsverhältnissen der gelösten Teilchen ab, welches osmotische Potenzial (Druck) die Teilsysteme haben. Da in einem Teilsystem eine geringere H_2O-Konzentration als in dem anderen Teilsystem vorliegt, ist die Wahrscheinlichkeit der Diffusion des H_2O von zweiten zum ersten Teilsystem größer, als die vom ersten zum zweiten Teilsystem. Damit entsteht aus dem osmotischen Druck ein physikalischer Druck, der die H_2O-Säule nach oben steigen lässt. Der osmotische Druck ist im ersten Teilsystem größer als im zweiten.“ [1]

Oxidationsbitumen

▸*Geblasenes Bitumen*

A B C D E F G H I J K L M N O P Q R S T U V W X Y Z

P

Packer

Packer werden eingesetzt zur ▸*Rissverpressung* oder im Rahmen der ▸*nachträglichen Horizontalabdichtung* mittels ▸*Bohrlochinjektion* im Druckverfahren. Der Druck variiert dabei, je nach Mauerwerkskonstruktion und verwendetem ▸*Injektionsmittel*. In der Bauwerkserhaltung sind Drücke um 10 bar bis max. 30 bar üblich. Allgemein kommen ▸*Schlagbohrpacker*, ▸*Schlagpacker*, ▸*Schraubpacker* sowie ▸*Klebepacker* zur Anwendung, wobei in der Art und Ausführung zum Teil große Unterschiede vorhanden sind.

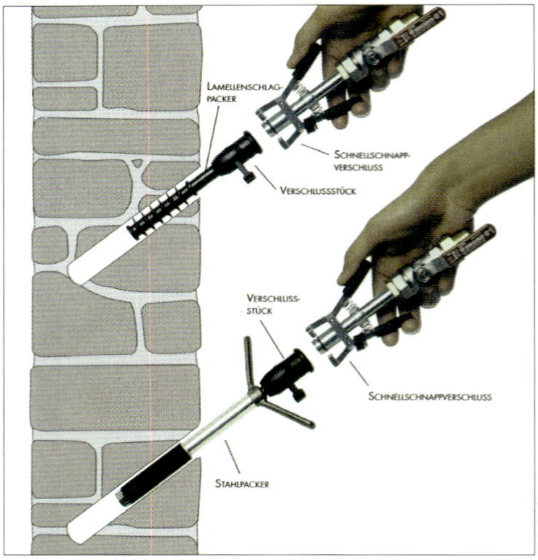

© siehe Anhang

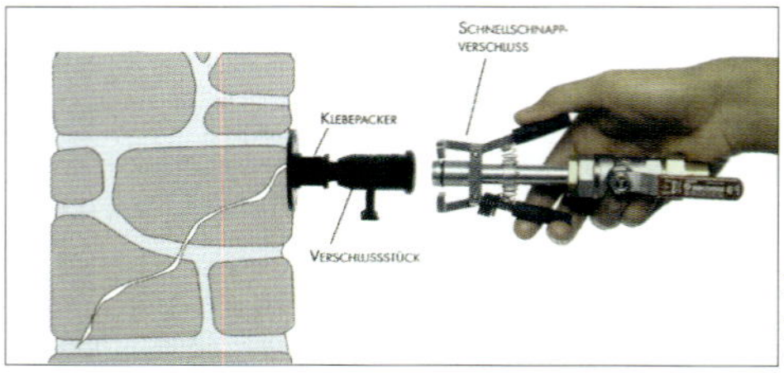

© siehe Anhang

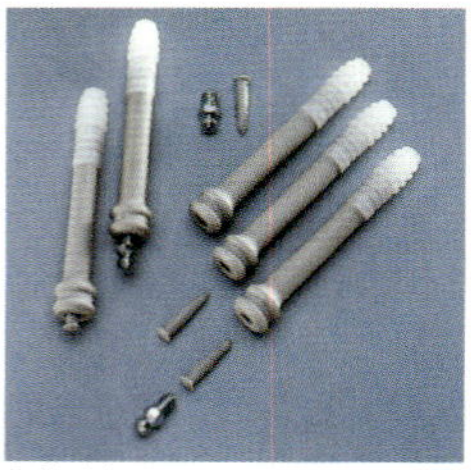

© siehe Anhang

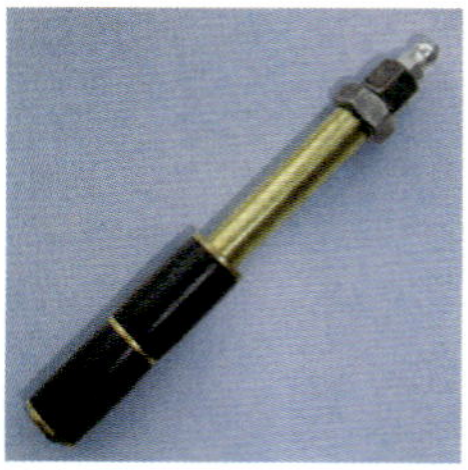

© siehe Anhang

Paraffine

Der Begriff Paraffin leitet sich aus dem Lateinischen *parum affinis* ab und bedeutet so viel wie „wenig verwandt". Damit wird seine Resistenz gegenüber anderen chemischen Verbindungen beschrieben. Chemisch betrachtet handelt es sich bei Paraffinen um die Gruppe der gesättigten aliphatischen Kohlenwasserstoffe (Alkane). Aufgrund der Vielzahl der verschiedenen Paraffinarten wird zwischen Weichparaffin (Schmelzpunkt bei ca. 45° C) und Hart-Paraffin (Schmelzpunkt zwischen 50 und 60° C) unterschieden. Die sog. Mikrowachse weisen sogar Erstarrungspunkte zwischen 70 und 80° C auf und haben Kettenlängen von bis zu 75 Kohlenstoff-Atomen. Zwischen den Hart-Paraffinen und den Mikrowachsen liegen die sog. Intermediates, die einen Erstarrungspunkt zwischen 60 und 70° C aufweisen. Paraffine werden außerdem nach ihrer Viskosität in dickflüssige und dünnflüssige sowie Hart-Paraffine unterschieden. Dickflüssige Paraffine (*Paraffinum liquidum*) sind ölige Flüssigkeiten mit einer Viskosität von 110 bis 230 mPa • s, die dünnflüssigen Paraffine (*Paraffinum perliquidum*) haben eine Viskosität von nur 25 bis 80 mPa • s. Hartparaffine (*Paraffinum solidum*) bilden eine feste kristalline Masse, ihre Erstarrungstemperatur liegt zwischen 50 und 62° C. Paraffine sind wachsartig, leicht brennbar, geruchs- und geschmacklos, ungiftig und elektrisch isolierend, Wasser abstoßend, mit Fetten und Wachsen zusammenschmelzbar und gegenüber vielen Chemikalien reaktionsträge. In Reinform ist es weiß durchscheinend. Es ist unlöslich in Wasser, aber leicht löslich in Benzin, Ether und Chloroform.

Im Rahmen der Kellersanierung werden Paraffine als ▸*Injektionsstoffe* zur ▸*nachträglichen Horizontalabdichtung* eingesetzt. Hierfür müssen die Paraffine erhitzt und die Temperatur im Mauerwerk erhöht werden. Paraffine können also nur nach dem Aufheizen des Mauerwerkes eingesetzt werden. In das Mauerwerk eingebracht, verstopfen Paraffine die ▸*Poren* eines Baustoffes sowie die ▸*Kapillaren* eines Mauerwerkes, so dass der Einsatz von Paraffinen dem Wirkprinzip der ▸*Kapillarverstopfung* zugeordnet wird. Infolge der starken Ausdehnung des Paraffins können die Poren eines Baustoffes sowie die Kapillaren im Mauerwerk allerdings nicht vollständig verstopft werden, da bei der Abkühlung des Paraffins kleine Sekundärporen gebildet werden. Werden Mauerwerke auf über 100° C aufgeheizt, besteht je nach Baustoff und Mauerwerkskonstruktion die Gefahr, dass sich kleine Spannungsrisse bilden, die wiederum zu ▸*kapillar aufsteigender Feuchtigkeit* führen können. [1]

Paraffininjektion

Bei der Paraffininjektion werden ▸*Bohrlöcher* mit einem Durchmesser von 25mm in Abständen von ca. 100mm und einem Bohrlochwinkel von 15° in das Mauerwerk eingebracht. Die Bohrlöcher werden durch Heizstäbe (Oberflächentemperatur etwa 150 bis 250°; Leistung etwa 250 Watt) so lange aufgeheizt, bis qualitative Messungen ergeben, dass keine nennenswerte Feuchtigkeit mehr vorhanden ist. Unmittelbar nach der Entnahme der Heizstäbe wird erhitztes flüssiges Paraffin gleichmäßig und über mehrere Stunden in die Bohrlöcher eingefüllt. Dieser eigentliche Injektionsvorgang bewirkt, dass vorhandene Poren kapillar mit Paraffin gefüllt und somit für ▸*kapillar aufsteigende Feuchtigkeit* verstopft werden. Nach dem Abkühlen und damit Erhärten des Paraffins bildet sich eine zusammenhängende Kapillarsperre aus, deren Verteilung in der Wand leicht über eine geringfügige Dunkelverfärbung der Wandoberflächen kontrolliert werden kann. Die hohen Temperaturen erfordern eine sorgfältige Kontrolle der zu injizierenden Wand auf brennbare und entzündbare Materialien sowie die Anwesenheit einer Kontrollperson während des Aufheizprozesses.

© siehe Anhang

© siehe Anhang

© siehe Anhang

Partikelstrahlverfahren

▸*Reinigungsverfahren*

Passive Elektroosmose

Unter passiver Elektroosmose werden elektrophysikalische Verfahren zur Reduzierung der ▸*kapillaren Feuchtigkeit* im Mauerwerk verstanden, die ohne Anlegen einer externen Spannung arbeiten. Die Wirkung basiert auf dem Aufbau eines galvanischen Elementes. Dies bedeutet, dass Metalle unterschiedlicher Ladung

A B C D E F G H I J K L M N O P Q R S T U V W X Y Z

im Mauerwerk verlegt werden und in Folge eines (theoretisch möglichen, aber in der Praxis nicht nachweisbaren) Ladungsausgleiches ein Stromfluss entsteht. Deshalb werden diese Verfahren häufig auch als galvanische Verfahren bezeichnet. Die Wirkung dieser Verfahren ist in Fachkreisen sehr umstritten und zahlreiche Veröffentlichungen dokumentieren, dass das Funktionieren der passiven Elektroosmose nicht nachgewiesen werden kann.

Pastenporosität

▸*Primäre Porosität*

Patina

Der Duden kennt den Begriff Patina nur als grünen Überzug auf Kupfer- und Kupferlegierungen und bezeichnet ihn so gar als „Edelrost". Damit wäre aber der Begriff der Patina zu sehr eingegrenzt. Durch natürliche Alterung unterliegt jeder Werkstoff und jede Oberfläche einem ständigen Wandel. Diese Veränderungen in Farbe und Glanz sowie Struktur von verschiedenen Bau- und Werkstoffen wird als Patina bezeichnet, unabhängig ob es sich hierbei um Holz, Sandstein, Kalkstein, Marmor, Keramik, Metall, Glas, Stuck, Putz oder Anstrichen handelt.

Eine der ältesten Anwendung des Begriffes Patina ist die für den Alterungsprozess von Bronze und Bronzelegierungen. Auch Leonardo da Vinci hatte sich im 15. Jahrhundert mit dem Zitat, dass eine Patina *„dunkel und rauh sei, aber sich mit zahlreichen und lieblichen Farben in unendlicher Vielfalt bedecke"* diesem Begriffsinhalt (grünspanbehafteten Bronzen) angeschlossen. Später wurde der Begriff auch auf andere Metalle wie Kupfer, Gold, Silber und Eisen übertragen. Forscher sind sich heute noch uneinig, ob „Patina" von dem französischen Wort *paténe* oder dem französischen Numismatiker *Carolu Patin* abgeleitet wurde.

Selbst wissenschaftliche Definitionen heutiger Zeit differenzieren den Begriff der Patina nach der Art des betroffenen Werkstoffes – also anorganischer Werkstoffe wie z. B. Stein oder organischer Werkstoffe wie z. B. Holz – oder nach der Art der Ursache. So ist unter wissenschaftlicher Betrachtung eine Patina ein sichtbarer Beweis für das Altern eines Werkstoffes und seiner Oberfläche. Hierbei kommt es zu einer Gefüge- und Materialveränderung in Folge der Wechselwirkung zwischen Baustoffoberfläche und den atmosphärischen Einflüssen (z. B. Wasser, Aerosole, infrarote und ultraviolette Strahlung, chemische und biologische Einflüsse).

Eine Patina wird durch die Art der Bildung unterschieden werden. Entweder entsteht sie durch das Abtragen der Oberfläche, auch als Abriebpatina bekannt, oder durch Ablagerungen auf der Oberfläche, was allgemein als Krustenbildung bezeichnet wird.

Eine Abriebpatina entsteht je nach Oberfläche und Art des Werkstoffes durch Abnutzung, Abrieb, Verschleiß und Korrosion. Hierfür können mechanische, biologische, thermische, chemische oder auch elektrolytische Ursachen verantwortlich sein. Bei der Abriebpatina findet immer ein Absanden bzw. Abmehlen oder eine schichtenartige Abtragung der Oberfläche statt, entweder des Werkstoffes selbst oder seiner Oberflächenbeschichtung. Bekannteste Beispiele für Ablagerungen bzw. Krustenbildung sind Schmutz, Staub, Ruß sowie mikrobieller Befall.

Kunsthistoriker und Geschichtsforscher, Denkmalpfleger und Restauratoren unterscheiden auch noch den Begriff der natürlichen und künstlichen (der ungewollten und gewollten) Patina. Während die natürliche Patina in etwa der Definition aus wissenschaftlicher Sicht entspricht, wird die künstliche Patina sehr weit ausgelegt und interpretiert. Daran wird deutlich, dass eine Patina nicht nur eine technisch-fachliche Bezeichnung, sondern auch eine emotionale Auseinandersetzung mit Baustoffen und der natürlichen Alterung ihrer Oberflächen ist. Die subjektive Beurteilung einer Patina ist immer eine Auseinandersetzung mit Schönheit und Verfall.

PCC-Mörtel

PCC-Mörtel sind kunststoffvergütete Mörtel (engl. Polymer-Cement-Concrete), die zum Auffüllen und/oder Ausbessern von Ausbruchstellen im Beton verwendet werden. Hierzu sind die PCC-Mörtel in ihrer ▸*Elastizität*, ▸*Haftung*, ▸*Druckfestigkeit* und ▸*Feuchtigkeitsaufnahme* auf den Beton abgestimmt. Dies setzt voraus, dass die Menge der Kunststoffzugabe eine geschlossene Kunststoff-Zement-Phase sicherstellt, damit eine ausreichende Adhäsion mit dem Zementstein stattfindet.

PC-Mörtel

Im Gegensatz zu PCC-Mörteln, bei denen Zement das Hauptbindemittel ist und die Zugabe von Kunststoff lediglich zur Modifizierung der Eigenschaften dient, ist Kunststoff bei den PC-Mörteln das ausschließliche Bindemittel. Es handelt sich also nicht um kunststoffmodifizierte oder -vergütete Zementmörtel, sondern um kunststoffgebundene Mörtel (engl. *Polymer-Concrete*). Auf Grund der hohen Festigkeit bei gleichzeitig geringer Schrumpfung und einer guten Wasser- und Chemikalienbeständigkeit werden vor allem ▸*Epoxydharze* als Bindemittel für PC-Mörtel eingesetzt.

Penetrationsgrad

Im Gegensatz zur Penetration (Eindringtiefe), die das Eindringen in (oder von) Baustoffe(n) beschreibt, wird der sog. Penetrationsgrad bei der Bestimmung der Härtegrade von bituminösen ▸*Abdichtungsstoffen* ermittelt.

Penetrationsvermögen

▸*Eindringtiefe*

Penicillium

Penicillium spp., der sog. „Pinselschimmel“, fühlt sich besonders im kühlen und gemäßigten Klima wohl. Die etwa 670 bekannten Arten gedeihen auf absterbenden Pflanzen (Früchten, Gemüse), Brot, Käse und Fleisch, aber auch gerne auf Papier, Tapeten, Gummidichtungen, Wasserrohrleitungen und Polstermöbeln. Sie treten weniger als Parasiten auf, sondern vor allem als Lagerschädlinge und sind „Normalbesiedler“ von Kühlschränken und allen Speisen. Als Materialzerstörer sind sie durch Säureausscheidung in der Lage, so gar Steine zu zerstören. Die Vermehrung erfolgt durch abgeschnürte Konidien, die bei den Penicillien auf mehr oder weniger verzweigten Trägern sitzen. Das ▸*Myzel* ist septiert und meist farblos (gelegentlich Lufthyphen). Die Hyphen sind nicht oder kaum pigmentiert, die Konidien werden kettenförmig gebildet und sind fast immer dunkelgrün. Entsprechend dem Bau des Penicillium werden vier Sektionen unterschieden: die Konidien, Phialiden, Metulae und Traghyphe des Konidienträgers. Etwa 30% scheiden auf nitrathaltigen Substraten Nitrit aus.

Perimeterdämmung

▸*Vertikalabdichtungen* erdberührter Bauteile bedürfen geeigneter ▸*Schutzschichten*, damit sie während des Verfüllens der Baugrube nicht beschädigt werden. Als Schutzschicht empfehlen sich Drain- oder Hartschaumplatten. Zweck-

© siehe Anhang

A B C D E F G H I J K L M N O P Q R S T U V W X Y Z

mäßig ist es, gleichzeitig mit der Schutzschicht eine Wärmedämmung aufzubauen. So entsteht die Perimeterdämmung. Das Besondere daran ist, dass sich die Wärmedämmung an der Außenseite des Kellers befindet und deshalb ein nahtloser und damit wärmebrückenfreier Übergang zur wärmegedämmten Fassade möglich ist. Es stehen im Wesentlichen vier Materialien in verschiedenen Ausführungen zur Verfügung: zugelassene Wärmedämmstoffe aus Schaumglas, aus extrudiertem bzw. expandiertem Polystyrolhartschaum sowie Polyurethanhartschaum, evtl. in Verbindung mit einer zusätzlichen wasserabweisenden Schicht und spezieller Formgebung (Drainage-Rillen; Noppen als Abstandhalter). Diese Materialien ermöglichen eine ideale Kombination von ▸*Bauwerksabdichtung*, Wärmedämmung und Schutzschicht bzw. auch ▸*Drainschicht*. Beim

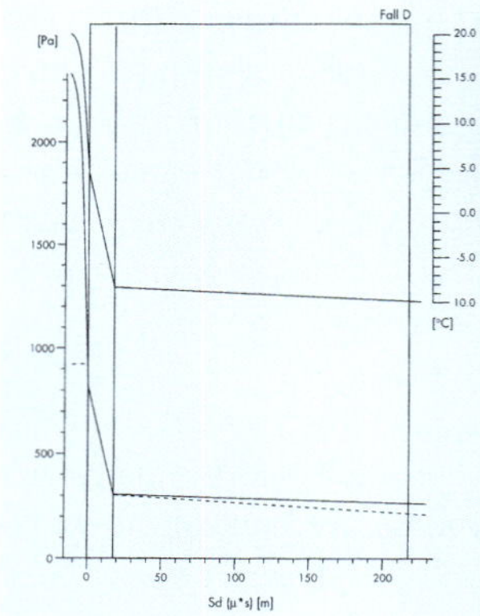

Dampfdruckverlauf der Tauperiode nach Glaser (Wand ohne Perimeterdämmung)

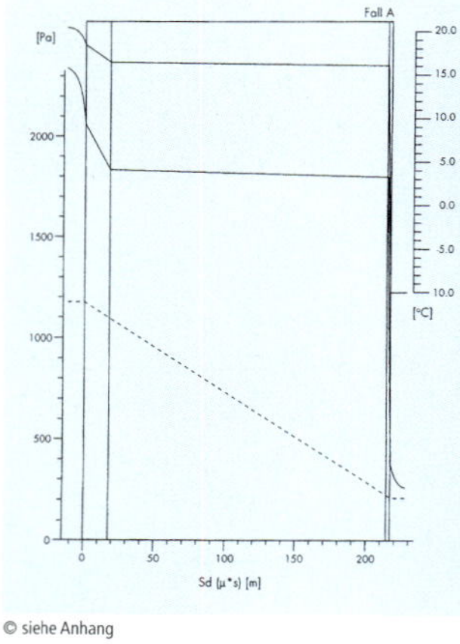

Dampfdruckverlauf der Tauperiode nach Glaser (Wand mit Perimeterdämmung)

Schichtaufbau der Perimeterdämmung ist zu beachten, dass die Bauwerksabdichtung als separate Lage zu betrachten ist. Erst nach vollkommender Durchtrocknung ist die Dämmplatte mit der Bitumenspachtelmasse (oder gleichwertig) auf die Abdichtungsfläche aufzukleben.

Neben der Perimeterdämmung der vertikalen Bauwerksflächen darf der Fußboden nicht vergessen werden. Ein wichtiges Kriterium für die Wärmedämmung der Bodenflächen ist die Auswahl nach „Dämmung unter statisch nichttragenden Bauteilen“ oder als lastabtragende Dämmung unter Gründungsplatten“. XPS- und EPS-Hartschäume sind in der Regel nur für die Dämmung unter Fußböden geeignet, lastabtragende Dämmungen lassen sich hingegen mit Schaumglas ausführen. Die Dämmplatten werden wiederum dicht gestoßen und einlagig auf einem tragfähigen und ebenen Untergrund verlegt. Über die Dämmung kommt eine Trennlage. Wenn nur nichttragende Bauteile gedämmt werden sollen (also nur der Fußboden und nicht die Wände) lässt sich die Dämmung auch innerhalb der Dichtung anordnen. Es handelt sich dann um eine Dämmung unter dem Estrich und nicht mehr um eine „klassische“ Perimeterdämmung, der Effekt ist allerdings weitgehend gleich. Unter Fußböden ist eine Perimeterdämmung deshalb eine von mehreren Möglichkeiten, während sie im Bereich der Kellerwand die einzige vernünftige Lösung darstellt. Bei der Planung sind vor allem die Anschlussdetails und Übergänge wärmebrückenfrei zu halten.

Perimeterdämmung (im Grundwasser)

Die Perimeterdämmung erdberührter Bauteile stellt beim Lastfall ▸*Bodenfeuchtigkeit* und ▸*nicht drückendem Wasser* kein Problem dar. Anders sieht die Situation bei ▸*drückendem* oder ▸*Grundwasser* aus. In diesem Fall müssen ausschließlich geschlossenzellige Dämmstoffe wie Schaumglas oder extrudierter Polystyrol-Hartschaum (XPS) eingesetzt werden. Im Gegensatz zu Schaumglas besitzen XPS-Dämmplatten den Nachteil, dass sie wasserdampfdurchlässig sind und deshalb unbedingt eine vollflächige Verklebung mit dem Untergrund erfolgen muss. Somit wird eine Hinterwanderung von Feuchtigkeit vermieden, die zu einem Durchfeuchten der Dämmplatten und infolgedessen zu einer Verschlechterung der Wärmedämmung führen würde.

Um so wichtiger ist eine fach- und sachgerechte Verlegung. Für die Abdichtung gegen drückendes oder Grundwasser werden ▸*Bitumenbahnen* und ▸*-dickbeschichtungen*, ▸*Kunststoff- und Elastomer-Dichtungsbahnen*, Metallbänder sowie *WU-Beton* als „weiße Wanne" verwendet. Diese müssen nach Teil 6 der ▸*DIN 18 195 „Bauwerksabdichtung"* für diesen ▸*Lastfall* geeignet sein. Anschließend erfolgt eine vollflächige Verklebung, wobei die Dämmplatten dicht gestoßen und im Verbund verlegt werden müssen. Speziell für diesen Einsatz angebotene XPS-Dämmplatten besitzen einen umlaufenden Stufenpfalz, mit denen ein wärmebrückenfreier Fugenverschluss sicher gestellt wird. In der Regel werden die Wärmedämmplatten nur bis maximal 3,5 m unter Oberkante drückendes oder Grundwasser ausgeführt und müssen unbedingt gegen Auftrieb gesichert werden.

Perlite

Perlite entstehen aus Sand, der bei über 900 °C gebrannt wurde. Bei dieser Temperatur bläht er auf, wird leicht und verändert seine Form bei der Abkühlung nicht mehr. In Folge der geringen Dichte sind Perlite beliebte Zuschlagsstoffe für Sanier-, Wärmedämm- und Leichtputze.

Permanente Schutzsysteme

▸*Graphitti-Entfernung*

Permeabilität

Der Begriff Permeabilität wurde aus dem lateinischen Begriff permeare (*per* = hindurch sowie *meare* = passieren) abgeleitet und beschreibt die Eigenschaften von festen Stoffen, flüssige oder gasförmige Stoffe hindurch zu lassen. Unterschieden werden hydraulische, kapillare und elektroosmotische Permeabilität.

▸*Semipermeabilität*

Permeations-Injektion

▸*Auffüllinjektion*

Phase

Unter Phase im Sinne der Baustoff- und Werkstoffkunde werden die mikrostrukturellen Bestandteile des Stoffgefüges verstanden. Übergeordnet unterscheidet man kristalline und amorphe Phasen. Innerhalb konkreter Materialien bezeichnet der Begriff Phase den Anteil und die Anordnung einzelner Mineralien oder Mineralgruppen, aber auch die Hohlräume.

Phasenanalyse

Eine Phasen- oder auch Gefügeanalyse wird durchgeführt, um die einzelnen Phasen (Einzelpartikel) eines Baustoffes zu ermitteln und seine Struktur zu bestimmen. Hierbei kann sich die Analyse auf die Bestimmung der Mineralien und Zuschlagsstoffe, seiner Bindemittelmatrix oder auch Poren konzentrieren. Neben dieser qualitativen Phasenanalyse werden auch die Menge und Verteilung der Einzelpartikel (Poren, Zuschläge etc.) ermittelt.

Phasenwechsel

Der Phasenwechsel spielt bei der ▸*Durchfeuchtung* eines Baustoffes in Folge der ▸*Hygroskopizität* eine wichtige Rolle. Aufgrund der ▸*Salze* können Baustoffe der Atmosphäre Feuchtigkeit entziehen und diese aufnehmen. Infolgedessen erhöht sich die ▸*Sorptionsfeuchte* des Baustoffes. Die Feuchtigkeitsaufnahme und -abgabe basiert auf verschiedenen Mechanismen. Ein Teil der ▸*Salze* besitzt die Eigenschaft, in seinem Kristallgitter Wassermoleküle aufzunehmen und abzugeben. Man spricht dann von einem Phasenwechsel (fest – fest). Alternativ können Salze durch die Aufnahme von Wasser in Lösung gehen, so dass man dann von einem Phasenwechsel (fest – flüssig) spricht. [13]

Phenolphthalein

Phenolphthalein ist ein bekannter pH-Indikator und dient als einfaches Messmittel, um die Stärke einer Säure oder Lauge zu bestimmen. Es ist ein farbloses und kristallines Pulver, das in wässrigem Alkohol gelöst wird. Beim Benetzen einer Baustoffoberfläche bleibt die transparente Lösung bei einem pH-Wert von 0 bis etwa 7,5 farblos und färbt sich bei einem höheren pH-Wert rötlich-lila bzw. violett. Im stark alkalischen Bereich (pH-Wert fast 14) wird Phenolphthalein wieder farblos. Der Grund für diese Farbtonveränderung liegt in der Änderung der chemischen Struktur. Im pH-Bereich bis etwa 7,5 liegt es in seiner farblosen, ungeladenen Grundform vor. In stärker basischer Lösung werden die Protonen an den beiden Hydroxylgruppen abgespalten, so dass an der Grenzstruktur ein sog. Chromophor vorliegt. Ein Chromophor ist eine Atomgruppe organischer Farbstoffe, die für die Farbgebung des jeweiligen Stoffes verantwortlich ist. Er ist somit „Farbträger", der die farbige Struktur des Indikators ergibt. In sehr stark basischer Umgebung lagert sich am zentralen Kohlenstoffatom eine OH-Gruppe an, wodurch das Erreichen der Chromophorstruktur unmöglich wird.

Besonders beliebt ist der Einsatz der Phenolphtaleinlösung zur Visualisierung der Karbonatisierungstiefe an Betonbauteilen. Als weißes Indikatorpapier wird Phenolphthalein auch zur pH-Wert-Bestimmung von Putzen und anderen Untergründen verwendet, bevor diese beschichtet werden. [1]

Phosphate

Phosphate sind die ▸*Salze* der Phosphorsäure. Auf kalkhaltigen Untergründen entsteht durch Einwirkung von Phosphorsäure oder phosphorsäurehaltigen Produkten das Kalziumphosphat, das schwer löslich und farblos ist. Aufgrund der Bildung dieses unlöslichen und transparent auftrocknenden Kalziumphosphates wird die Phosphorsäure oft für Reinigungszwecke verwendet. Aber auch als Erstarrungsbeschleuniger in Putzen werden Phosphate eingesetzt.

Phosphoreszenz

▸*Fluoreszenz*

pH-Wert

Mit dieser Maßzahl wird die Stärke einer Säure oder Lauge bezeichnet. Nach [1] sagt der pH-Wert aus, wie sauer bzw. alkalisch (basisch) eine Probe reagiert. Dabei nimmt die saure bzw. basische Wirkung pro pH-Einheit jeweils um den Faktor 10 zu. Wissenschaftlich spricht man vom negativen Logarithmus der Wasserstoffionen-Konzentration, ausgedrückt in mol pro Liter.

Die Abkürzung pH stammt entweder von der Abkürzung für *potentia hydrogenii* (Stärke/Konzentration) oder von dem französischen Ausdruck *pouvoir hydrogène* („Wasserstoffkraft"). Der Begriff wurde 1909 in die Chemie eingeführt und erlaubt sehr schnell die Charakterisierung einer (wässrigen) Lösung. Reines Wasser hat einen pH-Wert von 7, d. h. es reagiert weder sauer noch alkalisch, sondern neutral. Ein pH-Wert von 7 bezeichnet also den Neutralpunkt der pH-Wert-Skala, die von 0 bis 14 reicht. PH-Werte von Null bis 7 beziehen sich dabei auf eine saure Reaktion, pH-Werte von 7 bis 14 decken den alkalischen Bereich ab. Die Stärke einer Säure ist umso größer, je niedriger der gemessene pH-Wert ist. Die Alkalität liegt umso höher, je weiter entfernt vom Neutralpunkt deren Messwert ist. [1]

Der pH-Wert kann am schnellsten und genauesten auf elektrischem Weg mit einem pH-Messgerät gemessen werden. Alternativ können aber auch Indikatoren zur Hilfe genommen werden, die durch einen Farbumschlag einen bestimmten pH-Wert anzeigen. In der Praxis wird vielfach auch ein Indikator-Papier verwendet, dessen Farbumschlag nach dem Befeuchten mit einer Farbskala verglichen wird.

pH-Wert-Bestimmung

Die Ermittlung des pH-Wertes der bauschädigenden Säuren erfolgt indirekt über die Ermittlung des pH-Wertes ihrer ▸*Salze*. Diese erfolgt entweder über die am Mauerwerk ausgeblühten Salze oder über den Alkalitäts-

oder Aziditätsgrad des Mauerwerkes oder Mauermörtels. Dabei gilt der Grundsatz, jede starke Säure besitzt ein schwaches Salz bzw. jede schwache Säure ein starkes Salz, d. h. mit Hilfe des pH-Wertes können die das Mauerwerk beschädigenden, im speziellen Fall vorliegenden bauschädlichen Säuren ermittelt und Rückschlüsse auf ihre Ursachen gezogen werden, um das richtige Sanierungsverfahren zu bestimmen. Die zu prüfenden ausgeblühten Salze werden vorsichtig mit einem geeignetem Löffel vom Mauerwerk getrennt und in destilliertem Wasser gelöst. Es stellt sich durch Hydrolyse der Salze, je nachdem ob die reine Verbindung oder ein Salzgemisch vorliegt, ein typischer pH-Wert ein. PH-Werte über 9 deuten auf die Anwesenheit von Soda, Kalkhydratkonzentration oder Pottasche hin, pH-Werte um 7 dagegen lassen die Anwesenheit von Natriumsulfat (Glaubersalz) oder Kaliumsulfat vermuten. Die Bestimmung des pH-Wertes von Salzlösungen direkt am Objekt ist sehr einfach durch Einsatz des „Wasserlabor für die Bauindustrie zur Untersuchung von betonangreifendem Wasser" möglich. Dabei wird die zu prüfende wässrige Lösung in einem Messgefäß mit drei Tropfen einer pH-Indikatorlösung versetzt. Der dabei auftretende typische Farbwert wird mit einer beigefügten Farbskala verglichen. Nun kann aufgrund des Farbvergleiches auf den pH-Wert geschlossen werden.

Der pH-Wert, d. h. der Alkalitäts- oder Aziditätsgrad von Mauerwerk oder Mauermörtel kann nur zerstörend untersucht werden. Aus dem Mauerwerk müssen repräsentative Proben entnommen, zerkleinert und anschließend in destilliertem Wasser aufgeschlämmt bzw. aufgerührt werden. Nun muss gewartet werden, bis sich die ungelösten Bestandteile abgesetzt haben oder die Aufschlämmung muss vorsichtig filtriert werden. Aus dem Filtrat oder der darüberstehenden wässrigen Lösung kann dann die Messlösung entnommen werden und in der gleichen Weise, wie zuvor beschrieben, der pH-Wert bestimmt werden.

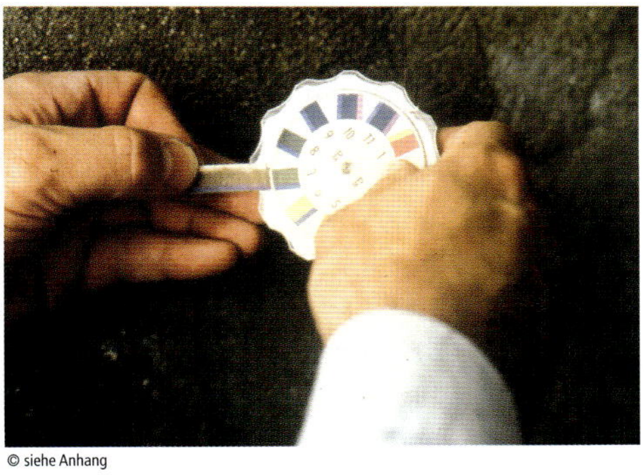

Physikalische Trocknung

Mit physikalischer Trocknung wird ein Vorgang beschrieben, bei dem der Übergang vom flüssigen Beschichtungsstoff in den festen Zustand einer Beschichtung lediglich durch die Abgabe flüchtiger Bestandteile wie Wasser oder Lösemittel erfolgt, ohne sonstige Veränderung des Bindemittels. Zu dieser Kategorie zählen alle organisch gebundenen Beschichtungen wie z. B. Dispersionsfarben, wässrige und lösemittelhaltige Grundierungen sowie die einkomponentigen ▸*Bitumen-Dickbeschichtungen*. Andere Trocknungsarten sind die oxidative Trocknung durch Aufnahme von Sauerstoff (wie z. B. bei Ölen und Alkydharzen) oder die chemische Härtung durch Reaktion zweier miteinander reagierender Bindemittel-Bestandteile (wie z. B. bei ▸*PU-* oder ▸*Epoxidharzen*) oder auch der mineralischen Bindemittel. Der Vorgang der physikalischen Trocknung wird auch als „Kalter Fluss" bezeichnet.

PIB

▸*Polyisobutylen*

Pigmente

Nach DIN EN 971 Teil 1 ist ein Pigment eine unlösliche Substanz, die aus feinen Teilchen besteht und aufgrund ihrer optischen, dekorativen oder auch schützenden Funktion in Beschichtungen eingesetzt wird. In der Regel wird eine feste Einbindung der Pigmente in den Beschichtungsstoff sowie eine Farbtonstabilität und Witterungs- und UV-Beständigkeit gewünscht. In Ausnahmen kann es auch erforderlich sein, dass die Pigmente wasserlöslich sind (z. B. bei Korrosionsschutzpigmenten). Pigmente werden nach ihren optischen oder technischen Eigenschaften sowie ihrer chemischen Zusammensetzung klassifiziert. Diese unterscheidet anorganische und organische Pigmente, die wiederum jeweils in natürliche und künstliche Pigmente unterschieden werden. [10] Farbpigmente haben eine Größe von etwa 0,5 μm, sie sind damit noch kleiner als z. B. Zementpartikel. Die Dichte liegt zwischen 3,5 und 5 kg/ dm^3.

Pigment-Volumen-Konzentration

Die Pigment-Volumen-Konzentration (oder auch kurz PVK) beschreibt das Gesamtvolumen an Pigmenten und/oder Füllstoffen und/oder anderen nicht filmbildenden festen Teilchen im Verhältnis zum Gesamtvolumen der nichtflüchtigen Anteile. Durch die PVK werden die Eigenschaften von Beschichtungsstoffen, wie z. B. die ▸*Elastizität*, bauphysikalische und chemische Eigenschaften, die mechanische Beanspruchung und das Trocknungsverhalten ganz wesentlich beeinflusst. Allerdings darf ein definierter Wert (kritische Pigment-Volumen-Konzentration) nicht überschritten werden, damit sich diese Eigenschaften nicht negativ auswirken.

Pilze

Pilze sind außerordentlich artenreiche, eukaryotische Organismen, von denen bisher ca. 150.000 erfasst und fast 70.000 Arten beschrieben wurden. Jährlich kommen ca. 1.000 Arten hinzu und ihre Gesamtzahl wird auf über 250.000 geschätzt. Die morphologische Vielseitigkeit der Pilze reicht von der mikroskopisch kleinen Bäckerhefe bis zu den mehrere Zentimeter großen Fruchtkörpern der Speise- oder Giftpilze sowie der sog. Hausfäulen.

Pilze sind chlorophyllfreie, kohlenstoffheterotrophe Lagerpflanzen (*Thallophyten*), die sich sexuell oder asexuell fortpflanzen. Sie besitzen einen echten Zellkern, was sie den Eukaryoten zugehörig macht. Außerdem bilden Pilze eine feste Zellwand aus und besitzen zumeist eine große, zentrale Vakuole. Diese Eigenschaften teilen die Pilze mit den Pflanzen. Im Vergleich zu Moosen, Farnen und höheren Pflanzen besitzen Pilze jedoch keine echten Gewebe oder sind gar einzellige Organismen, wodurch sie sich u. a. vom Reich der Pflanzen abgrenzen. Das Reich der Pilze kann in Schleimpilze (*Myxomycota*), Algenpilze (*Oomycota*), Flagellatenpilze (*Chytridiomycota*) und echte Pilze (*Eumycota*) unterschieden werden. Eine Besonderheit stellen die Flechten (*Lichenes*) dar, deren Einordnung sich als schwierig gestaltet, da die Flechtensymbiosen aus ganz verschiedenen Pilzgruppen hervorgegangen sind. Den weitaus größten Anteil der weltweit verbreiteten Pilze macht die Abteilung der Eumycota aus. Diese echten Pilze werden in Ständerpilze (*Basidiomycota*), Schlauchpilze (*Ascomycota*), Jochpilze (*Zygomycota*) und Imperfekte Pilze (*Deuteromycota*) bzw. Fungi imperfecti unterschieden. [12]

Die Bedeutung mikrobieller Schäden in Gebäuden wird heute noch allgemein unterschätzt und in der Regel mit schwarzen, grünen oder andersfarbigen Ablagerungen gleichgesetzt. Damit wird mikrobielles Wachstum in Gebäuden zu einer Oberflächenerscheinung abqualifiziert. Es liegen jedoch ausreichende Erkenntnisse zur Gefährlichkeit von Mikroorganismen vor: Dispersionsfarben werden durch *Cladosporium resinae* angegriffen, biogene Erosionsprozesse durch *Aspergillus niger*, azidophile *Thiobaccillus*-Arten vermögen durch ihre starke Säurebildung Betonteile, Metalle und andere säureempfindliche Materialien zu zerstören, Gummi wird durch die Gattung *Pseudomonas*, *Micrococcus*, *Bacillus*, *Nocardia* und *Micromonspora* abgebaut. Ebenso verändern sich Kunststoffe durch Masse- sowie Festigkeitsverluste oder Versprödung, indem Weichmacher, Füllstoffe, Stabilisatoren und/oder Emulatoren biologisch abgebaut bzw. verändert werden. Selbst Bitumina werden durch Mikroorganismen angegriffen. Hinzu kommen zahlreiche ▸*Schimmelpilze* und andere Mikroorganismen sowie Insekten, die im Zusammenhang mit dem Aufenthalt der Menschen und Haustiere ihren Lebensraum in den Gebäuden finden. In Bezug auf die Kellersanierung oder allgemein auf Feuchtigkeitsschäden müssen

Schimmelpilze und die sog. Hausfäulen genannt werden, die auch als holzzerstörende Pilze bezeichnet werden und ugs. besser bekannt sind unter dem Namen Haus- oder Kellerschwamm.

Pilzbefall

Unter dem Begriff Pilzbefall werden ugs. drei komplett verschiedene Vorgänge zusammen gefasst. Zum Einen wird damit der oberflächige grau-grüne Belag durch ▸*Schimmelpilze* in Ecken, Laibungen oder sonstigen Flächen bezeichnet. Hierbei handelt es sich dann um einen oberflächigen Belag ohne substanzielle Schädigung des Untergrundes (mikrobielle Zersetzung an der Oberfläche ausgenommen). Zum Anderen wird auch das Wachstum des ▸*Echten Hausschwammes* oder sonstiger ▸*Hausfäulen* als Pilzbefall bezeichnet, wobei dann nicht mehr nur ein oberflächiger Belag vorliegt, sondern Holzbauteile zersetzt, abgebaut und substanziell geschädigt werden. Das Myzel des Hausschwammes kann auch Mauerwerke und Magerbeton durchdringen, so dass unter Umständen die Statik des Gebäudes oder einzelner Bauteile gefährdet wird. Des Weiteren wird der Begriff Pilzbefall auch verwendet, wenn Baustoffe (Farben, Putze, Abdichtungsstoffe) im Gebinde mikrobiell befallen sind.

Pilzsporen

Der Begriff Sporen umfasst Partikel sehr unterschiedlicher Größe (2 bis 150 µm [1/1000 mm] im Durchmesser) und Herkunft, unabhängig ob diese durch sexuelle oder asexuelle Vermehrung entstanden sind. Schimmelpilzsporen bilden den zahlenmäßig bedeutendsten Anteil biologischer Partikel in der Luft. In unseren Regionen stellen sie 95 – 96 % der Jahressumme biologischer Partikel des Aeroplanktons, während Pollen zum Beispiel nur 2 % ausmachen. So ist sicherlich nicht verwunderlich, dass sie zu den häufigsten Auslösern infektiöser oder allergisch-immunologischer Erkrankungen gehören. In der Regel wird jedoch angenommen, dass diese Erkrankungen von anderen Infektionserregern (Viren und Bakterien) bzw. Allergenen (Pollen, Staubmilben etc.) hervorgerufen werden. Die Sporen dienen zur Vermehrung der Pilze. Sie sind sehr klein und leicht und werden deshalb von Wind und Wasser, in winzigen Nebeltröpfchen bei hoher Luftfeuchtigkeit oder von Tieren, vor allem Insekten, verbreitet.

Pinselinjektionen

Es gibt für den Begriff Pinselinjektion am Markt zwei Bedeutungen. Zum Einen wird mit diesem nicht ganz korrekten Begriff das Überstreichen („Überpinseln") von gerissenen Untergründen mit einem niedrig-viskosen Injektionsharz (vor allem ▸*Epoxydharze*) verstanden. Bei horizontalen Flächen kann das Injektionsharz durch die Schwerkraft in den ▸*Riss* eindringen. Bei vertikalen Flächen ist dies nur aufgrund der ▸*Kapillarität* der Rissflanken möglich, so dass nur Rissbreiten bis max. 0,2 mm überstrichen werden können. Zum Anderen wird der Begriff Pinselinjektion für das Überstreichen („Überpinseln") von feuchte- und salzbelasteten Putzen verwendet, obwohl eine nachträgliche ▸*Injektion* das Problem ▸*kapillar aufsteigender Feuchtigkeit* beseitigen müsste.

Pinselputz

Der Pinselputz beschreibt eine sehr alte Putzart, die an Baudenkmälern oder auch in alten Kellern gelegentlich noch anzutreffen ist. Hierbei wurde fettfugiges Mauerwerk aus Ziegel-, Back- oder Naturstein, dessen Hohlstellen sorgfältig vermörtelt und verstrichen worden sind, mit einem Pinsel und einer dickflüssigen, mit wenig Sand vermischten, Kalkmilch mindestens zweimal überstrichen. Dabei war es üblich, den Pinselputz in einem senkrechten und anschließend waagerechten Auftrag auszuführen, wobei der Mörtelbrei stets umgerührt werden musste. Die Steine und der Mauerwerksverband waren unter diesem Pinselputz noch zu erkennen. Häufig wurde diesem Pinselputz auch noch Leinölfirnis im Verhältnis 1:40 zum Grubenkalk oder auch Heringslake zugegeben. Durch gutes Annässen vor und nach dem Schlämmen konnte auf die Zugabe von Heringslake verzichtet werden, die den Putz längere Zeit feucht halten sollte. Heute ist bekannt, dass durch diesen erhöhten Salzgehalt und der damit verbundenen ▸*Hygroskopizität* die Putzschichten stark durchfeuchtet wurden und Ursache für ▸*Ausblühungen* gewesen sind.

Planum

Die technisch bearbeitete Oberfläche eines Baugrundes mit festgelegten geometrischen Merkmalen wie Ebenheit und Querneigung wird als Planum bezeichnet.

Planungsfehler

Im ▸*Bauschadensbericht der Bundesregierung*, der 1996 zum dritten Mal erschienen ist, werden Planungsfehler als Fehler und Mängel der Architekten- und Ingenieurleistung in Planung (Verstoß gegen die Allgemein Anerkannten Regeln der Technik bzw. dem Stand der Technik), Voruntersuchung, Koordination, Bauaufsicht sowie durch Termin- und Kostenüberschreitungen definiert. Als eine direkte Folge einer fehlerhaften Planung werden Ausschreibungsfehler mit eingeschlossen.

Plastifizierungsmittel

Durch Zugabe von Plastifizierungsmitteln, gelegentlich auch als Gleit- oder Fließmittel oder einfach als Verflüssiger bezeichnet, wird der Wasserbedarf reduziert. Infolgedessen erhöht sich die Dichte und Festigkeit des erhärteten Mörtels. Außerdem verbessert sich die ▸*Frostbeständigkeit*, die Wasserabweisung und die Widerstandsfähigkeit gegenüber chemischen Angriffen. Gleichzeitig verbessern sich die Verarbeitungseigenschaften des Putzmörtels. In der Regel bestehen Plastifizierungsmittel aus einem Gemisch aus ▸*Salzen* und ▸*Polymeren*, mit denen die ▸*Oberflächenspannung* herabgesetzt werden kann.

Plastischer Dichtstoff

Ein plastischer Dichtstoff verändert seine plastischen Eigenschaften nach der Verarbeitung nicht mehr. Nach Abschluss der physikalischen und/oder chemischen Reaktion kann ein plastischer Dichtstoff in seinen Dimensionierungen nur in begrenztem Umfang verändert werden, ohne dass seine Funktion als Dichtstoff verloren geht. Ein plastischer Dichtstoff hat kein oder nur ein sehr geringes Rückstellvermögen.

Plastische Verformung

▸*Verformung von Baustoffen*

Plastizität

Unter der Plastizität wird die Eigenschaft fester Stoffe verstanden, sich unter der Einwirkung äußerer Kräfte zu verformen und gar nicht oder nur gering zurück zu bilden. Das Gegenteil zur Plastizität ist die Elastizität, bei der die betreffenden festen Stoffe nach einer Deformation wieder in den ursprünglichen Zustand zurückkehren. Ist dies nicht oder nur teilweise der Fall, so bezeichnet man diesen Stoff als ganz oder teilweise plastisch. Bei beiden Zustandsänderungen gibt es verschiedene Zwischenstufen und Unterbegriffe, die mit verhältnismäßig komplizierten physikalischen Gesetzmäßigkeiten erklärt und berechnet werden können. Eine Plastifizierung kann auch durch thermische Einwirkung erreicht werden oder durch die Zugabe von Plastifizierungsmitteln, wie z. B. Weichmachern. Die Plastizität kann mit einem sog. Plastometer gemessen und bestimmt werden.

Plastizitätsspanne

Der Begriff der Plastizitätsspanne beschreibt den Temperaturbereich zwischen dem Kaltbiegeverhalten und der Wärmestandfestigkeit von Bitumenprodukten, vorrangig von ▸*Bitumen-Abdichtungsbahnen*.

Plastoelastische Beschichtungen

Bei den plastoelastischen Beschichtungen handelt es sich um bindemittelreiche und hoch abgebundene, organisch gebundene Beschichtungsstoffe. Sie werden zur Sanierung von gerissenen Untergründen oder auf rissgefährdeten Bauteilen zur Prävention eingesetzt. Als Faustregel hat sich bewährt, dass die Schichtdicke der plastoelastischen Beschichtung mindestens so groß sein muss, wie die Rissbreite ist.

Aufgrund des für die plastoelastischen Eigenschaften notwendigen hohen Bindemittelanteils muss beachtet werden, dass die Wasserdampfdiffusion eingeschränkt bzw. der Wasserdampfdiffusionswiderstand höher ist. Dies kann auf feuchtebelasteten Untergründen zu Blasen und Abplatzungen führen. Des Weiteren haben die meisten plastoelastischen Beschichtungen den Nachteil, über eine gewisse Oberflächenklebrigkeit zu verfügen, die wiederum die Verschmutzungsneigung erhöht.

Plastomerbitumenbahnen

Plastomerbitumenbahnen (PYP) sind ▸*Bitumenbahnen*, deren Deckbeschichtung aus einem plastomermodifiziertem Bitumen besteht. In der Regel bestehen Plastomerbitumenbahnen aus einem ▸*Destillationsbitumen* und sind mit einem sog. ataktischen Polypropylen modifiziert. Die Vorteile dieser ▸*Bitumenbahn* besteht in ihrer sehr guten Wärmebeständigkeit bei gleichzeitiger Kälteflexibilität, im plastischen Verhalten, das der Plastomerbitumenbahn gleichzeitig eine hohe Flächenstabilität und eine gute Verschweißbarkeit gibt. Außerdem besitzen Plastomerbitumenbahnen eine lange Haltbarkeit bei hoher Witterungs- und Alterungsbeständigkeit.

Plastomere

Plastomere sind ▸*Kunststoffe*, die bei höheren Temperaturen (60 bis 180 °C) schmelzen. Dabei verformen sie sich und behalten nach der Abkühlung ihre veränderte Form bei. Plastomere sind quellbar und können durch entsprechende Lösemittel gelöst werden.

Plastometer

▸*Plastizität*

Plastorit

Plastorit ist eine natürliche, plättchenförmige Verwachsung der Mineralien Glimmer, Chlorit und Quarz. Auf Grund der guten chemischen Beständigkeit, des ▸*hydrophoben* Charakters und der lamellaren Struktur wird Plastorit in verschiedenen Kornfeinheiten vor allem als „funktioneller“ Füllstoff zur Verbesserung der Haftung, zur Armierung von Farben und Beschichtungsstoffen (wodurch die Tendenz zur Rissbildung vermindert wird) und zur Optimierung der Wetter- und Abriebbeständigkeit, resultierend aus der UV-reflektierenden Plättchenstruktur, eingesetzt. Ein Nachteil ist der nicht sehr hohe Weißgrad.

Polare Baustoffe

▸*Polarität*

Polarität

Mit dem Begriff Polarität wird eine durch Ladungsverschiebung in Atomgruppen entstandene Bildung von getrennten Ladungsschwerpunkten bezeichnet. Diese bewirkt, dass eine Atomgruppe nicht mehr elektrisch neutral ist. Das Maß für die Polarität eines Moleküls ist das elektrische Dipolmoment. Das Dipolmoment eines Stoffes bestimmt seine Löslichkeit oder Fähigkeit, als Lösungsmittel zu wirken. Dabei gilt die Faustregel, dass polare Stoffe in polaren Lösungsmitteln gut, in unpolaren aber schlecht löslich sind. Unpolare Stoffe wiederum sind in unpolaren Lösungsmitteln gut, in polaren aber schlecht löslich sind. Die Löslichkeit ist umso besser, je ähnlicher die sog. Wechselwirkungskräfte zwischen den Teilchen des Lösungsmittels und zwischen denen des gelösten Stoffes sind. Besondere Bedeutung für das Bauwesen hat die Polarität von Baustoffen für die Beschichtung und Überarbeitung sowie Reaktion untereinander. Man unterscheidet polare und unpolare Stoffe. Ein polarer Stoff besteht aus polaren Molekülen, die aus Atomen mit unterschiedlicher Elektronegativität bestehen und einen unsymetrischen Aufbau haben. Dies bedeutet, dass ein permanentes elektrisches Dipolmoment vorliegt. Diese Stoffe lösen sich gut in polaren Lösungsmitteln, so z. B. Salze in Wasser, unpolare Stoffe wie Fett oder Wachs dagegen nicht. Unpolare Stoffe lösen sich gut in unpolaren Lösungsmitteln wie z. B. organische Stoffe in Benzol. Ein unpolares

A B C D E F G H I J K L M N O P Q R S T U V W X Y Z

(oder auch apolares) Molekül besitzt kein permanentes Dipolmoment.

Polyacrylate

Ein Polyacrylat ist ein ▸*Kunststoff* auf Acrylsäurebasis. Die Acrylsäure gehört zu den ungesättigten Carbonsäuren und ist eine farblose, mit Wasser mischbare Flüssigkeit mit stechendem, essigähnlichem Geruch. Sie wirkt stark korrodierend und ist entzündlich. Der Begriff setzt sich aus der Vorsilbe Poly (viel) und dem Begriff Acryl zusammen, der von lateinisch (*acer* = scharf oder griechisch *ákros* = spitz) wegen des scharfen Geruchs der Acrylsäure abgeleitet wurde. ▸*Polymere* der Acrylsäure, allgemein als ▸*Acrylate* bezeichnet, finden u. a. als Bindemittel in Farben und sonstigen Beschichtungsstoffen sowie als Dicht- und Klebstoffe Anwendung. Die chemische Vernetzung (Polymerisation) verläuft über die Acrylsäuregruppe.

Polyacrylester

▸*Acrylatharze*

Polyaddition

Unter Polyaddition wird eine Stufenreaktion von bi- oder trifunktionellen Grundmolekülen (auch Monomere genannt) zu großen Kettenmolekülen (auch Polymere genannt) verstanden. Zum Start erfordert diese Reaktion einen Katalysator, die nur oberhalb einer bestimmten Temperatur selbständig abläuft. Durch Abkühlung kann eine Polyaddition auch unterbrochen werden, die allerdings bei einem Anstieg der Temperatur wieder einsetzt. Im Gegensatz zur Polykondensation werden bei der Polyaddition keine Moleküle abgespalten – die Ausgangsstoffe werden also addiert. Es entstehen lineare ▸*Thermoplaste* oder räumlich ▸*Duroplaste* und ▸*Elastomere*, also vernetzte Molekülketten. Die so entstandenen Kunststoffe werden als Polyaddukte bezeichnet. Bekannte Polymere, die durch die Polyaddition entstehen, sind ▸*Polyurethane*, ▸*Epoxidharze*, ▸*Polyamide*, aromatische Polyimide oder ▸*Polyesterharze*.

Polyamid

Polyamide sind thermoplastische ▸*Kunststoffe*, die aus organischen Makromolekülen (Polymere) bestehen. Sie sind teilkristallin und weisen eine hohe Festigkeit, Steifigkeit und chemische Beständigkeit auf. Der Nachweis der Polyamide erfolgt über die Brennprobe. Polyamide brennen mit gelblicher und etwas unruhiger Flamme, wobei die brennende Probe etwas schäumt und braunschwarze Ränder bildet. Aus Polyamid hergestellte Fasern sind stark, zäh und elastisch.

Polyblend

▸*Kunststoffe*

Polyester

Ein Polyester ist ein ▸*Polymer*, dessen Grundbausteine durch Estergruppen miteinander verbunden sind. Dabei wird zwischen den gesättigten und ungesättigten, linearen und verzweigten oder modifizierten Polyestern unterschieden. [10]

Polyesterharze

Polyesterharze sind der Überbegriff für Polyester mit duroplastischen Eigenschaften. In der Bauchemie werden die (gesättigten und ungesättigten) Polyesterharze als Bindemittel für Anstrich-, Abdichtungs- und Beschichtungsstoffe sowie als Gießharze verwendet. Die, in der Regel zweikomponentigen, Produkte zeichnen sich durch eine gute Wasser-, Licht-, Wetter- und Chemikalienbeständigkeit aus. Je nach Anwendungsgebiet und Anforderung werden Polyesterharze auch mit Glasfasern kombiniert. Man spricht dann von glasfaserverstärkten Kunststoffen, die mit der Abkürzung GFK in einigen Bereichen des Bautenschutzes Anwendung finden.

Polyestervlies

Ein Polyestervlies ist eine Trägereinlage mit großer Höchstzugkraft und Dehnungsfähigkeit für ▸*Schweiß-* und ▸*Abdichtungsbahnen*.

Polyethylen

Polyethylen ist ein thermoplastischer ▸*Kunststoff*, der durch ▸*Polymerisation* von Ethen hergestellt wird und zur Gruppe der sog. Polyolefine gehört. Im Gegensatz zu Polyvinylchlorid besteht Polyethylen nur aus Wasserstoff und Kohlenstoff. Der Nachweis erfolgt über die Brennprobe, da PE mit tropfender und heller Flamme brennt und auch weiterbrennt, wenn die Flamme entfernt wird. Polyethylen ist säure- und laugenbeständig und resistent gegen den Angriff von anderen Chemikalien. Die Chemikalienbeständigkeit der verschiedenen PE-Arten nimmt mit der Dichte zu. Die Wasseraufnahme liegt unter 0,1%. Für Wasserdampf ist es undurchlässig. Dagegen lässt Polyethylen Sauerstoff, Kohlendioxid und Aromaten durch. Die Eigenschaften lassen sich je nach Anwendungsgebiet gezielt durch eine sog. Copolymerisation beeinflussen. Aufgrund der unpolaren Oberfläche ist Polyethylen ohne geeignete Vorbehandlung zu verarbeiten. Ein Nachteil von PE ist, dass es bei Temperaturen über 80°C nicht mehr eingesetzt werden kann.

Polyethylenwachse

Polyethylenwachse (oder auch Polypropylenwachse) sind organische Verbindungen, die als Hydrophobierungsmittel eingesetzt werden. Sie beschreiben die Polymerisate aus Ethylen und Propylen, deren Ausgangsprodukte ungesättigt sind. Polyethylenwachse sind in Wasser und organischen Lösemitteln unlöslich. Die Applikation erfolgt aus Dispersionen (wässrig oder lösemittelhaltig) von mikronisiertem Material.

Polyfluorkarbon

Polyfluorkarbone sind organische Verbindungen, die als Hydrophobierungsmittel eingesetzt werden. Hierbei handelt es sich um Polymerisate von fluorierten ungesättigten Kohlenwasserstoffen. Die Applikation erfolgt aus Polymerdispersionen oder aus Dispersionen eines mikronisierten Feststoffes.

Polyglygolether

▸*Luftporenbildner*

Polyisobutylen (als Dichtstoff)

Der Kunststoff Polyisobutylen wird durch ▸*Polymerisation* des Isobutens gewonnen. Je nach Bedingungen erreicht man verschieden hohe Polymerisationsgrade, die für die Herstellung von ▸*Dichtstoffen* verschiedene Eigenschaften sicherstellen. So stehen flüssige, zähelastische bis hin zu gummiartige Dichtstoffe zur Verfügung. Dichtstoffe aus Polyisobutylen sind sehr flexibel und bis zu −50°C dehnbar, gegen Säuren und Laugen sowie Ozon resistent und in hohem Maße alterungsbeständig, aber auch weitestgehend undurchlässig für Gase und Wasserdampf. Dichtstoffe, die nur aus Polyisobutylen hergestellt sind, verändern sich nach der Verarbeitung nicht mehr. Sie zeigen weder Volumenschwund noch eine Hautbildung.

Polyisobutylen (als Dichtungsbahn)

Polyisobutylen (PIB) ist ein besonders weicher Kunststoff mit überwiegend plastischen Eigenschaften. Er ist sehr flexibel und bis zu −50°C dehnbar, gegen Säuren und Laugen sowie Ozon resistent und in hohem Maße alterungsbeständig, aber auch weitestgehend undurchlässig für Gase und Wasserdampf. ▸*Kunststoff-Dichtungsbahnen* aus Polyisobutylen werden nach ▸*DIN 18 195 „Bauwerksabdichtung"* entweder mit ▸*Bitumen* verklebt oder durch Lösemittel quellverschweißt. Die Anforderungen an diese ▸*Kunststoff-Dichtungsbahnen* sind neben der DIN 18 195 noch in einer eigenen Materialstoffnorm DIN 16 935 definiert.

Polykondensation

Unter Polykondensation versteht man eine aus einzelnen Kondensationsschritten bestehende Stufenreaktion von mindestens bifunktionellen Komponenten (Monomere), wobei unter Abspaltung von einfachen Molekülen makromolekulare Stoffe (▸*Polymere*) entstehen. Damit diese Reaktion ablaufen kann, muss äußere Energie zugeführt werden. Die Endprodukte dieser Reaktion werden als Polykondensate bezeichnet und in ▸*Duromere* und ▸*Plastomere* unterschieden. Werden bei der Polykondensation auch die trifunktionellen Monomere verwendet, bilden sich anstatt linearer verzweigte Makromoleküle, die nach einiger Zeit zu vernetzten Polykondensaten führen.

Polymer

Der Begriff Polymer wurde aus dem Griechischen (*poly* = viel und *meros* = Teil) abgeleitet und bezeichnet eine Substanz, die aus Molekülen aufgebaut ist, in denen eine oder mehrere Arten von Atomen oder Atomgruppierungen wiederholt aneinandergereiht sind. Der Name Polymer besagt, dass es sich dabei um Moleküle handelt, die aus vielen Einzelbaustoffen (den Monomeren) zusammengesetzt sind. Charakteristisch für ein Polymer ist die Tatsache, dass sein Molekül aus vielen gleichen oder ähnlichen niedermolekularen Bausteinen zusammengesetzt ist.

Polymerbitumen

Durch den Zusatz von natürlichen oder synthetischen ▸*Polymeren* zu ▸*Destillationsbitumen* mit teilweise anschließender chemischer Vernetzung entstehen polymermodifizierte ▸*Bitumen*. Durch die geeignete Auswahl der Rohstoffe können für den jeweiligen Anwendungszweck und unterschiedliche Anforderungen optimierte Produkteigenschaften realisiert werden. Zur ▸*Abdichtung* werden elastomermodifizierte Bitumen auf der Basis von Styrol-Butadien-Styrol-Kautschuk und plastomer-modifizierte Bitumen auf der Basis von speziellen Polypropylenverbindungen eingesetzt.

Bei elastomermodifizierten Bitumen auf der Basis von Styrol-Butadien-Styrol-Kautschuk handelt es sich um einen synthetischen Kautschuk, der sich bei Temperaturen zwischen 165 und 185 °C mit Bitumen mischen lässt. Bei tieferen Temperaturen entsteht durch zwischenmolekulare Kräfte an bestimmten Gruppen des Kautschukmoleküls eine Bindung zu gleichartigen Gruppen des Nachbarmoleküls, so dass über die gesamte Masse eine Vernetzung der einzelnen Moleküle miteinander erfolgt. Infolgedessen kommt es zu den gummiartigen, hoch elastischen Eigenschaften. Die Verträglichkeit mit den Bitumen bewirken sowohl die Butadien- und insbesondere die Styrolanteile. Beide lagern geeignete, leichte Bitumenanteile an. Dadurch kommt es bei einer guten Zusammensetzung und Mischbarkeit zu einer Verknüpfung zu einem dichten Elastomernetz, in dem das Bitumen in feiner Verteilung eingelagert ist. Der Elastomeranteil bei einer elastomermodifizierten Bitumenmischung auf der Basis von Styrol-Butadien-Styrol-Kautschuk sollte nicht unter 10% liegen.

Bei plastomer-modifizierten Bitumen auf der Basis von speziellen Polypropylenverbindungen (ataktisches Polypropylen) handelt es sich um einen langkettigen Kohlenwasserstoff mit geringen Verzweigungen, einen Thermoplast. Wegen des fehlenden räumlichen Ordnungszustandes kristallisieren die Makromoleküle dieses ▸*Polypropylen* im Gegensatz zu isotaktischem Polypropylen kaum. Es ist aber mit einigen Phasen des Bitumens in der Lage, zu quellen. Dabei ist das ataktische Polypropylen die äußere durchgehende homogene Phase, in die das Bitumen in feinster Verteilung eingebettet ist. Die Zusatzmenge muss bei mehr als 20 M.-% liegen. Die üblichen Zusammensetzungen liegen zwischen 25 und 30 M.-%, bei besonderen Anforderungen kann der Anteil bis über 50 M.-% Polymeranteil in der Bitumenmischung erhöht werden.

In der Abdichtungstechnik werden polymermodifizierte Bitumen hauptsächlich für die Herstellung von ▸*Bitumenbahnen* verwendet. ▸*Polymerbitumenbahnen* zeichnen sich durch ausgeprägte elastische Eigenschaften und hohe Wärmebeständigkeit aus. Die Anwendungsgrenzen derartiger Produkte liegen zwischen −25 °C und +70 °C Dauertemperatur. Bei kurzzeitiger thermischer Beanspruchung dürfen bei elastomermodifizierten Bitumen auf der Basis von Styrol-Butadien-Styrol-Kautschuk Temperaturen bis zu 100 °C und bei plastomermodifizierten Bitumen auf der Basis von speziellen Polypropylenverbindungen Temperaturen bis zu 130°C ohne Materialverlust auftreten. Weitere Einsatzgebiete sind *Bitumen-Dickbeschichtungen* und sonstige Spachtelmassen.

Polymerbitumenbahn

Nach DIN 52 132 und DIN 52 133 werden Polymerbitumenbahnen in Elastomer- und Plastomerbitumenbahnen unterschieden. Bei Elastomer-Bitumenbahnen handelt es sich um Bitumenbahnen, deren Deckschichten aus einem mit ▸*Elastomeren* (Styrol-Butadien-Styrol) modifizierten ▸*Bitumen* bestehen. Diese Polymerbitumenbahnen (Abk.: PYE = Polymerbitumen, elastomermodifiziert) zeichnen sich durch ein ausgeprägt elastisches Verhalten (Dehnfähigkeit der Deckmasse über 2000% und reversible Dehnfähigkeit der Deckmasse über 100%), hohe Kälteflexibilität (bis -40°C), gute Wärmestandfestigkeit (bis 150°C) und gute Verarbeitbarkeit sowohl im Klebeverfahren als auch im ▸*Schweißverfahren* aus. Bei Plastomerbitumenbahnen (Abk.: PYP = Polymerbitumen, plastomermodifiziert) handelt es sich um ▸*Bitumenbahnen*, deren Deckschichten aus mit Plastomeren (ataktisches Polypropylen) modifizierten Bitumen bestehen. Diese Polymerbitumenbahn zeichnet sich durch ein ausgeprägt plastisches Verhalten, gute Kälteflexibilität (bis -20°C), hohe Wärmestandfestigkeit (bis 150°C) und gute Verarbeitbarkeit im Schweißverfahren aus.

Als Trägereinlage für Polymerbitumenbahnen wird ein Polyestervlies oder Glasgewebe verwendet. Das Polyestervlies ist eine Trägereinlage mit großer Höchstzugkraft und Dehnung. Das Glasgewebe ist eine Trägereinlage mit sehr großer Höchstzugkraft und geringer Dehnung. Das in der DIN 52 132 und DIN 52 133 noch aufgeführte Jutegewebe mit einer Grammatur von 300 g/m² wird in Deutschland nicht mehr als Trägereinlage verwendet.

Polymerdispersion

Wässrige Polymerdispersionen sind milchig aussehende Flüssigkeiten, in denen ▸*Polymere* verschiedener Zusammensetzung (in Wasser als äußerer Phase) fein verteilt vorliegen. Nach ihrer Teilchengröße unterscheidet man kolloiddisperse, feindisperse und grobdisperse Polymerdispersionen. Liegen Mischungen verschiedener Teilchengröße vor, so spricht man von gemischtdispersen Produkten. Eine Polymerdispersion besteht prinzipiell aus drei Komponenten: Wasser als äußere Phase, dem in Wasser weitestgehend unlöslichen Polymerisat sowie dem Hilfsstoff, wobei Wasser und das Polymerisat ca. 99% der Zusammensetzung ausmachen. Die Eigenschaften einer Polymerdispersion sowie der daraus hergestellten Produkte wird wesentlich vom Polymerisat geprägt. Dieses ist aus verschiedenen Komponenten (den sog. Monomeren) aufgebaut, die je nach gewünschtem Eigenschaftsprofil (Härte, Wasseraufnahme, Verseifung usw.) miteinander kombiniert werden. Die wichtigsten Monomere sind Ethylen, 2-Ethylhexylacrylat, n-Butylacrylat, Ethylacrylat, Methylacrylat, Vinylpropionat, Vinylacetat, Vinylchlorid, Styrol und Methylmethacrylat. Wird für die Herstellung eines Polymerisates nur ein Monomer verwendet, spricht man von einem Homopolymerisat. Werden verschiedene Monomere verwendet, spricht man von Copolymerisaten, bei drei verschiedenen Monomeren von Terpolymerisaten.

Polymerfüllstoffe

Organische ▸*Füllstoffe* sind genau genommen nicht filmbildende Dispersionen, für die sich der Begriff Polymerfüllstoffe durchgesetzt hat. Hierbei handelt es sich in der Regel um Kügelchen aus einem copolymeren Styrolacrylat, meist in Form einer wässrigen Dispersion. In diesen Dispersionskügelchen, deren Hohlräume eigentlich mit Wasser gefüllt sind, können sich noch zusätzlich andere anorganische Füllstoffe befinden. Unterschieden wird zwischen Hetero- und homodispersen Polymerfüllstoffen. Durch das geringe Gewicht des Polymerfüllstoffes kann das spezifische Gewicht von Beschichtungsstoffen reduziert werden. Dadurch können ggf. Pigmente und Bindemittel eingespart werden.

Polymerisate
Durch Polymerisation entstandener Stoff.

Polymerisatharze
Für die Herstellung organisch gebundener Beschichtungsstoffe werden als Polymerisatharzdispersionen und -lösungen ▸*Polymere* aus Acrylsäure- und Methacrylsäureestern sowie Co- und Terpolymeren bevorzugt. Außerdem werden Polymere aus Vinylacetat, Vinylpropionat, Vinylaromaten und Styrol-Butadien sowie modifiziertes ▸*Siliconharz* eingesetzt. Neben dem Einsatz als Bindemittel für organisch gebundene Beschichtungen werden Polymerisatharzdispersionen auch als Zusatzstoff zur Plastifizierung von mineralischen Putzen und Mörteln verwendet. Hierbei ist darauf zu achten, dass nur eine alkalibeständige Dispersion eingesetzt wird.

Polymerisation
Polymerisation ist der Oberbegriff für die Überführung von niedermolekularen Grundbausteinen in langkettige, höhermolekulare Verbindungen. Polymerisation ist der Übergang von reaktionsfähigen Monomeren in Polymere durch eine stufenlose Kettenreaktion ohne Abspaltung von Nebenprodukten. Es werden verschiedene Arten von Bindemittel-Synthesen durch Polymerisation unterschieden: Masse-, Lösungs-, Suspensions- und Emulsions-Polymerisation. Produkte, die durch Polymerisation entstanden sind, werden als Polymere (oder Polymerisate) bezeichnet.

Polymerdispersionen werden durch Polymerisation hergestellt. Handelt es sich beim Ausgangsstoff nur um ein einziges Monomer, erhält man als Endprodukt ein sog. Homopolymerisat (griechisch *homoios* = gleich, gleichartig); sind es mehrere Monomere unterschiedlicher chemischer Konstitution, so ist das Endprodukt je nach deren Anzahl ein Co-, Ter- oder Tetrapolymerisat (= 2, 3 oder 4 unterschiedliche Einzelkomponenten). Durch Auswahl der zur Verfügung stehenden verschiedenen Monomere, die gewählte Zusammensetzung der Polymere, das jeweilige Hilfsstoffsystem und die daraus resultierende Teilchengröße ist es möglich, ein Endprodukt mit gewünschten Eigenschaften gezielt zu entwickeln: z. B. von grob- bis feinstteilig oder weich bis hart, mit maximaler UV-Beständigkeit bis zur optimierten Verträglichkeit mit hoch alkalischen Kombinationspartnern wie Kaliwasserglas oder Zement. Daraus folgt, dass die große Anzahl an Polymerdispersionen es ermöglicht, für jedes Anwendungsgebiet das am besten geeignete Bindemittel auszuwählen und einzusetzen.

Polymethylmethacrylat
Ausgangsstoff für die Polymethylmethacrylate ist die Methacrylsäure, durch Veresterung entsteht Methacrylatester. Diese Monomere reagieren mit Beschleunigern und Initiatoren zu Polymeren. Dabei unterliegen die Polymethylmethacrylate, analog den ungesättigten Polyestern, einem relativ hohen Schwund und besitzen eine eingeschränkte ▸*Alkalibeständigkeit*. Das Schwinden der Polymethylmethacrylate resultiert aus der Fähigkeit, Wasser abzugeben. Deshalb sollten diese Produkte nur dort eingesetzt werden, wo permante Feuchtigkeit vorhanden ist. Da diese Rahmenbedingung durch den gewünschten Effekt der Mauerwerkstrockenlegung nicht gegeben ist, werden diese Produkte weniger für die Injektion bei kapillar aufsteigender Feuchtigkeit, als vielmehr bei der nachträglichen ▸*Vertikalabdichtung* erdberührter Bauteile eingesetzt.

Vorteilhaft ist die besonders niedrige ▸*Viskosität*, so dass Polymethylmethacrylate ein gutes Penetrationsvermögen besitzen und in feine ▸*Risse* gut eindringen können. Infolge des niedrigen Flammpunktes besteht eine erhöhte Brand- und Explosionsgefahr. Außerdem besteht in schlecht oder nicht belüfteten Räumen eine intensive Geruchsbelästigung.

Polyolefine
Polyolefine sind teilkristalline Thermoplaste und gehören heute zu den wichtigsten Kunststoffen. Sie zeichnen sich durch eine hohe Beständigkeit gegenüber chemischen Angriffen

aus und besitzen gute elektrische Isolationseigenschaften. Chemisch gesehen handelt es sich bei Polyolefinen um Polymere, die aus Kohlenwasserstoffen mit einer Doppelbindung (Ethylen, Propylen, Buten-1, Isobuten) aufgebaut sind. Die Ausgangsmonomere Propylen und Ethylen sind zunächst gasförmig und bilden erst durch die Verkettung (Polymerisation) die langen Molekülketten, die sog. Polymere. Für die Polymerisation sind hohe Temperaturen und oftmals ein hoher Druck notwendig. Überhaupt möglich wird die Herstellung der Polyolefine aber erst durch einen speziellen Katalysator (in der Regel Titan- und Aluminiumverbindungen). In ihrer polymeren Form sind die Polyolefine flexible und sehr widerstandsfähige ▸*Kunststoffe*. Die wichtigsten Vertreter sind das Polyethylen und das Polypropylen. Polyolefine dienen bei der ▸*Bauwerksabdichtung* als ▸*Kunststoffbahnen*.

Polyoxipropylen-Dichtstoff

In der Praxis wird für einen Polyoxipropylen-Dichtstoff häufig die Bezeichnung MS-Polymer oder MS-Dichtstoff (modifiziertes Silan) verwendet. Hierbei handelt es sich jedoch nicht um ein modifiziertes Silicon-Polymer, sondern um einen hochmolekularen Polyether mit reaktiven Silangruppen. Dieses neutral aushärtende Polymer spaltet bei Feuchtigkeitszutritt Alkohol ab. Interessant ist dabei, dass sich die chemischen Eigenschaften des ▸*Dichtstoffes* vor der Erhärtung mehr mit denen von ▸*Polyurethan* jedoch nach der Aushärtung mit denen eines ▸*Silicon-Dichtstoffes* vergleichen lassen.

Durch ihre chemische Zusammensetzung besitzen Polyoxipropylen-Dichtstoffe eine gute Witterungs- und Alterungsbeständigkeit und eine hohe UV-Stabilität. Die meisten Dichtstoffe sind einkomponentig und vernetzen bei Raumtemperatur durch die Reaktion mit ▸*Luftfeuchtigkeit*. Die klebrigen Eigenschaften dieser Dichtstoffe verursachen eine höhere Staubanhaftung und damit Neigung zur Verschmutzung. Interessant an diesem Material ist die Tatsache, dass der Primer (Primer = Haftvermittler für schwierige Untergründe), der in der Regel separat aufgetragen werden muss, bereits im Dichtstoff enthalten ist. Das Auftragen des Dichtstoffs beinhaltet also eigentlich zwei Arbeitsgänge, den Primerauftrag und Dichtstoffauftrag selbst.

Polypropylen

Polypropylen (Abk.: PP) ist ein teilkristalliner ▸*Thermoplast* und gehört zur Gruppe der Polyolefine. Er wird durch Polymerisation des Monomers Propen mit Hilfe eines speziellen Katalysators hergestellt. Da im Gegensatz zu vielen anderen Kunststoffen die Molekülstruktur des Polypropylens stark variiert und infolgedessen die Eigenschaften individuell beeinflusst werden können, gibt es zahlreiche Varianten dieses ▸*Kunststoffes*. Die Dichte liegt zwischen 0,895 g/ cm^3 und 0,92 g/ cm^3, so dass Polypropylen der leichteste aller Kunststoffe ist. Polypropylen hat eine hohe Steifigkeit, Festigkeit und Härte und ist gegenüber Alkoholen, organischen Lösemitteln und Fetten beständig, wird allerdings bei Kälte spröde und ist gegenüber Benzin und Benzol unbeständig.

Polypropylenwachse

▸*Polyethylenwachse*

Polysulfid-Dichtstoff

▸*Dichtstoffe* auf der Basis von Polysulfid werden als ein- und zweikomponentige Systeme angeboten. Im vulkanisierten, ausgehärteten Zustand sind Polysulfide wasser-, witterungs- und ozonbeständig. Von den meisten Lösungsmitteln, Ölen, Fetten, von schwachen Säuren oder Alkalien werden sie weder gelöst noch angegriffen. Außerdem sind sie in hohem Maße gas- und feuchtigkeitsundurchlässig und besitzen gute elektrische Isoliereigenschaften. Die Temperaturbeständigkeit liegt zwischen −50 °C und 90 °C. Der Vorteil der zweikomponentigen Polysulfid-Dichtstoffe liegt in einer gleichmäßigen Durchhärtung, unabhängig von der Fugendimensionierung bzw. der Fugentiefe. Allerdings ist die Reaktion temperaturabhängig und das Material muss homogen und im vorgegebenen Mischungsverhältnis gemischt werden.

A B C D E F G H I J K L M N O P Q R S T U V W X Y Z

Durch die Mischung von Polysulfid mit ▸*Epoxidharzen* ist es möglich, diese Dichtstoffe auch auf nassem Untergrund einzusetzen. Außerdem werden die elektrischen Eigenschaften und die chemische Beständigkeit verbessert. Angeboten werden auch Polysulfid-Dichtungsbänder zur Sanierung von Fugen.

Polyurethane (als Dichtstoff)

Als Dichtstoffe werden ein- und zweikomponentige Systeme angeboten. Die einkomponentigen Polyurethane verändern erst durch Reaktion mit der ▸*Luftfeuchtigkeit* ihren plastischen Zustand und gehen in einen elastischen Zustand über. Der ausgespritzte Dichtstoff reagiert von der freien Oberfläche aus in die Tiefe, so dass die elastisch ausreagierte Schicht zunehmend dicker wird. Unbedingt beachtet werden muss, dass zur Reaktion Feuchtigkeit benötigt wird und die Temperatur starken Einfluss auf die Aushärtung des Dichtstoffes hat. Bei den zweikomponentigen Systemen muss beachtet werden, dass Art und Menge der zugegebenen Härter Einfluss auf die Reaktionsgeschwindigkeiten, die mechanischen Materialkennwerte und die Haftung zu mineralischen Untergründen haben. Bereits geringfügige Unterschreitungen der Härtermenge führen zu einem klebrigen und unzureichend ausgehärteten ▸*Dichtstoff*.

Polyurethane (als Injektionsstoff)

Polyurethane werden seit einigen Jahren als ▸*Injektionsmittel* gegen ▸*kapillar aufsteigende Feuchtigkeit* oder für die ▸*Schleierabdichtung* angewendet. Sie werden entweder für die ▸*Abdichtung* selbst oder bei Nachinjektionen zum Schließen von Fehlstellen eingesetzt. Bei Einsatz als Injektionsmittel sollte man großen Wert auf die Wahl qualitativ hochwertiger Materialien legen. Polyurethane werden in 1K- oder 2K-Anlagen mit festen, vom Hersteller vorgegebenen Mischungsverhältnissen, Viskositäten und Topfzeiten verarbeitet. Im Gegensatz zu anderen Injektionsstoffen, sind Polyurethane in ihren Reaktionseigenschaften nicht beeinflussbar. Sie sind je nach Vernetzungsgrad von elastisch bis hart einstellbar und kommen als ein- oder zweikomponentige Produkte zum Einsatz. Interessant ist ihre Fähigkeit, mit Wassermolekülen zu reagieren, die entweder in Form von ▸*Luftfeuchtigkeit* (Beschichtungen auf der Oberfläche) oder in flüssiger Form (▸*Injektion* im Bauteilquerschnitt) vorhanden sind. Injektionsharze auf Polyurethanbasis verteilen sich in Spalten, ▸*Rissen*, ▸*Fugen* und sonstigen Hohlräumen und füllen diese vollständig aus. Gleichzeitig werden die Kapillaren eines Baustoffes verstopft. Bauwerksübliche Konzentrationen an ▸*bauschädigenden Salzen* sind für Polyurethane unbedenklich.

Polyurethan-Hartschaumplatten

Polyurethan-Hartschaumplatten werden im Rahmen der ▸*Bauwerksabdichtung* für die ▸*Perimeterdämmung* eingesetzt. Die wichtigsten Aufgaben einer Perimeterdämmung bestehen in der Wärmedämmung der erdberührten Bauteile sowie darin, dem Druck des Erdreiches langfristig zu widerstehen und keine Feuchtigkeit aufzunehmen. Polyurethan-Hartschaumplatten sichern eine gute Wärmedämmung. Mineralvlieskaschierte Perimeter-

© siehe Anhang

dämmplatten aus Polyurethan-Hartschaum erreichen die Wärmeleitfähigkeitsgruppe 030. Nach Angaben der Hersteller erreichen diese Wärmedämmplatten gegenüber anderen Dämmstoffen eine bis zu 50% höhere Energieeinsparung.

Diese Eigenschaften werden durch die Herstellung und den Aufbau der Dämmstoffe sicher gestellt. Hierbei handelt es sich um ein aufgeschäumtes Material, das in geschlossenen Zellen ein Treibmittel oder auch Luft enthält. Hartschaumplatten aus Polyurethan mit einer Rohdichte von 30 kg/ m³ bestehen aus nur 3% festem Kunststoff. Die restlichen Anteile bestehen aus einer Mischung aus einem Treibmittel und Luft. Als Treibmittel wird in der Regel Pentan verwendet, das einen besseren Dämmwert als Luft besitzt. Infolgedessen haben Polyurethan-Hartschaumplatten bessere Wärmedämmeigenschaften als Hartschaumplatten, die Luft in ihren Zellen enthalten.

Polyurethanharze

Polyurethanharze werden aus einem Harz und einem Härter zu einem niedrig-viskosen Injektionsmittel angemischt. Hierdurch werden mittlerweile niedermolekulare Injektionsmittel erzielt, die auch ohne den Zusatz von organischen Lösungsmitteln ▸*Viskositäten* um ca. 40 mPa • s erreichen und damit über eine hervorragende Penetration verfügen. Harz und Härter reagieren miteinander zu einem dreidimensionalen elastischen Netzwerk. Hierbei kann die chemische Reaktion mit Wasser, die für Polyurethane typisch ist, durch die Rezeptur manipuliert und je nach Anforderung eingestellt werden. Polyurethanharze, die für die ▸*nachträgliche Horizontalabdichtung* eingesetzt werden, besitzen dem entsprechend eine geringe Wasserreaktion. Mit Druck in das Mauerwerk eingebracht, werden die Poren im Baustoff bzw. die ▸*Kapillaren* im Mauerwerk verstopft.

Polyvinylacetat

Polyvinylacetate werden als Bindemittel oder in Kombination als Copolymerisat für Kleber, Abdichtungs- und Beschichtungsstoffe eingesetzt. Der Nachteil der Alkaliempfindlichkeit von reinem Polyvinylacetat kann durch die Copolymerisation deutlich verringert werden.

Polyvinylchlorid

Polyvinylchlorid (PVC) ist ein amorpher thermoplastischer ▸*Kunststoff*. Er wird durch die Polymerisation des Monomers Vinylchlorid hergestellt und ist hart und spröde. Erst durch die Zugabe von ▸*Additiven* (in erster Linie Weichmacher und Stabilisatoren) wird PVC weich, formbar und damit für industrielle Anwendungen interessant. Diese Additive verbessern solche physikalischen Eigenschaften wie Temperatur-, Licht- und Wetterbeständigkeit, Zähigkeit, ▸*Elastizität* und Verarbeitbarkeit. Bestimmte Weichmacher, vor allem Phthalsäureester, verleihen dem PVC elastische Eigenschaften. Durch Stabilisatoren wird die Verarbeitung von PVC bei Temperaturen zwischen 160 und 200 °C überhaupt erst möglich.

Der Nachweis von PVC erfolgt über die Brennprobe, da dieser Kunststoff mit gelber, stark rußender Flamme brennt. Im Gegensatz zu anderen technischen Kunststoffen wie Polyethylen oder Polypropylen ist Polyvinylchlorid wegen seines hohen Chlorgehaltes schwer entflammbar.

Polyvinylchlorid-Dichtungsbahn

▸*PVC-Dichtungsbahn*

Polyvinylpropionat

Polyvinylpropionat (Abk. PVP) ist eine Kunstharzdispersion und wird u. a. als Haftungsmittel in mineralischen Putzen und ▸*Dichtungsschlämmen* eingesetzt.

Poren

Der Begriff Pore ist eine aus dem Griechischen (*poros* = Loch) abgeleitete Bezeichnung für kleine Hohlräume, deren Tiefe im Verhältnis zum Querschnitt (Durchmesser) wesentlich größer ist. Je nach Sichtbarkeit mit dem bloßen Auge unterscheidet man Grobporen (> 20 μm) oder Feinporen (< 20 μm). Außerdem wird unterschieden zwischen geschlossenen Poren (Polystyrol-Hartschaum) und offenen Poren (Porenbeton), die bei Feuchtigkeitseinwirkung eine hohe Saugfähigkeit aufweisen.

Poren können gewollt sein, z. B. bei ▸*Sanierputzen*, Porenbeton, Schaumkunststoffen oder sie sind ungewollt, dann handelt es sich um unerwünschte Nebenerscheinungen, z. B. bei der Applikation von Beschichtungsstoffen oder bei der Sekundärporenbildung nach der ▸*Injektion* einiger Injektionsstoffe. ▸*Porengröße*, ▸*Porengeometrie*, ▸*Porenart* und ▸*Porenverteilung* beeinflussen das Verhalten der jeweiligen Baustoffe. Im Rahmen der Kellerabdichtung und -sanierung haben Poren eine ganz wesentliche Bedeutung für die ▸*Durchfeuchtung* von Baustoffen, bei Schadensmechanismen durch ▸*Salze* aber auch für die Sanierung, z. B. bei der ▸*nachträglichen Horizontalabdichtung* mittels ▸*Bohrlochinjektion*.

Porenanteil

▸*Porengeometrie*

Porenarten

Die unterschiedlichen Poren werden durch ihre Form in sog. ▸*Luftporen*, Wasserporen und Zwickelporen unterschieden. Luftporen sind dabei immer rund und Wasserporen rundlich bis oval und oftmals unsymmetrisch. Die Zwickelporen wiederum sind mehr oder weniger geradlinig oder geradflächig durch sog. Kristallite begrenzt. Eine markante Eigenschaft ist,

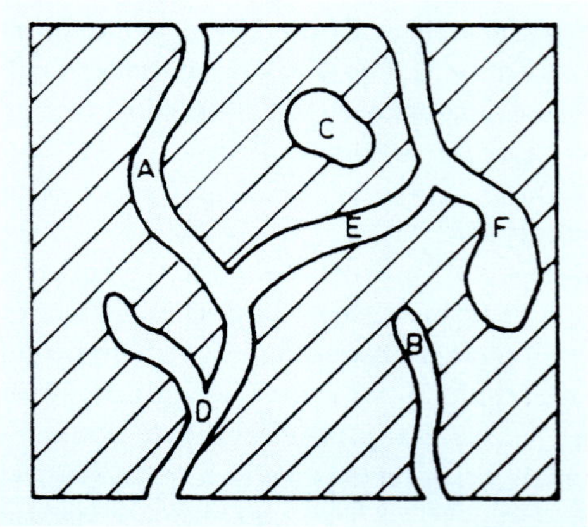

© siehe Anhang

dass es sich bei dieser Porenart um spitz zulaufende, sich verjüngende Räume handelt. Diese Porenräume entstehen überall dort, wo sich plattig oder nadelförmige Kristalle in einem Winkel kreuzen. Sie sind dadurch gekennzeichnet, dass sie infolge des immer enger werdenden Abstandes und damit immer ansteigender höherer Kapillarkräfte, Wasser immer fester halten und zusätzlich in der Lage sind, flüssiges Wasser aus Wasserdampf im Zwickeln zu binden. Zusätzlich kann unter entsprechenden Bedingungen in wassergefüllten bzw. kapillargesättigten Zwickelporen eine nicht zu unterschätzende und nicht unbeträchtliche Kraft durch die ▸*Oberflächenspannung* des Wassers auftreten. Ein größeres Porensystem in den Wandungen ist charakterisiert durch ein angeschlossenes Mikroporensystem.

Porenbildung

Die Porenbildung kann gezielt erfolgen und Bestandteil bei der Rezeptur und Herstellung von Bau- und Beschichtungsstoffen sein. Darüber hinaus gehört die Porenbildung aber auch zu den unerwünschten Nebenwirkungen bei der Applikation organisch gebundener Beschichtungen. Die Porenbildung darf nicht mit der ▸*Blasenbildung* gleichgesetzt werden, obwohl Erscheinungsbild und Ursache oft zum Verwechseln ähnlich sind. Sichtbare Poren in einer Beschichtung, zu denen auch die sog. "Nadelstiche" zählen, sind charakteristische Oberflächenstörungen, die verschiedene Ursachen haben können. Wohl am häufigsten für Porenbildung verantwortlich ist das Entweichen von Luft aus dem Untergrund an die Oberfläche des noch flüssigen Beschichtungsstoffes, der jedoch bereits soweit angezogen hat, dass sich die Oberfläche nicht mehr vollständig schließen kann. Insbesondere bei stark saugfähigen Untergründen wie z. B. Faserzement und Porenbeton oder hoch porosierten Leichthochlochziegel kann es bei fehlender Grundierung zu sichtbarer Porenbildung in einer Beschichtung kommen. Auch eingeschlossene Luft in Folge ungenügender Entschäumung, aufsteigende Gasblasen oder verdunstende Lösungsmittelreste können zu derartigen Oberflächenstörungen führen.

Porenform

▸*Porensysteme*

Porenfüllungsgrad

▸*Durchfeuchtungsgrad*

Porengeometrie

Die Porengeometrie ist eine wesentliche Kenngröße bei der Bestimmung von Baustoffen. ▸*Poren* können zylinderförmig, keilförmig, spaltenförmig oder kugelförmig angeordnet sein. Sie können mehr oder weniger miteinander verbunden sein, so dass offene Poren mit mindestens zwei Öffnungen, Sackporen mit mindestens einer Öffnung oder geschlossene Poren ohne Verbindung mit der Umgebung unterschieden werden. Für die Durchfeuchtung eines Baustoffes sind nur die Sackporen und die offenenen Poren von Bedeutung, da das Wasser nur durch diese Porenarten eindringen kann.

Im Rahmen der Bau- und Werkstoffkunde sowie der Bauwerksanalytik und -diagnostik ist es für die Ermittlung der Wasser- bzw. Wasserdampfaufnahme und -abgabe der Baustoffe von großem Interesse, den für Wasser offenen Porenraum genau zu definieren. Hierzu wird die Baustoffprobe bis zur Massekonstanz unter Wasser gelagert. Nachdem sich alle Poren mit Wasser gefüllt haben, kann aus der Massendifferenz zwischen nasser und trockener Probe die offene Porosität nach folgender Gleichung bestimmt werden:

$$\text{Offene Porosität } W_V = \frac{1}{\text{Dichte von Wasser in kg/m}^3} \bullet \frac{\text{Masse der nassen Probe in kg } (m_F) \text{ minus Masse der trockenen Probe in kg } (m_T)}{\text{Volumen der Probe in m}^3\ (V_{Probe})} \bullet 100\%$$

Die offene Porosität (normale Wasseraufnahme) wird in der Regel in Volumenprozent angegeben und beschreibt, welchen Volumenanteil die offenen Poren im Gesamtvolumen der Baustoffprobe haben. Diese Berechnung kann jedoch zu einem fehlerhaften Ergebnis führen, da speziell in den Sackporen Lufteinschlüsse zurückbleiben können. Dieses kann vermieden werden, wenn die Baustoffprobe in kochendem Wasser gelagert wird. Durch das Kochen werden diese Luftblasen nahezu vollständig beseitigt, so dass diese Messmethode derzeit den genauesten Wert der offenen Poren bzw. des Anteils an benetzbarem Porenraum erbringt.

Beim Vergleich unterschiedlicher Baustoffe hinsichtlich ihres Porenanteils kann man feststellen, dass Baustoffe mit nahezu gleichem Porenanteil dennoch in der Regel sehr unterschiedliche thermische und hygrische Eigenschaften aufweisen können. Ursächlich hierfür ist die Porenverteilung eines Baustoffes, die in der Praxis fast immer mittelbar bestimmt wird. Bewährt hat sich hierbei insbesondere die Quecksilber-Hochdruckporosimetrie. Da die Oberfläche der Baustoffe Quecksilber abstößt, muss es mit Druck in die Poren gepresst werden. In Abhängigkeit von Druck und eingedrungenem Quecksilber können Porenradienverteilungskurven erstellt und eine differenzierte Porenverteilung ermittelt werden. [5]

Porengröße

Poren werden nach ihrer Größe unterschieden. Poren mit einem Radius kleiner als 10^{-7}m werden als ▸*Mikroporen* (oder auch Feinporen) bezeichnet. Bei einem Porendurchmesser kleiner als 10^{-9}m spricht man von ▸*Gelporen* (oder auch Feinstporen). Für ▸*kapillare Wasseraufnahme* und Wassertransport sind sie nicht geeignet. Wasser kann in diese Poren nur als ▸*Wasserdampf* eindringen. Dies bedeutet, dass diese Baustoffe als kapillar ▸*wasserdicht* eingestuft werden und deshalb auch nicht ohne weiteres injiziert bzw. imprägniert werden können, da der Vorgang der Wasseraufnahme sowie der

Aufnahme von ▸*Injektionsstoffen* oder Imprägniermitteln in beiden Fällen gleich ist. Poren mit einem Radius zwischen 10^{-7} und 10^{-4}m werden als ▸*Kapillarporen* bezeichnet; sie sind für die kapillare Wasseraufnahme geeignet. Dies bedeutet, dass diese Baustoffe nicht nur schnell und stark kapillar durchfeuchtet, sondern auch ohne großen Aufwand injiziert oder imprägniert werden können. Als ▸*Makro- oder Luftporen* werden Poren bezeichnet, die einen Radius größer als 10^{-4}m besitzen. Diese Poren befinden sich demnach bereits im Millimeterbereich und können ohne Hilfsmittel betrachtet werden. Diese Poren sind für die kapillare Wasseraufnahme ebenfalls ungeeignet. Ein Feuchtetransport findet nur durch gasförmigen Wasserdampf oder unter Druck in flüssiger Form statt.

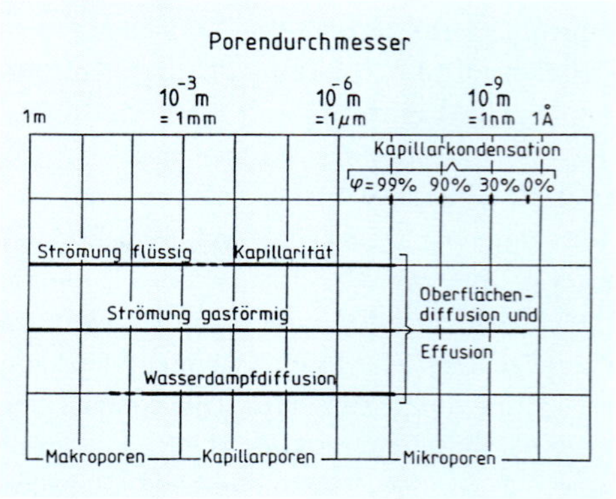

© siehe Anhang

Porengrundputz

Porengrundputze werden bei der Sanierung von feuchte- und salzgeschädigten Bauwerken eingesetzt und stellen eine Systemkomponente von ▸*Sanierputzen* dar. Es handelt sich hierbei um sanierputzähnliche Produkte mit einer modifizierten ▸*Porengeometrie* und –verteilung und einer geringeren ▸*Hydrophobie*. Durch erhöhtes Porenvolumen und erhöhte ▸*Kapillarität* soll ein schnelles Einwandern ▸*bauschädigender Salze* erreicht werden und dem eigentlichen Sanierputz als eine Art Salzspeicher bzw. vorgeschaltete Pufferzone dienen. Mit dem Porengrundputz wird ein Durchwandern und ggf. Durchschlagen der Salze in den frisch aufgebrachten Sanierputz vermieden, so dass sich die Hydrophobie in der eigentlichen Sanierputzschicht aufbauen und die Härtung der Bindemittelmatrix erfolgen kann. Neben dieser Funktion werden Porengrundputze im Rahmen zweischichtiger Sanierputzsysteme eingesetzt, z. B. bei Mauerwerken mit erhöhter Salzbelastung oder wenn Unregelmäßigkeiten der Mauerwerksoberfläche auszugleichen/zu egalisieren sind. In diesem Fall kann eine Mauerwerksvorbehandlung mit sog. ▸*Salzbehandlungsmitteln* entfallen, deren Wirkung ohnehin umstritten ist. Obwohl Porengrundputze im Sanierputzsystem eingesetzt werden und sanierputzähnliche Eigenschaften aufweisen, müssen sie nicht den WTA-Anforderungen entsprechen.

Porenhydrophob

Baustoffe werden als porenhydrophob bezeichnet, wenn das ▸*Kapillarsystem* der Baustoffe durch den Zusatz von ▸*Luftporenbildnern* und einer zusätzlichen ▸*Hydrophobie* so beeinflusst wird, dass die ▸*kapillare Leitfähigkeit* der Baustoffe reduziert wird. Die Porenhydrophobie ist eine der wesentlichen Anforderungen an ▸*Sanierputze*. Deshalb werden Sanierputze auch als porenhydrophobe Werktrockenmörtel bezeichnet. Die Feuchtigkeitsaufnahme in den Sanierputzes erfolgt in flüssiger Form auf kapillarem Weg. Durch eine spezielle Porengeometrie, die kombiniert ist mit der Hydrophobie der Porenwandungen, wird diese Feuchtigkeit kapillar gebrochen und der Feuchtigkeitstransport über ▸*Diffusion* weiter-

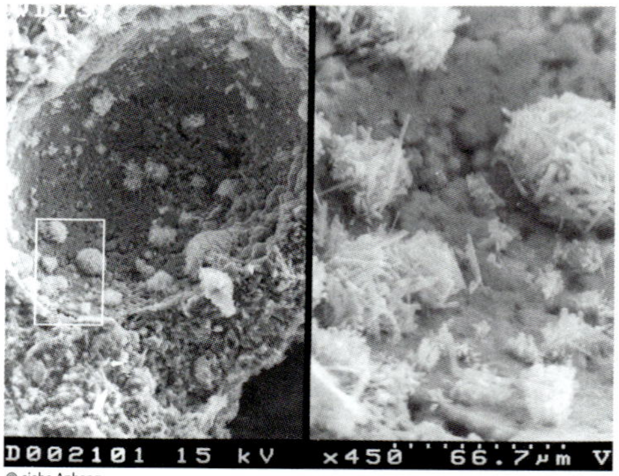

© siehe Anhang

geführt. Durch diesen Wechsel von flüssigem Wasser in Wasserdampf kristallisieren die Salze aus und lagern sich im Putzgefüge ab. Dieser Bereich innerhalb des Sanierputzes wird durch das ▸*WTA-Merkblatt* definiert und beschreibt die Wassereindringtiefe innerhalb von 24 Stunden. Deshalb muss neben der ▸*Härtung* unbedingt auf die ▸*Trocknung* eines Sanierputzes während und nach der Verarbeitung geachtet werden. Je nach klimatischen Bedingungen (z. B. in Kellerräumen) kann es deshalb erforderlich werden, während und/ oder nach der Verarbeitung eines Sanierputzes Trocknungsgeräte aufzustellen.

Poreninjektion

▸*Auffüllinjektion*

Porenkanal

▸*Porenarten*

Porenkennwerte

▸*Porenarten*
▸*Porengeometrie*
▸*Porengröße*

Porennetz

▸*Porengeometrie*

Porenradien

▸*Porengröße*

Porenraum

▸*Porengeometrie*
▸*Porensysteme*
▸*Porengröße*

Porenschwamm

▸*Weißer Porenschwamm*

Porensysteme

▸*Wasseraufnahme* und Feuchtigkeitstransport in Bauteilen resultieren auch aus dem Porengefüge des Baustoffes, das durch ▸*Porenvolumen*, ▸*Porengröße* und -verteilung, ▸*Porengeometrie* und Porenwandungen beschrieben wird. Nach der Porengeometrie unterscheidet man offene Poren, geschlossene ▸*Poren*, durchgehende Poren und Sackporen. Nach der Porengröße werden Mikro- oder Feinstporen, Gel- oder Feinporen, ▸*Kapillarporen* und ▸*Makro- oder Luftporen* unterschieden. Über die Porensysteme werden u. a. die Festigkeit des Baustoffes wie auch sein ▸*Dampfdiffusionswiderstand* gesteuert.

Porenverteilung

In den Baustoffen liegen die unterschiedlichen ▸*Porenarten* und -größen in unregelmäßiger Form vor. Ob ▸*Makro- oder Mikroporen*, ▸*Gel- oder Kapillarporen*, offene oder geschlossene Poren, durchgehende oder ▸*Sackporen* – alle diese Poren sind in der Regel in einem natürlichen Baustoff vorhanden und zum Teil miteinander verbunden. Dies erklärt, warum Baustoffe mit dem gleichen Porenanteil dennoch unterschiedliche thermische und hygrische Eigenschaften aufweisen und unregelmäßig durchfeuchten können.

Porenvolumen

Unter einem Porenvolumen wird der Anteil an ▸*Poren* am Gesamtvolumen eines Baustoffes verstanden. Diese Kenngröße spielt bei der ▸*Injektion* und der Frage eine wichtige Rolle, wie hoch der ▸*Durchfeuchtungsgrad* eines Baustoffes ist und ob der Baustoff überhaupt ein ▸*Injektionsmittel* aufnimmt. Besitzt ein Baustoff z. B. ein Porenvolumen von 20%, dann bedeutet dies, dass sich in einen m^3 Baustoff 200 ltr. Porenvolumen befinden. Um nun aber endgültig im Rahmen der ▸*Bauwerksdiagnostik* festlegen zu können, ob ein durchfeuchteter Baustoff injiziert werden kann, muss neben dem Durchfeuchtungsgrad auch das sog. „scheinbare Porenvolumen" ermittelt werden. Unter dem „scheinbaren Porenvolumen" versteht man den Wert, der auf kapillarem Weg zugänglich ist, also nur die offenen und durchgehenden Poren mit dem Kapillardurchmesser einer ▸*Kapillarpore*. Der Wert der kapillar zugänglichen Poren ist dem entsprechend immer niedriger als das tatsächliche Porenvolumen. Beide Kennwerte sind für die Auswahl des geeigneten Injektionsverfahrens elementar – um so erstaunlicher ist, dass sie im Rahmen der Voruntersuchungen und Bauwerksdiagnostik selten ermittelt werden.

Porenwandung

▸*Porengeometrie*

▸*Porengröße*

Porenwasser

Wenn die *Durchfeuchtung* eines Baustoffes beschrieben wird, dann ist in der Regel das Porenwasser gemeint, also der Wasseranteil in den Baustoffporen. Dies liegt nicht nur in flüssiger Form vor sondern kann auch fest oder gasförmig vorliegen. Dies hängt von den Porenarten, der Größe und Form sowie der Porengeometrie ab. Eine Pore kann so lange Wasser aufnehmen, bis eine ▸*Sättigung* einsetzt. Das Porenwasser (▸*Wassergehalt* in den Poren) ist aber nicht nur eine wichtige Kenngröße bei der Durchfeuchtung eines Baustoffes, sondern auch für die Instandsetzung. Wässrige ▸*Injektionsmittel* z. B. vermischen sich mit dem Porenwasser im Baustoff, andere Injektionsmittel können bei einer gefüllten/gesättigten Pore nicht eindringen. Auch die Imprägnierung eines Baustoffes an der Oberfläche ist nicht möglich, wenn die offenen Poren mit Porenwasser gesättigt sind. Gelöste ▸*Salze* im Porenwasser kristallisieren bei der Austrocknung des Mauerwerkes aus und beginnen in der Pore einen Kristallisationsdruck aufzubauen.

Porigkeit

Von der griechischen Bedeutung poros (Loch) abgeleitet, beschreibt die Porigkeit genau genommen den Lochanteil bzw. die Hohlräume eines Baustoffes. Dies sind aber nicht nur die sichtbaren Löcher an der Oberfläche, sondern auch die sichtbaren und nicht sichtbaren Poren im Baustoffgefüge. Damit ist sie eine wichtige Kenngröße für die Eigenschaft von Baustoffen, da das hygrische und thermische Verhalten sowie die Festigkeit, die Formänderung und der Verschleiß durch die Porigkeit beschrieben werden.

Porosität

▸*Porenvolumen*

Portlandzementklinker

Nach EN 197 „Zement" wird Portlandzementklinker durch Sinterung einer genau festgelegten Rohstoffmischung (Rohmehl, feuchte Rohmasse und Rohschlamm) hergestellt. Diese Rohstoffmischung enthält Elemente, die als Oxide ausgedrückt werden sowie geringe Mengen anderer Stoffe. Es handelt sich hierbei um ein hydraulisches Material, das nach Masseanteilen aus mindestens zwei Dritteln Kalziumsilikaten bestehen muss. Das letzte Drittel besteht aus Aluminium und Eisen enthaltenden Klinkerphasen und anderen Verbindungen.

Positivabdichtung

Der Begriff der Positivabdichtung ist allgemein unüblich und beschreibt im Gegensatz zur ▸*Negativabdichtung* (▸*Innenabdichtung*) die ▸*Außenabdichtung* eines Bauwerkes.

Potenzialdifferenz

▸*Elektroosmose*

▸*Strömungspotenzial*

Potenzialfeldmessung

Nach [3] bildet sich beim Einbetonieren der Bewehrungsstähle auf der Stahloberfläche durch die Reaktion mit dem im Zementwasser gelösten Kalziumhydroxyd ein sehr dünner Schutzfilm. Dieser baut einen elektrischen Widerstand auf und ist ursächlich dafür, dass der für den Korrosionsvorgang wichtige Elektronenaustausch zwischen dem Stahl und der Luft (atmosphärischer Sauerstoff) verhindert wird. Wird durch die Einwirkung der Luftkohlensäure diese natürliche Korrosionsschutzschicht der Bewehrung mit der Zeit neutralisiert kommt es zur Stahlkorrosion. Um dem vorzubeugen, werden sog. Potenzialfeldmessungen durchgeführt, mit denen depassivierte Bereiche zerstörungsfrei geortet werden können. Das Messprinzip basiert auf der Messung der Potenzialdifferenz zwischen den Bewehrungsstählen und einer über die Betonfläche geführten Bezugselektrode.

Pottasche

▸*Kaliumkarbonat*

Prävention

In Bezug auf die Kellersanierung gibt es für den Begriff der Prävention (Vorbeugung) zwei verschiedene Erklärungen. Einerseits werden damit Maßnahmen beschrieben, mit denen Durchfeuchtungen und daraus resultierenden Bauschäden vorgebeugt werden kann. Hierzu gehört z. B. die korrekte Ableitung der Dachentwässerung, die Reinigung und Wartung der Regenrinne und der Regenfallrohre, der konstruktive Feuchteschutz wie Dachüberstände, die Gefälleausbildung weg vom Sockelbereich sowie die fachgerechte Wartung von Fugen, Durchdringungen, horizontalen Flächen und dgl. – also alle Maßnahmen, die unter dem Begriff Wartung und Gebäudeunterhaltung zusammen gefasst werden können.

Andererseits wird der Begriff der Prävention mittlerweile auch im Rahmen der ▸*Bauwerksdiagnostik* verwendet. Waren früher die Untersuchungen (am Objekt und im Labor) primär darauf ausgerichtet Baustoffe und Bauteile zu untersuchen, um die Ursache für Schadensbilder zu erkennen, richtet sich die moderne Bauwerksdiagnostik zunehmend auch der Schadensprävention. Dies bedeutet, dass mit den heutigen Messmethoden die Durchfeuchtungsmechanismen und daraus resultierende Wechselwirkungen untersucht und Schadenspotenziale abgeleitet werden. Damit bekommt die Bauwerksdiagnostik im Rahmen der Wirtschaftlichkeit und der Nachhaltigkeit eine ganz neue, zusätzliche Funktion.

Praktischer Feuchtigkeitsgehalt

▸*Ausgleichsfeuchte*

Praktischer Wassergehalt

▸*Ausgleichsfeuchte*

Pressfugen

Sog. Pressfugen gehören zu der Gruppe der ▸*Bewegungsfugen*. Sie entstehen, wenn verschiedene Bauwerksteile aneinander betoniert werden, die nicht kraftschlüssig miteinander verbunden werden sollen. Pressfugen werden angeordnet, um geringe Fugenbewegungen aufzunehmen, die z. B. bei Bauteilverkürzungen durch Schwindvorgänge auftreten können. Sie werden mit einem innen liegenden Dehnfugenband verbunden und am Fugenspalt mit einem Fugenfüllstoff versehen.

Primer

▸*Grundierungen*
▸*Haftvermittler*

Primäre Porosität

Bei allen kapillarporösen Baustoffen mit mineralischen Bindemitteln stellt sich mit der Zeit eine Porenveränderung ein, die auf Vorgänge der Um- und Auskristallisation zurück zu führen sind. Dies bedeutet, dass sich weder bei zementhaltigen noch bei kalkhaltigen Baustoffen ein dauerhaft stabiler Porenraum einstellt. Dieser Veränderungsprozess wird in 4 Phasen eingeteilt: in die primäre Porosität (Pastenporosität), sekundäre Porosität, Langzeitporosität und in die Verwitterungsporosität.

Unter primärer Porosität oder auch Haufwerksporigkeit versteht man die ▸*Porenverteilung* und ▸*Porengröße* in einem trockenen Haufwerk eines Gemenges, hier der Bindemittelpartikel (mit oder ohne Zuschlagstoffe). Dies ist die erste Phase. Die Phase der sekundären Porosität entsteht während des Abbinde- oder Kristallisationsprozesses und wird durch die Menge des zur Verfügung stehenden Wassers und Wasserdampfs bestimmt. Die Langzeitporosität entsteht nach abgeschlossener Härtung und verändert sich im Laufe der Zeit nur durch zusätzliche Kristallisationsprozesse. Parallel setzt die Verwitterungsporosität ein, die durch die chemischen und/oder physikalischen Lösungs- und Kristallisationsprozesse verursacht wird (Atmosphärilien).

A B C D E F G H I J K L M N O P Q R S T U V W X Y Z

Probeentnahme

Für eine Probeentnahme gelten diverse Grundregeln: Es sollen immer so viele Proben wie nötig, aber so wenig Proben wie möglich entnommen werden. Anzahl und Art der Proben richten sich nach der Größe des Objektes, des Schadensbildes sowie der Zielsetzung nachfolgender Untersuchungen. Es müssen repräsentative Stellen gesucht werden, da die Qualität der Proben und deren Untersuchung von der Art und dem Ort stark abhängig sind. Es sind möglichst detailierte Informationen zum Tag (Datum, Uhrzeit), der Witterung (Temperatur, ▸*Luftfeuchtigkeit*, Wetter), zum Objekt (Lage, Himmelsrichtung, Untergrund), zu sichtbaren Schäden zu erfassen und zu dokumentieren. Fotos, Skizzen, Aufzeichnungen helfen bei der späteren Zuordnung der Messergebnisse zu den Proben und damit zu den Messachsen der Probeentnahme. Die genaue Zuordnung gestattet es, die Messergebnisse besser mit der Situation vor Ort vergleichen zu können. Wenn der Einfluss der Witterung ausgeschlossen werden soll, müssen die Proben von innen genommen werden. Wenn ein Vergleich zwischen den klimatischen Bedingungen und/oder einer mikrobiellen Belastung im Gebäude mit der Gesamtsituation erfolgen soll, muss eine Vergleichsmessung innen und außen durchgeführt werden. Die Art der Probeentnahme (trocken, nass) muss dokumentiert werden. Die Proben müssen sach- und fachgerecht verpackt und beschriftet werden.

Probeentnahme (zur Feuchte- und Salzanalyse)

Für die Baustoffanalytik, zur Untersuchung von Baustoffen und Bauteilen auf Feuchtegehalt und Salzbelastung sowie für zahlreiche weitere Untersuchungen sind Probeentnahmen notwendig. Auch wenn zerstörungsfreie Messmethoden angeboten werden, so sind diese meist relativ teuer und benötigen vielfach Spezialisten für die Durchführung vor Ort. Die für die alltägliche Praxis geeigneten Untersuchungsmethoden sind in der Regel zerstörend bzw. zerstörungsarm, d.h., es müssen Proben entnommen, verpackt und im Labor untersucht werden. Bei der Probeentnahme werden häufig zwei wichtige Aspekte vernachlässigt – die repräsentative Auswahl der Entnahmestellen und die fach- und sachgerechte Verpackung (luft- und wasserdicht). Letzteres ist besonders wichtig, damit während des Transports und der Lagerung die entnommene Materialprobe möglichst wenig verändert wird. Außerdem sollte immer die Ist-Situation der Materialentnahme hinsichtlich Objektbedingung, klimatische Verhältnisse und Besonderheiten dokumentiert werden. Für die spätere Zuordnung der Messergebnisse müssen die einzelnen Proben gekennzeichnet und in einen Entnahmeplan eingezeichnet werden.

Die Probeentnahme kann entweder durch Bohren (Bohrmehl, Bohrkern) oder durch Stemmen (Stücke, Granulat) erfolgen. Für die Bohrkern- und Bohrmehlentnahme eignen sich in erster Linie Kernbohrungen, da bei der laboranalytischen Untersuchung definierte Tiefenintervalle erfasst werden können. Da die zu analysierenden ▸*Salze* in der Regel wasserlöslich sind und deshalb der Feuchtegehalt des Bauwerks im Bereich der der Probeentnahme durch die Kernbohrung nicht beeinflusst werden soll, erfolgt die Kernbohrung im Trockenbohrverfahren. Meist werden Bohrkronen mit einem Außendurchmesser von ca. 20mm eingesetzt. Wird ausschließlich der Salzgehalt einer Probe ermittelt, werden auch Proben mit geringerem Durchmesser entnommen, da der Probebedarf für die analytische Untersuchung bei max. 300mg liegt. Die Proben müssen in jedem Fall so groß sein, dass in Abhängigkeit von Messmethode und Probenqualität eine optimale Bestimmung der Analysewerte möglicht wird. Die Proben sind vor Feuchtigkeit zu schützen, zu berücksichtigen ist auch eine mögliche Kondensatbildung.

Bei Diamantbohrkronen sind harte, abrasive Diamantkörner in eine verhältnismäßig weiche Hartmetallmatrix eingebettet. Die vorhandene Schärfe der Diamantbohrkronen wird dadurch erreicht, dass die Matrix beim Bohren abgetragen wird und immer neue Diamantsplitter für den Bohrprozess freigesetzt werden. Beim Bohren sollte die Temperatur im Mauerwerk nur unwesentlich ansteigen. Zum Kühlen wird Luft verwendet, die über einen Kompressor zur Diamantbohrkernspitze geleitet wird. Da die Temperatur im Bohrloch natürlich auch von der Drehzahl der Bohrmaschine abhängt, sollte die Drehzahl auf 50 bis max. 300 U/ min. beschränkt werden.

Bei sehr kleinen Durchmessern ist es praktikabel, eine Spiralbohrung durchzuführen. Das anfallende Bohrmehl wird dann in Intervallen aufgefangen. Durch die Tiefenauflösung (Profilmessung) einer Beprobung ergibt sich in der Regel der Bohrdurchmesser. Bei einem Bohrdurchmesser von 6 bis 8 mm kann eine Auflösung der Proben von 5 mm Tiefenintervallen realisiert werden. Damit das Bohrmehl der einzelnen Bohrintervalle nicht miteinander vermischt wird, sollte nach jedem Bohrvorgang das Bohrmehl verpackt und anschließend das Bohrloch mit einem Staubsauger gereinigt werden. Die Reinigung schließt den benutzten Hartmetallbohrer natürlich mit ein, wobei eine Drahtbürste verwendet werden kann.

Proben, die im Trockenbohrverfahren entnommen wurden, können auch für die Untersuchung von Mauerwerken auf Festigkeit verwendet werden. Umgekehrt ist dies nicht möglich, da die meisten Probebohrungen zur Festigkeitsanalyse von Mauerwerksquerschnitten auf Grund der größeren Tiefen und der damit verbundenen Reibung im Nassbohrverfahren durchgeführt werden.

Probeentnahme (zur Pilzbestimmung)

Werden für die Bestimmung des ▸*Echten Hausschwamms* oder sonstiger Schwammarten Proben entnommen, sollten möglichst lufttrockene Materialproben eingeschickt werden. Sind der ▸*Pilz* oder die pilzbefallenen Proben bei der Entnahme noch feucht, sollten sie vor dem Versand getrocknet werden. Im anderen Fall müssen die frischen ▸*Fruchtkörper* und/ oder das ▸*Myzel* in feuchtedurchlässiger Verpackung eingeschickt werden. Geeignet hierfür sind Kartons, die mit Zeitungs- oder Packpapier ausgefüllt werden. Völlig ungeeignet sind luftdichte Verpackungen wie Gläser, Büchsen, Blechdosen oder auch Plastikbeutel, da frische Pilzproben dann sehr schnell faulen.

Bei der Probenentnahme ist darauf zu achten, dass die Proben möglichst viele Merkmale aufweisen und repräsentativ für den vorgefundenen Befall sind. Dabei sollten die Proben um so umfangreicher sein, je weniger stark der Pilzbewuchs ist. Myzel bzw. Myzelstränge sind möglichst gemeinsam mit der bewachsenen bzw. befallenen Unterlage zu entnehmen. Holzteile ohne Bewuchs auf der Oberfläche oder in Spalten sind für die Bestimmung nicht ausreichend, da an diesen lediglich der Fäuletyp, nicht aber die Schwammart, bestimmt werden kann. Dem Probematerial sind für die nachfolgende Untersuchung eine kurze Beschreibung des befallenen Objektes und Erläuterungen zu den Befallsumständen beizufügen. Ideal sind immer Fotos und ggf. ergänzende Skizzen und Grundrisse.

Propylverbindungen

Werden für die ▸*Injektion* einer ▸*nachträglichen Horizontalabdichtung* anstatt ▸*Methylsiliconate* Propylverbindungen eingesetzt, entfallen die Nachteile der ▸*Alkalimethylsiliconate* in Bezug auf den Reaktionsmechanismus. Da diese Produkte auch ohne Zufuhr von Kohlendioxid Polymethylkieselsäure bilden (▸*Benetzungswinkel* > 90°), können auch Mauerwerke mit hohem ▸*Durchfeuchtungsgrad* und größeren Wanddicken injiziert werden. Nachteile von Propylverbindungen sind die Salzbildung als Nebenprodukt der chemischen Reaktion sowie der relativ schnelle Aufbau des Wirkprinzips. Je nach Alkalität des Untergrundes beginnt der Wirkstoff seine ▸*hydrophoben* Eigenschaften bereits kurz nach dem Einbringen in das Mauerwerk aufzubauen.

Protimeter

Protimeter sind Messgeräte für ▸*Feuchtemessungen* und trendhafte Salzbestimmung. Sie werden vielfach zur einfachen Feuchtigkeitsbestimmung vor Ort eingesetzt. In der Regel wird mit den beiden im Gerätekopf eingebauten

A B C D E F G H I J K L M N O P Q R S T U V W X Y Z

Einstechelektroden gemessen. Als Zusatz zum Messgerät sind Tiefensonden erhältlich, mit denen eine Feuchtemessung über Bohrungen von 6mm bis 25cm Tiefe möglich ist. Das Protimeter ist zur Messung von Holz- und Baustofffeuchte geeignet. Während für Holz echte Prozentualwerte abgelesen werden können, sind die abgelesenen Werte bei mineralischen Baustoffen nur Holz/Feuchteäquivalente, die weder am Feuchtemessgerät noch nach der Gebrauchsanweisung einen direkten und absoluten Wert liefert. Über eine Farbskala wird nur eine ungefähre Einschätzung der Feuchtigkeitssituation geliefert.

Prüfstempel

Prüfstempel kommen bei der Prüfung der Abreißfestigkeit (Haftung) von Putzen und Beschichtungsstoffen zum Einsatz. Hierbei wird die Beschichtung mit Hilfe eines Kernbohrers bis zum Untergrund durchgebohrt und dann wird ein Prüfstempel aufgeklebt. Anschließend wird der Prüfstempel mit einem Abreißprüfgerät abgezogen und die dazu notwendige Kraft gemessen. Neben der Abreißfestigkeit, die in N pro mm^2 angegeben wird, sind auch Art und Ort der Bruchstelle relevant. Diese sollte sich nicht an der Schichtgrenze zwischen zwei Materialien befinden, sondern entweder im Untergrund oder im Beschichtungsstoff. Die Prüfung dokumentiert, dass die ▸*Adhäsion* zwischen dem Untergrund und der Beschichtung größer ist, als die ▸*Kohäsion* innerhalb der Baustoffe.

Psychrometer

Der Begriff Psychrometer wurde aus dem Griechischen Wort *psychros* (= kalt, frostig, kühl) abgeleitet und beschreibt ein meteorologisches Messgerät zur Bestimmung der ▸*Luftfeuchtigkeit*. Es besteht aus zwei ▸*Thermometern*, von denen eines in ein feuchtes Material gehüllt ist. Je trockener die Luft ist, desto schneller verdunstet die Flüssigkeit. Infolgedessen wird Verdunstungskälte hervorgerufen, so dass eine Temperaturdifferenz zwischen den beiden Thermometern entsteht. Aus dieser Temperaturdifferenz kann man mit Hilfe von Psychrometertafeln die relative Luftfeuchtigkeit sowie weitere Parameter ermitteln. Dieses Messprinzip ist sehr genau und wird deshalb oft sogar als Referenzmessung für andere Messverfahren eingesetzt. [1]

Psychrometrische Feuchtemessung

Bei der psychrometrischen Feuchtemessung werden zwei identische Thermometer mit hoher Genauigkeit eingesetzt, an denen die zu messende Luft in definierter Geschwindigkeit vorbeigeführt wird. Beide Thermometer sind vor der sog. Strahlungswärme abgeschirmt, um die Messergebnisse nicht zu verfälschen. Mit dem ersten wird die Umgebungstemperatur und mit dem zweiten Thermometer die sog. Feuchtkugeltemperatur gemessen. Durch die Verdunstungskälte sinkt am zweiten Thermometer die Temperatur. Diese ist von der Luftfeuchtigkeit abhängig – je trockener die Luft ist, desto höher ist die Verdunstungskälte. Nachdem sich an beiden Thermometern die Temperatur eingepegelt hat, wird diese abgelesen. Über eine Gleichung kann anschließend die ▸*relative Luftfeuchtigkeit* ermittelt werden.

„Pudding-Effekt"

Werden an Beschichtungsstoffen feuchtebedingte Schäden untersucht, die sich z. B. durch ▸*Blasen* zeigen, trifft man gelegentlich auf ein besonderes Schadensphänomen. Unter der trockenen, festen Oberfläche befinden sich feuchte und mürbe Schichten. Dies kann durch folgenden Schadensmechanismus erklärt werden: In Folge einer längeranhaltenden ▸*Durchfeuchtung* weist die Oberflächenzone einer Beschichtung eine erhöhte Durchfeuchtung auf. Bei der Trocknung verdunstet die Feuchtigkeit an der Oberfläche schneller, als in den darunter liegenden Schichten, so dass die Feuchtekonzentration an der Oberfläche schneller abnimmt. Dadurch nimmt der sog. Diffusionskoeffizient ab. Dies hat eine Abnahme des Feuchtestromes durch die Oberfläche zur Folge, wodurch die Differenz zwischen der Feuchtekonzentration der Oberflächenschicht und dem Beschichtungssystem vergrößert wird. In der weiteren Folge entsteht ein Beschichtungssystem aus zwei Phasen – einer festen, trockenen Oberflächenschicht und einem weniger festen, feuchten Untergrund. Durch seine Ähnlichkeit mit einem Zweiphasensystem beim Pudding, wird dieses Schadensphänomen ugs. auch als „Pudding-Effekt" bezeichnet. Dieser Effekt hängt von der Feuchtekonzentration am Anfang der Trocknung, der Trocknungsgeschwindigkeit sowie der Abhängigkeit des Diffusionskoeffizienten von der Konzentration und Beschichtungsdicke ab.

Pufferputz

▸*Porengrundputz*

Pufferschicht

▸*Porengrundputz*

Pulverdiffraktometer

Das Pulverdiffraktometer (XRD) dient zur labortechnischen Identifizierung anorganisch kristalliner Stoffe. Mit ihm können z. B. ▸*Füllstoffe*, ▸*Zuschläge* oder anorganische Bindemittel auch in Gemischen und Verbindungen bestimmt werden.

PUR

▸*Polyurethanharze*

PUR-Gel

▸*Gelabdichtung*
▸*Schleierabdichtung*

PUR-Harze

▸*Polyurethanharze*

Putz

Der Begriff Putz ist in der DIN 18 550 (alt) und der EN 998 (neu) definiert. Demnach wird ein ein- oder mehrlagig aufgebrachter Wand- oder Deckenbelag aus Putzmörteln oder aus Beschichtungsstoffen als Putz bezeichnet. Seine endgültigen Eigenschaften erreicht der Putz erst nach der ▸*Härtung* (mineralischer Putz) oder nach der ▸*Trocknung* (organisch geb. Putz). Unterschieden werden Unter- und Oberputze. Während Unterputze dünnschichtig (bis 10mm) oder dickschichtig (über 10 mm) in einer oder in mehreren Putzlagen verarbeitet werden, kommen Oberputze in der Regel dünnschichtig zum Einsatz (Ausnahme der dickschichtige Edelkratzputz). Während Unterputze grundsätzlich mineralische Putzmörtel sind, können Oberputze sowohl mineralisch (anorganisch) als auch organisch gebunden sein. Putze oder Putzbeschichtungen können, je nach Anforderung und Verwendungszweck, bauphysikalische und/oder gestalterische Aufgaben übernehmen.

Putzablöung

▸*Putzschäden*

Putzabrisse

▸*Putzrisse*

Putzarmierung

▸*Putzbewehrung*

Putzarten

Die Vielzahl der heute angebotenen Putze (Putzmörtel und –beschichtungen) kann nach ganz unterschiedlichen Kriterien differenziert werden. So wird zwischen Innen- und Außenputzen, nach Unter- und Oberputzen sowie nach dem Bindemittel (mineralisch oder organisch gebunden) und dem Einsatzgebiet unterschieden. Der Begriff mineralisch steht bei Unterputzen für kalkhaltig und/oder zementhaltig sowie gipshaltig und bei Oberputzen für Kalk- und Kalkzementputze sowie Silikatputze. Unter dem Begriff organisch gebundene Oberputze werden Kunstharz- und Siliconharzputze zusammen gefasst. Nach der Putzstruktur werden z. B. Kratzputze, Rillenputze, Modellierputze, Filzputze, Buntsteinputze differenziert, wobei regional und je nach Hersteller auch hierfür noch einmal verschiedene Begriffe verwendet werden. Aber auch hinsichtlich der bauphysikalischen Eigenschaften wie ▸*wasserabweisend*, schlagregendicht oder ▸*wasserdampfdiffusionsoffen*

A B C D E F G H I J K L M N O P Q R S T U V W X Y Z

kann eine Putzart unterschieden werden. Es gibt darüber hinaus die Möglichkeit, Putze nach ihrer Trocknung und/oder Härtung zu unterscheiden. Nach dem Eigenschaftsprofil bzw. dem Einsatzgebiet werden Leichtputze, ▸*Sanierputze*, Wärmedämmputze, ▸*Sperrputze* oder auch Maschinenputze unterschieden. Außerdem gibt es noch eine Reihe von Begriffen, die nicht genormt oder geregelt sind, sich aber am Markt durchgesetzt haben wie z. B. Spachtelputz, Haftputz, ▸*Opferputz*, ▸*Kompressenputz* oder Armierungsputz. Darüber hinaus gibt es auch noch eine Reihe undefinierter Begriffe, die in den Marketingabteilungen ihren Ursprung haben wie Renovierungsputz, ▸*Entfeuchtungsputz*, ▸*Salzspeicherputz*, Hochwassersanierputz. Diese Begriffe sind nicht genormt oder geregelt und spiegeln auch keine objektiven Eigenschaften wieder. Hinzu kommen noch die putzähnlichen Beschichtungen, die am Markt als dünnschichtige Spachtel- oder Armierungsmassen angeboten werden und ihren Ursprung in den Wärmedämmverbundsystemen hatten. Die Abgrenzung erfolgt fließend, wobei diese dünnschichtigen Spachtel- und Armierungsmassen (mineralische Putzmörtel und organisch gebundene Armierungsputze) weder in der alten DIN 18 550 noch in der neuen EN 998 Teil 1 auftauchen.

Putzaufbau

Der jeweilige Putzaufbau ist in Abhängigkeit vom Untergrund, den Objektbedingungen sowie dem Anwendungsgebiet in den Herstellerrichtlinien genau festgelegt. Diese Festlegung kann sich auf die Schichtdicke (z. B. bei ▸*Sanierputzen* mit einer Mindestschichtdicke von 2 cm), auf die Art der Endbeschichtung (z. B. bei Wärmedämmputzen mit mineralischen Oberputzen), auf den Schichtenaufbau (z. B. bei Porengrundputzen und Sanierputzen) sowie auf die Anzahl der Putzlagen und -schichten beziehen. Bei Abweichungen von diesen Herstellerrichtlinien sollte darauf geachtet werden, ob dieser definierte Putzaufbau Bestandteil von Zulassungen und Prüfbescheiden ist.

Putzbedingte Risse

Putzbedingte Risse treten ausschließlich in der Putzschicht und als Folge ungünstiger Spannungs- und Kräfteverhältnisse auf. Sie werden in der Regel durch die Putzeigenschaften oder durch die Verarbeitung verursacht. Dabei kann entweder die gesamte Putzschicht gerissen sein oder der Riss befindet sich nur im oberflächennahen Bereich. Deshalb werden diese Risse häufig auch als Putzoberflächenrisse bezeichnet. Putzbedingte Risse entwickeln keine besondere Dynamik und werden deshalb auch als sog. "beruhigte Risse" eingestuft. Bezogen auf die Putzeigenschaften werden z. B. ▸*Sackrisse*, ▸*Schrumpfrisse*, ▸*Schwindrisse* und ▸*Fettrisse* unterschieden.

Putzbewehrung

Putzbewehrungen werden ugs. auch als Putzarmierung bezeichnet. Es handelt sich um Gewebeeinlagen im Putzmörtel oder in Spachtelmassen, die aus Metall, mineralischen Fasern oder aus Kunststofffasern bestehen. Eingesetzt werden Putzbewehrungen zur Verminderung der Rissbildung vor allem dann, wenn dem Putz- oder Spachtelauftrag eine höhere Zugfestigkeit verliehen werden muss. Die Funktion der Putzbewehrung liegt darin, dass evtl. punktuell auftretende Kräfte aufgenommen und großflächig verteilt werden. Infolgedessen entstehen keine einzelnen, großen ▸*Risse*, sondern viele kleine ▸*Haarrisse*, die die optische und/oder bauphysikalische Funktion der Beschichtung nicht beeinträchtigen. Putzbewehrungen werden dann notwendig, wenn Baustoffe mit unterschiedlichem Ausdehnungsverhalten verputzt werden sollen. Dies kann z. B. beim Verputzen im Rolladenbereich, eines Mischmauerwerkes oder einer verdeckten Fachwerkkonstruktion nötig sein. Außerdem werden Putzbewehrungen fast immer verwendet, wenn eine gerissene Fassade überarbeitet wird. Hierzu werden, je nach Anforderung, entweder alkalifest ausgerüstete Glasfasergewebe oder engmaschige feine Edelstahlmatten verwendet.

Am Beispiel des Rippenstreckmetalls wird

deutlich, dass eine Putzbewehrung auch die Funktion eines Putzträgers übernehmen kann und umgekehrt. So besitzt das Rippenstreckmetall aufgrund seiner Strukturierung (Profilierung) einen definierten Abstand zum Untergrund. Diese Doppelfunktion macht einen vielseitigen Einsatz möglich und erreicht eine gute Haftung des Putzsystems zum Untergrund und eine Vorbeugung gegenüber einer evtl. Rissbildung.

Putzfestiger

Ein Putzfestiger ist in der Regel ein unpigmentiertes ▸*Grundiermittel*, das zur Verfestigung mehlender, staubiger, kreidender, sandender, angewitterter oder mürber Oberflächen eingesetzt wird. Dabei ist die ▸*Eindringtiefe* (Penetrationsvermögen) vom Saugverhalten des Untergrundes, der Art des Putzfestigers und der aufgetragenen Menge abhängig und liegt in der Regel bei < 0,5 mm. Putzfestiger gibt es als lösungsmittelhaltige oder wässrige Produkte, aber auch Wasserglaslösungen (▸*„Fixative“*) und ▸*Kieselsäureester* (für die Steinfestigung) gehören zu dieser Gruppe. Als Trocknungs- und Verfestigungszeit sind mindestens 12 Stunden vor der weiteren Beschichtung einzuhalten. Bei der Anwendung muss darauf geachtet werden, dass Putzfestiger nach erfolgter Trocknung keinen sichtbaren glänzenden Film auf dem zu beschichtenden Untergrund hinterlassen. Die meisten Putzfestiger werden nach entsprechender Verdünnung des betreffenden Konzentrates auf einen Feststoffgehalt von 8 bis 12 % verarbeitet.

Die Kombination aus Polymerisat- und Siliconharz als Grundiermittel weist eine gute Oberflächenverfestigung und Eindringtiefe auf und es wird eine gute ▸*Hydrophobierung* erzielt. Wasserglaslösungen haben eine gute verfestigende Wirkung, allerdings nur eine geringe Eindringtiefe und keine hydrophobierende Wirkung. Farblose oder pigmentierte, wässrige Grundiermittel auf Kunstharzbasis besitzen eine geringe Oberflächenverfestigung und Eindringtiefe sowie eine nur durchschnittliche Oberflächenhydrophobierung. Kieselsäureester OH besitzen eine sehr gute Verfestigung und Eindringtiefe, allerdings keine hydrophobierende Wirkung. Kieselsäureester H besitzen eine gute festigende Wirkung, eine sehr gute Eindringtiefe und keinerlei ▸*Hydrophobie*. Siliconharzimprägnierungen weisen in der Regel eine gute Eindringtiefe und sehr gute hydrohobierende Eigenschaften auf, allerdings wird keine Oberflächenverfestigung erzielt. Die wässrigen Siliconharzimprägnierungen sind im Wesentlichen den Eigenschaften der lösungsmittelhaltigen Präparate gleichzusetzen, allerdings besitzen sie eine geringere Eindringtiefe.

Putzgefüge

Unter Putzgefüge wird die Zusammensetzung eines Putzes (Bindemittel, Zuschläge, Additive und dgl.) verstanden, wobei die Art des Bindemittels, der Porenanteil und die Porengeometrie besonders wichtige Kenngrößen sind. Mit dem Putzgefüge setzt man sich in der Regel dann auseinander, wenn eine Belastung des Putzes vorliegt. So kann das Putzgefüge z. B. durch ▸*Hydratation* und/oder ▸*Kristallisation*, durch thermisches Quellen und/oder Schwinden belastet sein und der daraus resultierende ▸*Hydratations- und Kristallisationsdruck* wirkt entweder auf den ▸*Zuschlagsstoff*, den ▸*Porenraum* oder das Bindemittel sowie im schlimmsten Fall auf alles. Neben diesen physikalischen und chemischen Einflüssen auf das Putzgefüge kann dieses auch noch (mikro)biologischen Angriffen ausgesetzt sein.

Putzgips

▸*Baugips*

Putzgrund

Der Begriff Putzgrund kann sehr vielfältig ausgelegt werden. Klassische Untergründe sind z. B. Mauerwerke. Diese können aber nicht als definierter Untergrund betrachtet werden, da es alleine im Bereich der Ziegelmauerwerke gravierende Material- und Ausführungsunterschiede gibt. Darüber hinaus werden Mauerwerke aus Kalksandstein, Beton, Porenbeton,

A B C D E F G H I J K L M N O P Q R S T U V W X Y Z

Leichtbeton, Bims-, Blähton- oder Bruchstein ausgeführt. Hinzu kommen Mischmauerwerke. Alle Mauerwerke können zusätzlich feuchte- und/oder salzbelastet sein oder auch Risse aufweisen. Zu berücksichtigen sind auch die Stein-Putz-Risse auf hochwärmedämmenden neuen Mauerwerken. Daneben gibt es noch Fachwerk und sonstige Holzkonstruktionen, Holzspanschalungssteine, Holzwolleleichtbauplatten, Gipskarton- und Gipsbauplatten, Faserzementplatten, Polystyrolhartschaum- und andere Dämmplatten, Schaum- bzw. Foamglas, Fliesen und Steingut sowie metallische Untergründe, die heute verputzt werden. Alle diese Untergründe können zusätzlich Schäden aufweisen oder alte Substanzen enthalten, die durchschlagend und/oder haftungsvermindernd wirken.

Der Putzgrund muss so fest sein, dass er den Putz auf seine gesamten Fläche tragen kann. Lose Teile, Staub oder Schmutz sowie haftungsmindernde Schichten oder Reste müssen komplett entfernt werden. Weiche und/oder nicht tragfähige Untergründe sind vor dem Verputzen zu verfestigen. Der Putzgrund sollte porös sein, damit ein Teil des Anmachwassers darin eindringen kann, aber nur soviel, dass der Putz nicht „verdurstet". Je nach Untergrund- und Objektbedingungen ist der Untergrund gut vorzunässen (mineralische Putze) oder mit einer Aufbrennsperre bzw. einem Putzgrund (organisch gebundene Putzbeschichtung) zu streichen. Untergründe mit vorhandenen Rissen und/oder Fugen können nicht direkt verputzt werden, ohne dass ein Risiko für eine erneute Rissbildung besteht. Bewegungen im Untergrund müssen deshalb zunächst einmal unterbunden und die Ursache beseitigt werden, bevor anschließend der Putzmörtel oder die Putzbeschichtung aufgebracht werden kann, die ggf. gewebearmiert wird. Konstruktionselemente und/oder Bauteile, die mit dem Putz nicht in Berührung kommen dürfen (z. B. Holz, Fachwerkkonstruktionen, Stahlträger) müssen vor dem Verputzen/ Beschichten fachgerecht abgedeckt und mit einem geeigneten Putzträger überspannt werden. Über Dehnungs- und ▸*Bewegungsfugen* des Bauwerks darf der Putz nicht gezogen werden, er muss durch geeignete Putzprofile getrennt werden. Auch ungeschützte Rohrleitungen dürfen nicht überputzt werden.

Putzgrundbedingte Risse

Aus dem unmittelbaren Putzgrund (Untergrund) können Risse durch hygrisch und thermisch bedingte Volumenänderungen des Untergrundes wie z. B. bei durchfeuchteten Holzwolle-Leichtbauplatten entstehen. Aber auch Materialwechsel im Untergrund, so z. B. der Wechsel von Ziegel zu bindemittelgebundenen Steinen oder Beton, die ein unterschiedliches Saug-, Quell- und Schwindverhalten sowie unterschiedliche thermische Eigenschaften aufweisen, können für putzgrundbedingte Risse ursächlich sein, ebenso Unebenheiten des Putzgrundes, die zu sprunghaften Putzdickenänderungen führen, wie z. B. nicht ausreichend vermörtelte Fugen. Diese Bedingungen können zu hohen Beanspruchungen in der Putzschicht und zu unterschiedlichen Eigenschaften benachbarter Putzflächen führen und in Folge zu Rissen.

Putzhaftung

Auch wenn ugs. unter Putzhaftung die Haftung (Gewährleistung) des Herstellers für sein Putzsystem verstanden wird, so gibt es auch eine technische Definition. Sie beschreibt die ▸*Adhäsion* des Unterputzes auf dem Untergrund oder die des Oberputzes auf einem Unterputz. Infolgedessen müssen die Untergründe tragfähig, sauber und frei von trennenden Substanzen (Rückständen) sein. Bei nicht saugfähigem Untergrund kann es notwendig werden, einen Haftputz oder eine Haftbrücke zu applizieren. Diese Materialien besitzen durch ihre organischen Anteile eine ausreichende Haftung zum Untergrund. In der Regel wird ein Spritzbewurf aufgebracht, der wegen seiner Rauhigkeit eine tragfähige Oberfläche für den nachfolgenden Putzaufbau sicherstellt. Liegt ein offenporiger, saugfähiger und griffiger Untergrund vor, kann der Untergrund auch ohne zusätzliche Untergrundvorbehandlung direkt verputzt werden.

Putzlagen

Der Begriff Putzlage wird oft mit dem Begriff Putzschicht gleichgesetzt oder verwechselt. Als Putzlage wird die in einem Arbeitsgang aufgebrachte Putzschicht des gleiches Putzmörtels bezeichnet. Wird also z. B. ein ▸*Sanierputz* in 3 Arbeitsgängen aufgebracht, dann werden 3 Putzlagen verarbeitet. Dem gegenüber beschreibt der Begriff Putzschicht den in einem Arbeitsgang aufgebrachten Putzmörtel gleicher Art oder eines anderen Putzmörtels. Wird also z. B. ein Sanierputzsystem, bestehend aus Spritzbewurf, einer Putzlage ▸*Porengrundputz* und zwei Putzlagen Sanierputz aufgebracht und anschließend noch ein ▸*Silikatputz* als Schlussbeschichtung aufgezogen, dann besteht das Sanierputzsystem aus 4 Putzschichten, da der Spritzbewurf keine Putzschicht ist. Eine Putzschicht ist also immer eine Putzlage, aber umgekehrt muss eine Putzlage nicht automatisch eine Putzschicht sein.

Die untere Putzlage wird als Grund-, Unter- oder Porengrundputz, die obere Putzlage als Oberputz oder als Schluss- bzw. Deckbeschichtung bezeichnet. Dies hängt davon ab, ob der Oberputz noch abschließend gestrichen wird oder so stehen bleibt.

Putzmangel

Im Gegensatz zu einem Putzschaden, bei dem immer auch eine Einschränkung der technischen Funktion vorliegt, liegt bei einem Putzmangel eine optische Beeinträchtigung vor. Dies können Farbtonveränderungen (z. B. Ausbleichungen oder Fleckenbildung), mikrobieller Befall oder Kalziumkarbonatausblühungen sein. Aber auch eine mangelhafte Putzstruktur oder die Nichteinhaltung einer Mindestschichtdicke zählt zu einem Putzmangel, da die Ausführung nicht den vereinbarten Leistungen entspricht. Ein Putzmangel ist nicht automatisch ein Putzschaden, dieser kann aber mit der Zeit durch einen Putzmangel verursacht werden.

▸*Mangel*

Putzmörtel

▸*Putz*

▸*Putzart*

Putzrisse

Putzrisse treten immer dann auf, wenn Formveränderungen und Bewegungen im Putzgrund behindert werden. Dabei kann die ▸*Zugspannung* größer als die ▸*Zugfestigkeit* sein, so dass es auf Grund der unterschiedlichen Kräfteverhältnisse zwangsläufig zur Rissbildung kommen muss. Die Zugspannung kann aber auch größer als die Haft(scher)festigkeit sein. Im Regelfall bildet sich dann eine Hohlstelle, die zum Ablösen der Oberfläche und damit zur Rissbildung führt. Oder die Zugspannung ist größer als die Scherfestigkeit. Dies tritt vor allem bei Putzsystemen auf, die sich dann im Querschnitt teilen. Es entsteht wiederum eine Hohlstelle, die zum Ablösen des Putzes und damit zu ▸*Abplatzungen* führt.

▸*Risse*

▸*Rissarten*

▸*Rissursache*

A B C D E F G H I J K L M N O P Q R S T U V W X Y Z

Putzsanierung

Eine Putzsanierung nach der klassischen Definition („der Putz wird saniert") wird nur in der Baudenkmalpflege durchgeführt. Dann wird der vorhandene Putz gereinigt, ausgebessert, verfestigt, die Haftung zum Untergrund verbessert, ▸*hydrophobiert* oder durch einen neuen Anstrich versehen. In der Regel handelt es sich dann um historische Putze oder Putztechniken, die erhalten werden sollen. Auch die Überarbeitung eines alten Putzes durch dünnschichtige Armierungs- oder Spachtelmassen in der Altbausanierung oder Nacharbeiten im Rahmen Gewährleistung können als Putzsanierung bezeichnet werden.

Allgemein wird unter Putzsanierung das Entfernen von schadhaften Putzen und der Auftrag eines neuen Putzsystems verstanden. Hierbei handelt es sich genau genommen aber um eine Putzerneuerung und keine Putzsanierung.

Putzschäden

Werden alle Putzschäden und deren Ursachen wie treibende Angriffe (durch Frostschäden, Salzschäden infolge ▸*Hydratation* und ▸*Kristallisation*, Bindemittelumwandlung usw.), lösende Angriffe (durch die Auflösung oder Umwandlung der Bindemittel- und ▸*Zuschlagsstoffe* durch den Einfluss saurer Schadstoffe), Schäden durch Quell- und Schwindvorgänge (wie hygrische und/oder thermische Effekte), Schäden durch ▸*hygroskopische* Effekte sowie mikrobieller Befall quantifiziert, so sind ▸*Risse* die häufigste Schadensart. Hierbei können Risse ganz unterschiedliche Auswirkungen haben, von einer optisch-ästhetischen Beeinträchtigung, die untergeordnet oder zu vernachlässigen ist, bis hin zu einer starken ▸*Durchfeuchtung* und in der weiteren Folge dem Verlust des Wärmeschutzes. Mengenmäßig folgen dem Durchfeuchtungen, die auf kapillare Ursachen, auf Hygroskopizität, aber auch auf Risse zurückgeführt werden können. Diese wiederum können einen mikrobiellen Befall oder auch treibende und/oder lösende Angriffe beschleunigen. Damit wird deutlich, dass sich die Putzschäden in ihren Ursachen oft überlagern und/oder gegenseitig verursachen. Im Gegensatz zu einem Putzmangel, der nur eine optische Beeinträchtigung darstellt, ist ein Putzschaden immer auch mit einer Einschränkung der technischen Funktion verbunden.

© siehe Anhang

© siehe Anhang

Putzschalenrisse

Der Begriff Putzschalenrisse wird im BFS-Merkblatt zur ▸*Risssanierung* verwendet und beschreibt die im ▸*WTA-Merkblatt* zur Risssanierung beschriebenen ▸*putzbedingten Risse*. Hierbei handelt es sich um Risse, die sich nur in der Oberfläche der Putzschicht (Putzschale) befinden und in der Regel unter 1mm breit und tief sind. Im Gegensatz dazu gibt es auch ▸*putzgrundbedingte Risse*, die ihre Ursache im Putz(unter)grund haben und durch die gesamte Putzschicht (Putzschale) gehen. Diese werden in der Regel nicht als ▸*Putzschalenrisse* bezeichnet.

Putzschichten

▸*Putzlage*

Putzschichtdicke

Die Schichtdicke für Putzsysteme war über viele Jahrzehnte in der DIN 18 550 „Putz" mit 20 mm für einen Außenputz (Mindestschichtdicke 15 mm) definiert. Diese resultierte aus der für den Witterungsschutz notwendigen Putzschichtdicke. Auf Grund der Weiterentwicklung der klassischen Kalk- oder Kalkzementputze zu schwach ▸*hydrophoben* Putzmörteln (z. B. Leicht- oder Wärmedämmputze) bis hin zu den hoch hydrophoben Putzmörteln (z. B. ▸*Sanierputze* oder Faserleichtputze) hat sich die Putzschichtdicke in den letzten Jahren auf 10mm (im Durchschnitt) reduziert. Hinzu kommen stark wasserabweisende Oberputze, die den darunter liegenden Unterputz vor Feuchtigkeit und sonstigen Witterungseinflüssen schützen. Diese Entwicklung der bauphysikalisch-technischen Eigenschaften wurde zusätzlich durch eine veränderte Bauweise unterstützt. So wurden Mauerwerke bis vor einigen Jahren noch traditionell gemauert und wiesen eine Lager- und Stoßfuge von etwa 1cm auf. Die Putzschichtdicke hatte also neben dem Witterungsschutz auch die Aufgabe, Untergrundunebenheiten auszugleichen. Mauerwerke heutiger Bauart werden oft geklebt und weisen nur minimale Unebenheiten in der Flucht auf, so dass dünnlagige Ausgleichs- oder Unterputze ausreichen.

Diese für den Neubau geltenden Putzschichtdicken können im Altbau oder systemrelevant nicht immer angewendet werden. So müssen Wärmedämmputze der entsprechenden Energiebilanz des Mauerwerkes bzw. des Bauteils angepasst werden und können daher eine Putzschichtdicke von 4 bis 8 cm haben. Auch für Sanierputze gelten Mindestschichtdicken von 2 cm, wobei in der Praxis 2 bis 4 cm (in Ausnahmen auch mehr) ausgeführt werden.

Putzträger

Putzträger sind flächig ausgebildet und dienen dazu, die Haftung einer Putzbeschichtung zum Untergrund zu verbessern oder einen von der tragenden Konstruktion unabhängigen Putzaufbau zu ermöglichen. Es handelt sich hierbei um plattenförmige oder mattenartige Gewebe und Gitter. Zur Anwendung kommen z. B. Ziegeldrahtgewebe (auch Drahtziegelgewebe genannt), Drahtgewebe (auch als Rabitzgewebe bekannt), Rippenstreck- und Rippenlochmetall. Aber auch Holzwolleleichtbauplatten, Schilfrohrmatten und Gipskartonplatten sowie spezielle Noppenbahnen mit Gewebeauflage können verwendet werden. Befestigungsmittel wie z. B. Dübel dürfen erst 15cm über der Geländeoberkante eingesetzt werden, da der Spritzwasserschutz bis in diese Höhe ausgebildet bzw. die Abdichtung ausgeführt werden muss. Bei der Instandsetzung von feuchte- und salzgeschädigten Mauerwerken und/oder in Nassräumen müssen Putzträger korrosionsbeständig sein.

Puzzolane

Puzzolane gehören zu den hydraulischen Bindemitteln, die in der Natur z. B. als ▸*Trass* vorkommen. Der Name Puzzolane wurde von der Puzzolanerde abgeleitet, die in der Nähe der Stadt Puzzuoli bei Neapel vorkommt. Bereits Vitruv (als Baumeister der römischen Antike) beschreibt diese Puzzolane in seinen „10 Büchern zur Architektur".

Puzzolane sind latent-hydraulische Stoffe und enthalten reaktionsfähige Kieselsäure, wobei die Zusammensetzung von Trass ähnlich ist. Puzzolane erhärten nach dem Anmischen mit Wasser nicht selbständig. Fein gemahlen reagieren sie mit gelöstem Kalziumhydroxid; es entstehen die festigkeitsbildenden Kalziumsilikat- und Kalziumaluminatverbindungen. Puzzolane bestehen hauptsächlich aus reaktionsfähigen Siliziumdioxid und Aluminiumoxid mit Anteilen anderer Oxide, z. B. Eisen(III)oxid. Der Anteil von reaktionsfähigen Kalziumoxid ist für die Erhärtung unbedeutend. Puzzolanerde wird ugs. als gemahlene Vulkanschlacke bezeichnet.

PVC-Dichtungsbahn

Polyvinylchlorid (PVC) als Basis für die gleichnamigen ▸*Kunststoff-Dichtungsbahnen* ist ein harter, fester und spröder, thermoplastischer

▸*Kunststoff*, der erst durch die Zugabe von Weichmachern die weiche, elastische und formbare Konsistenz bekommt, die für einen Einsatz als Abdichtungsstoff wichtig sind. Diese ▸*Dichtungsbahnen* werden als PVC-weich (oder kurz PVC-P) bezeichnet. Die Zugabe der ▸*Additive* verbessert darüber hinaus die physikalischen Eigenschaften wie die Temperatur-, Licht- und Wetterbeständigkeit, die Zähigkeit und Elastizität sowie die Verarbeitbarkeit. Bei entsprechender Auswahl des Weichmachers sind PVC-P Dichtungsbahnen bitumenverträglich. Dennoch ist eine Verbindung der Nähte und Stöße nur durch Verschweißung zulässig.

Eigenschaften und Anwendung von PVC-Dichtungsbahnen sind in der ▸*DIN 18 195 „Bauwerksabdichtung“* und in einer eigenen Materialstoffnorm (in der DIN 16 937 für die bitumenverträglichen und in der DIN 16 738 für die nicht bitumenverträglichen PVC-Dichtungsbahnen) festgelegt. Um mögliche Weichmacherwanderungen zu unterbinden, werden einige der nicht bitumenverträglichen PVC-Dichtungsbahnen auch mit einer unterseitigen Vlieskaschierung angeboten. Diese Kunststoffbahnen sind in der DIN 16 735 geregelt.

PVK

▸*Pigment-Volumen-Konzentration*

Q

Quadermauerwerk

▸*Bruchsteinmauerwerk*
▸*Natursteinmauerwerk*

Qualitative Salzanalyse

Im Rahmen einer Voruntersuchung wird auch der Salzgehalt geschädigter Baustoffe ermittelt. Der erste Nachweis erfolgt in der Regel nur durch eine qualitative Salzanalyse, die schnell und einfach vor Ort durchgeführt werden kann. Hierfür werden die Salze vom Untergrund abgenommen und in destilliertem Wasser gelöst. In Abhängigkeit von der vorhandenen Salzmenge stellt sich ein typischer ▸*pH-Wert* ein, der als Indizien für die Anwesenheit verschiedener Salze gilt. Die qualitative Salanalyse liefert nur das Ergebnis, ob Salze vorhanden sind – ob es sich hierbei um ▸*Sulfate*, ▸*Nitrate*, ▸*Karbonate* oder ▸*Chloride* handelt, kann mit dieser Analyse nicht bestimmt werden. Hierzu wird eine quantitative Salzanalyse benötigt.

Quantitative Salzanalyse

Im Gegensatz zur qualitativen Salzanalyse, die nur das Vorhandensein von Salzen nachweist, werden bei der quantitativen Salzanalyse die Anionen (▸*Chlorid*, ▸*Nitrat*, ▸*Sulfat*) und Kationen (▸*Natrium*, ▸*Kalium*, ▸*Ammonium*, ▸*Kalzium* oder ▸*Magnesium*) bestimmt. Mit dieser Analyse wird also die Art und Menge der einzelnen vorhandenen ▸*Salze* nachgewiesen. Durch die genaue Dokumentation der Probeentnahme kann die Salzverteilung im Mauerwerksquerschnitt sowie in der Vertikalen dargestellt und ausgewertet werden. In Ausnahmefällen werden auch sog. ▸*Salz-Tomogramme* erstellt.

Für die quantitative Salzanalyse sind alle nasschemischen Verfahren, die Ionen-Chromatografie, die Röntgendiffraktometrie sowie die Photometrie geeignet. Da die erstgenannten Verfahren sehr aufwendig sind, hat sich in den letzten Jahren zunehmend die Photometrie durchgesetzt. Dieses Verfahren ist relativ kostengünstig, besitzt aber den Nachteil, dass nur die Anionen bestimmt werden können. Das Messprinzip basiert darauf, dass das Filtrat mit Reagenzien versetzt wird, die auf die einzelnen Anionen spezifisch reagieren. In der Folge kommt es zu einem Farbumschlag, an dem die Konzentration der einzelnen Anionen in der Lösung bestimmt werden können.

Quantitative Wasseraufnahme

Die Bestimmung der ▸*Wasseraufnahme* am Objekt erfolgt in der Regel aus zwei Gründen. Zum einen werden mit dieser Prüfung Angaben über die ▸*Porosität* sowie ▸*Hydrophilie* (Wasseraufnahme) oder ▸*Hydrophobie* (Wasserabweisung) von Oberflächen dokumentiert. Dabei muss berücksichtigt werden, dass z. B. die hydrophobe Eigenschaft einer Oberfläche nicht nur die Folge von Imprägnierungen oder Anstrichen ist, sondern auch durch Schmutz- oder Rußablagerungen verursacht sein kann. Zum anderen wird die Wasseraufnahme vor einer Sanierung bestimmt, um z. B. die qualitative Veränderung einer Oberfläche nach der Sanierung mit dem Zustand vorher vergleichen zu können. Die Bestimmung der Wasseraufnahme kann qualitativ erfolgen, dann in der Regel am Objekt (z. B. Karsten´sches Prüfrohr) oder quantitativ, dann nur im Labor. Für die Bestimmung der quantitativen Wasseraufnahme stehen drei verschiedene Methoden zur Verfügung. Bei der Bestimmung der Wasseraufnahme unter Atmosphäre werden die Proben nach DIN 52 103 unter Wasser gelagert und nach definierten Zeiten gewogen. Dabei wird die Gewichtszunahme in Bezug auf das Trockengewicht registriert. Ergänzend hierzu wird die Wasseraufnahme unter Vakuum bestimmt, um den Wassersättigungskoeffizienten zu ermitteln. Die Wasseraufnahme unter Druck wird gemessen, um auch die sehr kleinen Poren eines Baustoffes mit Wasser zu füllen. Diese Messmethode ist geeignet, um nahezu das gesamte ▸*Porenvolumen* zu ermitteln. Hierzu werden die getrockneten Poren mit einem unter Druck von 15 N/mm^2 stehenden Wasser gesättigt.

Quarz

Quarz ist mit etwa 12% Anteil nach den verschiedenen Feldspat-Arten das häufigste Mineral der Erdkruste und besteht aus Siliziumdioxid (SiO_2). In der kristallinen Form als sog. Kieselsäure ist Quarz meist farblos oder weißlich-trübe, durchsichtig-klar bis undurchsichtig und häufig durch Verunreinigungen, wie z. B. Eisenverbindungen, leicht gefärbt. Quarz steht in einer Vielzahl von Klassifizierungen (= Korngrößenverteilungen) vom feinen Mehl über Sande unterschiedlicher Sieblinien bis zu diversen Körnungen zur Verfügung. Quarzsand oder Quarzmehl wird als Füllstoff für Putze und Farben sowie für weitere Beschichtungen verwendet. Quarz zeichnet sich vor allem durch große Härte und chemische Widerstandsfähigkeit, sowie große Licht- und Wetterbeständigkeit aus. Quarz ist ein relativ preiswerter ▸*Füllstoff*. Gelegentlich wird Quarz mit Kalzit verwechselt, obwohl es wegen seiner größeren Härte und der Reaktion mit Salzsäure leicht von Kalzit zu unterscheiden ist.

Quarzit

Quarzit ist ein fein- bis mittelkörniges metamorphes Gestein mit weiß-grauem Farbton und einer gewissen Ähnlichkeit mit Marmor. Liegt ein brauner oder grauer Farbton vor, ist Quarzit in der Regel durch Magnetit oder Pyrit verunreinigt. Da Quarzit fast ausschließlich aus miteinander verbundenen rekristallisierten Quarzkörnern besteht, ist es ein sehr hartes und sprödes Festgestein. Infolgedessen ist Quarzit gegenüber Erosion und Verwitterung widerstandsfähig und wird als Zuschlagstoff in Putzen und sonstigen mineralischen Baustoffen eingesetzt.

Quecksilberdruckporosimetrie

Die Quecksilberdruckporosimetrie ist ein Messverfahren, um die Verteilung der ▸*Porengröße* z. B. in ▸*Sanierputzen* zu bestimmen. Das Verfahren ist für ▸*Poren* in einer Größe von 0,1mm bis knapp 2nm geeignet.

Quecksilberporosimeter

Mit einem Quecksilberporosimeter können ▸*Porengehalt*, ▸*Porengrößenverteilung*, ▸*Porenvolumen* und spezifische Oberfläche von Baustoffen ermittelt werden. Hierzu wird die in die offenen ▸*Poren* eintretende Quecksilbermenge in Abhängigkeit vom äußeren Druck gemessen und so auf die Porengröße und deren Häufigkeitsverteilung geschlossen. Das zerstörungsarme Messverfahren ist relativ aufwändig und sollte nur vom Spezialisten eingesetzt werden.

Quellbarkeit

Unter Quellbarkeit versteht man die Eigenschaft eines Festkörpers, sein Volumen und seine Gestalt durch die Einwirkung von Flüssigkeit, Dämpfen oder Gasen zu verändern. Für Beschichtungen definiert die DIN 55 945 unter diesem Begriff eine Volumenvergrößerung, insbesondere durch die Aufnahme von Flüssigkeiten, wie z. B. Wasser oder Lösungsmittel, in dessen Folge die physikalischen und mechanischen Werte der betreffenden Filme verändert werden: die Haftung am Untergrund vermindert sich, die Dehnfähigkeit nimmt zu, die ▸*Kohäsion* ab usw. Andererseits können sich auch Untergründe durch Quellung verändern, wie z. B. Holz durch ▸*Feuchtigkeitsaufnahme* quillt und durch -abgabe schwindet. Diese Volumenexpansion und -kontraktion muss bei der Formulierung entsprechender Beschichtungsstoffe berücksichtigt werden, um Schäden wie Haftungsverlust, Rissbildung u. a. zu vermeiden. Quellvorgänge können reversibel sein, jedoch bei unbegrenzter Quellung auch bis zum Auflösen einer Schicht führen. Bei wiederholten Quell- und Schrumpfvorgängen reduzieren sich die mechanischen Werte von Beschichtungen meist in Abhängigkeit vom jeweiligen Medium, von Zeitdauer und Temperatur der Einwirkung und der anschließenden Rücktrocknung.

Quellbeton

▸*Quellmörtel*

Quellen
Der Begriff Quellen beschreibt die Volumenzunahme eines festen Körpers durch Aufnahme von Flüssigkeit und/oder Gas. Für Baustoffe und Schadensmechanismen ist das hygrische und/oder thermische Quellen relevant. In Folge der Volumenzunahme kommt es zu einer Belastung des Gefüges und zu Spannungen. Sind diese Spannungen größer als die Kohäsionskräfte der Baustoffe, kommt es zu ▸*Rissen* und sonstigen Gefügestörungen. Im Zusammenhang mit dem Quellen muss auch das (hygrische und/oder thermische) Schwinden genannt werden.

Quellgummi
▸*Quellprofile*

Quellkautschuk
▸*Quellprofile*

Quellmaß
Das Quellmaß gibt an, um wie viel mm pro m sich ein Baustoff bei der Volumenzunahme in Folge der Aufnahme von Flüssigkeit und/oder Gas ausdehnt. Die sich dadurch einstellende Längenänderung bei Baustoffen wird als Quellmaß bezeichnet, wenn die Wassersättigung erreicht wurde.
▸*Hygrisches Quellen*

Quellminderer
Sog. Quellminderer werden Baustoffen gezielt zugegeben, um einem hygrischen Quellen vorzubeugen. Hierbei handelt es sich um spezielle ▸*Tenside*, die in der Bindemittelmatrix und dem ▸*Porengefüge* eine ▸*kapillare Wasseraufnahme* erschweren und infolgedessen das Quellmaß reduzieren.

Quellmörtel
Quellmörtel werden eingesetzt, wenn bei der Härtung eine gezielte Volumenzunahme gewünscht wird. Dies kann z. B. bei der ▸*nachträglichen Horizontalabdichtung* mittels ▸*Mauersägeverfahren* der Fall sein, wenn der eingebrachte Schlitz nach dem Einfügen der Abdichtungsschicht wieder kraftschlüssig verschlossen werden soll. Des Weiteren kommen Quellmörtel beim Setzen von Ankern zum Einsatz, damit der Einsatz kraftschlüssig erfolgt. Genau genommen ist die Volumenzunahme bei der Härtung auf eine gesteuerte Treibreaktion zurück zu führen, die durch Quellzement oder spezielle Zusätze erreicht wird. Hierbei kommt es zur Bildung des kristallwasserreichen und voluminösen ▸*Ettringit*, so dass die Menge der Zusätze und der Einsatz der Quellmörtel gut gewählt werden müssen.

Quellprinzip
▸*Fugenabdichtung*

Quellprofile
Quellprofile werden bei der ▸*Fugenabdichtung* eingesetzt und bestehen aus modifiziertem Bentonit oder Quellkautschuk bzw. quellfähigem ▸*Kunststoff*.

Quellvermögen
▸*Quellen*
▸*Quellmaß*

Querdehnzahl
Die Querdehnzahl ist eine Kenngröße der ▸*Spannung*. Wird ein Baustoff auf Spannung beansprucht, ergibt sich nicht nur eine Längsdehnung in Richtung der Spannung, sondern auch eine Querdehnung. Diese wird durch die Querdehnzahl ausgedrückt und definiert das Verhältnis von Quer- zu Längsdehnung.

Querschnittsabdichtung
▸*Horizontalabdichtung*

R

Radierverfahren

▸*Reinigungsverfahren*

Räumlicher Ausdehnungskoeffizient

▸*Längenausdehnungskoeffizient*

Rammverfahren

▸*Chromstahlblechverfahren*

Randwinkel

Der Randwinkel oder Kontaktwinkel ist eine messbare Größe, welche die ▸*Benetzbarkeit* einer festen Fläche durch eine Flüssigkeit charakterisiert: Je besser die Benetzungsfähigkeit der flüssigen Phase, desto kleiner der Randwinkel und umgekehrt. Ein großer Randwinkel bedeutet andererseits eine große ▸*Oberflächenspannung* der betreffenden Flüssigkeit. Wird die Oberflächenspannung durch einen geeigneten Zusatz herabgesetzt, steigt die Benetzungsfähigkeit, der Randwinkel wird kleiner. Durch Vergleichsmessungen lässt sich so die Effektivität eines Netzmittels nachweisen.

Rasterelektronenmikroskop

Als Rasterelektronenmikroskop (REM) bezeichnet man ein Elektronenmikroskop, bei dem ein fein gebündelter Elektronenstrahl in einem bestimmten Muster (Raster) über das entsprechende Objekt geführt wird, das vergrößert abgebildet werden soll. Es dient zur Gefügeuntersuchung und -vermessung von allen hochvakuumbeständigen Materialien in dreidimensionaler Darstellung. Die mit einem Rasterelektronenmikroskop erzeugten Bilder sind Abbildungen der Objektoberflächen und sie weisen im Vergleich zu Bildern, die mit lichtoptischen Durchlichtmikroskopen erzeugt werden, eine höhere Schärfentiefe auf. Der maximale theoretische Vergrößerungsfaktor liegt etwa bei 1:500.000, während dieser bei der Lichtmikroskopie bei etwa 1:2000 liegt. Die Bildinformation liegt in s/w-Information vor und kann auf verschiedenen Medien (Dia, Papierbild, Videoprint, Bit-Map) dokumentiert werden. In vielen Fällen und je nach Anforderung wird das Rasterelektronenmikroskop mit einer EDX (Energiedispersive Mikrobereichsanalyse) gekoppelt. Damit wird die Möglichkeit geschaffen, an den Proben im Rasterelektronenmikroskop chemische Analysen punktgenau (μm-große Partikel) oder im Querschnitt durchzuführen.

Rauheit (Rauigkeit)

Unter Rauheit wird die offenporige Oberfläche eines festen Körpers verstanden. Sie beschreibt die physikalisch-mechanische Haftung einer Beschichtung auf einem Untergrund. Die Rauheit eines Untergrundes spielt vor allem dann eine große Rolle, wenn Beschichtungen mit hohem Flächengewicht auf einem wenig oder nicht saugfähigen Untergrund aufgebracht werden müssen.

Um die Rauheit eines Untergrundes zu erhöhen, gibt es verschiedene Möglichkeiten. Zum einen kann der Untergrund physikalisch aufgeraut werden, in dem der Untergrund aufgekämmt (frischen Putzmörtel) oder aufgekratzt (erhärteter Putz) wird. Zum anderen können Altbeschichtungen auch angeätzt oder angeschliffen werden, um die Rauheit durch eine chemische Reaktion zu erhöhen. Außerdem kann durch das Vorspritzen des Untergrundes mit einem Spritzbewurf die Untergrundoberfläche aufgeraut werden.

Raumbeständigkeit

▸*Beständigkeit*

Raumfugen

Sog. Raumfugen sind ▸*Dehnfugen* und gehören zur Gruppe der Bewegungsfugen. Sie dienen zum Ausgleich von Volumenänderungen beim Beton, die durch Schwinden, Quellen und/oder Temperaturschwankungen auftreten können. Die Fugenbreite richtet sich nach den Objektbedingungen und konstruktiven Aspekten und beträgt in der Regel 20 mm. Raumfugen können mit sog. Dehnungsfugenbändern oder Fugenabschlussbändern abgedichtet werden. Bei geringeren Belastungen können auch geeignete Fugenmassen, die sog. elastischen ▸*Dichtungsstoffe*, eingesetzt werden.

Raumklima

Als Raumklima bezeichnet man das Mikroklima in einem Raum eines Gebäudes. Dieses wird durch eine Vielzahl von Faktoren beeinflusst. Temperatur: wichtig für das Wohlbefinden ist nicht nur die eigentliche Lufttemperatur, sondern insbesondere der Anteil der Wärmestrahlung (Infrarotstrahlung). Mit einem hohen Anteil von Wärmestrahlung wird ein Raum als angenehm empfunden, selbst bei niedriger Temperatur. Ein hoher Wärmestrahlungsanteil resultiert aus einer hohen Oberflächentemperatur und kann durch eine gute Außenwärmedämmung, Wärmeschutzverglasung, mit Niedertemperaturheizsystemen mit großflächigen Heizkörpern sowie einer Wandheizung und Fußbodenheizung erzielt werden. Luftfeuchtigkeit: als angenehm empfunden wird eine Luftfeuchtigkeit zwischen 35 und 65%. Je höher die Luftfeuchtigkeit ist, desto niedriger ist die Temperatur, die noch als angenehm empfunden wird. Eine zu geringe Luftfeuchte in der Heizperiode führt zu Reizungen der Schleimhäute. Zu hohe Luftfeuchtigkeit kann bei konstruktiven Baufehlern zu Kondensation und Tauwasserausfall an kühleren Bauteilen führen, wodurch die Gefahr von Schimmelpilzbefall steigt. Luftbewegung: insbesondere in Räumen mit Klimaanlagen, großen, kalten Fensterflächen oder undichten Fensterrahmen kann es zu unangenehmen, kühlen Luftzug kommen. Gehalt an Schadstoffen: durch die Verwendung vieler Chemikalien im Haushalt (Lacke, Sprays usw.) bzw. durch Baumaterialien ist der Gehalt an Schadstoffen in der Raumluft oft um ein mehrfaches höher als in der Außenluft. Auch bei energiesparendem Heizen sollte deshalb regelmäßig gelüftet werden. Weitere Schadstoffquellen können Möbel aus Spanplatten (Formaldehyd), mit Holzschutzmitteln behandeltes Holz und Ausdünstungen von Elektrogeräten, Polstermöbeln, Teppichen und Tapeten sein. Richtwerte für zulässige Höchstkonzentrationen von Schadstoffen in Innenräumen existieren nur in Ausnahmefällen und nur für gewerblich genutzte Räume. Diffusionsverhalten der Baustoffe: die Diffusionsfähigkeit der verwendeten Baustoffe („atmende Wände") hat ebenfalls Einfluss auf das Raumklima, auch wenn nur zwischen 1 und maximal 3% der anfallenden Wasserdampfdiffusion durch Außenbauteile und -konstruktion geht. Der wesentliche Anteil des Luftaustausches findet über die Lüftung statt. Licht: eine nicht zu unterschätzende Wirkung auf das Raumklima hat das Licht, wobei noch so gutes künstliches Licht nie das natürliche Tageslicht ersetzen kann. Da auf Kunstlicht aber nicht verzichtet werden kann, sollte bei der Wahl der Lichtquellen auf geeignete Glüh-, Energiespar- und Halogenlampen, Leuchtstoffröhren usw. geachtet werden. Hausstaub: durch die Vielzahl der verschiedenen Allergene, die im Hausstaub vertreten sein können, wird die Staubkonzentration in Innenräumen heute nicht mehr nur nach Reinheitskriterien bewertet. Häufigste Allergene im Hausstaub sind ▸*Schimmelpilze* und Hausstaubmilben. Eine Vielzahl von Schadstoffen lagert sich an der Oberfläche der Staubpartikel an, insbesondere schwerflüchtige Verbindungen wie z. B. Wirkstoffe aus Holzschutzmitteln, Pestizide oder Polyzyklische Aromatische Kohlenwasserstoffe (PAK).

Raumklimatologie

Die Raumklimatologie ist die Lehre von den klimatischen Bedingungen in geschlossenen Räumen. Sie ist je nach Aufgabenstellung und Zielsetzung eine Teildisziplin der Baubiologen, Umweltmediziner und/oder Bauphysiker.

Raumluftfeuchtigkeit

Raumluftfeuchtigkeit bezeichnet die Feuchtigkeit in Innenräumen, die aus anfallendem Wasserdampf, der durch die Atemluft anwesender Personen, durch Duschen, Kochen, Baden, aber auch durch Pflanzen oder offene

Wasserstellen (z. B. Aquarien) produziert wird. In der Regel wird eine zu hohe Raumluftfeuchtigkeit durch Lüften vermieden, denn dabei wird ein Teil der warmen, feuchten und Sauerstoffarmen, also verbrauchten Raumluft durch frische und meist kühlere Außenluft ersetzt.

Raumtrocknung

Bei zu hoher Feuchtigkeit im Neubau oder als Erstmaßnahme nach einem Wasserschaden wird die Raumtrocknung eingesetzt. Für diese meist sehr kurzfristig zu veranlassende Maßnahme werden ▸*Kälte- oder Sorptionstrockner* bzw. Sorptionstrockner mit luftgekühltem Kondensator eingesetzt. Durch die kontrollierte Herabsetzung der ▸*Luftfeuchtigkeit* ist eine ebenso schnelle wie schonende Trocknungen möglich.

▸*Trocknungsverfahren*

Reaktionsharze

Nach DIN 16 945 werden unter dem Begriff Reaktionsharze flüssige oder verflüssigbare Harze verstanden, die entweder allein oder mit Reaktionspartnern wie Härtern oder Beschleunigern ohne Abspaltung flüchtiger Komponenten erhärten. Dies erfolgt entweder durch Polyaddition (Stufenreaktion) oder Polymerisation (Kettenreaktion). Zu den bekanntesten Reaktionsharzen gehören die ▸*Epoxidharze*, die Methacrylatharze, die (ungesättigten) ▸*Polyesterharze* und die ▸*Polyurethane*. Mit Ausnahme der Injektionsharze werden die Reaktionsharze in modifizierter Form (Zugabe von Additiven) angeboten. Reaktionsharze können in Abhängigkeit vom Vernetzungsgrad Druckfestigkeiten von über 100 N/mm^2 erreichen. Ihre Widerstandsfähigkeit gegenüber chemischen Einflüssen ist höher als bei mineralischen oder bituminösen Baustoffen. Die Eigenschaften der Reaktionsharze werden durch die ▸*Viskosität*, die Verarbeitungszeit (Topfzeit), durch Temperatur- und Feuchtigkeitseinflüsse sowie durch das Schrumpfverhalten bestimmt.

Reaktionsklebstoffe

▸*Klebstoffe*

Realkalisierung

Die Realkalisierung ist eine Methode zur nachträglichen Bildung von Kalziumkarbonat und spielt bei karbonatisiertem, aber korrosionsgeschädigtem, Beton eine wichtige Rolle. Um den Korrosionsschutz wieder herzustellen, werden zementgebundene Beschichtungen aufgetragen, durch die der pH-Wert der Porenlösung im oberflächennahen Bereich erhöht wird. Durch Kapillardiffusion erhöht sich die ▸*Alkalität* auch in den tieferen Schichten.

Realkalisierungsverfahren

Die Realkalisierung von karbonatisiertem Beton kann außer durch das Auftragen einer zementgebundenen Beschichtung auch durch elektrochemische Prozesse sichergestellt werden. Dieses Realkalisierungsverfahren arbeitet nach dem Prinzip der ▸*Elektroosmose*. Hierbei wird ein feines Titangewebe, das von zwei feucht gehaltenen Vliesen umgeben ist, auf die karbonatisierte Betonoberfläche aufgebracht. Durch Anlegen einer Gleichspannung wird ein elektrisches Feld erzeugt. Die im Beton liegende Bewehrung wirkt als ▸*Anode* und das aufgelegte Vlies als ▸*Katode*. Das Vlies wird dann mit einer hoch alkalischen Natriumkarbonat-Lösung getränkt, so dass durch das elektrische Feld die Alkalität bis an den Bewehrungsstahl heran geführt wird. Wiederholen sich diese Prozessse über einen längeren Zeitraum, so wird in den Poren ein Gemisch von Natriumkarbonat und Natriumbikarbonat gebildet. Dieses ist gegen den Einfluss von Kohlendioxid deutlich widerstandsfähiger, als das sich ursprünglich in den ▸*Poren* befindliche Kalziumhydroxid.

Referenzprobe

▸*Musterfläche*

Reflektometrie

▸*Infrarot-Feuchtemessung*

Regelwerke

Für die Planung und Ausführung von ▸*Bauwerksabdichtungen* am Neubau sowie einer

▸*nachträglichen Horizontal- und/oder Vertikalabdichtung* am Altbau gibt es zahlreiche Normen, Merkblätter, Richtlinien und sonstige Empfehlungen. Neben den Verordnungen und technischen Baubestimmungen der jeweiligen Landesbauordnungen sind die bauaufsichtlichen Zulassungen sowie die technischen Regelwerke wie DIN-Normen oder VDI-Richtlinien wichtig.

Die Landesbauordnung regelt hierzu ganz pauschal: *„Bauliche Anlagen sind so anzuordnen, zu errichten und zu unterhalten, dass durch Wasser, Bodenfeuchtigkeit, Fäulnis, durch Einflüsse von Witterung oder durch andere chemische oder physikalische Einflüsse sowie durch pflanzliche oder tierische Schädlinge Gefahren sowie erhebliche Nachteile oder Belästigungen nicht entstehen. Baustoffe sind so zu wählen und zusammen zu fügen, dass sie sich gegenseitig nicht chemisch oder physikalisch schädlich beeinflussen können."*

Die Bauwerksabdichtung am Neubau wird in der ▸*DIN 18 195 „Bauwerksabdichtung"* geregelt. Besonders beachtet werden sollte die nachträgliche Vertikalabdichtung, da diese DIN-Norm hierfür nicht gilt. Ausdrücklich heißt es: *„Diese Norm gilt nicht für nachträgliche Abdichtungen in der Bauwerkserhaltung oder der Baudenkmalpflege."* Hierfür ist das ▸*WTA-Merkblatt* über die nachträgliche Abdichtung erdberührter Bauteile heran zu ziehen, das die ▸*Außenabdichtung*, die ▸*Innenabdichtung* (▸*Negativabdichtung*) und die Abdichtung durch ▸*Injektion* unterscheidet. Wichtig ist deshalb, ob auch für die Ausführung der nachträglichen Bauwerksabdichtung ausdrücklich die VOB und DIN 18 195 „Bauwerksabdichtung" vereinbart wurde. Dann muss die Abdichtung auch normkonform ausgeführt werden. Soll eine alternative Abdichtung gewählt werden, muss der Bauherr vor Beginn der Maßnahme dieser Art zustimmen, da sonst auf eine ausschreibungsgemäße Ausführung bestanden werden kann, auch dann, wenn kein Schaden an der Abdichtung festzustellen ist. Neben DIN-Norm und WTA-Merkblättern gibt es noch die Richtlinien der Deutschen Bauchemie für die Planung und Ausführung von Abdichtungen mit ▸*Bitumen-Dickbeschichtungen* und mit ▸*mineralischen Dichtungsschlämmen*.

Durch die Anforderungen an den Wärmeschutz von Gebäuden und die Umsetzung der Energieeinsparverordnung werden neben dem Feuchtigkeitsschutz vor allem auch Maßnahmen zum Wärmeschutz notwendig, wenn sich im Kellergeschoss Wohnräume und/oder dauerhaft genutzte Arbeitsräume befinden. Neben dem Feuchte- und Wärmeschutz erdberührter Bauteile muss auch die Entwässerung von Gebäuden und Grundstücken sicher gestellt werden, die u. a. in der DIN 4095 „Dränung" geregelt ist.

Regenfestigkeit

Die Regenfestigkeit muss vor allem bei physikalisch trocknenden Abdichtungsstoffen wie kunststoffmodifizierten ▸*Bitumen-Dickbeschichtungen* beachtet werden. Im Gegensatz zu ▸*Bitumen- und/oder Kunststoffbahnen*, die witterungsunabhängig verarbeitet werden können, sowie mineralischen ▸*Dichtungsschlämmen*, die hydraulisch härten, setzt bei Bitumen-Dickbeschichtungen nach der Applikation eine physikalische Trocknung ein. Die Regenfestigkeit beschreibt den Zeitpunkt, an dem die Bitumen-Dickbeschichtung so weit abgebunden ist, dass sie bei einwirkendem Regen nicht mehr abgespült oder die Trocknung negativ beeinflusst wird.

Regensicherheit

Im Gegensatz zur Regenfestigkeit beschreibt die Regensicherheit den Schutz vor Witterungseinflüssen (vor allem Regen und Niederschläge) während und unmittelbar nach der Verarbeitung.

Reinigung

Der allgemein gültige Begriff der Reinigung wird sehr vielfältig verwendet und muss konkretisiert werden. So kann eine Reinigung auf chemischer und/oder physikalischer Basis, mit oder ohne Zusätze erfolgen. Darüber hinaus wird zwischen Gebäudereinigung (in der Regel dann eine Desinfektion) oder Untergrundreinigung (dann in Bezug auf Schmutz und Ablagerungen sowie Altbeschichtungen) unterschieden. Aber auch in Bezug auf den Untergrund muss innerhalb der Reinigung unterschieden werden, da ein Putz anders zu reinigen ist, als eine alte Farbe, ein Naturstein anders als ein Beton. Auch in Bezug auf historische und/oder denkmalgeschützte Bausubstanz werden Reinigungen anders definiert. Generell kommt es immer darauf an, dass die Reinigung, das Reinigungsverfahren und das eingesetzte Reinigungsmittel auf den Untergrund abgestimmt werden, damit es keine Wechselwirkungen oder sonstige negative Nebenwirkungen gibt.

© siehe Anhang

Reinigungsverfahren

Neben einfachen Reinigungsmethoden wie Abbürsten (Bürste), Abfegen (Besen), Absprühen oder Berieseln (Wasser) gibt es auch aufwendigere Reinigungsverfahren. Diese werden in Trocken- und Nassverfahren, in chemische und/oder physikalische Reinigungsverfahren mit oder ohne Zusätze und in Reinigungsverfahren mit Druck oder drucklos unterschieden. Die Reinigung des Untergrundes ist für die Funktion der nachfolgenden Beschichtung oder Abdichtung eine wesentliche Voraussetzung. Die Hochdruckreinigung wird mit kaltem oder heißem Wasser durchgeführt und je nach Art und Verschmutzungsgrad werden spezielle Netzmittel (insbesondere bei fettigen oder öligen Krusten) zugegeben. Die unterschiedlichen Systeme für die Hochdruckreinigung werden mit 50 bis 100 l/min. Förderleistung und einem Druck von 50 bis 250 bar angeboten. Die Temperaturen liegen je nach Anforderung bei bis zu 140 °C. Je höher die Temperatur ist, um so besser lösen sich Schmutzpartikel und ölige Bestandteile. Je nach Dauer der Reinigung durchfeuchten die Fassadenbereiche unterschiedlich stark. Druck und Abstand müssen so gewählt werden, dass nur die Schmutzpartikel entfernt werden und sich darüber hinaus nicht auch noch Teile der Fassade, wie z. B. Stuckelemente oder Faschen, lösen.

Die Höchstdruckreinigung arbeitet mit Drücken von 800 bis 1200 bar und einer Förderleistung von 100 bis 400 l/min.. Bei diesem Reinigungsverfahren werden dann auch hartnäckigste Schmutzkrusten beseitigt. Allerdings wird die Baustoffoberfläche bis zu 2mm stark abgetragen, so dass der Substanzverlust erheblich ist und auf wenige Anwendungen beschränkt bleibt.

Die Sandstrahlverfahren werden mit unterschiedlichen Zusätzen angeboten. Je nach Zusammensetzung (Sand – Luft, Sand – Wasser, Sand – Wasser – Luft) ist mit einem mehr oder weniger starken Substanzverlust zu rechnen. Darüber hinaus kann das Strahlgut auch zu einem Verschluss von ▸*Poren* und Baustoffoberfläche führen, so dass die nachfolgenden Arbeitsschritte wie z. B. eine ▸*Hydrophobierung* beeinträchtigt werden. Dies muss bei der Wahl der Strahlzusätze berücksichtigt werden. Das Prinzip beim Sandstrahlen besteht darin, dass die Kohäsionskräfte immer größer sein müssen, als die Adhäsionskräfte zwischen der Schmutzschicht und dem Untergrund. Die Strahlpartikelgröße und der eingesetzte Druck sind die Grundlage für diese physikalische Berechnungsgröße. Daneben werden auch sog. „schonende“ Sandstrahlverfahren angeboten. Zu ihnen gehören das Nebelstrahlverfahren, das Partikelstrahlverfahren und das Radierverfahren. Diese Reinigungsverfahren können substanzschonend eingesetzt werden, sind aber relativ teuer.

Bei den chemischen Verfahren werden dem Reinigungswasser entsprechende Zusätze zugegeben, die mit den Schmutzpartikeln chemisch reagieren und sie an- oder auflösen. Deshalb sind Einsatz und Eignung der chemischen Reinigungsverfahren im Vorfeld zu prüfen und es ist eine Musterfläche anzulegen. Zu beachten sind das Vornässen der zu reinigenden Wandpartie, die Wahl der Wirkstoffkonzentration, die Auftragsdauer sowie die Zeit bis zum Nachwaschen und bis zur kompletten Entfernung des Reinigers. Außerdem muss vor einer chemischen Reinigung unbedingt der Zustand der Fugen überprüft werden, damit die Reinigungsflüssigkeit nicht in den Baustoff oder in die Konstruktion eindringen kann. Als Reinigungsflüssigkeit werden je nach Steinart und Verschmutzung Säuren und Laugen verwendet, die in der Regel Netzmittel enthalten. Spezielle Reinigungspasten sind darüber hinaus in der Lage, Kalzium zu binden. [1]

Reinsilikatfarbe

▸*Silikatfarbe*

Reißdehnung

Die Reißdehnung ist die mögliche Längenzunahme eines Materials unter ▸*Zugspannung*, gewöhnlich in % der ursprünglichen Länge angegeben. Dabei wird ein Prüfkörper nach entsprechender Konditionierung (Zeitdauer und Temperatur der Trocknung) in ein Prüfgerät fest eingespannt und mit gleichbleibender Geschwindigkeit entlang der Längsachse auseinandergezogen, entweder bis zum Reißen des Prüfkörpers oder bis dessen Längenänderung einen vorbestimmten Wert erreicht hat. Bei Thermoplasten ist die Reißdehnung in besonderem Maße von der Prüftemperatur abhängig: je höher diese ist, desto größer die Reißdehnung und umgekehrt: je tiefer, desto „kürzer" ist der betreffende Film. Generell korrespondieren hohe Reißdehnungswerte mit niedrigen Werten für die Reißfestigkeit und umgekehrt.

Reißfestigkeit

Die Reißfestigkeit ist die Widerstandsfähigkeit eines Baustoffes gegenüber Zugbeanspruchung bis zum Augenblick des Reißens, die mit entsprechenden Zugfestigkeits-Prüfgeräten gemessen werden kann. Die Reißfestigkeit ist, insbesondere bei thermoplastischen Materialien, von verschiedenen Parametern abhängig, u. a. von Schichtdicke, Trockenzeit und -temperatur, Art und Höhe der Pigmentierung, Prüftemperatur, Geschwindigkeit der Zugbeanspruchung usw., so dass bei der Angabe eines Wertes in N/mm^2 entweder die zugrundeliegende Prüfnorm, z. B. „in Anlehnung an DIN EN ISO 527" oder Einzelangaben zu machen sind, um vergleichbare Werte zu erhalten.

▸*Reißdehnung*

Rekonstruktion

Allgemein ist Rekonstruktion die exakte Wiederherstellung untergegangener Dinge. Im Bauwesen bedeutet Rekonstruktion die Neuerrichtung eines verloren gegangenen Bauwerkes. In Bezug auf Gebäude und Baudenkmale wird der Begriff jedoch sehr unterschiedlich ausgelegt. Es gibt verschiedene Vorgehensweisen, die sich im Grad der Originaltreue und in der Sensibilität der Umsetzung unterscheiden. Üblicher Weise verstehen Kunsthistoriker, Restauratoren und Baudenkmalpfleger unter Rekonstruktion etwas anderes als Architekten/Planer und Statiker oder Investoren. Baurechtlich wird die Rekonstruktion noch einmal anders bewertet. Denn selbst, wenn ein Gebäude weitgehend originalgetreu wieder entsteht, so ist diese Rekonstruktion (baurechtlich) einem Neubau gleichzusetzen und deshalb in Deutschland kein Baudenkmal mehr (im Sinne des Denkmalschutzgesetzes).

Kunsthistoriker, Restaurator und Baudenkmalpfleger wählen in erster Linie die originaltreue Rekonstruktion. Hierzu wird nach aufwendiger Quellenforschung das Bauwerk möglicht originalgetreu wieder hergestellt. Dies geschieht, wenn möglich, unter Einbeziehung von noch vorhandenen Originalbauteilen oder Baustoffen. Alternativ dazu gibt es die sog. interpretierende Rekonstruktion, bei der auf der Grundlage der historischen Quellen ein neuer Entwurf gemacht wird. Infolgedessen entstehen Bauwerke, die dem Charakter und Gesamteindruck des Originals zwar ent-

A B C D E F G H I J K L M N O P Q R S T U V W X Y Z

sprechen, ohne sie aber im Original zu kopieren. Daneben gibt es noch die optische Rekonstruktion, die häufig angewendet wird und unter Baudenkmalpflegern und Kunsthistorikern am umstrittensten ist. Hierbei wird dann das Original nur rein optisch nachgestellt. Beispiele sind historisierende (nicht zu verwechseln mit historischen) Fassaden, die nur auf den ersten Blick originalgetreu erscheinen. Dahinter verbirgt sich ein modernes oder modernisiertes Gebäude, das mit dem Original nichts mehr gemeinsam hat.

Die Rekonstruktion ist deshalb unter Experten so umstritten, weil sie zu viel Spielraum für Fehlinterpretation und individuelle Meinung der örtlichen Entscheidungsträger beinhaltet. Oftmals fehlt es an einer ausreichenden (vollständigen) Dokumentation der Originalbauteile, so dass Annahmen und Einschätzungen getroffen werden müssen. Hinzu kommt, dass es die Baustoffe oder Techniken, die bei der Errichtung des Originals verwendet wurden, heute nicht mehr gibt oder diese finanziell nicht mehr tragbar sind. Die Art der damaligen Ausführung oder Ausstattung entspricht nicht mehr den heutigen Anforderungen in Bezug auf Feuchte-, Wärme-, Brand- oder Schallschutz sowie dem Nutzungsanspruch und Wohnkomfort. Letztendlich entspricht häufig die Statik nicht mehr heutigen Anforderungen oder wurde aufgrund von Umbau- und Modernisierungsmaßnahmen verändert.

Neben diesen technischen und rationalen Argumenten führen Kritiker und Befürworter der Rekonstruktion aber auch emotionale Gründe an. So wurden durch zwei Weltkriege sehr viele Bauwerke und städtebauliche Anlagen zerstört, die zu den schönsten der Welt gezählt haben. Diese können nur durch Rekonstruktion der Nachwelt „erhalten“ werden oder den Städten ihren ursprünglichen Charakter wieder geben. Oftmals fehlt ein wesentliches Teil im Ensemble oder ein Gebäude innerhalb einer Wohnanlage oder eines Straßenzuges. Daneben spielen städtebauliche Aspekte eine Rolle, da die Lückenbebauung zum Umfeld passen muss. Die Kritiker halten dagegen, dass ein zerstörtes Gebäude Bestandteil der Veränderung ist, da auch Bauwerke nicht für die Ewigkeit gebaut wurden. Weiterhin wird die „Unechtheit“ eines historischen Gebäudes kritisiert, das nachträglich mit modernen Baustoffen und Techniken und einer modernen Innenausstattung wieder aufgebaut wird. Ein rekonstruiertes Gebäude hat demnach kaum kulturellen und ideellen Wert und die Errichtung einer sog. Kulissenarchitektur führt zunächst zum Verlust von Authentizität und später von Identität. Diesem Argument treten die Befürworter damit entgegen, dass auch an keinem „Original“ alle Bestandteile echt seien, da zwangsläufig immer wieder Reparaturen oder Ergänzungen vorgenommen wurden. Darüber hinaus darf die Diskussion um Originalität, Echtheit und Identifizierung nicht nur rein materialistisch (Baustoffe) geführt werden, da hinter jedem Bauwerk auch eine Idee und Planung steckt. Sollte eine Rekonstruktion auf der Basis vorhandener, alter Pläne durchgeführt werden, so wäre die Rekonstruktion genauso echt, wie das andere Gebäude, das früher nach demselben Plan gebaut wurde. [1]

Rekristallisation (des Kalkes)

▸*Kalziumhydrogenkarbonat*

Relative Dielektrizitätskonstante

▸*Dielektrizitätskonstante*

Relative Luftfeuchtemessverfahren

▸*Luftfeuchtemessverfahren*

Relative Luftfeuchtigkeit

Unter der relativen Luftfeuchtigkeit (φ) versteht man das Verhältnis des bestehenden Feuchtegehaltes in der Luft zur möglichen ▸*Sättigungsfeuchte* oder ▸*absoluten Luftfeuchte*. Sie steht also für den relativen Sättigungsgrad des Wasserdampfes und wird in Prozent angegeben. Bei 100% relativer Luftfeuchtigkeit ist die Luft vollständig mit Wasserdampf gesättigt. Bei einer relativen Luftfeuchtigkeit von 50% enthält die Luft nur die Hälfte der Wasserdampfmenge, die sie bei der entsprechenden Temperatur maximal aufnehmen könnte. Wird der Sättigungsgrad von 100% überschritten, so schlägt sich die überschüssige Feuchtigkeit als Kondenswasser nieder.

Da die Sättigungsfeuchte der Luft temperaturabhängig ist, ist auch die relative Luftfeuchtigkeit temperaturabhängig. Mit steigender Temperatur nimmt die zur Sättigung benötigte Wasserdampfmenge zu. Das heißt, dass die relative Luftfeuchtigkeit eines gegebenen Luftvolumens bei Erwärmung abnimmt. Da sich also die maximale Feuchte mit der Temperatur ändert, ist hier die Angabe der Temperatur für die Vergleichbarkeit der Werte zwingend notwendig. Mit Hilfe der relativen Feuchte und dem zugehörigen Temperaturwert lässt sich u. a. auch der sog. Taupunkt berechnen.

Die relative Luftfeuchtigkeit ist für die Bewertung der Mauerfeuchtigkeit besonders wichtig, da alle Sorptionsvorgänge und ▸*hygroskopischen* Feuchtigkeitsaufnahmemechanismen direkt von der herrschenden relativen Luftfeuchtigkeit abhängig sind. Luft besitzt bei einer bestimmten Temperatur einen bestimmten Luftdruck. Ebenso übt der Anteil des Wasserdampfes in der Luft einen Druck aus, der je nach Temperatur zwischen 0,5 – 4% des Gesamtdruckes liegen kann. Dieser Druck des Wasserdampfes in der Luft wird ▸*Wasserdampfpartialdruck* genannt. Erreicht der Wasserdampf bei einer bestimmten Temperatur seinen maximal möglichen Anteil in der Luft, so wird der damit ausgeübte Druck in der Luft als Wasserdampfsättigungsdruck bezeichnet. Die absolute Luftfeuchtigkeit entspricht dem Wasserdampfpartialdruck und die maximale Luftfeuchtigkeit dem Wasserdampfsättigungsdruck. Die relative Luftfeuchtigkeit kann infolgedessen auch mit Dampfdrücken angegeben werden.

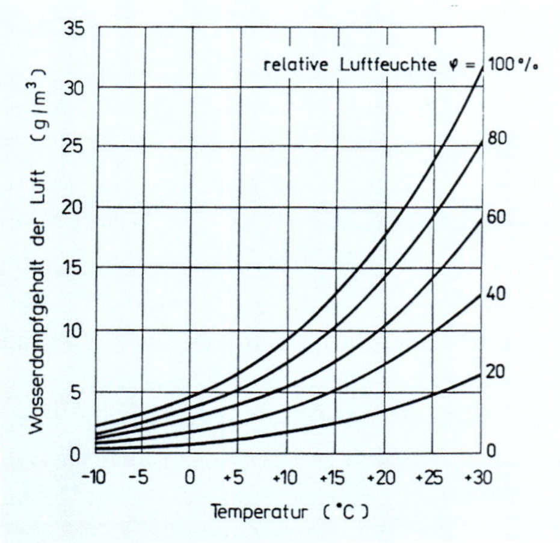

Relaxation

Der Begriff der Relaxation besitzt vor allem bei Baustoffen mit hydraulischen Bindemitteln eine große Bedeutung und wird immer öfter für die Bewertung von ▸*Rissen* in Putzen und verputzten Mauerwerken herangezogen. Infolge der natürlichen Kriechprozesse bei langzeitbedingten Lasteinwirkungen verlieren Baustoffe mit der Zeit ihre elastische Dehnung, d. h. der Baustoff relaxiert. Während also das Kriechverhalten eines Baustoffes die zeitabhängige Zunahme der Verformung unter andauernder Spannung beschreibt, wird mit der Relaxation die zeitabhängige Abnahme der Spannung beschrieben. Hierbei gibt die sog. Relaxationszahl das Verhältnis von Spannungsabfall unter einer Last auf einen bestimmten Endwert zur Anfangsspannung an.

▸*Verformung von Baustoffen*

REM

▸*Rasterelektronenmikroskop*

Renovierung

Im Duden wird der Begriff Renovierung mit erneuern, instand setzen, wieder herstellen definiert. Allgemein wird unter Altbaurenovierung die optische Überarbeitung der Oberfläche mit einem neuen Anstrich oder einem neuen Oberputz verstanden. Es müssen keine Schäden vorliegen und die auszuführenden Arbeiten müssen nicht die neuesten Anforderungen in Bezug auf Feuchte-, Brand-, Wärme- und Schallschutz erfüllen. Hierbei handelt es sich um eine rein optische Anpassung an Trends und Standards.

Reparatur

Der Begriff Reparatur ist ein Trivialname für einfache Instandsetzungen und wird für komplexe Vorgänge der Renovierung, Modernisierung oder Sanierung kaum eingesetzt. Anwendung findet der Begriff entweder in Bezug auf technische oder Gebrauchsgegenstände oder in Kombination mit Produkten wie z. B. Reparaturmörtel. Unter dem Begriff Reparatur kann auch der Austausch defekter, geschädigter oder belasteter Bauteile zusammen gefasst werden.

Resistenz

Der Begriff Resistenz (von lat. *Resistere* = sich widersetzen) wird häufig bei der Bekämpfung von mikrobiellen Schäden sowie bei der Beseitigung von mikrobiellem Befall verwendet und beschreibt die relative Unempfindlichkeit z. B. von Mikroorganismen, Krankheitserregern und Schädlingen gegen die eingesetzten Biozide. Die Organismen sind oder werden dagegen resistent, d. h. die betreffenden Substanzen wirken nicht mehr. Man unterscheidet zwischen vorhandener und erworbener Resistenz: bei vorhandener Resistenz wirkt eine bestimmte Substanz überhaupt nicht, bei erworbener Resistenz verringert sich die ursprüngliche Wirksamkeit immer mehr, die Dosis muss erhöht werden, bis evtl. auch hier eine totale Resistenz erreicht ist.

Die Alkaliresistenz dagegen bezeichnet die Widerstandsfähigkeit z. B. eines Bindemittels gegenüber der Einwirkung von Alkalien, Säureresistenz gegenüber Säuren. Kreidungsresistenz ist die Widerstandsfähigkeit einer Beschichtung gegenüber der Einwirkung atmosphärischer Angriffe, die zum oberflächlichen Bindemittel-Abbau und dadurch zur Kreidung führen, und Verschmutzungsresistenz beschreibt die relative Unempfindlichkeit gegen Schmutzaufnahme.

Restaurierung/ restaurieren

„Restaurieren" heißt „wiederherstellen". Die Charta von Venedig definiert den Begriff im denkmalpflegerischen Sinne als „die Bewahrung und Sichtbarmachung der ästhetischen und historischen Werte des Denkmals unter Wahrung der alten Substanz". Umgangssprachlich beschreibt der Begriff Restaurierung heute alle Maßnahmen zur Wiederherstellung von Bau- oder Kunstwerken unter größtmöglichem Erhalt der Originalsubstanz. Der Begriff darf nicht mit der Konservierung (Erhaltung des Ist-Zustandes) oder mit der Rekonstruktion (Wiederherstellung) verwechselt werden.

Der Begriff wurde in den 30-er Jahren des 19. Jahrhunderts durch den „Vater der Restaurierung" *Eugéne Viollet-le-Duc* geprägt. Nach seiner Definition war die Restaurierung ein Vorgang der Herstellung eines ursprünglich gedachten, vollkommenen Zustands, der möglicherweise so nie existiert hatte. Nach dieser Auffassung war das Ziel der Restaurierung also die (Wieder-)Herstellung des ursprünglichen Zustandes bzw. der geplanten Aussage eines Bau- oder Kunstwerk. Dieser Auslegung des Begriffes widersprach in den kommenden Jahren der englische Wissenschaftler *John Ruskin*, der in der Restaurierung die Verfälschung des vorgefundenen Zustands und damit des Denkmalwerts eines Gebäudes sah. Nach Ruskin sollte die Konservierung eine Restaurierung unnötig machen. Seine Auffassung prägte Kunsthistoriker und Denkmalpfleger der nachfolgenden Jahr(zehnt)e. „Konservieren, nicht Restaurieren" war um 1900 die Forderung von Georg Dehio, der maßgeblich am Aufbau der Baudenkmalpflege in Deutschland beteiligt war. Dennoch setzte sich in der Baudenkmalpflege die Auffassung nur langsam durch, ein Bau- oder Kunstwerk als historische Quelle zu sehen. [1]

Restsaugfähigkeit

Die Restsaugfähigkeit ist eine Kenngröße der ▸*Bauwerksdiagnostik*, die in der Ö-Norm (österreichische Norm) B 3355 Teil 1 „Trockenlegung von feuchtem Mauerwerk – Maßnahmen gegen aufsteigende Feuchtigkeit" beschrieben wird. Sie berechnet sich aus der Differenz der maximalen ▸*Wasseraufnahme* und dem tatsächlichen ▸*Feuchtigkeitsgehalt* eines Baustoffes.

Reversibilität/ reversibel

Der Begriff Reversibilität bedeutet „umkehrbar" und beschreibt die Prozesse, die durch geringe Veränderungen der variablen Zustandsgrößen (Temperatur, Druck, Volumen) in der einen oder anderen Richtung verlaufen können bzw. aus einem vorhandenen Zustand leicht wieder rückgängig zu machen sind.
▸*Irreversibel*

Revitalisierung

Revitalisierung bedeutet „zur Lebensfähigkeit zurückführen". Auf technische Dinge, ▸*Bauwerke* oder Städte bezogen bedeutet Revitalisierung die Wiederbelebung eines ungenutzten Objektes oder städtebaulichen Raumes. So gibt es seit einigen Jahren staatlich geförderte Programme für die Revitalisierung historischer Altstädte und still gelegter Industriegebiete. Auch die Änderungen in der Denkmalschutzgesetzgebung einiger Bundesländer, durch die die wirtschaftlich vertretbare Nutzung der Baudenkmäler stärker in die Bewertung gerückt ist, sind Maßnahmen der Revitalisierung.

Rheologie

Die Rheologie ist vom griechischen Begriff *rheos* (= fließen) abgeleitet und die wissenschaftliche Bezeichnung für das Teilgebiet der Physik, das sich mit dem Fließverhalten und der Deformation von Materie befasst. Beschrieben und charakterisiert wird hier insbesondere die Änderung der ▸*Viskosität* unter der Einwirkung von Druck-, Zug-, Schub- und Scherspannungen an nicht Newton`schen hochviskosen Flüssigkeiten, plastischen Massen und festen Körpern. Als Folge der mechanischen Beanspruchungen ändern sich die inneren Strukturzustände der betreffenden Substanzen, was dann mit Bezeichnungen wie Strukturviskosität, Thixotropie, Rheopexie, Dilatanz u. a. beschrieben wird.

Rigole

Eine Rigole kann Bestandteil einer ▸*Dränage* sein und hat die Aufgabe, das in der Dränanlage anfallende Wasser aufzunehmen. Sie besteht aus einem horizontalen und perforierten Versickerungsrohr mit einem Durchmesser < 30cm, das in die Kiespackung mit eingebettet wird. Die Ausführung erfolgt mindestens einen Meter über dem ▸*Grundwasser* und mit einer Vliesabdeckung, damit die Rigole nicht zugeschlämmt wird. [2]

Rili-KMB

Die Überarbeitung der ▸*DIN 18 195 „Bauwerksabdichtung"* hatte auf andere Regelwerke ebenfalls Auswirkungen. So musste die Richtlinie für die Planung und Ausführung von Abdichtungen erdberührter Bauteile mit ▸*kunststoffmodifizierten Bitumen-Dickbeschichtungen* (kurz Rili KMB genannt) angepasst werden. In den Teilen A und B werden die Regelungen der DIN Norm um wichtige Konstruktionsdetails und Detailzeichnungen ergänzt. Aber auch die in der DIN 18 195 nicht geregelten Bauweisen wurden im Anhang aufgenommen, um die Lücke in der ▸*Bauwerksabdichtung* zu schließen. Außerdem befindet sich im Anhang ein Formblatt zur Dokumentation der Nassschichtdicke.

Ringdrän /Ringdrainage

Das auf ein Bauwerk zufließende Wasser wird im Bereich der erdberührten Bauteile durch eine Wand- oder Flächendrainage (▸*Dränschicht*) zum Ringdrän geleitet. Das von unten auf ein Bauwerk zufließende Wasser wird durch eine

© siehe Anhang

horizontale ▸*Dränage* (Dränschicht) ebenfalls zum Ringdrän geleitet. Am tiefsten Punkt dieses Ringdräns wird das anfallende Wasser in einen sog. Pumpensumpf geleitet. Von dort wird das Wasser entweder in einen sog. Vorfluter wie z. B. einem See oder Bach oder in die Kanalisation gepumpt (örtliche behördliche Bestimmungen beachten!). Ist dies nicht möglich, wird das im Ringdrän anfallende Wasser in einen Versickerungsschacht geleitet und dem ▸*Grundwasser* zugeführt. [2]

Riss

Der Begriff Riss wurde ursprünglich aus dem altdeutschen Wort *riz* (= Furche, Strich) abgeleitet und stand damit für einen Auf-, Um- oder Grundriss. Nach der althochdeutschen Definition wurde der Riss vom Begriff ritzen (= reißen, zeichnen oder schreiben) abgeleitet. Heute wird unter dem Begriff Riss im Bauwesen eine unerwünschte Trennung eines Baustoffes oder Bauteiles verstanden.

Es gibt Risse der verschiedensten Arten, Formen und Größen, die auf unterschiedliche Ursachen zurückzuführen sind und an verschiedenen Orten oder Untergründen auftreten können. Dem entsprechend sind auch die marktüblichen Rissbezeichnungen sehr unterschiedlich. So wird zum einen nach der Größe der Risse (z. B. ▸*Haarrisse*), dem Ort der Risse (z. B. ▸*Fugenrisse*), der Ursache (z. B. statische oder ▸*baukonstruktive Risse* sowie ▸*Schwund- oder Schwindrisse*), dem Untergrund (z. B. ▸*Putzrisse*) oder dem Erscheinungsbild (z. B. ▸*Kerbrisse*) unterschieden. Zum anderen werden verarbeitungsbedingte, materialbedingte oder planungsbedingte Risse unterschieden. Baustoffspezifisch könnten auch noch vermeidbare und unvermeidbare Risse differenziert werden, da einige Baustoffe oder Bauteile zwangsläufig zu einer Rissbildung führen müssen (Holz/Fachwerk). Hinzu kommt, dass sich Aussehen und Ursache von Rissen überlagern können, so dass eine eindeutige Zuordnung dann oftmals schwierig ist. Nach entsprechender Rissbeurteilung (Breite, Tiefe, Verlauf, Alter) und Prüfung des betreffenden Untergrundes (Festigkeit, Saugverhalten) kann anschließend eine Entscheidung über ein geeignetes Instandsetzungsverfahren getroffen werden. Hierbei muss ebenfalls unterschieden werden, ob der Riss „nur" einen optischen oder einen technisch-funktionalen Mangel darstellt.

Rissarten

▸*Riss*
▸*Rissursachen*

Rissbildung

▸*Riss*
▸*Rissursachen*

Rissbreite

Wichtig für die Beurteilung einer Sanierungsmaßnahme sind die Rissbreiten. Infolge der Untergrundvorbehandlung (z. B. durch Sandstrahlen oder Hochdruckwasserstrahlen) kommt es immer wieder vor, dass der sichtbare ▸*Riss* größer angegeben wird, als der eigentliche Riss. Dies hat seinen Grund darin, dass durch die mechanische Behandlung der Rissflanken eine V-förmige Ausweitung des Risses stattfindet und damit der Riss an seiner Oberfläche um ein Vielfaches größer erscheint, als dies tatsächlich der Fall ist. Die Praxis bestätigt deshalb immer wieder, dass die Rissbreiten ohne Messhilfen in den meisten Fällen zu groß eingeschätzt werden.

▸*Rissbreitenmesser*

Rissbreitenmesser

Für die objektive Beurteilung von ▸*Rissen* und ihren Auswirkungen auf die Funktion eines Baustoffes oder Bauteils werden Rissbreitenmesser eingesetzt, die eine einfache und praktikable Messmethode darstellen. Die Praxis be-

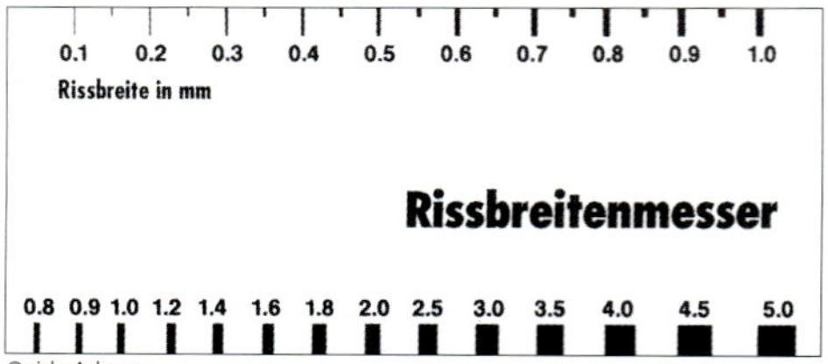

© siehe Anhang

stätigt, dass die Rissbreiten ohne Messhilfen in den meisten Fällen zu groß eingeschätzt werden und häufig von „millimeterbreiten" Rissen die Rede ist, obwohl tatsächlich Risse von nur z. B. 0,5 mm vorhanden sind. Mit dem abgebildeten Rissbreitenmesser kann diesen subjektiven Bewertungen objektiv entgegen getreten werden.

Rissinjektion

▸*Rissverpressung*

Rissinstandsetzung

▸*Risssanierung*

Rissmonitor

Im Gegensatz zu einer Gipsmarke, die nur qualitativ eine bestehende Bewegung oder Verformung an Bauwerken aufzeigt, dokumentiert ein sog. Rissmonitor diese auch quantitativ. Der Rissmonitor besteht aus überlappenden und frei gegeneinander verschiebbaren Komponenten, von denen die untere eine Kalibrierung und die obere ein Fadenkreuz besitzt. Nachdem sich der Rissmonitor in Nullstellung befindet, wird dieser mittels Kleber links und rechts vom Riss aufgeklebt. Anschließend kann am Fadenkreuz die horizontale oder vertikale Bewegung abgelesen werden. Je nach Art des Rissmonitors sind auch Rotationsbewegungen ablesbar. Die Messskala beträgt in der Regel 0,1 mm, so dass die Bewegungen mit einem hohen Genauigkeitsgrad dokumentiert werden können. Hierzu sollte ein Messprotokoll angelegt, die Werte regelmäßig eingetragen und durch ein Digitalfoto ergänzt werden. Die Frequenz des Ablesens sollte dem Sachverständigen überlassen und dem Untergrund, der Rissart sowie der Aufgabenstellung angepasst werden. Neben der Standardausführung werden auch Adapter angeboten, mit denen zwei- oder sogar dreidimensionale Bewegungen gemessen werden können. Diese speziellen Rissmonitore werden eingesetzt, wenn Setzungen und Verformungen an Bauwerksecken oder im Bereich der Bodenplatte zur aufgehenden Wand oder zwischen Wand und Geschossdecke dokumentiert werden müssen. Außerdem gibt es auch Winkeladapter, die stufenlos einstellbar sind und damit auch an Bauwerksecken unter oder über 90° eingesetzt werden können.

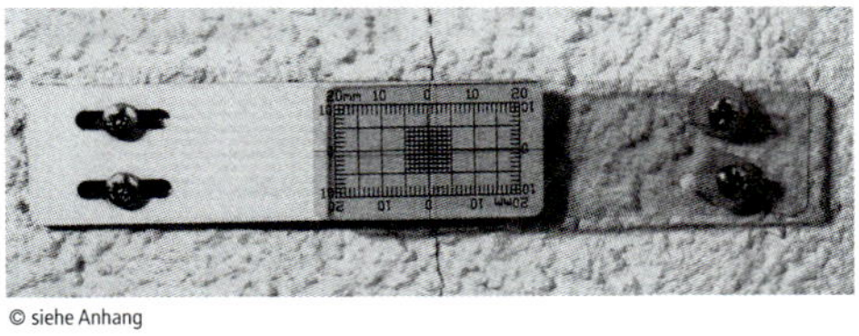

© siehe Anhang

Risssanierung

Die Risssanierung unterscheidet das kraftschlüssige Verschließen oder das Überbrücken von ▸*Rissen*. Außerdem unterscheidet man die anstrichtechnische und putztechnische Risssanierung, wobei die putztechnische Risssanierung noch in die dünnschichtige Überarbeitung durch Spachtelmassen oder dickschichtige Überarbeitung durch Leichtputze differenziert wird. Eine weitere Unterscheidung erfolgt nach den Bindemitteln der Beschichtungssysteme. So werden zwar ausschließlich Dispersionsfarben bei der anstrichtechnischen, dafür aber organisch, siliconharzgebundene oder mineralische Armierungssysteme im Rahmen der putztechnischen Risssanierung verwendet. Für die Auswahl der Risssanierungssysteme ist entscheidend, ob nach der Maßnahme noch Rissbreitenänderungen bzw. Rissflankenbewegungen auftreten werden oder ob es sich um ruhende Risse handelt. Die Fähigkeit eines Beschichtungssystems, Risse im Untergrund zu überbrücken, sowie die Funktionsfähigkeit werden durch eine Vielzahl von Einflussfaktoren wie z. B. das Spannungs-Dehungsverhalten der Baustoffe, ihre Haftung am Untergrund oder auch der Schichtdicke beeinflusst. Rissbreitenänderungen im Untergrund müssen durch Beschichtungssysteme und ihre Verformbarkeit, die über den Beanspruchungszeitraum durch Alterung oder dgl. nicht nachlassen darf, ohne Beschädigungen aufgenommen werden.

A B C D E F G H I J K L M N O P Q R S T U V W X Y Z

Risssicherheit

Der Begriff Risssicherheit wird zunehmend verwendet, erfordert aber in jedem Fall eine Definition, von welcher Sicherheit die Rede ist. So muss unterschieden werden, ob eine Sicherheit gegen ▸*Risse* (also das generelle Auftreten von Rissen) oder eine Sicherheit beim Auftreten von Rissen (also Funktionalität trotz vorhandener Risse) gemeint ist. Während eine Sicherheit gegen das Auftreten von Rissen immer nur baustoff-, bauteil- und objektbezogen beurteilt und bei heutiger Bauweise kaum gegeben werden kann, muss es angesichts dieser Tatsache darum gehen, ob die Funktionalität eines Baustoffes oder Bauteils auch nach dem Auftreten eines Risses noch gegeben ist. Dies kann sich einerseits auf tragende Bauteile wie z. B. Betonwände und Mauerwerk (Dichtigkeit und Tragfähigkeit) beziehen, aber auch auf Beschichtungen (z. B. Dichtigkeit von ▸*Abdichtungsstoffen* oder Witterungsschutz). Infolgedessen müssen Risse immer danach beurteilt werden, ob sie nur im oberflächennahen Bereich auftreten oder sich durch das gesamte Bauteil ziehen. Außerdem ist die Rissbreite und die ▸*Kapillarität* des Baustoffes eine wichtige Kenngröße.

Riss-Sicherheits-Kennwert

Zur Beurteilung von Baustoffen und ihrem Rissverhalten wurde der Riss-Sicherheits-Kennwert eingeführt. Er wird als Quotient aus der ▸*Zugfestigkeit* und dem Produkt aus ▸*Zugspannung* mal Schwindmaß ermittelt. Ein hoher Riss-Sicherheits-Kennwert charakterisiert also eine geringe Rissneigung.

Risstiefe

Neben der Rissbreite ist die Tiefe eines ▸*Risses* ein weiteres wichtiges Kriterium. Die Risstiefen hängen stark von der Rissform ab. Unterschieden werden sog. V-förmige Risse und Risse mit parallelen oder annähernd parallelen Rissflanken. Risse mit V-förmigen Flanken haben eine bestimmte, durch den Flankenwinkel bedingte Tiefe, das heißt, dass sie in einer erkennbaren Tiefe aufhören. Dem gegenüber reichen Risse mit parallelen oder nahezu parallelen Rissflanken oft tief in den Putz hinein und können den gesamten Querschnitt des Putzes umfassen. V-förmige Risse bzw. solche mit begrenzter Risstiefe treten bei Putzbeschichtungen vor allem dort auf, wo diese stark geschwunden sind. Diese Risse sind meistens nur wenige Millimeter tief. Eindringendes Regenwasser gelangt dabei in der Regel nicht bis zum Untergrund, sondern verteilt sich je nach Saugfähigkeit des Putzes mehr oder weniger tief in der Putzschicht. Bei Rissen mit parallelen oder nahezu parallelen Rissflanken kann Regenwasser in größere Tiefen der Putzschicht vordringen, unter Umständen auch bis zum Untergrund. Je nach Saugfähigkeit und Penetration des Untergrundes kann es dann über einen längeren Zeitraum betrachtet zu einer beachtlichen Durchfeuchtung kommen. Man kann davon ausgehen, dass Risse ab einer Breite von ca. 0,3 bis 0,4 mm in der Regel bis in den Untergrund reichen.

Rissüberbrückung

Die Rissüberbrückung stellt ein einfaches und kostengünstiges Verfahren zur Risssanierung dar. Zielsetzung ist nicht, die Ursache der Rissbildung zu beseitigen, sondern ein rissüberbrückendes Beschichtungssystem aufzutragen und den ▸*Riss* damit zu überdecken. Für die Auswahl der Materialien zur Rissüberbrückung ist entscheidend, ob nach der Applikation noch Rissbreitenänderungen bzw. Rissflankenbewegungen auftreten werden oder ob es sich um ruhende Risse handelt. Die Funktion und Fähigkeit eines Beschichtungssystems, Risse im Untergrund zu überbrücken, werden durch eine Vielzahl von Einflussfaktoren wie z. B. das Spannungs-Dehungsverhalten der Baustoffe, ihre Haftung am Untergrund oder auch der Schichtdicke beeinflusst. Die verschiedenen Beschichtungssysteme können aufgrund ihrer Verformbarkeit, die über den Beanspruchungszeitraum nicht nachlassen darf, Rissbreitenänderungen im Untergrund ohne Beschädigungen aufnehmen. Angeboten werden mineralisch oder organisch gebundene Spachtel- oder Armierungsmassen sowie plastoelastische Anstriche mit und ohne Gewebe. Rissüberbrückende Beschichtungen für Betonbauteile bestehen häufig aus mindestens zwei verschiedenen Materialien. Die erste Beschichtung stellt die notwendige Dicke und Elastizität sicher, mit der zweiten werden der Witterungsschutz und die optische Gestaltung hergestellt.

Rissuntersuchungen

Früher wurden zur Untersuchung vorhandener ▸*Risse* ausschließlich Gipsmarken gesetzt, um über einen gewissen Zeitraum zu dokumentieren, ob die Risse noch in Bewegung sind. Gipsmarken haben jedoch den Nachteil, dass ▸*Rissbreite* und -tiefe nicht quantitativ bestimmt werden können. Dazu wurden dann ▸*Rissbreitenmesser* eingesetzt. Diese zeigen an, wie breit ein Riss tatsächlich ist, da Risse ohne Hilfsmittel in der Regel immer größer als tatsächlich eingeschätzt werden. Beide Messmethoden haben einen großen Nachteil. Sie zeigen den Riss nur als Momentaufnahme – also zum Zeitpunkt der durchgeführten Messungen. Rissbewegungen durch thermisches und/oder hygrisches Quellen und Schwinden sowie dynamische Risse können mit einer Gipsmarke nicht dokumentiert werden. Hierfür haben sich in der letzten Zeit zunehmend ▸*Rissmonitore* durchgesetzt. Diese bestehen aus zwei zueinander verschiebbaren Kunststoffplatten mit entsprechender Rasterung. Mit Hilfe von Rissmonitoren können evtl. Rissbreitenänderungen und Flankenverschiebungen sehr schnell, sehr einfach und sehr präzise abgelesen werden. Es gibt verschiedene Ausführungen von Rissmonitoren. So können neben der klassischen Rissbeobachtung in der Fläche auch Bewegungen in der Ecke bzw. über Winkel sowie zwischen Boden/Wand oder Wand/Decke durchgeführt werden. Die Messgenauigkeit liegt bei ca. 0,5 mm. Wird eine noch größere Messgenauigkeit notwendig, müssen Fissurometer eingesetzt werden. Mit diesen wird eine Messgenauigkeit von 0,1 mm erzielt.

Rissursachen

Werden Risse nach ihren Ursachen klassifiziert, muss zwischen den putz- und anstrichtechnischen Rissen einerseits und den statisch-konstruktiven Rissen andererseits unterschieden werden. Eine andere Unterscheidung betrachtet den Zustand und die Bewegung der Risse – also ob beruhigte bzw. ruhende Risse vorliegen oder ob es sich um dynamische bzw. Risse in Bewegung handelt. Aber auch der Zeitpunkt, wann Risse auftreten, kann als Indiz für die Ursachen herangezogen werden. So entstehen Risse während oder unmittelbar nach der Verarbeitung oder auch zu einem späteren Zeitpunkt. Dieser kann wenige Wochen bis mehrere Monate betragen. Weiterhin erfolgt eine Unterscheidung bei Rissen nach dem optischen Erscheinungsbild oder nach physikalischen Vorgängen. So wird die Rissbildung durch thermisches und/oder hygrisches Quellen und Schwinden unterschieden. Auch die dreidimensionale Verschiebung der Rissflanken kann für die Ursachenfindung herangezogen werden.

Grundsätzlich entstehen ▸*Risse* immer dann, wenn Formveränderungen und Bewegungen im Untergrund behindert werden. Dabei kann die ▸*Zugspannung* größer als die ▸*Zugfestigkeit*

Ursache	Rissmuster
Ungleichmäßige Zusammendrückung des Baugrundes (z. B. auskellenden Torf- oder torfigen Schluffschichten)	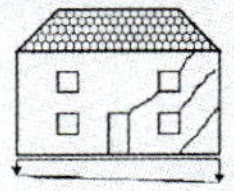
Lokale Grundwasserabsenkung (z. B. infolge von Kanalarbeiten in Gebäudenähe)	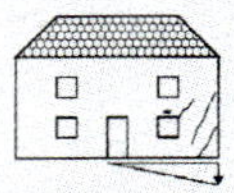
Neu entstandene Hohlräume (z. B. durch Unterspülung)	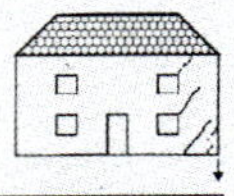
Bodenschrumpfung bindiger Böden durch Austrocknung an der Gebäudeaußenseite oder Baumbestand in Gebäudenähe	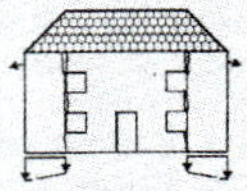
Nicht frostsichere Gründung auf frostempfindlichen Böden (zunächst Hebung, dann Setzung)	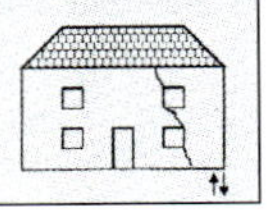

© siehe Anhang

sein, so dass es aufgrund der unterschiedlichen Kräfteverhältnisse zwangsläufig zur Rissbildung kommen muss. Die Zugspannung kann aber auch größer als die Haft(scher)festigkeit sein, im Regelfall bildet sich dann eine Hohlstelle, die zum Ablösen der Oberfläche und damit zur Rissbildung führt. Oder die Zugspannung ist größer als die Scherfestigkeit. Dies tritt vor allem bei mehrlagigen Beschichtungen wie Putzsystemen auf, die sich dann im Querschnitt teilen. Es entsteht wiederum eine Hohlstelle, die zum Ablösen des Putzes und damit zu Abplatzungen führt.

Baustatische/ ▸*baukonstruktive Risse* entstehen in der Regel bei einem Mangel oder einer Veränderung des Baugrundes, durch Setzungen, Erschütterungen oder Verkehrslasten. Die Tabelle auf Seite 359 zeigt typische Rissmuster in Abhängigkeit zur Ursache im Baugrund.

Zu den wichtigsten Rissursachen bei Betonbauteilen gehören ▸*Schrumpfrisse* (Volumenveränderung während der Härtung), ▸*Schwindrisse* (Volumenreduzierung während der Trocknung), Risse durch Hydratationswärme sowie aus temperaturbedingter Längenänderung oder lastbedingter Verformung.

Rissverpressung

Ab einer entsprechenden ▸*Rissbreite* und -tiefe ist die Funktion und Dauerhaftigkeit eines Bauteils nicht mehr gegeben. Feuchtigkeit und/oder Gase können eindringen und chemische Reaktionen verursachen. Bei wasserundurchlässigen Bauteilen ist die Dichtigkeit nicht mehr gegeben und je nach Rissart und Bauteil kann die Statik gefährdet sein. Je nach den Ursachen werden hygrisch, mechanisch, thermisch oder chemisch bedingte Risse unterschieden. Risse in erdberührten Bauteilen werden nach Rissart und -verlauf sowie Risstiefe und -breite unterschieden. Für die nachfolgende Instandsetzung ist es elementar, ob es sich um einen arbeitenden Riss (noch in Bewegung) oder um einen ruhenden (oder beruhigten) Riss handelt. Bei arbeitenden Rissen wird noch einmal unterschieden, ob eine kurzzeitige und sporadische oder eine regelmäßige Rissbreitenänderung vorliegt. Selbst regelmäßige Rissbreitenänderungen können unterschiedlich bewertet werden, da diese täglich oder thermisch bedingt im jahreszeitlichen Rhythmus auftreten können.

Für die Rissverpressung werden ▸*Acrylatgele*, ▸*Epoxidharze*, ▸*Polyurethanharze* oder ▸*Zementleime* und -suspensionen eingesetzt. Hierbei unterscheiden die vorhandenen Regelwerke zwischen dem Schließen oder Abdichten, dem kraftschlüssigen oder (begrenzt) dehnfähigen Verbinden der Risse bzw. der Rissflanken.

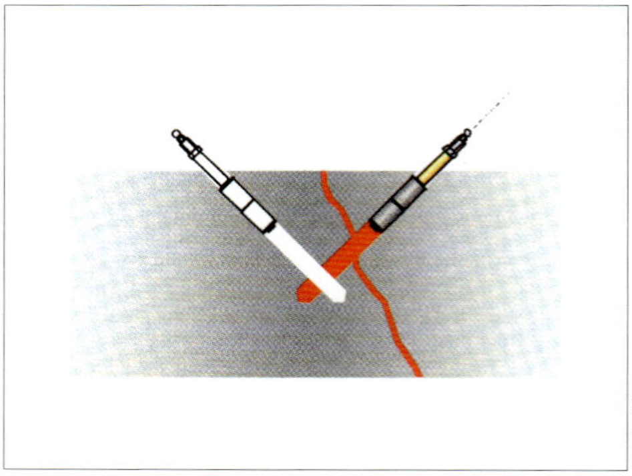

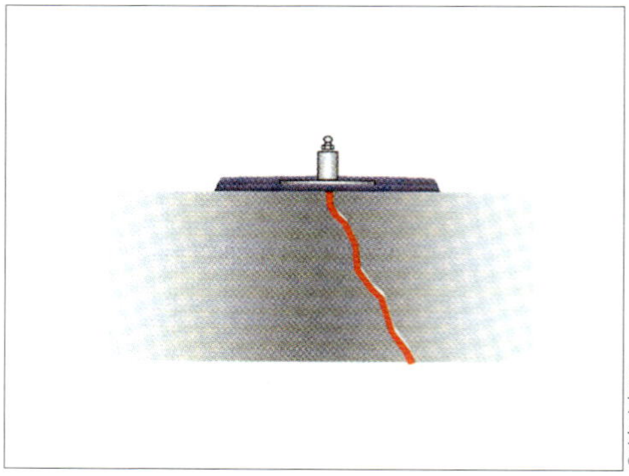

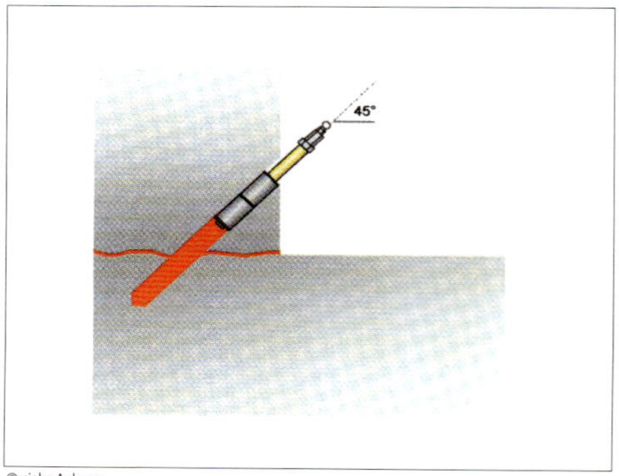

Röntgendiffraktometer

Das Röntgendiffraktometer ist ein Messgerät, mit dem die Beugung von Röntgenstrahlung gemessen wird. Es wird in der Kristallographie zur Aufklärung von Strukturen und damit auch bei der ▸*Salzanalyse* eingesetzt. Hierbei werden die Anionen (▸*Chlorid*, ▸*Nitrat*, ▸*Sulfat*) und Kationen (▸*Natrium*, ▸*Kalium*, ▸*Ammonium*, ▸*Kalzium* oder ▸*Magnesium*) bestimmt. Das Messprinzip basiert auf der unterschiedlichen Beugung der Röntgenstrahlung durch die verschiedenen Kristalle. Dabei wird genutzt, dass die Wellenlänge der Röntgenstrahlung im Bereich eines Atomabstandes liegt (0,1 bis 0,3 nm), so dass daraus die einzelnen Mineralien abgeleitet werden können.

Röntgenfluoreszenz

▸*Fluoreszenz*

Röntgenfluoreszenzanalyse

Die Röntgenfluoreszenzanalyse ist ein zerstörungsfreies Messverfahren zur Baustoffanalyse und zur Bestimmung der Elementzusammensetzung von festen, pulverförmigen und flüssigen Baustoffproben. Hierzu werden die Atome durch Röntgenstrahlen angeregt, wodurch charakteristische Röntgenfluoreszenzstrahlen freigesetzt werden. Das Messverfahren ist relativ aufwändig und sollte nur durch einen Spezialisten angewendet werden.

Rohdichte

Bei porösen, faserigen oder körnigen Materialien (Schüttgütern) sind in dem von der Masse eingenommenen Volumen praktisch immer Hohlräume (Zwischenräume) und Poren vorhanden. Bei Angabe einer Schüttdichte als Quotient aus Masse (Gewicht) durch Volumen des betreffenden Stoffes sind diese mit eingeschlossen. Bei der sog. Rohdichte wird das Volumen dieser Hohlräume bei der Dichte-Berechnung mit berücksichtigt (DIN 1306).

Rohfilz

▸*Bitumenbahnen*

Rohrabdichtung

Versorgungsleitungen wie Gas- oder Wasser- sowie Elektroleitungen zum und vom Haus perforieren die ▸*Außenabdichtung*. Hierbei muss berücksichtigt werden, dass es sich bei den ▸*Rohrdurchführungen* und den mineralischen Wandbaustoffen um unterschiedliche Materialien handelt, die keine feste Verbindung eingehen. Thermische Dehnung führt

© siehe Anhang

zu ständigen Bewegungen der Werkstoffe untereinander, so dass Undichtigkeiten im Bereich der Rohrdurchführungen zwangsläufig auftreten müssen. Diese ▸*Durchdringungen* müssen deshalb so abgedichtet werden, dass die Abdichtung des Baukörpers weiterhin gegen den jeweiligen ▸*Lastfall* sicher gestellt ist. Besondere Aufmerksamkeit bedarf der Lastfall

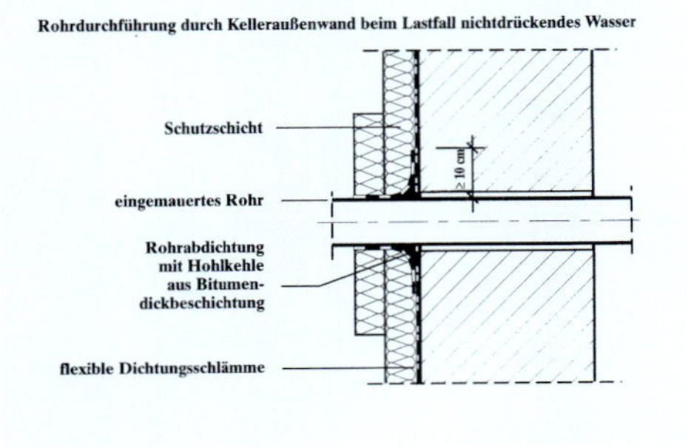

© siehe Anhang

▸ *drückendes Wasser*. Für die Rohrdurchführung werden unterschiedliche Abdichtungssysteme angeboten. Zunächst einmal wird unterschieden, ob die Abdichtung in einer weißen oder schwarzen Wanne sowie gegen den Lastfall drückendes oder nicht drückendes Wasser eingesetzt wird.

Rohrdurchführungen sollten im rechten Winkel geführt werden. Die Rohrabdichtung besteht aus einem ▸ *dauerelastischen Kunststoff*. An der Stirnfläche wird dieser von jeweils einer Edelstahlplatte gehalten, die durch Schraubverbindungen miteinander verbunden sind. Durch das Anziehen der Schraubverbindung presst sich der Kunststoff gleichmäßig an die Rohrdurchführung und den Wandbaustoff und dichtet gas- und wasserdicht ab. Hierbei muss allerdings darauf geachtet werden, dass die Schrauben nicht überdreht werden, da eine überzogene Pressung zu Schäden am Rohr und zur Verkleinerung der Dichtflächen führen kann. In den Verarbeitungsrichtlinien der Hersteller wird deshalb ein „Über-Kreuz-Festschrauben“ mit einem Drehmomentschlüssel gefordert.

Um die notwendige ▸ *Dichtigkeit* der Rohrdurchführung sicherstellen zu können ist es erforderlich, dass die Auflagefläche des Dichtungseinsatzes am Bauwerk glatt und fest anliegt. Hierfür werden entweder Kernlochbohrungen durchgeführt oder sog. ▸ *Futterrohre* verwendet, die schon bei der Errichtung des Kellers mit eingegossen (▸ *WU-Beton*) oder eingemauert (Mauerwerk) werden. In dem Fall müssen die Anzahl und Lage der Rohrdurchführungen rechtzeitig in der Planungsphase berücksichtigt werden. Das Futterrohr für die Rohrdurchführung in der ▸ *weißen Wanne* besteht in der Regel aus einem rauhen und grobporigen Werkstoff wie z. B. Faserzement, der auf Grund seiner Eigenschaften eine homogene wasserdichte Verbindung mit dem WU-Beton sicherstellt. Alternativ dazu werden seit einigen Jahren spezielle Kunststoffe eingesetzt, die mit einem quellendem Granulat beschichtet sind.

© siehe Anhang

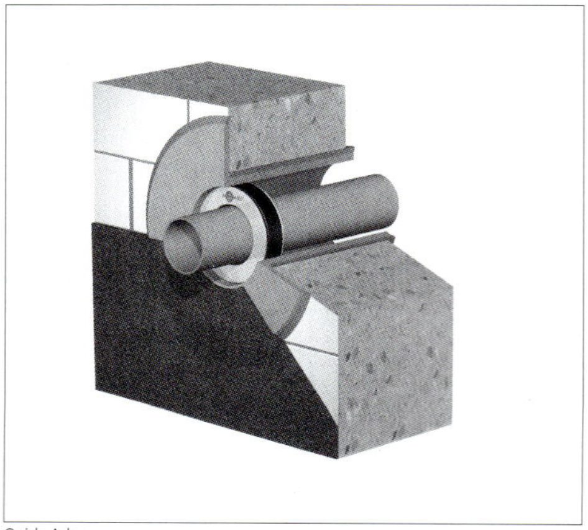

© siehe Anhang

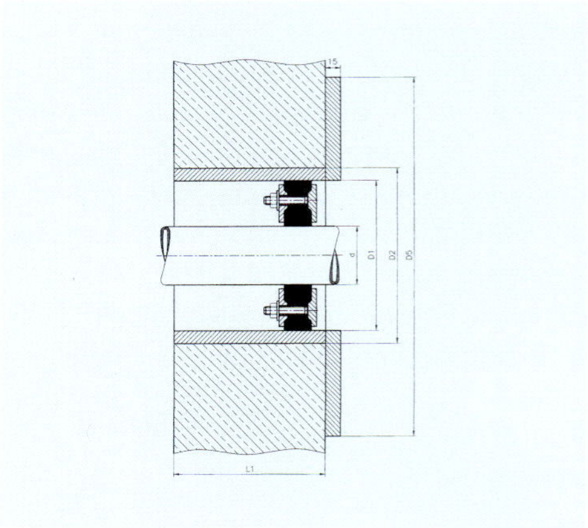

© siehe Anhang

Für die ▸*schwarze Wanne* werden Futterrohre mit kombinierter ▸*Flanschkonstruktion* angeboten. Hierbei ist es notwendig, die ▸*Bitumen- oder Kunststoffbahn* oder die ▸*Bitumen-Dickbeschichtung* in die Rohrabdichtung mit ein zu beziehen. Die großflächige Vorderseite des Flansches stellt die Auflagefläche für die Verbindung der Abdichtungsschicht sicher. Das Futterrohr mit Flanschkonstruktion ist in der Regel aus Stahl und besteht aus einer einfa-

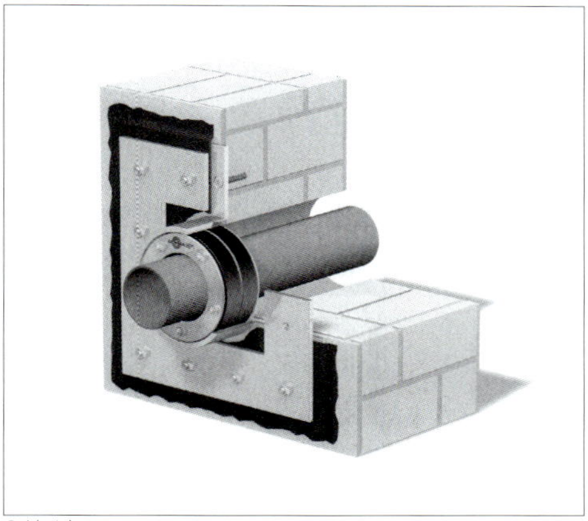

© siehe Anhang

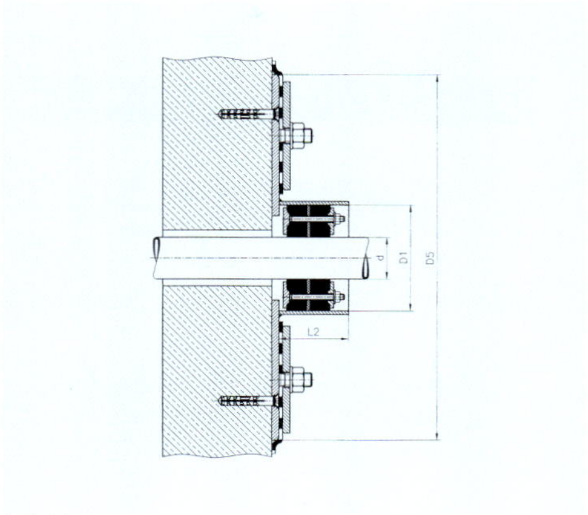

© siehe Anhang

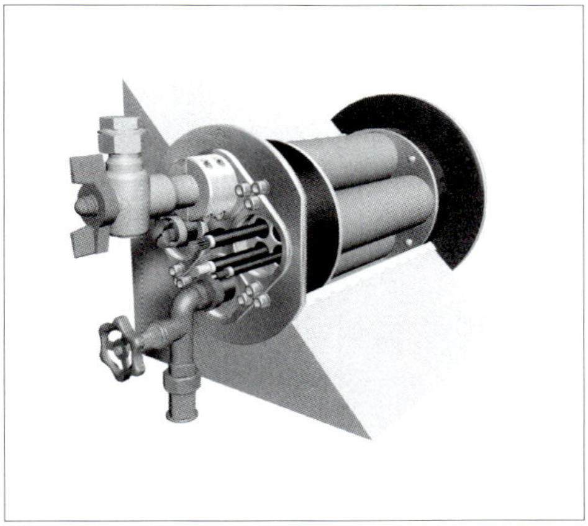

© siehe Anhang

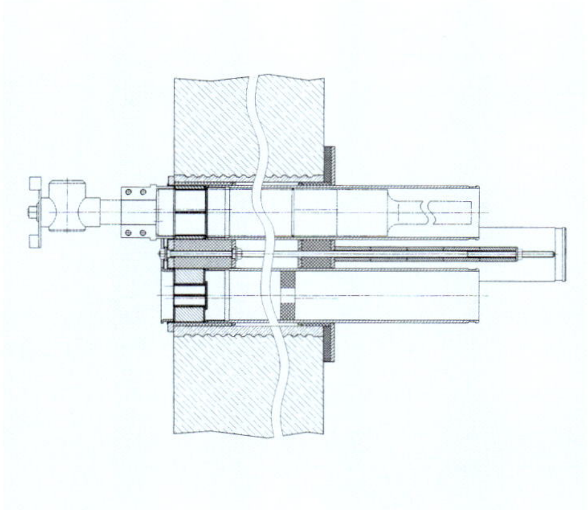

© siehe Anhang

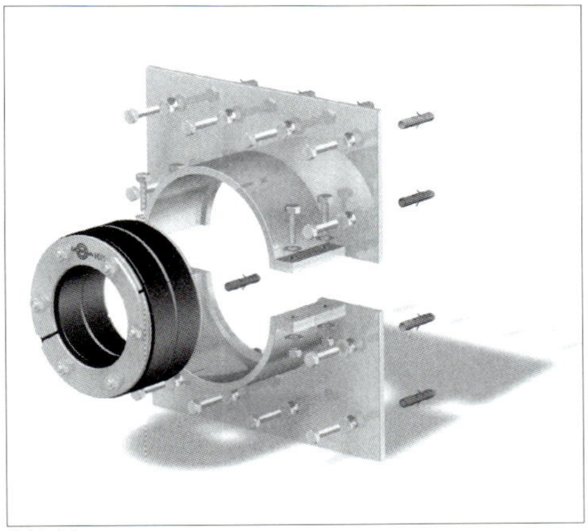

© siehe Anhang

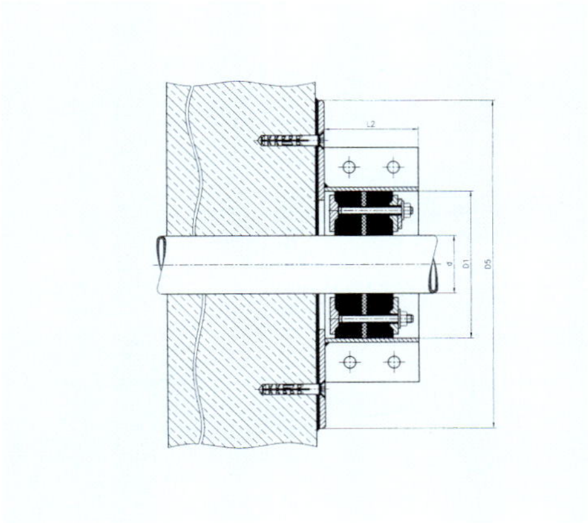

© siehe Anhang

chen Metallronde, an deren Rückseite das Futterrohr angegossen oder verschweißt wird. Eine zweite Ronde (Losflansch), die durch den ersten Festflansch mit Gewindebolzen verbunden ist, nimmt die vertikale ▸*Bauwerksabdichtung* auf. Auch für die Abdichtungsart als schwarze Wanne werden alternativ Kernlochbohrungen oder Futterrohre ohne ▸*Klemmflansch* angeboten. Dann sollte allerdings die Kellerwand aus Beton oder Mauerwerk mit Vollziegeln bestehen.

Es werden auch Dichtungseinsätze für die

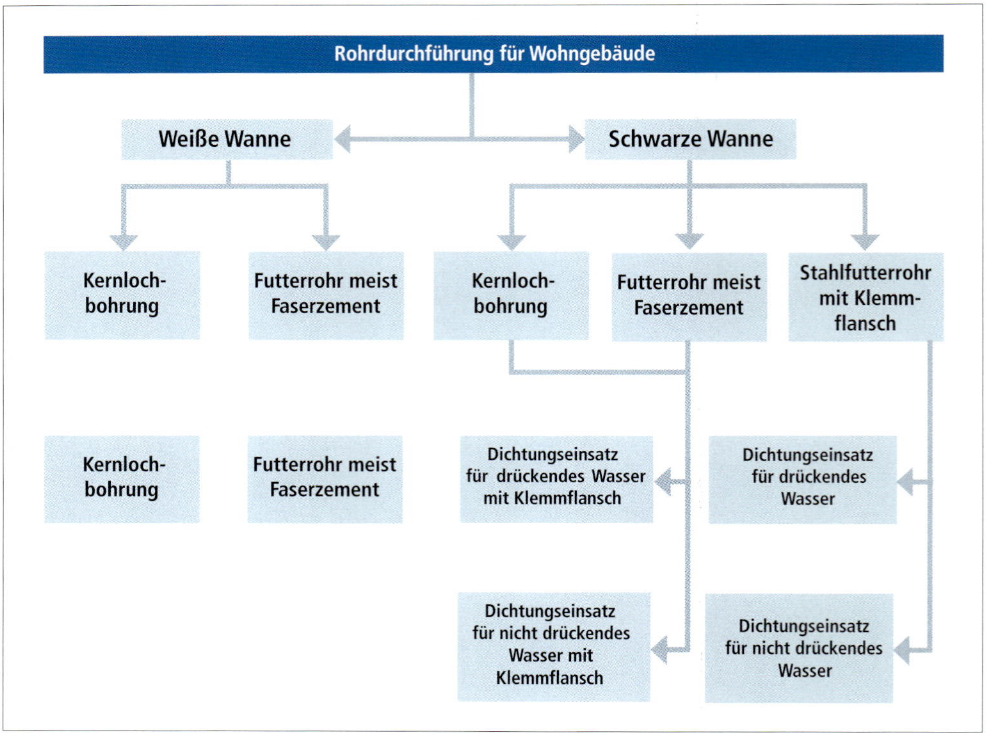

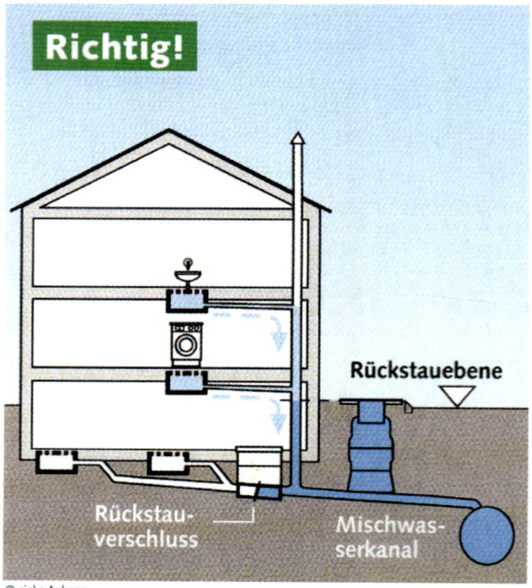

© siehe Anhang

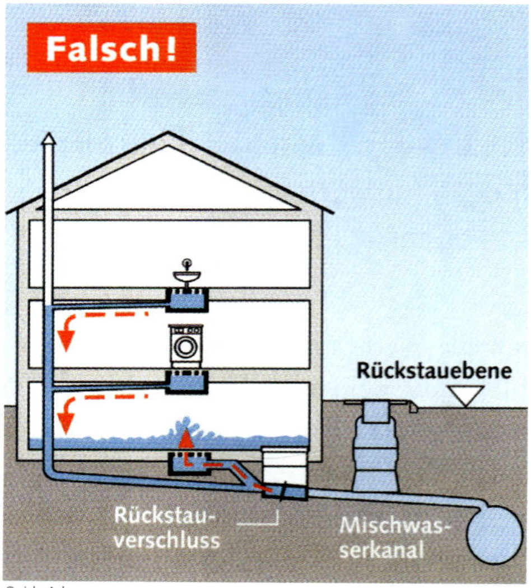

© siehe Anhang

nachträgliche Rohrabdichtung und für die Mehrfachrohrdurchführung angeboten.

Rohrdurchführung

▸*Rohrabdichtung*

Rohrflansch

▸*Rohrabdichtung*

Romankalk

▸*Baukalk*

▸*Kalkgestein*

RTV-Typen

▸*Silicondichtstoffe*

Rückläufiger Stoß

Der rückläufige Stoß ist eine spezielle Ausführung von bituminösen ▸*Abdichtungsbahnen* gegen den ▸*Lastfall drückendes Wasser* und wird heute nur noch selten eingesetzt. Hierbei wird die ▸*Horizontalabdichtung* (Bodenabdichtung) nach außen geführt und mit der ▸*Vertikalabdichtung* wasserdicht verbunden.

Rückstau

Nach langen Hitzeperioden oder bei plötzlichen Wetteränderungen mit großen Temperaturschwankungen treten häufig heftige Niederschläge auf. Diese Regenschauer übersteigen oftmals die Niederschlagsmengen, die bei der Auslegung der Aufnahmekapazität der Straßenkanäle oder Vorflutgräben angenommen wurden. In diesen Situationen sind die öffentlichen Straßenkanäle häufig überlastet. Der Abwasserstand in den Kanalschächten steigt bis zur Straßenoberkante. Infolgedessen kann es auch zu einer Überschwemmung der Kellerräume kommen. Das Abwasser befindet sich in einem miteinander verbundenen Rohrsystem. Nach dem „Gesetz der kommunizierenden Röhren“ stellt es sich somit auf ein gleiches Niveau ein. Bei Überlastung des Kanalsystems füllen sich alle Entwässerungsleitun-

© siehe Anhang

gen bis auf den höchsten Punkt (das Straßenniveau) an. Dies ist die sog. Rückstauebene. Alle Räume mit ungesicherten Ablaufstellen, die unterhalb dieser Rückstauebene liegen, werden nun überflutet. [14]

Rückstauebene

▸ *Rückstau*

Rückstausicherung

Abwasserleitungen und -kanäle werden in der Regel aus Kostengründen und um eine häufige Durchspülung sicher zu stellen nicht für die maximal vorkommende Belastung dimensioniert. Bei starken Niederschlägen sind die Vorfluter überlastet und Wasser würde von außen in den Keller gedrückt werden. Um dies zu vermeiden, werden Rückstausicherungen eingebaut. Nach der Auswahl des richtigen Rückstauverschlusses muss darauf geachtet werden, dass die Sicherung niemals direkt in die Hauptgrundleitung eingebaut wird. Weiterhin empfiehlt sich, die Rückstauverschlüsse mit einer integrierten Pumpe zu versehen. Dies hat den Vorteil, dass Waschmaschinen und Sanitärobjekte dann auch bei Rückstausituationen verwendet werden können.

Wurden bisher Rückstausicherungen im Gebäude installiert, werden seit Kurzem auch Systeme angeboten, die außerhalb des Gebäudes den Rückstau sichern. Der Ansatzpunkt ist, das Wasser gar nicht erst in das Gebäude zu lassen, um es dort zurück zu halten. Dazu wird ein Hausanschlussschacht vor dem Gebäude installiert, in dem der Rückstauverschluss untergebracht ist. Die Grundleitung, über die ausschließlich rückstaugefährdete Ablaufstellen entwässert werden, wird über diesen Rückstauverschluss gesichert. Neben der höheren Sicherheit kommt hinzu, dass die Rückstausicherungen außerhalb des Gebäudes zu einem Platzgewinn im Keller führen.

Rückstellmuster

Rückstellmuster (oder auch Rückstellproben) werden von Materialien vor der Ausführung erstellt (oder entnommen) und aufbewahrt, um für einen möglichen Schadensfall oder eine Reklamation die Ursache schneller identifizieren zu können. Weichen die reklamierten Materialien nicht von den Rückstellmustern oder der Rückstellprobe ab, so liegt in der Regel kein Materialfehler vor. Dann können nur noch verarbeitungsbedingte oder Planungsfehler verantwortlich sein.

Rückstellvermögen

Das Rückstellvermögen ist die Eigenschaft eines ▸ *Dichtstoffes*, die ursprüngliche Form und die ursprünglichen Maße ganz oder teilweise wieder anzunehmen, nachdem die Kräfte aufgehoben wurden, welche die Verformung verursacht haben. Nach dem Rückstellvermögen in Prozent werden Dichtstoffe von elastisch bis plastisch eingestuft.

Rundschnur

Eine Rundschnur wird bei der fachgerechten ▸ *Fugenabdichtung* eingesetzt. In den meisten Fällen sind die ▸ *Fugen* wesentlich tiefer als notwendig, so dass sie z. B. mit einer Rundschnur aufgefüllt werden. Hierbei wird ganz bewusst auf ein rundes Hinterfüllmaterial zurück gegriffen, damit der anschließend eingebrachte ▸ *Dichtstoff* in der Mitte etwas dünner ist als im Bereich der Haftflächen. Bei anschließender Dehnbewegung ist dann im Dichtstoff an dieser Stelle der geringste Widerstand und damit die Materialdehnung, so dass die Fugenflanken weniger belastet werden. Die Tiefe (Dicke) des Dichtstoffprofiles muss immer geringer sein als die Fugenbreite, ausgenommen hiervon sind sehr schmale Fugen. Da die Fugentiefe von 6 mm nicht unterschritten werden darf, kann bei sehr schmalen Fugen die Fugenbreite gleich der Fugentiefe entsprechen.

Eine Rundschnur sollte nie mit einem spitzen Gegenstand in die Fuge gedrückt werden, da hierbei die Haut der Rundschnur verletzt wird. Dadurch kann bei einigen Produkten das zur Herstellung notwendige Treibgas austreten und zu Blasen in dem noch nicht ausreagierten Dichtstoff führen.

S

Sackporen
Als Sackporen werden Zwischenräume bezeichnet, die nur eine Öffnung haben. Sackporen in Baustoffen können drucklos nicht mit Wasser gefüllt werden, hierzu sind Druckanwendungen notwendig.

Sackriss
Bei den Sackrissen handelt es sich um überwiegend horizontal durchhängend verlaufene Risse mit einer Länge von ca. 10 bis 20 cm. Die ▸*Rissbreiten* sind unterschiedlich und können bis 3mm betragen. Hohlstellen sind im Bereich der unteren Rissflanke möglich. Die Sackrisse entstehen im noch plastischen Mörtel, wenn der frisch aufgebrachte Mörtel nicht schnell genug seine Bindung zum Untergrund findet und durch sein Eigengewicht absackt. Mögliche Ursachen hierfür sind ein zu dicker Putzauftrag in einer Lage, eine zu weiche ▸*Konsistenz* des Putzmörtels, ein zu langes oder starkes Verreiben der Putzoberfläche bzw. an einer Stelle, schlechte Haftung auf dem Untergrund sowie bei dem Auftrag auf ungeeignete oder nicht vorbereitete Untergründe. Da diese Risse während der Härtungsphase entstehen, handelt es sich um ▸*putzbedingte Risse*, die relativ einfach zu sanieren sind.

Sättigungsdampfdruck
Unter Sättigungsdampfdruck wird der maximal mögliche Druck des ▸*Wasserdampfes* bei einer bestimmten Temperatur verstanden.

Sättigungsdampfmenge
▸*Taupunkttemperatur*

Sättigungsfeuchte
Unter der Sättigungsfeuchte versteht man den Feuchtezustand eines Baustoffes oder Bauteiles, wenn alle zugänglichen ▸*Poren* (oder Hohlräume) mit Wasser gefüllt sind. Die Sättigungsfeuchte macht deutlich, dass nicht der am Bauwerk gemessene ▸*Wassergehalt* einer Probe ausschlaggebend ist, sondern der prozentuale Wassergehalt bezogen auf die Sättigungsfeuchte, also der ▸*Durchfeuchtungsgrad* einer Wand. Aus dem Verhältnis der Baufeuchte zur Sättigungsfeuchte kann das Ausmaß der Durchfeuchtung abgeleitet werden. Dadurch erhält man vergleichbare Werte, mit dem der Feuchtigkeitsverlauf in der Höhe und in der Tiefe des Bauteiles sowie in Abhängigkeit von den verschiedenen Baustoffen aufgezeigt werden kann.

Sättigungsgrad
Der Sättigungsgrad ist eine bauphysikalische Kenngröße und beschreibt das Verhältnis zwischen der absoluten und der relativen Wasseraufnahme.

Säurebeständigkeit
Die Säurebeständigkeit ist die Widerstandsfähigkeit von Materialien gegenüber sauren Einwirkungen, wie „saurer Regen" oder saure Agentien mit einem ▸*pH-Wert* zwischen 1 und 7. Dies ist u. a. bei der Formulierung von Fassadenbeschichtungen zu berücksichtigen, die oftmals einer aggressiven Industrieatmosphäre ausgesetzt sind. So ist unter diesen Bedingungen z. B. der Einsatz amorpher Kreide nicht möglich, während das kristalline ▸*Kalziumkarbonat*, auch Talkum, Quarz oder Titandioxid, als farbgebendes Weißpigment nicht angegriffen werden. Für diesen Anwendungsbereich ist dann auch auf die Verwendung säurebeständiger, d. h. gegenüber Säureeinwirkung resistenter, Buntpigmente zu achten, um durch mangelnde Beständigkeit bedingte Farbtonveränderungen zu vermeiden.
▸*pH-Wert*
▸*Säure*

Säuregrad
▸*pH-Wert*

A B C D E F G H I J K L M N O P Q R S T U V W X Y Z

Säurereinigung

Die Reinigung von Oberflächenverschmutzungen mit organischen und anorganischen Säuren erfolgt in der Regel dann, wenn alternative Reinigungsverfahren (mit Wasser) nicht zum Erfolg führen. Eingesetzt werden dann vor allem Salzsäure und Phosphorsäure (anorganisch) sowie Ameisensäure, Zitronensäure und Essigsäure (organisch). Wichtig bei der Durchführung der Säurereinigung ist das gründliche Nachwaschen, damit keine Säurerückstände auf der Oberfläche verbleiben und in den Baustoff eindringen können.

Säurezahl

Die Säurezahl (oder Neutralisationszahl) ist die Menge an Kaliumhydroxid, angegeben in mg KOH, die verbraucht wird, um die in 1 g der zu untersuchenden sauer reagierenden Substanz, z. B. einem Harz, enthaltene freie Säure zu neutralisieren.

Saliterer

▸*Salpeterer*

Salpeter

Salpeter ist der Trivialname für die ▸*Salze* der Salpetersäure (HNO_3), so z. B. Ammonsalpeter (Ammoniumnitrat), Barytsalpeter (Bariumnitrat), Chilesalpeter (Natriumnitrat), Kalisalpeter (Kaliumnitrat) oder Kalksalpeter (▸*Kalziumnitrat*). Ugs. werden unter dem Begriff (Mauer)Salpeter alle Salzausblühungen und Salzschäden an Bauwerken und Bauteilen bezeichnet.

Salpeterer

Aus der Zeit Ende des 19. Jahrhunderts wird über ein Berufsbild berichtet: den „*Saliter(er)*“ oder „*Salpeterer*“. Beide Begriffe wurden aus den lateinischen Wörtern *sal* (▸*Salz*) und *petra* (Stein) bzw. dem griechischen Wort *lithos* (Stein) abgeleitet. Zur Gewinnung von Kalisalpeter (Kaliumnitrat) hatten diese Saliterer oder Salpeterer besondere Rechte und unterstanden direkt den Landesherren. So durften sie durch Soldaten geschützt unangemeldet in den Häusern und Ställen der Bauern den “Mauersalpeter” von den Wänden kratzen und die obere Stein- und Erdschicht in den Ställen abtragen und mitnehmen. In einem besonders aufwendigen Verfahren wurden die Salze dann ausgekocht und gereinigt. Anschließend erfolgte die Umwandlung von Kalksalpeter in Kalisalpeter. Ob diese Tatsache den Begriff “Mauersalpeter” verursacht hat, lässt sich eindeutig nicht mehr klären. Sie kann aber zumindest bei der Namensfindung eine wichtige Rolle gespielt haben.

"Salpeterfraß"

In den vergangenen Jahrhunderten waren die Bauwerke zum Teil extrem salzbelastet. Die Auswirkungen auf Putz und Mauerwerk wurden deshalb mit dem Trivialnamen “Salpeterfraß” umschrieben. Auf dem Land war hierfür vorrangig die Tierhaltung in den zum Wohnhaus gehörenden Stallungen verantwortlich. In den Städten waren die zum Teil katastrophalen hygienischen Bedingungen ursächlich. Eine der wenigen literarischen Überlieferungen verdeutlichen den Hintergrund der hohen Salzbelastung an Bauwerken oder allgemein in den Innenstädten: *„Drastisch beschreibt der Technologe F. Knapp 1847 die unter den damals recht großzügigen hygienischen Bedingungen allenthalben zu entdeckende Salpeterbildung. In stark bevölkerten Städten in engen Straßen, wo sich die Exkremente der Zugtiere, der Abfall der Schlächtereien, Spülwasser aus den Häusern, Abfälle von den Märkten, wo Fleisch, Geflügel, Fische und andere Nahrungsmittel verkauft werden, wo sich diese und viele derartige Dinge mit dem flüssigen Inhalt der Gossen vermischen und in fortwährender Fäulnis begriffen sind, sieht man, wie der Mörtelverputz an dem Fuße der Außenmauern nach und nach zerfressen wird und sich mit der schneeartigen, weißen, kristallinigen Ausblühungen bedeckt und “Salpeterfraß” genannt wird.”*

(Otto Krätz am 10.11.2001 in der Süddeutschen Zeitung)

Salpetersäure

Salpetersäure (HNO_3) ist die wichtigste Sauerstoffsäure des Stickstoffs und konzentriert hoch aggressiv. Sie greift alle kalkhaltigen Baustoffe an, indem sie z. B. das Kalziumoxid in einem Bindemittel in ▸*Kalziumnitrat* umgewandelt, was zu einem Bindemittelabbau und damit zu einem Bindemittelverlust führt.

$2HNO_3$	+	CaO	→	$Ca(NO_3)$	+	$2H_2O$
Salpetersäure		Kalziumoxid		Kalziumnitrat		Wasser

Salpetersäure entsteht im Umfeld von Gebäuden durch den bakteriellen Abbau von Ammoniak und organischen Stickstoffverbindungen (Harn, Eiweiß etc.) sowie durch nitrose Abgase.

Der bakterielle Abbau von Ammoniak und die Umwandlung zu Salpersäure auf Bauwerksoberflächen wird z. B. durch eine übermäßige Vermehrung von Mikroorganismen (▸*Biofouling*) möglich. Diese können sich dort ansiedeln, sog. Biofilme bilden und dann bei günstigen Bedingungen einen biologisch induzierten Korrosionsprozess in Gang setzen: so oxidieren sog. ▸*nitrifizierende Bakterien* Ammoniak über Ammoniumnitrit zu Ammoniumnitrat. Sie gewinnen durch diesen Prozess die Energie für ihren Stoffwechsel. Bei Feuchtigkeit wird dann das ▸*Nitrat* zu Salpetersäure umgewandelt. Es folgt der oben beschriebene Prozess der Umwandlung von Kalziumoxid in das lösliche Kalziumnitrat. Das Umwandlungsprodukt wird auch als „Echter Mauersalpeter" bezeichnet. Diese Korrosionsart ist insbesondere bei Gebäuden anzutreffen, die durch intensive Landwirtschaft oder antropogen verursachte Rückstände mit Ammoniumsalzen belastet sind.

Salzanalyse

Ein qualitativer Nachweis ▸*bauschädigender Salze* beschränkt sich üblicherweise auf die Bestimmung der Anionen mittels Teststäbchen vor Ort. Muss oder soll ein quantitativer Nachweis erbracht werden, ist eine Salzanalytik im Labor unverzichtbar. Dann können auch die Kationen bestimmt werden. Diese liegen in der Regel als Natrium-, Kalium-, Ammonium-, Kalzium- oder Magnesiumionen vor. In seltenen Fällen spielt auch Eisen in ionisierter Form eine Rolle. Oft ist die Ursache der Chloridbelastung von Mauermörtel und Mauerwerk darin zu suchen, dass bei der Herstellung von Mauermörtel Frostschutzmittel auf der Basis von ▸*Kalziumchlorid* verwendet wurden. Bei historischen Mauerwerken sind Versalzungen mit Chloriden in der Regel antropogenen Ursprungs, deshalb ist vor der Sanierung zu klären, woher der Salzeintrag stammt und ob und wie eine Salzwanderung an die Oberfläche zu unterbinden ist. Im Küstenbereich kann der Eintrag von Natriumchlorid zusätzlich witterungsbedingt sein.

Salzausblühungen

▸*Ausblühung*
▸*Bauschädigende Salze*
▸*Salze*
▸*Salzschäden*

Salzbehandlung

Der Begriff Salzbehandlung wird zum einen als Oberbegriff für die Behandlung von salzbelasteten Mauerwerken verwendet und beinhaltet dann die mechanische Entfernung (Abbürsten oder Abfegen), die Reduzierung durch ▸*Kompressen* und/oder ▸*Opferputze*, die ▸*elektro-physikalische Entsalzung* sowie die physikalische oder chemische Umwandlung. Zum anderen (und dies ist die Regel) wird damit die chemische Salzbehandlung beschrieben. Darunter wird die Umwandlung (leicht) löslicher Salze in unlösliche (oder zu mindestens schwer lösliche) ▸*Salze* verstanden. Eingesetzt werden Salzbehandlungsmittel, die auch als Antisalze oder Salzumwandler bezeichnet werden. Hierbei handelt es sich um zum Teil giftige Präparate wie ▸*Bleihexafluorsilikat* oder Bariumchlorid, die in Fachkreisen seit etwa 15 Jahren umstritten sind. Dies hat seine Ursachen darin, dass nicht alle Salze (z. B. ▸*Nitrate*) umgewandelt werden können, die Präparate nur im oberflächennahen Bereich aufgetragen werden, obwohl eine Salzbelastung über den gesamten Mauerwerksquerschnitt

A B C D E F G H I J K L M N O P Q R S T U V W X Y Z

auftritt und ohnehin anschließend ein ▸*Sanierputz* empfohlen wird. Außerdem verteuert es den Beschichtungsaufbau unnötig. Hinzu kommt, dass es bei einer Umwandlung der Salze im oberflächennahen Bereich des Mauerwerkes zu einem Anstieg der ▸*Hygroskopizität* und damit zu einer Erhöhung der ▸*Durchfeuchtung* kommen würde. Deshalb sind Maßnahmen der Salzreduktion oder -entfernung immer der Salzbehandlung vorzuziehen.

Salzbelastung

Für die Instandsetzung von salzbelasteten Bauwerken spielt nicht nur das Vorhandensein bauschädigender Salze wie z. B. von ▸*Karbonaten*, ▸*Sulfaten*, ▸*Chloriden* oder ▸*Nitraten* eine wichtige Rolle, sondern auch deren Konzentration. Diese wird als Salzbelastung bezeichnet und ist je Salzart und Baustoff sowie Ursache unterschiedlich zu bewerten. In der Praxis wird diese häufig mit Angaben wie „hoch" oder „normal" angegeben, was für eine Fachplanung und anschließende Instandsetzung keine objektive Basis und fundierte Grundlage darstellen kann. Deshalb wurden im ▸*WTA-Merkblatt* „Sanierputzsysteme" die Angaben konkretisiert.

Allein diese Gegenüberstellung zeigt, dass die Salzbelastung in Baustoffen nicht pauschalisiert werden darf und eine geringe Belastung bei einem Salz u. U. eine hohe Belastung bei einem anderen Salz sein kann, obwohl in beiden Fällen die gleiche Salzbelastung ermittelt wurde. Im o. g. WTA-Merkblatt wurde in Abhängigkeit zur Salzbelastung eine Empfehlung zur Schichtdicke und mehrlagigen Verarbeitung der nachfolgenden Sanierputze gegeben.

Salzbilanz

Neben der Feuchtebilanz ist die Salzbilanz von elementarer Bedeutung, da erst die gegenseitige Abhängigkeit die Schadensmechanismen von ▸*Hydratation* und ▸*Kristallisation* verursachen. Der Bauwerksdiagnostiker und Fachplaner erkennt bei der Gegenüberstellung der Feuchte- und Salzbilanz, ob z. B. eine ▸*Durchfeuchtung* der Wand durch Salze (▸*hygroskopische Feuchte*) oder durch ▸*Kapillarität* vorliegt. Die Salzbilanz wird durch eine Analyse der entnommenen Baustoffproben erstellt. Dabei erfolgt eine quantitative Bestimmung des Salzgehaltes, wobei vor allem der ▸*Chlorid-*, der ▸*Sulfat-* und der ▸*Nitratgehalt* bestimmt werden. Die Analysen sollen dabei so vorgenommen werden, dass sich Gradienten über die Salzverteilung in der Höhe und zur Mauertiefe hin ergeben. Dies bedeutet, dass Messachsen angelegt werden, die eine Probeentnahme in der vertikalen Achse und über den Mauerwerksquerschnitt vorsehen.

Salzbildung

Chemische Baustoffschädigungen werden hauptsächlich durch Säuren und/oder lösliche ▸*Salze* hervorgerufen. Die Umsetzung der alkalischen Bindemittel in Putzen und/oder Mörteln mit den Säuren der Umwelt führt zur Bildung von Neutralsalzen. Die Säuren bewirken, dass die Metalle in den Bindemitteln (überwiegend Kalzium) in lösliche Stoffe umgewandelt werden, die dann durch ▸*Grundwasser*, ▸*Sickerwasser* oder Regenwasser aus den Baustoff herausgelöst werden und/oder beim Auskristallisieren ihr Volumen vergrößern. Das Gefüge des Baustoffes wird gelockert bzw. das Bindemittel geschädigt. Als Säuren kommen in der Regel anorganische Säuren wie Salpetersäure, Schwe-

Klassifizierung der Salzbelastung nach WTA

Salzbelastung	Gering	Mittel	Hoch
Chloride	< 0,2 M.-%	0,2 – 0,5 M.-%	> 0,5 M.-%
Nitrate	< 0,1 M.-%	0,1 – 0,3 M.-%	> 0,3 M.-%
Sulfate	< 0,5 M.-%	0,5 – 1,5 M.-%	> 1,5 M.-%

felsäure, Salzsäure und Kohlensäure (gelegentlich auch organische Säuren) vor.

Salpetersäure entsteht durch den bakteriellen Abbau von Ammoniak und organischen Stickstoffverbindungen (Harn, Eiweiß etc.) sowie durch nitrose Abgase. Die bekanntesten Salze der Salpetersäure sind das ▸*Kalziumnitrat* (▸*Salpeter*), das ▸*Magnesiumnitrat*, das ▸*Natriumnitrat* und das ▸*Kaliumnitrat*. Schwefelsäure entsteht durch die Reaktion des Schwefeldioxids bzw. -trioxids mit dem Regenwasser oder durch bakterielle Sulfidoxidation. Die bekanntesten Salze der Schwefelsäure sind das ▸*Natriumsulfat* (Glaubersalz), das ▸*Kaliumsulfat*, das ▸*Kalziumsulfat* (▸*Gips*) und das Magnesiumsulfat (Bittersalz). Salzsäure entsteht z. B. bei der PVC-Verbrennung (thermische HCL-Abspaltung). Die bekanntesten Salze der Salzsäure sind das ▸*Kalziumchlorid*, das ▸*Magnesiumchlorid* und das ▸*Kaliumchlorid*. Kohlensäure entsteht, wenn Kohlensäuregas in Regenwasser gelöst bzw. umgesetzt wird. Die Salze der Kohlensäure werden ugs. als Soda oder ▸*Pottasche* bezeichnet.

Salzblockade

Wird auf ein salzbelastetes Mauerwerk ein ▸*kapillaraktiver* Putz aufgetragen, erfolgt ein kapillarer Wassertransport bis zur Oberfläche des Putzes. Dabei werden ▸*Salze* mittransportiert und beim Verdunsten des Wassers im oberflächennahen Bereich des Putzes abgelagert. Auf diese Weise wird das ▸*Porensystem* im Putz allmählich verändert und es entsteht im Sinne einer Porenverdichtung ein Putz mit einem wesentlich geringerem ▸*Porenvolumen*. Dadurch wird auch die ▸*Wasserdampfdiffusion* beeinflusst. Die ▸*Diffusionswiderstandszahl* μ steigt stark an, die Trocknung an der Oberfläche wird reduziert und die ▸*Durchfeuchtung* im Mauerwerk bzw. im Putz erhöht. Dieser Effekt wird als Salzblockade bezeichnet. Untersuchungen, die diesen Sachverhalt bestätigen, wurden von *Dr. Künzel* im Institut für Bauphysik Holzkirchen Anfang der 90er Jahre durchgeführt.

Salze

Salze sind die Reaktionsprodukte einer Lauge oder Base mit einer Säure unter Bildung von Wasser und dem entsprechenden Salz. Diese Reaktion wird auch als ▸*Neutralisation* bezeichnet, da Salze die Neutralisationsprodukte der ▸*Alkalität* des Untergrundes (Mauerwerk, Mörtel) und dem sauren Medium unserer Umwelt darstellen. Die wichtigsten Säuren sind die Salpetersäure, die Schwefelsäure, die Salzsäure und die Kohlensäure. Dem entsprechend sind die häufigsten Salzverbindungen die ▸*Karbo-*

nate, ▸*Chloride*, ▸*Sulfate* und ▸*Nitrate*, wobei hier besonders die Alkali- und Erdalkaliverbindungen eine Rolle spielen. Eine Übersicht über die häufigsten an Bauwerken vorkommenden Salze gibt die unten stehende Tabelle.

Salze können durch ▸*Kristallisation* und ▸*Hydratation* das ▸*Porengefüge* und damit die Bausubstanz zerstören und außerdem durch eine hygroskopische Wirkung den Feuchtegehalt im Mauerwerk erheblich erhöhen, ohne dass eine kapillare Durchfeuchtung vorliegen muss. Erstaunlich oft werden sog. „Doppelsalze" angetroffen, d. h. Salze, die aus mehr als jeweils einer Kationen- und Anionenkomponente bestehen. Auffällig ist auch, dass viele Salze in mehreren Hydratstufen vorkommen. Das ist wichtig für die Salzmetamorphose und für den Prozess der Salzsprengung. Auch die Sätti-

Bauschädigende Salze

Salzart	Chemische Formel	Chemische Bezeichnung	Mineralische Bezeichnung	Allgemeine Bezeichnung
Sulfate	Na_2SO_4		Thenardit	
	$Na_2SO_4 \bullet 10H_2O$	Natriumsulfat	Mirabilit	Glaubersalz
	$MgSO_4 \bullet H_2O$		Kieserit	
	$MgSO_4 \bullet 6H_2O$		Hexahydrit	
	$MgSO_4 \bullet 7H_2O$	Magnesiumsulfat	Epsomit	Bittersalz
	$CaSO_4 \bullet 2H_2O$	Kalziumsulfat		Gips
	$K_2Ca(SO_4)_2 \bullet H_2O$	Mischsalze	Syngenit	
	$K_2Ca5(SO_4)_6 \bullet H_2O$		Gorgeyit	
	$K_2Mg(SO_4)_2 \bullet 6H_2O$		Picromerit	
	$K_3Na(SO_4)_2$		Glaserit	
	$3CaO \bullet Al_2O_3 \bullet 3CaSO_4 \bullet 32H_2O$			Ettringit
	K_2SO_4	Kaliumsulfat	Arcanit	
Karbonate	$NaHCO_3$		Nahcolit	
	$Na_2CO_3 \bullet H_2O$	Natriumkarbonat	Thermonatrit	Soda
	$Na_2CO_3 \bullet 10H_2O$		Natrit	
	$Na_3H(CO_3)_2 \bullet H_2O$		Trona	
	$K_2CO_3 \bullet H_2O$	Kaliumkarbonat		Pottasche
	$KHCO_3$		Kalicinit	
	$CaCO_3$	Kalziumkarbonat	Calcit	Kalk
	$MgCO_3$	Magnesiumkarbonat	Magnesit	
	$MgCO_3 \bullet 3H_2O$		Nesquehonit	
	$MgCO_3 \bullet 5H_2O$		Lansfordit	
	$MgCO_3 \bullet Mg(OH)_2 \bullet 3H_2O$		Artinit	
	$3MgCO_3 \bullet Mg(OH)_2 \bullet 3H_2O$		Hydromagn.	
Nitrate	KNO_3	Kaliumnitrat	Nitrokalit	
	$Ca(NO_3)_2 \bullet 4H_2O$	Kalziumnitrat	Nitrocalcit	
	$Mg(NO_3)_2 \bullet 6H_2O$	Magnesiumnitrat	Nitromagnesit	
	$5Ca(NO_3)_2 \bullet 4NH_4NO_3 \bullet 10H_2O$			Kalksalpeter
	$NaNO_3$	Natriumnitrat	Nitronatrit	
	NH_4NO_3	Amoniumnitrat	Ammonsalp.	
Chloride	$NaCl$	Natriumchlorid	Halit	Kochsalz
	$CaCl_2 \bullet 6H_2O$	Kalziumchlorid	Antarticit	
	$MgCl_2 \bullet 6H_2O$	Magnesiumchlorid	Bischofit	
	KCl	Kaliumchlorid	Sylvin	
	$CaMg_2Cl_6 \bullet 12H_2O$	Kalziummagnesium-chlorid	Tachyhydrit	
Mischsalze	$Na_3(NO_3/SO_4) \bullet H_2O$		Darapskit	

gungskonzentrationen in Lösungen sind von der Hydratart abhängig.

Salze werden unterschieden in Halogensalze (Bromide, Chloride, Fluoride), die Salze von anorganischen Säuren (Karbonate, Chlorate, Cyanate, Cyanide, Nitrite, Nitrate, Phosphate, Sulfate, Sulfide), Salze von organischen Säuren (Acetate). Salze besitzen in der Regel eine hohe Schmelz- und Siedetemperatur, eine geringe Härte sowie eine geringe thermische Ausdehnung.

Salzgehalt

▸*Bauschädigende Salze*
▸*Salze*
▸*Salzbelastung*
▸*Salzbilanz*

Salzgradient

Von einem Salzgradienten wird gesprochen, wenn in einem Baustoff unterschiedliche ▸*Salze* oder gleiche Salze in unterschiedlicher Konzentration vorliegen. Salzgradienten können daher die Ursache für eine unterschiedliche ▸*Sorptionsfeuchte* innerhalb eines Wandabschnittes oder Mauerwerksbereiches sein.

Salz-Isolinien

▸*Salz-Tomogramm*

Salzkompresse

▸*Entsalzungsverfahren*
▸*Kompressenverfahren*
▸*Opferputze*

Salzkristalle

▸*Ausblühung*
▸*Kristallisation*

Salzmetamorphose

Viele Salze zeigen in ihrer Stabilität eine ausgeprägte Temperaturabhängigkeit. Insbesondere die ▸*Salze*, die verschiedene Hydratstufen bilden können, existieren in verschiedener Form in engen Temperaturbereichen. Durch den Tagesverlauf der Temperatur an einem Bauwerk können diese Salze oft mehrmals am Tag ineinander umgewandelt werden. Damit sind oft beträchtliche Volumenänderungen und infolgedessen ▸*Kristallisationsdrücke* verknüpft. Der Effekt der Salzsprengung kann dadurch nachhaltig verstärkt werden.

Salzphasen

▸*Salzanalyse*
▸*Kristallisation*

Salzprofil

Der Begriff Salzprofil ist erst in den letzten Jahren entstanden und hat durch die Weiterentwicklung und Verbreitung der ▸*Bauwerksdiagnostik* an Bedeutung gewonnen. Beschränkten sich bis vor wenigen Jahren die Untersuchungen bei der Instandsetzung von feuchte- und salzgeschädigten Mauerwerken noch auf den ▸*Salzgehalt* an einem Messpunkt bzw. an einer Messachse, so werden seit einiger Zeit zunehmend auch dreidimensionale Salzprofile ganzer Mauerwerke oder Teilabschnitte erstellt. Diese werden zum einen notwendig, um den Unterschied in der ▸*Durchfeuchtung* und Salzbelastung innerhalb des Mauerwerksquerschnitts und Baukörpers sichtbar zu machen, zum anderen können dadurch punktuelle Durchfeuchtungen auf Grund ▸*hygroskopischer* Feuchte erklärt werden.

▸*Salz-Tomogramm*

Salzpuffer

▸*Porengrundputz*
▸*Sanierputzverarbeitung*

A B C D E F G H I J K L M N O P Q R S T U V W X Y Z

Salzschäden

Durch Salze können Schäden unterschiedlicher Art an Bauwerken entstehen. Diese können sich einerseits nur auf die Oberfläche beschränken und dort zu flächenhaften Salzbelegungen und zur ▸*Korrosion* der Oberflächen führen oder aber das Mauerwerk in seiner gesamten Räumlichkeit erfassen und ggf. tiefgreifend schädigen bzw. seine Zerstörung einleiten. Oft wird diese Bekanntschaft mit Salzen als oberflächig und harmlos, in der Regel nur als ästhetische oder optische Beeinträchtigung, gesehen. Die Bedeutung dieser Vorankündigung wird vielfach unterschätzt. Salzansammlungen an der Oberfläche sind der Ausdruck von Salzwanderungen innerhalb des Mauerwerkes und erste Indikatoren für tiefgreifende Veränderungen. Anfangs zeigen sich diese nur als schwache, im weiteren Verlauf als immer stärker werdende Korrosion der Oberfläche, die in tiefer gehende Erosion übergehen kann. Das Phänomen des „Absandens“ oder der „Schwarzkrusten“ sind Anzeichen derartiger Salzaktivitäten.

Bei der Zerstörung von Natur-, Ziegel-, Kalksand- und Hochblocksteinen stellt die Salzsprengung eine der häufigsten Ursachen dar. Voraussetzung ist allerdings das Vorhandensein von Permeabilität und ▸*Porosität* in einer bestimmten Größenordnung. Gesteine mit sehr dichtem Gefüge (z. B. Basaltlava) oder sehr poröse Baustoffe (z. B. Travertin oder Quelltuff) werden sehr selten durch ▸*Salze* zerstört. Sandsteine, Grauwacken, Schiefer, Konglomerate und Kalksteine, unter Umständen auch Marmor, sind dagegen genauso gefährdet wie die meisten Ziegelsorten. Wenn auch das Risiko als geringer einzustufen ist, sind Granite und andere magmatische Gesteine ebenfalls gefährdet. Salzschäden können sowohl von mit Salzlösung gefüllten Porenräumen ausgehen, die durch kristallisierende Salze gesprengt werden, als auch vom Angriff auf die Bindemittel einzelner Mineralkomponenten in den Gesteinen.

Mörtel sind dem schädigenden Zugriff der Salze in gleicher Weise ausgesetzt. Auch hier kann – von ▸*Poren* ausgehend – die Salzsprengung nachhaltig als Schadensursache auftreten, aber auch die Bindemittel können betroffen sein. Sowohl die wasserhaltigen Kristalle, die sich beim Abbinden von hydraulischen Bindemitteln bilden (▸*Zement*, hydraulischer Kalk, ▸*Trasskalk*) als auch die ▸*Karbonate* aus dem Abbindeprozess von Kalkmörtel können durch Salzlösungen angegriffen und zerstört werden. Infolgedessen können auch die ▸*Zuschlagsstoffe* durch den Einfluss von Salzen geschädigt werden. Das Auftreten von Feuchtigkeit im Mauerwerk ist ein reversibler Vorgang, reguliert durch ▸*Kondensation* und Verdampfung einerseits und Aufnahme andererseits. Die Geschwindigkeit der Verdampfung ist eine Funktion des Dampfdruckes: je höher der ▸*Dampfdruck* um so schneller die Trocknung. Durch Lösung von Salzen wird der Dampfdruck unter Umständen beträchtlich erniedrigt. Der Betrag dieser Dampfdruckerniedrigung ist abhängig von der Konzentration des gelösten Stoffes. Bei einer gesättigten Steinsalzlösung beträgt sie etwa 10%. Die Trocknung durch Verdampfen verzögert sich dem entsprechend. Salze halten somit die Feuchtigkeit länger im Mauerwerk, als dies bei reinem Wasser zu erwarten wäre. Durch die ▸*Hygroskopizität* der Salze, also ihre Eigenschaft Feuchtigkeit aufzunehmen, wird der Kreislauf der Feuchtigkeitsaufnahme und -abgabe aufrechterhalten.

Salzspeicherputz

▸*Porengrundputz*
▸*Sanierputz*

Salzsprengtest

Beim Salzsprengtest nach DIN 52 111 werden Baustoffwürfel mit einer Kantenlänge von 4 cm über einen Zeitraum von 16 Stunden etwa 1 cm tief in eine gesättigte Natriumsulfatlösung getaucht. In Abhängigkeit vom ▸*Porengehalt* nimmt der Baustoff die Salzlösung auf. Bei einer anschließenden Erwärmung bis auf max. 110 °C werden die Proben entwässert. Durch die permanente Wiederholung dieses

Vorganges verändert das ▸*Natriumsulfat* sein Kristallgefüge und baut innerhalb der ▸*Poren* einen enormen ▸*Hydratations- und Kristallisationsdruck* auf.

Neben diesem Salzsprengtest wird häufig die ▸*Frost-Tau-Beständigkeit* ermittelt, die in der DIN 52 104 definiert ist. Hierbei werden die wassergesättigten Baustoffwürfel einem Temperaturwechsel von 15°C bis -25°C ausgesetzt, bis der Baustoffwürfel auseinander gesprengt wird. Die Anzahl der hierfür benötigten Frost-Tau-Zyklen gilt als Maß für die Frost-Tau-Beständigkeit.

Salzsprengung

In vielen Fällen ist das Volumen von ▸*Salzen*, die aus Lösungen kristallisieren, größer als der zur Verfügung stehende ▸*Porenraum*. Durch die ▸*Kristallisation* entstehen Drücke, die die Gesteinsfestigkeit weit überschreiten können und somit zur Sprengung des Korngefüges führen. Diesen Effekt nennt man „Salzsprengung".

▸*Bauschädigende Salze*

Salzteststreifen

▸*Salzanalyse*

Salz-Tomogramm

Um die ▸*Salzbelastung* eines Mauerwerkes bestimmen zu können, werden repräsentative Messachsen ausgewählt. In welcher Himmelsrichtung sich diese befinden und ob Messachsen innen und außen angelegt werden sowie in welcher Höhe, richtet sich immer nach dem jeweiligen Gebäude, der Nutzung, dem Schadensbild und dem Ausmaß des Schadens. Die Messachsen werden senkrecht übereinander angeordnet und beinhalten in der Regel mehrere Bereiche für eine Probeentnahme. Diese Proben werden an mehreren Stellen im Mauerwerksquerschnitt entnommen, so dass für nachfolgende Untersuchungen sowohl Proben in der vertikalen wie auch in der horizontalen Messachse entnommen werden. Durch die Auswertung der Messergebnisse und dem Aufstellen einer Salzbilanz erhält man ein dreidimensionales Salz-Tomogramm. Jedem Messpunkt im Mauerwerksquerschnitt kann ein konkreter Salzgehalt zugeordnet werden. Dies vereinfacht eine mögliche Abhängigkeit von ▸*Durchfeuchtungen* in Folge einer Salzbelastung (▸*hygroskopische Feuchte*).

Salzumwandlung

▸*Floate*

▸*Salzbehandlung*

Salzursachen

Bei Mauerwerken mit hoher ▸*Salzbelastung* stellt sich vor jeder Sanierung die Frage nach der Art und Konzentration sowie der Herkunft oder Ursache der ▸*Salze*. Dies ist in der Regel für die Festlegung der anschließenden Maßnahmen relevant und entscheidet, ob „saniert" oder „kaschiert" wird. In erster Linie müssen die Baustoffe selbst und deren Zusammensetzung genannt werden. Sie können natürliche Salze (z. B. in Natursteinen) oder Salze durch den Herstellungsprozess enthalten (z. B. Mauermörtel, die mit Küstensanden oder durch Zugabe von Frostschutzmitteln hergestellt wurden). Hinzu kommen Umwelteinflüsse, durch die Bindemittel umgewandelt und Salzverbindungen gebildet werden. Außerdem müssen Produkte zur Sanierung und Instandsetzung genannt werden, die Salze enthalten oder bilden können. Fehlende oder nicht mehr funktionsfähige ▸*Horizontal- und/oder Vertikalabdichtungen* sind ebenfalls relevant, da infolgedessen Salze aus dem Erdreich in den Baukörper eindringen und auf kapillarem Weg transportiert werden können. Nicht zuletzt ist die Nutzung von Bedeutung, da z. B. in Stallungen oder sonstigen landwirtschaftlich genutzten Gebäuden eine erhöhte Niratbelastung nachweisbar ist.

Salzverteilung

▸*Fraktionierte Salzkristallisation*

Salzwiderstand

In [5] wird der Salzwiderstand als Resistenz von Baustoffen gegenüber Salzlösungen oder Salzkristallen definiert, die bei der ▸*Hydratation* und Kristallisation auftreten können. Die Prüfung erfolgt über den ▸*Salzsprengtest*.

Sand

Unter Sand wird ein natürlich vorkommendes und zu einer Korngröße von 0,06 bis 2 mm zerkleinertes Gestein verstanden. Nach der DIN 4022 werden die Korngrößen wie folgt unterteilt: Feinsand mit einer Korngröße 0,06 bis 0,2 mm, Mittelsand mit einer Korngröße von 0,20 bis 0,63 mm und Grobsand mit einer Korngröße 0,63 bis 2 mm. Zum Teil werden auch andere Einteilungen vorgenommen. So wird in [5] der Feinsand mit einer Korngröße von Null bis 1 mm, der Grobsand von 1 bis 4 mm, Kies mit 4 bis 32 mm und Grobkies mit einer Korngröße über 32 mm angegeben. Unterschieden werden je nach Vorkommen oder Entstehung der Gruben-, Fluss- oder Seesand, der durch Ablagerung entsteht, sowie der Dünen- oder Wüstensand, der durch Transport entsteht. Der Großteil der Sandvorkommen besteht aus Quarz (Siliziumdioxid). Dieser ist besonders säure- und witterungsbeständig und besitzt eine hohe mechanische Festigkeit. Zum Bauen eignen sich besonders gut Gruben- oder Flusssande. Seesand (Meeresnähe) ist auf Grund seiner hohen Salzbelastung ungeeignet und Ursache für viele Salzschäden der Backsteinbauten Norddeutschlands.

Sandstrahlen

Unter Sandstrahlen wird ein mechanisches Verfahren beschrieben, bei dem der Untergrund durch den Abrieb der Strahlmittel gereinigt wird. Je nach Baustoff und Art der Verschmutzung werden das Nass-Sandstrahlen sowie das Hochdruck-Heißdampfstrahlen mit oder ohne Strahlmittel unterschieden.

Sandstrahlverfahren

▸*Reinigungsverfahren*

Sanierglätte

▸*Sanierglattspachtel*

Sanierglattspachtel

Werden bei der Beschichtung von feuchte- und salzbelasteten Mauerwerken glatte Oberflächen gewünscht, werden sog. Sanierglattspachtel auf Sanierputzsystemen eingesetzt. Diese zeichnen sich durch eine hohe ▸*Wasserdampfdiffusionsfähigkeit* und einer Filzbarkeit der Oberflächen aus.

Saniergrundputz

▸*Porengrundputz*

Sanierleichtputz

▸*Sanierputzmörtel L (leicht)*

Sanierporengrundputz

▸*Porengrundputz*

Sanierputz

Der Begriff Sanierputz wurde vor etwa 30 Jahren durch *Schumann* eingeführt. Er und *Meier* gelten als Pioniere dieser Putze, in dem sie klassischen Baustellenmörteln ▸*Luftporenbildner* und ▸*hydrophobierende* Zusätze zugegeben haben, um sanierputzähnliche Eigenschaften zu erzielen. Sanierputze werden entweder direkt zum Verputzen von feuchte- und salzgeschädigten Bauwerken und/oder als ▸*flankierende Maßnahme* bei der ▸*nachträglichen Horizontal- und/oder Vertikalabdichtung* eingesetzt. Sie waren jahrelang in keiner Putznorm reglementiert und wurden in der DIN 18 550 nur erwähnt. Seit Er-

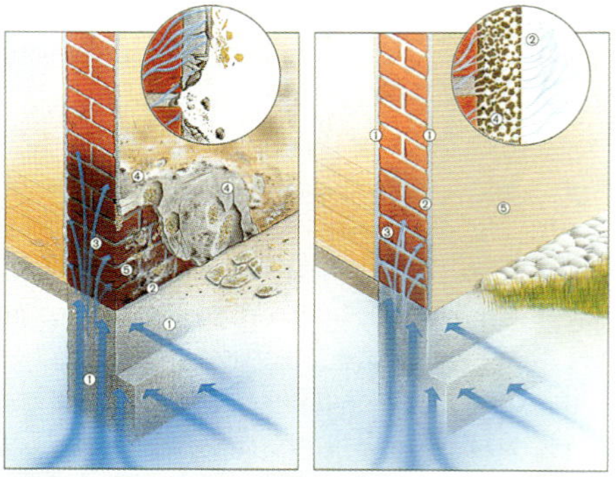

① Wasser hat Zutritt zu den Fundamenten
② Horizontalisolierung fehlt oder ist schadhaft
③ Wasser und Bodensalze gelangen in das Mauerwerk
④ Putz und Anstrich werden zerstört
⑤ Mauerwerk wird zerstört

① Sanierputz wird aufgetragen
② Leichte und schnelle Verdunstung durch Porenstruktur
③ Die Feuchtezone wird abgesenkt
④ Ohne Schaden anzurichten kristallisieren Salze in den Poren aus
⑤ Putz und Anstrich bleibt trocken und schön

© siehe Anhang

scheinen der europäischen Putznorm EN 998 sind auch Sanierputze genormte Baustoffe. Da die Norm nur Mindestanforderungen definiert, erfolgt die Klassifizierung weiterhin über das ▸*WTA-Merkblatt* „Sanierputzsysteme", in dem höhere Anforderungen als in der Norm definiert werden. Das WTA-Merkblatt 2-7-03/D hat die beiden Vorgänger, das WTA-Merkblatt 2-2-91 „Sanierputzsysteme" und 2-6-99 „Ergänzungen zum WTA-Merkblatt 2-2-91", abgelöst.

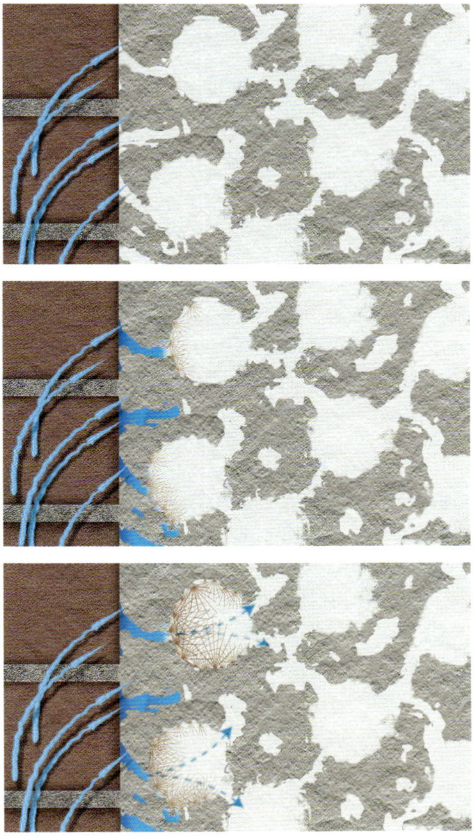
© siehe Anhang

Ablaufschema über die Funktion eines Sanierputzes

Sanierputze nach WTA-Richtlinien sind ▸*porenhydrophobe Werktrockenmörtel* mit einer erhöhten Wasserdampfdiffusion bei gleichzeitig reduzierter ▸*kapillarer Leitfähigkeit*. Durch eine spezielle ▸*Porengeometrie* und –verteilung wird das Wasseraufnahme- und Wasserabgabeverhalten geregelt und eine Auskristallisation der einwandernden Salze in das Putzgefüge verlagert. Somit kristallisieren die ▸*Salze* nicht mehr an der Oberfläche, sondern in der Putzschicht aus.

Von der Zusammensetzung her sind Sanierputze zementhaltige Putze, die durch den Zusatz von Luftporenbildnern ein poriges Gefüge erhalten. Durch dieses erhöhte Porenvolumen und die spezielle Porengeometrie, kombiniert mit einer ▸*Porenhydrophobie*, wird erreicht, dass Wasser in flüssiger Form aus dem Untergrund zwar in den Sanierputz einwandern kann, aber im Sanierputzsystem kapillar gebrochen und danach ausschließlich durch ▸*Diffusion* transportiert wird. Durch diesen Mechanismus kristallisieren die Salze im Putzgefüge aus, so dass die Putzoberflächen über mehrere Jahre optisch schadensfrei bleiben. Sanierputze müssen ▸*frost- und salzbeständig* sein. Deshalb sind Sanierputze nach WTA vorwiegend hydraulisch gebunden. Kalkhydrat kann die erhöhten Anforderungen an die Frost-Tau-Salz-Beständigkeit nicht erfüllen. Auch Sanierputze mit latent-hydraulischen Bindemitteln und puzzolanischen Zusätzen wie z. B. ▸*Trassmehl* werden als problematisch angesehen, da das für die langsam verlaufende Härtungsreaktion benötigte Wasser in Sanierputzen nicht lange genug zur Verfügung steht.

Zum Sanierputzsystem gehören der ▸*Spritzbewurf*, ggf. der ▸*Porengrundputz*, der eigentliche Sanierputz und die auf das Sanierputzsystem abgestimmte ▸*Schlussbeschichtung*. Wichtig ist, dass die einzelnen Komponenten des Sanierputzsystems aufeinander abgestimmt sind und die Eigenschaften auch bei der maschinellen Verarbeitung nicht negativ beeinflusst werden. Eine „Mauerwerksentfeuchtung" ist auch mit Sanierputzen nicht möglich, da die Ursache der Durchfeuchtung nicht beseitigt wird. Deshalb muss berücksichtigt werden, dass auch Sanierputze mit der Zeit an ihre Leistungsgrenzen stoßen und dann gesättigt sind. Der Sanierputz hat dann seine Funktion verloren und muss entfernt und erneuert werden.

Sanierputzmörtel L (leicht)

Der Begriff Sanierputzmörtel L (für leicht) wird in Deutschland so nicht verwendet und ist aus Österreich bekannt und in der Ö-Norm B 3345 „Sanierputzmörtel für salzbelastete Untergründe" aufgeführt. Hierbei handelt es sich um eine Kombination aus einem ▸*Sanierputz* und einem Leichtputz mit hoher ▸*Porosität* und geringen mechanischen Eigenschaften. Auf Grund der verwendeten ▸*Leichtfüllstoffe* (in der Regel Polystyrol) besitzt dieser Sanierleichtputz wärmedämmende Eigenschaften, ist aber mit einem klassischen Wärmedämmputz nicht vergleichbar. Der Sanierleichtputz darf nur als ▸*Porengrundputz* oder Ausgleichsputz verwendet werden. Die Eigenschaften eines Sanierputzes nach WTA-Richtlinien liegen nicht vor.

Sanierputzmörtel N (normal)

Die Ö-Norm B 3345 „Sanierputzmörtel für salzbelastete Untergründe" bezeichnet die in Deutschland verwendeten Begriffe „Porengrundputz" und „Sanierputz nach WTA" anders. Für den in Deutschland bekannten ▸*Porengrundputz* gibt es nach Ö-Norm den Sanierputzmörtel L und für den Sanierputz nach WTA-Richtlinien den Sanierputzmörtel N (für normal). Im Gegensatz zum Sanierleichtputz ist der Sanierputzmörtel N mit einem Sanierputz nach WTA-Richtlinien vergleichbar.

Sanierputzprüfung

Bei der Prüfung von Sanierputzen nach WTA-Richtlinien müssen Baustoffprüfungen am Frischmörtel und am Festmörtel (Eigen- und Fremdüberwachung) unterschieden werden. Darüber hinaus gibt es Prüfungen, die eine Zulassung der Wortmarke „WTA" für einen Sanierputz ermöglichen. Die Probenahme und Vorbereitung wird in Anlehnung an die EN 1015 Teil 2 durchgeführt. Die Herstellung bzw. Formgebung und Lagerung der Prüfkörper für die Festmörtelprüfungen erfolgt gemäß EN 1015 Teil 11. Die Lagerungstemperatur liegt bei etwa 20°C. Die Prüfkörper werden zunächst 2 Tage in einer Feuchtekammer bei 95% rel. Luftfeuchte eingelagert. Dem schließt sich eine Lagerung ohne Schalung über 5 Tage bei gleichen Bedingungen an, bevor dann die 21-tägige Lagerung bei 65% rel. Luftfeuchte erfolgt.

Die Prüfungen am Frischmörtel beinhalten die Konsistenz (gemäß EN 1015 Teil 3), die Frischmörtelrohdichte (gemäß EN 1015 Teil 6), den ▸*Luftporengehalt* (gemäß EN 1015 Teil 7) und das Wasserrückhaltevermögen (nach DIN 18 555 Teil 7). Die Prüfungen am Festmörtel beinhalten die Trockenrohdichte (gemäß EN 1015 Teil 10), die ▸*Biegezug- und Druckfestigkeit* (gemäß EN 1015 Teil 11). Daraus wird rechnerisch der Quotient als Festigkeitsverhältnis ermittelt. Außerdem wird die Haftfestigkeit, die ▸*kapillare Wasseraufnahme*, der ▸*Wasserdampfdiffusionskoeffizient*, die ▸*Porosität* und die ▸*Salzbeständigkeit* bestimmt sowie die Wärmeleitfähigkeit und das Brandverhalten ermittelt.

Wenn ein Sanierputz nicht ausdrücklich für die Handverarbeitung ausgewiesen wird, müssen diese Prüfungen auch bei der maschinellen Verarbeitung erfüllt werden. Dazu werden Materialproben (Frischmörtel) an der Spritzdüse entnommen und der Sanierputzprüfung unterzogen. Wichtigste Kriterien hierfür sind die Porosität und der Luftporengehalt.

Sanierputze nach WTA-Richtlinien unterliegen einer Eigen- und Fremdüberwachung nach DIN 18 557 „Werktrockenmörtel" sowie einer Erstprüfung, die durch regelmäßige Prüfungen wiederholt wird. Damit kann das hohe Qualitätsniveau dieser Sanierputze sicher gestellt werden. Hinzu kommt, dass die WTA für die regelmäßige Eigen- und Fremdüberwachung ein ▸*WTA-Zertifikat* vergibt, mit dem sicher gestellt wird, das eine Prüfung nicht nur einmal und/oder nur für ein Produkt stattgefunden hat, sondern regelmäßig das gesamte Sanierputzsystem den Anforderungen und Prüfungen des ▸*WTA-Merkblattes* unterzogen wird. Die Liste der aktuell zertifizierten Sanierputze kann unter www.wta.de eingesehen werden.

Sanierputzverarbeitung

Für Sanierputze gelten bestimmte Verarbeitungsrichtlinien, die hersteller- oder produktübergreifend gelten. Grundsätzlich müssen der vorhandene, feuchte- und salzbelastete Putz bis etwa einen Meter über der sichtbaren Schadensgrenze entfernt und die Fugen ausgekratzt werden, bevor das Mauerwerk gereinigt wird. In der Praxis hat sich Sandstrahlen bewährt, da lose Bestandteile oder Verunreinigungen mit entfernt werden. Anschließend wird ein halbdeckender, warzenförmiger oder netzartiger Spritzbewurf aufgebracht. In einigen Fällen (z. B. Mischmauerwerk) kann es auch notwendig werden, einen volldeckenden ▸*Spritzbewurf* aufzubringen. Dieser muss den WTA-Richtlinien entsprechen und darf den Untergrund nicht absperren. Je nach Untergrundunebenheit und/oder –versalzung wird anschließend ein ▸*Porengrundputz* oder Grundputz nach WTA aufgebracht. Diese sanierputzähnlichen Unterputze haben eine geringere ▸*Hydrophobie* und einen hohen ▸*Luftporenanteil*. Sie werden nicht nur als Ausgleichsschicht, sondern häufig auch als Salzpuffer für den nachfolgenden ▸*Sanierputz* verwendet. Die Schichtdicke dieser Putze ist im ▸*WTA-Merkblatt* nicht vorgegeben, da diese untergrundbedingt eingesetzt werden. Anschließend erfolgt der Auftrag des eigentlichen WTA-geprüften Sanierputzes, der unabhängig von der Schichtdicke des Porengrundputzes mindestens 2 cm dick aufgetragen wird. Die Endbeschichtung erfolgt mit Putzen oder Anstrichen mit hoher Wasserdampfdiffusion, damit die Funktion des Sanierputzsystems nicht negativ beeinflusst wird. Hierfür haben sich Mineralfarben und –putze, ▸*Silikatfarben* und –putze sowie Siliconharzfarben (und je nach Hersteller Siliconharzputze) bewährt. In jedem Fall sind die Herstellerangaben in den technischen Merkblättern und die Allgemeinen Regeln für die Nachbehandlung zementgebundener Beschichtungen zu beachten.

© siehe Anhang

Sanierung

Der Begriff Sanierung wird nach seinem lateinischen Ursprung mit "Heilung" übersetzt und wurde über viele Jahrhunderte in der Medizin verwendet. Der Duden verwendet den Begriff der Sanierung für die Medizin (heilen, gesund machen) sowie für die Betriebswirtschaft (Maßnahmen, um einen Unternehmen aus wirtschaftlichen Schwierigkeiten heraus zu helfen). Darüber hinaus wird dieser Begriff ugs. für die Reparatur von Gegenständen und in allen Branchen auch für Dienstleistungen verwendet.

Unter (Altbau)Sanierung wird die Beseitigung von Bauschäden wie z. B. ▸*Rissen*, Feuchtigkeitsschäden, ▸*Salzausblühungen*, ▸*Abplatzungen* zusammen gefasst. Im Unterschied zur Modernisierung wird bei der Sanierung nur das Problem gelöst bzw. der Schaden beseitigt, ohne dass zwingend die heutigen Anforderungen in Bezug auf Feuchte-, Schall-, Wärme- oder Brandschutz erfüllt werden (müssen).

Sanierungserfolg

Der sog. Sanierungserfolg kann/muss rechtlich und technisch beurteilt werden. Unter rechtlichem Gesichtspunkt ist der Sanierungserfolg die Erfüllung der zugesicherten Eigenschaften. Bietet eine Fachfirma die Trockenlegung eines Mauerwerkes an, so kann der Auftraggeber nach Beendigung der Sanierung eine „trockene" Wand erwarten. Technisch gesehen kann es jedoch keine wirklich „trockene" Wand geben, da z. B. auf Grund ▸*hygroskopischer Feuchte* immer auch eine ▸*hygroskopische Ausgleichsfeuchte* im Baustoff vorliegt und damit die Wand immer auch eine Restfeuchte besitzen wird. Dies ist technisch nachvollziehbar, hat

A B C D E F G H I J K L M N O P Q R S T U V W X Y Z

aber rechtlich betrachtet Konsequenzen. Deshalb sollte vor einer Sanierung eindeutig und unmissverständlich das Ziel der Sanierung definiert werden, denn nur dann kann auch ein Erfolg oder Misserfolg beurteilt werden.

Sanierungsplanung

▸*Instandsetzungsplanung*

"Sanierungsspielraum"

Der Begriff Sanierungsspielraum wurde Anfang/ Mitte der 90-er Jahre durch *Prof. Dr. Weber* geprägt und beschreibt das Spektrum der technischen Möglichkeiten bei der ▸*nachträglichen Horizontalabdichtung*. Der Begriff implementiert, dass der Ist-Zustand (▸*Durchfeuchtungsgrad* vor der Sanierung) mit Null gleichgesetzt und der Soll-Zustand (minimal möglicher Durchfeuchtungsgrad nach der Sanierung) zu 100% gesetzt wird. Zielsetzung der Sanierung kann dann nur eine 100%-ige Reduzierung der vorhandenen Durchfeuchtung sein, bis die ▸*hygroskopische Ausgleichsfeuchte* im Baustoff erreicht wurde. Umgekehrt bedeutet dies aber auch, dass ein Sanierungserfolg nur dann gegeben ist, wenn diese 100% erreicht wurden. Liegt z. B. hygroskopische Feuchtigkeit vor, kann eine nachträgliche Horizontalabdichtung keine Verbesserung bringen. Der Sanierungsspielraum ist nicht gegeben. Wenn z. B. das freie ▸*Porenvolumen* zu gering ist und alle ▸*Kapillarporen* mit Wasser gefüllt sind (▸*Kapillarsättigung*, Durchfeuchtungsgrad 100%), dann können ▸*drucklose Injektionen* keine Verteilung des ▸*Injektionsmittels* und keinen Aufbau des ▸*Wirkprinzips* sicher stellen. Der Sanierungsspielraum gibt die Rahmenbedingungen vor, die für einen Erfolg oder Misserfolg bei der Sanierung verantwortlich sind und vor allem zeigt er Grenzen auf. Eine ▸*Bauwerkstrockenlegung* ist bauphysikalisch nicht möglich. Aufgrund der ▸*Sorption* und ▸*Hygroskopizität* besitzt jeder Baustoff einen gewissen Feuchtigkeitsgehalt. Dieser kann ohne Hilfsmittel auf Dauer nicht unterschritten werden. Damit gibt diese Baustofffeuchte den Sanierungsspielraum vor.

Sanierung von Abdichtungen

Die ▸*Durchfeuchtung* eines Bauwerkes kann durch eine fehlende oder nicht mehr intakte ▸*Horizontal- und/oder Vertikalabdichtung* aber auch durch mangelhaft ausgeführte ▸*Abdichtungen* verursacht sein. Stellen bei der Vertikalabdichtung die Anschlüsse und ▸*Durchdringungen* sowie die Ausbildung der ▸*Hohlkehle* das Hauptproblem dar, so sind es bei der Horizontalabdichtung vor allem Produkte und Systeme, die entweder für den jeweiligen ▸*Lastfall* ungeeignet sind, deren Anwendungsgrenzen überschritten werden oder die einfach mangelhaft ausgeführt wurden.

Ursache für notwendig werdende Sanierungen von Abdichtungen bei ▸*Bitumen-Dickbeschichtungen* sind z. B. mangelhafte Untergrundvorbehandlung und eine dadurch unzureichende Haftung, zu geringe Schichtdicken, mechanische Zerstörungen beim Anfüllen der Baugrube sowie eine falsche Einschätzung des Lastfalles. Bei bahnenförmigen Abdichtungen ist neben einer unzureichenden Untergrundvorbehandlung und mangelhaften Verbindung von Nähten und Ausbildung der Durchdringungen vor allem die fehlerhafte Einschätzung des Lastfalles und infolgedessen eine Hinterfeuchtung die wesentliche Sanierungsursache. Sind lokale Abdichtungen nicht möglich, muss die ausgeführte Abdichtung entfernt und durch eine neue Abdichtung ersetzt werden.

Bei der Horizontalabdichtung (im Neubau) werden selten Sanierungen erforderlich. Diese beziehen sich dann vor allem auf die nachträgliche Abdichtung der Bodenplatte. Ein größeres Problem stellt die nachträgliche Horizontalabdichtung beim Altbau dar. Während hierbei die mechanischen Systeme (▸*Mauersägeverfahren* oder ▸*Chromstahlblechverfahren*) bei fachgerechter Ausführung als sicher gelten, gibt es bei der nachträglichen Horizontalabdichtung durch ▸*Injektionen* vor allem dann Probleme, wenn ein ▸*Injektionsmittel* bei einem ungeeigneten Mauerwerk (zu hoher ▸*Durchfeuchtungsgrad* oder Salzbelastung) eingesetzt wird, die Bohrlochabstände zu groß gewählt werden oder das Injektionsmittel in Hohlräume und ▸*Risse* unkontrolliert abfließt, die ▸*Trocknung* und/oder ▸*Härtung* nicht einsetzen kann (bei ungünstigen klimatischen Verhältnissen) oder andere Ursachen zu einer Durchfeuchtung (▸*sporadischer Wasserschaden*, ▸*Kondensation* oder Hygroskopizität) geführt haben. Wird eine nochmalige Injektion erforderlich, sollte diese wenn möglich immer oberhalb der bereits ausgeführten Bohrlochreihe erfolgen.

Sanierung von Fugen

▸*Fugensanierung*

Saniervorspritzer

Nach Ö-Norm B 3345 „Sanierputzmörtel für salzbelastete Untergründe" wird für den in Deutschland bekannten Vorspritz oder ▸*Spritzbewurf* der Begriff Saniervorspritzer verwendet. Gegenüber den Begriffen in Deutschland wird damit eindeutig dokumentiert, dass es sich um einen speziellen Vorspritz oder Spritzbewurf für Sanierputze handelt.

Saugdochtentsalzung

In [5] wird ein relativ unbekanntes Verfahren beschrieben, das als Saugdochtentsalzung bezeichnet wird. Hierbei handelt sich um ein aufwendiges Verfahren zur Mauerwerksentsalzung. Notwendig sind zwei übereinander liegende Bohrlöcher, bei dem in das obere Bohrloch Wasser zugeführt und in das untere Bohrloch ein Mörtel mit hoher ▸*Kapillarität* eingefüllt wird. Durch die Wasserzugabe sollen die ▸*Salze* in Lösung gebracht werden, die dann in den kapillarleitfähigen Mörtel transportiert werden. Durch das Entfernen und den Austausch des Mörtels tritt ein Entsalzungseffekt ein. Der Aufwand der Ausführung ist sehr hoch, die Zeit für eine nennenswerte ▸*Entsalzung* sehr lange und die Menge an abgeführten Salzen sehr gering. Das Verfahren ist wenig geeignet, ein Mauerwerk zu entsalzen, selbst wenn durch einen konvektiven Luftstrom das Verfahren intensiviert werden kann.

Saugfähigkeit

Mit dem Begriff Saugfähigkeit wird vor allem die flüssige Wasseraufnahme mineralischer Baustoffe beschrieben. Unterschieden wird hierbei die Menge und Geschwindigkeit, mit der die Wasseraufnahme erfolgt. Baustoffe mit einer Wasseraufnahme von mehr als 2 $kg/m^2h^{0,5}$ gelten als stark saugend oder saugfähig. Bei einer Wasseraufnahme von 0,5 bis 2 $kg/m^2h^{0,5}$ werden die Baustoffe als ▸*wasserhemmend*, bei kleiner 0,5 als ▸*wasserabweisend* und bei einer Wasseraufnahme kleiner 0,001 $kg/m^2h^{0,5}$ als ▸*wasserdicht* bezeichnet.

Alternativ wird die Saugfähigkeit auch als ▸*Hydrophilie* (wasseranziehend) oder ▸*Benetzbarkeit* bezeichnet. Die Saugfähigkeit wird deshalb auch mit der sog. ▸*Benetzungsprobe* überprüft.

Saugfähigkeit, kapillare

▸*Kapillarität*

Sauggeschwindigkeit

▸*Kapillare Wasseraufnahme*

Saugspannung

▸*Grenzflächenspannung*
▸*Oberflächenspannung*

Saurer Regen

▸*Sulfate*

SBS

Die Abkürzung SBS steht für Styrol-Butadien-Styrol und wird in ▸*Elastomerbitumenbahnen* eingesetzt.

Schaden

▸*Bauschaden*

Schadensbild

Schadensbilder sind charakteristische, ohne technische Hilfsmittel zu unterscheidende Materialzustände einzelner Baustoffe oder größerer Wand- oder Bauteilbereiche. Für Ziegel- und Natursteinmauerwerk ist eine Schadenstypologie entwickelt worden, die es ermöglicht, bestimmte Schäden einheitlich anzusprechen. Allgemein weisen Schadensbilder auf Verwitterungen, Materialschäden und/oder kritische Konstruktionszustände hin. Das Schadensbild ist bei ▸*Durchfeuchtungen* und Salzbelastungen eine wichtige Beurteilungsgrundlage und dennoch in der Praxis eine der häufigsten Ursachen für fehlerhafte oder nicht funktionierende Sanierungen. Bei der Beurteilung eines Schadensbildes müssen zwei Aspekte berücksichtigt werden: zum einen werden nur Erscheinungen an der Oberfläche sichtbar, der Zustand im Mauerwerksquerschnitt wird nicht abgebildet. Zum anderen werden durch das Schadensbild in der Regel nicht die Ursachen der Durchfeuchtung und Salzbelastung abgebildet, sondern nur die Symptome. Dies muss bei der Beurteilung eines Schadensbildes und der anschließenden Sanierung immer berücksichtigt werden. Aus diesem Grund sollte eine visuelle Begutachtung immer nur einen ersten Eindruck vermitteln, der durch Voruntersuchungen oder je nach Bedarf durch weitergehende ▸*Bauwerksdiagnostik* untermauert werden muss.

Schadensdiagnostik

▸*Bauwerksdiagnostik*

Schadorganismen

Unter Schadorganismen versteht die Biozid-Richtlinie alle Organismen, die für den Menschen, seine Tätigkeiten oder für Produkte, die er herstellt oder verwendet, oder für Tiere bzw. für die Umwelt unerwünscht oder schädlich sind. Bei Holz sind dies z. B. holzzerstörende Käfer bzw. deren Larven sowie holzzerstörende und holzverfärbende Pilze.

Schadsalzanalyse

▸*Salzanalyse*

Schadstoffe

Als Schadstoffe werden die in der Umwelt vorhandenen Stoffe oder Stoffgemische bezeichnet, die für den Menschen (oder Tiere) sowie das Ökosystem schädlich sein können. Schadstoffe sind ein sehr komplexes Thema, so muss z. B. eine Substanz selbst noch nicht als Schadstoff klassifiziert sein, aber ihr Eintrag in ein Ökosystem oder die Aufnahme in Organismen können durch eine Wechselwirkung mit diesem System eine Schädigung hervorrufen. Daneben werden auch Substanzen, die auf oder in Baustoffen chemische Reaktionen verursachen, die mittel- oder langfristig zu einem Abbau bis hin zum Verfall führen, als Schadstoffe bezeichnet.

Bei Schadstoffen unterscheidet man prinzipiell zwei Gruppen: die natürlichen Schadstoffe wie z. B. Gesteinsstaub oder Mykotoxine (Giftstoffe der Pilze) und die künstlichen Schadstoffe. Beide Gruppen können chemisch zahlreiche verschiedene Stoffe (z. B. organische oder anorganische Stoffe) enthalten, aber auch große strukturelle Unterschiede aufweisen und sich aus Partikeln von verschiedenen Größen zusammensetzen. Deshalb werden Schadstoffe meist nach anderen Gesichtspunkten unterteilt. Die chemisch-strukturelle Gliederung der Schadstoffe beinhaltet organische Stoffe, die in der Regel entsprechend den bereits oben erwähnten Kategorien der natürlichen und künstlichen Schadstoffe klassifiziert werden. Zu den natürlich-organischen Schadstoffen gehören die biogenen Quellen, also Schadstoffe aus biologischer Herkunft. Des Weiteren gibt es die sog. anthropogen-organischen Schadstoffe wie z. B. PCB oder DDT. Anorganische Schadstoffe haben häufig einen natürlichen Ursprung wie z. B. vulkanische Aschen und Gesteinsstaub oder sind anthropogen wie z. B. viele Anteile am Feinstaub oder diverse Stickoxide und Schwermetalle.

Die strukturelle Gliederung der Schadstoffe richtet sich in erster Linie nach der Größe der Partikel, da diese wiederum für die Verbreitung und Verwirbelung verantwortlich ist. In der Umweltmedizin werden Staub (Partikel von 0,01 mm bis ca. 0,5 mm), Feinstaub (Partikel unter 10 μm) und Moleküle unterschiedlicher Größe unterschieden. [1]

Schalenbildung

Unter Schalenbildung wird die Abtrennung einer äußeren Schicht bei Baustoffen verstanden. Dies kann sowohl bei Ziegel- oder Natursteinmauerwerken, wie auch bei Putzmörteln beobachtet werden. In der Regel sind hygrisches und thermisches Schwinden und Quellen die Ursache für eine Schalenbildung, die durch leichtes Abklopfen der äußeren Schicht festgestellt werden kann. Die Schalenbildung kann parallel zum Untergrund verlaufen (wie bei einer Putzschicht) oder unregelmäßig (wie bei einem geschichteten Naturstein).

Schalenrisse (im Betonbauteil)

Schalenrisse im Betonbauteil sind ▸*Risse*, die nur wenige Millimeter in den Beton hineinreichen. Diese werden deshalb auch als Oberflächenrisse bezeichnet und haben ihre Ursache in der Regel in der Eigenspannung des Betons. Diese Eigenspannung kann durch verschiedene Mechanismen verursacht werden: durch Wasserentzug und Wärmeabgabe oder auch durch Frühschwinden (auch plastisches Schwinden oder Kapillarschwinden genannt). Letzteres entsteht bei zu starkem Wasserentzug aus frischen Betonoberflächen und kann Risse mit Breiten von ca. 2 mm und Tiefen von bis zu 5 cm verursachen. Darüber hinaus entstehen Eigenspannungen, wenn der Beton während der ▸*Härtung* abkühlt, es treten sog. Temperaturrisse auf. Sie entstehen durch ein Temperaturgefälle von der Betonoberfläche in Richtung Querschnitt und resultieren aus Zugspannungen. Diese Risse sind in der Regel nicht breiter als 0,2 mm. [2]

Schalenrisse (in der Putzbeschichtung)

▸*Putzschalenrisse*

Schalenverwitterung

▸*Schalenbildung*

Schaumglas

Schaumglas wird im Rahmen der ▸*Bauwerksabdichtung* für die ▸*Perimeterdämmung* eingesetzt. Die wichtigsten Aufgaben einer Perimeterdämmung bestehen neben der Wärmedämmung selbst darin, dem Druck des Erdreiches langfristig zu widerstehen und keine Feuchtigkeit aufzunehmen. Schaumglas ist extrem hart und infolgedessen tragfähig. Aus diesem Grund wird Schaumglas häufig zur thermischen Isolierung selbst tragender Gebäudeteile eingesetzt. Schaumglas ist stauchungsfrei und drucksteif, im Vergleich zu anderen Wärmedämmstoffen hoch belastbar und zeigt praktisch keine Formänderung im Belastungszustand bis zum Bruch.

Schaummörtel

Schaummörtel werden für die ▸*Injektion* von ▸*Rissen* und Hohlstellen in Mauerwerken verwendet. Hierzu werden Zementsuspensionen hergestellt, die durch Aufschwemmen von Zement in Wasser erzeugt werden. Hintergrund ist, dass in einer Zementsuspension die Zementteilchen so lange „schwimmen", bis durch die Reaktion mit Wasser die stäbchenartigen Kristalle gebildet werden und sich ineinander verzahnen (Bildung von Zementstein). Die Zugabe von Zuschlägen (feine Sande und Gesteinsmehl) hängt von der Art und dem Zustand des zu injizierenden Mauerwerkes ab. Hierbei muss immer berücksichtigt werden, dass eine zu starke Abmagerung des Schaummörtels dazu führt, dass die Zementsuspension an Fließfähigkeit verliert und nicht mehr in alle Hohlräume und Risse eindringen kann. Infolgedessen müsste die Wasserzugabe erhöht werden, was wiederum die ▸*Durchfeuchtung* des Mauerwerkes erhöht. Deshalb werden Schaumbildner zugegeben, mit denen dieser Nachteil verhindert werden kann und trotzdem eine gute Fließfähigkeit sichergestellt wird. [3]

Schaumverfahren

Das Schaumverfahren wird zur oberflächigen Behandlung eines durch ▸*Hausschwamm* oder sonstigen Hausfäulepilz befallenen Mauerwerkes eingesetzt.

S

A B C D E F G H I J K L M N O P Q R S T U V W X Y Z

Schälbewegung
▸ *Fugenbewegung*

Scheinbares Porenvolumen
▸ *Porenvolumen*

Scheinfugen
▸ *Fugen*

Schelle
Nach der Definition der ▸ *DIN 18 195 „Bauwerksabdichtung"* wird unter einer Schelle eine ringförmig zu schließende Spannvorrichtung zum wasserdichten Anschluss von ▸ *Abdichtungen* und ▸ *Manschetten* an durchdringenden Bauteilen mit kreisförmigen Querschnitt verstanden.

Scherbewegung
▸ *Fugenabdichtung*

Scherfestigkeit
Die Scherfestigkeit ist eine wichtige Kenngröße für die Beurteilung von Baustoffen und drückt die Belastungsfähigkeit eines Baustoffes auf Abscheren aus. Sie definiert sich über die maximale Schubspannung, mit der ein Baustoff belastet werden kann. Sie beschreibt damit den Widerstand, den ein Baustoff den (horizontalen) Scherkräften entgegen setzt. Im Gegensatz zu den sog. Reibungskräften, die auf den Oberflächen wirken, handelt es sich bei den Scherkräften um zusammenhaltende Kräfte. Die Scherfestigkeit wird als Kraft pro Fläche in N/ m^2 angegeben hat die Einheit einer Spannung.

Scherkräfte
Als Scherkraft wird die Kraft bezeichnet, die parallel zu einer Fläche wirkt, auf der die Kraft selbst wirkt.

Schicht
Nach DIN EN 971 Teil 1 wird eine zusammenhängende Beschichtung als Schicht bezeichnet, wenn sie in einem Arbeitsgang aufgetragen wurde.

Schichtenmauerwerk
▸ *Natursteinmauerwerk*

Schichtdicke
Die Schichtdicke einer Beschichtung ist in der Regel durch den Hersteller vorgegeben und ist wesentlicher Bestandteil für die zugesicherten Eigenschaften. Sie darf deshalb nur in Abstimmung mit dem Hersteller unter- oder überschritten werden. Die Schichtdicke kann während der Applikation oder Verarbeitung (▸ *Nassschichtdicke*) und/oder nach der Trockung und/oder Härtung (▸ *Trockenschichtdicke*) gemessen werden.

Schichtdickenmessung
Die Schichtdickenmessung wird bei der ▸ *Vertikalabdichtung* mit ▸ *Bitumen-Dickbeschichtungen* ausgeführt, da während der Verarbeitung die Nassschichtdicke und in der Regel bei Rechtstreitigkeiten die Trockenschichtdicke gemessen wird. Die ▸ *DIN 18 195 „Bauwerksabdichtung"* definiert in Abhängigkeit vom ▸ *Lastfall* die notwendige Trockenschichtdicke. Um diese sicher zu stellen, muss eine höhere Nassschichtdicke aufgetragen und über die Schichtdickenmessung kontrolliert und dokumentiert werden. Da die Nassschichtdicke durch Trocknung schwindet und infolgedessen die Trockenschichtdicke geringer ausfällt, geben die Hersteller in ihren technischen Merkblättern die Werte der Nassschicht- und Trockenschichtdicke an.

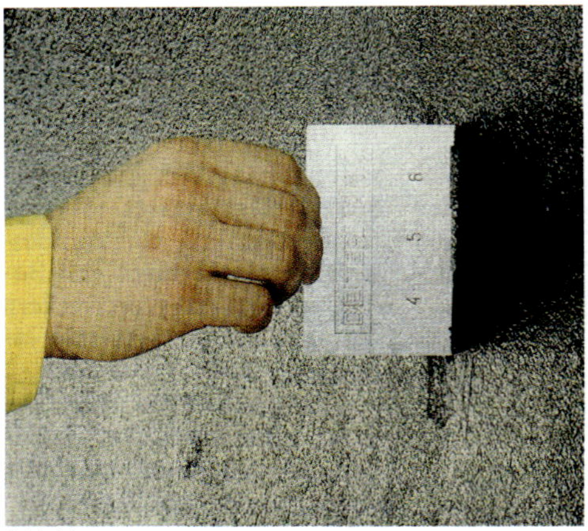

© siehe Anhang

Die überarbeitete DIN 18 195 fordert so gar, dass der Verarbeiter eine zusätzlich Referenzprobe beschichtet und diese mit in die Baugrube legt, damit die Durchtrocknung durch Anschneiden kontrolliert werden kann.

Schichtdickenmesser

▸*Schichtdickenmessung*

Schichtenwasser

Schichtenwasser entsteht auf einer wasserführenden, wasserundurchlässigen Bodenschicht und kann im Sinne von ▸*Sickerwasser* eine erhebliche *Durchfeuchtung* im Grundmauerwerksbereich eines Bauwerkes bewirken. Ist ▸*Schichtenwasser* vorhanden, ist unbedingt eine ▸*Vertikalabdichtung* und eine ▸*Dränung* nach DIN 4095 auszuführen. (Hangwasser = Schichtenwasser, das an Hängen infolge flacher Neigung aus der wasserführenden Schicht austritt).

Schichtsilikate

Bei den Schichtsilikaten handelt es sich um natürliche Mineralien, die in sog. Quelltone und nicht quellende Tone unterteilt werden. Bekannte Vertreter der Quelltone sind Bentonit (ein Magnesium-Aluminium-Schichtsilikat) und Hectorit (ein Lithium-Aluminium-Schichtsilikat). Schichtsilikate werden als ▸*Füllstoffe* in Farben und Putzen, Fliesenklebern und Dickschichtsystemen eingesetzt.

▸*Tonminerale*

Schimmelpilz

Schimmelpilze bilden in der Mikrobiologie keine systematische Gruppe, sondern stellen eine ugs. Bezeichnung für gut sichtbaren Pilzbefall dar. Grundsätzlich sind Schimmelpilze in der Lage, auf fast allen organischen Substraten tierischen oder pflanzlichen Ursprungs zu wachsen. Sie zählen zu den heterotrophen Organismen und ernähren sich von allen möglichen organischen Stoffen (Brot, Marmelade, Obst, Gemüse, Getreide, Nüsse) und können bei entsprechender Feuchtigkeit sogar Holz, Papier und Leder abbauen. Der Nährstoffverbrauch ist so gering, dass in der Regel so gar schon die organischen Stoffe im Hausstaub oder der Milbenkot reichen können. Darüber hinaus findet man Schimmelpilze auch auf „toter“ organischer Substanz, die in Innenräumen in Form von Holz, Tapeten, Teppichen, Wandfarbe, Kleber immer in ausreichendem Maß vorhanden ist. Hierbei bleibt der Befall mit pilzlichen Hyphen meist auf die Oberfläche beschränkt. Um einen Schimmelpilz zu identifizieren ist es notwendig, sich seine äußere Erscheinungsform anzuschauen und strukturelle Elemente des Myzeliums zu unterscheiden.

Unter dem Trivialnamen Schimmelpilze werden verschiedene Pilzarten zusammengefasst, die auf organischem Material einen dichten Rasen aus zahllosen winzigen Hyphen (den Zellfäden der Pilze) bilden, der als watteartiger Überzug – der Schimmel – sichtbar wird. Schimmelpilze können als faseriger, flockiger oder staubiger Überzug und in weiß, grau, blau oder blau-grün, schwarz, bräunlich, gelblich oder rötlich aufreten. Der Farbenvielfalt und Form sind dabei fast keine Grenzen gesetzt.

Der Schwarzschimmel (Aspergillus niger), eine der bekanntesten Schimmelpilzarten, beginnt seinen Lebenszyklus als mikroskopisch kleine Spore, die in der Luft treibt und sobald sie auf eine feuchte Oberfläche abgestorbenen organischen Materials gelangt zu keimen beginnt. Der zunächst mikroskopisch kleine Pilz wächst rasch heran und bildet ein mit bloßem Auge erkennbares Myzel (den Pilzkörper), das aus einem feinen Netzwerk von Hyphen besteht. Dieses Myzel erzeugt weitere Gruppen wurzelartiger Hyphen, die man als Rhizoide bezeichnet. Diese dringen in das organische Material ein und geben Enzyme ab, die das Material aufspalten. Infolgedessen nehmen die Hyphen allmählich Wasser, Zucker und Stärke auf, die sie zum Wachstum benötigen. Andere Anhäufungen von Hyphen, die man Sporangienträger nennt, wachsen nach oben und bilden rundliche Sporangien (Sporenbehälter), in der charakteristischen Farbe der jeweiligen

Schimmelpilzart. Hier findet die ungeschlechtliche Sporenbildung statt. Nach der Reife platzen die Sporenbehälter auf, die unzähligen ▸*Sporen* werden vom Wind verfrachtet und können, sobald sie auf einem geeigneten Substrat landen, erneut zu einem Pilzkörper austreiben. Manche Schimmelpilzarten pflanzen sich auch geschlechtlich durch Verschmelzung zweier Keimzellen oder zweier spezieller Hyphen fort. Die daraus hervorgehende befruchtete Eizelle reift zu einer Dauerspore heran, die nach einer Ruheperiode auskeimt.

Von wirtschaftlicher Bedeutung sind sie vor allem durch den Verderb zahlreicher Lebensmittel wie Brot, Früchte und Gemüse. Darüber hinaus hat das Wachstum von Schimmelpilzen in Wohnungen von Neubauten oder modernisierten Altbauten in den letzten Jahren stark zugenommen. Ursächlich hierfür ist die erhöhte ▸*Luftfeuchtigkeit* in den Wohnungen bei gleichzeitig dichteren Fenstern und weniger Luftwechseln. Sobald der ▸*Taupunkt* unterschritten wird, bildet sich ▸*Kondensat* auf den Oberflächen. Dies kann hauptsächlich dort beobachtet werden, wo kein oder ein unzureichender Luftaustausch (wie hinter Schränken oder Bildern sowie in Ecken) und/oder eine Abkühlung der Oberflächen (wie Laibungen, Fensterstürze) stattfindet. Außerdem sind bestimmte Räume besonders gefährdet wie Schlafzimmer (Kondensat, unzureichende Lüftung), Küchen und Bäder (hohe Luftfeuchtigkeit).

Schimmelpilze sind nicht nur ein optisches Problem, sondern können auch gefährliche Mykosen (Pilzinfektionen) beim Menschen hervorrufen. Einige Aspergillus-Arten verursachen Atemwegserkrankungen wie z. B. die Aspergillose. Pilzsporen sind sehr unterschiedlich in Form und Größe (3 – 200 µm). Die für die Auslösung von Allergien besonders verantwortlichen Pilzsporen haben eine Größe von 3 – 10 µm.

Allergene Schimmelpilze, die in Innenräumen nachgewiesen werden, müssen dort nicht automatisch gewachsen sein. Sie können auch von außen über das sog. Aeroplankton eingetragen worden sein. Daher ist es wichtig, bei einer Schimmelpilzbestimmung in der Innenraumluft immer parallel eine Messung der Außenluft durchzuführen. Im Innenraum vorkommende Schimmelpilze sind z. B. Alternaria, Cladosporium und Fusarium (von außen eingetragen) sowie Penicillium, Aspergillus und Mucor (auch in Innenräumen wachsend). So unterschiedlich die verschiedenen Schimmelpilzarten sind so unterschiedlich sind auch ihre Ansprüche an optimale Wachstumsbedingungen. Gemeinsam ist ihnen allen jedoch, dass sie in Innenräumen bevorzugt an feuchten Stellen mit niedrigem Luftwechsel und einer Temperatur um ca. 20 °C vorkommen.

© siehe Anhang

© siehe Anhang

Schlämmputz

Ein Schlämmputz wird in dünner Schicht auf das Mauerwerk aufgetragen und mit einem Quast oder einer Bürste verschlämmt. Aufgrund der geringen Schichtdicke handelt es sich um keinen ▸*Putz* nach DIN 18 550 bzw. der DIN EN 998. In der Regel werden die Schlämmputze so dünn aufgetragen, das die Steinstruktur und Fugen noch zu erkennen sind. Einsatzgebiet der Schlämmputze ist die Baudenkmalpflege.

Scheier (als Abdichtungsschicht)

▸*Gelabdichtung*
▸*Schleierabdichtung*
▸*Vergelung*

Schleier (als Oberflächenerscheinung)

Unter einem Schleier werden unterschiedliche Oberflächenerscheinungen zusammen gefasst. Üblich ist die Bezeichnung für eine trübe oder milchige Erscheinung oder einen dünnen Oberflächenfilm, aber auch für Verschmutzungen, Abläufer oder für das Anlaufen. Unterschieden werden Schleier, die aus dem Beschichtungsstoff selbst bestehen und solchen, die durch äußere Einflüsse verursacht werden. In der Regel handelt es sich um eine optische Erscheinung, die durch eine veränderte Lichtbrechung an der Oberfläche sichtbar wird.

Schleierabdichtung

Eine technische Alternative zur ▸*nachträglichen Vertikalabdichtung* erdberührter Bauteile sind sog. Schleierabdichtungen, die auch unter der Bezeichnung ▸*Flächeninjektion*, ▸*Gelabdichtung*, ▸*Gelschleierabdichtung*, Schleierinjektion oder (Acrylat)Vergelung angeboten werden. Diese Abdichtungstechnik wird dann eingesetzt, wenn die örtlichen oder objektabhängigen Bedingungen keine andere ▸*Abdichtung* zulassen. So z. B., wenn eine flächige ▸*Außenabdichtung* herzustellen ist und angrenzendes Erdreich nicht entfernt werden soll oder wenn nachträgliche Undichtigkeiten durch Nachinjektionen zu beseitigen sind.

Auch bei der Problemstellung, eine ▸*Innenabdichtung* gegen den ▸*Lastfall* aufstauendes ▸*Sickerwasser* oder ▸*drückendes Wasser* von außen ausführen zu müssen, werden diese Verfahren zunehmend eingesetzt. Des Weiteren kann eine derartige Bedingung heißen, dass Baustoffoberflächen aus Mauerwerk oder Naturstein als Sichtflächen im Keller erhalten werden sollen und deshalb eine ▸*Flächenabdichtung* von innen ausscheidet.

Die Funktion der Schleierabdichtung besteht darin, durch Injektionen über innenseitig vorgenommene Bohrlöcher sowohl das angrenzende nicht bindige Erdreich zu verfestigen als auch auf der Außenseite des Mauerwerks einen wasserundurchlässigen Film oder eine wasserdichte Beschichtung zu erzeugen. Obwohl die-

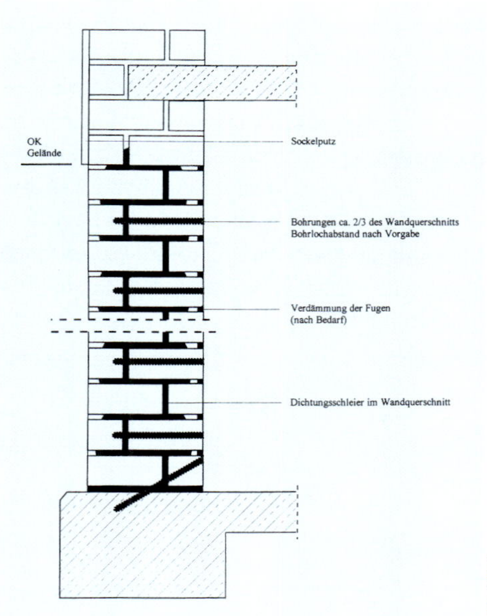

© siehe Anhang

© siehe Anhang

se Begriffe nicht eindeutig definiert und die Übergänge fließend sind, werden Flächenabdichtungen vor dem Baukörper als Schleierabdichtung und Abdichtungen durch Injektionen im Baukörper als Vergelung bezeichnet.

Für die Schleierabdichtung werden verschiedene ▸*Injektionsmittel* angeboten, neben zementgebundenen Injektionsmörteln auch elastisch aushärtende Flüssigkunststoffe. Diese werden entweder direkt in das Bauteil oder den das Bauteil umgebenden Bereich (Baugrund) eingebracht. Bei den ▸*Kunststoffen* handelt es sich meist um lösungsmittelfreie Zweikomponenten-Reaktionsharze auf ▸*Epoxid-*, ▸*Polyurethan-* oder ▸*Acrylatbasis*. Diese ergeben nach der Reaktion eine kraftschlüssige, elastische oder plastische Abdichtung. In den meisten Fällen werden Polyurethane und ▸*Polyacrylamidgele* eingesetzt, die durch Zugabe eines Härters je nach vorhandener Temperatur und gewünschter Verarbeitungszeit in ihrer Reaktionszeit beeinflusst werden können. Das injizierte Gel quillt dabei nach Kontakt mit dem im Erdreich vorhandenen Wasser und wirkt, je nachdem wie gleichmäßig es sich über die Außenwandoberfläche verteilen konnte, abdichtend. Der Quelleffekt des Gels resultiert aus dem Kontakt

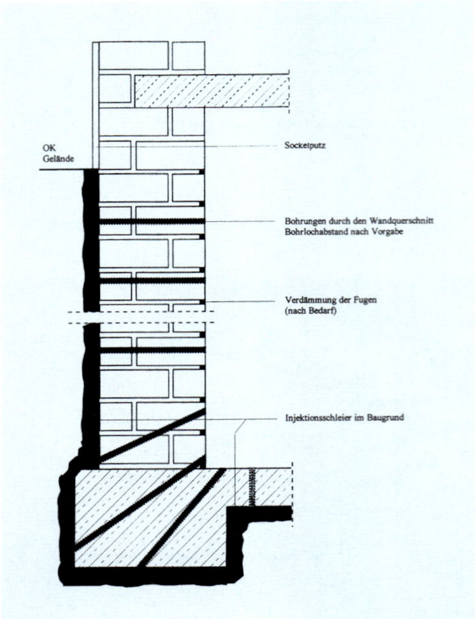

© siehe Anhang

mit der Erdfeuchte bzw. dem ▸*Grundwasser*. Da das Injektionsmittel mit dem Grund- bzw. ▸*Sickerwasser* in Berührung kommt, muss vor dem Einsatz der Nachweis der physiologischen Unbedenklichkeit erbracht werden.

Schleierinjektion

▸*Schleierabdichtung*

Schleimpilze

Schleimpilze fallen in Gebäuden durch ihre skurrile Form und durch ihre Farbenpracht auf. Man schätzt, dass etwa 500 Arten existieren. Neben ihrem Erscheinungsbild ist auch die Entwicklung sehr interessant. Anfangs bilden sich aus ▸*Sporen* Myxoflagellaten (sog. Schwärmer mit zwei Geißeln am Vorderende) oder Myxoamoeben (frei bewegliche Zellen ohne Geißel und Zellwände). Anschließend verschmelzen sie zu Zygoten (befruchtete Zellen) und wachsen zu einem Plasmodium heran. Dieses Plasmodium besteht aus einer vielkernigen, nicht-zelligen Plasmamasse (ähnelt dem Schleim), die sich langsam kriechend auf der Suche nach Nahrung fortbewegt. In diesem vegetativen Stadium erscheinen die Schleimpilze als strang- oder netzartige, zum Teil farbenprächtige Gebilde. Sie ernähren sich von Mikroorganismen (Bakterien), Hyphen und Sporen höherer Pilze. Durch verschiedene Umwelteinflüsse wechseln die Schleimpilze von der vegetativen (plasmoiden) zur generativen (d. h. Bildung von ▸*Fruchtkörpern* und Sporen) Phase.

Schleimpilze befinden sich sehr häufig in unmittelbarer Nähe von holzzerstörenden Pilzen (▸*Hausschwamm*). Schon allein aus diesem Grund sollten sie nicht unterschätzt werden, denn sie sind nicht nur ein Indikator für sehr hohe Holzfeuchte, sondern sie können auch die Anwesenheit höherer Pilze anzeigen. Schleimpilze wurden bisher an vermodertem, sehr feuchtem Holz, vornehmlich hinter Paneelverkleidungen, an Holzfußböden im nicht unterkellerten Erdgeschoss, in feuchten Kellerräumen oder an lange Zeit undichten Stellen im Dachgeschoss nachgewiesen.

Schlierenbildung

Die Schlierenbildung (Abrieb) ist die optisch sichtbare und lichttechnisch messbare Kontamination einer Glasfläche durch Dichtstoffbestandteile und/oder Dichtstoffinhaltsstoffe, die durch mechanische Belastungen entstehen kann.

Schliff

▸*Anschliff*
▸*Dünnschliff*

Schlitzdruckprüfung

Die Schlitzdruckprüfung wurde für Abdichtungsstoffe nach ▸*DIN 18 195 „Bauwerksabdichtung“* eingeführt und beinhaltet eine Dichtigkeitsprüfung unter Druck, nachdem die ▸*Bitumen-Dickbeschichtung* oder bahnenförmige Abdichtung eingeschnitten (eingeschlitzt) wurde. Die Wasserdichtigkeit muss auch dann gegeben sein.

Schlussbeschichtungen

Nach DIN EN 971 Teil 1 wird unter Schlussbeschichtung die letzte Schicht eines Beschichtungssystems verstanden, die auch als Deck- oder Endbeschichtung oder Oberflächenfinish sowie top-coat bezeichnet wird. Unter einer Schlussbeschichtung im Sinne der Kellersanierung werden in der Regel Endbeschichtungen auf ▸*Sanierputzen* verstanden. Geeignet sind Beschichtungen, mit denen die Eigenschaften des Sanierputzes (vor allem in Bezug auf die hohe ▸*Wasserdampfdiffusion*) nicht negativ beeinflusst werden.

Werden spezielle Anforderungen an die Oberflächenstruktur gestellt, kann ein mineralischer Oberputz aufgebracht werden. Hierbei muss ein, den Regeln der Technik entsprechendes, Festigkeitsgefälle sichergestellt werden. Darüber hinaus kommt Anstrichen im Fassadenbereich die wichtige Aufgabe zu, die Wasseraufnahme verbleibender Putze an die geringe Saugfähigkeit der Sanierputzoberfläche anzugleichen. Seit vielen Jahren bewährt haben sich Mineral-, Silikat- und Siliconharzputze sowie ▸*Silikat-* und ▸*Siliconharzfarben*. Reine Silikatfarben und Mineralfarben sollten wegen der erhöhten Wasseraufnahme nur bei der kellerseitigen Ausführung auf Sanierputzsystemen eingesetzt werden. Im Außenbereich sind diese Schlussbeschichtungen weniger geeignet, da die vielfach empfohlene nachträgliche ▸*Hydrophobierung* technisch nicht funktioniert und in den Untergrund eindringt, anstatt auf der Oberfläche zu wirken.

Schmutz

Schmutz ist ein sehr komplexes Thema und soll an dieser Stelle nur kurz beschrieben werden. Schmutz wird in der Regel in zwei Gruppen eingeteilt: in mineralische und organische Verschmutzungen. Zu den mineralischen Verschmutzungen gehören die Ablagerungen aus Verwitterungs- und Korrosionsprozessen, Versinterungen und Gipskrusten, Zementschleier und Betonauswaschungen sowie Pigmentschmutz und die verschiedenen Salze und ihre Nebenprodukte. Zu den organischen Verschmutzungen gehören Öl, Fett, Ruß, Bitumen, Teer, Reste von alten Farbanstrichen und Altputzen Graphitti, Pilze und Algen, Moos und tierische Fäkalien. In nahezu allen Verschmutzungen befinden sich auch Schwermetalle wie Blei, Zink und Kupfer.

▸*Reinigungsverfahren*

Schneckenpresse

Schneckenpressen oder -pumpen werden zur ▸*Bohrlochinjektion* verwendet, wobei hauptsächlich hoch-viskose ▸*Injektionsstoffe* wie Zementleime oder ▸*Injektionsmörtel* verwendet werden. Diese Injektionspumpen arbeiten im Niederdruckbereich und werden auch zur Hohlraumverfüllung oder Mauerwerksverfestigung eingesetzt. Die Materialförderung erfolgt über eine Schnecke, die im Schneckenmantel (auch als Stator bezeichnet) installiert ist. Die Reinigung der Injektionspumpen muss gründlich und gewissenhaft durchgeführt werden, damit es durch Verschmutzung oder Verunreinigung nicht zu einer Beeinträchtigung des Injektionsvorganges kommen kann. Des Weiteren ist darauf zu achten, dass das Reinigungswasser vollständig aus der Injektionspumpe entfernt wird bzw. sich kein Kondensat bilden kann, wenn mit Wasser reagierende Injektionsmittel eingesetzt wurden. [8]

Schnelltest

▸*Salzteststreifen*

Schnellzement

Schnellzemente sind aus der Anforderung entstanden, für die Betoninstandsetzung Systeme zu entwickeln, die eine deutlich reduzierte Härtungszeit benötigen. Früher wurden Zusatzmittel zur Beschleunigung des Härtungsverlaufes eingesetzt, die nicht ganz unumstritten waren, da die Endfestigkeit des Betons unter Umständen erheblich reduziert wurde. Hinzu kamen ökologische und ökonomische Nachteile. Deshalb wurden Zemente entwickelt, die bereits nach wenigen Minuten messbare Festigkeiten aufweisen und die bereits nach 24 Stunden im Bereich der üblichen Betonfestigkeiten liegen können. Eine Zunahme der Festigkeit auf über 2 N/mm^2 innerhalb von wenigen Minuten und auf über 10 N/mm^2 innerhalb einer Stunde kann erreicht werden. [3]

Schraubpacker

▸*Packer*

Schrumpfriss

Bei den Schrumpfrissen handelt es sich um netzförmige Risse mit einem sog. Knotenabstand von etwa 20cm und Rissbreiten bis etwa 0,5mm. Die ▸*Risse* reichen nur in den seltensten Fällen bis zum Putzgrund. Sie entstehen relativ früh, in der Regel 1 bis 2 Stunden nach dem Aufbringen des Putzmörtels. Ein Ablösen der Rissflanken vom Putzgrund ist möglich. Ursachen können ein zu feiner gleichkörniger Sand in der letzten Putzlage, ein zu schneller Entzug des Anmachwassers, ein zu langes oder starkes Verreiben der Putzoberfläche sowie ein zu hoher Bindemittelanteil im Oberputz sein.

Schubkraft

Unter Schubkraft werden die Kräfte zusammen gefasst, die in der Ebene einer Schnittfläche wirken. Bekanntes Beispiel für die Auswirkung von Schubkräften sind ▸*Deckenschubrisse*.

Schürfgrube

Das Anlegen einer Schürfgrube ist eine einfache Methode, die Bodenverhältnisse sowie die Verhältnisse des Grundmauerwerkes zu ermitteln. Schürfgruben können Aufschluss geben über das Vorhandensein von ▸*Schichten-*, ▸*Hang-* oder ▸*Grundwasser*. Füllen sich Schürfgruben auch bei starken Regenfällen nicht mit Wasser, liegt weder Hang-, Schichten- oder Sickerwasser vor. Sind die Schürfgruben immer mit Wasser gefüllt, kann davon ausgegangen werden, dass sich die Fundamente im Grundwasserbereich befinden. Füllt sich die Schürfgrube nur nach entsprechenden Regenfällen kurzzeitig oder auch etwas länger mit Wasser, liegt in der Regel Schichtenwasser vor. Eine Schürfgrube dient nur zur Orientierung und ersätzt keine Voruntersuchung.

Schüttdichte

▸*Dichte*

Schutzlage

Nach ▸*DIN 18 195 „Bauwerksabdichtung“* ist eine Schutzlage ein zusätzlicher Schutz der ▸*Abdichtung*. Sie ersetzt nicht die ▸*Schutzschicht*. Außerdem darf die Schutzlage nicht als Abdichtungslage gezählt werden.

Schutzmaßnahmen

Schutzmaßnahmen sind Maßnahmen, mit denen eine ▸*Abdichtung* vor äußeren Einflüssen während oder nach der Verarbeitung geschützt wird. Dies kann durch eine Schutzlage oder –schicht erfolgen und sowohl gegen mechanische wie physikalische, chemische oder biologische Angriffe gerichtet sein.

Schutzschicht

Auf eine ungeschützte ▸*Abdichtung* darf keine mechanische Beanspruchung durch Baustoffe,

Geräte oder Gerüste einwirken. Lasten, die die Funktion und Dauerhaftigkeit der Abdichtung durch Eindrücken oder Durchstanzen beeinträchtigen können, sind zu vermeiden. Genauso muss durch geeignete Maßnahmen wie z. B. Gleitschichten sichergestellt werden, dass die Abdichtung durch Bewegungen im oder durch das Erdreich nicht beschädigt werden. Die Wahl der Schutzschicht erfolgt in Abhängigkeit von der zu erwartenden Beanspruchung und örtlichen Gegebenheiten.

Eine Schutzschicht schützt die mineralische oder bituminöse sowie bahnenförmige Abdichtung gegen mechanische oder thermische Beanspruchung und stellt selbst keine Abdichtung dar. Hierfür werden Schutzplatten oder -folien sowie Drain- und ▸*Perimeterdämmplatten* eingesetzt, die neben dem Schutz weitere Funktionen wie die Wärmedämmung erdberührter Bauteile oder die ▸*Drainung* übernehmen. Hierfür werden Wärmedämmplatten (z. B. expandierte oder extrudierte Polystyrolhartschaumplatten), Dränschichten (die Eignung nach DIN 4095 vorausgesetzt) oder ▸*Noppenbahnen* mit Gleitschicht, Schutzestriche auf Trennfolie und Schaumglasplatten verwendet.

Das Verfüllen der Baugrube muss nach den einschlägigen Richtlinien erfolgen und darf nicht zur Beschädigung der Schutzschichten führen. Mit der Abdichtung verbundene Schutzschichten dürfen sich durch das Verdichten des Erdreiches nicht bewegen.

Schutzsysteme

▸*Graffiti-Entfernung*

Schutzwannen

Der Begriff Schutzwanne ist im Wasserhaushaltsgesetz (WHG) definiert und beschreibt sog. Auffangbauwerke in Form von Wannen, mit denen evtl. auslaufende Flüssigkeiten zurück gehalten werden. Diese Schutzwannen werden zum Schutz der Umwelt beim Umgang mit wassergefährdeten Stoffen erforderlich, damit eine Verunreinigung des Bodens und damit des Grundwassers vermieden wird. Die üblichen Stahlbetonbauwerke aus ▸*WU-Beton* nach DIN 1045 können allerdings die Anforderungen nach dem WHG und AbfG (Abfallbeseitigungsgesetz) in Bezug auf Umweltschutz nicht erfüllen. Deshalb müssen diese Bauwerke zusätzlich bzw. bestehende Schutzwannen nachträglich abgedichtet werden. [3]

Schwamm/ Schwämme

▸*Holzzerstörende Pilze*

Schwammsanierung

▸*Hausschwammsanierung*

Schwarzabdichtung

Der Begriff Schwarzabdichtung ist ein Trivialname für die ▸*Bauwerksabdichtung* mit ▸*kunststoffmodifizierten Bitumen-Dickbeschichtungen* und wird nur selten auch für ▸*Bitumenbahnen* verwendet.

Schwarze Wanne

Der ugs. Begriff „Schwarze Wanne" wird für die ▸*Bauwerksabdichtung* aus ▸*Bitumenbahnen* sowie ▸*Bitumen-Dickbeschichtungen* verwendet. Diese ▸*Abdichtung* befindet sich in der Regel auf der Außenseite des Gebäudes und dichtet die erdberührten Bauteile gegen die unterschiedlichen ▸*Lastfälle* ab. Der Begriff entstand, weil die Abdichtung mit schwarzen Abdichtungsmaterialien und die komplette Bauwerksabdichtung über die ▸*Horizontalabdichtung* und der anliegenden ▸*Vertikalabdichtung* wannenartig ausgeführt wird. Alternativ gibt es noch die ▸*weiße Wanne* (Ausführung in ▸*WU-Beton*) und den selten benutzten Begriff der braunen Wanne (Abdichtung aus Bentonit).

Schweißbahnen

Schweißbahnen sind ▸*Bitumen-* oder ▸*Polymerbitumenbahnen* mit Trägereinlage mit einer Schichtdicke von 4 oder 5 mm, die entweder unter Verwendung von ▸*Oxidationsbitumen* oder mit ▸*Polymerbitumen* unter Verwendung von plastizitätsverbessernden und stabilisierenden Füllstoffen hergestellt werden. Als Träger dienen Glasvlies, Glasgewebe, Fäulnis hemmendes imprägniertes Jutegewebe und Polyestervlies. Die Bitumen-Deckschicht ist so dimensioniert, dass sie durch das Aufschmelzen (Erwärmung mit offener Flamme) die Verklebung sicherstellt, ohne dass eine zusätzliche Klebemasse für die Untergrundhaftung notwendig wird.

Schweißverfahren

Beim Schweißverfahren sind die dem Untergrund zugewandte Seite der fest aufgewickelten ▸*Schweißbahn* und der Untergrund zum Zwecke einer einwandfreien Verbindung ausreichend zu erhitzen. Die Bitumenmasse der Schweißbahn muss dabei so weit aufgeschmolzen werden, dass beim Ausrollen der ▸*Bitumenbahn* ein Bitumenwulst in ganzer Breite vorläuft und die Bitumenmasse an den Rändern der ausgerollten Bitumenbahn austritt. Die ausgetretene Bitumenmasse ist sofort flächig zu verteilen. Auf senkrechten und stark geneigten Bauwerksflächen sollten nur Bitumenbahnen mit einer Breite bis zu 0,7m verwendet werden, außer ein maschinelles Verarbeitungsverfahren lässt eine größere Breite zu.

Schwer lösliche Salze

▸*Salze*

Schwerspat

Schwerspat oder Baryt (chemisch $BaSO_4$ Bariumsulfat) ist ein natürliches kristallines Mineral, das nach dem Mahlen in unterschiedlichen Feinheitsgraden als ▸*Füllstoff* in Farben und Beschichtungsstoffen verwendet wird. Vorteilhaft sind der geringe Bindemittelbedarf, die äußerst niedrige Wasseraufnahme und die gute Beständigkeit gegenüber Säuren, Laugen und sonstigen chemischen Angriffen. Nachteilig ist das relativ hohe spezifische Gewicht.

Schwertsäge

Schwertsägen werden bei der ▸*nachträglichen Horizontalabdichtung* mittels ▸*Mauersägeverfahren* (mechanische Verfahren) eingesetzt. Bei Mauerwerken mit hoher Festigkeit und/oder bei einer Mauerdicke von über 1,50 m werden entweder widia-oder diamantbesetzte Schwertsägen im Trockenverfahren eingesetzt. Der Sägequerschnitt beträgt 15 bis 20 mm. Anschließend wird das Mauerwerk mit duroplastischen Kunststoffkeilen abgestützt und der Sägeschnitt hohlraumschlüssig mit einem schwindfreien Zementmörtel verpresst.

Schwinden

Mit dem Begriff Schwinden wird allgemein die Volumenänderung mineralischer Baustoffe (Beton, Mauerwerk, mineralische Putze) bezeichnet. Es werden vier Arten unterschieden: das Schwinden im noch frischen, verarbeitbaren Putzmörtel (verursacht durch Kapillarkräfte = Frühschwinden, Kapillarschwinden), das Schwinden während der Erhärtungsphase (▸*Hydratation* = chemisches Schwinden, das Schwinden durch Austrocknung (Trocknungsschwinden) und das Schwinden durch ▸*Karbonatisierung* (Karbonatisierungsschwinden).

Wenn vom Schwindverhalten mineralischer Baustoffe gesprochen wird, ist in der Regel das irreversible Schwinden bei der ersten Austrocknung (= Erstschwinden) gemeint, weil nur dieses von baupraktischer Bedeutung ist. Dabei ist das Schwindmaß von Bedingungen wie Temperatur, Luftfeuchtigkeit, Schichtdicke, Oberflächenstruktur und Farbton abhängig, bevor der Prozess des Schwindens abgeklungen und das Endschwindmaß erreicht ist. Dies ist eine wichtige Voraussetzung für evtl. weitere Arbeitsschritte, wenn z. B. auf einem Unterputz ein Oberputz aufgebracht werden soll. Als Faustformel hat sich ein Tag Wartezeit pro mm Unterputzdicke bewährt.

Seltener wird der Begriff Schwinden auch im Zusammenhang mit Kunstharzputzen und anderen organischen Beschichtungen sowie dickschichtigen Beschichtungssystemen gebraucht. Dabei bezieht sich der Begriff auf die Volumenänderung zwischen dem aufgetragenen flüssigen Beschichtungsstoff und der resultierenden Trockenschichtdicke als Folge der Verdunstung flüchtiger Bestandteile. Hier besteht die Gefahr, dass es bei ungünstigen Witterungsverhältnissen, nicht optimierter Sieblinie beim Kornaufbau oder zu geringem Feststoffanteil beim Trocknen zu Poren- und/oder Rissbildung kommen kann.

Bei besonderen Anforderungen kann das Schwinden eines Materials durch die definierte Zugabe von Zusatzmitteln auf Null reduziert werden.

Schwinden des Betons

▸*Schalenrisse in Betonbauteilen*

Schwindfugen

Schwindfugen werden zu den ▸*Arbeitsfugen* gezählt und entstehen beim Betonieren z. B. eines Kellers, wenn der Betoniervorgang unterbrochen wird. Sie können erst nach dem Abklingen des Schwindens geschlossen werden. Um sie vollständig abzudichten, werden außen liegende Arbeitsfugenbänder mit einbetoniert.

Schwindmaß

Das Schwindmaß gibt an, um wie viel mm pro m sich ein Baustoff bei der ▸*Erhärtung* oder Austrocknung verkürzt.

Schwindrisse

Schwindrisse treten netzförmig oder einfach verzweigt (y-förmig) auf. Sie werden deshalb auch als Y-Risse oder Krakelee-Risse bezeichnet. Diese Y-Form resultiert daraus, dass sich unter ▸*Spannung* stehende Flächen durch einen sechseckigen Bruchverlauf entspannen können. Im Allgemeinen kommt es aber nicht zu einer geschlossenen sechseckigen Netzrissbildung, da bereits der Y-förmige ▸*Riss* soweit Entspannung bringt, dass sich der Riss nicht weiter fortsetzt. Die Schwindrisse können bis zum Putzuntergrund reichen. Diese entstehen überwiegend im Zeitraum von 1 bis 2 Monaten nach Abschluss der Putzarbeiten. Im Bereich der Rissflanken kann sich der Putz vom Putzuntergrund ablösen. Dies ist von der jeweiligen ▸*Adhäsion* zwischen der Putzschicht und dem Untergrund abhängig. Schwindrisse entstehen immer nur unmittelbar im Zusammenhang mit einem frisch aufgetragenen Beschichtungsstoff und machen sich entweder schon während oder kurz nach Beendigung der Trocknungsphase bemerkbar. Sie dürfen deshalb nicht mit Rissbildung infolge anderer Ursachen verwechselt werden, wie z. B. zu geringe Elastizität eines Beschichtungsstoffes bei einem arbeitenden Untergrund (Holz) oder Rissbildung aus dem Untergrund, die sich in der Beschichtung abzeichnet.

© siehe Anhang

Schwingkreisverfahren

Das sog. Schwingkreisverfahren gehört zu den Verfahren zur ▸*Mauerwerkstrockenlegung*. Es verwendet ein Steuergerät, das mit unterschiedlichen Wellen ▸*kapillar aufsteigende Feuchtigkeit* unterbinden soll. Dieses Verfahren kann definitiv als ungeeignet gegen kapillar aufsteigende Feuchtigkeit eingestuft werden, da weder theoretisch noch praktisch die Ursachen kapillarer Durchfeuchtung beseitigt werden. Hinzu kommt, dass *Prof. Müller* mehrfach nachgewiesen hat, dass die eingesetzten elektromagnetischen Verfahren in der Praxis keine Verbesserung des Ist-Zustandes gebracht haben und zum Teil nicht einmal die elektromagnetischen Wellen aufgebaut werden. [16]

Schwundrisse

▸*Schwindrisse*

Sd-Wert

Der sd-Wert wird auch als ▸*diffusionsäquivalente Luftschichtdicke* bezeichnet und ist das Produkt aus der ▸*Wasserdampfdiffusionswiderstandszahl* μ und der Schichtdicke s eines Bauteiles. Der sd-Wert gibt an, wie dick eine ruhende Luftschicht sein müsste, um den gleichen Diffusionswiderstand zu haben, wie der entsprechende Baustoff bzw. die Baustoffschicht.

Sedimentation

Der Begriff Sedimentation wurde von dem lateinischen Begriff Sedimentum (Bodensatz) abgeleitet und bezeichnet den Vorgang einer Bodensatzbildung in flüssigen Beschichtungsstoffen. Diese kann verschiedene Ursachen haben: nicht ausreichende Benetzung der Pigment- und Füllstoff-Bestandteile bei der Herstellung, eine zu niedrige ▸*Viskosität* im Vergleich zur ▸*Dichte* der eingesetzten Pigmente/ ▸*Füllstoffe*, Zusammenballung der Primärteilchen von Pigmenten/ Füllstoffen in Folge ungenügender Dispergierung und/oder Fehlen geeigneter oberflächenaktiver Substanzen (▸*Tenside*), die dies auf Grund ihrer physikalischen Wirksamkeit verhindern können sowie Flokkulation von Pigmentbestandteilen eines aus mehreren Einzelkomponenten bestehenden Farbtons, wodurch sich die spezifisch schwerer gewordenen Pigmentagglomerate absetzen. Während weicher Bodensatz relativ leicht und mit geringem mechanischen Aufwand wieder homogenisiert und beseitigt werden kann, ist dies bei hartem Bodensatz schwierig und oft nur unvollständig möglich.

Sedimentationspotenzial

Unter Sedimentationspotenzial wird das Entstehen einer elektrischen Potenzialdifferenz an den Kontaktflächen eines porösen Festkörpers, z. B. eines Ziegels verstanden. Hierbei handelt es sich also um den umgekehrten Effekt einer ▸*Elektroosmose*.

Seilsäge

▸*Seilzugsägeverfahren*

Seilzugsägeverfahren

Ein Seilzugsägeverfahren ist ein mechanisches Verfahren zur Mauerwerkstrennung im Rahmen der ▸*nachträglichen Horizontalabdichtung* (mechanische Verfahren). Hierbei wird ein diamantbesetztes Seil über Rollen durch ein Mauerwerk gezogen, so dass eine saubere Schnittfläche entsteht. Dieses Nassschnittverfahren wird vor allem bei Mauerwerksdicken über 1 m angewendet, wenn andere Sägeverfahren nicht mehr eingesetzt werden können. Die Schnittbreite beträgt nur 12 mm. Anschließend werden die ▸*Abdichtungsstoffe* als Hori-

zontalsperre eingeführt und die Schnittfläche mit Kunststoffkeilen abgestützt. Als Abdichtungsstoffe werden Edelstahlbleche oder Abdichtungsfolien und -platten eingesetzt. Anschließend wird die Schnittfuge von einer Seite oder beidseitig mit einem schwindfreien Zementmörtel verpresst.

Seismische Verfahren

Seismische Verfahren sind zerstörungsfreie Prüfverfahren, mit denen Schichtgrenzen im Baugrund geortet oder Materialeigenschaften basierend auf der Ausbreitung elastischer Wellen bestimmt werden. Die Messdaten müssen relativ aufwändig ausgewertet werden.

▸*Geophysikalische Untersuchungen*

Sekundäre Porosität

▸*Primäre Porosität*

Selbstbohrende Injektionsanker

Selbstbohrende Injektionsanker werden bei der Instandsetzung gerissener Mauerwerke und Betonkonstruktionen benutzt. Hierbei werden die für die Injektionsbohrung benötigten Bohrgestänge gleichzeitig auch als Anker eingesetzt. Diese Injektionsanker werden durch Bohrhämmer oder mit Bohrlafetten im Dreh- oder Schlagbohrverfahren eingebracht. Ist die erforderliche Tiefe erreicht, wird die zum Bohren verwendete Bohrkrone zum Einbringen der ▸*Injektionsflüssigkeit* verwendet. Diese dringt in alle ▸*Risse* und Hohlräume und verbindet den Injektionsanker mit dem Untergrund. [3]

„Selbstheilende" Risse

Seit einigen Jahren wird der Begriff der „selbstheilenden" Risse in der Betoninstandsetzung verwendet. Der Begriff entstand, da sich unter bestimmten Voraussetzungen bestehende ▸*Risse* wieder von „selbst" verschließen: so durch das thermische und hygrische Schwinden, durch das sich Risse wieder schließen, als Folge einer Nachhydratation der Zementkristalle, durch die der Riss verstopft wird, aber auch durch die Bildung von ▸*Kalziumkarbonat*, wenn ausgeschiedenes Kalziumhydroxyd mit Luftkohlensäure reagiert und den Riss zusintert. [3]

Selbstklebende Dichtungsbahn

▸*Kaltselbstklebende Dichtungsbahn*

Selektivpermeabilität

▸*Semipermeabilität*

„Selfpor"-Effekt

Der sog. Selfpor-Effekt wird in ▸*Sanierputzen* seit Anfang der 90-er Jahre angeboten und beschreibt eine Technologie der Luftporenbildung, ohne dass hierfür eine spezielle Maschinenaus- oder -nachrüstung (Luftporenschneckmantel) erforderlich ist.

Semipermanente Schutzsysteme

▸*Graffiti-Entfernung*

Semipermeabilität

Der Begriff Semipermeabilität wurde aus dem lateinischen Begriff semi (= halb) und permeabel (= durchlässig) abgeleitet und beschreibt die Eigenschaft von Stoffen, halbdurchlässig zu sein. Halbdurchlässig heißt in diesem Fall, dass diese Stoffe (oft die Eigenschaft von Membranen) nur für bestimmte Substanzen durchlässig sind. Diese Substanzen können den Stoff also ungehindert durchdringen, während andere blockiert werden. Da die Durchlässigkeit in der Regel nicht genau die Hälfte beträgt, wäre der Begriff der sog. Selektivpermeabilität zutreffender. Liegt dagegen keine Durchlässigkeit vor, so spricht man von der sog. Impermeabilität.

Semipermeable Membrane

▸*Elektro-physikalische Entsalzung*

▸*Membran*

Serpula lacrymans

▸*Echter Hausschwamm*

Setzbolzen

Ein Setzbolzen (auch Einschussdübel genannt) wird für wenig oder nur temporär beanspruch-

A B C D E F G H I J K L M N O P Q R S T U V W X Y Z

te Verbindungen im Rahmen der Instandsetzung von gerissenen Mauerwerken und Betonbauwerken (Verankerung) eingesetzt. Sie dürfen nicht für kraftübertragende Verbindungsmittel eingesetzt werden und sind allgemein auf vorwiegend ruhende Belastungen bis 1 kN/ m^2 beschränkt. [3]

Setzdehnmesser

Ein Setzdehnmesser ist ein Messgerät zur Bestimmung der Längenänderung.

Setzrisse

Der Begriff Setzriss wird in der einschlägigen Literatur durch die Begriffe (bau)statischer, (bau)dynamischer oder (bau)konstruktiver ▸*Riss* beschrieben. Hierbei handelt es sich um Risse, die in Folge von Spannungen durch Setzungen und Bewegungen des Baugrundes aufgetreten sind. Setzungen und Bewegungen können durch Verringerung des Porenraumes im Boden durch das Gewicht des Bauwerks, Baumaßnahmen im Umfeld, Erschütterungen durch Straßenverkehr oder Bahnstraßen (auch unterirdisch), Absenkung des Grundwassers, Erosion durch strömendes ▸*Grundwasser*, Austrocknung des Bodens, Folgen des Bergbaus oder Erdbeben verursacht werden.

Setzungsfuge

▸*Dehnungsfuge*

SIA-Norm

Hierbei handelt es sich um ein Normenwerk des Schweizerischen Ingenieur- und Architekten-Vereins für den Baubereich in der Schweiz.

Sicherung

Unter dem Begriff Sicherung werden Notmaßnahmen zusammen gefasst, die entweder vor oder während einer Sanierung durchgeführt werden müssen. Diese können notwendig werden, um entweder einen Schaden nicht weiter auszudehnen oder einem Schaden vorzubeugen. Akute Beispiele sind Sicherungen im Bereich der Statik, um den Einsturz eines Gebäudes, einer Wand oder eines Bauteils vorzubeugen. Sind erst einmal Sicherungsmaßnahmen notwendig, kann der Zeitpunkt für die eigentliche Sanierung nicht mehr lange hinausgezögert werden.

Sickerdolen

Sickerdolen werden bei Gebäuden in Hanglange verwendet. Die zum Hang ausgerichtete Seite eines Gebäudes unterliegt immer einer höheren Wasserbelastung. Durch die Sickerdolen wird das anfallende ▸*Sickerwasser* abgeführt und in der Höhe der Fundamentsohle in die ▸*Dränage* geleitet und anschließend um das Gebäude herum geführt.

Sickergeschwindigkeit

Die Sickergeschwindigkeit ist ein Begriff aus der Gebäudedränung und ein wichtiger Parameter für die Lastfallbestimmung. Der entsprechende Grenzwert ist bei K = 10-4 m/s definiert.

Sickerplatte

Sickerplatten sind haufwerksporige Platten aus miteinander verbundenen Polystyrolkugeln mit einem Durchmesser von 6 bis 12 mm. Infolgedessen haben diese Platten ein relativ großes Porenvolumen, mit dem die Wasserbelastung abgeführt werden (versickern) kann. Sie sind deshalb mit einer Dränschicht aus sandigem Kies vergleichbar. Bei Böden, bei denen ein Ausschlämmen der Feinanteile nicht ausgeschlossen werden kann, muss ein sog. Geovlies ausgeführt werden, damit die Sickerplatte nicht zugesetzt wird und die Wasseraufnahme und -abführung weiterhin sichergestellt ist.

Sickerschacht

▸*Ringdrän/ Ringdränage*

Sickerschicht

Sickerschicht ist ein Begriff aus der ▸*Dränung* und beschreibt den Teil der Dränschicht, der das Wasser aus dem Bereich des erdberührten Bauteiles ableitet.

Sickerströmung
▸*Wasseraufnahmemechanismen*

Sickerwasser
Sickerwasser ist der Sammelbegriff für Feuchtigkeit, die im Sinne von Hang- oder ▸*Schichtenwasser* am Grundmauerwerk ansteht. Die Gefahr der ▸*Durchfeuchtung* für das Mauerwerk hängt dabei im Wesentlichen vom Druck des anstehenden Wassers und von der Mauerwerksdicke ab.

Sieblinie
Die Sieblinie ist ein Begriff aus der Putz- und Mörteltechnologie und beschreibt die Kornzusammensetzung der ▸*Zuschlagsstoffe*.

Silane
Silane sind eine Stoffgruppe von Siliziumwasserstoffen. In der Bauchemie stellen Silane funktionelle Organo-Silizium-Einheiten dar, die aus einer organischen Gruppe und drei, über Sauerstoff gebundene, Alkoholgruppen bestehen (z. B. Methoxysilan mit Methanol, Ethoxysilan mit Ethanol als gebundenem Alkohol), während der organische Rest eine Methylgruppe ist. Silane mit ein bis vier Siliziumstoffatomen sind sehr unbeständig und können sich so gar an der Luft selbst entzünden und spontan verbrennen. Die „Reaktionsfreude" nimmt jedoch mit zunehmender Kettenlänge ab. [1]

Der Aufbau der Silane ist formal mit denen der Alkane (analoge Kohlenstoffverbindungen) zu vergleichen, weshalb auch die Namensgebung analog zu den Alkanen erfolgt. Silane sind meist niedrigviskose, mehr oder weniger flüchtige Flüssigkeiten, die umso stabiler gegen alkalischen Abbau sind, je länger die Alkoxysilankette ist. Für die ▸*Hydrophobierung* von dichten Baustoffen ist die niedrige ▸*Viskosität* vorteilhaft, weil Silan dadurch gut in den Baustoff eindringen kann. Nachteilig sind die Flüchtigkeit, die große Menge an gebundenem Alkohol, der bei der Vernetzungsreaktion (▸*Polykondensation*) freigesetzt wird, und die lange Reaktionszeit bis zur Ausbildung des angestrebten Siliconharz-Netzwerkes, was zu Wirkstoffverlusten führen kann.

Silane sind in Kohlenwasserstoffen und Alkoholen löslich. Aufgrund der geringen Molekülgröße ergeben Silane nicht nur gute Eindringtiefen als Hydrophobierungsmittel, sondern auch als ▸*Injektionsmittel* zur nachträglichen Horizontalabdichtung.

Silanvernetzende Polymerklebstoffe
▸*Klebstoffe*

Sil-Farben
Die Gruppe der Sil-Farben ist nicht eindeutig definiert und dem entsprechend groß sind die Unterschiede am Markt. Zum einen werden speziell modifizierte Dispersionsfarben als Sil-Farben bezeichnet, die durch ihre Rezeptur, Bindemittelart und -zusammensetzung veränderte bauphysikalische Eigenschaften sowie durch mineralische ▸*Füllstoffe* (Calcit) eine matte und für ▸*Silikatfarben* typische Oberflächenstruktur ausbilden. Bindemittel für diese Gruppe sind Acryl-Polymer-Dispersionen. Alternativ werden auch schwach abgebundene Dispersions-Silikatfarben und siliconharzvergütete Dispersionsfarben als Sil-Farben bezeichnet.

Silicagel
Silicagel ist eine poröse Form von Siliziumdioxid oder auch amorphe Kieselsäure in festem Zustand mit großer innerer Oberfläche und extrem hoher ▸*Hygroskopizität*. Man erhält es durch die Reaktion von Wasserglas mit Schwefelsäure unter sauren Reaktionsbedingungen. Wird die Reaktion unter basischen Bedingungen durchgeführt erhält man sog. „gefällte" Kieselsäuren. Kieselgel selbst ist farblos, die meist bläuliche Färbung wird durch die Zugabe eines Indikatormittels (in der Regel Kobaltchlorid) erreicht. Wenn Silicagel Wasser gebunden hat, verfärbt sich das Indikatormittel blassrosa bis weißlich. Es verliert dann seine Fähigkeit, Feuchtigkeit aufzunehmen. Allerdings kann dieser Vorgang regeneriert werden. Silicagel wird zum Trocknen von feuchten che-

A B C D E F G H I J K L M N O P Q R S T U V W X Y Z

mischen Verbindungen und zur Stofftrennung in der Chromatographie eingesetzt. [1]

Siliconate/ Silikonate

Siliconate sind die wasserlöslichen ▸*Salze* der Organokieselsäuren, z. B. entsteht aus ▸*Methylsiliconat* durch die Einwirkung von hoch konzentrierter Kalilauge das ▸*Kaliummethylsiliconat*. Dieses liegt als stabile wässrige Lösung mit einem Wirkstoffgehalt von etwa 40 % vor, die weiter mit Wasser verdünnt werden kann und in dieser Form zur Imprägnierung und ▸*Hydrophobierung* von Baustoffen dient. Ähnlich wie ▸*Wasserglas* reagieren Siliconate mit dem Kohlendioxid der Luft unter Bildung von (Kalium-)Karbonat und Polymethylkieselsäure, welche die gewünschte wasserabweisende Eigenschaft aufweist. Neben der Imprägnierung oder Hydrophobierung finden Siliconate auch Anwendung als ▸*Injektionsmittel* gegen ▸*kapillar aufsteigende Feuchtigkeit*. Dabei muss sicher gestellt werden, dass das Injektionsmittel mit der Kohlensäure der Luft reagieren kann, was bei hohen ▸*Durchfeuchtungsgraden* und/oder dicken Mauerwerksquerschnitten nicht gegeben sein muss. Durch die Bildung des Alkalikarbonates im Nebenprodukt findet immer auch eine gewisse Salzbildung im Mauerwerk statt, so dass sich durch Einbringen des Injektionsmittels der Salzgehalt noch einmal erhöht. Siliconate sind hoch alkalisch.

Silicone/ Silikone

Silizium kommt in der Natur nicht frei vor, sondern wegen seiner großen Affinität zu Sauerstoff wird es vorwiegend als Oxid in kristalliner Form abgebaut. Sämtliche Silicon-Bautenschutzmittel werden heute aus dem Rohstoff Siliziumchlorid hergestellt, wobei die an das Si-gebundenen Alkylgruppen unterschiedlich sein können. Handelt es sich dabei um kurze Alkylgruppen sind die daraus hergestellten Imprägnierungen weniger alkalibeständig und deshalb für die Imprägnierung von Baustoffen ungeeignet. Um hoch alkalibeständige Imprägniermittel herzustellen, werden lange Alkylgruppen eingesetzt. Chemisch gesehen sind die Silicone zwischen den rein anorganischen und den rein organischen Stoffen einzuordnen. Silicone sind polymere Verbindungen deren Grundgerüst, bestehend aus Quarz an den restlichen Valenzen mit Kohlenwasserstoffgruppen verknüpft sind. Die meisten Silicone sind elektrische Isolatoren, beständig gegen Oxydationsmittel und Säuren. Silicone sind wasserabweisend, wobei diese Eigenschaft darauf zurück zu führen ist, dass sich die Silicone an der Baustoffoberfläche und an den Kapillar- und Porenwandungen des Baustoffes ausrichten. Während sich die anorganischen Teile der Silicone mit dem ebenfalls anorganischen Baustoff verbinden, bilden die organischen Reste eine Art Molekülbürste, verändern damit die Grenzflächenspannung des auftretenden Wassers und führen so zur Wasserabweisung. Die Wasserabweisung (▸*Hydrophobie*) des mit Siliconen behandelten Baustoffes wird also nicht, wie bei Filmbildnern durch einen Porenverschluss, sondern einzig und allein durch die Aufhebung der ▸*Benetzbarkeit* erreicht.

Silicon-Dichtstoffe

Der überwiegende Teil von ▸*Dichtstoffen*, der heute aus ▸*Polymeren* von ▸*Polysiloxanen* hergestellt wird, ist einkomponentig und reagiert bei Raumtemperatur mit der ▸*Luftfeuchtigkeit*. Man bezeichnet diese chemische Reaktion als Vernetzung oder genauer als Kondensationsvernetzung. So entstand auch die Bezeichnung der RTV-Typen (Room-Temperature-Vulcanizing oder Raum-Temperatur vernetzend). Allein die unterschiedlichen Vernetzungsreaktionen erlauben eine sehr individuelle Formulierung der Silicon-Dichtstoffe für die unterschiedlichsten Anwendungsgebiete im Bautenschutz und der Bausanierung. Unterschieden werden Silicon-Dichtstoffe in sauer vernetzend (Acetat- oder Acetoxy- oder Essigsäure), neutral vernetzend (Benzamid, Alkoxy und Oxim) sowie alkalisch vernetzend (Amin oder Amin-Oxim).

Die sauer vernetzenden Silicon-Dichtstoffe reagieren mit der Luftfeuchtigkeit unter Abspaltung von Essigsäure. Wird dieser Geruch nicht mehr wahrgenommen, ist der Dichtstoff komplett ausreagiert. Auf alkalischen Untergründen sind diese Dichtstoffe ungeeignet. Auf Beton kann selbst bei Verwendung einer filmbildenden Grundierung das saure Spaltprodukt in Verbindung mit Feuchtigkeit die Oberfläche angreifen und Ablösungen verursachen. Auf Kunststoffen haften diese Dichtstoffe nicht, so dass entweder eine haftungsverbessernde Grundierung eingesetzt oder auf andere Dichtstoffe ausgewichen werden muss. Die neutral vernetzenden Silicon-Dichtstoffe reagieren mit Luftfeuchtigkeit unter Abspaltung von neutralen Reaktionsprodukten (Alkohole wie Methanol oder Ethanol). Die Geruchsbelästigung während der Aushärtung ist deutlich geringer. Diese Dichtstoffe können auf Glas, glasierten Flächen, Metallen und Kunststoffen sowie mineralischen Untergründen eingesetzt werden. Die alkalisch vernetzenden Dichtstoffe reagieren mit der Luftfeuchtigkeit unter Abspaltung eines stark riechenden Reaktionsproduktes. Sie haften besonders gut auf alkalischen Untergründen.

Ein wesentlicher Nachteil besteht darin, dass Silicon-Dichtstoffe nicht überstrichen werden können. Sollte ein überstreichbarer Silicon-Dichtstoff angeboten werden, so muss diese Eigenschaft nach DIN 52 452 Teil 4 nachgewiesen werden. Die als Weichmacher in Silicon-Dichtstoffen eingesetzten Siliconöle besitzen die Eigenschaft, sich auf Oberflächen ganz fein zu verteilen (Spreitzen in Folge der niedrigen Oberflächenspannung). Dies kann im Grenzbereich der Dichtstoffe zu Problemen in Form von Verschmutzungen und Schmutzanhaftungen führen.

Siliconharze

Siliconharze sind hochmolekulare, dreidimensional vernetzte Verbindungen, deren gerüstbildende Elemente, wie beim Quarz, aus Silizium und Sauerstoff bestehen. Die Siliconharze sind chemisch gesehen zwischen den rein anorganischen und den rein organischen Stoffen einzuordnen.

Siliconharzfarben

Siliconharzfarben sind nicht genormt und nicht einmal einheitlich definiert. So werden sog. echte und unechte Siliconharzfarben, Siliconfarben und Siloxanfarben sowie Dispersionsfarben mit Siliconölen oder Hydrophobierungsmittel am Markt unter dem Namen Siliconharzfarbe angeboten. Dem entsprechend groß sind die qualitativen Unterschiede, die sich in den bauphysikalischen Kennwerten sowie im Preis ausdrücken und durch die Zusammensetzung und der Bindemittelart und -menge beeinflusst werden.

Zur Formulierung von Siliconharzfarben werden ▸*Siliconharze* als wässrige Emulsion angeboten. Je nach Herstellungsverfahren sind diese lösemittelhaltig oder lösemittelfrei. Eigentliches Bindemittel ist eine Polymerdispersion, die mit einem Siliconharz (oder Siliconöl) kombiniert wird. Der Anteil dieser Polymerdispersion liegt bei einer „echten" oder hochwertigen Siliconharzfarbe nur bei 50%, umgekehrt bedeutet dies, dass mindestens 50% Siliconharz enthalten ist. Mit dieser Formulierung können Eigenschaften erzeugt werden, die einem „idealen" Anstrichsystem entsprechen. Siliconharzfarben besitzen eine sehr hohe ▸*Hydrophobie* und damit einen guten Witterungsschutz bei gleichzeitig sehr hoher ▸*Wasserdampfdiffusion*. Die mikroporöse Struktur zeigt eine gute H_2O- und CO_2-Durchlässigkeit, die Farbe ist somit für karbonatisch erhärtende Putze sehr gut geeignet. Die Bindemittelmatrix ist ▸*pH-neutral*. Aufgrund ihrer siliziumartigen Struktur besitzen Siliconharzfarben eine

© siehe Anhang

A B C D E F G H I J K L M N O P Q R S T U V W X Y Z

hohe Affinität zu mineralischen Untergründen. Dies ist gleichzeitig die Ursache für eine relativ starre Oberflächenausbildung, die wiederum Siliconharzfarben für die Risssanierung unbrauchbar machen. Einige Siliconharzfarben neigen zu einer höheren Verschmutzung. Hierbei handelt es sich dann um Formulierungen auf der Basis von Siliconölen und nicht von Siliconharzen.

Der kontinuierliche Erfolg der Siliconharzfarben in den letzten 20 Jahren ist vor allem darauf zurück zu führen, dass die Vorteile der Dispersionsfarben (vor allem hohe Wasserabweisung) mit den Vorteilen der ▸*Silikatfarben* (vor allem hohe ▸*Wasserdampfdiffusionsfähigkeit*) kombiniert wurden. Infolgedessen sind Siliconharzfarben vielseitig sowohl im Neubau und bei der Sanierung einsetzbar und werden zunehmend auch in der Baudenkmalpflege akzeptiert. Beliebtes Einsatzgebiet sind ▸*Sanierputze*, da Siliconharzfarben aufgrund ihrer Eigenschaften die Funktion des Sanierputzsystems unterstützen und sich hervorragend ergänzen.

Silicon-Mikroemulsion

Silicon-Mikroemulsions-Konzentrate (SMK) sind eine Neuentwicklung im Produktbereich der ▸*Injektionsmittel*. Eingesetzt werden sie seit Anfang der 90-er Jahre, der Durchbruch gelang ihnen aber erst Ende der 90-er Jahre mit dem Erscheinen des neuen ▸*WTA-Merkblattes* und der allgemeinen Diskussion um hochwertige Injektionssysteme. Auf Grund ihrer vielfältigen Anwendbarkeit sowie den entscheidenden Produktvorteilen gegenüber klassischen Injektionsmitteln wird heute bereits vielfach der Begriff der SMK-Technologie verwendet, um die wasser- und lösemittelfreien Siliconmikroemulsionskonzentrate zu beschreiben.

SMK´s sind niederviskose, klare, wasser- und lösemittelfreie Flüssigkeiten, die beim Eingießen in Wasser spontan äußerst feinteilige und stabile Siliconmikroemulsionen ausbilden. Die Teilchengröße dieser wässrigen Siliconprodukte liegt bei etwa 10^{-9} bis 10^{-10} m, bezogen auf den Radius. Sie sind damit um einige Zehnerquotienten kleiner als die Teilchen in üblichen Emulsionen und deshalb als Injektionsmittel besonders gut geeignet.

Da die Siliconmikroemulsion nach etwa 24 Stunden auszuflocken beginnt, wird eine Verarbeitung/ Injektion des angerührten Injektionsmittels innerhalb eines Arbeitstages vorgeschrieben. Für die Penetration des Injektionsmittels ist diese zeitverzögerte Wirkung der Siliconmikroemulsion eine ideale Voraussetzung, da das Injektionsmittel in wässriger Verdünnung in die Kapillaren eindringen kann, ohne sofort zu reagieren und dann innerhalb einer Woche die Anfangshydrophobie aufbauen kann. Es sollte also immer sichergestellt werden, dass die physikalische Trocknung der Siliconmikroemulsion in der Woche nach der Injektion stattfinden kann.

Silikate

Silikate sind Salze der Kieselsäure. Die Polysilikate sind Bestandteile der meisten Mineralien und Gesteine. Zu den Silikaten gehört auch das als Bindemittel für ▸*Silikatfarben* und -putze eingesetzte (Kali-)Wasserglas. Durch Reaktion mit der Luftkohlensäure (Kohlendioxid) und einem „verkieselungsfähigen" Untergrund bildet sich das sog. Kieselgel, eine polymere Form der Kieselsäure. Dadurch gehen Silikat gebundene Beschichtungen mit dem Untergrund eine chemische Verbindung ein. Silikate werden als Grundierung und zur Steinfestigung sowie als Bindemittel in Putzen und Farben eingesetzt, aber auch als ▸*Injektionsmittel* gegen ▸*kapillar aufsteigende Feuchtigkeit* und zur ▸*Injektion* im Rahmen der ▸*nachträglichen Vertikalabdichtung* (▸*Innenabdichtung*).

Silikatfarben

Unter dem Begriff Silikatfarbe werden am Markt zwei verschiedene Qualitäten unterschieden. So wird der Begriff sowohl für die einkomponentigen wie auch für die zweikomponentigen Silikatfarben verwendet. Einkomponentige Silikatfarben besitzen zusätzlich einen Dispersionsanteil von max. 5% und müssten genau genommen Dispersions-Silikatfarbe genannt werden. Alternativ wird auch der Begriff Organo-Silikatfarbe benutzt. Die zweikomponentigen Silikatfarben besitzen diesen Dispersionsanteil nicht, weshalb sie auch als Reinsilikatfarbe bezeichnet werden. Als Bindemittel wird kieselsaures Wasserglas (Kaliwasserglas, Kalisilikat) verwendet. Dieses wird oft auch als ▸*Fixativ* bezeichnet und von den Pigmenten getrennt geliefert. Vor der Verarbeitung müssen diese Bestandteile gemischt werden. Infolgedessen werden Reinsilikatfarben fast ausschließlich in der Baudenkmalpflege und Restaurierung eingesetzt. Aufgrund der Verkieselung haben zweikomponentige Silikatfarben eine sehr gute Haftung auf mineralischen Untergründen und gehen eine chemische Verbindung mit ihnen ein. Diese Silikatfarben haben eine sehr hohe ▸*Wasserdampfdiffusion* und eine hohe ▸*Wasseraufnahme*, sind aber sehr spröde.

Silikatnachweis

Der Nachweis von Silikat (Silizium) findet entweder durch die Röntgenfluoreszenzanalyse oder gravimetrisch statt.

Silikatputz

Silikatputze sind dünnschichtige Oberputze, die am Markt unterschiedlich eingeordnet werden. So werden sie als Mineralputze eingestuft, da sie ein mineralisches Bindemittel haben und die wesentlichen Eigenschaften der Mineralputze wie hohe ▸*Wasserdampfdiffusion* und hohe ▸*Alkalität* aufweisen. Sie werden aber auch als organisch gebundene Putze mit einem Zusatz an ▸*Wasserglas* gesehen. Silikatputze haben als Bindemittel ein kieselsaures Wasserglas (Kaliwasserglas, Kalisilikat) und in der Regel einen Dispersionsanteil von max. 5% und müssten genau genommen Dispersions-Silikatputze genannt werden. Dies ist am Markt aber nicht üblich, da es im Gegensatz zu den Farben keine ein- und zweikomponentigen Silikatputze oder auch Reinsilikatputze gibt. Bei der Zugabe der Dispersion richten sich die Hersteller nach der VOB DIN 18 363, die für die Silikatfarben einen max. Zusatz auf 5 % beschränkt.

Silikatputze erhärten chemisch durch ▸*Verkieselung* und trocknen physikalisch durch Wasserabgabe. Bei der Reaktion mit Luftkohlensäure (Kohlendioxid) wird Kieselgel gebildet, das je nach Art des Silikates während und nach der Verarbeitung zur Salzbildung (Fleckenbildung) an der Oberfläche führen (Soda oder Pottasche) kann. Silikatputze haben eine hohe Wasserdampfdiffusion und auf Grund des organischen Anteils eine gute Wasserabweisung. Sie sind hoch alkalisch und können je nach Art des Untergrundes auf diesen ätzend wirken. Deshalb müssen angrenzende Bauteile gut abgeklebt werden. Silikatputze werden häufig als ▸*Schlussbeschichtung* auf ▸*Sanierputzen* eingesetzt.

Siliziumorganische Verbindungen

Siliziumorganische Verbindungen sind ▸*Polymere* und hochpolymere Verbindungen, die quarzähnliche Strukturen aufweisen und neben den Silizium- und Sauerstoffatomen auch noch organische Kohlenwasserstoffgruppen enthalten, die für die gute Wasserabweisung an der Oberfläche verantwortlich sind. Zu den siliziumorganischen Verbindungen gehören neben dem Silicon-Kautschuk noch die ▸*Silane*, ▸*Siloxane*, die ▸*Siliconmikroemulsionen* und die Kieselsäureethylester.

Siloxane

Grundsätzlich sind Siloxane der Oberbegriff für siliziumorganische Verbindungen. Werden mehrere Silanmoleküle miteinander verbunden erhält man ein oligomeres Siloxanmolekül. Bei weiterer ▸*Vernetzung* des Siloxanmoleküls mit kleinsten Silanmolekülen oder oligomeren Siloxanen entsteht das hochmolekulare Polysiloxan als ▸*Siliconharz*. Durch die niedermolekulare Struktur besitzen Siloxane ein gutes Penetrationsvermögen, auch in fein porösen Baustoffen. Sie werden aus alkoholischer oder Kohlenwasserstofflösung verarbeitet und können universell auf neutralem, alkalischem sowie leicht feuchtem Untergrund als ▸*Hydrophobierungsmittel* oder ▸*Injektionsmittel* eingesetzt werden. Von Nachteil ist, genau wie bei den ▸*Silanen*, der Lösungsmittelgehalt. Siloxane sind üblicherweise niederviskose, klare, im Gegensatz zu den Silanen aber nicht mehr flüchtige Flüssigkeiten, die je nach Ausgangssilan Methanol oder Ethanol gebunden enthalten und kurze oder lange organische Reste aufweisen. Der gebundene Alkoholgehalt ist wesentlich geringer als bei den Silanen. Bei ihrer Anwendung sind die schnellere Ausbildung des Siliconharz-Netzwerkes, die fehlende Flüchtigkeit und die geringere Alkoholabgabe bei der Reaktion im Vergleich mit Silanen vorteilhaft, so dass sie auf stark saugenden Untergründen auch eine bessere Wirksamkeit aufweisen. [1]

Siloxanfarben

▸*Siliconharzfarben*

Simultanfäule

▸*Holzzerstörende Pilze*

Sinterhaut

▸*Sinterschicht*

Sinterkrusten

▸*Oberflächenschmutz*

Sinterschicht

Bei mineralischen Putzen ist eine Sinterschicht (auch als Sinterhaut bezeichnet) eine oberflächige, dünne, harte, glasartige und spröde Schicht aus reinem Kalkstein ($CaCO_3$). Eine der Ursachen der Sinterschichtbildung (vor allem in gefilzter oder geglätteter Oberfläche) sind die zu lange oder zu intensive Strukturierung oder Nachbehandlung, so dass es zu einer Anreicherung von Bindemittel und Feinanteilen an der Oberfläche kommt. Eine Sinterschicht, die oftmals an einem deutlichen Glanz zu erkennen ist, wirkt als Sperrschicht, welche eine einwandfreie Haftung von Beschichtungen am eigentlichen Untergrund beeinträchtigen kann. Sie muss deshalb entweder mechanisch oder chemisch (durch ▸*Fluatieren*) entfernt werden.

Slurry

Slurry ist eine aus dem Englischen übernommene Bezeichnung für Massen unterschiedlicher Zusammensetzung von breiartig-dünner Konsistenz, die im Allgemeinen pumpfähig sind. So spricht man z. B. von Zement-Slurry als einer fließfähigen Zement-Aufschlämmung; von Pigment-Slurry bei einer Aufschlämmung von z. B. Titandioxid, was beim Durchsatz großer Mengen Benetzung und Dispergierung erleichtert und verkürzt; von einer Slurry ganz allgemein bei einer zum Versprühen bestimmten, viskosen wässrigen Suspension.

SMK

▸*Silicon-Mikroemulsionen*

SMP-Technologie

▸*MS-Polymer-Abdichtung*

Sockel

Der Sockel ist der Schuh eines Bauwerks. Diese Definition kann aus der lateinischen Ableitung des Begriffes *Socculus* (= kleiner Schuh) einfach nachvollzogen werden. Neben den technisch-funktionalen Anforderungen muss der Sockel auch gestalterische und/oder architektonische Aufgaben übernehmen. In erster Linie wird an den Sockel die Erwartung gestellt, pflegearm und schmutzunempfindlich zu sein. Grundsätzlich muss man sich aber bewusst sein, dass der Sockelbereich aus den o. g. Gründen einer stärkeren und ungleichmäßigeren Feuchte- und Schmutzbelastung ausgesetzt ist, als die Fassade. Der Sockel muss deshalb, im Gegensatz zur Fassade, in kürzeren Intervallen gereinigt oder gewartet und z. B. mit einem Renovierungsanstrich versehen werden. Dabei wird der Aufwand durch die Art und Ausbildung des Sockels beeinflusst, wie z. B. durch einen Absatz oder wenn sich der Sockel farbig von der Fassade unterscheidet. In der Praxis ist allerdings genau das Gegenteil zu beobachten. Es wird immer wieder versucht, die über der Geländeoberfläche sichtbaren Außenwandbereiche einheitlich zu gestalten. Der Sockel und die Fassade sollen demnach das gleiche Aussehen besitzen und sich optisch nicht unterscheiden. Diese optische Anforderung führt aber häufig dazu, dass sich der Sockel und der Fassadenbereich auch konstruktiv nicht unterscheiden lassen. Die Konstruktion aus der Fassade wird damit auch im Sockelbereich eingesetzt, obwohl sie dafür nicht ausgelegt ist. Infolgedessen kommt es im Sockelbereich bald zu erkennbaren Feuchtigkeitsschäden, unregelmäßiger Verschmutzung und mechanischen Putz- oder Anstrichschäden. Darüber hinaus können aufsteigende Feuchtigkeit oder verstärkte Algenbildung auftreten. Eine Außenwandkonstruktion ohne Sockel ist nicht fachgerecht und entspricht nicht den Allgemein anerkannten Regeln der Technik.

Sockelausbildung

Hinsichtlich der Feuchtigkeitsbelastung lässt sich die vertikale Gebäudehülle in drei Teilbereiche einteilen: in den Fassaden-, den Sockel- und den Kellerbereich. Die Fassade wird dabei maßgeblich durch Schlagregen und ablaufendes Regenwasser beansprucht. Im unteren Bereich geht die Fassade nahtlos in den Sockel über. Im Sockelbereich treten neben den o. g. Beanspruchungen zusätzlich Belastungen durch Oberflächen- und/oder Spritzwasser, Schnee sowie durch Frost und Tausalz auf. Neben der reinen Durchfeuchtung dieses Bereiches trägt das Spritzwasser in der Regel zur Verschmutzung bei. Zusätzlich ist der Sockelbereich einer starken mechanischen Belastung (Stoßen, Treten, Schrammen etc.) ausgesetzt. Der Sockelbereich muss deshalb 30 bis 50cm über Geländeoberkante ausgeführt werden. Bei Kellerwänden mit Wärmedämmung kann sich der Sockel auch 30 bis 50cm in den erdberührten Bereich hineinziehen, so dass der als Sockel bezeichnete Bereich der Außenwand bis zu einem Meter betragen kann.

Aus dieser Beanspruchung heraus werden die Anforderungen an die Werkstoffe, Materialien und Beschichtungen definiert, die im Sockelbereich verwendet werden. Sie müssen gegen mechanische Beanspruchungen, gegen Wasser oder Feuchtigkeit allgemein, speziell gegen Spritzwasser, das in den Wintermonaten auch salzhaltig sein kann sowie gegen Frost und Tausalz beständig sein. Hierfür werden Sockelputze nach DIN 18 550 bzw. DIN EN 998, Sanierputze nach WTA-Richtlinien, *WU-Beton nach DIN 1045*, *mineralische Dichtungsschläm-*

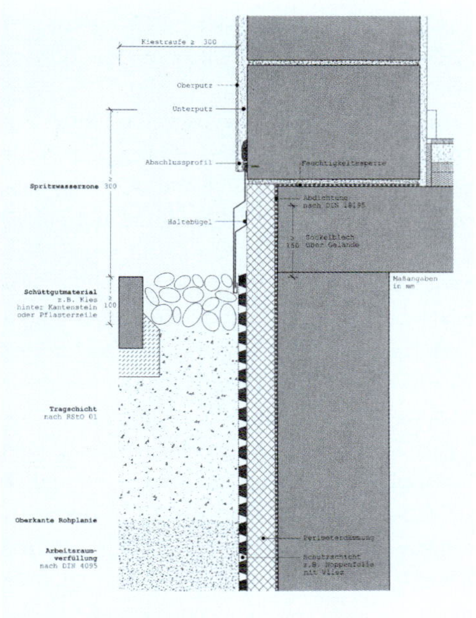

© siehe Anhang

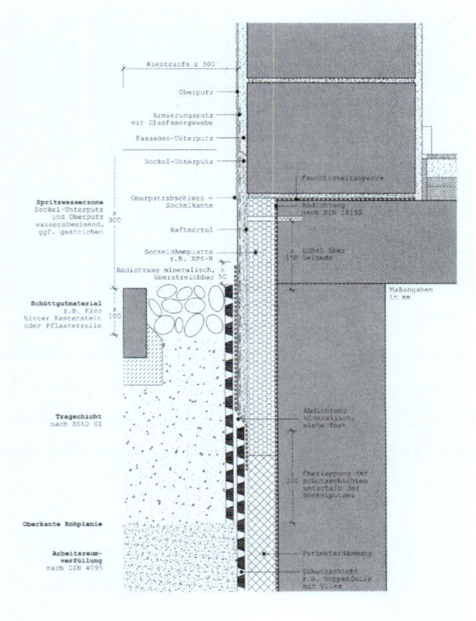

© siehe Anhang

men oder ▸*bituminöse Dickbeschichtungen* eingesetzt, wenn strukturgebende oder farbig gestaltete Oberflächen gefordert werden, da alle diese Beschichtungen noch endbeschichtet werden können. Bitumen-Dickbeschichtungen können mineralisch nur verputzt werden, wenn ein Putzträger aufgebracht wurde. Dabei ist darauf zu achten, dass die Montagedübel mindestens 150 mm über der Geländeoberkante befestigt werden, um die Abdichtung nicht zu beschädigen. Ohne zusätzlichen Putzträger können Bitumen-Dickbeschichtungen nur mit einer organisch gebundenen Gewebearmierung überarbeitet und mit einem Kunstharzputz endbeschichtet werden. Eine mineralische Überarbeitung ist auf Grund der thermo-plastischen Eigenschaften der Bitumen-Dickbeschichtung nicht möglich.

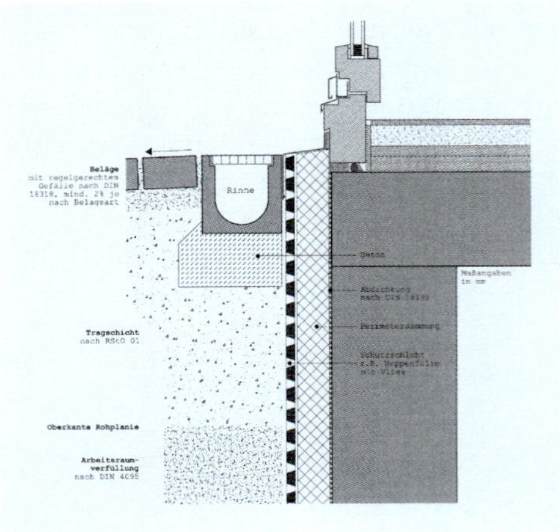

© siehe Anhang

Alternativ können Fliesen und Beläge mit frostbeständiger Vermörtelung, Natursteinplatten und -riemchen mit geringer Wasseraufnahme oder eine Vormauerung mit Klinkern ausgeführt werden. Außerdem werden in diesem Bereich Wärmedämmverbundsysteme mit mineralischen oder organisch gebundenen Armierungsmassen und Oberputzen verwendet.

Sockeldämmung

Als Sockeldämmung wird die Wärmedämmung ab Oberkante Erdreich bis ca. 30 cm über Erdreich bezeichnet. Im Gegensatz dazu bezeichnet man die Wärmedämmung unterhalb als ▸*Perimeterdämmung*. Befestigungsmittel für Wärmedämmplatten im Sockelbereich, wie z. B. Dübel, dürfen erst 15 cm über der Geländeoberkante befestigt werden, da in diesem Bereich der Spritzwasserschutz ausgebildet bzw. die ▸*Abdichtung* auszuführen ist.

Sockellinie

Es wird zwischen der unteren und oberen Sockellinie unterschieden. Die untere Sockellinie ist dabei identisch mit dem Geländeverlauf. Die obere Sockelkante kann dagegen ein gestalterisches Element sein und wird meistens mit Abschluss des Spritzwasserbereiches ausgeführt.

Sockelputze

Sockelputze sind zementgebundene Putze der Mörtelgruppe P III nach DIN 18 550 bzw. DIN EN 998 mit einer Druckfestigkeit von 5 bis 10 N/mm^2. Sockelputze müssen neben der ausreichenden Festigkeit vor allem wasserabweisend und gegen die Einwirkung von Feuchtigkeit und Frost widerstandsfähig sein. Grundsätzlich ist zu empfehlen, den Sockelputz vom Fassadenputz zu trennen. Im erdberührten Bereich und im Spritzwasserbereich muss der Sockelputz durch eine geeignete ▸*Abdichtung* geschützt werden.

Auf feuchte- und salzbelasteten Mauerwerken haben klassische Sockelputze den Nachteil, ▸*kapillare Feuchtigkeit* und auskristallisierende ▸*Salze* nicht aufnehmen zu können, so dass es zwangsläufig zu ▸*Abplatzungen* kommen muss. Alternativ haben sich hierfür ▸*Sanierputze* bewährt, die zwar nicht über die geforderte ▸*Druckfestigkeit* verfügen, dafür aber eine hohe ▸*Diffusionsfähigkeit* besitzen und Salze einlagern können.

Auf hoch porosierten Mauerwerken sind klassische Sockelputze aufgrund ihrer hohen Festigkeit ebenfalls ungeeignet, da die Spannungen zu ▸*Rissen* und Abplatzungen führen können. Hierfür werden seit einigen Jahren spezielle Leichtsockelputze angeboten.

Als Oberputze im Sockelbereich haben sich mineralische Putze der Mörtelgruppe P II oder P III sowie Kunstharz- oder Siliconharzputze bewährt. Welcher Oberputz letztendlich zum Einsatz kommt, hängt neben den optischen Anforderungen auch von den bauphysikalischen Kenndaten wie Druckfestigkeit und Wasserdampfdiffusion ab.

Soda

▸*Natriumkarbonat*

Sodium

▸*Natrium*

Sohlplattenabdichtung

▸*Durchfeuchtungen* und Feuchtigkeitsschäden im Bereich von Bodenplatte oder Kellersohle treten im Vergleich zu den aufgehenden Wänden relativ selten auf und sind dann vorwiegend auf Planungsfehler zurück zu führen. Diese bestehen darin, dass die Wasserbeanspruchung nicht berücksichtigt oder der ▸*Lastfall* falsch eingeschätzt wurde. Bevor die Sohlplattenabdichtung ausgeführt wird, muss deshalb zunächst einmal der Lastfall bestimmt und daraus die Wasserbeanspruchung abgeleitet werden. Im Gegensatz zur ▸*nachträglichen Vertikalabdichtung*, bei der durch den Bodenaushub die erdberührten Wände zugänglich sind, besitzt die nachträgliche ▸*Abdichtung* der Sohlplatte den Nachteil, dass diese auf der Wasser abgewandten Seite (innen) ausgeführt werden muss.

Die Art dieser Abdichtung richtet sich nach dem jeweiligen Lastfall und der Nutzung. Liegt z. B. nur ▸*Bodenfeuchtigkeit* und/oder eine untergeordnete Nutzung vor, so reicht es in der Regel aus, eine mindestens 15 cm dicke ▸*kapillarbrechende* Schicht unterhalb der Sohle anzuordnen. Bei höherwertiger Nutzung und/oder einer höheren Wasserbeanspruchung werden ▸*Bitumen- oder Kunststoffdichtungsbahnen* sowie Asphaltmastix ausgeführt. Gerade bei höherer Feuchtigkeitsbelastung muss darauf geachtet werden, dass die ▸*Horizontalabdichtung* der Sohlplatte wasserdicht an die ▸*Vertikalabdichtung* angeschlossen wird. Daher sind hierfür ▸*mineralische Dichtungsschlämmen* oder ▸*kunststoffmodifizierte Bitumen-Dickbeschichtungen* nicht geeignet. Bei drückendem Wasser empfiehlt sich die Ausführung einer ▸*wasserdruckhaltenden Innenwanne*. [2]

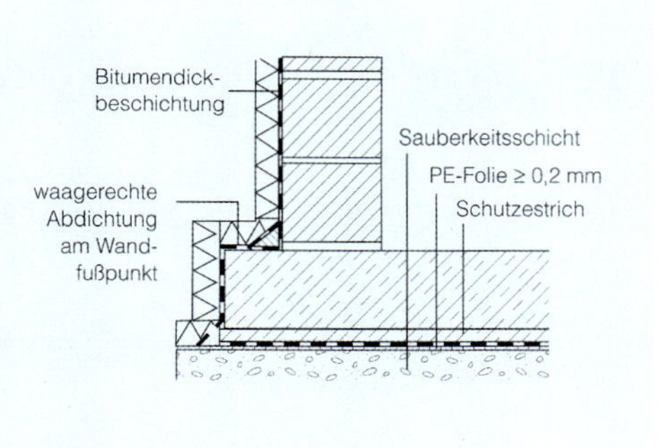

© siehe Anhang

Soil-Crete-Verfahren

Der Begriff Soil-Crete wurde von den englischen Begriffen *„Soil"* (für Boden) und *„to Concrete"* (für sich verfestigen oder zu einer kompakten Masse vereinigen) abgeleitet und beschreibt ein Verfahren zur Baugrundverfestigung. Der Fachbegriff lautet ▸*Düsenstrahlverfahren*.

Sollrissfuge

▸*Fugen*

Sollwert

▸*Sanierungserfolg*

Solvatation

Der Begriff Solvatation wurde vom lat. Begriff *solvere* (= auflösen) abgeleitet und definiert die Anlagerung von Lösungsmittel-Molekülen an gelöste oder dispergierte Teilchen. So spricht man z. B. bei Polymerdispersionen mit einer relativ hohen Mindestfilmbildetemperatur, denen ein Filmbildehilfsmittel (Lösemittel oder Weichmacher zu deren Senkung zugesetzt wird) davon, ob dieses gut oder schlecht, schnell oder langsam solvatisiert und dadurch die Filmbildetemperatur im gewünschten Maße erniedrigt.

▸*Filmbildung*

Sommerkondensation

▸*Winterkondensation*

Sorbat

▸*Oberflächendiffusion*
▸*Sorbtion*

Sorption

Die Sorption ist der übergeordnete Begriff für den Stoffaustausch zwischen zwei Stoffen, bestehend aus ▸*Absorption* (Aufnahme von lat. *Absorbere* = verschlucken) und ▸*Desorption* (Abgabe). Erfolgt die Bindung eines flüssigen oder gasförmigen Stoffes lediglich an der Oberfläche eines Feststoffes, so spricht man von ▸*Adsorption*. Da alle Baustoffe mehr oder weniger hygroskopisch sind, nehmen sie ▸*Luftfeuchtigkeit* auf (Absorption) oder geben sie ab (Desorption), je nach dem Gehalt an Wasserdampf in ihrer Umgebung. Dieser Vorgang entspricht dem Bestreben, einen Gleichgewichtszustand herzustellen.

Sorptionsfeuchte

Der Feuchtegehalt eines Baustoffes hängt immer von der jeweils vorhandenen ▸*Luftfeuchtigkeit* ab. Jeder Baustoff hat bei jeder Luftfeuchteeinenbaustofftypischen Feuchtegehalt. Der Wassergehalt des Baustoffes ist im Gleichgewicht mit der Luftfeuchte = baustofftypische ▸*Ausgleichsfeuchte*. ▸*Sorptionsisothermen* sind baustoffcharakteristische Kurven, welche die Wasseraufnahme des jeweiligen Baustoffes (auch abhängig von der Porengrößenverteilung) darstellen. Entspricht der tatsächliche Feuchtegehalt dem Wert der Sorptionsisothermen, ist der Baustoff bauphysikalisch im Gleichgewichtszustand. Liegt der Feuchtigkeitsgehalt über diesem Wert, so liegt „Mauerfeuchtigkeit“ vor. Feuchte Baustoffe haben einen ▸*Sanierungsspielraum* maximal bis zur Obergrenze der Ausgleichsfeuchte. Darüber hinaus ist eine Trockenlegung nicht möglich. ▸*Salze* sind häufig ▸*hygroskopisch* und können den Feuchtegehalt in Baustoffen stark verändern. Die Sorptionsisothermen verändern sich, die Sorptionsfeuchte erhöht sich.

Sorptionsisotherme

Sorptionsisothermen sind baustoffcharakteristische Kurven, welche den Zusammenhang zwischen der ▸*Wasseraufnahme* des jeweiligen Baustoffes (auch abhängig von der Porengrößenverteilung) und der jeweils herrschenden ▸*relativen Luftfeuchtigkeit* darstellen. Die Sorptionsisothermen stellen die Materialfeuchtigkeit in Abhängigkeit von der relativen Feuchte dar und sind abhängig von der Zusammensetzung des Baustoffes, von dessen Porengrößenverteilung oder von anderen Parametern wie z. B. der relativen Luftfeuchtigkeit. Entspricht der tatsächliche Feuchtegehalt dem Wert der Sorptionsisothermen, ist der Baustoff bauphysikalisch im Gleichgewichtszustand. Liegt der Feuchtigkeitsgehalt über diesem Wert, so liegt Baustofffeuchtigkeit vor. Verschiedene Baustoffe können unterschiedliche Mengen an Feuchtigkeit aus der Luft aufnehmen. Hier spielt u. a. die ▸*Hygroskopizität* oder auch ▸*hygroskopische Feuchtigkeit* eine wesentliche Rolle. Salze im Baustoff sind häufig hygroskopisch und können deshalb den Feuchtegehalt des Baustoffes stark beeinflussen.

Sorptions-Luftentfeuchtung

Bereits Ende der 50-er Jahre hat der Schwede *Carl Munters* mit der Entwicklung der sog. ▸*Sorptionstrocknung* eine neue Ära der Entfeuchtungstechnologie begründet. Bei desem Prinzip der Sorptions-Luftentfeuchtung wird die feuchte Luft durch einen Rotor geleitet, dessen wabenförmige Struktur eine außeror-

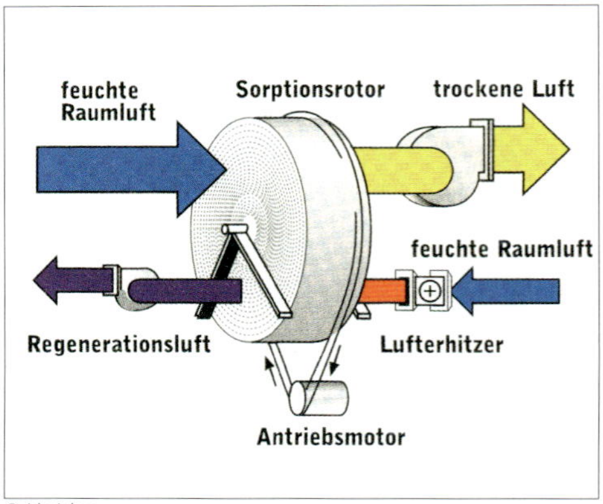

© siehe Anhang

dentlich große Oberfläche bildet. Diese Fläche ist mit einem Sorptionsmittel beschichtet, das der durchgeführten Luft temperaturunabhängig die Feuchtigkeit entzieht. Die so entfeuchtete Luft steht somit für den Trocknungsprozess zur Verfügung. Parallel durchläuft das Trockenrad einen zweiten Sektor, in dem ein weiterer (erwärmter) Luftstrom dem Rad die Feuchtigkeit wieder entzieht und sie aus dem Gehäuse abführt.

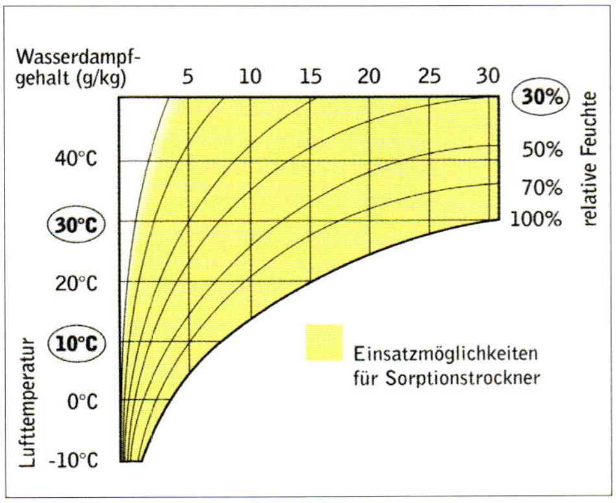

© siehe Anhang

Spaltlüften

▸*Lüften*

Spaltrisse

▸*Risse*, die durch das gesamte Mauerwerk gehen, werden ▸*bauwerksbedingte* oder ▸*statisch-konstruktive Risse* genannt. Bei Bauteilen oder -konstruktionen aus Beton wird diese Rissart als Spaltriss bezeichnet. Diese entstehen durch ▸*Zugspannung* aufgrund von äußerem Zwang oder durch Lasten. Äußerer Zwang entsteht z. B. durch thermische Spannungen im Tag-Nacht-Wechsel oder durch jahreszeitliche Schwankungen, aber auch durch das Schwinden während des Trocknungsprozesses. Zugspannungen können auch durch ein unterschiedliches Setzen des Baugrundes entstehen. [2]

Spannanker

▸*Anker*

Spannung

Spannungen geben den Spannungszustand eines Baustoffes an, also die Kraft, die je Flächeneinheit wirkt. Festigkeiten dagegen geben Grenzspannungen an, bei deren Überschreitung es zum Bruch kommt. Jeder Baustoff unterliegt bei Belastung aus Druck, Zug, Biegezug, einseitiger Erwärmung oder Abscheren bestimmten Spannungen, denen jeweils die entsprechenden Festigkeiten gegenüber stehen. Die Einheit der Spannungen und Festigkeiten ist N/mm^2 - also Kraft je Flächeneinheit. Es wird unterschieden in Druckspannungen, Zugspannungen, Biegezugspannungen, Scherspannungen und Schwindspannungen. Spannungen werden nicht direkt gemessen, sondern mit Hilfe von gemessenen Kräften oder gemessenen Verformungen errechnet. Alle Spannungen verursachen Verformungen. Durch die Behinderung von thermischen Verformungen treten Spannungen auf. Durch Veränderung der Luftfeuchtigkeit oder Einwirkung anderer Feuchtemechanismen können Baustoffe auch hygrischen Verformungen unterliegen.

Spannungsabbau

▸*Relaxation*

Spannungswert

▸*Dehnwert*

SPCC-Mörtel

SPCC-Mörtel ist die Abkürzung für spritzbare PCC-Mörtel.

Speis

▸*Mauermörtel*

▸*Mörtel*

Spektroskop

Das Spektroskop ist ein Messgerät, mit dem das Spektrum eines Stoffes untersucht wird. Der Spektrograf dagegen kann diese Untersuchungen aufnehmen. Und mit Hilfe des Spektrometers können Wellenlängen im Spektrum gemessen werden.

A B C D E F G H I J K L M N O P Q R S T U V W X Y Z

Spektrum

Der Begriff Spektrum wurde aus dem Lateinischen (= Erscheinung) abgeleitet und beschreibt u. a. die verschiedenen Arten von elektromagnetischen Wellen und ordnet diese nach der Wellenlänge. An einem Ende des Spektrums sind Radiowellen, deren Wellenlänge von wenigen Zentimetern bis zu vielen Kilometern reichen. Am anderen Ende des Spektrums sind die sehr kurzwelligen und damit energiereichen Gammastrahlen, deren Wellenlänge bis in atomare Größenordnungen reichen. Die Umrechnung von der Wellenlänge in eine sog. Frequenz erfolgt aus der Lichtgeschwindigkeit geteilt durch die Wellenlänge.

Sperrbeton

▸*WU-Beton*

Sperrgrund

▸*Isolierfarbe*

Sperrmörtel

▸*Sperrputz*

Sperrputz

Sperrputze sind ▸*wasserundurchlässige*, zementgebundene Putze. Sie haben, wie alle zementgebundenen Abdichtungssysteme, eine hohe Rissanfälligkeit. Eine Norm für Sperrputze gibt es nicht. Sperrputze werden zur ▸*Abdichtung* gegen ▸*Bodenfeuchtigkeit* oder nicht ▸*drückendes Wasser* entweder als ▸*Außen-* oder als ▸*Innenabdichtung* ausgeführt. Besonders wichtig ist deshalb eine gute Haftung auf dem Untergrund, die durch einen ▸*Spritzbewurf* sichergestellt wird. Auch die Mindestschichtdicke ist unbedingt einzuhalten, die produktabhängig und in Abhängigkeit vom ▸*Lastfall* und des zu erwarteten Wasserdruck zwischen 10 und 20mm beträgt.

Nach der alten Putznorm besteht ein Sperrputz aus Zementmörtel der Mörtelgruppe P III, dem ein ▸*Dichtungsmittel* zugegeben wird. Die Abdichtungswirkung der Sperrputze beruht in erster Linie auf einer hohlraumarmen Zusammensetzung des Mörtels, d. h. auf einer geringen Haufwerksporigkeit. Durch genau festgelegte Zuschläge und eine ganz bestimmte Kornabstufung wird ein sehr dichtes Gefüge des erhärteten Putzes erreicht. Da Sperrputze einen besonders hohen Anteil an Fein- und Feinstkörnung besitzen, können sich schon bei geringen Schichtdicken Schwindrisse an der Oberfläche bilden. Um dem vorzubeugen, dürfen Sperrputze nur in relativ geringen Schichtdicken aufgetragen werden. Dies wiederum macht eine mehrlagige Ausführung notwendig, um die geforderte Schichtdicke zu erreichen. Die Warte- bzw. Trocknungszeiten zwischen den einzelnen Putzlagen sind unbedingt einzuhalten. Während der Härtungszeit muss der Sperrputz mit Folien oder durch Befeuchten der Oberfläche vor zu schneller Austrocknung geschützt werden.

Eine vergleichsweise wasserdichte ▸*Abdichtung* wie bei ▸*Bitumen-Dickbeschichtungen* oder ▸*Bitumen- oder Kunststoffbahnen* wird mit einem Sperrputz nicht erreicht. Das Wirkungsprinzip basiert vielmehr darauf, dass nur äußerst geringe Mengen an Feuchtigkeit durch den Sperrputz gelangen. In der Regel wird deshalb der Sperrputz als Ausgleichsschicht unter Bitumen-Dickbeschichtungen, Kunststoff- oder Bitumenbahnen oder auch ▸*mineralischen Dichtungsschlämmen* verwendet. Der Vorteile eines Sperrputzes gegenüber mineralischen Dichtungsschlämmen liegt in seiner wesentlich größeren Schichtdicke. Sperrputze sind weniger stoßempfindlich gegen mechanische Beanspruchungen. Kleinere Unebenheiten im Untergrund sind mit Sperrputzen leichter zu überbrücken und die Gefahr des zu schnellen Aus- oder Auftrocknens ist bei Sperrputzen geringer, als bei Dichtungsschlämmen.

Sperrschicht

Sperrschicht ist der ugs. Begriff für eine ▸*nachträgliche Horizontalabdichtung*, in seltenen Fällen auch für die ▸*Vertikalabdichtung*.

Spezifische Enthalpie

Mit dem Begriff der spezifischen Enthalpie wird die erforderliche Wärmemenge beschrieben, um die Temperatur eines Gases (oder Gasgemisches) bei kostantem Druck von einer Temperatur auf eine andere zu erhöhen. Ihre Einheit ist kJ pro kg.

Spezifisches Gewicht

Das spezifische Gewicht bzw. die Dichte ist die Masse eines Stoffes je Volumeneinheit.

Spezifisches Volumen

▸*Dichte*

Spezifische Oberfläche

Die spezifische Oberfläche ist eine wichtige Kenngröße bei der Charakterisierung des ▸*Porenraumes* bei ▸*Sanierputzen* (oder anderen Putzen mit hohem Porenanteil). Sie ist definiert als die Gesamtheit der von außen zugänglichen Grenzflächen eines porösen Körpers, bezogen auf die Masse. Die Einheit ist dem entsprechend die Fläche im Verhältnis zum Gewicht (m^2/ g).

Spezifische Luftfeuchtigkeit

Die spezifische Luftfeuchtigkeit wird auch als ▸*Wasserdampfgehalt* bezeichnet und gibt die Masse des Wassers an, die sich in einer bestimmten Masse feuchter Luft befindet. Diese Größe verhält sich bei Vertikalbewegungen einer Luftschicht so lange konstant, bis keine Kondensation oder Verdunstung einsetzt. Man kann die spezifische Luftfeuchtigkeit über das Mischungsverhältnis berechnen. Das Mischungsverhältnis (auch Feuchtegrad bezeichnet) gibt die Masse des Wassers an, die sich in einer bestimmten Masse trockener Luft befindet. [1]

Spezifische Wärmekapazität

Wärmemenge, die benötigt wird, um die Temperatur einer einheitlichen Masse einer Substanz um ein Grad zu erhöhen. Im Internationalen Einheitensystem wird die spezifische Wärmekapazität in Joule pro Gramm und Kelvin ausgedrückt. (In älterer Literatur wird sie manchmal auch in Kalorien pro Gramm und Grad Celsius angegeben.) Die spezifische Wärmekapazität von Wasser (bei 14,5° C) beträgt 4,187 Joule pro Gramm und Grad, d. h. bei 14,5° C müssen 4,187 Joule einem Gramm Wasser zugeführt werden, um seine Temperatur um 1° C zu erhöhen.

Spiralbohrung

In Ausnahmen werden alternativ zur Kernbohrung Spiralbohrungen verwendet, um Proben für die Untersuchung eines Wandbaustoffes auf Feuchtegehalt und Salzbelastung zu entnehmen.

Sporadischer Wasserschaden

Unter einem sporadischen Wasserschaden werden Vorgänge zusammen gefasst, die nicht planbar sind und jeder Zeit auftreten können. Hierzu gehören Wasserrohrbrüche oder auslaufende Waschmaschinen, überlaufende Badewannen oder defekte Toiletten sowie Überschwemmungen in Folge von Unwetterkatastrophen oder starken, sintflutartigen Regenfällen. Hierbei handelt es sich dann um starke ▸*Durchfeuchtungen* an der Oberfläche, die langsam in die Baukonstruktion (Wandquerschnitt, Fußboden- und Deckenkonstruktion usw.) eindringen. Eine Sanierung von spo-

© siehe Anhang

radischen Wasserschäden erfolgt deshalb nach anderen Gesichtspunkten und Gesetzmäßigkeiten, als z. B. eine ▸*nachträgliche Horizontalabdichtung* gegen ▸*kapillar aufsteigende Feuchtigkeit*. Nach dem Abstellen der Ursache werden Trocknungsgeräte eingesetzt.

▸*Trocknungsverfahren*

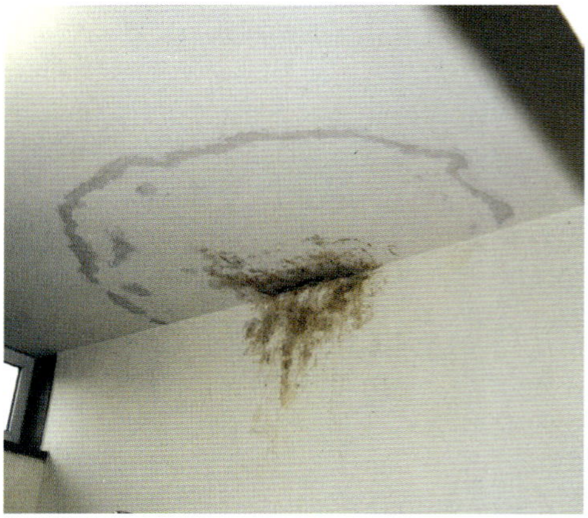

© siehe Anhang

Sporen

Der Begriff „Sporen" umfasst Partikel sehr unterschiedlicher Größe (2 – 150 μm [$^1/_{1000}$ mm] im Durchmesser) und Herkunft, benennt aber alle möglichen Einheiten, welche der Verbreitung von Pilzen dienen, unabhängig von sexueller oder asexueller Vermehrung.

Die freigesetzten Sporen befinden sich wie Staubteilchen in der Atemluft und sind wie Bakterien und Viren ein fester Bestandteil unserer Umwelt. Konzentrationen dieser Sporen ergeben sich immer dort, wo ein bereits vorhandener Pilz die Sporen produziert. Nach bisherigen Erkenntnissen geht man von etwas über 100 Sporen pro m^3 Luft aus. Gemeinsam mit anderen biologischen Partikeln wie Milben, Hautschuppen, Pollen und Bakterien sind Pilzsporen einer der Hauptbestandteile des sog. Aeroplanktons. Dies ist die Gesamtheit all jener Partikel biologischen Ursprungs, die sich in der Luft befinden und wird auch als Bioaerosol bezeichnet.

Da diese Sporen etwas schwerer als Luft sind, fallen sie mit der Zeit auf den Boden und können sich dort ansiedeln, wenn geeignete Nährstoffe und Lebensbedingungen vorhanden sind. Fehlende Feuchtigkeit hemmt das Wachstum, aber manche Sporenarten können auch in Trockenheit über Jahre hinweg überleben. Beim Auskeimen der Sporen entstehen zunächst farblose Zellfäden, die als Hyphen bezeichnet werden (griech. *Hyphe* = Gewebe, Pilzfaden). Diese Hyphen wachsen dann immer wieder verzweigt zu einem Pilzgeflecht weiter und bilden das sog. Myzel (griech. *Mykes* = Pilz oder *myzeln* = saugen), das sich mit der Zeit dunkel färbt und erst dann sichtbar wird. Das wuchernde Myzel zeigt sich als dunkle, schwarzgraue, auch gelbliche, rötliche oder bräunliche Fleckenbildung (Stockflecken), die sich normalen Reinigungen widersetzt. Auch muffiger Geruch kann als Erkennungsmerkmal gelten.

Spreizanker

▸*Anker*

▸*Spreizdübel*

Spreizdübel

Spreizdübel werden bei der Instandsetzung gerissener Mauerwerke und Betonkonstruktionen eingesetzt (Verankerung). Hierzu ist zunächst die Herstellung eines geeigneten Bohrloches notwendig. Die Bohlochtiefe richtet sich dabei nach der zu übertragenden Last, der Bohrlochdurchmesser nach der verwendeten Dübeldicke. Der Spreizdübel wird in das Bohrloch eingeschoben und dann durch Anschrauben in eine im Bohrloch befindliche Hülse aufgespreizt. Infolgedessen kommt es zu einem Anpressen an die Bohrlochwandung und dadurch zu einer Verankerung. [3]

Sprengdruck

▸*Kristallisationsdruck*

Spritzabdichtung

Spritzabdichtung ist die maschinelle Applikation von flüssigen bis pastösen ▸*Abdichtungsstoffen*, wobei in der Praxis damit fast ausschließlich das Spritzen der ▸*kunststoffmodifizierten Bitumen-Dickbeschichtungen* gemeint ist.

© siehe Anhang

Spritzbewurf
Um die Saugfähigkeit des Untergrundes zu reduzieren oder die Saugfähigkeit unterschiedlicher Untergründe (z. B. Misch- oder Bruchsteinmauerwerk) auszugleichen sowie die Haftung zu verbessern, wird das Mauerwerk vor dem Verputzen mit einem Vorspritz oder Spritzbewurf versehen. Bei einem halbdeckenden Spritzbewurf auf feuchte- und salzbelastetem Mauerwerk gelten keine Anforderungen. Bei einem volldeckenden Spritzbewurf dagegen muss die ▸*Diffusionsfähigkeit* und ▸*Porosität* auf den nachfolgenden ▸*Sanierputz* abgestimmt sein. Bewährt hat sich, den feinkörnigen Sanierputz gleichzeitig als Spritzbewurf zu verwenden. Damit wird sichergestellt, dass bei halbdeckendem oder auch volldeckendem Spritzbewurf die ▸*Diffusionsfähigkeit* gegeben ist und gleichzeitig der Salzeintrag in die nachfolgende Putzschicht stattfinden kann.

Spritzmörtel (in der Betoninstandsetzung)
Spritzmörtel sind zementgebundene Mörtel, die im Spritzverfahren aufgetragen werden. In der Definition der DIN 1045 werden zementgebundene Mörtel mit einer Korngröße > 8 mm als Beton und < 8 mm als Zementmörtel bezeichnet. Die letztgenannten Zementmörtel entsprechen nicht den Anforderungen an tragende Bauteile aus Beton. Ausgenommen hiervon sind Spritzmörtel nach DIN 18 551, die auch mit einer Korngröße unter 8 mm für die Instandsetzung tragender Teile eingesetzt werden dürfen, wenn sie nach Norm verarbeitet werden. [3]

Spritzmörtel (in der Putzbeschichtung)
▸*Spritzputz*

Spritzputz
Der Spritzputz wird in der Praxis oft mit einem Spritzbewurf gleichgesetzt oder so gar als Putz im Sockel (Spritzwasserbereich). Beide Definitionen sind unzutreffend, da der Spritzputz eine Art der Putzapplikation darstellt. Er wird durch ein- oder mehrmaliges Aufspritzen hergestellt, wobei die Putzoberfläche nicht nachstrukturiert wird. Das Spritzbild stellt die Putzstruktur dar.

Spritzwasser
▸*Spritzwasserzone*

Spritzwasserschutz
▸*Sockelausbildung*

Spritzwasserzone
Im Sockelbereich oder frei der Witterung ausgesetzten Balkonen wird die untere vertikale Fassadenfläche durch Wasser, das horizontal auftrifft und an die Fassade zurück spritzt, zusätzlich zum normalen Niederschlag belastet. Dieser Bereich wird als Spritzwasserzone bezeichnet. In der ▸*DIN 18 195 „Bauwerksabdichtung“* wird für diesen Bereich eine Sockelausbildung von 15 bis 30 cm über Geländeoberkante angegeben.

Stabilisierer
Stabilisierer werden Werktrockenmörteln zugegeben, um die ▸*Viskosität* und das Wasserrückhaltevermögen des Mörtels zu erhöhen. Dadurch soll ein „Aufbrennen“ auf stark saugenden Untergründen verhindert werden.

Stachybotrys
Stachybotrys spp. Vor allem Stachybotrys chartarum (atra) ist ein typischer Feuchtepilz. Er findet sich bevorzugt an massiv durchfeuchteten Materialien, wie sie nach sporadischen Wasserschäden oder permanenter ▸*Durchfeuchtung* durch ▸*kapillar aufsteigende Feuchtigkeit* oder auch in Feuchträumen auftreten können.

A B C D E F G H I J K L M N O P Q R S T U V W X Y Z

Stand der Forschung und Wissenschaft

Der Begriff Stand der Forschung und Wissenschaft beschreibt neueste wissenschaftliche Erkenntnisse, die ggf. auch schon über einen längeren Zeitraum vorliegen können, aber noch nicht in der Praxis überprüft und bestätigt wurden. Infolgedessen handelt es sich hierbei um Erkenntnisse, die zwar eine praktische Eignung als gesichert erscheinen lassen, aber noch nicht unter praktischen Bedingungen und über einen längeren Zeitraum angewendet wurden. Die Produktentwicklung zum Zeitpunkt der Markteinführung einer neuen Technologie beschreibt in der Regel den Stand der Forschung und Wissenschaft, wenn die Entwicklung auf bestehende und anerkannte Prüfungen und/oder Baustoffe aufbaut und deshalb von einer Eignung ausgegangen werden kann, die sich aber dann erst im Rahmen des Testmarktes oder der Markteinführung bewähren muss.

Stand der Technik

Im Gegensatz zu den Allgemein anerkannten Regeln der Bautechnik, die alle technischen Regeln und Festlegungen umfassen, die in Theorie und Praxis erprobt und von der Mehrheit der auf dem Fachgebiet tätigen Fachleute als richtig anerkannt und angewendet werden, beschreibt der Stand der Technik den neuesten technischen Entwicklungsstand. Es handelt sich um den erprobten Wissens- und Erkenntnis- oder Entwicklungsstand fortschrittlicher Maßnahmen, der die praktische Eignung gesichert erscheinen lässt, aber noch nicht allgemein eingeführt ist. Allgemeiner formuliert bedeutet dies, dass mit dem Stand der Technik alle Verfahren und Systeme beschrieben werden, die in der Praxis angewendet werden, den Beweis ihrer Funktion und Erfüllung zugesicherter Leistungen aber noch nicht über einen längeren Zeitraum erbracht haben. Häufig wird der Begriff mit dem Stand der Wissenschaft und Forschung gleichgesetzt, was ebenfalls nicht zutreffend ist.

Standvermögen

Das Standvermögen ist die Eigenschaft eines ▸*Dichtstoffes* nach der Verarbeitung in der ▸*Fuge* zu verbleiben und dabei seine Form nicht zu verlieren, nicht abzulaufen oder zu Ausbuchtungen zu neigen. Im Allgemeinen weisen Dichtstoffe für den Hochbau ein Standvermögen bis 30 mm ▸*Fugenbreite* auf. Die maximale Fugenbreite wird in den Regelwerken mit 35 mm angegeben.

Staniolplatten

▸*Historische Bauwerksabdichtungen*

Starre Dichtungsschlämmen

Starre Dichtungsschlämmen sind dünnschichtige ▸*Sperrputze*, die nur millimeterdick aufgestrichen oder aufgespachtelt werden. Seit der Entwicklung der ▸*flexiblen Dichtungsschlämmen* haben die starren Dichtungsschlämmen an Bedeutung verloren und werden nur zur Egalisierung von Untergrundunebenheiten in nicht rissgefährdeten Bereichen sowie bei Bodenfeuchtigkeit eingesetzt. Darüber hinaus werden diese Dichtungsschlämmen im Verbund mit ▸*kunststoffmodifizierten Bitumen-Dickbeschichtungen* oder ▸*Polymerbeschichtungen*, als Querschnittsabdichtung im Mauerwerk, als ▸*Innenabdichtung* von Wasserbehältern und in Nassräumen eingesetzt.

Starre Fugen

Fugen werden generell in starre ▸*Fugen* und ▸*Bewegungsfugen* eingeteilt. Zu den starren Fugen gehören die ▸*Arbeitsfugen*, die z. B. beim Betonieren eines Kellers entstehen, wenn der Betoniervorgang unterbrochen wird. Müssen wasserdichte Arbeitsfugen sicher gestellt werden, sollte z. B. ein innen liegendes Arbeitsfugenband angeordnet werden.

Starrer Anschluss

▸*Fuge*

Statischer Druck

Der Druck in strömenden Flüssigkeiten und Gasen wird als statischer Druck bezeichnet.

Statischer Riss

▸ *Risse*

Statischer Elastizitätsmodul

▸ *Elastizitätsmodul*

Stauchung (von Sickerplatten)

Bei der Verwendung von Sickerplatten kann es durch die langfristige Einwirkung des Erddruckes zu einer Stauchung kommen. Diese haufwerksporigen Platten aus miteinander verbundenen Polystyrolkugeln und einem relativ großen Porenvolumen besitzen eine sehr geringe Druckfestigkeit. So kann bereits ein Erddruck von z. B. 30 kN/ m² eine Stauchung von 30 bis 35% verursachen. [2]

Stauwasser

Wenn ▸ *Sickerwasser* auf eine weniger wasserdurchlässige Bodenschicht trifft, wird es gestaut und und es werden die Hohlräume und der Porenraum in der Bodenschicht mit Wasser gefüllt. Dieses Wasser wird als Stauwasser bezeichnet. Dies übt in der Regel auf angrenzende Bauteile einen hydrostatischen Wasserdruck aus.

Stearate

Stearate sind Salze der Stearinsäure oder der Octadecansäure. In den Anfängen der Injektionstechnik wurden die hoch giftigen Aluminiumstearate in England als ▸ *Injektionsmittel* gegen aufsteigende Feuchtigkeit eingesetzt. In Deutschland hatten diese Produkte keine Marktbedeutung.

Steighöhe

▸ *Kapillarität*

Steinergänzung

Unter Steinergänzung wird die Ausbesserung verstanden, bei der Fehlstellen im Naturstein oder Vormauerziegel ergänzt werden. Dazu gibt es verschiedene Möglichkeiten: entweder werden die Fehlstellen durch steinähnliche Reprofilierungsmörtel vor Ort ersetzt oder das Bauteil mit einer Siliconkautschukmasse abgeformt und anschließend durch einen Vergussmörtel wieder reproduziert. Zur Steinergänzung zählt man beim Naturstein auch den Steinaustausch, d. h. es werden Materialien eingesetzt, die dem Originalstein optisch sowie nach seinen physikalisch-chemischen Eigenschaften sehr ähnlich sind. Die Maßnahmen sind auf das absolut Nötigste beschränkt – die Erhaltung des Ist-Zustandes (Konservierung) ist oberstes Gebot. Die Steinergänzungsmaterialien müssen hinsichtlich der ▸ *Biegezugfestigkeit*, der ▸ *Druckfestigkeit*, der ▸ *Haftzugsfestigkeit*, dem statischen ▸ *E-Modul*, der ▸ *Wasseraufnahme* und ▸ *Frostbeständigkeit*, der ▸ *Wasserdampfdiffusion* sowie dem hygrischen und thermischen Schwinden und Quellen sowie der Gefügestruktur dem jeweiligen Stein angepasst und aufeinander abgestimmt sein. Dies macht die Entwicklung eines Universalmörtels zur Steinergänzung unmöglich und zeigt auf, dass für die Vielzahl an Steinuntergründen auch ein relativ umfangreiches Sortiment an Mörtel notwendig ist.

Steinersatz

▸ *Steinergänzung*

Steinkohlenteeröl

Steinkohlenteeröle werden als Holzschutzmittel angeboten. Hierbei handelt es sich um stark riechende Imprägnieröle, die auch als Karbolineum bezeichnet werden. Neben Anteilen von Pech und relativ viel Naphthalin bestehen die Teerölpräparate aus den polycyclischen aromatischen Kohlenwasserstoffe (PAK), die als krebserregend gelten. Deshalb sollten diese Holzschutzmittel heute nicht mehr eingesetzt werden. [6]

Steinkohlenteerpech

Steinkohlenteerpech wird bei der zerstörenden Verkokung oder Verschwelung von Steinkohle gewonnen und seit Ende der 70-er/ Anfang der 80-er Jahre nicht mehr für die Herstellung von ▸ *Abdichtungsstoffen* eingesetzt.

A B C D E F G H I J K L M N O P Q R S T U V W X Y Z

Steinputz

Ein Steinputz ist ein zementgebundener Putz, der nach dem Auftrag und der Härtung eine hohe Oberflächenfestigkeit besitzt, so dass die Putzstruktur erst durch die nachträgliche Bearbeitung mit Steinmetzwerkzeugen erreicht wird.

Steinverfestigung

Unter dem Begriff Steinverfestigung wird die nachträgliche Oberflächenverfestigung von Natursteinen oder Vormauerziegeln zusammen gefasst. Zeigen die Oberflächen in Folge der Verwitterung ein Kreiden, Sanden oder andere Auflockerungserscheinungen des Gefüges, so werden Festigungsmittel aufgetragen, die eine gute Penetration (Eindringtiefe) besitzen müssen. Dies können Grundierungen auf Silikatbasis sein, die mit dem Untergrund reagieren und durch Ausscheidung eines Silikatgels die einzelnen Körner des Natursteins oder Ziegels ummanteln und damit in eine feste Bindemittelmatrix chemisch einbinden. Der gleiche Effekt kann auch mit niedrig-viskosen Kunstharzen (Gel, ▸*Polymer*) erreicht werden, die auch die mineralischen Feinstzuschläge einbinden. Hierbei liegt meistens eine physikalische Bindung vor. In jedem Fall muss sicher gestellt werden, dass es im oberflächennahen Bereich nicht zu einer Überfestigung kommt, da diese dann wiederum zu einer Schalenbildung (Abscheren oder Abschehlen) führen kann. Zu einer Überfestigung kann es kommen, wenn das Festigungsmittel unzureichend eindringt und sich zu viel Wirkstoff im oberflächennahen Bereich ansammelt. Weitere Ursachen können erhöhte Untergrundfeuchtigkeit, Versalzung oder eine zu schnelle Aushärtung des Wirkstoffes sein.

Stellmittel

Sog. Stellmittel werden eingesetzt, um die ▸*Viskosität* von Beschichtungsstoffen einzustellen. Dieser Vorgang wird auch als Thixotrophierung bezeichnet und dient vor allem der Applikation flüssiger Beschichtungen an vertikalen oder geneigten Oberflächen. Art und Menge der Zugabe richten sich nach dem Beschichtungsstoff, seiner Anwendung sowie dem Untergrund und der Verarbeitungstemperatur.

Stoffbedingte Wärmebrücken

Stoffbedingte Wärmebrücken entstehen durch einen Wechsel der Wärmeleitfähigkeiten innerhalb einer oder mehrerer Bauteilschichten. Typische Wärmebrücken dieser Klasse sind Träger in Dächern, Stege, Halter bzw. sonstige Verbindungen in Schichtbauteilen, z. B. in Beton-Sandwich-Konstruktionen oder Stützen in Außenwänden.

Stoffbilanz

▸*Feuchtebilanz*
▸*Salzbilanz*

Stofffeuchte

Die Stofffeuchte beschreibt das Verhältnis des Bau- oder Werkstoffes im trockenen Zustand zur vorhandenen Wassermenge des Bau- oder Werkstoffes im aktuellen Zustand. Die Stofffeuchte kann in Massenprozent oder Volumenprozente angegeben werden. Durch Nutzung und durch die vorhandenen Witterungsbedingungen nehmen Baustoffe eine Gleichgewichtsfeuchte an, die durch stoffspezifische Eigenschaften bestimmt und beeinflusst wird.

Stopfmörtel

Wenn während der ▸*Injektion* eine ▸*Leckage* in der ▸*Verdämmung* oder Injektionsebene auftritt, muss diese Öffnung sehr schnell verschlossen werden, damit das ▸*Injektionsmittel* nicht austreten kann. Hierfür werden Stopfmörtel eingesetzt, bei denen es sich in der Regel um einkomponentige schnellhärtende Zementmörtel handelt. Stopfmörtel werden auf Grund ihrer extrem kurzen Abbindezeit auch bei Abdichtungsarbeiten gegen ▸*drückendes Wasser* eingesetzt.

Stoß

Entsprechend der Definition der ▸*DIN 18 195 „Bauwerksabdichtung“* ist ein Stoß der Bereich einer ▸*Abdichtung*, in dem Nähte oder Anschlüsse der einzelnen Abdichtungslagen übereinander liegend oder um Überlappungsbreite versetzt in der Abdichtung angeordnet sind.

Stoßfuge

Eine Stoßfuge ist eine ▸*Fuge*, bei der die Flanken senkrecht zur Bauteilebene stehen.
▸*Fugen*

Stoßlüften

▸*Lüften*

Strömungsgeschwindigkeit

Seit Jahrhunderten versuchen die Baumeister, das Problem der Mauerfeuchtigkeit durch eine gezielte Be- und Entlüftung zu lösen. Hierzu wurde die Verdunstungsfläche durch das Anlegen von Belüftungskanälen vor den Fundamenten oder das Einbringen von Belüftungsrohren im Mauerwerksquerschnitt erhöht. Grundlage dieser Überlegung ist die Vorstellung, dass die aufgenommene Feuchtigkeit (▸*Kapillarität*) kleiner ist, als die Verdunstungsmenge. Berechnet werden kann dieser Vorgang über den Vergleich der Feuchtigkeitsmenge (in kg Wasser pro m^3 Wand) im Verhältnis zu der Verdunstungsmenge (in kg pro m^2 und Zeit). Ist die Menge der Verdunstung bekannt, so kann auch die hierfür erforderliche Strömungsgeschwindigkeit berechnet werden. Diese ist u. a. vom Kanalquerschnitt, von den Temperaturverhältnissen und der Kanalführung und -öffnung sowie von den äußeren Luftdruckverhältnissen abhängig. [13]

Strömungspotential

In den Kapillaren feinporöser Baustoffe kommt es an der Grenzfläche zwischen der Flüssigkeit und dem festen Körper zur Trennung von Ionen mit unterschiedlicher Ladung. An der Oberfläche der ▸*Kapillare* werden Ionen einer Polarität adsorbiert, so dass es dort zu einer Negativladung kommt. Diese Negativionen ziehen positiv geladene Ionen aus der Porenflüssigkeit an, während die Ionen mit gleicher Ladung abgestoßen werden. Die thermische Bewegung der Ionen in der Flüssigkeit wirkt dieser Ladungstrennung entgegen. Bewegt sich Wasser durch eine Kapillare infolge der ▸*kapillaren Leitfähigkeit* werden positiv geladene Ionen mittransportiert und damit in Richtung des Wassertransportes ein positives Potential aufgebaut. Das dabei entstehende elektrische Potential wird auch als Strömungspotential bezeichnet.

Stuckgips

▸*Baugips*

Stütz- und Nagelbohlen

Stütz- und Nagelbohlen sind konstruktive Bauteile zum Schutz gegen das Abgleiten von Wärmedämmschichten (▸*Perimeterdämmung*) und zur mechanischen Befestigung von ▸*Kunststoff- und Bitumenbahnen*.

Stufenfilter

Der Begriff Stufenfilter kommt aus der ▸*Dränung* und beschreibt den Teil der ▸*Dränschicht*, der aus mehreren ▸*Filterschichten* unterschiedlicher Durchlässigkeit besteht.

Styrodurplatten

Obwohl es sich bei der Bezeichnung Styrodurplatten um einen Markennamen der BASF handelt, wird der Begriff stellvertretend für extrudierten Polystyrolhartschaumstoff (XPS) verwendet. Es handelt sich hierbei um Wärmedämmplatten für die ▸*Perimeterdämmung*, also der Wärmedämmung erdberührter Bauteile. Styrodurplatten sind besonders druckfest sowie unempfindlich gegen Stoßbeanspruchung und Feuchtigkeit und besitzen eine hohe Wärmedämmung (Wärmeleitfähigkeitsgruppe WLG 035 und 040). Die Dämmplattendicke richtet sich nach der Anwendung (Neubau oder Bestand) und der WLG. Sie sind an der grünen Farbe gut zu erkennen. Styrodur C darf bis 3,5 m tief im ▸*Grundwasser* eingebaut werden.

Substrat

Nach DIN EN 971 Teil 1 wird eine Oberfläche (oder Untergrund), die beschichtet werden soll, als Substrat bezeichnet.

Sulfate

Sulfate sind die *Salze* der Schwefelsäure und damit Salze einer sehr starken mineralischen Säure. Infolgedessen sind sie besonders säurebeständig. Schwefelsäure ist in der Luft an Ruß-, Schmutz- und Staubpartikel gebunden und äußerst aggressiv. Dabei greift das Schwefeltrioxid den Kalk im trockenen Zustand praktisch nicht an. Erst in Verbindung mit Feuchtigkeit, also in gelöstem Zustand, nimmt die zerstörende Wirkung linear zu. Dieser Prozess wird ugs. auch als „Saurer Regen" bezeichnet. Bei der Verbrennung fossiler Brennstoffe (Kohle oder Erdölprodukte) bildet der darin enthaltene Schwefel (bis zu 5%) das Schwefeldioxid. Dies oxidiert mit dem Sauerstoff aus der Luft und mit Wasser zu Schwefelsäure. Diese gelangt über die Witterung (Niederschläge) auf die Bauteiloberflächen und anschließend in das Bauteilinnere, wo es mit dem ▸*Kalziumkarbonat* (Kalk) der mineralischen Baustoffe reagiert. Dabei wird das wasserlösliche ▸*Kalziumsulfat* gebildet, also ▸*Gips*.

Der Schadensmechanismus beginnt mit der Bildung von Schwefelsäure:

$2SO_2$	+	O_2	+	$2H_2O$	→	$2H_2SO_4$
Schwefeldioxid		Sauerstoff		Wasser		Schwefelsäure

1. Lösender Angriff der Schwefelsäure:

$CaCO_3$	+	H_2SO_4	→	
Kalziumkarbonat (Kalkstein)		Schwefelsäure		
$CaSO_4$	+	CO_2	+	H_2O
Kalziumsulfat (Gips)		Kohlendioxid		Wasser

2. Treibender Angriff der Schwefelsäure (Sulfattreiben):

$CaCO_3$	+	H_2SO_4	+	H_2O	→
Kalziumkarbonat (Kalkstein)		Schwefelsäure		Wasser	
$CaSO_4 \cdot 2H_2O$	+	CO_2			
Gips		Kohlendioxid			

Kalziumkarbonat wird zu Kalziumsulfat (Gips) umgewandelt, kristallisiert dabei unter erheblicher Volumenvergrößerung aus und wird beim nächsten Regen oder Tau erneut gelöst. Lösung und Kristallisation wiederholen sich ständig, dabei kommt es jedes Mal zu Volumenvergrößerungen.

Neben dem Kalziumsulfat (Gips) gehören zu den wichtigsten Sulfaten das ▸*Magnesiumsulfat* (Bittersalz), das ▸*Kaliumsulfat*, das ▸*Natriumsulfat* (Glaubersalz) sowie ▸*Ettringit*. Viele Sulfate besitzen eine gute Wasserlöslichkeit, obwohl ihre ▸*Hygroskopizität* nicht so stark ausgeprägt ist, wie bei Chlorid- oder Nitratverbindungen. Ausgenommen hiervon ist das Natriumsulfat – eines der schädlichsten Salze. Die Gefährlichkeit liegt in der permanenten ▸*Kristallisation* um 32 °C, unterhalb wird Kristallwasser aufgenommen und oberhalb wird dieses wieder komplett abgegeben. Dadurch kommt es zu einer ständigen Kristallisation, verbunden mit permanenten und erheblichen Volumenvergrößerungen.

Sulfatexpansion

▸*Sulfattreiben*

Sulfatnachweis

Lösliche Sulfate können als Natrium- oder Kaliumsulfat und auch als Magnesiumsulfat vorliegen. Die frühere recht mühevolle Bestimmungsmethode, durch geeignete Fällungsreaktionen Sulfat nachzuweisen, kann heute durch Bestimmungsmethoden, wie z. B. Merckoquant-Teststäbchen, ersetzt werden. Die Teststäbchen sind in vier Zonen eingeteilt und enthalten unterschiedliche Mengen des rotgefärbten Thorium-Barium-Komplexes, der bei Anwesenheit der entsprechenden Mengen Sulfationen in das gelbgefärbte Thorium umschlägt. Der pH-Wert der zu prüfenden Lösung soll bei 4 bis 8 liegen. Alkalische Lösungen (pH-Wert > 8) müssen durch Zugabe von z. B. Weinsäure, Essigsäure oder Zitronensäure (organischen Säuren) eingestellt werden.

Sulfatreduzierende Bakterien

Es gibt eine große Gruppe von Bakterien, die in der Lage sind, die Reduktion von ▸*Sulfat* oder Schwefel zur Energiegewinnung zu nutzen. Sie koppeln die Reduktion von Sulfat oder Schwefel zu Schwefelwasserstoff mit der Oxidation von Wasserstoff oder organischen Substraten. Diese Reaktion wird als dissimilatorische Sulfatreduktion oder als Schwefelreduktion bezeichnet. Im Gegensatz zu den sog. Schwefeloxidierern sind diese Bakterien jedoch strikt anaerob. Der natürliche Lebensraum dieser Bakterien sind anaerobe Bereiche, die ausreichende Mengen an Schwefel oder Sulfat sowie organische Substanzen enthalten. Außer Sulfat können auch Sulfit, Trithionat, Thiosulfat und elementarer Schwefel verwendet werden. Das Produkt dieses Reduktionsprozesses ist Schwefelwasserstoff. Wenn der Lebensraum dieser Bakterien eisenhaltig ist, kann man die Anwesenheit von sulfatreduzierenden Bakterien am schwarzen Eisensulfidniederschlag gut erkennen. Der Schwefelwasserstoff-Geruch und die Schwarzfärbung sind charakteristisch.

Die Einteilung der sehr umfangreichen Gruppe der sulfatreduzierenden Bakterien erfolgt in der Art des Stoffwechsels. Entweder werden organische Substrate unvollständig zu Acetat oder zu Kohlendioxid oxidiert. Das bei der erstgenannten Gruppe entstehende Acetat kann durch die zweite Gruppe zu Kohlendioxid und Wasser mineralisiert werden. Phylogenetisch gehören die meisten Schwefel- und Sulfatreduzierer zu den sog. Purpurbakterien. Ein weit verbreiteter Vertreter der unvollständigen Oxidierer ist die sporenbildende Gattung Desulfovibrio desulfuricans. Eine Sonderstellung nimmt die Gattung Desulfotomaculum acetoxidans ein, die zu den gram-positiven Bakterien gehört. Die thermophile Gattung Thermodesulfobacterium ist eine eigene Entwicklungslinie.

Schwefel- und sulfatreduzierende Bakterien können vor allem bei der ▸*Korrosion* von Stahl- und Eisenträgern eine gewisse Bedeutung haben. Entsprechende Gattungen werden im Biofilm nachgewiesen, wenn metallisches Eisen in feuchtem Milieu durch einen Wasserstofffilm vor Oxidation geschützt wird. Hierbei überlagern sich chemische und biologische Prozesse, die erst am Anfang der wissenschaftlichen Untersuchungen stehen. Des Weiteren werden schwefel- und sulfatreduzierende Bakterien immer öfter in Forschungsprojekten zur Mauerwerksentsalzung eingesetzt.

Sulfattreiben

Sulfate reagieren mit den noch reaktionsfähigen Bestandteilen der hydraulischen Bindemittel. Bei der ▸*Ettringitbildung*, ugs. auch als Zementbazillus, Sulfatexpansion oder auch als Gipstreiben bezeichnet, handelt es sich um das Trikalziumaluminat. Das Ettringit kristallisiert dabei in feinen seidenglänzenden Nadeln aus und entsteht dadurch, dass sich an das Trikalziumaluminat des Zementes Kalziumsulfat (Gips) anlagert:

$$\underset{\text{Trikalziumaluminat}}{3CaO \cdot Al_2O_3} + \underset{\text{Gips}}{3CaSO_4 \cdot 2H_2O} + \underset{\text{Wasser}}{26H_2O} \rightarrow$$

$$\underset{\text{Trikalziumaluminat-Sulfat-Hydrat (Ettringit)}}{3CaO \cdot Al_2O_3 + 3CaSO_4 \cdot 32H_2O}$$

Das entstehende kristalline Trikalziumaluminat hat durch die Anlagerung einer erheblichen Menge Kristallwasser ein wesentlich größeres Volumen, als die festen Ausgangsstoffe. Infolgedessen kommt es zu einem ▸*Kristallisationsdruck*, der zu einer mechanischen Gefügezerstörung führt.

Bei anderen Reaktionswegen ist neben ▸*Gips* auch Portlandit beteiligt, der z. B. in Bindemitteln wie den Baukalken enthalten ist. Diese reagieren mit dem Kalziumaluminat, Kalziumaluminathydrat oder dem Aluminiumhydroxid zu Ettringit. Der Thaumasitbildung, die häufig unterschätzt wird, geht in der Regel eine Ettringitbildung voraus. Sie setzt die Gegenwart von Portlandit, Sulfat, Kalziumkarbonat und reaktionsfähiger Kieselsäure voraus. Der an der Reaktion beteiligte Kalzit kann aus karbonatisiertem Bindemittel bzw. dem Zuschlag stammen. Als reaktionsfähige Silikate stehen weiterhin Kalziumsilikate und Silikathydrate zur Verfügung. In Gegenwart von reaktionsfähigen Aluminatverbindungen kann die Thaumasitbildung auch über Ettringit als Zwischenprodukt erfolgen. Die Folge ist eine Zermürbung des Gefüges und ein erheblicher Festigkeitsverlust. Die Rissbildung aufgrund evtl. Kristallisationsdrücke kann vernachlässigt werden. Begünstigt wird die Ettringit- und Thaumasitbildung durch Feuchtigkeit (z. B. Witterung oder ▸*kapillar aufsteigende Feuchte*) und tiefe Temperaturen.

Sulfide

Sulfide sind die *Salze* des Schwefelwasserstoffs. Die Umwandlung der Sulfide in Sulfate erfolgt durch Luft und Wasser, wobei Schwefelsäure abgespaltet wird.

Sulfidogene Bakterien

▸*Sulfatreduzierende Bakterien*

Sulfite

▸*Salze*

Sulfonate

Sulfonate sind ▸*Additive*, die die Erstarrung von zementgebundenen Mörteln verzögern können. Liegt die übliche Verarbeitungszeit je nach Temperatur und Zementart bei 2 bis 3 Stunden, so kann mit diesen Additiven die Erstarrung auf bis zu 8 Stunden hinausgezögert werden. Neben Sulfonaten werden auch u. a. Kalilauge, Glukonate oder ▸*Silikate* eingesetzt. [15]

Suspension

Suspension (von lat. *Suspendere* = schwebend halten) ist die an sich richtige und korrekte Bezeichnung für eine ▸*Dispersion*, bei der feste Teilchen in einer flüssigen Phase verteilt (dispergiert) sind. Dabei sind die Feststoffteilchen in dem jeweiligen flüssigen Medium unlöslich.

Im allgemeinen Sprachgebrauch wird dieser Begriff jedoch eher selten benutzt und statt dessen der Oberbegriff Dispersion angewandt, wie z. B. bei einer Pigmentdispersion, bei der es sich streng genommen um eine Suspension handelt. Auch bei Kunststoffdispersionen, bei denen Polymere in Wasser dispergiert vorliegen, handelt es sich eigentlich um Suspensionen. Im Gegensatz zu einer echten Lösung sind Suspensionen immer mehr oder weniger getrübt bis zu undurchsichtig milchig-weiß.

▸*Dispersion*

▸*Polymerdispersion*

Synerese/ Synärese

Synerese ist ein Begriff aus der Kolloid-Chemie, mit dem im engeren Sinne das Austreten einer Flüssigkeit aus einem Gel ohne die Einwirkung äußerer mechanischer Kräfte bezeichnet wird und ohne dass die Gelstruktur dadurch zusammenbricht oder sich das Volumen des betreffenden Materials ändert.

Synergismus

Aus dem Griech. abgeleiteter Begriff (*synergein* = zusammenarbeiten) für eine Wirkungsverstärkung (= Synergie-Effekt): Die gemeinsame Wirkung einer Stoff-Kombination ist größer als die Summe der Einzelwirkungen. Man nutzt Synergie-Effekte aus, um die Einsatzmengen von Wirkstoffen zu verringern, Nebenwirkungen zu minimieren und Kosten zu reduzieren.

T

Talkum
Talkum ist im mineralogischen Sinne ein hydratisiertes Magnesiumsilikat. Die natürlichen Vorkommen bestehen aus blättrig-kristallinen, glimmerartigen Aggregaten, die sich leicht fettig anfühlen, wasserunlöslich und säurebeständig sind. Der ▸*hydrophobe* Charakter und die Plättchenstruktur sind die Hauptgründe dafür, dass Talkum gerne als chemisch inerter ▸*Füllstoff* in Beschichtungsstoffen eingesetzt wird, zumal gute Resistenz gegenüber UV-Strahlung und aggressiven Atmosphärilien vorliegt und einer geringen Rissbildung entgegen gewirkt werden kann. Der relativ hohe Bindemittelbedarf und die nicht rein weiße Färbung dieses natürlichen Materials begrenzen allerdings die Einsatzgebiete und -menge.

Taupunkt
Die Taupunktlinie oder der Taupunkt entspricht der ▸*Sättigungsfeuchte* in der Luft bei gegebener Temperatur. Beim Taupunkt sind also 100% ▸*relative Luftfeuchtigkeit* vorhanden. Es kommt dann bei weiterer Zufuhr von ▸*Wasserdampf* zur ▸*Kondensation* des überschüssigen Wassers und damit zur Betauung der Oberflächen bzw. zur Bildung von Kondenswasser auf der Oberfläche.

Taupunktdifferenz
▸*Taupunktspiegelprinzip*

Taupunktmessung
Der Taupunkt kann entweder nach bauphysikalischen Gesetzmäßigkeiten berechnet, wobei der Aufwand dagegen und die Genauigkeit dafür spricht, oder mit einfachen Messgeräten (z. B.▸ *Hygrometer*) gemessen werden. Diese Messverfahren zur Bestimmung des Taupunktes basieren alle auf dem sog. ▸*Taupunktspiegelprinzip*.

Taupunktspiegelprinzip
Wie der Name schon vermuten lässt, wird bei diesem Verfahren eine spiegelnde Fläche so lange abgekühlt, bis ▸*Kondensation* eintritt. In diesem Augenblick ist der Taupunkt erreicht und der ▸*Wasserdampf* der Luft schlägt sich auf der Spiegelfläche nieder. Der Beginn der Kondensation wird photoelektrisch festgestellt. Die Temperatur der Spiegelfläche zum Zeitpunkt der Kondensation entspricht dabei der Taupunkttemperatur. Diese wird mittels Thermoelement oder Widerstandsthermometer gemessen. Die Differenz zwischen Taupunkt und Lufttemperatur (Taupunktdifferenz, engl. *Spread*) ist ein Maß für den Feuchtigkeitsgehalt der Luft.

▸*Luftfeuchte-Messung*

Taupunkttemperatur
Als Taupunkttemperatur wird die Temperatur bezeichnet, bei der die vorhandene Wasserdampfmenge zur ▸*Sättigungsdampfmenge* wird. Die Taupunkttemperatur ist dadurch gekennzeichnet, dass bei ihrer Unterschreitung Wasserdampfkondensation eintritt.

Taupunktunterschreitung
▸*Taupunkttemperatur*

Tausalz
Tausalz (ugs. Streusalz) besteht zu 95% aus herkömmlichen Kochsalz (Natriumchlorid) und wird im Winter zum Schmelzen von schnee- und eisbedeckten Straßen und Gehwegen eingesetzt. Die Wirkung hängt mit der Senkung des molaren Schmelzpunktes zusammen, wobei ausgenutzt wird, dass Lösungen einen geringeren Schmelzpunkt als reine Flüssigkeiten haben. Da nach dem Bestreuen der schnee- und eisbedeckten Straßen und Gehwege eine Lösung von Salz in Wasser vorliegt, hat diese einen geringeren Schmelzpunkt. Infolgedessen wird das Eis/Salz-Gemisch bereits bei niedrigeren Temperaturen flüssig. Herkömmliches Kochsalz kann bei Temperaturen bis wenigen Minusgraden als Streusalz eingesetzt werden. Ab ca. -10 °C sind ▸*Kalziumchlorid* oder

auch *Magnesiumchlorid* besser geeignet.

Tausalze besitzen einen mehr oder weniger hohen Anteil an Chlor. Dieser bildet beim Auftauen eine Natrium-Chlorid-Lösung, die Katalysator für Korrosionsprozesse sein kann. Durch den Einsatz im Spritzwasserbereich sind vor allem ▸*Chloride* im Sockelbereich nachweisbar und Ursache für ▸*hygroskopische* Feuchte und andere Schadensmechanismen.

Tauwasser

Tauwasser fällt an bzw. aus, wenn die Temperatur an einer entsprechenden Stelle des Bauwerks unter den ▸*Taupunkt* der umgebenden Luft sinkt. Oberflächentauwasser liegt dann vor, wenn dieses Tauwasser auf den Bauteil- oder Baustoffoberflächen anfällt. In normalen Wohn-, Geschäfts- und Aufenthaltsräumen darf es nicht auftreten. Dem gegenüber tritt Oberflächentauwasser kurzfristig in Bädern oder Duschen sowie an den Fensterscheiben im Schlafzimmer auf. Tauwasser wird ugs. auch als Kondenswasser bezeichnet. Wenn Tauwasser über längere Zeit auf Bauteile einwirken und nicht durch natürliche Trocknung oder Beheizung beseitigt werden kann, ist ein Mangel vorhanden. Die Wärmedämmung von Bauteilen muss so ausgelegt sein, dass es bei ordnungsgemäßer Nutzung und üblichen Klimaverhältnissen nicht zu Tauwasserbildung kommt. Die grundsätzliche Vermeidung von Tauwasseranfall zu jeder Zeit und unter allen Bedingungen ist nicht möglich.

Tauwasserbildung auf Bauteiloberflächen

Tauwasser auf der Oberfläche von Bauteilen tritt auf, wenn die Oberflächentemperatur der Bauteile (Wände, Decken, Fenster) unter der Taupunkttemperatur der umgebenden Luft liegt. Tauwasser an der Oberfläche von Bauteilen kann bei wärmetechnisch ungenügend bemessenen Außenbauteilen im Dauerzustand der Beheizung, beim Anheizen von Räumen, deren Wände zwar wärmetechnisch ausreichend bemessen sind, aber sich nicht genügend schnell erwärmen, bei hoher ▸*relativer Luftfeuchtigkeit* in den Räumen oder bei behinderter Luftbewegung an der Wandoberfläche auftreten. Wenn Tauwasser über einen längeren Zeitraum auf Bauteile einwirkt, können folgende Schäden bzw. Beeinträchtigungen auftreten: Erhöhung der Wärmeleitfähigkeit (= Verschlechterung der Wärmedämmung), Pilzbefall und/oder ▸*Korrosion*. Kriterium für die Tauwasserbildung ist die Unterschreitung der Taupunkttemperatur der Raumluft. Die anfallende Tauwassermenge auf Oberflächen, deren Temperatur unter dem Taupunkt der Raumluft liegt, ist um so größer, je höher die ▸*relative Luftfeuchte* im Raum und je niedriger die Temperatur der betreffenden Oberfläche ist.

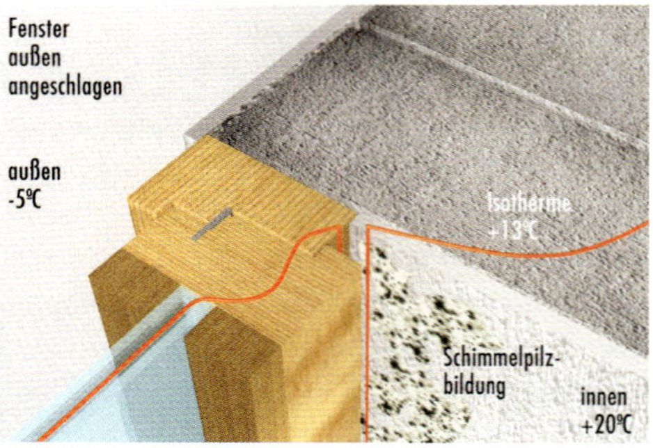

Tauwassermenge

Die an Bauteilen anfallenden Tauwassermengen hängen von der Oberflächentemperatur der Bauteile, der Lufttemperatur und der ▸*relativen Luftfeuchte* ab. Eine Wasserdampfkondensation in einem Bauteil ist solange unschädlich, wie die Standsicherheit des Bauwerkes, z. B. durch ▸*Korrosion*, nicht gefährdet ist und der Wärmeschutz der Bau- und Dämmstoffe nicht unzulässig erniedrigt wird. Außerdem darf durch den Tauwasserausfall kein Pilzbefall an oder in den Baustoffen auftreten. Eine noch zulässige Kondensatmenge liegt dann vor, wenn folgende Bedingungen erfüllt sind: das ausgefallene Tauwasser im Bauwerk muss während der Verdunstungsperiode wieder an die Umgebung abgeführt werden können, bei Holz darf die Erhöhung des massebezogenen Feuchtegehaltes nicht mehr als 5%, bei Holzwerkstoffen nicht mehr als 3% überschreiten, an der Berührungsfläche zwischen einer nicht wasseraufnahmefähigen Schicht und einer Luftschicht oder einer ▸*wasserdurchlässigen* Schicht darf während der Tauperiode die flächenbezogene Tauwassermenge 0,5 kg/m^2 nicht überschreiten, allgemein darf bei Wand- und Dachkonstruktionen die Tauwassermenge insgesamt 1,0 kg/m^2 nicht überschreiten.

TDR-Verfahren

Das Time-Domain-Reflectometry-Verfahren ist eine Messmethode für Materialfeuchtigkeit. Es basiert auf der direkten Bestimmung der ▸*Dielektrizitätskonstante* eines Werkstoffes. Hierbei nutzt man die Tatsache, dass die Ausbreitungsgeschwindigkeit einer magnetischen Welle in einem nicht magnetischen Material direkt von dessen Dielektrizitätskonstante abhängt. Nachdem ein modulierter Hochfrequenzimpuls über eine Sonde in den zu untersuchenden Baustoff eingebracht wurde, misst man anschließend die Zeit bis zum Eintreffen der reflektierenden Impulse. In Abhängigkeit der Baustoffdichte wird der Feuchtigkeitsgehalt des Baustoffes über mathematisch-physikalische Beziehungen in Volumenprozent ermittelt. Neben der Feuchtigkeitsbestimmung wird die Time-Domain-Reflektometrie auch zur ▸*Salzanalyse* eingesetzt. Die Messung und Auswertung bei diesem zerstörungsfreien Messverfahren kann direkt am Objekt erfolgen.

Teer

▸*Steinkohlenteerpech*

Teeranstriche

Teer- und Bitumenanstriche werden häufig gleichgesetzt. Auch wenn beide ▸*Abdichtungsstoffe* schwarz sind, so unterscheiden sie sich in Herstellung und Eigenschaften zum Teil erheblich. Während Teer bei der Destillation von Steinkohle gewonnen wird, ist Bitumen ein Erdölprodukt.

Teerprodukte und -anstriche wurden im 19. und 20. Jahrhundert als ▸*Dichtungsmittel* eingesetzt und waren unter dem Namen „Steinkohlenteer“ und später „Holzkohlenteer“ bekannt. Durch die Einführung der industriellen Koksherstellung in den Eisenhüttenwerken und der städtischen Leuchtgasherstellung standen plötzlich große Mengen des zuerst als Abfallprodukt betrachteten Teers zur Verfügung. Als Rückstand der als „trockene Destillation“ bezeichneten Verkokung der Steinkohle blieb Teer übrig. Teer ist schwarz bis bräunlich, bei gewöhnlicher Temperatur leicht dickflüssig und enthält 50 und mehr Prozent Pech, da er infolge der hohen und lange andauernden Erhitzung im Koksofen einer starken Zersetzung unterworfen war. Teer bildete bis Ende der 70-er/ Anfang der 80-er Jahre die Grundlage für die Herstellung von Teerpappe und Holzzementdächern. Aus Teer wurde das Holzschutzmittel „Karbolineum“ hergestellt. Teer wurde aber auch eingesetzt, um Wandflächen zu streichen und sie damit gegen Feuchtigkeit zu schützen.

Teerpappe

Die Entwicklung der heutigen ▸*Bitumenbahnen* gehen auf die Teerpappe zurück. Diese bestanden aus teergetränkter Filz-Trägereinlage, Teer-Deckschichten und einer Abstreuung aus feinem Sand.

Telleranker

Die ▸*DIN 18 195 „Bauwerksabdichtung“* definiert einen Telleranker ein Bauteil zur Verankerung von zwei Bauteilen, die durch eine ▸*Abdichtung* getrennt sind. Dieses Bauteil, das in der Regel aus Stahl besteht, stellt im Allgemeinen eine dauerhafte Einbettung der Abdichtung sicher.

Temperatur

Die Temperatur ist eine der Kenngrößen für den Wärmeinhalt eines Körpers und ist abhängig von dessen Masse, Form und/oder Zusammensetzung. Sie wird üblicherweise indirekt über die thermische Ausdehnung von Flüssigkeiten oder Gasen infolge der temperaturabhängigen Änderung des elektrischen Widerstandes, eines Spannungspotentials zwischen Elementen oder optisch über die nicht sichtbare Wärmestrahlung im IR-Bereich, gemessen.

A B C D E F G H I J K L M N O P Q R S T U V W X Y Z

Als Maßzahlen dienen willkürliche Einheiten, wie z. B. die Celsius- oder Fahrenheit-Skala oder die auf den absoluten Nullpunkt bezogene Kelvin-Skala.

Temperaturbeständigkeit

Die Angabe über die Temperaturbeständigkeit von z. B. ▸*Dichtstoffen* in technischen Merkblättern sagt aus, bis zu welchen Temperaturgrenzen ein Dichtstoff in der Praxis belastet werden kann, ohne seine mechanischen und/oder optischen Eigenschaften nennenswert zu verändern (Versprödung, Erweichung, Verfärbung etc.). Darunter wird jedoch nicht die Dauerbelastung verstanden, sondern der permanente Temperaturwechsel im definierten Temperaturbereich.

Temperaturgradient

Der Temperaturgradient ist die entscheidende Kenngröße für den Wärmefluss und beschreibt die Veränderung der Temperatur, bezogen auf einen Messpunkt (Entfernung und/oder Höhe).

Temperaturleitfähigkeit

Bei Erwärmung z. B. einer Außenwandoberfläche durch Sonnenbestrahlung setzt sich diese Temperaturveränderung im Wandquerschnitt fort. Das Maß für die Geschwindigkeit dieses Prozesses ist die Temperaturleitfähigkeit, die sich aus der Wärmeleitfähigkeit, der spezifischen Wärmekapazität und der Rohdichte des Baustoffes ergibt.

Temperaturverteilung

Durch unterschiedliche Temperaturen an beiden Seiten eines Bauteils und dem daraus resultierenden Wärmestrom stellt sich in einem Bauteil ein Temperaturverlauf ein. Dieser ist abhängig von der Temperaturdifferenz der Luft zu beiden Seiten des Bauteils, dem ▸*Wärmedurchgangskoeffizienten* des Bauteils, den Wärmeübergangskoeffizienten zu beiden Seiten des Bauteils, der Größe der Wärmedurchlasswiderstände der Einzelschichten sowie der Anordnung der Einzelschichten. Bauteile gleicher Wärmedurchgangskoeffizienten mit unterschiedlicher Anordnung der einzelnen Bauteilschichten besitzen gleiche Oberflächentemperaturen aber unterschiedliche Temperaturverteilung. Der Temperaturverlauf hat wesentliche Auswirkungen auf die Temperaturverformung, das Kondensationsverhalten durch Wasserdampfdiffusion und das Wärmespeicherverhalten des Bauteils.

Temperierung

▸*Thermische Bautrocknung*

Temporäre Schutzsysteme

▸*Graphittientfernung*

Tenside

Tenside sind grenzflächenaktive Verbindungen, d. h. diese Substanzen wirken auf die ▸*Oberflächenspannung* der Grenzfläche zwischen zwei Phasen ein. Abgeleitet wurde der Name vom lateinischen Begriff Tensus (*tendere* = spannen, straffen). Das Besondere an Tensiden ist ihre molekulare Struktur, da sie aus einem ▸*hydrophoben* (wasserabweisenden) Kohlenstoffrest und einem ▸*hydrophilen* (wasseranziehenden) Molekülteil bestehen. Diese kombinierte Eigenschaft wird auch als ▸*amphiphil* bezeichnet. Kommen Tenside mit Wasser in Berührung, richten sich die Moleküle so aus, dass der wasserabweisende Teil entweder zur Luft steht oder sich mit den anderen Tensidmolekülen zu einzelnen Blasen (den sog. Mizellen) verbindet. Der wasserlösliche Rest wird dann im Wasser durch ▸*Hydratation* gelöst.

Unterschieden werden ionische und nichtionische Tenside sowie kationische und amphotere Tenside. Bei anionischen Tensiden ist das Anion der wirksame Teil, bei kationischen das Kation. Nichtionische Tenside bilden keine Ionen. Gemeinsam ist allen die für die gewünschte Wirkung erforderliche Wasserlöslichkeit. So werden Tenside vor allem eingesetzt, um zwei nicht miteinander mischbare Flüssigkeiten (z. B. Öl und Wasser) zu einer Emulsion zu vermischen. Aufgrund ihres amphiphilen Charakters (in Fett gelöst oder lösbar) dringen Tenside mit ihrem fettlöslichen

Teil in die Öltröpfchen ein. Der wasserlösliche Teil der Tenside wiederum sichert, dass die Öltröpfchen in der wässrigen Umgebung in Lösung gehalten werden. Für den Bereich der Kellersanierung spielen Tenside in ▸*Sanierputzen* eine wichtige Rolle, da sie u. a. für die chemische Bildung der sog. ▸*Tensidluftporen* verantwortlich sind. [1]

Tensidluftporen

Die vor allem in ▸*Sanierputzen* vorhandenen ▸*Poren* sind entweder auf (mineralische oder organische) ▸*Leichtzuschläge* oder auf ▸*Luftporen* zurück zu führen. Diese werden wiederum vorwiegend durch den Zusatz von Luftporenbildnern erzeugt, wobei hauptsächlich ▸*Tenside* zum Einsatz kommen. Deshalb spricht man auch von Tensidluftporen. Im Gegensatz zu anderen Luftporen weisen Tensidluftporen sehr glatte Oberflächen an der Innenwand auf. Außerdem muss auch im Vergleich zu anderen Luftporen zwischen den verschiedenen Porengrößen differenziert werden, da Tensidluftporen ein deutlich größeres Spektrum aufweisen.

© siehe Anhang

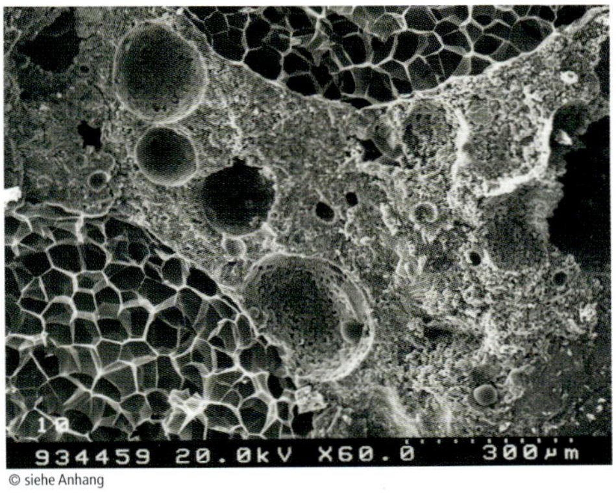

© siehe Anhang

Tensiometer

▸*Grenzfläche*

Thaumasitbildung

Der Thaumasitbildung, die häufig unterschätzt wird, geht in der Regel eine Ettringitbildung voraus. Sie setzt die Gegenwart von Portlandit, ▸*Sulfat*, ▸*Kalziumkarbonat* und reaktionsfähige Kieselsäure voraus. Der an der Reaktion beteiligte Kalzit kann aus karbonatisiertem Bindemittel bzw. dem Zuschlag stammen. Als reaktionsfähige ▸*Silikate* stehen weiterhin Kalziumsilikate und Silikathydrate zur Verfügung. In Gegenwart von reaktionsfähigen Aluminatverbindungen kann die Thaumasitbildung auch über ▸*Ettringit* als Zwischenprodukt erfolgen. Die Folge ist eine Zermürbung des Gefüges und ein erheblicher Festigkeitsverlust. Die Rissbildung aufgrund evtl. ▸*Kristallisationsdrücke* kann vernachlässigt werden. Begünstigt wird die Ettringit- und Thaumasitbildung durch Feuchtigkeit (z. B. Witterung oder ▸*kapillar aufsteigende Feuchte*) und tiefe Temperaturen.

Thermische Bautrocknung

Als Alternative zur ▸*nachträglichen Horizontalabdichtung* mittels ▸*Bohrlochinjektion* oder durch mechanische Verfahren wird gelegentlich auch die thermische Bautrocknung angeboten. Bei diesem Verfahren kommt es zur Erwärmung der Wandoberflächen und der Raumluft. Infolgedessen nimmt die Verdunstungsgeschwindigkeit der Feuchtigkeit zu, so dass sich an der Wandoberfläche ein Entfeuchtungseffekt einstellt. Die thermische Bautrocknung wird deshalb auch unter der Bezeichnung „thermische Horizontalsperre“ angeboten und man argumentiert, dass auf eine zusätzliche Horizontalsperre verzichtet werden kann. Unberücksichtigt bleibt allerdings, dass einerseits durch ▸*Kapillarität* im Mauerwerk auch gelöste ▸*Salze* mit transportiert werden, die an der Oberfläche auskristallisieren und damit die ▸*hygroskopische Feuchtigkeit* erhöhen andererseits ein Abtrocknungseffekt immer nur so lange gegeben ist, wie die Heizung in Betrieb ist, da die Ursache der ▸*Durchfeuchtung* nicht beseitigt wird. Aus Gründen der Nachhaltigkeit ist die thermische Bautrocknung zur ▸*Bauwerkstrockenlegung* deshalb abzulehnen.

Thermische Feuchtigkeitsleitfähigkeit

Ein wesentliches Phänomen der kapillarporösen Baustoffe ist die sog. thermische Feuchtigkeitsleitfähigkeit. Flüssiges Wasser wandert in einem kapillarporösen Baustoff immer in Richtung des Wärmeflusses und damit von der höheren zur niedrigeren Temperatur. Sind z. B. gleichzeitig Gasblasen in diesen Flüssigkeitsräumen verteilt, dehnen sie sich gemäß dem Gasgesetz aus. Diese Ausdehnung bewirkt wiederum einen zusätzlichen Flüssigkeitsstrom in Richtung des Wärmegefälles. Vergrößert sich ein Kapillarraum innerhalb des Baustoffes plötzlich um das Mehrfache seines ursprünglichen Durchmessers, so wird der kapillare Feuchtigkeitstransport unterbunden. Der Transport innerhalb dieser vergrößerten Pore findet dann nur noch gasförmig statt. Diese Vergrößerung des Porenraumes kann somit nicht mehr flüssig und kapillar gefüllt werden. Verengt sich der Porenraum wieder, erfolgt der Feuchtigkeitstransport bei erneuter ▸*Kondensation* (▸*Kapillarkondensation*) wieder in flüssiger Form. Dieses Phänomen wird in Form der so genannten ▸*Luftporen* (oder auch ▸*Makroporen*) im Rahmen der Betontechnologie sowie bei ▸*Sanierputzen* seit Jahrzehnten genutzt. [17]

Thermische Injektion

▸*Paraffininjektion*

Thermische Längenänderung

▸*Längenänderung*

Thermischer Längenausdehnungskoeffizient

▸*Längenausdehnungskoeffizient*

„Thermische Horizontalsperre"

▸*Thermische Bautrocknung*

Thermischer Raumausdehnungskoeffizient

▸*Längenausdehnungskoeffizient*

Thermische Verformung

▸*Längenänderung*

Thermisches Quellen

▸*Längenänderung*

Thermisches Schwinden

▸*Längenänderung*

Thermisch-konvektive Bautrocknung

Bei hohen ▸*Durchfeuchtungsgraden* kann es ggf. notwendig werden, im Rahmen einer ▸*nachträglichen Horizontalabdichtung* vor der ▸*Bohrlochinjektion* das Mauerwerk vorzutrocknen und damit den Durchfeuchtungsgrad zu reduzieren. Hierfür wurde ein spezieller Heizpacker entwickelt, der neben einem Druckluftanschluss auch eine elektrische Heizeinheit besitzt. Diese Packer werden in das Bohrloch

eingeführt, das für den eigentlichen Injektionsvorgang ohnehin benötigt wird. Nachdem die Luftströmung im Mauerwerk eingesetzt hat, wird die Luft noch zusätzlich erwärmt. Durch die Verdunstung wird bereits ein Großteil der vorhandenen Mauerwerksfeuchtigkeit abgeführt. Wenn der vorgeschriebene Durchfeuchtungsgrad erreicht wurde, erfolgt der eigentliche Injektionsvorgang.

Thermoanalyse

Mit der Thermoanalyse wird die Masseänderung und Wärmetönung eines Materials in Abhängigkeit von der Temperatur, der Umgebungsatmosphäre und des umgebenden Atmosphärendruckes bestimmt. So lässt sich der Gehalt an Gips, Kalzit und anderen Stoffen ermitteln. Es können auch organische Anteile unterschieden werden, wenn sie bei unterschiedlichen Temperaturen verbrennen.

Thermogramm

▸*Infrarot-Feuchtemessverfahren*
▸*Thermometrische Feuchtigkeitsmessung*

Thermographie

Die Thermographie ist ein berührungsloses und damit zerstörungsfreies Messverfahren, mit dem Temperaturmessungen flächenförmig erfasst und dargestellt werden können. [1]

Es ist damit ein bildgebendes Verfahren, das die für das menschliche Auge unsichtbare Wärmestrahlung (Infrarotlicht) eines Objektes sichtbar macht. Grundlage ist, dass jeder Baukörper sich im Energieaustausch mit seiner Umgebung befindet und dieser Energieaustausch außer durch Wärmeleitung und Konvektion auch durch Strahlung erfolgt. Sie stellt die Grundlage für die Temperaturmessung dar und ist Voraussetzung für den Einsatz der Thermographie. In der Regel ist die Temperatur auslösender Faktor bzw. Ergebnis von bauphysikalischen und bauchemischen Vorgängen. Dies gilt für die Kondensfeuchtigkeit, aber auch bei der Umwandlung von ▸*bauschädigenden Salzen*. Auf Grund von Durchfeuchtungen können Wärmebrücken entstehen und Wärmeleitfähigkeiten können sich verändern, d. h. es entstehen Temperaturveränderungen an der Bauwerksoberfläche, diese werden sichtbar gemacht.

Thermohygrograph

Ein Thermohygrograph ist die Kombination aus einem Thermographen und einem Hygrographen und wird zur Messung und Darstellung von Temperatur und ▸*relativer Luftfeuchtigkeit* verwendet. Es gibt mechanische und elektronische Thermohygrographen.

Thermometrische Feuchtigkeitsmessung

Beim thermometrischen Verfahren wird die Veränderung der Wärmeleitfähigkeit von Baustoffen durch Feuchte genutzt. Das bekannteste Verfahren ist die Sondenmethode, bei der ein elektrisch beheizter Widerstandsdraht über ein Bohrloch in das Bauteil eingebracht und aus der Temperatur in unmittelbarer Umgebung unter Kenntnis der Wärmeleitfähigkeit des Baustoffes auf den Feuchtegehalt der Materialprobe geschlossen wird. Darüber hinaus ist es mit Hilfe der Infrarotthermographie möglich, unterschiedliche ▸*Durchfeuchtungsgrade* eines Bauteils zu erkennen.

Bei dieser Messmethode werden zwei physikalische Gesetzmäßigkeiten ausgenutzt. Durch Verdunsten der Feuchtigkeit entsteht an der Oberfläche des Mauerwerks eine Temperaturabsenkung. In einem beheizten Mauerwerk entsteht zwischen den feuchten und trockenen Mauerwerksbereichen ein unterschiedlicher Wärmeübergangspunkt. Werden nun mit einer speziellen Kamera die Wärmestrahlungen von der Oberfläche aufgenommen und auf einem Bildschirm aufgezeichnet bzw. auf einem Videoband gespeichert, erhält man ein Wärmebild bzw. Thermogramm. Dieses Thermogramm zeigt Flächen unterschiedlicher Temperaturen. Daraus kann auf unterschiedliche Feuchtigkeitsgehalte geschlossen werden. Allerdings hängt die Intensität der ermittelten Strahlung nicht nur von der Feuchtigkeit, sondern von zahlreichen Einflussfaktoren ab. Insbesondere nehmen Veränderung im Wandaufbau, Baustoffwechsel, Wärmebrücken, Hohlräume auf das Messergebnis Einfluss. Quantitative Aussagen über den Feuchtigkeitsgehalt werden deshalb mit dieser Methode nicht ermittelt.

Thermoplaste

▸*Elastomere*
▸*Kunststoffe*
▸*Plastomere*

Thermoplastizität

Thermoplastizität ist die Eigenschaft bestimmter ▸*Kunststoffe*, bei Wärmezufuhr weich zu werden und bei Abkühlung wieder zu erhärten. So wichtig einerseits die Thermoplastizität zur Erfüllung technischer Eigenschaften ist, so nachteilig ist oftmals die damit verbundene Verschmutzungsneigung (aufgrund klebriger Oberflächen).

Thixotrophierung

▸*Stellmittel*

Thixotropie

Der Begriff thixotrop oder Thixotropie wurde aus dem Griechischen (*thein* = laufen oder *thigganein* = berühren und tropie) abgeleitet und bezeichnet eine Eigenschaft u. a. von Pasten, sich unter Einwirkung von mechanischen Kräften zu verflüssigen und nach Beendigung dieser Einwirkungen wieder zu verfestigen. Mit der Thixotropie wird also das Fließverhalten beschrieben, bei dem bei konstanter Scherbeanspruchung die ▸*Viskosität* eines flüssigen Beschichtungsstoffes im Laufe der Zeit abnimmt. Im Ruhezustand baut sich der ursprüngliche Zustand wieder auf, d. h. es handelt sich bei der echten Thixotropie um einen reversiblen Vorgang.

Es gibt spezielle ▸*Additive*, durch deren Zusatz sich eine thixotrope Struktur einstellen lässt. Eine thixotrope Einstellung verhindert oder reduziert zwar die Ablaufneigung an senkrechten Flächen, andererseits verschlechtern sich aber gleichzeitig die Verlaufeigenschaften. Auf das Absetzverhalten spezifisch schwerer Bestandteile eines Beschichtungsstoffes ebenso auf die Schichtstärke wirkt sich Thixotropie positiv aus.

Thixotrophe Zusätze

Thixotrophe Zusätze sind chemische Verbindungen, die in der Regel flüssigen Produkten zugegeben werden um diese so verdicken, dass sie zwar standfest werden, aber bei der Verarbeitung noch ein ausreichendes Fließverhalten haben.

Tiefenprofil

Im Bereich der ▸*Bauwerksdiagnostik* ist bereits seit einigen Jahren üblich, nicht nur Untersuchungen auf der Baustoffoberfläche durchzuführen, sondern diese auch auf den Mauerwerksquerschnitt (Tiefe) auszudehnen. Diese Tiefenprofile sind notwendig, um eine qualifizierte Analyse des Mauerwerkes durchführen zu können und beinhalten z. B. Bohrkerne für Feuchtigkeits- und Salzanalysen, aber auch für die Bestimmung der Mörtel- und Steinfestigkeit. Nur so ist es möglich, den Feuchtegehalt und die Salzbelastung an der Oberfläche mit der im Mauerwerksquerschnitt zu vergleichen und eine Gesamtbelastung abzuleiten.

Tiefgrund

Unter Tiefgrund (oder auch Tiefengrund) werden unpigmentierte, lösemittelhaltige oder wässrige ▸*Grundierungen* bzw. Imprägnierungen verstanden. Sie sollen möglichst tief in saugfähige Untergründe eindringen, diese mehr oder weniger verfestigen, evtl. gleichzeitig ▸*hydrophobieren* und generell (zu) starke Saugfähigkeit reduzieren und egalisieren. Mit einem entsprechend eingestellten Tiefgrund lassen sich auch kreidende oder angewitterte Oberflächen von mineralischen Putzen, Siliconharz- oder Kunstharzputzen sowie alten Anstrichen verfestigen, bevor diese mit einem neuen Anstrich oder einer neuen Putzbeschichtung versehen werden. Verbrauch und Eindringtiefe sind vom Saugverhalten des jeweiligen Untergrundes abhängig. Wichtig ist, dass an der Oberfläche kein geschlossener, glänzender Film stehen bleibt, weshalb der Festgehalt von Tiefgrundierungen in der Anwendungskonzentration in den meisten Fällen auch um oder unterhalb von 10 % liegt. Die Verwendung eines lösungsmittelhaltigen Tiefgrundes, der tiefer in ein Substrat eindringen kann und besser verfestigt, als ein wässriges Produkt, setzt einen trockenen Untergrund voraus. Wässrige Tiefgrundierungen haben dagegen einen angenehmeren Geruch und sind nicht brennbar.

Time-Domain-Reflektometrie

▸*TDR-Verfahren*

Tomogramm

▸*Feuchte-Tomogramm*
▸*Salz-Tomogramm*
▸*Tomographie*

Tomographie

Nach [5] stellt die Tomographie ein Messverfahren dar, mit dem die einzelnen inneren Schichten eines Baukörpers oder Baustoffes sichtbar gemacht werden können, ohne diesen dafür öffnen oder trennen zu müssen. Die Tomographie ist damit ein zerstörungsfreies und dennoch sehr genaues Messverfahren, mit dem jeder Messpunkt in einer Tiefe und Höhe erfasst werden kann. Infolgedessen wird erstmalig eine dreidimensionale Aufnahme und Dokumentation eines Baukörpers oder Baustoffes möglich. Diese wird als Tomogramm bezeichnet und ermöglicht jedem Messpunkt eine eindeutige Zuordnung an Kenngrößen wie ▸*Feuchte- oder Salzgehalt* – und dies ohne Materialentnahme.

Ton

Tone sind Verwitterungsprodukte aus den bei der Erstarrung der Erdrinde entstandenen Mineralien. Ausgangsstoffe dieser Verwitterung sind hauptsächlich die Feldspate, also Mineralien der Urgesteine. Die Feldspate sind Verbindungen der Kieselsäure (SiO_2) mit Aluminiumoxyd (Al_2O_3) und dem Oxyd (der Sauerstoffverbindung) eines zweiten Metalls. Im Verlauf der geologischen Geschichte ist die leichter lösliche Kaliumverbindung herausgewittert und übrig geblieben ist das Aluminiumsilikat oder kieselsaure Tonerde oder Kaolin (Kaolinit) mit chemisch gebundenem Wasser, also ein Hydrat.

Tonerdezement

▸*Zement*

Tonminerale

Tonminerale sind wasser- und hydroxidhaltige Alumosilikate, die geringe Mengen an ▸*Magnesium*, Eisen, ▸*Natrium*, ▸*Kalium* und ▸*Kalzium* enthalten. Sie liegen als feinkörnige Minerale mit einer Korngröße < 2µm vor. Die meisten Tonminerale gehören zur Gruppe der sog. ▸*Schichtsilikate*. Zu ihnen gehören Aluminium-, Eisen- und Manganhydroxide sowie weitere Oxide wie z. B. Quarz, ▸*Karbonate* wie z. B. Kalzit und ▸*Silikate* wie z. B. Feldspat. Tonminerale entstehen durch Verwitterung von Silikatmineralen.

Top-Coat

▸*Schlussbeschichtung*

Topkonservierung

▸*Filmkonservierung*

Topfzeit

Der Begriff Topfzeit stammt aus der Lackindustrie und gibt an, innerhalb welchen Zeitraumes ein zwei- oder mehrkomponentiges Material nach dem Mischen noch verarbeitet werden kann. Für alle mehrkomponentigen Materialien gilt, dass die Topfzeit genau beachtet werden muss. Wenn die Topfzeit abgelaufen ist, dürfen diese Materialien nicht mehr verarbeitet oder neu angerührt, verdünnt oder in neue Materialien eingerührt werden. Darüber hinaus muss beachtet werden, dass die Topfzeit durch zunehmende Lagerdauer (materialspezifisch) ab- oder zunehmen kann und auch die bei der Verarbeitung herrschenden klimatischen Bedingungen Einfluss auf die Topfzeit haben können.

A B C D E F G H I J K L M N O P Q R S T U V W X Y Z

Toxikologie
Die Toxikologie, die aus dem Griechischen (*toxikon* = Pfeilgift) abgeleitet wurde, beschreibt die Wissenschaft und Lehre, die sich mit den Giften und ihren Wirkungen auf den Organismus beschäftigt.

Toxizität
Unter Toxizität wird die Giftigkeit eines (Beschichtungs)Stoffes beschrieben. Unterschieden wird zwischen akuter, subchronischer sowie chronischer Toxizität.

Traditionelle Verfahren
▸*Mechanische Verfahren*

Trägereinlage
Eine Trägereinlage besteht aus einem Polyester- oder Glasvlies, Glasgewebe, einem Gelege und Gewebe aus Glas und/oder Polyester, Verbundeinlagen oder Kupfer- oder Aluminiumband bzw. einem Aluminium-Kunststoff-Verbund und wird als Verstärkung in ▸*Bitumenbahnen* eingesetzt. Die Trägereinlage hat die Aufgabe, die Bitumenschichten zu armieren und ganz wesentlich die mechanischen Eigenschaften (Festigkeit, Dehnfähigkeit, Einreiß- und Weiterreißfestigkeit, Nagelausreißfestigkeit, Durchtrittsfestigkeit, Maßhaltigkeit) und das Verhalten während der Verarbeitung zu bestimmen.

Tränenschwamm
▸*Echter Hausschwamm*

Tränkung
Der Begriff Tränkung ist aus dem vorbeugenden Holzschutz bekannt und beschreibt die Behandlung des Holzes mit Holzschutzmitteln. Der Begriff wird aber auch bei der Herstellung von ▸*Kunststoff- und Bitumenbahnen* verwendet. Hierbei wird mit Tränkung die Imprägnierung von Trägereinlagen vor dem Aufbringen der eigentlichen Deckschicht bezeichnet. Diese Tränkung bei der Produktion von bahnenförmigen ▸*Abdichtungsstoffen* ist notwendig, um mögliche Hohlräume auszufüllen und die Eigenfeuchtigkeit zu eleminieren.

Transmissionswärme
Unter Transmissionswärme wird der Wärmedurchgang durch Konstruktionsteile eines Gebäudes verstanden.

Transmissionswärmebedarf
Unter Transmissionswärmebedarf wird der Wärmebedarf zum Ausgleich der Transmissionswärmeverluste verstanden.

Transmissionswärmeverluste
Transmissionswärmeverluste sind Wärmeverluste durch den Transport (Transmission) von Wärmeenergie durch Bauteile (z. B. Fenster, Wände, Decken). Sie werden beeinflusst durch die ▸*Wärmedurchgangskoeffizienten* (U-Werte) der Bauteile, die Flächen der Bauteile, die linien- und punktförmigen Wärmebrücken (ausgedrückt durch Wärmebrückenverlustwert oder Wärmebrückenverlustkoeffizient) und durch die Temperaturdifferenzen zwischen innen und außen. Nicht beheizte „Pufferzonen“ wie z. B. Dachräume, Keller, Glasvorbauten, Treppenhäuser verringern den Wärmetransport. Dies wird mit Reduktionsfaktoren zwischen 0,5 und 0,8 berücksichtigt.

Transportkoeffizienten
Der Transportkoeffizient wird in [9] aus dem ▸*Wasseraufnahmekoeffizient* w und dem Wassereindringkoeffizient B nach dem Wurzel-T-Gesetz definiert. Die ▸*kapillare Wasseraufnahme* folgt diesem Gesetz. Es resultiert aus dem Zusammenhang von Kapillardruck und viskoser Reibung.

Trass
Trass ist ein gemahlener Tuffstein, der amorphe Kieselsäure enthält. Man spricht auch von vulkanischem Tuffgestein oder ▸*Puzzolanen*. Als feingemahlener Zusatz geben sie dem Putzmörtel hydraulische Eigenschaften. Diese Eigenschaften wurden bereits durch die Baumeister im antiken Rom erkannt und umge-

setzt. Trass erhärtet nicht selbstständig, sondern erhält seine Eigenschaften als hydraulisches Bindemittel erst durch den Zusatz von ▸*Kalkhydrat* oder ▸*Zement*. Man spricht deshalb auch von einem latent-hydraulischen Bindemittel. Anforderungen und Prüfungen für Trass werden in der DIN 51 043 geregelt.

Durch die Zugabe von Trassmehl zu Kalkhydrat oder gelöschtem Kalk entsteht Trasskalk, der in der DIN 1060 nicht aufgeführt ist, aber die Anforderungen erfüllt. Einsatzgebiet ist hauptsächlich die Baudenkmalpflege. Durch das gemeinsame Mahlen von Zementklinker mit Trass erhält man Trasszement. Trasszement ist in der DIN 1164 definiert. Charakteristisch ist die geringere Hydratationswärme und der hohe Bedarf an Anmachwasser. Da der Härtungsverlauf von Trass sehr langsam verläuft, muss bei der Verarbeitung von Trasskalk- und Trasszementmörteln auf eine ausreichend lange Befeuchtung bzw. Nachbehandlung geachtet werden.

Trasskalk

▸*Trass*

Trasskalkmörtel/ Trasskalkputz

Ein Trasskalkputz ist ein Werktrockenmörtel aus Weißkalkhydrat oder hydraulischem Kalk mit bis zu 55 M.-% Trassmehl, Zuschlägen sowie verschiedenen Zusätzen. In der Baudenkmalpflege sind Trassputze vor allem deshalb beliebt, weil sie bereits in ähnlicher Form in der Antike verwendet wurden und damit dem Charakter eines „historischen Mörtels" sehr nahe kommen. Daneben gibt es aber auch technische Eigenschaften und bauphysikalische Kenngrößen, die für einen Einsatz von Trassputzen sprechen. So besitzen diese Putze eine höhere Widerstandsfähigkeit als ▸*Kalk- und Zementputze* und neigen deutlich weniger zum ▸*Ausblühen*. Darüber hinaus neigen Trasskalkputze auch weniger zur Rissbildung. Im Gegensatz zum klassischen Kalkmörtel besitzen Trasskalkmörtel eine eine hohe Anfangsfestigkeit und können durch Nachhärtung sogar ▸*Druckfestigkeiten* wie Zementmörtel aufbauen.

Trasssanierputz

Eine wesentliche Eigenschaft von Trassputzen ist der langsame Härtungsverlauf und der hohe Bedarf an Anmachwasser bzw. das lange Nachnässen bzw. Feuchthalten. Infolgedessen wird häufig der Eindruck vermittelt, dass sich deshalb Trassputze besonders gut zum Verputzen auf feuchten Mauerwerken und damit als ▸*Sanierputz* eignen. Dem ist nicht so, da Trassputze eine lange Nachhärtung benötigen und hierfür feucht gehalten werden müssen. Durch dieses Nässen bzw. Feuchthalten können Salze aus dem Untergrund in die frische Putzschicht eindringen und relativ schnell an die Oberfläche durchschlagen. Deshalb haben Trasssanierputze ihre Berechtigung, können aber nicht die gleiche Qualität wie übliche Sanierputze aufweisen. Hinzu kommt, dass der Name Trassputz nicht geschützt oder technisch spezifiziert ist, so dass auch Produkte am Markt angeboten werden, die nur einen geringen Trasszusatz aufweisen und dennoch als hochwertige Trassputze angeboten werden.

Trassputz

▸*Trasskalkputz*

Trasszement

▸*Trass*

▸*Zement*

Trasszementmörtel/ Trasszementputz

Ein Trasszementputz ist ein Werktrockenmörtel aus Portlandzement, der zusammen mit 20 bis 40 M.-% Trass sehr fein gemahlen wurde, Zuschlägen sowie verschiedenen Zusätzen. Im Gegensatz zu klassischen Zementmörteln verläuft die Festigkeitsentwicklung bei Trasszementputzen deutlich langsamer. Die Widerstandsfähigkeit dieser Putze ist höher als bei klassischen Zementputzen. Auf Grund der Porenstruktur bewirkt der Trass eine „natürliche" Dichtigkeit gegenüber ▸*kapillar aufsteigender Feuchtigkeit*, so dass Trasszementmörtel in der Baudenkmalpflege vor allem zur Instandsetzung von Mauerwerken (Verpressmörtel) oder zum Verfugen verwendet wird.

A B C D E F G H I J K L M N O P Q R S T U V W X Y Z

Treiberscheinungen

▸*Salze* können auf zwei unterschiedlichen Wegen zu Treiberscheinungen führen. Im Folgendem werden die Reaktionsmechanismen am Beispiel von Natriumsalzen gezeigt. Durch die Anlagerung von Wasser hydratisiert Thenardit zu Mirabilit (Hydratation).

$$\underset{\text{Thenardit}}{Na_2SO_4} + \underset{\text{Wasser}}{10H_2O} \rightarrow \underset{\text{Mirabilit}}{Na_2SO_4 \cdot 10H_2O}$$

Da diese Reaktion temperaturabhängig ist – unter 33 °C hydratisiert Thenardit zu Mirabilit, über 32,4 °C dehydriert Mirabilit zu Thenardit – können auf Dauer große Schäden verursacht werden. Um diesen Prozess auszuschließen, verwendet man alkaliarme Rohstoffe.

Bei Anwesenheit Kalziumhydroxid reagiert Natriumsulfat ebenfalls, es bildet entsprechend folgender Gleichung Gips (Alkalireaktion):

$$\underset{\text{Mirabilit}}{Na_2SO_4 \cdot 10H_2O} + \underset{\text{Portlandit}}{Ca(OH)_2} \rightarrow$$
$$\underset{\text{Gips}}{CaSO_4 \cdot 2H_2O} + \underset{\text{Natriumhydroxid}}{2NaOH} + \underset{\text{Wasser}}{8H_2O}$$

Auch mit kalzit- und dolomithaltigen ▸*Zuschlägen* (Splitte, Sande oder Mehle von Kalkstein) und mit Dolomitgestein kann es zu Reaktionen mit den in den Bindemitteln enthaltenen Alkalien kommen, die zu Treiberscheinungen führen können.

$$\underset{\text{Dolomit}}{CaMg(CO_3)_2} + \underset{\text{Natriumhydroxid}}{2NaOH} + \underset{\text{Wasser}}{10H_2O} \rightarrow$$
$$\underset{\text{Kalzit}}{CaCO_3} + \underset{\text{Soda}}{Na_2CO_3 \cdot 10H_2O} + \underset{\text{Brucit}}{Mg(OH)_2}$$

Bei einigen Zuschlagstoffen reagiert Alkalihydroxid mit der darin vorkommenden schlecht kristallisierten oder amorphen Kieselsäure und löst Treiberscheinungen aus. Es kommt dabei zur Bildung von Alkalisilikat-Gelen, die unter Wasseraufnahme quellen. Diese Alkali-Zuschlag-Reaktion kann bis zur völligen Zerstörung von Mörteln gehen und ist an ringförmigen, weißen ▸*Ausblühungen* zu erkennen, insbesondere an Abplatzungsstellen oder netzartigen ▸*Rissen*.

Treibmineralien

▸*Ettringit*

▸*Treiberscheinungen*

Trennlage (in der Bauwerksabdichtung)

Nach ▸*DIN 18 195 „Bauwerksabdichtung“* ist eine Trennlage eine Schicht oder Lage zur flächigen oder teilflächigen Trennung einer ▸*Abdichtung* oder einer ▸*Dampfsperre* von angrenzenden Bauteilen oder Schichten.

Trennlage (in der Putztechnik)

▸*Putzträger*

Trennschicht

▸*Trennlage*

Trennschichtbildnern

▸*Graffiti-Entfernung*

Trennvliese

▸*Putzträger*

Trockenbohrverfahren

▸*Bohrkernentnahme*

Trockenfäule

Zerfall von reifem Holz, der durch Infizierung mit verschiedenen Pilzen ausgelöst wird. Der ▸*Echte Hausschwamm* (*Serpula lacrimans*) ist eine der bekanntesten Pilzarten, die Trockenfäule auslösen. Die Pilzfäden durchwachsen das Holz und ernähren sich von der Zellulose der Holzfasern. Das Holz wird dabei zersetzt und porös, auch wenn es oberflächlich gesund erscheint. Der Name „Trockenfäule“ stammt von der pulvrigen Konsistenz des zerfallenden Holzes. Er ist jedoch irreführend, weil der Pilz zum Überleben auch Wasser benötigt. Völlig trockenes Holz kann nur befallen werden, wenn sich in der Umgebung genügend Feuchtigkeit findet, etwa wenn ungeschützte Holzschichten an den Außenseiten von Häusern bis zur an sich trockenen Innenseite reichen. Die sicherste Methode, eine Holzkonstruktion vor der Trockenfäule zu schützen, besteht daher darin, das Eindringen von Feuchtigkeit zu vermeiden. Ist dies nicht zu bewerkstelligen, etwa bei Holzbauten im Freien, dann kann ein Schutz durch die Behandlung der Hölzer mit Holzschutzmitteln gewährleistet werden.

▸*Holzzerstörende Pilze*

Trockenlegung

▸*Mauerwerkstrockenlegung*

Trockenlegungsmaßnahme

▸*Mechanische Verfahren*
▸*Injektionsverfahren*
▸*Horizontalabdichtung*
▸*Vertikalabdichtung*
▸*Flankierende Maßnahmen*
▸*Trocknungsverfahren*

Trockenmauerwerk

▸*Natursteinmauerwerk*
▸*Zyklopenmauerwerk*

Trockenschichtdicke

Die Trockenschichtdicke ist eine Kenngröße, die im Zusammenhang mit spachtelbaren Abdichtungen und vor allem ▸*Bitumen-Dickbeschichtungen* an Bedeutung gewonnen hat. Da Bitumen-Dickbeschichtungen physikalisch trocknen und durch das Verdunsten des Wassers schwinden, reduziert sich die aufgetragene Nassschichtdicke. Für die Dichtigkeit eines Bauwerkes ist aber nicht die aufgetragene ▸*Nassschichtdicke*, sondern die durchgetrocknete Trockenschichtdicke, verantwortlich. In den technischen Merkblättern der meisten Hersteller finden sich deshalb auch Angaben zur Nassschicht- und Trockenschichtdicke. Diese müssen bei der Verarbeitung berücksichtigt werden. In der ▸*DIN 18 195 „Bauwerksabdichtung“* sind sie lastfallabhängig definiert. So ist die Trockenschichtdicke im Teil 4 für ▸*Bodenfeuchtigkeit* und ▸*nicht stauendes Sickerwasser* und im Teil 5 für ▸*nichtdrückendes Wasser* mit 3mm und im Teil 6 ▸*aufstauendes Sickerwasser* mit 4mm festgeschrieben.

▸*Schichtdickenmessung*

Trockenstarre

Der durch Austrocknung erzielte Zustand von ▸*holzzerstörenden Pilzen* (Basidiomyceten) wird als Trockenstarre bezeichnet und kann mehrere Monate oder sogar Jahre dauern. Das Außergewöhnliche daran ist, dass die Pilze bei günstigen Feuchtigkeits- und Temperaturbedingungen wieder aktiviert werden und dann ihre Zerstörungstätigkeit fortführen können.

Trocknungsbedingungen

Trocknungsbedingungen sind die notwendigen Faktoren, die zum Erreichen der Trocknung einer Beschichtung vorliegen müssen. Dies können z. B. Trocknungsart, Trocknungszeit und/oder die Trocknungstemperatur sein. Im Gegensatz zu lösemittelhaltigen, mineralischen oder mehrkomponentigen Produkten erfolgt die Trocknung bei wässrigen Beschichtungsstoffen physikalisch, so z. B. bei Dispersionsfarben, ▸*einkomponentigen Bitumen-Dickbeschichtungen* oder ▸*Siliconmikroemulsionen* als

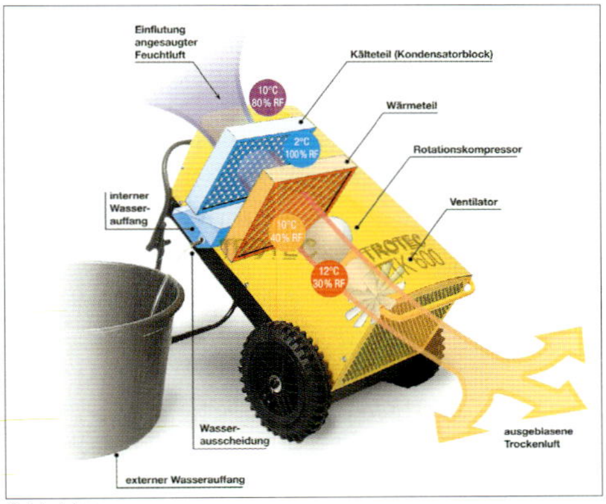

© siehe Anhang

▸*Injektionsmittel*. Dem entsprechend sind die äußeren Bedingungen wie Temperatur und ▸*Luftfeuchtigkeit* sowie die aufgetragene Schichtdicke eine wichtige Einflussgröße für die Trocknung. Je niedriger die Temperatur, je höher die Luftfeuchtigkeit und je größer das Volumen an Nassschichtdicke, desto länger dauert die An- und Durchtrocknung. Eine Verbesserung lässt sich in diesen Fällen nur in sehr begrenztem Umfang erreichen, z. B. durch Wärmezufuhr, wodurch die Wasserverdunstung beschleunigt wird, oder in bestimmten Fällen durch spezielle Additive.

Trocknungsblockade

▸*Fraktionierte Salzkristallisation*

FEUCHTEVERLAUF

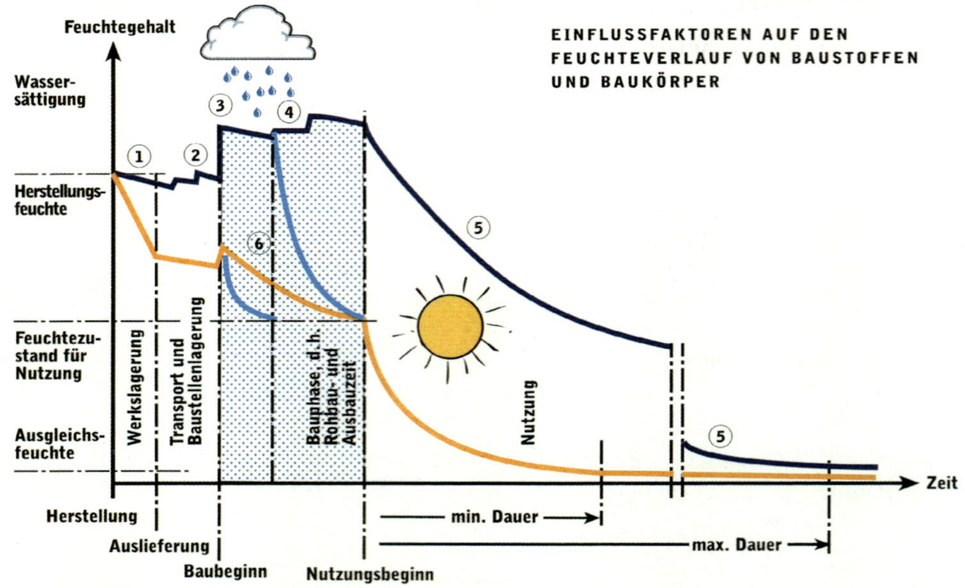

Feuchteverlauf bei Verkettungen von ungünstigen Bedingungen (①–⑤), der nur durch eine technische Trocknung kurzfristig beeinflusst werden kann bzw. diese dringend erforderlich macht.

① Bei der werkseitigen Lagerung fehlte z. B. der Wetterschutz.

② Baustoffe wurden während des Transportes und/oder der Baustellenlagerung ohne Abdeckung ungünstigen Witterungsbedingungen ausgesetzt.

③ Bei der Herstellung von Beton und Mörtel wurde zu viel Anmachwasser verwendet.

④ Unwetter während der Roh- und Ausbauphase bei ungenügender bzw. zu später Abdeckung.

⑤ Durch den ungünstigen Verlauf (①–④) ist der Feuchtigkeitsgehalt zu hoch. Folgeschäden sind vorprogrammiert.

Feuchteverlauf bei durchgehend optimalen Bedingungen, der eine technische Trocknung nur in Ausnahmesituationen erforderlich macht.

⑥ Verkürzung des natürlichen Trocknungsprozesses durch den Einsatz der technischen Trocknung

- bei ungünstigen Witterungsbedingungen, damit der Bauzeitenplan nicht gefährdet wird und zur Vermeidung von Folgeschäden
- bei extremem Termindruck, damit die letzten Gewerke (z. B. Trockenbauer, Bodenleger, Maler) rechtzeitig beginnen können
- bei schwierigen baulichen Situationen wie mehreren unterirdischen Geschossen (z. B. Banktresor, Lagerraum, Tiefgarage), wo fehlende Luftzirkulation und/oder niedrige Temperaturen in Teilen der Gebäude den Idealverlauf der Trocknung verhindern

© siehe Anhang

Trocknungsverfahren

Zur Reduzierung der Mauerwerksfeuchtigkeit und im Rahmen der Kellersanierung werden verschiedene Trocknungsverfahren eingesetzt. In der Praxis sind dies ▸*Kondenstrockner*, ▸*Absorptionstrockner*, ▸*Mikrowellen-Trocknungsgeräte*, Heizstab-Trocknungsgeräte und die ▸*thermisch-konvektive Trocknung*.

Kondens- und Absorptionstrockner basieren auf dem Prinzip der Reduzierung des Wasserdampfgehaltes im Raum und dem sich dadurch einstellenden Dampfdruckgefälles. Die Austrocknung beschränkt sich daher auf den oberflächennahen Wandbereich. Soll oder muss das Mauerwerk in die Tiefe bzw. über den gesamten Mauerwerksquerschnitt vorgetrocknet werden, setzt man die Mikrowellen- oder Heizstabtechnik ein. Bei diesem Verfahren wird der Mauerwerksquerschnitt erwärmt. Durch die erhöhte Wandtemperatur steigt das sog. Partialdruckgefälle und damit nimmt die Diffusion zwischen Mauerwerk und ▸*Luftfeuchtigkeit* zu. Auf diesem Prinzip aufbauend wurde die thermisch-konvektive Trocknung entwickelt.

T-Stoß

Mit dem sog. T-Stoß wird das Zusammentreffen der Längsnaht einer ▸*Abdichtungsbahn* mit einer Quernaht einer benachbarten Abdichtungsbahn bezeichnet.

Tünchen

▸*Kalkmilch*

Tuff

Tuff (oder auch Tuffgestein) ist ein aus ursprünglich lockerem, später verfestigtem vulkanischen Auswurfmaterial bestehendes Sediment. Vulkanische Tuffe dürfen nicht mit kalkhaltigen Sintergesteinen wie Kalk- oder Quelltuff verwechselt werden. Tuffe stehen in enger Beziehung zu Lava, da sie gleichzeitig mit dieser aus dem Vulkankrater ausgeworfen wurden. Hierbei werden sie in charakteristischer Weise geformt. Man unterscheidet Tuffe nach ihrer Zusammensetzung (Ursprungsmaterial und zugehörige Laven) oder – häufiger – nach der Korngröße. Die Größe liegt im Bereich zwischen einer Nuss und einer Faust. [1]

Tugor-Druck

▸*Osmotischer Druck*

A B C D E F G H I J K L M N O P Q R S T **U** V W X Y Z

U

Überdeckung

Die ▸*DIN 18 195 „Bauwerksabdichtung“* definiert mit dem Begriff der Überdeckung den Bereich, in dem zwei ▸*Abdichtungsbahnen* einer Abdichtungslage zur Herstellung von Nähten und Stößen übereinander liegen.

Überfestigung

Als Überfestigung bezeichnet man eine Bindemittelanreicherung an der Oberfläche, verursacht durch das unzureichende Eindringen (Penetration) einer untergrundverfestigenden ▸*Grundierung*. Dies können z. B. silikatgebundene Grundierungen sein, die durch eine zu starke Oberflächenverkieselung zu einer Überfestigung führen. Aber auch das zu lange oder intensive Reiben eines mineralischen Putzes kann zu einer Überfestigung führen (Bindemittelanreicherung und ▸*Fettrisse*). Darüber hinaus kann eine starke Versalzung im oberflächennahen Bereich eine Erhöhung der Festigkeit nach sich ziehen. Der gleiche Effekt kann durch eine ▸*Sinterschicht*, ▸*Patina* oder ▸*Kruste* verursacht werden.

Übergang

Mit dem Begriff Übergang wird der Wechsel von zwei oder mehreren ▸*Abdichtungsstoffen* oder -technologien beschrieben.

Überlappung

▸*Überdeckung*

Überlappungsfuge

Die Überlappungsfuge ist die ▸*Fuge*, bei der die Flanken parallel zur Bauteilebene liegen.
▸*Fugen*

Überstreichbarkeit

Die Überstreichbarkeit ist für die ▸*Fugenabdichtung* mit ▸*Dichtstoffen* ein wichtiges Kriterium. Hierbei gelten Dichtstoffe als überstreichbar, wenn sie ganzflächig überdeckend mit einem oder mehreren Anstrichen beschichtet werden können, ohne dass sich schädigende Auswirkungen ergeben. Hierbei hat sich folgende Grundregel bewährt: elastische Dichtstoffe oder Dichtstoffe, deren Dehnungsvermögen höher ist als das des Beschichtungssystems, dürfen nicht vollflächig überstrichen werden. Wird trotzdem ein vollflächiges Überstreichen gefordert, muss dies mit dem Dichtstoffhersteller abgestimmt werden.

Die Prüfung der Überstreichbarkeit erfolgt im gestrichenen Zustand durch eine Dehn-/Stauchbelastung in Höhe der zulässigen Gesamtverformung des zu prüfenden Dichtstoffes. Dies bedeutet, dass ein Dichtstoff mit 25% Gesamtverformung im überstrichenen Zustand um 25% gedehnt wird. Dabei darf in der Beschichtung keine Rissbildung auftreten.

Ultraschall-Transmission

Bei diesem zerstörungsfreien Prüfverfahren wird die Laufzeit und Intensität von Ultraschallimpulsen in Abhängigkeit vom Schallweg bestimmt. Aus dem Kurvenverlauf und der Dämpfung kann auf die Lage und Geometrie von Fehlstellen und Rissen geschlossen werden. Eine Messung und Auswertung am Bauwerk ist möglich, wobei es sich um relative Werte handelt. [17]

Umläufigkeit

▸*Umwanderung*

Umwanderung

Der Begriff der Umwanderung beschreibt ein Eindringen oder Hinterwandern von Feuchtigkeit in Folge von ▸*Rissen* und/oder der ▸*Porosität* von Baustoffen.

Ungeeignete Verfahren
(zur Sanierung von feuchte- und salzgeschädigten Bauwerken)

Unter dem Begriff „ungeeignete Verfahren zur Sanierung oder Instandsetzung von feuchte- und salzgeschädigten Bauwerken“ werden alle Verfahren und Produkte zusammen gefasst, die den wissenschaftlichen Nachweis ihrer Funktion und Wirkungsweise und den praktischen Nachweis noch nicht erbracht haben.

Zu den „ungeeigneten Verfahren“ werden alle Farbanstriche gezählt, da vorhandene Feuchtigkeitsprobleme oder ▸*Salzausblühungen* zeitversetzt wiederkommen: so z. B. bei Dispersionsfarben, da die ▸*Wasserdampfdiffusion* für die erhöhte Untergrundfeuchtigkeit nicht ausreicht. Die Folge sind ▸*Blasenbildung* oder ▸*Abplatzungen*.

Ungeeignete Putze sind Kalkputze, die zwar ein sehr gutes Wasserdampfdiffusionsvermögen besitzen, aber die aus dem Untergrund nach außen transportierten ▸*Salze* nicht aufnehmen können. So kommt es auch bei diesen Putzen zeitversetzt zu einer erneuten ▸*Durchfeuchtung* und zu Salzausblühungen auf der Wandoberfläche. Ungeeignet sind auch ▸*Zement- oder Sperrputze*. Sie werden eingesetzt, um Feuchtigkeit „einzusperren“. Wird die Verdunstung verhindert, steigt die Feuchtigkeit im Mauerwerk vertikal so weit, bis eine Verdunstung wieder möglich ist. Dies kann an solchen Bauwerken beobachtet werden, an denen im Sockelbereich neue aber ungeeignete Putze aufgezogen wurden. Nach einiger Zeit treten oberhalb der Putzebene Feuchtigkeitsprobleme und Salzausblühungen auf, die es vor dem Neuverputz nicht gab.

Ungeeignet sind auch sog. ▸*Kosmospappen*. Diese gewellten bitumen- oder teergetränkten Pappen wurden am Mauerwerk befestigt und wurden eingesetzt zur Kaschierung der wahren Feuchtigkeitsverhältnisse im Wandbereich. Über die Luftkanäle sollte eine Art begünstigte Trocknung im Sinne eines Belüftungssystemes stattfinden. Auf die Pappe wurde dann über einen Putzträger z. B. ein Putz aufgebracht. Da mit derartigen Verfahren die Möglichkeit einer Wasserabgabe des Mauerwerkes und damit die Trocknung reduziert wurde, kam es zu einem erheblichen Feuchtigkeitsanstieg im Wandbereich und somit zu einer Verlagerung der Schadenshorizonte. Das gleiche Prinzip gilt für Fliesen und keramische Beläge, die im Spritzwasserbereich ausgeführt werden. Auch hierbei wandert im Mauerwerk vorhandene Feuchtigkeit weiter nach oben und verdunstet oberhalb dieser Ebene.

© siehe Anhang

© siehe Anhang

© siehe Anhang

© siehe Anhang

Neben Feuchtigkeit werden natürlich auch gelöste Salze mitgeführt, die dann auskristallisieren.

Viele Jahr(zehnt)e wurden Maßnahmen angeboten, mit denen die Mauerwerksfeuchtigkeit abgeführt werden sollte, so z. B. Belüftungsverfahren mit sog. ▸*Mauer- oder Belüftungsröhrchen*: neben den Knapen´sche Röhrchen wurden ganze Belüftungssysteme im Sinne von Belüftungskanälen zur Feuchtereduzierung im Mauerwerksquerschnitt konstruiert, sie trugen Namen wie ▸*Mauerlungen* oder auch Fundamentbelüftung. Durch den Einbau von Kammer- oder Schemelsteinen sowie Belüftungsschächten sollte anfallende Feuchtigkeit an die Luft abgegeben werden. Da es in Belüftungskanälen bei ungünstiger Luftfeuchtigkeit noch zu einer zusätzlichen Befeuchtung kommen kann, müssen diese Verfahren schon aus physikalischer Sicht in Frage gestellt werden. Außerdem gilt für alle diese Verfahren, dass die Ursache der Mauerwerksdurchfeuchtung nicht beseitigt wird. Selbst wenn die Verdunstung oder Feuchteabgabe mindestens genauso groß wäre, wie die Feuchtigkeitsaufnahme besteht immer noch das Problem, dass mit der Feuchtigkeit gelöste Salze mitgeführt werden, die an der Verdunstungsfläche kristallisieren und damit die ▸*Hygroskopizität* des Mauerwerkes erhöhen.

© siehe Anhang

Ungeeignet für die Sanierung oder Instandsetzung von feuchte- und salzgeschädigten Bauwerken sind auch alle Verfahren der ▸*thermischen Bautrocknung* oder ▸*Hüllflächentemperierung*. Bei diesen Verfahren erfolgt eine Reduzierung der Feuchtigkeit im Wandquerschnitt durch das Anlegen einer Rohrleitung, über die Wärme ausgestrahlt wird. Der auch als ▸*Coanda-*▸*Effekt* beschriebene Warmluftauftrieb an der Wandoberfläche soll zur allmählichen Erwärmung der Wand über den Leitungsbereich hinaus führen. Es ist nicht auszuschließen, dass in Abhängigkeit von der Außen- und Innentemperatur, den Materialeigenschaften und der ▸*relativen Luftfeuchte* im Raum auf diese Art ein ganzes Bauteil temporär austrocknen kann. Der wesentliche Punkt ist aber, dass dieses Bauteil nicht dauerhaft trockengelegt werden kann, wenn die kapillar zugängliche Feuchtigkeitsursache nicht beseitigt wird.

Als ungeeignet (weil unwirksam) sind auch ▸*elektromagnetische Verfahren*, unter den Begriffen ▸*Schwingkreisverfahren* oder ▸*„Wunderkästchen“* bekannt, einzustufen. Hierbei handelt es sich um kleine Kästchen mit kaum überprüfbarem Inhalt, denen nach Angabe der Hersteller eine zwar nicht erklärbare, dafür aber sofort spürbare Wirkung, beschieden ist. Derartige Kästchen werden einzeln oder in Mehrzahl in das durchfeuchtete Gebäude gestellt und sollen alle „den Wassertransport der

© siehe Anhang

Wand bestimmenden Strahlen und Felder beeinflussen bzw. diese vernichten“. Im Gegensatz zu den vorher genannten sowie zu allen bewährten und wissenschaftlich anerkannten, aber schlecht ausgeführten, Verfahren und Systemen zur Mauerwerkstrockenlegung haben diese „Zauberkästchen“ den einzigen Vorteil, dass sie dem Bauwerk wenigstens nicht schaden.

Ungelöschter Kalk

Als ungelöschten Kalk bezeichnet man gebrannten ▸*Kalk* oder ▸*Branntkalk*.

Unpolare Baustoffe

▸*Polarität*

Unterdruckinjektion

Vor einigen Jahren ist ein sog. Unterdruckverfahren bekannt geworden. Hierbei werden die Baustoffkapillaren durch starke Pumpen zunächst evakuiert, bevor die ▸*Injektion* des ▸*Injektionsmittels* erfolgt. Durch den Aufbau eines Vakuum im Baustoff soll die Aufnahme und Verteilung des Injektionsmittels verbessert werden. Unter den Bedingungen der Praxis ist eine gleichbleibende Qualität dieses Verfahrens schwer möglich. Statt durch Vakuum die Wand „leer zu saugen“ wird alternativ das Mauerwerk aufgeheizt bzw. vorgetrocknet. Ausreichende Erfahrungen liegen noch nicht vor und es muss abgewartet werden, ob sich dieses System durchsetzen wird.

Untergrund

Eine zu beschichtende Oberfläche wird als Untergrund (und gelegentlich auch als Substrat) bezeichnet.

Untergrundprüfung

Die Prüfung eines zu beschichtenden Untergrundes nach Art und Beschaffenheit ist nach der VOB, Verdingungsordnung für Bauleistungen, DIN 18363 zwingend vorgeschrieben und Bestandteil der Allgemeinen Technischen Vertragsbedingungen. Dabei handelt es sich bei den auszuführenden Prüfungen um nur wenig aufwendige, einfache Methoden, mit denen eine relativ schnelle Beurteilung möglich ist. Sie beschränken sich auf sichtbare oder anderweitig erkennbare Mängel unter den Bedingungen am jeweiligen Objekt. Derartige Prüfungen sind z. B. Kratzprobe, Benetzungsprobe, Feuchtigkeitsmessung an der Oberfläche (!), Abrissprobe, Reaktionsprüfung (pH-Wert) oder auch Gitterschnitt.

In Bezug auf die Kellerabdichtung und -sanierung muss betont werden, dass weitergehende Untersuchungen wie z. B. Kernbohrungen zur Ermittlung des Durchfeuchtungsgrades oder qualitative und quantitative Salzbestimmungen nicht Gegenstand der Untergrundprüfung lt. VOB sind. Werden diese erforderlich, müssen sie als separate Leistung ausgewiesen und ausgeführt werden.

Untergrundvorbereitung

Geeignete Untergründe für die ▸*Bauwerksabdichtung* müssen fest, tragfähig und frei von trennenden oder haftungsmindernden Substanzen wie Trennmittel, Staub, Schmutz, Salzausblühungen, sandende Untergründe oder nicht tragfähige Altbeschichtungen, Putze oder Anstriche sowie Teer- oder Ölanstriche sein. Zur Überprüfung ist eine Wisch- und Kratzprüfung durchzuführen. Bei der Wischprüfung wird mit der Hand über den Untergrund gestrichen, wobei sich weder Bestandteile vom Untergrund lösen dürfen, noch die Hand verschmutzen werden darf. Eine Kratzprüfung dient zur Feststellung evtl. ▸*Sinterschichten* oder Hohlstellen an sonst festen Untergründen. Hierbei wird mit dem Nagel der Untergrund aufgekratzt. Lösen sich dabei Teile oder Bestandteile vom Untergrund ab oder dringt der Nagel in den Untergrund ein, so ist die gesamte Sinterschicht zu beseitigen. Die Kratzprüfung kann nicht bei Bauteilen mit geringer Festigkeit durchgeführt werden. Sinterschichten und Hohlstellen sind fachgerecht zu entfernen. Der Untergrund muss frei von Graten oder scharfkantigen Unebenheiten, Mörtel- oder Betonüberständen sowie Steinvorsprüngen sein. Die Fläche muss optisch

A B C D E F G H I J K L M N O P Q R S T U V W X Y Z

überprüft und vorstehende Kanten beseitigt werden. Des Weiteren müssen Vertiefungen, Löcher und Ausbrüche geschlossen und Kiesnester beseitigt werden.

Eine Entscheidung über eine evtl. notwendige Untergrundvorbehandlungen muss vom jeweiligen Verarbeiter nach dessen fachgerechter Prüfung des betreffenden Untergrundes und im Hinblick auf die Art der vorgesehenen Abdichtung sachgerecht getroffen und sorgfältig ausgeführt werden. Prüfen und Vorbereiten des Untergrundes, wie z. B. Entstauben, Reinigen, Aufrauen, Glätten, Imprägnieren, Isolieren, Grundieren, Hydrophobieren usw. sind wichtige Bestandteile beim Aufbringen eines Abdichtungssystems und für dessen Funktionalität und Haltbarkeit von entscheidender Bedeutung.

Unterputz

Wird ein zwei- oder mehrlagiges Putzsystem aufgebracht, wird die untere Lage als Unterputz oder ugs. als Grundputz bezeichnet. Auch der Name Grauputz wird in einigen Regionen verwendet, um diese Unterputze von den getönten/farbigen Oberputzen zu unterscheiden. Als Unterputze werden nach Bindemitteln klassifiziert Kalk-, Kalkzement-, Zement- und Gipsputze ausgeführt. Nach Anwendung oder Eigenschaften werden u. a. Leicht-, Sanier- oder Wärmedämmputze eingesetzt.

Unterspannbahnen

Unterspannbahnen sind mit ▸*Bitumen* beschichtete Kunststoff-Vliese. Sie werden unter Dächern, in Außenwandverkleidungen und Holzbalkendecken zum Schutz vor Wasser und Staub verlegt.

Untersuchungen

▸*Bauwerksdiagnostik*

V

Vakuumfluid-Entsalzung

Die Vakuumfluid-Entsalzung wird in [5] beschrieben und ist ein ▸*Entsalzungsverfahren* auf konvektiver Grundlage. Dieses Verfahren ist nur für ebene, eng begrenzte und oberflächennahe Bereiche geeignet, also vorrangig für den Denkmalerhalt. Auf die zu entsalzende Oberfläche wird ein Unterdruck-Sauggefäß aufgesetzt, mit dem gelöste ▸*Salze* aus dem Untergrund angesaugt werden können. Der zu entsalzende Bereich muss permanent geflutet werden, damit die Salze in Lösung gehen können.

Vakuumpumpe

Vakuumpumpen werden zur ▸*Bohrlochinjektion* eingesetzt und haben bis zu 10 Anschlüsse, mit denen im Rissbereich durch eine Unterdruckpumpe ein Vakuum aufgebaut wird. Durch diesen Unterdruck kommt es im Rissbereich zu einer Art Saugeffekt, mit dem das ▸*Injektionsmittel* selbständig angesaugt wird. Wichtig ist, dass die einzelnen Anschlüsse mit einem Absperrventil versehen sind, damit das Injektionsmittel nicht zurück in die Pumpe gedrückt wird. Die Reinigung der Injektionspumpen muss gründlich und gewissenhaft durchgeführt werden, damit es durch Verschmutzung oder Verunreinigung nicht zu einer Beeinträchtigung des Injektionsvorganges kommt. Es ist darauf zu achten, dass das Reinigungswasser vollständig aus der Injektionspumpe entfernt wird bzw. sich kein Kondensat bilden kann, wenn mit Wasser reagierende Injektionsmittel eingesetzt wurden. [8]

Vakuumsättigung

Unter Vakuumsättigung wird die Lagerung von Baustoffproben im Wasser bei gleichzeitiger Wirkung eines Vakuums verstanden. Diese ist notwendig, um auch die nicht kapillar zugänglichen ▸*Poren* eines Baustoffes zu erfassen sowie die möglichen Lufteinschlüsse in den Poren zu beseitigen. [5]

Vakuumtrocknung

Die Vakuumtrocknung ist ein spezielles Verfahren, das im Rahmen der ▸*Technischen Bautrocknung* eingesetzt wird. Notwendig wird die Vakuumtrocknung, wenn z. B. wertvolle Bücher, Zeitungen, Zeichnungen, Dokumente und andere Erzeugnisse aus Papier und Pappe nach einem ▸*sporadischen Wasserschaden* gerettet werden müssen. Da eine ▸*Durchfeuchtung* in Folge eines Wasserschadens verheerende Folgen für Papier und Papierkleber haben kann, muss im Schadensfall so schnell wie möglich reagiert und gehandelt werden. Der erste Schritt ist hierbei das sofortige Verpacken der betroffenen Gegenstände in geeignete Behälter. Diese müssen dann schnellstens eingefroren werden, um die Schadensprozesse zu stoppen bzw. sie zu verhindern. Zur eigentlichen Trocknung werden die Bücher, Zeitungen, Zeichnungen und sonstigen Dokumente dann in Vakuumschränke gepackt und im Hochvakuum das gefrorene Material langsam und kontrolliert erwärmt, wobei das enthaltene Wasser (in eisförmigem Zustand) direkt als Wasser verdampft, ohne dass es in seiner flüssigen Form Schäden anrichten kann.

© siehe Anhang

Verankerungen

Der Begriff Verankerung beschreibt ein Instandsetzungsverfahren, um gerissene Mauerwerke und Betonkonstruktionen miteinander zu verklammern. Hierbei kann die Verankerung verschiedene Funktionen übernehmen:

entweder wird das Mauerwerk oder das Betonbauteil stabilisiert oder die Tragfähigkeit nachträglich erhöht oder wieder hergestellt. Eingesetzt werden sog. Nadelanker und Spannanker, die noch einmal in Verpressanker, Klebeanker und Spreizanker unterteilt werden.

Verbundabdichtung

Werden Boden- oder Wandflächen gegen hohe Feuchtebelastung abgedichtet, wird häufig auf sog. Verbundabdichtungen zurück gegriffen. Hierbei handelt es sich um eine Abdichtungsschicht in flüssiger Form, die nach der Erhärtung mit Fliesen oder Platten bekleidet wird. Die Fliesenbekleidung ist dabei als pflegeleichte und wasserabweisende Oberflächenschicht zu sehen, die wegen des hohen Fugenanteils jedoch nur begrenzt gegen Feuchte schütz. Deshalb hat die Abdichtungsschicht auf dem Untergrund eine wesentliche Aufgabe zu übernehmen. Nach dem Auftrag und der Härtung muss sie eine gewisse Flexibilität, mechanische Belastbarkeit, Rissüberbrückung und eine hohe Haftung zum Untergrund sowie für den nachfolgenden Fliesen- oder Plattenbelag aufweisen – und natürlich wasserdicht sein. Die Anforderungen an die Abdichtungsschicht sowie Hinweise für die Ausführung der Verbundabdichtung bei Kombination mit Bekleidungen aus Fliesen und Platten bei Wand- und Bodenflächen sowie im Schwimmbadbereich sind in den Merkblättern des Zentralverbandes des Deutschen Baugewerbes enthalten. Für Verbundabdichtungen werden je nach Einsatzgebiet 4 Beanspruchungsklassen unterschieden: I – kurzzeitiges Spritzwasser, II – langfristig nichtstauendes Wasser, III – Feuchtigkeitsbelastung im Außenbereich sowie IV – Agressive Medien und mechanische Belastung.

Bei Schwimmbädern wird die Verbundabdichtung in Kombination mit einem Becken aus einem wasserundurchlässigen Stahlbeton mit rissweitenbeschränkender Bewehrung ausgeführt. Wenn die Rissweite im Beton auf Werte ≤ 0,1mm beschränkt bleibt, stellt die Verbundabdichtung kein Problem dar.

Verdämmung

Der Begriff Verdämmung wird in der Regel während der Vorbereitungsphase einer ▸*Injektion* verwendet und beschreibt die temporäre ▸*Abdichtung* eines ▸*Risses* auf der Bauteiloberfläche. Diese erfolgt aus zwei Gründen: entweder muss ein Riss geschlossen werden, damit sich für und während der Injektion überhaupt der notwendige Injektionsdruck aufbauen kann. Alternativ wird diese Abdichtung notwendig, damit der ▸*Injektionsstoff* nach dem Einbringen nicht herausläuft und entsprechend im Mauerwerk reagieren (trocknen und/oder härten) kann.

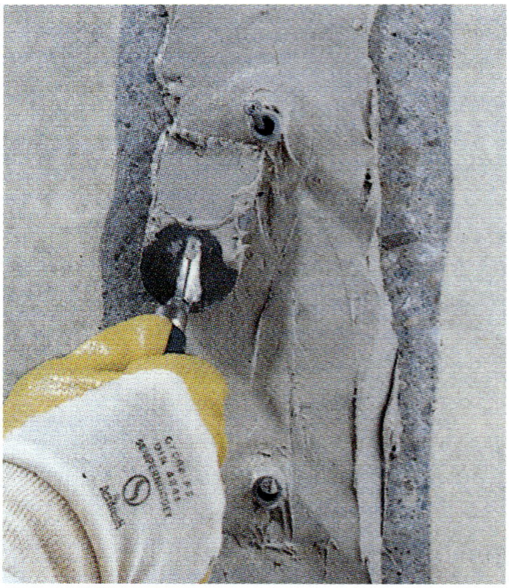

© siehe Anhang

© siehe Anhang

Verdeckte Nagelung

Die verdeckte Nagelung ist ein Begriff aus der Dach- und ▸*Bauwerksabdichtung* mit ▸*Bitumen-*

bahnen und beschreibt eine mechanische Befestigung einer Bitumenbahn im Bereich der Überdeckung mit Hilfe von Dachpappestiften.

Verdichtungsinjektion

Der Begriff Verdichtungsinjektion kommt aus dem Bereich der Spezial-Grundbau-Injektion und ist eine Ergänzung der sog. Aufbruchinjektion. Dabei wird der Baugrund durch das eindringende ▸*Injektionsmittel* komprimiert und dadurch verdichtet. Insgesamt findet eine enorme Verfestigung des Baugrundes statt, so dass vorhandene Baugrundbewegungen und Setzungen zum Stillstand kommen. Diese Art von Injektionen, die auch als Compaction Grouting bezeichnet wird, wird bei baudynamischen oder konstruktiven ▸*Rissen* im Rahmen der Gründungssanierung angewendet.

Der Vorteil dieses Verfahrens besteht darin, dass selbst feinkörnige und lockere Böden mit sehr hohen bindigen Anteilen wirksam verdichtet werden können. Verwendet wird hierfür ein spezieller Injektionsmörtel mit dickflüssiger Konsistenz, der mit hohen Drücken in den Boden gepresst wird. Durch dieses Einpressen kommt es zu einer Komprimierung, die erst durch das Gewicht der darüberliegenden Bodenschichten zum Stillstand kommt.

Verdünnung

Unter Verdünnung wird die Reduzierung der Konzentration oder ▸*Viskosität* eines Baustoffes durch Zugabe eines Verdünnungsmittels verstanden. Die Verdünnung kann hierbei ganz unterschiedliche Aufgaben übernehmen. Neben der Einstellung einer Verarbeitungskonsistenz kann auch die ▸*Penetration* in den Untergrund verbessert oder der jeweilige Wirkstoffgehalt auf die jeweilige Anwendung angepasst werden.

Verdünnungsmittel

Nach DIN EN 971 Teil 1 ist ein Verdünnungsmittel eine Flüssigkeit, die aus einer oder mehreren Komponenten bestehen kann und unter bestimmten Trocknungsbedingungen flüchtig ist. Ein Verdünnungsmittel wird dem Beschichtungsstoff zugegeben, um die ▸*Viskosität* zum Zeitpunkt der Verarbeitung zu beeinflussen. In der Regel wird der Begriff Verdünnungsmittel für organisch gebundene Beschichtungsstoffe verwendet, bei anorganischen oder mineralischen Produkten wird der Begriff Anmachwasser verwendet.

Verdunstung

Der Begriff der Verdunstung beschreibt den Übergang eines Stoffes in den gasförmigen Zustand, ohne dass dieser zum Sieden gebracht wurde. Bekanntestes Beispiel ist die Verdunstung von Wasser, wenn die Luft nicht mit Wasserdampf gesättigt ist. Bei der Verdunstung bleibt die Temperatur der Gasphase mit den verdunsteten Teilchen gleich und die sog. Entropie vergrößert sich. [1]

Verdunstungszone

Die Verdunstungszone spielt bei einem feuchte- und salzbelasteten Mauerwerk eine entscheidende Rolle, da in dieser Zone die stärksten Salzausblühungen (Salzkristalle) zu beobachten sind. Ursache ist, dass die gelösten ▸*Salze* bis an die Baustoffoberfläche (Mauerwerk oder Putz) transportiert werden und durch die Verdunstung (Wasserabgabe) die Salze auskristallisieren. Bei den meisten Salzen ist dies mit einer Volumenvergrößerung verbunden, die den eigentlichen Schadensprozess einleitet. Deshalb werden im Rahmen der ▸*Bauwerksdiagnostik* die Bohrkerne nicht nur im Bereich der sichtbaren ▸*Durchfeuchtung*, sondern auch unmittelbar in oder über der sichtbaren Verdunstungszone gezogen.

Die Verdunstungszone hat auch für die Funktion der ▸*Sanierputze* eine wesentliche Bedeutung, da diese von der Oberfläche klassischer Putze in den Sanierputz verlagert wird. Infolgedessen kommt es nicht an der Oberfläche, sondern in der Putzschicht (▸*Luftporen*), zur ▸*Kristallisation* der Salze.

Verfestigende Injektionen

▸*Injektionen*
▸*Verankerungen*

A B C D E F G H I J K L M N O P Q R S T U V W X Y Z

Verfestigung

▸ *Baugrundverfestigung*
▸ *Injektionen*
▸ *Mauerwerksverfestigung*
▸ *Steinverfestigung*

Verflüssiger

▸ *Plastifizierungsmittel*

Verformung von Baustoffen

Baustoffe verformen sich unter der Einwirkung äußerer Kräfte. Diese äußeren Kräfte können als Feuchtigkeit und/oder thermische Beanspruchungen angreifen. Die verschiedenen Baustoffe unterscheiden sich ganz erheblich in ihrer Reaktion darauf. Das Verformungsverhalten bzw. seine Auswirkungen auf Schäden und Schadensbilder sowie deren Ursachen hat im Rahmen der ▸ *Risssanierung* eine große Bedeutung. ▸ *Risse* sind in der Regel darauf zurück zu führen, dass die Beanspruchungen im Baustoff Spannungen verursachen, die größer als die Festigkeiten im Baustoff sind. Unterschieden werden lastabhängige und lastunabhängige Verformungen.

Bei lastabhängigen Verformungen kommt es zu zeitabhängigen Formänderungen unter Spannungen aufgrund von Lasten. Hierbei wird dann wiederum zwischen langzeitigen und kurzzeitigen Lasteinwirkungen unterschieden. Bei kurzzeitigen Lasteinwirkungen geht ein Teil der aufgetretenen Verformung nach der Entlastung wieder zurück. Dieser Vorgang wird auch mit dem für mineralische Baustoffe unüblichen Begriff der elastischen Dehnung beschrieben. Die Anteile der elastischen Dehnung im Verhältnis zur bleibenden Dehnung sind dabei von der auftretenden Spannung abhängig und liefern als Kenngröße das sog. Elastizitäts-Modul (kurz ▸ *E-Modul*) eines Baustoffes.

Langzeitbedingte Lasteinwirkungen haben dagegen zur Folge, dass sich der Baustoff verändert bzw. verformt, was auch unter dem Begriff Kriechen zusammen gefasst wird. Hierbei spielt es eine Rolle, ob eine Druckbeanspruchung durch die Einwirkung einer Eigenlast oder Nutzlast vorliegt, unter der sich der Baustoff verkleinert, oder eine Zugbeanspruchung, bei der sich ein Baustoff verlängert bzw. ausdehnt.

Steigen dagegen die Spannungen über den elastischen Bereich hinaus, so nehmen die Dehnungen überproportional zu und der Baustoff nimmt bereits plastische Verformungen an.

Verfüllende Injektionen

▸ *Injektionen*
▸ *Mauerwerksverfestigung*

Vergelung

▸ *Schleierabdichtung*

Vergilbung

▸ *Lichtechtheit*

Vergipsung

▸ *Kalziumkarbonat*

Vergrauung

▸ *Lichtechtheit*

Verkieselung

Der Begriff Verkieselung beschreibt die unterschiedlichen chemischen Reaktionen von ▸ *Wasserglas* (= Kaliumsilikat) mit einem mineralischen Untergrund und dessen reaktionsfähigen Komponenten (insbesondere Quarz), die im Endzustand zu einer besonders festen Verbindung zwischen dem Untergrund (Substrat) und der Beschichtung führen. Eine Verkieselung ist ausschließlich auf Silikatbindemittel beschränkt, wobei auch die Luftkohlensäure (Kohlendioxid) an dem Härtungsvorgang beteiligt ist. Zu beachten ist dabei, dass sich durch den Verkieselungsvorgang des Bindemittels kein geschlossener und besonders dichter Film bildet, sondern eine hoch wasserdampfdurchlässige bzw. diffusionsoffene Beschichtung vorliegt. Man spricht deshalb auch von „mikroporösen" Beschichtungen. Allerdings besitzen diese Oberfläche eine höhere ▸ *kapillare Wasseraufnahme*, so dass sie deshalb durch entsprechende Zusätze ▸*hydrophobiert* werden müssen.

Verkieselungsfolge

Als Verkieselungsfolge wird seit vielen Jahren das mehrmalige Grundieren des Untergrundes mit einer silikatgebundenen ▸*Grundierung* bezeichnet, bevor anschließend eine ▸*Bauwerksabdichtung* mit ▸*mineralischen Dichtungsschlämmen* oder ▸*Bitumen-Dickbeschichtungen* ausgeführt wird. Hierbei wird zum Teil nass-in-nass in mehreren Arbeitsschritten relativ viel Grundierung aufgetragen. Ob diese aufwendige Untergrundvorbehandlung in allen Fällen notwendig ist, ist zweifelhaft, da diese bei anderen Abdichtungssystemen mit gleichem Aufbau nicht benötigt wird. Aber sie ist Systembestandteil und muss deshalb aus Gewährleistungsgründen ausgeführt werden.

Vermehrungsphase

Der Begriff Vermehrungsphase kommt aus der Mikrobiologie und beinhaltet die zweite Entwicklungsphase der ▸*Schimmelpilze*. In dieser Vermehrungsphase bildet der Schimmelpilz oft innerhalb von wenigen Stunden ein gut sichtbares rasenartiges ▸*Myzel*, das der Vermehrung dient. Hierbei wachsen senkrechte Lufthyphen mit stielartigen Auswüchsen aus dem Hyphengeflecht, die Konidienträger. An der offenen Spitze von flaschenförmigen Mutterzellen werden perlschnurartig Konidien abgeschnürt. Das rasenartige Hyphengeflecht mit den Konidienträgern bildet das Oberflächen- oder Luftmyzel. Der Freisetzungsmechanismus ist überwiegend auf den Lufttransport der Konidien ausgerichtet. Die sehr dünnen, stielartigen Verbindungsbrücken oder kleinen Zwischenzellen wirken als Sollbruchstelle, so dass die kleinste Erschütterung oder Luftbewegung ausreicht, um die Konidien abzutrennen. Mit Konvektionsströmen werden sie dann als Aeroplankton über kleinere Entfernungen innerhalb der Bauwerke transportiert.

Vermiculit

Vermiculit ist ein ▸*Zuschlagsstoff*, der einen schichtartigen Aufbau aufweist und zwischen den einzelnen Lagen flächige ▸*Poren* ausbildet. Die Länge der Porenräume beträgt maximal 150 µm, die Breite bis zu 15 µm. Andere Zuschlagsstoffe wie Perlite z. B. zeigen im Vergleich ein völlig anderes Porensystem. Einzelne kugelige und polyedrische Poren sind durch dünne und glatte Porenwandungen verbunden, deren Dicke etwas 0,5 µm beträgt. Der Porendurchmesser bewegt sich von ca. 60 µm bis < 10 µm. Die dünnen Porenwandungen führen bei mechanischer Beanspruchung (Mischen) leicht zu Gefügezerstörungen, die die Gesamtporengrößenverteilung des Putzes beeinflussen können. Auch Bims weist eine ähnliche, jedoch mechanisch stabilere Gefügestruktur auf. Die Porenwandungen sind bis zu 5 µm dick, die Porendurchmesser liegen im Bereich zwischen 20 µm bis < 3 µm. Bei der Bestimmung der Porenradienverteilung des Putzes selbst mittels ▸*Quecksilberhochdruckporosymetrie* sind die Unterschiede der Porenradien der einzelnen Leichtzuschlagstoffe nicht mehr deutlich erkennbar.

Vernadelung

▸*Injektionen*
▸*Mauerwerksverfestigung*
▸*Verankerungen*

Vernetzung

In der makromolekularen Chemie versteht man unter Vernetzung die räumliche Verbindung von Polymerketten untereinander zu einem Netzpolymer. Diese Quervernetzung übernimmt auch bei der physikalischen Trocknung eine wichtige Rolle. Neben der chemischen Reaktion von zwei oder mehr Substanzen kann auch die Einwirkung von Wärme eine Vernetzung bewirken.

Vernetzungsreaktion

Unter Vernetzungsreaktion wird eine chemische Reaktion von kleinen Molekülen zu Makromolekülen verstanden. Es findet eine

Vernetzung der einzelnen Monomere zu ▸*Polymeren* bzw. bei weiteren Reaktionen zu einem Netzpolymer statt. Die unterschiedlichen Vernetzungsreaktionen werden in ▸*Polymerisation*, ▸*Polykondensation* und ▸*Polyaddition* unterschieden.

Verpressanker

▸*Anker*

▸*Injektionen*

Verpresspacker

▸*Bohrpacker*

▸*Injektionspacker*

▸*Klebepacker*

▸*Packer*

▸*Schlagpacker*

▸*Schraubpacker*

Verpressschlauch

▸*Injektionsschlauch*

Verpressung

▸*Injektionen*

Versalzungsgrad

Der Versalzungsgrad ist für die Instandsetzung von stark durchfeuchteten Bauwerken in Folge von ▸*Hygroskopizität* eine wichtige Kenngröße. In der Praxis ist es allerdings üblich, diese als Salzbelastung zu bezeichnen oder diese in Form einer sog. ▸*Salzanalyse* oder durch ein ▸*Salz-Tomogramm* darzustellen. Die Kenntnis über Salzart und -konzentration ist für die Planung und Ausführung eine elementare Voraussetzung, da sie u. a. Einfluss auf die Wirkungsweise eines ▸*Injektionsmittels* nehmen kann und über die Schichtdicke bei einem Sanierputzsystem entscheidet. Hierzu wurden im ▸*WTA-Merkblatt* über Sanierputzsysteme Empfehlungen gegeben. So reicht bei einem geringen Versalzungsgrad ein ▸*Spritzbewurf* und anschließender ▸*Sanierputz* mit einer Schichtdicke von ca. 2 cm, der zweilagig aufgebracht werden sollte. Bei einem mittleren Versalzungsgrad sollte ein Spritzbewurf und anschließend ein ▸*Porengrundputz* und erst dann ein Sanierputz aufgebracht werden. Die Schichtdicke des Porengrundputzes sollte 1 bis 2 cm betragen oder richtet sich nach der objektspezifischen Untergrundunebenheit. Anschließend erfolgt der Sanierputz in einer Schichtdicke von 2 cm, unabhängig wie dick der Porengrundputz ausgeführt wurde. Bei einem hohen Versalzungsgrad ist der Porengrundputz, unabhängig der Unebenheit des Untergrundes, zwingend vorgeschrieben. Für die Schichtdicke gelten die gleichen Regeln wie bei der mittleren Belastung.

Verschnittmittel

Unter Verschnittmittel werden vor allem flüchtige Flüssigkeiten aus einer oder mehreren Komponenten zusammen gefasst, die einem Lösungsmittel zugegeben werden, ohne selbst ein Lösungsmittel zu sein oder dieses in seinen Eigenschaften nachteilig zu verändern.

Verseifung

Unter dem Begriff Verseifung ist im chemischen Sinn die Hydrolyse (= Aufspaltung) von Estern durch die Einwirkung von Alkalien (= Lauge) zu verstehen, wodurch die betreffende Verbindung wieder in die dem Ester zu Grunde liegenden Bausteine Alkohol und Säure zurückgeführt wird. Praktisch bedeutet dies, dass z. B. durch einen feuchten, alkalisch reagierenden Untergrund (z. B. frischer mineralischer Putz oder neuer Beton) das Bindemittel einer Dispersionsfarbe angegriffen und bei länger dauernder Einwirkung schließlich durch Hydrolyse ganz oder teilweise zerstört werden kann. Die Anwesenheit von Feuchtigkeit ist beim Verseifungsvorgang erforderlich. Die Folgen sind eine chemische Zersetzung vom Untergrund und damit einer schrittweise Reduzierung der ▸*Adhäsion* (Haftungsverlust) der Beschichtung.

Bei nicht alkalisch reagierenden Untergründen wie z. B. Holz, Spanplatten, Gips, Porenbeton, Metall o. ä. sowie generell im Innenbereich spielt die ▸*Alkalibeständigkeit* eines Bindemittels kaum eine Rolle, so dass hier auch andere

Bindemitteltypen eingesetzt werden können, die leichter verseifbare Estergruppen enthalten. Die Grundlage dafür, ob ein Bindemittel leicht oder schwer verseifbar ist, wird durch die Kettenlänge und die Lage und die Anzahl der Estergruppen gebildet. Da diese Zusammenhänge seit vielen Jahren bekannt sind werden heute für Produkte im Außenbereich nur noch schwer verseifbare bzw. gut alkalibeständige (wässrige) Bindemittel auf alkalisch reagierenden Untergründen eingesetzt, so dass reine Verseifungsschäden heute ausgesprochen selten auftreten.

Versiegelung

Unter Versiegelung wird in der Regel die Verdichtung oder ▸*Abdichtung* einer Oberfläche verstanden. Dies erfolgt durch eine Verdichtung der ▸*Poren*. Daher werden Produkte mit einem hohen Bindemittelanteil bzw. einem hohen Feststoffanteil eingesetzt. Zur Anwendung kommen je nach Anforderung in der Regel organische ▸*Harze*. Im Gegensatz zu Imprägnierungen oder Anstrichen, die entweder eine ▸*Hydrophobie* auf der Oberfläche oder einen Witterungsschutz sicherstellen sollen, haben Versiegelungen meistens noch die zusätzliche Aufgabe, die Oberfläche bzw. den darunter liegenden Baustoff gegen chemische und/oder mechanische Angriffe zu schützen.

Verstärkung

▸*Anker*
▸*Injektionen*
▸*Mauerwerksverfestigung*
▸*Verankerungen*

Verstärkungseinlage

Die ▸*DIN 18 195 „Bauwerksabdichtung“* definiert eine Verstärkungseinlage als ein flächenhaftes Material aus Gewebe- oder Vliesbahnen, das vor Ort bei der Verarbeitung in eine Abdichtungsschicht eingebettet wird. In der Abdichtungspraxis ist dieser Begriff allerdings unüblich und wird in der Regel durch Begriffe wie Armierungsgewebe oder Gewebearmierung, Glasfasergewebe oder auch Systemgewebe ersetzt. Angewendet wird eine Gewebeeinbettung in ein- oder zweikomponentigen ▸*Bitumen-Dickbeschichtungen*.

Vertikalabdichtung

Unter Vertikalabdichtung versteht man die senkrechte (vertikale) Flächenabdichtung an einem Mauerwerk oder einer Betonkonstruktion. Diese kann außenseitig (in der Regel und ausschließlich beim Neubau) oder auch von innen (▸*Negativabdichtung*) ausgeführt werden. Im Bereich der Neubauabdichtung gilt die ▸*DIN 18 195 „Bauwerksabdichtung“*, die bei der Altbausanierung in der Regel nur in Anlehnung angewendet werden kann. Alternativ sowie bei der ▸*Innenabdichtung* kann das ▸*WTA-Merkblatt* „Nachträgliche Vertikalabdichtung erdberührter Bauteile“ herangezogen werden. Dieses unterscheidet die Vertikalabdichtung von außen (▸*Außenabdichtung*), von Innen (Innenabdichtung) und durch ▸*Injektionen* (▸*Schleierabdichtung* oder ▸*Vergelung*).

Verträglichkeit

Auf Grund der Vielzahl unterschiedlicher Baustoffe, ihrer Zusammensetzungen und Wechselwirkungen mit anderen Baustoffen sowie der kontinuierlich steigenden Anzahl von Untergründen und Mischuntergründen wird die Verträglichkeit von Baustoffen untereinander sowie zum Untergrund ein wesentliches Thema der nächsten Jahre. Von einer Verträglichkeit eines Baustoffes zum Untergrund und/oder zu einem anderen Baustoff spricht man dann, wenn dieser Baustoff eingesetzt werden kann, ohne dass bauschädigende oder optische Wechselwirkungen auftreten. Dies können physikalische Unverträglichkeiten, wie z. B. Spannungen und Verfärbungen, oder auch chemische Unverträglichkeiten, wie z. B. unerwünschte Reaktionen oder Salzbildungen, sein. Auch eine mangelhafte Untergrundhaftung kann als Unverträglichkeit ausgelegt werden.

Verwahrung

Die Sicherung einer ▸*Abdichtung* gegen Wasserhinterläufigkeit wird auch als Verwahrung bezeichnet, wodurch dieser Begriff hauptsächlich für Abdichtungen mit ▸*Bitumenbahnen* verwendet wird.

Verwitterung

Bei natürlichen Verwitterungserscheinungen von anorganischen Bindemitteln, Putzen und Mörteln unterscheidet man die trockene, nasse und biologische Verwitterung. Die biologische Verwitterung kann durch Pflanzen wie Flechten, Algen und Pilze sowie durch tierische Substanzen oder auch durch bakteriellen Angriff verursacht werden. Gerade die letzten Jahre der Forschung haben gezeigt, dass vor allem Schwefel- und Stickstoffbakterien erhebliche Verwitterungserscheinungen hervorrufen können. Die trockene Verwitterung wiederum wird in die thermische Verwitterung, in die sog. aeolische Verwitterung und in die abnutzende Verwitterung unterteilt. Auf Grund der verschiedenen Ausdehnungskoeffizienten einzelner Kristallite in einem Baustoff kommt es zu kleinsten Bewegungen (Mikrobewegungen), die zu einer Zermürbung der stärker temperaturbelasteten Oberfläche/Oberschicht führt. Dies wiederum führt zu einer mechanischen Abtrennung einzelner Partikel. Auch die Wassersättigung hat einen Einfluss. Da die thermischen Bewegungen eines Baustoffes zahlreiche Schäden verursachen können und durch Rissbildungen die Grundlage für die Verwitterung und damit weitergehender Bauschäden bilden, sind sie bei der Schadensdiagnose und Sanierung wesentlich mehr zu berücksichtigen. Die aeolische Verwitterung wird durch die Einwirkung von Wind und feinem Sandstaub sowie partikelförmige Feinstoffe in der Luft, das auch als so genanntes Aeroplankton bezeichnet wird, bewirkt. Diese Art der Verwitterung ist gerade bei höheren Gebäuden auch in unseren Regionen nicht zu unterschätzen. Die abnutzende Verwitterung wird durch den Gebrauch und die Instandhaltung bewirkt, wobei hier sicherlich die Reinigung an erster Stelle genannt werden muss.

Bei der nassen Verwitterung spielt Wasser/Feuchtigkeit natürlich die alles entscheidende Rolle. Man unterscheidet die chemische und physikalische Verwitterung.

Unter chemischer Verwitterung wird das Auflösen des Kalkes durch Wasser und der Angriff von saurem Feuchtigkeitseinfluss auf karbonatische Bestandteile verstanden. Die chemische Verwitterung kann sowohl durch natürliche Einflüsse als auch durch menschliche Einflüsse (Abgase und dgl.) verursacht werden.

Unter physikalischer Verwitterung werden mechanische Einflüsse wie etwa die Salz- und/oder Eissprengung verstanden und im Einzelfall auch die äußeren Einflüsse beispielsweise durch Wurzeln. Hierbei sollte besonders darauf geachtet werden, dass sich die Angaben über thermische und/oder hygrische Bewegungen in einschlägigen Tabellen- und Formelsammlungen immer nur auf feste und nicht verwitterte Baustoffe beziehen. Bei mürben und verwitterten Baustoffen sind dann selbstverständlich andere Werte zu erwarten.

Außerdem muss beachtet werden, dass durch Frost-Tau-Wechsel in einem anorganischen Baustoff ganz erhebliche Längenbewegungen auftreten können, die durch die Ausdehnung des Wassers beim Gefrieren verursacht werden. Sind die ▸*Poren* eines kapillarporösen Baustoffes so aufgebaut, dass eine totale Wassersättigung nicht möglich und immer ausreichend Porenraum für die Eisexpansion zur Verfügung steht, liegen die Zerstörungen nur im Bereich einzelner kleiner Porenzwischenwände und können vernachlässigt werden. Bei zementhaltigen Baustoffen kann dies beispielsweise durch das gezielte Einbringen von ▸*Luftporen* erzielt werden und wird seit Jahrzehnten in ▸*Sanierputzen* genutzt.

Verwitterungsporosität

▸*Primäre Porosität*

Verwitterungstiefe

Alle abgebundenen Bindemittel, mit oder ohne Zuschläge, sind kapillarporöse Baustoffe, so dass Einwirkungen von Wasser und anderen

Flüssigkeiten nicht nur an der Oberfläche, sondern bis tief in das Innere, stattfinden. In der Regel ist auch die Kapillarporosität zwischen Zuschlagsstoffen und dem erhärteten oder getrockneten Bindemittel relativ groß. Außerdem ist vielfach unbekannt, dass die Festigkeitsdaten der meisten Natursteine immer deutlich höher sind, als die der Bindemittel/Mörtel. Dagegen liegen die von vielen Ziegeln, insbesondere aus dem Mittelalter und aus der Mitte des 19. Jhd. häufig niedriger, als die der im Mauerwerk verarbeiteten Mörtel. Betrachtet man die Wasseraufnahme von Natursteinen, so ist auch dabei festzustellen, dass diese mit wenigen Ausnahmen deutlich geringer sind, als die der Bindemittel.

Videoskop

Mit einem Videoskop können schwer zugängliche Hohlräume untersucht werden. Es handelt sich bei diesem zerstörungsfreien Untersuchungsgerät um eine Gerätekombination, die aus einem flexiblen Endoskop und einem in der Messsonde integrierten Videochip besteht. Dadurch ist eine Videoaufzeichnung und eine evtl. digitale Bildverarbeitung zu einem späteren Zeitpunkt möglich.

Viskosimetrie

▸*Konsistenz*

Viskosität

Mit diesem Begriff wird das Fließverhalten flüssiger Systeme bezeichnet. Man versteht darunter die Eigenschaft einer Flüssigkeit, der gegenseitigen laminaren Verschiebung zweier benachbarter Schichten in sich einen Widerstand entgegen zu setzen (= Zähigkeit, innere Reibung), den man als Fließwiderstand bezeichnet. Bewegen sich verschiedene Flüssigkeitsschichten mit unterschiedlicher Geschwindigkeit, so treten viskose Kräfte auf, die bewirken, dass schneller fließende Schichten verlangsamt und langsamer fließende Schichten beschleunigt werden. Diese Vorgänge gehorchen physikalischen Gesetzmäßigkeiten und lassen sich in Gleichungen definieren, wobei insbesondere Schergeschwindigkeit (Geschwindigkeitsgefälle) und Schubspannung eine Rolle spielen.

Unterschieden wird zwischen Newton'schen Flüssigkeiten, deren Fließverhalten von Schergeschwindigkeit und Schubspannung unabhängig ist und durch eine Gerade charakterisiert wird, und nicht-Newton'schen Flüssigkeiten, deren Viskositätsverhalten von Schergeschwindigkeit und Schubspannung abhängig ist und deren Fließkurven je nach ihrem Verlauf als thixotrop, strukturviskos, rheopex, dilatant, plastisch usw. bezeichnet werden. Bei dilatanten Flüssigkeiten nimmt die Viskosität mit steigender Schergeschwindigkeit zu, bei strukturviskosen Flüssigkeiten ab. Bei thixotropen Flüssigkeiten baut sich die (ursprüngliche) Viskosität nach Scherende zeitverzögert wieder auf. Entsprechende Messungen ergeben dann eine scheinbare Viskosität, die mit Rotationsviskosimetern, Kugelfallviskosimetern, Kapillarviskosimetern oder mit nach anderen Messprinzipien arbeitenden Geräten bestimmt werden kann. Viskositäten sind immer temperaturabhängig. Die Viskosität Newton'scher Flüssigkeiten, wie z. B. von Wasser oder echten Lösungen, kann mit einem Auslaufbecher nach DIN gemessen werden.

VOB

Die "Verdingungsordnung für Bauleistungen" (kurz VOB) wurde seit ihrer Neufassung im Jahre 2002 in "Vergabe- und Vertragsordnung für Bauleistungen" umgenannt. Die Abkürzung VOB hat man aufgrund des hohen Bekanntheitsgrades bei behalten. Die VOB ist ein mehrteiliges Regelwerk für die Vergabe von Bauaufträgen durch öffentliche Auftraggeber sowie die Inhalte von Bauverträgen. Die VOB Teil A regelt die Allgemeinen Bestimmungen für die Vergabe von Bauleistungen / Bauaufträgen durch die öffentlichen Auftraggeber. Im Teil B werden die Allgemeinen Vertragsbedingungen für die Ausführung von Bauleistungen geregelt, nachdem die grundsätzlichen Bestimmungen für Werkverträge im BGB für die speziellen Aufgaben und im Baurecht aufretenen

A B C D E F G H I J K L M N O P Q R S T U V W X Y Z

Probleme nicht ausreichen. Für die zum Teil spezifischen Lösungen mussten deshalb zusätzliche Regelungen getroffen werden, die in der VOB Teil B verankert sind. Diese müssen von öffentlichen Auftraggebern zum Bestandteil des Bauvertrags gemacht werden und haben sich auch bei privaten Vertragsparteien durchgesetzt. Im Teil C der VOB sind die Technischen Vertragsbedingungen für Bauleistungen geregelt. Wird die VOB/B in einem Vertrag einbezogen, sind die Bestimmungen als Allgemeine Geschäftsbedingungen anzusehen. Bereits die Fassung aus dem Jahr 2000 beinhaltete schon erhebliche Veränderungen. Die Überarbeitung im Jahr 2002 passte die VOB dann dem neuen Gesetz zur Modernisierung des Schuldrechts an.

Volumenänderung

▸*Dichtstoff*

Volumenausdehnungskoeffizient

▸*Längenausdehnungskoeffizient*

Volumenschwund

Der Begriff Volumenschwund wird häufig im Zusammenhang mit der Fugenabdichtung erwähnt, da sich das Volumen von ▸*Dichtstoffen* zwischen dem Ausspritzen und der Aushärtung verändert. Dieser Volumenschwund kann durch das Verdunsten von Lösungsmitteln oder durch Abspaltprodukte bei der chemischen Vernetzung entstehen und liegt zwischen etwa 3 und maximal 25%. Ob durch diesen Volumenschwund ein Mangel und/oder eine Minderung der Qualität vorliegt, hängt

von den Anforderungen ab. Wenn im Endzustand die vorgeschriebene Fugendimensionierung eingehalten wird, liegt in der Regel keine Qualitätsminderung vor. Bei Bodenfugen oder ▸*Fugenabdichtungen* mit permanenter Feuchtebelastung sollte der Volumenschwund allerdings gering gehalten werden, um Schmutzablagerungen und/oder stehendes Wasser zu vermeiden.

Voranstrich

Ein Voranstrich kann unterschiedliche Funktionen übernehmen und infolgedessen sehr unterschiedlich zusammen gesetzt sein. So gibt es z. B. Voranstriche auf Dispersionsbasis mit Quarzanteil, um die Haftung nachfolgender Beschichtungen zu verbessern oder ohne Quarzanteil, um den Staub und den Untergrund zu binden. Alternativ gibt es Voranstriche auf Siliconharzbasis, um einen ▸*hydrophoben* (wasserabweisenden) Untergrund auszubilden oder silikatgebundene Voranstriche, wenn der Untergrund (durch Verkieselung) verfestigt werden soll. Je nach Untergrund werden lösemittelhaltige oder wässrige, gefüllte und ungefüllte, pigmentierte und unpigmentierte Voranstriche eingesetzt. Einige Voranstriche sind systemgebunden und beziehen sich auf nachfolgende Abdichtungs- und Beschichtungsstoffe, andere wiederum sind auf den Untergrund fixiert. Durch diese Vielzahl von Anwendungen und Eigenschaften werden alternativ für den Begriff Voranstrich auch Begriffe wie Grundanstrich, Grundierung oder Primer verwendet. Voranstriche im Rahmen der ▸*Bauwerksabdichtung* sind in der Regel niedrigviskose Bitumenlösungen, die vollflächig auf den Untergrund und/oder speziell im Bereich der Anschlüsse oder ▸*Durchdringungen* aufgestrichen werden, um den Staub zu binden und die Haftung für nachfolgende ▸*Bitumen-Dickbeschichtungen* oder ▸*Kunststoff-* oder ▸*Bitumen-Dichtungsbahnen* sicher zu stellen.

Vorflut

Die Vorflut ist ein Bestandteil der Gebäudeentwässerung. Zur wirksamen Ableitung des anfallenden Wassers ist entweder eine ausreichende Vorflut oder ein wasseraufnahmefähiger Untergrund notwendig. Eine ausreichende Vorflut ist dann gegeben, wenn auch bei höchstem Wasserstand im Vorfluter kein Rückstau in der Dränanlage entstehen kann. Dazu ist ein Anschluss im freien Gefälle an einen offenen Vorfluter oder an einen Regenwasserkanal notwendig. Sollte mit Rückstau aus dem Vorfluter zu rechnen sein, sind wartungsfähige und zugängliche Vorrichtungen einzubauen (Rückstauklappen). Auf den Einsatz von Pumpen ist schon aus ökonomischen Gründen zu verzichten, sie sind jedoch bei Ausfall auch ein Risiko für die gesamte ▸*Bauwerksabdichtung*. Sollte der Einbau unumgänglich sein, ist eine regelmäßige Wartung erforderlich. Der Erhalt und der Unterhalt der Dränanlage obliegt dem Eigentümer des Bauwerkes, zu dem die Dränanlage gehört. Zustand und Funktion sollten deshalb regelmäßig überprüft werden. Hierzu gehört, dass die freie Vorflut in natürliche/künstliche Gewässer halbjährlich visuell kontrolliert werden muss. Werden in den Kontrollschächten Verschlammungen und sandartige Sinterbildungen (Kalk, Gips und dgl.) erkannt, sind diese mit Hochdruckspülung zu reinigen. Zur Entfernung dieser oder ähnlicher Ablagerungen können alternativ auch mechanische Spülhilfen (z. B. rotierende Bürstenköpfe) eingesetzt werden. Eine Vorflut mit ▸*Rückstausicherung* in die öffentliche Regenentwässerung muss ebenfalls halbjährlich kontrolliert werden. Außerdem sollten diese Kontrollen zusätzlich nach größeren Niederschlägen durchgeführt werden, da es zum Rückstau im Kanalsystem gekommen sein kann. Die Vorflut durch Pumpeneinrichtung ist laufend auf ihre Funktionstüchtigkeit ggf. durch Signalsysteme zu prüfen.

Vorkomprimierte Dichtbänder

▸*Dichtbänder, vorkomprimiert*

Vornässen

Mineralische Baustoffe werden je nach Saugfähigkeit, Witterungsbedingungen sowie der Art der nachfolgenden Beschichtung vorgenässt, damit der Wasseranteil der Beschichtung nicht zu schnell und/oder nicht zu stark in den Untergrund eindringt. Entzieht der Untergrund der Beschichtung das Wasser, kann dies zu einem „Aufbrennen" führen. Dies gilt im Übrigen nicht nur für mineralische Putze, die auf stark saugfähigen Untergründen bei heißem Wetter und ggf. starkem Wind verarbeitet werden. Auch organisch gebundene Beschichtungen und Anstriche können verbrennen, wenn der Wasseranteil zu schnell in den Untergrund eindringt. Während bei mineralischen Putzen ein Vornässen üblich ist, wird bei organisch gebundenen Beschichtungen sowie Anstrichen eine ▸*Grundierung* aufgebracht, die in der Regel dann noch weitere Funktionen wie Untergrundfestigung, Saugfähigkeitsregulierung, ▸*Hydrophobierung* übernimmt.

Vorspannung

▸*Anker*

▸*Verankerung*

Vorspritz

▸*Spritzbewurf*

Voruntersuchungen

▸*Bauwerksdiagnostik*

V-Schnittverfahren

Eine etwas ältere Methode, ▸*kapillar aufsteigende Feuchtigkeit* im Mauerwerk zu unterbrechen, ist das V-Schnittverfahren. Dieses mechanische Verfahren zur ▸*nachträglichen Horizontalabdichtung* wird auch als Kunz´sches oder Frässchlitzverfahren bezeichnet. Als Weiterentwicklung des relativ arbeitsaufwendigen Bohrkernverfahrens und im Gegensatz zum ▸*Mauersägeverfahren* wird hierbei mit einer Trennscheibe – unabhängig von der Lagerfuge – das Mauerwerk von beiden Seiten unter einem Winkel von etwa 10 bis 30° aufgeschnitten. Der dabei entstehende Schlitz ist etwa 2 cm breit und wird bis 3 cm über die Mittelachse der Wand geführt. Weil bei diesem Verfahren das Mauerwerk nicht ganz durchtrennt wird, kann der

Schlitz über eine große Länge ausgeführt werden, ohne dass die Wand statisch gefährdet ist. Mindestens 40% des Mauerwerksquerschnittes sind bei dieser Art der Mauertrennung nicht durchtrennt.

Bevor der Schlitz nun verfüllt wird, werden die Schnittstellen des Schlitzes ▸*hydrophobiert*. Die Hydrophobierung wird vorgenommen, damit das Mauerwerk dem nachfolgenden Mörtel nicht sofort das Wasser entzieht. In den nun hydrophobierten Schlitz wird ein hochwertiger, zementgebundener und quellfähiger Vergussmörtel mit einem sehr geringen Wasserzementverhältnis eingefüllt. Dieser Vergussmörtel bildet eine kraftschlüssige Verbindung mit dem Mauerwerk. Durch den geringen Wasserzementwert bildet der Vergussmörtel bzw. Vergussfeinbeton eine wassersperrende Schicht. Sobald der Mörtel im ersten Schlitz die Festigkeit des umgebenden Mauerwerkes erreicht hat – dies kann bei mittleren Temperaturen schon nach 14 bis 15 Stunden der Fall sein – wird der zweite Schlitz so tief ausgeführt, dass er den ersten vergossenen Schlitz kreuzt. So wird sichergestellt, dass in der Wand eine durchgehende Lage Mörtel vorhanden ist. Vorteilhaft ist, dass keine stützenden Stahlkeile oder andere Hilfsmittel nötig sind.

Auch diese Technologie ist relativ kostenintensiv, da das Mauerwerk zweistufig und von beiden Mauerwerksseiten aufgeschlitzt oder gefräst werden muss. Hinzu kommt die Trocknungs- und Härtungszeit des Schlitzmörtels. Dieses Verfahren lässt sich bei größeren Wanddicken und bei zweischaligem Mauerwerk nicht anwenden und wird auf Grund des Aufwandes heute im deutschsprachigen Raum nicht mehr ausgeführt.

Vulkanschlacke

▸*Putzolane*

W

Wärme

Wird von Wärme gesprochen oder geschrieben, sind in der Regel angenehme Temperaturverhältnisse gemeint, die je nach Situation und subjektivem Empfinden variieren. Naturwissenschaftlich/technisch bezeichnet Wärme eine Energieform, die auf der ungeordneten Bewegung der Atome oder Moleküle basiert. Je schneller diese Bewegung, umso größer ist der Wärmeinhalt eines Festkörpers, einer Flüssigkeit oder eines Gases. Diese Wärmemenge Q wird in Wattsekunden oder in Joule angegeben und ist immer größer als Null. Nur beim absoluten Temperaturnullpunkt von − 273,15° C würde die Bewegung der Teilchen „einfrieren", der Wärmeinhalt wäre damit null. Dies ist nach dem 3. Hauptsatz der Thermodynamik prinzipiell unmöglich. Nach dem Grundsatz der Erhaltung von Energie kann Wärme weder entstehen noch verloren gehen, ohne dass eine gleich große Menge anderer Energie gleichzeitig entsteht oder verschwindet. Wärme kann niemals von selbst von einem Körper niedriger Temperatur auf einen Körper höherer Temperatur übergehen. Wärme wird in der Praxis häufig mit thermischer Energie verwechselt oder gleichgesetzt. [1]

Wärmeausbreitung

▸*Wärmeübertragung*

Wärmebrücken

Wärmebrücken (auch als Kältebrücken bezeichnet) sind Stellen in der Gebäudehülle, in denen örtlich begrenzt ein größerer Wärmefluss als im übrigen Bereich einer Wand oder Decke auftritt. Diese Stellen können durch die Geometrie des Bauteils bedingt sein (z. B. bei Außenecken einer Wand, Heizkörpernischen oder Beton-Kragplatten für Balkone). Materialbedingte Wärmebrücken entstehen durch Baustoffe hoher Wärmeleitfähigkeit, die parallel zum Wärmefluss in einem Bauteil aus einem Material mit einer niedrigeren Wärmeleitfähigkeit liegen. Dazu gehören Betonstützen oder Stahlanker in einer Außenwand. Wärmebrücken lassen sich durch konstruktive Maßnahmen zwar nicht immer vermeiden, aber stark abschwächen.

So können Wärmedämm-Maßnahmen durch Abflussmöglichkeiten für Wärme aus dem Gebäudeinnern über ein Bauteil in die (kältere) Umgebung teilweise wieder unwirksam gemacht werden. In vielen Fällen zeichnen sich derartige Wärmebrücken nach einiger Zeit durch erhöhte Schmutzaufnahme oder Rissbildung im Außenbereich, Korrosionserscheinungen oder partielle ▸*Kondensation* von Luftfeuchtigkeit mit nachfolgender Schimmelpilzbildung im Innenbereich deutlich sichtbar ab. Die negativen Auswirkungen von Wärmebrücken liegen deshalb nicht so sehr in dem dadurch verursachten Verlust an Wärmeenergie, sondern in den dadurch verursachten Bauschäden. Wärmebrücken sind z. B. im Wärmebrückenkatalog oder im Wärmebrückenatlas für Mauerwerk berechnet.

Wärmedämmputze

Wärmdämmputze sind Putze aus mineralischen Bindemitteln mit ▸*Leichtzuschlägen* (in der Regel expandiertem Polystyrol/ EPS), die als Werktrockenmörtel geliefert und vor ihrer Verarbeitung nur noch mit Wasser vermischt werden. Aufgrund der Leichtfüllstoffe können Rohdichten von unter 300 kg/m^3 erzielt werden. Wärmedämmputze sind nach DIN 18550 Teil 3 (alt) bzw. DIN EN 998 Teil 1 (neu) im System genormt und gehören als schwerentflammbare Baustoffe zur Baustoffklasse B1 nach DIN 4102. Auf Grund ihrer bauphysikalischen Kenndaten können Wärmedämmputze auch als Leichtputze auf hoch wärmedämmenden Mauerwerken ausgeführt werden, aber nicht umgekehrt.

In einem normgerecht ausgeführten Aufbau eines Wärmedämmputzsystems ist der eigentliche Wärmedämmputz nur der Unterputz, auf den ein darauf abgestimmter, wasserabweisend eingestellter mineralischer Oberputz aufgebracht werden muss. Übernimmt der Wärmedämmputz die Funktion der Wärmedämmschicht und der Entkopplung vom Untergrund, so ist die Aufgabe des Oberputzes neben der Sicherstellung des Witterungsschutzes auch die Erhöhung der Druckfestigkeit des Gesamtsystems. Daneben übernimmt der Oberputz noch die Funktion der Oberflächengestaltung. Wird ein dünnlagiger Oberputz ausgeführt, muss vorab eine Zwischenarmierung mit einer Gewebespachtelung aufgebracht werden. Diese kann bei einem dickschichtigen Edelkratzputz entfallen.

Wärmedämmstoffe

Die wichtigste Eigenschaft eines Wärmedämmstoffes ist bereits im Begriff verankert und beinhaltet die „Eindämmung" von Wärme, um Heizenergie zu sparen. Dazu muss der Dämmstoff eine geringe Wärmeleitfähigkeit haben und eine gute Kostenbilanz aufweisen. An Wärmedämmstoffe werden deshalb hohe Anforderungen hinsichtlich Qualität und Produkteigenschaften gestellt, sie unterliegen generell einer Güteüberwachung. Dies gilt nicht nur für genormte, sondern auch für die immer stärker auf den Markt drängenden alternativen Wärmedämmstoffe. Hierbei handelt es sich in erster Linie um organische Produkte pflanzlicher (z. B. Baumwolle) oder tierischer (z. B. Schafwolle) Herkunft. Diese sind brennbar und unterliegen normalerweise einer schnellen Alterung. Um die im Bauwesen vorgeschriebene Baustoffklasse B 2 (normalentflammbar) zu erreichen, benötigen sie meist einen Borsalzzusatz. Dieses Salz bewirkt auch eine Schutzwirkung bzgl. Pilzbefall und macht den Wärmedämmstoff für tierische Schädlinge ungenießbar.

Anforderungen an Wärmedämmstoffe sind geringe Wärmeleitfähigkeit, mindestens der Baustoffklasse B 2, Resistenz gegen tierische und pflanzliche Schädlinge, Alterungsbeständigkeit, leichte Verarbeitbarkeit und ein akzeptabler Preis. Im Rahmen der Ökobilanz von Wärmedämm-Maßnahmen nimmt die Bedeutung der Recyclingfähigkeit von Wärmedämmstoffe zu. Wärmedämmstoffe werden in unterschiedliche Wärmeleitfähigkeitsgruppen (WLG) eingeteilt. Der Wert der angegebenen Wärmeleitfähigkeitsgruppe ist maßgebend für die Ermittlung des U-Wertes.

Wärmedämmung

Wärmedämmung ist der Oberbegriff für bautechnische Maßnahmen von Gebäuden und die wichtigste Maßnahme zur Energieeinsparung für Heiz- und Kühlzwecke und zur Verminderung von Emissionen, insbesondere von CO_2 aus Hausfeuerungsanlagen. Zu beachten sind dabei die DIN 4108 „Wärmeschutz im Hochbau" und die Energieeinsparverordnung. Anforderungen an den Wärmeschutz beinhalten vor allem den Schutz der Baukonstruktion vor klimabedingten Feuchteeinwirkungen und Folgeschäden, den reduzierten Energieverbrauch bei Heizung und Kühlung im Vergleich mit einem ungedämmten Bauwerk gleicher Bauweise, in den Wintermonaten Schaffung eines behaglichen und angenehmen Raumklimas bei einem möglichst geringen Verbrauch an Heizenergie und in den Sommermonaten

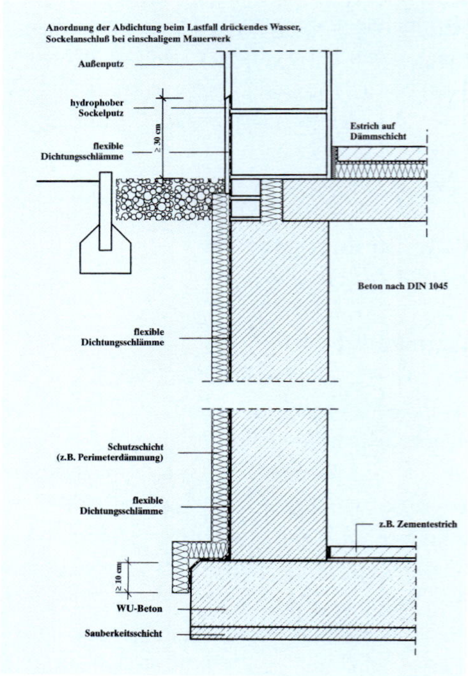

© siehe Anhang

Vermeidung einer übermäßigen Erwärmung der Räume. Ein optimal wirksamer Wärmeschutz wird fast ausschließlich über die Außenwände erreicht, wobei es generell 5 Möglichkeiten für eine Wärmedämmung gibt: einschaliges Mauerwerk mit wärmedämmenden Mauersteinen (porosierte Ziegel, Porenbeton, Leichtbeton u. a.), zweischaliges Mauerwerk mit Kerndämmung (Wärmedämmung zwischen innerer Tragschale und äußerer Vormauerschale), Leichtbauweise mit durchgehender Wärmedämmung (Fertighausbau), außenseitige Wärmedämmung durch Wärmedämm-Verbundsysteme, Wärmedämmsysteme mit hinterlüfteter Fassade oder Wärmedämmputzsysteme, innenseitige Dämmung (meist nur bei zeitweise bewohnten bzw. beheizten Räumlichkeiten bzw. da, wo dies im Außenbereich aus konstruktiven oder ästhetischen Gründen nicht möglich ist). Die ersten 3 Varianten eignen sich praktisch nur für Neubauten, während die beiden anderen Wärmedämmmaßnahmen auch bei der Renovierung von Altbauten angewendet werden können.

Da jeder Baustoff eine spezifische Wärmeleitfähigkeit aufweist, fließen innerhalb einer Wandkonstruktion unterschiedliche Wärmemengen: je größer die Wärmeleitfähigkeit, desto schlechter die Dämmwirkung eines Materials. Diese Eigenschaft eines Werkstoffes wird durch seine Struktur und Dichte bestimmt: Leichte, porige oder mit Luft gefüllte Materialien haben eine geringe Wärmeleitfähigkeit und dämmen deshalb besser als dichte Baustoffe. Die Wärmedämmung der Kellerwände kann je nach Mauerwerksart wie folgt sicher gestellt werden: bei Steinen mit hoher Rohdichte wie Kalksandsteine oder Betonsteine wird nachträglich eine außenseitige ▸*Perimeterdämmung* aufgebracht. Bei der Verwendung von wärmedämmenden Steinen geringer Rohdichte wie Leichtbeton, Porenbeton oder porosierten Leichthochlochziegeln wird der empfohlene Wärmeschutz auch ohne zusätzliche Wärmedämmung erreicht.

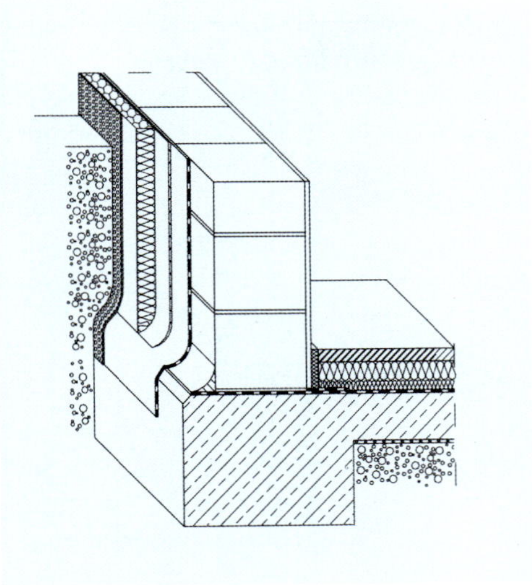

Wärmedämmung im Erdreich

▸*Perimeterdämmung*

Wärmedehnung

Unter Wärmedehnung wird die Verformung eines Baustoffes als Folge von Temperaturveränderungen verstanden, dies kann sowohl eine Erwärmung als auch eine Abkühlung sein. In der Praxis wird die Wärmedehnung auch als termisches Schwinden oder thermisches Quellen oder einfach als Längenänderung verstanden.

Wärmedurchgang

Mit Wärmedurchgang wird der Wärmeübergang von der Luft an der einen Seite eines festen Stoffes (z. B. an einer Wandoberfläche) in diesen hinein, dann die Wärmeleitung durch diesen Stoff hindurch und schließlich wieder der Wärmeübergang von der anderen Seite (Oberfläche) an die Luft bezeichnet.

Wärmedurchgangskoeffizient (k-Wert/ U-Wert)

Der Wärmedurchgangskoeffizient wird auch als Wärmedämmwert oder U-Wert (früher k-Wert) bezeichnet und ist ein Wert für die Wärmedämmeigenschaften eines Bauteils. Er ist der Kehrwert des Wärmedurchgangswiderstandes und wird benutzt, um die energetische Qualität eines Bauteiles oder Werkstoffes zu

A B C D E F G H I J K L M N O P Q R S T U V W X Y Z

beschreiben und zu bewerten. Ein Bauteil mit einem kleinen U-Wert lässt dabei weniger Wärme durch sich hindurch, als ein Bauteil mit einem größeren U-Wert.

Wärmedurchgangswiderstand

Durch die Summe von Wärmedurchlasswiderstand und der Wärmeübergangswiderstände wird der Wärmedurchgangswiderstand beschrieben.

Wärmedurchlasswiderstand

Um eine Aussage über die Wärmedämmung einer Wand machen zu können, ist die Wärmeleitfähigkeit allein nicht ausreichend, da sie nur eine baustoffspezifische Größe darstellt. Es muss ebenfalls die jeweilige Schichtdicke für jedes Bauteil berücksichtigt werden. Berechnet wird der Wärmedurchlasswiderstand infolgedessen aus der Schichtdicke eines Bauteils im Verhältnis zu dessen Wärmeleitfähigkeit. Der Wärmedurchlasswiderstand gibt deshalb an, welchen Widerstand ein Bauteil dem Wärmestrom entgegensetzen muss. Ist der Wärmedurchlasswiderstand groß, verkleinert sich bei gleicher Temperaturdifferenz der Wärmestrom oder anders ausgedrückt: je geringer der Wärmeverlust eines Bauteils sein soll, umso größer muss der Wärmedurchlasswiderstand des Bauteils sein.

Wärmeeindringkoeffizient

Durch Zufuhr von Wärmeenergie erhöht ein Baustoff seine Oberflächentemperatur. Das dadurch entstehende Temperaturgefälle zwischen der Baustoffoberfläche und dem Inneren erzeugt einen Wärmestrom. Im Gegensatz zum stationären Wärmestrom reduziert sich mit fortschreitendem Eindringen von Wärmeenergie das Temperaturgefälle. Hierfür wurde der Wärmeeindringkoeffizient definiert. Er ist ein Maß für die Eindringgeschwindigkeit, d. h. die Wärmeaufnahme oder -abgabe eines Baustoffes. Der Wärmeeindringkoeffizient ist abhängig von der Wärmeleitfähigkeit, der spezifischen Wärmekapazität sowie der Dichte des Baustoffes. Je kleiner der Wärmeeindringkoeffizient ist, um so schneller dringt die Wärme in den Baustoff ein. Dies bedeutet, dass sich ein Raum um so schneller aufheizen lässt, je kleiner die Wärmeeindringzahlen der Raumbegrenzungsflächen sind. [5]

Wärmefluss

Der Wärmefluss, der auch als Wärmestrom bezeichnet wird, beschreibt nach [5] die Wärmemenge, die durch den Austausch oder durch die Wärmeleitung durch einen Quadratmeter einer Kontrollfläche pro Sekunde hindurchfließt. Die Stärke des Wärmeflusses ist sowohl vom Temperaturgefälle, als auch von der Art und Stärke des Austausches abhängig. Im Fall der Wärmeleitung ist die Stärke auch von der Wärmeleitfähigkeit des betreffenden Stoffes abhängig. Die Wärmeleitung innerhalb von festen, flüssigen oder gasförmigen Stoffen wird dabei durch die Molekularbewegung verursacht. Die Wärmeleitfähigkeit hängt allein von der Struktur der Substanz ab, ist also eine spezifische Eigenschaft der Stoffe und ist für das Eindringen von Wärme in einen Baukörper maßgebend.

Wärmeflussmessung

Nach [5] wird die physikalische Kenngröße des Wärmestromes in der Praxis auch mit dem Begriff Wärmefluss gleichgesetzt. Gemessen wird die Dichte des Wärmestroms mit Wärmeflussplatten, die auch unter der Bezeichnung Folienwärmestrommesser bekannt sind. Die Wärmestromdichte wird aus dem Produkt der Wärmeleitfähigkeit und dem Temperaturgradienten gebildet. Das bedeutet, dass man die Stromdichte bei dünnen Schichten aus dem Verhältnis der über einer Schicht abfallenden Temperaturdifferenz und dem Wärmedurchlasswiderstand dieser Schicht erhält.

Wärmekapazität

Die Wärmekapazität ist ein Begriff aus der Thermodynamik. Nachdem einem Baustoff Wärmeenergie zugeführt wurde, erhöht sich die Temperatur des Baustoffes proportional zur aufgenommenen Wärmeenergie. Diese auf die Masse des Baustoffes bezogene Wärmekapazität wird als spezifische Wärmekapazität bezeichnet. Sie gibt an, welche Wärmemenge für die Erwärmung dieser Baustoffmasse notwendig ist. Die Wärmekapazität der Baustoffe und Bauteile bestimmt damit im Wesentlichen das Trägheitsverhalten eines Bauteils gegenüber Temperaturveränderungen, wobei eine geringere Masse teilweise durch höhere spezifische Wärmekapazitäten kompensiert werden kann. [5]

Wärmeleitfähigkeit
Durch die Wärmeleitfähigkeit wird angegeben, wie viel Wärme in Watt bei 1 K Temperaturdifferenz durch $1m^2$ eines 1m dicken Stoffes transportiert wird. Um einheitliche Rechenwerte für entsprechende Berechnungen heranziehen zu können, wurden in der DIN 4108 Teil 4 die Werte der Wärmeleitfähigkeit angegeben.

Wärmeleitkoeffizient
In der Praxis wird der Wärmeleitkoeffizient oder auch die Wärmeleitzahl häufig für den Zahlenwert der Wärmeleitfähigkeit gebraucht.

Wärmeleitung
Bei (Bau)Körpern mit unterschiedlicher Temperatur erfolgt der Energietransport immer vom höheren zum niedrigeren Temperaturniveau. Dies bedeutet, dass die Wärmeenergie innerhalb eines (Bau)Körpers bzw. zwischen benachbarten Molekülen weitergeleitet wird. Hierbei erfolgt die Wärmeübertragung in festen Stoffen hauptsächlich durch Wärmeleitung. Die Wärmeleitung hängt von der Wärmeleitfähigkeit des Materials ab, wobei die stofflichen Eigenschaften (Art des Materials, Dichte, Feuchtigkeit) eine entscheidende Rolle spielen.

Wärmeleitzahl
▸ *Wärmeleitkoeffizient*

Wärmemenge
Die Wärmemenge ist auf die Bezugstemperatur bezogener Energieinhalt eines Stoffes und ist der Masse sowie der spezifischen Wärmekapazität proportional. Sie ist die Menge an Energie, die von einem Ort mit höherer Temperatur zu einem Ort mit niedriger Temperatur transportiert wird.

Wärmeschutz
▸ *Wärmedämmung*

Wärmespeicherung
Die Wärmespeicherung von Bauteilen wird durch deren Masse erheblich beeinflusst. Mit Zunahme der Bauteilmasse nimmt auch die Wärmespeicherung des Bauteils zu. Eine hohe Wärmespeicherfähigkeit von Bauteilen führt zu einer langsamen Raumerwärmung beim Aufheizen, zu einer geringen Abkühlung beim Abschalten einer Heizung und zu einer geringen Erwärmung der Räume an heißen Tagen.

Wärmestandfestigkeit
Die Wärmestandfestigkeit ist eine Prüfung von ▸ *Bitumenbahnen*, bei der das Ablaufverhalten von ▸ *Bitumen* bei hohen Temperaturen (z. B. über 100 °C) geprüft wird.

Wärmestrahlung
In Abhängigkeit von der Temperatur und der Oberflächenbeschaffenheit strahlen Körper elektromagnetische Wellen aus, deren Wärmestrahlung nicht an Materie gebunden ist und praktisch auch im Vakuum möglich ist. Die von einem Körper abgegebene Wärmestrahlung wird, je nach Absorptions-/Reflexionsverhalten des anderen Körpers, entweder absorbiert oder zum Teil reflektiert. Das Absorptions- oder Reflektionsverhalten entscheidet dabei, ob und wie stark sich der andere Körper erwärmt. Der Anteil der Wärmestrahlung, die absorbiert wird, ist stark von der Farbe abhängig. So erwärmen sich dunkle Oberflächen bei Sonneneinstrahlung viel stärker als helle Oberflächen des gleichen Materials. Des Weiteren hängt der Anteil der Wärmestrahlung auch von der Beschaffenheit der Oberflächen ab (z. B. werfen spiegelblanke Metalloberflächen auftreffende Wärmestrahlen

A B C D E F G H I J K L M N O P Q R S T U V W X Y Z

zurück, was unter Reflexion zu verstehen ist und bautechnisch z. B. bei Reflexionsfolien für Heizkörper, in Absorbern für Sonnenenergieanlagen oder bei wärmedämmenden Isolierglasscheiben genutzt wird).

Wärmestrom

Der Wärmestrom ist eine physikalische Kenngröße zur quantitativen Beschreibung der Wärmeübertragungsvorgänge. Er ist definiert als die zeitliche Änderung der thermischen Energie, also der Wärme pro Zeit.

▸*Wärmefluss*

Wärmestromdichte

Für das Beheizen von Räumen ist es wichtig zu wissen, welche Wärmemenge durch die umschließenden Bauteile hindurchgeht. Es interessiert also schwerpunktmäßig nicht der Wärmedämmwert der Bauteile, sondern vor allem der Wärmedurchgang bei diesen Bauteilen.

Wärmeströmung

▸*Konvektion*

Wärmetransport

Erkaltet ein Körper, dann gibt er einen Teil seiner Wärmeenergie ab und zwar solange, bis die Temperaturdifferenz zur Umgebung ausgeglichen ist. Dieser Vorgang findet auch innerhalb einzelner Körper mit verschiedenen Temperaturbereichen statt. Wärmetransporte reduzieren also die Temperaturunterschiede in Systemen und sorgen für die größtmögliche Angleichung thermischer Zustände. Grundsätzlich fließt die Wärmeenergie vom wärmeren zum kälteren Teil, während die Transportmechanismen unterschiedlich sein können.

▸*Wärmeübertragung*

Wärmeübergangskoeffizient

▸*Wärmeübergangszahl*

Wärmeübergangswiderstand

Der Wärmeübergangswiderstand beschreibt den Widerstand, der während des Überganges von Wärme aus der Luft auf einen festen Stoff und umgekehrt auftritt. Hierbei handelt es sich um keine Konstante, sondern um eine Größe, die durch die Strömungsgeschwindigkeit der Luft und die Richtung des Wärmestromes beeinflusst wird. Die DIN 4108 gibt in ihrem Teil 4 Werte an, die sich an praxisgerechten Fällen orientieren.

Wärmeübergangszahl

Die Wärmeübergangszahl ist die Kenngröße für den Wärmeübergang von der Luft an einen festen Stoff bzw. von einem festen Stoff an die Luft. Der Reziprokwert der Wärmeübergangszahl ist der Wärmeübergangswiderstand.

Wärmeübertragung

Unter Wärmeübertragung oder Wärmetransport wird der Austausch von Wärmeenergie zwischen Körpern oder Medien mit unterschiedlichen Temperaturen verstanden. Dabei fließt ein Wärmestrom so lange vom Körper mit der höheren Temperatur zum Körper mit der niedrigeren Temperatur, bis beide Körper die Ausgleichstemperatur erreicht haben. Der Austausch von Wärmeenergie kann auf drei verschiedene Arten erfolgen: ▸*Wärmestrahlung*, Wärmeströmung (▸*Konvektion*) und ▸*Wärmeleitung*. Diese drei Übertragungsarten unterliegen unterschiedlichen physikalischen Gesetzen. Im Bauwesen können allerdings die meisten wärmetechnischen Vorgänge als stationär, d. h. von der Zeit unabhängig, betrachtet werden. Eine stationäre Wärmeübertragung liegt dann vor, wenn der Wärmestrom über eine längere Zeit konstant ist. Dies kann z. B. im Winter der Fall sein, wenn ein Raum konstant beheizt wird und sich die Außentemperatur nur gering ändert. Im Bauwesen findet ein Wärmetransport durch Bauteile immer dann statt, wenn zwischen Raumluft und Außenluft eine Temperaturdifferenz besteht. Da es sich bei Bauteilen fast ausschließlich um ebene, plattenförmige Gebilde (Wände, Decken, Türen, Fenster) handelt, reicht es bei wärmeschutztechnischen Berechnungen im Allgemeinen aus, die einfachen Formeln für den Wärmedurchgang durch ebene Platten anzuwenden.

Wärmeverlust

Unter Wärmeverlust wird die Summe der sog. Transmissionswärmeverluste über Flächen und Wärmebrücken und der Luftaustausch (Lüftungswärmeverluste) über Fugen und Öffnungen verstanden.

Walzkante

Mit dem Begriff der Walzkante wird die Pflasterkante als Abgrenzung und Abstandshalter für einen bituminösen Belag bezeichnet, der im unmittelbaren Anschlussbereich an Fassaden die vollflächige Bearbeitung mittels Walze durch den Abstand zum Gebäude sicherstellt.

Wanddränung/ Wanddrainage

▸*Dränung*

Wanne/ Wannenausbildung

Der Begriff Wanne ist ein Trivialname für eine ▸*Bauwerksabdichtung*, die aus einer wasserdichten Ausbildung der ▸*Horizontal- und Vertikalabdichtung* besteht. Durch die vertikale Abdichtung, die an die Horizontalabdichtung (Bodenabdichtung) angeschlossen wird und dann auf der anderen Seite wieder über die Vertikalabdichtung fortgesetzt wird, entsteht eine Form wie eine Wanne. Der Begriff wird in der Regel für Schwarzabdichtungen oder für die „weiße Wanne" (▸*WU-Beton*) verwendet.

Wartungsfuge

Die Wartungsfuge ist eine starken chemischen und/oder physikalischen Einflüssen ausgesetzte Fuge, deren ▸*Dichtstoff* in regelmäßigen Zeitabständen überprüft und ggf. erneuert werden muss, um Folgeschäden zu vermeiden. Auch Dichtstoffe haben in ihrer Belastbarkeit Grenzen, die im Regelfall nicht überschritten werden. Es gibt aber auch Ausnahmen, bei denen von vornherein mit einer Überlastung und damit Schädigung des Dichtstoffes gerechnet werden muss. Die sog. Wartungsfuge unterliegt deshalb nicht der üblichen Gewährleistung anderer Fugenarbeiten und muss im Vorfeld eindeutig benannt werden.

Wasser

Wasser als Katalysator für die meisten Bauschäden ist eine chemische Verbindung (Molekül) aus Sauerstoff und Wasserstoff mit der chemischen Formel H_2O. Allgemein ist üblich, den Begriff Wasser vor allem für den flüssigen Aggregatzustand zu verwenden (fester Zustand = Eis, gasförmig = Wasserdampf). Wasser ist der einzige Stoff, der in der Natur in allen drei Aggregatzuständen vorkommt.

Für den Bautenschutz und der Bausanierung sind primär die physikalischen und chemischen Eigenschaften des Wassers elementar. Die physikalischen Eigenschaften des Wassers sind von der Temperatur und dem Druck stark abhängig und werden noch einmal verändert, wenn im Wasser Stoffe gelöst sind. In der Regel nimmt die ▸*Oberflächenspannung* und ▸*Viskosität* des Wassers mit zunehmender Temperatur ab.

Nach [1] stehen Wassermoleküle über sog. „Wasserstoffbrückenbindungen" in einer permanenten Wechselwirkung und besitzen ausgeprägte zwischenmolekulare Anziehungskräfte. Hierbei handelt es sich allerdings nicht um feste oder beständige Verkettungen. Diese bestehen nur für einen Bruchteil einer Sekunde, bevor sich die einzelnen Wassermoleküle wieder aus dem Verbund lösen und sich erneut mit einem anderen Wassermolekül verbinden. Diese Verkettung der Wassermoleküle durch Wasserstoffbrückenbindungen wird als Ursache für die Vielfalt der zum Teil besonderen Eigenschaften von Wasser gesehen. Zu den Eigenschaften, die aus der Verkettung der Wassermoleküle über Wasserstoffbrückenbindungen verursacht werden, gehören u. a. der hohe Schmelz- und Siedepunkt sowie die Dichteanomalie. Wasser hat unter Normaldruck seine größte ▸*Dichte* von einem Gramm pro Kubikzentimeter bei 4° Celsius. Die Dichteanomalie des Wassers besteht darin, dass es sich unterhalb dieser Temperatur trotz weiterer Temperaturverringerung wieder ausdehnt, was man nur von wenigen Stoffen kennt. Der sprunghafte Anstieg der Volumenzunahme um etwa 9 % beim Gefrieren von Wasser und die dabei auftretenden Kräfte bewirken eine sog. Frostsprengung. Aufgrund der Porenstruktur führt diese in der Regel zu Schäden an mineralischen Baustoffen. Die Löslichkeit in Wasser ist in der Regel von der Temperatur abhängig, wobei sich Gase und Feststoffe unterschiedlich verhalten. Gase lösen sich proportional zum Partialdruck des Gases in Wasser ohne eine feste Begrenzung der lösbaren Menge. Diese Gleichgewichtskonzentration nimmt mit zunehmender Temperatur ab. Dagegen lösen sich Feststoffe bei zunehmender Temperatur in der Regel besser in Wasser.

Wasser weist eine relativ große Oberflächenspannung auf, da sich die Wassermoleküle gegenseitig stark anziehen. Diese beträgt bei 20° C etwa 75 MN/m und nimmt bei zunehmender Temperatur ab. Die Viskosität des Wassers beträgt bei gleicher Temperatur 1 mPas • s. Wasser hat mit 4187 J/ kg • K eine sehr hohe spezifische Wärmekapazität. Dies bedeutet, dass Wasser relativ viel Energie aufnehmen und sich die Temperatur dabei ein wenig erhöhen kann. Umgekehrt gibt Wasser die gleiche Menge an Energie beim Abkühlen wieder ab. Im gasförmigen Zustand (Wasserdampf) liegt eine spezifische Wärmekapazität von 1870 J/ kg • K vor, im festen Zustand (Eis) von 2060 J/ kg • K. Wasser hat bei 20° C eine Wärmeleitfähigkeit von 0,60 W/ m • K. [1]

Die chemischen Eigenschaften sind im Vergleich mit den physikalischen nicht so außergewöhnlich. Die wichtigste Eigenschaft besteht darin, dass Wasser bei vielen Reaktionen wie ein Katalysator wirkt. Dies bedeutet, dass ohne die Anwesenheit von Wasser viele Reaktionen gar nicht oder anders verlaufen würden. Unter normalen Bedingungen hat chemisch reines (oder destilliertes) Wasser einen pH-Wert von 7, ist also neutral. Allerdings kommt Wasser in der Praxis nicht ohne gelöste Stoffe vor, so dass der pH-Wert in der Regel zwischen 5 und 6 liegt. Wasser ist ein amphoter Stoff, kann demnach je nach Umgebungsbedingungen sowohl als Säure wie auch als Base wirken.

Wasserabweisend

▸ *Wasseraufnahmekoeffizient*

Wasserabweisende Putze

Putze gelten als wasserabweisend, wenn sie einen ▸ *Wasseraufnahmekoeffizienten* von kleiner gleich 0,5 kg/ (m^2 • h0,5) und eine ▸ *diffusionsäquivalente Luftschichtdicke* von kleiner gleich 2 Metern haben.

Wasseraktivität

Entscheidend für das Wachstum der ▸ *Schimmelpilze* ist der Wassergehalt in den ▸ *Poren* der Bauteiloberflächen. Für Schimmelpilze und andere Mikroorganismen steht nicht der gesamte Wasseranteil an der Oberfläche zur Verfügung. Nur der Teil des Gesamtwasseranteils, der nicht durch lösliche Substanzen (Salze, Kohlenhydrate, Eiweißstoffe) an der Oberfläche gebunden ist, kann von den Schimmelpilzen genutzt werden. Für den frei verfügbaren Anteil des Wassers wurde die Kenngröße der Wasseraktivität, der sog. aw-Wert, eingeführt. Es handelt sich dabei um die Wassermenge, die bei längerem Aufenthalt des Substrates mit der umgebenden relativen Luftfeuchtigkeit im Gleichgewicht steht (Gleichgewichtsfeuchte). Diese wird durch das Verhältnis zwischen dem Wasserdampfpartialdruck über dem Substrat und dem ▸ *Wasserdampfpartialdruck* des reinen Wassers bei der gleichen Temperatur beschrieben. Oder anders ausgedrückt: Die Wasseraktivität kann im Gleichgewichtszustand auch als relative Luftfeuchtigkeit (in %) an der Bauteiloberfläche ausgedrückt werden (z. B. entspricht ein aw-Wert von 0,8 einer Ausgleichsfeuchte von 80%). Alle ▸ *hygroskopischen* und sorptionsfähigen Materialien nehmen diese Feuchte auf und entwickeln eine sog. Ausgleichsfeuchte.

Die Wasseraktivität ist bei einem angenommenen Feuchte-Gleichgewicht in einem Innenraum um so höher, je kälter die Oberflächentemperatur im Verhältnis zur Raumtemperatur ist. Die Wasseraktivität einer Wandoberfläche lässt sich über Langzeitmessungen der Raumluft und Wandoberflächen gut errechnen und darstellen.

Wasseraufnahme

▸*Feuchtigkeitsaufnahme*

Wasseraufnahmekoeffizient

Soll der Wasseraufnahmekoeffizient eines Baustoffes ermittelt werden, so wird die entsprechende Oberfläche der Baustoffprobe einige Millimeter tief in Wasser getaucht. Danach wird die Wasseraufnahme in Abhängigkeit von der Zeit durch regelmäßiges Wiegen ermittelt. Der Wasseraufnahmekoeffizient wird dabei aus der Steigung der Tangente bestimmt und klassifiziert Baustoffe nach ihrem Wasseraufnahmevermögen.

Am Bauwerk findet eine Wasserbeanspruchung der Außenbauteile vorrangig durch Niederschlagswasser (Regen, Schnee) statt. Die Baustoffe werden also nicht permanent beansprucht, sondern periodisch bzw. spontan. Stoffe oder besser Stoffschichten, bei denen der Wasseraufnahmekoeffizient ≤ 2 kg/m² • h0,5 und die ▸*wasserdampfdiffusionsäquivalente Luftschichtdicke* ≤ 2 m ist, bezeichnet man als wasserhemmend. Obwohl die Wasseraufnahme durch eine wasserhemmende Schicht sehr stark herabgesetzt wird, verbleibt eine gewisse Restfeuchte. Es muss deshalb sichergestellt sein, dass diese, wenn auch geringe, Feuchtigkeit in den Pausen zwischen der Beanspruchung austrocknen kann. Als ▸*wasserabweisend* werden solche Stoffe und Stoffschichten bezeichnet, bei denen der Wasseraufnahmekoeffizient ≤ 0,5 kg/m² • h0,5 und die wasserdampfdiffusionsäquivalente Luftschichtdicke ≤ 4 m ist sowie das Produkt dieser beiden Kenngrößen 0,3 kg/m² • h0,5 nicht übersteigt. Bei einem Wasseraufnahmekoeffizienten ≤ 0,001 kg/m² • h0,5 gilt die betreffende Schicht als wasserdicht. Die Wasseraufnahme ist in dem Fall so gering, dass auf eine Begrenzung der wasserdampfdiffusionsäquivalenten Luftschichtdicke verzichtet wird.

Wasseraufnahmemechanismen

Begrifflich zusammen gefasst als „Mechanismen der Wasseraufnahme“ werden die ▸*kapillare Wasseraufnahme*, die Wasseraufnahme durch Sicker- bzw. Hangwasser im erdberührten Bereich, die ▸*hygroskopische Wasseraufnahme* und die Wasseraufnahme durch ▸*Kondensation* und ▸*Kapillarkondensation*. Während bei den erst genannten Wasseraufnahmemechanismen die Feuchtigkeit in flüssiger Form infolge der Saugfähigkeit der Baustoffe aufgenommen wird, erfolgt bei den anderen Mechanismen die Feuchtigkeitsaufnahme aus der Gasphase.

Feuchtigkeit kann generell nur in Baustoffe eindringen, wenn Fehlstellen vorhanden sind. In Baustoffen sind das die ▸*Poren* und größeren Hohlräume. Mauerwerksrelevante Baustoffe können bis zu 80 Vol.-% an Poren enthalten. Die offenen, das heißt die von außen zugänglichen, Poren werden bei entsprechender Feuchteeinwirkung mit Wasser gefüllt. Je größer die Poren sind, umso leichter kann Wasser eindringen und den Baustoff durchsickern. Wirkt von außen ein Druck auf die Flüssigkeit, kann auch die Schwerkraft überwunden werden. Der Wassertransport in den Kapillarporen folgt besonderen Gesetzmäßigkeiten, deshalb kann Feuchtigkeit in Mauerwerken aus porösen Baustoffen aufsteigen und, insbesondere durch gelöste, mitgeführte ▸*Salze*, erhebliche Bauschäden verursachen. Dies sind die beiden wichtigsten Wasseraufnahmemechanismen, die für die Instandsetzung von feuchte- und salzgeschädigten Mauerwerken relevant sind – die kapillar aufsteigende Feuchtigkeit und die hygroskopische Feuchtigkeitsaufnahme.

Die kapillaren Effekte, die Wasser in engen Poren eines Baustoffes bewegen, sind auf zwischenmolekulare Wechselwirkungen von Kräften zurück zu führen. Zwischen den Bausteinen der festen und der flüssigen Stoffe wirken Anziehungskräfte, die u. a. diesen Stoffen auch ihren Zusammenhalt geben. Diese zwischen den Molekülen einer Phase wirkenden Kräfte werden als ▸*Kohäsionskräfte* bezeichnet. Auch in der Trennschicht zwischen den verschiedenen Phasen treten Wechselwirkungskräfte auf. Diese werden als ▸*Adhäsionskräfte* bezeichnet und wirken zwischen den Molekülen der mineralischen Baustoffoberfläche und des Porenwassers. Sind an der Grenzschicht die Kräfte zwischen den Molekülen der festen und der flüssigen, also die Adhäsionskräfte größer als die Kohäsionskräfte, so kann sich die Flüssigkeit auf der Oberfläche des festen Körpers ausbreiten. Das Gegenteil wird durch die Nichtbenetzung beschrieben, wie es bei der ▸*Hydrophobierung*, also der wasserabweisenden Ausbildung der Baustoffe praktiziert wird. In diesem Fall überwiegen die Kohäsionskräfte der Flüssigkeitsmoleküle, so dass sich die Flüssigkeit zu einem mehr oder weniger flachen Tropfen zusammenzieht.

Der Kapillarität wirken beim Eindringen in den Baustoff im Wesentlichen Reibungskräfte und beim Aufsteigen Schwerkräfte entgegen. Eine vereinfachte Darstellung führt zu folgender Darstellung: Kapillarkraft = Reibungskraft + Schwerkraft. Die kapillare Wasseraufnahme von mineralischen Baustoffen folgt in der Regel dem sog. „Wurzel-Zeit-Gesetz". Trägt man die Wasseraufnahme gegen die Wurzel aus der Zeit auf, so erhält man – zu mindestens in der Anfangsphase des kapillaren Saugvorganges –

© siehe Anhang

Verschiedene Wasseraufnahmemechanismen: Schlagregen, Spritzwasser, Oberflächenwasser, Sickerwasser, Schichtenwasser, kapillare Feuchtigkeit, Kondensation, hygroskopische Feuchtigkeit

eine Gerade. Die Steigung dieser Geraden wird als ▸*Wasseraufnahmekoeffizient* bezeichnet und in kg/m^2 • h0,5 angegeben.

Der Feuchtigkeitsgehalt eines Baustoffes hängt immer von der vorhandenen Luftfeuchtigkeit ab. Man spricht deshalb von der sog. Ausgleichs- oder Gleichgewichtsfeuchte. Durch eingelagerte wasserlösliche Salze kann diese Ausgleichsfeuchte sehr stark erhöht werden. Die Erhöhung hängt von der hygroskopischen Eigenschaft, also der wasserbindenden Eigenschaft, der Salze ab. Die größte Hygroskopizität besitzen die besonders leicht wasserlöslichen Nitratverbindungen, danach folgen die Chloridverbindungen. Die geringsten hygroskopischen Eigenschaften zeigen die Sulfatverbindungen. Kapillar aufsteigende Feuchtigkeit kann starke Versalzungen und damit eine entsprechende hygroskopische Feuchtebelastungen an einem Mauerwerk vortäuschen. Deshalb sind im Rahmen einer Bauzustandsanalyse die hygroskopische Durchfeuchtung und der ▸*hygroskopische Durchfeuchtungsgrad* zu bestimmen und es ist eine Feuchtebilanz aufzustellen, um die entsprechenden Instandsetzungsschritte planen zu können. Der Mechanismus der ▸*Hygroskopizität* oder anders ausgedrückt die hygroskopische Wasseraufnahme eines Baustoffes verdeutlicht, dass Schadensmechanismen und ihre Ursachen sehr stark ineinander verzahnt, gegenseitig abhängig oder auch fließend im Übergang sind.

An den Wandoberflächen tritt erst beim Unterschreiten der von der ▸*relativen Luftfeuchtigkeit* abhängigen Taupunkttemperatur die Tauwasserbildung auf. Dabei kann sich in den Kapillaren schon bei niedrigeren Werten der Luftfeuchte ▸*Tauwasser* bilden. Diese Tauwasserbildung innerhalb des Kapillarsystem wird auch als Kapillarkondensation bezeichnet und wird durch den ▸*Porenradius* der Baustoffe beeinflusst. Je kleiner die Poren eines Baustoffes sind, desto größer ist der Anteil der durch Kapillarkondensation ausfallenden Feuchtigkeitsmenge. Dies bedeutet, dass die Kapillarkondensation in sehr feinen Kapillaren bereits vor dem Erreichen des ▸*Sättigungsdampfdruckes* erfolgt und für die Ausgleichs- oder Gleichgewichtsfeuchte von Baustoffen verantwortlich ist.

Wasserbeanspruchung

▸*Lastfall*

▸*Wasseraufnahmekoeffizient*

▸*Wasseraufnahmemechanismen*

Wasserbelastung

▸*Lastfall*

Wasser-Bindemittel-Wert

Abgeleitet vom Wasser-Zement-Wert beinhaltet der Wasser-Bindemittel-Wert das Verhältnis von Wasser- zu Bindemittelanteil bei mineralischen Mörteln. Ein hoher Wasser-Bindemittel-Wert bedeutet also immer, dass ein hoher Wasseranteil vorhanden ist. Dies kann zur Folge haben, dass der Baustoff nach der Trocknung (Wasserverdunstung) einen großen Porenanteil aufweist. Der Wasser-Bindemittel-Wert darf nicht mit dem Wasser-Zement-Wert gleichgesetzt werden, da es neben Zement auch noch andere anorganische sowie organische Bindemittel gibt und diese Bindemittel nicht nur härten sondern auch trocknen.

Wasserbinder

▸*Zement*

Wasserdampf

Wasser im Dampfzustand heißt Wasserdampf. Der Siedepunkt des Wassers beim normalen Athmosphärendruck auf Meereshöhe, also bei 101,3 Kilopascal (kPa), liegt bei 100° C. Bei dieser Temperatur ist die Zufuhr einer Wärmemenge von über 2000 Kilojoule nötig, um einen Liter Wasser zu verdampfen. Bei Druckerhöhung steigt der Siedepunkt des Wassers an, z. B. auf 374,15° C bei einem Druck von 222,1 Kilopascal. Diese Temperatur entspricht derjenigen am kritischen Punkt. Bei höheren Temperaturen kann Wasser nicht als Flüssigkeit vorliegen. [1]

Wasserdampfabsorption

Als Wasserdampfabsorption wird die Einlagerung von Wassermolekülen durch Adsorption und Kapillarkondensation in kapillarporösen Baustoffen bezeichnet. Der Wassergehalt steigt mit Zunahme der ▸*relativen Luftfeuchtigkeit* und wird durch die ▸*Sorptionsisotherme* beschrieben. Dies sind baustoffcharakteristische Kurven, welche den Zusammenhang zwischen der Wasseraufnahme des jeweiligen Baustoffes (auch abhängig von der Porengrößenverteilung) und der jeweils vorhandenen relativen Luftfeuchtigkeit darstellen. Entspricht der tatsächliche Feuchtegehalt dem Wert der Sorptionsisothermen, ist der Baustoff bauphysikalisch im Gleichgewichtszustand. Liegt der Feuchtigkeitsgehalt über diesem Wert, so liegt „Baustofffeuchtigkeit“ vor.

Wasserdampfdiffusion

Das Innenraumklima eines Gebäudes unterscheidet sich vom Außenklima in der Regel durch die Temperatur und die Luftfeuchtigkeit. Liegt unterschiedlicher Wasserdampfdruck im Innen- und Außenbereich vor, so besteht das Bestreben nach einem Wasserdampf-Druckausgleich. Der Wasserdampf wandert von der Bauteilseite mit hohem Dampfdruck zur Bauteilseite mit niedrigem Dampfdruck, also in der Regel von Innen nach Außen. Dieser Vorgang wird als Wasserdampfdiffusion bezeichnet. Wasserdampfdiffusion ist also die Wanderung von Wasserdampf, im Regelfall von „warm“ nach „kalt“ unter dem Einfluss eines Temperaturgefälles, aber auch von „feucht“ nach „trocken“ unter dem Einfluss eines Dampfdruckgefälles. Der gleiche Vorgang kann auch innerhalb der Baustoffe stattfinden, da die Wasserdampfmoleküle nur eine Größe von 0,3 nm haben. Durch Wasserdampfdiffusion kann nur bis zu 2 – 5% der im Raum vorhandenen Feuchtigkeit nach außen transportiert werden. Der überwiegende Feuchtegehalt in der Raumluft muss durch Lüften abgeführt werden. Der Wasserdampfdiffusion setzen die Bauteile einen unterschiedlichen Widerstand entgegen. Je höher

A B C D E F G H I J K L M N O P Q R S T U V W X Y Z

der Widerstand ist, um so weniger Wasserdampf kann durch das Bauteil diffundieren. Die ▸*Diffusionswiderstandszahl* μ gibt an, um wieviel größer der der Diffusion entgegengesetzte Widerstand eines Baustoffes ist, als der Widerstand einer gleich dicken Luftschicht gleicher Temperatur. Mit dieser dimensionslosen Zahl wird also die Dichtigkeit eines Stoffes gegenüber der Wasserdampfdiffusion angegeben.

Wasserdampfdiffusionsäquivalente Luftschichtdicke

Die wasserdampfdiffusionsäquivalente Luftschichtdicke ist die Dicke einer Luftschicht in Meter, die die gleiche Wasserdampfdurchlässigkeit aufweist, wie eine Stoffschicht von der Dicke in Meter und der ▸*Wasserdampf-Diffusionswiderstandszahl* μ und ist entscheidend für den Tauwassernachweis nach DIN 4108.

Wasserdampfdiffusionsstrom

▸*Wasserdampfdiffusionsstromdichte*

Wasserdampfdiffusionstromdichte

Nach [5] gibt die Wasserdampfdiffusionsstromdichte an, wieviel Wasserdampf pro Stunde durch ein Bauteil diffundieren kann. Sie ist abhängig vom Wasserdampf-Diffusions-Durchlasswiderstand sowie dem Druckunterschied auf beiden Seiten des Bauteils.

Wasserdampfdiffusionswiderstandszahl

Wasserdampf diffundiert durch nahezu alle Baustoffe (mit Ausnahme von Glas, Metall oder sog. Dampfsperren). Der Widerstand, der dem Diffusionsstrom entgegen wirkt, wird mit Hilfe der Wasserdampfdiffusionswiderstandszahl μ beschrieben. Sie beschreibt, um wie viel kleiner der Diffusionsstrom durch eine Materialschicht ist, als durch eine gleich dicke Luftschicht, bei gleichen Bedingungen. Demzufolge ist der μ-Wert eine dimensionslose Größe, da mit ihr nur ein Verhältnis ausgedrückt wird. Generell gilt: je dichter das Gefüge eines Stoffes ist, um so größer ist der Widerstand gegen die Wasserdampfdiffusion.

Wasserdampfdruck

▸*Wasserdampfpartialdruck*

Wasserdampfkondensation

▸*Kondensation*

▸*Tauwasser*

Wasserdampfdurchlässigkeit

▸*Wasserdampfdiffusionswiderstandszahl*

Wasserdampfgehalt der Luft

Die uns umgebende (Außen-, Innen-, Umgebungs-)Luft enthält immer einen bestimmten Anteil an Wasserdampf. Die Aufnahmefähigkeit der Luft für Wasserdampf ist allerdings begrenzt und hängt von der Temperatur ab. Warme Luft kann mehr Wasser aufnehmen als kalte Luft. Im Bauwesen spielt die Fähigkeit der Luft, Wasserdampf aufzunehmen oder als Kondenswasser auszuscheiden, eine wichtige Rolle. Solange Wasser als Wasserdampf in den Baustoffen enthalten ist, verursacht es keinen Schaden. Tritt jedoch in einem Bauteil Wasserdampfkondensation auf, dann erhöht sich generell seine Wärmeleitfähigkeit. Außerdem ist ▸*Kondenswasser* Ursache für eine Reihe von Bauschäden wie Pilzbefall und ▸*Korrosion*.

Wasserdampfkonzentration

▸*Luftfeuchte, absolute*

Wasserdampfpartialdruck

Nach [5] ist es üblich, die Konzentration des Wasserdampfes als Partialdruck anzugeben, er wird als Wasserdampfpartialdruck bezeichnet. Dieser ist von der Temperatur und der ▸*relativen Luftfeuchtigkeit* abhängig und erreicht den Höchstwert bei wasserdampfgesättigter Luft.

Wasserdampfsättigungsdruck

▸*Wasserdampfpartialdruck*

Wasserdicht

▸*Wasseraufnahmekoeffizient*

Wasserdruck

▸*Hydrostatischer Wasserdruck*

Wasserdruckhaltende Innenwanne

Die Ausführung einer wasserdruckhaltenden (oder auch druckwasserhaltenden) Innenwanne wird bei folgendem Hintergrund notwendig: in den 60- und 70-er Jahren wurden in einigen Regionen Grundwasserabsenkungen durchgeführt, so dass Gebäude, die man in diesem Zeitraum baute, nur gegen ▸*Bodenfeuchtigkeit* oder ▸*nicht drückendes Wasser* abgedichtet wurden. Durch eine veränderte Politik und vor allem aus Gründen des Umweltschutzes haben sich die sog. Wasserhaltungsmaßnahmen in den letzten Jahren verändert, so dass der Grundwasserspiegel wieder kontinuierlich angestiegen ist. Gebäude der damaligen Zeit werden deshalb heute durch ▸*drückendes Wasser* beansprucht und regelrecht überflutet. Die Problemstellung bei der Planung und Ausführung wasserdruckhaltender Innenwannen besteht lt. [2] darin, dass der hydrostatische Druck durch die Wanne, die auch gegen Auftrieb gesichert wird, aufgenommen werden muss.

Bei der Planung und Ausführung muss beachtet werden, dass die neue Kellersohle (Bodenplatte und -abdichtung) sowie das aufgehende Mauerwerk bzw. die Konstruktion aus Beton für einen maximal möglichen Wasserdruck ausgelegt wird. Die anschließenden Maßnahmen sind nur durch eine temporäre Grundwasserabsenkung möglich. Je nach Konstruktion und Objektbedingung muss entschieden werden, ob eine komplett neue Ausführung der Bodenplatte erfolgt oder ob eine Ausführung auf der vorhandenen möglich ist. Gleiches gilt für die aufgehenden Wände, die bei einer „Aufdoppelung" mit dem Untergrund verdübelt werden müssen. Je nach Objekt werden vorab Bodenverfestigungen notwendig. Die in Folge des hydrostatischen Druckes auftretenden Kräfte werden bei einer neu zu errichtenden Wanne aus ▸*WU-Beton* übernommen.

Wasserdurchlässigkeitsbeiwert

Der Wasserdurchlässigkeitsbeiwert ist eine Kenngröße aus der Gebäudedränung. Mit ihm wird die Wasserdurchlässigkeit der Böden ermittelt.

Wassereindringkoeffizient

▸*Kapillarität*

▸*Saugfähigkeit*

▸*Wasseraufnahme*

Wassereinwirkung

▸*Lastfall*

Wassergefährdungsklasse

Die Wassergefährdungsklasse ist die Einstufung von Bau- und Abdichtungsstoffen durch das Umweltbundesamt. Die Einteilung 1 steht für schwach wassergefährdend, die 2 für wassergefährdend und die 3 für stark wassergefährdend.

Wassergehalt

Der Wassergehalt (oder Feuchtegehalt) eines Baustoffes wird in der ▸*Bauwerksdiagnostik* durch verschiedene Kennwerte dokumentiert. So wird der Wassergehalt nach [5] massebezogen und/oder volumenbezogen angegeben und zwischen freiem und gebundenem Wasser unterschieden. Der Wassergehalt in Masseprozent berechnet sich aus dem Verhältnis der

A B C D E F G H I J K L M N O P Q R S T U V W X Y Z

Masse des Wassers in kg zur Masse des Baustoffes in kg. Soll die gleiche Angabe in Volumenprozent erfolgen, wird das Volumen des Wassers in m^3 zum Volumen des Baustoffes in m^3 gesetzt und dieser Wert mit dem massebezogenen Wassergehalt in % multipliziert. Unter freiem Wasser wird das in den ▸*Poren* eines Baustoffes vorhandene Wasser verstanden. Auf Grund der polaren Oberfläche der inneren Baustoffporen kommt es zu einer Ausrichtung des Wasserdipols und dadurch nur zu einer physikalischen (Ver)Bindung. Im Gegensatz dazu gibt es auch chemisch gebundenes Wasser. Hierbei handelt es sich um das Kristallwasser oder Hydrat, das chemisch in das Baustoffgefüge (ein)gebunden ist. Während das freie Wasser zur Baustoff- oder ▸*Ausgleichsfeuchte* hinzu gerechnet wird, ist dies bei chemisch gebundenem Wasser nicht der Fall. Daher wird auch der Vorgang der ▸*Wasseraufnahme* und -speicherung unterschieden.

Wasserglas

„Wasserglas" sind glasig erstarrte Schmelzen oder wässrige Lösungen von Alkalisilikaten. Ugs. werden darunter Natrium- und Kaliumsilikat verstanden, die auch im Bautenschutz zahlreich angewendet werden. So werden diese Verbindungen in Kombination mit wasserabweisend wirkenden ▸*Siliconaten* als Kombinationsprodukte bei Injektionsverfahren eingesetzt oder auch als ▸*Grundierung* für Flächenabdichtungen vor der Aufbringung von ▸*Dichtungsschlämmen*. Wasserglasverbindungen sind stark alkalisch. Sie reagieren mit dem Kohlendioxid der Luft und bilden dabei die entsprechenden Alkalikarbonate, die dann wiederum als lösliche ▸*bauschädigende Salze* im Mauerwerk verbleiben. Deshalb werden bevorzugt alkaliarme Silikatverbindungen eingesetzt, um die Salzbildung möglichst gering zu halten. Neben diesen Nachteilen ist die Verkieselung von Silikatbindemitteln mit reaktionsfähigen mineralischen Untergründen besonders vorteilhaft, da diese zu einer außerordentlich guten Haftung mit den betreffenden Untergründen führt.

Wasserhaltungsmaßnahmen

▸*Wasserdruckhaltende Innenwanne*

Wasserhemmend

▸*Wasseraufnahmekoeffizient*

Wasserhöchstgehalt

▸*Luftfeuchtigkeit*

Wasserkalk

▸*Baukalk*

Wasserkapazität

Prof. Dr. Weber hat vor einigen Jahren den Begriff der Wasserkapazität geprägt und nachgewiesen, dass auch Mauerwerke mit einem ▸*Durchfeuchtungsgrad* von bis zu 100% injiziert werden können, wenn entsprechende Voraussetzungen erfüllt sind. Der Durchfeuchtungsgrad im Mauerwerk bezieht sich in der Regel auf die kapillare Durchfeuchtung. Allerdings werden nur die ▸*Poren* gemessen, die auf kapillarem Weg (also drucklos) zugänglich sind. Dies bedeutet, dass ein Durchfeuchtungsgrad von z. B. 95% beschreibt, dass ein Mauerwerk zu 95% kapillar gesättigt ist oder die ▸*Kapillarporen* eines Mauerwerkes fast gefüllt sind. Hierbei handelt es sich um Poren mit einem Radienbereich zwischen 10^{-4} und 10^{-7} m. Sind diese Poren mit Wasser gefüllt ist die sog. Wasserkapazität (Φ_k) eines Baustoffes erreicht. Die Einheit dieser Wasserkapazität wird mit m^3/m^3 angegeben.

Nachfolgend ein Beispiel: Die Wasserkapazität (Φ_k) eines Vollziegels z. B. wurde mit 0,19 m^3/ m^3, oder ca. 190 ltr./ m^3 angegeben. Bei einem Durchfeuchtungsgrad von 90 % sind also 10 % der kapillar zugänglichen Poren noch nicht mit Wasser gefüllt und können mit Injektionsmittel versehen werden. Bei 10% macht dies etwa 19 ltr./ m^3 oder ein Porenraum von 1,9 Vol-%. Um dies noch etwas transparenter zu machen: bei dem Beispiel mit dem o. g. Vollziegel und einem Durchfeuchtungsgrad von 90 % können pro m^3 nicht einmal 2 ltr. ▸*Injektionsmittel* auf kapillarem Weg eingebracht werden. Kapillar heißt in diesem Fall durch drucklose

Injektion. Um diese Aussage bewerten und die Konsequenzen für die Praxis ableiten zu können, soll das gleiche Beispiel noch einmal mit der ▸*Druckinjektion* berechnet werden. Bei einem Durchfeuchtungsgrad von 90% sind also wieder 10% der kapillar zugänglichen Poren noch nicht mit Wasser gefüllt. Zu dem Wert von 19 ltr./ m^3 oder ein Porenraum von 1,9 Vol.-% muss noch die Differenz zwischen der Wasserkapazität (Φ_k) und der ▸*Sättigungsfeuchte* (Φ_s) dazu addiert werden. Bei dem o. g. Vollziegel sind dies ca. 100 ltr./ m^3. So ergeben sich insgesamt 119 ltr. Gesamtporenraum oder anders ausgedrückt 11,9 Vol.-%. Gegenüber der drucklosen Injektion können mit der Druckinjektion fast 12 ltr. Injektionsmittel pro m^3 (im Gegensatz zu knapp 2 ltr. bei der ▸*drucklosen Injektion*) in den Baustoff eingebracht werden. Dies bedeutet, dass die Messung des Durchfeuchtungsgrades und das Aufstellen einer ▸*Feuchtebilanz* zwar ein wichtiges Kriterium im Rahmen der Voruntersuchung und ▸*Bauwerksdiagnostik* ist, aber mit der ▸*Porengeometrie* erst eine wichtige Aussage zur möglichen ▸*Injektion* getroffen werden kann.

Wasserlösliche Bindemittel

Zu den wasserlöslichen Bindemitteln gehören alle Bindemittel und -gemische, die mit Wasser gelöst, verdünnt oder angemacht werden können. Die korrekte Bezeichnung richtet sich hierbei nach der Art und dem Zustand des Bindemittels. Während man bei mineralischen Bindemitteln wie z. B. ▸*Kalk* oder ▸*Zement* in Putzmörteln von einem „Anmachen" spricht, ist bei organischen Bindemitteln wie z. B. Acrylatdispersionen, die in Beschichtungsstoffen zum Einsatz kommen, von Lösung oder Verdünnung die Rede. Daneben gibt es verschiedene Bindemittel wie z. B. ▸*Siliconharze*, die sowohl in Wasser wie auch in Lösungsmitteln gelöst werden können.

Wasserretentionsmittel

Wasserretentionsmittel sind ▸*Additive*, die Putzen und Beschichtungsstoffen zugegeben werden, um das Wasserrückhaltevermögen zu erhöhen. Diese Eigenschaft ist vor allem bei der Verarbeitung von mineralischen Putzen notwendig, die auf stark saugenden Untergründen, z. B. hoch porosierten Hochlochziegel oder Porenbetonen, verarbeitet werden. Wasserretentionsmittel verhindern ein zu starkes Entziehen des Anmachwassers, sie beugen damit einem „Aufbrennen" des Mörtels vor. Daneben gewährleisten Wasserretentionsmittel auch einen gleichmäßigen Härtungs- und Trocknungsverlauf auf unterschiedlichen Untergründen wie z. B. bei Mischmauerwerken. Als Wasserretentionsmittel wird z. B. Methylzellulose eingesetzt. Hierbei handelt es sich um ein Polysaccharid, das durch Wechselwirkung mit den Wassermolekülen zu einem kurzzeitigen Quellen führt, bei dem Wasser gebunden wird. Anschließend wird dieses Wasser wieder abgegeben, so dass der Mörtel während der Trocknungs- und Härtungsphase gleichmäßig mit Wasser versorgt wird.

Wasserrückhaltevermögen

▸*Wasserretentionsmittel*

Wasserschaden, sporadischer

Die Gründe für einen sporadischen Wasserschaden können Nutzungsfehler, Leitungswasserschäden, Konstruktionsfehler oder Katastrophenfälle sein. In der Regel gilt es, gleich drei Wasserkreisläufe innerhalb eines Gebäudes zu betrachten: die Wasserversorgung (Kalt- und Warmwasser), das Abwasser sowie den Heizungskreislauf. Die häufigsten Ursachen sind geplatzte Schläuche sowie Rohrbrüche auf Grund von Frost, ▸*Korrosion* oder Materialfehlern. Allerdings können auch Planungsfehler oder Mängel in der Bauausführung Wasserschäden an den Rohrleitungen eines Gebäudes verursachen. Neben den klassischen Leitungswasserschäden müssen zunehmend auch Naturgewalten und -katastrophen hinzugerechnet werden. Zunehmend sind auch sintflutartige Regenfälle die Ursache dafür, dass Keller überschwemmen. Zu den Katastrophenfällen müssen auch Brandschäden gezählt werden, die gerade bei mehrgeschossigen Gebäuden wegen des Löschwassers zu erheblichen Wasserschäden führen können.

Nach einem sporadischen Wasserschaden treten physikalische und chemische Schadensprozesse auf. Die erstgenannten sind auf das Quellverhalten vieler Materialien zurückzuführen und setzen in der Regel sofort ein. Das Quellen von Papier ist ein Prozess, der bereits in den ersten Stunden nach einem Wasserschaden abläuft. Bei Holz (Parkett, Schwingböden, Paneelen, Türen, Möbeln usw.) sind solche Schäden besonders gravierend und können schon nach den ersten Tagen irreparabel sein. Ebenfalls zu den physikalischen Schadensprozesse gehören Materialzerstörungen, die z. B. dadurch entstehen, dass durchfeuchtetes Material Frost ausgesetzt wird.

Chemische Schadensprozesse haben je nach Material sehr unterschiedliche Entwicklungszeiten und Konsequenzen. Beispielsweise nimmt die Stahlkorrosion ab 60 % ▸*relativer Luftfeuchtigkeit* exponentiell zu. Die Zersetzung eines Teppichklebers oder Papierklebers setzt innerhalb weniger Stunden ein und verursacht irreparable Schäden. Anhydrid, Gips und gipshaltige Baustoffe dekristallisieren schon nach wenigen Tagen, wodurch sie ihre Festigkeit verlieren. ▸*Ausblühungen* hingegen treten oft erst lange nach dem Schaden auf.

Wasserschadensanierung

Ob und in welchem Umfang vor der eigentlichen Wasserschadensanierung Notmaßnahmen ergriffen werden müssen, hängt von verschiedenen Faktoren ab: zu klären ist z. B., ob die Wasserzufuhr bereits gestoppt ist, ggf. die Stromzufuhr unterbrochen und empfindliches Inventar bereits aus dem Gefahrenbereich geborgen wurde bzw. vor einer weiteren Nässeeinwirkung geschützt wird. Bei großen Schäden mit stehendem Wasser muss das Restwasser abgesaugt werden. Hierfür stehen bei spezialisierten Firmen zur Bautrocknung in der Regel ganztägige Notrufnummern zur Verfügung. Voraussetzung für eine erfolgreiche technische Bautrocknung ist die Beseitigung der Ursache für den Wasserschaden. Ist dieser nicht lokalisierbar, werden in der Regel Spezialisten zur Leckortung eingesetzt, die über zerstörungsfreie Methoden verfügen, so dass Fußböden oder Wände nicht mehr aufgestemmt und später wieder kostenintensiv instandgesetzt werden müssen. Mit Hilfe moderner Technik auf elektro-akustischer und/oder thermographischer Basis werden dabei die verborgenen Leckstellen fast immer bis auf wenige Zentimeter genau lokalisiert, so dass anschließend eine umfassende Schadensaufnahme und -analyse durchgeführt werden kann. Bevor dann die eigentliche technische Bautrocknung beginnen kann, ist im Einzelfall zu entscheiden, ob und womit eine evtl. notwendige Desinfektion durchgeführt werden muss.

Wenn Wände, Fußböden oder Dämmschichten sowie Einrichtungsgegenstände mit Wasser durchtränkt sind, ist zirkulierende, extrem trockene Luft das beste Mitte, um die Feuchtigkeit schonend und wirkungsvoll wieder zu entziehen. Die vorhandene feuchte Luft wird dabei von den Trocknungsgeräten angesaugt, die Feuchtigkeit entzogen und somit extrem trockene Luft erzeugt. Mit Druck und über Schlauchsysteme kann diese dann selbst in schwer zugängliche Gebäudebereiche geleitet werden.

Wasserspeicherung

Die Wasserspeicherung definiert den Feuchtegehalt in einem Mauerwerk, der entweder durch ▸*Adsorption* wie bei der ▸*hygroskopischen* ▸*Feuchtigkeit* oder durch ▸*Kapillarkondensation* bei ▸*Kapillarität* erfolgt. Diese beiden Arten der Wasserspeicherung müssen bei der Instandsetzung von feuchte- und salzgeschädigten Mauerwerken beachtet werden, da sie nicht nur die Durchfeuchtung eines Mauerwerkes, sondern auch den Trocknungsprozess nach einer Sanierung beeinflussen.

„Wasserstopper"

Der Begriff Wasserstopper ist ein Trivialname und wird für *Blitzmörtel* oder Schnellzemente verwendet, die bei Wasseraustritt in Mauerwerken eingesetzt werden. Hierbei handelt es sich nur um eine temporäre Maßnahme, die eine wasserdichte und dauerhafte ▸*Abdichtung* nach sich ziehen muss.

Wassertransport

In [5] wird beschrieben, dass der Wassertransport durch fünf verschiedene Transportmechanismen verursacht wird: durch ▸*Diffusion*, laminare Strömung, ▸*kapillarer Wassertransport*, die Luftströmung und Wasserverdunstung. Während die Mechanismen der Diffusion, der ▸*Kapillarität* und ▸*Verdunstung* bereits unter diesen Stichworten beschrieben sind, werden hier die laminare Strömung und die Luftströmung ergänzt.

Die laminare Strömung tritt in einem wassergesättigten Medium mit einer entsprechenden ▸*Porosität* und einem Druckunterschied auf, wie dies z. B. bei einem Baugrund der Fall sein kann. Durch Strömung versucht das Wasser, diesen Unterschied auszugleichen. Liegt eine langsame Fließgeschwindigkeit vor, spricht man von einer laminaren Strömung. Diese ist gegenüber der klassischen Strömung dadurch gekennzeichnet, dass es keine Wirbelbildung gibt. Die Stromlinien und Geschwindigkeitsprofile sind bei diesem Wassertransport eindeutig definierbar.

Beim Wassertransport durch Luftströmung liegt ein Luftdruckunterschied zwischen verschiedenen Räumen vor. Durch den Luftdruckausgleich kommt es zu Luftströmungen, die den in der Luft enthaltenen Wasserdampf mitführen. Bei Unterschreitung des Taupunktes kann es zur Kondenswasserbildung kommen.

Wasserundurchlässig

▸*Wasseraufnahmekoeffizient*

Wasserundurchlässiger Beton

▸*WU-Beton*

Wasserverdunstung

▸*Verdunstung*

Wasser-Zement-Wert

Unter Wasser-Zement-Wert versteht man das volumenbezogene Verhältnis von ▸*Anmachwasser* zu ▸*Zement*. Dieses Verhältnis nimmt ganz wesentlichen Einfluss auf die Gebrauchseigenschaften des Frischmörtels sowie auf die späteren Feststoffeigenschaften. Ein zu hoher Wasseranteil wirkt sich auf die ▸*Porosität*, Endfestigkeit, auf das Schwindverhalten sowie auf die Oberflächenerosion nachteilig aus.

Weichdichtung

▸*Dichtstoffe*

Weichmacher

Nach DIN EN 971 Teil 1 werden unter Weichmacher Substanzen verstanden, die einem Beschichtungsstoff zugegeben werden, damit sich die ▸*Elastizität* und Dehnbarkeit verbessert. Auch die Untergrundhaftung und Härte von Beschichtungsstoffen kann mit Weichmachern verbessert werden. Weichmacher besitzen in der Regel esterartige Strukturen und einen geringen Dampfdruck. Die meisten Weichmacher haben die Eigenschaft, ohne chemische Reaktion und nur aufgrund des eigenen Quellvermögens und/oder durch Lösungsvorgänge in Wechselwirkung mit den polymeren Bindemitteln zu treten.

Weiß-Punkt

▸*Mindestfilmbildetemperatur*

Weiße Wanne

▸*WU-Beton*

Weißer Porenschwamm

Der weiße Porenschwamm gehört zur Kategorie der ▸*Braunfäule* und ist ein ▸*holzzerstörender Pilz*, der ugs. oft nur als ▸*Hausschwamm* bezeichnet wird. Das ▸*Myzel* besteht aus weißen, zum Teil kräftigen Strängen mit eisblumenartigem Aussehen. Im Gegensatz zum ▸*Echten* ▸*Hausschwamm* bleiben diese weiß und werden im trockenen Zustand nicht spröde. Dieser Typ der Braunfäule bildet eher kleine, dünnhäutige ▸*Fruchtkörper* mit gut erkennbaren Poren.

Gute Entwicklungsbedingungen liegen bei Temperaturen von 3 bis 36°C vor, wobei das Optimum bei etwa 26 bis 27°C liegt. Die für das Wachstum des weißen Porenschwamms notwendige Holzfeuchtigkeit liegt bei 35 bis 45%. Diese Pilze befallen vorwiegend Nadelholz, das dabei in kubische Stücke zerfällt. Der Weiße Porenschwamm ist zwar der gefährlichste Holzzerstörer, wird aber in Gebäuden seltener angetroffen, als der Echte Hausschwamm oder der Kellerschwamm.

Weißfäule

▸*Pilze*, die alle Bestandteile des Holzes wie Lignin, Zellulose, Hemizellulose und Pektin abbauen, werden als Weißfäule bezeichnet. Durch diesen Abbau nimmt das Holz eine weiße Färbung an, was zur Namensgebung führte. Pilze, die am Holz eine Weißfäule hervorrufen, werden als Weißfäuleerreger bezeichnet. Die mechanischen Festigkeiten des Holzes bleiben im Vergleich zur sog. ▸*Braunfäule* länger erhalten. Die Weißfäule wird in zwei Gruppen eingeteilt: in die Simultanfäule, die Lignin und Zellulose abbaut, und in Pilze, die vorwiegend das Lignin angreifen. Experten bezeichnen sie auch aus „selektive Weißfäule". Der Abbau des Holzes durch die Weißfäule verursacht ein faseriges, weiches und mit zunehmendem Zerstörungsverlauf heller werdendes Holz. Eine Rissbildung quer zur Faser, wie dies bei der Braunfäule typisch ist, erfolgt bei der Weißfäule nicht.

▸*Holzzerstörende Pilze*

Werktrockenmörtel

Ein Werktrockenmörtel ist in der DIN 18 557 definiert und beschreibt einen werkseitig produzierten Mörtel, der auf der Baustelle nur noch mit Wasser angemacht (angemischt) werden muss.

Wickelkern

Ein Wickelrohr ist ein stabiles Rohr mit einem Durchmesser > 6 cm, das in die ▸*Abdichtungsbahn* eingerollt wird. Dieses Hilfsmittel aus Metall oder Kunststoff erleichtert die vollflächige Verklebung durch gleichmäßigen Anpressdruck bei der Verlegung.

Widerstandsmessmethode

Bei der Widerstandsmessung wird der elektrische Strom erfasst, der durch einen feuchten Baustoff strömt. Ein trockener Baustoff gilt als nicht leitend (Isolator). Allein die normale ▸*Ausgleichsfeuchte* führt zu typischen Leitfähigkeiten bei porösen Baustoffen. Steigt diese Ausgleichsfeuchte durch ▸*Kapillarfeuchtigkeit*, ▸*Kondensfeuchtigkeit* oder auch ▸*hygroskopische Feuchtigkeit* an, nimmt auch die Leitfähigkeit zu. Dies zeigt sich im Absinken des elektrischen Widerstandes.

Der Vorteil dieser Feuchtemessung besteht in der einfachen Handhabung und einer Vor-Ort-Auswertung. Der Nachteil besteht in der Ungenauigkeit, da ein kombinierter Feuchte-Salz-Faktor gemessen wird und freie Ionen die Leitfähigkeit erhöhen. Damit kann eine nicht vorhandene Feuchtigkeit vorgetäuscht werden oder der Feuchtigkeitswert stark abweichen.

Winterkondensation

In einem Gebäude kann immer dann ▸*Kondensation* entstehen, wenn feuchte Luft auf zu kalte Oberflächen trifft. Beim Altbau können zu dünne Wandkonstruktionen, Fachwerkausmauerungen oder auch stark wärmeleitende Natursteinwände eine niedrige Temperatur der Innenseite des Außenmauerwerkes verursachen. Man bezeichnet diesen Vorgang auch als Winterkondensation. Im Gegensatz dazu führen große Wanddicken (Kirchen-, Kloster- oder Burgenmauern, Kellermauern) dazu, dass tiefe Temperaturen noch weit in wärmere Witterungsperioden hinein gespeichert werden können. Dieser Vorgang wird als Sommerkondensation bezeichnet. Damit wird deutlich, weshalb Kondensation noch durch weitere Ursachen (Nordseite, Hauptwindrichtung, Durchfeuchtung oder Temperaturdivergenz in Außenecken) begünstigt wird, welche die Temperatur einer Außenwand herabsetzen können. Auch wenn die Kondensationsneigung und -menge im Wesentlichen durch

▸*Luftfeuchtigkeit* und Oberflächentemperatur bestimmt wird, so müssen Faktoren wie Heizung, Außentemperatur, ▸*Lüftung*, ▸*Wärmedämmung*, ▸*Dampfdiffusion*, Nutzung und ▸*Absorption* der Raumschale und der Ausstattung berücksichtigt werden.

Wirkprinzip

Bei der Kellersanierung wird der Begriff Wirkprinzip in Verbindung mit ▸*Injektionsstoffen* für die ▸*nachträgliche Horizontalabdichtung* verwendet. So werden Injektionsstoffe unterschieden in: ▸*kapillarverstopfend* bzw. ▸*kapillarverdichtend* oder ▸*kapillarabdichtend*, ▸*kapillarverengend* und ▸*hydrophobierend*. Bei einigen Injektionsstoffen werden die Wirkprinzipien auch in Kombination angewendet, so dass der Begriff ▸*Kombinationsprodukte* verwendet wird. Bei der Vielzahl an angebotenen Injektionsstoffen ist das Wirkprinzip ein wesentlicher Parameter, da aus diesem die Unterschiede in Bezug auf den ▸*Durchfeuchtungsgrad* und den ▸*Porenfüllungsgrad* in Abhängigkeit zu den Reaktionsbedingungen abgeleitet werden können.

Wirksamkeitsprüfung von Injektionsstoffen

Für Injektionsstoffe zur ▸*nachträglichen Horizontalabdichtung* gab es bisher keine produkt- und herstellerunabhängigen Prüfungen und auch keine Zulassungen. Dem zu Folge hatten einige Hersteller für ihr Produkt ein Prüfzeugnis, andere wiederum nicht. Auch die Qualität und der Inhalt der vorhandenen Prüfzeugnisse war nicht vergleichbar, so dass Unterschiede und Anwendungsgrenzen für Injektionsstoffe nicht transparent waren. Hinzu kam, dass vorhandene Prüfungen immer nur isoliert für den Injektionsstoff vorlagen, ohne die Besonderheiten bei der Injektion zu berücksichtigen. Infolgedessen hat die WTA Prüfmethoden und -kriterien erarbeitet, damit die Unterschiede der verschiedenen Injektionsstoffe in Bezug auf das Wirkprinzip, die Einbringung, den ▸*Durchfeuchtungs- und Versalzungsgrad* sowie der klimatischen Verhältnisse (Trocknung) deutlich werden. Hierzu werden spezielle Prüfkörper hergestellt und der Durchfeuchtungsgrad auf 60%, 80% und 95% vordimensioniert. Die anschließende ▸*Injektion* der verschiedenen Injektionsstoffe erfolgt

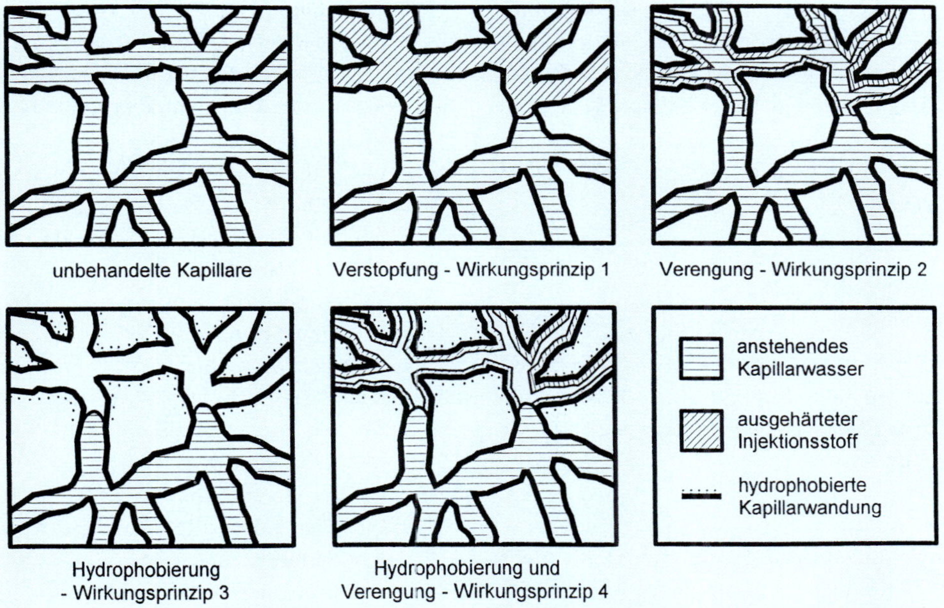

Wirkungsprinzipien der Feuchtereduzierung - schematische Darstellungen

in Abhängigkeit zum Injektionsverfahren der einzelnen Produktanbieter und kann mit einem sog. Referenzkörper (ohne Injektion) verglichen werden. Neben einer Durchfeuchtung

durch Wasser ist die Verwendung von anderen Medien, wie z. B. einer Salzlösung auch möglich, wenn z. B. das Verhalten an stark salzbelasteten Mauerwerken simuliert werden soll.

Durch die Prüfungen können die einzelnen Injektionsstoffe eindeutig der Anwendung zugeordnet werden: bis zu welchem Durchfeuchtungs- und Versalzungsgrad welches Injektionsmittel mit oder ohne Druck mit oder ohne flankierende Maßnahmen vor, während oder nach der Injektion eingesetzt werden kann. Auf der Basis dieser Wirksamkeitsprüfungen ist vorgesehen, ein ▸*WTA-Zertifikat* für Injektionsstoffe einzuführen, damit für Planer/Architekten und ausführende Fachfirmen sowie Gutachter/Sachverständige mehr Transparenz geschaffen wird.

Wirkstoffgehalt

Der Wirkstoffgehalt spielt im Zusammenhang mit den Injektionsstoffen zur ▸*nachträglichen Horizontalabdichtung* gegen ▸*kapillar aufsteigende Feuchtigkeit* eine wichtige Rolle. Häufig wird in den technischen Merkblättern nur der Materialverbrauch pro lfm oder Mauerwerksquerschnitt angegeben. Dabei ist nicht nur die quantitative Menge an ▸*Injektionsmittel*, sondern vor allem der eingebrachte Wirkstoffgehalt eine wichtige Kenngröße für die anschließende ▸*Horizontalsperre* und deren Funktion. Die unten stehende Tabelle gibt einen Überblick über den Wirkstoffgehalt verschiedener Injektionsmittel in Bezug auf das Wirkprinzip.

Bei der Planung und Ausführung von Injektionen sollte deshalb neben dem Verbrauch an Injektionsstoff immer auch der notwendige Wirkstoffgehalt pro m^2 Mauerwerksquerschnitt angegeben werden.

Wirkungstiefe

Die Wirkungstiefe ist mit der ▸*Penetration* (Eindringtiefe) gleichzusetzen. Hierbei ist wichtig, dass ▸*Grundierungen*, Imprägnierungen sowie

Injektionsstoff	Wirkprinzip	Wirkstoffgehalt
Paraffin	Kapillarverstopfend	100 M.-%
Polyacrylatgel	Kapillarverstopfend	> 40 M.-%
Polyurethanharz	Kapillarverstopfend	100 M.-%
Polyurethangel	Kapillarverstopfend	> 15 M.-%[1]
Epoxidharz	Kapillarverstopfend	100 M.-%
Harzlösung	Kapillarverengung & Hydrophobierung	> 15 M.-%
Silikat	Kapillarverengung	> 20 M.-%
Siliconat	Kapillarhydrophobierung	> 10 M.-%
Silikat-/ Methylsilikatlösung	Kapillarverengung & Hydrophobierung	> 20 M.-%
Silikat-/ Siliconatlösung	Kapillarverengung & Hydrophobierung	> 20 M.-%
Silane/ Siloxane	Kapillarhydrophobierung	> 5 M.-%
Siliconmikroemulsionen	Kapillarhydrophobierung	100 M.-%[2]

[1] Verdünnung Polyurethangel / Wasser = 1 / 15   [2] Verdünnung SMK / Wasser = 1 / 10

Produkte zur Steinverfestigung oder ▸*Injektionsmittel* in den Baustoff eindringen können, um nicht an der Oberfläche, sondern im Baustoff ihre Funktion bzw. Wirkung entfalten zu können.

Witterungsbeständigkeit

▸*Beständigkeit*

Witterungsschutz

Witterungsschutz beinhaltet den Schutz von Baustoffen, Bauteilen oder Bauwerken vor Witterungseinflüssen. Diese bestehen nicht nur aus sichtbaren Einflüssen wie z. B. Niederschlägen oder Wind und Sonne, sondern auch aus nicht sichtbaren Einflüssen wie Umweltgiften und Gasen. Dies muss bei einem Witterungsschutz berücksichtigt werden. Hinzu kommt, dass Witterungsschutz nicht nur durch das Aufbringen von Imprägnierungen, Putzen oder Anstrichen erfolgen muss, sondern auch konstruktiv durch das Fernhalten der Witterungseinflüsse vom Gebäude erreicht werden kann.

WTA

Die Wissenschaftlich-Technische Arbeitsgemeinschaft für Bauwerkserhaltung und Denkmalpflege besteht seit etwa 30 Jahren. Gegründet wurde die WTA mit der Zielsetzung, insbesondere für die Thematik und Problematik der Altbausanierung und Baudenkmalpflge Richtlinien und Merkblätter zu erarbeiten und damit in Ergänzung zu ▸*DIN-Normen* das Bauen im Bestand abzurunden. In Arbeitsgruppen werden zu verschiedenen Schwerpunktthemen vorhandene Ergebnisse gesammelt und überprüft, evtl. noch fehlende Details erarbeitet und ausgewertet und anschließend durch Zusammenfassung der erhaltenen Erfahrungswerte fachlich fundierte, allgemein gültige Richtlinien erarbeitet und veröffentlicht. Die entsprechenden Merkblätter beschreiben dann jeweils den neuesten Stand der Technik auf dem betreffenden Gebiet und sind für Hersteller, Verarbeiter und ausschreibende Stellen als Leitfaden vor allem überall dort eine wertvolle Hilfe, wo Normen oder gesetzliche Vorschriften nicht existieren oder fachlich überholt sind.

WTA-Merkblatt

Zu den einzelnen Themenschwerpunkten der Altbausanierung und Baudenkmalpflege sind in den vergangenen Jahr(zehnt)en viele Merkblätter entstanden, einige haben Einzug in ▸*DIN-Normen* gefunden oder waren Grundlage für deren Überarbeitung, andere sind zwischenzeitlich wieder vom Markt genommen oder überarbeitet worden und andere besitzen über Ländergrenzen und Zielgruppen einen hohen Bekanntheitsgrad. Besonders erwähnt werden soll im Referat Holz das WTA-Merkblatt „Der echte Hausschwamm" und „Baulicher Holzschutz", im Referat Oberflächenschutz das WTA-Merkblatt „Sanierputzsysteme" und „Beurteilung und Instandsetzung gerissener Putze an Fassaden" sowie „Bewertung von Anti-Graffiti-Systemen". Im Referat Naturstein soll besonders das WTA-Merkblatt „Natursteinrestaurierung" erwähnt werden, das noch einmal in Spezialthemen unterteilt ist und „Zerstörungsfreies ▸*Entsalzen* von Natursteinen und anderen porösen Baustoffen mittels Kompressen". Das Referat Mauerwerk hat vor allem durch die WTA-Merkblätter „Mauerwerksinjektion gegen kapillar aufsteigende Feuchtigkeit", „Nachträgliches Abdichten erdberührter Bauteile", „Mauerwerksdiagnostik" und „Instandsetzen von Mauerwerk – Standsicherheit / Tragfähigkeit" auf sich aufmerksam gemacht. Im Referat Beton sollen die WTA-Merkblätter „Diagnose an Betonbauwerken" und Prüfen und Warten von Betonbauwerken" erwähnt werden. Darüber hinaus gibt es noch das Referat Fachwerk, in dem u. a. die WTA-Merkblätter „Fachwerkinstandsetzung" erschienen sind, die in 10 einzelne Themen untergliedert sind.

WTA-Zertifikat

Vor einigen Jahren wurde neben den Prüfungen nach WTA auch noch ein WTA-Zertifikat eingeführt. Hiermit werden Produkte und Systeme ausgezeichnet, die den Prüfungen der WTA-Richtlinien unterzogen wurden und diese bestanden haben. Begonnen wurde die Zertifizierung mit den ▸*Sanierputzen*, da einerseits eine hohe Qualität seit über 15 Jahren angeboten wird. Auf der anderen Seite werden aber einige Produkte mit dem WTA-Bezug angeboten, die zwar nach WTA geprüft wurden, diese Anforderungen aber nicht erfüllt haben. Durch diese Zertifizierung wird dies jetzt ausgeschlossen und es können nur noch Produkte mit dem WTA-Logo werben, die auch tatsächlich die Prüfungen und damit die Anforderungen erfüllt haben. Seit Anfang 2005 wurde diese Zertifizierung auch für ▸*Injektionsmittel* zur ▸*nachträglichen Horizontalabdichtung* eingeführt.

WTA

Druckinjektion; DFG ≥ 95 %

ZERTIFIKAT

Die Wissenschaftlich-Technische Arbeitsgemeinschaft für Bauwerkserhaltung und Denkmalpflege e. V. bescheinigt hiermit, dass das Unternehmen

Wacker – Chemie GmbH

die Ergebnisse der Wirksamkeitsprüfung für **Injektionsstoffe** gemäß WTA-*Merkblatt* 4-4-04 vorgelegt hat und diese vom WTA-*Prüfungsausschuss* Injektionsstoffe überprüft wurden.
Die Wirksamkeitsprüfung wurde von einem der WTA für Injektionsstoffe anerkannten Prüfinstitut vorgenommen.

Folgender Injektionsstoff hat die Wirksamkeitsprüfung mit dem im Prüfzeugnis Nr. M 568 vom 01.02.2005 beschriebenen Applikationsparameter bestanden und erfüllt somit die Anforderungen des WTA-*Merkblattes* 4-4-04:

SILRES BS SMK 550

Das Produkt darf mit der Dienstleistungsmarke gekennzeichnet werden. WTA

Dieses Zertifikat ist auf andere Injektionsstoffe nicht übertragbar.
Das Zertifikat gilt jeweils ein Jahr nach Ausstellung.
Die Gültigkeitsdauer kann auf Antrag gemäß WTA-*Merkblatt* 4-4-04 verlängert werden.

Für den WTA-*Vorstand*

gültig bis 24. März 2006

WTA Wissenschaftlich-Technische Arbeitsgemeinschaft für Bauwerkserhaltung und Denkmalpflege e. V.

WTA Eingetragenes Markenzeichen Nr. 395 164 12

© siehe Anhang

WU-Beton

Mit dem wasserundurchlässigen Beton (WU-Beton) lt. DIN 1045 wird ein Beton mit besonderen Eigenschaften beschrieben, der vornehmlich Feuchtigkeitseinbrüche bis hin zur Beanspruchungsgruppe bzw. dem ▸*Lastfall "drückendes Wasser"* verhindern soll. Mit der Bauweise aus wasserundurchlässigem Beton fand der Begriff "Weiße Wanne" Eingang in den bautechnischen Sprachgebrauch, da im Unterschied zu der nun als "Schwarze Wanne" bezeichneten bituminösen Abdichtungstechnik die Betonoberfläche weißfarbig erscheint. Im Baustellenjargon oder ugs. wird häufig auch der Begriff vom wasserdichten Beton oder vom Sperrbeton (nach der alten und nicht mehr gültigen DIN 4117) verwendet. Diese Begriffe sind falsch und sollten aus dem Sprachgebrauch verschwinden. Der einzig richtige und zutreffende Begriff ist „wasserundurchlässiger Beton" bzw. die Abkürzung WU-Beton.

Hinter der Bezeichnung ▸*Weiße Wanne* verbergen sich eine Reihe von Funktionen und Qualitätsanforderungen, die in der täglichen Baustellenpraxis nicht immer Beachtung finden bzw. falsch verstanden oder ausgelegt werden. So dienen z. B. die ▸*Wasserundurchlässigkeit* des Betons, die Beschränkung der Rissbreite unter Gebrauchslast für den Wand- und Bodenplattenbeton, die Höhe des Wasserstandes über der Gründungssohle, die Aufnahme des hydrostatischen Wasserdruckes durch die Wände und die Bodenplatte sowie die sog. Auftriebssicherheit im Bauzustand als Qualitätsmerkmal einer Wannenkonstruktion aus Stahlbeton. Nur wenn für diese Anforderungen die entsprechenden Nachweise vorliegen, ist eine "Weiße Wanne" im bautechnischen Sinne der Regelwerke vorhanden.

Bei Konstruktionen aus wasserundurchlässigem Beton (WU-Beton) übernimmt der Baustoff Beton sowohl die tragende als auch die abdichtende Funktion. Bis vor einigen Jahren galt, dass zusätzliche ▸*Abdichtungen* aus ▸*Dichtungsbahnen* oder -folien, ▸*Bitumen-Dickbeschichtungen* oder ▸*Dichtungsschlämmen* nicht erforderlich waren. Auf Grund neuer Erkenntnisse ist heute bekannt, dass bei der Herstellung von Weißen Wannen nicht immer davon ausgegangen werden kann, dass die Wände und die Bodenplatten in allen Querschnittsbereichen tatsächlich wasserundurchlässig sind. Typische Schwachstellen sind die Arbeitsfugen zwischen der Bodenplatte und den aufgehenden Wänden, die ▸*Durchdringungen* durch die Außenwände sowie die Bereiche von Wand- und Bodenplatten mit eng verlegter Bewehrung. In diesen Bereichen kann es trotz der Verdichtung während der Herstellung zu Hohlräumen kommen (Kiesnester), die durch nachträgliches Verpressen abgedichtet werden. Allerdings setzt sich ohnehin immer mehr durch, Konstruktionen aus WU-Beton mit zusätzlichen Abdichtungen gegen kurzzeitig stauendes oder ▸*drückendes Wasser* (Grundwasser) zu versehen.

"Wunderkästchen"

Wunderkästchen ist ein Trivialname für die ▸*elektromagnetischen Verfahren*, mit denen ▸*kapillar aufsteigende Feuchtigkeit* unterbunden werden soll. Der Name entstand in den letzten Jahren, da die Beschreibung der Anbieter der wissenschaftlichen Praxis oft wie ein „Wunder" vorgekommen ist. Diese Verfahren sind gegen kapillar aufsteigende Feuchtigkeit definitiv ungeeignet und bereits in der Theorie umstritten. Darüber hinaus haben sie auch in der Praxis noch nicht den Nachweis ihrer Funktion erbracht. Die Medien haben bereits darüber berichtet und Verarbeiter wie auch öffentliche und private Auftraggeber vor Anwendung dieser Verfahren gewarnt. [16]

Wunschverfahren

▸*Ungeeignete Verfahren*

Wurzelbeständigkeit

Die Wurzelbeständigkeit ist eine der Prüfungen für ▸*Abdichtungsstoffe* nach ▸*DIN 18 195 „Bauwerksabdichtung"*. Sie muss erfüllt werden.

W/Z-Wert

▸*Wasser-Zement-Wert*

Z

„Zauberkästchen"

Zauberkästchen ist ein Trivialname für die ▸*elektromagnetischen Verfahren*, mit denen ▸*kapillar aufsteigende Feuchtigkeit* unterbunden werden soll. Der Name entstand in den letzten Jahren, da die Beschreibung der Anbieter der wissenschaftlichen Praxis oft „zauberhaft" vorgekommen ist. Diese Verfahren sind gegen kapillar aufsteigende Feuchtigkeit definitiv ungeeignet und bereits in der Theorie umstritten. Darüber hinaus haben sie auch in der Praxis noch nicht den Nachweis ihrer Funktion erbracht. Die Medien haben bereits darüber berichtet und Verarbeiter wie auch öffentliche und private Auftraggeber vor Anwendung dieser Verfahren gewarnt. [16]

Zeitweise anstauendes Schichtenwasser

Wenn die ▸*Gründungstiefe* eines Bauwerkes geringer als 3 Meter unter Geländeoberkante ist und gleichzeitig ein wenig wasserdurchlässiger Boden ($k < 10^{-4}$ m/s) vorliegt, sieht die ▸*DIN 18 195 „Bauwerksabdichtung"* noch einen ▸*Lastfall* für zeitweise anstauendes ▸*Schichtenwasser* vor.

Zeitweise aufstauendes Sickerwasser

▸*Aufstauendes Sickerwasser*

Zellulosekompressenentsalzung

▸*Kompressenentsalzung*

Zement

Das Wort Zement geht auf die Römer zurück, die ein betonartiges Mauerwerk aus Bruchsteinen mit Mörtel aus gebranntem ▸*Kalk* als „opus caementitum" bezeichneten. Technisch gesehen haben wohl die Phönizier den ersten wasserfesten Mörtel aus Kalk und gemahlenen Ziegeln hergestellt. Die Verwendung von ▸*Puzzolanen* für die Herstellung von Putz- und Mauermörtel wurde bei *Vitruv* (etwa 20 v. Chr.) beschrieben. Im Mittelalter erkannten die Baumeister, dass der ▸*Trass* der Eifelvulkane die gleichen Eigenschaften beinhalteten und der Engländer *J. Smeaton* entdeckte, dass die Zugabe von Ton beim Kalkbrennen einen hydraulischen, also auch unter Wasser erhärtenden ▸*Mörtel*, ergab. Der Portlandzement wurde erstmals 1824 von dem Briten *J. Aspdin* hergestellt. Allerdings entsprach dieser Zement hinsichtlich seiner Zusammensetzung und seinen Eigenschaften noch einem ▸*Romankalk*. *W. Aspdin* modifizierte den Zement seines Vaters, in dem er das Kalk-Ton-Gemisch zum Sintern brachte (1843) und damit die Eigenschaften deutlich verbesserte.

Rohstoffe für die Zementherstellung sind Kalkstein und Ton oder Kalkmergel bzw. Kalkstein und Hochofenschlacke (Hüttensand). Die Bestandteile werden in einem genau definierten Mischungsverhältnis miteinander vermischt und fein gemahlen. Dieses Rohmehl wird bei etwa 1450 °C erhitzt und kommt zum Sintern. Durch die Hitze hat sich der Kalk mit der Tonerde und der Kieselsäure zu Stoffen mit neuen Eigenschaften verbunden. Abschließend wird dieser Zementklinker staubfein gemahlen, wobei je nach Zementart, Hersteller und Anforderungen noch spezielle Zusatzstoffe zugegeben werden können. Im Wesentlichen besteht Zement aus Verbindungen von Kalziumoxid mit Siliziumoxid sowie Aluminiumoxid und Eisenoxid.

Während Kalk allein durch die ▸*Karbonatisierung* härtet und die Gipshärtung durch eine Wassereinlagerung (▸*Hydratation*) erfolgt, han-

delt es sich bei der Zementhärtung um eine Überlagerung der beiden Härtungsmechanismen. Im Gegensatz zu Kalk und Gips ist Zement ein ausgesprochen hydraulisches Bindemittel, ein sog. Wasserbinder. Dies bedeutet, dass zunächst in der sog. Hydratationsphase Wasser eingelagert und die Kalziumsilikat- oder Kalziumaluminathydrate gebildet werden. Dabei entsteht, insbesondere bei der Kalziumsilikathydratbildung, als Nebenprodukt Kalziumhydroxid (also Kalk), das durch Karbonatisierung nachhärten kann.

Das Erstarren des Mörtels beginnt frühestens 1 Stunde nach dem Anmachen und muss nach spätestens 12 Stunden soweit fortgeschritten sein, dass durch mechanische Beanspruchungen keinerlei Oberflächenschäden oder optische Beeinträchtigungen entstehen. Die Normfestigkeit erreicht ein ▸*Beton* oder zementgebundener Mörtel nach 28 Tagen. Zementmörtel erhärtet unter Wasser wie an der Luft und ist nach der Härtung wasserbeständig und wesentlich säure- und salzbeständiger, als z. B. das ▸*Kalziumkarbonat*. Zemente (und hochhydraulische Kalke) werden deshalb bevorzugt für stark bewitterte Anforderungen eingesetzt.

Portlandzement (PZ) ist ein Normzement nach DIN 1164 und wird durch das feine Zermahlen des Portlandzementklinker hergestellt. Weißer Portlandzement entsteht aus besonders ausgewählten Rohstoffen und wird in einem Verfahren gebrannt, bei dem die Bildung der dunkelfarbigen Zementbestandteile reduziert wird. Eisenportlandzement (EPZ) enthält außer Portlandzementklinker bis zu 35 Gew.-% Hochofenzement (HOZ) und bis zu 80 Gew.-% Hüttensand. Zementklinker und Hüttensand werden dabei gemeinsam feingemahlen. Eisenportlandzement und Hochofenzement sind ebenfalls in der DIN 1164 genormt. Trasszement (TrZ) wird in der DIN 1164 reglementiert und entsteht durch das gemeinsame Feinmahlen von 60 bis 80 Gewichtsteilen Portlandzementklinker mit 20 bis 40 Gewichtsteilen Trass. Portland-, Eisenportland-, Hochofen- und Trasszement enthalten geringe Mengen Gips oder Anhydrit, wodurch das Abbindeverhalten entsprechend beeinflusst werden kann. Außerdem können dem Zement bis zu 5 Gewichtsprozente anderer mineralischer Stoffe zugesetzt werden. Tonerdezement ist nicht genormt und wird aus Kalkstein und Bauxit hergestellt. Das durch das Brennen auf 1200 bis 1600 °C gesinterte Gemisch wird staubfein gemahlen. Der Vorgang der Hydratisierung verläuft beim Tonerdezement deutlich schneller als beim Portland-, Hütten- oder Trasszement. Des Weiteren bindet Tonerdezement etwa doppelt so viel Wasser und entwickelt beim Abbinden wesentlich mehr Wärme.

Zementbazillus

▸*Ettringit*

Zementfarbe

Zementfarben sind zementgebundene Farben, die auf Grund der Zementbindung eine sehr hohe Festigkeit haben. Sie wurden früher im Sockelbereich oder im erdberührten Bereich

© siehe Anhang

© siehe Anhang

sowie in Bereichen mit hoher mechanischer Belastung eingesetzt. Heute erfolgt ihr Einsatz nur noch im Bereich der Betoninstandsetzung oder wenn im Rahmen der Baudenkmalpflege eine „originalgetreue" Materialauswahl gefordert wird. Dann ist das Bindemittel jedoch ein Weißzement-Kalk-Gemisch.

Zementhärtung

▸*Zemente* erhärten durch chemische Reaktion mit Wasser, d. h. aus den Klinkerphasen entstehen Hydratphasen. Dabei wandeln sich die einzelnen Zementkörner in faser- oder tafelförmige Kristalle um, die miteinander verbunden und zum Schluss fest miteinander und ineinander verzahnt sind. Dieser Prozess, bei dem ausreichend Wasser benötigt und während der Reaktion verbraucht wird, heißt hydraulische Abbindung oder Härtung. Bei der Härtungsreaktion entsteht außer den Hydratphasen zusätzlich das alkalische Kalziumhydroxid. Dieses sichert die korrosionshemmende Wirkung des *Beton*.

Zementinjektion

Zementinjektionen werden im Wesentlichen für vier Bereiche des Bautenschutzes eingesetzt: zur Verpressung von hohlräumigen Mauerwerken, um die Stabilität des Mauerwerks zu erhöhen (Mauerwerksverfestigung), zur Betoninstandsetzung im Rahmen der ▸*Rissinjektion*, da die eingesetzten Zementleime eine besonders hohe Affinität zum Beton aufweisen, zur *Injektion* bei der ▸*nachträglichen Vertikalabdichtung* (Kellerinnenseite), dann enthalten die Zementinjektionen Kunststoffzusätze, und zur ▸*nachträglichen Horizontalabdichtung*, um vor dem Einbringen des eigentlichen ▸*Injektionsmittels* mögliche Hohlräume im Mauerwerksquerschnitt zu verschließen und unkontrolliertes Abfließen der Injektionsflüssigkeit zu verhindern. Mit Zementinjektionen allein kann ein Mauerwerk gegen ▸*kapillar aufsteigende Feuchtigkeit* nicht instandgesetzt werden.

Zementleim

▸*Zementleimverpressung*

Zementleimverpressung

Für die sog. Zementleimverpressung wurden feine Zementleime entwickelt, die aus speziellen Zementen und sehr feinen Zuschlagsstoffen mit einer Korngröße unter 0,5 mm bestehen. Eingesetzt werden Zementleime zur Rissverpressung im Rahmen der Betoninstandsetzung oder zur Verpressung von Mauerwerken, um die Stabilität nachträglich zu erhöhen oder um Hohlräume zu verschließen.

Zementschlämme

▸*Dichtungsschlämme*

Zementsuspension

▸*Zementinjektion*

Zertifizierung (nach WTA)

▸*WTA-Zertifikat*

Zeta-Potential

Das Zeta-Potential wird als galvanische Spannung im diffusen Teil einer elektrochemischen Doppelschicht an der Grenzfläche zwischen zwei nicht mischbaren Phasen definiert. Bei der relativen Phasenverschiebung nehmen die Ionen des diffusen Teiles der elektrochemischen Doppelschicht an der Bewegung der flüssigen Phase teil, während die Ionen der dichten Schicht mit der festen Phase zusammenbleiben. Daher wird die Teilnahme der Ionen der diffusen Schicht an der relativen Flüssigkeitsbewegung nicht durch das gesamte

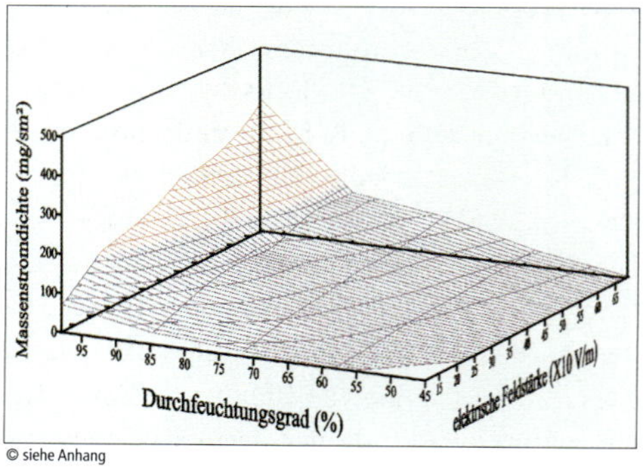

© siehe Anhang

interphasische Potential charakterisiert, sondern nur durch den Teil, der die Potentialverringerung im Bereich der diffusen Schicht darstellt. Diese Potentialverringerung zwischen der Grenzschicht der Flüssigkeit und der Masse bzw. zwischen dem Teil der Flüssigkeit, der direkt an der Teilchenoberfläche gebunden ist und dem Rest der Flüssigkeit, nennt man elektrokinetisches Potential oder einfach Zeta-Potential.

Ziegelmehl

Ziegelmehl ist ein latent-hydraulischer ▸*Zuschlagsstoff*, der früher einem Kalkmörtel zugegeben wurde, um ihm höhere Festigkeiten zu verleihen. Dies ist mit heute nicht mehr möglich, da moderne Ziegel bei höheren Temperaturen und aus reinen Rohstoffen gebrannt werden. Die hydraulischen Eigenschaften, wie sie in der Literatur der griechischen oder römischen Antike festgehalten wurden, sind mit heutigen Ziegelmehlen nicht möglich.

Ziegelsteine

Ziegel sind die ersten künstlich hergestellten Steine, daher wird ugs. auch der Begriff Ziegelstein verwendet. Ziegel werden aus Ton, Lehm oder tonigen Massen mit oder ohne Zusatz von Magerungsmitteln, wie z. B. Ziegelmehl, Asche, Kohle, Sägemehl, erst geformt und dann verfestigend gebrannt. Man unterscheidet Hintermauerziegel, Vormauerziegel, Mauerklinker, Deckenziegel und Dachziegel. Ziegel bestehen grundsätzlich aus kristallwasserhaltigen Aluminiumsilikaten mit mehr oder weniger großen Beimengungen von Quarz, Feldspat, Glimmer, Kalkspat- oder auch Eisenoxiden. Sie enthalten also Tonminerale, karbonatführende Mineralanteile (z. B. Kalkgehalt), Magerungsbestandteile (z. B. Sand) und Flussmittel (z. B. Feldspat). Da jedes Tonvorkommen regionale Unterschiede besitzt, gibt es entweder starke Unterschiede in der Ziegelzusammensetzung oder in der Zugabe von Bestandteilen.

Gemische nur aus Tonminerale kommen in der Regel sehr selten vor. Üblich sind Tone, die mit anderen Bestandteilen vermischt oder angereichert sind. Beispiele hierfür sind Lehm (hoher Sandanteil), Mergelton (hoher Kalkgehalt), Löß (äußerst feinkörniges, kalkhaltiges Material). Tonminerale sind Verwitterungs- und Umwandlungsprodukte silikatischer Festgesteine und wurden in geologisch langen Zeiträumen gebildet. Infolge dieser Verwitterung und chemischen Umwandlung der silikatischen Ursprungsgesteine werden bei der Diagenese (= geologische Entstehung) der Tonminerale zunächst Minerale wie Quarz oder Feldspäte freigesetzt und durch Oberflächenwasser abtransportiert, an anderer Stelle sedimentiert und später in verschiedene, sog. Zwei- und Dreischicht-Tonminerale umgewandelt. Alle diese Tonminerale zeichnen sich durch eine Wechsellagerung von Silizium-Sauerstoff-Tetraedern und Aluminium- bzw. Magnesiumhydroxidschichten aus. Diese wiederum sind für das Quell- und Schwindverhalten von Tonen verantwortlich. Ziegeltone enthalten karbonatische Bestandteile (Kalk). Deshalb unterscheidet man kalkreiche (Karbonatgehalt > 9 bis 10%) und kalkarme (Karbonatgehalt < 5 bis 7%) Ziegeltone. Ziegel aus kalkreichen Ziegeltonen haben eine hohe Porosität und eine geringe Frostbeständigkeit, aus ihnen werden vor allem Hintermauerziegel hergestellt. Der Kalkgehalt bestimmt, in Abhängigkeit vom Anteil an Eisenoxid, auch den Farbton des Ziegels. Ein erhöhter Kalkgehalt führt zu ockerfarbenen Ziegeln. Die natürlichen oder zugesetzten Fluss- und Magerungsmittel setzen die Schmelztemperaturen herab, in dem sie auf die anderen Rohstoffbestandteile verflüssigend oder lösend wirken. Zu den natürlichen Flussmitteln gehören die Feldspäte sowie weitere Alkali- und Erdalkaliverbindungen. Als Magerungsmittel werden in erster Linie Quarz(Sand), Schamotte (vorgebranntes, keramisches Granulat) und Ziegelmehl eingesetzt. Fette Tone sind sandarm, magere Tone haben einen höheren Sandanteil.

Zugabewasser

▸*Anmachwasser*

Zugfestigkeit

Die im Zugversuch maximal erreichte Spannung wird als Zugfestigkeit bezeichnet. Sie wird als Kraft pro Fläche in N/ mm² angegeben. Hierbei muss beachtet werden, dass die Spannung im Zugversuch auf den Ausgangsquerschnitt der Probe bezogen wird. Infolgedessen entspricht sie nicht der im Baustoff real auftretenden Spannung. In der Praxis entsteht das Maximum durch Einschnüren der Probe und dadurch forciertes Verringern des kleinsten Querschnitts. Beim Zugversuch wird dagegen die Verringerung des Probenquerschnitts kontinuierlich gemessen und die Spannung dabei auf den Ist-Querschnitt berechnet. Diese Untersuchungen zeigen einen kontinuierlichen Anstieg der Spannung bis zum Bruch.

Zulässige Gesamtverformung

Die Aufgabe eines ▸*Dichtstoffes* in der ▸*Fuge* ist der bewegungsausgleichende Verschluss. Der Dichtstoff muss hierbei den Dehnungen und Stauchungen im Fugenbereich standhalten und ausgleichen, ohne sich vom Untergrund (Fugenflanke) zu lösen (▸*Adhäsionsverlust*) oder im Material zu reißen (▸*Kohäsionsbruch*). Diese Bewegungen haben aber einen Grenzbereich, der mit dem Begriff der zulässigen Gesamtverformung beschrieben wird. Dieser gibt an, welchen Dehn-/ Stauchverformungen ein Dichtstoff dauerhaft unterworfen werden kann. Bei Dichtstoffen, unabhängig vom Dichtstofftyp und von der Dichtstoffqualität, liegt diese zulässige Gesamtverformung in der Regel zwischen 5 und 25% - bezogen auf die Fugenbreite. Die Verteilung zwischen Dehnung und Stauchung ist von der temperaturabhängigen Fugenbreite zum Zeitpunkt der Verfugung (▸*Abdichtung*) und den späteren Witterungsbelastungen abhängig.

Zusammenhangkraft

▸*Kohäsionskräfte*

Zusatzmittel

In der Putznorm DIN 18 550 werden Zusatzmittel (▸*Additive*) und Zusatzstoffe (Zusätze) unterschieden. Auch wenn der Anteil in der Regel unter 1% liegt, haben Zusatzmittel die Aufgabe, die chemischen und/oder physikalischen Eigenschaften des Putzmörtels zu beeinflussen. Zu ihnen gehören z. B. Kunststoff-Dispersionen, um die Untergrundhaftung zu verbessern und die ▸*Wasseraufnahme* zu reduzieren, Wasserretentionsmittel wie z. B. Methylzellulose, um das Wasserrückhaltevermögen oder auch die ▸*Porosität* zu erhöhen und ▸*Luftporenbildner*, um die Porosität zu erhöhen oder um die Festigkeit zu reduzieren. Dem gegenüber werden Zusatzstoffe eingesetzt, um die Eigenschaften des Bindemittels und/oder der Zuschlagsstoffe zu beeinflussen. Unterschieden werden reaktive, latent-hydraulische und nicht reaktive (sog. inerte) Zusatzstoffe. Klassische Zusatzstoffe sind ▸*Füllstoffe* oder Fasern sowie Gesteinsmehle und ▸*Puzzolane*, wie z. B. Vulkanasche oder Trass (natürliche Puzzolane) oder Hüttensand und Flugasche (künstliche Puzzolane).

Zusatzstoffe

▸*Zusatzmittel*

Zuschläge

▸*Zuschlagstoffe*

Zuschlagsstoffe

Zuschlagsstoffe sind nichtreaktive (inerte) Stoffe mineralischen oder organischen Ursprungs. Sie werden durch das oder die Bindemittel zusammen gehalten. Die Aufgabe der Zuschlagsstoffe besteht also darin, das eigent-

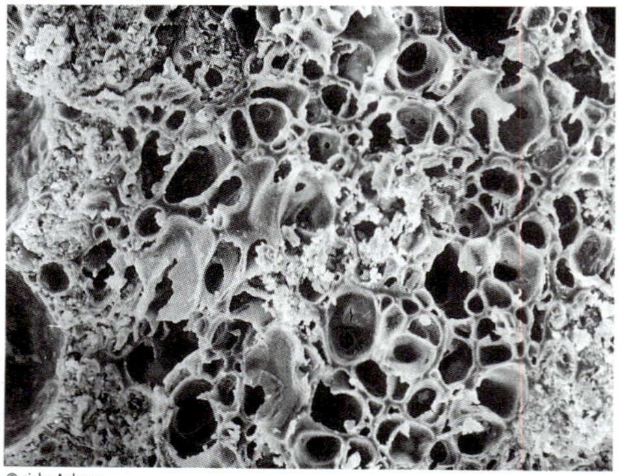

© siehe Anhang

liche Gerüst (der Beschichtung) zu bilden. Zuschläge können sich durch ihre Form, Oberflächenstruktur oder auch durch das spezifische Gewicht unterscheiden. Allgemein ist es üblich, natürliche und künstliche Zuschläge mit dichtem oder porigem Gefüge zu unterscheiden. Mineralische Zuschläge mit dichtem Gefüge sind z. B. Kies oder Sand mit mehr oder weniger Quarzanteil (Quarzit), dichter Kalkstein, Grauwacke oder Basalt. Zuschläge mit geringer ▸*Rohdichte* haben ein poriges Gefüge. Zu ihnen gehören Bims, Tuff, Blähton oder auch Blähschiefer, aber auch Perlite und Vermiculite sowie Schamotte oder Blähglas. Polystyrol ist ein leichter organischer Zuschlagstoff.

Zusätze

▸*Additive*

▸*Zusatzmittel*

Zwangslüftung

▸*Lüften*

Zwangsspannung

Zwangspannungen in Bauteilen entstehen vor allem dann, wenn evtl. Verformungen aus angrenzenden Bauteilen behindert werden. Infolgedessen entstehen Spaltrisse, die sich in der Regel durch die gesamte Bauteildicke durchziehen. Neben den Temperaturschwankungen aufgrund der Tag-Nacht-Zyklen können dies auch jahreszeitlich bedingte Temperaturveränderungen sein. Aber auch Setzungen im Baugrund oder bei Nachbargebäuden können Zwangspannungen verursachen.

Zweiflankenhaftung

Um Bewegungen in der ▸*Fuge* aufnehmen zu können, darf ein ▸*Dichtstoff* nur an den beiden jeweiligen Baustoffflanken haften. Infolgedessen wird im Fugengrund neben der Begrenzung der Fugentiefe eine Rundschnur (Hinterfüllmaterial) zur Vermeidung einer sog. ▸*Dreiflankenhaftung* eingebracht. Ist die Fugentiefe zu gering, um eine Rundschnur einsetzen zu können, muss der Fugengrund abgedeckt werden.

Zweikomponentige Dichtstoffe

▸*Dichtstoffe*, die in zwei Komponenten (Masse und Härter) vorliegen und in der Verarbeitung gemischt werden müssen, werden als zweikomponentige Dichtstoffe bezeichnet. Hierbei ist unbedingt darauf zu achten, dass das Mischungsverhältnis der Hersteller eingehalten wird.

Zweikomponentige Bitumen-Dickbeschichtungen

Um die Durchtrocknung der wässrigen Bitumen-Dickbeschichtungen bei feuchten Untergründen und/oder hoher ▸*Luftfeuchtigkeit* zu erhöhen, werden zweikomponentige Systeme angeboten. Neben der Bitumenemulsion (Komponente 1) befindet sich im Gebinde ein Zementpulver (Komponente 2), das vor der Verarbeitung unter die Bitumenemulsion untergerührt wird. Der Bitumenemulsion wird dadurch das Wasser entzogen und die physikalische ▸*Trocknung* (▸*Koaleszenz* oder auch kalter Fluss genannt) wird beschleunigt. Zweikomponentige Bitumen-Dickbeschichtungen haben deshalb eindeutige Vorteile gegenüber den einkomponentigen Produkten, sie haben aber auch deutlich kürzere Topfzeiten und können nur mit speziellen Pumpen maschinell verarbeitet werden.

Zweischaliges Mauerwerk

Zweischalige Mauerwerke bestehen aus einer äußeren und einer inneren Mauerwerksschale sowie einem Kern, der entweder mit Bauschutt und/oder Sand aufgefüllt wurden oder einen

Hohlraum aufweist. Wenn wegen großer Feuchte- und Salzbelastung eine ▸*nachträgliche Horizontalabdichtung* erforderlich wird, muss zweischaliges Mauerwerk besonders behandelt werden. Dies ist bereits bei der ▸*Bauwerksdiagnostik* zu beachten. So können Mauerwerke mit einem Hohlraum nur in den beiden äußeren Schalen aufsteigende Feuchtigkeit aufweisen. Die nachträgliche Horizontalabdichtung muss sich deshalb auch nur auf die beiden Schalen beschränken. Anders sieht es aus, wenn der innere Kern mit Sand, Schutt und kleinen Steinen aufgefüllt und über viele Jahrhunderte verdichtet wurde. Dann kann sich auch in diesem Bereich eine kapillar aufsteigende Feuchtigkeit ausgeprägt haben. Eine nachträgliche Horizontalabdichtung muss dann über den gesamten Mauerwerksquerschnitt ausgeführt werden. Im Vorfeld ist dann zu klären, ob Vorbereitungen in Form von Vorinjektionen notwendig oder spezielle ▸*Packer* verwendet werden müssen.

Zwickelporen

Zwickelporen entstehen in einem Baustoff überall dort, wo sich plattig oder nadelförmige Kristalle in einem Winkel kreuzen. Typisch für diese ▸*Poren* ist, dass sie auf Grund des engen Abstandes und der dadurch zunehmenden Kapillarkräfte mehr Wasser als andere Poren binden können. Außerdem sind sie in der Lage, flüssiges Wasser aus Wasserdampf in den Zwickeln zu binden. In wassergesättigten Zwickelporen tritt darüber hinaus eine nicht unerhebliche ▸*Oberflächenspannung* des Wassers auf.

Zwischenmolekulare Kräfte

Zwischenmolekulare Kräfte sind die Wechselwirkungen zwischen Atomen und Molekülen, im Wesentlichen also ▸*Kohäsions-* und ▸*Adhäsionskräfte*. Die Kohäsionskräfte sind hierbei die Anziehungskräfte zwischen den Molekülen des gleichen Körpers (also die inneren Kräfte). Die Adhäsionskräfte sind die Anziehungskräfte zwischen zwei verschiedenen Körpern; sie wirken in der Grenzfläche (äußere Kräfte).

Zyklopenmauerwerk

Das Zyklopenmauerwerk stellt eine Sonderform des ▸*Bruchsteinmauerwerks* dar und besteht aus sehr großen, unregelmäßigen Steinen, die sorgfältig aufeinander geschichtet sind. Bei Mauersteinen mit Lagerfläche und einem mehr oder weniger rechteckigen Aussehen der Sichtseite der Mauersteine spricht man von einem Bruchsteinmauerwerk. Bei einer unregelmäßigen, polygonalen Sichtfläche liegt ein Zyklopenmauerwerk vor. Die Bruchsteine werden unter Verwendung von Mörtel in einem richtigen Verband aneinander gefügt, so dass möglichst enge Fugen und keine Hohlräume verbleiben. Evtl. vorhandene Hohlräume werden mit kleinen Steinen und mit Mörtel ausgefüllt. Es entstehen keine regelmäßigen Schichten und die innere Festigkeit bzw. der Zusammenhalt des Mauerwerks sind gegenüber anderen Mauerwerksarten gemindert. Dies muss im Rahmen der Kellersanierung und nachträglichen Horizontalabdichtung beachtet werden. Bevor also Abdichtungsarbeiten im Fundamentbereich dieser Mauerwerke durchgeführt werden, muss die Statik des Mauerwerkes auf Eignung geprüft werden. Hinzu kommt, dass mechanische Verfahren auf Grund der geringen Festigkeit der Zyklopenmauerwerke in der Regel nicht eingesetzt werden. Da diese Mauerwerke nicht immer kompakt sind und Hohlräume aufweisen oder zweischalig ausgeführt wurden, muss bei Anwendung der Injektionsverfahren darauf geachtet werden, dass sich das Injektionsmittel über den gesamten Querschnitt verteilen und nicht unkontrolliert wegfließen kann.

Zylinderkapillare

▸*Kapillare*

▸*Kapillarität*

A B C D E F G H I J K L M N O P Q R S T U V W X Y Z

Bildnachweis

Seite	Begriff	Quelle
7	Abdichtung	Fa. Köster-Bauchemie, Aurich
9	Abdichtung von Bodenplatten	Fa. Deitermann Bauchemie, Datteln
10	Abdichtung von Bodenplatten	Fa. Henkel Bautechnik, Unna
25	Anfüllschutz	Fa. Remmers Bauchemie, Lönningen
27	Anstrich	Fa. Sto, Stühlingen
31 oben	Aufstauendes Sickerwasser	Deutsche Bauchemie, Frankfurt
31 unten	Auftriebssicherheit	Prof. Dr. Magar, Würzburg
32 oben	Ausblühungen	Frössel
32 mitte	Ausblühungen	Frössel
32 unten	Ausblühungen	Frössel
33	Ausblühungen	Frössel
36 oben	Außendämmung	Deutsche Bauchemie, Frankfurt
36 unten	Außendämmung	Fa. Dow, Wiesbaden
40	Bauforschung	Frössel
41	Baugrund	Geotechnisches Ing.-Büro Prof. Fecker, Ettlingen
42	Baugrunduntersuchungen	Prof. Dr. Magar, Würzburg
43	Bauschäden	Frössel
44	Bauschädigende Salze	Frössel
46	Bauschadensbericht	Bundesbauministerium, Berlin
47	Bauschadensforschung	Institut für Bauforschung Hannover
50	Bauwerksabdichtung	Fa. Remmers Bauchemie, Löningen
51 oben	Bauwerksbedingte Risse	Fa. Sto, Stühlingen
51 unten	Bauwerksbedingte Risse	Fa. Sto, Stühlingen
52	Bauwerksdiagnostik	Bautechnisches Labor Maydl, Dr. Pech, A-Wien
52	Bauwerksdiagnostik	Bautechnisches Labor Maydl, Dr. Pech, A-Wien
53	Bauzustandsanalyse	Fa. Koch Marmorit, Bollschweil
53	Bauzustandsanalyse	Fa. Koch Marmorit, Bollschweil
54 unten links	Befall	Frössel
54 mitte rechts	Behaglichkeitsfeld	Teerhag, entnommen aus Architectus der Fa. Isotec
55 oben	Belüftungssysteme	Frössel
55 unten	Belüftungssysteme	Büning aus "Bauanatomie" 1928
56	Benetzungswinkel	Fa. Sto, Stühlingen
61	Biofouling	Frössel
64	Bitumenbahn	Fa. Odenwald-Chemie, Schönach
65	Bitumen-Dickbeschichtung	Fa. Hahne Bauchemie, Datteln
66	Bitumen-Dickbeschichtung	Fa. Hahne Bauchemie, Datteln
67	Blasenbildung	Frössel
68 unten links	Blower Door Verfahren	Fa. Blower Door, Springe-Eldagsen
68 oben rechts	Blower Door Verfahren	Fa. Blower Door, Springe-Eldagsen
68 unten rechts	Bodenfeuchtigkeit	Deutsche Bauchemie, Frankfurt
69 unten links	Bohrkern	Frössel
69 unten rechts	Bohrkernentnahme	Fa. Sto, Stühlingen
70 unten links	Bohrkernverfahren	Gärtner/ Deutsches Zentrum für Handwerk und Denkmalpflege Fulda
70 unten rechts	Bohrkernverfahren	Gärtner/ Deutsches Zentrum für Handwerk und Denkmalpflege Fulda
71 links mitte	Bohrlochinjektion	Frössel
71 links unten	Bohrlochinjektion	Fa. Sto, Stühlingen
71 rechts unten	Braunfäule	Fa. Pentol, CH-Grellingen
72	Bruchsteinmauerwerk	Frössel
73	Buchenholz-Kompresse	Henes-Klaiber/ Landesdenkmalamt Stuttgart
76	Chromstahlblechverfahren	Fa. Haböck und Weinzierl in A- Herzogenburg
78 links oben	CM-Verfahren	Fa. Protimeter, Haan
78 links unten	Cocoon	Fa. Westox, Thale
81	Dehnfugenbänder	Fa. Henkel Bautechnik, Unna
82 links mitte	Denkmal	Fa. Sto, Stühlingen
82 links unten	Denkmal	Fa. Sto, Stühlingen
86 links oben	Diamantkreissäge	Bautechnisches Labor Maydl, Dr. Pech, A-Wien
86 links unten	Diamantseilsäge	Bautechnisches Labor Maydl, Dr. Pech, A-Wien
88	Dichtstoffe	IVD, Düsseldorf

90	Dichtungsschlämme	Fa. Deitermann Bauchemie, Datteln
90	Dichtungsschlämme	Fa. Wacker-Chemie/ Bayplan München
96 rechts oben	Drän-/ Drainelemente	Muth
96 rechts unten	Dränleitung/ Drainleitung	Muth
97	Drainschicht	Muth
98	Drainung	Fa. Fränkische Rohrwerke, Königsberg
99	Dreiecksfase	IVD, Düsseldorf
100 links mitte	Druckinjektion	Fa. Wacker-Chemie/ Bayplan München
100 links unten	Druckinjektion	Fa. Desoi, Kalbach
101 links oben	Drucklose Injektion	Fa. Wacker-Chemie/ Bayplan München
101 links mitte	Drucklose Injektion	Fa. Wacker-Chemie/ Bayplan München
102 links unten	Drückendes Wasser	Deutsche Bauchemie, Frankfurt
102 rechts unten	Drückendes Wasser	Deutsche Bauchemie, Frankfurt
103 rechts mitte	Durchdringung	Fa. Remmers Bauchemie, Löningen
103 rechts unten	Durchdringung	Fa. Schlüter, Iserlohn
104	Durchfeuchtungshöhe	Arendt/ IGS Institut für Gebäudeanalyse und Sanierungs-planung GmbH, Schliersee
107 links mitte	Echter Hausschwamm	Fa. Lömpel Bautenschutz, Arnstein
107 links unten	Echter Hausschwamm	Fa. Lömpel Bautenschutz, Arnstein
108	Edelstahlplatten	Fa. Haböck und Weinzierl, A-Herzogenburg
111	Elastizitätsmodul	www.wikipedia.de
112	Elektrode	Fa. Kerasan, A-Wien
113 links oben	Elektrode	Fa. Kerasan, A-Wien
113 rechts oben	Elektro-kinetische Effekte	Venzmer/ Dahlberg Institut, Wismar
114	Elektronenmikroskop	www.wikipedia.de
115	Elektroosmose	Venzmer/ Dahlberg Institut, Wismar
118	Elektro-physik. Mauerwerkstrockenlegung	Fa. Elkinet, A-Innsbruck
123	Erosion	Frössel
125	Fäulnis	Lömpel Bautenschutz, Arnstein
127	Fettriss	Fa. Sto, Stühlingen
129	Feuchtebilanz	Bautechnisches Labor Maydl, Dr. Pech, A-Wien
130	Feuchtemessgeräte	Fa. Trotec, Heinsberg
133	Feuchte-Tomogramm	Venzmer/ Dahlberg Institut, Wismar
135	Feuchtwandsystem	Glock/ Fa. Refatec, Bickenbach
136	Filmbildung	Fa. Sto, Stühlingen
138 links	Flascheninjektion	Fa. Hasit, Freising
138 rechts	Flexible Abdichtungsbahn	Fa. Odenwald-Chemie, Schönach
139	Flexible Dichtungschlämme	Fa. Hahne Bauchemie, Datteln
140	Fluoreszenz	www.wikipedia.de
141	Fraktionierte Salzkristallisation	Reul aus „Handbuch Bautenschutz & Bausanierung“ Rudolf Müller Verlag, Köln
142	Frostschaden	Deutsche Bauchemie, Frankfurt
143 links	Fruchtkörper	Fa. Pentol, CH-Grellingen
143 rechts	Fruchtkörper	Fa. Pentol, CH-Grellingen
144	Fruchtkörper	Fa. Lömpel Bautenschutz, Arnstein
145 links	Fugen	Fa. Henkel Bautechnik, Unna
145 rechts	Fugen	Fa. Henkel Bautechnik, Unna
146 links	Fugenabdichtung	Fa. Deitermann Bauchemie, Datteln
146 rechts	Fugenbänder	Fa. Henkel Bautechnik, Unna
147 links mitte	Fugenbänder	Fa. Euroteam, Altlandsberg
147 links unten	Fugenbewegung	IVD, Düsseldorf
148	Fugendichtstoff	Fa. Henkel Bautechnik, Unna
154	Gelschleierabdichtung	Hornung/ FMPA Leipzig
157	Gips	Fa. Sto, Stühlingen
158	Gitterschnitt	Fa. Sto, Stühlingen
159	Gleitschichten	Fa. Dörken, Herdecke
165	Grundierung	Fa. Sto, Stühlingen
170 links mitte	Hausbockkäfer	Fa. Pentol, CH-Grellingen
170 links unten	Hausbockkäfer	Fa. Pentol, CH-Grellingen
170 rechts mitte	Hausschwammsanierung	Grosser/ WTA
170 rechts unten	Hausschwammsanierung	Fa. Desowag, Düsseldorf
171 links	Hausschwammsanierung	Fa. Desowag, Düsseldorf

171 rechts	Hausschwammsanierung	Fa. Desowag, Düsseldorf
173	Historische Bauwerksabdichtung	Prof. Schmidt in „Bautechnik“
174	Historische Bauwerksabdichtung	Büning in „Bau-anatomie“ 1928
175 links mitte	Hohlkehle	Fa. Hahne Bauchemie, Datteln
175 links unten	Hohlkehle	Fa. Remmers Bauchemie, Löningen
175 rechts	Hohlkehle	Korte, Heidelberg
180 links mitte	Holzzerstörende Pilze	Grosser/ WTA
180 links unten	Holzzerstörende Pilze	Grosser/ WTA
180 rechts mitte	Holzzerstörende Insekten	Fa. Pentol, CH-Grellingen
180 rechts unten	Holzzerstörende Insekten	Fa. Pentol, CH-Grellingen
181	Horizontalabdichtung am Neubau	Fa. Dörken, Herdecke
182 links mitte	Horizontalabdichtung am Altbau	Fa. Katz Bautenschutz, Nürnberg
182 links unten	Horizontalabdichtung am Altbau	Fa. Sto, Stühlingen
185	Hydrophob	Fa. Sto, Stühlingen
186	Hydrophob	Fa. Hahne Bauchemie, Datteln
187	Hygrometer	Fa. Gann, Gerlingen
188 rechts mitte	Hygroskopizität	Fa. Sto, Stühlingen
188 rechts unten	Hygroskopizität	Frössel
189	Hygroskopizität	Frössel
190	I-Bau-System	Bromm/ Fa. Isar Bautenschutz, München
191 links mitte	Impulssystem	Fa. Sto, Stühlingen
191 links unten	Impulssystem	Fa. Sto, Stühlingen
191 rechts	Impulssystem	Fa. Sto, Stühlingen
193	Infrarot-thermografie	Fa. Sto, Stühlingen
194 links	Injektion	Fa. Desowag, Düsseldorf
194 rechts	Injektion	Fa. Köster Bauchemie, Aurich
195 links	Injektionen	Fa. Sto, Stühlingen
195 rechts	Injektionscreme	Fa. Remmers Bauchemie, Löningen
196 links mitte	Injektionskompressenverfahren	Friese/ FEAD, Berlin
196 links unten	Injektionskompressenverfahren	Friese/ FEAD, Berlin
196 rechts mitte	Injektionslanze	Fa. Desoi, Kalbach
196 rechts unten	Injektionslanze	Fa. Sto, Stühlingen
198 links mitte	Injektionspacker	Fa. Wacker-Chemie/ Bayplan München
198 links unten	Injektionspacker	Fa. Wacker-Chemie/ Bayplan München
199	Injektionspumpen	Fa. Wacker-Chemie/ Bayplan München
200 rechts oben	Innenabdichtung	WTA-Merkblatt
200 rechts unten	Innenabdichtung	Fa. Remmers Bauchemie, Löningen
206	Kältetrockner	Fa. Munters, Hamburg
207 links	Kalkgestein	Fa. Sto, Stühlingen
207 rechts	Kalkgestein	Fa. Sto, Stühlingen
209 links	Kaltselbstklebebahnen	Fa. Hahne Bauchemie, Datteln
209 rechts	Kaltselbstklebebahnen	Fa. Hahne Bauchemie, Datteln
211	Kalziumkarbonat	Fa. Sto, Stühlingen
213	Kapillar aufsteigende Feuchtigkeit	Fa. Sto, Stühlingen
215	Kapillare Wasseraufnahme	Burkhardt/ IBW Weimar
218	Kapillarmodell	Venzmer/ Dahlberg-Institut Wismar
221	Karsten´sches Prüfrohr	Fa. Sto, Stühlingen
223 links	Kellerassel	www.wikipedia.de
223 rechts	Kelleraußentreppe	Frössel
224 links	Kelleraußentreppe	Frössel
224 rechts	Kellerbodendämmung	Fa. Remmers Bauchemie, Löningen
225 links oben	Kellerfenster	Fa. Sypro/ Schöck, Baden-Baden
225 links unten	Kellerfenster	Fa. Sypro/ Schöck, Baden-Baden
226 links oben	Kellersanierung	Frössel
226 links unten	Kellerschwamm	Fa. Pentol, CH - Grellingen
229	Klebepacker	Fa. StoCretec, Kriftel
234	Knapen´sche Röhrchen	Frössel
237 links	Kompressenentsalzung	Fa. Westox, Thale
237 rechts	Kompressenentsalzung	Fa. Westox, Thale
238	Kondensation	Fa. Isotec, Bergisch-Gladbach
239 links	Kondensation	Fa. Isotec, Bergisch-Gladbach
239 rechts	Kondenstrocknung	Fa. Trotec, Heinsberg

241	Kontrollschacht	Fa. Fränkische Rohrwerke, Königsberg
242	Kosmospappe	Lempp aus „Das Bauwerk“ 1947
243 links oben	Kraftschlüssige Injektionen	Fa. Euroteam, Altlandsberg
243 links unten	Kraftschlüssige Injektionen	Fa. Euroteam, Altlandsberg
243 rechts	Kratzspachtelung	Fa. Hahne Bauchemie, Datteln
244	Kreiden	Fa. Sto, Stühlingen
247	Kunststoffabdichtungsbahnen	Fa. Henkel Bautechnik, Unna
251	Lastfälle	Fa. Deitermann Bauchemie, Datteln
254 rechts oben	Leichtzuschläge	Hilpert, Sonderdruck der Fa. Remmers Bauchemie, Löningen
254 rechts unten	Leichtzuschläge	Hilpert, Sonderdruck der Fa. Remmers Bauchemie, Löningen
255 links	Lichtschacht	Fa. Mea/ Sypro, Baden-Baden
255 rechts	Lichtschacht	Fa. Mea/ Sypro, Baden-Baden
256 links oben	Lichtschacht	Fa. Mea/ Sypro, Baden-Baden
256 links unten	Lichtschacht	Fa. Mea/ Sypro, Baden-Baden
258	Los- und Festflanschkonstruktion	Deutsche Bauchemie, Frankfurt
260	Luftfeuchtemessverfahren	Fa. Testo, Hinterzarten
261	Luftporen	Fa. Bayosan, Hindelang
262	Luftporen	Dr. Goretzki/ Dr. Kaiser, FMPA Bremen
267 - 2 Abb.	Manschette	Fa. Doyma, Oyten
269 links	Mauersägeverfahren	Gärtner/ Deutsches Zentrum für Handwerk und Denkmalpflege Fulda
269 rechts	Mauersägeverfahren	Bautechnisches Labor Maydl, Dr. Pech, A-Wien
270 links oben	Mauersägeverfahren	Gärtner/ Deutsches Zentrum für Handwerk und Denkmalpflege Fulda
270 links mitte	Mauersägeverfahren	Fa. Wucher
270 links unten	Mauersägeverfahren	Fa. Wucher
275	Mechanische Verfahren	Bautechnisches Labor Maydl, Dr. Pech, A-Wien
276 alle Abb.	Mehrstufeninjektion	Fa. Desoi, Kalbach
289	Myzel	Grosser/ WTA
292 links oben	Nass-in-Nass-Verfahren	Fa. Desoi, Kalbach
292 links unten	Nass-in-Nass-Verfahren	Fa. Desoi, Kalbach
292 rechts	Nassraum	Anonymes
295	Nicht drückendes Wasser	Deutsche Bauchemie, Frankfurt
297 links	Noppenbahn	Fa. Dörken, Herdecke
297 rechts	Noppenbahn	Frössel
298 – 2 Abb.	Noppenbahn	Fa. Dörken, Herdecke
302	Oberputze	Fa. Sto, Stühlingen
304	Ö-Norm	Ö-Norm, A-Wien
308 links oben	Packer	Fa. Desoi, Kalbach
308 links mitte	Packer	Fa. Desoi, Kalbach
308 links unten 2 Abb.	Packer	Fa. StoCretec, Kriftel
309 links	Paraffininjektion	Fa. Isotec, Bergisch Gladbach
309 rechts oben	Paraffininjektion	Fa. Isotec, Bergisch Gladbach
309 rechts unten	Paraffininjektion	Fa. Isotec, Bergisch Gladbach
310	Patina	Frössel
311	Perimeterdämmung	Fa. BASF, Ludwigshafen
312	Perimeterdämmung	Fa. BASF, Ludwigshafen
312	Perimeterdämmung	Fa. BASF, Ludwigshafen
315	pH-Wert-Bestimmung	Fa. Sto, Stühlingen
326	PU-Hartschaumplatten	Fa. DOW Wiesbaden
328	Porenarten	Venzmer/ Dahlberg-Institut Wismar
330 links	Porengröße	Venzmer/ Dahlberg-Institut Wismar
330 rechts	Porenhydrophob	Dr. Goretzki/ Dr. Kaiser, FMPA Bremen
341	Putzlagen	Frössel
342 links	Putzschäden	Frössel
342 rechts	Putzschäden	Frössel
352	Reinigung	Fa. Sto, Stühlingen
355	Rel. Luftfeuchte	Venzmer/ Dahlberg-Institut Wismar
357	Ringdrain	Fa. Remmers Bauchemie, Löningen
358	Rissbreitenmesser	Frössel

359	Rissmonitor	Geotechnisches Ing.-Büro Prof. Fecker, Ettlingen
361	Rissursachen	Geotechnisches Ing.-Büro Prof. Fecker, Ettlingen
362 oben	Rissverpressung	Fa. StoCretec, Kriftel
362 mitte	Rissverpressung	Fa. StoCretec, Kriftel
362 unten	Rissverpressung	Fa. StoCretec, Kriftel
363 oben	Rohrabdichtung	Fa. Deitermann Bauchemie, Datteln
363 unten	Rohrabdichtung	Deutsche Bauchemie, Frankfurt
364 links unten	Rohrabdichtung	Fa. Doyma, Oyten
364 rechts oben	Rohrabdichtung	Fa. Remmers Bauchemie, Löningen
364 rechts unten	Rohrabdichtung	Fa. Doyma, Oyten
365	Rohrabdichtung	Fa. Doyma, Oyten
365	Rohrabdichtung	Fa. Doyma, Oyten
365	Rohrabdichtung	Fa. Doyma, Oyten
365	Rohrabdichtung	Fa. Doyma, Oyten
365	Rohrabdichtung	Fa. Doyma, Oyten
365	Rohrabdichtung	Fa. Doyma, Oyten
366 links unten	Rückstausicherung	Fa. Kessel, Lenting
366 rechts unten	Rückstausicherung	Fa. Kessel, Lenting
367	Rückstausicherung	Fa. Kessel, Lenting
373 oben	Salze	Fa. Bayosan, Hindelang
373 mitte	Salze	Bautechnisches Labor Maydl, Dr. Pech, A-Wien
373 unten	Salze	Frössel
375	Salze	Fa. Holcim, Schweiz
378	Sanierputz	Fa. Bayosan, Hindelang
379 – 3 Abb.	Sanierputz	Frössel
381	Sanierputzverarbeitung	Meier/ Colfirmit Rajasil, Marktredwitz
386	Schichtdickenmessung	Fa. Deitermann Bauchemie, Datteln
388 links	Schimmelpilze	Baubiologisches Institut Lassl, Krefeld
388 rechts	Schimmelpilze	Baubiologisches Institut Lassl, Krefeld
389 oben	Schleierabdichtung	WTA-Merkblatt
389 unten	Schleierabdichtung	Fa. Desoi, Kalkbach
390	Schleierabdichtung	WTA-Merkblatt
393	Schutzschicht	Fa. Remmers Bauchemie, Löningen
395	Schwindrisse	Fa. Sto, Stühlingen
396 oben	Seilzugsägeverfahren	Bautechnisches Labor Maydl, Dr. Pech, A-Wien
396 unten	Seilzugsägeverfahren	Bautechnisches Labor Maydl, Dr. Pech, A-Wien
401	Siliconharzfarben	Fa. Sto, Stühlingen
405 links	Sockelausbildung	Merkblatt vom Landesinnungsverband der Stuckateure Stuttgart
405 rechts	Sockelausbildung	Merkblatt vom Landesinnungsverband der Stuckateure Stuttgart
406	Sockelausbildung	Merkblatt vom Landesinnungsverband der Stuckateure Stuttgart
407	Sohlplatten-abdichtung	Deutsche Gesellschaft für Mauerwerksbau
408	Sorptions-Luftentfeuchtung	Fa. Munters, Hamburg
409	Sorptions-Luftentfeuchtung	Fa. Munters, Hamburg
411	Sporadischer Wasserschaden	Fa. Sto, Stühlingen
412	Sporadischer Wasserschaden	Baubiologisches Institut Lassl, Krefeld
413	Spritzabdichtung	Fa. Hahne Bauchemie, Datteln
422	Tauwasserbildung	Fa. Henkel Bautechnik, Unna
425 oben	Tensidluftporen	Dr. Goretzki/ Dr. Kaiser, FMPA Bremen
425 unten	Tensidluftporen	Dr. Goretzki/ Dr. Kaiser, FMPA Bremen
426 oben	Thermisch-konvektive Bautrocknung	Fa. Remmers Bauchemie, Löningen
426 unten	Thermisch-konvektive Bautrocknung	Fa. Remmers Bauchemie, Löningen
433	Trocknungs-bedingungen	Fa. Trotec, Heinsberg
434	Trocknungs-bedingungen	Fa. Munters, Hamburg
437 links oben	Ungeeignete Verfahren	Frössel
437 links unten	Ungeeignete Verfahren	Fa. Sto, Stühlingen
437 rechts oben	Ungeeignete Verfahren	Fa. Sto, Stühlingen
437 rechts unten	Ungeeignete Verfahren	Bautechnisches Labor Maydl, Dr. Pech, A-Wien
438	Ungeeignete Verfahren	Fa. Wacker-Chemie/ Bayplan, München
438	Ungeeignete Verfahren	Peter Lau

441	Vakuumtrocknung	Fa. Munters, Hamburg
442 oben	Verdämmung	Fa. StoCretec, Kriftel
442 unten	Verdämmung	Fa. Wacker-Chemie/ Bayplan, München
450	Voranstrich	Fa. Hahne Bauchemie, Datteln
454	Wärmedämmung	Deutsche Bauchemie, Frankfurt
455	Wärmedämmung	Deutsche Bauchemie, Frankfurt
462	Wasseraufnahmemechanismen	Fa. Sto, Stühlingen
465	Wassergehalt	Fa. Sto, Stühlingen
471	Wirkprinzip	Honsinger/ WTA
472	Wirksamkeits-prüfung	Hecht/ WTA
474	WTA-Zertifikate	Fa. Wacker-Chemie, München
476	Zement	Fa. Holcim, Schweiz
477 links	Zement	Fa. Holcim, Schweiz
477 rechts	Zement	Fa. Holcim, Schweiz
478	Zeta-Potenzial	Venzmer/ Dahlberg-Institut Wismar
480	Zuschlagsstoffe	Hilpert, Sonderdruck der Fa. Remmers Bauchemie, Löningen
481	Zuschlagsstoffe	Hilpert, Sonderdruck der Fa. Remmers Bauchemie, Löningen

Literaturverzeichnis

[1] www.wikipedia.de

[2] Cziesielski: Lufsky Bauwerksabdichtung 5. Auflage Teubner Verlag

[3] Ruffert: Lexikon der Betoninstandsetzung, Fraunhofer IRB Verlag

[4] Gänßmantel: Risse in Gebäuden, Forum Verlag

[5] Venzmer: Praxishandbuch Mauerwerkssanierung von A – Z, Verlag Bauwesen

[6] Reul: Handbuch Bautenschutz / Bausanierung, Rudolf Müller Verlag

[7] Venzmer: Sanierung feuchter und versalzter Wände, Verlag Bauwesen

[8] Kabrede: Injizieren, Verpressen und Verfüllen von Beton und Mauerwerk, Fraunhofer IRB Verlag + Expert-Verlag

[9] Kaiser: Stofftransport in feinporösen Gefügen: Untersuchungen an Sanierputzen, Heidelberger Beiträge zur Umwelt Geochemie Band 5

[10] Gottfried, Rolof: Farben & Lacke Lexikon, Sonderdruck aus der Fachzeitschrift Objekt

[11] Hilpert: Sonderdruck Fa. Remmers über Sanierputze

[12] Frössel: Schimmelpilze und andere Innenraumbelastungen, Fraunhofer IRB Verlag

[13] Arendt, Seele: Feuchte und Salze in Gebäuden, Deutsche Verlagsanstalt

[14] Firmeninformationen Fa. Kessel GmbH Lenting

[15] Ross/ Stahl: Handbuch Putz, Rudolf Müller Verlag

[16] Prof. Müller, „Zauberkästchen" zwischen wissenschaftlicher Ablehnung und öffentlicher Ausschreibung, Tagungsband Feuchtetag 1999 BAM Berlin sowie Fernsehbeitrag von Plusminus im MDR am 16. März 1999

[17] http://www.bam.de/service/publikationen/zfp_kompendium/index/kindex.html

[18] Bertoldi: Bindemittel – Grundlagen und Anwendungen, Expert Verlag

Firmeninformationen Fa. Henkel Bautechnik, Fa. Deitermann, Fa. Remmers Baustofftechnik, Fa. Köster Bauchemie, Fa. Isotec, Fa. Haböck & Weinzierl
Mitteilungen des Industrieverbandes Dichtstoffe e.V., Industrieverband Kunststoff-Dach- und Dichtungsbahnen e.V., der Deutschen Bauchemie e.V. sowie Merkblätter der WTA e.V.

Bitte beachten Sie auch die folgende Seite